铁合金工程技术

戴维 舒莉 著

北 京
冶金工业出版社
2015

内 容 提 要

本书系统介绍了铁合金工程相关内容，侧重于原料处理、工艺流程设计、铁合金设备的创新、浇注技术、炉衬技术、炉渣和热能利用、冶金计算等先进技术。全书重点对硅铁、锰铁、铬铁等大宗铁合金生产工艺和理论进行了讨论，同时根据国内铁合金行业的需求简要介绍了镍铁、金属硅等特种铁合金冶炼工艺等内容。

本书可供铁合金领域科研、生产、设计、管理、教学人员阅读参考。

图书在版编目(CIP)数据

铁合金工程技术/戴维，舒莉著．—北京：冶金工业出版社，2015.8
ISBN 978-7-5024-6933-7

Ⅰ.①铁…　Ⅱ.①戴…　②舒…　Ⅲ.①铁合金—生产工艺　Ⅳ.①TF6

中国版本图书馆 CIP 数据核字(2015)第 198137 号

出 版 人　谭学余
地　　址　北京市东城区嵩祝院北巷 39 号　邮编　100009　电话　(010)64027926
网　　址　www.cnmip.com.cn　电子信箱　yjcbs@cnmip.com.cn
责任编辑　刘小峰　李鑫雨　美术编辑　彭子赫　版式设计　孙跃红
责任校对　石　静　责任印制　牛晓波
ISBN 978-7-5024-6933-7
冶金工业出版社出版发行；各地新华书店经销；三河市双峰印刷装订有限公司印刷
2015 年 8 月第 1 版，2015 年 8 月第 1 次印刷
169mm×239mm；48.75 印张；4 彩页；963 千字；760 页
180.00 元
冶金工业出版社　投稿电话　(010)64027932　投稿信箱　tougao@cnmip.com.cn
冶金工业出版社营销中心　电话　(010)64044283　传真　(010)64027893
冶金书店　地址　北京市东四西大街 46 号(100010)　电话　(010)65289081(兼传真)
冶金工业出版社天猫旗舰店　yjgycbs.tmall.com
(本书如有印装质量问题，本社营销中心负责退换)

前　言

在过去的二十年里，中国铁合金工业经历了巨大变化，成为名副其实的世界第一铁合金生产大国。钢铁工业的发展进步推动了铁合金行业的技术进步和产品质量的升级。中国正在向着铁合金生产技术强国迈进。

我国铁合金行业的进步体现在生产工艺、装备、环保、控制技术的全面提升。这些年来我国铁合金生产的重大技术进步和技术创新主要有：

√热能和资源利用技术。交城义望铁合金公司自主研发的全热装生产精炼锰铁和矿渣棉工艺，包括预处理的矿石、富渣和铁水全热装、炉外精炼、热装制造矿渣棉、电炉煤气干法除尘和利用、余热利用等多项技术。这些技术先后获得冶金科技进步一等奖、二等奖。

√内蒙古新太新材料科技有限公司自主研发的铬矿球团直接还原和热装工艺。该技术包括铬矿球团直接还原、高架回转窑热送热装、煤气干法除尘和利用。新工艺大大提高了资源和能源的利用效率。

√引进了奥图泰铬矿球团焙烧技术和大型铬铁电炉；多家企业建成铬矿和锰矿烧结生产线，实现了粉矿利用和精料入炉。

√精炼铁合金产品的消费量增长推动了铁合金产品正向精品化发展，严格控制铁合金中杂质元素的数量，开发生产高纯度的铁合金产品和炉外精炼技术成为企业效益的增长点。

√青海物通集团率先开发了硅铁电炉烟气热能回收和发电技术，为行业热能回收提供了示范。

√以中钢集团吉林机电设备有限公司为代表的主流铁合金设备制

造企业开发和推广的计算机控制在行业内普遍应用，大大提高了行业的自动化水平。

在很多人看来铁合金工业是夕阳产业，发展空间十分有限，但更多的业内人士认为，在我国特定市场经济环境下铁合金工业技术发展存在着许多机遇和挑战。作者期望未来的铁合金技术在如下方面会有所创新：

*我国是矿产资源极其短缺的国家，而目前锰铁和铬铁冶炼中仍有大量有用金属元素以矿石和金属颗粒形式流失在炉渣中。改善熔体的性能，开发炉渣贫化技术（slag cleaning technology）大有潜力。

*开发铁合金直接铸造成型技术，减少铁合金破碎程序，可以大大提高企业的生产效率，提高资源利用率。

*铬矿直接还原工艺在我国有巨大发展潜力。采用高温预处理可以改变铬矿矿物结构，显著提高铬元素回收率，利用还原过程催化技术，降低固态还原温度，可能实现显著节能和利用资源的效果。

*铁合金炉渣和金属、冷却水的热能利用正在研发中。作者认为，生产过程的热能利用潜力在于将这些热能用于原料处理，降低工艺能耗。

*将液态炉渣直接转化成为保温材料、替代石材的装饰材料、耐磨的铸石材料，将使铁合金炉渣成为建材行业的重要资源。

作者长期工作在铁合金生产企业，先后服务于吉林铁合金厂、交城义望铁合金公司和多家铁合金企业，有机会参与许多铁合金技术的基础研究、工艺试验、技术改造和工程建设。作为中国铁合金工业发展的参与者，总结和传承自己和同行的技术经验是作者的义务和责任。本书是在旧作《铁合金冶金工程》的基础上完成的。其重点是对硅铁、锰铁、铬铁等主流铁合金生产工艺和理论的讨论，内容特别侧重于原料处理、工艺流程和铁合金设备的创新以及资源和热能利用的实践上。同时，根据国内铁合金行业的需求介绍了镍铁、金属硅等特种铁合金冶炼工艺的内容。希望本书能有助于铁合金行业内技术的相互借鉴和交流。

　　本书引用的数据、图纸等资料许多来自作者的试验总结和论文、铁合金和相关技术期刊、国内外会议文集、专著等信息资源。作者希望以引入本书的方式来分享几代人对铁合金行业的贡献。

　　作者十分感谢交城义望铁合金有限责任公司、联合矿业公司（CML）、中钢集团吉林机电设备有限公司、湖北潜江江汉环保有限公司、美国 Graftech 公司对本书出版的支持。正是有了他们的帮助，使得作者多年的愿望得以实现。

　　作者真诚感谢交城义望铁合金有限责任公司宋晋乐董事长、康国柱总经理，中钢集团吉林机电设备有限公司计鹏总经理，山西新钢联集团马远征技术总监对本书的大力支持和许多有益的讨论交流。

　　这里，作者还要感谢 Elkem 公司的 Dr. Schussler，他为作者提供的铁合金专著是本书的主要文献来源。湖北潜江江汉环保有限公司的周磊高级工程师对书中有关环保技术内容提出了有益的补充，在此深表谢意。

戴　维　舒　莉

2015 年 6 月

目　　录

封面照片说明　山西交城义望铁合金公司四分厂外景

封底照片说明　铁合金炉渣热兑

彩页1　铁合金原料处理和矿热炉

彩页2　铁合金冶炼车间

彩页3　资源和热能利用

彩页4　粉铬矿球团直接还原

彩页5　铁合金冶炼设备

彩页6　冷凝炉衬

彩页7　环境保护

彩页8　澳大利亚锰矿

1 铁合金冶金概论

1.1 铁合金的应用和发展趋势

多数铁合金是由合金元素与铁组成的。由于生产工艺和市场用途相近,人们也把金属硅、金属铬、金属锰列入铁合金范畴。铁合金主要用于钢铁工业,钢铁工业的发展带动了铁合金生产的技术进步。

1.1.1 钢铁工业的技术进步对铁合金要求的变革

近年来传统的炼钢技术逐渐被环保、节能的先进炼钢技术取代。先进的炼钢精炼技术实现了高纯度洁净钢的生产,大大改善了钢材的性能。钢铁工业的技术进步正在对铁合金的品种和质量产生巨大冲击。

图 1-1 为典型现代炼钢工艺流程[1]。在这一流程中转炉和电炉的主要作用是熔化钢水和脱碳。钢水的调质和合金化是在炉外精炼阶段完成的。通过炉外精炼去除了钢水中大部分氢和氮,使非金属夹杂含量降到极低水平,并使夹杂物形状和成分发生改变。通过对钢水夹杂物和化学成分精准控制,可以实现对钢产品性能的严格控制。

钢水炉外精炼的主要内容有:

(1) 炉外钢水温度调整;

(2) 真空处理脱氢和脱碳;

(3) 合成渣深脱硫和脱磷;

(4) 脱氧和合金化;

(5) 吹氩搅拌和渣洗净化钢水去除非金属夹杂物;

(6) 钙处理实现夹杂物变性。

铁合金在炼钢中的最主要功效是脱氧、合金化和夹杂物变性。由于铁合金的添加多在钢水连铸前的炉外精炼中完成,铁合金中的杂质元素和非金属夹杂物大部分留在了钢中。因此,现代炼钢工艺对铁合金的质量要求更高。

钢水炉外精炼的采用大大提高了铁合金元素利用率,同时也对铁合金的品种、纯净度、成分均匀稳定性、粒度均匀性、非金属夹杂物含量提出了越来越高

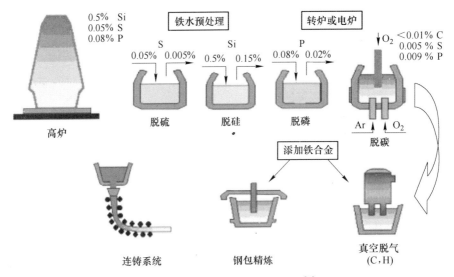

图 1-1 典型现代炼钢工艺流程[1]

的要求。为了生产高清洁度、高均匀性、超细组织和超高精度的钢材产品,铁合金产品质量必须满足更严格的要求。

控制钢中的非金属夹杂物的性状和组成可以显著改变钢的力学性能。现代炼钢技术可以制造夹杂物含量低于 50ppm 的钢,铁合金中存在的夹杂物含量过高将直接影响钢的质量和指标。铁合金产品和工艺的技术进步与钢的品级更新和质量优化密切相关。铁合金品种和质量的改进也会带来铁合金利用效率的提高,从而降低炼钢成本。

在钢铁冶金中使用铁合金的一般规律和要求是:

(1) 元素回收率最高;

(2) 带入的杂质含量最少;

(3) 由铁合金生成的氧化物、硫化物等非金属夹杂数量最少;

(4) 不会造成钢水或铁水温度波动;

(5) 对工艺流程不会产生不利影响。

未来钢铁技术发展对铁合金的质量需求方向是:

(1) 低杂质含量、低夹杂物的清洁铁合金;

(2) 将铜、锡、砷、锑等痕量元素控制在较低水平;

(3) 优化铁合金品种,开发复合脱氧合金及新型合金;

(4) 铁合金块度均匀,满足运输和使用过程中机械化、自动化的要求;

(5) 强度高、粉率低;

(6) 降低元素偏析,合金元素含量控制在更小的范围内。

1.1.2 合金元素的作用和铁合金产品设计

几乎所有合金元素都是以铁合金的形式加入钢水中的。合金元素在钢中主要以固溶体、渗碳体或碳化物的形式存在。此外，钢中还有氮化物、金属间化合物存在。合金元素通过改变金属晶粒组织和结构使材料性能达到特定的要求。采用现代炼钢工艺生产的低合金高强度钢和微合金化钢的含碳量非常低。在这些钢种中铁合金加入数量并不大，但合金元素的作用却十分显著。表 1 - 1 给出了典型钢种中主要合金元素对钢性能的作用和需要的铁合金。

表 1 - 1　钢中合金元素的作用和需要的铁合金

合金元素	合金元素对钢性能的主要作用		铁合金	典型钢种
	积极作用	消极作用		
Si	提高抗拉强度和屈服强度；提高弹性和耐腐蚀性；降低硅钢铁损；增加磁感应强度	对焊接性能不利	75% 硅铁	弹簧钢、耐候钢
			高纯硅铁	硅钢
Mn	强韧性元素，增加钢的强度、硬度、耐磨性，提高淬透性，改善热加工性	降低耐蚀性，含量高时焊接性差	高碳锰铁	高锰钢、耐磨铸钢
			硅锰合金	桥梁钢、船板钢
			精炼锰铁	不锈钢、管线钢等
Ni	扩大奥氏体区，提高低温强度和韧性，增加抗腐蚀性，改善加工性		镍铁	不锈钢、耐热钢、钻杆钢、焊丝钢、工具钢
Cr	提高耐热性、耐腐蚀性和抗氧化性，提高强度、硬度和高温力学性能	提高回火脆性	高碳铬铁	不锈钢、轴承钢、耐热钢
			精炼铬铁、金属铬	锅炉管钢、油井管钢
Mo	提高强度、增加耐热性和高温强度。	发生石墨化倾向	钼铁	锅炉钢、轴承钢、不锈钢
V	细化晶粒、析出碳化物和氮化物、改善强度、韧性、焊接性		钒铁	合金钢、建筑钢、船板钢、容器钢
Nb	易与 C、H、O 结合，细化晶粒，改善钢材的韧性和强度		铌铁	管线钢、建筑钢、不锈钢、IF 钢、冷轧板
Ti	细化晶粒，提高深冲性能和高温热强度，改善焊接性		钛铁	汽车板钢、锅炉管钢、不锈钢、耐热钢
稀土	改善钢的韧性、焊接性、冷加工性		稀土硅铁	轨道钢、硬线钢
W	提高热硬性高温强度和抗氢性能		钨铁	工具钢、模具钢、耐热钢

表 1 - 2 列出了铁合金元素在炼钢中的应用特性。这些特性决定了铁合金添加方法和数量等工艺条件。

表 1-2　铁合金元素在炼钢中应用特性[2]

元　素	与氧的亲和力	对钢结构的影响	元素回收率	产生夹杂物的趋势
Si	大	强化铁素体	高	高
Al	大	细化晶粒	低	高
Ti	大	形成碳化物	低	高
Mn	中	扩大奥氏体区稳定碳化物	中	中~高
Cr	中	扩大铁素体区	中	中
V, Nb	中	生成氮化物、细化晶粒	高	低
W, Mo	小~中	生成碳化物	高	低
Ni	小	扩大奥氏体区	高	低

合金中同时存在两个或两个以上脱氧元素有利于脱氧产物的成核、长大，也有利于非金属夹杂物的变性作用，减少夹杂物数量。复合脱氧剂的脱氧能力比纯元素的脱氧能力大得多，使用复合脱氧剂会提高铁合金元素的利用效率。

炼钢工艺的技术进步对铁合金产品品种和质量提出了更严格的要求。铁合金产品的开发和设计，是炼钢工程师和铁合金工程师共同担当的责任。

每一钢种对其合金和杂质元素含量都有一定要求。现代炼钢技术需要根据钢种质量需求开发各种不同品级和成分的铁合金。例如，硅钢要求使用低钛的纯净硅铁；轴承钢要求使用低钛铬铁；微合金化的超低碳钢要求开发低硼含量的硼铁合金。

硅和铝可以稳定合金中的碱土元素和稀土元素，是重要的复合铁合金的主元素。硅系复合铁合金有稀土硅铁、硅钡合金、含锶硅铁、硅钙钡合金等；铝系复合脱氧剂有铝铁、硅铝铁、硅铝钡、硅铝钡钙、铝硅锰、铝锰铁、铝锰钛铁等。用于脱氧和炉外精炼的复合铁合金见表 1-3。

表 1-3　用于脱氧和炉外精炼的复合铁合金

元素	作　用	铁合金
Al	合金变性剂、细化晶粒、提高韧性	铝系复合脱氧剂
Ba	强脱氧能力	硅钙钡、硅铝钡
Ca	强脱氧剂、夹杂变性剂	硅钙、硅钙钡、包芯线
Sr	降低非金属夹杂物尺寸和数量	含锶硅铁
稀土	强脱氧能力、提高韧性、提高抗蚀性	稀土硅铁

合金元素对钢的各种力学性能可能有积极作用，也可能起着消极作用。铁合金不仅是有用合金元素的主要来源，也是引进钢水的杂质元素的来源。在铁合金产品设计上需要关注各种主合金元素与杂质元素之间含量的平衡。

铁合金杂质含量控制与铁合金生产工艺密切相关。大多数铁合金杂质元素来自原料，少数来自冶炼过程。通过精炼处理提纯净化铁合金，将成为铁合金生产工艺技术开发的重要方向。

铁合金和炼钢过程合金元素回收率直接影响产品质量和生产的经济性。炼钢技术的发展推动了铁合金的合金成分和添加方式的改进。表 1-4 为铁合金生产和炼钢过程中元素回收率和利用率。

表 1-4　铁合金生产和炼钢过程中元素回收率和利用率　　　　　（%）

合金元素	铁合金生产工艺回收率	炼钢工艺利用率
Mn	80 ~ 87	90 ~ 95
Cr	80 ~ 91	>95
Ni	90 ~ 95	>97
Al	金属硅和硅铁：60 ~ 70	约 75
Si	硅铁：85 ~ 92，其他硅合金：55 ~ 67	约 90
Ca	硅钙合金：60 ~ 70，硅铁：50	约 80
Cu	>95	约 97
W	>97	>95
Mo	>98	>95
Nb	约 85	约 90
V	90 ~ 96	约 90
Ti	64 ~ 66	50 ~ 60
B	50 ~ 67	约 50
S	碳热法：1 ~ 20，硅热法：<5	约 100
P	碳热法：50 ~ 90，硅热法：70	约 80
N	氮化工艺：70	约 70

由表 1-4 可以看出，在炼钢工艺中大部分合金元素，特别是杂质元素，进入钢水的比例很高。为了保证钢水质量，必须严格控制铁合金中杂质元素含量。

1.1.3　钢铁生产对铁合金质量的要求

钢铁生产对铁合金的新要求是合金含量高纯化、杂质含量最低化、合金粒度均匀化。现在炼钢工艺除了对铁合金中的磷硫含量有严格要求外，还对铁合金中的其他痕量元素含量、夹杂物含量提出要求。下游行业和生产工艺对铁合金质量的要求主要有：主元素含量和范围的要求、杂质元素含量要求、气体含量要求、对夹杂物的要求、对合金粒度或块度及粒度分布的要求、对合金强度或耐磨性能的要求等。

1.1.3.1 对铁合金纯净度的要求

优质钢对钢水的清洁净度有严格规定。为此，要求铁合金的纯净度必须与之适应，实现残余元素最小化。超细晶粒结构的微合金钢要求钢中碳、氧、硫、氢、氮的总和不大于 150ppm，宝钢规定纯净钢中杂质元素含量总和不大于 80ppm，这就要求铁合金的纯净度与之相适应。IF 钢（超低碳钢）的生产要求使用低碳、低氧、低铝的钛铁，越来越多的钢种需要杂质含量更低的纯净铁合金产品。纯净铁合金的质量要求包括对杂质元素含量要求、对气体含量要求、对非金属夹杂物含量要求等。表 1-5 给出了铁合金中主要杂质元素的危害作用。

表 1-5 铁合金中杂质元素对钢的危害作用

杂质元素	对钢材质量的危害
P	增加冷脆性，降低塑性和焊接性能
S	增加热脆性，降低延展性和韧性，降低耐腐蚀性
Pb	降低塑性和抗冲击性
As	增加脆性，降低韧性和塑性
Bi	降低塑性，增加脆性
Sn	降低加工性和高温强度
Sd	降低强度，增加脆性
Cu	增加脆性，降低塑性
Al	降低电工钢磁导率
Ti	降低轴承钢寿命，降低电工钢导磁性
N	降低韧性和塑性，形成裂纹、疏松
H	产生氢脆，降低韧性和塑性，形成裂纹、白点
O	形成非金属夹杂物，降低强度

杂质元素的有害作用程度因其用途和铁合金品种而有所区别。有的杂质元素对某一用途是有害的，而对另一用途则是有益的。如硅铁中的铝对电工钢是有害的，但对于作为硅热法还原剂的用途是有益的。有些杂质元素在钢水中的溶解度很低，如铅、铜在冶炼过程会从钢水中偏析或分离，对炼钢工艺过程造成危害，铅在炼钢炉中积聚会导致漏炉。表 1-6 列出了优质钢对杂质含量和夹杂物数量的要求。

表 1-6 优质钢对杂质和夹杂物含量要求

钢　种	对杂质元素含量要求	对夹杂物的要求
帘线钢	$[N] < 40ppm$，$[H] < 2ppm$，$[O] < 30ppm$， $[Al] < 10ppm$，$[S] < 0.015\%$，$[P] < 0.015\%$ $\Sigma([Cr] + [Ni] + [Cu]) < 0.15\%$，$[Sn] < 0.003\%$	可变形夹杂物：$< 30\mu m$ 不可变形夹杂物：$< 10\mu m$

钢 种	对杂质元素含量要求	对夹杂物的要求
阀门弹簧钢	$[N] < 40ppm, [H] < 2ppm, [O] < 30ppm,$ $[Al] < 40ppm, [S] < 0.008\%, [P] < 0.015\%,$ $\Sigma([Cr] + [Ni] + [Cu]) < 0.15\%, [Sn] < 0.003$	可变形夹杂物: $< 20\mu m$
轨道和车轮钢	$[H] < 2ppm, [O] < 20ppm, [Al] < 40ppm,$ $[S] < 0.01\%, [P] < 0.01\%,$ $\Sigma([Cr] + [Ni] + [Cu]) < 0.15\%$	可变形夹杂物: $< 20\mu m$
轴承钢	$[H] < 2ppm, [O] < 10ppm, [S] < 0.01\%,$ $[P] < 0.01\%, [Ti] < 15ppm, [Ca] < 5ppm$	不可变形夹杂物: $< 15\mu m$ 球形夹杂物:AlCa
IF 钢	$[C] < 30ppm, [N] < 40ppm,$ $[O] < 40ppm, [S] < 0.01\%$	所有夹杂物: $< 100\mu m$
电工钢	$[C] < 40ppm, [S] < 0.001\%, [H] < 2ppm,$ $[O] < 15ppm, [N] < 90ppm, [Al] = 120ppm,$ $[Ti] < 15ppm, [Cr] < 0.03\%, [Ni] < 0.03\%,$ $[Ca] < 2ppm$	所有夹杂物: $< 25 \sim 30\mu m$, 抑制剂:MnS,AlN 10 ~ 100nm
管线钢	$[H] < 2ppm, [O] < 15ppm, [N] < 35ppm,$ $[S] < 0.008\%, [P] < 0.008\%,$ $\Sigma([Cr] + [Ni] + [Cu]) < 0.15\%, [Sn] < 0.003\%$	可变形夹杂物: $< 100\mu m$, 硅酸盐,MnS,AlCa

在现代炼钢工艺中铁水脱硫和脱磷工序是在铁水预处理阶段完成的，后期加入的铁合金所带入的磷、硫将无法去除。因此，炼钢炉外精炼阶段加入的铁合金中杂质超标就可能使整炉钢水性能变坏。除了对磷、硫、碳等成分严格要求外，钢种对铁合金中的钛、铝、氮、氢、氧、锡、锑、铅、砷、铋等均有严格规定。为避免造成残余元素控制超标，需要全面控制铁合金的残余元素含量。

不同钢种对铁合金中的杂质元素含量都有特殊要求。在电工钢生产中，沉淀在晶粒边界的 TiO_2 会阻碍退火处理过程中晶粒长大，为保证电工钢质量，要求使用低钛的高纯硅铁。用于寒冷地区的管线钢要求硫含量低于50ppm。有些钢种对硅锰合金中残余铌、硼、钛含量要求很严。铁合金中铅、砷、铋等五害元素会进入钢中直接影响钢坯轧制，必须严加控制。

1.1.3.2 合金元素的均匀性

高端钢铁产品对元素含量范围有严格要求，要求炼钢中对元素精准控制。对于洁净钢生产，特别是超低碳IF钢的生产，铁合金成分的均匀性是质量保证限制性因素之一。每100t钢水铌、硼等铁合金元素加入量分别为5kg和0.4kg。0.002%的含铌量或0.0001%的含硼量变化都会使IF钢的力学性能发生巨大变化。薄板坯连铸技术要求钢水化学成分准确控制在更窄的化学成分范围之内。因此，炉外精炼加入的铁合金元素含量范围也需要加以控制，以保证钢水的铸造性能和成品质量。成分不均匀的铁合金会给炉外精炼工艺条件带来诸多变动因素。使用合金元素含量波动范围小的铁合金，可以显著提高合金效率，降低炼钢成本。

优质钢合金用量大、成分要求严格。例如：高牌号硅钢成品硅含量要求为3%，在真空处理中要求加入硅铁一次命中。硅铁成分1%的偏差就会带来钢水成分0.03%的波动，只有精确控制铁合金元素含量才能确保钢水成分稳定、成品性能均一。

IF 钢要进行微硼处理。合金含量过高无法实现精准控制，这就要求开发低硼含量的硼铁。

铁合金成分的均匀性主要体现在供货批中主元素含量高低的差异。铁合金产品标准对主元素含量范围做出了明确规定：硅铁标准允许3%的硅含量组批交货；锰铁标准中散装锰铁组批按锰含量不大于3%波动范围内的同牌号、同组级的归为一批交货，袋装产品按锰含量不大于2%波动范围内的同牌号、同组级进行组批。硅锰合金中锰含量波动在4%范围内的同牌号、同组级归为一批交货。但在铁合金贸易中用户往往要求供货批中主元素含量的偏差要小。

按照75%硅铁国家标准，硅含量大于72.0%为合格产品，但在使用上含量波动范围在5%，会使硅钢的硅含量波动0.15%，直接影响电工钢的各种性能。而在冶炼铁合金方面，硅铁含量相差1%，冶炼电耗相差100kW·h/t。在冶炼精炼锰铁方面，锰含量相差1%，生产成本可能相差达百元以上。因此，无论从生产厂家还是从用户方面，把主元素控制在合理范围都是重要的。

造成炉次间和批次间铁合金成分偏差的原因很多，矿石主元素含量的偏差和冶炼条件变化，是导致同一电炉生产的产品成分波动大的原因。稳定原料条件和冶炼操作，是维持铁合金成分均匀性的基本保证。大规模工业生产中硅锰合金的硅、锰含量的绝对偏差均可以控制在2%以内。

1.1.3.3 降低气体含量

铁合金中的气体会被带入钢水，并对钢水质量产生恶劣影响。铁合金中吸附或化合的水会使钢水增氢，导致钢材脆性和应力腐蚀。过剩氮含量会引起钢材加工后的时效硬化，还会引起焊接的韧性恶化。许多钢种要求气体含量低于150ppm，管线钢要求钢水中含氮量低于40ppm，汽车用超深冲 IF 钢要求含氮量低于25ppm。为了保证焊接热影响区的韧性及降低浇注缺陷，船板钢中含氮量应低于30ppm。钢中氮的去除比较困难，主要依靠降低钢水原始含氮量，避免合金增氮。铁合金中的气体含量与品种和生产工艺有关。铁合金中的气体含量普遍比钢水高，硅铁中的含氮量小于0.005%，而锰铁中的含氮量大于0.02%。为了满足钢铁工业的要求，需要对铁合金中的气体含量加以控制，并开发低氮铁合金。

1.1.3.4 对非金属夹杂物的要求

钢中夹杂物含量直接影响钢材的力学性能。有些钢种，如子午胎帘线钢、某些弹簧钢、轴承钢和轮毂钢等，对夹杂物要求十分严格，例如帘线钢中夹杂物不得大于 $10\mu m$。钢水中的夹杂物有内生夹杂和外来夹杂之分。铁合金是外来夹杂物的主要来源。铁合金中存在的高熔点的非金属夹杂物在钢水炉外精炼中难以排除。例如，锰铁中含有的 MnO – MnS – SiO$_2$ 夹杂物，高碳铬铁中含有的 TiC 夹杂物、尖晶石夹杂物，都在钢水炉外精炼中无法去除。因此，炼钢工艺对铁合金中的非金属夹杂物含量和夹杂物的熔点有具体要求。

1.1.3.5 对合金块度和强度要求

现代冶金工艺自动化程度很高，块度过大或过小直接影响铁合金输送和添加。块度过大的铁合金会导致料仓堵塞。在极其个别的情况下，运输过程产生的金属块碰撞和金属粉尘飞扬会导致合金燃烧和金属粉尘爆炸。

为了得到块度适中的铁合金产品，许多铁合金工厂建设了铁合金成品破碎系统。铁合金机械破碎的问题是粉末率过高会影响产品制造成本。机械破碎锰铁制取粒度小于 50mm 的合金块时，筛下的小于 10mm 合金粉比例高达 20%。铬铁等强度大的铁合金对破碎设备损坏严重。

铁合金中粉料过多或强度差，会影响用户的生产环境及合金的收得率。炼钢过程采用电解金属锰压块方式加入钢水，锰的收得率比电解锰片提高 5% ~ 6%。直接将铁合金浇注成合金颗粒，已经成为铁合金制造工艺技术进步的重要目标。

1.2 铁合金的结构

铁合金是铁与多种金属和非金属元素组成的合金。还原过程将碳、硅和杂质元素与主元素一起带入铁合金。在铁合金的质量特性方面化学元素含量始终占主导地位，因为这直接影响下游产品的成分和性能。

冶金学对铁合金的金相结构研究工作比较少。作为炉料产品，铁合金的金相组织不会直接影响其使用，但从冶金、加工工艺和物流方面考虑，铁合金的金相结构对合金中的杂质含量，铁合金的强度、破碎性和耐磨性有很大影响。例如液态金属在冷凝过程发生的相变会改变铁合金的力学性能，也会改进铁合金的纯净度。

大多数合金相图是通过试验或利用热力学和试验数据通过计算得到的。通过研究合金相图，可以得到在生产过程中合金成分、结构和性能变化的规律。

1.2.1 铁合金中的物相

在矿物中大多数铁合金元素总是与铁共生。碳是还原生产大宗铁合金的主要还原剂。因此，研究铁合金中的相结构总是离不开铁和碳。

铁、锰、铬、硅等元素有多种同素异形体，在同素异形转变中各种元素的物理性能发生相应改变。

铁合金元素之间、铁合金元素与非金属元素间有多种化合物和固溶体。许多铁合金在冷却过程中会发生共晶反应或包晶反应，这些相变反应产生了金属间化合物和固溶体。在合金冷却过程中，元素在固溶体中的溶解度会发生变化，改变冷却速度会影响固溶体中的残留元素含量。

液态合金在冷却和凝固过程中会发生一系列相变和反应。合金相图反映出了熔化温度、凝固时合金成分、金相结构变化的规律。

固态合金中存在的相的数量是由相律所决定的。在多元系中系统的平衡状态下，不考虑气相存在时，系统的自由度 F、组元数 C、相数 P 存在着如下关系：

$$F = C + 1 - P$$

式中的自由度有温度、组元成分。在二元系中，自由度为 0 时，3 个相可以共存。此时，温度和组元成分均为定值。

铁合金相图提供的合金熔化温度数据是制定铁合金生产工艺的依据。利用合金相图可以确定液态铁合金的凝固途径、凝固温度，哪些相首先从液相中生成，相中存在的元素和数量等。相图研究可用于了解铁合金的结构、合金元素含量与相结构之间的关系，研究通过调整合金成分和生产工艺改变铁合金的金相结构，研究利用凝固过程的相变提纯金属。在太阳能电池生产中，利用金属硅的结构变化采用相分离技术实现高纯金属硅的净化。

在实践应用中，相图反映的是平衡状态下各组元存在的物理状态，相图无法给出相变动力学的信息。现实中有些金属相的转变速度很慢，观察到的物相组成未必完全达到平衡条件。例如，凝固的合金中实际形成的相可能远偏离相图预测。由于相变导致的合金粉化过程可能会持续几天甚至数月。

在铁合金生产中人们最为关心的二元系有 Fe – Si 系、Fe – Cr 系、Fe – Mn 系、Fe – Ni 系、Si – Ca 系等，三元系有 Fe – Mn – Si 系、Fe – Cr – Si 系、Fe – Si – Ca 系等。C 为最主要的合金和杂质元素，Mn – C 系、Cr – C 系、Fe – Mn – C 系、Fe – Cr – C 系、Fe – Mn – Si – C 系、Fe – Cr – Si – C 系也是研究重点。

铁合金的显微结构会影响铁合金的性能。铁合金中不同金属相的强度和硬度有所差别，铁合金的金相组织直接影响其破碎性。晶粒大的合金相对比较容易破碎。按铁合金凝固过程的温度 – 时间曲线控制金属温度变化可以改变铁合金的晶粒大小，从而改善其破碎性能。

1.2.2 Fe – Si 系

Fe – Si 二元系是铁合金冶金理论中最重要的二元系。图 1 – 2 为 Fe – Si 二元系相图[3]。在常温下稳定的固相是：FeSi、FeSi$_2$ 和 Si。FeSi 的形态是 ε 相固溶体。在 955℃ 以上至熔化温度，固溶体 ε、ζ$_α$ 相和 Si 是稳定的相。

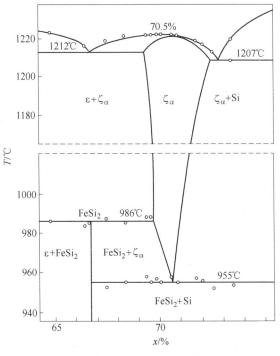

图 1-2 Fe-Si 系相图

45% 硅铁、75% 硅铁和金属硅是主要的硅铁产品。硅铁生产最为关注的 Fe-Si 系区域分别是含硅量为 45% 的区域，含硅量为 75% 的区域和 Si > 98% 的区域。含硅量为 50%~60% 的区域是容易出现粉化的硅铁区域。这四个区域的金属在凝固过程发生的主要相变见表 1-7。

表 1-7　Fe-Si 系凝固时的相变[3]

含硅量/%	凝固时的相变
约 45	(1) 液相冷却到 1350℃ 以下开始出现 ε 相，液相与 ε 相共存
	(2) 在 1212℃ 时，液相和 ε 相共晶转变为 ε 和 ζ$_α$ 相
	(3) 在 1212℃ 和 986℃ 之间，部分 ζ$_α$ 相转变为 ε 相，两相共存
	(4) 在 986℃ 时，部分 ε 相和 ζ$_α$ 包晶转变为 FeSi$_2$ 和 ε 相，两相共存
50~54	(1) 液相冷却到 1220℃ 以下，开始出现 ζ$_α$ 相，液相与 ζ$_α$ 相共存
	(2) 在 1212℃ 时，液相和 ζ$_α$ 相共晶转变为 ε 和 ζ$_α$ 相
	(3) 在 1212℃ 和 98℃ 之间，部分 ζ$_α$ 相转变为 ε 相，两相共存
	(4) 在 986℃ 时，ε 相和 ζ$_α$ 相包晶转变为 FeSi$_2$，FeSi$_2$ 和 ζ$_α$ 相共存
	(5) 在 955℃ 时，ζ 相析晶转变为 FeSi$_2$ 和 Si，两相共存

含硅量/%	凝固时的相变
约 75	(1) 液相冷却到 1350℃ 以下，开始出现 Si 相，液相与 Si 相共存 (2) 在 1207℃ 时，液相和 Si 相共晶转变为 Si 和 ζ_α 相 (3) 在 1207℃ 和 955℃ 之间，部分 ζ_α 相转变为 Si 相，Si 和 ζ_α 相共存 (4) 在 955℃ 时，ζ 相共析转变为 $FeSi_2$ 和 Si 相，两相共存
约 100	液相冷却到 Si 的熔点 1414℃ 时，开始出现固相，直至液相全部转变为固相

在 FeSi - Si 系中，固溶体 ζ_α - $FeSi_2$ 和 ε - FeSi 相分别在 1410℃ 和 1220℃ 析出。在 955℃ 以上，ζ_α 固溶体是稳定的，称之为 α - $FeSi_2$ 或 ζ_α - $FeSi_2$。在冷却到 955℃ 时，α - $FeSi_2$ 分解成生成 Si 和 β - $FeSi_2$，即 ζ_β - $FeSi_2$。

$FeSi_2$ 生成的反应式为：

$$\zeta_\alpha \longrightarrow FeSi_2 + Si$$

这一相变导致体积膨胀 0.6%，相变热为 30kJ/kg $FeSi_2$。

ε - FeSi、ζ - $FeSi_2$ 和 Si 的密度差别很大，在冷却过程中铁水会发生偏析。杂质元素在这几个相中的溶解度也有一定差别，也是出现偏析的原因。

在浇注时，硅铁冷却速度很快，α - $FeSi_2$ 不会立即发生相变而维持其结构直至完全凝固。而后，α - $FeSi_2$ 会缓慢转变成 β - $FeSi_2$。由于二者密度差别，相变会导致硅铁锭出现冒瘤和硅铁粉化。残留在固溶体中的磷、铝、钙等杂质会加剧硅铁的粉化。

75% 硅铁中的磷含量与显微结构有关。试验表明：块状的 75% 硅铁中，PH_3 逸出量为 40 ~ 60cm³/kg，是粒化硅铁的气体逸出量的 10 ~ 20 倍。对硅铁的显微组织分析表明：常规 75% 硅铁中，磷化物夹杂的粒径为 10 ~ 50μm，而粒化硅铁的显微组织中未发现磷化物，发生粉化的数量较少。可见快速凝固的硅铁使溶解在硅金属相中磷无法以磷化物的形式析出。这大大减少了 PH_3 生成的机会，使其不会对硅铁脆性有任何影响。

对金属硅的下游产业而言，金属硅的结构和相组成直接影响有机硅和多晶硅的生产。对金属硅的金相鉴定用于研究杂质元素在多晶硅提纯工艺中所起的作用。金属硅中的金属化合物对三氯氢硅法生产多晶硅的工艺（西门子工艺）有重要影响。金属硅中的铝和铁降低氯化反应起始温度，而钙可以提高这一温度。显微分析表明：Al_2CaSi_2 会影响硅晶粒的表面积大小，从而会提高反应温度。在 HCl 气氛中，$FeSi_2$ 呈现了惰性。

1.2.3　Fe – Mn 系

表 1 -8 列出了锰铁中主要的金属相。

表 1 - 8　锰铁中的主要物相

铁合金	固态相	碳存在状态
高碳锰铁	$\alpha-(Mn,Fe)$, Mn_3C_2, 石墨	石墨/Mn_7C_3
中碳锰铁	$\alpha-(Mn,Fe)$, $Mn_{23}C_6$	未饱和碳
低碳锰铁	$\alpha-(Mn,Fe)$, $Mn_{23}C_6$	未饱和碳
微碳锰铁	$\alpha-(Mn,Fe)$	未饱和碳
中碳硅锰	Mn_5Si_3, Mn_7C_3, $Mn_{23}Si$, SiC	SiC/Mn_5Si_3
低碳硅锰	$MnSi$, Mn_5Si_2, SiC	$SiC/MnSi$

锰有四个同素异形体，在相变温度发生同素异形转变。锰的稳定相温度范围见表 1 - 9。

表 1 - 9　锰的同素异形体稳定温度范围

相变	$\alpha-Mn \leftrightarrows \beta-Mn \leftrightarrows \gamma-Mn \leftrightarrows \delta-Mn \leftrightarrows$ 液 - Mn				
稳定相	$\alpha-Mn$(cbcc)	$\beta-Mn$(cub)	$\gamma-Mn$(fcc)	$\delta-Mn$(bcc)	液相
温度范围/K	290 ~ 980	980 ~ 1360	1360 ~ 1411	1411 ~ 1519	1519 ~ 2343

在锰铁成分范围内，铁溶于 $\alpha-Mn$、$\beta-Mn$、$\gamma-Mn$、$\delta-Mn$ 形成固溶体。

温度为 727℃ 时，存在 $\beta-Mn$ 向 $\alpha-Mn$ 的相变过程。$\beta-Mn$ 向 $\alpha-Mn$ 转变的完善程度对铁合金的破碎强度有较大影响。通过改善相变条件可以显著减少锰铁破碎的损失率。

锰与大多数金属和合金一样在相变中倾向于过冷。在冷却速度为 40℃/min 时，纯锰熔体过冷度为 $\Delta t = 90$℃。锰的所有同素异形体凝固过程相转变温度趋向于存在温度区间较低值，见表 1 - 10。

表 1 - 10　金属锰在加热和冷却过程的相变温度

相变过程	$\alpha-Mn \leftrightarrows \beta-Mn$	$\beta-Mn \leftrightarrows \gamma-Mn$	$\gamma-Mn \leftrightarrows \delta-Mn$	$\delta-Mn \leftrightarrows L-Mn$
加热温度/℃	742	1093	1133	1245
冷却温度/℃	550	977	1035	1150

图 1 - 3 为 Fe - Mn - C 系相图。金属锰和精炼锰铁中，碳没有饱和。合金的熔体所形成的初始相仅 $\gamma-(Mn,Fe)$。凝固过程的相变反应是 $\gamma-(Mn,Fe)$ 到 $\alpha-(Mn,Fe)$ 的转化。在中碳锰铁和低碳锰铁凝固过程中，伴随有 $(Mn,Fe)_{23}C_6$ 的沉积。中碳锰铁和低碳锰铁中最终存在的相为 $\alpha-(Mn,Fe)$ 和 $(Mn,Fe)_{23}C_6$。金属锰和超低碳 FeMn 在常温仅有 $\alpha-(Mn,Fe)$ 相存在。

在 1306℃ 以上时，高碳锰铁熔体与石墨共存，此时碳的饱和浓度为 25%（摩尔分数）。凝固从石墨相区内开始，在 C/Mn_7C_3 共存线稍上并向此线移动。过饱和熔体中的过剩碳以石墨形式析出。由于石墨密度为 2.2g/cm³，比熔体的

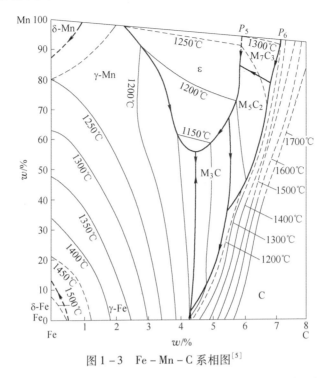

图 1-3 Fe-Mn-C 系相图[5]

密度（约 7g/cm³）小得多，故析出的石墨会浮到熔体上部。假设石墨不参加随后的任何反应，初始相 (Mn，Fe)₇C₃ 生成温度低于 1306℃，凝固过程直至 (Mn，Fe)₅C₃、ε-(Mn，Fe)₃C 和 (Mn，Fe)₃C/γ-(Mn，Fe) 共存线。

图 1-4 为计算的 Mn-Fe-Si-C 系相图。该图显示了在石墨和碳化硅稳定区域不同温度下，平衡相关系和碳的溶解度。

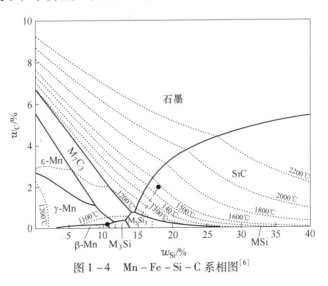

图 1-4 Mn-Fe-Si-C 系相图[6]

在1224℃以上，中碳硅锰熔体与SiC共存。此时，碳的饱和浓度为3.4%。凝固过程从SiC相区内开始，并向SiC/Mn_5Si_3共存线移动。碳过饱和熔体中的碳以SiC形式析出来，其密度（$3.22g/cm^3$）较熔体密度（$6g/cm^3$）小，故SiC会上浮。初始相$(Mn, Fe)_5Si_3$形成于1224℃以下，此后的凝固途径通过$(Mn, Fe)_5Si_3$相区到达$(Mn, Fe)_5Si_3/(Mn, Fe)_7C_3$共存线，并终止于$(Mn, Fe)_5Si_3/(Mn, Fe)_7C_3/(Mn, Fe)_3Si$包晶。除析出的SiC外，最终相组成为$(Mn, Fe)_5Si_3$、$(Mn, Fe)_7C_3$和$(Mn, Fe)Si$。

在1264℃以上时，低碳锰铁与SiC共存，碳的饱和浓度为0.4%。初始相为$(Mn, Fe)Si$，凝固从$SiC/(Mn, Fe)Si$共存线开始，终止于$(Mn, Fe)Si/(Mn, Fe)_5Si_3/SiC$包晶。最终相组成为$(Mn, Fe)Si$、$(Mn, Fe)_5Si_3$和SiC。

锰铁中的碳化物多以夹杂物的形态存在于金属结晶颗粒的晶界。析出的硅碳化合物组成见图1-5。

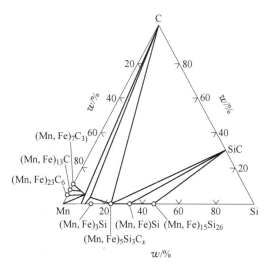

图1-5 Mn-Fe-Si-C系相平衡图[6]

1.2.4 Fe-Cr系

表1-11列出了铬铁中存在的主要金属相。

表1-11 硅铁、锰铁、铬铁中的主要物相

铁合金	固态相	碳存在状态
高碳铬铁	$(Cr, Fe)_7C_3$, $(Cr, Fe)_3Si$	$(Cr, Fe)_7C_3$
中低碳铬铁	$\alpha-Cr$, $(Cr, Fe)_{23}C_6$	$(Cr, Fe)_{23}C_6$
硅铬合金	$(Cr, Fe)Si_2$, $(Cr, Fe)Si$	SiC

图 1-6 为 Cr-C 系相图。图中给出了铬的主要碳化物的组成和熔点。

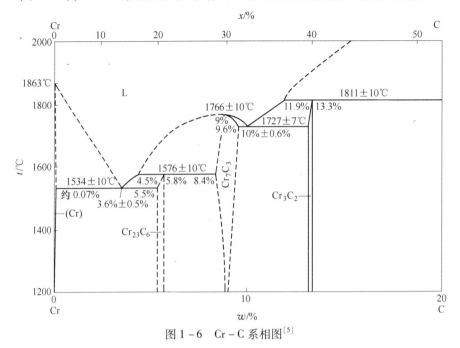

图 1-6　Cr-C 系相图[5]

图 1-7 为 Fe-Cr-C 系相图。当高碳铬铁的含碳量（4%）和含硅量（<0.6%）较低时，存在（Cr, Fe）$_{23}$C$_6$ 和 α 固溶体。随着碳含量的增加出现（Cr, Fe）$_7$C$_3$。

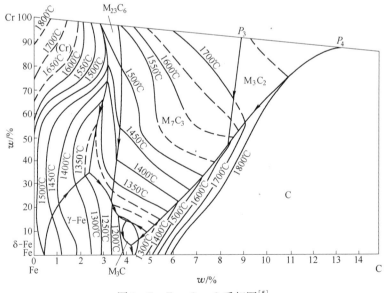

图 1-7　Fe-Cr-C 系相图[5]

图 1-8 为 Cr-Si 相图。硅和铬有多种化合物和固溶体。在体系中存在铁时会形成相应的取代化合物和固溶体。

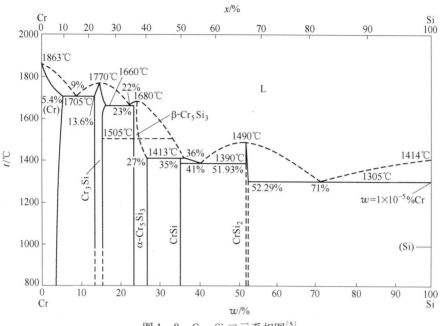

图 1-8 Cr-Si 二元系相图[5]

图 1-9 为 1600℃的 Cr-Fe-Si-C$_{饱和}$相图。图中给出了铬铁合金中饱和含碳量等浓度线。

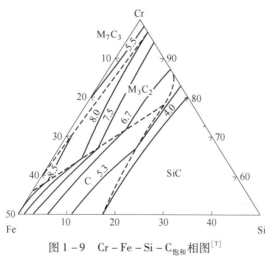

图 1-9 Cr-Fe-Si-C$_{饱和}$相图[7]

Cr = 100[Cr]/(100 - [C])；Fe = 100[Fe]/(100 - [C])；Si = 100[Si]/(100 - [C])

图 1-10 为 Cr-Fe-Si-C 系化合物分布图。碳在 Fe-Cr-Si 系的 α 固溶体的溶解度非常小，仅为 0.02% ~ 0.04%。

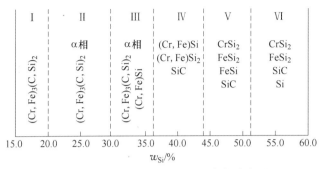

图 1 - 10 Cr - Fe - Si - C 系化合物分布图

在 Si < 20% 时合金主要是由 (Cr，Fe)$_3$(C，Si)$_2$ 组成。该相为 Cr$_3$C$_2$ 的取代固溶体。含 Si > 36% 碳主要以 SiC 的形态存在。而此时，SiC 为外来夹杂物。

铬的硅化物比其碳化物稳定。因此，在 Fe - Cr - Si 系中，随着硅含量的提高，碳含量下降。

1.2.5 Fe - Si - Ca 系

Si - Ca 系和 Fe - Si - Ca 系相图用于研究硅钙合金冶炼工艺。

图 1 - 11 为 Si - Ca 系相图。硅和钙有三种化合物，即 CaSi$_2$、CaSi 和 Ca$_2$Si。Ca < 23% 的硅钙合金冷凝时，首先析出的是针状硅结晶，在共晶点析出 CaSi$_2$。

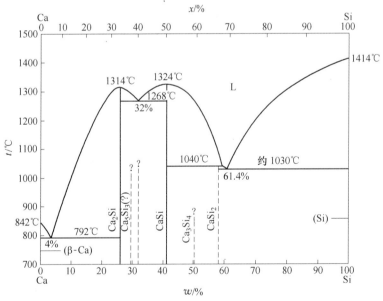

图 1 - 11 Si - Ca 系相图[5]

图 1 - 12 为 Fe - Si - Ca 三元系相图。钙与铁互不相溶，液态钙和铁分别溶于硅。因此，高温下两种液相共存。

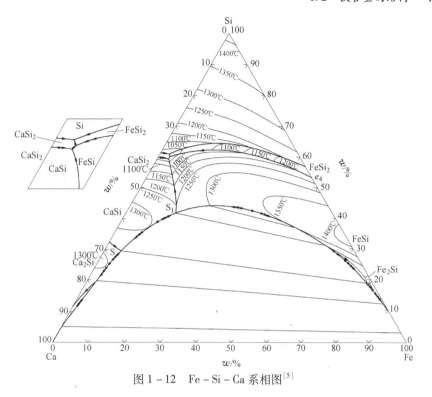

图 1 - 12　Fe - Si - Ca 系相图[5]

1.2.6　Fe - Si - Al 系

Fe - Si - Al 系相图是指导硅铝合金生产的重要工具。图 1 - 13 为 Fe - Al 二元系相图。铝和铁可以以任何比例互溶，形成多种金属间化合物和固溶体。

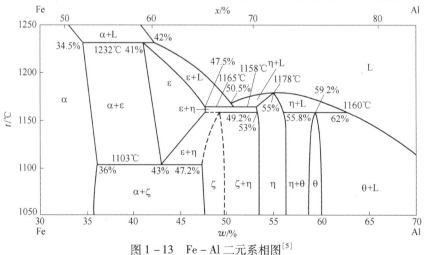

图 1 - 13　Fe - Al 二元系相图[5]

图 1 - 14 为 Al - Si 二元系相图。铝和硅之间没有金属化合物，在熔点温度以

上铝和硅可以以任何比例互溶，在共晶温度以下（577℃）铝和硅之间没有金属间化合物或固溶体。在金属硅结晶提纯中比较容易使铝与硅分离。

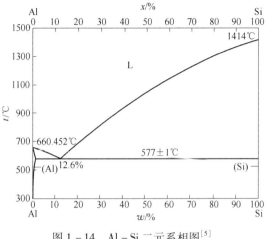

图 1 - 14　Al - Si 二元系相图[5]

图 1 - 15 为 Fe - Si - Al 三元系相图。铁与铝和硅可以形成多种金属间化合物。在冶炼硅铝合金中，铁的存在促进了铝和硅的还原。

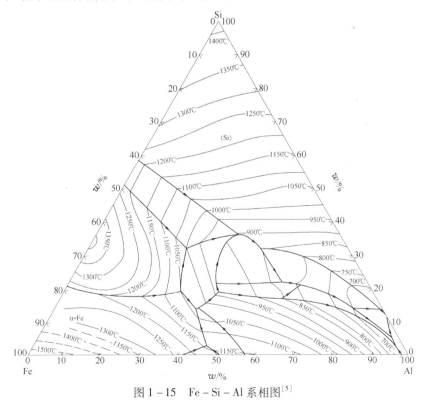

图 1 - 15　Fe - Si - Al 系相图[5]

1.3 铁合金的物理和力学性能

铁合金的物理性能与其化学元素含量和冶炼过程有关，但物理和力学性能往往并不是生产工艺的重点。铁合金的性能关系到铁合金的加工、运输和使用。通过调整合金成分和加工方式，可以改进铁合金的物理和力学性能以及下游用户使用方式。

铁合金的物理性质可以通过实验室测试得到。也有许多性质是由组成元素的性能与其组元含量推算出来的。

1.3.1 合金元素的物理性能

铁合金的主元素种类繁多，次要和杂质元素含量复杂。铁是组成铁合金的主要元素。硅、锰、铬是最常用的铁合金元素，大部分铁合金元素与铁的物理性能差别较大。铁合金物理性质在很大程度受到其组成元素性质的影响。合金元素物理性能主要有密度、熔点、蒸气压、表面张力等，见表1－12。

表1－12 铁合金元素的主要物理性能

性　能	固体密度 /g·cm⁻³	熔体密度 /g·cm⁻³	熔点/℃	沸点/℃	熔炼条件下蒸气压	
					温度/℃	Pa
Al	2.703	2.38	660.2	2200	1123	10
B	2.84		2300	2550	1489	10
Ca	1.55		850	1240	1487	100
Cr	7.14		1855	2469	1343	10
Fe	7.86	7.158	1539	2880	1602	10
Mg	1.74	1.57	651	1110	1600	6000
Mn	7.46	5.65	1244	2150	1020	10
Mo	10.2		2610	5563	2530	1
Ni	8.90	6.3	1455	3080	1688	10
P	1.83		44.1	280.5		1×10^5
Pb	11.337	10.30	327.4	1750	820	10
S	2.06	1.808	112.8	444.6		1×10^5
Si	2.328	2.54	1410	2630	1485	10
Ti	4.50		1660	3252	1543	1
V	5.96		1700	3000	1889	1
W	19.3		3410	5930	3600	1.33
Zn	7.14	6.70	419.45	907	908	1×10^5

图 1 - 16 给出了铁、锰、镍、钴金属熔体的密度和温度的关系。可以看出，金属熔体的密度随着温度的升高而降低。

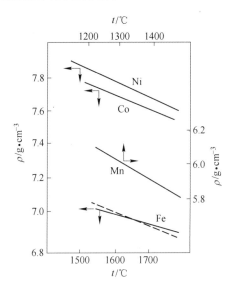

图 1 - 16 铁、锰、镍、钴金属熔体密度和温度的关系[5]

(箭头方向所示为该熔体性能的坐标系)

图 1 - 17 为铁合金元素的蒸气压与温度的关系曲线。由图 1 - 17 铁合金元素的蒸气压与温度的关系曲线看出，硫、锌、锶、钙、钡、铅、锰、钾、钠、镁、锂、铝是易挥发元素。

磷、锌等元素在冶炼温度蒸气压较高，冶炼中这些元素会发生气化进入烟尘。冶炼烟尘中呈现出磷、锌等杂质元素富集现象。

1.3.2 合金的性能与组成的关系

合金的物理性能与其组成有密切关系。

理想溶液的性能与组成的关系可以直接由其组成摩尔分数计算。理想溶液中合金元素的蒸气压 P_M 可以由其纯物质的蒸气压 P_M^0 和摩尔分数含量 x_M 计算出来：

$$P_M = x_M \cdot P_M^0$$

在实际应用中，铁合金的密度、蒸气压等物理性能可以由此简化计算。

合金元素之间的相互作用使合金性能偏离理想溶液。非理想溶液合金元素的蒸气压与其活度 a 或活度系数 γ 有关：

$$P_M = a_M \cdot P_M^0 = \gamma_M \cdot x_M \cdot P_M^0$$

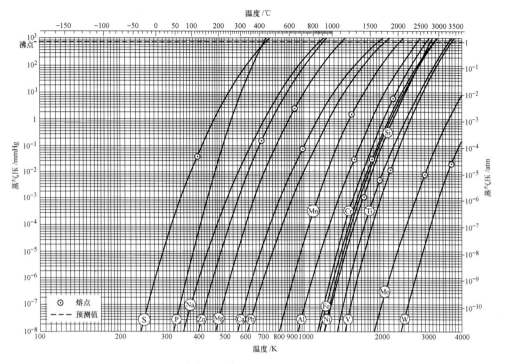

图 1 - 17　铁合金元素的蒸气压与温度的关系曲线

元素蒸气压的大小直接影响冶炼过程和元素回收率。在冶炼温度下，钙蒸气压非常高。冶炼硅钙合金时，金属钙大量挥发损失会大大增加冶炼能耗。

锰的熔点为 1244℃，沸点为 2150℃。在 1600℃ 时，锰的蒸气压接近 0.006MPa。在锰铁冶炼温度锰元素会挥发，因此锰铁合金过热度不宜太高。锰铁出炉过程产生的锰蒸气不仅会造成锰元素的损失，还会污染环境。

二元合金的密度可以由其组分的密度和摩尔分数近似计算：

$$D = x_A \cdot D_A + x_B \cdot D_B$$

1.3.3　铁合金的密度

密度是铁合金重要的物理量。在冶炼中，铁合金的密度涉及到渣 - 金属混合和分离等熔体运动过程。设计熔炼反应器也需要了解固态和液态铁合金的密度。

各种元素的密度数值相差很大，铁合金的密度与其组分含量密切相关。碳和硅的密度较低，因此，铁合金密度随碳含量和硅含量的增加而降低。铁合金的密度与其物理状态和温度有关，液态密度与固态密度差别较大。图 1 - 18 和图 1 - 19 分别给出了 Mn - Si 系和 Fe - Ni 系合金密度与组分、温度的关系。

表 1 - 13 给出了典型的铁合金熔化温度、固态密度和熔化时液态的密度。

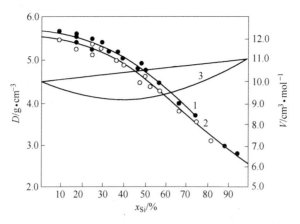

图 1 - 18   Mn - Si 系合金密度、摩尔体积的等温线[4]

1—1350℃密度；2—1550℃密度；3—1550℃摩尔体积

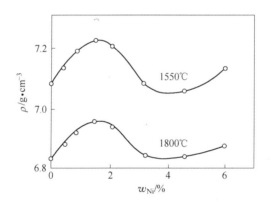

图 1 - 19   Fe - Ni 系熔体密度等温线[5]

表 1 - 13   铁合金熔化温度和密度

铁合金种类	熔化温度/℃	固态密度/g·cm^{-3}	液态密度/g·cm^{-3}
纯　铁	1535	7.86	6.9
金属硅	1417	2.33	2.542（1550℃）
75% 硅铁	1250 ~ 1350	3.27	3.65
硅钙合金（约30% Ca）	980 ~ 1200	2.2	2.0
高碳锰铁	1070 ~ 1260	7.3 ~ 7.8	6.2
硅锰合金	1075 ~ 1320	约 6.3	5.2
精炼锰铁	1250 ~ 1260	约 7.5	6.2
金属锰	1235	约 7.4	5.65（1350℃），5.51（1550℃）
高碳铬铁	1500 ~ 1650	约 7.0	6.5

铁合金种类	熔化温度/℃	固态密度/g·cm⁻³	液态密度/g·cm⁻³
硅铬合金	1300~1450	约5.3	
精炼铬铁	1600~1690	约7.3	6.6
金属铬	1830	约7.2	
镍铁（20%Ni）	1450~1480	约8.1	7.0
钨铁	约2500	约15.3	
钼铁	1800~1900	约9.0	
钛铁	1300~1480	约5.5	
钒铁	1400~1600	约7.0	

金属与炉渣密度的差异是金属熔体由反应器放出后与炉渣发生分离的条件。如果二者密度相近就会造成渣铁不分。高钙硅钙合金的密度低于炉渣，冶炼过程中硅钙合金浮在炉渣上部。受密度差别的影响，由不同元素组成的合金在凝固中会出现偏析。例如，硅、铝、钙等元素与铁的密度差别大，在合金凝固中，非均相的合金会出现严重偏析。

金属升温和熔化时原子之间的距离增加，因此，铁合金的密度随温度升高而降低。铁熔化时密度由7.86g/cm³减少到6.9g/cm³，体积增加14%。金属锰熔化时，体积增加更多（约30%）。液态铁合金的密度明显低于固态密度。

与大多数金属相反，硅于1415℃熔化，伴随着体积缩小9%，密度由2.33g/cm³提高到2.542g/cm³。这是因为金属硅熔化时原子排列向密排堆积过渡。

1.3.4 表面张力性质

金属的表面张力是影响还原过程金属的成核和金属与炉渣的分离的重要因素。铁的表面张力高于镍、铬、锰。在1600℃，铁的表面张力为1.82N/m，而锰只有1.01N/m。铁、铬、镍、锰熔体的表面张力都随着温度升高而降低。图1-20为1350℃和1550℃时的Mn-Si体系熔体表面张力图。可以看出，熔体表面张力随着硅含量提高而增加，在硅含量达到30%（摩尔分数）时，达到最高值，然后逐渐降低。

在凝固过程中，表面张力对铁锭的表面形状有显著影响。温度低时，金属表面张力大，低温浇注的铬铁合金表面光滑。而高温浇注的铬铁合金表面皱曲较多（见图1-21）。

1.3.5 黏度性质

良好的流动性是完成铁合金出铁、浇注、炉外精炼等操作的基本保证。

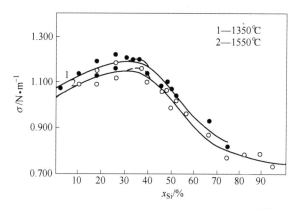

图 1 – 20 Mn – Si 熔体表面张力与含硅量关系[4]

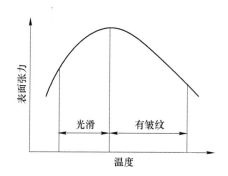

图 1 – 21 不同浇注温度下表面张力对铁合金外观影响

黏度是熔体流动时内部阻力的体现。熔体的黏度与熔体组成、温度有关。黏度的单位是 Pa·s。运动黏度 ν (m²/s) 与黏度 η 和密度 ρ(kg/m³) 的关系是:

$$\nu = \eta / \rho$$

高硅铁合金的降碳精炼宜在较低的温度下进行,而温度的选择主要取决于铁水黏度。温度过低时,铁水黏度大,会给摇包操作带来很多困难。图 1 – 22 给出了硅铬合金黏度与温度的关系。由图 1 – 22 看出,温度低于 1400℃ 时,硅铬合金黏度发生急剧变化。当合金温度低于 1400℃ 时,摇包操作已经无法进行。因此,操作温度选择在 1450℃ 左右可以有效地进行摇包降碳和渣洗降磷。

图 1 – 23 为 Mn – Si 系熔体黏度与含硅量的关系图。可以看出,Mn – Si 二元系的黏度随含硅量变化的趋势。在硅的摩尔分数为 0.2 时,熔体黏度出现最大值。这可能是由于熔体内运动的单元是 MnSi、Mn_2Si 等分子作用的关系。在温度相同的条件下,含硅高的 MnSi 流动性更好。从实践操作的意义上来说,以高硅合金贫化含 MnO 的炉渣操作起来更容易,炉渣 – 金属混合效果更好。

图 1 – 24 为 Cr – Si 系熔体黏度与温度的关系。可以看出,含铬高的熔体流动性差,而含硅高的熔体流动性好,这一趋势与 Mn – Si 系有某些相似之处。

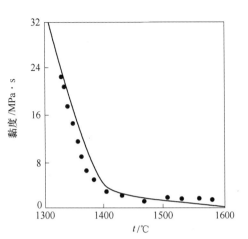

图 1 – 22 液态硅铬合金黏度与温度关系

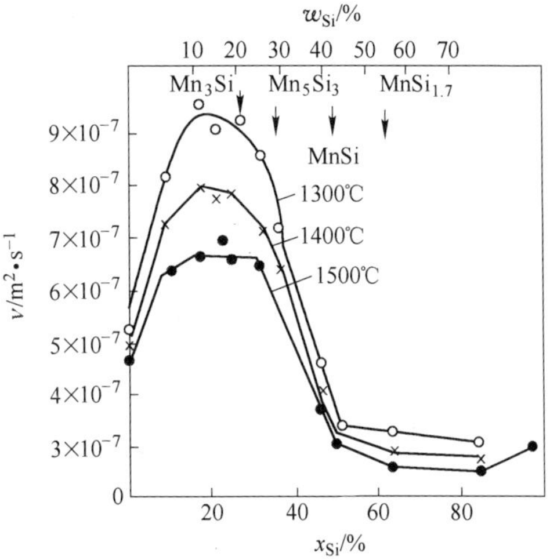

图 1 – 23 Mn – Si 二元系黏度图

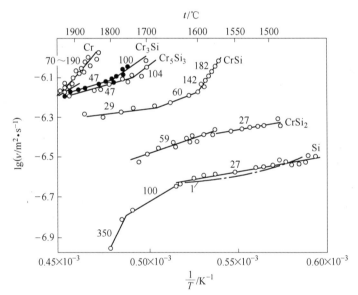

图 1 – 24 金属硅和 Cr – Si 合金的黏度与温度关系[4]

1.3.6 铁合金的力学性能

铁合金的力学性能主要取决于其化学成分和微观结构。大多数铁合金呈现硬度较高，脆性较大，在外力作用下容易碎裂。表 1 – 14 给出了主要大宗铁合金的抗压强度、抗拉强度和弯曲强度。可以看出铁合金的强度性质的规律大体是：低碳合金的强度高于高碳合金；高硅合金的脆性大于低硅合金。易碎的铁合金在破碎和运输过程会产生大量粉末，这不仅会提高产品制造费用，也影响合金的使用。

表 1 - 14 铁合金的力学性能[4] （MPa）

铁合金类别	抗压强度	抗拉强度	弯曲强度	硬　　度
45% 硅铁	103.9	4.0	15.7	730 ~ 1010
75% 硅铁	53.9	2.1	8.4	940 ~ 960
高碳铬铁	200 ~ 500			
微碳铬铁	1470	311.6	392.0	
高碳锰铁	137.2		26.5	约 1500
精炼锰铁	约 90			
硅锰合金	76.9		12.3	Vickers 826 ~ 946

　　铁合金的破碎性可以通过调整铁合金的化学成分来改变。含碳量和含硅量低的高碳铬铁很难破碎，通过调整冶炼工艺提高铬铁含碳量或含硅量可以在一定程度上改进其破碎性。

　　控制液态铁合金冷凝过程，使其发生有利于加工的晶形转变，可以在一定程度上改变铁合金的破碎性和磨损率。由于金相结构和强度的差异，不同合金的热处理工艺差异很大。为了改变破碎性，有的合金需要缓冷增大晶粒，有的则需要急冷增加合金微裂纹数量。

1.4 铁合金中的杂质

　　铁合金中杂质元素的有害作用大致有以下几种：

　　（1）对下游产品质量和加工工艺的影响，例如：碳、磷、硫是钢铁产品的主要杂质元素，也直接影响炼钢和轧制工艺；硅铁中的钛、铝杂质对电工钢磁导率有负面影响。

　　（2）对生产工艺和储存运输的影响，如钙和铝的偏析引起的硅铁和锰系合金粉化。

　　（3）对环境的有害影响，如硅铁中的磷在遇到潮湿空气时会放出有毒的气体 PH_3。

　　某些杂质元素可能会在某一方面有消极作用，而在另一方面却是起积极作用的，如硅铁中的铝和钙在硅热法冶炼中是有用的元素。铬铁中的钛对于滚珠轴承钢的寿命有不良影响，但对某些既含铬又含钛的合金钢而言却是有用元素。

　　为了把合金成分和物理性能控制在所要求的范围之内，人们需要清楚地认识了解铁合金杂质元素在铁合金中的分布状况及降低杂质含量的途径。

1.4.1 杂质元素存在状态

　　杂质元素在铁合金中的存在形态有以下几种：

（1）以固溶体的形态存在，如溶解于合金相的碳、磷、硫、铝、气体等。

（2）以化合物的形态存在，如碳化物、硫化物、磷化物、氮化物等。这些化合物往往是在凝固过程中由金属熔体中析出，并存在于金属结晶颗粒间隙，属于内生夹杂（见表 1 - 15）。

（3）以非金属夹杂物的形态存在的外来夹杂，如原料带入的高熔点的尖晶石、氧化物等。

（4）以游离金属状态存在，如铅、铜等。

（5）以吸附形态存在的气体，如氢气。

表 1 - 15　铁合金中的杂质化合物

类　别	化合物	熔化温度，分解温度/℃
硫化物	MnS	1610
	CrS	1565
	FeS	1193
	NiS	> 800
磷化物	Mn_3P	1105
	Cr_3P	1510
	Fe_3P	1166
氮化物	Mn_5N_2	1000（分解）
	CrN	1500（分解）
	Si_3N_4	1900（分解）
	TiN	1500（分解）

在使用前对铁合金加热烘烤可以将大部分吸附的气体去除。通过炉外精炼过程可以排除以游离态和夹杂物形式存在的杂质，而以固溶体形式存在的杂质，则只有通过冶金手段才能加以去除。表 1 - 16 给出了典型 75% 硅铁中杂质元素的存在状态和含量控制措施。

表 1 - 16　硅合金中杂质元素存在状态和控制措施

元素	在硅合金中存在状态	含量控制措施
Ti	在 Si 中有一定溶解度	严格控制原料中含量
P	溶于 Si 相中	严格控制原料中含量
C	在硅相中溶解度很低	吹气搅拌熔体使 SiC 上浮或镇静分离
B	溶于 Si 相中	严格控制原料中含量
Al	形成分离的相	炉外精炼造渣或吹氧、吹氯气去除
Ca	形成分离的相	炉外精炼造渣或吹氧、吹氯气去除

1.4.2 杂质元素分布规律

铁合金中的杂质元素的含量与原料成分和生产工艺条件密切相关。

按氧化物稳定性分类：氧化物稳定性小于铁的元素极易进入铁水；氧化物稳定性大于铁的元素不易进入铁水；而稳定性与铁相近的元素进入铁水的难易程度取决于其在炉渣与铁水间的化学平衡条件（见表 1 – 17）。

表 1 – 17　按氧化物稳定性对进入铁合金的杂质元素分类

氧化物稳定性小于铁的元素	稳定性与铁接近的元素	氧化物稳定性大于铁的元素
Cu, W, Mo, Ni, Co, As, Sn, Pb, Zn	Mn, Cr, P, S, C, H, N	V, Ti, Si, Al, Ca, Mg

按照选择性还原原理，铁合金中含有一定量的杂质元素是不可避免的。氧化物稳定性较高的杂质元素，如铝、硅、钙、钛等，在铁合金中的含量主要由冶炼温度条件所决定。氧化物稳定性差的元素，特别是重金属元素，在铁合金中的含量主要是由原料中的含量所决定。

与铁亲和力大的合金元素（如锰、铬、钛等），一旦进入铁合金很难用火法冶金方法将其彻底分离。例如，钛的氧化物稳定性远高于锰、铁、铬等元素，但实际上很难用氧化的方法将其从铬铁、锰铁中彻底去除。

按元素性质分类，铁合金中的杂质可以分成以下几类：

（1）非金属杂质，如碳、磷、硫、硼等；

（2）轻金属杂质，如铝、钛等；

（3）重金属杂质，如五害元素、铜、铅等；

（4）气体杂质；

（5）非金属夹杂物。

对于铁合金质量影响最大的杂质元素是磷和硫。磷大部分来自矿石和还原剂，而硫主要来自还原剂。

表 1 – 18 给出了典型 75% 硅铁中杂质元素含量。铝、钙等元素可以通过精炼工艺使其得以降低。钛主要来自还原剂，钒、铬、锰、镍等元素主要来自含铁原料。与硅形成化合物的金属杂质元素很难用精炼工艺手段将其除去。

表 1 – 18　75% 硅铁中微量元素典型含量　　　　　　　（%）

Al	Ca	Ti	V	Cr	Mn	Ni	P	B	O	N	S	C	H
0.9	0.15	0.08	0.006	0.009	0.035	0.007	0.015	0.002	0.08	0.0015	0.005	0.04	0.0005

大部分杂质元素在合金熔体中的溶解度很高，甚至完全互溶，而在金属的固溶体或金属间化合物中溶解度很低。在液态金属凝固过程中，这些杂质元素会从金属中析出。溶于固溶体中的杂质元素更难从铁合金中分离除去。

杂质元素在金属硅中的溶解度十分低，可以通过冶金方法去除或降低。碳在硅中的溶解度很低。碳在硅铁和金属硅熔体中以 SiC 夹杂形态存在，夹杂物的浓度为 150 ~ 220ppm，平均粒径为 3.28 ~ 4.2μm。SiC 对炉渣的润湿性很好，可以通过炉外精炼降低硅合金的含碳量。

而去除溶解于硅相中的硼、磷、钛等元素十分困难。在 1385℃ 时，硼在硅中的溶解度为 1.2%；在 1130℃，磷在硅中的溶解度为 2.6%。因此，纯净硅铁生产对原料含磷量和含硼量要求十分严格。

铁合金中的含碳量随含硅量的提高而降低。碳在锰合金中的溶解度与含硅量的关系见图 1 - 25。碳在高硅铁合金熔体中的溶解度与温度有关，温度降低时溶解度显著降低，碳以碳化硅的形式从液相中析出。利用这一规律可以生产含碳量低的硅锰合金和硅铬合金。

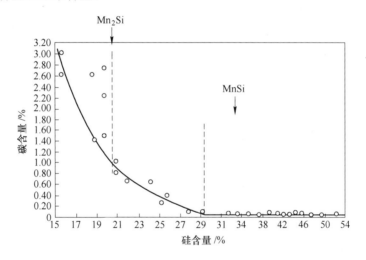

图 1 - 25 硅锰合金中的碳含量与硅含量关系

气体在液态铁合金中溶解度随温度降低而显著减少，而在凝固时会发生急剧改变。因此，在一些铁合金凝固时会观察到锭模内铁水出现沸腾现象。这不仅会使铁合金中的气体含量降低，也会使析出的杂质化合物从熔体中分离出来，例如铬铁的含硫量在凝固过程中有所降低。

由于液中固相溶解度的差异和空气对金属熔体的氧化作用，金属硅中杂质元素含量在出炉过程中会发生改变（见表 1 - 19）。

表 1 - 19 金属硅在凝固前后杂质元素含量变化 （%）

元 素	Fe	Al	Ca	Ti
出炉取样	0.14 ~ 0.18	0.32 ~ 0.43	0.18 ~ 0.29	0.030 ~ 0.040
铁锭取样	0.18 ~ 0.25	0.14 ~ 0.27	0.003 ~ 0.022	0.030 ~ 0.039

凝固过程中杂质化合物往往在晶界析出，例如，硫在铬铁中多分布在含铁高的 α 相和晶界。在制取铁合金分析样中，抛弃难破碎的较大颗粒会造成较大的分析误差。

对于普通铁合金而言，人们关注的仅仅是碳、硫、磷等杂质元素。而对于精炼铁合金，杂质元素则成为主要关注点。各种锰铁中典型杂质含量见表 1 - 20[3]。由表 1 - 20 可以看出一些杂质元素在锰铁中分布规律：高碳锰铁和精炼锰铁含磷量高，而硅锰合金，特别是低碳硅锰含磷量低；存在于硅锰合金中的钛和硼含量比高碳锰铁和中低碳锰铁高 20 ~ 40 倍。

表 1 - 20　典型锰铁中的杂质元素含量[6]　　　　　　　　　（%）

元素	P	O	N	Al	Ca	Mg	Ti	Cu	S	B	H
高碳锰铁	0.18	约 0.07	0.03	约 0.005	0.01	0.03	0.008	0.013	0.003	0.0005	0.002
中碳锰铁	0.17	约 0.05	0.12	约 0.005	0.01	0.2	0.004	0.015	0.003	0.0005	0.0015
低碳锰铁	0.18	约 0.01	0.12	约 0.005	0.01	0.2	0.005	0.017	0.003	0.0005	0.0015
金属锰	0.05	0.01	0.13	约 0.005	0.01	0.2	0.008	0.017	0.002	0.0005	0.0015
硅锰合金	0.08	0.15	0.005	约 0.02	0.01	0.03	0.2	0.001	0.01	0.02	0.0015
低碳硅锰	0.05	0.15	0.005	约 0.005	0.01	0.02	0.2	0.001	0.003	0.02	0.0015

铁合金中存在的低熔点杂质元素，特别是铅、锑等五害元素，对钢的高温性能极其有害。这些元素在钢中的溶解度很小，在钢水凝固时会聚集在晶界，使钢的高温性能显著下降。锰矿石和还原剂中含有一定数量的铅。进入锰铁合金中的铅数量见表 1 - 21。可以看出，进入高碳锰铁中的铅较多，而进入精炼锰铁中的铅数量较少。

表 1 - 21　锰铁中的典型重金属含量

合　金	Sn/%	Pb/%	As/ppm	Zn/ppm
低碳锰铁	0.0006	0.012	29.5	< 10
高碳锰铁	0.0005	0.025	126.4	< 80
金属锰	0.0006	0.0075	23.1	30 ~ 40

1.4.3　铁合金中气体

氮气、氧气、氢气等气体在铁合金熔体中有一定的溶解度。氮在固体铁合金中存在的形式有固溶体和氮化物。氧气存在的形式有固溶体和氧化物夹杂物。

凝固过程中，溶解在金属熔体中的气体会分离出来，在金属相中产生偏析。钢中氢气的偏析最大，对钢品质的影响也最严重，是形成钢中白点、发纹、气孔等缺陷的主要原因。氮促使低碳钢发生时效硬化和蓝脆。氧在钢凝固时大多以非金属夹杂物析出。由铁合金带入钢水的氢、氮、氧对钢的质量影响很大。各种铁合金中的气体含量见表 1-22[8,9]。

表 1-22 典型铁合金中气体含量[8,9]

铁合金	冶炼方法	[O]/%	[H]/cm³·(100g)⁻¹	[N]/%
金属硅	电碳热法	0.01~0.02	6	约0.005
75%硅铁	电碳热法	0.02~0.05	15~35	0.001~0.005
45%硅铁	电碳热法	0.02~0.05	12~20	0.01~0.02
高碳铬铁	电碳热法	约100cm³/100g	5~14	0.02~0.04
微碳铬铁	电硅热法	约40cm³/100g	10~40	0.04~0.08
微碳铬铁	波伦法	0.02~0.05		0.04~0.1
金属铬	铝热法	0.03~0.08	1~15	0.005~0.04
金属铬	电解	0.3~0.6	570	0.05
硅铬合金	一步法	0.01~0.05		0.002~0.01
硅铬合金	二步法	0.05~0.3		0.002~0.01
高碳锰铁	碳电热法	约100cm³/100g	20~75	0.02~0.05
中碳/低碳锰铁	电硅热法	0.001~0.002	20~50	约0.02
硅锰合金	碳电热法	约20cm³/100g	20~65	0.02~0.04
金属锰	电硅热法	0.01~0.025	10~40	0.03~0.05
金属锰	电解	0.01~0.02	100~150	约0.01
硅钙合金		0.01~0.03	20~100	0.01~0.03
钒铁 V 50%	铝热法	0.07	20	约0.06
钒铁 V 80%	铝热法	0.2~0.3	30~35	
钛铁 Ti 30%	铝热法	0.2~0.5	30~50	0.04~0.08
钼铁	铝热法	0.02~0.3	5~20	0.01~0.03
钨铁	电热法	0.004~0.01	1~4	约0.02
铌铁	铝热法	0.04~0.07	20~50	0.09~0.12
镍铁	碳热法	0.13	20	
片状镍	电解	0.005~0.03	10~35	

氮气、氧气、氢气在硅中的溶解度较小。表 1-23 为氧、氢、氮在液体硅和硅铁中的溶解度计算值和实测值。氧在硅铁中含量的实测值相当高可能是由于夹杂物含量高所引起的。

表1-23　氧、氢、氮在液体硅和硅铁中的溶解度　　　　（ppm）

气　体	[O]		[H]		[N]	
铁合金种类	金属硅	75% FeSi	金属硅	75% FeSi	金属硅	75% FeSi
1600℃	63	90	16	8	16	18
1400℃	30	50	9	6	6	6
产品实测值		60~3000		3~5		4~45

锰与氮的亲和力较大。在广泛的温度范围内，锰与氮形成稳定的固溶体和氮化物。表1-24给出了氮在锰的各种同素异形体的固溶体和液相中的溶解度。

表1-24　氮在锰的同素异形体和液相中的溶解度

金属相	α-Mn	β-Mn	液相	液相	液相	液相
温度/℃	475	742	1300	1410	1500	1600
[N]/%	0.13	1.3	2.5	2.2	1.6	1.2

氮与铬形成稳定的化合物 Cr_2N 和 CrN。在1898℃时，氮在液态铬中的溶解度为4.2%；在温度为1600℃过冷的金属铬熔体中氮的溶解度为6.5%；在温度为800~1000℃时，氮饱和的铬固溶体中，含氮量最高可达21%。

铁合金中气体含量与铁合金的品种、生产方法、成分与块度等有关。

1.4.3.1　铁合金的化学成分的影响

比较氮在铁、锰、铬中的溶解度可以看出：氮在铁中的溶解度较低，因此，铁合金中的氮低于金属锰和金属铬。图1-26为铁含量对锰铁中氮的溶解度的影响。图1-27为氢在铬铁中的溶解度与铬含量和温度的关系。

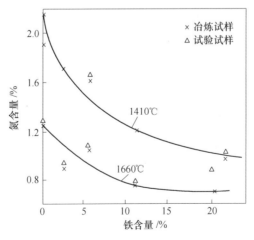

图1-26　铁含量对氮在锰铁中的溶解度的影响

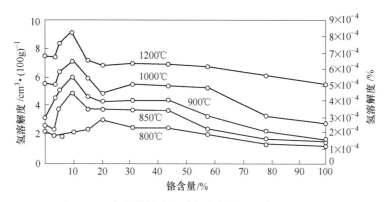

图 1-27 氢在铬铁中的溶解度与铬含量与温度的关系

图 1-28 给出了氮在 Mn-Si 熔体中的溶解度与硅含量和温度的关系。该图说明铁合金中氮的溶解度随硅含量增加而降低。

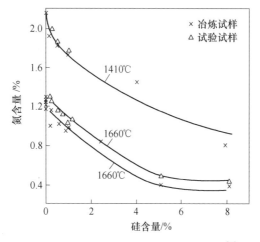

图 1-28 氮在 Mn-Si 熔体中的溶解度[4]

硅含量对硅铁中氢气含量影响较大,而对氮气和氧含量影响不明显。一般规律是硅含量高则氢气含量低,而氧和氮含量随含硅量提高而增加。这是因为有氮化物和氧化物生成。

在硅系铁合金中,含硅量为 45% 的硅铁气体最多。在硅含量大于 90% 时,气体含量为 11~30cm³/100g,其中氢为 2~12cm³/100g;而含硅 45% 的硅铁气体含量为 24~64cm³/100g,其中氢为 12~21.5cm³/100g,是 90% 硅铁的一倍。

在锰系铁合金中,硅和碳含量对气体含量有一定影响,氮和氢在含碳量高、含硅量高的锰铁中含量低。图 1-29 为锰、硅、碳含量对锰铁中氢含量的影响。精炼锰铁含碳量低而含氮量较高。在锰铁中含氮量随着含硅量的提高而减少。

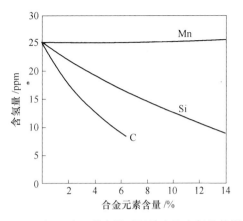

图 1-29 锰、硅、碳含量对锰铁中的含氢量的影响

1.4.3.2 温度对气体溶解度的影响

气体在金属熔体中溶解度随温度增高而降低，而在固态铁合金中气体的溶解度与同素异形体结构有关，一般随温度升高而增加。

在 1400～1550℃ 温度范围内，气体在硅铁中有低溶解度的拐点区域，铁合金的浇注温度尽量控制在此区域。由于硅铁中硅与氮和氧的反应能力随温度升高而增加，为了降低气体含量，不宜在高温下浇注硅铁，硅铁的合适浇注温度为 1400～1450℃。

图 1-30 为氢在金属锰中的溶解度与温度的关系。图 1-31 为氮在铬铁中的溶解度与温度的关系。可以看出，铬铁含氮量与温度是负相关，固态金属锰含氢量在 400～800℃ 较少。

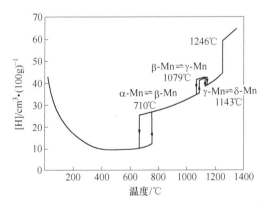

图 1-30 氢气在金属锰中的溶解度与温度的关系[5]

图 1-32 为氢气在镍铁、铁、铬中的溶解度。由图可见，随温度的升高，氢的溶解度显著升高。

由图 1-33 看出，氢、氮等气体含量在 1400～1450℃ 的溶解度最少。

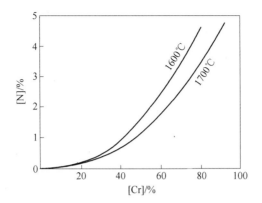

图 1-31 氮在铬铁中的溶解度与温度的关系[10]

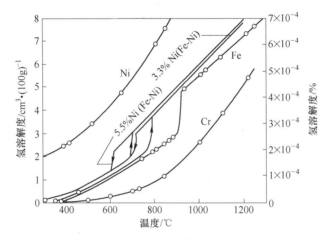

图 1-32 氢气在镍铁、铁、铬中的溶解度[5]

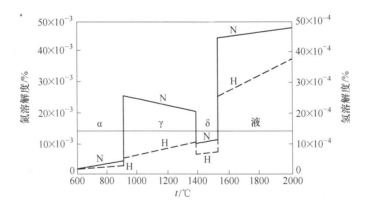

图 1-33 温度对氮、氢在铁中的溶解度的影响[5]

（气相分压 0.1013MPa）

由于铁合金中的氢气含量随温度升高而降低，采用烘烤加热方式可以在一定程度上降低吸附的氢含量（见表 1 - 25）。

表 1 - 25　铁合金烘烤加热时气体含量变化　　　　　　　　　（ppm）

气　体	N₂	H₂	气　体	N₂	H₂
原始值	220	24	真空中加热	180	12
空气中加热	380	12			

氢气在钼铁中的含量与温度和钼含量关系见图 1 - 34。

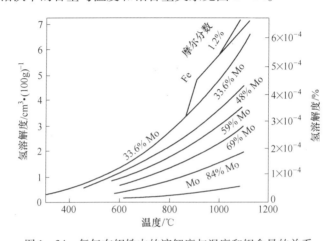

图 1 - 34　氢气在钼铁中的溶解度与温度和钼含量的关系

1.4.3.3　生产方法对气体含量的影响

表 1 - 22 表明，铁合金中的气体含量与生产方法密切相关。电解法生产的金属铬和金属锰中氢含量远远高于电硅热法和铝热法。电解金属锰氢含量为 100 ~ 150cm³/100g，而电硅热法生产的金属锰氢含量为 10 ~ 40cm³/100g。

1.4.3.4　浇注方式

出炉和浇注过程中，铁合金中气体含量会发生显著变化。由表 1 - 26 看出，中低碳锰铁在浇注过程中吸附大量的氮。

表 1 - 26　中低碳锰铁中含氮量变化　　　　　　　　　　　　（ppm）

铁水包内	浇注后急冷	浇注后缓冷
120	400	500

使用浇注机和锭模浇注 75% 硅铁气体含量有所差异。使用浇注机气体含量高于锭模近 1 倍，浇注机浇注的硅铁块度小于锭模浇注的硅铁，其浇注速度低吸附气体的机遇大。采用带式浇注机氢气含量和气孔率增加，破碎粉末增加。

锭模涂料也影响铁合金气体含量。石灰乳涂料在浇注硅铁时提供了氢的来源，其主要成分 Ca(OH)$_2$ 在模内烘烤到 507℃ 才能完全解离，而高岭土 – 石墨浆涂料的水分在大于 100℃ 的条件下全部挥发。利用石灰乳做 45% 硅铁锭模涂料时，气体含量为 45cm^3/100g，相同条件利用高岭土 – 石墨浆涂料其气体含量仅为 20cm^3/100g[8]。

1.4.3.5 金属中气体含量与气体分压的关系

氮气等气体在铁合金中的含量与气体分压遵从西华特定律：

$$[N] = k \cdot \sqrt{P_{N_2}}$$

降低气体分压会降低气体在金属熔体中的溶解度。按照这一关系，采用真空浇注降低气体的分压可以减少气体在金属中的溶解；采用真空加热处理铁合金可以降低铁合金中的气体含量。

采用真空条件加热铁合金可使铁合金含氮量降低近 50%。对液态铁合金进行真空处理可以显著减少铁合金中气体。根据文献 [8]，含气体为 45cm^3/100g 的铬铁和含气体为 60cm^3/100g 的金属锰经过真空处理后，气体可以降至 5 ~ 10cm^3/100g。

1.4.4 铁合金中的非金属夹杂物

钢中的非金属夹杂对钢的性能起着有害作用。非金属夹杂使钢的横向力学性能远远低于纵向力学性能；降低钢的疲劳强度；使钢的加工性能变坏。钢中的夹杂物可分为微细夹杂和大颗粒夹杂。粒度小于 22μm 的夹杂为微细夹杂，而粒度大于 22μm 的夹杂为大颗粒夹杂。

钢的非金属夹杂有一部分来自铁合金。对铁合金和钢中的非金属夹杂物的显微鉴定表明：钢中的 MnO 和 MnS 夹杂物主要是外来夹杂，其形态与锰铁中的夹杂物十分相似；钢中的铬尖晶石非金属夹杂物主要来自铬铁。经验表明：使用夹杂物含量高的锰铁冶炼的钢中夹杂物数量明显高于使用夹杂物含量低的锰铁。对滚珠轴承钢的夹杂物评级表明：钢中的夹杂物形态与铬铁的夹杂物形态相同；使用经过真空处理的精炼铬铁，夹杂物数量会显著降低，同时也大大降低因为夹杂含量高而报废的轴承钢钢坯数量。

一些铁合金中的非金属夹杂物的形态和数量见表 1 – 27。

表 1 – 27 铁合金中的非金属夹杂[11,12]

铁合金	品 级	夹杂物	面积比或数量	粒径/μm
锰铁	中碳锰铁，[C] 1.5%	MnO – SiO$_2$，MnS	0.005%	约 22
	低碳锰铁，[C] 0.5%	硅酸盐，SiO$_2$	0.015% ~ 0.020%	2.8 ~ 11.2
	金属锰	方锰矿，硅酸盐	0.003% ~ 0.006%	1 ~ 50
硅锰合金	中碳硅锰，[Si] 18%	碳化物，氧化物		50 ~ 300
硅铁	75% FeSi	硅酸盐，SiC	145 ~ 479ppm	1.85 ~ 4.23
铬铁	高碳铬铁	Al$_2$O$_3$，氮化物		

锰铁中的夹杂物主要有：单一的 MnO 夹杂、硅酸锰夹杂、硫化锰夹杂和 MnO – MnS – SiO$_2$ – Al$_2$O$_3$ 复合夹杂物，也有少量的石英和氮化物。含锰的枝状夹杂中 MnO 最多，其次是含铝、硅、硫的菱形 MnO 夹杂。精炼锰铁中的夹杂物数量与含碳量有关，含碳量越高夹杂物数量越少。这是因为夹杂物数量与含氧量有关。锰铁含碳量大于 1% 时，氧含量小于 0.1%，夹杂物数量非常低。试验表明：碳含量为 0.5% 的低碳锰铁在钢中产生的夹杂物大小为 2.8 ~ 11.2 μm，夹杂物面积比为 0.015% ~ 0.020%；而碳含量为 1.5% 的中碳锰铁所产生的夹杂物面积比仅有 0.005%，夹杂物颗粒度为 22 μm 的比例大于 22.6%[12]。

金属锰中的夹杂可分为两组：第一组属于内生夹杂物，如方锰矿和硅酸锰；第二组属于外来夹杂物，如石英。外来夹杂数量比例不超过 8%。氧化物夹杂数量取决于硅含量，含硅量高的金属锰氧化物夹杂大幅度增加。

含硅量为 17% ~ 19% 的中碳硅锰中的夹杂物有两种。一种是碳和碳化物夹杂，其组成为碳、SiC 和 TiC，颗粒大小为 50 ~ 100 μm。另外一种夹杂物是由 MnO·SiO$_2$（Al$_2$O$_3$·CaO）和 MnO·MnS 组成，其形状不规则，颗粒较大，约 300 μm × 100 μm。通常碳化物夹杂附着在氧化物夹杂颗粒表面[13]。

硅铁的夹杂物主要有碳化物、硅酸盐和磷化物。碳化物的颗粒较细小，为 1.85 ~ 4.23 μm；磷化物夹杂的粒径为 10 ~ 50 μm[11]。

通过对铁合金的夹杂物检验，追踪夹杂物的来源有助于清洁铁合金和洁净钢的生产。采用真空处理、盖渣浇注等炉外处理可以大大减少夹杂物的数量。

1.5 铁合金生产方法和工艺流程

1.5.1 铁合金生产方法

铁合金的生产方法种类繁多。就品种和元素而言，铁合金生产几乎囊括了大多数黑色和有色金属元素的还原过程。由于材料行业对铁合金产品质量的严格要求，铁合金生产还包括富集有用的合金元素和分离杂质元素的精炼工艺流程。

以还原机理分类，铁合金冶炼过程包含了固态还原、熔态还原、气相还原。以还原剂分类，铁合金的还原可以分作碳热法、硅热和铝热等金属热法。

铁合金生产在高炉、电炉、竖炉、回转窑、流化床、鼓风炉等多种冶金设备中完成。以设备类型对铁合金分类有电炉法、高炉法、炉外法、电解法。

锰铁、铬铁等大多数铁合金生产过程中有大量炉渣生成，此类铁合金工艺称为有渣法工艺。理论上金属硅和硅铁等铁合金的熔炼过程没有炉渣生成，该类铁合金生产工艺被称为无渣法。

铁合金产品的质量与生产工艺密切相关。表 1 – 28 显示了各种品级的锰铁的制造工艺和应用。

表 1-28   锰系铁合金的生产方法与应用

品　种	工　艺	应　用　范　围
高碳锰铁	高炉和电炉碳热还原法	普通碳素钢、优质碳素钢
中碳锰铁	电硅热法和吹氧法	低合金钢、结构钢、汽车钢、
低碳锰铁	电硅热法	低合金钢、石油管线钢、耐热钢、深冲钢
锰硅合金	电碳热还原法	普通碳素钢、优质碳素钢
低碳锰硅	电碳热还原法	不锈钢、低合金钢、石油管线钢
金属锰	电硅热法	不锈钢、石油管线钢、耐热钢
金属锰	电解法	不锈钢、合金钢、铝锰合金、锰铜等合金

表 1-29 列出了几种铁合金生产的分类方法。同一种产品可以用不同方法生产。铁合金的生产工艺需要根据产品质量特性、原料条件、资源条件选择。

表 1-29   铁合金生产方法分类

分　类	生产方法	产　品	工　艺　特　点
冶炼设备	高炉法	高碳锰铁、富锰渣	制造成本低
	电炉法	大多数铁合金、富渣、金属锰	工艺设备通用
	转炉法	精炼锰铁、精炼铬铁	充分利用铁水热能
	炉外法	钼铁、金属铬等	用于批量小、价值高的产品
	真空法	微碳铬铁、氮化产品	生产纯度高的产品
	摇包法	精炼锰铁、微碳铬铁、低碳镍铁	炉外精炼产品
	电解法	金属锰、金属铬	杂质含量极低
能　源	碳热法	高炉锰铁	还原剂价格低廉
	电碳热法	大多数铁合金	通用生产工艺
	电硅热法	精炼锰铁、精炼铬铁、钨铁、钒铁	制造低碳合金
	硅热法	钼铁	用于低碳和难还原的金属
	铝热法	金属铬	用于难还原的金属
	电铝热法	钒铁、钛铁	用于难还原的铁合金
炉渣性质	有渣法	锰铁、铬铁、硅钙合金等	从矿石中提取铁合金
	无渣法	金属硅、硅铁、硅铬合金（二步法）	用于高硅铁合金冶炼
	熔剂法	高碳锰铁	可以利用质量差的原料
	无熔剂法	高碳锰铁	同时得到铁合金和富渣两种产品

按照冶炼时间进程，铁合金生产工艺还可以分成连续法和间歇法。连续法生产的过程热损失少，间歇法生产产品的质量高。

硅铁、锰铁、铬铁等大多数碳热法产品采用连续法生产。其特点是：原料连续加入到炉内，铁水间断或连续放出，炉膛内部始终维持一定数量的炉料和熔体。连续法生产的铁合金质量特性波动小，产品成分调整周期长。

精炼铁合金等品种采用间歇法生产。每一冶炼周期的出炉和下一周期的加料之间允许有一定间歇。间歇法生产调整每炉产品质量特性相对比较容易。

根据原料和产品质量特性，铁合金工艺流程需要采用不同的工艺单元组合。为了改善技术经济指标，先进的铁合金生产工艺流程更包括了大量的物理处理过程，例如在球团和预还原工艺中，对矿石进行干燥、磨细、成球；在成品处理上，采用重力选矿和磁选措施等。铁合金工艺技术的创新是通过对冶金单元操作和设备的技术创新实现的。

1.5.2 铁合金工艺流程的组成

铁合金冶金工艺包含了矿石、还原剂等原料处理，矿石的还原，合金精炼，金属凝固和浇注成形、炉渣处理等多个工艺环节。这些工艺环节由物流输送、原料加工、计量和混合、高温冶炼等多种设备连接成完整的工艺流程。表1-30列出了常用的组成工艺流程的冶金设备。

表 1-30 典型铁合金生产工艺环节和冶金设备

序号	流　程	工艺环节	冶金设备	应　用
1	物流输送	输　送	输送机、给料机	所有工艺
		储　存	原料仓	所有工艺
		热　装	热料罐、罐车	热装工艺
2	原料加工	破　碎	辊式、颚式破碎机	所有工艺
		筛　分	圆筒筛、振动筛	所有工艺
		干　燥	转筒/竖式干燥机	球团工艺
		磨细/制粉	球磨机、润磨机、湿磨机	球团工艺、炉渣处理
3	计量和混合	计　量	皮带秤、料斗秤	所有工艺
		混　合	堆取料机	镍铁工艺
			混合机	烧结、球团
			轮碾机	还原球团
		混合、加水	双轴搅拌机	球团工艺
		加　水	加湿机	烧结、球团、粉尘处理
4	原料处理	压　球	强力压球机	冷固结球团
		成　球	成球盘、圆筒成球机	球团工艺
		碳酸化处理	压力罐	碳酸化球团
		焙　烧	回转窑	还原和焙烧工艺
			焙烧炉	钼铁、硼铁
			竖　炉	氧化球团

序号	流程	工艺环节	冶金设备	应 用
4	原料处理	烧 结	烧结机	锰矿、铬矿烧结
		直接还原	链箅机—回转窑	预还原、烧结球团
			转底炉	铬矿直接还原
			隧道窑	焙烧、还原
5	冶炼	还原熔炼	高 炉	高碳锰铁、富锰渣
			矿热炉	大多数铁合金工艺
			精炼电炉	精炼铁合金工艺
6	精炼	降碳、降硫、降磷	转 炉	锰铁、铬铁、镍铁
			精炼电炉	
			喷射冶金	
			摇 包	
		脱气、脱碳	真空炉	微碳铬铁、氮化工艺
		炉渣贫化处理	摇包或摇炉	精炼锰铁、铬铁
7	铁水和炉渣	渣铁分离	分渣器	有渣法工艺
		浇 注	铸铁机	铬铁、锰铁、镍铁
			粒化池	铬铁、镍铁、金属硅
		炉渣处理	水淬渣池	有渣法工艺
			干渣池	
		回收金属	跳汰机	
			磁选机	
8	烟气处理	烟气净化	旋风除尘器	大多数除尘工艺
			布袋除尘器	大多数工艺
			电除尘器	烧结、镍铁
			脱硫装置	烧结、回转窑工艺
		煤气回收	湿法煤气净化	密闭电炉
			干法煤气净化	密闭电炉
		热能回收	余热锅炉	矮烟罩电炉、回转窑
			热烟气利用	矮烟罩电炉、回转窑

生产工艺中的物理处理过程工序有：破碎、筛分、混合、造块或成球、配料、物料输送、干燥、凝固和熔化、物相分离等。在冶金工程学中，这些工序称为单元操作（unit operation）。

生产工艺中以化学反应为主的工序有：还原、氧化、焙烧、烧结、冶炼、精炼等。在冶金工程学上,这些工序称为单元过程(unit process)。多数铁合金生产工序则同时包含了物理过程和化学反应过程。

常用的铁合金冶炼设备有:电炉、高炉、转炉、竖炉、回转窑、烧结机、摇包、干燥机、真空炉等。每一设备完成独立的单元过程。辅助生产的冷却水系统、供电系统、除尘系统、燃气系统为这些单元过程提供能源和保障。铁合金工艺流程设计需要计算和提出这些单元操作和单元过程的参数和设备参数。

冶金反应器的功能在于完成特定的冶金反应。铁合金冶金的特点是多数反应物和反应产物是非均质的,冶炼设备需要创造最适宜的反应条件,提供反应需要的能量,促成还原或氧化反应,最终完成产物的物相分离。

1.5.3 铁合金冶金工艺流程设计

铁合金冶金工艺流程是由若干单元过程组成。实际生产表明:对原料的物理处理过程也会极大地影响冶金化学反应。铁合金冶金工程师需要通过生产经验和理论分析的结合确定二者之间的联系,不断改进工艺流程设计。铁合金生产流程通常包括以下部分:

(1)破碎、筛分、干燥等原料预处理。

(2)焙烧或烧结、电炉冶炼、铁水精炼等高温冶炼。

(3)浇注、炉渣水淬、成品破碎等产品处理。

(4)烟气除尘、热能回收等能源环保设施。

(5)烟尘、电炉煤气、金属回收等资源循环利用。

铁合金生产流程中还有大量供电、给排水、燃气、自动化等公共辅助设施为主流程提供能源和保障生产。

图1-35是典型的现代锰铁工厂生产流程。这一流程的主体冶炼设备为高碳锰铁电炉和硅锰合金电炉。高碳锰铁电炉生产的锰渣作为硅锰合金的原料。工厂设有一条锰矿烧结生产线,为电炉生产提供烧结锰矿。两座电炉的结构形式均为密闭电炉,采用干法回收电炉煤气。电炉煤气用于锰矿烧结、焦炭干燥、铁水包烘烤和除尘风机的动力源。原料处理系统、烧结、除尘回收的粉尘返回到锰矿烧结系统。

现代的铁合金工厂应利用先进技术实现能源和资源的利用的最大化,提高企业的劳动效率,成为绿色环保的企业。

1.5.3.1 工艺流程基本的参数和数量关系

工艺流程设计所关注的最基本的参数和数量关系有:

(1)物质流,即原料和产物进出流程的成分和数量。

(2)能量流,即供热和传热过程,包括能量形式、反应热效应和热平衡等。

(3)物理化学条件,即反应物、中间产物、产物、环境的物理化学条件,包括温度、压力、状态。

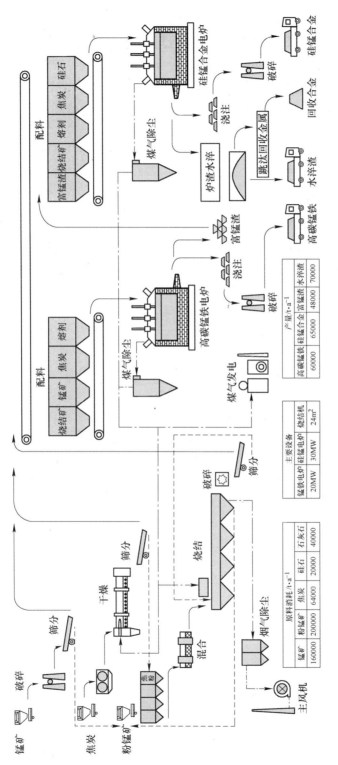

原料消耗/t·a⁻¹

锰矿	粉锰矿	焦炭	硅石	石灰石
160000	200000	64000	20000	40000

主要设备

锰铁电炉	硅锰电炉	烧结机
20MW	30MW	24m²

产量/t·a⁻¹

高碳锰铁	硅锰合金	富锰渣	水淬渣
60000	65000	48000	70000

图 1-35　典型的锰铁工厂生产流程

（4）时间，物料在反应器中的驻留时间等。

无论是连续进行还是间断进行的冶炼过程，总要实现矿石、还原剂、熔剂和电力等原料和能源输送到反应器内；铁合金、炉渣、烟气等冶金产物流出反应器；同时伴随着热能消耗和损失。在优化反应器的参数时，不仅需要计算反应过程的化学平衡、反应速度和物料平衡，同时也要计算反应物和产物的传质和传热过程、计算热平衡。

铁合金工艺流程设计是按照合理的物流顺序，根据冶金过程物理化学条件，将数个单元过程组合在一起。

在铁合金生产过程中，矿石的结构、原料粒度、原料导电性等原料的物理条件和原料的化学反应性都极大地影响了铁合金冶金过程。在铁合金工艺流程设计和反应器的相似放大中，必须充分考虑不同条件下这些因素的特性。因此，相近的生产工艺方法采用不同的工艺流程设计会得出相差其大的生产结果。

图 1-36 为由电炉、转炉、炉外精炼组成的多品种铁合金生产物流流程。

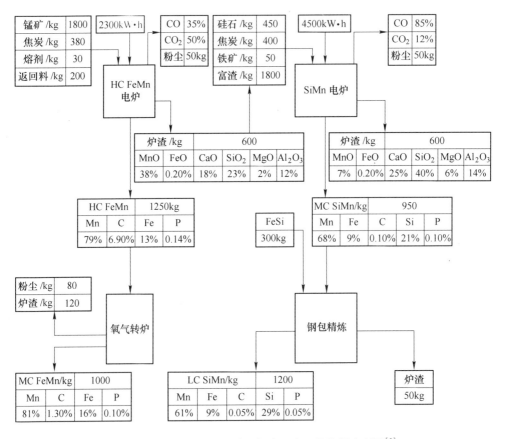

图 1-36 生产多品种锰铁的复合生产工艺物料流程图[6]

该图给出了流程的物质流的数量关系。这一流程充分利用铁水热能，实现经济性生产中碳锰铁和低碳硅锰合金两种高端铁合金产品。

1.5.3.2　流程的连续性

铁合金生产过程有连续生产过程和间歇生产过程之分。锰矿和铬矿在烧结机上烧结、回转窑焙烧矿石属于连续过程。精炼电炉生产铁合金、铁水炉外处理是用间歇工艺生产的。原料按炉次加入炉内，精炼完毕后，铁水和炉渣一次性全部放出。大多数铁合金是在埋弧电炉中生产的，这是一种特殊的连续生产工艺。原料连续加入炉内，冶炼连续进行，铁水定期分炉次从炉内放出。

A　间断和连续性

回转窑、烧结机、矿热电炉生产是连续的，供料系统的能力必须满足连续生产的需要。但通过设置中间料仓缓冲可以实现部分单元操作间断进行。

B　循环过程

为了提高铁合金生产的经济性，工艺流程中设有若干循环过程。主要有：

(1) 焦粉、筛下矿、除尘灰的回收、处理和循环利用；

(2) 破碎的金属屑、跳汰回收的金属颗粒的重熔和循环；

(3) 电炉烟气、电炉煤气的循环利用；

(4) 冷却水和冲渣水的循环利用。

在循环过程中，烟尘和炉渣中的有害元素会逐渐积累和富集，需要在循环中加以处理。

C　工序节点

每一生产工艺中都存在若干工序节点，如烧结—电炉之间，配料—电炉炉顶料仓—料管之间，回转窑和电炉之间都可以看作工序节点。

铁合金冶金工艺连续性很强，高温作业对原料的稳定性和设备的可靠性要求很高。利用工序节点的缓冲作用可以对工艺操作进行调节，也提供了事故处理和设备维护的时间。

D　驻留时间

涉及过程效率和产物质量的一个重要参数是反应物在反应器中的驻留时间。

在传质控制的反应过程中，反应器中的驻留时间对过程效率有极大的影响。例如：在电硅热法铁合金生产中，脱硅极限受到时间的制约；驻留时间对碳热法炉内渣金属分离过程产生影响。减少电炉的出炉次数，增加金属和炉渣在炉内停留时间，有助于提高金属元素的回收率。

在间断作业的反应器内，如精炼电炉、真空电炉、摇包中，反应物在反应器中的驻留时间相对易于控制。而在连续进行作业的反应器内，如埋弧电炉、回转窑中确定和控制停留时间则相对比较难。为了增加驻留时间，需要增大反应器的容积或长度等几何参数。

1.5.4 工艺流程的经济性

同一种铁合金产品可以使用不同的冶炼工艺来生产。在生产工艺选择方面，工艺的经济性决定了冶金工艺生产流程。工艺的经济性内容包括原料特性、产品特性、元素回收率、热效率等影响制造成本的要素和工厂建设投资。

精炼铁合金的生产方法有电硅热法、电炉—转炉法、高炉—转炉法、炉外金属热法等多种。图 1 - 37 显示了生产精炼锰铁的三种不同工艺流程。表 1 - 31 列出了这三种工艺流程的特点。

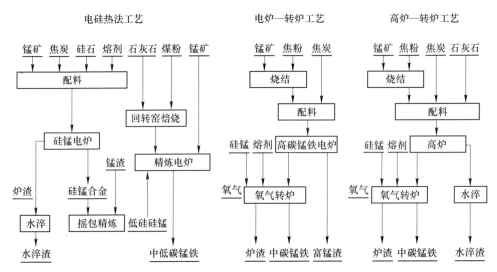

图 1 - 37　生产精炼锰铁的三种流程

表 1 - 31　精炼锰铁生产工艺比较

项　目	单位	电硅热法工艺	电炉—转炉工艺	高炉—转炉工艺
生产设备		硅锰合金电炉、精炼电炉、摇包	高碳锰铁电炉、转炉	烧结、高炉、转炉
原　料		锰矿、富锰渣、硅石、焦炭、熔剂、石灰	锰矿、焦炭、石灰石、石灰、氧气	锰矿、焦炭、石灰石、石灰、氧气
锰矿品位	%	硅锰电炉：Mn > 32 精炼电炉：Mn > 40	Mn > 40	Mn > 32
锰矿消耗	t/t	3.5	3	2.5
产　物		精炼锰铁、中锰富渣、电炉煤气	精炼锰铁、富锰渣、电炉煤气	精炼锰铁、贫渣、高炉煤气
锰回收率	%	> 80	约 60（不计富锰渣）	> 80
冶炼电耗	kW·h/t	约 6000	约 3500	

项　目	单位	电硅热法工艺	电炉—转炉工艺	高炉—转炉工艺
动力电耗	kW·h/t	约500	约300	约600
焦炭消耗	t/t	约0.55	约0.5	约1.5
氧气消耗	m³/t		约90	约90
产品品级		中低碳和微碳锰铁	中低碳锰铁	中低碳锰铁
工艺特点		使用低品位锰矿	电耗低	综合能耗低

　　影响工艺选择的最主要因素是原料特性。中国是锰矿产量最大的国家。以贫、杂、散为特点的国产锰矿为我国硅锰合金生产提供了在国际市场竞争的空间，也推动了我国电硅热法精炼锰铁技术发展。按照中国国情，电硅热法工艺产量远超过以富锰矿为原料的氧气吹炼工艺。

　　表 1-32 列出了几种不同冶炼高碳铬铁生产工艺的技术经济指标对比。可以看出，随着全球经济的发展和技术进步，更多的先进工艺得以在铬铁行业广泛推广应用。

表 1-32　各种铬铁冶炼工艺技术经济指标对比

生产工艺	埋弧冶炼	明弧冶炼	直流冶炼	Outotec	SRC/Premus	冷固结球团
电炉型式	密闭/半密闭	半密闭	半密闭	密闭	密闭	半密闭
原料条件	<20%粉矿	100%粉矿	100%粉矿	100%粉矿	100%粉矿	<40%粉矿
还原剂条件	>80%冶金焦	50%冶金焦	100%无烟煤	60%冶金焦	20%冶金焦	60%冶金焦
[Si]/%	<5	>4	<2	<3	<3	<4
电耗/kW·h·t⁻¹	3200~4000	4200~4500	4200~4500	3200	1700/2200	3900~4200
铬回收率/%	75~90	68~70	>90	>85	>92	68~70
设备利用率/%	95	90	90	92	85	95
技术难度	低	最低	较高	高	最高	低
投资比较	100	80	150	180	200	120

　　表 1-32 表明，原料条件、电价、元素回收率、投资费用等条件是影响选择工艺的重要因素。在铬矿和还原剂资源日益短缺的形势下，人们更加重视那些元素回收率高，使用廉价原料的生产工艺。

　　高碳铬铁可以采用埋弧电炉生产，也可以用类似精炼电炉的间断式的工艺生产。实践表明：使用100%难还原粉铬矿时，间断操作的直流电炉工艺元素回收率远远高于埋弧电炉。这是直流电炉冶炼铬铁工艺得以发展的主要原因。

　　影响生产工艺经济性选择的重要因素有：综合能耗、元素回收率、劳动生产率、投资回报率等。通过工艺技术的改进实现了工艺经济性的改善。图 1-38 反映了工艺改进对硅锰合金冶炼电耗的影响潜力。实际生产中，技术改进对硅锰合金电耗降低的潜力高达 $600 \sim 800 \mathrm{kW} \cdot \mathrm{h/t}$。这些工艺措施的内容主要有：

（1）改进炉料粒度和结构；

（2）改进炉渣渣型，降低渣铁比；

（3）输入功率控制；

（4）控制电极深度；

（5）使用热烧结矿入炉等。

孤立地讨论这些措施的每一项，其节能效果是有限的，但综合这些措施的节能效果十分显著（见图 1-38）。

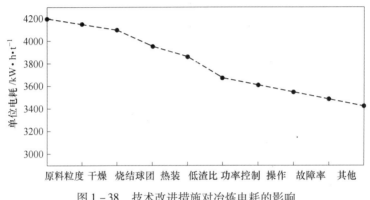

图 1-38　技术改进措施对冶炼电耗的影响

由图 1-38 可以看出，烧结、热装、低渣比等原料改进措施对产品经济指标影响最大。对于新建铁合金的工厂，能否达到先进的生产指标，在很大程度上取决于工艺流程的选择和设计。

铁合金生产技术经济指标中最重要的项目是综合能耗和元素回收率。

1.5.4.1 综合能耗

铁合金单位产品综合能耗为每一基准吨合格铁合金所消耗的各种能源，扣除工序回收能源后，实际消耗的各种能源折合标准煤总量。

计算公式为：

$$E_{\mathrm{THJ}} = \frac{e_{\mathrm{yd}} + e_{\mathrm{th}} + e_{\mathrm{dl}} - e_{\mathrm{yr}}}{P_{\mathrm{THJ}}}$$

式中　E_{THJ}——铁合金产品单位综合能耗，kgce/t；

e_{yd}——铁合金生产的冶炼电力能源耗用量，kgce；

e_{th}——铁合金生产的碳质还原剂耗用量，kgce；

e_{dl}——铁合金生产过程中的动力能源耗用量，kgce；

e_{yr}——二次能源回收并外供量，kgce；

P_{THJ}——合格铁合金产量，t。

对于新建铁合金工厂，确定工艺流程的目标值是铁合金的先进指标。表1-33 为 GB 21341—2008 确定的铁合金单位产品能耗限额先进值。

表1-33 铁合金单位产品能耗限额先进值

合金品种	硅 铁	电炉锰铁	硅锰合金	高碳铬铁	高炉锰铁
执行国家标准	GB/T 2272	GB/T 3795	GB/T 4008	GB/T 5683	GB/T 3795
标准成分/%	Si/75	Mn/65	(Mn+Si)/82	Cr/50	Mn/65
单位产品冶炼电耗先进值 /kW·h·t^{-1}	≤8300	≤2300	≤4000	≤2800	焦炭 1280kg/t
单位产品综合能耗限额先进值（以电当量值 0.1229kgce /kW·h 计）/kgce·t^{-1}	≤1850	≤670	≤950	≤740	≤1180
单位产品综合能耗限额先进值（以电等价值 0.404kgce /kW·h 计）/kgce·t^{-1}	≤4320	≤1360	≤2150	≤1600	≤1180
备注 入炉矿品位/%	—	Mn 38	Mn 34	Cr$_2$O$_3$ 40	Mn 37
备注 入炉矿品位每升高或降低 1%，电耗限额值可降低或升高值/kW·h·t^{-1}	—	≤60	≤100	≤80（铬铁比≥2.2）	焦炭 30kg/t

降低铁合金生产的综合能耗潜力很大。二次能源的回收和利用会为企业带来显著效益。

1.5.4.2 元素回收率

元素回收率在很大程度上决定了铁合金生产的经济性。客观上，元素回收率体现了工艺技术资源利用的效率。

影响元素回收率的因素主要有：

(1) 入炉原料的品位；

(2) 矿物的还原性和熔化性；

(3) 还原剂的反应活性；

(4) 原料粒度和粒度分布；

(5) 烧结和焙烧可以改变难还原矿的还原性；

(6) 原料配比的准确性，特别是还原剂的配入量的准确性；

(7) 炉渣组成和性能对渣铁分离的影响。

参考文献

[1] Dippenaar R. Emerging steel and specialty steel grades and production technologies – impacts on

the selection and use of ferroalloys［C］. INFACON 5 Proceedings, Cape Town：SAIMM, 2004：741~755.

［2］ Nakamura, K. Quality standards of ferroalloys viewed from the steel industry［C］. INFACON 7 Proceedings, Trondheim：Tapir, 1995：21~38.

［3］ Schei A, Tuset J, Tveit H. Production of high silicon alloys［M］. Trodheim：Tapir, T, Norway, 1998：308~310.

［4］ 加弗里洛夫 F A, 加西克 M A. 锰的电硅热法生产技术［M］. 第聂伯尔彼得罗夫斯克：系统工艺出版社, 2001：37~118.

［5］ 陈家祥. 炼钢常用图表数据手册［M］. 北京：冶金工业出版社, 1984：70~170.

［6］ Olsen S E, Tangstad M, Lindstad T. Production of Manganese Ferroalloys［M］. Trondheim：Tapir, 2007.

［7］ Kossyrev K L, Olsen S E. Silicon and Carbon in Chromium alloys［C］. INFACON 7 Proceedings, Trondheim：Tapir, 1995：329~338.

［8］ 朱觉, 赵凤林. 炼钢对铁合金的质量需求［J］. 铁合金, 1964,（2）：6~11.

［9］ 叶姆林 Б Н, 加西克 M H. 电热过程手册［M］. 北京：冶金工业出版社, 1984：24~67.

［10］ 福尔克特 G, 弗朗克 K D. 铁合金冶金学［M］. 上海：上海科学技术出版社, 1978.

［11］ Klevan O. S. Engh, T. A. Dissolved impurities and inclusions in FeSi and Si, Development of a Filter Sampler［C］. INFACON 7 Proceedings, Trondheim：Tapir, 2005：441~451.

［12］ Sjoqvist T, Jonsson P, Berg H. The effect of ferromanganese cleanness on inclusion in Steel［C］. INFACON 9 Proceedings, Quebec City, 2011：411~420.

［13］ Hoel E G, Tuset J K. 锰硅合金的偏析、结构和强度［C］. INFACON 8 Proceedings, 北京：中国金属学会, 1998：246~253.

2 铁合金冶金原理

氧化还原反应是铁合金生产的最基本反应。大多数铁合金是用碳热还原法生产的，纯度高、难还原的金属和贵重金属的铁合金则多用金属热法或电 - 金属热法生产，硅、铝、镁是常用的金属热法的还原剂。氧化反应主要用于铁合金的精炼，通过向铁水吹氧去除铁合金中的杂质。

以参与反应的氧化物状态来定义，还原反应可分固态还原、熔态还原和气相还原反应三种方式。高硅合金中的硅还原需要经过气相产物 SiO 还原阶段。高价氧化物的还原一般是由若干反应阶段组成。锰的高价氧化物还原成低价氧化物是以固态还原方式完成。而锰由低价氧化物向 0 价金属的转变则是以熔态还原方式完成的。在电炉料层中，铬铁矿的还原主要是以固态还原方式完成。硅热等金属热法精炼主要是以熔态还原方式进行的。

由氧化物中提取合金元素耗能很高。将熔态还原工艺与矿石的预还原工艺结合起来生产铁合金可以充分利用煤炭、粉矿资源。这些工艺中通常采用回转窑、竖炉或流化床等装置实现矿石的固态还原，在电炉或转炉中完成熔态还原和金属分离。

2.1 还原的热力学原理

2.1.1 氧化物的稳定性

大多数铁合金的生产过程是金属氧化物的还原过程。金属氧化物还原的难易程度可以用其氧化物的生成自由能或氧化物的分解压来衡量。氧化物的分解压体现了氧化物的稳定性。分解压越小，则该氧化物越稳定，越不易被还原。以二价金属氧化物 MeO 的分解为例，反应式如下：

$$2MeO \rightleftharpoons 2Me + O_2$$

在反应物和产物为纯物质时，金属氧化物的分解压 $P_{O_2}^{\ominus}$ 与分解反应的标准自由能的关系是：

$$\Delta G = \Delta G^{\ominus} + RT\ln P_{O_2}^{\ominus}$$

在平衡时，$\Delta G = 0$，则：

$$\Delta G^{\ominus} = -RT\ln P_{O_2}^{\ominus}$$

反应的平衡常数 K 等于相应的平衡氧分压 $P_{O_2}^{\Theta}$：

$$K_{Me}^{'} = P_{O_2}^{\Theta}$$

图 2-1 给出了常见的铁合金元素氧化物的生成自由能与温度的关系。

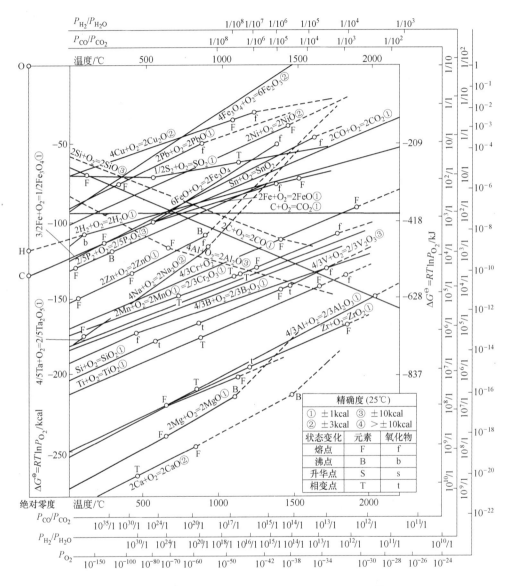

图 2-1 典型氧化物的生成自由能与温度的关系[1]

由该图还可以得到各种氧化物在不同温度下的平衡氧分压 P_{O_2} 以及与之平衡的 P_{CO}/P_{CO_2} 和 P_{H_2}/P_{H_2O}。

由分解压得出的铁合金元素氧化物还原由易到难的顺序是：

WO_3、NiO、CoO、FeO、Cr_2O_3、MnO、MoO_3、V_2O_5、TiO_2、SiO_2、CaO

由图 2 – 1 可以看出，碳的氧化物 CO 生成自由能与温度关系直线的斜率和大多数氧化物相反。因此，碳可以作为许多金属氧化物还原剂。CO 的生成自由能线与其他氧化物生成自由能线的交点即为该反应所需的反应温度。

2.1.2 碳热还原的热力学

碳热还原反应的产物是低价金属氧化物、金属单质或金属的碳化物。在高碳铁合金中，金属元素存在的主要形式是饱和碳的碳化物。

氧化锰被碳还原生成锰和碳化锰的反应式和反应自由能分别是：

$$2MnO + 2C =\!=\!= 2Mn + 2CO \qquad \Delta G^{\ominus} = 574332 - 339.83T \text{（J/mol）}$$

$$2MnO + 20/7C =\!=\!= 2/7Mn_7C_3 + 2CO \qquad \Delta G^{\ominus} = 530024 - 364.10T \text{（J/mol）}$$

在 1600℃ 时，生成 Mn 和 Mn_2C_3 的反应自由能分别是 – 62.17kJ 和 – 151.93kJ。

在铬铁矿的碳热还原中，Cr_2O_3 被碳还原生成 Cr 和 Cr_3C_2 的反应式和反应自由能分别为：

$$Cr_2O_3(固) + 3C(石墨) =\!=\!= 2Cr + 3CO \qquad \Delta G^{\ominus} = 784377 - 522.29T(\text{J/mol})$$

$$Cr_2O_3(固) + 13/3C(石墨) =\!=\!= 2/3Cr_3C_2 + 3CO \qquad \Delta G^{\ominus} = 729201 - 510.46T(\text{J/mol})$$

上述两个还原反应在 $\Delta G^{\ominus} = 0$ 时，温度分别为 1228℃ 和 1156℃。

由上述反应自由能计算可以看出，生成碳化物的反应比生成纯金属的反应更容易发生。

图 2 – 2 比较了铁、锰、铬、硅、钛等几种主要铁合金元素还原生成金属和碳化物的自由能与温度的关系。可以看出：在相同的 CO 分压条件下，生成碳化物的自由能比生成金属单质的自由能更低，即还原温度更低。因此，在碳热还原中，被碳还原得到的是碳化物，而不是金属单质或不含碳的铁合金。

碳热还原得到的铁合金中的含碳量饱和时，合金中的碳的活度为 1。碳化物起着与碳相同的还原剂的作用。在硅铁生产中，SiC 还原 SiO 是生成硅的主要反应；高碳铬铁冶炼过程中，碳化铬参与 Cr_2O_3 的还原反应。

2.1.3 金属热还原的热力学

金属热法包括电硅热法和电铝热法。金属热法还原剂的选择取决于还原反应的自由能。图 2 – 3 为硅或铝还原氧化物的自由能与温度的关系。

从图 2 – 3 中看出，以硅还原 B_2O_3 和 TiO_2 反应自由能为正值。这说明，在生产硼铁和钛铁时，不能以硅铁为还原剂。而采用铝来还原 B_2O_3 和 TiO_2 时，这些反应的自由能为负值。

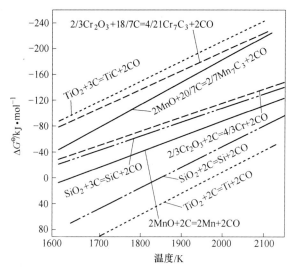

图2-2 铁合金元素被碳还原生成单质和碳化物的反应自由能与温度的关系

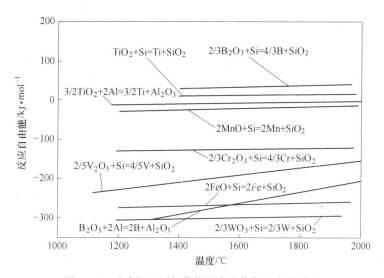

图2-3 硅或铝还原氧化物的自由能与温度的关系

2.1.4 复合化合物的生成反应

氧化物复合化合物的生成反应是矿石烧结、原料焙烧的基础反应,也是改善冶金反应条件的重要反应。在冶炼温度范围内,生成复合化合物的反应自由能均为负值。因此,还原产物生成复合化合物可以降低还原反应自由能,使其更容易发生。反之,由复合化合物中还原金属氧化物则较难,提高了还原温度。

图2-4为复合化合物生成自由能与温度的关系。表2-1列出了常见的复合

化合物生成自由能[2]。

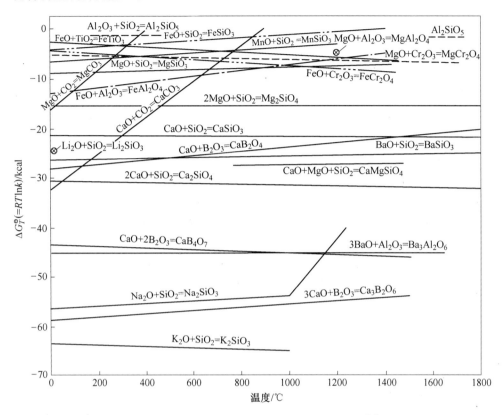

图 2-4 复合化合物生成自由能与温度的关系[2]

表 2-1 典型复合化合物生成自由能[3]

反 应 式	反应自由能，$\Delta G^{\ominus}/J \cdot mol^{-1}$	温度范围/℃
$CaO + SiO_2 = CaO \cdot SiO_2$	$\Delta G^{\ominus} = -92500 + 2.5T$	25 ~ 1540
$CaO \cdot SiO_2(s) = CaO \cdot SiO_2(1)$	$\Delta G^{\ominus} = 56100 + 33.05T$	1540
$2CaO + SiO_2 = 2CaO \cdot SiO_2$	$\Delta G^{\ominus} = -118800 - 11.3T$	25 ~ 2130
$3CaO + 2SiO_2 = 3CaO \cdot 2SiO_2$	$\Delta G^{\ominus} = -236800 + 9.6T$	25 ~ 1500
$CaO + Fe_2O_3 = CaO \cdot Fe_2O_3$	$\Delta G^{\ominus} = -29700 - 4.81T$	700 ~ 1216
$2CaO + Fe_2O_3 = 2CaO \cdot Fe_2O_3$	$\Delta G^{\ominus} = -53100 - 2.51T$	700 ~ 1450
$2MnO + SiO_2 = 2MnO \cdot SiO_2$	$\Delta G^{\ominus} = -53600 + 24.73T$	25 ~ 1346
$2MnO \cdot SiO_2(s) = 2MnO \cdot SiO_2(1)$	$\Delta G^{\ominus} = -68940 - 42.80T$	1346
$MnO + SiO_2 = MnO \cdot SiO_2$	$\Delta G^{\ominus} = -28000 + 2.76T$	25 ~ 1291
$MnO \cdot SiO_2(s) = MnO \cdot SiO_2(1)$	$\Delta G^{\ominus} = -68940 - 42.80T$	1291
$2FeO + SiO_2 = 2FeO \cdot SiO_2$	$\Delta G^{\ominus} = -36200 + 21.09T$	25 ~ 1220

反 应 式	反应自由能，$\Delta G^{\ominus}/\mathrm{J \cdot mol^{-1}}$	温度范围/℃
$CaO + Al_2O_3 = CaO \cdot Al_2O_3$	$\Delta G^{\ominus} = -18000 - 18.83T$	500 ~ 1535
$3CaO + Al_2O_3 = 3CaO \cdot Al_2O_3$	$\Delta G^{\ominus} = -12600 - 24.69T$	500 ~ 1605
$CaO + 2Al_2O_3 = CaO \cdot 2Al_2O_3$	$\Delta G^{\ominus} = -16700 - 25.52T$	500 ~ 1750
$MgO + Al_2O_3 = MgO \cdot Al_2O_3$	$\Delta G^{\ominus} = -35600 - 2.0T$	25 ~ 1500
$MgO + Cr_2O_3 = MgO \cdot Cr_2O_3$	$\Delta G^{\ominus} = -42900 + 7.11T$	25 ~ 1500
$MgO + SiO_2 = MgO \cdot SiO_2$	$\Delta G^{\ominus} = -38100 + 4.48T$	1200 ~ 1793
$2MgO + SiO_2 = 2MgO \cdot SiO_2$	$\Delta G^{\ominus} = -58576 - 2.18T$	1200 ~ 2000

硅热法生产钒铁的反应式和反应自由能如下：

$$2/5V_2O_5 + Si = 4/5V + SiO_2 \qquad \Delta G^{\ominus} = -326026 + 75.2T \text{（J/mol）}$$

为了改善炉渣流动性使反应更容易进行，配加石灰的反应自由能为：

$$2/5V_2O_5 + Si + 2CaO = 4/5V + 2CaO \cdot SiO_2 \qquad \Delta G^{\ominus} = -472564 + 75.2T \text{（J/mol）}$$

在冶炼温度内，反应自由能可以降低 147kJ。

在粉矿石烧结中，复合氧化物生成的固相反应促进了矿石颗粒间的粘结和低熔点物质的形成。

2.1.5 铁合金熔体的活度

2.1.5.1 活度的计算

在冶金热力学计算中，单质或化合物在熔体中的浓度需要用其活度（即有效浓度）计算。溶质参与的反应自由能的改变受到溶质活度的影响。以硅还原锰渣中的（MnO）为例，反应式和反应自由能如下：

$$2(MnO) + [Si] = 2[Mn] + (SiO_2)$$

$$\Delta G = \Delta G^{\ominus} + RT\ln \frac{a_{[Mn]}^2 \cdot a_{[SiO_2]}}{a_{[MnO]}^2 \cdot a_{[Si]}}$$

向炉渣中添加 CaO 可以提高炉渣中（MnO）的活度，降低（SiO₂）的活度，进一步降低反应自由能。

单质和化合物在熔体中的物理化学性能与组成和温度有关。对理想溶液，其性能与其摩尔分数有关；而对非理想溶液，则其与组元的活度有关。

某一组元的活度 a_M 定义为：

$$a_M = P_M / P_M^{\ominus}$$

式中　P_M——该组元的蒸气压；

$P_M^{\ominus}$——该组元在标准状态下的蒸气压。

活度在数值上等于组元的活度系数 γ_M 与摩尔分数 x_M 的乘积：

$$a_M = \gamma_M \cdot x_M$$

硅铁、锰铁、铬铁等铁合金熔体属于高浓度熔体，在热力学计算中以纯物质为标准态，使用拉乌尔定律计算。铁合金中的碳、硫、磷、钛等杂质元素含量低，属于稀溶液，以1%溶质为标准态计算其活度。稀溶液中溶质的活度用亨利定律计算。

$$a_c = f_M \cdot x_M$$

拉乌尔定律活度系数 γ 与亨利定律活度系数的关系式为：

$$\gamma = \gamma^\ominus \cdot f$$

图 2-5 左、右下角分别给出了以 1% 溶质为标准态的锰和铁的活度系数比值 $\gamma^\ominus$。

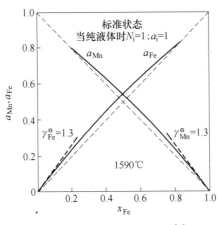

图 2-5 Fe-Mn 系活度图[1]

活度和活度系数用于相图计算、冶金熔体的性能计算和热力学计算。

2.1.5.2 铁合金熔体的活度

在金属矿物中，合金元素大多数与铁共生。还原过程中，含铁的金属化合物的生成可以显著降低合金元素在熔体中的活度，从而降低还原反应的自由能，降低还原温度。图 2-5 ~ 图 2-7 分别为 Fe-Mn 系、Fe-Cr 系、Fe-Ni 系活度图[4]。可以看出，铁与锰、铬、镍形成的熔体与理想溶液比较接近。Fe-Mn 系和 Fe-Cr 系对理想溶液均有不大的正偏差，而 Fe-Ni 系呈现一定的负偏差。

硅系铁合金是铁合金生产常用的合金体系。图 2-8 ~ 图 2-10 分别为 Si-Mn 系、Si-Cr 系、Ca-Si 系活度图[1]。由硅与铁、锰、铬、钙等活度图看出，这些二元系熔体与理想溶液的负偏差比较大。这是由于硅与这些元素的亲和力比较大。这些铁合金的性能不能简单地用近似理想溶液推算。在含硅量低、或含锰等金属元素低的稀溶液中，需要以 1% 溶质为标准态，用亨利定律计算溶质的活度。

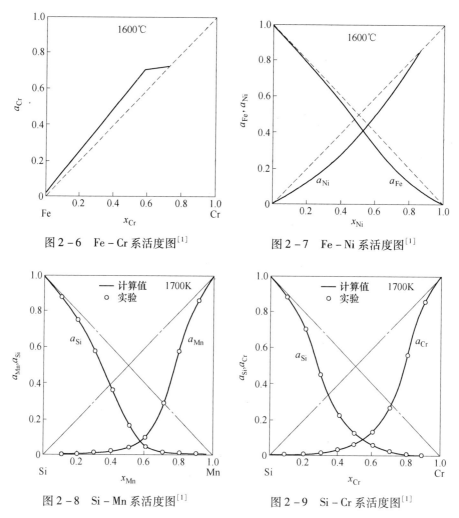

图 2 - 6   Fe - Cr 系活度图[1]

图 2 - 7   Fe - Ni 系活度图[1]

图 2 - 8   Si - Mn 系活度图[1]

图 2 - 9   Si - Cr 系活度图[1]

图 2 - 11 和图 2 - 12 分别为 Fe - Si 系、Fe - Al 系活度图。可以看出 Fe - Si 系和 Fe - Al 系活度图图形相近，Fe - Si 系和 Fe - Al 系都对拉乌尔定律有较大的负偏差，但 Fe - Si 系的负偏差更大些。这表明，硅与铁的亲和力更大，使熔体中铁的活度更低。

图 2 - 13 和图 2 - 14 分别显示了碳、铁、硅、锰在 Fe - Si - Mn 系熔体中的等活度系数或等活度线[1,4]。

2.1.5.3   炉渣组元的活度

图 2 - 15 ~ 图 2 - 17 分别给出了 $MnO - CaO - SiO_2$ 系、$MnO - Al_2O_3 - SiO_2$ 系、$CaO - Al_2O_3 - SiO_2$ 系中主要组元的活度。这些体系是锰铁冶炼最常用的炉渣体系。

改变炉渣组成会改变炉渣的氧化还原能力。

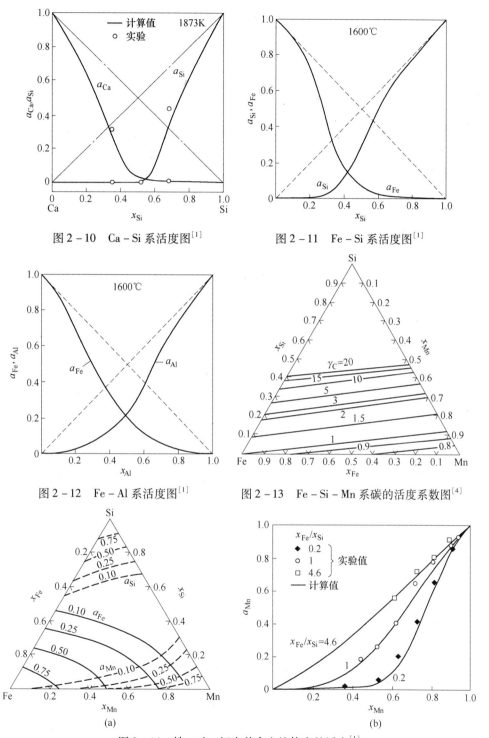

图 2-10 Ca-Si 系活度图[1]

图 2-11 Fe-Si 系活度图[1]

图 2-12 Fe-Al 系活度图[1]

图 2-13 Fe-Si-Mn 系碳的活度系数图[4]

(a)

(b)

图 2-14 铁、硅、锰在其合金熔体中的活度[1]

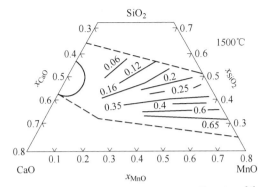

图 2 - 15 MnO - CaO - SiO₂ 系 MnO 等活度图[4]

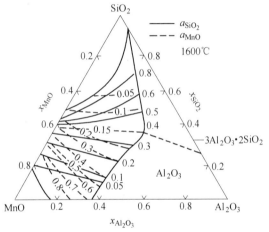

图 2 - 16 MnO - Al₂O₃ - SiO₂ 系 MnO、SiO₂ 等活度图[4]

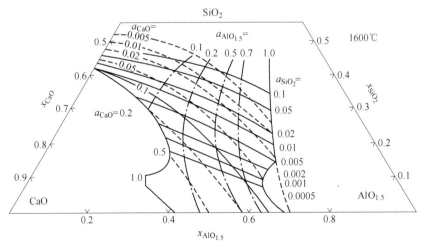

图 2 - 17 CaO - Al₂O₃ - SiO₂ 系 CaO、SiO₂ 和 Al₂O₃ 的活度[4]

由图 2 - 16 可以看出，在富锰渣熔体 MnO - SiO₂ 体系中，提高 Al₂O₃ 含量会提高 SiO₂ 活度，降低 MnO 活度。因此，Al₂O₃ 高的矿石阻碍了锰的还原过程，并促进了硅的还原，这对生产金属锰是不利的。由图 2 - 15 可以看出，向富锰渣中添加 CaO，有利于锰的还原，并限制了硅的还原。

2.1.6 选择性还原

选择性还原是最常见的冶金规律，也是铁合金生产技术手段。

选择性还原利用还原反应的热力学特性，将合金元素按一定比例从矿石中分离出来，从而实现富集有用的合金元素，降低合金中的杂质或次要元素含量。例如：某些含磷量高的锰矿的磷锰比高达 0.1，通过选择性还原，使大部分铁和磷进入合金，进入渣相的磷和锰之比可以低至 0.005。选择性还原生产出的低磷富锰渣可以满足生产低磷铁合金的需求。

选择性还原无时不存在于铁合金冶炼反应中，各种杂质元素总会以一定比例进入铁合金。

2.1.6.1 选择性还原基本原理

还原过程中，反应产物存在的形态是合金和炉渣。在特定的温度条件下，元素还原的分解压与金属元素在合金中的活度和其氧化物在炉渣中的活度有关。以锰铁冶炼过程中炉渣和金属平衡计算为例，在锰和铁氧化物分解反应 $\Delta G = 0$ 时，炉渣和铁水中的锰之间存在的化学平衡为：

$$2(MnO) \Longrightarrow 2[Mn] + O_2$$

该反应的自由能和平衡氧分压 $P_{O_2(Mn)}^{\Theta}$ 关系如下式：

$$\Delta G = \Delta G^{\Theta} + RT\ln K = 0$$
$$\Delta G = -RT\ln P_{O_2(Mn)}^{\Theta} + RT\ln K = 0$$
$$P_{O_2(Mn)}^{\Theta} = a_{[Mn]}^2 \cdot P_{O_2}/a_{(MnO)}^2$$

同理，炉渣和铁水中的铁之间存在的化学平衡和平衡氧分压如下式：

$$2(FeO) \Longrightarrow 2[Fe] + O_2$$
$$P_{O_2(Fe)}^{\Theta} = a_{[Fe]}^2 \cdot P_{O_2}/a_{(FeO)}^2$$

式中　P_{O_2}——反应体系的氧分压。

对于所有参与化学反应的元素，反应体系的氧分压是相同的。因此，可以得出如下的关系式并类推到其他的氧化物。

$$P_{O_2} = P_{O_2(Fe)}^{\Theta} \cdot a_{(FeO)}^2/a_{[Fe]}^2 = P_{O_2(Mn)}^{\Theta} \cdot a_{(MnO)}^2/a_{[Mn]}^2 = P_{O_2(M)}^{\Theta} \cdot a_{(MO)}^2/a_{[M]}^2$$

在特定的温度和氧分压条件下，多种金属氧化物会同时还原。但各种氧化物还原的程度呈现一定的规律，氧化物稳定的元素还原比例较少，而易还原的氧化物还原比例高。其还原的比例由各自的分解压和在金属与炉渣中的活度决定。

在红土矿的还原中，镍还原的比例高，而铁和铬还原的比例低。锰和铁存在多种价位的氧化物。有高价氧化物参加的还原反应,高价氧化物也以选择性还原方式参加反应。高价氧化物还原的比例也与其相应的分解压有关。例如:在红土矿的固态还原过程中,Fe_2O_3 优先还原成 Fe_3O_4;但在还原成 FeO 的过程中,显然其还原的优势不及 NiO。在高碳锰铁生产中,铁和磷还原的比例较高,而锰还原的比例偏低;随着还原剂数量的增加,锰的还原比例提高,见图 2-18。

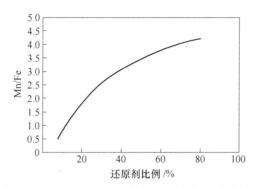

图 2-18 锰铁生产中还原剂配入量与锰铁比的关系

锰铁生产中还原剂配入量与锰铁比的关系如图 2-18 所示。在锰铁的还原过程中,除了铁和锰之间的化学平衡之外还存在着诸如锰和磷、锰和硫、锰和硅、锰和铝等多种元素之间的化学平衡。

图 2-19 给出了铬矿预还原工艺中,球团中铬与铁的还原度之间的关系。可以看出,铁优先于铬的还原。在还原度较低的情况下,球团中的 Cr/Fe 较低。随着铬的大量还原,Cr/Fe 逐渐提高。图 2-20 反映出,在 1200℃铁与铬的还原度和金属化程度的关系。在这一温度,铬的还原不完善,铁的还原远远高于铬。

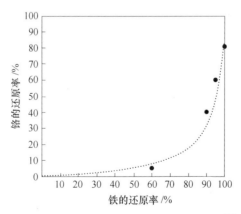

图 2-19 铬矿还原中铬与铁还原率的关系[5]

在选择性还原中,各种氧化物都会按一定比例参与还原反应。各种氧化物还

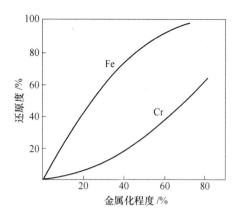

图 2 - 20 在1200℃铁与铬的还原度和金属化程度的关系[6]

原的比例，即各种元素在炉渣和合金中的分配，取决于特定条件的化学平衡，即取决于其分解压、还原剂的数量和特定还原条件。尽管矿石中的杂质元素含量很低，或其氧化物分解压很高，但其被还原的趋势始终是存在的。

表 2 - 2 列出了高碳锰铁、硅锰合金和镍铁生产中主元素与铁的选择性还原的差异。表中分别给出合金中主元素/铁之比 A_1 和原料矿石中主元素/铁之比 A_2。A_1 与 A_2 之比即主元素的回收率 R_M 与铁回收率 R_{Fe} 之比。该数值反映了铁合金冶金过程中，主元素的选择性还原趋势。这里，定义选择性还原系数 R 为：

$$R = R_M / R_{Fe} = A_1 / A_2$$

式中 R_M——铁合金主元素的回收率；

   R_{Fe}——铁的回收率。

该系数的意义在于体现主元素与铁元素还原能力的比较。在 $R > 1$ 时，主元素还原能力高于铁；反之，$R < 1$ 时，主元素的还原能力低于铁。

表 2 - 2 镍、锰和铁在不同工艺中的选择性还原

冶炼品种		富锰渣	高碳锰铁	硅锰合金	高炉镍铁	RKEF 镍铁
矿 石	主元素/%	42	42	35	1.8	1.8
	铁含量/%	5	5	7	26	26
	A_2(主元素/铁)	8.40	8.40	5.00	0.07	0.07
铁合金	主元素/%	63	75	65	6	12
	Fe/%	32	16	15	85	82
	A_1(主元素/铁)	1.97	4.69	4.33	0.07	0.15
炉 渣	主元素/%	42.00	32.00	7.00	0.10	0.10
	Fe/%	0.50	0.50	0.20	8.00	10.00
选择还原系数	$R = A_1/A_2$	0.234	0.558	0.867	1.020	1.26

锰铁生产中铁的还原优先于锰还原。由表 2-2 看出，富锰渣工艺中，大部分锰进入了炉渣，其选择性还原系数为 0.235。在高碳锰铁生产中，仍有相当数量的锰进入炉渣，选择性还原系数为 0.547。在硅锰合金生产中，锰的还原率已经到了极限，其系数为 0.684。由于还原能力的差异，锰铁选择性还原系数永远小于 1。

在镍铁还原中，镍优于铁的还原，选择性还原系数大于 1。高炉镍生铁中，铁的还原比例高。而 RKEF 工艺中，铁的还原率比较低。

2.1.6.2 选择性还原的规律

A 各元素还原度的相关性

元素在炉渣和金属的分配，取决于其氧化物的分解压和体系化学平衡。冶金原料是由多种氧化物组成的，所有氧化物的还原是同时进行的。各种元素的回收率存在一定的相关性。在冶金过程中，每一元素在金属和炉渣中的分配比取决于反应自由能。而两种元素之间的分配比则取决于体系的化学平衡。以镍铁生产为例，设镍铁的化学平衡系数为 K_r，元素分配比之间的数学关系可以用下式表达：

$$K_r = R_{Ni}(1 - R_{Fe})/[(1 - R_{Ni}) \cdot R_{Fe}]$$

式中 $R_{Ni}/(1 - R_{Ni})$ ——镍在合金和炉渣中的分配比；

$R_{Fe}/(1 - R_{Fe})$ ——铁在合金和炉渣中的分配比。

由此可以推导出镍与铁元素回收率（还原率）之间的关系。

$$R_{Ni}(1 - R_{Fe}) = K_r(1 - R_{Ni})R_{Fe}$$

$$R_{Ni} - R_{Fe}R_{Ni} + K_rR_{Fe}R_{Ni} = K_rR_{Fe}$$

$$R_{Ni}[1 - (1 - K_r) \cdot R_{Fe}] = K_rR_{Fe}$$

$$R_{Ni} = \frac{K_r \cdot R_{Fe}}{1 - (1 - K_r)R_{Fe}}$$

根据平衡系数可以计算出两种元素回收率之间的关系。图 2-21 反映了在不同的平衡系数 K_r 时，镍与铁的回收率之间的关系和实际生产数据。设定系数 K_r 分别为修正系数 20、50 和理论平衡系数。可以看出：大部分生产数据落在了修正系数 K_r 为 20 的曲线附近。

由图 2-21 可以看出，在铁的回收率为 30% 时，镍的回收率就已经达到 90% 以上。进一步提高铁的回收率对镍的回收率影响较小。钴的还原度低于镍但高于铁（见图 2-22）。在钴的还原率达到 80% 时，镍的还原已经接近完成，而铁的还原仅为 40%。

需要指出，磷是容易还原的元素，还原温度较低，冶炼过程中还原比例高。选择性还原可将其富集在金属相中，而难以使其富集在炉渣中，实现脱磷的目标。

B 还原剂数量的影响

控制还原剂的数量比可以实现控制元素的回收率和分配比的目标。图 2-23

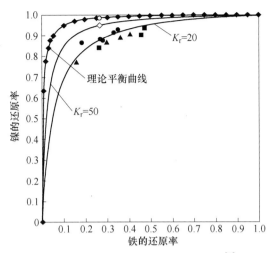

图 2 - 21 镍和铁的回收率之间关系[7]

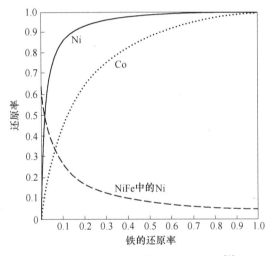

图 2 - 22 镍、钴与铁的回收率关系[8]

表示出了在高碳锰铁生产中，还原剂加入量与锰在合金和炉渣中的分配与回收率
R 的关系趋势。图中，达到主元素回收率最大时，所需要的还原剂数量为 100%，
在还原剂数量小于 100% 时，锰的回收率和在合金中的含量会相应降低，而进入
渣相的主元素含量会相应提高。

图 2 - 24 显示了镍铁生产中还原剂加入量与镍、铁、铬元素回收率之间的关
系。还原剂数量越少选择性还原的作用越明显。

在铁合金冶炼过程中，还原剂数量少，杂质元素进入铁合金的数量相对较
少；而还原剂用量多时，在提高了主元素回收率的同时也增加了杂质元素的
比例。

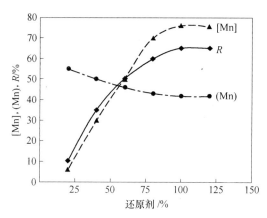

图 2 - 23 还原剂加入量与 Mn 在合金/渣中的分配和回收率的关系

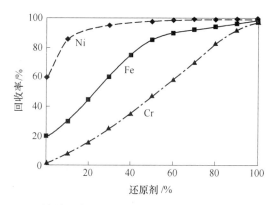

图 2 - 24 镍铁生产还原剂加入量与元素回收率之间的关系

C 还原度与温度的关系

氧化物的还原度与温度有一定关系。图 2 - 25 为不同温度下，FeO 与 MnO 的分配比与还原剂量的关系[7]。该计算以组成为 MnO 90kg 和 FeO 10kg 熔体分批加入碳质还原剂进行还原反应理论计算。可以看出，还原度的差别随着温度升高而变小。温度越低选择性还原的效果越明显。

图 2 - 26 为 Mamatwan 锰矿在不同温度下，还原得到的合金锰和铁的含量。

Al_2O_3 和 CaO 比 SiO_2 难还原，还原温度较高。在硅铁生产中，炉膛温度较低时，铝和钙还原的数量较少；炉温较高时，铝和钙还原数量较多。因此，由硅铁中铝和钙的含量可以判断炉温高低。

2.1.6.3 选择性还原的应用

选择性还原是通过高温冶炼过程富集有用的合金元素重要手段。

利用选择性还原的铁合金生产工艺大体有两类：

第一类以选择性还原富集合金主元素的工艺，如镍铁、钨铁等。许多含有铁

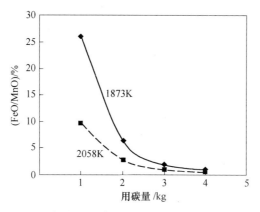

图 2-25 选择性还原分配比与还原剂数量和温度的关系

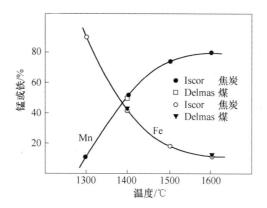

图 2-26 锰和铁含量与还原温度的关系[7]

合金元素的矿物都是含铁量高的矿物，如红土矿、钨精矿等。这些矿石的共同特点是，矿石含铁比例高而主元素易于还原。利用选择性还原原理优先还原主要元素，将氧化铁留在炉渣中。所得到的合金中合金元素与铁的比例远高于矿石。采取控制铁的还原的措施提高了合金中主元素含量。

第二类选择性还原发生在铁优先于主元素的还原的含铁矿石。这是选择性还原常用作提高铁合金纯净度，降低杂质元素含量的重要措施。富锰渣生产利用了磷和锰还原性能的差异，使磷富集在高磷铁中。而后利用低磷富锰渣生产工艺，生产含磷较低的锰铁。

选择性还原原理不仅广泛用于研究铁合金的生产工艺原理，也用于开发新工艺和新产品。

A 贫锰矿的富集

自然界中，锰矿中锰与铁共生，有相当数量的锰矿石的 Mn/Fe 低于锰铁中的 Mn/Fe。为了提高入炉原料中 Mn/Fe 比例，选择性还原用于锰的富集工艺中。

在富锰渣生产工艺中，锰富集在炉渣中，而铁和磷富集在其副产品含锰低的锰铁或镜铁中。由于其含磷低的特点，富锰渣广泛用作硅锰合金生产原料。含锰量更高的富锰渣则用于金属锰的生产。

在冶炼温度，铁和磷比锰更容易还原。控制还原剂的数量，使铁和磷还原，将锰留在炉渣中，得到低磷、低铁的富锰渣。冶炼设备的选择是根据对富锰渣的化学成分要求和原料条件做出的。高炉富锰渣用于硅锰合金生产，而电炉富锰渣则用于金属锰的生产。

高碳锰铁生产工艺也包含了选择性还原机理。采用无熔剂和少熔剂法生产高碳锰铁会使锰富集在炉渣中。因此，含锰量高的高碳锰铁炉渣也用作硅锰合金的原料。

表 2-3 给出了电炉和高炉工艺中主要元素分配的计算依据。可以看出，高炉富锰渣工艺中，锰进入炉渣的比例高于电炉工艺。电炉富锰渣工艺主要用于金属锰生产。

表 2-3 电炉和高炉富锰渣生产中元素分配和含量

生产工艺	电炉富锰渣			高炉富锰渣		
元 素	Mn	Fe	P	Mn	Fe	P
炉渣中比例/%	>40	5	5	88	5	5
合金中比例/%	<60	95	75	6	90	90
烟尘中比例/%	2		20	6	5	5
炉渣中含量/%	约40	<1	约0.005	约35	约1	<0.01
合金中含量/%	>60	>30	>0.3	5~8	约86	>1

B 铬矿的富集

自然界存在大量的低铬铁比铬矿，如南非铬矿一般 Cr/Fe 为 1.8 左右。而在贵金属铂的开采中，与铂共存的铬矿资源 Cr/Fe 更低，其 Cr/Fe 低于 1.5。以低铬铁比的铬矿生产的铬铁不仅含铬量低，其杂质浓度也相应较高。与氧化铁相比，铬的分解压较低，其氧化物更稳定。选择性还原用于将铬富集在炉渣中，使铬渣中的 Cr/Fe 提高到 3.3 以上。这种高铬渣可以用于生产含铬量大于 65% 的铬铁。

C 高铁红土矿生产镍铁工艺

红土矿是提取镍元素的主要原料。在红土矿中镍的含量只有 1.5%~2.4% 左右，铁的含量高达 20% 以上。红土矿中铁和镍之比高达 10 多倍。高炉生产的镍生铁中，镍含量通常在 3%~6%。在电炉冶炼过程中，利用选择性还原调整还原剂的加入量，可以根据需要将镍铁中镍控制在 5%~20% 的范围。

D 不同品种的锰铁生产

锰铁生产中，锰和铁还原的差异直接影响锰铁合金的成分。表2-4列出了采用相同锰矿利用选择性还原得出的不同锰铁产品。原料配入量不足，可以得到用于生产金属锰的高锰含量的富锰渣；原料中配入充足的还原剂，可以使锰充分还原得到含锰量高的锰铁和含锰量相对较低的锰渣。在炉料中有足够的 SiO_2 和充足的还原剂时，可以生产出含硅量不同的硅锰合金。

表2-4 选择性还原在冶炼锰铁上的应用

冶炼温度/℃	还原剂用量	熔 剂	产 品
1600	少 量	硅 石	富锰渣、高碳锰铁
1500	适 量	硅 石	高碳锰铁、锰渣
1600	足 量	硅石、石灰石	硅锰合金、贫渣
2000	过 量	铝矾土、石灰石	硅锰铝合金、贫渣

E 钨铁生产中的选择性还原

钨铁生产使用的黑钨矿中，锰和铁含量比较高。利用选择性还原原理减少铁和锰的还原，使铁和锰富集在炉渣中，得到含钨量高的钨铁。

生产实践中，按氧化钨100%还原、氧化铁85%还原计算还原剂的配入量，所得的典型的合金和炉渣成分见表2-5。从合金和炉渣成分可以看出，控制氧化铁的还原可以很好的抑制锰的还原。

表2-5 典型的钨铁合金和炉渣成分

炉渣成分	WO_3	FeO	MnO	SiO_2	CaO	MgO	Al_2O_3
钨铁渣/%	0.409	7.98	21.74	45.14	13.89	0.89	3.21
合金元素	W	Fe	Mn	Si	C	P	S
钨铁/%	76.61	22.46	22.46	0.3	0.062	0.034	0.053
[M]/(M)	236	3.68	1.328	0.0142			
回收率/%	99.57	78.65	57.05	1.404			

2.1.7 选择性氧化

在对铁合金熔体进行氧化吹炼过程中，熔体中的铁、锰、铬、硅、碳等元素都会发生氧化。氧化反应按着一定先后顺序进行。这一氧化顺序与温度条件有关。通过调整熔体温度可以避免和减少有用元素氧化，实现去除杂质、富集合金元素的目标。这一过程就是选择性氧化。

在吹氧降碳过程中，金属和碳的氧化顺序是由反应物和产物的热力学平衡所决定的。根据热力学计算，只有在特定的温度以上，吹入金属熔池的氧气才能使铁水中的碳发生氧化。随着含碳量的减少，脱碳反应的开始温度提高。氧气吹炼的合金含碳量取决于选择性氧化的平衡条件和金属的气化损失。

选择性氧化可以降低合金的碳含量，而保存合金中的锰、铬等金属元素，即实现降碳保锰或降碳保铬。与电硅热法相比，氧气吹炼生产中碳铬铁和中碳锰铁具有生产率高，能耗低的优势。

选择性氧化还用于金属硅和75%硅铁等降低杂质含量元素的炉外精炼和富集合金元素的冶炼工艺中，如吹炼制取高镍铁、生产转炉富锰渣、提取金属熔体中的钒、铌、钪等有用元素等。

2.1.7.1 氧化降碳原理

铁水中发生的氧化反应有直接氧化反应和间接氧化反应。直接氧化是指纯氧（O_2）或氧化性气体直接与金属液接触而产生的氧化反应；铁水中的碳直接与氧气反应。间接氧化是指金属液中的［O］或炉渣中的（MeO）对金属液中的［Me］氧化的反应。

在氧气吹炼过程，溶解在铁水中的氧［O］与氧气接近平衡状态。熔池内金属［Me］和［C］发生氧化的基本反应是：

$$O_2 === 2[O]$$
$$[Me] + [O] === (MeO)$$
$$[C] + [O] === CO(g)$$

［Me］和［C］的氧化顺序遵循热力学定律。例如：在对高碳锰铁吹氧降碳过程中存在如下的化学反应：

$$2[Mn] + O_2 === 2(MnO)$$
$$2[C] + O_2 === 2CO$$

在［Mn］的氧化反应占优势时，吹氧过程的主要产物是（MnO）。锰铁中的锰大量氧化，以（MnO）形态进入炉渣。而在［C］的氧化反应占优势时，吹氧过程的主要产物是CO气体。吹氧降碳的反应按下式进行：

$$(MnO) + [C] === [Mn] + CO$$

$$\ln \frac{a_{Mn}P_{CO}}{a_C a_{MnO}} = 16.28 - 25800/T$$

该反应的平衡决定了选择性氧化进行的方向。吹炼产生的炉渣主要成分是MnO。炉渣中MnO含量在65%左右时达到饱和，渣中MnO的活度为1。在特定的合金成分和P_{CO}条件下，决定反应优势的是温度。这一温度可由上述反应的自由能、元素在铁水和炉渣中的活度及CO气体平衡压力计算出。该温度称为［Mn］、［C］氧化的转化温度。在这一温度以下，吹炼会造成大量锰元素的氧化；而在这一温度以上，吹炼只有碳发生氧化，可实现保锰降碳。

对高碳锰铁的选择性氧化的转化温度计算结果如表 2-6 所示。

表 2 - 6   高碳锰铁吹炼中 [Mn]、[C] 氧化时的转化温度[7]

序　号	化学成分/%				P_{CO}/MPa	转化温度/℃
	Mn	Fe	Si	C		
1	70	22	1	7	0.1	1320
2	72	26	1	1	0.1	1640
3	73	26	1	0.1	0.1	1980
4	73	26	1	0.1	0.01	1675

高碳锰铁的脱碳反应在 1320℃ 就可以开始，但为了得到较低含碳量的合金则需要更高的合金熔体温度。根据锰在金属中的活度可以计算合金吹炼过程含碳量的变化。图 2 - 27 为在常压下不同锰含量的选择性氧化转化温度。对于含锰70%、含碳量为 5% 的锰铁在 1400℃ 以下锰的氧化占优势，在 1400℃ 以上碳的氧化占优势；而含碳量为 3% 的锰铁在 1580℃ 以下锰的氧化占优势。

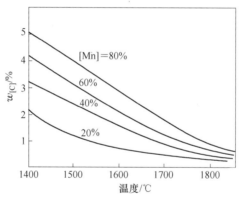

图 2 - 27   不同含量的锰铁选择性氧化转化温度[9]

复合吹炼中合金含碳量与氧氮比，即 CO 的分压对脱碳反应的温度有很大影响。所谓 CO 分压是指脱碳反应产生的气体离开金属熔池时，CO 的分压力。氧氮比越低，即气相中 CO 分压越低，得到同样含碳量的温度越低。将氩气、氮气、水蒸气等气体与氧气混合一起吹入金属熔池可以降低 CO 分压。在真空下吹氧也可以降低 CO 分压。这一关系如图 2 - 28 所示。

由图 2 - 28 可以看出，在 1700℃，P_{CO} = 1atm 时，用高碳锰铁脱碳可生产出含碳 1.8% 的中碳锰铁。在 P_{CO} = 1atm 时产出含碳量为 1.3% 的低碳锰铁则需要1800℃。而在 P_{CO} = 0.5atm 时，在 1700℃ 即可生产含碳量为 1.3% 的低碳锰铁。因此，为了得到低碳锰铁，必须采用混合气体吹炼或在真空下吹氧的方法。

根据热力学数据计算得到的高碳铬铁进行吹炼时的转化温度见图 2 - 29。该图显示了不同温度条件下碳与 Cr 关系。

利用热力学数据可以计算铬、碳被氧气优先氧化的转变温度。

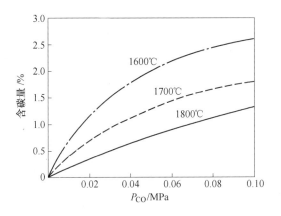

图 2 - 28　在不同温度下吹炼锰铁含碳量与 CO 分压的关系

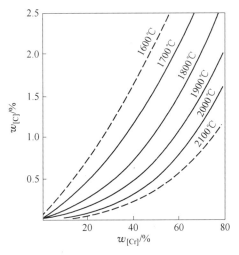

图 2 - 29　平衡状态铬铁熔体含碳量与吹炼温度和含铬量的关系[10]

由热力学函数表得到：

$$C(s) + 0.5O_2(g) \Longrightarrow CO(g) \qquad \Delta G^\ominus = -114400 - 85.77T(J/mol) \qquad (1)$$

$$2Cr(s) + 1.5O_2(g) \Longrightarrow Cr_2O_3(s) \qquad \Delta G^\ominus = -1110140 + 247.32T(J/mol) \quad (2)$$

$$Cr(s) \Longrightarrow Cr(l) \qquad \Delta G^\ominus = 16950 - 7.95T(J/mol) \qquad (3)$$

将 {(2) - [(3) × 2]}/3 得式 (4)

$$2/3Cr(l) + 0.5O_2(g) \Longrightarrow 1/3Cr_2O_3(s) \qquad \Delta G^\ominus = -358746 + 77.14T(J/mol) \quad (4)$$

在式 (1) 和式 (4) 两反应自由能相等时，可以算出氧化转变温度 T = 1499.88K。

由计算结果可知，当含铬和碳的熔体与氧气同时存在时，若 $T < 1500$K

（1227℃），则铬优先于碳氧化；若 $T > 1500K(1227℃)$，则碳优先氧化。选择性氧化转变温度为1500K(1227℃)。可见，吹炼铬铁的含碳量与铁水温度存在着对应关系[10]：

$$\lg([\%Cr]/[\%C]) = -10850/T + 7.12$$

按该式计算，对于含铬量为70%的 Fe – Cr 熔体，将含碳量降至3.1%，1.7%和0.92%的温度分别为1873K，1973K和2073K。在1900℃，吹氧精炼铬铁的含碳量与CO分压和含铬量关系见图2 – 30。

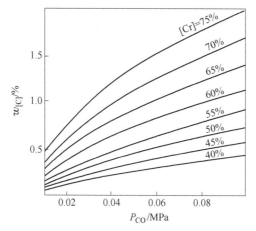

图2 – 30　在1900℃吹氧精炼铬铁的含碳量与CO分压和含铬量的关系[11]

对于特定的吹炼温度和含铬量或含锰量，脱碳有一定限度。过量的供氧会使含碳量降低，同时也会使更多的锰和铬转入渣中。为了深度降碳，需要改变气相中的CO分压，例如采用氧气与氩气或氧气与水蒸气混吹的办法和真空吹炼方法。

在高碳铬铁吹氧降碳工艺中，选择性氧化转变温度受到铬、碳、硅、铁等元素的活度影响。根据元素之间交互作用因子，可以计算出其对铬和碳氧化的影响。

可以看出：高温吹氧是选择性氧化降碳保铬基本规律。为了得到含碳量低的合金，要求合金熔体温度更高。吹氧法生产碳为2%的中碳铬铁时，吹氧温度需要控制在约1600℃；而当产品含碳为1%时，吹氧法温度则高达1900℃左右。在相同温度下，随着合金含碳量的降低，吹氧降碳更加困难。

在氧气转炉中，氧气喷入熔池有两种作用：一方面氧化熔体中的碳，产生CO气泡形成熔体环流以达到必要的混合；另一方面在金属—气泡界面形成 MeO，以保持熔渣的氧化能力。金属的脱碳作用是通过熔渣的氧化作用完成。

受操作温度的制约，常压下，氧气吹炼多用于生产中碳铁合金，生产低碳铁合金相对比较困难。理论上，在真空条件下吹炼可以得到低碳铁合金。图2 – 31

给出了真空度与吹炼温度和含碳量的关系。可以看出，在真空度为10kPa时，生产含碳量为0.25%的铬铁吹炼温度大约为1900℃，比常压下低400℃左右。但是，得到低碳铬铁对真空度和温度的要求过高，无论是炉衬还是热效率都难以在这样的条件下经济运行。

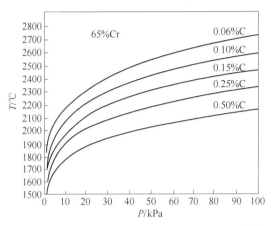

图2-31 真空度与吹炼温度和含碳量的关系[7]

2.1.7.2 选择性氧化富集合金元素

选择性氧化技术用于高镍铁冶炼、富锰渣生产等富集合金元素的工艺。

高镍铁吹炼富集的反应式为：

$$(NiO) + [Fe] = [Ni] + (FeO)$$
$$[Ni]/[Fe] = K(NiO)/(FeO)$$

在氧气吹炼镍铁时，铁首先发生氧化。通过氧气吹炼镍生铁可以把镍富集到30%以上。

转炉冶炼富锰渣采用选择性氧化、低温吹炼，炉温控制在1350～1400℃。基本原理：根据锰、铁、磷、硅等元素不同的氧化性能，在保证硅和锰充分氧化的同时，抑制磷和铁的氧化。转炉富锰渣的冶炼过程，就是用镜铁（低品位的锰铁）在转炉中吹氧，并添加造渣熔剂，使铁水中的锰优先氧化，并以MnO形态富集于渣中形成富锰渣，而铁水中的铁和磷尽量使其不氧化或少氧化，不进入或少进入炉渣中，而成为半钢。

2.1.7.3 硅铁和金属硅的氧化精炼

选择性氧化用于硅铁和工业硅精炼。在冶炼的实际温度下，通过氧位计算可以看出，在相同的氧压和温度下，钙与氧的亲和力最大，铝次之，硅再次之。所以氧将首先氧化钙和铝，待达到平衡后，才能氧化硅。在氧化性合成渣保护下，吹氧精炼后，硅铁合金铝、钙等杂质脱除率可以达到80%以上，而硅得以保护。工业硅中铝、钙含量分别可以降到0.1%和0.02%以下。

2.1.8 铁合金熔体的化学平衡

化学反应的推动力是反应自由能。化学平衡是所有冶金反应的趋势，但实际冶金过程的进程往往与平衡状态有一定差距。影响平衡最重要的因素是温度和包括气相分压在内的元素在各物相中的组成。在铁合金冶炼中，选择性还原是基于还原剂参与的化学平衡；选择性氧化反应是基于气相与金属的热力学平衡。元素在金属和炉渣两相间化学平衡决定了元素在炉渣和金属中的分配，决定了元素的回收率。

冶金炉内，炉渣和合金经常是非均质的。受传质、传热等多种因素的制约，炉渣 – 金属间难于完全实现平衡。改进化学平衡和反应动力学条件对提高合金元素的收得率有重要意义。

2.1.8.1 Mn – O 系和 Mn – C – O 系的热力学平衡状态

锰有多种氧化物，各种氧化物的稳定性范围取决于温度和氧分压等热力学条件。对于

$$2Mn_2O_3 \Longrightarrow 4MnO + O_2$$

在反应物和产物为纯物质时，金属氧化物的分解压 $P_{O_2}^{\ominus}$ 可以由标准自由能和温度度计算出：

$$\Delta G^{\ominus} = - RT \ln P_{O_2}^{\ominus}$$

图 2 – 32 为锰和锰的氧化物平衡状态图，显示了金属和氧化物稳定存在的温度和 P_{O_2} 范围。可以看出，高价氧化物在真空条件下分解温度下降的趋势。

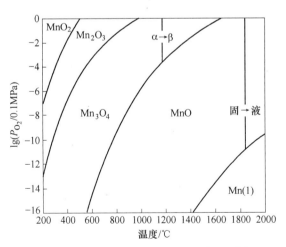

图 2 – 32 锰与锰的氧化物平衡状态图[4]

图 2 – 33 为 Mn – C – O 系平衡状态图。图中给出了锰的氧化物、碳化物、金属存在的条件。碳的存在降低了系统的 P_{O_2}，也改变了氧化物的稳定范围。

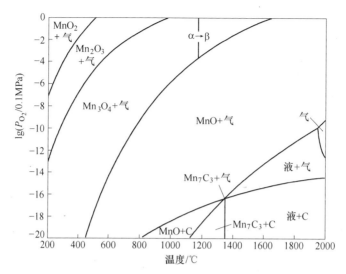

图 2-33 Mn-C-O 三元系平衡氧分压关系[4]

2.1.8.2 Fe-Cr-C-O 系平衡状态

由图 2-34 看出：在 1760K 以下，Cr_2O_3 是稳定相；CrO 相在更高温度才稳定。在 1760K 以上，还原顺序是：$Cr_2O_3 \rightarrow CrO \rightarrow Cr$。

三相共存的 A 点温度为 1760K，氧分压对数值为 -11.34。

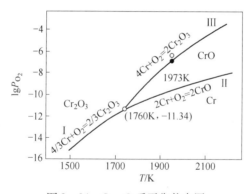

图 2-34 Cr-O 系平衡状态图

2.1.8.3 Si-C-O 系的平衡

图 2-35 是 Si-C-O 系平衡状态图。该体系中，主要气相是 SiO 和 CO，气相压力为 0.1MPa。图中给出了 SiO_2、SiC 和 Si 稳定存在的温度范围。

在 Si-C-O 体系中，1535℃以下，SiO_2 和 C 是稳定的，在 1535~1821℃范围内，SiO_2 和 SiC 是稳定的；而在 1821℃以上，Si 和 SiC 是稳定的。

2.1.8.4 炉渣和金属间的平衡

在有渣法冶炼中，炉渣-金属间的化学平衡决定了炉渣中的氧化物含量和合

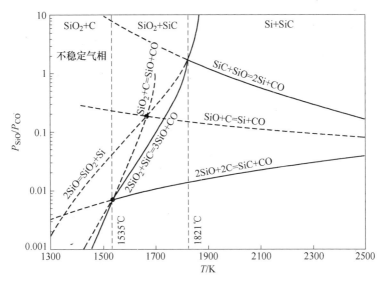

图 2-35 Si-C-O 系平衡状态图[13]

金元素含量。影响化学平衡的主要因素是温度、氧分压和体系组成。在锰铁生产中，碳、硅等还原剂存在状态取决于系统的氧分压。降低系统的氧分压会改变系统的化学平衡，促进炉渣中（MnO）的降低和锰的还原。渣-金属平衡关系按下式受到系统的氧分压的制约。

$$(MnO) \Longrightarrow [Mn] + 1/2O_2$$

在实现化学平衡时

$$\Delta G^{\ominus} = -RT\ln\left[(a_{Mn} \cdot P_{O_2}^{1/2})/a_{MnO} \right]$$

图 2-36 为硅锰系铁合金冶炼过程平衡状态图。在 Mn-Si-C 体系中，[Si] > 16% 时，碳是以 SiC 的形态存在；而在 [Si] < 16% 时，碳是以单质形态存在。决定合金含硅量的因素是体系的氧分压。

$$(SiO_2) \Longrightarrow [Si] + O_2$$
$$\Delta G = \Delta G^{\ominus} + RT\ln\left[(a_{Si} \cdot P_{O_2})/a_{SiO_2} \right]$$

在炉渣中，SiO_2 的活度为 1、$P_{CO}=1$ 时，冶炼含硅量为 30% 的合金熔池温度应不低于 1680℃；如果炉渣中的 SiO_2 的活度等于 0.2，冶炼温度则在 1755℃ 以上。降低 CO 分压可以有效地降低还原温度。在 CO 分压降低到 0.3 以下时，相同条件下的还原温度可以降低约 100℃。

炉渣中，MnO 的损失与冶炼温度和炉渣成分有关。硅锰合金与 CaO-SiO_2-MnO 系炉渣平衡温度关系见图 2-37。

由图 2-37 可以看出，在炉渣中，（CaO）/（SiO_2）为固定值时（虚线所示），降低冶炼温度会提高炉渣中的（MnO）。而在特定的冶炼温度，提高炉渣碱度有利于降低炉渣中的（MnO）。

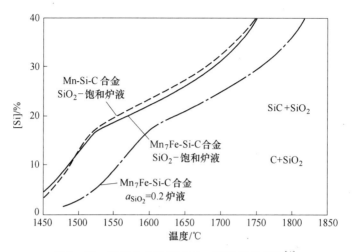

图 2-36　硅锰合金冶炼中硅-碳平衡状态图[4]

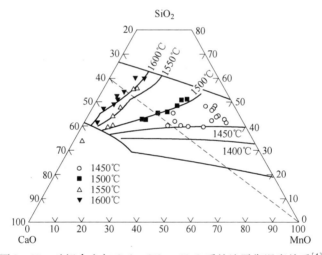

图 2-37　硅锰合金与 CaO-SiO₂-MnO 系炉渣平衡温度关系[4]

合金中的［Si］与炉渣中的（MnO）存在化学平衡。这一化学平衡受到温度和［Si］含量影响。图 2-38 为不同含硅量的硅锰合金炉渣成分与熔化温度的关系。该图反映了温度、［Si］含量、炉渣碱度与渣中（MnO）含量之间的关系。

图 2-38 说明，根据化学平衡计算冶炼含硅量为 21% 的硅锰合金，在1550℃，与之平衡的炉渣含 15% MnO，含 65% SiO₂，碱度为 0.4；而在 1600℃，与之平衡的炉渣含 10% MnO，含 62% SiO₂，炉渣碱度为 0.6。为了维持合理炉渣成分，冶炼高硅锰铁必须提高炉渣温度。

2.1.8.5　炉渣的氧化还原性

熔渣的氧化性是指其在冶炼过程中对金属熔体氧化能力。炉渣的氧化性以渣

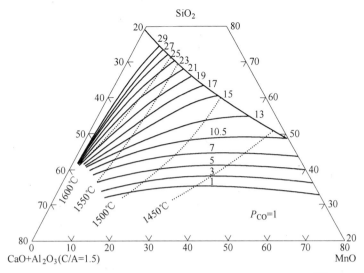

图 2 - 38 [Si] 含量与（MnO）含量之间的平衡关系[14]

中的（O^{2-}）来衡量。炉渣中的（O^{2-}）与气相中的 O_2 平衡。增加炉渣中的碱性氧化物会使游离的（O^{2-}）增加。铬矿 - 石灰熔体是高氧化性的炉渣。精炼中，氧气通过炉渣向金属熔体传递。

在生产纯净硅铁时，氧化性合成渣用于对铁水进行氧化精炼，除去硅铁中的 [Al]、[Ca] 等杂质。合成渣中的 FeO 含量（FeO）或 FeO 活度 a_{FeO} 代表了炉渣的氧化性。

理论上熔渣和铁液间氧的分配比为：

$$\lg \frac{[\%O]}{a_{FeO}} = -\frac{6320}{T} + 2.734$$

对硅锰进行精炼时，锰渣的氧化性可以用渣中的 MnO 含量（MnO）或活度 $a_{(MnO)}$ 表示。提高炉渣中 MnO 的活度可以提高炉渣对硅的氧化能力。

熔渣的还原性是指其还原能力。CaO 含量高的炉渣在与碳作用时会生成 CaC_2，这使炉渣具有一定的还原能力。

2.1.9 铁合金中的碳、硫、磷等杂质行为

2.1.9.1 铁合金中的 Si - C 平衡关系

金属熔体中存在的硅和碳的平衡关系可由 SiC 的生成自由能计算出来。

$$[Si] + [C] = SiC$$

硅和碳含量关系可以由平衡常数 k 求得：

$$k = a_{Si} \cdot a_C$$

在铁合金熔体中，碳含量随着硅含量的增加而减少。不同温度下，溶解在硅

锰合金熔体中的硅和碳的活度积如表 2 – 7 所示。

表 2 – 7 硅合金熔体中硅和碳的活度积

温度 T/K	1500	1600	1700	1800	1900	2000
活度积 $a_{Si} \cdot a_C$	0.01243	0.01793	0.02394	0.03731	0.05496	0.07110

碳在锰铁中的溶解度与温度和含硅的关系见图 2 – 39。

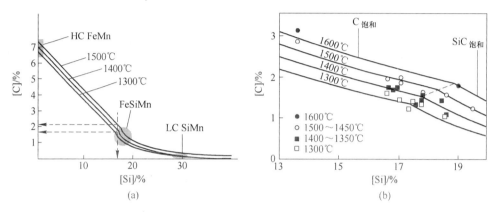

图 2 – 39 锰铁的含碳量与含硅量和温度的关系

(a) 0 < [Si] <40% ; (b) 13% < [Si] <20%

合金中，碳的溶解度随温度提高而增加。在降温过程中，碳化物从熔体中析出，使合金碳含量降低。在向熔体中添加硅时，石墨碳或碳化物会从熔体中分离。石墨或碳化物的析出速度与熔体降温速度、结晶速度、液相黏度等多种因素有关。

在合金含硅量为 17% ~19% 之间，碳的溶解度出现一个拐点。与含硅熔体相平衡，含碳物相由饱和的石墨转变为 SiC，见图 2 – 39。在降温过程中，由低硅合金熔体析出的是石墨，而由高硅合金熔体析出的是 SiC。

石墨和 SiC 是锰铁冶炼中的两个最重要的含碳组分。二者稳定存在的条件由 Mn/Fe =7 的 Mn – Fe – Si – C 多元系平衡状态图（见图 1 – 4）决定。可以看出，在大于 1500℃的熔体中，石墨相与 [Si] < 17% 的锰合金共存；SiC 与 [Si] 在大于 17% 的锰合金共存；在低于 1200℃，Mn_7C_3 与含硅量小于 15% 的 MnSi 相共存。

铁合金的碳含量与冶炼工艺、矿种、炉渣组成有关。

在冶炼过程中，碳化物是在料层上部较低温度区域生成的。在炉料下降过程中，碳化物会以还原剂的方式参与还原反应，使合金含碳量降低。

因此，易还原的铬矿常用于生产碳含量高的铬铁；采用预还原球团工艺，空心电极加料容易得到碳含量高的铬铁。使用难还原、块度大、密度高的矿石会使液态合金在渣与金属之间的矿石层精炼，容易得到碳含量低的合金。

炉渣化学成分对合金碳含量有一定影响。增加渣中 MgO/Al$_2$O$_3$ 比例会使合金含碳量增加。增加渣中 CaO 含量会使渣中的 CaC$_2$ 含量上升，使碳更容易进入到合金中去。

电炉的容量和参数也在一定程度上对金属碳含量有一定影响。容量大、极心圆直径大的电炉生产的高碳铬铁碳含量偏低。

2.1.9.2 铁合金冶炼中的硫平衡

锰矿是锰铁中硫的主要来源。在沉积矿床中，有机物分解出来的二氧化碳和硫化氢沉积成含硫较高的碳酸锰矿。在湖南、广西等地的锰矿中，菱锰矿常与黄铁矿共存，硫含量达 3% ~ 4%。硫锰矿、碳酸锰和黄铁矿共存的矿物中，含硫量可达 7% ~ 10%。在硬锰矿、褐锰矿等氧化物矿物中含硫量普遍较低，一般都在 1% 以下。

碳热法铁合金中的硫主要来自焦炭。焦炭中的硫主要为有机硫，少部分以硫化物和硫酸盐形式存在。冶金焦的含硫量可达 1%，电极也带入部分硫。铬矿和熔剂一般含硫较低。在矿热炉内，焦炭随着炉料的下降进入高温区，焦炭中的有机硫逐渐挥发，硫化物被一氧化碳还原而进入炉气，一部分硫直接进入炉渣。

A 硫在铁合金中的存在状态

硫与铬、铁、锰、镍、钨、钼等金属元素都能形成稳定的硫化物。在 1400K 时，这些硫化物的生成自由能和对硫的相互作用系数见表 2 – 8。

表 2 – 8 硫与铁合金元素的作用系数

$\Delta G^{\ominus}$ (1400K) /kJ·mol^{-1}	MnS	CrS	NiS	Si	C
	189.06	124	45.6		
相互作用系数	ε_S^{Mn}	ε_S^{Cr}	ε_S^{Ni}	ε_S^{Si}	ε_S^{C}
	-5.87	-2.23	-0.064	7.76	6.45

可以看出，锰、铬和镍均可以降低硫在铁液中的活度系数，其中锰对硫的活度系数影响较大。在生铁中硅含量为 1.5% ~ 3.5% 时，硫含量在 0.05% 以下；碳素铬铁中硅大于 3% 时，硫可以控制在 0.03% 以下；但硅锰合金含硅量达到 17% 以上，仍会出现含硫量大于 0.04% 的产品。

硅和碳可提高硫的活度系数，制约硫进入铁合金。高硅和高碳铁合金中，硫的含量相对较低。在相同条件下，高硅硅锰比普通硅锰合金含硫量约低 50%。使用高硫焦生产普通硅锰合金（［Si］≈18%）时，合金硫含量为 0.032% ~ 0.045%；而生产高硅硅锰合金（［Si］≈26%）时，合金硫含量低至 0.0125%。

B 硫在炉渣和铁水中的分配

铬、铁、锰、镍的硫化物熔点比金属的熔点低得多。由 Fe – S 相图可知，在硫化物熔点以上，硫化物与金属是完全互溶的，硫化物在渣中也是完全溶解的。

在碳素铬铁炉内存在的精炼层位于合金和炉渣之间，未反应的矿石在这里与合金进行反应，使合金脱碳。金属氧化物在矿石层中被还原，刚生成的金属珠含硫量不是很高，在下降过程中由于硫在气相中的含量较高金属会从炉气中吸收硫。焦炭层附近硫的浓度最高，液态金属很容易从气相中吸收硫。在1800℃，与炉气相平衡的合金硫含量可达4%，金属珠进入炉渣层之前含硫是很高的。

矿石层和焦炭层生成的金属滴在下降过程中要穿过熔渣层进入金属熔池，在合金与熔渣界面发生脱硫反应：

$$[S] + (O^{2-}) \rightleftharpoons (S^{2-}) + [O]$$

炉渣对金属熔体脱硫离子反应式得到平衡常数为：

$$K_S = \frac{\gamma_{(S^{2-})} \cdot x_{(S^{2-})} \cdot [O]}{\gamma_{(O^{2-})} \cdot x_{(O^{2-})} \cdot [S]}$$

式中 γ——活度系数；

x——摩尔分数。

硫在渣铁中的分配比可以定义为：

$$L_S = (S)/[S]$$
$$L_S \propto x_{(S^{2-})}/[S]$$
$$L_S = K_S \frac{\gamma_{(O^{2-})} \cdot x_{(O^{2-})}}{[O] \cdot \gamma_{(S^{2-})}}$$

可以看出，增加炉渣中的 (O^{2-}) 和降低合金中的 $[O]$ 均可提高 L_S，增加炉渣的脱硫能力。CaO、MnO、MgO 等碱性氧化物加入渣中能增加 O^{2-}。但由于离子半径小的正离子（如 Mg^{2+}）对 O^{2-} 引力较大，使 O^{2-} 离子活度降低，炉渣去硫能力下降，因此三种氧化物的去硫能力顺序为：

$$CaO > MnO > MgO$$

在镍铁生产中，炉渣中的 FeO 含量降低会减少渣中的 (O^{2-})，降低炉渣的脱硫能力。

合金中的硫与炉渣反应，硫也可能以气体形式去除：

$$[S] + (SiO_4^{4-}) \rightleftharpoons SiS_{(气)} + 2(O^{2-}) + 2[O]$$

炉渣从气相和焦炭层中直接吸收硫：

$$1/2S_2 + (O^{2-}) \rightleftharpoons 1/2O_2 + (S^{2-})$$

反应的平衡常数为：

$$K_C = \frac{(S^{2-})}{(O^{2-})} \cdot \left(\frac{P_{O_2}}{P_{S_2}}\right)^{\frac{1}{2}}$$

人们以炉渣的硫容量来衡量炉渣的脱硫能力，这是炉渣的一个固有性质。

$$C_S = (\%S) \cdot \left(\frac{P_{O_2}}{P_{S_2}}\right)^{\frac{1}{2}}$$

在1500℃时，硫化物容量C_S与碱度的经验公式：

$$\lg C_S = -5.57 + 1.39B$$

$$B = (x_{CaO} + 1/2x_{MgO})/(x_{SiO_2} + 1/3x_{Al_2O_3})$$

CaO 具有较强的脱硫能力，减少 SiO_2 含量提高 Al_2O_3 含量有利于增加硫化物容量。

图 2-40 和图 2-41 分别给出了锰铁合金炉渣硫容量与炉渣碱度的关系和硫容量与渣中 Al_2O_3 含量的关系。可以看出，炉渣碱度增加了炉渣的硫容量，提高炉渣碱度有助于使更多的硫进入炉渣，而渣中 Al_2O_3 含量的提高使锰铁炉渣的硫容量降低，不利于炉渣的脱硫作用。

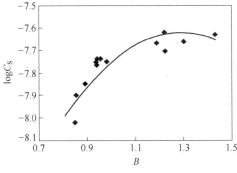

图 2-40　硫容量与炉渣碱度的关系[15]

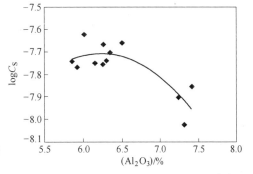

图 2-41　硫容量与 Al_2O_3 含量的关系[15]

实际生产中，高碳铬铁和硅锰合金冶炼中硫的分配比见表 2-9。

表 2-9　硫在高碳铬铁和硅锰合金冶炼中的分配比

品　种	炉渣含硫量/%		合金含硫量/%		分配系数, L_S	
	范围	平均值	范围	平均值	范围	平均值
高碳铬铁	0.213 ~ 0.296	0.253	0.032 ~ 0.046	0.0395	5.5 ~ 8.8	6.41
硅锰合金	1.1 ~ 2.34	1.51	0.017 ~ 0.045	0.031	26.67 ~ 75.48	48.7

由表 2-9 看出，硅锰合金和高碳铬铁中的含硫量大致在 0.03% ~ 0.05%，而炉渣中硫含量硅锰合金是高碳铬铁的 6 倍，硅锰合金硫在渣铁中的分配比远远大于高碳铬铁。高碳铬铁和硅锰合金典型的炉渣含硫量见表 2-10。铁合金炉渣的含硫量高于合金含硫量的数十倍。因此，铁合金中夹渣会导致合金含硫量升高。

表 2 – 10 硅锰合金和高碳铬铁典型的炉渣成分 (%)

品　　种	电炉容量/kVA	Mn	SiO$_2$	CaO	MgO	FeO	Al$_2$O$_3$	Cr$_2$O$_3$	S
碳素铬铁	12500		29.47	3.65	35.2	1.32	22.86	4.24	0.195
	9000		27.88	1.65	32.82	2.33	23.94	6.1	0.270
	25000		26.53	2.37	37.72	1.47	23.3	5.09	0.31
	平　均		27.96	2.56	35.25	1.71	23.37	5.14	0.26
硅锰合金	12500	7.3	41.5	29.7	4.8		11.5		1.06
	25000	6.5	32.9	26.6	7.5		14		2.34
	平　均	6.9	37.2	28.15	6.15		12.75		1.7

　　碳素铬铁炉渣与硅锰炉渣相比，渣中 SiO$_2$ 和 CaO 含量较低，Al$_2$O$_3$ 和 MgO 较高，炉渣硫含量低。在还原条件下，硫在渣中以 S^{2-} 存在，CaO 与 S^{2-} 形成稳定的 CaS，MnS 次之，而 MgS 最弱。因此硅锰合金炉渣含硫量高于高碳铬铁炉渣。

　　硅锰合金的炉渣碱度与渣中硫含量存在一定关系，见图 2 – 42。图 2 – 43 给出了硫在炉渣和合金中的分配比与炉渣碱度的关系。可以看出，炉渣中硫含量呈现随炉渣碱度提高而增加的趋势；硫的分配比也随炉渣碱度的提高而增大。

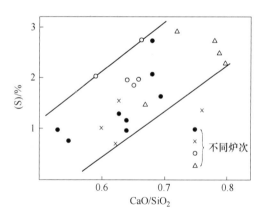

图 2 – 42　二元碱度与硅锰渣中硫含量的关系

　　硅或碳可以提高硫的活度系数。提高合金的硅和碳含量可以使合金硫含量降低。图 2 – 44 为高碳铬铁中硫含量与其碳含量和硅含量的关系，可以看出合金硫含量随碳和硅量的增加而降低的趋势。

　　表 2 – 11 为铁合金生产中的硫平衡。可以看出，铁合金生产中硫的来源是矿石和焦炭，而炉渣和炉气是硫的主要去处。

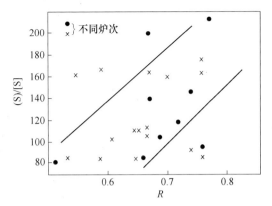

图 2 - 43　硫的分配比与炉渣碱度的关系

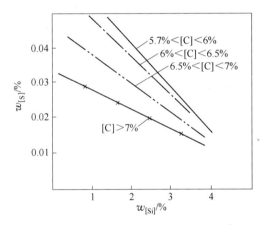

图 2 - 44　高碳铬铁中硫含量与其碳含量和硅含量的关系[16]

表 2 - 11　一些铁合金的硫平衡　　　　　　　　　（%）

项　目	品　种	硅锰合金	高碳铬铁	镍　铁	高碳锰铁
收　入	矿　石	89.0	5.61	86.89	22.3
	焦　炭	10.9	91.77	9.21	77.3
	硅　石	0.1	0.05	—	0.4
	石　灰	—	—	3.9	—
	电　极	—	2.57	—	—
	合　计	100	100	100	100
支　出	合　金	0.7	6.52	18.11	1
	炉　渣	49.8	46.07	47.6	63
	炉　气	49.5	47.41	34.29	36
	合　计	100	100	100	100

表 2 - 12 给出烧结镍矿的硫平衡，由兰炭带入的硫中，75%进入烧结镍矿。

表 2 - 12 烧结镍矿的硫平衡[17]

收　　入			支　　出		
项　目	收入/kg	比例/%	项　目	支出/kg	比例/%
原　矿	0.057	9.24	烧结矿	0.481	77.96
兰　炭	0.56	90.76	挥发及其他	0.136	22.04
合　计	0.617	100	合　计	0.617	100

使用高硫煤烧结镍矿时，与煤混合的镍矿硫含量由 0.005% 升至 0.32%，不与煤混合的大块镍矿含硫量仅升至 0.11%。这说明，在烧结过程中炉气中的硫使镍矿增硫[17]。

2.1.9.3 铁合金中的磷

铁合金中的磷主要来源于矿石和焦炭。表 2 - 13 列出了在铁合金冶炼过程中，磷在合金、炉渣和气相中的分布。可以看出：在还原过程，磷进入金属相的数量最大；进入炉渣的磷则与品种有关，进入锰铁炉渣的磷非常少，而进入铬铁炉渣的磷比例较高。还原过程中，有相当数量的磷进入了气相。在高硅铁合金的生产中，进入气相的磷高达 30% ~ 50%。

表 2 - 13 铁合金冶炼中磷在金属、炉渣和气相中的分布 　（%）

工艺	高碳锰铁	硅锰合金	中碳锰铁	高碳铬铁	硅铬合金	低碳铬铁	FeSi75
金属相	约75/90	约75	约70	约50	约64	约71	约46
渣相	约10/8	<5	约5	约24	约2	约18	约4
气相	约15/2	约20	约25	约26	约34	约11	约50

注：在高碳锰铁列中，分子和分母分别表示熔剂法和无熔剂法数据。

由金属氧化物生成的自由能和温度的关系可以看出：锰、铬、钒等铁合金元素的氧化物比磷的氧化物更稳定，磷被优先还原进入合金。磷在炉渣和合金中的分配系数为：

$$L_P = (P)/[P]$$

表 2 - 14 给出了一些铁合金冶炼磷的分配系数。由表中数据看出，锰系铁合金含磷量较高，其含量是炉渣中含磷量的几十倍，铬系铁合金和钨铁、钼铁中磷含量较低，但合金含磷量仍然是炉渣含磷量的近十倍。

表 2 - 14 各品种铁合金磷的分配系数

品　种	[P]/%	(P)/%	$L_{P_1} = [P]/(P)$	$L_{P_2} = (P)/[P]$
硅锰合金	0.137	0.005	27.40	0.036
硅铬合金	0.0246	0.008	3.08	0.325

品 种	[P]/%	(P)/%	$L_{P_1} = [P]/(P)$	$L_{P_2} = (P)/[P]$
高碳铬铁	0.026	0.003	8.67	0.115
中低碳铬铁	0.0283	0.004	7.08	0.141
微碳铬铁	0.028	0.003	9.33	0.107
高碳锰铁	0.2035	0.009	22.61	0.044
中低碳锰铁	0.193	0.011	17.55	0.057
钨 铁	0.034	0.008	4.25	0.235
钼 铁	0.03	0.0034	8.82	0.113

锰、铬等元素与磷的亲和力高于铁。随着合金中铬、锰含量的提高脱磷的难度越来越大。

[Si] 可以提高铁合金熔体中 [P] 的活度系数。碱性氧化物可以降低炉渣中 (P_2O_5) 的活度系数。高硅铁合金中的含磷量普遍比较低。这是因为高硅铁合金的熔炼温度高，磷的活度系数降低使更多的磷转移到了气相。利用磷的这些特性可以实现铁合金炉内和炉外降磷。

2.2 还原动力学和还原机理

2.2.1 固态还原

在冶金学中，固态氧化物被碳还原成金属的反应定义为直接还原。直接还原又被称为固态还原。在一些铁合金生产过程中，矿石中的金属氧化物的还原发生在固态。铬铁矿和红土矿的还原过程是典型的固态还原。铁合金生产中的固态还原有以下几种类型：

（1）氧化物的分解反应，包括高价氧化物向低价氧化物的转变，如 MnO_2、Mn_2O_3、Fe_2O_3 向 Mn_3O_4、MnO、FeO 转变。这类反应发生温度较低，广泛存在于冶金炉窑内的还原过程。

（2）固态金属氧化物被 CO 气体还原成金属。

（3）金属氧化物被固体碳还原成金属或碳化物是最常见的还原反应。例如：铬、钨、钒的还原过程。

（4）金属氧化物被碳化物还原成金属。

固态还原反应多发生在高炉、电炉的高温料层上部和中部。料层上部发生的反应是高价氧化物分解和以 CO 为还原剂的还原反应。电炉焦炭层附近是矿石发生固态还原反应的主要区域。

许多冶金反应器是专门为固态还原设计的。常用的固态还原的反应器有回转窑、竖炉、转底炉、隧道窑等。在镍铁生产中，大约 50% 以上的镍的还原是在回转窑内以固态还原的方式完成的；在铬矿球团直接还原工艺中，40% 以上的铬和 80% 铁在回转窑内以固态还原方式完成的。沸腾炉还原工艺中，以精矿形式存在的金属固态氧化物被 H_2、CH_4 或 CO 还原成低价氧化物和金属。

许多回转窑直接还原过程伴随着一定程度的熔态还原，如南非 Samancor 公司处理粉铬矿的 CDR 直接还原工艺，日本冶金公司采用 Krupp 法生产镍粒的生产工艺等。在这些高温碳热处理过程中与原料出现大量液相，直接还原过程发生在固相和液相混合物中。

实践表明，在熔炼电炉之外采用低温固态还原工艺，可以显著降低电炉冶炼的单位电耗。通过优化固态还原的条件，包括改善粒度组成、改进成球条件、添加催化剂降低反应温度等，可以在低温条件下提高球团的金属化程度，从而优化铁合金生产工艺。

2.2.1.1 固态氧化物的分解反应

固态还原的特征是氧化物在固态条件下完成还原。

按照氧化物分解的反应式：

$$4MnO_2 \rule[0.5ex]{3em}{0.4pt} 2Mn_2O_3 + O_2$$

在平衡状态下：

$$\Delta G^{\ominus} = - RT\ln(P_{O_2})$$

在温度足够高、氧分压足够低的情况下，高价氧化物的分解是自发进行的。在相变或化合价转变的过程中，新相的出现使矿物的结构发生改变，矿石内部产生裂隙。裂隙的出现有利于 CO 向矿石内部扩散，矿石结晶的新生表面有利于还原反应进行。这种作用为自催化现象。

2.2.1.2 波多尔反应

在环境中的氧分压小于氧化物的分解压时，才有可能实现金属氧化物的还原。在大多数碳热还原中，还原过程所需的氧分压是依靠碳的氧化反应来维持，即在有碳存在的条件下体系的氧分压取决于 CO/CO_2 反应。

在氧化物生成自由能图（图 2 - 1）中，由反应温度和反应自由能曲线可以得到该反应所要求的氧分压和 CO/CO_2。在游离碳存在的情况，波多尔反应可以将体系的氧分压维持在较低水平使还原反应得以顺利进行。在微观上直接参与还原的并不是 C，而是 CO，反应的中间产物为 CO_2。

高价氧化锰被 C 还原成低价 MnO 的过程可以写成：

$$2Mn_2O_3 + 2CO(g) \rule[0.5ex]{3em}{0.4pt} 4MnO + 2CO_2(g)$$
$$C_{石墨} + CO_2(g) \rule[0.5ex]{3em}{0.4pt} 2CO(g)$$

固体碳还原金属氧化物的反应是分两步进行的，即 CO 还原金属氧化物的反应和 CO 再生的波多尔（Boudouard）反应。波多尔反应为还原过程提供了充分的 CO 气相还原剂资源。

波多尔反应，又称碳的溶损反应（碳素溶解损失反应）或碳的气化反应。它的逆反应是一氧化碳歧化为二氧化碳和单质碳的反应，称为析碳反应或碳素沉积反应。反应放出热量并析出烟碳。波多尔反应的平衡气相成分与温度与气相压力有关。图 2-45 为在气相压力为 0.1MPa 时，CO 分压与温度的关系。

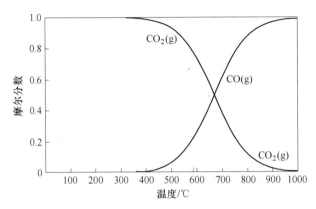

图 2-45 在大气压下波多尔反应 CO 平衡分压与温度的关系

在电炉和高炉高温区，焦炭与 CO_2 发生的溶损反应会降低还原剂的利用率，因为波多尔反应增加了焦炭的损耗。焦炭中灰分的组成，特别是碱性和碱土族元素含量对溶损反应有促进影响。因此，无论是高炉还是电炉都应注重还原剂的选择，尽可能使用低碱性元素含量低的焦炭。

由于生成自由能的差异，在固态还原过程中各种氧化物被还原的能力有很大差别。X 射线衍射分析铬铁矿还原过程主要物相列于表 2-15 中。可以看出在还原率低于 25% 时，只有铁被还原。由于铁的分离，原始的铬铁矿转变成镁铬铁矿。还原反应生成的铬以碳化物形式存在。在还原率达到 72% 时全部铁被还原。

表 2-15 在 1418℃还原南非铬矿不同还原率得到的物相[18]

还原率/%	试样中主要物相
7.56	原始的铬铁矿，C，α-Fe
25.2	镁铬铁矿，C，α-Fe
44.96	镁铬铁矿，C，Fe_7C_3，$(Cr, Fe)_7C_3$
71.67	$Mg(Cr, Al)_2O_4$，C，Fe_7C_3，$(Cr, Fe)_7C_3$，镁铬铁矿
91.38	$Mg(Cr, Al)_2O_4$，$MgAl_2O_4$，C，Fe_7C_3，$(Cr, Fe)_7C_3$

炉渣的微观结构分析表明：炉渣中的 60% 以上的铬存在于未溶化的铬铁矿颗粒。因此，铁和铬的还原是发生在矿石熔化之前，还原方式呈局部化学反应模式。

铬铁矿的还原过程尖晶石变化规律如下：

$$(Mg,Fe)(Cr,Fe,Al)_2O_3 \rightarrow (Mg,Fe)(Cr,Al)_2O_3 \rightarrow Mg(Cr,Al)_2O_4 \rightarrow MgO \cdot Al_2O_3$$

碳和铬矿之间的固—固反应是通过 CO 气体的在晶粒中的传质和反应进行的。在固态还原中，反应的基体是矿石晶粒。铬矿石的还原是在铬铁尖晶石颗粒内部由外向里进行。新生的金属在尖晶石内部迁移和聚集。在还原反应进行的同时尖晶石颗粒出现 $MgO \cdot Al_2O_3$ 的再结晶。

矿石的固态还原机理可用未反应核模型来解释。未反应核模型又称作收缩核模型，在整个反应过程中，未反应核逐渐缩小直至完成还原过程（见图 2 - 46）。这一模型可用于解释铬矿石和铬矿球团的还原机制。按照这一模型，还原反应首先在矿石颗粒的外表面发生。随着反应的进行反应界面逐渐向颗粒内部发展，还原剂穿过产物层传输到反应界面。在未反应核模型的解析中，还原剂在矿石和球团颗粒内部扩散，边界层传质和化学反应是主要控制反应速度的因素。

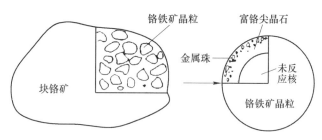

图 2 - 46　固态还原的未反应核模型

气 - 固反应是实现固态还原的主要途径。铬还原过程按以下几个步骤进行：

（1）波多尔反应，包括 CO_2 气体的传质与碳颗粒发生的界面反应生成的 CO；

（2）气相还原剂 CO 的传输，由碳的表面通过矿石颗粒间隙传输到达铬尖晶石表面；

（3）CO 通过尖晶石基体的扩散，穿过多孔的颗粒产物层，到达反应界面；

（4）CO 与晶格上可还原的氧发生化学反应，以及随后的 CO_2 产物的脱附；

（5）金属晶粒长大以及铬矿晶格上的 Fe^{3+}、Fe^{2+}、Cr^{3+}、O^{2-} 等正负离子的扩散；

（6）还原反应的气态产物 CO_2 的脱离反应区，扩散到外部的气相中。

固态还原过程受上述反应阶段总阻力所控制。

铬铁矿还原的限制性因素可分为尖晶石晶粒外部过程和晶粒内部过程。碳质还原剂和相扩散、波多尔反应速度属于晶粒外部过程；铬的还原反应速度、固相扩散和通过多孔产物层的气相扩散属于晶粒内部过程。对于晶粒细小，尖晶石内部缺陷和裂隙广泛分布的矿石而言，化学反应和通过产物层的扩散不是限制性因素。

矿石晶粒内部的还原是一种自催化过程。碳的传质途径有表面扩散、晶界扩散、体积扩散。矿石晶界和表面存在大量位错和缺陷，碳在这些部位传质速度很快。体积扩散则取决于晶粒内部的缺陷。金属相的生成改变了尖晶石结构。分子体积的改变在晶粒中产生大量应力、裂纹和孔隙。应力的聚集最终使尖晶石解体，增加了许多表面，使碳的传质速度和还原速度加快。

2.2.1.3 影响固态还原的因素

A 矿物结构

矿石的还原性与矿石的矿物结构有直接关系。还原首先在晶粒外表面和晶粒内部的裂隙和缺陷处进行。晶格中的缺陷有助于金属相形核过程，原子和离子的扩散，大大地改善了还原过程。易还原铬矿的还原过程在铬铁矿颗粒内部和外部同时发生；而致密的难还原铬矿还原过程是由外向里进行的[19]。图2-47显示了两种不同铬矿的还原。图2-47(a) 为易还原铬矿的还原，可见在裂隙附近有大量金属颗粒生成；图2-47(b) 为炉渣中存在的大量致密的未还原的铬矿颗粒。铬矿颗粒背底是再结晶的富铬尖晶石。

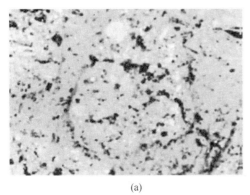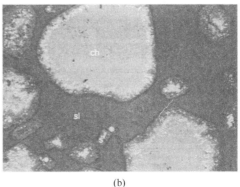

(a)   (b)

图2-47 矿石结构对铬还原的影响

(a) 易还原铬矿；(b) 难还原铬矿

还原剂在易还原铬矿颗粒和晶粒内部的传质速度大于化学反应速度。在进入炉渣层之前，大部分还原已经完成。难还原铬矿的还原中，致密的尖晶石阻挡层限制了还原剂的扩散，使传质速度低于化学反应速度。没有完成还原的矿石颗粒过早地进入了炉渣层，失去了与还原剂接触的机会。

B 熔剂对还原的作用

熔剂对矿石的还原起着一定作用。一种机理认为硅石等熔剂使一定量矿物溶解在炉渣中，为金属元素离子向还原剂粒子的传输创造了有利条件；另一种机理认为加入熔剂促进了镁铝尖晶石阻挡层溶解于渣相之中，改善了还原剂的扩散途径，从而加快了还原过程。矿相研究显示，有熔剂存在时，铬矿表面明显变得粗糙不平，晶粒内部有许多裂理产生。熔剂与矿石的固相反应使铬尖晶石表面产生缺陷和应力，显著地促进了金属相的形核过程。

熔剂加快金属化的速度是通过液态渣的形成实现的。在1500~1600℃时，加入合成的炉渣大大提高了还原速度。有人提出，熔渣溶解了还原过程中在矿颗粒周围形成的致密的固态 $MgO \cdot Al_2O_3$ 尖晶石壳。加入熔剂的有益作用导致熔融渣相的较早形成，从而使固态扩散屏障和铬矿得以溶解。

在1000~1450℃范围内有熔剂存在条件下，用碳还原铬精矿的还原速度随着温度提高而增加。还原加速出现两个阶段[20]：

第一阶段明显出现在1000~1100℃之间。此时全部物相均为固相，还原加快起于导致铬矿表面粗糙化及促进金属相形核的三元氧化物的形成。此外，可观察到铬矿粒表面产生大量的裂纹，没有熔剂的情况下，还原始于1200℃左右。

第二阶段始于1200~1300℃，而且与液态低熔点非金属化合物的形成有关。液态渣溶解部分未还原铬矿周围的起到扩散屏障作用的 $MgO \cdot Al_2O_3$ 尖晶石，也可通过溶解氧化铬并使铬离子加速向最近的作为还原剂的碳粒传输，从而促使氧化铬的还原。在无熔剂的条件下，最低的炉渣共熔温度为1480℃。加入熔剂可使南非 Lebowa 铬精矿90%还原的温度降低150℃以上。

C 氧化焙烧对铬矿还原的影响

铬矿烧结使尖晶石中铁离子的价态发生改变，矿物组成和结晶形态出现变化，产生大量的缺陷、裂隙和应力界面。试验表明烧结铬矿表面和尖晶石内部的金属氧化物还原速度非常快。图2-48比较了经过氧化焙烧和未经焙烧的铬矿在1200℃和1300℃还原速度的差异。可见氧化焙烧对铬矿的还原产生很大影响。

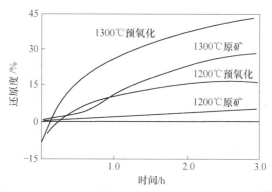

图2-48 碳还原原始铬矿和经过预氧化处理的铬矿[21]

影响铬矿还原速度和铬铁生产回收率的最重要因素是铬矿自身的特性。采用烧结或焙烧球团等高温处理工艺有助于改进难还原矿的还原速度，减少炉渣中流失的铬矿颗粒，提高铬元素的回收率。

D 矿石粒度对固态还原的影响

在固相还原中，矿石粒度和晶粒大小对还原的影响很大。图2-49为矿石粒度对球团金属化率的影响。试验表明：为了使球团的金属化率达到 70% 以上，需要将矿石磨细到小于 200 目。

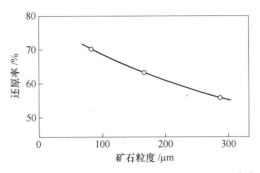

图 2-49　铬矿石粒度对球团金属化率的影响[22]

在温度为 1000~1450℃ 条件下，测试了不同粒度马达加斯加铬矿试样还原速度的差异（见图 2-50）。试验用的还原剂和熔剂粒度均小于 0.07mm。试样 1 的矿石粒度小于 0.07mm 时（200 目以下），还原后铬铁尖晶石的晶粒已经破坏，失去了原有的形状；试样 2 矿石粒度为 0.07~0.2mm，还原后基本保持了铬矿单体晶粒形状，还原主要发生在晶粒表面；试样 3 矿石粒度为 0.2~0.3mm，矿石颗粒是由多个晶粒组合，还原率很低。在试样 1 和 2 中，还原后脉石与矿粒已经分离，出现了渣相；而试样 3 中脉石仍然呈现胶结铬矿颗粒状态。

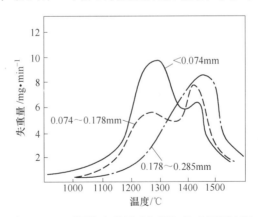

图 2-50　不同粒度的马达加斯加铬矿还原速度

图 2-50 给出了所试验的不同粒度矿石在升温过程中还原速度。可以看出，还原反应在 1100℃ 以上进行。这时发生的反应主要有 CO 还原 FeO 和 Fe_2O_3 的反应和波多尔反应。反应主要在晶粒表面、晶隙裂理和缺陷上。反应初期晶粒内部扩散限制性尚不十分明显。这时，试样 1 和试样 2 还原反应的趋势基本接近，但试样 2 还原速度滞后于试样 1。试样 3 的还原开始温度落后于试样 1 和试样 2 约 150~180℃。这是因为还原气体的传输受到脉石和晶粒内部传质双重因素影响。

在1300℃以上，还原剂在矿粒内部的扩散已经成为限制性环节。试样2和3的还原速度低于试样1。

在1400℃，试样3的还原速度接近前两个试样。达到相同还原状态的温度比前者约高50℃。在这一温度，试样3的内部已经有大量液相产生，矿石体积开始收缩。同时，铬矿尖晶石颗粒有大量缺陷、孔隙、裂纹出现，加快了还原剂的传质速度。

图2-51给出了难还原铬矿LG6在1416℃的还原率的差异。在反应10min后，平均粒度为137μm和57μm的两种颗粒矿石还原率差异达一倍多，前者为22%，而后者为47%。反应30min后，137μm的矿石还原率仍然达不到70%，而粒度为97μm的矿石在30min后还原率可以达到80%以上。可见对于难还原铬矿没有磨细措施，提高球团的还原率是十分困难的。

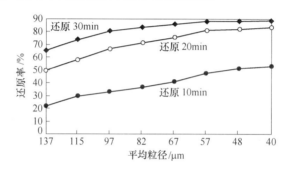

图2-51 不同粒度的南非LG6铬矿在1416℃的还原率

由图2-51说明，为了得到还原度高的球团矿，必须使矿石粒度小于尖晶石的晶粒。铬矿磨细到74μm就可以满足铬矿直接还原的要求，过细磨矿意义不大。

2.2.1.4 矿热炉内的固态还原

铬铁矿的还原过程可以在矿石的熔点温度以下进行。固态还原的理论已被人们普遍接受，但对矿热炉内铬矿的还原机制尚存在争论。一种理论认为大部分铬矿在固态完成还原过程，只有少量未还原的细小铬矿颗粒进入熔渣；由于还原剂的传输受到阻滞，少量铬和铁的氧化物随炉渣流失。另一种理论则认为铬矿溶解于炉渣之中，渣中的铬和铁的氧化物与还原剂相互作用完成最终还原。

一些试验者测定了铬矿在炉渣中的溶解速度，试图说明熔态还原在冶炼生产过程的重要性。但现场提供的化学分析数据表明，渣中流失的铬和铁之比总是与所使用的矿石铬铁比相同，这显然与熔态还原理论不符。因为选择性还原在熔态还原中起主导作用，铁优先于铬的还原会使炉渣的铬铁比高于矿石。矿相鉴定表明，矿石颗粒（内部有相当数量已还原的金属珠）和金属颗粒是炉渣中铬和铁的主要存在形式。Cr_2O_3含量高的炉渣并非是Cr_2O_3溶液，而是含有矿石和金属颗粒的乳浊液。炉膛内部的碳热还原是发生在铬矿颗粒四周的局部化学反应的集合，还原是在铬矿熔融之前发生的。

在电炉料层的上部还原剂是碳质还原剂。熔态还原过程中唯一的还原剂是溶解在铬铁中的碳。

软熔层和焦炭层中，块状矿石的解体是一个重要冶金现象。炉体解剖发现，随着还原过程的完善，矿石颗粒发生解体。矿石颗粒的解体加快了碳质还原剂的传输速度和还原速度。易还原的矿石在解体时还原反应已经大部分完成，最终还原和成渣同时进行。难还原的矿石颗粒解体较差，还原剂的传输受到了限制。还原性差而熔化性好的矿石解体以后，大量的矿石颗粒随炉渣而流失，使元素回收率降低。

固相还原还发生在液态金属和炉渣之间的精炼层。在焦炭层未被还原的块状铬铁矿在这里被含碳的铬铁熔体还原，合金含碳量得以降低。

2.2.1.5 气基直接还原法

气基直接还原法是以天然气或油、煤等转化的还原性气为还原剂，将金属矿石还原生成金属的工艺。该工艺可以用于生产铁、镍等相对容易还原的金属。

气基直接还原所需的热能来自经过预热的还原气。还原气的主要成分是 CO、H_2 和 CH_4 等碳氢化合物。气基还原的还原条件好，金属回收率高。在气基直接还原中没有碳与金属接触的条件，可以生产含碳量低的金属。气基还原的优点是不使用焦炭，还原过程和热工制度易于控制。

气基还原工艺常用的设备有竖炉、回转窑、沸腾炉等。在特定的高温下，流动的还原性气流使金属矿物逐渐完成被加热和还原的过程。

竖炉气基还原必须使用块矿或球团，以维持料层的透气性和还原条件，而流化床直接还原只能使用粉状原料。在流化床中金属矿粉颗粒始终呈现沸腾状态，还原速度快，传热效率高。

2.2.2 熔态还原

埋弧电炉中，熔态还原主要是以固－液反应或液－液反应方式进行。在许多有渣法熔炼过程中，矿石中的锰、硅、铁等金属氧化物会先进入熔渣，而后被熔于金属熔体中的碳、硅等还原剂还原。锰铁的还原以熔态还原为主，发生的反应主要是液－液反应。在电硅热法生产精炼锰铁和精炼铬铁中，矿石和熔剂首先形成炉渣熔体，还原反应是在炉渣熔体与硅合金熔体之间进行的。

2.2.2.1 碳热法的熔态还原

在熔态还原中，固体碳、溶解在金属中的碳和 CO 气体都可能作为还原剂与熔渣中的金属氧化物反应。

在电炉中，金属氧化物的还原存在三种方式：

（1）焦炭直接与矿石反应生成金属；

(2) 矿石溶入硅酸盐炉，渣中（MeO）被焦炭还原；

(3) 渣中（MeO）被熔体中的［C］还原。

在埋弧电炉中，碳热还原过程通常由固态还原和熔态还原两个阶段组成。在料层上部，高价氧化物发生热分解或被 CO 气体还原成低价氧化物。这时，还原反应以固态还原方式进行。在炉膛中部高温区，矿石开始熔化，金属从硅酸盐熔体中还原出来。在锰铁冶炼过程，还原反应主要是发生在熔渣/金属界面，所发生的还原属于熔态还原。

$$［C］+（MnO）=\!=\!=［Mn］+CO(g)$$

熔体间还原反应主要是在饱和碳的金属熔体与熔渣之间进行的。在碳质还原剂与金属液共存时，游离碳的溶解维持着碳向金属液的传输。

$$C_{固}=\!=\!=［C］$$

反应平衡常数为：

$$k =（P_{CO}·a_{［Mn］}）/（a_{（MnO）}·a_C）$$

在处于饱和状态时，金属熔体中碳的活度为 1。

试验表明：金属熔体中的溶质碳还原硅酸盐熔体中的 FeO 的速度比固态碳和 CO 还原 FeO 高 100 倍。渣中 FeO 含量在 20% 以下，还原反应为二级反应，控制性环节为碳在铁液中的扩散；当渣中的 FeO 在 20% 以上，反应为一级反应，碳的扩散和传热过程控制反应速度。受传质速度的限制，以固体碳还原 FeO 的几率很低。

从含有 MnO 和 FeO 的硅酸盐熔体中还原铁和锰时，铁的还原速度是锰的 4 倍。这种反应速度主要受制于热力学的因素，即反应自由能的大小，选择性还原的化学反应为限制性环节。

焦炭层上部未熔化的硅石与饱和 SiO_2 酸性渣共存时，渣中 SiO_2 活度最高，具备碳还原 SiO_2 的有利条件。渣和金属中存在的大量 SiC 和气相中存在的 SiO 表明第一类反应显然是存在的。

以溶质碳和碳化物为还原剂的还原 Si 的反应化学平衡式与公式分别为：

$$（SiO_2）+2［C］=\!=\!=［Si］+2CO(g)$$

$$k_{Si} =（P_{CO}^2·a_{Si}）/（a_{SiO_2}·a_C^2）$$

$$（SiO_2）+2SiC(s)=\!=\!=3［Si］+2CO(g)$$

$$k =（P_{CO}^2·a_{Si}^3）/（a_{SiO_2}）$$

对碳还原硅酸盐中金属的反应的研究表明[24]，硅的还原速度与渣中 SiO_2 活度成正比，并随渣/焦炭界面积增大而增加。还原酸性渣的活化能为 360kJ/mol，还原碱性渣的活化能为 260kJ/mol。

溶质碳从硅酸盐熔体中还原金属的反应是埋弧电炉最重要的反应。大多数研究者认为这一反应的控制性环节是化学反应，即反应自由能因素。Si—O 键的断裂对反应速度的影响很大，渣中二氧化硅的活度是反应的驱动力。这一反应的活化能大约在 250kJ/mol。

巴克扎[25]对锰铁电炉进行了炉膛解剖。矿相鉴定发现，未完全熔化的锰矿中存在熔渣相、细小的 MnO 晶粒和含铁高的金属相。碳化物存在于焦炭与矿石的界面处。这表明，锰矿石中的铁的还原大部分是在气相还原阶段完成的。

当入炉锰矿含锰量很高时，矿热炉中锰的熔态还原分成两个阶段进行[25]。两个阶段的熔体分别是含有固体 MnO 和硅酸盐熔体的非均质渣相和以硅酸盐熔体为主的均质液相。

在第一阶段，固相 MnO 与硅酸盐熔体中的（MnO）相平衡。这时渣中（MnO）的活度为 1，还原反应速度很快，其反应级数大于 1，约为 1.1~2.9，反应过程有大量气体逸出。当反应进行到某一临界数值，反应开始减慢。温度对 MnO 的还原速度影响很大，提高温度反应速度显著加快。在两相区，还原反应的活化能为 370kJ/mol。第一反应阶段消耗了硅酸盐熔体中所有的自由氧离子（O^{2-}）。在第二反应阶段，锰的还原与硅酸盐离子团的解离同时进行。这时，从硅酸盐中还原二氧化硅与还原氧化锰的速度是一样的。在第二阶段随着还原的增加，还原速度迅速降低。还原速度随碱度提高而增大，这表明反应速度是由渣中 MnO 的活度控制的。由图 2-15 MnO-CaO-SiO₂ 系 MnO 等活度图表明，在 MnO 含量相同的情况下，提高炉渣碱度显著提高了 MnO 的活度。

图 2-52 表明炉渣中（MnO）还原速度与炉渣碱度有关。提高炉渣碱度可以加快炉渣中 MnO 的还原。

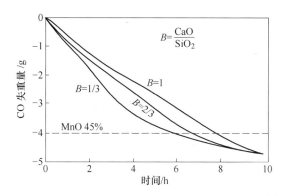

图 2-52　炉渣中（MnO）还原速度与碱度的关系[26]
（虚线以下为均质炉渣）

搅拌作用对两个反应阶段反应速度影响不大，而温度的影响十分显著。这说明在碳还原硅酸盐中的锰和碳从硅酸盐中还原硅等两个反应中传输过程是次要的，化学反应都是控制性环节。

碳还原 MnO 的反应同时发生在熔渣—饱和碳的熔态金属界面和熔渣—碳质

还原剂界面。起初熔渣/金属界面反应速度更快一些，由于碳原子由还原剂向金属的传递速度低于化学反应速度，金属和碳质还原剂之间产生了溶解碳的浓差，熔渣/碳之间的化学反应速度逐渐高于渣/金反应。还原剂的性质对发生在碳/熔渣之间的还原反应速度的影响是极为显著的。在相同的反应条件下，不同形态的碳质还原剂反应速度差异很大。影响还原剂反应速度的性能主要是反应活性和比表面大小。

2.2.2.2 硅热法熔态还原

在电硅热法生产低碳锰铁和铬铁过程中，作为还原剂的 [Si] 主要是以硅锰或硅铬合金的形式存在，有的硅热法还原工艺也使用硅铁或金属硅。金属熔体中的 [Si] 还原熔渣中的 (MnO) 或 (Cr_2O_3) 为熔态还原。碳在硅合金中的溶解度与含硅量有关。为了得到含碳量低的合金，所使用的还原剂含硅量必须足够高。硅热还原反应标准自由能与温度的关系见图 2-3。

精炼过程中，[Si] 与金属氧化物的反应是液-液反应。[Si] 与 (MnO) 反应的温度范围为 1450～1600℃；与 (Cr_2O_3) 的反应温度范围为 1650～1750℃。由图 2-3 可以看出，温度对大多数硅热还原反应自由能的影响很小。

硅热还原 MnO 的反应，

$$2(MnO) + [Si] \Longrightarrow 2[Mn] + (SiO_2)$$

渣中 (MnO) 和 (Cr_2O_3) 含量和金属熔体中 [Si] 含量受到熔渣碱度的影响见图 2-53。

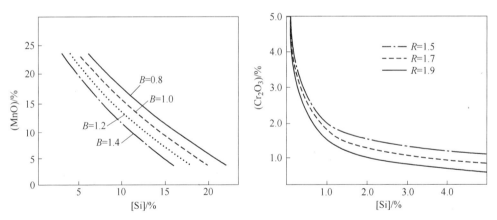

图 2-53 碱度对渣中 (MnO) 和 (Cr_2O_3) 含量与金属中 [Si] 含量的影响

表 2-16 给出不同反应温度下 [Si] 还原 (MnO) 反应的平衡常数。可见，温度对该反应平衡常数的影响并不显著。

表 2-16 不同温度下 [Si] 还原 (MnO) 的反应平衡常数

反应温度/℃	1450	1500	1550	1600	1650
平衡常数/K_T	3.519×10^5	2.337×10^5	1.592×10^5	1.110×10^5	0.790×10^5

［Si］还原（MnO）的反应过程由以下5个步骤组成：

（1）（MnO）由熔渣内部向渣 – 金界面迁移；

（2）［Si］由金属熔体向渣 – 金界面迁移；

（3）在渣 – 金界面［Si］与（MnO）发生反应；

（4）生成的［Mn］向金属熔体内部迁移；

（5）生成的（SiO₂）向熔渣内部迁移。

试验表明：（MnO）由熔渣向反应界面的传质是该反应的限制性环节，即硅热还原反应的速度取决于传质速度。因此，影响硅热法熔态还原元素回收率和反应速度的主要因素是熔体的混合作用。

硅热法反应是放热反应。热力学计算表明：温度对反应平衡常数的影响不大。但温度对这一反应动力学的影响显著。提高温度的作用主要体现在炉渣和金属流动性的改善上。提高熔炼温度可以改变炉渣性能，提高（MnO）在炉渣中的传质速度。在冶炼精炼锰铁的生产中，提高冶炼温度会显著缩短冶炼时间，在炉渣流动性已经可以满足反应条件时，提高温度不会对反应终点有特别显著影响。例如：将反应温度由1450℃提高到1600℃并未呈现元素回收率的显著改善。

在实际生产中，硅和氧化锰的平衡几乎是无法实现的。这一反应发生在两个熔体的界面，界面面积对反应速度影响很大。在熔炼初期，30min内合金含硅量可以降低10个百分点，而在冶炼后期脱硅速度十分缓慢。随着金属熔体中的硅和渣中的氧化锰含量的降低，脱硅速度明显减小，30min内只能降低2~3个百分点。为了实现化学反应的平衡，冶炼时间和电耗量都会显著增大。因此，精炼工艺的改进主要是从改进反应动力条件入手。

硅热反应的反应产物为SiO₂，在冶炼温度其液相黏度很高。为改善炉渣流动性，使反应尽快接近平衡，需要添加适量的碱性熔剂。CaO可以提高炉渣中MnO的活度，降低SiO₂的活度，降低了反应自由能，改善锰的还原。

2.2.2.3 熔态还原过程传质和传热

铁合金熔态还原反应有如下特点：

（1）反应在炉渣和金属界面上进行；

（2）炉渣与金属的体积比很大；

（3）传质和传热对熔态还原过程的效率有很大影响。

熔态还原的产量 S 与反应速度常数 k、反应界面积 A 和反应时间 t 的关系是：

$$S = kAt$$

对于特定的硅热反应，提高反应速度、扩大反应界面积和增加反应时间是提高反应器的生产能力的主要措施。在实际生产中，增加反应时间受到耐火材料损耗、热效率降低的制约。

在炉渣和金属间进行的熔态反应中，熔体间的接触方式有以下几种：

（1）相对稳定的界面接触，如电炉熔池中炉渣和金属；

（2）炉渣液滴与金属熔体的混合，如倒包；

（3）两相界面相对运动，如摇包、吹气搅拌。

表 2 - 17 给出了不同反应器中两相熔体接触方式和特性。

表 2 - 17　两相熔体接触方式和特性

反应器	接触方式	界面更新	接触界面	传质速度	热损失
电炉熔池	稳定的两相界面	小	小	小	小
倒　包	两相混合	大	大	大	大
吹气搅拌	运动界面	大	小	中	中
摇　包	混合 + 运动界面	大	中	大	中

在熔态还原过程中，金属和渣之间化学反应速度是由反应物转移到金属—渣界面上和反应产物从反应界面析出速度决定的。发生在渣 - 金界面的反应速度通常较低，这导致反应器的热效率的降低。传质和传热对熔态还原的影响也体现在冶炼过程的元素回收率上。还原反应的不完善或热量不足会导致部分合金元素残留在炉渣中。

对反应物质（锰合金和渣）的搅拌可以大大加快脱硅的精炼过程。冶金过程的熔体搅拌方式有：机械搅拌和气体搅拌等。气体搅拌是最有效的金属/渣搅拌的方法。气体搅拌是将空气、氮气或氩气等气体通过氧枪、钢管、透气砖吹入熔体实现熔渣和铁水两相的相对运动。机械搅拌方法有摇包法、搅拌浆法和倒包法等。在出炉过程中，铁水和炉渣在流槽和铁水包内的运动也起着混合和搅拌作用。

由于精炼反应后期脱硅速度相当缓慢，没有搅拌作用很难得到低硅铁合金。采用气体搅拌方式可以加速锰铁脱硅反应过程，但也增加了热损失。使用空气搅拌熔池，最好在熔炼出炉之前的 25~35min 进行。试验表明：吹气搅拌脱硅的平均速度为 2.3% ~2.5%/h，出炉后合金中的硅含量可低至 0.5%；而没有搅拌时，炉内脱硅速度为 1.13% ~1.15%/h，出炉合金中的硅含量会大于 1.0%。

表 2 - 18 介绍了搅拌在铁合金熔体反应中的应用。这些方法包括吹气、喷射冶金、机械搅拌和摇包等。将炉内的冶金操作转移到炉外，采用摇包、钢包炉等设备会显著改善熔体反应的动力学条件。

表 2 - 18　搅拌方法在铁合金熔体反应中的应用

铁合金品种	生产工艺	搅拌方法
精炼锰铁	电硅热法	摇　包
低碳硅锰合金	电碳热法	喷射冶金

铁合金品种	生产工艺	搅拌方法
精炼锰铁/铬铁	电硅热法	炉内空气搅拌
硅铬合金/硅锰合金	炉外降碳	摇 包
硅铬合金/硅锰合金	渣洗脱磷、降碳	倒 包
微碳铬铁	波伦法	氩气搅拌
微碳铬铁	波伦法	翘板/倒包法
镍 铁	脱 硫	搅拌桨

熔态还原过程中，热传递的方向取决于热源。在电炉炉膛内来自电能的热量是由炉渣向金属传递。电弧的搅拌作用加速了热能传递。硅热反应发生在炉渣－金属熔体界面，传热方向为由金属到炉渣。在热兑反应中，金属极易过热，并发生气化。为了控制反应温度，需要及时向反应器中添加冷矿或固态合金以平衡过剩的热能。

锰精炼脱硅过程中，高价氧化物和空气中的氧的传递起着重要作用。在渣的上层，氧化锰（MnO）与高价锰矿分解的氧或空气中的氧相互作用，形成复合的富氧锰离子。

在锰－渣界面上，富氧锰离子氧化 [Si]，形成（SiO_2）转入渣中。这一反应放热为硅热法提供充足热源。在实际生产中，使用软锰矿生产精炼锰铁的单位电耗要比使用硬锰矿的电耗低得多。同理，在电硅热法冶炼铬铁中，空气中的氧通过渣层向渣－金界面扩散，为硅热法提供热能。

吹入空气冷却和炉渣表面更新导致的热损失会使炉膛温度降低 120～150℃。空气氧化硅的放热反应无法补偿在炉膛搅拌情况下的热损失。随着在铁水中硅含量的降低，金属液中氧的浓度有所提高。表 2－19 为锰铁合金氧、硅含量实测数据。

表 2－19 锰铁合金氧、硅含量

锰中硅含量 $[Si]_{Mn}/\%$	2.0	1.7	1.4	1.2
锰中氧含量 $[O]_{Mn}/\%$	0.014	0.016	0.019	0.024

2.2.3 有气相中间产物的还原过程

有气相中间产物的还原过程是碳热法生产硅、铝、钙等铁合金的特点。

碳质还原剂还原氧化物的反应过程有 CO 和 CO_2 气相产物存在，大部分被还原的氧化物和产物是以液相或固相存在的。而硅、铝、钙的还原不仅要经过生成气相中间产物 SiO、AlO、AlO_2、Al_2O、Al_2OC 阶段，也要经过 Si(g)、Ca(g)、

Al(g) 阶段。

在 SiO_2 的碳热还原过程中，Si 由 4 价向 0 价转变时，则必须要经过 2 价气相氧化物 SiO 阶段，即：

$$SiO_2(s) \longrightarrow SiO(g) \longrightarrow Si(g/l)$$

在铝的碳热还原中，氧化物的转变过程是：

$$Al_2O_3(s) \longrightarrow AlO(g) \longrightarrow Al_2O(g) \longrightarrow Al(g/l)$$

在有气相存在的反应中，氧化物的气相分压对还原过程有很大影响。

$$SiO(g) + SiC \Longrightarrow 2[Si] + CO$$

$$K = (P_{CO} \cdot a_{[Si]}^2)/P_{SiO}$$

在这一反应中，气相总压力 $(P_{SiO} + P_{CO})$、P_{SiO} 对反应热力学的影响最大，见图 2-34。

在金属生成的反应中，气相金属产物的凝聚反应占主导地位。硅钙合金的冶炼温度高于钙的熔点和沸点，在电炉反应区内，气相中的 Ca(g) 的凝聚和向液相的传输是生成铁合金的主要反应：

$$Ca(g) \Longrightarrow [Ca]$$

$$\Delta G = \Delta G^{\ominus} + RT\ln(a_{[Ca]}/P_{Ca})$$

提高气相中 Ca 的分压、降低合金钙的活度有利于合金的生成。

2.2.4 还原过程的催化作用

大量试验表明，碱金属添加剂对金属氧化物的碳热还原具有明显的催化作用。

影响冶金过程化学反应动力学的主要因素有化学反应本身和反应过程的传输现象。化学反应速度对温度的依存关系通常用阿伦纽斯式来描述。

$$k = A\exp(-E/RT)$$

式中 A——反应速度常数；

R——气体常数；

E——活化能；

T——反应温度。

在低温下，由于指数项的作用，化学反应速度比较缓慢。提高反应温度或采用合适的催化剂均可降低反应的活化能，提高反应速度。固态还原过程发生的反应是非均相化学反应，改变反应物的界面性质会对冶金过程产生一定影响。

2.2.4.1 冶金过程的催化现象

在碳热还原的反应机制中，冶金过程的重要反应波多尔反应是反应速度的限制性环节。碱和碱土金属对波多尔反应有明显的催化作用[27]（见图 2-54）。

由图 2-54 可以看出，在高温条件下，添加碱金属的波多尔反应速度显著

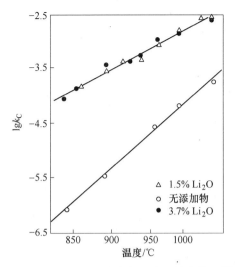

图 2 - 54 碱金属对波多尔反应的催化作用[27]

增加。

　　碱金属对固态还原过程的催化作用可以用降低反应活化能来解释。降低活化能的反应机理有多种，包括改变还原剂表面活性，改进中间产物的传输过程，以及促成晶格畸变等。图 2 - 55 为铬和铁的氧化物还原度和添加氟化物的催化作用。

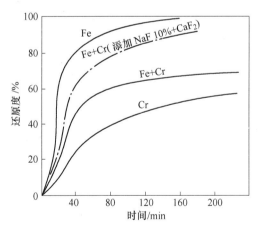

图 2 - 55　在 1200℃ 铬和铁的氧化物还原度和添加氟化物的催化作用[6]

　　Dawnson[6]、片山博[28]和蒋国昌对碱金属在铬矿还原中的促进作用进行了试验（见图 2 - 55）。数据表明，在 1200℃ 未加添加剂的铬矿只还原了 25%，而添加氟化物后同样的反应时间可到达还原 80% 以上。图 2 - 56 给出在 1200℃ 添加 1% 的 $Na_2B_4O_7$，在同样条件下还原率由 20% 达到 80% 以上。

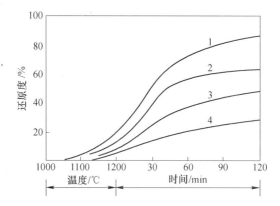

图 2 - 56 在 1200℃ 添加碱金属对铬铁矿还原的作用[28]
1—$Na_2B_4O_7$；2—Na_2CO_3；3—$NaCl$；4—无添加物

以相同阳离子（Na^+）质量分数的添加剂测试碱金属对还原过程的影响作用开展了试验。实验条件为：球团内配碳比 $C/O = 1.2$，还原时间为 4h，以烟煤为外部还原剂。数量为 2% $Na_2B_4O_7 \cdot 10H_2O$，0.74% Na_2SO_4，0.42% $NaOH$，0.55% Na_2CO_3，0.88% $NaHCO_3$，0.6% $NaCl$，1.33% $Na_3PO_4 \cdot 12H_2O$，0.89% $NaNO_3$ 的添加剂对铬矿球团金属化率的影响见图 2 - 57。

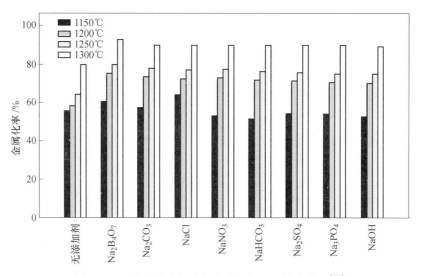

图 2 - 57 碱金属对加碳铬矿球团的还原催化作用[29]

试验结果表明：在不同温度下，不同添加剂对铬矿球团的还原过程均有一定催化作用。各种添加剂的催化能力表现出一定的差异。

在 1150℃ 时，还原催化能力顺序为：

$$NaCl > Na_2B_4O_7 \cdot 10H_2O > Na_2CO_3 > 无添加剂$$

1200～1250℃时，还原催化能力顺序为：

$$Na_2B_4O_7 \cdot 10H_2O > Na_2CO_3 > NaNO_3 > NaCl > NaHCO_3 >$$
$$Na_2SO_4 > Na_3PO_4 \cdot 12H_2O > NaOH > 无添加剂$$

1300℃时，还原催化能力顺序为：

$$Na_2B_4O_7 \cdot 10H_2O > Na_2CO_3 > NaHCO_3 > NaCl > NaNO_3 >$$
$$Na_2SO_4 > Na_3PO_4 \cdot 12H_2O > NaOH > 无添加剂$$

试验表明，添加剂中以 NaCl、$Na_2B_4O_7 \cdot 10H_2O$ 和 Na_2CO_3 的催化效果较好，可降低铬铁矿预还原温度以及缩短还原时间。

SiC 与 SiO_2 的反应是硅还原过程最重要的反应之一。作者试验了添加 CaO 对还原速度的影响，见图 2-58。在试验温度 1973K 时，石英已经开始熔化。该反应是液-固反应。添加少量 CaO 和 $CaCl_2$ 可以使反应速度提高一倍以上。值得注意的是在这一反应中并没有发生波多尔反应，但反应产物有 CO 生成。这表明催化作用发生在 CO 气相生成的环节上。为了验证这一点，作者研究了同一条件的添加物对 SiO_2 和 Si 之间反应的影响。结果表明，试样的失重速度不受添加剂的影响。可见，碱金属的催化作用仅与包括 SiC 在内含碳的物质有关。

图 2-59 显示了碱和碱土金属氧化物对碳热还原 SiO_2 的催化作用。在 1843K 有添加剂的试样失重量比无添加剂的空白式样增加 10% 以上。

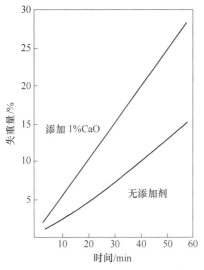

图 2-58 在 1953K 时添加 1% CaO 对 SiC 和 SiO_2 反应的催化作用[30]

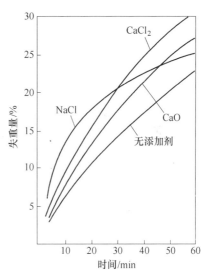

图 2-59 碱和碱土金属氧化物 对碳热还原 SiO_2 的催化作用[30]

炉料中添加碱金属矿物可以强化硅锰合金冶炼过程[31]。冶炼过程添加矿石质量数 10% 的钾长石，其中含 10% 的（$K_2O + Na_2O$）和 75% 的 SiO_2，硅锰合金产量提高了 8%，锰的回收率提高 6%[32]。研究认为，钠和钾可以使炉渣中大的硅氧离子团解离，增加离子运动速度，从而促进还原反应和渣铁分离。

试验表明催化作用并不限于碳热还原反应。李（Lee）和帕克（Park）[32]研究了浮氏体在氢气流中的还原速度与添加剂的关系。他们发现在900℃以上添加 Li_2O 可以提高还原反应的速度，但是添加量大于1.2%的时候还原速度减少。碱金属和碱土金属对于含碳金属的氧化也有促进作用。在碳素铬铁粉末氧化试验中，无添加物的碳素铬铁在800℃几乎没有发生氧化，直至900℃才开始缓慢氧化。添加质量分数0.112%的碱金属或碱土金属的卤化物 $NaCl$、$CaCl_2$，在600℃已经有相当多的碳素铬铁被氧化，在800℃时氧化速度迅速增加，仅30min就达到空白试样900℃的氧化量。

2.2.4.2 还原过程的催化机制

对冶金过程的催化现象有界面催化、液相传质、气相循环、活性中间反应物、电化学机制等多种解释。

A 界面催化机制

大多数非均相反应是在相界面发生的。这样的反应通常由五个步骤组成，即反应物向界面传递，反应物在界面的表面吸附，在界面上生成活化的中间产物，产物从界面解吸，反应产物扩散脱离界面。界面性质的变化对反应活化能影响很大。固体表面是不规则的，各处的吸附能力有较大差别。改变表面对反应物的吸附能力可以改变反应的活化能。

晶格畸变对表面反应的催化作用也是十分普遍的。钾、钠、钙等金属元素可以显著提高煤焦气化的速度，是因为这些金属离子侵入煤焦内石墨碳的基平面，使晶格畸变并减弱碳原子之间的键能，从而使碳气化反应活化能降低。

图2-60比较了添加相同摩尔数不同离子半径的碱金属和碱土金属元素对浮氏体还原速度的影响，可以看出离子价数相同的各金属离子对还原反应的催化作用与离子半径成正比。钾离子的半径大，进入石墨晶格使之产生变形最大、催化作用最强。固相还原首先从表面上开始发生，对还原反应的促进作用应与表面上生成的活性点面积成正比，即与离子半径的平方成正比。此外，离子电荷数也起重要作用。

B 液相传质机制

非均相的冶金反应是在两相界面完成的。浸润角、界面张力等界面性质，反应物和反应产物向界面传输的速度都可能成为这些非均相反应的限制性环节。熔渣和金属的表面性质受表面活性物质影响很大。碱性金属氧化物会改变熔体的表面性质对固态还原过程有明显的催化作用。

添加剂强化铬铁矿还原的机理，可以解释为添加剂强化了碳的气化反应，促进了固相扩散反应，导致了矿物晶格的畸变，降低了其表观反应活化能等。在铬铁矿还原中，矿石表面和基体的性质差异对还原速度的影响也是由于晶格畸变对

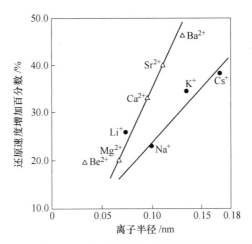

图 2 - 60　碱金属和碱土金属的催化作用与离子半径关系

非均相反应的催化作用所引起的。添加剂强化含碳铬铁矿球团还原的作用机理较复杂。还原过程受到还原温度、还原时间和添加剂类别等因素的影响。还原和催化机制有待进一步探索和研究。

碱金属对波多尔反应的催化作用随着温度的升高而降低。由图 2 - 54 可以看出，在 800℃添加碱金属反应速度增长 260 倍，而在 1000℃反应速度仅增长 29 倍。因此，催化作用对改进固相还原技术有相当大的潜力。在铁矿和铬矿球团的固态还原过程应用还原催化作用可能显著降低还原温度，缩短还原时间，降低还原过程能耗，提高反应器的生产能力。至今为止，尽管文献上发表了大量研究钢铁冶金过程催化作用机理的文献，但实际应用的报道却很少。可以预见，催化作用一定会在球团直接还原工艺方面会取得突破。

2.3　铁合金生产的热化学

在铁合金生产中，还原反应的热效应决定了该种铁合金的生产方法和生产工艺。热效应的数值对冶炼过程的能耗有重大影响。

2.3.1　反应热效应

铁合金冶炼中的热效应类型有：分解反应热效应、氧化还原的热效应、复合氧化物生成热效应和金属化合物生成热效应等。热力学数据表中，通常给出标准状态的反应热焓，其他条件下的反应热焓则需要由该物质标准状态的热焓与热容温度系数计算。

2.3.1.1　热分解反应

矿物中的碳酸盐、氧化物、硫化物等化合物在高温环境下发生的分解伴随着吸热或放热。矿物的热分解反应的热焓见表 2 - 20。表中，某些热分解反应在常压条件下并不能发生，热焓数值仅用于热平衡计算。

表 2-20 分解反应热焓[3]

反 应 式	反应热焓，$\Delta H^{\ominus}_{298K}/kJ \cdot mol^{-1}$
$4MnO_2 = 2Mn_2O_3 + O_2$	-692.88
$6Mn_2O_3 = 4Mn_3O_4 + O_2$	68.32
$2Mn_3O_4 = 6MnO + O_2$	463.46
$2MnO = 2Mn + O_2$	769.86
$2Fe_2O_3 = 4FeO + O_2$	562.82
$2FeO = 2Fe + O_2$	544.08
$2/3Cr_2O_3 = 4/3Cr + O_2$	753.12
$CaCO_3 = CaO + CO_2$	178.87
$MnCO_3 = MnO + CO_2$	116.52

2.3.1.2 氧化还原的热效应

铁合金生产中的碳热反应的热焓见表 2-21。

表 2-21 碳热还原的反应热效应

反 应 式	反应热焓，$\Delta H^{\ominus}_{298K}/kJ \cdot mol^{-1}$
$FeO + C = Fe + CO$	161.5
$MnO + C = Mn + CO$	274.39
$1/3Cr_2O_3 + C = 2/3Cr + CO$	265.97
$1/2SiO_2 + C = 1/2Si + CO$	344.89
$CO + 1/2O_2 = CO_2$	-282.97
$C + O_2 = CO_2$	-221.08

金属热还原反应的热焓和折算出各种矿物的单位炉料的发热值见表 5-37 和表 5-38。

2.3.1.3 生成热和混合热

复合化合物反应热的热效应见表 2-22，金属化合物反应的热效应见表 2-23。

表 2-22 复合化合物反应的热效应

反 应 式	反应热焓，$\Delta H^{\ominus}_{298K}/kJ \cdot mol^{-1}$
$CaO + SiO_2 = CaSiO_3$	-89.52
$MnO + SiO_2 = MnSiO_3$	-27.2
$FeO + SiO_2 = FeSiO_3$	-11.66

反 应 式	反应热焓，$\Delta H^{\ominus}_{298K}$/kJ·mol^{-1}
$CaO + Al_2O_3 = CaAl_2O_4$	-13.4
$2CaO + SiO_2 = Ca_2SiO_4$	-139.33
$MgO + SiO_2 = MgSiO_3$	-39.33
$MgO + Al_2O_3 = MgO \cdot Al_2O_3$	-33.89
$FeO + Cr_2O_3 = FeO \cdot Cr_2O_3$	-12.84

表 2 - 23 金属化合物反应的热效应

反 应 式	反应热焓，$\Delta H^{\ominus}_{298K}$/kJ·mol^{-1}
$Fe + Si = FeSi$	-78.66
$Mn + Si = MnSi$	-60.58
$Cr + Si = CrSi$	-54.81
$Ca + 2Al = CaAl_2$	-216.72
$Ca + Si = CaSi$	-150.62
$Ca + 2Si = CaSi_2$	-150.62

冶金溶液的形成总是伴随着热焓改变。将某一物质加入于另一物质溶液时吸收或放出热量。混合热的度量为溶液混合前后的热焓变化，由偏摩尔生成热和溶质的摩尔分数计算：

$$\Delta H^M = x_i \Delta \overline{H}_i + x_j \Delta \overline{H}_j$$

理想溶液的混合热等于零。图 2 - 61 ~ 图 2 - 64 分别给出了 Fe - Mn 系、Fe - Si 系、Mn - Si 系、Mn - Al 系的混合热和偏摩尔生成热。

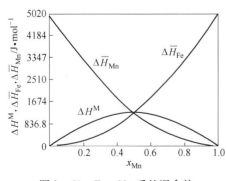

图 2 - 61 Fe - Mn 系的混合热

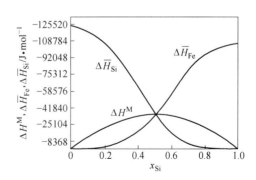

图 2 - 62 Fe - Si 系的混合热

实际溶液混合热与二者是否会形成化合物有关，在计算中可按化合物的生成热和熔化热之和计算。

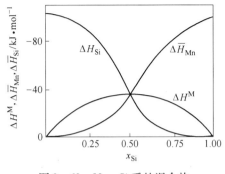

图 2 – 63　Mn – Si 系的混合热

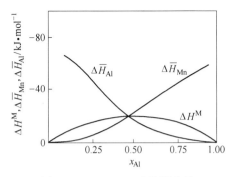

图 2 – 64　Mn – Al 系的混合热

2.3.1.4　熔化热和相变热

物质发生相变时吸收和放出热能。表 2 – 24 给出了一些元素和氧化物的相变热。

表 2 – 24　一些物质在标准状态下的相变（熔化）热

相变反应式	相变温度/K	相变热焓，$\Delta H^{\ominus}/kJ \cdot mol^{-1}$
$Cr(s) \rightarrow Cr(l)$	2130	16.93
$Fe(s) \rightarrow Fe(l)$	1809	13.81
$Mn(s) \rightarrow Mn(l)$	1517	12.06
$Mo(s) \rightarrow Mo(l)$	2892	27.83
$Ni(s) \rightarrow Ni(l)$	1726	17.47
$Si(s) \rightarrow Si(l)$	1685	50.21
$Ti(s) \rightarrow Ti(l)$	1933	18.62
$V(s) \rightarrow V(l)$	2175	20.93
$W(s) \rightarrow W(l)$	3680	35.40
$Al_2O_3(s) \rightarrow Al_2O_3(l)$	2327	118.4
$CaO(s) \rightarrow CaO(l)$	2888	79.50
$FeO(s) \rightarrow FeO(l)$	1650	26.45
$MgO(s) \rightarrow MgO(l)$	3098	77.40
$MnO(s) \rightarrow MnO(l)$	2058	54.39
$SiO_2(s) \rightarrow SiO_2(l)$	1996	9.58
$CaO \cdot SiO_2(s) \rightarrow CaO \cdot SiO_2(l)$	1817	56.07
$2CaO \cdot SiO_2(s) \rightarrow 2CaO \cdot SiO_2(l)$	1710	14.18
$MgO \cdot SiO_2(s) \rightarrow MgO \cdot SiO_2(l)$	1850	75.31

2.3.2 热焓的计算

为了提高冶炼过程的热效率需要对每一工艺过程进行热平衡计算。热力学数据库提供了热焓、熵、热容等基础数据可供对相关的冶金反应进行反应热效应计算。物质的热焓是状态函数，只与温度和物质存在状态有关。

某一纯物质 i 的热焓由下式计算：

$$H_i(T) = \Delta H_i^\ominus + \int_{298}^{T} C_{pi} dT$$

式中 $H_i(T)$ ——某一温度的热焓，kJ/mol；

$\Delta H_i^\ominus$ ——该物质在标准状态（298K）的生成热；

C_p ——恒压摩尔热容，J/(K·mol)。

热力学手册提供了热容温度系数 a、b、c、d 计算式为：

$$C_p = a + b \times 10^{-3} T + c \times 10^5 T^{-2} + d \times 10^{-6} T^2$$

如果在该温度区间有相变发生，还要加入相变热计算。

在特定温度下的化学反应热效应 $\Delta H_T^\ominus$ 可以由下式计算：

$$\Delta H_T^\ominus = \Sigma v_i H_i^\ominus(T)$$

式中 v_i ——反应式中反应物或产物的系数。

按照热力学计算，Si 还原 CaO 的反应为负值，用硅铁还原石灰得到硅钙合金在热力学是可行的。

$$2CaO(s) + Si(l) = 2Ca(l) + SiO_2(l)$$

表 2-25 给出了硅热法冶炼硅钙合金的基本热化学数据。根据冶炼温度、反应式和反应产物含量，可以用上述公式计算出反应热效应，并计算出理论电耗。

表 2-25 计算硅热法冶炼硅钙合金的基本热化学数据[3]

成　分	H_{298}	H_{TM}	a	b	c	d	相变热	T/K
CaO	-634.29		49.622	4.519	6.915			
Si(s)	0		22.824	3.858	-3.54		50.21	1685
Si(l)		86.19	27.196					
Ca(α)	0		24.125	-3.356	0.331	20.414	0.92	720
Ca(β)		12.80	-0.377	-0.377	41.279		8.54	1112
Ca(l)		36.01	29.288					
SiO₂(α)	-908.35		44.898	31.501	-10.092		1.34	543
SiO₂(β)		-893.80	71.626	1.891	-39.58		9.58	1996
SiO₂(l)		-781.90	89.772					

$$\Delta H^{\ominus}_{298} = 360.23 \text{kJ/mol}$$

$$3CaO(s) + 5Si(l) \Longrightarrow 2CaSi_2(l) + CaO \cdot SiO_2(l)$$

$$\Delta H^{\ominus}_{298} = -32.64 \text{kJ/mol}$$

显然，由于生成金属化合物和复合化合物增加了反应的热效应。

2.3.3 盖斯定律

盖斯定律指出，化学反应的反应热只与反应体系的始态和终态有关，而与反应的途径无关。盖斯定律常用于计算冶金反应的热效应和热平衡。

盖斯定律可用图 2 - 65 表示。

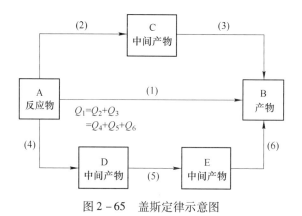

图 2 - 65 盖斯定律示意图

由图 2 - 65 看出，反应物 A 与产物 B 之间存在着 3 个不同的反应途径，即 (1)、(2) + (3) 和 (4) + (5) + (6)。由盖斯定律知，不同途径的反应热效应总值相等，即

$$Q_1 = Q_2 + Q_3 = Q_4 + Q_5 + Q_6$$

这样由标准状态的反应热焓、热容温度系数、相变热等数据可以计算出相应温度下的热效应、冶炼理论电耗、热效率。

2.4 铁合金炉渣

炉渣是原料中的无用或有害物质与金属元素分离的产物。

铁合金炉渣可分为贫渣、富渣和合成炉渣等几个类型。

炉渣的贫富程度主要受选择性还原的影响。富渣是通过冶炼过程使原料中含有的某些有用元素富集，供生产合金的下一工序使用，如富锰渣、钒渣、高钛渣等。铁合金精炼工艺产生的炉渣含有大量熔剂成分，其中一些成分可以循环利用。

合成渣是将各种原料配制的渣料在炉内熔合在一起，用于合金脱磷、脱硫、降铝、降钙、渣洗，作为重熔或合成合金的保护渣等。

对合金进行精炼的炉渣具有一定的氧化还原能力。炉渣的氧化性是通过炉渣中的（FeO）和（MnO）等氧化物和碳化物来实现的。石灰与碳在炉内反应生成含电石成分的炉渣。这种含碳的电石渣具有强烈的还原性。硅钙合金炉渣与电石渣相似，具有很强的还原能力。

按照冶金过程炉渣数量多少，铁合金生产方法有无渣法和有渣法之分。

锰铁、铬铁等大多数铁合金是用有渣法生产的。冶炼中原料带入的大量杂质需要以炉渣形式排出。有渣法冶炼主要依靠渣－铁间热量和物质的交换而实现的。调整和控制炉渣的性能是保证合金成分，实现渣铁分离等电炉正常运行的必要手段。

硅铁、金属硅和二步法硅铬合金是采用无渣法生产的。所谓无渣法定义是就理论而言，即采用纯物质冶炼时不会有炉渣生成。实际生产中原料带入的杂质成分最终主要以炉渣形式排出，但数量很少。将硅铁生产称为少渣法其实并不确切，因为生产过程基本不对炉渣成分进行任何调整。

炉渣的物理性能包括炉渣的黏度、表面张力、密度、电导率、热焓、热导率等物理性质。炉渣性能由炉渣的组成和温度决定的。通过加入适量的熔剂调整炉渣的组分可以改善炉渣的冶金性能。在实际生产操作中人们十分注重炉渣成分、温度和性能三者之间的关系。

2.4.1 炉渣的熔化温度和过热度

不同品种或品级的铁合金熔点差距很大，相应要求有不同的炉渣熔化温度。通常认为炉渣熔点是相图上的液相线温度，即炉渣组分出现液相的温度。但对大多数酸性炉渣，在温度高于液相线以上较大的区间内，炉渣并不具备流动性。因此，熔点这一概念对于炉渣来说并不确切。炉渣熔化温度应该是炉渣可自由流动的最低温度，即炉渣在受热升温过程中固相完全消失的最低温度。炉渣的熔化温度决定了冶炼工艺所需的温度制度，同时也是确定熔渣其他物理化学性质的重要因素。

通常铁合金炉渣的温度要高于合金熔点才能实现炉渣对金属熔体的加热，并使其顺利排放出炉并完成渣铁分离。钨铁等高熔点合金冶炼过程中，炉渣熔化温度低于合金熔点。在熔炼过程中钨铁是以半熔态存在的。这时需要依靠炉渣过热来加热金属熔体。

合金和炉渣的温度超过熔点以上的温度差值称为"过热度"。铁合金炉渣熔化温度要高于合金熔点 150～200℃。表 2－26 给出了主要品种铁合金的熔点和炉渣熔化温度。

表 2 – 26   铁合金熔点和炉渣过热温度   (℃)

名　称	合金熔点	炉渣熔化温度	炉渣过热温度
75%硅铁	1320～1350	1500～1600	
硅锰合金	1180～1250	1250～1350	1500～1550
低碳硅锰	约1250	1350～1400	约1600
高碳锰铁	1250～1300	1250～1350	1400～1450
精炼锰铁	约1280	1340	约1450
金属锰	1240～1260	1400	约1550
镍　铁	约1500	约1550	约1650
高碳铬铁	1520～1550	约1700	约1800
精炼铬铁	1600～1640	约1700	约1900

冶金试验室利用高温显微镜测试炉渣试样的变形量，由此得到的不同渣系的熔度图。根据熔度曲线可以确定特定炉渣成分所对应的熔化温度，也可以判定成分变化对熔化温度的影响趋势。图 2 – 66 为 $FeO - CaO - SiO_2$ 渣系等熔度图。虚线范围是硅铁精炼使用的渣系。可以看出，在碱度为 0.4～1.0 的范围增加 FeO 会降低炉渣熔化温度，而在这一范围之外 FeO 对熔化温度的影响显著降低。

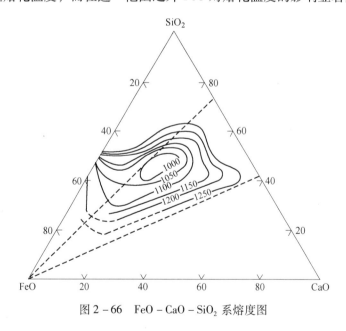

图 2 – 66 $FeO - CaO - SiO_2$ 系熔度图

炉渣过热能力决定了工艺的某些特性。在大多数冶炼过程中，炉渣浮在金属上部，热能通过炉渣向金属传递。为了实现金属过热必须有熔点高的炉渣。但在某些情况，如钨铁、镍铁生产中，炉渣熔化温度低于金属熔点。这时，为了加热金属,炉渣的过热度要相当高。

镍铁冶炼中,FeO 含量在一定程度决定了镍铁生产工艺。对于 FeO 含量较低的红土矿,炉渣熔点高可以采用埋弧冶炼。使用氧化铁高的红土矿会有相当部分的 FeO 留在渣中。FeO 高的炉渣的炉渣熔化温度低,导电性好。为了使炉渣具有足够的过热度,需要采用裸露熔池操作,才能使金属过热至具有良好的流动性。

提高炉渣的过热度有助于改进硅锰合金的冶炼经济指标。硅锰炉料中加入 MgO 使炉渣中 MgO 含量由 4.5% 提高到 22.8%,液相线温度由 1235℃ 提高到 1385℃。人们普遍认为提高硅锰合金中 MgO 含量会得到较好的指标。

炉渣过热度低会使凝固的铁合金锭中夹杂炉渣,影响产品质量。而炉渣过热度过高的负作用在于熔体对耐火材料的损毁加剧和渣中某些成分的挥发。

2.4.2　炉渣的形成机制

为了从矿石中得到铁合金,除了在化学上实现主元素金属氧化物的还原之外,还要实现金属与杂质氧化物的物理分离。炉渣是冶金过程的必然产物,其组分主要来自矿石、熔剂和还原剂中的灰分。炉渣主要由各种氧化物组成的共熔体组成。炉渣性能是决定铁合金成品最终成分、铁水温度和元素回收率的关键因素。

炉渣的形成经历了初渣生成、渣金分离、终渣形成等过程。在大多数冶金过程中,初渣是冶金反应的中间产物。在冶金反应器中,炉渣的成分始终处在变化之中。炉渣温度、成分、性能和均质状况不仅随熔炼时间改变,在反应器内的不同位置也有所差异。

初渣的生成与原料中低熔点化合物有关。矿石和还原剂中的易挥发碱金属化合物和锌等金属会在炉内循环促使初渣过早生成。为了满足矿石冶炼要求,初渣形成要晚,软化区间要窄,避免料层出现早熔,维持炉料层的透气性。

矿热炉中,初渣生成的部位在高温区焦炭层上部。初渣是矿石和熔剂等氧化物、金属颗粒、碳化物与炉渣共存的多相混合物。炉渣在穿过焦炭层时已经接近完成还原,其成分接近终渣。

大多数炉渣密度小于合金。还原生成的金属液滴穿过炉渣层时,还会发生渣 – 金的精炼反应,使其接近化学平衡。在炉渣 – 金属界面进行的精炼反应速度已经相当缓慢。过早进入熔渣或未能完全还原的矿物很难实现彻底还原。

碳化硅、碳化钙等碳化物是硅铁、硅钙、硅锰等高硅铁合金冶炼的中间产物。残存的碳化物会进入硅酸盐熔体随炉渣排出炉外。铁合金精炼过程往往会有碳化钙生成。这是高碱度炉渣与电极发生化学反应的结果。含有碳化钙的炉渣是微碳合金增碳的主要原因。

含钙高的液态硅钙合金(Ca > 28%)密度为 2.2g/cm³ 左右,而以硅酸钙为主的硅钙合金炉渣密度为 2.8g/cm³ 左右。在硅钙冶炼中，炉内和铁水包内硅钙铁水浮在炉渣的上部。按照硅钙合金反应机理，在高温反应区首先生成 CaC_2。炉渣穿过金属沉入反应区底部。在上层炉料中过早出现硅酸钙成渣反应不利于硅钙合金冶炼。

在铁合金精炼过程中，炉渣和炉衬耐火材料会相互作用。炉渣对炉衬的侵蚀会使炉渣中 MgO 含量有所增加。

2.4.3 炉渣组成

炉渣是由氧化物、硫化物、氟化物和氯化物、碳化物等多种化合物形成的熔体。铁合金炉渣的组分主要来自原料。为了调整原料和炉渣性能，生产过程需要添加粘结剂和熔剂。熔剂和粘结剂的组分大部分进入了炉渣。表 2-27 给出了典型铁合金炉渣成分。

表 2-27　典型铁合金炉渣成分　　　　　　　　　　（%）

品　　种	MnO/Cr_2O_3	CaO	MgO	SiO_2	FeO	Al_2O_3	C	S	P	B_4
高碳锰铁（N）	36.87	16.73	3.55	27.13	0.43	9.09	0.05	0.817	0.0073	0.56
高碳锰铁（F）	12.91	30~42	4~6	25~30	0.4~1.2	7~10				1.15
中低碳锰铁	29.88	34.11	2.87	27.97	0.78	3.23	0.032	0.045	0.0113	1.18
硅锰合金	10.47	25.71	5.11	40.47	0.41	11.4	0.153	1.53	0.005	0.59
高碳铬铁	4.35	2.71	34.27	30.87	1.59	20.98	0.057	0.196	0.003	0.71
高碳铬铁(南非)	10~16	1.5~8	16~20	24~32	5~8	27~28				0.4~0.54
精炼铬铁	4.31	50.17	7.16	26.72	1.29	6.21	0.034	0.034	0.0035	1.74
镍　铁	Ni-0.09	23.08	21.13	45.99	约5	2.68				0.90
钨　铁	21.74	13.89	0.89	45.14	7.98	3.21	0.135	0.459	0.0083	0.31
钼　铁	Mo-0.2	3.71	0.97	54.87	12.75	13.59	0.018	0.025	0.0034	0.07

注：高碳锰铁（N）—无熔剂法；高碳锰铁（F）—熔剂法；B_4—四元碱度。

2.4.3.1 炉渣中的氧化物

炉渣中常见的氧化物大部分都有很高的熔点。在冶炼过程，简单的氧化物会相互作用生成了各种复杂化合物，这些化合物的熔点低于原氧化物的熔点，从而降低了熔渣的熔化温度。炉渣的熔化温度和性能主要与组成的化合物有关。表 2-28 给出了对炉渣熔化温度有显著影响的各种氧化物和化合物的熔点。

表 2-28　炉渣中主要氧化物和化合物熔点

氧化物	CaO	MgO	SiO_2	FeO	Fe_2O_3	MnO	Al_2O_3	CaF_2
熔点/℃	2570	2800	1710	1370	1457	1785	2050	1418
复合化合物	$CaO \cdot SiO_2$	$2CaO \cdot SiO_2$	$2FeO \cdot SiO_2$	$MnO \cdot SiO_2$	$MgO \cdot SiO_2$	$MgO \cdot Al_2O_3$	$CaO \cdot FeO \cdot SiO_2$	$3CaO \cdot P_2O_5$
熔点/℃	1540	2130	1217	1285	1557	2135	1400	1800

2.4.3.2 铁合金炉渣中的其他化合物

除了氧化物，炉渣中还存在种类众多的碳化物、硫化物、氟化物等。这些化合物数量不多但对炉渣性能、冶炼过程起着重要影响。例如：碳化物熔点很高会增加炉渣黏度；含碳化钙的炉渣具有强烈的还原性；氟化物显著改善炉渣流动性，硫化物会降低炉渣的表面张力。

炉渣中的碳化物多来自碳热还原反应的中间产物。如硅钙合金炉渣中的碳化钙和碳化硅，硅铁炉渣中的碳化硅都是未完成还原的反应中间产物。

2.4.3.3 炉渣酸碱度

铁合金冶炼常用炉渣的碱度评价炉渣性质。炉渣碱度是用炉渣中碱性氧化物与酸性氧化物的质量分数总和之比来表示。钢铁冶金生产中，常用二元、三元和四元碱度显示炉渣的酸碱性。以下列出了炉渣碱度定义：

代号	B_2	B_3	B_4
计算式	CaO/SiO_2	$(CaO + MgO)/SiO_2$	$(CaO + MgO)/(SiO_2 + Al_2O_3)$

有些研究中把 Na_2O、K_2O 和 FeO 含量也加入碱度计算之中。有色冶金和建材行业则常用渣中酸性氧化物与碱性氧化物之比来表示渣的酸碱性，称为渣的酸度系数。由于红土矿中 CaO 含量很低，在镍铁生产中用 SiO_2/MgO 表示红土矿和炉渣的酸碱特性。

酸度系数反映了炉渣冷却过程变形的特点。以冶金炉渣制造矿渣棉，对纤维的长度和直径有严格要求。制造矿棉的炉渣酸度系数在 1.4 以上，其熔化行为属于长丝造。镍铁炉渣酸度系数较高，适宜制造矿棉纤维。

冶炼渣的碱度主要与矿石原料条件有关；而精炼炉渣则由生产工艺决定，主要与熔剂加入量有关。炉渣组分在不同工艺渣中所起的作用是不同的。在冶炼操作中，人们需要通过对炉渣渣型的判断，及时调整和处理炉况。以表 2 - 27 的化学成分计算的不同品种炉渣碱度见表 2 - 29。

表 2 - 29 不同铁合金品种常用炉渣碱度

炉渣碱度	B_2	B_3	B_4
高碳锰铁	0.62	0.75	0.6
高碳锰铁	1.4	1.50	1.12
硅锰合金	0.65	0.76	0.62
精炼锰铁	1.21	1.32	1.25
高碳铬铁（国内）		1.20	0.71
高碳铬铁（南非）		0.84	0.38
精炼铬铁	1.85	2.15	1.74
钨 铁	0.32	0.33	0.31
镍 铁	0.07	0.085	0.09

对于各种工艺合适的炉渣碱度定义需酌情而定。在许多炉渣性能研究中，将碱度定义中的 MgO 和 Al_2O_3 分别乘以系数以反映其作用差别。铬铁生产中 Al_2O_3 起着重要作用，仅以 MgO/SiO_2 作为酸碱度讨论炉渣性能也是不可行的。

炉渣的黏度、导电性、表面张力等许多物理性质都与炉渣碱度密切相关。

炉渣的黏度性质随炉渣的酸碱度变化而显著改变。按炉渣的黏稠状况可以将其分成长渣和短渣两种类型。

在炉渣冷却过程中，温度降低到一定值后，黏度急剧上升的炉渣称为"短渣"。可以观察到短渣在冷凝时形成的渣丝长度很短。在黏度 - 温度图上表现为炉渣黏度曲线斜率很大，见图 2 - 67。反之，随温度下降黏度缓慢增加的炉渣称为"长渣"。长渣呈现渣丝细而长。酸性炉渣多为长渣，碱性炉渣为短渣。在铁合金生产中，碱度低的硅锰炉渣、镍铁炉渣为长渣；碱度高的精炼炉渣为短渣。由图 2 - 67 可以看出，在温度为 1490℃ 时，碱度为 0.9 和 1.8 的两种炉渣的黏度相同，均为 0.11Pa·s。为使炉渣黏度降低到 0.075Pa·s，酸性炉渣需要提温 80℃ 以上，而碱性炉渣只需提温 20℃。

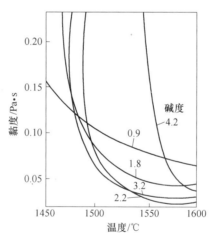

图 2 - 67　不同碱度的炉渣黏度与温度关系[1]

二氧化硅和三氧化二铝含量高的炉渣呈现长渣现象。其特点是温度变化对炉渣流动性影响相对较小，炉渣的熔化温度范围很宽。为了使长渣具有足够的流动性炉渣要有更高的过热度。

2.4.3.4　炉渣的化学稳定性

冶炼过程环境气氛、温度、介质都处在时刻变化之中。冶炼条件的改变会使炉渣组成和性能发生变化。

炉渣应具有适宜冶炼要求的物理化学性质，如氧化物的活度、脱硫脱磷能力等。炉渣的物理化学性能对合金元素在渣铁间的分配比有决定性影响。这一性质直接影响工艺过程的回收率，产品含硫量、含磷量等。通过控制不同组分在渣中的活度既可以促使锰、铬等合金元素更多地还原进入成品合金中，也可利用炉渣的性能变化抑制硫、磷等杂质元素进入合金数量，使其保留于炉渣中。

许多炉渣组分，特别是氟化钙，在高温下挥发性能很高。炉渣组元的挥发使炉渣的稳定性变差，从而改变炉渣性能。

2.4.4 炉渣的均质性

2.4.4.1 非均质炉渣

绝大多数铁合金炉渣为非均质炉渣。所谓非均质炉渣是指液体炉渣中存在多种物相，包括高熔点氧化物、难熔矿石颗粒、金属珠、碳化物等，也可能气体或多相熔体共存。

在炉渣形成的过程中，炉渣经历了由非均质向均质转变的过程。而在炉渣冷却过程中，高熔点的组分首先析出，这使炉渣的非均质程度逐渐加大直至完全凝固。

炉渣的非均质特性对冶炼工艺的影响有：

（1）炉渣的非均质特性导致炉渣的流动性降低，直接影响出炉操作和渣铁分离。

（2）冶炼过程中，炉渣中残留矿石颗粒或金属颗粒是导致冶炼过程的元素回收率降低的直接原因。

在高碳铬铁炉渣中可以观察到大量难熔铬矿颗粒和再结晶的镁铝尖晶石（见图2-68）。以难还原铬矿冶炼形成的炉渣从始至终保持着非均质的特性。

图2-68 高碳铬铁炉渣中再结晶的尖晶石和未熔化的铬矿颗粒[33]

这种现象是由于铬矿在冶炼过程中没有彻底还原引起的。在高温下，铬尖晶石颗粒之间胶结相熔化在炉渣相中，而铬尖晶石则难溶于炉渣。还原剂在铬尖晶石内部扩散速度远远低于在晶间和裂隙中的传质速度，直至出炉仍然会有反应不完全的铬铁尖晶石留在渣中。这种情况在使用难还原铬矿时尤为突出。在炉渣冷却过程中，高熔点的镁铝尖晶石首先结晶出来，使炉渣很快变稠。

由于南非矿石的难还原特性，以常规电炉工艺生产铬铁时元素回收率只有70%左右，大量未完全还原的铬矿流失在炉渣中。为回收这部分铬元素，需要将炉渣粉碎，采用跳汰法将炉渣中未完全还原的铬矿颗粒从炉渣中分离出来。利用直流电炉工艺的高温电弧特性改善熔态还原条件，促进冶炼炉渣的均质化，可以大大提高铬元素的回收率。

在锰铁和硅锰炉渣中很难发现锰矿颗粒，却可以观察到大量弥散分布的金属颗粒，其粒度范围在 $1 \sim 5\mu m$ 左右（见图 2 – 69）。由于金属颗粒十分微细，在出炉过程依靠渣铁密度的差异并不能彻底实现渣铁分离。在炉渣固态状态下，即使将炉渣磨细到 200 目以下，也无法彻底回收这些的金属颗粒。这种现象使合金元素回收率降低，或将有害元素带入下一个冶炼工序。为了进一步提高元素回收率，需要提高炉渣温度、改善炉渣的流动性和表面张力等物理性能，为促进金属颗粒的聚集长大、改善渣铁分离创造条件。

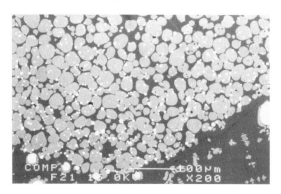

图 2 – 69　弥散分布在锰渣中的金属颗粒

炉渣的非均质性对其黏度影响很大。高 Al_2O_3 硅锰炉渣中存在大量 $MgO \cdot Al_2O_3$ 尖晶石晶粒是导致炉渣黏稠的主要因素。因此，使用含 Al_2O_3 高的锰矿不宜采用 MgO 类熔剂。

硅铁和硅钙炉渣中存在大量碳化物。75% 硅铁炉渣中，碳化硅的比例高达20%；硅钙合金中，炉渣的碳化钙变化很大，高者达20%以上。存在碳化物的炉渣黏稠度大，难以从炉内排出。钛渣中存在大量 TiO 颗粒或 TiC 颗粒，使其黏度显著增加。高黏度的炉渣使其在出炉过程带走大量金属颗粒。

2.4.4.2　泡沫渣

泡沫渣是气体分散在熔渣中的一种形式，也是一种非均质炉渣。当冶金熔渣的温度、成分、表面张力、黏度等条件合适时，冶金反应生成的 CO 气体在穿过渣层时会在炉渣内部聚集，使炉渣体积成倍增长而使炉渣发泡，形成泡沫渣。在泡沫渣中气体体积超过熔渣的体积。

冶金过程由气相产生泡沫渣的机理有三种：

（1）在氧气精炼铁合金降碳过程，氧气与液态金属中的碳反应生成 CO；

（2）熔态还原中，液态金属中的碳与熔渣中金属氧化物反应生成 CO；

（3）熔渣中未分解的石灰石、白云石等碳酸盐在高温下分解生成 CO_2。

泡沫渣的生成与炉渣表面张力和黏度有关。炉渣的表面能与黏滞能之比是度量稳定的泡沫渣生成的充分而必要的条件。CaF_2、TiO_2、S、FeO 等表面活性物质降低了炉渣的表面张力。表面活性物质在界面上的浓度远高于熔体内部。

炉渣表面张力的降低、炉渣黏度提高，有利于泡沫渣的生成。炉渣的表面张力小，意味着在炉渣生成气泡耗能较少，气泡容易生成；渣的黏度大，气泡膜比较强韧，同时气泡在渣层内上浮困难，生成的小气泡不易聚合或逸出渣层之外。

泡沫渣的积极作用在于降低炉渣的传热能力，对金属熔池起着保温作用。

在明弧操作的铁合金冶炼中，采用泡沫渣操作可以有效地屏蔽和吸收电弧辐射能，增加传递给熔池的热能比例，提高了加热效率，减少了辐射到炉壁、炉盖的热损失。

钨铁熔点很高，在冶炼过程中金属基本没有流动性。为了适应取铁的要求，使钨铁过热，生产工艺要求采用泡沫渣操作。在精炼末期、取铁期和贫化期需要加入沥青焦完成还原反应。泡沫渣有助于调整渣面高度，实现裸弧操作下熔池保温。控制泡沫渣形成是取铁期关键操作。高 SiO_2、高 FeO、高含 S 量的炉渣和渣－铁界面产生的充足 CO 气体，是泡沫渣形成的基本条件。

泡沫渣的生产对许多生产工艺是不利的。在硅锰冶炼过程中，出现泡沫渣会导致炉口大量翻渣，降低炉渣的导电性能，破坏正常冶炼操作。

2.4.5　铁合金生产常用渣系

炉渣的成分多种多样十分复杂。为了便于发现熔渣性能的变化规律，通常把炉渣成分简化成简单的二元系和三元系来分析，逐步深入到多元系来分析。例如：硅铁的炉渣组成以 $SiO_2 - Al_2O_3$ 为主；铬铁炉渣以 $MgO - SiO_2 - Al_2O_3$ 系为主；硅锰合金炉渣以 $CaO - SiO_2 - Al_2O_3$ 系为主。表 2-30 列出了主要铁合金品种和渣系。

表 2-30　主要铁合金品种和渣系

类　别	渣　系	温度范围/℃	炉渣特性
硅　铁	$SiO_2 - Al_2O_3$	>1600	高黏度，含 SiC
硅钙合金	$CaO - SiO_2$	1600～1900	高碱度，含 CaC_2
富锰渣/高碳锰铁	$MnO - SiO_2 - Al_2O_3$	1400～1550	MnO 含量 30%～70%

续表 2 - 30

类 别	渣 系	温度范围/℃	炉渣特性
高炉锰铁	$MnO - CaO - SiO_2$	1450 ~ 1500	碱度为 1.4 ~ 1.5
硅锰合金	$MnO - CaO - SiO_2 - Al_2O_3(- MgO)$	1400 ~ 1550	SiO_2 饱和炉渣
精炼锰铁	$MnO - CaO - SiO_2 - MgO$	1450 ~ 1500	碱度为 1.0 ~ 1.2
高碳铬铁	$MgO - Al_2O_3 - SiO_2$	1650 ~ 1800	SiO_2 饱和炉渣
精炼铬铁	$CaO - SiO_2 - MgO - Al_2O_3$	1750 ~ 1900	碱度为 1.6 ~ 1.9
镍 铁	$FeO - MgO - Al_2O_3 - SiO_2$	1450 ~ 1600	FeO 含量 10%
钨 铁	$MnO - FeO - SiO_2 - CaO$	1500 ~ 1600	FeO 含量 10%

氧化物的多元系相图给出了各种铁合金渣系的熔化温度区，炉渣冷凝过程形成的化合物种类和数量等。

2.4.5.1 $CaO - SiO_2$ 二元系

图 2 - 70 为 $CaO - SiO_2$ 二元系相图。虚线标出的范围是精炼铬铁、精炼锰铁和硅钙合金炉渣的工作区间。表 2 - 31 为典型精炼锰铁和精炼铬铁炉渣成分和工作温度。

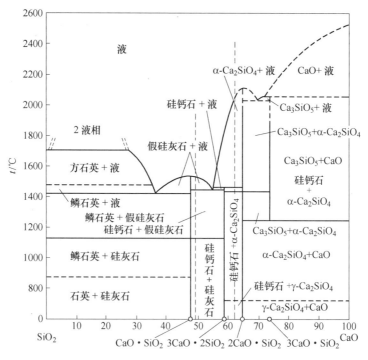

图 2 - 70 $CaO - SiO_2$ 二元系相图

表 2 - 31 典型精炼锰铁和精炼铬铁炉渣成分和工作温度

成 分	Cr_2O_3/%	MnO/%	SiO_2/%	Al_2O_3/%	MgO/%	CaO/%	CaO/SiO_2	温度/℃
精炼锰铁	0	30	28.0	3.0	3.2	34	1.2	1600
精炼铬铁	4.2	0	26.8	6.1	6.9	51	1.9	1900
硅钙合金			30 ~ 40	< 3	< 2	40 ~ 60	> 1.6	1700

2.4.5.2 $CaO - SiO_2 - Al_2O_3$ 系

图 2 - 71 为 $CaO - SiO_2 - Al_2O_3$ 系相图，又称 C - A - S 相图。这是铁合金、耐火材料、建材等行业最常用的相图。

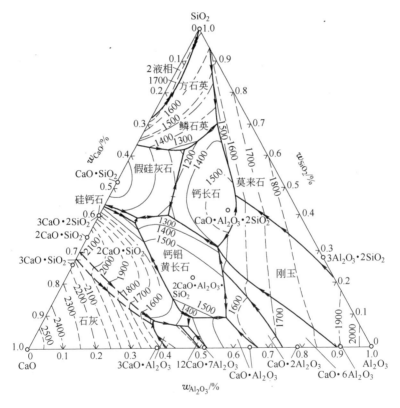

图 2 - 71 $CaO - SiO_2 - Al_2O_3$ 系相图

2.4.5.3 $SiO_2 - MnO$ 系和 $MnO - SiO_2 - Al_2O_3$ 系相图

用于生产金属锰和低碳锰铁的富锰渣主要是由 $MnO - SiO_2 - Al_2O_3$ 三元系氧化物组成。低磷富锰渣中大约90%为 MnO 和 SiO_2。图 2 - 72 为 $MnO - SiO_2$ 相图。表 2 - 32 给出了 $MnO - SiO_2$ 系中的主要相组成。

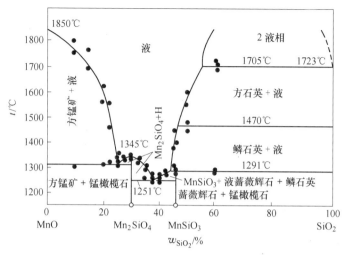

图 2 - 72 MnO - SiO₂ 二元系相图[34]

表 2 - 32 MnO - SiO₂ 系中的主要相组成[34]

点	相	过 程	成分/%		温度/℃
			MnO	SiO₂	
1	方石英 + 液体	熔 化	—	100	1723
2	方石英 + 液体 A + 液体 B	偏 析	1	99	1705
3	方石英 + 液体 A + 液体 B	偏 析	45	55	1705
4	鳞石英 + 方石英	同素异形转变	—	100 ~ 46.5	1470
5	蔷薇辉石（MnSiO₃）+ 二氧化硅（SiO₂）+ 液体	包晶点	55.5	44.5	1291
6	蔷薇辉石（MnSiO₃）+ 鳞石英 + 液体	不均匀熔化	54.14	45.86	1291
7	锰橄榄石（Mn₂SiO₄）+ MnSiO₃ + 液体	共晶点	61.7	38.3	1251
8	Mn₂SiO₄ + 液体	均匀熔化	70.26	29.74	1345
9	Mn₂SiO₄ + 方锰矿 + 液体	共晶点	74.5	25.5	1317
10	方锰矿（MnO）+ 液体	熔 化	100	—	1850

在 MnO - SiO₂ 系中存在有两个化合物，即锰橄榄石 2MnO·SiO₂（70.92% MnO，29.08% SiO₂）和蔷薇辉石 MnO·SiO₂（54.19% MnO，48.81% SiO₂）。2MnO·SiO₂ 的熔化温度为 1345℃。MnO·SiO₂ 在 1291℃ 下有包晶转化。

适用于金属锰生产的富锰渣 MnO 含量范围为 50% ~ 70%。该相图提出了金属锰生产对选择原料矿石和配料的原则要求。矿中 MnO 含量过低或配入过量的硅石会导致富锰渣中析出 SiO₂ 引起炉渣熔化温度显著改变。

使用 Al_2O_3 高的锰矿，对富锰渣冶炼过程带来不利影响。图 2-73 为 MnO-SiO_2-Al_2O_3 系相图。由图中看出，在富锰渣中增加 Al_2O_3 会提高炉渣熔化温度，在实际生产中使用 Al_2O_3 高的巴西锰矿比使用澳大利亚锰矿炉渣熔点提高50℃。

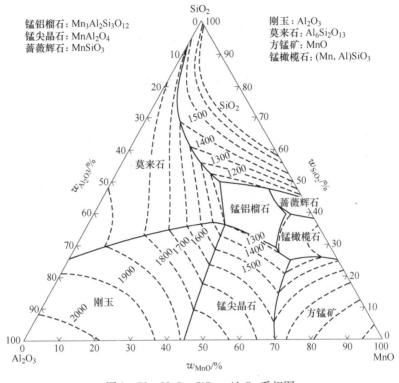

图 2-73 MnO-SiO_2-Al_2O_3 系相图

2.4.5.4 MgO-SiO_2-Al_2O_3 三元系

MgO-SiO_2-Al_2O_3 相图常用于高碳铬铁冶炼选择渣型。MgO-SiO_2-Al_2O_3 相图见图 2-74。虚线范围内为常用的高碳铬铁冶炼炉渣范围，其 MgO/Al_2O_3 在 0.7~2.0 之间。

高碳铬铁炉渣中 SiO_2、Al_2O_3、MgO 含量之和大于85%。炉渣中的 Al_2O_3 和 MgO 主要来自铬矿，而 SiO_2 来自矿石和熔剂硅石。不同产地的铬矿中 Al_2O_3、MgO 含量相差较大。因此，炉渣的化学成分和性能有所不同，适用的渣型差异很大。伊朗、土耳其、阿尔巴尼亚的铬矿 MgO/Al_2O_3 较高；而南非铬矿 MgO/Al_2O_3 低。这使得生产的铬铁炉渣成分和性能存在显著差异。

铬铁炉渣中损失的 FeO 和 Cr_2O_3 主要以未熔化和未彻底还原的铬铁尖晶石颗粒形式存在。炉渣中的 FeO 含量和 Cr_2O_3 含量对炉渣性能影响不大。高碳铬铁熔点在 1520~1550℃，铁水的过热度在 150℃ 左右，炉渣熔化温度一般选择

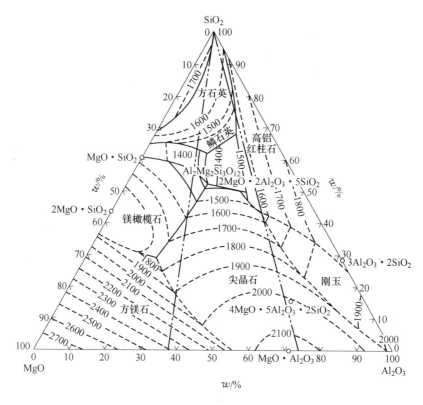

图 2 - 74 MgO - SiO₂ - Al₂O₃ 三元系相图

1700℃。通过选择不同的渣型来得到工艺需要的炉渣熔化温度和性能。表 2 - 33
列出了典型高碳铬铁的渣型。

表 2 - 33 典型高碳铬铁渣型 （%）

成 分	Cr₂O₃	FeO	SiO₂	Al₂O₃	MgO	CaO	MgO/Al₂O₃	MgO/SiO₂
混合矿	4.2	1.6	31.0	21.0	34.3	2.7	1.63	1.11
南非矿	10~18	6~9	25~35	26~28	17~21	2~8	0.65	0.67

2.4.5.5 MnO - CaO - SiO₂ 三元系

MnO - CaO - SiO₂ 系是冶炼精炼锰铁最常用的渣系。冶炼过程中随着硅的氧化，炉渣的二元碱度逐渐提高。炉渣的熔化温度随着炉渣中 MnO 的降低而增加。为了减少 MnO 在炉渣中的流失，碱性富锰渣需要有较大的过热度。

图 2 - 75 的虚线给出了碱性富锰渣在炉外精炼中成分和熔化温度的改变趋势。

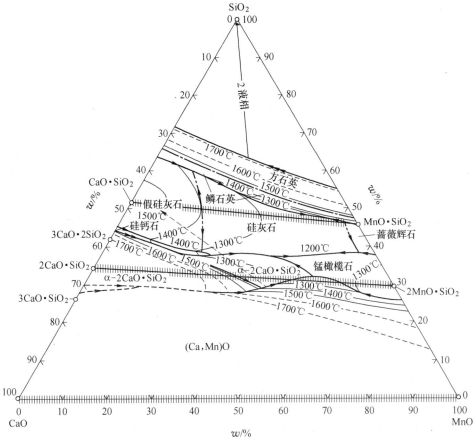

图 2-75　MnO-CaO-SiO$_2$ 三元系相图

2.4.6　炉渣结构

熔渣的分子理论认为，熔渣是由氧化物分子构成的。渣中存在的各种简单化合物（如 CaO、SiO$_2$、MnO、FeO 等）和复杂化合物（如 2CaO·SiO$_2$、2FeO·SiO$_2$ 等）的分子之间存在离解-生成的动态平衡，例如：

$$2CaO \cdot SiO_2 \Longrightarrow 2CaO + SiO_2$$

随着温度升高和炉渣碱度提高，渣中复杂化合物离解程度增加，游离的简单化合物浓度加大，炉渣黏度会因此而降低。

然而，炉渣的导电性表明炉渣具有离子特性。即离子和分子同时存在于炉渣之中。

按照炉渣的离子理论，炉渣中的金属氧化物可以离解成阳离子和阴离子：

$$MnO \Longrightarrow Mn^{2+} + O^{2-}$$

$$CaO \Longrightarrow Ca^{2+} + O^{2-}$$

二氧化硅可以与氧离子聚合成阴离子:

$$SiO_2 + 2O^{2-} \Longrightarrow SiO_4^{4-}$$

以二氧化硅为主的复合阴离子的结构比较复杂。其结构随熔渣组成及温度而改变。炉渣中呈网状结构的硅氧阴离子可因 SiO_2 的含量不同而表现出各种存在形态。在碱性渣中，硅氧离子以 SiO_4^{4-} 形态存在；在酸性渣中，硅氧离子以多种形态存在，如有（$Si_2O_7^{6-}$）、（$Si_3O_9^{6-}$）、（$Si_4O_{12}^{8-}$）、（$Si_6O_{18}^{12-}$）、（SiO_3^{2-}）、（$Si_4O_{11}^{6-}$）等。硅氧离子的结构与熔渣中 O/Si 比有关。当加入碱性氧化物供给 O^{2-}，使 O/Si 比值加大，促使结构复杂的硅氧离子分离为简单的硅氧离子。

Al_2O_3 属于两性氧化物。氧化铝在酸性炉渣中可以离解成阳离子，也可以在碱性渣中聚合成阴离子。

在熔渣中，增加碱性氧化物能使熔渣电导率升高，而增加 SiO_2 则会使熔渣电导率降低。在炉渣结晶中，每一个硅原子四周都有四个氧离子环绕。在熔化时，炉渣晶体结构发生扭曲。当升高温度或向炉渣中添加碱性氧化物时，二氧化硅网状结构会发生断裂。随着温度升高和碱性氧化物浓度的增加，二氧化硅熔体结构会断裂成线形，直至完全成为游离的 SiO_4^{4-}。这一过程使得炉渣的导电性能增加和炉渣的流动性得以改善。反之，渣中 SiO_2 含量增高时，炉渣的黏度增大，导电性降低。

2.4.7 炉渣黏度性能

黏度是熔渣的重要性质。炉渣黏度不仅关系到冶金反应的顺利进行，也关系冶金反应动力学条件和生成的金属能否充分地通过渣层沉降分离。炉渣熔度图在一定程度上可以反映炉渣流动性变化趋势。

表 2-34 比较了冶金炉渣和常见液体的黏度。可以看出，流动好的渣黏度相当于甘油的室温黏度 0.5Pa·s。黏度 1.0~2.0Pa·s 的炉渣比较黏稠，但尚能满足冶炼要求。当渣的黏度达 3.0~5.0Pa·s 或更高时，则造成冶炼过程难以进行，熔渣不易由炉内放出。

表 2-34 一些液体的黏度特性

液 体	水	水银	蓖麻油	甘油	铁水	钢水	正常炉渣	黏渣	稠渣
温度/℃	25	0	25	25	1450	1610			
黏度/Pa·s	0.00089	0.0017	0.8	0.5	0.0015	0.0025	<0.5	1~2	>3

一般来说，冶炼过程要求炉渣具有较小的黏度。温度为 1600~1650℃ 的炼钢炉渣黏度为 0.02~0.10Pa·s。铁合金炉渣黏度一般为 0.2~0.5Pa·s。在炉渣黏度大于 1Pa·s 时，会出现出炉困难和渣铁不分的情况。

黏度是流体流动过程中，内部相邻各层间发生相对运动时内摩擦力大小的量度。炉渣的黏度体现了氧化物分子间的移动能力。对于硅酸盐熔体而言，其黏度反映了硅氧四面体网状结构的聚合程度。当温度上升或向硅酸盐熔体中添加碱性氧化物时，其网状结构发生断裂，其黏度发生相应改变。炉渣的温度和碱度对其黏度的影响见图 2-67。

2.4.7.1 温度对炉渣黏度的影响

黏度与温度有紧密的联系。过热度越大炉渣的黏度越小。在炉内温度一定时，炉渣的熔化温度越低则过热度越大。

黏度对温度的关系可以用下式表达：

$$\eta = B_0 e^{\frac{W_n}{RT}}$$

式中　T——温度；

　　　R——气体常数；

　　　W_n——黏滞活化能。

任何组成的炉渣黏度都是随着温度的升高而降低的，但是温度对碱性渣和酸性渣黏度随温度变化率的影响有显著的区别。

碱性炉渣在受热熔化时，立即转变为各种 Me^{2+} 和半径较小的硅氧阴离子，黏度迅速下降。如图 2-67 所示，其黏度-温度曲线上有明显的转折点，该点的对应温度为熔化温度。当炉渣温度高于熔化温度时，曲线变得比较平缓，温度对黏度的影响降低。这反映在黏滞活化能的数值较低。

酸性炉渣中，SiO_2 和 Al_2O_3 含量高。当升高温度时，复杂的硅氧阴离子逐步离解为简单的阴离子，离子半径逐步减小，因而黏度也是逐步降低的。其黏度-温度曲线不存在明显的熔化性温度。这种现象说明酸性炉渣黏滞活化能比较高。

高碱度炉渣随着温度的降低黏度度急剧上升，这是由于从渣中析出高熔点的 $2CaO \cdot SiO_2$ 或 CaO 使炉渣成为非均质熔体所致。

2.4.7.2 炉渣成分对炉渣黏度的影响

冶金炉渣成分对黏度影响的一般规律是：

(1) 向酸性炉渣中添加 CaO、MgO 等碱性氧化物降低炉渣黏度；

(2) 向 C-S-A 系炉渣中添加 SiO_2 或 Al_2O_3 会提高炉渣黏度；

(3) FeO 和 MnO 对炉渣黏度降低起显著作用；

(4) Na_2O 和 K_2O 等碱金属氧化物可以显著降低 C-A-S 系炉渣黏度；

(5) F^- 和 S^- 负离子有助于降低炉渣黏度。

酸性炉渣熔化区间大，在熔化和过热区间内黏度都很大。随着 CaO、MgO 等碱性物的加入，炉渣黏度逐渐降低。在三元碱度为 0.9~1.2 之间黏度最低，但随着碱性氧化物的比例增加，炉渣熔化温度升高。熔渣中 SiO_2 含量愈高，硅氧阴离子的结构复杂，离子半径愈大，熔体的黏度也愈大。Al_2O_3、ZnO 等也有类似的影响。碱性氧化物的含量增加时，硅氧阴离子的离子半径变小，黏度将有所下降。

碱度过高的炉渣黏稠而难熔。在冶金生产中，常因炉料成分变化大，造成熔渣黏度过高或熔剂没有完全熔化造成流动差。严重时还会使熔炼区缩小，致使炉况异常。

萤石（CaF_2）可以显著改善炉渣流动性，改善炉渣的传热作用。含氟炉渣冶炼工艺操作可以改善脱硫的动力学和热力学条件，使得硫在渣铁中的分配系数提高。CaF_2 能与 CaO 生成低共晶物（熔点 1659.15K），促使 CaO 熔于渣中。同时 CaF_2 中的 F^- 可代替 O^{2-} 促使硅氧配阴离子解体，分离成较小的配合离子，使熔渣黏度降低。岩相鉴定表明，含氟高钛渣有助于低熔点矿物的形成，减少高熔点矿物比例。所以不论对酸性渣或碱性渣，CaF_2 都具有大幅度降低黏度的作用。但是，CaF_2 发挥的作用较短。在高温下，渣中的氟会发生挥发，使炉渣返干。由于环境保护规定限制氟化物的使用，萤石的使用越来越少。

硫可以在一定程度上降低炉渣黏度。炉渣中硫含量在 4% 以下时，炉渣的黏度呈现随硫含量增加降低趋势。进一步提高渣中硫的含量会导致黏度显著提高。

2.4.7.3 $SiO_2 - CaO - Al_2O_3$ 系炉渣黏度

图 2-76 为 1500℃ $SiO_2 - CaO - Al_2O_3$ 三元系炉渣等黏度图。由等黏度线可以看出：改变 SiO_2 和 Al_2O_3 组分含量对炉渣的黏度影响并不明显；而调整 CaO 含量对黏度影响十分显著。

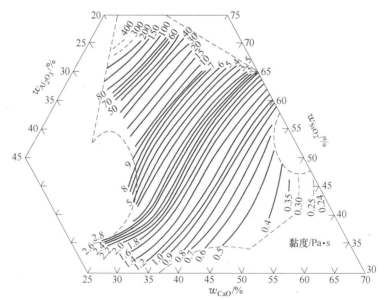

图 2-76 1500℃ $SiO_2 - CaO - Al_2O_3$ 三元系炉渣等黏度图[1]

硅锰炉渣 SiO_2、CaO、Al_2O_3 含量之和大于 85%，MnO 在 10% 左右。该体系的炉渣黏度可以用图 2-77 等黏度图来说明。

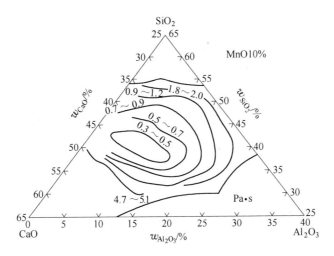

图 2-77　1400℃ SiO$_2$ - CaO - Al$_2$O$_3$ - 10% MnO 四元系炉渣等黏度图[1]

向硅锰炉渣中加入碱性氧化物可以大幅度降低炉渣黏度。Al$_2$O$_3$ 含量对硅锰炉渣黏度的影响在很大程度上取决于炉渣碱度。在炉渣碱度低于 0.5 时，等黏度线基本与黏度曲线平行，Al$_2$O$_3$ 含量增加对炉渣黏度影响不大，而在碱度大于 1.0 时，提高 Al$_2$O$_3$ 显著增加了炉渣黏度。

在 C - A - S 三元系中，添加 MgO 可以降低渣系的黏度。试验表明：在 Al$_2$O$_3$ 含量为 14% 的碱度为 1.0 ~ 1.2 的炉渣中，添加 8% ~ 12% 的 MgO 炉渣，黏度由 0.8 降低到 0.4Pa·s。

表 2-35 和图 2-78 提供了 Al$_2$O$_3$ 含量对富锰渣黏度影响试验结果。

表 2-35　富锰渣成分对熔化温度和黏度影响[34]

渣号	组分含量/%				温度/℃			黏滞活化能/kJ·mol^{-1}
	MnO	SiO$_2$	CaO + MgO	Al$_2$O$_3$	开始软化	完全熔化	开始凝固温度	
1	60	27.8	6.5	2.8	1224	1353	1350	157.3
2	60.76	22.1	7.5	3.9	1210	1335	1345	129.6
3	57.28	24.2	14.2	2.93	1290	1360	1365	145.3
4	55.59	24.42	5.6	11	1180	1320	1367	240.8

由表 2-35 看出，在 Al$_2$O$_3$ 含量增加会使富锰渣开始凝固提高，炉渣的黏滞化和活化能显著增加使其黏度提高。

由图 2-78 可以看出，三元碱度为 0.59 的 3 号富锰渣呈现碱性炉渣的特性；Al$_2$O$_3$ 高的 4 号富锰渣呈现酸性炉渣特性。

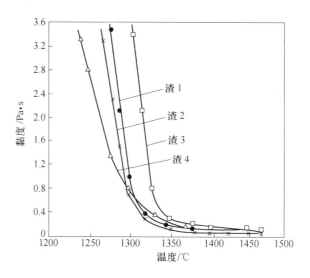

图 2-78 富锰渣黏度与化学成分、温度关系[34]

MgO 对碱性富锰渣黏度起着不利作用。资料[2]介绍了 MgO 含量对高碳锰铁的碱性富渣黏度影响的测试结果。试样的成分见表 2-36，试验结果见图 2-79。可以看出，在提高 MgO 含量时，即使碱度提高富锰渣黏度仍然有升高的趋势。

表 2-36　高碳锰铁碱性富锰渣黏度试验成分　　　　　　　（%）

编号	Mn	SiO$_2$	CaO	Al$_2$O$_3$	MgO	（MgO + CaO）/（SiO$_2$ + Al$_2$O$_3$）
9	37.97	26.71	18.19	4.16	1.93	0.65
10	36.98	24.61	16.50	4.83	6.77	0.79
11	35.97	23.93	15.81	4.92	8.91	0.85

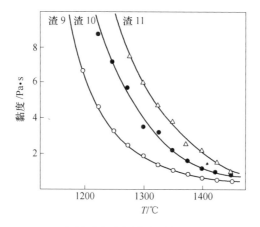

图 2-79　MgO 含量对高碳锰铁碱性富锰渣黏度的影响[34]

FeO 和 MnO 对降低 CaO – MgO – SiO₂ 系炉渣黏度的作用十分显著。图 2 – 80 为在 1500℃下 CaO – SiO₂ – MnO 三元系黏度图。在炉渣碱度为 0.5 ~ 1.2 范围内，增加渣中 MnO 含量可以显著降低炉渣黏度。

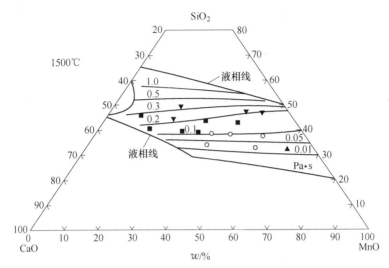

图 2 – 80 在 1500℃下 CaO – SiO₂ – MnO 三元系炉渣成分对黏度的影响

镍铁炉渣中的 FeO 含量对其导电性和黏度影响很大。图 2 – 81 给出了温度为 1700℃的 Fe/SiO₂ 对镍铁炉渣黏度和导电性的影响。

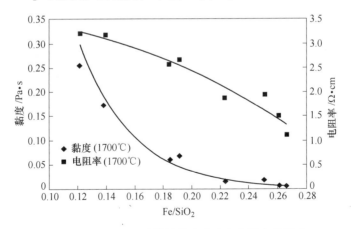

图 2 – 81 Fe/SiO₂ 对镍铁炉渣黏度和电阻率的影响

2.4.7.4 SiO₂ – MgO – Al₂O₃ 系炉渣黏度

SiO₂ – MgO – Al₂O₃ 系炉渣是研究高碳铬铁冶炼常用的渣系。图 2 – 82 给出了 SiO₂ – MgO – Al₂O₃ 系炉渣在 1700℃和 1800℃黏度。可以看出，在整个冶炼温度范围，炉渣黏度比 SiO₂ – CaO – Al₂O₃ 系炉渣黏度高许多。因此，以 MgO 取代

CaO 会提高炉渣的黏度。图 2-83 给出了高碳铬铁炉渣黏度图。

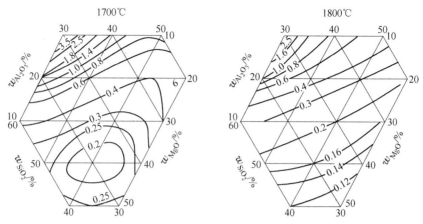

图 2-82 1700℃和1800℃时 $SiO_2 - Al_2O_3 - MgO$ 三元系等黏度图（Pa·s）

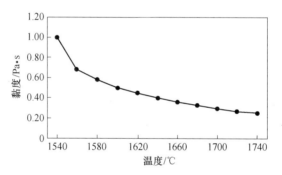

图 2-83 高碳铬铁炉渣黏度图

（40% SiO_2、30% Al_2O_3、28% MgO、2% CaO）

2.4.8 炉渣的导电性

矿热电炉冶炼时，热能来自电弧和电阻。炉渣是主要的电阻发热体之一。通过调节电极插入炉膛深度的方法来调节电炉电阻和输入功率。炉渣的导电性与电炉的操作电阻直接关联。炉渣的导电性过高，将降低炉渣熔池电阻，使电炉操作电阻小，电极被迫上抬，输入炉内的功率减少。其结果是炉膛温度降低，电炉产量减少。因此，维持炉渣适宜的导电性是维持铁合金电炉正常运行的重要操作。炉渣的导电性对有渣法电炉的输入功率和功率因数有很大影响。炉渣的导电性过强不利于电极深插。

熔渣的电导是通过面积为 $1cm^2$，长度为 $1cm$ 的熔渣得出的：

$$L = k \cdot S/Z$$

电导度 L 与面积 S 成正比，与距离 Z 成反比，比例系数 k 为比电导，又称电导率，其单位为 $\Omega^{-1} \cdot cm^{-1}$。

冶金熔渣的 k 值一般在 $0.1 \sim 16\Omega^{-1} \cdot cm^{-1}$ 范围内变化。铁合金电炉炉渣在 1573K 的 k 值约为 $0.1 \sim 0.2\Omega^{-1} \cdot cm^{-1}$。

熔渣内电子运动而引起的导电为电子导电；熔渣内离子迁移而引起的导电为离子导电。

电子导电为主的化合物，其比电导 k 值较大。如在 1673K FeO 的 k 值为 17.85；在 2853K 时，CaO 的 k 值为 40；在 3073K 时，MgO 的 k 值约为 35 等。

离子导电为主的化合物，其 k 值很小，如温度为 1750℃ 时，SiO_2 的 k 值约为 0.05。各种硅酸盐 k 值约为 $10^{-4} \sim 10^{1}$ 数量级，硅氧离子团将大大地降低熔渣的 k 值。

增加熔渣中碱性氧化物含量对熔渣电导的影响起双重作用，即 Me^{2+} 数量增多，同时使硅氧阴离子解体，黏度下降。两者都将使熔渣导电能力增强。

2.4.8.1 温度对电导的影响

提高熔渣的温度对电导的影响是双重的。首先，温度升高后，电子导电减弱，其次，硅氧配阴离子解体，参与导电的离子增加，离子迁移能力加大，离子电导加强。同时，温度升高使熔渣黏度降低，也有利于离子导电，因而升高温度将使电导值加大。

电导与温度的关系式为：

$$k = A e^{-\frac{W_k}{RT}}$$

式中　A——常数；

　　　W_k——导电活化能。

炉渣电导率 k 与黏度存在一定的相关性，其关系式为：

$$k = k_n \cdot \eta$$

式中　k_n——常数；

　　　η——黏滞活化能与电导活化能之比 W_η / W_k（常数）。

由于 $W_\eta > W_k$，故 $\eta > 1$。因而当升高温度而使黏度降低时，黏度的下降率将大于比电导的增加率。这是因为比电导决定于半径小的 Me^{n+}，黏度取决于复杂的硅氧阴离子，温度升高，硅氧阴离子解体，对黏度的影响大，对比电导的影响小。

2.4.8.2 $CaO - SiO_2 - Al_2O_3$ 系炉渣导电性

图 2-84 给出了 $CaO - SiO_2 - Al_2O_3$ 系炉渣的比电导。

由图 2-84 看出，在相同温度条件下，增加三氧化二铝含量将降低炉渣的导电性。在硅锰合金生产的温度范围（1400 ~ 1600℃）内，高 Al_2O_3 熔体具有较低的电导率和较高黏度。

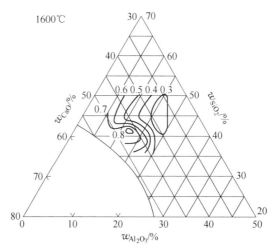

图 2-84 $CaO - SiO_2 - Al_2O_3$ 系炉渣比电导（$\Omega^{-1} \cdot cm^{-1}$）

2.4.8.3 $MgO - SiO_2 - Al_2O_3$ 系炉渣的导电性

图 2-85 与图 2-86 分别给出了温度为 1600℃、1700℃和 1800℃时 $MgO - SiO_2 - Al_2O_3$ 系炉渣的导电性。炉渣的导电性随 MgO 的增加和炉渣温度的提高而增强。

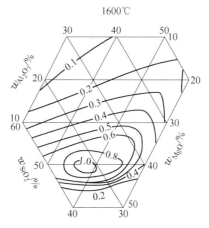

图 2-85 温度为 1600℃时 $MgO - SiO_2 - Al_2O_3$ 系炉渣比电导（$\Omega^{-1} \cdot cm^{-1}$）

2.4.8.4 FeO 和 MnO 对炉渣导电性的影响

在冶金炉渣成分范围内，FeO 和 MnO 都有提高炉渣导电能力的作用。比较 $FeO - SiO_2$ 系和 $MnO - SiO_2$ 系的比电导可以发现二者的导电性接近。图 2-87 显示 $MnO - SiO_2$ 系熔体电导率与温度关系。可以看出，熔体电导随 MnO 含量增加而提高。

在 $CaO - SiO_2 - MnO$ 系中，熔体电导随 CaO 和 MnO 的增加而提高，MnO 增强熔体导电性的作用显著大于 CaO。

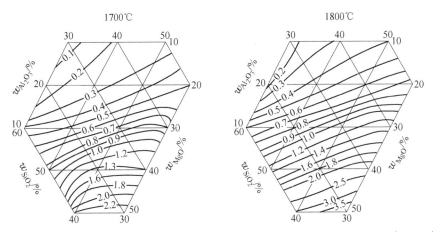

图 2-86 温度为 1700℃ 和 1800℃ 时 $MgO - SiO_2 - Al_2O_3$ 系炉渣的比电导（$\Omega^{-1} \cdot cm^{-1}$）

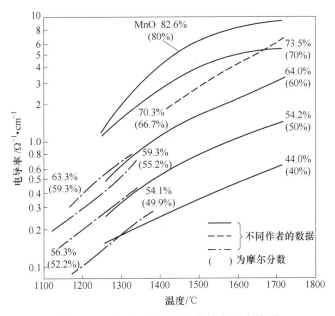

图 2-87 $MnO - SiO_2$ 系电导率与温度关系

2.4.9 炉渣的表面张力和界面张力

炉渣的表面张力与渣-金反应、渣铁分离等多种重要的冶金过程的物理现象密切相关。在铁合金冶炼中，焦炭层生成的金属要穿过炉渣聚集在金属熔池；同时还原反应产生的气体必然要穿过炉渣外逸。炉渣的性能要满足金属珠和还原气体顺利通过渣层动力学条件，也要满足金属颗粒聚集长大和渣/金与渣-气良好分离的条件。

2.4.9.1 炉渣的表面张力

熔渣的表面张力可近似地由下式计算:

$$\delta_{渣} = \Sigma \sigma_i x_i$$

式中 $\delta_{渣}$——熔渣的表面张力,N/m;

σ_i——熔渣中各组分的表面张力因素其数据见表 2-37;

x_i——组分的摩尔分数。

表 2-37 一些氧化物影响表面张力因素 (N/m)

氧化物	1400℃	1500℃	1600℃
CaO	0.614	0.586	0.561
MnO	0.654	0.641	
SiO$_2$	0.286	0.285	0.223
FeO	0.584	0.560	
MgO	0.512	0.502	
Al$_2$O$_3$	0.640	0.630	
TiO$_2$	0.38		

降低熔渣的表面张力的物质称为表面活性物质。在常用的冶炼渣系中,SiO$_2$、TiO$_2$、硫化物、氟化物、磷化物都可以降低炉渣的表面张力。萤石可以降低炉渣的黏度,也能降低炉渣的表面张力。

图 2-88 给出了 CaO-SiO$_2$ 系表面张力与温度的关系[1]。

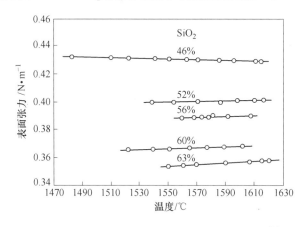

图 2-88 CaO-SiO$_2$ 系表面张力与温度的关系[1]

如图 2-89 所示,在 1673.15K 时,纯 FeO 熔体的表面张力接近 0.6N/m。往其中加入 SiO$_2$、P$_2$O$_5$、TiO$_2$ 等氧化物时,在熔体中形成硅氧阴离子。这些阴离子的离子半径大,静电位比阳离子和 O^{2-} 都小,因而能降低熔体的表面张力。

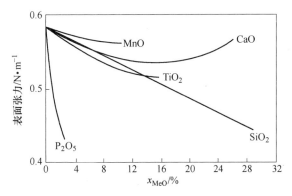

图 2-89 在 1673.15K 各种氧化物对 FeO 炉渣表面张力的影响

在富锰渣中随着硫浓度的变化（由 0.2% 到 2.5%），测试的表面张力由 443 降低到 410MJ/m²，降低了 7.4%，同时其密度也由 2.93g/cm³ 降到 2.84g/cm³。富锰渣中的硫集中在熔体的表面层，使其表面张力减少。

提高炉渣中 SiO₂ 含量也有利于降低炉渣表面张力。随着锰渣熔体碱度的提高，表面张力和密度增大。CaO/SiO₂ 为 1.22 时的表面张力和密度分别是 0.406N/m 和 2.57g/cm³，CaO/SiO₂ 为 1.48 时表面张力和密度分别是 0.468N/m 和 2.71g/cm³。

2.4.9.2 界面张力

气相与液相接触时，液相表面存在的收缩力称为表面张力。熔渣与金属界面质点间的张力称为界面张力。

两凝聚相的表面张力与接触界面上出现的表面张力之间存在以下关系：

$$\sigma_1 = \sigma_{1,2} + \sigma_2 \cos\theta$$

或

$$\cos\theta = (\sigma_1 - \sigma_{1,2})/\sigma_2$$

式中　σ_1——金属表面张力；

　　　σ_2——炉渣表面张力；

　　　θ——润湿角；

　　　$\sigma_{1,2}$——界面张力。

液固两相间界面张力越大，则 $\cos\theta$ 越小，润湿角 θ 越大，即润湿程度差，相反则润湿程度好。这一规律同样适用于渣液-金属液两相界面。

熔渣与金属熔滴间界面张力的值越大，金属熔滴微粒与熔渣在相界面上相互吸引的能力就越小，从而金属熔滴微粒就有可能相互碰撞而聚集成尺寸较大的颗粒。相反，界面张力越小，金属熔滴微粒越易被熔渣润湿，则不易合并成较大的颗粒。

液态渣铁之间的界面张力一般在 0.9~1.2N/m。小的界面张力有利于形成新的渣铁间的相界面。渣铁分离的难易程度取决于界面张力（$\sigma_界$）与炉渣黏度

（η）之比。$\sigma_界/\eta$ 小，金属微粒难于聚合，导致细小金属粒分散在炉渣中。硅锰炉渣的黏度一般比合金高几十倍。可以观察到硅锰炉渣中有高弥散度的铁珠悬浮于渣中，使锰的回收率降低。

硫是炉渣熔体的表面活性物质，硫能使炉渣的表面张力有显著降低。同时，硫提高了金属－渣间界面张力，减小金属和渣之间的黏附力，改善了渣－金属分离。金属颗粒在含硫高的炉渣中，容易聚合长大。这有利于提高锰的回收率，在高碳锰铁冶炼中，采用含硫 2% ~ 3% 的炉渣，同时将炉渣碱度由 1.15 提高到 1.28，锰的回收率提高了 4.4%[10]。

此外，硫对氧化锰的熔态还原起催化作用，在硅锰合金冶炼中使用硫锰矿会在一定程度上改善技术经济指标。

2.4.10 熔渣的密度

典型铁合金和炉渣的密度见表 2 – 38。图 2 – 90 给出了 CaO – SiO_2 系炉渣密度与 CaO 含量的关系。

表 2 –38 铁合金和炉渣的密度

合金种类	液态金属/t·m^{-3}	液态炉渣/t·m^{-3}
硅锰合金	5.5	2.9
高碳锰铁	6.8	3.3
中低碳锰铁	6.8	3.3
金属锰	6.5	3.4
高碳铬铁	6.8	3.0
精炼铬铁	6.6	3.1
镍生铁（Ni 10%）	7.0	3.2
硅钙合金	2.8	3.0

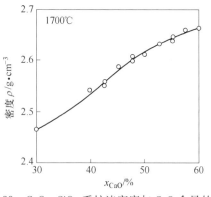

图 2 – 90 CaO – SiO$_2$ 系炉渣密度与 CaO 含量的关系

与其他品种铁合金相反,硅钙合金的密度与其炉渣密度相差不大。高钙硅钙合金密度低于炉渣;含铁高的硅钙合金密度大于炉渣。为了使密度低的金属充分从炉渣上浮,出炉之后铁水和炉渣需要维持一定镇静时间。

图 2－91 为 $MnO－SiO_2－Al_2O_3$ 系炉渣的等密度图。这一体系适用于富锰渣和高碳锰铁生产。

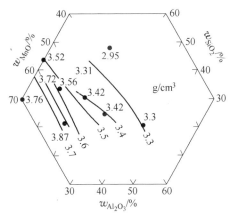

图 2－91　$MnO－SiO_2－Al_2O_3$ 系炉渣的等密度图（1570℃）

2.4.11　炉渣的导热性或绝热性

熔炼铁合金的熔池渣层很厚。在有渣法冶炼中,渣层厚度与金属层厚度之比为 1.5～2;而精炼电炉内,渣层厚度是金属层厚度的 2～5 倍。对于大多数铁合金熔池往往缺少推动熔体流动的手段,因此,炉渣的导热性和过热能力决定了体系的传热能力。

炉渣的导热性与温度和化学成分有关。温度越高炉渣的导热能力越好。FeO 和 MnO 含量高有利于提高炉渣的导热能力。

泡沫渣的导热能力与普通炉渣的导热能力相差 20～40 倍。在电弧冶炼中,采用泡沫渣可以提高向炉膛输入电弧热能的比例。在钨铁冶炼中需要制造泡沫渣。而硅锰冶炼中一旦出现泡沫渣就会大大降低冶炼的热效率。

2.5　冶金反应工程学原理

冶金反应工程学的研究目标是冶金中传输过程的现象和规律、冶金反应器原理、冶金过程解析和数学模型。

2.5.1　相似原理

冶金反应器中存在复杂的物理问题往往无法采用数学分析方法解出。相似理论是把试验方法和理论结合起来解决工程设计问题的方法。在工业规模冶金反应器设计中，人们常常应用相似理论对试验装置或技术经济指标较好的反应器进行比例放大，得到较为理想的反应器参数。

铁合金电炉、回转窑、摇包等许多冶金反应器都常用相似理论进行模拟分析和相似放大。

相似概念起源于几何学中的相似法。除几何相似以外冶金反应器还存在许多其他相似条件，如流体力学、传热等物理量的相似性。常用到的物理量有温度、压力、流速、黏度、时间、电流密度、电压梯度等物理相似条件。

除几何相似以外，冶金反应器的相似条件还有：

（1）物理量相似，如温度、压力、电流密度、电压梯度等；

（2）时间相似，如炉料运动速度、炉料在反应器中的停留时间等；

（3）边界条件相似，如炉壳温度、铁水温度等。

实际生产中，规模不同的反应器几何量之间存在以下相似关系：

$$L_1/L_1' = L_2/L_2' = L_3/L_3' = C_L$$

式中 L，L'——规模不同的反应器的几何量参数，数字下标代表不同量。

相似系统中，简单几何量之比和物理量之比为无因次数，称为相似定数。某些物理量的乘积以无因次数群的形式存在，其数值反映了相似系统中特定的物理意义，称为相似准数。相似准数主要用于描述特定的流体运动状态或传热、传质过程的现象，如体现流体运动状态的雷诺数 Re、体现热相似系统的努塞尔准数 Nu 等。

相似原理指出：

（1）凡是相似现象均有数值相等的相似准数。

（2）任一现象的物理量之间的任何关系都可以用相似准数关系来表示。

运用相似原理的方法研究关键在于相似准数的确定。

2.5.2 相似理论在铁合金冶金过程的应用

2.5.2.1 电炉参数的相似放大

相似原理用于研究电炉的几何参数和电气参数计算和放大。

在电炉熔炼过程中，化学反应条件基本是稳定的，即还原温度、压力、功率密度等物理条件基本是定数。电炉的几何参数和电气参数则呈现出相似定数性质。在反应器中，炉渣和金属的运动状态遵从相似准数规律。

矿热炉的电气参数与几何参数存在着的某种必然联系可以用电流密度、电压梯度等物理量来描述。

电炉几何参数和电气参数均可以认为是电炉熔池功率的函数。最常用的电炉几何参数与熔池功率 P 的关系为：

$$L = C_L P^{1/3}$$

电炉重要电气参数电极端对熔池的电压与熔池功率的关系式为：

$$V = C_V P^{1/3}$$

根据已经存在的运行良好的电炉参数可以计算出相似系数 C_L 和 C_V 数值。由此可以推算出待求的电炉参数来。

$$L_1/P_1^{1/3} = L_2/P_2^{1/3} = C_L$$

$$V_1/P_1^{1/3} = V_2/P_2^{1/3} = C_V$$

式中 L_1，V_1——已知的运行良好的电炉参数；

L_2，V_2——待求解的电炉参数。

需要特别注意的是：相同品种的电炉参数受原料条件和产品品级要求影响，电炉参数仍然存在一定差异。针对不同原料和品级冶炼特性，预留出可供调整的参数范围来。

根据电炉炉膛或极心圆功率密度计算电炉几何参数的方法也是一种相似计算方法。

电炉炉膛体积功率密度 C_W 的计算式为：

$$C_W = P_1/V_1 = P_2/V_2$$

式中 P_1，P_2，V_1，V_2——不同电炉的熔池功率和熔池容积。

在将炉膛直径和熔池深度等几何尺寸带入上式后可以得出：

$$P_1/(D_1^2 \cdot H_1) = P_2/(D_2^2 \cdot H_2) = C_W$$

考虑到熔池直径与深度存在比例关系，同样也推导出这样的结论：电炉的几何尺寸参数与电炉熔池功率的1/3次方存在相似关系。

2.5.2.2 摇包的相似

用摇包处理铁合金熔体中存在着复杂的流体运动、传质和传热现象。这些现象不能用简单的数学式来解释。摇包内单相和多相液体运动存在一定规律。利用摇包和液体运动的某些参数可以建立起相似准数的函数关系。

对摇包内液体运动状态起主导作用的弗劳德数。它与摇包直径 R、熔池高度 H、摇包偏心距 a、转速 N 等运动的参数的关系：

$$Fr = \frac{RN^2}{g} = f\left(\frac{H}{R}, \frac{a}{R}\right)$$

弗劳德数的物理意义是惯性力与重力之比，它表示重力对流动过程的影响。是研究摇包运动的重要相似准数。

雷诺数的物理意义是惯性力和黏性力之比，表示黏性力对液体运动状态的影响。

$$Re = RN\rho/\mu$$

式中 ρ——液体密度；

μ——液体黏度。

试验研究发现，液体黏度对临界状态的波峰高度有显著影响。这样建立了相似准数与摇包运动参数的函数关系式：

$$f(N,R,a,H,g,\rho,\mu) = 0$$
$$\left(Fr, Re, \frac{R}{H}, \frac{R}{a}\right) = 0$$

这样就可以对摇包进行相似放大。

2.5.3 传输现象

冶金过程的传输现象有流体流动、传热和传质。这三种传递过程分别属于动量传递、热量传递和质量传递，其规律完全相似。可以用类似的数学关系式将这些传递联系起来，并由小型实验扩大到工业规模生产。

在研究传输现象时采用相似理论，用模拟的试验方法求得准数方程，推算出相关物理量的关系。

2.5.4 数学模型

数学模型是铁合金冶金研究的实用工具。常用的模型有电炉数学模型、自焙电极数学模型、冷凝炉衬传热模型、电炉控制模型、回转窑传热模型、摇包运动模型等。这些模型大致可以分为几类：

（1）用于理论研究的模型，如电炉数学模型；
（2）用于控制的模型，如电炉控制、回转窑控制和监测模型；
（3）用于设计和计算的数学模型，如电炉、摇包、回转窑放大设计。

2.5.4.1 电炉数学模型

埋弧电炉的数学模型用于分析电炉内部的电流分布、电极和物料的运动以及电炉内部的热分布。电炉模型也用于计算电炉内部的物料平衡和热平衡以实现电炉的自动控制。

2.5.4.2 自焙电极模型

自焙电极的数学模型用于计算电极内部电流分布和温度分布、操作和外部环境对电极内部应力分布的影响。

电极的数学模型分为静态模型和动态模型。静态模型用于研究电极内部的温度分布状况，动态模型则用于研究温度和应力变化导致电极硬断的临界条件，即条件发生变化时电极的状态。

电极的二维和三维空间模型是用有限元法建立的。有限元法将电极在轴向（z 向）和径向（r 向）分解成数个小区，不同的小区又分解成网格，模型计算每个网格内的电流和热平衡。

当电极内部电流和温度分布均为电极中心对称就可以用二维体系来计算。

受电流趋肤效应和邻近效应的作用及其他外界条件影响，电极状态是不对称的。只有采用三维空间模型才能可靠地模拟电极实际运行状况。电极的三维模型采用圆柱坐标体系，包括 r、θ、z，即径向、角度和轴向组成的三维空间。

参 考 文 献

[1] 陈家祥. 炼钢厂用图表手册 ［M］. 北京：冶金工业出版社，1984.

[2] 福尔克特 G，弗朗克 K D. 铁合金冶金学 ［M］. 上海：上海科学技术出版社，1978：24.

[3] 梁英教，车荫昌. 无机物热力学数据手册 ［M］. 沈阳：东北大学出版社，1993.

[4] Olsen S E, Tangstad M, Lindstad T. Production of Manganese Ferroalloys ［M］. Trondheim：Tapir, 2007.

[5] Honkaniemi M, et al. The Importance of Chromite Ore Pretreatment in the Production of HC FeCr. In：Glen H W. INFACON 6 Proceedings Cape Town：SAIMM. 1992：79~86.

[6] Dawson N F, Edwards R. 影响铬矿还原速率的因素 ［C］. 第四届国际铁合金大会文集，吉林：铁合金编辑部，1986：51~56.

[7] 周进华. 铁合金生产技术 ［M］. 北京：科学出版社，1991：105~116.

[8] Koursaris A. Reaction in the production of HC FeMn from Mamatwan Ore ［J］. Journal of South Africa Institute of Mining and Metallurgy, 1979, Jan：149~158.

[9] Dresler W. Limitation to oxygen decarburazation of High Carbon Ferromanganese ［C］. Steelmaking Conference Proceedings, 1989, 72：13~20.

[10] 加西克 M A，拉基舍夫 H，叶姆林 H. 铁合金生产的理论和工艺 ［M］. 北京：冶金工业出版社，1994.

[11] 邵象华. 铬铁吹氧脱碳的平衡关系 ［J］. 铁合金，1974（4）：23~26.

[12] 张峰，李蒙姬. 常压吹氧、负压吹氧及氩—氧混合吹炼铬铁脱碳热力学 ［J］. 铁合金，1994（4）：12~27.

[13] Shcei A, Tuset J, Tveit H. High Silicon Alloys ［M］. Trondeheim：Tapir, 1995.

[14] Skjervheim T A, Olsen S E. The Rate and Mechanism for Reduction of Manganese oxide from Silicate slags ［C］. INFACON 7, 1985, Norway：631~639.

[15] Saridikmen H, Kucukkaragoz C S, Eric R H. Sulphur Behaviour in Ferromanganese Smelting ［C］. INFACON VI Proceedings, Cape Town, 1992：311~320.

[16] 舒莉，戴维. 碳素铬铁生产中硫的行为研究 ［J］. 铁合金，1985（1）：2.

[17] 胡凌标. 镍铁冶炼中硫的控制分析 ［J］. 铁合金，2011（5）：2.

[18] Eric E H. The Reduction of Chromite Spinels by Solid Carbon and by Carbon Dissolved in Liquid Alloys ［C］. Oxaal J G, Downing J H. INFACON 6 Proceedings, New Oleans：TFA, 1989：77~87.

[19] Xu S, Dai W. The melting behaviour or chromite orcs and the formation of slag in the production or high - carbon ferrochromium ［C］. INFACON 6 Proceedings, Cape Town：SAMMI, 1992：87~92.

[20] Nunnaington R C, Barcza N A. 熔剂化铬矿球团在氧化气氛下的预还原 ［C］. 第五届国

际铁合金会议文集，铁合金编辑部，1990：45~55.

[21] Neuschutz D, et al. Effect of Flux Addition on the Kinetics of Chromite Ore Reductoin with Carbon [C]. INFACON 7 Proceedings, Trondheim：FFF, 1995：371~382.

[22] Otani Y, Ichikawa K. Manufacture and Use of Prereduced Chromium – ore Pellets [C]. INFACON 1 Proceedings, 1976：31~37.

[23] Dames A R, Eric R B. The Relative Reducbilities of Chromite Ores and Relative Reactivity of Carbonaceous Reducfants [C]. INFACON 7, Trondheim：Norway, 1995, June：231~238.

[24] Sun H, Mori K, Pehlke D. Reduction rate of SiO_2 in slag by carbon materates [J]. Metallurgical Trans. B. 1993, 24B：113.

[25] Bacza N A. The Dig – out of a 75 MV·A High Carbon Ferromanganese Electric Smelting Furnace [C]. Electric Furnace Proceedings, 1979, 37：19~33.

[26] Olso V, Tangstad H, Olsen. S. Reduction Kinetics of MnO Saturated Slags [C]. INFACON 8 Proceedings, Beijing：China Science and Technology Press, 1998：79~283.

[27] Rao Y K. Catalysis in Extractive Metallurgy [J]. J. of Metals, 1983 (7)：46~50.

[28] Kayayama H G, Tokuda M, Othani M. Promotion of Carbonthemic Reduction of Chromium Ore by addition of Borates [J]. Tras. Iron Steel Inst., Japan, 1982, 22 (2)：37~63.

[29] 蒋国昌. 含碳铬矿团块和锰矿团块还原过程的催化 [J]. 铁合金.1990 (1)：4~9.

[30] 戴维, 周宏全. 硅的还原反应中催化作用的研究 [J]. 铁合金.1986 (5)：1~7.

[31] 叶姆林 N, 加西克 M H. 电热过程手册 [M]. 北京：冶金工业出版社, 1984：131~133.

[32] Lee K H, Park Y H. A Study of the Influence of Oxides on the Reduction Rate of Wustite in Hydrogen Atmosphere [J]. J. Koren Inst. Met., 1982 (9)：741~746.

[33] Slatter D D. Technological Trends in Chromium Unit Production and Supply [C]. INFACON 7 Proceedings, 1995：249~262.

[34] 加弗里洛夫 F A, 加西克 M A. 锰的电硅热法生产技术 [M]. 第聂伯尔彼得罗夫斯克：系统工艺出版社, 2001：37~118.

3 铁合金原料和原料处理

铁合金原料有矿石、还原剂和熔剂三大类别。铁合金原料的冶金性能对生产过程和指标有很大影响。

为了满足铁合金冶炼要求，需要对原料进行必要的加工和处理。

常用的原料处理措施有原料破碎筛分、干燥、焙烧、球团、烧结等。完善的原料设施是实现铁合金工厂操作机械化、自动化的前提条件，也是降低消耗、提高劳动生产率、取得先进技术经济指标的基础。

没有完整的原料设施的铁合金厂就不能称为现代化工厂。随着冶金资源的贫化，在市场上粉矿和精矿的比例越来越多。混合料中粉矿比例高会使炉气穿过炉料通道时分布不均匀。局部高温使料面烧结棚料，并导致刺火、塌料现象，直接危及安全生产。焙烧和预热、烧结、球团和造块几乎成为铁合金厂不可缺少的生产工艺组成部分。表 3-1 列出了典型的铁合金生产原料预处理工艺的应用。

表 3-1 铁合金矿石处理工艺应用

工　艺	生产方法	品种	温度/℃	装料	应用的国家
烧　结	带式烧结机	锰矿	1150～1250	冷装	中国、日本、南非等
	带式烧结机	铬矿	1300～1400	冷装	日本、中国
	带式烧结机	铬矿	约1350	热装	日本
	烧结机	镍矿	约1200	冷/热装	中国
冷固团块	强力压球机 + 干燥	锰/铬矿	室温～110	冷装	德国、中国、印度
	压块 + 碳酸化处理	锰/铬矿	约100	冷装	中国、日本
含炭压块	煤/焦油压块	硅砂/铝矾土	100～500	冷装	瑞典、俄罗斯
热固团块	回转窑造块	锰矿	1300～1400	热装	墨西哥
	回转窑直接还原	铬矿	1500	热装	南非
还原焙烧	回转窑	锰矿	1000	热装	中国、日本
	回转窑	镍矿	1000	热装	中国、印度尼西亚、日本等
球　团	回转窑预还原	铬铁	1300～1400	热装	日本、南非、中国
	钢带焙烧机	铬铁	约1200	热装	芬兰、南非、中国
	竖炉焙烧	铬铁	约1200	冷装	日本、中国
	蒸汽养生球团	铬铁	小于200	冷装	瑞典

3.1 铁合金原料和性能

铁合金原料的性能包括原料的化学成分、粒度组成和强度等常温理化性能，还包括矿石的热稳定性、熔化性、还原粉化性、反应性等高温性能，以及原料的反应性、还原剂的反应活性等冶金物理化学性能。矿石的性能，特别是矿石的熔化性和还原性与环境气氛关系很大，例如：在还原性气氛下矿石的熔化温度完全不同于氧化性气氛下的熔化温度。

随着铁合金生产技术的进步，越来越多的人造矿物，如烧结矿、球团矿得到广泛应用。原料预处理工艺已经成为铁合金生产工艺不可缺失的重要组成部分。原料矿石的高温处理不仅改变了矿石的矿物组成，更显著地改变了矿石的还原过程，改善了生产技术经济指标。

铁合金炉料是指加入炉内的各种原料混合料。炉料的冶金性能是在不同的温度和还原条件下矿石、熔剂和还原剂性能的综合体现。炉料的导电性、透气性和高温还原粉化性能对电炉运行参数和技术经济指标影响很大。

3.1.1 锰矿

锰在地壳中的含量约为 0.1%。世界上锰矿储量为 17 亿吨，95% 以上集中在南非、乌克兰、澳大利亚、加蓬、巴西、印度等国家。中国的锰矿储量仅占世界储量的 6%，而南非锰矿储量约占全球储量的 80%。南非锰矿大部分集中在北部地区的卡拉哈里锰矿矿区。中国每年要从国外进口数百万吨锰矿以满足国民经济发展的需要，南非、澳大利亚、加蓬是我国主要锰矿进口国。世界锰矿储量分布状况见表 3-2[1]。

表 3-2 世界锰矿储量分布

国 家	基础储量（金属量）/万吨	可开采金属量储量/万吨
南 非	400000	32000
乌克兰	52000	14000
加 蓬	25000	2000
澳大利亚	16000	6800
巴 西	5100	2300
格鲁吉亚	4900	
中 国	10000	4000
印 度	3600	930
墨西哥	900	400
合 计	520000	68000

　　根据锰矿的成因，锰矿可分为：沉积矿床、变质矿床和风化矿床等几个基本类型。储量和产量最大的是沉积矿床，其次为变质矿床。在自然界锰元素多与铁共生。世界较大的沉积矿床有乌克兰的尼科波尔（Nikopol）、南非的 Kalahari 矿区、澳大利亚的 Groote Eyland 矿区等。

　　世界洋底锰结核的资源非常丰富。据估计，整个大洋的锰结核资源约有 3 万亿吨，其中仅太平洋就有 1.7 万亿吨。锰结核不仅含锰，而且含丰富的铜、钴、镍等有色金属元素。但锰结核主要分布在深海海底，开采难度很大。

　　我国锰矿主要分布在广西、湖南、重庆、辽宁等少数省市，其中 80% 锰矿矿床属沉积或沉积变质型，矿床分布面广，矿体呈多层薄层状、缓倾斜、埋藏深，需要进行地下开采。适合露天开采的储量只占全国总储量的 6%。

　　我国锰矿资源具有如下特点：

　　(1) 矿床规模多为中、小型矿床，矿石开采以民采为主。

　　(2) 矿石质量较差，以贫矿为主。贫锰矿储量占全国总储量的 93.6%。

　　(3) 矿石物质组分复杂。高磷、高铁锰矿石，以及含有伴（共）生金属和其他杂质的锰矿石，占有很大的比例。

　　(4) 矿石结构复杂、粒度细。绝大多数锰矿床属细粒或微细粒嵌布，从而增加了选别难度。

　　我国是世界锰矿生产量最多的国家之一。但所开采的矿石品位逐年降低，远不能满足铁合金生产的需求。

3.1.1.1　锰矿的矿物组成

　　锰矿的矿物复杂多样，其存在形态有氧化矿物、碳酸矿、硅酸矿和硫化矿等。地球上有 300 多种矿物含有锰，但只有少量矿物具有较高的锰含量。自然界主要含锰矿物组成见表 3-3。矿物中的锰的化合价有二价、三价和四价。

　　南非锰矿有两种类型：一种是锰铁比高但品位低的半碳酸矿（含锰约 38%、含铁约 4%）；另一种是高品位、低锰铁比的硅酸矿（含锰 40% ~ 48%，含铁 12% ~ 18%）。第二种锰矿磷和硫含量都很低，物理性能也很好。混合使用这两种矿石可以满足大部分品种的铁合金生产。南非最重要的锰矿矿山是 Mamatwan 和 Wessels。Mamatwan 锰矿含有大量石灰石和白云石，含锰矿物主要是褐锰矿；Wessels 锰矿大多数是氧化锰矿，主要是褐锰矿和水锰矿。

　　澳大利亚锰矿主要矿山是 Groote Eylandt。含锰矿物主要是软锰矿和其他四价矿物，矿石中还存在含水的黏土矿物。

　　加蓬锰矿的矿物主要是软锰矿，含磷量高，矿石气孔率较高。

　　巴西锰矿主要由 CVRD 公司经营开采，主要矿山是 Igarape Azul 和 Urucum。Igarape Azul 矿石由隐钾锰矿、钙锰矿和软锰矿组成；Urucum 矿主要是碳酸锰矿。

　　乌克兰锰矿主要矿山是尼科波尔锰矿，其中 70% 的矿石属于碳酸盐—硅酸盐—氧化矿类型。锰矿品位相对比较低。

加纳锰矿以碳酸锰矿为主。锰矿中含有较多的方解石，是冶炼硅锰合金的优质原料。

世界主要产地的锰矿矿物组成和化学成分见表3-3[2]和表3-4。

表3-3 主要锰矿矿物种类

锰矿产地	矿物种类	化学式
澳大利亚 BHP Groote Eylandt	软锰矿、隐钾锰矿	MnO_2，KMn_8O_{16}
南非 Assman	褐锰矿	$7(Mn, Fe)_2O_3 \cdot CaSiO_3$
加蓬 Comilog	隐钾锰矿、六方锰矿、软锰矿、石英等	MnO_2，KMn_8O_{16}
南非 Mamatwan	褐锰矿、黑锰矿、水锰矿、方解石	$3(Mn, Fe)_2O_3 \cdot MnSiO_3$，$Mn_3O_4$，$MnOOH$
南非 Wessels WH	褐锰矿、黑锰矿、水锰矿、方解石	$7(Mn, Fe)_2O_3 \cdot CaSiO_3$，$Mn_3O_4$，$MnOOH$，$CaCO_3$
南非 Wessels WI	黑锰矿、水锰矿、方解石	$(Mn, Fe)_2O_3$，Mn_3O_4，$MnOOH$，$CaCO_3$
巴西 CVRD Amapa	六方锰矿、钙锰矿、高岭土、隐钾锰矿	$(Mn_{1-x}^{4+}Mn_x^{2+})O_{2-2x}OH_{2x}$，$x = 0.06 \sim 0.07$ $(Mn^{2+}, Ca, Na, K)(Mn^{4+}, Mn^{2+}, Mg)_6O_{12} \cdot 3H_2O$，$Al_2Si_2O_5(OH)_4$，$K_xMn_{8-x}^{4+}Mn_x^{2+}O_{16}$
加 纳	菱锰矿	$MnCO_3$

表3-4 世界主要锰矿的化学组成 （%）

国家	产地	Mn	MnO	MnO_2	Fe_2O_3	Mn/Fe	H_2O	SiO_2	Al_2O_3	CaO	K_2O	P	CO_2
加蓬	Comilog	50.5	3.2	76.0	3.9	18.5	5.4	4	5.5	0.2	0.7	0.11	0.1
澳大利亚	Groote Eylandt	48.8	2.6	73.9	6	11.7	2.7	6.9	4.2	0.1	2	0.02	0.05
巴西	CVRD	45			6.7	9.6		2.6	8.6	0.2	1.5	0.09	14.4
加纳		39.1	31.3	23.6	7.2	7.8	0.4	5.7	0.3	12.7		0.02	15.4
南非	Mamatwan	37.8	29.8	23.4	6.6	8.2	0.3	4	0.5	14.7		0.02	17
南非	Wessels	42.3	27.8	32.8	18.9		4.9	4.9	2.5	6	0.1	0.04	3.6
乌克兰	Nikopol	48			2.9	23.6		9.1	1.8	2.4		0.19	

锰矿中的硫主要存在于硫化矿中，存在形式为硫化锰、硫化铁和硫化钙。在焙烧过程中硫化物会发生分解，硫以SO_2的形态进入气相。

锰矿中的磷是以磷铁锰矿（Fe，Mn，Ca）$_3(PO_4)_2$、$Mn_3(PO_4)_2 \cdot 4H_2O$、氟磷灰石$Ca(PO_4)_4(CO_3)F$、磷灰石和其他一些磷矿物的形式存在。光谱分析表明，在这些矿物中磷是以$(PO_4)^{3-}$存在。

锰矿烧结矿的矿物组成以黑锰矿为主，重量比大约占70%以上，以硅酸盐为主玻璃质约占16%，橄榄石类矿物占5%~6%。

锰矿中的主要脉石有石英、方解石、磷灰石、橄榄石、辉石等。

3.1.1.2　锰矿的氧化度

锰矿中锰以多种化合价态存在，冶金锰矿以 MnO_x 表示矿物氧化度。表 3-5 给出了一些锰矿的化学组成和 MnO_x 含量。在南非锰矿和澳大利亚锰矿中 MnO 含量比例较低，MnO_2 含量比例较高。

表 3-5　锰矿的氧化度

矿物	MnO_2	Mn_2O_3	Mn_3O_4	MnO	$MnCO_3$	烧结矿
x	2	1.5	1.333	1	1	1.33
国别	澳大利亚	加蓬	巴西	南非	南非	加纳
产地	BHP	Comilog	Amapa	Assman	Wessels	碳酸锰矿
x	1.68~1.97	1.7~1.93	1.74	1.48~1.62	1.46~1.56	1.0

在还原过程中，锰的氧化物化合价由高价向低价转化。高价氧化物在升温过程受热分解，也会被 CO 还原。Mn_2O_3 可被 CO 还原，而低价氧化物 MnO 则只能由 C 来还原。配料计算需要以锰矿氧化度 x 计算还原剂用量，在使用新一批锰矿前需要检测所使用的矿物的氧化度 x。

3.1.1.3　锰矿的物理性能

表 3-6 给出了自然界主要锰矿矿物的物理性能。

表 3-6　主要含锰矿物的物理性能

矿物	化学式	颜色	密度/g·cm^{-3}	结晶	莫氏硬度
软锰矿	MnO_2	黑色	4.8~5.6	立方	2~5
硬锰矿	$4MnO_2 \cdot 2H_2O$	钢灰色	3.9	单斜	4~6
褐锰矿	Mn_2O_3	黑棕色	4.7~4.9	四方	6~6.5
黑锰矿	Mn_3O_4	黑色	4.7~4.8	四方	5
水锰矿	$Mn_2O_3 \cdot 3H_2O$	钢灰色	4.2~4.4	斜方	4.2~4.3
六方锰矿	$(Mn_{1-x}^{4+}Mn_x^{2+})O_{2-2x}OH_{2x}$，$x=0.06~0.07$	灰黑色	4.45	六方	6.2~8
隐钾锰矿	$K(Mn^{4+}，Mn^{2+})_8O_{16}$	钢灰色	4.17~4.41	单斜	6~6.5
方铁锰矿	$(Mn，Fe)_2O_3$	黑色	4.95	等轴	6~6.5
锰方解石	$(Ca，Mn)CO_3$	灰白—微红	2.7~3.1	三方	3.5~4.5
蔷薇辉石	$MnO \cdot SiO_2$	淡红色	3.5~3.7	三斜	6
锰橄榄石	Mn_2SiO_4	淡红色	4.0	斜方	5.5~6
锰铁尖晶石	$(Mn^{2+}，Fe^{2+}，Mg^{2+})(Fe^{3+}，Mn^{3+}，Al^{3+})_2O_4$				
钙锰矿	$(Mn^{2+}，Ca，Na，K)(Mn^{4+}，Mn^{2+}，Mg)_6O_{12} \cdot 3H_2O$	暗褐色	3.5~3.8	单斜	1.5
硫锰矿	MnS	绿棕色	3.9~4.1	立方	3.5~4
方锰矿	MnO	翠绿色	5.4	八面体	5.6

注：莫氏硬度是以划痕法确定的硬度等级，如钻石为 10，石英为 7。

一些锰矿的气孔率较高，如加蓬块矿的气孔率高达50%以上，而南非锰矿的气孔率低于2%。气孔率高的优点是反应活性好。但是，气孔率高的锰矿吸附水的能力强，导致矿物强度变差。表3-7给出了一些锰矿的气孔率。

表3-7 各产地锰矿的气孔率检测数据[3]

矿石产地	密度/g·cm^{-3}	表观密度/g·cm^{-3}	气孔率/%
巴西 Amapa		2.66 ~ 3.97	10 ~ 35
南非 Assman		4.26	<2
加蓬 Comilog	3.56 ~ 4.32	1.93 ~ 3.02	30 ~ 50
澳大利亚 Groote Eylandt	4.04 ~ 4.38	3.74 ~ 3.94	7 ~ 8
南非 Wessels	4.06 ~ 4.63		2 ~ 10

3.1.1.4 锰矿的热分解特性

大多数锰矿的高温烧失量比较高，这是因为多数锰矿是由高价锰的氧化物组成或锰矿中含有较高的碳酸盐或化合水。

以四价锰为主的软锰矿分解温度较低，在炉内料层上部即可完成分解。碳酸锰的分解温度是642℃，但碳酸锰矿物中往往共生有菱镁矿、碳酸钙等矿物，故实际生产的焙烧温度较菱锰矿的分解温度要高，一般为800 ~ 1000℃。表3-8为各种锰化合物的分解热和分解温度。表3-9为各种锰矿高温焙烧失重测试数据。

表3-8 各种锰化合物的分解热和分解温度

反应式	分解热/kJ·mol^{-1}	分解温度/℃
$4MnO_2 = 2Mn_2O_3 + O_2$	82.3	287 ~ 367
$6Mn_2O_3 = 4Mn_3O_4 + O_2$	108.68	537 ~ 637
$2Mn_3O_4 = 6MnO + O_2$	230.9	997 ~ 1077
$MnCO_3 = MnO + CO_2$		642

表3-9 各种锰矿物不同温度焙烧失重量[4]　　　　　　　　　　（%）

矿物	化学式	400℃	700℃	1000℃
软锰矿	MnO_2	0	9.2	3.1
硬锰矿	$4MnO_2·2H_2O$	9.4	8.3	1.4
褐锰矿	Mn_2O_3	0	0	3.1
黑锰矿	Mn_3O_4	0	0	0
水锰矿	$Mn_2O_3·3H_2O$	25.5	0	2.5
菱锰矿	$MnCO_3$	0	38.3	0

采用差热分析方法对锰矿测试，可以得到不同锰矿的高温热分解特性。

对锰矿进行的差热分析表明：在600℃左右碳酸锰矿开始发生分解，热分解温度随着锰矿中方解石含量的增加有所提高，分解温度可高达840~900℃；褐锰矿（Mn_2O_3）在910℃开始发生分解，在910~1100℃的温度区间褐锰矿转变成黑锰矿（Mn_3O_4）。含有化合水的锰矿有硬锰矿和水锰矿，锰矿中化合水的分解温度为550~650℃。

采用烧结工艺和回转窑焙烧工艺可以实现锰矿中的化合水和碳酸盐的分解。

在氧化气氛和还原气氛下对锰矿进行焙烧得到的矿物组成有所不同。Sorensen[2]对南非 Wessels、澳大利亚 Groote Eylandt、巴西 CVRD 和加蓬锰矿等四种主要锰矿的焙烧行为进行了研究。这些产地的锰矿的化学成分见表 3 - 10。

表 3 - 10 焙烧试验锰矿化学成分[2]

产地	矿石化学成分/%							
	MnO	FeO	SiO_2	Al_2O_3	CaO	MgO	BaO	K_2O
南非	70.0	14.4	4.18	1.51	8.34	0.73	0.82	—
澳大利亚	81.9	5.80	6.09	3.90	0.18	<0.1	0.49	1.53
巴西	66.0	12.0	9.01	10.3	0.21	0.36	0.24	0.97
加蓬	83.1	2.68	5.85	7.1	0.08	<0.01	0.22	0.93

表 3 - 11 分别给出了焙烧前后锰矿的主要矿物，焙烧条件分别为800℃和1200℃下的氧化气氛和还原气氛。

表 3 - 11 主要锰矿的矿物在高温焙烧条件下的相变[2]

试验条件	南非 Wessels	澳大利亚 Groote Eylandt	巴西 CVRD	加蓬 Comilog
常温	方铁锰矿，褐锰矿，水锰矿，黑锰矿，方解石	软锰矿，隐钾锰矿，石英	六方锰矿35.5%，钙锰矿18.3%，高岭土15.2%，隐钾锰矿13.7%，赤铁矿5.8%	六方锰矿5.7%，隐钾锰矿35.32%，软锰矿12.42%，石英5.92%
800℃，空气	方铁锰矿，$MgO \cdot 3CaO \cdot Si_2O_4$，$Ca_2SiO_4$，$Ca_2Fe_2O_5$，$BaO \cdot Al_2O_3$，$2BaO \cdot SiO_2$	方铁锰矿，白榴石，$KAlSi_2O_6$，$Mn_3Al_2Si_3O_{18}$，$BaO \cdot SiO_2$，石英，$(Ca, Mn)SiO_3$	方铁锰矿36.6%，锰尖晶石34.4%，黑锰矿24%，$(Mn^{2+})(Mn^{3+})_6SiO_{12}$ 4.1%	黑锰矿，方铁锰矿，石英
1200℃，空气	黑锰矿，渣相，硅酸盐，铝锰尖晶石	锰铁尖晶石，渣相，白榴石，高岭土，硅酸盐	锰铁铝尖晶石87.8%，锰尖晶石10.2%，高岭土1.4%，$KAlSiO_4$	锰铁尖晶石，白榴石

试验条件	南非 Wessels	澳大利亚 Groote Eylandt	巴西 CVRD	加蓬 Comilog
800℃，还原气氛	方锰矿，Ca_2SiO_4，Fe，锰尖晶石	方锰矿，硅酸盐，高岭土，Fe	方锰矿 47.2%，$(Mn, Mg, Fe)_2SiO_4$ 29%，锰尖晶石 20.6%，Fe 2%	方锰矿，锰尖晶石，硅石
1200℃，还原气氛	方锰矿，硅酸盐渣相，Fe，铝尖晶石	方锰矿，渣相，Fe，高岭土，硅酸锰	$(Mn, Mg, Fe)_2SiO_4$ 36.4%，方锰矿 34.8%，锰尖晶石 18.9%，$(Mg, Fe)_2SiO_4$ 6.4%，Fe 3.3%	方锰矿，尖晶石，硅酸锰渣相，铁

富锰矿中的锰多以 Mn^{4+} 氧化物形式存在于软锰矿、方铁锰矿、六方锰矿和褐锰矿中。在加热过程中 Mn^{4+} 还原成 Mn^{3+} 和 Mn^{2+}，同时发生显著相变。澳大利亚、巴西和加蓬锰矿中存在一定数量的 K_2O，相当数量的锰是以隐钾锰矿的形式存在的。K_2O 对加热过程相变影响十分显著。K_2O 与硅石和氧化铝反应生成高熔点（1693℃）的白榴石 $KAlSi_2O_6$ 和高岭土 $KAlSiO_4$。在还原气氛中锰的氧化物还原成 MnO，其与二氧化硅和其他氧化物反应生成熔点相对较低的硅酸盐。K_2O 部分溶于硅酸盐相，熔点得以降低，生成液相炉渣。巴西和加蓬锰矿中都含有较高的 Al_2O_3，会与 MnO 生成熔点高的锰尖晶石。

3.1.1.5 锰矿的爆裂和还原粉化特性

锰矿在使用过程中会发生粉化或爆裂，这种现象与矿石结构有关。

矿石爆裂系数用来评价块矿在加热升温时的爆裂性。国家标准 GB/T 10322（ISO 8371）提出了矿石爆裂性测试方法。测试采用试样数量须足够提供至少 10 个 500g 试验样，粒度为 20 ~ 25mm 的矿石。将试样在马弗炉中加热到 700℃，经 30min 后筛分出可以通过 6.3mm 筛孔的矿石。由下式计算矿石爆裂系数 DI：

$$DI_{6.3} = (m_2/m_1) \times 100$$

式中　m_1——加热后矿石总重量；

　　　m_2——加热后粒径小于 6.3mm 的矿石重量。

表 3 - 12 给出了典型锰矿的高温爆裂系数。

表 3 - 12 典型锰矿的高温爆裂系数

矿石种类	烧结矿	巴西高铁锰矿	巴西块矿	南非锰矿	澳大利亚矿	加蓬锰矿
$DI_{6.3}$	<2	8.1	10.0	17.3	24	22

试验表明，在还原条件下加热矿石比在氧化条件下更易产生粉化。在还原气

氛中以软锰矿为主的矿物,如加蓬 Comilog 和澳大利亚锰矿的强度比南非锰矿强度差。

还原粉化性是指矿石在还原过程中发生碎裂粉化的特性。在冶炼过程中,矿石在一定的温度区间还原时会发生不同程度的碎裂粉化,严重时则影响料层的透气性,破坏炉况顺行。

还原粉化的根本原因是矿石中的金属氧化物,如氧化铁和高价氧化锰被炉气中的 CO 还原时,由高价氧化物向低价氧化物转化而发生了晶格的变化;或发生矿物分解,使矿物结构发生变化。还原反应造成的晶格扭曲,产生极大的内应力,导致矿石在机械力作用下碎裂粉化。

软锰矿中的 MnO_2 在加热过程中向 Mn_2O_3 转变,在温度高于 565℃时转化为 Mn_2O_3,密度由 5.025g/cm³ 减少到 4.94g/cm³;在 884℃ 转变为 Mn_3O_4,密度减少到 4.70g/cm³。伴随着矿物结构的变化,矿石出现明显的体积膨胀,内部产生裂隙,使强度差的锰矿出现还原粉化。还原粉化率高的矿石不宜用于埋弧电炉。

锰矿的还原粉化特性是将锰矿加热到 1100℃测定的,因为在这一温度含水锰矿物、菱锰矿和大部分锰的高价氧化物已经分解。表 3-13 给出了一些锰矿的还原粉化特性。

表 3-13 一些锰矿的爆裂和还原粉化特性[4]

锰矿产地	矿物种类	还原粉化率/%	粉化状况
澳 矿	硬锰矿	37.5	375℃爆裂,560℃激烈爆裂
南非矿	褐锰矿	1.53	
下花园	软锰矿/锰橄榄石	14.82	
建 昌	黑锰矿	0.91	

烧结矿同样也存在还原粉化的特性。由于矿物内外还原速度和膨胀情况的不同,导致所生成的烧结矿产生许多裂纹,造成烧结矿的碎裂粉化。

烧结矿中脉石成分如 CaO、MgO、Al_2O_3、TiO_2,对烧结矿的粉化特性有一定的影响。烧结矿中 MgO、FeO 含量高,则粉化率低;Al_2O_3、TiO_2 含量高,则粉化率高。一般来说,酸性烧结矿的粉化率较低。此外,碱金属含量高的矿石粉化率较高。

3.1.1.6 锰矿的软熔特性

由于矿物结构的差别,不同产地的锰矿熔化性能差异很大。矿物的熔化特性对锰矿烧结工艺和电炉操作有显著影响。

锰矿的熔化温度与化学组成有关。当 CaO/Al_2O_3 比为 0.5~1 时,增加 SiO_2 会提高矿石的熔化温度;当 CaO/Al_2O_3 比为 2 时,增加 SiO_2 会降低矿石的熔化温度。K_2O 含量对矿石熔化温度的影响则取决于 MnO 含量和 CaO/Al_2O_3 比。

炉料中生成液相会影响炉料的运动和导电性能。在1200℃焙烧南非、澳大利亚和巴西矿时即有渣相产生，还原气氛时出现渣相的温度要比氧化气氛低。但无论氧化气氛还是还原气氛在1200℃焙烧巴西锰矿都不会出现渣相产物，渣相在更高的温度才会出现。在1200℃还原气氛中加热这些锰矿都会有金属铁相出现，但不会出现金属锰相。

表3-14列出了一些锰矿的熔化特性。锰矿的熔化特性体现在熔化温度和熔化温度区间两个方面。熔化区间过于狭窄的锰矿不利于使用烧结工艺造块。

表3-14 一些锰矿的熔化性[4]

锰矿产地	主要矿物	熔化特性/℃		
		开始温度	完成温度	温度区间
澳锰矿1	硬锰矿	1260	1450	190
澳锰矿2	软锰矿	1519	1520	10
加 蓬	软锰矿	1370	1570	200
南非1	褐锰矿	1417	1538	121
南非2	褐锰矿 + 菱锰矿	1400	1426	26
越 南	软锰矿	1480	1500	20
娄底烧结	硫锰矿/锰橄榄石	1197	1216	19
湘潭烧结	方锰矿/锰橄榄石	1211	1214	3
下花园	软锰矿/锰橄榄石	1244	1480	36

Ringalen[5]等对南非 Assman、加蓬、CVRD 和 CVRD 烧结矿开展了熔化温度测试，试验结果见表3-15。

表3-15 几种锰矿的熔化温度和锰开始还原的温度[5] （℃）

锰矿产地	熔化开始温度	熔化完成温度	熔化区间	MnO 开始还原温度
南非 Assman	1446	1513	67	1474
加 蓬	1485	1538	53	1496
CVRD	1461	1494	33	1464
CVRD 烧结矿	1395	1489	94	1411

MnO 的熔化温度为1842℃，试验测定的熔化温度为锰矿中各种固相矿物全部溶入渣相的温度。可以看出 MnO 开始还原的温度高于熔化开始温度，这说明锰的还原是在液相出现之后才开始的。各种矿石熔化温度的差异与矿石中的 MnO 还原过程有关。

锰铁合金的冶炼是熔态还原过程。锰铁冶炼的特点是金属还原和生成发生在矿石熔化之后。上层炉料的导电性对电炉操作有很大影响，使用比电阻大的矿石有利于减少炉内△型回路电流、增大 Y 型回路电流，使电极易于深插，提高电炉的热效率。

锰矿成渣过早会改变上层炉料导电结构和炉膛温度分布。硅锰合金生产需要添加硅石,含硅酸锰高的锰矿可以带入相当数量的 SiO_2,从而减少炉渣数量。需要注意的是含 SiO_2 高的锰矿熔化温度较低,成渣较早。初渣中 MnO 和 SiO_2 的活度低,不利于 Mn 和 Si 的还原。与之相反,含 CaO 和 MgO 高的锰矿,更适合硅锰合金生产。锰矿中游离的(即不以硅酸盐或硅铝酸盐的形态存在的)氧化锰在熔化时以方锰矿的形式存在,与溶于初渣的氧化锰平衡,渣中氧化锰的活度最大,对锰还原有利。

3.1.1.7 锰矿石的反应性

锰矿的还原是从高价氧化物向低价氧化物转变的过程,直至生成 0 价金属锰。锰的还原速度是由温度、还原气氛(即 O_2 分压)和矿石的反应性所决定的。矿石的粒径、气孔率、矿物结构和化学组成均对矿石反应性有较大的影响。

试验表明:锰矿还原速度是由传质控制的,还原气体和反应气体进入和离开反应区的扩散速度决定了反应速度。因此,锰矿的矿物结构和矿石的气孔率对还原速度影响最大。锰矿还原分成两步进行:在 1100℃ 以下主要是高价氧化物向低价氧化物转化,反应速度的控制因素包括 CO 向矿物颗粒内部扩散速度和 CO_2 穿过产物层向外扩散速度。在第二个阶段反应的限制性因素是锰的氧化物与铁的碳化物的界面反应。

与其他锰矿相比,澳大利亚 Grote Eylandt 和加蓬 Comilog 锰矿还原性最好,其次是南非锰矿和加纳碳酸锰矿,南非的半碳酸矿还原性最差。人们认为这两种矿物还原的中间产物方铁锰矿((Mn,Fe)$_2O_3$)比其他褐锰矿的含硅酸盐矿物(3(Mn,Fe)$_2O_3 \cdot MnSiO_3$)更容易还原。还原过程中高价氧化物分解产生的低价氧化锰矿具有较高的活性,这是影响锰矿反应活性的主要因素。气孔率高的锰矿比气孔率低的锰矿还原性更好。实践表明,使用高价锰矿比使用同样锰含量的烧结矿更适用于生产高碳锰铁和中低碳锰铁,外加的硅石比硅酸盐在炉内更容易还原生成硅锰。

3.1.1.8 锰矿石的导电性

高温条件下锰矿比电导高于低温下的比电导。当锰矿中出现液相时其导电能力会明显加强。表 3-16 列出了两种南非锰矿在室温和高温条件下比电导测试结果,试验条件是:锰矿粒度 3~5mm,荷重 5kg/cm^2。

表 3-16　两种南非锰矿的比电导[6]　　　　　　($\Omega^{-1} \cdot cm^{-1}$)

矿物种类	室温	1100℃
南非碳酸矿	0.001352×10^{-6}	2.114
南非褐锰矿	0.028×10^{-6}	0.091

为了稳定电炉操作，需要把80%的入炉矿石的高温导电性能稳定在一定的范围之内。通过调整炉料中烧结矿的比例，可以稳定入炉锰矿的导电性能。图3-1比较了具有不同CaO含量的锰矿烧结矿的比电导，可以看出在低温下各种烧结矿的比电导相近，而在高温下碱度低的烧结矿比电导较高。

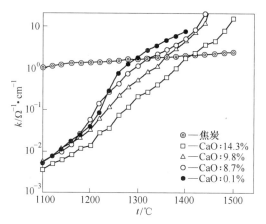

图3-1 锰矿烧结矿的比电导与温度的关系[6]

3.1.1.9 各种锰矿的冶炼特点

锰矿是锰铁合金生产中锰元素的唯一来源。锰矿物的冶金性能差异很大，不同类型的锰矿适用于不同锰铁品种和生产工艺。性能价格比是选择锰矿的首要条件。品位高的矿石，杂质含量相对较低，有利于减少炉渣数量，提高回收率和降低冶炼电耗。冶炼硅锰合金入炉品位相差1%，单位冶炼电耗相差约140kW·h/t。

为了保证产品质量，需要控制入炉锰矿的锰铁比和磷锰比。锰矿中的杂质元素对产品质量和操作的影响也是不可忽视的。

在入炉原料配比计算中必须考虑矿物组成和矿物冶金特性的组合，以及矿物结构随温度的变化状况。矿热炉内的不同部位沉料速度差异很大，电炉极心圆中心部位，特别是靠近电极的部位沉料速度很快。受传热速度限制矿石高价氧化物或碳酸盐矿物的分解速度低于沉料速度时，部分未完全分解的矿石就会落入熔池区，这时高价氧化物、碳酸盐、矿石中的化合水会发生激烈分解，轻则发生翻渣和喷溅，重则造成爆炸事故。因此在配料中需要慎重控制此类矿石的配比。

在深炉膛结构的电炉中炉料在下沉过程中有充分时间预热，使高价氧化物和碳酸盐发生分解。因此，深炉膛电炉使用含氧量高的锰矿配比可适当提高。

A 软锰矿的冶炼特点

以CO还原含氧量高的锰矿的反应为放热反应。使用软锰矿冶炼锰铁的单位电耗总是相对较低。例如使用矿物为$MnO_{1.7}$的Comilog锰矿生产高碳锰铁时单位电耗为2174kW·h/t，而使用以Mn_3O_4为主的烧结矿冶炼时单位电耗为2514kW·h/t。

以 MnO_2 为主的软锰矿类矿物含氧量很高。在炉内下降过程中矿石温度逐渐升高，在400℃左右放出氧气，氧气与上升炉气中的 CO 反应，生成 CO_2。使用软锰矿的密闭电炉所产出的电炉煤气 CO 含量较低，煤气热值也因此降低。料层中的碳质还原剂消耗会由于波多尔反应而增加。氧化锰矿适于采用深炉膛的炉型冶炼，在深炉膛中锰还原产生的 CO 气体在穿过厚料层时可还原高价锰的氧化物，从而比浅炉膛焦炭消耗要少。

使用软锰矿时料批中的还原剂比例较高。由于熔池中反应速度不均衡，电极四周还原反应速度比反应区外围要快得多，化料速度快。未完全分解的软锰矿落入高温熔池也会导致翻渣或喷料，引发安全事故。因此，生产高碳锰铁时含氧量高的加蓬矿、澳大利亚矿等原矿的配入量不宜过高，同时应适当增加烧结矿等低价锰矿物的比例。

采用锰矿预热和热装可以减少优质还原剂的配入量，同时降低冶炼电耗。

电硅热法生产精炼锰铁时，硅锰合金中的硅会被锰矿放出的氧气氧化，使还原反应放热量增加，冶炼电耗会显著降低，从而使精炼产品产能显著提高。但付出的代价是作为还原剂的硅锰合金用量会增加。

B　碳酸锰矿的冶炼特点

碳酸锰矿中含有较多的方解石，是冶炼硅锰的良好原料。

碳酸锰矿在加热过程中分解成二价氧化锰和二氧化碳。碳酸锰的分解反应是吸热反应。实验表明：碳酸锰的分解在500℃左右开始，在800℃结束。加热过程失重量为34%～38%，含 SiO_2 高的锰矿失重量较低。在电炉内炉料的热就足以使碳酸锰矿发生热分解，从而减少电能消耗。碳酸锰中分解生成二价的 MnO，其还原机制与氧化锰矿完全不同，还原消耗的焦炭数量也有所差异。

对于分解后的碳酸锰矿还原反应式为：

$$3MnO + 3C \Longrightarrow 3Mn + 3CO$$

对于氧化锰矿还原反应式为：

$$Mn_3O_4 + 4C \Longrightarrow 3Mn + 4CO$$

在冶炼配料比中摩尔比配碳量的差别是：

碳酸锰矿　　　　　　　　　　C/Mn = 1

氧化锰矿　　　　　　　　　　C/Mn = 1.33

可见，使用碳酸锰矿时配料中要少使用25%的固定碳。在冶炼生产中如不降低入炉焦炭的配入量就会使焦炭层数量过剩。降低入炉焦炭配比数量的积极作用不仅在于降低生产成本，还在于减少单位炉料体积中的导电物质数量，使炉料比电阻增加。这有利于电极深插，提高电炉工作电压和输入电炉的功率，从而使锰的回收率更高。

C　其他锰矿的使用

为维持碳热还原电炉的碳平衡，特别是焦炭层的容量，选择使用含氧量低的矿石会有利于稳定电炉炉况。硬锰矿含有结晶水，结晶水的分解需要消耗能量，冶炼电耗会略高一些。经验表明使用褐锰矿比使用软锰矿、硬锰矿效果好。

南非的半碳酸矿中碳酸矿物主要是白云石和石灰石，含锰矿物主要是褐锰矿。这种矿石锰铁比高，含磷量低，是生产硅锰合金和精炼锰铁的优质原料。

一些锰矿中含有较高的杂质，如钾、锌、铅、汞、钛等元素。这些杂质会给产品质量和电炉操作带来许多问题。

加蓬锰矿中的锌含量为 0.03% ~ 0.08%，在矿石中锌以氧化物或硫化物的形态存在。在电炉的高温环境下，ZnO 或 ZnS 很容易还原成金属。锌的沸点是907℃，在电炉内锌的气化使其聚集在料层上部并被氧化；而后又随着炉料下沉到反应区重新还原气化。锌的氧化还原反应和迁移构成了电炉内的锌循环。

含锌锰矿生产的高碳锰铁中锌含量为 0.01% ~ 0.05%。炉渣中锌的分布很不均匀，为 0.005% ~ 3% 之间。这可能是由于锌循环导致含锌炉料不均匀进入熔池造成的。锌循环给冶炼操作带来的主要问题是：炉内聚集的锌锌使上层炉料搭桥烧结，影响均匀布料和炉料下沉。炉料搭桥会导致大塌料并引发爆炸事故。

铁合金中的铅和锌进入钢水会影响钢的热脆性，应尽量限制其进入铁合金。

硫化锰含量高的锰矿通常也含有一定数量的铅，冶炼中还原的铅会聚集在炉底，影响炉衬寿命。使用含铅锰矿的电炉需要设置放铅槽，用于定期排铅。

锰矿山开采的矿石经过破碎、筛分、水洗、重选等工序进行选矿和富集处理。通过水洗、跳汰处理，将脉石和低锰矿石分离，得到锰铁比和锰磷比高的优质锰矿。在选矿和富集中产生大量粉锰矿，铁合金厂原料处理和除尘也得到大量粉矿和锰尘。为了充分利用锰资源，越来越多的矿山和铁合金企业建设烧结厂或球团厂，生产适用铁合金冶炼的烧结矿和球团矿。

以粉锰矿、无烟煤（20%）、白云石（20%）为原料制成的球团矿经过焙烧和预还原后加入炉内冶炼，电耗可以降低 20% 以上。球团矿的矿物组成为方锰矿占 50% 左右、黑锰矿占 10%，其余为玻璃质。球团碱度为 1.0 ~ 1.1，残炭为10%。这种球团的还原性能好，有助于降低电耗和提高锰元素的回收率。

3.1.2 铬矿

按照美国地质调查局的统计报告，地球上折合成 Cr_2O_3 含量为 45% 的铬矿储量为 120 亿吨以上，95% 的矿藏集中在南非和哈萨克斯坦。南非铬矿储量占世界的 75% 以上。世界上其他拥有铬矿资源的国家有津巴布韦、印度、伊朗、芬兰、土耳其、菲律宾、阿尔巴尼亚等。世界主要铬矿生产国可开采的铬矿储量见表3 - 17。

表 3-17   世界各国可开采的铬矿储量

国　家	储量/亿吨	占比/%
南　非	55.00	72
津巴布韦	9.30	12
哈萨克斯坦	3.87	5.0
芬　兰	1.20	1.6
土耳其	0.70	0.9
印　度	0.67	0.9
巴　西	0.17	0.2
其　他	5.76	7.5
合　计	76.67	100

世界各国铬矿典型化学成分见表 3-18，可以看出，各地铬矿矿物铬铁比、MgO/Al_2O_3 和矿物结构存在一定差异。

表 3-18   各地铬矿化学成分和矿物种类

产　地	化学组成/%								矿物种类
	Cr_2O_3	FeO	SiO_2	CaO	MgO	Al_2O_3	Cr_2O_3/FeO	MgO/Al_2O_3	
印度（粉）	54.29	17.7	4.48	0.75	10.89	9.49	3.07	1.15	镁铬铁矿
菲律宾（块）	45.24	19.24	5.69	0.18	15.16	11.18	2.35	1.36	镁铬铁矿
阿尔巴尼亚（块）	41.68	13.03	11.29	0.47	22.89	6.38	3.2	3.59	镁铬铁矿
伊朗（块）	44.64	12.48	6.82	0.54	16.31	11.76	3.57	1.38	镁铬铁矿
中国西藏（块）	48.79	13.15	5.83	0.73	18.41	12.98	3.71	1.42	铝铬铁矿
中国新疆（块）	约36	约12	约9	约0.5	约14	约20	2.17	0.7	铝铬铁矿
南非（精）	48.5	20.78	2.37	0.5	12.7	11.9	2.3	1.07	富铬尖晶石

大型铬铁矿矿床主要产于南非的德兰士瓦、津巴布韦的圭洛附近。南非布什维尔地质带按铬矿地质分布 LG6 层矿（下层第 6 组）Cr/Fe 为 1.5~2.0；MG1&2 层矿（中层第 1、2 组）Cr/Fe 为 1.5~1.8；UG2 层矿（上层第 2 组）Cr/Fe 为 1.3~1.5。UG2 矿是铂族金属矿的主要矿源，在提取铂族金属后的 UG2 矿可用于铬铁生产。南非铬矿的特点是：Cr_2O_3 含量普遍低于 45%，Cr/Fe 小于 1.6，呈现易碎的物理性能。以南非铬矿冶炼生产的高碳铬铁含铬量低于 55%，通常被称为炉料级铬铁。UG2 矿精矿粉颗粒细小，不能直接用于埋弧电炉生产铬铁，通常烧结处理后使用。

我国是一个铬铁矿资源贫乏的国家，只有西藏和新疆等地有少量铬铁矿储藏。我国共有铬铁矿产地 54 处，保有储量 251.9 万吨（矿石），其中富矿

（$Cr_2O_3 > 32\%$）仅占全国总储量的 49%，而且主要分布在西藏、内蒙古、新疆和甘肃四省区。我国铬铁矿矿床规模小，开发利用条件差，交通不便。因此，我国的高碳铬铁生产主要依靠进口铬矿。我国目前使用的进口铬矿主要来自南非、土耳其、印度、巴基斯坦、伊朗、阿尔巴尼亚等国家。

铬矿资源的一个重要特点是块矿和富矿资源越来越少，自然界含铬大于 42% 的铬矿储量已经不多。目前市场上大多是精矿和易碎矿，粉矿的比例约占 70% 以上。因此，粉矿和块矿的价差逐年加大，企业必须注重对粉矿的处理工艺。

地球含铬的矿物约有 40 多种，有工业价值的铬矿 Cr_2O_3 含量一般都在 30% 以上。含铬高的铬铁矿是冶炼铬铁的原料；含铬低的矿石可用于耐火材料生产。

3.1.2.1 铬矿的种类

自然界中的铬与铁共生形成铬铁尖晶石（$FeO \cdot Cr_2O_3$），其矿物学名称是铬铁矿。铬铁矿是岩浆成因矿物，多存在于超基性岩中，与橄榄石共生。铬矿中的脉石主要有：镁橄榄石（$2MgO \cdot SiO_2$）、蛇纹石、绿泥石、滑石、白云石等。铬铁矿属等轴晶系，按单晶的几何尺寸可分为巨粒晶粒结构（>10mm），粗粒晶粒结构（5~10mm），细粒晶粒结构（0.11mm），显微晶粒结构（0.005~0.1mm）和显微隐晶结构（<0.005mm）。自然界中铬铁矿多见致密块状、团状、网状、粒状、带状结构和均匀浸染结构。

工业生产使用的铬铁矿通常呈块状或粒状集合体，褐黑至铁黑色，条痕浅褐至暗褐黑色，半金属光泽，莫氏硬度 5.5~6，密度 $3.9~4.8g/cm^3$，具有弱磁性。铬铁矿仅产于超基性或基性岩中。表 3-19 列出了世界主要铬矿结构和物理特性。

表 3-19 主要铬矿的结构和物理特性

铬矿产地	矿石构造	脉石量	熔化温度/℃	晶粒结构
印 度	疏松、风化矿物	蛇纹石 10%~15%	1500	中细粒，晶粒 0.2~1.8mm，裂纹发育
南 非	豆瘤、块状	辉石、透闪石 25%	1595	富铬尖晶石 75%，晶粒 0.1~0.5mm
伊 朗	斑杂浸染块状	蛇纹石 30%~35%	1650	细粒它形晶镁铬铁矿 65%，晶粒 0.1~1mm
哈萨克斯坦	浸染块状	蛇纹石 15%，黏土等 15%~20%		碎斑碎粒结构 65%~70%，半自形、它形晶，粒度 0.5~2.0mm

按照矿石的外观和物理性能分类，铁合金生产使用的铬矿有块矿、易碎矿和粉矿。大部分铬铁矿是坚硬致密的矿石，一些铬矿在风化过程中矿石组织遭到破坏碎成小块，分离出三价铁，这些铬矿属于易碎矿。粉矿包括精矿和块矿的筛下物。块矿用于埋弧电炉生产高碳铬铁和一步法硅铬合金；精矿主要用于生产中低

碳铬铁。由于块矿资源的日益短缺，利用粉矿和精矿制造人造块矿的工艺越来越受重视。

各地铬矿熔炼时还原和熔化的特性见表 3 - 20。

表 3 - 20　各地铬矿的还原和熔化特性

性　能	易还原矿	难还原矿
易熔矿	印度易碎矿	南非、马达加斯加
难熔矿	阿尔巴尼亚、伊朗、土耳其	西藏、菲律宾、哈萨克斯坦

铬铁的提取工艺有碳热还原法和硅热还原法之分。碳热还原法以固态还原为主，适用于难熔易还原的铬矿；硅热还原法精炼工艺中的反应是液－液反应，即熔态还原过程，适用于易还原的粉矿和精矿。

3.1.2.2　铬矿的结构

铬铁矿是由含铁的二价氧化物和含铬的三价氧化物组成的尖晶石矿物，铬尖晶石晶体属等轴晶系的氧化物矿物。铬铁矿晶体呈细小的八面体，通常呈粒状和致密块状集合体，结晶多呈灰黑色或紫黑色。

铬铁矿尖晶石的晶胞是由 8 个 AB_2O_4 单元组成；32 个氧原子密排立方提供了 64 个四面体和 32 个八面体位置。四面体位置中有 8 个二价阳离子，八面体位置中有 16 个三价阳离子。铬尖晶石类矿物是由铬、铝、铁的三价氧化物和镁、铁二价氧化物组成的化合物。三价的铬、铝、铁可以相互类质同象置换，二价的铁常被镁所置换。铬铁矿矿物结构式为 $(Cr, Al, Fe)_{16}(Mg, Fe)_8O_{32}$，化学式为 $(Mg, Fe)O \cdot (Cr, Al, Fe)_2O_3$ 或 AB_2O_4。

根据含 Mg^{2+}、Fe^{2+}、Fe^{3+}、Cr^{3+}、Al^{3+} 离子的不同，铬铁矿可分为：镁铬铁矿、铝铬铁矿和富铬尖晶石等。

（1）以 Mg 为主的铬铁矿称为镁铬铁矿，化学式为 $(Mg, Fe)Cr_2O_4$；

（2）富铬尖晶石又称铝铬铁矿，化学式为 $Fe(Cr, Al)_2O_4$；

（3）硬铬尖晶石，化学式为 $(Mg, Fe) \cdot (Cr, Al)_2O_4$。

铬矿中 SiO_2 的存在形态对矿石性能影响很大，当 SiO_2 以橄榄石形态（$2MgO \cdot SiO_2$）存在时，铬矿石难熔性变化不大；风化的铬矿中 SiO_2 以含水硅酸镁或蛇纹石的形式存在，这种铬矿属于易熔矿，在 1000℃ 时的烧失量较高。

3.1.2.3　铬矿的还原性

铬矿的还原性能由以下几方面来评价：

（1）开始发生还原反应的温度；

（2）还原的完善程度；

（3）得到一定还原度所需要的时间，即还原速度；

（4）还原过程矿石的熔化和成渣性能。

铬矿的还原性能由其矿物组成和矿物结构决定。

所谓矿物结构，包含尖晶石矿物组成和晶粒大小、致密程度、晶粒内部缺陷和裂理发育程度、胶结矿物与尖晶石的结合程度等。

在铬矿的还原过程中，铬尖晶石结构发生变化的顺序是：$(Mg, Fe)(Cr, Al, Fe)_2O_4 \rightarrow (Mg, Fe)(Cr, Al)_2O_4 \rightarrow Mg(Cr, Al)_2O_4 \rightarrow MgAl_2O_4$。

铬矿的还原性取决于矿物的 MgO/Al_2O_3、晶粒大小、熔化性等多种因素。

与橄榄石不同，铬矿的胶结相蛇纹石相对比较疏松，可以使反应气体透过与铬矿晶粒有良好的接触，因此蛇纹石含量高的铬矿更容易还原。除了尖晶石和蛇纹石外，铬矿中的 MgO 还可能以菱镁石矿物形态存在。在高温下菱镁石发生分解生成 MgO 和 CO_2，产生大量有利于还原的裂隙。

熔化温度高的铬矿石固态还原比例较大，这意味炉渣中损失的 Cr_2O_3 数量相对较少。固相还原的限制性环节多与还原剂和还原产物的扩散、新相的形核和长大以及矿石结构有关。因此，矿物结构对还原过程影响最大。

铬矿中各种氧化物相互结合的方式十分复杂，即使铬矿中含铬量相近，但还原性、熔化温度却差异很大。FeO 的还原可以改善 Cr_2O_3 的还原，Cr_2O_3 与 FeO 紧密结合的铬矿的还原温度低于 Cr_2O_3 与 MgO 紧密结合的铬矿。

铬矿还原性的测试通常采用热天平和差热分析方法进行。差热曲线的峰值温度、峰面积、峰高等数据和差热曲线的形状反映了各种铬矿的还原特性及其难易程度。典型的铬矿差热曲线见图 3-2。在 1000℃ 以前主要反应是结晶水的析出和碳酸盐等矿物的分解；在 1200℃ 左右发生铬矿的固态还原。铬的还原是强烈的吸热反应，差热曲线的曲率体现了还原速度。还原性好的铬矿峰值在 1300℃ 左右出现，并在稍高的温度迅速达到峰值，接着曲线很快回到基线附近，如图 3-2(a) 和 (b) 显示的印度铬矿和阿尔巴尼亚铬矿。一些铬矿峰值出现缓慢，回落也比较缓慢，说明这些铬矿还原性比较差。有些铬矿差热曲线达到峰值以后稍有回落但不能回到基线，表明这些铬矿还原不彻底，还原反应还在缓慢持续的进行，如图 3-2(c) 所示的马达加斯加铬矿。

试验表明：铬矿还原反应速度取决于晶格缺陷和晶格内部的杂质元素分布。图 2-46 反映了铬矿石晶粒呈现的两种不同还原状态。致密的铬矿由外向里还原，晶粒内部很少有金属生成；而颗粒内部存在大量裂隙的铬矿的还原同时发生在内部和外部。

3.1.2.4 铬矿的还原熔化性

铬矿的熔化性能与矿石的化学成分与矿物结构有关，也与环境气氛有关。在还原条件下铬矿结构发生改变，从而影响到铬矿的熔化性能；在氧化条件下铬和铁氧化生成的高价氧化物也影响铬矿的熔化性能。由于铬矿冶炼主要是在还原气氛中进行的，因此，所研究的铬矿熔化性多指还原熔化性。

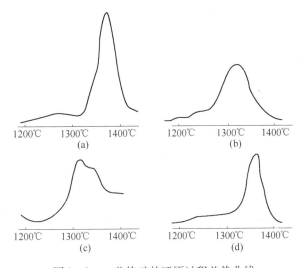

图 3 - 2 一些铬矿的还原过程差热曲线

（a）印度铬矿；（b）阿尔巴尼亚铬矿；（c）马达加斯加铬矿；（d）南非铬矿

铬矿中的脉石熔点普遍比较低，而尖晶石的熔点较高，铬尖晶石中的几种尖晶石熔点如表 3 - 21 所示。

表 3-21　几种主要尖晶石的熔化温度　　　　　　　　（℃）

尖晶石种类	$FeO \cdot Fe_2O_3$	$FeO \cdot Al_2O_3$	$FeO \cdot Cr_2O_3$	$MgO \cdot Cr_2O_3$	$MgO \cdot Al_2O_3$
熔化温度	1590	1750	1850	2000	2130

一般来说，晶粒大、结构致密、MgO/FeO 的比值大、Al_2O_3 含量高的矿石还原熔化性能差。

尽管各产地的铬矿中铬、铝、镁、铁等阳离子数相差较大，但是在氧化性气氛中铬矿的熔化温度普遍很高，且熔点相差不大，即使添加一定数量的酸性熔剂，铬矿石的熔化温度也在1800℃以上。对一些高温熔化试验的试样进行矿相显微镜观察，发现矿石中脉石和熔剂已经完全熔化，但铬尖晶石本身并未发生显著改变，也未溶解在脉石和熔剂形成的熔渣中，只是表面出现一定程度的再结晶。这充分说明铬尖晶石在酸性熔渣中的溶解是很困难的。在实际生产中发现铬矿石的还原熔化性能差别很大。由于铬矿石的熔化几乎是与还原同时发生的，因此，在矿热炉内铬矿的熔化性能不仅是矿石熔化的性质，也包含了矿石的还原性能和矿石中的铬尖晶石在酸性熔渣中的溶解能力，即在冶炼过程中矿石被还原的能力以及还原产物与脉石分离和成渣的性能。

为了充分反映各种铬矿石的性能差异，对晶粒未被破坏的铬尖晶石进行了还原和熔化性能测试。在试样中添加适量熔剂和还原剂，试验观察到铬矿石的熔化性能发生很大改变，所有的铬矿熔点均降低到1800℃以下，一些矿石的熔点降低幅度相当大。这时，高温下试样开始变形和熔化终了的温度区间可以清楚地反映不同矿石的熔化性和还原性。表 3-22 为铬矿还原熔化性的测试数据。

表 3-22　一些铬矿石还原熔化性测试数据　　　　　　　　　　（℃）

铬矿产地	T_0	T_C	T_1	T_2	ΔT
阿尔巴尼亚	>1850	1698	1400	1415	15
土耳其	约1870	1790	1420	1470	50
印 度	约1850	1795	1460	1470	10
南 非	>1850	1790	1440	1450	10
马达加斯加	>1850	1600	1480	1560	80
中国西藏	>1900	1650	1445	1480	25

注：T_0 为铬矿在氩气氛下的熔化温度；T_C 为仅添加石墨还原剂的试样熔化温度；T_1 为添加熔剂和石墨还原剂的试样出现熔化变形的温度；T_2 为试样熔化后高度降低一半时的温度；$\Delta T = T_2 - T_1$。

试验定义的铬矿熔化性只是矿石出现液相的温度，并不能反映熔渣的均一性。铬尖晶石的熔化温度相当高，且难于熔入渣相。实践表明：即使在液相大量出现之后，仍然有尖晶石颗粒悬浮在炉渣中。

氧化性气氛与还原性或惰性气体保护气氛下测得的铬矿熔化数据差别极大。在氧化气氛中铬矿成渣性与原料粒度、熔剂的化学活性、熔化气氛和铬矿的矿物结构有关。这是因为在氧化气氛中铬氧化成六价铬，与 CaO 反应生成低熔点的铬酸钙，大大降低了铬矿石灰熔体的熔化温度。

铬铁比对铬矿的还原性有显著影响。铬铁比低的矿石易于还原，冶炼时更易于发生熔化。

经验表明：脉石含量在一定程度上影响铬矿的还原熔化性能。铬铁比低，脉石含量高的矿石冶炼时熔化性更强。含 SiO_2 高的铬矿呈现软熔特性，以橄榄石形式存在的 SiO_2 对铬矿的熔化性能影响较小；存在于蛇纹石或滑石形式的 SiO_2 则对熔化性影响较大。蛇纹石往往含有较高的化合水，在高温条件下脉石会发生脱水和分解，生成疏松多孔的产物，铬矿会因此发生碎裂，疏松的矿物结构往往有利于矿石的还原。

为了适应不同工艺要求，需根据矿石性能来选择合适的矿石粒度范围。使用难熔的矿石最好采用稍微小的粒度；而易熔的矿石粒度不宜过小。

3.1.2.5　铬矿性能对铬铁的影响

A　铬铁比

铬矿的化学成分中 Cr_2O_3 含量决定了冶炼指标，而铬铁比决定了铬铁的品级。铬矿质量指标常用 Cr_2O_3/FeO，铬矿的铬铁比与 Cr_2O_3/FeO 的关系是：

$$Cr/Fe = 0.88Cr_2O_3/FeO$$

B 对含碳量的影响

MgO/Al_2O_3 比高的铬铁矿通常还原温度较低，这有利于含碳高的碳化物 Cr_3C_2 生成。铬铁中存在较少的 $Cr_{23}C_6$ 表明矿石固态还原的比例高。铬对碳的亲和力比铁高，高铬铁比的铬矿更适于生产含碳高的铬铁。

在电炉中大块的难熔难还原铬矿会径直穿过焦炭层落入到金属层和渣层之间形成精炼层，精炼层对铁水具有脱碳作用，使难熔矿生产的铬铁含碳量偏低。

C 对合金含硅量的影响

高碱度的炉渣会抑制硅的还原，同理 MgO/Al_2O_3 比高的铬铁矿也会在冶炼中抑制硅的还原，生产的铬铁含硅量偏低。

在铬铁生产中 Cr_2O_3 和 FeO 的还原是以固态还原形式完成的，还原温度较低，而硅的还原需要较高的温度。还原性好的矿石生产的铬铁含碳量高，含硅量低。

3.1.2.6 铬矿的成渣特性

试验表明：在通常条件下炉渣成分对炉渣中的 Cr_2O_3 含量影响非常小。试验采用不同的熔剂，包括硅石、石灰、铝矾土等，调整炉渣的黏度、凝固范围、熔化温度和电导率等物理化学性质，炉渣中的 Cr_2O_3 平均含量为 2.6%。对炉渣矿相研究表明：炉渣中的铬主要是未完全还原的铬矿颗粒。

在电炉冶炼中炉渣的生成伴随着还原过程的发生。矿物间的固－固反应和液－固反应等成渣反应加速了渣－金属分离，难还原的铬矿颗粒也随之进入炉渣。

3.1.2.7 铬矿性能对技术经济指标的影响

铬的回收率主要取决于铬矿的还原熔化性。由还原性差的铬矿生成的炉渣中含有大量铬矿晶粒，特别是那些还原性差而熔化温度低的铬矿，铬的回收率较低。另一方面，高熔点、高黏度的炉渣导致渣铁分离困难，使炉渣中的金属颗粒增加。在生产过程中只有少量 Cr_2O_3 进入烟尘。

铬矿中的 MgO/Al_2O_3 对产品的冶炼电耗有一定影响。在 MgO/Al_2O_3 等于 1.4 时炉渣熔化温度较低，同时含硅量也比较低，相应的冶炼电耗比较低。

生产 1t 铬铁中 1% 硅的还原电耗为 85kW，而 1% 铬的还原电耗为 56kW。使用 MgO/SiO_2 低的铬矿铬铁含硅量高，电耗也比较高。

3.1.2.8 铬矿的磨矿性能

铬矿的磨矿性能主要取决于矿物和脉石结构。铬矿的晶粒普遍比较完整，铬尖晶石晶粒硬度较高，大部分铬矿石属于难磨矿物，磨细耗能较高。在各种铬矿中，精矿普遍难磨，风化的易碎矿相对比较容易磨细。详见 3.2.3 节。

3.1.2.9 铬矿烧结性和成球性

铬矿的烧结性与铬矿的种类有关，易碎矿的烧结性好于强度高的块矿；原矿的烧结性好于精矿。印度铬矿的烧结性要好于南非等其他产地铬矿。

铬铁矿矿物在氧化气氛中熔化温度非常高。铬精矿烧结工艺以及球团矿冶金性能研究的结果表明：铬精矿晶粒表明光滑，粒度分布不均，烧结性和成球性很差，如南非的 UG2 矿。未经过磨细的铬精矿烧结需要配入膨润土等粘结剂的数量在 8% 以上，否则烧结矿的强度很低，在运输过程就会大量粉碎，不能满足冶炼工艺要求。经过磨细的铬矿烧结配入的膨润土数量可显著降低到 5% 以下，烧结后强度较好。磨细到 200 目以下的铬矿粉成球性能大大改善，膨润土配入量小于 2% 仍然可以得到较好的性能。经过细磨的精矿比表面积达到 $1700 cm^2/g$，具有良好的成球性和烧结性。

3.1.3 红土镍矿

3.1.3.1 红土矿资源和利用

镍是地球上较为丰富的金属元素，主要分布在赤道附近的新喀里多尼亚、印度尼西亚、菲律宾、古巴等国家。自然界中镍主要以硫化镍矿和氧化镍矿状态存在。大约 72.2% 的镍存在于铁镁硅铝岩浆所形成的铁镁橄榄石中，27.8% 的镍存在于硫化物矿床中。红土镍矿石中多含有较高的二氧化硅、氧化镁及氧化铁。自然界含镍品位在 1% 左右的资源量为 1.3 亿吨，其中 60% 以上属于红土型镍矿床，共、伴生矿产主要是铁和钴，见表 3 - 23。

表 3 - 23 世界红土矿分布状况

国家和地区	储量/Mt	Ni/%	Ni/Mt	占比/%
澳大利亚	2452	0.86	21	13.1
非 洲	996	1.31	13	8.1
中南美洲	1131	1.51	17	10.6
加勒比海地区	944	1.17	11	6.9
印度尼西亚	1576	1.61	25	15.7
菲律宾	2189	1.28	28	17.4
新喀里多尼亚	2559	1.44	37	22.9
欧亚大陆	506	1.18	5	3.3
澳洲其他地区	269	1.18	3	2
总 计	12621	1.28	161	100

由红土矿提取镍的方法主要是由原料和资源特点决定的。通常采用湿法工艺提取高铁矿物中的镍和钴，采用火法冶金工艺从低铁含镍矿物中提取镍和铁。现有的工艺流程有电炉冶炼法、还原焙烧—氨浸法、高压酸浸法等几种工艺。火法冶炼工艺有回转窑—电炉工艺、烧结—电炉工艺、烧结高炉镍生铁法等。图 3 - 3

为几种工艺的简要流程。

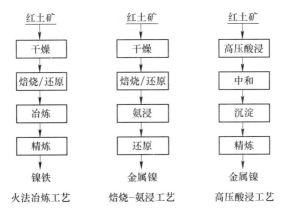

图 3-3 几种由红土矿提取镍的工艺方法[9]

火法冶炼工艺可利用含镁高的矿石，矿物组成为蛇纹石或硅镁镍矿，含镍量为 1.5% ~10% 、含钴量为 0.05% ~0.1% 的矿石适于火法冶炼制造镍铁、冰镍。火法冶炼工艺简单，耗能低，提取镍的同时也提取利用了红土矿中的铁资源，是当前氧化镍矿提取镍的主要流程。其缺点是不能回收钴。

利用低品位红土矿资源的湿法工艺能回收钴。矿物组成为红土矿和绿脱石的矿石（1% ~5%镍、0.1% ~0.2%钴）适于用高压酸浸湿法提取镍和钴。氨浸法工艺流程适用于氧化镁高的硅酸矿；高压酸浸法适用于高铁红土矿。

3.1.3.2 红土矿类型

组成红土矿的矿物主要有：高铁的红土矿和低铁的红土矿。红土矿矿床是含镍橄榄岩长期风化淋滤变质而形成的。在风化过程中镍自上层浸出而后在下层沉淀，NiO 取代了相应硅酸盐和氧化铁矿晶格中的 MgO 和 FeO。由于铁的氧化，由含水氧化物组成的疏松黏土状矿石呈现红色。可开采的红土镍矿一般由三层组成：褐铁矿层、过渡层和腐殖土层。表 3-24 显示了红土矿的成矿过程与成分关系。

表 3-24 典型红土床特性[9]

地层	矿 石	矿石特点	化学成分/%				提取工艺	
			Ni	Co	Fe	MgO		
表层	褐铁矿	低镍高铁	<0.8	<0.1	>50	<1	酸浸	
上层	黄色红土矿	中镍高铁低镁	0.8 ~1.5	0.1 ~0.2	40 ~50	1 ~5	酸浸	高压浸出
中层	过渡层	高镍高铁	1.5 ~2	0.02 ~0.1	25 ~40	5 ~15	冶炼	高压浸出
下层	硅镁镍矿/低铁红土矿	高镍高镁	1.5 ~3	0.02 ~0.1	10 ~25	16 ~35	冶炼	
底层	岩石	低镍低铁高镁	0.3	0.01	5	35 ~45		

由表 3 - 24 可以看出：氧化镍矿地表的矿层以低镁高铁的褐铁矿为主，矿层中的镍和氧化镁含量由地表向深处逐渐增加；氧化铁含量则由表层向下逐渐降低；而在较深的部位以高镁低铁矿物为主，含镍量比地表矿物高；在最下层含铁量和含镍量都相当低。镍矿山整体呈现风化帽的地貌。

红土矿的矿物类型有褐铁矿型、镁铁质硅酸盐型和镁质硅酸盐型。世界各地红土矿的类型见表 3 - 25。

表 3 - 25 红土矿主要类型

矿物类型	镁质硅酸盐型 A	褐铁矿型 B1	褐铁矿型 B2	镁铁硅酸盐型 C1	镁铁硅酸盐型 C2
产 地	美洲	新喀里多尼亚	菲律宾	新喀里多尼亚	印度尼西亚
Fe/%	<10	>30	<30	12 ~ 25	12 ~ 25
SiO_2/MgO	<2	>2.5	>2.5	>2	>2
MgO/%	25 ~ 40	5 ~ 15	5 ~ 15	>20	<20
吸湿性/% （水）	10 ~ 12	7 ~ 8	7 ~ 8	26 ~ 27	20 ~ 22
灼损/%	<10	<10	<10	>10	>10
熔化温度/℃	1500 ~ 1700	1300 ~ 1400	1300 ~ 1400	约 1450	约 1500
操作模式	电弧	电阻	电阻	电阻	电弧

适合于冶炼镍生铁的矿物含镍量要高（ >1.5% ）、Fe/Ni 比为 5 ~ 6、氧化镁含量要高。冶炼低碳镍铁的 Fe/Ni 比可以适当提高到 6 ~ 12，因为精炼可以使镍铁的含铁量降低。

镍铁冶炼要有合适的炉渣渣型，避免炉渣熔化温度过低，低熔点炉渣很容易使炉衬损坏。配矿要选择高 MgO 渣型或高 SiO_2 渣型。

3.1.4 硅石、熔剂和含铁物料

3.1.4.1 硅石及其冶金性能

硅石是铁合金生产中硅元素的主要来源，也是调整炉渣性能的熔剂。

自然界中二氧化硅有结晶和无定形两种存在形态。结晶二氧化硅因结构不同分为石英、鳞石英和方石英三种，矿物有石英、硅石、云母、水晶等。无定形二氧化硅有硅藻土，而冶炼硅铁和金属硅产生的微硅尘属于无定形形态。通常使用的硅石属于砂岩，是由致密的石英晶粒组成的，其胶结物也属于二氧化硅矿物。砂岩是在地壳的变动中由沉积和变质作用形成的，属于水成岩。二氧化硅有多种变体，图 3 - 4 给出了各种石英晶形转变温度。

表 3 - 26 列出了影响硅石性能的主要参数。其中，石英结晶结构和化学成分对其性能影响最大。

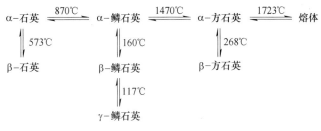

图 3-4 各种石英变体相变温度

表 3-26 影响硅石性能的参数

因　素	参　数	内　容
石英结构参数	晶粒结构	大小、形状、结晶状态、晶界
	夹　杂	数量、类型、组成
	化学组成	外部离子、微量元素
	弹性模量	
	应力条件	
晶粒周边矿物	胶结矿物	云母（影响最大）
	矿物数量	
	晶　粒	大小、分布
化学成分	元素的扩散作用	大部分为消极影响

在 573～870℃ 二氧化硅产生晶形转变，体积变化达 14%，这是造成硅石爆裂的主要原因。含水和含碳的硅石在加热过程中容易发生爆裂现象，由于硅石成矿过程不同和结构差异，不同产地的硅石爆裂程度差异很大。

高硅合金生产对硅石的主要要求是纯度和强度。硅石的高温强度尤其重要，因为它直接影响炉料的透气性和反应性。

硅石的热稳定性直接影响硅铁和高硅合金的冶炼操作。不同的冶炼品种和电炉容量对硅石的物理性能有不同的要求。大型电炉要求热稳定性好的硅石，因为高温下硅石爆裂会使料层透气性变差；而冶炼金属硅和硅钙合金的小型电炉为了提高炉膛温度往往要采用闷烧操作，因此多采用热稳定性差的硅石。

硅石热稳定性（又称抗爆性）采用加热法测定。测定方法为：将重约 200g、粒度为 30mm 的硅石置于 1300℃ 马弗炉加热一小时后取出空冷至室温，然后将试样放入宽 100mm、直径 200mm 的圆周上均匀分布的 4 个格板高 20mm 的转鼓上。然后以每分钟 40 转的转速转动 2 分钟，取出后分别用 20mm、10mm、4mm、2mm 的筛子分级。再用下式计算硅石抗爆性：

爆裂率（%） ≤20mm 级别的重量/试样重量×100%

一种比较实用简单的方法是将电炉常用的粒度为 80～120mm 的 1000g 硅石

放入1350℃的马弗炉中煅烧15分钟，取出冷却筛分。计算粒度大于20mm的重量与入炉重量之比为硅石的抗爆性。图3-5给出了不同热稳定性硅石的测试曲线图。

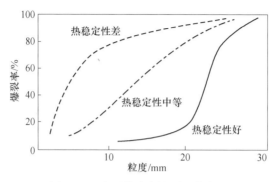

图3-5　硅石热稳定性测试曲线图

硅石粒度和粒度分布对冶炼电耗有显著的影响。生产实践表明，硅石粒度过大或过小都会使冶炼电耗增加。容量小于10MW的硅铁电炉所需的硅石粒度范围为50~100mm；适合容量大于20MW的硅铁电炉的硅石粒度范围为80~120mm。10~20MW金属硅电炉生产用硅石的粒度为50~100mm，粒度-25mm的硅石重量占比不得超过20%。硅锰合金冶炼所需的硅石粒度较小，一般约为20~60mm。

硅石的熔化性受杂质含量影响很大。纯度高于99%的硅石起始熔化温度高达1650~1700℃，熔化区间大于100℃；而杂质含量高的硅石起始熔化温度会低于1600℃。金属硅和硅铁冶炼不宜使用熔化性强的硅石，当硅石熔化性过强同时还原剂反应性差时，焦炭颗粒会被熔化的硅石包围起来，从而导致炉膛温度降低。

粒度过大的硅石与还原剂的接触面积较小，反应速度不能与沉料速度相适应，一部分硅石未被完全还原就沉到反应区，造成出炉困难，硅的回收率降低。粒度过小则容易造成料面烧结，使料层透气性变差，产生刺火现象。由于炉料过早烧结，使炉料电阻减小、电极上抬，此外还会使带入的杂质增多。

硅石粒度的选择必须充分考虑到硅石结构的因素。表3-26显示了影响硅石物理性能的主要参数。

判定硅石性能好坏的主要因素是其在800~1000℃的爆裂性能。影响抗爆性的原因有鳞石英的生成、参与相变的碱金属杂质作用以及胶结相云母对石英热稳定性的影响等。研究发现，Al_2O_3和K_2O含量与硅石膨胀的关联表明云母起到重要作用。

3.1.4.2 熔剂

A　石灰石和石灰

石灰石和石灰是冶炼铁合金常用的熔剂。一般粗炼多使用石灰石，而精炼主要使用石灰。在矿热炉内上层炉料中石灰石发生分解。矿热炉不宜直接使用石灰的原因是石灰与含水炉料混合会发生粉化，堵塞料管。

对精炼锰铁熔炼时间的研究表明：石灰完全熔化于硅酸盐熔体的过程是整个冶炼过程中最慢的环节。石灰在熔渣中的溶解速度受氧化钙阳离子 Ca^{2+} 通过液态边界层扩散的限制。炉渣渣熔体通过石灰的毛细孔向内部渗透，生成易熔的复杂化合物。石灰在熔池的熔化速度与石灰的活性有关，活性石灰熔化速度快，因此使用活性石灰可以降低冶炼电耗。

影响石灰活性的因素有 CaO 的结构性能，包括体积密度、气孔率、比表面积、CaO 矿物的晶粒尺寸等。矿物晶粒越小，比表面积越大，气孔率越高，石灰活性就越高，化学反应能力就越强。

石灰的活性度是指石灰在熔渣中与其他物质的反应能力。活性度高的石灰可以显著缩短冶炼初期化渣时间，降低石灰单耗，改善脱硅、脱磷等精炼反应。

石灰的活性度用石灰与水的反应速度表示。石灰的活性度以滴定的方法测试，在 10min 内，50g 石灰溶于 40℃ 恒温水中所消耗 4mol/L HCl 水溶液的毫升数就定义为石灰的活性度。活性度超过 300mL 4mol/L HCl 水溶液的石灰为活性石灰。

回转窑生产的高温石灰活性度最高。活性石灰很容易吸湿，存放一段时间后的石灰活性度会显著降低。

B 镁质熔剂

为了调整炉渣碱度，冶炼锰铁和铬铁有时需要加入碱性熔剂。采用 MgO 含量高的熔剂有利于减少炉渣数量，改善锰的回收率。高 MgO 的炉渣渣型可用于生产高硅硅锰合金。常用的含 MgO 的熔剂有白云石、菱镁矿和硼泥等。

硼泥为化工厂由硼镁铁矿生产硼砂和硼酸的固体废弃物，含有较高的 MgO 和 Fe_2O_3。硼泥粒度小于 200 目，同时含有较高的水分，不宜直接入炉使用。含 MgO 的熔剂的化学成分见表 3-27。

表 3-27 含 MgO 的熔剂的化学成分 （%）

熔剂种类	化 学 成 分						烧失量
	CaO	MgO	SiO_2	Al_2O_3	Fe_2O_3	B_2O_3	
菱镁矿	约2	约42	约2	约1			约48
白云石	约30	约20	约2	约1			约44
硼　泥	5~10	30~38	15~21	1~2	2~8	2~3	15~24

锰矿烧结工艺中添加硼泥可以得到含 MgO 高的烧结锰矿。硼泥的加入量为 20% 左右，烧结矿的 MgO 含量为 12%~15%。实践表明：使用这种烧结锰矿冶炼硅锰合金有利于降低炉渣中的锰含量，提高锰元素的回收率。

C 萤石

萤石是以氟化钙为主的矿物,主要用于改善炉渣的流动性。但大量使用萤石会加重炉衬侵蚀。萤石在高温环境下分解产生的大量氟离子会造成环境污染,因此在冶炼中应该尽量限制使用。

3.1.4.3 石墨片岩和煤矸石

自然界中存在多种含有游离碳的矿物。石墨片岩是一种石墨矿,石英是石墨片岩的共生矿物之一。石墨片岩含碳高达10%以上,其他成分主要是二氧化硅和少量三氧化二铝、氧化铁等。煤矸石中含有相当数量的碳、二氧化硅和三氧化二铝。此外,粉煤灰和煤渣中也同时含有碳和三氧化二铝。典型含碳矿物的化学成分如表3-28所示。

表 3-28 典型含碳矿物化学成分　　　　　　　　　　　　　　　　(%)

含碳矿物	C	SiO_2	Fe_2O_3	Al_2O_3	CaO + MgO	P
石墨片岩	20~55	35~70	4~5	2~5	1~2	约0.03
煤矸石	10~20	30~50	5~10	20~40	2~6	
粉煤灰	约10	35~45	约5	30~40	约4	

这些含碳矿物可作为生产硅质铁合金的原料。前苏联某厂曾在12MVA电炉上使用石墨片岩生产45%硅铁、75%硅铁和硅铝合金,国内许多单位也尝试用煤矸石或粉煤灰生产硅铝合金,而以粉煤灰和还原剂制成球团可能更适合冶炼硅铝合金。

以石墨片岩和煤矸石代替焦炭硅石混合料可以显著降低炉料的比电阻,同时改善硅的还原动力学条件。冶炼时配料中所有的碳质还原剂均来自石墨片岩本身,同时补充约20%的硅石。试验结果表明:冶炼75%硅铁和45%硅铁的电耗可降低10%左右,合金含磷量也得到降低,但硅铁中含铝量较高。

有些含碳硅石在加热过程中体积膨胀粉化严重,这种硅石不适于冶炼铁合金。

3.1.4.4 含铁物料

硅铁生产所需要的铁来自钢屑、铁矿或氧化铁矿球团。

使用钢屑可以减少还原氧化铁所需要的还原剂和电能。但钢屑是各种钢材加工产物,通常含有数量不等的杂质元素,而且其形状差别大,需要经过加工才能使用。使用钢屑还会给配料带来麻烦,几乎无法实现自动配料和上料。

铁球团矿粒度均匀,易于原料系统的自动控制。铁矿化学成分稳定,有利于保证产品质量。但铁矿和氧化球团矿中含有一定数量的杂质,会增加渣量,在冶炼中这些杂质成渣过早,对硅的还原不利。

利用铁精矿制成铁焦是利用铁矿石的较好选择,这不仅可以降低生产成本,也可以提高炉料比电阻。

典型的铁矿和氧化球团矿化学成分见表 3 –29。

表 3 –29　铁矿和氧化球团矿化学成分　　　　　　（％）

化学成分	TFe	SiO$_2$	Al$_2$O$_3$	CaO	MgO	P
铁　矿	62 ~ 66	2 ~ 4	1 ~ 2	< 1	< 0.2	< 0.1
球团矿	62 ~ 66	3 ~ 5	2 ~ 3	< 1	< 0.2	< 0.1

3.1.5　碳质还原剂

常用的碳质还原剂有冶金焦、半焦或兰炭、石油焦、煤、木炭等。

碳质还原剂的质量和性能不仅会影响产品质量，也会对能耗和生产率有显著影响。因此，冶炼工艺对碳质还原剂固定碳和化学成分，包括磷、硫、有色金属元素和铅、锌等五害元素有严格规定。铁合金生产对碳质还原剂物理性能的基本要求是：反应活性好、比电阻高、不易发生石墨化、粒度适宜、有一定的强度。

为了适应铁合金冶炼生产特点，铁合金生产专用还原剂应运而生，如硅石焦、铁焦、焦粉球团等。

3.1.5.1　碳质还原剂的种类

碳质还原剂中的碳是以无定形碳和石墨形态存在的。在炼焦高温作用下，碳原子重新排列和再结晶，发生不同程度的石墨化。按石墨化程度分类，碳质还原剂分为非石墨化类（褐煤、木炭），弱石墨化类（兰炭、煤气焦、烟煤），石墨化类（冶金焦）及强石墨化类（无烟煤、石油焦）。典型碳质还原剂的成分如表 3 –30 所示。

表 3 –30　碳质还原剂的成分

成　分	冶金焦	兰　炭	石油焦	无烟煤	烟　煤	木　炭
固定碳/%	80 ~ 86	80 ~ 85	86 ~ 94	75 ~ 90	65 ~ 75	> 75
挥发分/%	< 2	< 10	5 ~ 12	< 10	24 ~ 30	16 ~ 20
灰分/%	12 ~ 15	6 ~ 12	0.3 ~ 1.2	7 ~ 12	3 ~ 15	0.5 ~ 5
硫分/%	0.5 ~ 1.0	0.3 ~ 1.5	0.5 ~ 1.5	0.3 ~ 1.5	0.5 ~ 2	
发热值/MJ·kg^{-1}	29 ~ 34	27 ~ 30	30 ~ 36	30 ~ 34	30 ~ 37	25 ~ 30

为了改善炉料的透气性，减少料面烧结，金属硅和硅钙合金炉料中可配入木炭、玉米芯、木块、椰壳等疏松剂。这些碳质疏松剂气孔率高，反应活性普遍很高，比电阻很大。

原料还原焙烧中使用碳质原料除了燃烧发热作用也起还原剂的作用。

A 冶金焦

冶金焦是用焦煤、肥煤、长焰煤等多种含氢高的粘结性煤配制炼成的，炼焦温度为1000~1100℃。在炼焦过程中部分无定形碳发生石墨化，使其导电性远高于煤。在高温冶炼中未反应的焦炭会进一步石墨化，导电能力也进一步提高。

B 半焦和兰炭

半焦是以气煤或肥煤低温干馏生产的。炼制半焦的煤种比较单一，不使用焦煤也无需经过配煤，生产成本较低。半焦的干馏温度在600℃左右，碳原子排列的石墨化程度很低，因此半焦的导电性差。兰炭、气煤焦都属于半焦。灰分低的半焦对改善炉况有利。

陕西神木地区产出的变质程度低的非炼焦煤，具有低灰分、低硫、低磷、高发热值的特点。表3-31为神木和大同煤指标。

表3-31 神木和大同煤质分析指标

煤炭种类	工业分析/%			全硫/%	粘结指数 G 值
	水分	灰分	挥发分		
神木煤	7.55	5.24	38.44	0.29	0
大同煤	9.40	6.49	35.62	0.5~0.6	3

兰炭具有低灰分、低硫分、低磷、高反应性和高比电阻的优良特性。兰炭质量指标见表3-32。

表3-32 兰炭（半焦）质量指标[10]

兰炭种类	工业分析/%			硫分/%	灰分中/%		反应性 (1100℃)α/%	高温比电阻 (950℃)/μΩ·m
	水分	灰分	挥发分		Al_2O_3	P		
神木兰炭	5.14	7.88	4.02	0.25	1.16	0.023	98.0	3440
大同兰炭	4.02	7.02	3.39	0.60	1.22	0.008	98.6	4152
冶金焦	0.16	12.57	1.31	0.72	5.98	0.19	50.4	1220

C 煤炭

煤是由古代植物在地壳变迁过程中沉积而成的。煤的种类很多，按照生成年龄可将煤分为泥炭、褐煤、烟煤和无烟煤，烟煤又可以分为焦煤、气煤、不粘煤和弱粘煤等。在铁合金生产中煤主要用作还原剂和燃料，也用于生产铁合金专用焦。

煤的结构十分复杂，煤的基体主要是由碳氢化合物等有机物质构成的；煤的灰分则是由氧化物、硫化物和硅酸盐等无机物质构成的。

泥炭是成煤年龄最轻的煤种，其水分含量高，反应性能好。以泥炭为原料制成的压块和泥煤焦气孔率高、比电阻高。由泥炭中提取的腐殖酸盐用于球团生产的有机粘结剂。

烟煤和由烟煤制成的焦炭和半焦是最常用的碳质还原剂。

无烟煤是成煤年龄最长的煤种，其挥发分含量最低，反应活性差。无烟煤主要用作燃料，除了还原球团生产很少用于还原剂。

在高温作用下加入电炉内的煤会发生焦化作用，挥发分高的煤焦化后气孔率高、活性高，极易与 SiO 气体作用生成碳化硅。

煤在高温下成焦的特性决定了其反应性和电阻率。煤的焦化过程由五个阶段组成，即干燥预热阶段（20 ~ 200℃）、开始分解阶段（200 ~ 350℃）、软化阶段（350 ~ 480℃）、固化阶段（480 ~ 550℃）、半焦收缩阶段（550 ~ 950℃）。以煤作还原剂实际上是将煤的集化过程移到电炉来进行。在高温作用下加入炉内的煤发生焦化作用。挥发分高的煤焦化后气孔率高、反应活性高，比电阻高于冶金焦。

D 木炭和木块

木炭、木片、木块和木屑压块是优质的还原剂。木炭是用硬杂木低温干馏制成，干馏温度一般在 600℃左右。木片和木块在炉料覆盖下也能完成干馏过程。

木炭气孔率高，其比表面为 200 ~ 400m²/g，具有很高的反应活性。在炉料上层疏松的木质原料可以吸收反应生成的气相产物。使用木炭和木片等木质原料可以避免炉料烧结，改善炉料的透气性，提高炉料比电阻。

木炭的强度很差，在运输过程中易粉碎。木炭材质疏松，吸水率高，水分含量一般为 10% ~ 40%。由于其灰分和含水量波动较大，给配料带来一定困难。

E 石油焦和沥青焦

石油焦和沥青焦是纯度高的优良还原剂，是由石油沥青或煤沥青炼成的，炼焦温度达 1300℃。石油焦和沥青焦的灰分和挥发分含量较低，具有较好的机械强度，主要用于金属硅、高纯硅铁、钨铁等对纯度要求高的金属冶炼。石油焦和沥青焦的比电阻低，石墨化倾向大，在冶炼中其电阻率和反应活性会进一步降低。

3.1.5.2 还原剂成分

还原剂的成分、灰分化学组成和灰分熔点对冶炼过程有很大影响。碳质还原剂典型灰分的化学组成见表 3 - 33。

表 3 - 33 碳质还原剂典型的灰分成分和灰分熔点[10]

类别	灰分熔点/℃				灰分成分分析/%									
	DT	ST	HT	FT	SiO_2	Al_2O_3	Fe_2O_3	CaO	MgO	Na_2O	K_2O	TiO_2	SO_2	P_2O_5
冶金焦	1320	1360	1370	1390	39.76	22.83	7.68	6.82	1.84			1.48	3.79	0.8
兰炭	1150	1160	1170	1180	28.56	10.90	9.34	26.94	2.28	0.55	0.66	0.50	6.55	0.4
无烟煤	1220	1240	1260	1280	49.83	17.49	5.62	11.77	2.40	0.80	2.55	1.01	2.17	0.67

注：DT—变形温度；ST—软化温度；HT—半球温度；FT—流动温度。

由表 3 – 34 可以看出还原剂灰分熔点差异很大。一般认为还原剂灰分的熔点会随氧化铝含量升高而增高,三氧化二铁含量高的灰分,其熔点一般较低。氧化钙、氧化镁、氧化钾、氧化钠等碱性氧化物均起降低灰分熔融性温度的作用,含量越高,则灰分熔点越低。

表 3 – 34　各种还原剂灰分化学成分　　　　　　(%)

类别	Fe_2O_3	SiO_2	Al_2O_3	$CaO + MgO$	$K_2O + Na_2O$	P_2O_5	TiO_2
冶金焦	10 ~ 20	30 ~ 40	10 ~ 20	3 ~ 5	1 ~ 3	0.2 ~ 1.5	
兰炭	7 ~ 10	25 ~ 60	10 ~ 15	10 ~ 30	约 2	0.4 ~ 0.6	约 0.8
石油焦	10 ~ 15	20 ~ 40	10 ~ 30	10 ~ 20	0.5	0.5 ~ 1	
木炭	约 2	5 ~ 10	5 ~ 10	20 ~ 40	0.5	2 ~ 6	

我国南方生产的煤焦含硫量较高,而北方生产的煤焦含磷量较高。

还原剂中的硫主要是有机硫、硫化物和硫酸盐。焦炭中的硫大约有 70% 为有机硫,大约 30% 为硫化物,只有 2% 为硫酸盐。在高温焙烧中大部分有机硫会转化为 SO_2 随烟气排出,进入炉渣和金属的硫含量极少。

还原剂中的磷主要存在于灰分中。在碳热还原过程中还原剂中的磷大约有三分之一会进入合金,其余大部分进入烟气。使用煤作燃料进行原料焙烧时,大部分灰分会随原料进入熔炼炉。燃料和还原剂的磷含量必然对产品质量产生一定影响。

碳质还原剂中普遍含有一定数量的碱金属钾和钠,碱金属对碳的氧化反应有显著的促进或称“催化”作用。

由表 3 – 35 可以看出煤的灰分熔点差异很大,为了减少回转窑接圈应该选择发热值高、灰分含量低、灰分熔点低的煤作回转窑热源和还原剂。

表 3 – 35　不同产地煤的灰分含量和熔点

煤产地	大同	抚顺	淄博	下花园	焦作
发热值/MJ·kg^{-1}	32 ~ 34	约 24	约 25	约 24	约 24
灰分含量/%	5 ~ 10	约 10	约 20	约 17	约 26
灰分熔点/℃	约 1300	约 1500	约 1000	约 1150	约 1340

3.1.5.3　碳质还原剂的物理性能

A　密度和气孔率

各种碳质还原剂的密度、气孔率和比表面如表 3 – 36 所示。

表 3-36 各种碳质还原剂的物理性能

种 类	堆密度/g·cm⁻³	真密度/g·cm⁻³	气孔率/%	比表面/m²·g⁻¹
冶金焦	0.4~0.6	1.87~1.96	47	
兰炭/半焦	0.5~0.7	1.82	60	
煤气焦	0.6	1.82	49.8	33.5
硅石焦	1.0	1.98	37.6	
铁 焦	0.94	1.88	49.5	
石油焦	0.7	1.41	20.4	124
沥青焦	0.7		27.8	94
原 煤	0.8~1.0	1.2~1.6	4.2	
无烟煤	0.7~1.0	1.65	3.5	
木 炭	0.2~0.4	1.48	63.8~78	243
褐 煤	0.6~0.8	1.27		

碳质还原剂空隙率高，吸湿量大，水分过多给配料和筛分带来很多麻烦，同时水分的分解和蒸发也会使热损失增加。水分也是电炉煤气中氢气的主要来源。

B 强度性能

为了满足透气性的要求，还原剂通常需要经过破碎筛分后使用。无烟煤、烟煤和焦炭的强度较好，而木炭、半焦和石油焦的强度很差，在生产和运输中有大量碎末产生。碳质还原剂的强度和耐磨性能用转鼓法测试，表 3-37 给出了各种还原剂的转鼓强度。

表 3-37 各种还原剂的转鼓强度[11]   (%)

类 别	冶金焦	气煤焦	兰炭	石油焦	木炭	煤	无烟煤
转鼓强度	80~90	约60	约60	约65	<20	60~70	>90

C 碳质还原剂的导电性能

衡量碳质还原剂导电性能的指标是比电阻，包括室温、中温和高温比电阻。高温煅烧会改变焦炭的比电阻，见图 3-6。

比电阻常用粉末比电阻仪测定，测定方法为：将 0.3~0.4mm 的焦炭放入一定形状的容器内，在 0.4MPa 压力下用电桥测试其电阻值，计算得到比电阻。焦炭的中温和高温比电阻是将焦炭用密闭容器分别在 1100℃、1700℃煅烧半小时后取出，自然冷却至室温再测定的。碳质还原剂比电阻的大小顺序为：木屑＞木炭＞高挥发分的烟煤＞褐煤半焦＞气煤焦＞冶金焦。表 3-38 给出了典型碳质还原剂的比电阻和堆比电阻。

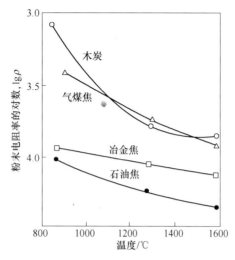

图 3 - 6　碳质还原剂的粉末比电阻与温度的关系[12]

表 3 - 38　典型碳质还原剂的比电阻　　　　　($10^{-3}\Omega \cdot m$)

类　别	冶金焦	气煤焦	兰炭	石油焦	木炭
比电阻	1.2~1.5	约2	约2.5	约1	5
堆比电阻	20~40	约50	约100	约30	

注：测试堆比电阻的还原剂粒度为 3~6mm。

碳素材料的比电阻与其密度成直线关系，密度越大的碳素材料导电性越高，密度较低的还原剂通常是比电阻高且反应性能好，这类还原剂能使炉料疏松，从而保证了炉口料面具有良好的透气性。

使用烘干的焦炭时，炉口温度高温导致碳质还原剂石墨化。而炉料电导率增大使电极插入炉料变浅，甚至会使冶炼情况恶化。实践表明，由于碳素还原剂中水分蒸发可使炉口温度下降，还原剂的比电阻提高。由此来看，冶炼金属硅时对木炭进行水洗不仅可以减少木炭损耗，也可以提高炉料比电阻。

3.1.5.4　还原剂的反应性

碳质还原剂的化学反应活性与其气孔率、密度和比表面有关，通常气孔率大、密度小、比表面大的还原剂化学反应活性好。还原剂的反应性能测试方法有 CO_2 吸收法、SiO 吸收法、SiC 增重法等。通常以还原剂在特定条件下的反应能力来定义化学活性。

CO_2 吸收法是国家标准 GB/T 220—2001 和 GB/T 4000—2011 规定的测试煤和焦炭反应活性的方法，其原理是根据碳的波多尔反应：

$$CO_2 + C \Longrightarrow 2CO$$

以消耗的二氧化碳或试样重量变化百分比定义为还原剂的反应性。前苏联和吉林

铁合金厂测试以 CO_2 消耗量（mL/(g·s)）定义还原剂反应性[13]。

CO_2 吸收法采用经过干馏除去挥发物的还原剂制成一定粒度的试样，将试样装入反应炉加热，以一定流量通入二氧化碳气体，与试样反应，检测反应前后气体中二氧化碳的含量。以二氧化碳变化量或试样失重量的百分数计算还原剂的反应性。

各类还原剂的反应性见表 3 – 39[13]。

表 3 – 39　各种还原剂的 CO_2 反应性

类　别	无烟煤	烟煤	冶金焦	石油焦	气煤焦	兰炭	木炭
反应性/mL·(g·s)$^{-1}$	约0.5	约6	约1	约0.4	约3	约8	>11
反应性/%			30~40	<20	60~80	>90	>98

注：还原剂须经1050℃煅烧后测试。

图 3 – 7 比较了冶金焦、气煤焦和木炭的 CO_2 反应性。

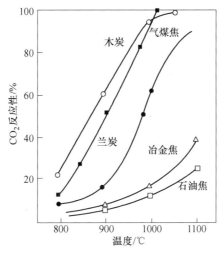

图 3 – 7　碳质还原剂的 CO_2 反应活性与温度关系[14]

碳素材料的反应性和比电阻与其密度有一定关系，密度大的碳素材料导电性较高，反应性较差；密度较低的还原剂通常是比电阻高且反应性能好，这类还原剂能使炉料疏松，从而保证了炉口料面具有良好的透气性。图 3 – 8 给出了还原剂密度与 CO_2 反应活性的关系。

碳质还原剂与 SiO 气体的反应是硅冶炼最重要的反应。挪威 Sintef 和 Elkem 开发了 SiO 反应性的测试方法[14]，其基本原理是利用 SiO 与 SiC 在高温下所产生的 SiO 气体与碳质还原剂反应，以参与反应物质的数量作为反应性的度量。还原剂的反应活性越高，反应后残留的 SiO 越少。测试的装置[15]由 SiO 发生室、还原剂反应室、SiO 冷凝室、加热炉、保护气体系统和测量仪表等组成。在1650℃，

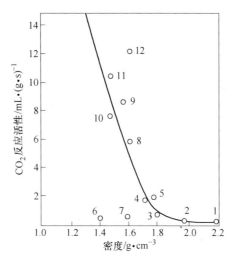

图 3-8 还原剂密度与 CO_2 反应活性的关系

1—石墨；2—沥青焦；3—冶金焦 A；4—煤气焦；5—冶金焦 B；6—石油焦；
7—无烟煤；8—半焦 A；9—型焦；10—半焦 B；11—木炭；12—半焦 C

置于 SiO 发生室的二氧化硅和碳化硅反应产生 SiO 和 CO 气体，含有 SiO 的气体与碳质还原剂在反应室生成 SiC 和 CO，通过分析 CO 数量和参与反应的 SiO 数量确定还原剂的反应性。后应后气体残留 SiO 气体少的还原剂反应性好，见图 3-9。

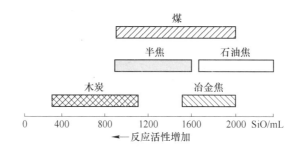

图 3-9 各种碳质还原剂的 SiO 反应活性[15]

碳化硅法的试验装置[16]由反应室、加热炉和热天平组成。测试方法为：将待测试的还原剂颗粒、二氧化硅和碳化硅置于反应室内；将容器抽真空后，充入 CO 气体，试验温度为 1700℃，恒温时间 90min；容器内的二氧化硅与碳化硅生成的 SiO 气体与还原剂及颗粒生成碳化硅。由还原剂的重量变化计算参与反应的碳的百分数。以此衡量焦炭的 SiO 反应性，数值越大反应性越好。该方法得到的结果与 SiO 吸收法是一致的。

碳质还原剂的 CO_2 反应性与 SiO 反应性的差异在于：CO_2 反应的产物是气相

CO，反应导致碳的空隙扩大；而 SiO 反应产物是固相，反应导致碳原子结晶的开放孔隙缩小。尽管反应活性在初期气相传输能力方面有相似之处，但在化学作用的能力上仍有一定差异。

焦炭的反应性与炼焦用煤的组成和焦化工艺制度有关。挥发分高的煤、含钾、钠等碱金属的煤通常具有较好的反应性。因为碱金属对波多尔反应起催化作用，有利于提高焦炭的反应性。焦化温度对焦炭反应性能有显著影响，高温下的石墨化作用使碳素材料的反应活性大大降低。因此，石墨化能力也可以用来评价碳质还原剂的反应性。

3.1.5.5 碳质还原剂的结构

碳质还原剂的导电性能和反应性均与石墨化程度有关。试验研究表明，碳素材料的石墨化性能越好，则化学活性越差、比表面和比电阻越小。

石墨化性能是指在一定的高温条件下含碳材料由无定形结构向石墨结构转化的程度。随着温度的升高和在高温下停留时间的增长，含碳材料的碳原子排列从无序到有序，原子层间距减少，石墨晶体长大。石墨化开始温度为1600℃，结束温度大于2500℃。某些杂质的存在会加快石墨化速度。在碱金属的催化作用下碳的石墨化开始温度可以由1600℃降低到950℃左右。石墨具有较稳定的晶型结构，它的吸附作用和反应性能很差，而导电性很好。焦炭在炉膛内下降过程中会发生不同程度的石墨化，石墨化倾向大的焦炭冶炼指标较差。

采用 X 射线衍射分析仪（XRD）测定碳原子间距可用于鉴定碳质还原剂的石墨化程度。图3-10给出了温度对几种典型还原剂石墨化程度的影响。

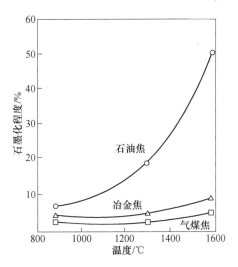

图 3 - 10　各种碳质还原剂石墨化程度与温度的关系

无烟煤、石油焦和冶金焦易于发生石墨化，木炭在2500℃时仍没有石墨化。

将粒度为 15~20mm 的气煤焦和冶金焦分别在 1860℃密闭加热 95min，冷却后观察两种焦炭的石墨化程度，发现冶金焦已大量石墨化，而气煤焦石墨化数量较少。

显微组织差异是造成碳素材料在物理化性能上存在差别的主要原因，见表 3-40。

表 3-40 各种碳质还原剂石墨化分类和显微组织

碳质还原剂	石墨化性能	各向同性显微组织/%
木炭	非石墨化类	100
气煤焦、半焦、兰炭	弱石墨化类	40~60
冶金焦	石墨化类	<20
石油焦	强石墨化类	100（各向异性）

碳质还原剂加热至高温时，显微组织发生变化。细小的气孔组织变得密实，致使比表面和吸附性能发生变化。冶金焦由 500℃加热到 1200℃时吸附性能下降 95%~97.5%。

在冶炼硅质合金中，SiO 对碳质还原剂的气孔率及结构有很大影响。在还原初期，碳与 SiO 反应速度很快，还原反应使焦炭的结构疏松，气孔率大，使生成的 SiO 易于渗透到焦炭内部；但在反应中后期 SiC 的结晶使还原剂的气孔减小，这在一定程度上改变了还原剂结构和性能，对还原反应产生一定影响。SiO 气体在还原剂的表面上形成的碳化硅层密度和厚度与碳质还原剂的性质有关。反应活性越大的还原剂，所生成的碳化硅层越厚，而且越疏松。在这种情况下，碳质还原剂的接触电阻增大。使用半焦冶炼铁合金时，碳化硅的生成速度比用冶金焦快。碳化硅的电阻比碳高，所以 SiC 层使半焦的比电阻增大了若干倍。

还原剂中的高挥发分会在冶炼条件下产生热解碳。热解碳沉积在还原剂的气孔表面，使还原剂的反应性降低。试验表明，热解碳最多会使焦炭的反应性降低 67%。

3.1.5.6 铁合金生产专用还原剂

A 硅石焦

硅石焦是以焦煤、硅石粉为原料炼制而成的铁合金专用焦。上海铁合金厂开展的炼焦和冶炼硅铁试验表明：硅石焦反应活性很好，能显著提高硅铁炉料电阻，具有较大的气孔率。使用硅石焦可以降低硅铁的冶炼电耗，提高硅元素的回收率。

生产硅石焦的焦化工艺原料配比为：焦煤 90%，硅石粉 10%。硅石的粒度小于 60 目，SiO_2 含量大于 97.2%。对焦煤成分和性能要求如表 3-41 所示。

表 3-41 试验用焦煤成分和性能

性能	水分/%	粒度/%		挥发分/%	灰分/%	硫分/%	粘结性
		<2cm	<3cm				
数值	6.25	58	81.05	30.63	22.04	1.13	5

硅石焦的炼焦试验表明:为了得到性能良好的硅石焦,要求焦炉有较高的炼焦温度。当炼焦温度过低时,硅石焦的强度太差,不能用于电炉生产。硅石含量过高对焦炭的强度性能也会产生不良影响。

试验用硅石焦和冶金焦的成分如表 3-42 所示,硅石焦的物理性能如表 3-43 所示。

表 3-42 试验硅石焦和冶金焦成分

焦 种	固定碳 /%	挥发分 /%	灰分 /%	灰分化学成分/%					
				SiO_2	Al_2O_3	CaO	Fe_2O_3	MgO	P
开滦硅石焦	75.97	1.76	22.27	67.4	16.44	3.5	4.00	1.73	0.17
新汶硅石焦	约70	1.3~3.8	约25	约70	约13	约2.8	约5.7		0.07
吴煤冶金焦	84.7	1.0	14.3	43.8	32.89	3.1	3.0	1.01	0.3

表 3-43 硅石焦的物理性能

焦 种	抗压强度/kg·cm^{-2}	粉末比电阻/Ω·mm^2·m^{-1}	真密度/g·cm^{-3}	假密度/g·cm^{-3}	气孔率/%
开滦硅石焦	56.4	2400	1.95	0.98	49.74
新汶硅石焦	约30	>8000	约1.75	约0.78	约56
吴煤冶金焦	65.1	1294	1.83	0.93	49.18

由硅石焦和冶金焦的物理性能比较可以看出:硅石焦的比电阻显著高于冶金焦,密度较低,具有较高的气孔率;但其抗压强度普遍不及冶金焦。

在 16.5MVA 电炉上开展了工业规模硅石焦冶炼硅铁试验。试验分两段进行:前期试验 7 天,主要用于摸索试验条件;稳定生产试验 7 天。在此期间 100% 使用硅石焦冶炼 75% 硅铁。试验结果见表 3-44。

表 3-44 使用硅石焦冶炼试验结果

试验原料	新汶硅石焦5号		吴煤冶金焦
试验阶段	初期	稳定期	对比试验
电炉平均功率/kW	11883	12172	12014
产量/t·d^{-1}	30.914	35.082	32.616
硅石单耗/t·t^{-1}	1813	1683	1884
焦炭单耗/t·t^{-1}	1246	1138	840
钢屑单耗/t·t^{-1}	227	218	221
冶炼电耗/t·t^{-1}	9117	8326	8831

试验原料	新汶硅石焦 5 号		吴煤冶金焦
试验阶段	初　期	稳定期	对比试验
合金含硅量/%	74.52	75.04	74.74
硅回收率/%	88.96	96.08	86.12

据介绍，试验过程中炉况显著改善，炉口透气性好，炉料疏松以至可以不捣炉。由于炉料比电阻的提高，电极稳定，插入深度比使用冶金焦多 150mm，炉膛温度提高，排渣顺利。

硅石焦的主要缺点是强度差，在破碎加工过程会产生大量粉末，最高可达40%以上。这增加了产品的制造成本，限制了硅石焦的推广使用。

硅石焦的生产工艺方法具有很大改进潜力。采用除尘回收的微硅粉为原料来提高强度，以型焦方式改善粒度、减少破碎等，均是硅石焦工艺改进方向。

B　铁焦

铁是生产硅铁的原料，在硅铁生产中通常使用钢屑作为含铁原料。但卷曲的钢屑给配料和原料混合、输送带来不少麻烦。将铁矿粉与还原剂成型后使用会有助于改进冶炼系统的自动化程度。

铁焦是以焦煤粉与铁矿为原料，焦化而成的铁合金专用还原剂。铁矿粉与焦煤的比例为 7:100，经过焦化处理铁矿粉中的铁转换成 Fe_3O_4 和 FeO。

试验表明：铁焦的强度很好，其电阻率和气孔率均高于普通冶金焦，是冶炼硅铁的很好的原料。

C　焙烧和压制木屑块

金属硅生产中木炭的使用受到资源和价格的制约，相比之下木块的应用日益受到重视。木屑压块使用焦油或有机粘结剂压制而成。焙烧木块是介于木块和木炭之间的碳质还原剂[11]，它是将 12～80mm 的木片经过干燥脱去大部分水分，并在隔绝空气的条件下对其进行低温焙烧。所得到的焙烧木块具有良好的机械强度和反应活性，更适用于硅和硅铁生产。其特性比较见表 3-45。

表 3-45　木块和木炭特性对比

性　能	木　炭	木　块	焙烧木块
固定碳/%	90	15	30
灰分/%	1	1	1
挥发分/%	13	85	70
热值/kJ·kg^{-1}	30000	20000	23000
假密度/g·cm^{-3}	0.15	0.30	0.25
强度	差	好	好
反应活性	很好	好	很好

3.1.6 粘结剂

粘结剂的主要作用是使矿粉颗粒在各种条件下维持在聚集状态。在固结过程粘结剂与矿物颗粒间发生化学反应并形成骨架结构。用于球团和压块的粘结剂种类近百种，大体可以分为陶瓷结合型粘结剂、水硬型粘结剂、化学结合粘结剂和有机粘结剂等几类。其中陶瓷结合型粘结剂主要用于高温固结球团。

优质粘结剂不应对合金造成任何污染，也不对冶炼过程产生不良影响。膨润土、水泥等无机粘结剂中 SiO_2 和 Al_2O_3 含量高达70%以上，在冶炼过程中无机粘结剂转化为废渣。粘结剂配加量每提高1%，球团矿品位降低0.5%左右，焦比和电耗会相应提高3% ~4%。

3.1.6.1 粘结剂性能

粘结剂的主要性能有：

A 粘合力

粘合力是维持矿物颗粒之间联系的力，分子间的吸引力有化合键作用、氢键和分子间的范德华力。只有矿物颗粒间距离足够接近，即矿物颗粒足够细小，范德华力才会起作用。在球团固结中化合键是最主要的作用力。

在成球过程中随着矿物颗粒接触紧密，孔隙率逐渐减少，充满在孔隙中的液相起着润滑剂的作用，减少颗粒间摩擦，使颗粒靠拢而紧密，使范德华力发生作用。

B 润湿性

粘结剂对矿石的润湿性越好，则其对矿石的粘附力越好。

将粘结剂液体均匀附着在矿石颗粒表面的分散度 S_H 定义为：

$$S_H = W_A - W_C$$

式中 W_A——粘合功；

W_C——聚合功。

当粘结剂对矿石的粘合功大于粘结剂自身的聚合功时，粘结剂呈现分布在矿石表面的倾向。

C 聚合力

粘结剂对球团的聚合作用取决于粘结剂本身的机械强度，而其机械强度取决于粘结剂化学结构、结晶状态和相互联结程度等。

D 热稳定性

大部分粘结剂往往只能在一定的温度区间起作用。例如：以化学结合型粘结剂结合的球团在中温条件下强度变差；有机粘结剂在中高温发生变质或氧化。为了适应更宽的工作温度范围要求粘结剂具有良好的热稳定性。

E 粘结剂的黏度

粘结剂的黏度性能对矿粉成球影响很大。粘结剂黏度过低时成球盘中球表面水容易聚集，在成球盘中球径增长速度过快，生球团强度差。粘结剂具有足够的黏度可以使球团内部水分过饱和，使粘结剂形成网状结构。

3.1.6.2 粘结剂种类

表3-46给出了冷固结球团常用的粘结剂种类和添加量。

表3-46 粘结剂种类和添加量

粘结剂种类	添加量/%	固化方式
消石灰	5~15	碳酸化/蒸汽养生
膨润土	2~5	高温焙烧
水 泥	6~12	常温养生
硅酸钠	3	常温养生
纸 浆	3	常温养生
糖蜜废液	4	常温养生
淀 粉	2	常温养生
有机粘结剂	1~2	常温养生
焦 油	3~5	中温焙烧

A 消石灰

在冷固结球团工艺中消石灰是最常用的粘结剂。消石灰的原料易得、制取简便。消石灰的粘结机理主要是热液反应。消石灰是水硬性粘结剂，经过干燥和硬化过程可以得到强度很好的球团。

B 硅酸钠

硅酸钠溶于水形成的水玻璃是典型的无机粘结剂。水玻璃在固结以后转变为硅胶、硅酸钠和硅酸，形成链状和网状结构，使矿物颗粒固结起来。

C 膨润土

膨润土广泛用作球团生产的粘结剂，也常用作一些矿物烧结的熔剂。

膨润土是含水的硅酸铝黏土，主要是由不同种类蒙脱石矿物组成。膨润土中蒙脱石含量在80%以上，SiO_2含量在65%~70%之间。典型的蒙脱石的化学式为：$(Na，Ca)_{0.33}(Al_{1.67}，Mg_{0.33})Si_4O_{10}(OH)_2 \cdot nH_2O$。

蒙脱石呈层状结构，天然膨润土是由15~20个蒙脱石层状组织叠成，层厚为2nm，各层之间可以滑移，其表面积可达$100m^2/g$以上。

膨润土分散性良好，具有吸水膨胀特性。在遇到水时膨润土会生成胶体，体积膨胀达十几倍。在外力作用下，膨润土各片层产生滑动，促使膨润土纤维结构形成。吸水后的膨润土细微颗粒填充在矿石颗粒之间，改变了矿石表面特性，增加固相键桥和液相键桥，从而提高湿球团的抗压强度和落下强度。

膨润土的物理特性主要包括蒙脱石含量、吸水膨胀倍数、阳离子交换量、胶质价、碱性系数、吸水率（2h 和 24h）、pH 值等。球团性能与膨润土的物理性能密切相关。由于各种膨润土的物理化学性能差异很大，应根据球团的组成实际情况综合考虑其特性来选择膨润土。一般来说，为了提高生球团的落下强度、抗压强度并减少爆裂，应采用蒙脱石含量高、2h 吸水率高、膨胀倍数大，而胶质价和阳离子交换量较小的膨润土为好。

天然膨润土可分为钙基和钠基两种。钠基膨润土的性能明显优于钙基膨润土，其膨胀性大于钙基膨润土。但通过向钙基膨润土中添加苏打（Na_2CO_3）可以将其转换成钠基膨润土，使其活性提高。活性高的粘结剂可以显著改善球团性能。

D 水泥

水泥是建筑业使用的胶结材料，在冷压块工艺中也常用作粘结剂固结矿粉球团。水泥固结机理属于结晶硬化和胶体硬化反应。水泥中各组成与水作用生成凝胶，在硬化初期，整个凝胶是不紧密的，相互粘结力弱。经过较长一段时间，水化反应逐渐向颗粒内部扩散，凝胶的水分减少，粒子互相接近，球团矿具有了一定的强度。水泥球团需要的固化时间过长，给生产带来了许多不便，同时水泥会带入过多杂质，增加了炉渣量。

E 焦油

采用焦油作球团粘结剂，球团性能较好，但生产工艺复杂，易产生环境污染问题。焦油常与其他粘结剂混合使用以适应较宽的温度范围。焦油卤水是镁质耐火材料常用的粘结剂。

F 糖蜜和纸浆废液

糖蜜和纸浆废液是制糖和造纸工业的液体废弃物，是冷固结球团常用的粘结剂。

G 有机粘结剂

有机粘结剂种类很多，如淀粉、腐殖酸钠、纤维素、聚乙烯醇等。人们一直寄希望于有机粘结剂能够取代膨润土，因为这可以减少膨润土带入的渣量及其对产品质量的影响。通过增加粉矿颗粒间的作用力、增加颗粒的接触点，使用有机粘结剂的措施可以大幅度提高球团和压块的强度。由于有机粘结剂的热稳定性差，至今其应用仍然十分有限。有机粘结剂在焙烧过程中易失去其黏性，造成粉化率提高，影响球矿质量。

3.1.6.3 粘结剂的使用

粘结剂的配入量通常只有矿粉原料的 3% ~ 5%，经过磨矿制造球团使用的粘结剂可低至 1.5%。为了使粘结剂充分发挥作用必须将其与矿粉充分混合，同时要使矿粉充分润湿。采用轮碾、困料等措施可以使水分和粘结剂的分子扩散到矿石颗粒表面，提高粘结剂的功效。

在实际球团生产中往往是多种粘结剂组合使用，如在添加糖蜜、纸浆同时配入适量的消石灰粉。多种粘结剂共同作用可以大大改善压块球团的性能。由有机粘结剂和无机粘结剂组合的复合粘结剂是未来球团、压块质量改进的方向。采用复合粘结剂的优点在于使球团性能可以在较宽的温度范围适应冶炼要求。

许多粘结剂含有 K_2O 和 Na_2O 等碱金属成分。碱金属和碱土形成的低熔点化合物不仅起到胶结作用，也对碳热还原起催化作用，但高温下碱金属的气化会侵蚀炉衬和窑衬耐火材料。

3.1.7 人造矿物的性能

铁合金原料矿物中，常用的人造矿物有富锰渣、焙烧矿、烧结矿、烧结球团、预还原球团、冷固结球团和富铬渣等。人造矿物的特点是其化学成分和物理性质在一定范围内是可控的。通过测试和实际生产比较可以看出，烧结球团和预还原球团的性能最为优良，可以取得最好的技术经济指标。

3.1.7.1 锰矿烧结矿

锰烧结矿的基本矿物是黑锰矿（Mn_3O_4）、方锰矿（MnO）、磁铁矿（FeO）、铁锰橄榄石（$MnFeSiO_4$）和玻璃体等。烧结矿的强度主要源自黑锰矿与玻璃体和硅酸铁的结合力。

烧结矿按照其组成可分成酸性烧结矿、碱性烧结矿和熔剂性烧结矿等多个种类。锰铁品种很多，对烧结矿的成分要求各不相同。一般将碱度 CaO/SiO_2 低于 0.4 的烧结矿称为酸性烧结矿，大部分锰烧结矿为酸性烧结矿。且锰烧结矿酸性度的提高往往是由于脉石含量高引起的。

酸性烧结矿的主要粘结相是铁橄榄石和玻璃质。玻璃相和硅酸盐比较脆，在硅酸类物质数量增加时，锰矿颗粒之间结合强度会显著削弱，烧结矿强度会因此降低。表 3-47 为澳大利亚酸性锰烧结矿的矿相结构[18]。

表 3-47 澳大利亚锰烧结矿矿相结构[18]

矿 相	体积/%
黑锰矿，(Fe, Mn)$_3$O$_4$	60
锰尖晶石，Mn$_3$O$_4$	8
锰蔷薇辉石，MnSiO$_3$	12
玻璃相	17
原生矿	3

熔剂性烧结锰矿的主要矿物为黑锰矿、方锰矿、锰橄榄石与铁橄榄石组成的

连续固溶体、玻璃质及少量的褐锰矿。

锰烧结矿中的硅酸盐矿物含量随碱度升高而减少，矿物种类也由正硅酸盐转变成偏硅酸盐和硅酸二钙为主的矿物；锰酸钙含量随着碱度升高而明显增加。在碱度为 1.0 时黑锰矿与方锰矿含量较低，碱度在 1.5 以上时二者含量较高。

锰矿烧结矿的内部孔隙度远远高于普通锰矿。矿石内部的孔隙为还原反应创造了良好的动力学条件，使还原气体和还原反应的产物顺利通过孔隙来扩散。炉内气体在炉料中的分布改善了热传导过程。高比例烧结矿使混合料孔隙均匀，改善炉气与混合料热交换，降低料面温度，使电炉炉况稳定，减少电极位置波动和炉料配比变化。当烧结矿比例高于 40% 时，冶炼电耗会降低 10% 左右。

烧结矿中的锰多以 Mn_3O_4 的形式存在，低含氧量的锰矿有助于改善电炉操作。在炉内低氧化态的锰矿还原只需消耗较少的还原剂，因此，低氧化态锰矿组成的混合料的比电阻要高于高氧化态的锰矿混合料。澳大利亚塔斯马尼亚公司 27MVA 电炉使用烧结矿后电炉的操作电阻由 $0.95 m\Omega$ 提高到 $1.5 m\Omega$。炉料电阻率高有利于增加电极插入深度，提高电炉的有功功率和热效率。

一般认为，混合矿中烧结矿的比例为 20% ~30% 冶炼效果最好。烧结矿的比例超过 50% 时，虽然操作条件有所改善，但电耗会显著增加。这是因为原矿中的高价氧化物在炉料下沉中会与 CO 或焦炭反应放出热量[19]。

锰烧结矿中，以硅酸盐状态存在的锰还原性能要比游离状态的锰氧化物差得多，其在冶炼时消耗热量多，且影响锰的回收率。但通过提高烧结矿碱度的方法，促使碱性氧化物与酸性氧化物结合，以置换出酸性液相中的锰的氧化物，这样则有利于冶炼过程中锰的还原。

自然碱度的锰烧结矿没有硅酸二钙和游离的氧化钙存在，可以长期贮存。但熔剂性烧结矿，特别是高碱度锰烧结矿中，上述两种物相均存在，会因水化和晶形变化而使烧结矿发生严重的自发性碎裂，形成大量粉末，因而不适宜长时间贮存。

3.1.7.2 铬矿烧结矿

铬矿是以铬铁矿等尖晶石矿物为主的矿物组成，而烧结铬矿的矿物组成出现了显著改变。扫描电镜能谱仪分析结果见表 3 - 48。铬烧结矿中铬铁尖晶石的比例有所降低，这说明了在烧结过程的氧化条件下，铁的氧化物转化成高价氧化铁使铬矿的尖晶石组成出现变化。

表 3 -48　铬矿烧结矿矿物结构组成　　　　　　　　（%）

矿 物	铬尖晶石	橄榄石	玻璃质	铁酸盐	碳化物	其他	孔隙率
组 成	54.7	18.5	5.5	3	0.05	2	54

经过烧结的铬铁矿尖晶石的矿物结构与原矿截然不同。矿石中的 Fe^{2+} 转变成

Fe^{3+}，有些铁离子脱离了尖晶石而集中在晶粒表面。在电炉炉膛中料层上部还原性炉气使氧化铁极易还原成游离铁，这种还原方式加强了还原过程的自催化作用。尽管矿石的氧化性增强，但还原剂的消耗并没有增加，有的反而减少了焦耗。

无论是烧结矿还是烧结球团矿，其气孔率很高、比表面很大，这有利于提高还原反应的速度。烧结铬矿强度高、粒度均匀，使电炉透气性改善。与块矿和冷压球团相比，烧结矿结构疏松，高温电阻率比块矿和冷压球团大得多。经验表明：采用烧结矿冶炼产品，单位电耗降低幅度可达 $200 \sim 300kW \cdot h/t$，产量可以提高 $10\% \sim 17\%$。

3.1.7.3 球团矿

球团矿是由粉矿经过高温烧结制成的。球团矿具有强度高、粒度均匀的特点，适用于料层厚度大的冶炼炉使用。按照烧结条件，球团矿有氧化球团和还原球团之分，由锰精矿和粉铬矿经过烧结机和竖窑烧结制成的球团为氧化球团；粉铬矿在链箅机—回转窑中预还原可以制成还原球团。铁矿氧化球团是硅铁冶炼常用的含铁物料。

氧化球团的强度比还原球团高得多，氧化球团的抗压强度可达 1500N/球以上，而还原球团的抗压强度在 1000N/球左右。低温处理的蒸养球团只有 500N/球。表 3-49 列出了高压蒸养球团在低温和高温情况下的球团强度。可以看出，经过高温焙烧球团强度显著降低，特别是石灰添加量大的球团，其高温强度不及低温强度的三分之一。

表 3-49 蒸养球团低温和高温强度对比

石灰添加量	%	5	10	20
室温强度	N/球	520	690	800
900℃焙烧后强度	N/球	450	350	250

预还原铬矿球团的金属化率在 $50\% \sim 75\%$ 之间，使用预还原球团可以减少炉料的配碳量，提高炉料的比电阻。

3.1.7.4 富锰渣和富铬渣

A 富锰渣

常用的富锰渣有以高铁锰矿为原料生产的高炉富锰渣，以富锰矿为原料电炉生产高碳锰铁的副产品富锰渣和精炼锰铁的副产品碱性富锰渣。

富锰渣的锰铁比和锰磷比很高，常用于平衡硅锰生产原料的锰和磷。碱性富锰渣中 CaO 含量较高，有助于降低渣铁比，从而降低冶炼电耗。但碱性富锰渣熔化温度偏低，故配入量不宜超过 20%。

实际生产的锰渣中铁和磷含量远远高于理论值。富锰渣中的铁和磷主要来自于渣中悬浮的金属珠或渣铁分离不完善带来的金属颗粒。生产金属锰和纯净锰铁时需要对使用的富锰渣进行必要的破碎和精选。

碱性富锰渣中含有一定数量的硅酸二钙,其在冷却过程中发生相变导致炉渣粉化。渣中 B_2O_3 浓度为 0.8% ~ 2.0% 时可以对炉渣起到有效的稳定作用,避免炉渣粉化。常用的稳定剂有硼砂和硼矿石。

B 富铬渣

富铬渣是由选择性还原制得的高铬铁比的含铬矿物,用于生产高铬低磷合金,通常富铬渣的碱度较高。液态高铬渣与硅质还原剂反应生产高铬合金有利于利用炉渣的热能,降低成本。

富铬渣的成分和冶炼电耗见表 3 – 50。

表 3 – 50 富铬渣的成分和冶炼电耗

类别	化学成分/%						熔渣电耗/kW·h·t^{-1}
	Cr_2O_3	CaO	FeO	SiO_2	MgO	Al_2O_3	
富铬渣	约 28	约 40	约 8	约 3	约 8	约 4	约 1000

3.1.7.5 人造矿物的性能比较

A 强度性能

度量人造矿物的强度指标有抗压强度、落下强度和转鼓强度等,这些指标同时反映了矿物的抗磨性和抗冲击性。

按照球团加工顺序,球团强度有生球团强度、干球团强度和球团焙烧强度之分。

球团在运输和转运时会发生多次落下运动,在落下时球团需要经受一定的冲击力。生球团强度很差,其抗冲击性是以落下强度来度量的。度量方法通常是将一定重量的压块或球团由一定高度自由落体落到钢板上三次,称量发生碎裂的块粒重量,以大于 5mm 部分的重量比例为落下强度。对于湿球团则以出现碎裂的落下次数来度量。

生球团的塑性和弹性对成球过程和使用性能有很大影响。粘结剂加入量和水分含量越大球团的弹性会随之增加,其落下次数也会增加。生球团的塑性会阻止球团在受力时发生碎裂,但塑性大会增大生球团在输送和静止状态下的变形。

在球团干燥后矿物颗粒间的部分结合力已经消失。如果粘结剂不能提高干球团强度,在继续加工过程中球团会产生大量磨损或粉尘。好的粘结剂应能在球团加工和使用全过程中维持矿物颗粒间的良好接触,避免球团碎裂。经过养生和焙烧的球团具有较高的强度,也可用压力试验机测试球团强度值,采用的单位为每个球团的强度。

冷压块的抗压强度为 80 ~ 250kN/cm^2,球团强度大于 80kN/cm^2 就可以满足运输和冶炼要求。

冷固结球团的低温强度普遍较好,可以适应炉料运输、加料和炉内布料的要求。但球团的高温强度普遍偏低，在炉内会发生破裂甚至粉化而破坏高温区炉料的透气性。因此，球团矿的配入量完全取决于其高温性能。

转鼓指数是矿物抵抗冲击和抵抗摩擦的能力的一个相对度量；抗磨指数是物料抗摩擦的能力的一个相对度量。国家标准 GB 8209（ISO 3271）对烧结矿和球团的转鼓强度做出规定：用 15kg 试样，在内径 1000mm、内宽 500mm 的转鼓中转动 200 转后，用孔宽为 6.3mm 和 0.5mm 的方孔筛进行筛分，对各粒级重量进行称量并计算转鼓指数和抗磨指数。以 +6.3mm 部分的质量分数表示转鼓指数；以 -0.5mm 的重量百分数表示抗磨指数。

烧结矿的转鼓指数随着结合相的数量增加而减少。玻璃相和硅酸盐是脆性物质，当其含量增加时，新生的矿相基体与原生矿的结合减少，烧结矿强度降低。表 3-51 为锰烧结矿和铬烧结矿的转鼓指数。

表 3-51　锰烧结矿和铬烧结矿强度指标

矿物种类	转鼓强度	抗磨性
锰烧结矿（ISO 3271）	+6.35mm，>75%	-0.5mm，<4.2%
萨曼克锰烧结矿	+6.35mm，78%~82%	
俄罗斯碳酸锰矿烧结矿	+12mm，约53%	
铬烧结矿	+9.52mm，约60%	

经过 500℃ 以下温度处理的球团强度普遍低于其低温强度，而经过 1200℃ 以上高温焙烧处理球团的内部产生了胶结相，可以显著提高球团强度。焙烧球团强度足够大，可以在经历温度变化、冲击、摩擦和压力作用后不发生破坏。

矿石的强度与组成矿石颗粒间的聚合力有关。表 3-52 中，矿石的聚合力指数以矿石（>10mm 的百分比）的转鼓强度来度量；热稳定性指数以加热到 1100℃ 还原后的矿石（>1.6mm 的百分比）转鼓强度来度量。热稳定性反映了矿物结构在加热和还原后的变化。由表 3-52 可见，焙烧球团的聚合力和热稳定性指数最好，压块的聚合力和热稳定性指数最差。块矿的热稳定性与所含的矿物组成有关。

表 3-52　不同锰矿矿物聚合力指数与热稳定性指数

类别	矿物聚合力指数，C. I	热稳定性指数，T. I
块矿	29~14	61/64
压块	0	30/31
烧结矿	35	80
焙烧球团	94/96	96/92

B　密度和气孔率

矿物的气孔率对于还原过程是十分重要的。在电炉料层 CO 气体通过矿物孔隙渗透到内部，与金属氧化物发生反应；同时反应产物通过气孔逸出。而另一方面，气孔率高削弱了矿物颗粒间的结合力，对矿物的强度有不利影响。

以不同方法造块的矿物密度和气孔率与原矿有较大差别，表3-53比较了不同结构锰矿矿物的密度和气孔率的数据。可以看出：压块料的气孔率最高，而密度最低。

表3-53 不同锰矿矿物的密度和气孔率

类 别	密度/g·cm⁻³	气孔率/%
块 矿	4.15/4.6	18.5/22.58
压 块	3.25/3.28	22.19/24.34
烧结矿	3.84/4.18	11.13/17.7
焙烧球团	4.12/4.33	4.68/11.85

C 电阻率

球团矿的电阻率与块矿相差不大，在炉内加热过程中电阻率的改变趋势也基本相近。图3-11为铬矿冷球团与铬块矿在不同温度下的电阻率。

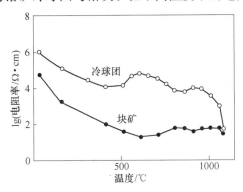

图3-11 铬矿冷球团与块矿在不同温度下的电阻率[19]

3.1.7.6 人造矿物的高温性能

与矿石的高温性能一样，人造矿物的高温性能有熔化性、还原性、高温还原的粉化性和导电性能等。人造矿物中添加的还原剂和粘结剂、球团中的矿石粒度组成对其高温性能都有很大影响。表3-54列出了两种锰矿与其形成的人造矿物的高温特性。可以看出，由于添加了粘结剂，人造矿物的熔化温度范围都有不同程度的扩大，而还原开始温度普遍降低且含碳球团的还原速度明显优于块矿。

表3-54 人造矿物的高温性能　　　　　　　（℃）

类 别	熔化起始温度	还原开始温度	熔化结束温度
块 矿	参照值	21/47	146/165
压 块	-44/-203	-36/-184	146/50
烧结矿	-81/-94	29/-85	263/97
焙烧球团	-4/-159	13/-133	211/65

3.1.7.7 固态还原的还原率和金属化率的计算

还原球团中有相当数量的铁和铬以0价金属形态存在。在固态还原工艺中常用还原率或金属化率度量元素的还原程度。

铁、铬、镍等金属氧化物的还原伴随着氧化物的脱氧，所以还原率定义为：

$$还原率(\%) = (脱氧量 / 矿中可脱去的氧量) \times 100\%$$

这里，矿石中可脱去的氧由矿石化学分析测定的金属氧化物（如 FeO、Fe_2O_3、Mn_2O_3、Cr_2O_3、NiO）中的含氧量计算。

球团的还原率按下式计算：

$$Me(\%) = \frac{M_1 \times 24/52 + M_2 \times 16/56}{(Cr_2O_3) \times 48/152 + (FeO) \times 16/72} \times 100\%$$

式中 M_1，M_2——化验分析得到的0价铬和0价铁的重量。

金属化率 $M(\%)$ 定义为还原生成的0价金属重量（$Cr^0 + Fe^0$）与矿中全部金属重量（$Cr_总 + Fe_总$）之比。铬矿球团金属化率按下式计算：

$$M(\%) = (Cr^0 + Fe^0)/(Cr_总 + Fe_总) \times 100\%$$

图3-12给出了铬铁比为1.57的直接还原球团的还原率和金属化率与铁的还原率的关系。球团的还原率和金属化率与球团的铬铁比有关，铬铁比低的球团更容易还原，还原率的水平更高。还原率的数值高于金属化率。

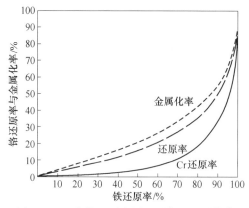

图3-12 直接还原球团还原率和金属化率

3.1.8 混合炉料的冶金特性

入炉炉料是矿石、还原剂和熔剂的混合物。受还原剂的影响，炉料的高温冶金性能与矿石本身有很大差别。炉料的冶金性能包括混合料的物理条件、透气性、导电性和熔化性等影响冶金反应过程的特性。炉料的冶金性能是在不同的温度条件下矿石性能和还原剂性能的综合体现，对还原过程有极大影响。

把不同的矿石和还原剂混合使用可以显著改善炉料的冶金特性，例如在冶炼金属硅时往往使用3~4种还原剂；在冶炼有渣法铁合金时将烧结矿、富渣与块矿混合使用。

3.1.8.1　炉料的导电性

炉料中的碳质还原剂是低温料层的主要导电成分。炉料的导电性主要与单位体积炉料中还原剂的数量有关，还原剂的数量是由入炉矿石品位所决定的。矿石品位越高，还原剂数量越大，炉料的导电性越好。表3-55给出了不同品种铁合金生产中炉料的配碳量和焦炭占炉料体积的百分比。

表3-55　铁合金炉料中焦炭比例

品　种	矿石品位/%	焦炭量/kg·t⁻¹-矿	体积百分比/%
FeSi 75		约540	54
HC FeMn	42	约160	27
SiMn	32	约182	32
SiMn	34	约196	33
SiMn	36	约212	35
SiMn	38	约231	37

为了适应硅还原的特点，硅铁和金属硅冶炼将焦炭与煤、半焦、木炭、木块等多种还原剂混合使用。这不仅可以降低炉料电阻，提高炉料的透气性，也满足了深部料层对碳质还原剂的需要。大电炉冶炼金属硅，煤的配入量达30%。

炉料中还存在其他的导电成分，如硅铁冶炼使用大量钢屑，二步法生产硅铬合金使用的钢屑和高碳铬铁也是重要的炉料导电成分。高碳铬铁与45%硅铁炉料电阻-温度关系见图3-13。

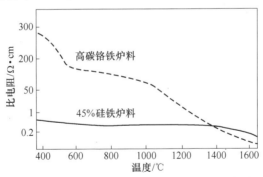

图3-13　高碳铬铁与45%硅铁炉料比电阻-温度关系[20]

在高碳锰铁、硅锰合金和高碳铬铁生产中，单位炉料体积的焦炭数量与矿石主元素含量（Mn，Cr，Fe）成正比，也与矿石氧化物的价位有关。碳酸锰矿的锰主要是以MnO形态存在，烧结锰矿中的锰是以Mn_3O_4的形态存在，而氧化锰矿中的锰则主要是以MnO_2和Mn_2O_3的形态存在。因此，使用碳酸锰矿和烧结锰矿时混合料的配碳量较少；使用含碳球团和金属化球团的炉料配碳量相对较低。单位炉料体积的焦炭数量减少导致炉料导电性降低。炉料电阻增加有利于电极深插和电炉热效率的提高。

温度对炉料的导电能力有显著影响。在高温状态，特别是炉料处于熔融状态时炉料的导电性显著增强，见图 3-14。硅石在低温时是绝缘体，而在高温状态，特别是在熔融状态时电阻率显著降低。

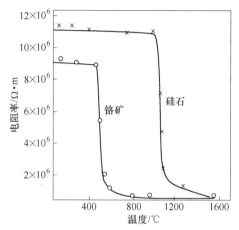

图 3-14 硅石和铬矿电阻率随温度变化状况[20]

随着炉料的运动，料层温度逐渐上升。矿石与熔剂之间、矿石与还原剂之间相互反应生成初渣，呈半熔和熔融状态的炉料导电能力显著增强，初渣中的碱性氧化物成分对炉料的导电性有显著影响，增加炉料中 CaO 和 MgO 数量会在一定程度上改变炉膛操作电阻。对于锰铁冶炼来说，MnO 的作用不可忽视。图 3-15 绘出了 MnO 含量和温度对炉渣电导率的影响，可以看出 MnO 含量越高导电性越好。这就解释了炉料配入的还原剂极端不足导致的炉渣中 MnO 含量过高，也会使炉料导电性增强。

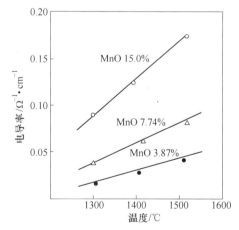

图 3-15 渣中 MnO 含量和温度对炉渣导电性的影响

3.1.8.2 炉料的透气性

炉料的透气性是气体穿过炉料受到的阻力大小的度量。炉料的透气性对原料在炉内的干燥、预热和预还原等操作有很大影响。炉料的透气性决定了电炉的热效率，因此，铁合金操作规程对炉料的粒度组成有严格的要求。在实际生产中可以用逸出料面的气体温度和 CO_2 含量来衡量电炉的透气性。

矿热炉通常使用形状和大小不均匀的矿石和还原剂。炉料的透气性与原料粒度分布形状有一定关系。炉料的形状因子定义为当量粒径和粒径之比：

$$\Phi = d_m / d_p$$

这里，当量粒径为颗粒体积与表面积之比，粒径相当于球形直径，即

$$d_p = (6V/\pi)^{1/3}$$

大部分破碎的矿石形状因子为 0.75 左右[13]。

料层的孔隙度 ε 由下式计算：

$$1 - \varepsilon = 炉料体积/料层体积$$

紧密堆积的均匀粒度球形孔隙度为 0.26。松散堆积的炉料孔隙度为 0.4 ~ 0.6。料层的压力损失可以由厄根（Ergun）公式计算[14]：

$$\Delta P/L = 1.75 \left[(1 - \varepsilon)/(\varepsilon^3 d_m \Phi) \right] (G^2/\rho_g)$$

式中 ΔP——压力损失；

  L——料层厚度；

  G——炉料下降速度；

  ρ——气体密度。

由厄根公式看出，微小的孔隙度变化也可能引起较大的压力损失。

炉料的透气性 K 可以通过下式计算[14]：

$$K = (G^2/\rho_g)/(\Delta P/L) = 0.57(\varepsilon^3 d_m \Phi)/(1 - \varepsilon)$$

可见，炉料透气性正比于当量直径、形状因子和阻力因子 $(1 - \varepsilon)/\varepsilon^3$，不同矿物阻力因子和孔隙度的关系见图 3 - 16[21]。

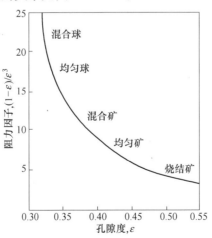

图 3 - 16 不同矿物的孔隙度和阻力因子的关系[21]

细小颗粒矿石与大颗粒矿石混合会减小炉料的孔隙度，使料层的透气性变差。将焦炭筛分成两种粒度，分层向炉内加入不同粒度的焦炭，可以使料层维持较好的透气性。烧结矿的高孔隙度特性使其在冶炼炉内具有更好的透气性。测试表明烧结矿的透气性比块矿高 10 倍以上。炉料中配入 30% 以上的烧结矿可以显著改善炉料透气性。

硅铁和金属硅生产的炉料中需要配入相当数量的木炭、木片、玉米芯等疏松剂以改善炉料的透气性。大电炉生产硅铁时为了提高炉料电阻和透气性，冶金焦与木块的比例为 10:4，这意味着木片的体积可达炉料的 60% 以上。

电极四周极易形成上升气流通道，气流阻力小。由于炉料的烧结，炉心部位气流阻力较大。炉料在炉内烧结会破坏料层的透气性，当炉料透气性变差时，炉膛压力增大。由于电极在料层中上下运动，电极四周容易形成气流通道，大量炽热的炉气沿着电极四周排出并产生刺火现象。这时料层局部温度升高，料层温度则下降，热效率降低。为了改善料层的透气性需定期破坏炉口烧结的炉料。

3.1.8.3 炉料的熔化性

炉料的熔化性反映了矿石在高温下的物理状态。高温下矿石与还原剂相互作用改变了其矿物结构，因此，炉料的熔化性和还原性有紧密联系，即矿石的熔化性与炉膛的还原条件有关。

使用易熔的锰矿，使锰矿的熔化速度大于还原速度时，会造成上层炉料即初渣导电性增强，电极很难深插。当入炉矿品位较高时，初渣的导电性相对较高，同时单位体积内还原剂数量较高，炉料的导电能力会更大一些。图 3-17 给出了不同炉料在升温过程中的收缩率和电阻率的关系。矿石熔化过程伴随着体积收缩，使其导电性增强。

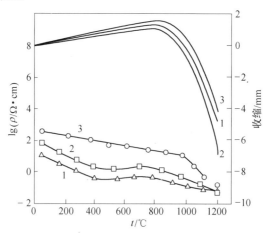

图 3-17 炉料导电性和线收缩率与温度的关系[22]

1—硅锰合金；2—低碳锰铁；3—低碳硅锰

经验表明,为了得到良好的炉况,锰矿的导电性在 1300~1400℃ 之间不能超过焦炭的导电性。

3.2 原料预处理

3.2.1 原料干燥

矿石、焦炭等原料中含有较高的水分,在雨季时含水量更高。原料含水量高会影响配料的准确性和炉况操作的稳定性,炉料水分过高还会增加冶炼电耗。

许多铁合金企业没有原料干燥工序,只是按照原料湿存水多少来调整配料比也可以维持正常生产。但镍铁生产、电石生产、铬矿和锰矿球团等生产流程中干燥是不可缺失的工序。

铁合金原料常用的干燥设备是回转干燥筒,干燥的热源采用煤或电炉煤气,半密闭电炉的高温烟气也可以作为干燥热源。

铁合金原料常用的干燥设备有回转干燥机、竖式干燥器、隧道窑和链箅机等。电炉和回转窑的热烟气和尾气常用于原料干燥。焦炭、锰矿、铬矿、红土矿干燥常使用回转干燥机;竖式干燥器用于焦炭干燥;链箅机和隧道窑常用于球团干燥。

干燥机工作的基本参数和指标有:干燥设备生产能力、蒸发能力、烟气进出口温度、原料温度、原料干燥前后含水量、干燥效率、干燥能耗、热利用率和动力消耗等。

干燥原料含水量是根据后续工序要求设定的,并非所有干燥工艺都要求把原料水分降低到最低。电石生产要求将焦炭含水量降低到 1% 以下;球团矿要求原料含水量干燥到 3% 以下,以满足磨矿工艺要求;RK-EF 工艺要求干燥工艺将红土矿水分降低 10% 左右,以满足混料要求。大多数铁合金工艺要求干燥后原料水分稳定满足配料准确性要求。

干燥工艺使用的原料种类是根据物料条件决定的。要求蒸发能力大的工艺需要使用燃烧生成的高温烟气,而温度较低的电炉和回转窑尾气可用于干燥率低的原料。

3.2.1.1 回转干燥机

回转干燥机的主体是一个由电动机带动做回转运动的金属圆筒,转筒倾斜度为 3%~6%,筒体上装有大齿轮和轮带,转筒借助于轮带支承在两对托轮上,筒体内设扬料板。转筒与燃烧室及集尘室之间设密封装置。倾斜筒体的回转运动使被干燥物料在转筒的扬料板和本身的重力作用下,从筒体较高的一端向较低的一端运动。在运动过程中物料与热烟气进行热交换,原料中的水分逐渐蒸发,实现干燥的目的。

按干燥物料与干燥气流的方向划分干燥方式为顺流干燥和逆流干燥两种。

在顺流干燥中物料与气流同向流动。在进料端，水分高、温度低的物料与高温、低湿度的介质相接触，此时传热及干燥速率都较大，在同向流动过程中，物料中水分逐渐减少，温度升高，而介质的湿度逐渐增加、温度降低。所以传热及干燥速率沿途降低。顺流干燥适合于湿水含量高、不耐高温以及吸湿性很小的物料，如焦炭。铁合金原料工艺流程中使用顺流干燥方式较多。

在逆流干燥中物料与气流逆向流动。在干燥筒内部各处干燥速度相对比较均匀，干燥热效率较高，逆流干燥适用于终水分要求很低、对高温不敏感的物料。

在干燥过程中物料与气体的热交换全部在筒体内进行。为了改善物料在干燥筒筒体内的运动状态和分布状态，增大物料和气体的接触面积，提高热交换能力和干燥热效率，可以在筒体内壁上设置金属扬料板、扬料槽、格板和链条。湿料在落下过程与热烟气发生热交换，水分得以蒸发。

干燥机的生产能力取决于原料性能、被干燥原料的湿存水含量、烟气量和烟气进出口温度等多种因素。一般以干燥机体积蒸发能力计算干燥机的主要参数。干燥机进口烟气温度与体积蒸发能力和热效率的关系见图 3-18，由图可以看出干燥机的热效率和蒸发能力随着烟气温度升高而增加。低于 250℃ 以下的烟气作为干燥热源时，热效率显著降低。

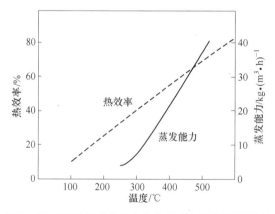

图 3-18 干燥机蒸发能力和热效率与烟气温度关系

干燥机每小时蒸发水量 $W(kg/h)$ 的计算式如下：
$$W = Q(W_1 - W_2)/(100 - W_1)$$
式中 Q——每小时干燥后的物料重量，kg/h；

W_1——进入干燥机的物料含水量，%；

W_2——出干燥机的物料水分，%。

干燥机的容积 V 为：
$$V = W/A$$
式中 A——干燥机单位容积蒸发能力，kg/(m³·h)。

干燥机的热烟气来源主要有燃烧为煤炭的沸腾炉、气体燃料的燃烧室、回转窑高温烟气和电炉烟气等。利用煤和气体燃料可以产生 500℃ 以上的高温热烟气对物料进行干燥，热效率比较高。而以低温废烟气干燥原料可以充分利用余热，但热效率偏低，需要使用较大的干燥设备。

采用燃煤或燃气为热源时，转筒干燥机干燥锰矿的单位容积蒸发能力可达 40kg/(m³·h) 以上；焦炭为 20kg/(m³·h) 左右。而利用低温烟气余热干燥时干燥锰矿和红土矿的单位容积蒸发能力则低于 20kg/(m³·h)。

回转干燥筒的长度由物料在筒内停留时间来确定，干燥筒的直径可由气体流过圆筒的速度计算。其他参数如倾斜度、转速、填充度和抄板的构造等主要取决于生产能力和物料在筒内停留时间。表 3－56 给出了一些回转干燥筒参数和使用的干燥热源。

表 3－56　典型回转干燥筒参数

项目	干燥筒规格/mm	转速/r·min⁻¹	容积/m³	蒸发能力/kg·(m³·h)⁻¹	生产能力/t·h⁻¹	热源
铬矿	φ2200×12000	4	45	20	20	电炉煤气
红土矿1	φ5000×40000	3	785	20	120	烟气余热
红土矿2	φ4300×36000	3	523	20	60	烟气余热
锰矿1	φ1600×9150	6	18.3	20	约4	煤粉
锰矿2	φ1100×7000	3.5	6.8	50	12	煤粉
焦炭	φ2200×12000	5～6	45	20	约11.5	燃气

干燥粉状原料的干燥机尾气的含尘浓度较高，要求水分含量低的干燥机尾气含尘量可达 $20～80g/m^3$，干燥机尾部需要设置旋风除尘器和袋式除尘器回收矿粉。烘干机废气的湿度较大，烟气温度要控制在露点以上，以防止水分在布袋上冷凝。

3.2.1.2　竖式干燥器

在竖式干燥器中干燥物料在重力作用下由上向下运动，干燥气流从干燥器侧面穿过物料实现干燥。竖式干燥器用于粒度均匀、湿存水含量不高的散状物料，如焦炭、矿石和球团的干燥。典型竖式干燥器参数见表 3－57。

表 3－57　竖式干燥器主要参数

工作参数	数值	备注
干燥气流流速/m·s⁻¹	0.2～0.3	
料层阻力/Pa	2000～3000	厚度0.5m，30m²
动力消耗/kW·t⁻¹	0.5～1.6	
耗热量/kJ·kg⁻¹-H₂O	4123～4689	

竖式干燥器结构简单，设备运行噪声低，热效率高。物料在干燥器内部的停留时间可以随时根据需要调整，产品含水量可以控制在较低水平。

3.2.2 破碎和筛分

一般入厂的原料矿石、还原剂、熔剂的粒度条件不能满足冶炼工艺要求。粒度过大的原料会堵塞料仓和料管，影响原料输送系统的顺行；粒度过小的原料比例过大会影响炉料的透气性，降低冶炼过程的热效率。图 3 - 19 是典型的矿石破碎筛分流程。该系统设置 2 台破碎机、2 台筛分机和相应的输送、给料设备，通过破碎筛分处理得到粒度为 10 ~ 80mm 的合格原料和小于 10mm 的粉料。小于 10mm 的粉矿用于后续烧结或压块工序造块处理。

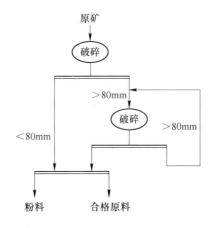

图 3 - 19 矿石破碎筛分工艺流程图

常用的破碎机有颚式破碎机、锥式破碎机、锤式破碎机、辊式破碎机和齿辊破碎机等。颚式破碎机适用于破碎形状不规整的坚硬矿石和铁合金；辊式破碎机适用于破碎相对比较规整的物料。图 3 - 20 给出了几种破碎机的产品粒度分布[4]。

烧结得到的块状原料同样要经过类似流程进行整粒处理，筛除不适合冶炼的粒度过细的部分。

常用的筛分设备有振动筛和滚筒筛等。筛分焦炭的振动筛上铺设橡胶筛板会避免筛板过度磨损。使用喷淋水的滚筒筛可以同时完成筛分和水洗硅石。

3.2.3 磨矿

矿石磨细是球团工艺和铬矿烧结工艺中的关键环节。在这些工艺中矿石和焦粉通常需要磨细到 200 目 (0.074mm) 以下。种类不同铬矿的磨细性能有很大差别，一般来说粉矿比较容易磨细，而铬精矿比较难磨。

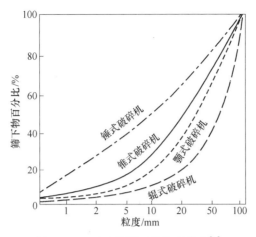

图 3-20 破碎机筛下物粒度分布[3]

根据磨矿理论定义的磨矿指数为:

$$WI = 44.5/[\,P_1^{0.23} \times G_{bp}^{0.82} \times (10/\sqrt{P} - 10/\sqrt{P_1})\,]^{1.1}$$

式中　WI——磨矿指数，$kW \cdot h/t$；

　　　F——80%料的粒径，μm；

　　　P_1——筛孔孔径，μm；

　　　P——筛下的80%粒度，μm；

　　　G_{bp}——磨机每一转的筛下产量，g。

磨矿指数体现了磨细不同矿物消耗的能量。表3-58为不同铬矿的磨细指数。

表 3-58　不同铬矿的磨细指数

矿 物 种 类	$WI(P_1 = 105\mu m)/kW \cdot h \cdot t^{-1}$
印度高品位粉矿	8.8
印度低品位粉矿	9.3
伊朗粉矿	12.9
菲律宾精矿	26.7
土耳其精矿	21.3
南非精矿	19.4
巴西精矿	14.3

磨矿能耗与矿石的磨矿指数和产品粒度分布有关。

磨矿方法有干式、湿式和润磨三种。一般根据原料特性选择磨矿方式，例如奥图泰铬矿球团烧结工艺采用湿式磨矿；预还原铬矿球团采用干式磨矿；而铁矿和铬矿氧化球团多采用润磨。表3-59比较了不同磨矿方法的特点。表3-60列出了典型球磨机规格。

表 3-59 各种磨矿工艺特点比较

磨矿方法	干式磨矿	润 磨	湿式磨矿
应用工艺	还原球团	烧结球团	奥图泰铬矿焙烧球团
水分含量	<2%	6%~7%	>20%
粒度分布	-0.074mm>80%	-0.074mm>80%	-0.074mm>80%
动力耗电量/kW·h·t^{-1}	60	40	20
钢球消耗量/kg·t^{-1}	7	2~4	<1
投 资	中	低	高
环保设施	除尘设备	布袋除尘	污水处理
设备配置	干燥机	配套设备简单	脱水、干燥设备

表 3-60 典型球磨机规格

项 目	球磨机规格/mm	有效容积/m^3	转速/r·min^{-1}	电机/kW	生产能力/t·h^{-1}
球磨机	φ3200×9000		18	1200	20
球磨机	φ4200×13000			2000	120
润磨机	φ2700×4500	23.5	17.73	20	60
润磨机	φ3200×5400	39.5	15.65		
润磨机	φ3500×6200		15.47		

采用干式磨矿粒度小于 0.044mm 的细粉比例可以达到 70%~80%。干磨工艺要求原料含水量小于 2%，否则球磨机磨矿效率会显著降低，经常出现磨球和衬板粘料现象。因此，在干磨工艺流程中必须有干燥工序。干磨产生的粉尘浓度高，需要在除尘和降噪方面改善环境，工程投资比较大。图 3-21 为磨矿粒度与电耗的关系。

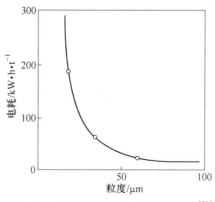

图 3-21 铬矿磨矿粒度与电耗的关系[23]

湿式磨矿的动力耗电比干式低，产生的粉尘也非常少。但需要对细矿进行脱水和干燥，建设污水处理设施。

润磨是在含水状态下将矿石磨细，它可以将磨矿和混合两道工序结合在一起。润磨机的特点是原料从一侧中空轴进入，由另一侧侧面环形筛板出料；可采用橡胶衬板和格筛板减少设备磨损。润磨具有湿式磨矿动力耗能低的优点，其长度低于干式球磨机，具有环保、投入少的优点。

球磨机运行的主要操作条件有：

（1）入料湿度。在润磨工艺中，铬矿含水量应控制在6%～8%，磨机的出矿水分应控制在5%～7%。在矿石水分稳定的情况下可以不设干燥工序，但在矿石水分波动较大的情况下，设一台间歇运转的干燥机便可以满足工艺生产能力。入料中的含水量将显著影响物料在筒体内的运转，从而影响磨机的生产能力。如果入料湿度大，可以适当增大球径，降低填充率。

（2）入料量。入料量的多少决定物料在磨内的停留时间，在其他参数一定的条件下，入料量增多，出料变粗，入料量减少，出料变细。

（3）钢球填充率和球料比。钢球填充率对出料粒度影响很大，钢球充填量高时，出料粒度明显变细；反之，出料粒度变粗。

（4）球径比。磨机运行中出现的主要问题是在磨球和衬板上粘附大量细矿，粘附矿量逐渐增大引起球磨机效率降低。通过改进衬板材质和结构可以解决运行中出现的问题。润磨矿中磨细粉会粘附在一起产生2～5mm片状颗粒，其与磨矿后的水分含量有关，片状物的比例随含水量升高而增加。片状物过多会影响成球的球径分布，片状物比例过高成球球径容易过大。

采用润磨的方法可以促使膨润土晶层滑动并形成纤维结构，从而降低膨润土用量并提高生球的强度。试验表明，没有润磨的干球内部结构比较松散；而混合料进行润磨后的干球，内部结构较致密，膨润土被包裹在颗粒团中间，粘附效果更好。所以，采用了润磨的方法后，膨润土的作用得到了较充分的发挥。

典型球磨机磨矿参数如表3－61所示。

表3－61 典型球磨机磨矿参数

项　　目	球　磨　机	润　磨　机
生产能力/t·h^{-1}	25	25
筒体内径/mm	2800	3200
筒体工作长度/mm	25000	5300
筒体有效容积/m^3	150	39
装料量/t	10	6
出料粒度	－0.074mm＞90%	－0.074mm＞90%

项　　目	球磨机	润磨机
介质填充量/t	60	44
球料体积比	2.5	3.5
钢球球径重量比（mm/%）	100:75:50	100:75:50/40:30:30
筒体工作转速/r·min^{-1}	2~3	16.5

3.3 原料焙烧和预热

焙烧是在适当温度和气氛条件下使矿石发生脱水、分解、氧化、还原和氯化等改善入炉原料的物理化学性质和组成的过程。

铁合金生产中加热原料的热能占总能耗的 10% 以上。炉料预热温度每升高 100℃ 可以节约 70kW·h/t 冶炼电能，预热温度到 700℃ 时的炉料降低冶炼电耗约为 500kW·h/t，电炉生产能力提高 15%~20%。

利用烟气余热和低质能源对原料进行焙烧可以节约能源，降低能耗。

3.3.1 铁合金生产中的焙烧工艺

铁合金生产中焙烧工艺用于处理高价氧化物、化合水含量高、碳酸盐和硫化物含量高的矿石原料。含有高价氧化物和化合水的矿石直接入炉冶炼，不仅会增加冶炼电耗，还会带来安全隐患。采用焙烧工艺有助于改进技术经济指标和产品质量，并且有助于保证安全生产。

许多冶金矿物中含有碳酸盐和结晶水。经过高温煅烧脱去二氧化碳和结晶水矿石品位会有不同程度的提高，碳酸锰矿和半碳酸锰矿经过焙烧处理后锰的品位可提高 5%~10%。

碳酸锰矿焙烧温度为 800~900℃。几种典型的碳酸盐分解温度见表 3-62。

表 3-62　典型碳酸盐分解温度　　　　　　　　　　（℃）

碳酸盐	$FeCO_3$	$MnCO_3$	$MgCO_3$	$CaCO_3$
分解温度	459	642	681	1157

由于焙烧环境的氧分压高于 MnO 的氧分压，焙烧碳酸锰矿的产物并非 MnO 而是以 Mn_3O_4 为主的矿物。

含硫高的原料不能直接用于铁合金生产，经过氧化焙烧处理硫化物转化成氧化物。还原熔炼低硫矿物可以得到含硫量低的铁合金。

焙烧过程所采用的单元设备有反射炉、单膛炉、竖炉、隧道窑、回转窑、多层焙烧炉和沸腾炉等。

回转窑、单膛炉用于焙烧硫锰矿、含硫高的钛矿、硫和砷含量高的钨矿。在 1100～1150℃焙烧硫锰矿，脱硫率达到90%以上；在500℃以上焙烧钨矿可以将其所含的砷化物氧化成 As_2O_3 挥发脱除。

多层焙烧炉用于焙烧硫化钼矿，焙烧炉由同轴的多层圆台组成。矿石粉自炉顶部加入，借旋转的耙杆作用，炉料缓慢翻转运动，在水平移动和落下的过程完成焙烧。炉料预热所需的热能由煤气或燃煤来提供，热空气穿过料层完成氧化焙烧过程。

氧化镍矿中含有10%～30%的化合水，需焙烧脱水才能入炉冶炼。回转窑常用于镍矿的焙烧和氧化镍的直接还原。

硼铁冶炼使用的原料是硼矿或硼酸。硼矿含有10%～20%的结晶水；硼酸中含有大量化合水。采用铝热法或电碳热法冶炼硼铁需要先对原料进行焙烧，硼酸和硼矿焙烧温度为800～900℃。

生产真空铬铁的原料氧化铬铁是用回转窑在950～1000℃氧化焙烧高碳铬铁粉制得的。通过调整回转窑的转速、温度分布和下料速度，并且控制氧化条件来保证氧化铬铁的含碳量和含氧量。

焙烧矿石所需的燃料量取决于入炉矿石粒度和化学组成，一般根据当地资源选定设备类型和燃料种类。

3.3.2　焙烧机理

矿石焙烧可分成以下几种类型：

(1) 高温分解碳酸盐矿物和水化物的过程。例如：煅烧碳酸锰矿和半碳酸锰矿；提取钒和金属铬的工艺中煅烧钒和铬的浸出物；高温煅烧红土矿脱除镍矿水化物。

(2) 氧化焙烧是在氧化气氛中进行的焙烧。氧化焙烧可以使硫化物转变成氧化物，或使低价氧化物氧化成高价氧化物，生成可溶性盐类。例如，氧化焙烧辉钼矿使硫化钼转化成氧化钼；铬和钒生产过程中的钠化焙烧使铬和钒的矿物氧化成高价氧化物，生成可溶性的盐类。

(3) 还原焙烧是在还原气氛中进行的焙烧。焙烧后矿石中的高价金属氧化物转化为低价金属氧化物或金属。为了保持还原气氛，需要在焙烧过程中添加焦粉或煤。

焙烧的化学反应属于热分解反应或气 - 固反应。反应物和生成物的性质决定了焙烧过程的动力学控制性环节。焙烧速度取决于矿石的结构和粒度、化学成分等原料条件以及环境气氛、焙烧温度、物料在焙烧过程中的运动状态等工艺条件和操作。

焙烧工艺的主要技术经济指标有焙烧产品的产率、成品率、回收率和能耗。

焙烧成品率是质量指标，石灰石和碳酸锰矿焙烧中产品的烧失率、石灰的反应活性等都属于此类质量指标。焙烧的产率体现了焙烧过程的化学反应速度。提高反应温度、减少反应物粒度、改善反应物的接触条件是改善焙烧速度的措施。但同时提高反应温度导致的产物表面烧结和致密化会影响反应物和产物通过产物层的扩散，不仅会降低反应速度，而且会使物料内部的分解或还原反应不完善。

在扩散控制的反应中，当气—固相反应物的接触面积在整个反应过程中维持不变时，反应产物层厚度 x 与反应速度 k 和时间 t 的关系遵循抛物线定律：

$$dx/dt = k/x$$

$$x^2 = 2kt$$

当产物层不能阻碍气相物质向固相的传递时，产物的增长与时间的关系遵循线性规律：

$$dx/dt = k'$$

$$x = k't$$

硫化矿的氧化焙烧是放热过程。当反应产生热量的速度低于传热速度，反应物的温度就会急剧升高。这会造成产物层烧结致密化，使氧化焙烧的反应速度降低甚至停滞，残留的硫化物数量增加。

在锰矿还原焙烧中高价锰向低价锰的转变是固态还原过程。还原反应速度是由温度、CO/CO_2 或氧分压、矿石的反应性等因素决定的。而矿石的反应性取决于矿石粒径、气孔率和孔径、化学成分等因素。在空气中加热锰矿即可以发生高价锰的分解，在 CO 气氛下锰的高价氧化物分解反应温度降低。

对澳大利亚和加蓬锰矿的试验表明，在 250～300℃ 区间 MnO_2 的分解速度的控制环节是化学反应速度；而在更高的温度高价锰向低价锰转变的速度是由传质决定的。试验表明气相反应物和反应产物在锰矿颗粒内部的扩散速度决定了还原反应的速度。随着新生的产物层的增厚，穿过产物层的速度随之降低。具有较小的粒径和较高的孔隙度的锰矿有较高的生成 Mn_2O_3 和 Mn_3O_4 速度。因此，这些因素导致了各种锰矿的焙烧性能具有显著差异。

图 3-22 描述了软锰矿焙烧过程的收缩核模型。在低温下软锰矿外部发生热分解转变成 Mn_2O_3，随着分解的完善，核心的 MnO_2 逐渐收缩。在 600℃ 以上 CO 存在的还原气氛中，锰矿颗粒的外壳层开始出现 Mn_3O_4，随着还原的进展，Mn_2O_3 核收缩变小直至完全消失。在 1200℃ 还原焙烧产物是 MnO 为主的方锰矿和含锰的渣相。

锰矿的还原焙烧粉化率远远高于氧化焙烧的粉化率。加蓬锰矿气孔率较高，其还原粉化率最高。

在矿热炉的上部锰矿经历了从低温到高温的焙烧和烧结过程。这种焙烧是在 CO 浓度很高的还原气氛中进行的，反应产物的状态与还原焙烧相同。由于炉膛

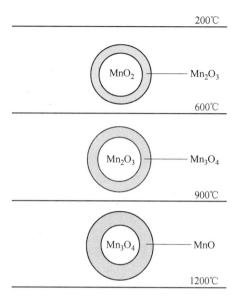

图 3 - 22 软锰矿还原焙烧过程收缩核模型

内部温度分布十分不均匀，在矿石进入焦炭层时有些矿石尚未完成焙烧过程。

含氧化钙的矿物在焙烧时生成的硫化钙抑制了脱硫焙烧的作用，因此高钙矿物的氧化焙烧脱硫率低。

3.3.3 锰矿焙烧

大部分含锰高的锰矿是由高价锰氧化物组成的。高价锰的氧化物在电炉高温反应区会发生分解或还原而放出大量气体。此外矿石中的化合水含量与矿石种类有关。有些锰矿含有较高的水分，如水锰矿中结晶水含量为 25% 左右，锰矿吸附水含量的范围为 0.5% ~6%，在雨季锰矿的含水量会急剧增加。使用含氧量高和水分含量高的锰矿不仅会增加产品电耗，还会给锰铁的冶炼带来极大的困难。例如，高价锰在炉内的热分解产生氧气会消耗大量优质的块焦；高碳锰铁冶炼过程中常出现翻渣和喷料的现象，剧烈的翻渣和喷料会使大量热料和热渣喷到炉外，造成长时间热停炉，甚至造成人员伤亡和设备损坏。这种情况往往是由于炉膛内部炉料下沉速度过快，产生的大量气体来不及排出造成的。

锰矿焙烧和热装入炉可以带来如下益处：

（1）提高锰矿入炉温度可以减少用于炉料升温的热能，降低冶炼电能消耗。生产高碳锰铁时采用热装工艺入炉，使用 750℃ 烧结矿与使用常温烧结矿相比，可以降低冶炼电耗 22%，产能也得到相应提高。锰矿预热温度对高碳锰铁单位电耗的影响见图 3 - 23。

（2）高碳锰铁生产要求使用优质的块焦以保证电炉炉膛有良好的焦炭层结

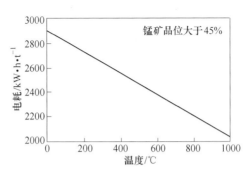

图 3-23 锰矿预热温度对高碳锰铁电耗的影响

构。预热炉料可以使用价格低廉的煤，这样，锰铁生产的成本能得到显著降低。

锰矿经过高温煅烧以后，高价锰化合物数量减少，会减少优质块焦的消耗。理论上四价锰比三价锰多消耗 25% 的还原剂。使用焙烧矿可使电炉煤气中的 CO_2 含量降低，煤气热值增加，这会提高电炉煤气应用时的热效率。此外，焙烧工艺减少了煤气净化设施的处理量和功率消耗。

（3）采用焙烧和热装工艺可以大大提高电炉生产的安全性，避免了炉料直接进入熔炼区引起的喷料和爆炸，减少热停次数和时间。

锰矿焙烧和热装工艺已经得到广泛应用。预热矿石工艺的经济性与资源条件有关，在实际应用中工艺的经济性在很大程度上取决于原料条件。

竖窑要求料层有良好的透气性，以满足热烟气与炉料的热交换，只能适用块矿或球团的焙烧。回转窑对所焙烧的原料粒度没有特殊要求，但要求原料有较高的强度，以免在焙烧过程中产生较多的粉料。

为了提高锰矿的预还原程度，一些预处理工艺将锰矿与还原剂和熔剂一起进行焙烧，降低了热配料的计量控制难度。还原剂与锰矿预热还能去除还原剂的水分，但是在高温氧化条件下预热炉料肯定会伴随着还原剂的烧损，这会在一定程度上影响配料比的准确性。

热矿的配料是预热工艺流程的一个重要环节，热配料可安排在回转窑的出料处，分别计量热料重量和还原剂与熔剂重量。冷料可以覆盖在热料的上部，这样既预热了冷料又对热料进行了保温，但冷热原料的混合会引起冷料中水分激烈蒸发，产生喷料，操作不当也会造成一定的热损失。

密闭电炉热装设施有保温料仓、保温料管、料位检测装置、除尘装置和密闭机构等。炉料的加热、贮存和保温措施必须保证电炉生产的连续性。电炉上料是间断进行的，但下料系统是连续进行的。密闭电炉炉顶料仓内必须有足够的存料来封闭料管，防止电炉烟气由料罐泄漏。

在向炉顶料仓加入温度高的热料时会引起较大扬尘，在运送温度高的原料过程中也会引起较大扬尘，为了减少对环境的污染，料仓需要维持一定负压，并采取除尘措施。

3.3.4 回转窑焙烧锰矿工艺

回转窑和电炉组成的高碳锰铁热装工艺系统见图 3-24，同时表 3-63 列出了典型回转窑锰矿预热工艺条件。

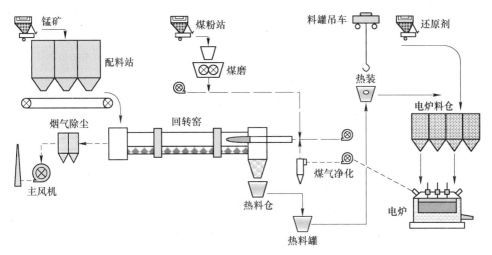

图 3-24 回转窑锰矿焙烧和热装系统图

表 3-63 回转窑锰矿预热工艺条件

工艺参数和指标	日本中央电工公司	国内某厂
高碳锰铁电炉容量/MVA	40	18
回转窑规格/m	$\phi 3.5 \times 75$	$\phi 3.0 \times 60$
回转窑生产能力/t·d^{-1}	864	400
锰矿焙烧温度/℃	约1000	900~1000
炉料停留时间/h	1.9	2.0
回转窑卸料温度/℃	约900	约850
热装温度/℃	约690	>650
焙烧热耗/MJ·t^{-1}	约1557	
煤粉耗量/kg·t^{-1}		47
窑尾烟气温度/℃	327	210
烟气量/Nm^3·t^{-1}	约1124	1300
高碳锰铁冶炼电耗/kW·h·t^{-1}	2120	2100

回转窑焙烧—热装系统由原料处理、上料设施、回转窑设备、燃烧设施、煤粉制备或煤气设施、烟气和除尘设施、窑头卸料设施、热配料设施、热料输送和

贮存、计量控制系统等设备组成。

高碳锰铁使用的锰矿高价锰和结晶水含量较高。为了保证焙烧质量和满足原料热装要求，进入回转窑的锰矿石应为合格的入炉粒度。

回转窑的热源可以采用电炉煤气、煤粉、焦炉煤气等。价格低廉的煤粉是回转窑最常使用的燃料。在燃料选择中应尽量避免使用高磷、高硫的燃煤，以减少对合金和环境的污染。焙烧锰矿时也会发生燃煤中的硫分向锰矿的传输。

回转窑窑尾烟气温度较高，为了提高回转窑的热效率，回转窑窑尾部位设炉料预热器，可以实现回转窑烟气与炉料的热交换，将烟气温度降低到200℃以下。竖式预热器主要适用于粒度较好的块矿。

大型电炉使用的回转窑很长，需要在回转窑中部设窑中风机和加煤设备，将燃煤加入到窑内，使回转窑内部呈还原性气氛。为使燃料在窑内完全燃烧，还要通过窑身的风机向窑内补充空气，使煤炭逸出的挥发分在窑内燃烧，扩大了回转窑的高温带。这种方法充分利用了燃料的热值。

日本中央电工公司的40MVA高碳锰铁电炉配套使用规格为 $\phi 3.5m \times 75m$ 回转窑，设备焙烧能力为40t/h[24]。窑身有5个空气口。回转窑使用电炉回收的煤气作能源，煤气中CO含量为65%～75%，回转窑也可以使用煤粉作燃料。回转窑中段有加煤孔，由两个加煤机不断地将煤加入到回转窑内，使窑内保持还原性气氛。加入窑内的煤中的挥发分在短时间内挥发，为了保证入窑煤的水分不至过高，需事先对煤进行干燥。还原煤的灰分熔点要高于窑温100℃以上，以减少回转窑结圈。窑内温度必须严格控制以使回转窑内部有合理的温度分布，防止炉料烧结，正常窑温为950～1000℃。在这一温度下锰矿中的大部分 MnO_2 转变成 Mn_2O_3 和 Mn_3O_4，锰矿的还原度为30%。在焙烧过程中锰矿中的结晶水全部脱除。

经过回转窑加热的炉料卸到出料口的缓冲料仓内保温存放，由热料料钟定期将焙烧的热料运送到电炉，由高架桥式吊车转运到炉顶的原料仓贮存使用。热料转运操作自动化可显著改善作业环境。在热料转运过程中需要采取措施防止料温下降以及炉料接触空气时发生再氧化。使用冷料的高碳锰铁冶炼电耗为2500kW·h/t以上。原料焙烧温度达到800℃以上，冶炼电耗会降低到2100kW·h/t以下，生产能力有较大的提高。

3.3.5 竖炉焙烧锰矿

竖炉广泛用于煅烧石灰石、白云石，也用于锰矿的焙烧和预热。竖炉的特点是热效率高、生产能力大。原料在重力作用下向下运动，从上至下完成干燥、预热、预还原或分解、烧结、冷却全部工艺过程。

竖炉加料和出料是连续进行的。固体炉料和燃料从竖炉的上部加入，空气和气体燃料从下部通入炉内,在竖炉中固体物料与燃气或热气流逆流运动。物料与气流之间的温差对二者之间的热交换提供了有利条件。

竖炉的热源可以是由下方通入的燃气,也可以是从上方加入的煤或焦粉固体燃料。加在炉料中的煤或焦粉的数量与其发热值有关,用于干燥和预热燃料时焦粉加入量为2%~3%。用于预热中低碳锰铁生产用的锰矿不能使用固体燃料,只能使用煤气,以防止将碳带入冶金炉内。

竖炉的内部可以分成三个区域:

(1) 预热带。在这一区域,固体炉料被热气流加热,温度逐渐升高,炉料得以干燥,结晶水脱除。

(2) 焙烧带(反应带)。在这里燃料开始燃烧。焙烧带是炉内温度最高的区域,炉料开始发生热分解、预还原或烧结。

(3) 冷却带。在这一区域热炉料被冷空气冷却。

实际上竖炉内部各带之间并没有明显的界限。温度分布会由于原料和气流条件改变而发生变化。

竖炉的顺行在极大程度上取决于炉料的粒度分布。粒度分布不均匀,特别是在小粒度充满大粒度矿物之间时,炉料透气性变差,竖炉就会发生悬料或难行。竖炉不用于焙烧膨胀严重和易于粉化的矿石。炉温过高也会使炉料之间或炉料与炉墙之间粘结,造成炉料下降不畅的现象。

竖炉焙烧碳酸锰矿要求矿石粒度为10~300mm,-10mm的粉矿需要全部筛除。焙烧燃料为无烟煤或焦粉,配入量为5%~10%。

间断进行焙烧的竖炉结构简单。这种竖炉每次焙烧的装矿量为几十吨至数百吨。间断焙烧竖炉的生产周期依结构和装矿量而定,一般为数天,焙烧后的锰矿自然冷却后出窑。焙烧温度为800~1000℃;多采用无烟煤为燃料,燃料消耗为70~80kg/t。

3.4 烧结工艺

烧结是通过高温处理将不能直接入炉使用的粉矿、精矿和回收的粉尘转变成为块状烧结矿或烧结球团矿。烧结过程利用矿石出现熔化或矿石与熔剂之间的固-固反应产生液相来润湿和粘结矿石颗粒。经过高温处理粉矿的物理特性和相结构发生显著改变。烧结的矿物具有质量均匀、气孔率高、强度高等优良冶金性能。根据冶炼要求,通过配矿可以制成不同化学成分、不同碱度的人造富矿。

大多数粉矿烧结工艺得到的产品是烧结饼,需要经过破碎和筛分后才能用于冶炼。但烧结块的破碎、筛分工序会限制热烧结矿的运输和热能利用。

采用烧结球团工艺可以得到粒径为12~18mm的烧结球团。烧结球团工艺利用高温处理矿粉球团,使球团内的矿石粉颗粒粘结、聚集。常用的烧结球团工艺有回转窑球团工艺、竖炉球团工艺、钢带焙烧球团工艺等。带式烧结机也可以用于烧结球团。烧成的球团矿无需破碎、筛分，比较容易实现热运和热装使用。烧结球团成分和粒度均匀，比烧结块更有利于改善埋弧电炉的透气性和技术经济指标。

烧结工艺流程由原料制备、配料、混合、烧结和冷却等工序组成。根据工艺条件和矿石的特点决定是否采用成球工序以及球团外配碳工序。为了得到强度足够高的球团，矿石需要经过干燥、磨细等原料制备阶段，对湿料还要增加轮碾工序，使矿石、粘结剂与水分充分混合。采用湿磨和润磨磨细可以减少原矿的干燥工序。常用的烧结设备有带式烧结机、环形烧结机、烧结盘、竖炉和回转窑等。辅助设备有混配料设备、成球盘、助燃风机和冷却风机、运输设施和除尘设备等。24m² 带式烧结机车间断面图见图3-25[25]。

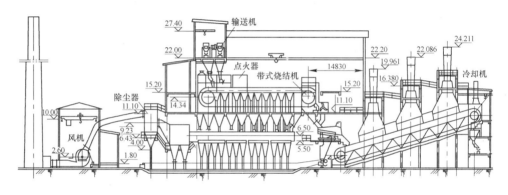

图 3-25 24m² 烧结机车间断面图[25]

烧结过程所需的热能由燃料来提供。根据资源状况可以使用煤、焦粉和木炭等固体燃料，柴油和重油等液体燃料，高炉煤气、电炉煤气和天然气等气体燃料。固体燃料碳的燃烧除了提供烧结热量外，也会参与还原反应，改善烧结条件。

3.4.1 矿石烧结机理

烧结过程由矿石的分解、还原和氧化、固相反应、熔化以及冷却结晶等几个阶段组成。烧结料间的反应、传质和传热过程对烧结过程有重要影响。

3.4.1.1 烧结过程的料层分布

抽风烧结过程是自上而下进行的。烧结料被点火后，料层依次出现烧结带、燃烧带、预热带、干燥带和过湿带。烧结完成以后混合料全部转化为烧结矿层，烧结锰矿和铬矿的带式烧结机料层厚度一般为 300~500mm，其中铺底料厚度约150mm。

A　烧结带

烧结料中燃料经高温点火后放出大量热量,使料层中矿物发生熔融。随着燃烧层下移和冷空气的通过,生成的熔融液相冷却凝固成网孔结构的烧结矿,与此同时还会发生低价氧化物的再氧化。在烧结带吸入的冷空气在该层被预热,同时烧结矿被冷却。

对于锰粉矿,烧结带厚度参考值为 25~35mm;而对于锰精矿,烧结带厚度参考值为 35mm;铬矿烧结带的厚度约为 70mm;而铁精矿的烧结带厚度只有 15mm 左右。

B　燃烧带

燃料在该层燃烧,温度高达1350℃以上,使矿物出现软化。该层除燃烧反应外,还发生固体物料的熔化、还原、氧化以及石灰石和硫化物的分解等反应。燃烧带的厚度为 20~40mm,主要取决于燃料的粒度、矿粉粒度以及抽风中的含氧量。

C　预热带

通过燃烧带的高温废气对下部混合料进行预热,该层温度一般为 400~800℃。此层内开始进行固相反应,结晶水及部分碳酸盐、硫酸盐发生分解。

D　干燥带

在烧结烟气加热下该层温度上升到100℃以上,混合料中的游离水大量蒸发。该层厚度一般为 10~30mm。

E　过湿带

通过干燥带的烟气含有大量水分。当料温低于水蒸气的露点温度时,废气中的水蒸气会重新凝结,使混合料中水分大量增加而形成过湿带。过湿带水分含量过高会使料球粉化,破坏料层透气性。

在烧结球团工艺中应该避免烧结料在干燥和预热过程中升温速度过快,否则球团会发生爆裂,破坏料层透气性,并降低成品率。

3.4.1.2　烧结反应和烧结温度

固相间的反应促进了低熔点物质的形成,烧结过程产生的低熔点化合物和共溶混合物液相是烧结矿固结的基础,液相的组成、数量和性质决定了烧结矿的性质。影响烧结过程的主要因素有烧结物质的表面能的变化、矿物颗粒的扩散、烧结温度、液相量等。

有些矿物,如硅酸二钙在冷却过程中发生晶形转变引起体积变化会导致烧结矿粉化。所以,烧结过程应避免或减少此类矿物的生成,或采取措施抑制其晶形转变。烧结矿在冷却过程中产生内应力也会影响其强度性质。

烧结过程是一个烧结物质的传质过程。在低于烧结温度时固体氧化物之间发生化学反应,粉矿颗粒通过扩散相互接触和反应生成固相或液相反应产物。在烧结温度烧结料出现液相，开始聚集。烧结温度普遍低于矿石熔化温度。

固体氧化物之间的化学反应开始温度远远低于反应物的熔点。固态反应物开始出现显著扩散作用的温度称为泰曼温度。一般固体的泰曼温度为熔点（绝对温度）的 2/3；硅酸盐则为 0.8~0.9 倍。一些固相物质起始反应温度数据见表 3-64。在固相反应中扩散系数和烧结速率随温度升高均按指数关系增大。

表 3-64 部分固相反应出现反应产物的开始温度[26]

反 应 物	固相反应产物	出现反应产物的温度/℃
$SiO_2 + Fe_2O_3$	Fe_2O_3 在 SiO_2 中的固溶体	675
$SiO_2 + Fe_3O_4$	$2FeO \cdot SiO_2$	990~1100
$CaO + Fe_2O_3$	$CaO \cdot Fe_2O_3$	500~675
$MgO + Fe_2O_3$	$MgO \cdot Fe_2O_3$	600
$MgO + Al_2O_3$	$MgO \cdot Al_2O_3$	920~1000
$MgO + FeO$	镁质浮氏体	700
$MgO，CaO，MnO + Fe_3O_4$	磁铁矿固溶体	800
$FeO + Al_2O_3$	$FeO \cdot Al_2O_3$	1100
$2MnO + SiO_2$	$2MnO \cdot SiO_2$	1060
$MnO + Al_2O_3$	$MnO \cdot Al_2O_3$	1000
$MnO + Fe_2O_3$	$MnO \cdot Fe_2O_3$	900
$2CaO + SiO_2$	$2CaO \cdot SiO_2$	610~690
$2MgO + SiO_2$	$2MgO \cdot SiO_2$	680

在较低温度，烧结料颗粒互相紧密接触发生固相反应，在生成低熔点的化合物或达到低共熔温度时出现了液相，开始熔融过程。铬矿的主要矿物是铬铁尖晶石，其熔化温度比锰矿和铁矿中的主要矿物高得多。因此，铬矿的烧结温度主要取决于脉石和熔剂生成的液相熔化温度。

铁矿和锰矿的烧结温度为 1200~1250℃；铬矿的烧结温度比锰矿和铁矿高 200℃左右。

3.4.1.3 液相量

烧结过程中出现的液相主要来自矿石中的脉石组分、粘结剂和熔剂，也来自主元素矿物与其他组分的相互作用。锰烧结矿和铬烧结矿液相组成的主要成分都是橄榄石类矿物。

液相生成量一般为 30%~50%，这样可以保证烧结料的透气性，同时把烧结矿物粘结成一体。液相量对烧结速率有很大影响，通常将液相量控制在较低值。液相量可以通过改变熔剂的数量和种类来调整。

液相应黏度低，并且对矿物有良好的润湿性。液相的润湿能力可以改变颗粒的接触状况。液相的出现使固体颗粒相互连接，促进传质作用，加快物质的迁移速度。

添加熔剂可以降低液相黏度，改变矿物组分扩散途径。熔剂量一般是矿石重量的 3% ~4%，熔剂粒度应尽可能细小。铬矿烧结的熔剂加入量可高达 6% 以上，但经过磨细的铬矿球团所需的熔剂量仅为 2% ~3%。

3.4.1.4 烧结矿的致密化和冷却

烧结过程伴随着晶粒长大和产物致密化过程进行。未烧结的粉料颗粒之间存在大量孔隙，随着颗粒的接触、物质的迁移作用、晶粒长大和液相生成，料层中的孔隙发生收缩、合并。大量孔隙的消失使烧结产物孔隙率降低，致密度增加。

烧结过程是物质表面能降低的过程。粉矿具有较高的分散度，其比表面大于相同质量的块矿。烧结后的矿物表面积减少，体系的自由能 ΔG 降低。这是一个自发进行的过程。

$$\Delta G = E\Delta S$$

式中　E——单位面积的表面自由能；

ΔS——烧结前后矿物表面积的改变。

烧结过程是在原料颗粒接触面上进行的，表面积越大，越容易烧结。烧结速度随着粉矿的分散度的增大而加快。粉末的表面能与颗粒形状和结构缺陷有密切关系，烧结矿的致密度随着粉矿的粗糙度而增加。烧结的推动力随着粒度的减少而增大，也随着晶格空穴、畸变等活化部位数量增多而增大。磨矿可以提高烧结料的表面能，加快熔点高的铬矿完成烧结过程。

试验表明，成球与否对烧结过程的收缩速率影响不大，但成球工艺有助于改善原料颗粒的接触程度和矿石的烧结强度。

冷却制度对烧结矿的成品率、转鼓强度和其他冶金性能均有较大影响。采用冷却机冷却烧结矿可以提高烧结设备的生产能力和烧结矿的还原速度。采用机上冷却方式相当于降低了烧结矿的冷却速度。对于锰矿烧结矿，过高的冷却速度可能会降低烧结矿的强度及其生产能力。因此，对某些矿物采用机上冷却可能更合理。

3.4.2 烧结原料

3.4.2.1 原料粒度

烧结机和竖窑烧结工艺要求混合料有一定的孔隙度，以保证烧结过程的传热作用。燃烧产生的热烟气与料层下部的混合料充分进行热交换使烧结过程具有较高的热效率。热传递速度和燃料燃烧速度相当时矿石的烧结状况最好，热利用率最高。烧结原料孔隙度过大时，热效率以及烧结矿的强度就会显著降低。

粒度过大的矿石会在烧结中形成"夹生"现象。在短暂的烧结时间内粗粒度来不及完全反应，或仅颗粒表面熔结，势必造成结构疏松并产出质量低的产品。大颗粒矿石比例高，会导致料层透气性过高，空气带走的热量过多。

原料粒度过细，特别是配入过多的锰尘和尘泥时，烧结料层的透气性会显著降低，垂直烧结速度减小，烧结机利用系数降低。

通常烧结过程中，处于高温的烧结带厚度仅为 15 ~ 40mm，烧结反应在 0.5 ~ 1.5min 内完成。要使烧结料层有良好的透气性，并最终获得符合质量要求的烧结矿，对烧结原料的物理化学性能也有相应的要求。

锰矿烧结较适宜的粒度应为 0 ~ 6mm；含有少量 6 ~ 10mm 的混合矿也可以烧结，但其比例应小于 12%。表 3 - 65 比较了不同粒度的碳酸锰矿烧结效果。可以看出，粒度过小的烧结原料会降低料层的透气性，降低垂直烧结速度和烧结机的利用系数。

表 3 - 65 不同粒度的碳酸锰矿烧结效果[27]

矿石粒度 /mm	透气性 /m·min⁻¹	垂直烧结速度 /m·min⁻¹	成品率(-10mm) /%	利用系数 /t·(m²·h)⁻¹	转鼓指数(-5mm) /%
0 ~ !0	0.90	36.6	70.9	1.55	9.5
0 ~ 6	0.60	30.3	74.1	1.20	8.75

为了适应粉料比例过多的原料条件应该强化制粒过程。采用小球烧结法可以改进烧结料层的透气性，降低烧结工艺的动力消耗。配入适量的粘结剂（石灰、消石灰、膨润土等）可使细粒度的矿粉滚动成球，小球应具有足够的机械强度以满足烧结工艺要求。

3.4.2.2 熔剂

烧结料中配入一定量的熔剂能强化制粒，对改善细粒粉矿的制粒和烧结性能是十分有利的。

锰矿烧结添加的熔剂主要有石灰石和白云石，其添加的数量根据冶炼的要求来确定。熔剂的粒度和粒度分布对烧结工艺的生产率影响很大。为保证熔剂在烧结过程中完全反应，通常采用 0 ~ 3mm 粒度范围。使用小于 0.5mm 的石灰石或石灰粉时烧结机的利用系数会有所提高。而使用 1.0 ~ 5.0mm 的石灰石生产碱性烧结矿时，烧结机的生产率会下降。熔剂粒度过大时，烧结矿中会出现游离氧化钙，在贮存过程中易发生水化作用，使烧结矿强度变差，粉末增多。在生产中，添加的熔剂量越多；其粒度要求越细。这样才能使其在烧结料内分布均匀并且反应完全。

MgO 在烧结矿中可以形成镁蔷薇辉石和镁橄榄石，减少或取代硅酸二钙，这有利于减轻或防止烧结矿粉化。MgO 能改善炉渣的性质，对提高硅锰合金含硅量以及降低炉渣中含锰量起重要作用。硼泥中含有相当数量的 MgO，可以用作烧结锰矿的熔剂。

铬矿烧结使用的熔剂主要是膨润土。膨润土的主要化学成分硅酸铝占80%以上。添加膨润土可以提高生球强度和焙烧球团强度,也有助于提高铬矿烧结矿的强度,降低返料比例。膨润土的添加量与原料粒度有关,粉矿粒度大时所需的膨润土用量显著增加。但膨润土配入量多会增加炉渣量,提高冶炼电耗,适当配入有机粘结剂可以减少膨润土的用量。

3.4.2.3 燃料

烧结工艺要求烧结燃料挥发分低,灰分少,含碳量高。通常铁合金厂有大量的筛下焦粉可以用作烧结燃料,较少使用煤粉。

燃料粒度通常控制在 0~3mm,平均粒度为 1.2~1.5mm。如果粒度过细,会形成闪烁燃烧,高温保持时间不足;若粒度过粗,则会形成较多的局部还原区,高温保持时间延长,燃烧带扩大,粒层阻力增大。对 0~6mm 的粉矿烧结,燃料粒度为 0~3mm 为宜。但当粉矿粒度增大到 0~10mm,则燃料粒度应为 0~5mm。燃料粒度的选择也要考虑其燃料的反应性,反应性强的无烟煤粒度可达 0~6mm;反应性弱的焦粉,其粒度应为 0~3mm。

燃料的加入方式有内加和外配两种。内加燃料是在配料过程中将焦粉等燃料与矿石混匀;外配燃料是小球烧结法采用的配碳工序,滚在小球外侧的燃料可以改善烧结过程。

3.4.3 锰矿烧结

锰矿烧结的原料有粉锰矿、锰精矿、锰粉尘、熔剂(石灰石、白云石、膨润土等)和燃料(焦粉、无烟煤)。锰矿烧结工艺也用于高价锰矿和碳酸锰矿的焙烧和造块处理。含有 MnO_2 等高价氧化锰的锰矿和碳酸锰矿直接入炉会增加冶炼电能和还原剂的消耗,也会对安全生产构成威胁。在烧结过程中锰矿中高价锰氧化物、锰的水合物和碳酸盐会发生分解。使用烧结锰矿可以稳定电炉操作,避免使用高价锰矿、碳酸锰矿带来的操作风险。

3.4.3.1 锰矿的烧结性

锰矿石有多种矿物形式。锰矿石结构疏松多孔,吸水性强,松软锰矿含水甚至可高达50%。锰矿烧结过程中,软锰矿、菱锰矿和含结晶水的锰矿在温度高于400℃时开始分解,分解产物为褐锰矿 Mn_2O_3。随着温度升高,褐锰矿等高价氧化物的分解继续进行,在固相中形成黑锰矿 $(Fe, Mn)_3O_4$ 和方锰矿 MnO。方锰矿与脉石中的二氧化硅很容易生成锰橄榄石($MnSiO_3$),或铁锰橄榄石($(Mn, Fe)SiO_4$)。锰橄榄石在 1323℃ 开始熔化。含有 CaO 的钙锰橄榄石($(Ca, Mn)SiO_4$)等低熔点矿物成为锰矿烧结的粘结相。

烧结过程中碳与锰矿会发生一系列氧化还原反应。在炉料的预热区,锰矿中

MnO_2 还原成 Mn_2O_3；在软化和熔化区，Mn_2O_3 还原成 Mn_3O_4 和 MnO；在熔化区的末端，部分 MnO 会被空气氧化成 Mn_3O_4。

矿石和焦炭的粒度越细越有利于还原过程的进行。随着原料中碳含量的增加，成品烧结矿中 Mn_3O_4 数量下降，MnO 和硅酸盐数量增多。这是因为原料中碳的增加不仅改善了还原气氛，也有利于烧结带温度提高，有利于形成硅酸锰。随着矿石粒度变细，料中含碳量增加，原矿晶粒的破坏程度和新相形成的数量也增加。

为了改善锰矿烧结过程和冶炼过程，在锰矿烧结原料中常添加适量的石灰石、白云石等碱性熔剂。采用高氧化镁熔剂碱性烧结矿会降低冶炼过程电耗和焦比，也会减少烧结过程 SO_2 的排放。但碱性烧结矿生产成本偏高，强度较差，且在存储中易发生粉化。

烧结料组成和烧结制度对锰在氧化物和硅酸盐之间的分配以及烧结矿成分和结构有很大影响。硅酸盐的数量对烧结矿的还原性、机械强度、导电性和其他性质有直接影响。熔剂的作用在于增加硅酸盐胶结相的数量，提高烧结矿的强度，增加游离氧化锰的数量，从而改善烧结矿的还原性。

温度在 1300℃ 以下，不同锰矿石的还原性差别主要是由于矿物组成引起的。高价氧化锰越高，锰矿的还原度越高。烧结矿中的锰主要以 MnO、Mn_3O_4 和硅酸锰形式存在，其还原性低于原矿。在 1500～1600℃ 时，各种矿石的还原度相差不大。温度越高，温度对各种物质还原度的影响就越小。熔剂性烧结矿的还原度随着烧结矿碱度的增加而加大。温度由 1300℃ 升到 1600℃ 时，还原度提高 40%～70%。熔剂性烧结矿的还原度随着碱度（由 0.6 到 1.5）的增加而减少，强度改善和游离氧化锰数量增加有助于改善烧结矿的还原性。

研究表明[26]，锰矿石在烧结时分解出的 MnO 对氧有极强的亲和力，使锰迅速氧化成较高价氧化物。MnO 也极易与 SiO_2 形成稳定的硅酸盐类液相。由于 MnO 在烧结矿中的大量存在，大大降低了液相黏度和结晶温度。烧结过程中，生成熔点低、黏度小及流动性好的液相，遇到穿过料层的高速气流（1.4～1.6m/s）时，极易形成大孔薄壁的烧结矿结构。因此，锰矿烧结时液相强度较铁矿石强度弱。为了得到足够强度的烧结矿应避免烧结矿冷却速度过快，保证液相结晶形成。

烧结过程中原料中的硫化物和磷酸盐会发生分解反应，分解产物随烟气排出。硫的去除率可以高达 75%，磷的去除率较低，一般不会超过 20%。

3.4.3.2 锰矿烧结工艺特点

与铁矿烧结工艺相比，锰矿石烧结具有烧损大、热耗高、软化温度区间窄、返矿率高等特点。锰烧结矿具有堆积密度小、烧结矿强度低、孔隙率大的特性。

锰矿烧结工艺具有以下特点：

（1）MnO 在烧结过程中能大量降低液相黏度和结晶温度，生成黏度小、流动性好的液相。当气流通过烧结料层时形成薄壁的烧结矿结构。锰烧结矿的软化温度为1100℃左右，比铁矿软化温度（1220℃）低得多。有的矿石允许温度波动范围仅为30℃，这使焙烧和烧结温度难以控制。

（2）粉锰矿松散密度小，烧结过程烧损量大，收缩量大，产品结构疏松，料层透气性好，因而适当压料和加厚料层烧结会取得好的效果。

（3）碳酸锰矿、半碳酸矿、高价锰矿和含结晶水高的锰矿的烧失量大。矿物在烧结过程发生的热分解使烧结矿矿位提高，碳酸锰矿和半碳酸矿烧结后品位可以提高8%～12%；而高价氧化锰矿烧结后品位可以提高6%～8%。

（4）锰矿石烧结消耗的热量更高。为了使烧结中产生足够的液相，保证产品有足够的强度，适当增加燃料比是必要的。锰矿烧结比铁矿和铬矿烧结配碳量高。锰矿烧结混合料中，燃料配比为8%～10%。

（5）烧结过程中，硫化锰发生分解，锰矿烧结有较高的脱硫率（可达90%）。

（6）大部分锰烧结矿是酸性的，其结合相硅酸盐和玻璃体是脆性物质。当其含量过高时，烧结矿的强度将会降低。

锰矿石受热分解如果过于激烈，矿物会发生爆裂。爆裂的细粒易使点火器炉壁结渣，降低其寿命，因此锰矿石烧结机点火段长度宜适当延长，增加预热段，减缓爆裂。

锰烧结矿中有一部分锰以低价氧化物方锰矿（MnO）存在。在通风冷却过程中，MnO 氧化生成高价 Mn_3O_4 的反应会放出热量，使锰烧结矿的冷却速度变慢。

锰矿石矿物种类繁多，烧结特性差别较大。在选择锰矿石烧结流程时，要充分考虑锰矿矿物特性，通过试验研究来确定烧结参数。

3.4.3.3 锰矿烧结工艺技术参数

表 3－66 给出了国外一些铁合金企业锰铁企业烧结机参数。这些参数代表了世界主要锰矿的烧结特性。

表 3－66 国外典型锰矿烧结机参数[28～30]

工艺条件	南非萨曼克	乌克兰尼科波尔	法国 Vale	澳大利亚 Gemco	日本日电
锰矿产地	南非	乌克兰	巴西	澳大利亚	
生产能力/t·a^{-1}	500000	1000000	380000	200000	100000
冷却方式	机上	带冷机	机上	机上	机上
利用系数/t·(m^2·h)$^{-1}$	1.18	1.2～1.33	1.1	0.8～1.4	1.62
烧结面积/m^2	101.3	105	74	36	14.6

续表 3-66

工艺条件	南非萨曼克	乌克兰尼科波尔	法国 Vale	澳大利亚 Gemco	日本日电
其中：烧结/m²	53.6	105	43	28.8	
冷却/m²	29.8		26	7.2	
烧结机长度/m	41.5	42	37		19.3
烧结机宽度/m	2.44	2.5	2		1.0
料层厚度/mm	450	400			300
烧结机速度/m·min⁻¹	1.02	1.5			
点火温度/℃	1300	1150			
燃料配比/%	6	6.5	（天然气）	6.5	5.5
燃烧速度/MJ·min⁻¹	120				
水分含量/%	4.1				9~10
负压/kPa	12.748	10.78~11.76	风箱数：15	8.5（机头）/ 6.5（机尾）	7
引风机风量/m³·h⁻¹	250000（烧结） 300000（冷却）			102000（机头） 192000（机尾）	
矿石粒度	-6mm 100%； -1mm 20%				
焦粉粒度	-3mm 100%； -0.5mm 50%				

国内锰矿烧结技术已经取得显著的进步。生产能力大、先进的带式烧结机正逐步取代生产规模小、工艺落后的烧结盘、步进式烧结机和环形烧结机；自动化程度显著提高，烧结机的作业率提高到90%以上。锰矿技术经济指标不断改善，烧结机利用系数由0.7t/(m²·h)提高到1.20t/(m²·h)。由于采用了小球烧结法和厚料层烧结，料层的透气性得到改进，燃料和动力消耗逐渐降低。烧结矿质量的改进使锰矿烧结返矿率由25%~30%降低到10%~15%。

3.4.4 粉铬矿的烧结

铬矿烧结工艺已经广泛用于铬精矿、粉铬矿的造块处理。由于块矿的资源量逐年减少，大部分南非铬铁厂都建设了粉铬矿的烧结车间。我国许多大型铬铁厂已经建设了铬矿烧结系统。

目前铬矿烧结工艺主要有日本NKK开发的竖炉球团焙烧工艺、芬兰奥图泰（Outotec）的烧结球团工艺、巴西珀居卡（Pojuca）和挪威埃肯公司的烧结盘工艺、我国铬铁生产厂采用的带式烧结机、步进式烧结机等。

铬浸出渣中含有可溶性六价铬，对环境造成污染。采用加碳烧结铬浸出渣可以回收铁和铬等有用元素。在烧结过程中，六价铬还原成三价铬使烧结矿中 Cr^{6+} <0.01%，从而消除了六价铬的危害。

3.4.4.1 铬矿烧结机理

铬矿的矿物组成主要是铬铁尖晶石。铬尖晶石熔点很高，且难以形成低熔点的液相，其烧结性比锰矿和铁矿要差得多。一般认为，铬矿烧结性能与铬矿的粒度、脉石的性能和添加的熔剂数量有关；改善铬矿烧结矿的强度必要条件是增加磨矿工序和增加熔剂比例。

对铬矿烧结球团矿相鉴定表明：铬烧结矿固结以铬尖晶石再结晶固相固结为主，辅以橄榄石液相固结。由于铬铁矿中高熔点的物质多，其烧结液相量明显低于普通铁矿烧结液相量。虽然铬铁尖晶石类矿物的熔化温度高达1850℃以上，但根据塔曼学派的研究理论，固相反应开始的温度 T_c 约等于0.57T，即铬铁尖晶石的塔曼温度为1100℃左右。在烧结过程中，当烧结料层温度高于塔曼温度时，尖晶石晶格内的原子获得足够的能量，克服周围化学键力的约束进行表面扩散，矿粒之间形成连接桥，产生再结晶和再结晶长大。这种再结晶是铬烧结矿的重要固结方式。此外，由于烧结最高温度达到1450~1500℃，超过了铁橄榄石（1205℃）、钙铁橄榄石（1150℃）等矿物的熔点。这些橄榄石液相在烧结负压和毛细力的共同作用下迁移、填充到矿物颗粒的间隙中，使铬烧结矿具有一定的烧结强度。

高温条件下发生的氧化反应对矿石之间形成结合键起着重要作用。空气中煅烧铬矿时其尖晶石结构发生很大改变。在700℃以上，蛇纹石等脉石中的结晶水开始脱除；800~1200℃尖晶石中的FeO发生氧化转变成 Fe_2O_3。这种氧化首先发生在尖晶石的表面和晶粒缺陷处，形成含MgO高的尖晶石固溶体。尖晶石中倍半氧化物 R_2O_3 的数量大于二价氧化物，过剩的 Fe_2O_3 与其他倍半氧化物 R_2O_3 从尖晶石中分离出来，形成条状的固溶体。在加热和冷却过程中尖晶石晶粒内部的裂隙和缺陷数量大大增加。由于硅酸盐中的MgO与游离的倍半氧化物反应，因此脉石中的硅酸镁和添加含MgO高的硅酸盐可以抑制尖晶石的氧化。在1200~1400℃，Fe_2O_3 分解成 Fe_3O_4 和浮氏体 Fe_xO，重新形成铁尖晶石的固溶体。在氧化煅烧中尖晶石颗粒表面生成了赤铁矿而变得粗糙，这对于还原反应和烧结过程都是有利的。倍半氧化物向硅酸盐的扩散和硅酸盐中的MgO向尖晶石的扩散是烧结反应的限制性环节，这种相互扩散导致脉石与尖晶石颗粒结合在一起。

3.4.4.2 铬矿烧结工艺特点

铬矿熔化温度大多在1850~2000℃，高于锰矿和铁矿200℃以上。因此，铬矿的烧结温度远远高于铁矿和锰矿烧结温度。

图3-26表明了铬铁矿烧结过程中料层最高温度分布状况。铁精粉烧结料层

最高温度为 1400℃，垂直烧结速度为 24.90mm/min，燃烧带厚度为 14.95mm，焦粉燃烧时间为 0.60min($A \rightarrow B$)。朱德庆等通过试验测定[31]，铬铁矿烧结过程中料层的最高温度为 1450 ~ 1500℃，垂直烧结速度为 13.60mm/min，燃烧带厚度为 75.00mm，焦粉燃烧时间为 5.5min($a \rightarrow b$)，且高温保持时间（> 1400℃）长达 5min 左右。因此，确保燃烧带宽、高温保持时间长，是铬铁矿烧结成功的关键。

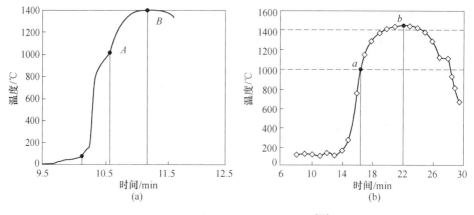

图 3 - 26　铬矿烧结过程温度变化[31]

（料高 580mm，测温点位于料面下 300mm 处）

在烧结温度下以脉石液相固结尖晶石颗粒比较困难，添加适量的熔剂有利于改善烧结成品矿的强度。以精矿为主要原料的烧结工艺通常配入 4% ~ 6% 的膨润土，这一数量远远高于球团矿的熔剂配入量。粘结剂带入过多的低熔点矿物对后续的冶炼工艺带来不利影响，个别工厂的铬元素回收率因此而降低 1% 左右。

3.4.5　烧结工艺流程

从原料进入烧结厂到成品烧结矿运出的工艺流程包括配料、混合、制粒、烧结、破碎、冷却、整粒及成品贮运等，见图 3 - 27。

3.4.5.1　配料

在配料站矿石、焦粉或煤、粉尘、熔剂和返回料等混合原料按一定比例进行配料并均匀布在带式输送机上。

烧结配料由上料装置、料槽、圆盘给料机、配料皮带秤、输送机等组成。锰矿烧结需要混配的矿石种类较多，需要设置较多的料槽。料槽下设圆盘给料机向电子秤给料。配料系统采用电子皮带秤对各种原料按设定的配料比计量。用胶带机运往一次混合室。

3.4.5.2　混合

按比例配好的各种原料以及外加的返矿必须进行混匀，以保证烧结矿质量均

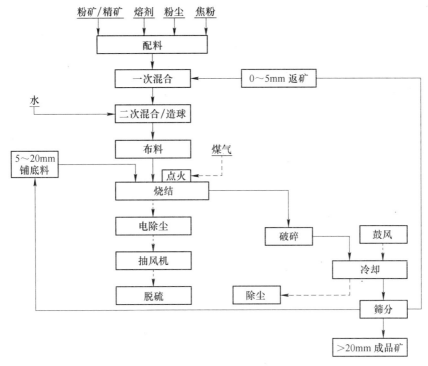

图 3-27 烧结工艺流程图

一。在混合间先后进行一次混合和二次混合。

由成品筛分室筛出的 0~5mm 冷返矿经胶带机直接运往冷返矿槽，进入一次圆筒混合机与其他原料混合。冷返矿的重量约占烧结矿总重的 10%。在混合时加入热返矿或外加蒸汽提高混合料温度。一次混合主要是达到混匀目的并加适当水初步润湿。

一混后胶带机将混合料运往二次混合机进一步混合。在二次混合时原料与水均匀混合制成 3~6mm 小球颗粒料。混合矿中的水分一般控制在 7%~8%。采用二次混合造粒工艺有助于利用粉矿比例高的原料，提高烧结料的透气性。二混的时间不宜小于 5min，混料筒的充填系数不大于 15%。

3.4.5.3 布料

烧结室上部设有铺底料槽和混合料矿槽。为了避免烧结台车被高温烧坏，混合料的底部必须铺一层粒度均匀的烧结矿铺底料层。用作铺底料的小颗粒烧结矿粒度为 5~20mm，其重量约占烧结矿总量的 25%。

混合料经梭式布料器加入混合料矿槽，由圆辊给料机及辊式布料器将混合料均匀地布在烧结台车上。

铺底料槽和混合料槽均设有料位检测装置。

3.4.5.4 点火

烧结台车上部的混合料在点火罩内预热点燃,以煤气为燃料的烧嘴提供烧结料的点火热能。点火器加热上表层混合料,使混合在其中的燃料具备燃烧条件。混合料中固体碳的着火温度在800℃以上。点火温度一般低于矿石的烧结温度,但接近其软化温度,通常为1050~1250℃,点火时间为30~60s。

点火器覆盖烧结机8%~18%的有效面积。点火时,点火器风箱的负压应保持点火器内为零压值才适宜,这样,保证了整个点火器面积内点火温度的均匀性,而不会降低烧结生产率。

点火后,对烧结料表层保温,要避免冷空气抽入时产生的急冷作用,保证液相结晶完善,以得到强度较高的表层烧结矿。

对于易爆裂的碳酸锰矿和高价氧化锰矿石,在点火前对混合料的预热可以减少喷溅造成的点火器面积缩小、停机处理等故障。

3.4.5.5 烧结

点火后的烧结矿从上至下进行烧结,直至料车水平运动到烧结机尾部完成烧结过程。混合料的烧结时间取决于原料特性和料层厚度,锰矿的烧结时间为9~15min。烧结台车下部的风箱提供的负压使助燃空气穿透料层,同时也为采用机上冷却的烧结矿提供冷却方式。

烧结完后的烧结饼在机尾卸矿,经单辊破碎机破碎后进入热筛。筛下的小颗粒返回到圆筒混料机,筛上部分烧结矿进入冷却机,采用鼓风或抽风强制冷却。冷却后的烧结矿需要经过筛分,大于20mm的烧结矿进入成品仓。

烧结机的带速对生产能力有很大影响,一般在0.8~1.5m/min。烧结机的带速可以根据料层厚度、烧结时间等参数进行调整。烧结机风箱的负压取决于原料粒度组成,风箱负压范围在6000~8000Pa。

3.4.5.6 冷却

烧结矿的冷却方式根据烧结矿的特性和生产能力确定,有机上冷却和机外冷却两种。

机上冷却,即烧结矿机上冷却是将烧结机延长,用延长部分的烧结台车来冷却烧结矿的一种静态层冷却方式。这样烧结机的前一部分叫烧结段,后一部分叫冷却段。烧结段与冷却段各有单独的风机抽风冷却。在冷却段,冷风通过烧结矿层中的气孔和大量的断裂缝隙,与热烧结矿进行热交换,把料层的热量带走,使烧结矿冷却下来。一般烧结段与冷却段的面积比为1:1。机上冷却方式可使整体烧结块产生破裂,烧结矿的粒度较均匀。机上冷却简化了流程和设备,可以提高设备作业率。

锰矿烧结易形成大孔薄壁的烧结矿结构。热态烧结锰矿冷却速度过快会导致矿物结晶脆性大,强度降低。为了保证液相结晶形成,提高烧结矿强度,锰矿烧结采用机上冷却较多。

机外冷却设备有带式冷却机、环式冷却机等几种。铁合金厂的锰矿和铬矿烧结能力普遍较小，采用链板带冷机冷却方式较多。

按冷却风流的通过方式，可分为抽风和鼓风两种形式。鼓风冷却具有热交换充分、冷却效果好、占地面积小、单位烧结矿所需冷却风量小的优点。

3.4.5.7　筛分

冷矿筛多用两段筛分，两台冷矿筛串联布置。筛分出三种粒级的产品，即：>20mm 为成品烧结矿，5 ~ 20mm 用作辅底料，<5mm 的粉料为冷返矿。

3.4.6　烧结工艺主要参数

燃料比、料层厚度、返回粉料比和原料水分等是影响烧结的主要参数，控制这些参数就能得到最佳的操作特性。

3.4.6.1　燃料比

烧结热能来自添加在混合料中的焦粉或煤粉燃烧。适宜的燃料用量应保证所获得的烧结矿具有足够的强度和良好的还原性。锰矿烧结混合料中的燃料数量要保证高温燃烧带达到1200℃的时间为1min左右，以使锰粉矿完全烧结。

燃料比与矿种和烧结工艺有关。一般锰矿烧结每吨成品矿消耗焦粉或煤粉数量为120 ~ 150kg。高价锰矿含氧量高，碳酸锰矿热分解耗能均需要消耗较多的燃料。乌克兰的尼科波尔铁合金公司烧结熔剂性烧结锰矿每吨消耗141kg焦粉，而无熔剂烧结矿仅消耗108kg焦粉。铬矿烧结的燃料比显著高于锰矿和铁矿烧结。

燃料比对烧结矿结构有一定影响。在烧结过程中，氧化物的再结晶、液相生成数量、烧结矿的矿物组成及烧结矿的微观结构等，在很大程度上受燃料的用量影响。燃料量少时烧结矿微孔结构发达；随着燃料比增加烧结矿薄壁结构增加。原料中加入过多的燃料会导致液相过多，延长烧结时间，降低产量；反之，燃料比过小则混合料不能充分烧结，返回料比例加大，降低生产能力。

焦粉配比对铬矿烧结指标的影响见图3 - 28，可以看出，随着焦粉配比由6.15% 提高到8.0% ，烧结矿的成品率由59%提高到70% ，转鼓指数由45%提高到58% 。综合考虑烧结矿的质量，适宜的矿石焦粉配比为7.3% ~ 8% 。

3.4.6.2　混合料的水分含量

水分含量对烧结矿质量、生产能力有一定影响。混合料中水分含量须能满足烧结原料在混合过程中形成球状颗粒的需要。球粒的多少会影响烧结料的透气性和烧结矿质量。固体燃料在完全干燥的混合料中燃烧缓慢，根据碳的链式燃烧机理，火焰中有一定含量的氢和氢氧根有助于提高燃烧速度。

在抽风烧结过程中水分在料层中由上至下运动，并在下部聚集形成过湿带。

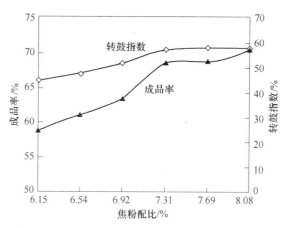

图 3 - 28 焦粉配比对烧结铬矿成品率和质量的影响[31]

化合水含量高的锰矿在烧结过程中水分会分解出来，再加过湿带的水分含量。在过湿带水分过多会破坏球团颗粒，影响烧结料的透气性。

锰矿烧结的典型水分含量范围为 7% ~10%，实际烧结工艺中也有 4% ~5% 的先例。水分含量与矿石质量特性有关，物料粒度越细，比表面积越大，所需水分越高。表面松散多孔的锰矿烧结时所需水量可达 10% 以上，而致密的铬矿烧结时适宜的水量只有 6%。对特定的烧结原料，需要通过烧结试验来确定烧结混合料的水分含量要求。

3.4.6.3 料层厚度

铺底料起着保护台车、减少烧结烟气含尘量的作用。铺底料是从烧结矿整粒系统筛分出来的，粒度以 15 ~20mm 为宜。铺底料层的适宜厚度为 40 ~50mm。为了保护钢带，奥图泰铬矿球团焙烧工艺的铺底料厚度达 200mm。

锰矿和铬矿烧结料层厚度多为 200 ~400mm，球团烧结的料层厚度可达到 500mm 以上。提高料层厚度可以增加料层的蓄热量，降低烧结料中的燃料用量。采用厚料层烧结提高了烧结机利用系数，烧结机的作业率提高到 90% 以上。

在烧结过程中，改变料层高度能显著地影响烧结生产率、烧结矿质量及固体燃耗，料层高度对铬铁矿粉烧结的影响如图 3 - 29 所示。随着烧结料层高度增加，固体燃耗明显下降，成品率和转鼓指数存在峰值。通常由于料层自动蓄热作用，适当地增加料层高度，可提高料层下部的温度，延长高温保持时间，有利于粘结相的扩散和固结，从而改善烧结矿强度。但超过一定范围后，由于料层阻力太大，下层水分冷凝现象加剧，烧结指标将下降。

由于铬铁矿粉烧结所需温度高，必须保证铺底料达到一定厚度才能保护烧结机台车，减少设备损耗。

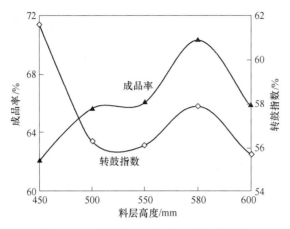

图 3-29　料层高度对烧结矿质量的影响

3.4.6.4　点火温度

点火温度一般低于矿石的烧结温度，但接近其软化温度，通常为 1050~1250℃，点火时间为 30~60s。铬矿烧结点火温度要高于锰矿和铁矿 100~150℃。

3.4.6.5　烧结风量和负压

烧结机单位烧结面积的风量为 80~100m³/(m²·min)。

烧结负压与料层厚度、混合料粒度、操作条件等很多因素有关。锰矿和铬矿烧结风机的负压一般在 10780~15680Pa 之间；球团烧结的负压则在 6500~8500Pa 之间。

烧结负压对烧结机利用系数的影响如图 3-30 所示。随着烧结负压的增加，利用系数显著提高，固体燃耗下降。增加烧结负压可增大通过烧结料层的风量，改善料层的热交换。但负压数值的选取对动力耗电影响很大，不宜选取过高。

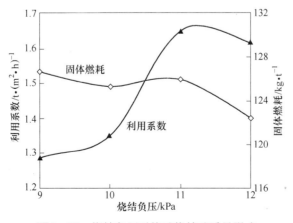

图 3-30　烧结负压对铬矿烧结矿质量影响

3.4.6.6 锰矿、铬矿和铁矿烧结工艺参数的比较（表3-67）

表3-67 锰矿、铬矿和铁矿烧结工艺参数的比较

工艺条件	单位	碳酸锰烧结	氧化锰烧结	铬矿烧结	铁精矿烧结
矿粉松散密度	t/m³	1.4~1.6	1.7~2.1	2.0~2.5	2.0~2.5
烧结矿堆密度	t/m³		1.5~1.8		1.5~1.8
熔剂用量	%	0~6	0~6	约7	
混合料水分含量	%	5~8	7~10	6~7	6~8
点火热能	MJ/t		293		125~167
点火时间	min		1.5	2.0	约1.0
点火温度	℃		950~1150	1250	1050~1200
烧损	%	27~28	10~15		
热耗	GJ/t	2.5~4.1	3.8~5.0	4.0~6.0	1.8~2.5
燃料用量	kg/t-烧结矿	120	120	120~140	55~62
烧结温度	℃	1250~1350	1250~1350	1350~1500	1200~1400
软化温度区间	℃	100	120	200	220
垂直烧结速度	mm/min	28~33	30~36	约15	20~27
返矿率	%	30~40	25~40		20~30
转鼓指数（>5mm）	%	86~84	72~75		83~85

3.4.7 团粒烧结（小球烧结法）

铁合金厂锰矿和铬矿烧结中，原料中的精矿和粉尘比例很高。原料中细粉比例过高会影响烧结过程，降低烧结设备生产能力甚至无法正常运行。为了改善烧结过程可将细矿粉制成球团后再烧结，即采用小球烧结法。

小球烧结法是提高烧结料层透气性，实现厚料层及低温烧结的方法。该方法所制得烧结矿强度高、还原性好、粉末少、块度大。遵义铁合金厂在小球烧结工艺的基础上开发了团粒烧结工艺，使其更加适应铁合金原料和冶炼的特性[32]。

小球烧结法是将精矿粉、熔剂和少量固体燃料加水混合制成小球团，然后将小球团与其余固体燃料混合，外滚燃料的小球布在烧结机上点火烧结，制造出小球烧结矿。在小球烧结工艺中，粒度为3~12mm的小球占混合料总量的75%以上。

在团粒烧结中大于12mm的生球团粒度占总量的40%以上。因此，团粒烧结的生球团粒度介于小球烧结和球团烧结之间。小球法得到的是烧结饼，而团粒烧结的成品为葡萄状的球形结构，粒度均匀，强度很高。

小球法内配燃料的比例为 10% ~ 20%，外配燃料占总量的 80% ~ 90%。内配焦粉在烧结过程中燃烧产生一定数量空隙有利于烧结矿的还原。外滚煤粉粒度与普通烧结生产使用的煤粉粒度一样，即粒度小于 3mm 者含量占 85% 以上。裹在球团表面的燃料与空气中氧接触充分，小球料容易点火，燃烧效果好。因此，小球法可以大幅度降低固体燃料消耗。小球法点火温度比普通烧结法低 50 ~ 100℃。

在铬矿团粒烧结中，焦粉配入量应比理论值高 5% ~ 8%，点火温度控制在 1250℃ 左右。

遵义铁合金公司粉铬矿团粒烧结工艺流程如图 3 - 31 所示。该公司的烧结车间设计用于碳酸锰矿精矿球团烧结，经过改造后用于粉铬矿和精矿团粒烧结[32]。

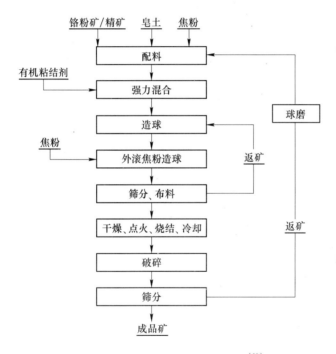

图 3 - 31 铬矿团粒烧结工艺流程[32]

团粒烧结与普通烧结工艺的区别在于：混合料经过强力混合后在成球盘上造球，而后在另一个成球盘外滚煤粉。混合料的干燥、点火、烧结和冷却均在焙烧机上完成。干燥用的热气流来自烧结尾气，为避免生球团发生爆裂，干燥温度应低于 350℃。为了满足造粒条件，返回料要经过磨细才能返回成球系统。遵义铁合金厂团粒烧结的主要设备见表 3 - 68，团粒烧结的主要设备是 80m² 带式焙烧机。

表 3-68 团粒烧结主要设备

序号	设备名称	台数	规　格	说　明
1	带式焙烧机	1	$80m^2$	干燥、点火、烧结和冷却
2	强力混合机	1	$\phi1100mm \times 2600mm$	中轴带耙，强化混合
3	成球盘	4	$\phi5000mm$	分别用于造球和外滚焦粉
4	串联式抽风机	2	310kW/381kW	负压 6500Pa
5	回热风机	1	220kW	用于球团干燥
6	鼓风冷却机	1	570kW	机上冷却
7	球磨机	1		返回料磨细

该厂锰矿球团烧结和铬矿团粒烧结工艺条件比较见表 3-69~表 3-71。

表 3-69 锰精矿球团和铬矿团粒烧结的生球团性能

矿　种	混合料水分/%	球团水分/%	生球粒度/%			落下强度/次·球$^{-1}$	抗压强度/N·球$^{-1}$
			6~12mm	12~20mm	>20mm		
锰精矿	9.4	12.4	30.57	60.21	9.22	12.5	5.2
铬粉矿	8.8	11.9	42.23	50.34	7.43	12.3	5.4
铬精矿	9.1	12.6	57.51	39.75	2.74	11.8	4.8

表 3-70 锰精矿球团和铬矿团粒烧结工艺条件

项　目	锰　矿		铬　矿	
	团粒	球团	粉矿	精矿
烧结机利用系数/t·$(m^2 \cdot h)^{-1}$	0.19	0.16	0.35	0.34
球团抗压强度/N·球$^{-1}$	600	400	800	650
ISO 转鼓指数/%	66.67	56.51	79.56	78.32
工序能耗/kg-标煤·t^{-1}	89.5	134	64.5	65.4
球团粒度（6~12mm)/%	94.65	90.93	94.51	93.54

表 3-71 锰矿和铬矿团粒烧结料层温度实测值

矿种及方法	温度/℃	
	料层中部	料层底部
锰矿球团焙烧	1137	1045
铬矿粉矿团粒烧结	1350	1342
铬矿精矿团粒烧结	1305	1302

由于在焙烧机上同时完成混合料的干燥、点火、烧结和冷却，因此，该烧结机利用系数没有单纯烧结的设备利用系数高。

采用团粒法烧结锰精矿和粉铬矿的优点是:

(1) 改善烧结料层透气性,有利于增加料层高度,提高烧结速度与产量;

(2) 降低固体燃料消耗量,实现低温烧结;

(3) 提高烧结矿强度,改善烧结矿的还原性和冶炼技术经济指标;

(4) 可以用低负压抽风烧结,降低动力电耗。

一般球团烧结工艺要求小于200目的原料粒度比例大于89%,而该厂使用的铬矿小于200目的粉矿比例仅占20%左右,使用的南非铬矿80%的粒度为0.246~0.125mm之间。因此,其烧结团粒的还原性能和冶炼指标与其他烧结氧化球团工艺仍有一定差距。

奥图泰球团与团粒烧结法烧结工艺的区别在于:前者成品球团粒度较大,为12~15mm,后者成品呈团块和球团的混合物,需要对大块破碎;前者受到烧结机钢带工作温度制约,烧结温度不能过高,后者烧结温度高,可以改变铬矿的晶粒结构,提高其冶炼回收率。因此,团粒烧结对烧结南非等难还原铬矿更适用。

3.4.8 奥图泰铬矿球团烧结技术

奥图泰铬铁生产工艺是由芬兰Outokunpu公司于20世纪70年代开发的,经过30多年的发展该工艺已经成为南非冶炼铬铁的主流工艺。这一工艺由铬矿球团烧结和球团预热热装到矿热炉冶炼铬铁两个部分组成。奥图泰铬矿球团烧结和冶炼技术是世界应用最为广泛的高碳铬铁生产工艺,目前已经有二十几条生产线投入使用。国内建有4条生产线,每条生产线的年生产能力为12万~20万吨铬铁,与之配套的电炉容量为45~75MVA之间。这一工艺具有以下特点:

(1) 可以使用100%的粉铬矿;

(2) 难还原铬矿的元素回收率可达85%,比普通工艺有明显提高;

(3) 利用回收的电炉煤气热能烧结球团,显著节约能源;

(4) 设备运行稳定,自动化程度高,设备作业率在98%以上;

(5) 采用电炉煤气作为焙烧球团热源,煤气含硫量低,不会增加二氧化硫的排放量。

铬矿烧结球团是在氧化条件下进行的,存在生成Cr^{6+}的条件。为了防止Cr^{6+}的生成,在炉料中添加2%的焦粉。挥发分高的煤不能用于混合料,因为煤中的挥发分会在铺底料层燃烧损坏钢带。工艺对矿石湿磨和烟气净化的污水采取了必要的处理措施,在实际运行中仍然需要必要的环境防护。

3.4.8.1 奥图泰铬矿球团烧结工艺流程

奥图泰铬矿球团烧结工艺流程由配料、磨矿、过滤、混料、成球、烧结、筛分整粒组成。工艺流程如图 3 - 32 所示。

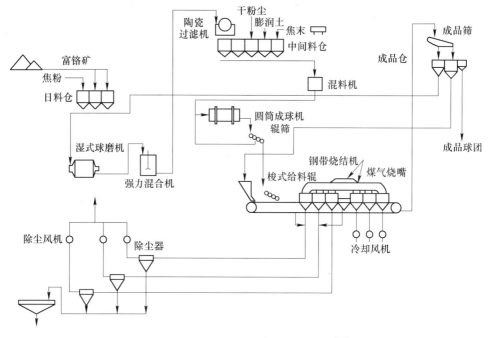

图 3 - 32　奥图泰铬矿烧结工艺流程图[33]

A　配料和磨矿

烧结工艺的配料分两次进行。一次配料是在磨矿前将粉铬矿与大约 2% 的焦粉和返回料进行计量和混合，混合料在湿式球磨机中混合和磨细。成品矿的粒度范围是 78% ~82% 的矿石粒度小于 200 目。矿浆的水分含量为 25% ~30%。

B　过滤

磨细的矿浆通过冷却器降温后，由渣浆泵和管路输送到 2 台陶瓷过滤机进行过滤分离水分。分离出来的污水排入污水处理系统，经处理后循环使用。含水量为 8.5% ~9.0% 的滤饼运送至二次配料系统储存和配料。

C　强力混合和成球

在二次配料中分别对铬矿滤饼、尘泥和粉尘、返回料、膨润土进行计量。混合料被输送到强力混合机强力混合，搅拌为成分均匀、水分适宜的生料。在成球机内喷淋水，最终将混合料水分调整到适当含量，制成粒度为 18 ~22mm 并具有一定强度的球团。湿球团经辊筛去除粉料，辊筛的间隙为 7 ~12mm；筛下物经对辊破碎机破碎返回到制球系统。

D　烧结

烧结机布料分两段进行。首先将粒度小于 6mm 的返回成品球团作为铺底料均布在钢带上，厚度约为300mm。铺底料的主要用途是保护钢带不受高温气体的损坏。然后将生球团布在铺底料上部，厚度约为250mm。钢带上料层总厚度为500~600mm。钢带上的料层在运动中先后经过干燥、预热、焙烧和冷却几个阶段，最后完成球团烧成和固结，制成具有一定强度和冶金性能的烧结球团。

年产35万吨铬矿烧结球团的钢带式烧结机钢带宽度为5m左右，其有效宽度为3.6~4.0m；烧结机传动滚筒轴距为30m；钢带为耐高温和腐蚀的不锈钢钢带，厚度为2.5mm。钢带上均布着孔径5mm的孔，供烧结热气流穿过。烧结机钢带的张力通过检测实现液压自动调整；料层厚度通过红外线检测做到自动控制。

烧结机的上部和下部设有7段风箱，分别是干燥、预热、焙烧、保温、冷却（三段）。干燥段、预热段、焙烧段和保温段的风温分别控制在350℃、1000℃、1300℃。在焙烧段和保温段设置电炉煤气烧嘴，通过煤气燃烧将热风加热到适宜温度。干燥段和预热段的热风来自冷却段，烧结球团的冷却采用鼓风冷却，烧结机预热段风箱与引风机相联。来自冷却段的冷风从烧结钢带下部吹入与热球团进行热交换，温度升高的热空气通过管路送到预热段，对球团进行干燥和预热。冷却风的循环利用大大提高了烧结机的热效率。计算机对煤气和烟气流量、压力、温度等风流系统参数自动控制。

E 成品处理

烧成的球团由带式输送机输送到振动筛进行分级。粒度小于6mm的粉料和球团返回到配料站，经磨细后重新造球，这一部分的数量比例很小。粒度为6~8mm的小球团用做铺底料。粒度大于8mm的球团为成品烧结球团，直接输送到电炉配料系统或储存备用。

3.4.8.2 环境保护设施和辅助设施

系统的环境保护设施有烧结烟气除尘和污水处理系统。

预热段采用抽风预热，废烟气经湿法除尘器净化后由引风机排入大气。

湿式磨矿会产生大量污水，来自陶瓷过滤器和烟气湿法除尘器的污水需要经过处理，回收污水中的尘泥。尘泥中含有相当数量的铬粉矿，可以返回到配料系统加以利用。处理后的污水循环使用。

系统的公辅设施有液压站、润滑站、计量和自动控制设施等。

3.4.8.3 主要生产设备

表3-72列出了奥图泰年产24万吨铬铁的铬铁烧结球团工艺的主要生产设备。

表3－72　奥图泰铬铁烧结球团工艺设备[34]

序号	设备名称	台数	规　格	生产能力/t·h⁻¹	电机/kW
1	湿式球磨机	1	$\phi 4.9 \times 7.3$	66	3200
2	陶瓷过滤机	2	$90m^2$		
3	混料机	1	2.5t 搅拌力	90	190
4	圆筒成球机	1	$\phi 3 \times 10$，倾角7°	300	45
5	辊　筛	1	2.2×7.0，间隙7～16mm	300	液压马达
6	钢带烧结机	1	4.9×30	75	2×7.5
7	冷却风机	3	$100000Nm^3/h$，7000Pa		
8	湿式除尘器	4	$45000 \sim 90000Nm^3/h$		
9	除尘风机	4	$90000Nm^3/h$，14kPa，工况温度：60～90℃		
10	对辊破碎机	1			
11	双层振动筛	1	－6mm，6～8mm，＋8mm		
12	污水处理装置	2			

3.4.8.4　奥图泰烧结球团工艺主要参数和指标（表3－73）

表3－73　年产25万吨高碳铬铁的奥图泰烧结工艺典型参数和指标[34]

工　序	工作参数	单　位	数　值	备　注
烧结	烧结球团生产能力	t/h	75	
	烧结机带宽	m	5	钢带厚度：2.5mm
	传动滚筒轴距	m	32	
	有效烧结机面积	m^2	120	
	铺底料厚度	mm	300	
	生球团厚度	mm	250	
	带　速	m/min	0.5	
	烧成温度	℃	1300	
	烧结机利用系数	$t/(h \cdot m^2)$	1.6	
	烟气量	Nm^3/h	100000	
	动力电消耗	kW·h/t－球团	45～80	
	烧结煤气消耗	Nm^3/t－球团	160	
电炉	高碳铬铁生产能力	t/a	240000	
	电炉容量	MVA	54	
	电炉煤气量	$Nm^3/(h \cdot MW)$	220	
	冶炼电耗	kW·h/t	3500	实　重
	煤气热值	kJ/Nm^3	10000	
	炉料预热能耗	Nm^3/t－铬铁	120	预热到600℃

3.4.9 奥图泰铬矿球团预热竖炉

由奥图泰烧结车间生产的球团冷却后由带式输送机运送到电炉车间配料站。按照冶炼工艺要求将一定配比的球团、还原剂、熔剂输送到电炉顶部的预热器。图3-33为球团预热和冶炼流程图。

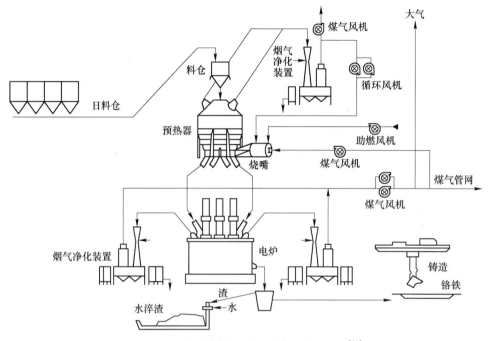

图 3 - 33　奥图泰铬矿球团预热工艺流程图[33]

电炉炉顶预热装置由料仓、炉料预热器、燃烧室、煤气风机、助燃风机、料管和烟气管路、烟气除尘器和控制系统组成。

预热器上部料仓为冷料仓，起着存料和密封作用。混合料经上部料仓落入预热仓内，来自燃烧室的热烟气穿过料层与混合料进行热交换。预热使用的热源为来自电炉煤气净化装置的煤气，通过风机将煤气输送到燃烧室烧嘴中与助燃一次风混合点燃产生热量。预热料仓上部设烟室和烟道，废气经管路输送到烟气净化装置，净化后排入大气。

预热后的炉料经过电炉料管连续加入到炉内完成电炉冶炼铬铁过程。

每座电炉设两座煤气净化装置，一用一备。煤气净化采用湿式净化流程，系统由文丘里管、煤气洗涤装置和污泥分离装置组成，煤气污水全部循环使用。

3.4.10 竖炉烧结球团

竖炉具有结构简单、生产能力大、建设费用少、热效率高、操作维修方便等优点，可用于焙烧铬矿球团、铁矿球团、碳酸锰矿、石灰、水泥熟料球团等。竖炉的缺点是对原料适应性差；类似于料仓的结构致使各部位球团矿下料速度不均匀，中心下料快，外围较慢，球团矿在炉内停留时间不同；竖炉内部温度、气流分布不均等。因其球团矿焙烧质量不均匀的缺点使其无法与回转窑竞争。

在铬矿还原焙烧中，加入的还原剂会发生氧化燃烧，使局部球团温度过高，烧结成大块。此外，气氛控制不好会导致已经还原的金属发生再氧化。

3.4.10.1 竖炉烧结原理

竖炉按其断面形状分类，有圆形和矩形两种。用于焙烧铬矿的竖炉生产能力普遍比较小，多采用圆形竖炉。常用于烧结铬矿的竖炉见表3-74。

表3-74 用于铬矿球团烧结的竖炉

企 业	吉林铁合金厂	辽阳铁合金厂	内蒙古同旺	日本 NKK
结构形式	机立窑	NKK 竖炉	球团矿竖炉	NKK 竖炉
燃 料	煤粉	电炉煤气	发生炉煤气	电炉煤气
产能/t·d^{-1}	150	700	350	700

竖炉由上部的球团加料口、炉膛、下端的卸料装置、布置在四周的热风管路或燃烧器等组成。竖炉内部可以分为干燥段、预热段、焙烧段和冷却段。竖炉原理图见图3-34。

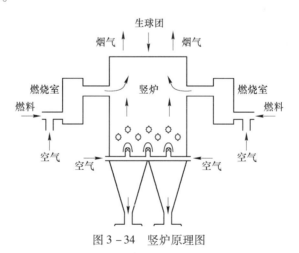

图3-34 竖炉原理图

竖炉的结构往往根据不同产品的焙烧工艺要求设计。竖炉的大小一般是以其容积来划分的，常用的竖炉容积为10~100m^3；但预还原球团竖炉是以横截面积来衡量其大小。竖炉容积按下式计算：

竖炉容积 = 加料速度 × 停留时间 = 体积密度 × 竖炉面积 × 料层高度

竖炉球团烧结对生球团质量要求较高，球团在干燥和运动过程中爆裂或破碎会增大料层阻力，影响竖炉运行，为了满足焙烧要求应将矿粉磨细到一定粒度后造球。

竖炉球团多使用气体燃料，如高炉煤气、电炉煤气和发生炉煤气；也可以使用煤粉、焦粉等固体燃料。采用固体燃料的铬矿球团往往采用外滚焦粉的方法成球，外滚焦粉的比例不超过3%。由于难以控制炉膛温度，使用固体燃料焙烧铬矿球团的竖炉往往出现生球烧结成大块，造成竖炉排料困难，不能维持正常生产。

干燥带的分布和温度至关重要，球团在干燥段与焙烧烟气进行热交换。成球盘制成的生球一般含水量在8%～10%，干燥段升温过快生球会出现爆裂，生球爆裂产生的粉末会堵塞料层的孔隙，使炉况恶化。

竖炉面积决定了其生产能力，适当增加干燥面积，减缓气流速度，生球升温速度就会降低，爆裂情况能得以改善。竖炉操作的关键是控制竖窑温度分布以及均衡各部位的气流速度。

通过在竖炉中部设置导风墙、在顶部增设干燥床等改进结构的措施可以大大改善竖炉操作。

3.4.10.2 环形竖炉烧结

图3-35为日本NKK公司开发的用于铬矿球团烧结的环式竖炉上部结构示意图。

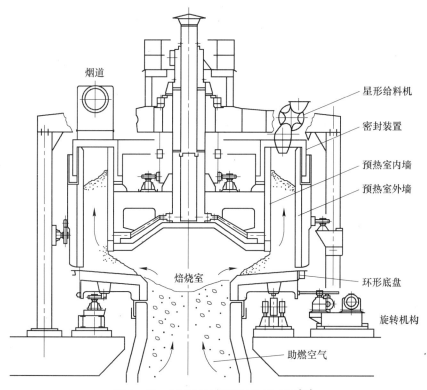

图3-35 环式竖炉顶部结构示意图[35]

该竖炉采用环形干燥室,由球团焙烧废气对球团进行干燥和预热。烟气穿过干燥室与向下运动的生球进行热交换,生球在干燥带停留时间为 5~6 分钟。干球由环形卸料机卸到焙烧室完成球团焙烧。电炉煤气用于焙烧铬矿球团,焙烧温度在 1300~1350℃。烧成的铬矿球团向下运动与冷却风完成热交换,冷却风从下部吹入炉内被热球团预热,同时将球团冷却。排出的球团温度低于 100℃,用带式输送机输送到电炉。环式竖炉铬矿球团烧结参数如表 3-75 所示。

表 3-75 环式竖炉铬矿球团烧结参数[35]

工作参数	单 位	数 值	备 注
烧结球团生产能力	t/a	200000	
能 耗	kJ/t	984000	
电炉煤气耗量	Nm³/t	19	热值:7942kJ/Nm³
风机电耗	kW·h/t	14	
焙烧温度	℃	1350	
烧结球团抗压强度	N/球	400	
粉矿粒度比例(<200 目)	%	>60	
烟尘量	%	<0.5	

3.5 冷固结球团工艺

典型的冷固结球团工艺有冷压球团块、碳酸化球团、蒸汽养生球团等多种方法。冷固结球团使用的原料有:精矿粉、筛下的粉矿、回收粉尘和粘结剂。在满足球团强度的前提下也可以向球团中添加含碳原料,使用含碳球团有助于改善电炉冶炼,增加生产能力。

冷固结球团法是在常温下借助于粘结剂的物理—化学变化对矿粉进行固结的球团工艺。常用的冷固结球团的固结方法有水硬性固结法、热液固结法和碳酸化固结法。生球无需经过高温焙烧,固结温度在常温到 250℃ 区间。在固化中矿石颗粒仍然保持原来的特性,未出现结构变化。

与粉矿烧结工艺相比,冷固结球团工艺具有流程短、投资少、运行费用低的优点;其缺点主要是高温强度差、冶炼指标不及高温固结工艺。

影响冷固结球团强度的主要因素有:粉矿粒度分布、粘结剂的种类和数量、成球条件、球团固结方式、养生时间和干燥程度。在这几个因素中粉矿粒度分布影响最大。图 3-36 显示了改善球团强度的主要措施。

这些措施是:

(1) 增加磨细工序,减小粉矿粒度。对锰矿粉的孔隙度测试表明:小于 4mm 的锰矿粉孔隙度为 32.2%,而小于 250μm 的锰矿粉孔隙度为 30.6%。

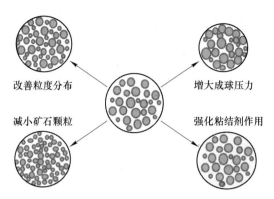

图 3-36 改善球团强度主要措施

（2）调整粉矿粒度分布，通过混合不同粒级的矿石颗粒和矿粉，降低球团的孔隙率，改善粉矿颗粒间接触。

（3）通过改进粘结剂，增加矿粉颗粒间的作用力，降低升温过程的粉化率。

（4）增加成球压力，减少孔隙率，加强颗粒间接触，增加分子间的吸引力。

球团成型工艺和设备是根据原料粒径特征而选择的。造球工艺常用于细粉和超细粉，为了得到质量好的球团需要设磨矿工序，增加细粉比例。制球设备为成球盘或成球筒，常用制球设备为压球机、压砖机等。压块工艺则用于处理筛下的矿粉，为了得到密实的压块往往还要添加一定比例的颗粒料，压块形状有球形、枕形、方形等。

3.5.1 冷固结球团的应用

冷固结球团广泛用于锰铁和铬铁等大宗铁合金的生产，也用于硅铝合金和氮化锰的生产。冷固结球团是皮江法生产金属镁的主要工序。

在某些产品冶炼中球团工艺显示出了不可替代的优越性。采用磨细的粉料压制球团会在相当程度上改善还原条件。在一步法冶炼硅铬合金中使用以消石灰为粘结剂的铬矿球团可以得到很好的指标；以含碳铝矾土球团可以在电炉中实现连续稳定冶炼硅铝合金。

与烧结工艺、焙烧球团工艺相比，冷固结球团工艺的特点是流程相对简单、设备投资低。在20世纪80~90年代冷固结球团得到广泛推广应用。由于在产品质量特性方面冷固结球团与烧结、焙烧工艺仍有很大差距，近年来在大宗铁合金生产上应用较少。

通常冷固结球团矿占入炉矿石比例为50%~60%，当强度提高到50kg/cm³以上时球团矿的比例可以提高到70%~75%。瑞典和南非的一些电炉使用冷压球团比例达100%，仍然取得较好的冶炼效果。

添加含碳原料的球团对改进电炉冶炼操作有显著作用。球团中配入适量还原剂会在一定程度上降低炉料中配碳量的比例，降低炉料的导电性，提高电炉操作电阻。在高碳铬铁和硅锰合金生产中应用含碳球团可以降低冶金焦、硅石等原料的消耗，提高电炉生产率。含碳球团在锰铁冶炼中反映出较好的活性。

在球团配料中添加煤作为还原剂。在高温焙烧中煤发生焦化，形成了含焦球团，煤中的挥发分则是气态还原剂。在球团升温过程中挥发分发生热解，产生活性度很高的热解碳；锰氧化物则被挥发分中的 H_2 和 CO 还原。

3.5.1.1　锰矿球团

使用锰矿压块可以在不同程度上改善冶炼技术经济指标。据资料显示，以原料配比为 0~3mm 锰精矿（150kg）、河沙（100kg）、煤粉（50kg），粘结剂为纸浆和沥青制成的球团冶炼硅锰合金，锰的回收率可提高 10% 左右；使用以锰精矿、精煤、沥青和石灰粉压制成的矿焦压块冶炼高碳锰铁电耗可以降低 18%，还原剂消耗降低 10%，锰的回收率提高 10%。典型冷固结锰矿球团的应用见表 3-76。

表 3-76　典型冷固结锰矿球团工艺的应用

原　料	粘结剂	工艺路线	冶炼品种	使用情况
锰精矿	纸浆废液	造球—干燥	锰铁	俄罗斯
粉锰矿	水泥	压球—养生	高炉锰铁	廊坊冶炼厂
粉锰矿	糖蜜 + 石灰	压块	硅锰、高炉锰铁	印度
粉锰矿	消石灰 + 糖蜜	压块	锰铁	上海

在印度大部分锰铁厂采用锰矿压块技术，使用烧结技术的工厂较少。

以消石灰和糖蜜为粘结剂的锰矿冷压球团中，石灰和糖蜜的比例分别为 2.5% 和 3.5%。

3.5.1.2　铬矿球团

粉铬矿的造块工艺选择在很大程度上取决于铬矿的种类。目前世界各国采用烧结工艺处理粉铬矿和铬精矿十分普遍。大量生产和试验数据表明：高温焙烧铬矿有助于改进难还原铬矿的还原特性。因此，冷固结球团工艺可以用于土耳其、印度、哈萨克斯坦等易于还原的铬矿，但并不适用于南非等难还原粉铬矿的造块。铬矿冷压块工艺的应用见表 3-77。

表 3-77　铬矿冷压块工艺的应用

球团工艺	粘结剂	指标改进	使用情况
磨矿 + 造球	复合粘结剂	回收率提高 18%，电耗降低 15%	津巴布韦
压块 + 养生	糖蜜 + 石灰	使用 20% 冷压块，电耗降低 3.8%	印度 Orisa
+8% 焦粉压块	6% 水玻璃	压块强度高、较少开裂	哈萨克斯坦
蒸养球团	消石灰		瑞典

表 3 - 78 列出了津巴布韦铬铁公司试验粉铬矿压块使用的粘结剂组合[36]。在这些组合粘结剂中水泥 + 焦油粘结剂压块强度和耐磨性最好，压制后压块抗压强度为 2.68MPa（300psi），96h 养生后抗压强度可达到 4.137MPa（600psi）；而常规使用的石灰 + 糖蜜压块的抗压强度分别为 1.379MPa（200psi）和 3.447MPa（500psi）。水泥 + 焦油组合粘结剂压块耐磨性更为优越，96h 养生后试验磨损率仅为 0.8%，普通压块的磨损率为 18%。水泥 + 糖蜜粘结剂压块综合性能最好，但过高的费用限制了其推广应用。

表 3 - 78 粉铬矿压块使用的粘结剂组合[36]

序号	粘结剂 1		粘结剂 2	
	名　称	用量/kg·t⁻¹	名　称	用量/kg·t⁻¹
1	消石灰	25	糖蜜	45
2	消石灰	25	焦油	55
3	膨润土	30	糖蜜	70
4	水泥	30	糖蜜	45
5	水泥	30	焦油	40

3.5.1.3　碳 - 铝矾土球团

电炉冶炼硅铝合金难度很大，采用球团工艺冶炼指标得到明显改进。球团使用的原料为粒度细小、纯度较高的铝矾土、高岭土和还原剂，使用的粘结剂为纸浆或焦油。

碳 - 铝矾土球团配比如表 3 - 79 所示。

表 3 - 79 碳 - 铝矾土球团配比　　　　　　　　（%）

原　料	铝矾土	高岭土	还原剂	粘结剂
含　量	约 17	约 48	约 33	约 2

为了使粘结剂与原料充分混合，需要对粘结剂和混合料适当预热。制球的工序为：原料干燥→破碎→磨细→配料→一次混合→添加粘结剂→二次混合→压球→干燥。

为了使球团具有很高的反应速度，应对原料充分磨细和轮碾，使各种组分充分混合。使用焦煤有助于使其在焙烧中转化活性度高的还原剂。强力压球得到的球团抗压强度为 5MPa 以上，使用压块料可以得到含铝 43% ~55%、含硅 25% ~43% 的硅铝合金。

3.5.2　冷压块工艺

冷压块是应用普遍的造块工艺。通过添加适合的粘结剂，采用强力压球机将粉矿压块，经过一定时间养生使球团具有足够强度。压块和养生都是在常温下进行的。冷压块球团的质量特性取决于矿粉粒度分布、粘结剂种类和配入量、成球压力、养生条件和时间等多种因素。

压球工艺流程如图 3 - 37 所示。

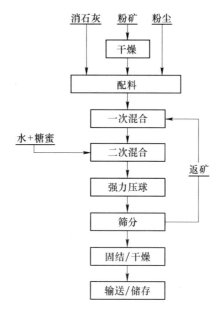

图 3 - 37　冷压球团工艺流程

为了得到合适的原料粒度分布矿石应经过筛分，小于 10mm 以下的粉矿送至干燥机烘干处理，原料水分控制在 2.5% 以下才能满足配料和混合的要求。

矿粉烘干机的气体温度取决于矿石水分含量和设备生产能力，一般烟气入口温度控制在 700 ~ 900℃，出口为 70 ~ 120℃。

由于粘结剂的数量比例很小，原料必须经过充分混合处理，通常采用二次甚至三次混合工艺。首先在一次混合机进行消石灰或水泥与矿粉的混合，而后在二次混合机中加入废糖蜜或纸浆废液完成粘结剂与矿粉的混合。稀释糖蜜的水分温度为 35 ~ 40℃，以维持其必要的流动性。

为了使水分和粘结剂均匀分布在压块中，有些工艺采用强力混合。通过对混合料轮碾使物料变得致密并带有一定塑性，混合料经过轮碾处理压块球团强度可以提高 10% 以上。

完成压制之后要对球团进行筛分，筛下小于 20mm 的碎块返回到一混，返回料的比例可高达原料量的 10% ~ 20%。筛上的压块通过带式输送机运输到库房堆放。所有冷压块球团都需要经过养生处理才能达到足够的强度，有些球团还需要干燥处理。压块球团的养生处理时间多达数十小时，为此需要有足够的空间存放压制的生球团。料堆的高度一般不应超过3m。在养生过程中发生的放热反应会使球团温度过高从而降低其强度。冷压块经过3~5h养生之后可以达到其强度的80%，经过15~25h后可以达到最大强度。在完成固化后球团才具有抵御雨水淋湿的能力。

邱伟坚等[37]在以纸浆废液为粘结剂锰矿压块试验中研究了成型压力、混合料水分、石灰配入量等因素对压块强度的影响。

图3-38显示了成型压力对压块抗压强度的影响。可以看出，成型压力越大，压块强度越高。由于成型压力的加大，球团内部组织更加致密，颗粒间隙减少，颗粒间的粘结力随之增大。当压力大于60MPa以上时，压块球团的强度趋于稳定；当成型压力大于75MPa时，球团呈现一定脆性，这时球团的抗冲击性能会有所降低。试验结果表明：锰矿压块成型压力在50MPa即可满足生产要求，粉铬矿球团的成型压力应在100MPa以上。

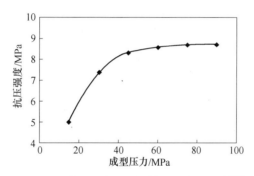

图3-38　成型压力对压块抗压强度的影响[37]

水分含量是矿粉成球的重要条件，水分对矿物颗粒的润湿及其与粘结剂的作用是提高压块强度的重要前提条件。在物料颗粒表面均匀分布的水分降低了颗粒表面的粗糙度，有利于在压制成型时物料颗粒滑动，使矿物颗粒紧密接触。压球中水分的析出润滑了压模表面，减少了混合料与压模间的摩擦，有利于脱模。

试验表明，压块水分应该控制在15%以内，在这一范围内湿球和干球强度最好。而球团水分过高会限制粘结剂的加入量，还常发生脱模困难的问题。为了满足压块料的水分要求，有时需要对原料进行适当干燥。图3-39为物料水分对压块强度的影响。

在压块球团中添加适量的焦粉可以降低电炉冶炼的块焦消耗，降低生产成本。但焦炭颗粒亲水性差，加入量多会对压块强度产生一定影响。焦粉的配入量应该满足球团强度的要求，二者关系见图3-40。

试验表明，焦粉的配入量在10%~15%时仍可以使球团强度达到10MPa，可以满足球团运输和加料要求。

在球团中添加煤的作用需要更多的试验验证。球团中的煤作为还原剂会起到

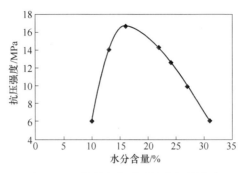

图 3-39 物料水分对压块强度的影响

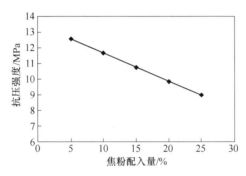

图 3-40 焦粉配入量对强度的影响

积极作用,在高温条件下煤出现液化和烧结在一定程度上对矿物颗粒润湿和固结有利,有助于提高压块球团高温强度。但煤的热分解作用也会造成球团在高温发生崩裂,增加了粉料的比例。

水泥粘结剂用量约为矿粉重量的 8% ~12%,水泥的主要成分为 CaO、SiO_2、Al_2O_3 和 Fe_2O_3,除了 Fe_2O_3 在冶炼过程中其余成分均为成渣材料。因此,使用水泥固结球团会增加炉渣数量。水泥球团需要大约 20 天左右的养生时间才能具有足够的强度。为了加快球团硬化速度,可加入速凝剂和早强剂,如铝酸钙、氯化钙、碳酸钾和三乙醇胺等。

矿粉粒径和粒径分布对球团强度有很大影响。表 3-80 给出了印度某厂水泥球团的强度与粉矿粒度和养生时间的关系[37]。可以看出,-0.25mm 的矿粉比例在 60% ~70% 时,球团强度最好;在细粉比例高于 70% 时,粘结剂的比例需要适当提高,否则其强度会下降。

表 3-80 印度某厂粉矿比例和养生时间对强度的影响(平均值)[38]

-0.25mm 比例/%	55	56	57	58	65	66	67	68
养生时间/h	6	7	9	10	13	13	18	19
强度/MPa	41	35	39	52	56	52	58	58

3.5.3　碳酸化球团

碳酸化球团是利用 CO_2 气体与球团中的 CaO 作用将矿粉固结的工艺。CaO 来自于添加的消石灰粉；CO_2 气源来自石灰窑或热风炉等工业废气。

碳酸化球团固结机理属结晶硬化反应。含消石灰和催化剂的生球在含有较浓的 CO_2(20% ~ 25%) 的气氛中发生反应，反应温度为 40 ~ 70℃，$Ca(OH)_2$ 经过碳酸化反应生成碳酸钙微晶结构，使球团矿得到固结。

碳酸化反应式如下：

$$Ca(OH)_2 + 2C_6H_{12}O_6 \Longrightarrow Ca(C_6H_{11}O_6)_2 + 2H_2O$$

$$Ca(C_6H_{11}O_6)_2 + CO_2 + H_2O \Longrightarrow （葡萄糖）_x(CaCO_3)_y(CaO)_z 胶体合成物$$

$$（葡萄糖）_x(CaCO_3)_y(CaO)_z + CO_2 + H_2O \Longrightarrow CaCO_3 + C_6H_{12}O_6$$

再生的 $C_6H_{12}O_6$ 又和 $Ca(OH)_2$ 发生反应，并且整个过程多次重复进行。[36]

消石灰添加量为 15% ~ 20%，消石灰是由石灰粉加水制取的。消石灰来自精炼铁合金使用的石灰筛下物，粒度为 3 ~ 5mm。消化用水的重量为石灰粉重量的 50%，在消化池中水与石灰发生反应。由于石灰中含有生烧或过烧的石灰，对制得的消石灰需要筛分后使用，消石灰粉的粒度应小于 1mm。

为了改进球团质量可以添加适量制糖工业副产品糖蜜作为催化剂。铬粉矿和精矿的粘结性很差，需要添加适量的膨润土或黏土改善其强度。

马久冲等[39]先后对国产粉锰矿和进口铬精矿开展了碳酸化压块球团试验，表 3 - 81 为试验条件，表 3 - 82 为工艺条件。试验采用压球机将粉矿压成枕形压块，尺寸为 35mm × 30mm。

表 3 - 81　碳酸化压块球团试验原料配比　　　　　　　（kg）

原　料	矿石	消石灰	焦粉	黏土
国产锰矿	100	20	10	
印度铬矿	100	15		5

表 3 - 82　碳酸化压块球团生产工艺条件[39]

参数	碳化罐容积/m	装入量/t	CO_2 浓度/%	流量/$m^3 \cdot h^{-1}$	温度/℃	处理时间/h
数值	$\phi 2.5 \times 3$	10	25 ~ 30	1300	200 ~ 300	24

试验采用落下法评价碳酸化压块球团强度，以小于 10mm 的比例定义落下强度。试验结果见图 3 - 41 和图 3 - 42。

由图 3 - 41 可以看出，碳酸化时间在 9h 之内压块强度增长较为缓慢；而后强度增加较快；在 18h 之后逐渐达到最大强度；20h 之后强度几乎不再增加。

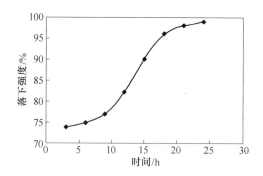

图 3-41　碳酸化压块强度与碳酸化时间的关系[39]

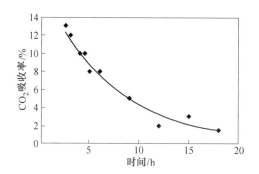

图 3-42　CO_2 吸收率与碳酸化时间的关系[39]

由图 3-42 可以看出，CO_2 吸收率随碳酸化时间延长而减少，即压块内部的消石灰已经全部转化为碳酸钙。

以相同的工艺和设备对粉铬矿进行了碳酸化压块试验，试验结果与锰矿相近。但碳酸化铬矿压块的强度性能没有锰矿好，其原因可能与铬矿颗粒的表面性能有关，铬铁尖晶石与碳酸钙粘结剂之间的结合力较弱。

在碳酸化过程中球团吸附的 CO_2 气体通过球团气孔渗透到内部。新生的碳酸钙结晶长大，在联结矿物颗粒的同时，也使气孔变细。表 3-83 为处理过程结构变化状况。试验表明，采取增加消石灰比例、升温、加压等过度的碳酸化措施，可以显著降低球团的气孔率和比表面，但这对球团的冶炼性能未必有利。

表 3-83　碳酸化处理后球团结构变化[40]

性　　质	气孔率/%	比表面/$m^2 \cdot g^{-1}$	平均孔径/nm
生球团	32.68	5.730	235.6
碳酸化球团	27.47	4.268	102.7
变化比例/%	84.06	74.49	43.59

3.5.4 蒸汽养生球团（COBO 和 MTU 法）

蒸汽养生球团工艺是用消石灰和微硅粉作粘结剂制造球团的工艺。球团固结的基本原理是：在高温蒸汽的作用下，石灰和二氧化硅由热液反应形成化学键产生凝胶物质，将固态颗粒粘结在一起，使生球团具有一定强度。生球经预干燥后（水分从5%~6%降到3%~4%）放入高压釜中用过热蒸汽养生处理，使球团强度达到最大值。该工艺又称 COBO 法（cold bound process）和 MTU（美国密执安工业大学）法。

蒸养球团工艺适用于金属氧化物矿粉球团，也用于处理钢铁厂回收的含铁粉尘，或生产含碳预还原球团矿。

该法的优点是：工艺流程简单、投资较低、固化成本低，可在低温下硬化，对铬矿的适应性强。不足之处是：需要高压蒸汽来源。

3.5.4.1 蒸汽养生球团固结机理

蒸养球团固结机理属胶体硬化反应。在蒸汽高压釜内球团中的消石灰和微硅粉在热液条件下部分溶解，发生化学反应。反应产物是一种胶状物质，生成钙的水化硅酸盐（C_2SH）凝胶。

$$2Ca(OH)_2 + SiO_2 + nH_2O \Longrightarrow 2CaO \cdot SiO_2 \cdot H_2O + (n+1)H_2O$$

$$2Ca(OH)_2 + SiO_2 + nH_2O \Longrightarrow CaO \cdot SiO_2 \cdot H_2O + Ca(OH)_2 + nH_2O$$

随着反应的进行微晶凝胶长大并连成一体，变成类似骨架的固体物质，把矿物颗粒粘结在一起。在高压蒸汽作用下不稳定的 C_2SH 转化成稳定的水化物 CSH，使球团强度进一步提高。

矿物中游离 SiO_2 和 CaO 数量很少，为了提高球团强度需要在配料时添加适量的微硅粉和消石灰。按照水化硅酸盐凝胶生成反应式，消石灰与微硅粉的比例为2:1。硅铁电炉除尘回收的微硅粉具有很高的化学活性，其粒度在5μm以下的颗粒比例占80%以上。微硅粉是改进水泥、耐火材料强度的优良添加剂，也是优良的改进冷固结球团性能的添加剂。

王首元等[41]开展了铬矿蒸养球团试验。试验原料配比为：铬矿粉：消石灰：硅石粉 = 88:8:4。

蒸汽养生时间为8h。试验表明：成品球团强度与消石灰添加量和蒸汽养生温度有关。图3-43显示了球团强度与消石灰加入量的关系，消石灰加入量越大球团强度越高。但石灰是一种造渣材料，原料中添加过多的石灰显然不利于合金冶炼，在蒸养球团工艺中球团中添加的消石灰不应超过矿石重量的10%。

饱和蒸汽压力与温度存在着对应关系，蒸汽压力越大，温度越高，所得到的成品球团强度越好。图3-44给出了球团强度与蒸汽压力的关系。可以看出，随着蒸汽压力的增加，球团强度显著提高，但蒸汽压力大于0.4MPa以后压力对球团的强度影响显著降低。

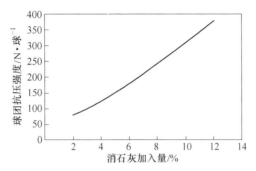

图 3 - 43 蒸养球团强度与消石灰加入量的关系[41]

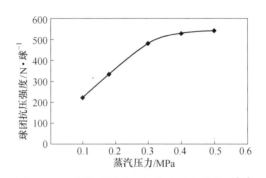

图 3 - 44 蒸养球团强度与蒸汽压力的关系[41]

3.5.4.2 蒸汽养生球团生产工艺

COBO 工艺由瑞典皇家工学院开发，用于制造铁矿和铬矿球团。建于 1973 年的瑞典铁合金公司蒸养球团生产线每年为其高碳铬铁和硅铬合金电炉提供 20 万吨铬矿球团。

蒸养球团工艺的主要工序有：磨矿、配料、混合、造球、筛分、表面干燥、蒸汽养生。蒸养球团生产工艺流程见图 3 - 45。

A 原料仓

COBO 公司的球团工艺生产线设有 4 个原料仓，每个料仓容积为 350m³，总供可容 300t 粉铬矿。根据冶炼品种要求按一定比例将不同成分的矿石混合在一起。装载车将铬矿粉装卸到输送能力为 200t/h 的带式输送机上，输送机将矿粉输送到相应的料仓。每个料仓下部设一台圆盘给料机，将铬矿定量供给到皮带秤上，圆盘给料机的转速由皮带秤来控制。

B 磨矿

为了得到强度高的球团需要采用润磨机将矿粉进一步磨细。按比例配合的混合料由带式输送机传送到棒磨机，周边卸料的棒磨机规格为 $\phi 3m \times 4.2m$。在棒磨机里 -20mm 的铬矿磨细到 80% 为 $-350\mu m$。每吨矿磨矿耗电为 15kW·h/t。

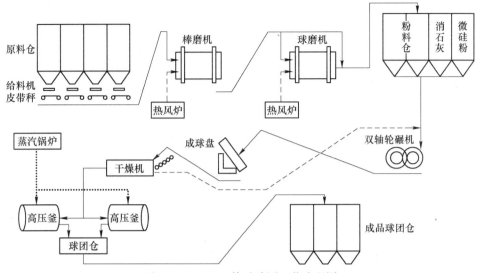

图 3-45 COBO 铬矿球团工艺流程图

对于球团工艺这一粒度仍然偏粗，有 30% 的矿粉进入球磨机需要进一步磨细到 80% 为 $-70\mu m$。球磨机耗电为 $35kW \cdot h/t$。

矿粉的细度和粒度分布对于保证球团强度十分重要，为此需要准确控制球磨机的供料。由棒磨机向球磨机的供料是间断进行的，首先在 10s 内来自棒磨机的粉料被加入到球磨机，在接下来的 10s 内棒磨机磨细的矿粉不需要进到球磨机，而是由旁路输送机运至粉料仓，这一时间控制是由控制系统完成的。

粉料仓容积为 $350m^3$。粉料仓的容积需足够大以满足磨矿系统和成球系统独立工作要求。成球工艺要求粉矿的水分十分稳定，为此磨机配有热风装置，通过控制热风温度确保矿粉水分含量小于 5%。

来自磨机废气的粉尘和各除尘点收集的粉尘通过管路被抽到除尘器除尘，回收的粉尘排到粉料仓中。

C　混合

造球系统设有独立的粉料仓、消石灰粉料仓和微硅粉料仓。矿粉料仓由圆盘给料机给料，粘结剂由螺旋输送机给料，采用皮带秤计量矿粉和粘结剂。为了减少扬尘，混合料由密闭的带式输送机输送到轮碾机。

矿粉、粘结剂和水分的均匀混合是保证球团质量的重要条件。在双轴轮碾机中完成混合料的预加湿和强力混合，按照加料量数值自动调整水分加入量，使含水量稳定在 5% ~ 6%。为了得到尺寸均匀的球团需要尽量避免混合料中的水分波动。

D　造球

轮碾后的湿料进入圆盘造球机造球。成球盘直径 3.6m，深度 1.2m，成球能力为 20t/h。成球盘的转速可以在 0 ~ 9r/min 范围内调整，倾角调整范围为 15° ~ 45°。通过调整成球盘倾角和转速将球团的停留时间控制在 20min，可做到使球团具有合适的球径和良好的物理性质。球团在成球盘停留时间为 15～20min，耗电为 2kW·h/t - 球。在球团加入量发生变化时，通过调整成球盘倾角来调整球团的停留时间。旋转的碳化钨刮刀不断清除盘壁粘结的块料。

只有少量水在成球时加入，成球时以雾化水形式对球团加湿，使生球水分达到 10%～12%。

E　生球筛分和表面干燥

为了改善球团的粒度分布需要用辊筛将生球中小于 8mm 粉料筛除。由 20 辊组成的辊筛宽度为 1.6m，筛辊间隙为 8mm，筛下料返回到轮碾混合机。粉料的比例一般小于 1%。辊筛的主要作用是将球团均匀分布在干燥机上，同时经过辊筛光滑的表面作用使球团表面质量得到改善。

球团经由带式输送机、摆头皮带均布在不锈钢带上，钢带宽度为 1.6m。球团料层厚度约 80mm，干燥时间为 2.5～3.5min。带式干燥机将球团水分含量降低到 2%～2.5%。干燥机设 5 个风箱，热风分别由上部和下部穿过料层。

表面干燥后的球团脆性较高，落下时会发生碎裂。

F　高压釜蒸汽养生

温度为 70℃的干燥球团由往复带式输送机转运装到台车上，完成装料后台车开入高压釜。关闭高压釜罐门，通入高压蒸汽，开始蒸汽养生过程。

高压釜直径 2.4m，长度 13.5m。每个台车可盛 60t 球团，装料时间约 2.5～3h。车间内设有 4 个高压釜，工作制度为两用两备。在为两个高压釜装料的同时，另外两个高压釜在进行蒸汽养生过程。高压釜内蒸气压力约为 1.6MPa，温度介于 150～250℃。球团固结时间约 2～4h。

球团在台车上完成蒸养处理后，釜盖自动打开，拉出球团台车。而后液压系统将台车倾翻到一定角度，球团倾卸到料仓后由带式输送机运到 125m³ 的储存料仓。

蒸养处理后铬矿球团的抗压强度达到 750～1300N/球，低于铁矿球团（2000N/球），转鼓指数为 92% 大于 6.3mm。

为了提高球团矿的强度可向混合料中添加 1.0% 的 NaOH 或 Na₂CO₃，可使球团在较低蒸汽压力和较低温度下进行蒸养反应，完成硬化过程。

瑞典铁合金公司铬铁厂铬矿球团厂主要生产设备见表 3-84。

表 3-84　年产 20 万吨蒸养球团工艺的主要设备

序　号	设备名称	台　数	规　格
1	原料仓	4	350m³
2	圆盘给料机	4	φ2.7m
3	皮带秤	4	
4	胶带输送机	1	200t/h
5	热风炉	2	

序 号	设备名称	台 数	规 格
6	棒磨机	1	$\phi 3m \times 4.2m$
7	球磨机	1	$\phi 3m \times 3m$
8	中间料仓	1	$350m^3$
9	消石灰、硅尘仓	2	
10	双轴轮碾机	3	Simpson Multi Mull 215G
11	成球盘	2	$\phi 3.6m$
12	辊 筛	1	辊距8mm，20辊×1.5m宽
13	钢带式干燥机	1	带宽1.6m 5室
14	蒸汽锅炉	1	
15	高压釜车	2	60t
16	高压釜	2	$\phi 2.4m \times 13.5m$
17	带式输送机	3	200t/h
18	成品仓	2	

该公司生产的球团原材料消耗见表 3 - 85。

表 3 - 85 蒸养球团原材料消耗

项 目	分 项	单 位	吨球团消耗
电 力	棒磨机	kW·h	15.5
	球磨机	kW·h	12.5
	其他动力	kW·h	21
	合 计	kW·h	49
原 料	消石灰	kg	20
	微硅粉	kg	40
燃 油	生球干燥	L	3.3
	矿 粉	L	5.2
	蒸汽锅炉	L	8.8
	供 热	L	3.5
	合 计	L	20.81
磨 体	磨 球	kg	1.32
	研磨棒	kg	1.07
	磨 瓦	kg	0.45
	合 计	kg	2.84

3.5.5 碳-二氧化硅冷压块

金属硅生产使用的主要原料是硅石和碳质还原剂。为了提高金属硅的纯净度要求使用尽可能纯净的石英或硅石，自然界中许多纯净的石英是以石英砂的形态存在。由于受到粒度限制石英砂不适于电炉直接使用，另一方面，随着电炉容量的增加，生产工艺对碳质还原剂的冶金特性要求越来越高，硅铁和金属硅生产工艺对还原剂的粒度和强度有较严格的要求。为了改善电炉的电气特性，要求还原剂有较高的比电阻，而同时满足各种冶炼条件要求的还原剂价格往往超过产品成本允许的范围。采用碳质还原剂粉与硅石粉压块可以利用廉价的还原剂和硅石制取满足冶金工艺和电炉电气特性要求的原料。

开发压块料技术的另一个重要目标是实现封闭电炉生产金属硅和硅铁，回收利用电炉煤气热能。定期捣炉是目前高硅合金冶炼必不可少的操作，而实现电炉密闭操作的前提是取消捣炉操作。为此，试图通过压块来改进原料的冶炼特性，实现炉料的均匀下沉，改善料层的透气性。

从理论上分析，粉末状的硅石和还原剂紧密接触会提高二者之间反应速度，有利于中间产物 SiC 和 SiO 的生成。但在冶炼机理上球团工艺与常规冶炼工艺有一定差别，在操作上需要有相应措施来保证炉况顺行。国内外一些企业为此进行了不少小型试验和工业试验。

在 50kW 电炉小型试验中，以还原剂和硅石粉制成的球团冶炼硅铁时炉况基本是稳定的，冶炼电耗指标达到 16～20MW·h/t，硅元素的回收率可以达到 95%。

吉林铁合金厂开展了工业规模压块试验研究。试验发现球团反应和熔化速度过快，炉口温度过高；炉料吸收 SiO 气体能力很差。这造成了坩埚区不停地塌料刺火，硅元素回收率非常低而电耗很高。过多的冷料落入炉底使坩埚区温度显著降低，以致生成硅的反应无法进行。试验调整了球团中 SiO_2/C 比例和炉料组成，但效果并不明显。

由于对硅冶金特点的认识不足，较早的压块配比按硅还原的化学计量值计算，压块中的 SiO_2/C 为 2。

$$SiO_2 + 2C = Si + 2CO$$

在实际冶炼过程中 SiO_2 与 C 反应首先生成 SiC。SiO_2/C 配比为 2 的压块在高温反应区生成 SiC 和 SiO_2 的混合物，部分 SiO_2 消耗了压块中的全部 C，这导致压块料过早出现熔化，料面发生烧结，破坏了料层的透气性。试验表明：当压块中配有过剩的还原剂时，压块在下沉过程中全部转化成 SiC，且始终维持足够的强度和形状。这样，压块就可以满足硅冶炼工艺和电气对原料条件的要求。为了改善上层炉料回收 SiO 气体的冶炼特性，炉料配比中添加了一定数量的木片，木片有助于吸收 SiO 气体，提高坩埚区温度。

以碳－硅砂压块的冶炼金属硅的反应机理与常规金属硅冶炼有较大差别。在常规的硅冶炼中高温区生成的 SiO 在逸出时被上部料层的碳质还原剂吸收，生成碳化硅。碳化硅下降过程中与熔融的 SiO_2 反应生成 SiO；SiO 的进一步还原和分解生成 Si。在上层炉料中块状硅石和碳质还原剂几乎不会直接发生反应，而在压块熔炼中碳质还原剂和硅砂颗粒十分细小，这对 SiC 的生成反应十分有利。

表 3 − 86 为压块料在料层上部的热平衡。可以看出：SiC 生成反应是强烈的吸热反应，这一反应所需的热能来自 SiO 的歧化反应。使用合适配碳量的压块料可以充分吸收来自高温反应区的 SiO 所放出的热能，使上部料层维持在相对较低的温度。这对于维持料层的透气性和物料运动是有益的。

表 3 − 86　使用压块料冶炼金属硅在料层上部的热平衡

反　应　式	温度/K	热能/kJ
$2SiO_2 + 6C = 2SiC + 4CO$	1800	1163.34
$4SiO = 2SiO_2 + 2Si$	1800	− 1227.62
$[2SiO_2 + 6C]$ 加热	298 ~ 1800	520.44
$[4SiO + 2CO]$ 冷却	1800 ~ 298	− 376.40
合　计		79.76

使用压块料冶炼金属硅时，原料是由部分压块料和硅石混合而成的。由于混合料中还原剂的数量减少，炉料比电阻有所增加。这种混合料可以满足硅冶炼工艺和电气对原料条件的要求。

至今的硅石－碳球团尚未能用于金属硅和硅铁电炉密闭操作。一种观点认为球团工艺增加了粉磨和压球工序，提高了生产费用，对冶炼金属硅意义不大。另一种观点认为：炉料中适当混合一定比例的球团会对改善炉料透气性和指标起积极作用。此外，球团料中 SiO_2 与 C 反应生成 SiC 是强烈吸热反应，这有利于降低电炉上层料面温度，减少料层烧结，从而减少或不用捣炉操作，提高 SiO 的利用率。

3.6　热固结球团工艺

3.6.1　热压含碳硅石球团

以粉煤为原料热压含碳球团技术（ANCIT 压块工艺）是由卢森堡一家公司在 20 世纪 70 年代开发的。该技术利用煤在 350 ~ 500℃温度区间出现液化的特性，将粉料颗粒粘结在一起并压制成型，压制成型的粉煤和矿石可以用作高炉的燃料和原料。图 3 − 46 为热压含碳球团工艺流程[42]。热压含碳球团工艺的主要设备有：热风炉、圆筒加热机、混料机、强力压球机和冷却机等。

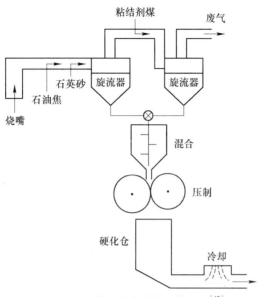

图 3 - 46　热压含碳球团工艺流程[42]

这一工艺在瑞典 Ljungverk 厂的金属硅生产中得到应用，并取得了很好的效果，该工艺后来被称为 Silgro 工艺。利用热压含碳球团工艺压制碳 – 硅砂可以得到强度很高的球团。在使用过程中压块不会发生粉化。热压含碳球团的主要原料石油焦、硅砂和粘结剂煤的重量比为 30:40:30。表 3 – 87 给出了 Silgro 工艺用于金属硅冶炼的碳 – 硅砂压块成分。

表 3 - 87　碳 – 硅砂压块典型化学成分

成　分	C	SiO_2	Fe	Al	Ca	挥发分
含量/%	约50	约42	<0.1	<0.25	<0.08	约4

压球使用的原料为石英砂和石油焦，以焦煤为粘结剂。焦煤在加热到液化温度时具有一定的粘结性能使石英砂和还原剂固化在一起。在混合机内热空气将石英砂和石油焦加热到 500℃ 以上，从混合机排出的尾气用于干燥和加热粘结剂。通过螺旋给料机将热混合料强制输送到强力压球机的对辊中压制成球，压球温度为 400～500℃。成型后的热球经在输送机上喷淋冷却，冷却后的球团运送到冶炼车间使用或运输到原料库存放。

高温固结压块的主要质量指标见表 3 – 88，热压含碳硅砂球团强度与配煤量的关系如图 3 –47 所示。

表 3 - 88　热压含碳硅砂球团质量特性

质量特性	抗压强度/N·球$^{-1}$	密度/g·cm^{-3}	比表面/m^2·g^{-1}	重量/g·球$^{-1}$
指　标	1200～1600	1.4～1.6	1～3	20～27

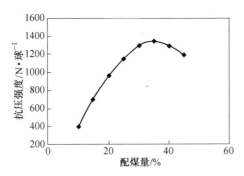

图 3 - 47　热压含碳硅砂球团强度与配煤量关系

使用 Silgro 压块的工业试验先后在 14MVA 和 22MVA 电炉上进行，试验结果见表 3 - 89。试验中固定碳总量的 40% ~ 50% 是以压块的形式加入炉内，当加入量进一步增加时则效果不一。加入压块料时炉口温度会得到显著降低，而出炉温度比未加压块的温度提高 50℃。随着炉料中压块比例的增加，炉料透气性显著改善，喷火次数减少。使用压块料带来的炉况改善还体现在：电极插入深且稳定；电炉烟气温度降低，SiO 逸出量少。

表 3 - 89　14MVA 和 22MVA 电炉使用 Silgro 压块料的试验结果

指　标	单　位	电炉 1		电炉 2	
电炉容量	MVA	22		14	
时间段		试验前	试验期	试验前	试验期
回收率	%	81.5	84.8	83.0	93.2
冶炼电耗	kW·h/t	12600	11430	12620	10840
电极消耗	kg/t	135	111	124	85.8

试验表明使用压块料时硅的回收率和消耗指标都有显著改善。在美国和加拿大的电炉生产数据表明：电极消耗减少 20 ~ 60kg/t - Si；电耗降低 1500 ~ 3000kW·h/t - Si；金属硅的回收率提高 10% ~ 15%；生产率提高 10% ~ 25%[42]。

工业试验表明：加入到炉内的球团被电炉烟气加热到反应温度，生成 SiC 的化学反应为吸热反应。在电炉炉膛上部 SiO 发生的歧化反应则放出大量热量，使上部炉料过热。采用球团可以使料层上部温度得以降低，从而提高了电炉的热效率。

在高温焙烧作用下压块中的煤发生焦化作用，生成的碳质还原剂活性度很高。压块的比表面由 $1 ~ 2m^2/g$ 增加到 $8 ~ 22m^2/g$。因此，像其他优质还原剂一样，碳 - 硅砂压块球团具有很强的吸收 SiO 的能力。

这种压块料还可以用于炉况处理，例如当电炉炉底积聚过量的 SiC 时，使用 C/SiO_2 比例适当的压块可以消耗反应区积存的 SiC。

3.6.2 铬矿直接还原法（CODIR 法）

铬矿直接还原工艺是由德国克虏伯公司和南非萨曼柯公司联合开发的[43]。该工艺使用粉煤在回转窑内将铬矿粉烧结还原，制成金属 – 熔渣团块，在电炉中完成最终还原和渣铁分离过程。1990 年在南非米德堡（Middleburg）建成一座年产 12 万吨的直接还原铬铁厂。

CODIR 工艺流程见图 3 – 48。该系统由配料站、回转窑、冷却筒、余热锅炉和收尘装置、熔炼电炉组成。按一定配比混合的铬矿粉和煤连续加入回转窑内，产品为金属化程度高的金属 – 熔渣团块。电炉用于最终还原和渣铁分离。米德堡厂直接还原工艺典型参数见表 3 – 90。

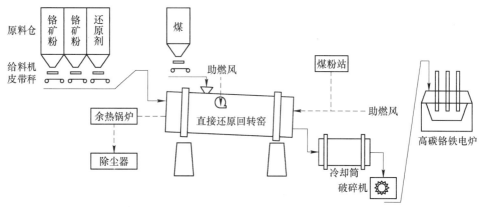

图 3 –48　CODIR 法铬矿直接还原工艺流程

表 3 – 90　南非米德堡公司回转窑直接还原铬矿工艺参数[43]

序　号	项　目	单　位	参　数
1	回转窑规格	m	$\phi 4.8 \times 80$
2	回转窑工作温度	℃	1450
3	金属化率	%	90
4	电炉容量	MVA	40
5	电炉操作形式		明弧操作
6	冶炼电耗	kW·h/t	1200

直接还原的最大优点是直接使用铬矿粉，简化了粉矿成球、干燥、烧结工序；采用低价值粉煤作还原剂使冶炼电耗和生产成本大大降低，因此该工艺特别适用于电价昂贵的地区。

由于原料的金属化程度很高、还原剂配入量很少、炉料比电阻较大、电炉操作电压很高，直接还原工艺的主要难点在于合金熔炼。熔炼是间断进行的，每炉渣铁需全部放尽。与精炼电炉一样,炉衬极易损毁,耐火材料消耗大。

直接还原的另一难点是产品质量的控制。由于加热炉料和还原反应所需的热能全部来自于粉煤或焦粉,而煤或焦粉的化学成分不可能不对产品质量产生严重影响。直接还原所需的还原剂是常规工艺冶炼单耗的 3~4 倍。如果磷以同样的分配比例进入金属,合金中磷将增加 2 倍以上。为此,还原剂的磷、钛等杂质含量必须相当低。

3.6.3 锰矿热固结团块

热固结团块的生产原理类似于水泥生产。锰矿、还原剂和熔剂在回转窑内的运动中相互作用,生成液相,滚动成球。该工艺先后在美国、挪威、墨西哥和乌克兰等国铁合金工厂得到应用。

墨西哥处理锰矿的回转窑直径 5m,长度 115m,年处理锰矿能力 30 万吨。回转窑作业率为 85% 。回转窑的窑衬材料采用高铝质耐火材料。

足够的液相数量是锰矿成球的先决条件。墨西哥 Autlan 锰矿成球温度为 1145~1260℃ 。造块的回转窑工作温度大约在 1300~1400℃ ,过高的窑温会导致回转窑结圈,也会影响窑衬耐火材料寿命。

矿石粒度小于 12mm,平均粒度为 6mm。为了使锰的氧化物由高价转变为低价,在原料中需要添加一定数量的块状低挥发分煤。回转窑可使用无烟煤粉、焦粉、烟煤煤粉和煤气等多种燃料。使用气体燃料和雾化的液体燃料的优点是容易将火焰温度控制在 1450~1500℃ 。为了确保火焰温度,需要利用废气对助燃空气预热。

回转窑卸料温度在 1000℃ 左右。热料在窑外冷却,破碎和筛分。粒度小于 6mm 的碎矿返回到回转窑处理。

回转窑烧结造块工艺适用于处理粉锰矿,处理块矿时需要将其破碎到粒度小于 6mm 以下。乌克兰开展了处理碳酸锰矿和软锰矿试验,处理碳酸锰矿的回转窑温度比处理软锰矿的温度要高一些。

该工艺的优点是:锰矿团块中的锰多以低价存在;团块强度高,冶炼性能好;易于长期存放而不会发生粉化。其缺点是:回转窑易于结圈;建设投资大,运行费用高,设备利用率低;回转窑烟气量大,温度高、含尘量高等。

3.7 人造富矿

铁合金原料矿物中,常用的人造矿物有富锰渣、焙烧矿、烧结矿、烧结球团、预还原球团、冷固结球团和富铬渣等。人造矿物的特点是其化学成分和物理性质是在一定范围内是可控的。根据铁合金的质量要求设计人造矿物的性能将是未来铁合金行业技术开发的趋势。

3.7.1 贫锰矿的富集

地球上有相当数量的锰铁比低的锰矿不能用于铁合金生产，为了利用资源可采取选择性还原的方法将有用的锰元素富集。

3.7.1.1 富锰渣生产

富锰渣是利用选择性还原原理生产高锰、低铁、低磷人造矿物的原料。根据不同用途生产的富锰渣的种类有：

(1) 以利用高铁、高磷锰矿资源制造的富锰渣；

(2) 作为生产金属锰或高纯硅锰原料的富锰渣；

(3) 用于生产精炼锰铁或硅锰合金的碱性富锰渣。

富锰渣冶炼是一种火法选矿方法，在高炉内或电炉内对高铁高磷锰矿石进行选择性还原，得到高锰低铁低磷的富锰渣和高磷锰铁。

富锰渣冶炼多采用混合矿石冶炼，一般不添加熔剂，碱度一般小于 0.4，渣铁比高达 3~5。用于富锰渣生产的锰矿技术条件如表 3-91 所示。

表 3-91 生产富锰渣的锰矿技术条件

成　分	Mn	Mn/Fe	Mn + Fe	$Al_2O_3 + SiO_2$	Al_2O_3/SiO_2	CaO/SiO_2
含　量	≥16%	0.3~2.5	38%~60%	≤35%	1.7	≤0.3

当渣中 Al_2O_3 大于 20% 或 MnO 高于 58% 时，渣的黏度大，流动性较差，甚至造成渣铁分离困难和炉况失常，一般是加萤石来改善炉渣性能。萤石加入量是使渣中 CaF_2 达到 2% 左右。

冶炼富锰渣工艺和设备与高炉冶炼生铁、锰铁基本相同，但富锰渣高炉容积普遍很小。电炉也可以用于生产富锰渣。

富锰渣冶炼是选择性还原过程，冶炼温度较低。熔炼区要满足铁和磷的还原条件，尽量减少锰还原比例，实现炉渣和铁水分离。一般熔炼温度为 1250~1350℃，比锰铁熔炼低 200~250℃。高炉富锰渣冶炼的焦耗为 500kg/t 矿石；电炉富锰渣冶炼电耗为 900kW·h，焦耗为 120kg/t。

富锰渣的含锰量主要决定于矿石含锰量和含铁量，锰回收率可达 85%~90%。富锰渣冶炼中元素的分布见表 3-92。

表 3-92 富锰渣冶炼过程中各种元素的分配　　　　　　　　(%)

元　素	入渣率	入铁率	粉　尘
锰	80~90	3~8	5~8
铁	2~5	85~90	2~5
磷	2~5	85~90	10~20

富锰渣生产的副产品是含锰量为5%左右，含磷量达1%以上的高磷生铁。

铁锰矿一般是多金属共生矿，含有较高的铅、锌、银等有色金属。在熔炼过程中这些多金属共生矿中的有色金属成分被还原为金属。由于铅的熔点低，密度大，高温下流动性好，可渗透到炉底耐火砖层。在富锰渣炉底设集铅槽和排铅口，集铅槽一般在炉底2~3层砖下。当炉底温度大于350℃时，可以开排铅口排铅，所得粗铅含铅98%左右。

3.7.1.2 磁化焙烧法富集锰

高炉和电炉法生产富锰渣工艺的优点是可以得到的富锰渣产品质量高、元素回收率也比较高。但相应的能耗也比较高，对锰矿和还原剂有较高的物理条件要求。

磁化焙烧法是在较低温度下富集锰元素的工艺。通过对磁化焙烧后，锰矿进行磁选将锰铁比高的锰矿与高铁矿分离。该法特点是锰矿处理温度低，能耗较低，设备投资和运行费用比较少。

该工艺的基本原理是：控制铁的预还原程度，将铁还原成具有磁性的磁铁矿状态。同时将没有磁性的高价锰的氧化物还原成低价锰的氧化物；通过磨矿将具有磁性的含铁矿物与没有磁性的含锰矿物分离；最后将富集的矿石粉造块，为铁合金生产提供锰铁比高、粒度合适的锰矿球团。

试验原料的锰矿锰铁比为1.9~3.5[44]。这些锰矿中通常还有较高含量的化合水和氧化铝。锰矿中含锰化合物为软锰矿、水锰矿和隐钾锰矿；含铁矿物为赤铁矿。表3-93给出了试验使用的高铁矿原料成分。

表3-93 磁化焙烧富集使用的锰矿成分

原 料	化学成分/%									
	Mn	Fe	SiO$_2$	CaO	MgO	Al$_2$O$_3$	P	S	焙烧损失	Mn/Fe
Zapadny Kamys 矿石	17.81	5.16	41.3	1.46	1.25	5.92	0.034	0.025	8.79	3.45
Zhomart 精矿	33.37	9.52	10.71	7.53	1.48	3.29	0.032	0.021	12.64	3.51

高铁锰矿富集工艺流程由原料破碎、磨矿、配料、回转窑预还原、冷却、成品矿磨细、磁选、成球、焙烧组成。锰矿富集工艺流程如图3-49所示[45]。

将含有Fe$_2$O$_3$高铁锰矿石破碎到-5mm，与煤粉或焦粉混合加入到回转窑内进行还原焙烧，还原焙烧温度为700~1100℃，使Fe$_2$O$_3$转化为Fe$_3$O$_4$；还原的锰矿在冷却筒冷却；冷却后的粉矿在辊磨机中磨细到50%~80%小于74μm；通过带式输送机将还原处理后的矿石粉运送到磁选机分离；磁性矿物主要是含Fe$_3$O$_4$的磁铁矿；非磁性矿物则是锰铁比高的含锰矿物，如方锰矿、锰尖晶石等。

还原理论指出：800℃为含铁矿物的磁化温度区域；而1000℃是铁的直接还原金属化温度区域。试验表明：在800℃进行的直接还原可以得到非磁性的矿物

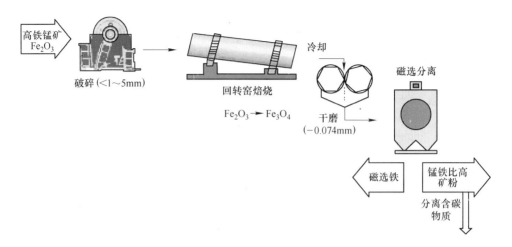

图 3-49 高铁锰矿富集流程图[45]

锰铁比为 11~12，磁性分离锰回收率为 65%，质量比约 55%。

磁化焙烧富集的回收率、成分和成分分配见表 3-94。控制还原度可以得到锰铁比为 8 左右的锰矿，锰回收率为 75%，同时富集锰矿中的 Al_2O_3 含量可以进一步降低。

表 3-94 磁化焙烧富集的回收率、成分和成分分配

矿石种类	回收率/%	Mn	Fe	SiO$_2$	C	CaO	Mn/Fe
原 矿	100	33.37%	9.52%	10.71%		1.46%	3.51
磁 化	16.4	9.13%	56.35%	10.01%	2.82%	1.64%	0.16
非磁化	83.6	35.69%	1.65%	11.07%	11.32%	13.91%	21.63
分配系数		4.78	87.01	15.07	4.66	2.26	

磁化焙烧时通常加入一定数量的煤以维持还原气氛，焙烧后碳主要以半焦的形态存在。

在温度为 1000℃ 焙烧时分离产物锰铁比较低。这是因为在该温度下锰矿中的铁被还原成金属粒，铁的磁化效果差，矿石的磁性分离效率因此而降低。

3.7.2 选择性还原富集铬铁矿

自然界存在大量的低铬铁比铬矿资源，如南非铬矿 Cr/Fe 为 1.5~1.8。以低铬铁比的铬矿生产的铬铁含铬量低，杂质含量较高。为了适应市场对高铬合金的需求，通过选择性还原将铬富集在炉渣中，使铬渣中的 Cr/Fe 提高到 3.3 以上。

碳热法和硅热法还原均可以用于铬的选择性还原。碳热法火法富集铬矿的生产工艺如图 3-50 所示。

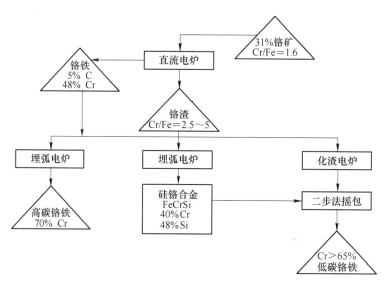

图 3－50　火法富集铬矿工艺流程[46]

在图 3－50 所示的工艺中，在直流电炉中进行的反应为选择性还原。Cr/Fe 为 1.6 的铬矿被富集成 Cr/Fe 为 2.5～5 的高铬渣，同时得到了低铬的高碳铬铁。这种高铬渣可以用于生产普通高碳铬铁、硅铬合金和低碳铬铁。

在炉渣中富集铬的氧化物在很大程度上取决于 Cr_2O_3 在渣中的溶解过程。铬的氧化物在炉渣中溶解按下式进行：

$$(Fe,Mg)O \cdot (Al,Cr)_2O_3 + C \longrightarrow (CrO) + Fe + CO + (MgO \cdot Al_2O_3)$$

该反应的基本条件是足够低的氧分压使三价铬转化为二价铬。试验表明，Cr_2O_3 的溶解是本工艺的限制性环节。过高的氧分压会抑制铬铁矿的溶解。为了提高炉渣的 Cr/Fe，必须使化渣过程在尽可能的高温下进行。因此，该工艺选择了直流电炉作为工艺主体冶炼单元。

硅热法富集铬是在波伦法生产铬铁的基础上进行的。在波伦法生产工艺中铬矿与石灰在化渣炉内熔化成为铬矿－石灰熔体；熔体与硅铬合金反应生产出低碳铬铁。控制向熔体中添加的硅质还原剂数量可以使铬矿石灰熔体中大部分铁还原，而将氧化铬保留在熔渣中，熔渣的 Cr/Fe 比由此显著提高，从而实现了铬的富集。向高铬碱性富渣中添加硅铬合金继续还原反应可以得到高铬低碳铬铁，其工艺流程见图 3－51。

3.7.3　锰矿的化学法富集

通过化学处理锰矿和锰渣可以得到含锰高的精矿。常用的方法有连二硫酸盐法，具体操作方法为：将粉碎的贫锰矿或锰渣加入到连二硫酸钙溶液中，通入 SO_2 气体使氧化锰生成可溶性的连二硫酸锰和硫酸锰；加入石灰水将浸出液 pH

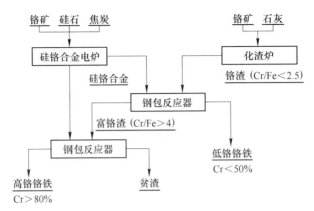

图 3-51 碱性高铬渣生产工艺流程

值调整为 4~5，使脉石等杂质沉淀分离；向溶液中加入 $Ca(OH)_2$ 使硫酸锰转化成 $Mn(OH)_2$ 沉淀出来。将其过滤物干燥后在 1000℃煅烧，得到含磷量低的锰精矿，其成分为：$Mn > 60\%$，$P < 0.01\%$，CaO 约 8%，S 约 2%。

3.7.4 锰矿脱磷方法

锰矿中的磷是以磷铁锰矿（Fe，Mn，Ca）$_3(PO_4)_2$，$Mn_3(PO_4)_2 \cdot 4H_2O$，氟磷灰石 $Ca(PO_4)_4(CO_3)F$ 和其他一些磷矿物的形式存在。锰矿脱磷是以化学方法处理锰矿，使磷酸盐与锰矿分离。主要方法有酸浸法和钠化焙烧法，其他脱磷方法还有氮化法和细菌法。这些方法可以从贫锰矿中制得含锰高的精矿，锰的回收率为 70%~90%。

3.7.4.1 氧化焙烧酸浸法

焙烧酸浸法用于碳酸锰矿和氧化锰矿的脱磷，该方法分两步进行[47]。首先将原矿进行氧化焙烧，将其他形式的锰矿物转化成难溶于酸的氧化锰矿物（Mn_3O_4）。第二步将焙烧精矿在弱硝酸（HNO_3）溶液中浸出，使一部分矿石中的磷溶于溶液中，磷的去除率达到 78%~89%。其主要工艺条件见表 3-95。

表 3-95 氧化焙烧酸浸脱磷法工艺条件

工艺条件	碳酸锰矿	氧化锰矿
焙烧温度/℃	950~1000	920~950
焙烧时间/min	45~90	15~60
矿石粒度/mm	-1	-1
浸出温度/℃	常温	常温
浸出时间/min	约 15	约 15
硝酸浓度/g·L^{-1}	50~100	50
固液比	1/7~1/4	1/3

采用氧化焙烧方法对碳酸锰矿开展了烧结脱磷试验[47]。使用矿物绝大部分是菱锰矿，其脉石矿物为黏土矿物（如水白云母、高岭石）、石英、白云石、方解石、黄铁矿及少量氟磷灰石等。矿石结构多为隐晶质结构和微粒结构。矿石构造主要是块状和条带状两种。菱锰矿嵌布粒度细小，单晶体大小通常为 304μm，多呈微粒状均匀分布在矿石中。磷主要以细小氟磷灰石呈胶结物形态分布于菱锰矿的晶粒间，也有断续的或微细的短脉状分布于白云石、石英脉之间或侧壁。

试验矿石含锰 18.4%、磷 0.24%、铁 3.75%，采用分级干式强磁选富集后得到含锰 23.21% 的锰精矿用于脱磷试验。首先将锰矿粉高温焙烧，菱锰矿发生热分解，生成黑锰矿（Mn_3O_4）。黑锰矿是稳定化合物，很难与酸反应。矿石中的氟磷灰石在加热过程中很稳定，并容易与酸反应：

$$2Ca_5(PO_4)_3F + 10H_2SO_4 \Longrightarrow 6H_3PO_4 + 10CaSO_4 + 2HF$$

因此，高磷低铁碳酸锰矿经过高温焙烧后，可以用酸选择性浸出矿石中的磷，而被石英和黑锰矿包裹的磷灰石难以被稀酸浸出。

试验表明：矿石样品经过焙烧和酸浸之后磷锰比由原来的 0.011 降至 0.003。焙烧温度低于 950℃ 时酸浸脱磷效果不好；焙烧温度超过 1100℃ 时，矿石开始软化粘结，使脱磷率下降。合适焙烧温度为 950~1050℃。

磷灰石与酸反应为放热反应。因此，低温浸出更有利于脱磷。试验表明：浸出温度在 30℃ 以下脱磷效果很好。硫酸用量为矿石重量的 3.5% 时，脱磷率已经达到 70%，继续增加酸量对脱磷效果无十分显著影响。

将粒度为 -0.8mm 的磁选精矿粉在 1000℃ 下焙烧 2h，在常温下用重量比为 3% 的硫酸浸出 1.5h，并进行搅拌，所得锰矿化学成分见表 3-96。

表 3-96　脱磷后锰矿化学成分

成　分	Mn/%	P/%	Fe/%	SiO₂/%	CaO/%	MgO/%	Al₂O₃/%	S/%	P/Mn
处理前	23.21	0.257	3.22	19.73	3.89	3.09	4.35	1.29	0.011
处理后	33.08	0.098	4.2	26.39	5.52	3.61	6.08	0.88	0.003

该试验锰的损失率为 4% 左右。不同用量硫酸的脱磷率不同，当硫酸用量为 2.4% 时，脱磷率为 65%；当硫酸用量为 3.8% 时，脱磷率为 70%；当硫酸用量为 50% 时，脱磷率为 72%。

以同样原理可以对锰矿球团进行脱磷，其试验条件如下：

（1）球团粒度为 15~20mm；

（2）焙烧温度 100~1050℃，焙烧 2h；

（3）浸出用稀硫酸浓度为 25g/L。

试验结果表明：采用焙烧酸浸法处理锰矿脱磷率为 70%，所得球团磷锰比小于 0.003；锰矿脱磷处理的脱磷率与粒度几乎没有关系，而锰的损失率随 200

目以下粒度矿石比例的增加而降低，见表 3－97。

表 3－97 200 目以下粒度矿石比例与锰的损失率的关系 （％）

200 目以下粒度矿石比例	40	50	60	70	80
锰损失率	6	5	4	4	3

辽阳铁合金厂也进行了类似的焙烧锰矿脱磷试验[45]。试验原料有锰矿、焦粉和废硫酸。锰矿粒度小于 5mm，含磷量 0.13% ~ 0.19%。硫酸利用生产钛白排放的废酸，含硫酸量为 160g/L，其中可溶钛 30g/mL、二氧化钛 5g/L。按计算含磷 0.2% 的锰矿需要用酸 12kg，为矿石重量的 1.2%，试验加入量为 1.5% ~ 2.1%。其试验方法为：首先将锰矿在温度 950 ~ 1000℃ 条件下焙烧时间 20 ~ 30min；而后将矿石用浓度为 20% ~ 30% 的硫酸进行酸浸处理。试验结果表明：原矿含硫量 0.91%，酸浸处理后含硫量 1.5%，脱磷率为 41% ~ 72.5%。

3.7.4.2 钠化焙烧法

锰矿中的磷多以磷酸盐的形式存在，钠化焙烧法是将锰矿中的磷转化成可溶性的磷酸盐后脱除。钠化焙烧反应式如下：

$$Ca_5(PO_4)_3F + Na_2CO_3 \longrightarrow CaF_2 + Na_3PO_4 + CO_2$$
$$SiO_2 + Na_2CO_3 \longrightarrow Na_2SiO_3 + CO_2$$

把磨细的锰矿与苏打混合后再焙烧，得到含有溶于水的磷酸盐烧结块；经过破碎和浸出，使其中的磷酸盐和硅酸钠进入溶液，而沉淀物则成为无磷和无硅的精矿，此精矿经过水洗后再造块使用。滤液经过除磷和除硅处理后，循环使用，以降低苏打的消耗量。该工艺脱磷率可达 90% 以上[45]。钠化焙烧工艺条件如表 3－98 所示。

表 3－98 钠化焙烧酸浸脱磷工艺条件

工艺条件	数值	工艺条件	数值
焙烧温度/℃	850 ~ 900	固液比 2	约 1/3
矿石粒度/mm	－1	浸出时间 2/h	约 0.5
浸出温度/℃	90 ~ 95	浸出次数	2
固液比 1	约 1	脱磷率/%	80 ~ 95
浸出时间 1/h	约 8		

产品的含磷量由 0.2% 降低到 0.01% ~ 0.02%。在浸出过程中 SiO_2 以硅酸钠的形式去除，SiO_2 含量降低到 8% 以下。

3.8 原料焙烧和预热设备

铁合金原料处理的设备有干燥机、回转窑、竖窑、反射炉和单腔窑等。

回转窑是最普遍应用的设备，为了改进回转窑的操作和经济性，一些回转窑仅用于高温炉料焙烧，而把低温余热处理部分放在窑外的预热器进行。例如，锰矿焙烧采用窑尾竖式预热器；球团工艺则采用链箅机对球团进行干燥和预热。

3.8.1 回转窑

回转窑是常见的原料焙烧设备，广泛用于氧化焙烧、还原焙烧、球团烧结和直接还原工艺等铁合金生产工艺。表 3-99 和表 3-100 为回转窑在铁合金生产中的应用状况。

表 3-99 铁合金生产回转窑的应用

应用工艺	工作温度/℃	原料	工序
铬矿还原球团	1400~1500	铬矿球团	直接还原
回转窑-电炉法镍铁	850~950	红土矿	焙烧和还原
回转窑法镍铁	1300~1400	红土矿含碳球团	直接还原
锰矿焙烧	800~900	锰矿	预热和焙烧
活性石灰	1350~1450	石灰石	煅烧
真空铬铁	1100~1200	铬铁	氧化焙烧
金属铬	1150~1200	铬矿+碳酸钠	氧化焙烧
钒铁	800~900	钒渣+NaCl+Na$_2$CO$_3$	氧化焙烧

表 3-100 回转窑焙烧锰矿和石灰

项目	单位	1号	2号	3号	4号	5号
回转窑直径	mm	2200	2500	2500	3000	3000
回转窑长度	m	45	50+0.5	58.5	50	50
斜度	%	3	3.5	3	3.5	3.5
转速范围	r/min	0.5~1.5	0.62~1.87	0.66~2	0~3.14	0~3.14
设计生产能力	t/d	175	265	180	600	200
实际生产能力	t/d	锰矿:300 石灰:70	锰矿:240 镍矿:100~120 石灰:100~120	石灰:120	锰矿:450 (电炉负荷不满)	石灰:150
窑头热料仓	mm	φ2500×1450	φ2500×2200	φ2500×2200	φ3160×2660	φ3160×2660
有效容积	m³	4	6	6	11.8	11.8
热料罐容积	m³	1.8	2.4	2.4	6	6
焙烧温度	℃	900~1100	900~1100	1050~1200	900~1100	1050~1200
热料入炉温度	℃	800~600	800~600	700~900	800~600	700~900

回转窑的优点是可以采用廉价的煤或煤气作能源和还原剂；回转窑转速稳定，物料在窑内有规律地运动，为高温物理化学反应及传热和传质创造良好的条件；回转窑焙烧产品质量稳定。回转窑的缺点是设备庞大，加工制造难度高，设施占地面积大。与竖炉相比，其热效率和容积利用系数偏低。

回转窑主体设备由原料系统、燃烧系统、烧成系统、烟气系统等几个部分组成，见图 3 – 52。

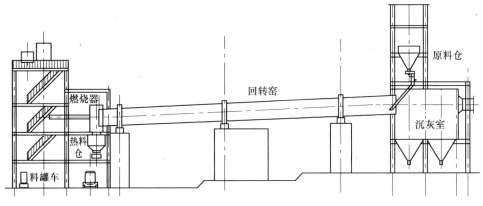

图 3 – 52　原料焙烧回转窑系统

3.8.1.1　回转窑基本参数

A　回转窑的几何参数和工作参数

回转窑的几何参数有长度、内径、转速和倾角等；回转窑的工作参数有转速和充填率等。

还原窑的长度内径比（$L/D_内$）取决于焙烧物料的工艺条件。物料粒度、窑内停留时间、回转窑转速和倾角都对长径比的选择有影响。表 3 – 101 给出一些回转窑的长径比。可以看出，氧化焙烧窑长径比较小，还原焙烧窑较大；低温窑较小，高温窑较大。带预热器的回转窑长径比较小，采用带链箅机的氧化球团焙烧回转窑长径比最小，一般为 6.4 ~ 10。

表 3 – 101　不同工艺条件下的回转窑长径比

不带预热器				带预热器		
氧化焙烧	还原焙烧	红土矿	锰　矿	氧化球团	还原球团	石　灰
12 ~ 16	22 ~ 25	21 ~ 27	25	6.4 ~ 10	15 ~ 18	12 ~ 18

还原窑倾斜度是由炉料停留时间决定的，一般为 1.5% ~ 3.0%。

大多数回转窑的参数是依靠运行的回转窑经验值计算出来的，需要对试验规模或较小生产规模放大的回转窑则需要利用相似原理进行计算和放大。

B 物料停留时间

物料在窑内的停留时间是由经验或试验确定的，停留时间确定后由回转窑的几何参数和物料性能等参数计算，来确认符合工艺要求。

物料在回转窑内的停留时间与窑的长度 L、窑内径 D、倾角 α、转速 n、物料的堆角 β、窑壁与物料的摩擦系数、窑气流速等有关。可以认为物料在窑内以角 α 做螺旋线运动。根据经验决定条件系数为 η，将物料在窑内运动轨迹展开，得到物料沿着窑长度方向运动的速度公式为：

$$v = \pi n \cdot D \cdot \eta \cdot \tan\alpha$$

料在窑内停留时间 t：

$$t = L/v = L/(\pi n \cdot D \cdot \eta \cdot \tan\alpha)$$

条件系数 η 是经验系数，数值在 1.5 ~ 2 之间，由生产经验确定。

C 窑的充填率

还原窑的充填率高有利于增大窑的热容量，提高窑的热稳定性，减少窑温的波动，增大球团在窑内停留时间，改善球团还原条件。高充填率作业还能减少单位重量球团暴露于上部空间的面积，从而减少球团氧化的机会。

通常氧化焙烧窑的充填率为 4% ~ 7%，还原焙烧窑为 12% ~ 15%。

提高窑头挡圈高度可以提高回转窑的充填率。窑的出口直径与窑径之比达到 0.5 左右时，窑的充填率可以达到 15% ~ 20%。

D 回转窑的生产能力计算

由充填率和物料在窑内运动速度可以计算出小时生产能力：

$$G = 15(\pi \cdot D^2) \cdot v \cdot d \cdot f$$

式中 d——物料堆密度；

　　 f——回转窑的充填率。

回转窑的传热与内表面的辐射和传导有关。由经验公式推导得出回转窑的生产能力与窑的表面积有关。回转窑单位面积生产能力 M_f 为：

$$M_f = G_o/(\pi \cdot D \cdot L)$$

式中 G_o——已知的回转窑小时产能。

由设计回转窑的窑衬表面积 M_1 和单位面积生产能力可以计算出回转窑生产能力 G_1。

$$G_1 = M_f \cdot M_1$$

红土矿焙烧回转窑的单位面积生产能力为 45 ~ 60kg/($m^2 \cdot h$)。

此外，利用经验系数计算小时产能 G 与回转窑内径及长度的关系是：

$$G = k \cdot D_{内}^x \cdot L$$

式中 k，x——条件系数，由实际生产的回转窑推算（见表 3 - 102）。

表 3 - 102　由已投产的回转窑推算的系数 k 和 x

系　数	红土矿	锰　矿	氧化球团	还原球团	石　灰
k	0.06	0.08	0.4	0.07	0.08
x	1.5	1.5	1.5	1.5	1.5

3.8.1.2　回转窑的燃烧系统和供热

回转窑的热源有来自燃烧器的热能、窑头喷煤、窑中加煤和窑尾原料碳的热能等，铁合金厂的回转窑热源主要是电炉煤气和煤粉。

回转窑的燃烧系统由燃烧器、煤风机、一次风机、管路和仪表组成。

目前燃烧器多采用多通道烧嘴，可以使用煤粉、煤气等多种燃料。五通道烧嘴由外到内共有五个风道，分别为轴流风道、旋流风道、煤气通道、煤风通道和中心风道。烧嘴结构见图 3 - 53。

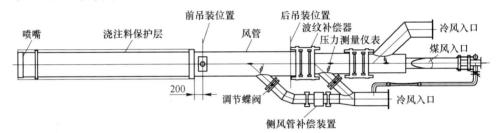

图 3 - 53　烧嘴结构图

多通道烧嘴可以保证煤粉和气体燃料都能与一次风混合充分，由于一次风对窑头助燃风的引射和卷吸利用，从而使燃烧效率增高，供热能力更大。

多通道烧嘴工作原理是：煤气从燃气管按一定的扩散角旋流向外喷出，由外邻的旋流风提供更高的动量，高速螺旋前进，继续径向扩散。煤气和煤粉与高速射出的轴流风束相遇，进一步增强了气体燃料与空气的混合。可调节火焰的发散程度，能按需调节火焰的长短、粗细，达到需要的火焰形状。煤粉从电炉煤气通道内侧喷出，其中心风是促使中心部分的少量煤粉及 CO 燃烧，使燃烧更为充分。由于旋流风、轴流风高速运动和混合作用，可以做到燃烧完全、迅速。多通道烧嘴工作原理见图 3 - 54。

由焙烧的能耗和生产能力可以计算出燃烧器的供热能力，见表 3 - 103。

表 3 - 103　回转窑燃烧器供热能力

品　种	石　灰		锰　矿		红土矿	
回转窑内径/m	3	4	3	3.6	4.0	4.8
长度/m	52	60	52	75	90	105
生产能力/t·h^{-1}	8	20	16	32	40	53
能耗/MJ·kg^{-1}	5.5	5	2.1	2.1	2.4	2.4
供热负荷/MW	12	29	18.6	18	27	35

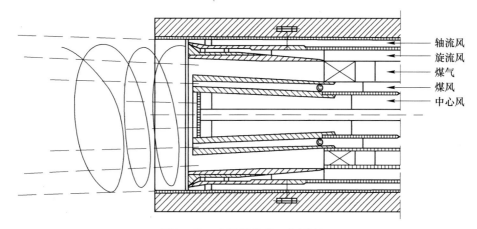

图 3-54 多通道烧嘴工作原理

右侧标注（从上到下）：轴流风、旋流风、煤气、煤风、中心风

回转窑中气流和物料的运动方向为逆流，传热过程是在窑气、炉料和窑壁之间进行的。回转窑的工作温度是由矿石的还原性和燃料特性所决定的。回转窑的供热量是由反应热效应、炉料显热、传热过程的热效率决定的。加热炉料的热能主要来自火焰的辐射热，其次是烟气与炉料的对流换热和窑壁与炉料的传热。

回转窑的热工制度的控制目标有窑温、温度分布、窑气气氛及压力的调整操作。稳定操作有助于减少回转窑的温度波动。

回转窑一般采用空气助燃。操作者根据窑况调整燃气量或喷煤量、调整助燃空气的压力和空气量来控制窑温和高温带的位置。

喷煤的回转窑燃烧带的长度与燃烧带气流流速和粉煤燃烧时间有关。粉煤燃烧时间与煤的挥发分和粒径有关。煤质发生变化、气流速度变化都会改变窑的温度分布。

直接还原窑窑身上部装有多台风机随窑体一起转动。二次风顺着气流方向送入窑内，使还原产生的 CO 球团和未完全燃烧的挥发分充分燃烧，从而扩大高温区长度，改善窑内温度分布。为了提高窑温，有的装置采用预热空气或富氧空气助燃。采用23%的富氧鼓风的 CODIR 法[44]热损失减少9%，产量提高15%。

为了防止还原球团在窑内氧化，必须严格控制窑内气氛，维持窑气压力为正压操作。

采用温度监视仪表和燃烧控制系统是保证回转窑稳定操作的重要手段。图3-55所示为回转窑中各种传热方式所占的比例。

铬矿球团还原窑高温带温度需达到1300℃以上，长度通常占窑长的60%，采取调整粉煤粒度和喷煤量、富氧鼓风、提高助燃风温等措施有助于实现提高风温、延长高温带。一些还原窑还采用了窑头喷煤或窑中加煤，增加埋入式烧嘴，改善二次供风，使煤在预热段料层中充分燃烧，促进还原带的扩大。

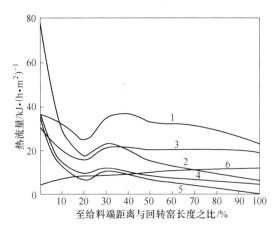

图 3-55 回转窑中各种传热方式所占的比例
1—窑气-炉料辐射热；2—窑气-炉料对流传热；3—窑气-耐火材料辐射热；
4—窑气-耐火材料对流传热；5—耐火材料-炉料传热；6—环境热损失

带预热装置的高温回转窑的窑尾与链箅机或竖式预热器相连，窑尾的烟气温度高达 800~1100℃，在预热器或链箅机中烟气与低温原料进行热交换。

3.8.1.3 回转窑内的反应

回转窑内所进行的反应主要是气-固反应或固-固反应。

回转窑内物料的运动有径向运动和轴向运动，通过径向运动实现轴向运动。依窑的转速、物料性能和窑壁状态，物料在径向发生滑动、塌落和滚动。在运动过程中各种物料充分混合并发生化学反应。

氧化焙烧时，窑气与物料进行化学反应，因此，物料的充填率不能太高；而还原焙烧中外加的还原剂或球团内部的还原剂参与反应，因而窑的充填率可以提高。物料在回转窑内反应的完善程度与驻留时间有关，也与炉料大小和物理性质有关，窑温越低所需要的停留时间就越长。铬矿预还原球团在窑内驻留时间需与还原速度相适应，在 1300℃ 时球团在窑内停留时间为 4h。

3.8.1.4 结圈现象

结圈是回转窑常见的故障，是熔融状态的粉状物料在窑壁上的粘结所形成的。防止因结圈而停止生产，从而实现较高的作业率。

产生结圈的原因有以下几方面：

（1）原料中 SiO_2 含量高。入窑原料带入大量粉料，或球团爆裂率高、强度差，在窑内摩擦产生大量粉末，这些粉料极易粘结在高温窑衬部位；

（2）煤灰分的熔点低于窑工作温度或煤灰分与粉料形成熔点很低的低共熔混合物；

（3）窑的热工制度不合理使窑壁产生局部高温；

（4）窑衬耐火材料与炉料相互作用。

为了减少结圈对回转窑生产的影响，应采取如下措施：

（1）选择活性好的、灰分软化温度高于窑工作温度 100～150℃ 的煤；

（2）改进入窑原料质量，避免粉料入炉；

（3）确保窑内温度分布合理，增加中温还原带的长度，避免和减少窑内温度波动；

（4）加强对窑内温度和窑皮温度的监测，发现结圈要及时调整窑温或停止供热处理结圈。

3.8.1.5 回转窑设备

筒体是回转窑的主体结构，由高强度钢板制成。回转窑全部重量通过筒体传递到支撑和传动机构上去。根据回转窑长度采用不同托轮组数，短窑系统只有两组托轮，而长窑多采用三组托轮。筒体各部位的钢板厚度根据筒体的承重力而有所差异，靠近托轮部位承重力较大，钢板更厚一些。

窑体在运转的时候，由于高温及承重的关系，筒体会产生一定变形，这会对窑衬产生压力，影响窑衬的寿命。

根据不同的生产工艺要求回转窑的筒体可以是直筒体，也可以是变径筒体。通常回转窑窑尾采用锥形结构，使来自预热器或加料机构的原料顺畅地进入到窑内。回转窑窑头设挡圈有助于延长回转窑内原料停留时间，同时可以起到保护窑衬的作用。

回转窑实行负压操作，窑头和窑尾设有密封装置，以防止大量冷空气进入窑内。通常设冷却风机对窑头和窑尾密封处加以冷却。

回转窑运行时，筒体与滚圈之间存在较大温度差异。在开窑时，窑壳的升温速率高于滚轮，必须控制窑衬的升温速率在 50℃/h 以内，以防筒体发生变型损毁窑衬耐火材料。为避免滚轮轴承温度过高而烧坏，需要对滚轮喷淋冷水，对轴承通水冷却。

回转窑的转动速度是可以调整的，改变转速会改变窑内物料运动状况和受热状态。回转窑运行时需要根据工艺操作要求选择合适的转速。

在操作过程中，回转窑始终处于运动之中。由于窑体有一定的倾角，窑体重力的水平分力动态地作用在挡轮上。回转窑运行中窑体经历较大的温度变化，随着窑皮温度的提高，窑体会发生轴向伸长。由计算机控制的液压挡轮，观察窑身的窜动，及时调窑是保证回转窑正常运行的重要操作。

大型回转窑窑身很长，窑体和窑衬的重量全部作用在窑的外壳。在重力作用下，静止状态的窑身会发生变形。为此，在停窑时回转窑也要定期转动，调整其静态位置。

3.8.2 原料竖式预热器

焙烧石灰和锰矿回转窑普遍采用窑尾竖式预热器预热石灰石和原锰矿。预热器的热源是来自温度为1100℃的回转窑烟气。输送到预热器顶部的原料存储在顶部料仓，靠自重落入预热室，预热室的工作温度为800~1000℃，大约30%~40%的石灰石在预热室里分解。经过部分煅烧的原料由液压推杆定期推到回转窑内，回转窑有多只推杆由计算机控制轮流动作。离开预热器的尾气温度为400~500K。

预热室的结构有矩形和多边形两种。中小规模回转窑采用矩形结构，设置4~10个预热室和推杆；大型回转窑采用多边形结构，有12~24个推杆。预热器结构见图3-56；典型工作参数见表3-104。

表3-104 液压推杆卸料窑尾预热器参数

产　能	日产200t	日产400t
回转窑/m	3×50	3.6×50
生产能力/t·h⁻¹		10~18
外环直径/m	8	9800
高度/m	3.6	6000
预热室数	6	10
推杆行程/mm	300	300
原料粒度/mm	20~40	20~40
入口烟气温度/℃	1000	1100
出口烟气温度/℃	<250	<250

3.8.3 链箅机-回转窑系统

链箅机-回转窑系统是由链箅机、回转窑组成的联合装置。生球团在链箅机上完成干燥和预热，而后进入回转窑进行高温烧结和预还原。链箅机为回转窑提供具有足够强度和耐磨性的球团。链箅机由移动的链箅台车、上部炉罩和下部风箱、传动系统组成。箅板和链节在滚轮的支持下沿滑轨向前移动。链箅上的生球团在热气流的作用下完成干燥和预热。通常移动链箅采用耐热铸铁或镍铬合金钢制成。在上部炉罩和下部风箱之间设密封，上部炉罩和下部风箱内砌筑耐火材料。上部炉罩各段间有隔墙分开，以维持各工作段的压力和温度。

链箅机可分为二段式及三段式两种。三段式由鼓风干燥段→抽风预热一段→抽风预热二段组成。鼓风→抽风二段式工艺适用处理含结晶水的矿石球团。

来自回转窑尾部的热废气首先进入预热室上罩，废气温度为950~1150℃，

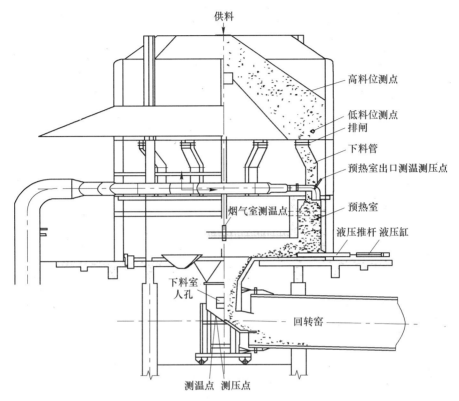

图 3-56　回转窑竖式预热器结构图

温度过高可以通过预热室上方的烟道外排调整烟气量，热烟气分别通过球团料层对球团预热或干燥。预热段下部的中温烟气经过回流风机送往干燥段或过渡段。低温烟气经净化后排入大气。烟气在各段两次通过料层，较好地进行换热，有效地提高热量的利用率。图 3-57 为链箅机示意图，表 3-105 为典型链箅机参数。

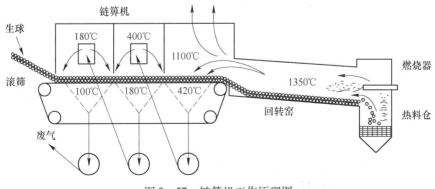

图 3-57　链箅机工作原理图

表 3 - 105 典型链算机参数

参　数	铬矿还原球团	铁矿氧化球团
回转窑规格/m	$\phi 4 \times 60$	$\phi 6 \times 40$
链算机规格/m	3×28	4.5×57
段数	3	4
料层厚度/mm	200 ~ 250	180 ~ 220
走行速度/m·min^{-1}	1.6	2.8
窑尾温度/℃	1000	1050/650
烟罩负压/Pa	-100	-100
预热段风箱温度/℃	500	500/200
风箱负压/Pa	-700	-5500
干燥段温度/℃	200	400/200
干燥段风箱温度/℃	80	180/80

链算机的风流和温度控制对保证球团质量十分重要，干燥段的温度过高或升温速度过快都会导致球团爆裂。

参 考 文 献

[1] Basson J, Curr T R, Gericke W A. South africa's ferro alloys industry – present status and future outlook [C]. The 11th International Ferroalloys Congress. Cape Town: SAIMM, 2007: 1 ~ 24.
[2] Sorensen B, Gaal S, Tangstad M. Properties of manganese ores and their change in the process of calcination [C]. The 12th International Ferroalloys Congress. Helsinki, 2010: 439 ~ 448.
[3] Tangstad M, Calvert P, Brun H, etc. Use of comilog ore in ferromanganese production [C]. INFACON 10 Proceedings, Cape Town: SAIMM, 2004: 213 ~ 221.
[4] 张秀英. 澳大利亚锰矿冶金性能的研究 [J]. 铁合金, 1985 (3): 31 ~ 37.
[5] Ringalen E, Gaal S, Ostrovski O. Ore property in melting and reduction reaction in SiMn smelting [C]. The 12th International Ferroalloys Congress. Helsinki, 2010: 487 ~ 496.
[6] Miyauchi Y, Nishi T, Saitol K, et al. Improvement of high-temperature electric characteristics of manganese ores [C]. INFACON 10 Proceedings. Cape Town: 2004: 155 ~ 162.
[7] 世界铬矿产量 USGS. website: www. usgs. com.
[8] 郭文政. 铬矿熔化性对冶炼中低碳铬铁生产的影响 [J]. 铁合金, 1979 (4): 21 ~ 27.
[9] Dalvi A D, Bacon G, Osborne R C. The Past and the Future of Nickel Laterites [C]. PDAC 2004 International Convention. 2004: 1 ~ 27.
[10] 孟庆波. 神木兰炭（半焦）在钢铁行业应用研究 [C]. 第三届中国钢铁企业发展战略研讨会. 2011: 中国钢铁企业网.
[11] 叶姆林 B H. 电热过程手册 [M]. 北京: 冶金工业出版社, 1982: 62 ~ 63.

［12］林仪媛，庄湘生，徐忠厚. 提高铁合金炭质还原剂质量的途径［J］. 铁合金，1983
　　　（1）：1724.

［13］杜艳珍，曹德芙，王福珍. 铁合金碳质还原剂理化性能的测定［J］. 铁合金，1982
　　　（4）：27～30.

［14］黄蔚平. 碳质还原剂物理性能的测定［J］. 铁合金，1982（1）：38～42.

［15］Tuset J, Raanes O. Reactivity of reduction materials［J］. Electric Furnace Proceedings,
　　　1976, 34：101～107.

［16］Shcei A, Tuset J, Tveit H. Production of High Silicon Alloys［M］. Trondeheim:
　　　Tapir, 1995.

［17］Barrillon, Roasted E. Wood: A new raw materials for ferrosilicon production［J］. INFACON 5
　　　Proceedings, New Orleans, 1989：200～203.

［18］Olsen A H, Lee A M. 澳大利亚烧结矿生产硅锰合金［C］. 第四届国际铁合金会议文
　　　集，1987：22～32.

［19］Hooper R. Production and Smelting of Manganese Sinter［C］. Electric Furnace Proceedings,
　　　1978, 36：118～126.

［20］Urquhart R C. The dissipation of electric power in the burden of a submerged arc furnace［C］.
　　　Electric Furnace Proceedings, 1973, 31：73～78.

［21］Poveromo J. Blast furnace burden distribution fundamental［C］. Iron and Steel Maker, 1995
　　　（12）：45～46.

［22］雷斯. 铁合金冶炼［M］. 北京：冶金工业出版社，1981.

［23］Otani Y, Ichikawa K. Manufacture and Use of Prereduced Chromium-ore Pellets［C］. INFA-
　　　CON 1, Cape Town: SAIMM, 1976：31～37.

［24］冶金部铁合金考察组. 日本铁合金工业考察报告［R］. 1980.

［25］长沙黑色冶金矿山设计研究院. 烧结设计手册［M］. 北京：冶金工业出版社，
　　　2005：15.

［26］任允芙. 钢铁冶金岩相矿物学［M］. 北京：冶金工业出版社，1982：170～189.

［27］周进华. 铁合金生产技术［M］. 北京：科学出版社，1991.

［28］Gericke W A. The establishment of a 500000 t/a Sinter Plant of Samancor's Mamatwan Manga-
　　　nese Ore Mine［C］. INFACON 89 Proceedings, New Orleans, 1989：24～33.

［29］Lopes G O. 巴西巴伊亚铁合金公司铬矿粉烧结［C］. 铁合金编辑部译. 第四届国际铁
　　　合金会议文集，INFACON 86 Proceedings, 里约热内卢，1986：72～77.

［30］Malanl J, Barthel W, Dippenaar B A. Optimizing manganese ore sinter plants: process param-
　　　eters and design implications［C］. INFACON 5, Cape Town, 2004：281～290.

［31］朱德庆，李建，潘建，等. 铬铁矿粉烧结试验研究［J］. 钢铁，2007，42（8）.

［32］邱方明，钟麟. 铬矿团粒烧结技术初探［C］. 第八届国际铁合金会议文集，INFACON
　　　98 Proceedings, 北京：中国金属学会，1998：131～135.

［33］Daavittla J. 铁合金研究和技术发展［C］. 第八届国际铁合金大会会刊. 北京：中国金
　　　属学会，2011：154～171.

［34］孙竞. 南非粉铬矿烧结工艺和装备技术简述［J］. 铁合金，2011（3）：4～7.

[35] Naryse W. The production of manganese alloys by the sinteving process [C]. Proceedings of the First International Ferroalloys Conference, Cape Town, 1976: 69～76.

[36] Shoko N R, Malila N N. Briquetted Chrome ore fines Utilisation in ferrochrome production at Zimbabwe alloys [C]. Proceeding of the 10th International Ferroalloys Congress, Cape Town: SAIMM, 2004: 291～299.

[37] 邱伟坚. 提高锰矿粉冷压球团强度的研究 [J]. 铁合金, 1987 (5), 15～21.

[38] Ray C R, Sahoo P K, Rao S S. Strength of chromite briquettes and its effect on smelting of charge chrome/ferro chrome [C]. INFACON 6, New Dehli, India, 2007: 63～67.

[39] 马久冲. 锰矿碳酸化球团试验 [R]. 吉林铁合金研究所试验报告, 1984.

[40] 张玉柱, 等. 含铁粉尘碳酸化球团孔结构特性 [J]. 东北大学学报 (自然科学版), 2013, 34 (3): 388～391.

[41] 王首元, 黄仁则. 铬粉矿蒸养球团试验 [J]. 铁合金, 1993 (6): 37～40.

[42] Lask G, Ruuth N. Silgro 碳—二氧化硅压块的研制和在金属硅电炉中的应用 [C]. 第五届国际铁合金会议文集, 铁合金, 1990: 204～209.

[43] Neuschutz, D. Kinetic. Aspects of chromite ore reduction with coal at 1200 to 1500℃ [C]. Proceedings of the 6th International Ferroalloy Congress, Cape Town: SAIMM. 1992: 65～70.

[44] Samuratov Y, Baisanov A, Tolymbekov M. Complex processing of iron – manganese ore of central kazakhstan [C]. INFACON 7 Proceeding. Helsinki: 2010: 517～520.

[45] Kivinen V, Krogerus H, Daavittila J. Upgrading of Mn/Fe ratio of low – grade manganese ore for ferromanganese production [C]. INFACON 7 Proceeding, Helsinki, 2010: 467～475.

[46] Curr T R, Nelson L R, Mc Rae L B. The Selecive Carbonthermic Reduction of Chromite [C]. Beijing: CSM, 1998: 158～170.

[47] 郁展文. 高磷低铁探索锰矿脱磷试验 [J]. 铁合金, 1980 (3): 33～36.

4 铁合金的碳热还原生产工艺

采用碳质还原剂并由碳提供一定热能的生产铁合金的工艺称为碳热还原工艺。常用的碳热还原冶炼工艺有：有渣法冶炼、无渣法冶炼、预还原工艺等。电硅热法使用粗炼生产的硅质合金作为原料而被称为精炼工艺。金属热法还原工艺也属于精炼工艺。

无渣法工艺熔炼区结构特点是存在四壁为 SiC 的坩埚区。生产硅钙合金过程伴随有大量炉渣产生，但其炉内同样存在着 SiC 结构的坩埚形状的熔炼区。硅钙合金、硅铝合金电炉的大型化面临巨大发展机遇。

铬矿球团直接还原工艺是原料处理的一种方式。在预还原过程中部分金属矿石被还原，在随后的冶炼中完成最终还原和熔分。应用最普遍的预还原工艺是 RK - EF 镍铁生产工艺，几乎绝大多数镍铁产自于这一工艺。矿产资源和能源日益短缺的局面正在推动着直接还原工艺的发展。

4.1 有渣法冶炼

锰铁、铬铁、镍铁冶炼是由矿石中提取铁和合金元素的过程。还原过程中伴随着大量炉渣生成。炉渣的性能对冶炼过程影响很大。

4.1.1 熔池结构

图 4 - 1 为典型的有渣法埋弧电炉熔池结构[1]。有渣法电炉炉膛是由生料层、软熔层、焦炭层、熔渣层、金属熔池等几个部分构成。在靠近炉墙温度比较低的部位存在由凝固的熔渣和未反应的炉料构成的死料区。

电炉内炉料下降过程先后经历的几个主要区域是：炉料预热区、炉料软熔区、焦炭层、炉渣层和熔融金属层。

生料层由未反应的炉料，如焦炭、矿石和熔剂组成。靠近电极的部位温度较高，炉料熔化速度快，生料层的厚度较薄，而远离电极的部位料层较厚，炉料下沉速度相对较慢。炉气在通过松散的生料层时与炉料进行热交换，电流通过导电的炉料产生热量使料层温度升高。矿石中的高价氧化物，如 MnO_2、Fe_2O_3 会在这一部位发生热分解或被 CO 还原成低价氧化物。在温度更高的部位，出现 FeO 的固态还原，有金属铁生成。图 4 - 2 解释了铬铁矿在炉内的固态还原过程[2]。

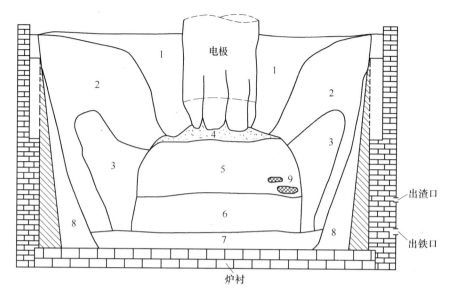

图 4-1 有渣法电炉炉膛结构[1]

1—炉料预热区；2—软熔炉料区；3—渣焦混合区；4—焦炭层；5—炉渣层；
6—铁水层；7—死铁层；8—死料区；9—精炼层

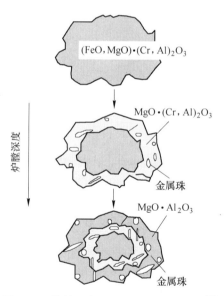

图 4-2 铬铁矿在炉内的固态还原过程[2]

在料层温度低于 1300℃ 的区域，铬铁尖晶石中的 Fe_2O_3 和 FeO 被 CO 和 C 还原；在料层更深处温度高于 1300℃ 区域 Cr_2O_3 开始出现还原。三价铁、二价铁和铬先后从铬铁矿中分离出去，在矿石中形成分散的金属珠；结构已经完全改变的尖晶石仍维持着矿石颗粒形状。尖晶石的熔化温度很高，只有在温度更高的深度才会出现渣化。

$$(Mg,Fe)(Cr,Fe,Al)_2O_4 \rightarrow (Mg,Fe)(Cr,Al)_2O_4 \rightarrow Mg(Cr,Al)_2O_4 \rightarrow MgO \cdot Al_2O_3$$

当料层温度高于炉料的软化温度或还原反应产物的熔点时，炉料出现软熔现象。这一部位位于焦炭层上部，称为软熔层。锰的高价氧化物 Mn_2O_3 和 Mn_3O_4 在软熔层全部还原生成低价氧化锰 MnO 并进入熔渣。在 1300～1500℃发生的铬的固态还原也是这一区域的主导反应，铬的还原加剧了矿石解体进程，大大加快了矿石的熔化。由于锰和铬的还原迟于铁的还原，在料层中金属颗粒中的锰铁比或铬铁比由上到下逐渐增加。铁和铬的还原是强烈吸热反应。输入炉内的热量有50%以上用于还原金属氧化物。炉料层和软熔层所产生的电阻热量较少，软熔层所需的热量是由焦炭层向上传递的。软熔层上下温差较大，下部是还原反应的主要部位。尽管初渣和含铁较高的金属珠有一定的流动性，但熔点很高的未还原矿石掺杂在其中，软熔层整体并没有流动性。当炉料的熔化速度大于还原速度就会出现炉料过早熔化，炉膛导电结构变化，导致焦炭层上移。

焦炭层分布在电极下部软熔层与熔渣层之间，由固体颗粒焦炭和熔渣混合物组成。焦炭层是炉膛中温度最高的部位，也是化学反应最激烈的区域。软熔层未消耗掉的焦炭随同熔体进入焦炭层。由于密度的差别，焦炭与熔渣发生分离。流动性好的熔渣和金属滴穿过焦炭层完成全部还原过程和炉渣 - 金属的分离。密度低的焦炭则浮在硅酸盐炉渣上部。炉体解剖表明焦炭层的断面是不均匀的。上层是致密的、部分石墨化的焦炭，其几何尺寸与入炉粒度相近。焦炭层下层相对比较疏松，表明还原剂在这一部位已经大量消耗。焦炭层中的焦炭颗粒始终在不断地更新，这是一种消耗和补充还原剂的动态平衡。

高碳铬铁电炉熔渣层和金属层的界面处往往存在一个精炼层，又称矿石层。这是由于铬矿的密度比炉渣大，熔炼过程中未解体的大块矿石会沉积在熔渣和金属熔池的界面，固态的矿石与液态金属中的碳反应使合金精炼脱碳。

有渣法电炉炉膛外围甚至炉心部位都会有死料区出现。在输入炉膛功率过低时，伴随着反应区减小还会呈现电极反应区不沟通的现象。

4.1.2　焦炭层

位于电极端部的焦炭层是有渣法埋弧电炉的最重要特征。在炉料下降过程中，完成预还原的矿石在焦炭层顶部熔化，在穿过焦炭层时完成还原过程后炉渣和合金分离。与此同时，未完全消耗掉的焦炭颗粒留在了焦炭层。焦炭层中的还原剂时刻在消耗和补充更新。

有渣法电极与熔池之间的导电需要通过焦炭层。焦炭层的部位和厚薄对电极端在炉内的位置影响很大。焦炭层厚薄也是影响炉膛温度和电炉运行稳定性的重要因素。

4.1.2.1 焦炭层的热分布

焦炭层上部的炉料温度为 1100 ~ 1200℃，而焦炭层的温度在 1500℃ 以上。随着温度的升高，矿石和炉渣构成的多相熔体在下降过程中流动性显著改善。

输入埋弧电炉的电能绝大部分为焦炭层所吸收，同时向反应界面传递而被消耗。过热的焦炭与熔渣中的金属氧化物进行还原反应时，强烈的吸热反应消耗了大部分能量。因此，还原反应限制了焦炭层的过热。过剩的热能则通过气相和液相传输到炉膛其他部位。

4.1.2.2 焦炭层的导电特性

焦炭层改变了电极和熔池之间电弧的形态。当电极端部的电流密度小于 $120kA/m^2$ 时，电炉导电以电阻导电为主，不会有电弧产生[3]。当电流更大时，包围在电极端部的焦炭颗粒导电大大减少了电弧导电的比例。电弧只是在局部过热度很大时才会产生。

焦炭层的几何尺寸和形状、焦炭的粒度和高温比电阻决定了熔池电阻和炉膛内星形电流和角形电流的比例。硅锰电炉由电极侧面通过焦炭层流向另外两支电极的角形电流和由电极下部流向炉底的星形电流之比大约为 70:30。炉渣层高度和焦炭层的厚度在熔炼过程中周期性地改变，两种电流的比例也发生改变。出炉时电极四周熔渣液面高度迅速降低，电极周围焦炭层的宽度增加而厚度减少，这使得电炉操作电阻和炉膛电流分布发生改变。

焦炭层的存在使电极端部的能量密度分布更加均匀。

有渣法电炉电极电流密度设计应以防止产生电弧为前提。还原反应吸热量越少，允许的电流密度越小。

4.1.2.3 焦炭层容量

焦炭层的部位、容量、形状和几何尺寸等特性与电炉容量和参数有关，也与矿石和还原剂性质有关。每一座电炉都存在最佳的焦炭层状态。

以焦炭层留存的焦炭数量和焦炭效率来代表焦炭层状态：

$$焦炭效率 = 理论焦炭单耗/实际焦炭单耗$$

$$炉内焦炭数量 = （焦炭单耗 - 理论单耗）× 累积产量 - 炉口排炭量$$

焦炭粒度减小会使单位质量的还原剂所拥有的反应表面积增加，使焦炭层的厚度减少，焦炭层和炉渣过热，使电极端产生电弧的倾向增大。增加焦炭粒度会使焦炭层厚度增加，焦炭层电阻减少。焦炭粒度的选择应考虑焦炭的密度和反应性因素。粒度小、反应性好的焦炭颗粒会在炉膛上部反应区消耗而不能进入焦炭层。低能耗的工艺过程，如碳素锰铁生产要求使用反应性好的还原剂；否则，大量未反应的还原剂在炉膛积聚会使炉膛电阻过低。容量大的电炉相应需要较厚的焦炭层，因此，大型电炉必须采用粒度较大的焦炭。焦炭层的下部以残余的碎焦为主使熔池导电性变差。过小的焦炭粒度还会使料层透气性恶化,使炉况不稳定。

焦炭层中炉渣与焦炭颗粒接触的表面积对冶炼效率有一定影响。接触面积越大反应越充分。在高碳锰铁电炉焦炭层中熔渣/焦炭质量比为 0.5~1,体积比为 0.25~0.125[4]。

图 4-3 为熔渣/焦炭重量比对 MnO 还原率的影响。焦炭层的容量不足时会导致还原率降低。冶炼时间为 2h 渣/焦之比为 4,炉渣(MnO)为 60%;而渣/焦之比为 1,炉渣(MnO)为 50%。由电炉模型计算[3],在温度为 1360℃时,每吨熔渣需要的焦炭层容量为 2t。熔池温度提高熔渣/焦炭数量随之减少。在温度为 1410℃时每吨熔渣需要的焦炭层容量为 1t。

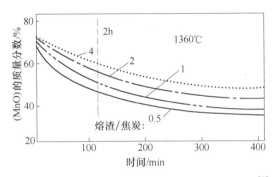

图 4-3 熔渣/焦炭质量比对 MnO 还原率的影响[5]

焦炭层始终处于动平衡状态。随着炉料的熔化和还原反应进行,焦炭层不断积聚和消耗。当炉内焦炭过剩时,出铁过程中会排出一定数量的残炭以维持焦炭层的平衡状态。过量还原剂在炉内聚集会破坏炉况。因此,排炭是维持炉况正常的一种现象。通过排炭可以调整炉内焦炭层的数量,调整炉膛电阻,稳定电极位置,但是,生料和焦炭随着出炉而大量流失是不经济的。为了稳定电炉的运行状态,有渣法工艺要防止炉内还原剂的过剩。如果炉渣过黏或炉温较低排渣不好使焦炭层容量过剩,电极就不可能深插。这时需要采取强制拉渣措施。

焦炭层容量过小或出炉时焦炭排出量过大时会有电弧出现,直至新的焦炭层形成。

4.1.2.4 发生在焦炭层的反应

焦炭层是还原反应最为集中的部位。图 4-4 为炉体解剖取样的分析结果,显示了硅锰生产过程熔渣成分变化的过程[6]。可以看出,炉膛中部焦炭层是硅和锰还原的主要区域。

焦炭层是电炉内金属生成和渣铁分离的主要区域。在高碳铬铁电炉熔渣层取样分析表明,炉渣中损失的铬元素含量与取样时间无关。这表明穿过焦炭层的熔渣已经基本完成了还原反应。焦炭层将金属从炉渣中分离的作用十分类似于过

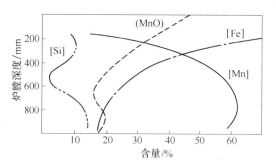

图4-4 硅锰合金炉膛内部不同位置的炉渣成分与合金成分[6]

滤层。

上部料层熔化的矿石熔滴落在焦炭层后会聚集在一起成渣。而焦炭与熔渣相互是不浸润的。焦炭和炉渣间的表面张力很高，焦炭的润湿性差。碳与大部分金属碳化物和铁合金则相互浸润。在解剖电炉过程时发现焦炭外部有金属包裹，这说明金属-炉渣的分离主要发生在碳质还原剂的表面。而炉膛翻渣时会发现焦炭颗粒被炉渣包裹，这表明炉渣性质的改变会使焦炭层结构遭到破坏，还原反应受到抑制。料管与电极的相对位置和料管高度对焦炭层位置有一定影响。埋弧电炉的炉料"浮"在熔渣之上，料层产生的压力通过液态炉渣传递，使炉膛内部压强均衡。增加料管部位料层厚度时，电极四周的焦炭层必然向上移动，电极位置也会随之上移。

4.1.3 精炼层

在炉渣/金属界面存在精炼反应。这一反应发生在液态金属和炉渣之间。对硅锰合金炉渣和铁水的分析数据表明：熔渣中的（MnO）与合金中的［Si］并未达到化学平衡状态。埋弧电炉内炉渣和金属界面存在熔态还原反应。

在铬铁电炉炉渣与铁水层的界面存在一定数量的密度大、难还原的块状铬矿。这些矿石会直接与铁水发生反应，即铁水中的［C］和［Si］会与矿石中的金属氧化物发生还原反应，使合金中的碳得以降低。这一反应称为精炼反应，该矿石层称为精炼层。

$$［C］+ FeO \cdot Cr_2O_3 \longrightarrow ［FeCr］+ CO(g)$$

精炼层的存在对产品质量是不利的，也会造成未还原的矿石流失。高碳铬铁含碳量的降低使合金硬度显著增加，增加了合金破碎难度。

为了避免未完全还原的矿石进入精炼层，应该适当降低难熔、难还原的矿石粒度，尽量使全部矿石在进入熔渣层前完成还原反应。

4.1.4 初渣和终渣

按照矿石发生还原和熔化的部位以及渣金分离状况，矿热炉的炉渣有初渣和终渣之分。初渣是在软熔带形成的。在锰铁电炉初渣形成早于金属的生成，而在铬铁电炉初渣形成发生在铁和铬的还原之后。

终渣是在焦炭层中形成的。初渣在通过焦炭层时其化学组成和物理性质均发生极大变化。终渣在炉内对合金起一定精炼作用，其组成和性质基本上是稳定的。

初渣是非均质渣，即渣中有多相物质共存，如固相 MnO、SiO_2 等。二氧化硅在炉渣中呈饱和状态。固态 SiO_2 与液相炉渣呈平衡状态，这有利于硅的还原。从含有固相氧化锰的两相炉渣中还原 Mn 反应速度高于均一相炉渣。图 4-5 为硅锰合金电炉硅的利用率和初渣碱度的关系。尽管可以用改变熔剂数量的办法来调整入炉原料的碱度，但终渣碱度并不一定能够达到期望值。这是因为硅是从硅酸盐炉渣中还原出来的，硅的利用率在很大程度上取决于矿石中的碱度。图 4-5 说明，相同的终渣碱度时低碱度的原料可以得到较高的硅利用率。

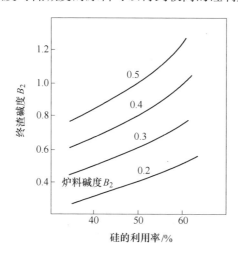

图 4-5 硅的利用率和初渣碱度的关系

炉膛温度高有利于硅的还原，可以提高硅的利用率。在入炉原料中 SiO_2 数量相同的情况下提高炉温更是必要的。

炉料的熔化速度即初渣形成速度应与矿石还原速度相适应。以固态还原为主的高碳铬铁冶炼要避免矿石过早渣化。当矿石熔化速度过快时，大量未还原的富渣和已经解体但未完全还原的矿石颗粒会迅速穿过焦炭层进入熔渣层。炉料熔化速度过快还会使电极位置和高温带上移。

冶炼生产中调整还原速度和成渣速度的措施有：

(1) 根据矿石的还原性熔化性能，合理选择和搭配使用矿石；

(2) 控制原料中低熔点的熟料比例；

(3) 根据原料性能决定入炉矿石的粒度组成；

(4) 调整还原剂和熔剂的粒度和数量；

(5) 加大炉料电阻、维持足够的电极插入深度等。

4.1.5 冶炼渣型

炉渣渣型的选择与冶炼品种和矿石化学成分有关。为了掌握渣型变化规律，人们常用氧化物的比值作为炉渣性能度量。这些比值也常用于研究矿石特性。如：

(1) 炉渣碱度，包括二元、三元甚至四元碱度；

(2) SiO_2/MgO，用于研究镍铁炉渣特性；

(3) FeO/SiO_2，用于研究镍铁炉渣流动性；

(4) MgO/Al_2O_3，用于研究铬铁炉渣特性。

合理的渣型不仅要在流动性、精炼作用等方面适应冶炼过程，还必须在导电能力、传热和供热等方面满足埋弧电炉的特性。炉渣的导电性与炉渣的化学组成和炉渣温度有关，它直接影响电极工作端的位置。由于容量和几何尺寸的差异，即使冶炼相同的品种，不同电炉所选用的渣型仍有一定差别。这是由于电炉功率密度的差别导致炉渣温度差别很大。

4.1.5.1 锰铁生产的渣型

锰铁生产的渣型主要与矿中 Al_2O_3 含量有关。加蓬、巴西等地的锰矿中 Al_2O_3 含量高。采用的渣型为高 Al_2O_3 渣型，见表 4-1。

表 4-1 冶炼硅锰合金的不同渣型和熔化温度

渣 型	MnO	SiO$_2$	Al$_2$O$_3$	MgO	CaO	R_3	R_4	液相线温度/℃
低铝渣	10.5	40.5	11.4	5.3	25.7	0.765	0.597	1300~1350
高铝渣	6.2	30.2	29.6	6.1	20.1	0.868	0.438	1400~1450
低碳硅锰	5.8	44.5	14.2	6.4	21.6	0.629	0.477	1400~1450

注：$R_4 = (CaO + MgO)/(Al_2O_3 + SiO_2)$。

由 C-A-S 三元系相图可以看出：高 Al_2O_3 含量会导致炉渣熔化温度提高。冶炼 Al_2O_3 含量高的锰矿，炉温需要相应提高才能保证炉渣的流动性。MnO 的活度随温度提高而增加，从而显著提高锰和硅的回收率。以高 Al_2O_3 的加蓬锰矿冶炼硅锰合金炉渣中 Al_2O_3 高达30%，但渣铁比仅为0.6。通过控制炉温，可以使冶炼指标仍能维持在较好水平。

图 4-6 为 $(CaO + MgO) - (SiO_2 + Al_2O_3) - MnO$ 系熔度图。虚线所示范围反映了锰铁合金炉渣熔化温度随 MnO 和碱度的变化。初渣中含有较高的 MnO，碱度也比较低，其熔化温度高，随着锰的还原和成渣反应熔化温度趋于稳定。

图 4-7 反映了在 $P_{CO} = 0.1MPa$ 高碳锰铁还原路径。A 和 B 代表了在不同温度下平衡的 (MnO) 含量和 [Si] 含量。在三元碱度为0.75、温度为1350℃时，

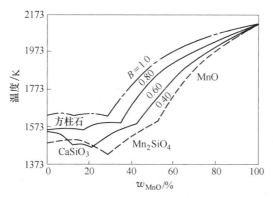

图 4-6 不同碱度对（CaO + MgO）-（SiO₂ + Al₂O₃）- MnO 系熔度的影响[4]

平衡的（MnO）含量为 40%；而在 1400℃时，平衡的（MnO）含量减少到
31.5%，[Si] 含量增加到 0.15%。当炉料成分由 A 转变到 B 时，终渣碱度为
1.0，温度为 1350℃时，平衡的（MnO）含量为 30%；在 1400℃时，平衡的
（MnO）含量减少到 23.5%。

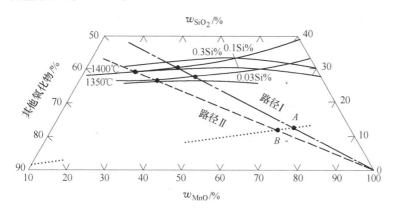

图 4-7 高碳锰铁还原路径

（$P_{CO} = 0.1MPa$）

可见，温度和炉渣碱度对平衡时的（MnO）含量有很大影响，而对高碳锰铁
的含硅量影响不大。

在硅锰合金冶炼中，炉渣碱度对硅的平衡影响很大。由图 2-15 可以看出，
提高炉渣碱度可以提高炉渣中的（MnO）的活度，从而改善锰的还原。提高碱度
的同时必须维持炉渣温度，才能满足还原动力学条件，使渣中（MnO）含量维持
在接近平衡状态的较低水平。

4.1.5.2 铬铁生产渣型

高碳铬铁冶炼炉渣的 MgO/Al_2O_3 范围为 0.4 ~ 1.6。

使用阿尔巴尼亚、土耳其等高 MgO 铬矿冶炼时，MgO/Al_2O_3 对熔点影响较小，而 SiO_2 含量影响较大。由 $MgO-SiO_2-Al_2O_3$ 三元系相图可以看出，在 MgO/Al_2O_3 为 1.4 时，MgO/Al_2O_3 的变化对熔点影响不大；随着 SiO_2 含量的增加，炉渣熔点迅速降低，即炉渣熔化性与 SiO_2 含量相关性大。实际生产中，只需要通过调整 SiO_2 含量改变炉渣性能，而不必调整炉渣碱度或 MgO/SiO_2。这时，高碳铬铁炉渣中 SiO_2 质量分数通常控制在 30%。而在一步法硅铬生产中 SiO 控制在 50% 左右。

在 $MgO/Al_2O_3 < 0.4$ 时，MgO/Al_2O_3 对熔点影响变大。随着 MgO/Al_2O_3 减少，三元系炉渣熔点迅速降低。南非铬矿 MgO/Al_2O_3 低，为了得到合适的炉渣性能则需要考虑炉渣碱度的影响。在炉料中需要添加适量的 CaO 以补充 MgO 的不足。

使用 MgO/Al_2O_3 低、Al_2O_3 含量高的难熔铬矿时，炉渣熔点过高会导致炉前铁水包漏包事故发生，要增加硅石配入量适当降低炉渣熔点。

4.1.6 炉膛温度

电炉冶炼要求有一个合适的炉膛温度范围，这一温度范围与原料条件和产品成分有关，而炉膛温度主要是由炉渣成分决定的。炉温过低对排渣不利；炉温过高，金属挥发损失增加。

炉渣的过热度是有限的。炉渣熔点过低会降低炉膛的温度，不利于矿石的还原反应。小型电炉炉渣过热度小，改变炉渣的化学成分可以提高炉渣熔化温度，从而提高炉温。渣中氧化镁提高 1%，渣温大约提高 10℃。大型电炉的炉渣过热度已经很高，故炉渣成分对炉膛温度没有太大的影响。因此，对于炉温偏低的小型电炉，用高氧化镁渣型提高炉温的冶炼效果好于大容量电炉。大型电炉炉膛温度高为锰和硅的还原创造了极为有利的条件，在这种情况下 CaO/MgO 数量比对炉膛温度没有太大的影响。

4.1.7 合金中含硅量的控制

影响硅还原的两个重要因素是温度和 SiO_2 在渣中的活度。在高碳铬铁生产中，降低合金含硅量的措施并非是降低渣中二氧化硅活度，而是增加渣中二氧化硅含量。由 $SiO_2-MgO-Al_2O_3$ 三元系相图可以看出，增加渣中二氧化硅含量可以大幅度降低体系的熔点，从而抑制硅的还原。MgO 与 SiO_2 的生成自由能远远小于 CaO 与 SiO_2 的生成自由能。以 MgO 代替 CaO 有助于硅的还原。添加含氧化镁的熔剂有利于提高炉渣中二氧化硅的活度，降低硅的熔态还原自由能。

当合金中含硅量更高的时候，硅的还原需要经历生成 SiO_2、SiC 等中间环节。

4.1.8 有渣法冶炼操作技术

4.1.8.1 留渣法和留铁法操作

高渣比又称留渣操作。留渣法和留铁法操作可以避免由于出铁、出渣量过多导致炉膛温度过度降低，有助于减少炉膛温度波动。

留铁法的电炉出铁口高于炉底 300~600mm。通过设置死铁层使炉底铁水始终维持一定深度。分别设置出渣口和出铁口，出渣次数多于出铁次数，延长铁水在炉内停留时间。留渣法操作措施还有采用开堵口机操作，带渣堵口，避免炉渣排尽；采用回渣操作，将含残余金属的渣壳返还到炉料中等。

减少出铁次数也是留渣法操作的一种方式。

4.1.8.2 低渣比操作

炉渣数量的多少直接影响冶炼过程的综合能耗和元素回收率。使用品位高的矿石会减少炉渣数量，提高元素回收率。在生产硅锰合金时，在炉渣碱度不变的情况下，提高硅的利用率意味着硅石、熔剂数量的减少，而炉渣碱度与渣中的含锰量相平衡。因此，硅的利用率的提高使渣铁比得以减少（见图 4-8）。渣铁比的减少使冶炼铁合金的单位电耗得以降低，见图 4-9。

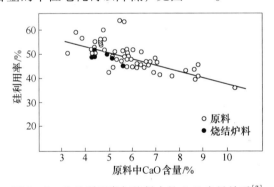

图 4-8 硅的利用率与炉料中的 CaO 含量关系[7]

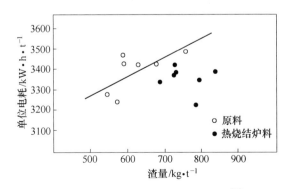

图 4-9 硅锰电耗与渣铁比的关系[7]

使用高品位锰矿,利用低渣比工艺生产硅锰合金,锰回收率达到90%以上,其生产指标见表4-2。

表4-2 低渣比工艺生产硅锰合金指标

项 目	化学成分/%					
原料成分	Mn	Fe	P	SiO$_2$	Al$_2$O$_3$	MgO
	·36.96	6.97	0.106	12.80	4.48	5.65
合金成分	Mn	Si	P	C	S	
	66.08	18.59	0.21	1.48	0.023	
炉渣成分	MnO	SiO$_2$	Al$_2$O$_3$	CaO	MgO	R$_3$
	6.03	30.22	29.63	20.09	6.14	0.86
单位电耗/kW·h·t^{-1}	3600~3700			渣铁比		0.6

4.1.8.3 深炉膛操作

电炉的炉膛深度与原料条件的关系很大。使用含氧量高的氧化锰矿冶炼锰铁时深炉膛体现了一定的优越性。图4-10描述了氧化锰矿在矿热炉内经过的物理化学变化[8]。在炉料上部矿石经历了脱水干燥、预热过程。在料层中部锰矿经历了由高价氧化物向低价氧化物转变的预还原的过程。CO气体还原高价氧化物是放热反应。使用高价锰矿可以充分利用这部分热能实现节能降耗。此外,发生在料层上部的预还原反应也有助于改善锰矿的反应活性度。

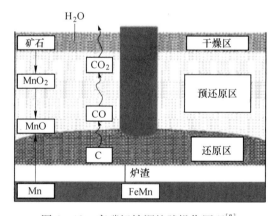

图4-10 高碳锰铁深炉膛操作原理[8]

采用深炉膛结构的 $H/P^{1/3}$ 数值在 0.17~0.2 之间,而浅炉膛的相应数值在 0.13~0.14 之间。

4.1.8.4 出炉制度

矿热炉的出炉制度包括出炉次数/间隔时间、出铁和出渣持续时间、拉渣操作等。延长出炉间隔时间,缩短出炉持续时间有助于减少热损失、提高电炉热稳定性、改善渣铁分离程度。出炉时间短会减少出铁时炉气外逸带走热量，减少炉腔温度波动和电极波动。

大型高碳锰铁电炉一般每4h出铁出渣各一次；大型硅锰电炉每6h出铁出渣各一次。出铁时间间隔长有利于改善渣－金属分离，从而提高元素回收率和降低电耗。对于硅锰合金来说出炉间隔长还有利于提高炉温，改善炉渣的流动性，有利于炉渣中悬浮的金属颗粒沉降。经验表明：出炉间隔时间为6h的平均合金含硅量略低于出炉间隔时间为4h的产品。这可能是由于增加了反应时间，使合金中的硅与炉渣中氧化锰更接近于化学平衡状态。

生产实践表明：出炉时间间隔的长短对铁水成分影响不大，而炉渣中的微细金属颗粒数量减少，炉渣中有用元素含量降低。这是由于出炉时间长时，炉渣温度相对较高，渣铁分离较好。

4.2 无渣法冶炼

无渣法冶炼主要用于金属硅、硅铁等高硅铁合金生产。

理论上由氧化物和碳还原生产金属硅和硅铁是没有炉渣生成的。因此，金属硅和硅铁冶炼通常称为无渣法。而实际冶炼中矿石和还原剂会带入少量杂质成分，冶炼中总是有少量炉渣生成。

4.2.1 无渣法工艺反应区结构

无渣法冶炼的特点是硅的还原经历了生成固相SiC和气相SiO过程，电极端部的反应区呈现明显的坩埚形状，见图4－11和图4－12。熔炼温度越高，合金硅含量越高，反应区的坩埚形状特征越明显。

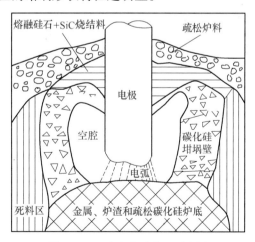

图4－11 无渣法反应区示意图

坩埚区顶部为电极端部和半融的炉料。冶炼中高温SiO气体在穿过上层低温

图 4-12　金属硅电炉坩埚区内部

炉料时发生凝聚反应。凝聚生成的半融态 SiO_2 将炉料粘结在一起，增大了炉气通过料层的阻力。电极端部形成充满 SiO 和 CO 气体的空腔。反应区空腔周围是 SiC 和 SiO_2 组成的坩埚壁；坩埚底部为疏松的 SiC，里面充满了硅或硅合金液体。SiC 炉底上部覆盖着炉渣和金属的混合物。3 个电极坩埚区底部连通。电极 – 坩埚壁、电极 – 坩埚底之间的电弧不断地变换位置向坩埚区传递能量。坩埚中气体的主要成分是 CO、SiO 和金属硅蒸气。高温下金属蒸气是优良的导电体，起着稳定电弧的作用。

在冶炼过程中，上部半熔炉料逐渐消耗，间断地下沉或塌下落入坩埚区。为了改善炉料透气能力需要定期用捣炉机钢杆捣开炉料为炉气外逸打开通路。

许多学者对硅铁和金属硅电炉的反应区结构进行了研究。通过对工业生产的电炉炉体进行解剖人们加深了对硅铁和金属硅反应机理的认识。

表4-3给出了实测的坩埚反应区尺寸。可以看出，高硅合金的坩埚区尺寸更大些。高硅硅铁电极周边料层厚度更薄说明高硅冶炼坩埚区温度更高些。

表 4-3　实测的硅合金坩埚反应区尺寸[9]

硅合金品级	电极表面至坩埚壁距离/m	电极端至坩埚底距离/m	坩埚空腔高度/m	电极周边料层厚度/m
45% 硅铁	0.50	0.20	1.20	0.50
75% 硅铁	0.60	0.30	1.40	0.32
90% 硅铁	1.20	0.16	1.70	0.06

注：电炉容量 20MW，电极直径 1.2m。

坩埚区坩埚顶部的炉料主要是由碳质还原剂颗粒、绿色 SiC 和熔化的硅石组成。由炉料试样可以观察到冶炼过程中还原剂颗粒转变成 SiC 的过程。可以看到绿色碳化硅附着在还原剂颗粒外围。在下层炉料中往往观察不到焦炭颗粒的存在，焦炭完全转变成了 SiC。

图 4-13 显示了碳质还原剂在 SiO 气体作用下转换为 SiC 的过程。

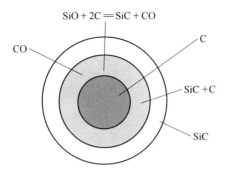

图 4 - 13　焦炭颗粒转化为 SiC 过程示意图

在硅系合金生产过程中，SiO 是最重要的气相中间产物。在炉膛中 80% ~ 90% 的硅石中的 SiO_2 转化成 SiO。坩埚区的 SiO 气相压力 P_{SiO} 是维持硅生成的化学反应进行的必要条件，见图 4 - 14[10]。

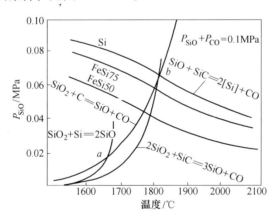

图 4 - 14　金属硅和硅铁坩埚区 P_{SiO} 与主要反应的平衡条件[10]

在冶炼硅铁时，含铁量的增加使 [Si] 的活度降低，P_{SiO} 也随之降低，而 P_{CO} 增加。因此，生成 [Si] 的曲线下移，平衡点 b 温度下降，即坩埚区的温度得以随着硅铁含硅量的减少而降低。

在气相产物逸出过程，SiO 在上部温度偏低的料层会发生两种反应。一种是与碳质还原剂反应生成 SiC；另一种反应是发生歧化反应生成硅和二氧化硅。

$$2SiO \Longrightarrow SiO_2 + Si$$

炉料中可以看到大量凝聚生成的 SiO_2 和 Si 金属颗粒。特别是在发生刺火时，喷发的气体沿着刺火通道凝聚，有大量的熔融 SiO_2 出现。解剖炉体时在坩埚壁上会观察到刺火通道。

坩埚壁主要是由 SiC 结晶形成的，其中夹杂着少量金属硅或硅铁的颗粒，但较少发现硅石颗粒和凝聚的 SiO_2 存在。坩埚壁是生成 Si 的主要区域。坩埚壁呈现层状,上部较为疏松,下部较为致密。这显示出坩埚壁不断地消耗和补充,维持着动态平衡。这证实了坩埚壁表面消耗 SiC 的反应是:

$$SiC + SiO == 2Si + CO$$

坩埚反应区气相 SiO 平衡压力为 0.05MPa。气相 SiO 与坩埚壁上的 SiC 间不断地发生还原反应生成金属硅液珠。金属珠落入坩埚底部形成金属熔池。

坩埚区的温度分布如下:

坩埚顶部	坩埚壁	坩埚底部	空腔	电弧
1600℃	1600~1800℃	1800℃	>2000℃	>3000℃

硅和硅合金是由气相 SiO 生成的。按照反应动力学机理,新生相的晶核总是在异相界面形成的。因此,硅主要是在坩埚壁上生成的。反应温度、坩埚壁的表面积大小决定了硅合金的产率,坩埚的大小与操作电阻和电极的埋入深度有关。只有足够大的反应区才能使电极深埋在炉料中。当炉料中焦炭数量过剩时会生成过多的 SiC。SiC 在坩埚壁上积聚使反应区缩小、电极位置上移。

图 4-15 显示了根据炉体解剖提出的金属硅生成机理。

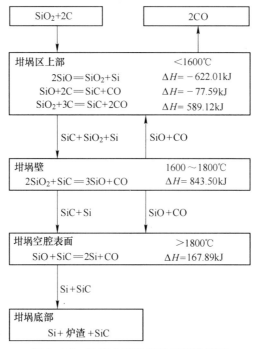

图 4-15 冶炼金属硅坩埚区反应机理

当电炉严重缺炭时,也会使坩埚区缩小,从而导致电极位置上移。

在冶炼工业硅和硅铁过程中,坩埚内部的气相压力一般维持在 0.01Pa[11]。在刺火、捣炉和出铁时坩埚区压力有所下降,见图 4-16。气相成分组成主要是

CO、SiO 和 Si 蒸气。硅钙合金和硅铝合金的反应区气相成分中还有 Ca 蒸气或 AlO 蒸气。在炉膛气体压力的作用下气相组分会沿着炉料间的孔隙外逸。

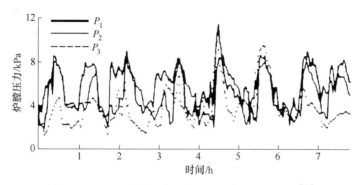

图 4-16 75% 硅铁电炉各相电极下部坩埚区压力[11]

由无渣法坩埚反应区结构特点和硅生成反应的理论分析可以得出的结论是：

（1）SiC 和气相 SiO 是生成硅的化学反应必不可缺的中间产物，只有反应区中的 SiO 分压足够高才会有硅生成。

（2）SiO 离开反应区穿过料层逸出时，会被碳质还原剂捕集或发生凝聚反应而回收利用。

（3）SiO 与 C 反应生成 SiC 是捕集 SiO 最有效的途径。为此需要提高还原剂的反应活性。

（4）提高坩埚区温度有利于硅的生成。

（5）为了提高硅元素的回收率，应尽量减少进入烟气中的 SiO。降低上部料层温度可以促进 SiO 的凝聚。

4.2.2 硅还原过程中的传质和传热

大量数据表明，电弧区物质的汽化和坩埚区内气流运动是金属硅和硅铁电炉传质和传热的重要机理，而 SiO 气相传质是硅生成反应的最重要环节。

SiO 气相传质有两种路径：由下向上的传质和由高温区向低温区的传质。SiO 的歧化反应和 SiO 与碳质还原剂的反应是 SiO 由下向上的传质的结果。在上部炉料中，熔融的二氧化硅与金属硅颗粒共存说明了 SiO 的传质和传热作用。电极四周坩埚区的形成是高温区向低温区气相传质的结果。气相传质的比例决定了电炉的生产率和硅的回收率等重要指标。

在电弧工作过程中电弧位置的变化和极性的迅速改变使电弧区的温度趋于均衡。电弧区热点温度远高于硅元素的沸点（2983K）、碳化硅的分解温度（3033K）和二氧化硅的沸点（3048K）。当电弧区的温度高于硅的沸点时，硅开始大量汽化。硅的汽化热为 465kJ/mol，相当于硅还原所需热能的 2/3。实测的坩埚内表面温度为2300K左右，远低于电弧区的温度。因此，硅和铁的蒸气会在这些部位凝固，同时放出来大量热量，为发生在这里的强烈吸热的还原反应提供充足的热源。因此，SiO、Si、Fe以及二氧化硅的蒸气是坩埚内部传热的主要介质。

发生在坩埚壁表面的SiO + SiC是吸热反应，是生成Si的主导反应。在没有充足的热源供应的低温区，这一反应不可能发生。

SiO和CO是离开坩埚区炉气的主要成分，是由坩埚内部向坩埚壳和炉料传热的介质。炽热的炉气和炉料进行逆流热交换。焦炭具有很高的比表面和良好的导热性，因此，焦炭的温度与上升的炉气温度十分接近。在上层炉料SiO气体被焦炭吸收的反应是：

$$SiO(g) + 2C(石墨) \Longequals SiC(s) + CO(g)$$

一氧化硅的歧化反应是发生在上层炉料中最主要的放热反应。

$$2SiO(g) \Longequals SiO_2(l) + Si(l)$$

上述两个反应都是放热反应，但后者放热量更大。歧化反应比例越高传递到上层炉料的热量越多，造成料面温度过高。为此，必须抑制上层炉料的SiO歧化反应。当炉腔温度稳定时，SiO在气相中的比例是恒定的。在SiO通过料层时，SiO被焦炭吸收，发生歧化反应的SiO减少，料面的温度将由此而降低。

Shcei对硅铁和工业硅电炉进行了大量采样分析，研究了硅还原过程的传质和传热机理及化学量模型[9]，提出了坩埚区SiO分压和上层炉料凝聚SiO能力的关系。当SiO分压小于0.5时，不会有过剩的SiO，炉料中也不会发生SiO的凝聚反应。SiO分压过高对提高硅的回收率是不利的。还原剂的不足将会使反应区的二氧化硅过剩，这将导致生成的硅与其反应生成SiO，从而增加反应区的SiO分压，其结果是降低硅的回收率。

SiO的歧化反应所产生的二氧化硅凝聚物会充填炉料的间隙破坏炉料的透气性。当穿过炉料的气体运动受到阻滞，坩埚内部的压力就会增加。压力增大的炉气会冲破坩埚壳形成气体通路。刺火时金属蒸气、SiO和CO气体在料面上急剧燃烧形成炽热的气流。刺火现象使冶炼电炉的热效率和硅的利用率降低。

4.2.3 无渣法冶炼的操作技术

在反应区温度条件下已经开始熔化的二氧化硅流动性很差，所形成的炉料搭桥和烧结限制了炉料向下和炉气向上运动。为了改善炉料结构和运动状况需要对烧结的炉料进行捣炉。

4.2.3.1 无渣法电炉的热分布

在铁合金电炉中，来自电极的电流在进入电炉后分成两路：一路直接由电极端部的电弧传导到坩埚底部；一路通过上层导电炉料传导到导电炉底。

Westly 提出金属硅电炉热分布与炉料电阻有关[12]。

在硅合金冶炼过程上层炉料消耗的 SiO_2 与坩埚区消耗的 SiO_2 应有合适的比例。当炉料电阻过小时，会使热分布系数过大。这时炉料中产生的热能会使硅石发生熔化。电极电压过高也会增加通过炉料的电流，增大热分布系数。过量的熔化硅石进入坩埚区会破坏反应区的合理结构。降低炉料的导电性会使上层炉料温度降低，有利于 SiO 的凝聚反应。

合理的热分布是由反应区形状、电极位置、炉气在炉料中的分布等多种因素决定的。

为了降低通过炉料的电流比例人们在炭质炉衬结构上也做了一些探索，主要有：

（1）降低炉墙炭砖高度，减少炉料－炭砖间的电流分布；

（2）在大面位置用高铝砖将炉墙炭砖分成独立的三个部分。

实践表明这些措施对于增大电炉操作电阻、稳定电极位置和改进电炉热分布起了一定积极作用。

4.2.3.2 坩埚区的维护

无渣法电炉的电弧是被炉料深埋在坩埚区内。图 4－12 是由埃肯公司通过出铁口拍摄的硅铁电炉电极端部电弧照片。由照片可以清晰看出坩埚区形状和电弧。

坩埚区的顶部是由炉料烧结搭桥而成的。坩埚顶的烧结料周期性地形成和塌落维持着坩埚区的形状。坩埚区内充满反应生成的 SiO、CO 气体和硅蒸气。在 SiO 的作用下坩埚顶的炉料不停地被消耗，空穴逐渐扩大，直至烧结搭桥无法支撑炉料重量，坩埚顶自然坍落。坩埚顶的烧结强度对维护坩埚的稳定性起着关键作用。

当烧结强度过高烧结搭桥料无法坍落时，坩埚区就会发生过热，硅和 SiO 损失增大；而当烧结性差时坩埚顶塌料频繁，大量未反应的硅石落入坩埚区会导致坩埚区温度降低、坩埚缩小。为了稳定电炉操作炉料烧结强度应有一个合适的范围。

炉底上涨是导致坩埚区缩小的重要原因。还原剂配入量过剩或不足决定了坩埚区底部沉积物的结构和成分。

在还原剂配入量不足时，炉底的沉积物为 $SiC + SiO_2$ 以及 Al_2O_3 等炉渣成分。在反应区温度足够高时 SiC 会与 SiO_2 继续反应生成 SiO 和硅，直至过剩的 SiO_2 全部转化成硅和 SiO。但由于供热不足或过多的 SiO_2 落入坩埚区使这一还原反应进行得不完全，积存的渣相使炉底上涨。渣相中的 SiO_2 活度较低，只有在更高的环境温度下才能实现还原。这时大量 SiO 从反应区逸出，并在料层凝聚使料面过热。除 Al_2O_3 外，炉底沉积物并不完全是杂质，而是反应的中间产物。适当添加 CaO 等熔剂, 会破坏 SiC, 通过改善炉渣流动性使其从出铁口排出。

理论上, 硅和高硅合金冶炼过程中总是有相当多的 SiC + Si 沉积在坩埚区底部。过剩的碳会以 SiC 的形式积存在炉底。电炉长期配炭量过剩就会引起炉底上涨。这时炉底积块的主要成分是 SiC + Si; 炉渣的主要成分是 SiC 和 Al_2O_3。按照 Si – C 二元系相图, 在 1408℃以上, 在碳的摩尔分数小于 0.5 时, 体系存在的物相是 SiC + 液相。SiC 炉底上涨会导致电极工作端上移, 坩埚区缩小, 甚至造成出铁口堵塞, 无法正常出炉。

在生产硅铁时, 碳化硅也可以被铁破坏:

$$Fe + SiC \rightleftharpoons FeSi + C$$
$$\Delta G^{\ominus} = 9900 - 9.41T$$
$$T_{开} = 1052K$$

添加石灰有助于破坏炉底 SiC。CaO 在坩埚区的反应与硅钙合金生成的反应相同:

$$SiC + CaO \rightleftharpoons [Ca] + [Si] + CO$$

同时, CaO 也会改善炉底高熔点炉渣的流动性, 有利于 Al_2O_3 与 SiC 一起排出炉外。需要注意的是, 添加石灰时需要混配一定数量的焦炭。这是因为 CaO 熔化温度非常高, 与 SiC 的反应需要通过 CaO – CaC_2 熔体来实现。此外, 焦炭还起着石灰与硅石的隔离作用。

4.2.3.3 无渣法冶炼对还原剂的要求

无渣法生产工艺的特性决定了其对原料的特性有更严格的要求, 特别是对还原剂的要求严格。

还原剂的比电阻大小直接影响电炉的热分布。对于硅铁电炉而言, 炉料比电阻小会使炉料消耗电能比例增加, 从而使炉料表面过热。炉料中的二氧化硅发生早熔则会破坏炉料的透气性, 影响 SiO 的回收。

还原剂的反应活性是影响硅元素回收率的最主要因素。硅合金冶炼中, 还原剂的反应活性集中体现在吸收 SiO 的能力方面。通过对高温下还原剂对 SiO 反应性能力测试可以看出: 木炭和半焦吸收 SiO 能力很强; 而石油焦和无烟煤吸收 SiO 能力差。无论是金属硅还是 75% 硅铁冶炼选择, 都必须通过改进还原剂质量来改善冶炼指标。

一般入炉的还原剂粒度为 6 ~ 30mm。减少粒度会增加还原剂的比表面, 但同时也加大了粉料被气流带出炉外的比例, 增加了还原剂的损失率。

为了改进铁合金冶炼, 开发了多种铁合金专用还原剂。使用比电阻大的硅铁专用的还原剂可显著改善生产指标。例如, 在焦炭中配入 50% 的硅石焦, 可以降低电耗 6% 以上。

4.2.3.4 炉料透气性

炉料表面烧结是无渣法冶炼中特有的炉况特征。锰铁、铬铁等有渣法冶炼炉料表面不会出现这种现象。炉料烧结主要是由 SiO 气体的歧化反应引起的。一方面 SiO 的凝聚反应生成了 SiO_2 和硅，封闭了炉气外逸通路；另一方面，SiO 凝聚反应和硅的氧化放出大量热能使硅石发生软熔。

炉料表面一旦出现烧结，坩埚内部的高压气体只能沿着电极表面或从少量空隙喷出，形成刺火。电炉刺火造成大量热能被逸出的 SiO 气体带到烟气中去。频繁刺火导致硅的回收率降低，电耗提高。

改进原料条件和炉口操作是改善炉料的透气性必要措施。

通过增加反应活性高的还原剂的比例加强还原剂对 SiO 气体的吸收，有利于减少 SiO 气体凝聚反应的比例、减轻料面烧结状况。这是因为 SiO 与碳的反应为吸热反应，而 SiO 反应为强烈的放热反应。

在金属硅冶炼中，木炭、木片和玉米芯等气孔率高的含碳原料起着疏松剂的作用。这些原料气孔率普遍很高，吸收 SiO 能力强，同时显著降低了炉料的堆积密度，增加了炉料的疏松度和透气性。

此外还应关注炉料的粒度和粒度分布、加料的均匀性等原料特性。

通过捣炉松动烧结的炉料结构是无渣法冶炼的重要操作。捣炉操作应以松动炉料改善透气性为主要目的。不适当的捣炉操作会破坏坩埚反应区结构或增大炉口热损失。

采用旋转电炉和两段炉体技术也可以实现改善炉料透气性的目标。

4.2.4 炉渣的形成

无渣法冶炼过程中生成的炉渣数量非常少。炉渣数量完全取决于原料条件和冶炼操作，一般为金属重量的 3%～6%。金属硅冶炼产生的炉渣略多，约为 3%～8%，而 45%硅铁产生的炉渣较少，一般为 2%～3%。典型硅铁和金属硅炉渣成分见表 4-4。可以看出，炉渣成分中 Al_2O_3 较高，而 CaO 和 MgO 较低。由于炉膛内强烈的还原气氛，炉渣中几乎没有 FeO，即使原料中使用铁矿或铁矿球团。而 SiO_2 和 SiC 的数量取决于冶炼操作。

表 4-4　硅铁和金属硅炉渣成分　　　　　　　(%)

铁合金	SiO_2	SiC	Si/FeSi	C	Al_2O_3	CaO
75%硅铁	25～40	5～10	1～5	1	20～40	8～20
金属硅	30～50	10～40	10～30	1	12～15	10～20

通过扫描电镜和电子探针分析表明炉底积存物主要是由 SiC、难熔氧化物和化合物等非均质物相组成，包括 Al_2O_3、$2CaO \cdot Al_2O_3 \cdot SiO_2$（$C_2AS$）、$CaO \cdot Al_2O_3 \cdot 2SiO_2$（$CAS_2$）、$3Al_2O_3 \cdot 2SiO_2$（$A_3S_2$）。

炉渣中 SiC 与 CAS_2 紧密交织共生。这说明在 CAS_2 熔化温度以下，SiC 就已经均布在炉渣相内。

硅铁和工业硅的炉渣成分接近,只是后者金属珠和 SiC 更多些。炉渣的主要相组成为硅酸盐。炉渣熔化温度普遍在 1500℃ 以上,接近 1700℃。炉渣黏度很高,在 SiC 含量高的时候炉渣更黏,且温度对黏度的影响甚小。

4.2.5 无渣法冶炼中杂质元素的行为

硅合金冶炼过程各元素回收率与合金中的硅含量密切相关,见表 4 - 5。

表 4 - 5 元素在硅系铁合金冶炼中的分配

铁合金	元素分配	Si	Al	Ca	P	S
金属硅	入合金	88	70	40	30	1
	入炉渣	4				
	入烟气	8			70	99
75%硅铁	入合金	92	60	30	40	2
	入炉渣	2		40		
	入烟气	6		40	60	98
45%硅铁	入合金	97	40	10	50	3
	入炉渣	1				
	入烟气	2			50	97

合金中的铝、钙含量与反应区温度条件有关。在原料条件不变时,温度越高铝和钙越容易还原。当合金中的 [Al] 和 [Ca] 明显降低时意味反应区温度有所降低,杂质氧化物进入炉渣数量增加。当这种现象持续下去时就需要注意炉底上涨的趋势。

原料中大部分杂质元素以氧化物的形态进入反应区,如 Al_2O_3、CaO、TiO_2、MgO 等。这些氧化物是合金中的杂质和炉渣成分的来源。

硫主要来自还原剂。按照热力学计算,硫很难进入高硅铁合金。

$$Si + 1/2S_2 \Longrightarrow SiS(g)$$

物料平衡数据表明:98% ~99% 的硫在冶炼过程中进入了烟气。

磷主要是以磷灰石($Ca_3(PO_4)_2$)的形式进入炉料中。在温度为 300℃ 左右的氧化气氛中,磷就会以 $P_5O_{10}(g)$ 的形式挥发掉。但在有碳存在的还原气氛下,磷灰石被炭还原生成 $P_2(g)$,这时大部分磷也会进入烟气。但在有金属存在的情况下磷更容易进入液态金属。在金属硅中磷的含量为 25 ~50ppm,而在 75% 硅铁中磷的含量可达到 130 ~300ppm。

还原剂中的水分、有机化合物将氢、氮等元素带入高温反应区。在 1300℃ 以上,氮、碳、氢可能会生成 HCN、也可能与钠、钾等元素生成氰化物。这些物质在随烟气外逸时会被烧掉。但最新的研究表明,金属硅和硅铁炉底有氮氧硅化合物 Sialon(氮化硅铝陶瓷)存在。Sialon 是在高温下形成的复合氮氧化物。这种难熔的物质很难从炉内排出,会造成炉底上涨。

4.2.6 无渣法工艺技术开发

4.2.6.1 炉体旋转电炉

采用炉体旋转电炉可以在一定程度上改善硅合金冶炼操作。在炉体旋转时,炉膛内的反应区与电极位置发生相对移动,这可以使得处于死料区的 SiC 炉底移动到电极下部,从而扩大了反应区面积。炉体旋转电炉电极插入深度更深,坩埚区温度更高。由于炉底的 SiC 可以得到比较彻底的破坏,故其排渣更顺利。炉体转动对坩埚形状有一定影响。电极表面背离旋转方向一侧坩埚区上部空腔会略小,但底部不会发生明显变化。

实践表明:旋转电炉硅的回收率有所提高。因此,还原剂过剩量比固定式电炉低 30%。在生产 75% 硅铁时还原剂过剩量由 8% 下降到 5%。采用旋转电炉可以使用粒度偏小的还原剂。

炉体旋转速度是由电极周围炉料熔化速度决定的,与冶炼品种和电炉容量有关。容量为 21MVA 的电炉冶炼 75% 硅铁时旋转一周的时间为 90h,而冶炼 45% 硅铁时旋转一周为 70h。当转速超过临界转速时,电极受到炉料压力作用会向一侧倾斜。75% 硅铁电炉的临界转速是 70h/转,见表 4-6。

表 4-6 炉体旋转速度与品种和功率的经验值

电炉功率/MW	旋转一周的时间/h		
	金属硅	75% 硅铁	45% 硅铁
30	70	60	50
20	80	70	60
16	95	90	70

通常炉体旋转方向是可逆的。通常转动的角度为 70°~90°。旋转角度过大和 360° 单向旋转并未显示出明显作用。下炉体转动改变了出铁口的位置,给出铁操作带来了不便。尽管人们对下段炉体旋转的作用评论不一,但实践表明。采用炉体旋转技术可以改善出铁口之间的连通,减缓或防止 SiC 在炉底的积聚。

4.2.6.2 两段炉体技术

硅铁冶炼过程中存在料面烧结的现象。利用捣炉机疏松料面的捣炉是硅铁和金属硅电炉炉口重要操作。两段炉体的设计思想是利用上下段炉体的相对运动破坏烧结的炉料,改善料面的透气性。挪威埃肯公司先后在 8MW 金属硅电炉和 9MW 75% 硅铁电炉进行了两段炉体工业规模试验[13]。一座 30MW 两段炉体 75%

硅铁电炉运行时间长达6年。我国吉林和新余铁合金厂在12.5MVA电炉进行过工业规模试验。试验表明：采用两段炉体技术可以降低冶炼电耗、大大减少甚至不必进行捣炉操作，为实现硅铁电炉密闭操作和回收电炉煤气创造条件。

两段炉体电炉在结构上把炉缸分成上下两段，上下段炉体可分别独立旋转。上炉体的炉衬为正九边形，下炉体与原结构相同（见图4-17）。当上炉体做旋转运动时，炉墙表面各点的运动轨迹不同，产生的水平分力推动炉料沿运动轨迹的切线方向运动。烧结和部分烧结的致密炉料发生破裂出现疏松，产生的间隙使CO和SiO气体顺利穿过料层。这一作用是连续发生的，其疏松炉料的作用相当于捣炉机的作用。

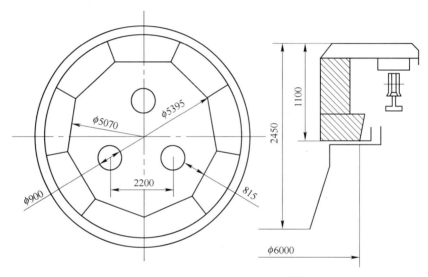

图4-17 两段炉体结构示意图[13]

采用两段炉体的8MW金属硅电炉参数见表4-7。

表4-7 两段炉体8MW金属硅电炉参数[13]

参　数	代　号	单　位	数　值
电炉容量	S	MVA	12.5
有功功率	P	MW	9
电极直径	D	mm	900
极心圆直径	$D_{极}$	mm	2540
炉膛直径		mm	5600
炉膛深度	H	mm	2450
上炉体高度	h	mm	1100
H/h			2.23

参　数	代　号	单　位	数　值
炉壳直径	D	mm	6500
上炉体内衬九边形外切圆直径		mm	5395
上炉体内衬九边形内切圆直径		mm	5090
电极距上炉体距离	L	mm	815
上炉体旋转周期		h	1 ~ 10
下炉体旋转周期		h	100 ~ 180

炉膛深度 H 与上炉体高度 h 之比 H/h 决定了在垂直方向炉体对炉料作用的位置，相当于捣炉操作的深度。这一位置应位于坩埚区的上沿，这样，上炉体的运动就会使炉料落入坩埚区。合理的 H/h 范围为 1.9 ~ 2.3。

电极至上炉体炉墙的最近距离 L，即电极外表面至九边形的内切圆的距离。L 值过小，炉衬温度过高，耐火材料易于损毁；L 值过大，会失去上段炉体的作用。一些炉衬采用导电性好的 SiC 耐火材料。为了减少流向炉墙的电流，电极炉墙电压梯度必须小于电极间电压梯度。

工业试验结果表明：上炉体旋转周期范围为 1 ~ 10h。旋转周期为 3h 时，电炉生产技术经济指标比较理想。上部炉体的内衬工作条件十分恶劣，其工作温度高达 1500℃ 以上，局部工作温度可高达 1700℃。炉衬长期与接近熔化的硅石、熔化的低硅铁和焦炭灰分、由焦炭生成的 SiC 等固体和液体接触。因此，上炉体耐火材料不仅要经受高温和机械摩擦作用，还要有抵抗化学侵蚀的能力。当上段炉体失去多边形的形状以后，炉体转动便失去了意义。已经试验过的材料有氮碳化硅砖、SiC 砖、刚玉砖、高铝矾土浇注料以及以铬渣为骨料的耐火混凝土等。埃肯公司采用外部水冷的 SiC 砖砖衬效果较好，基本可以实现 75% 硅铁密闭电炉操作。吉林铁合金厂先后试验了浇注料和氮碳化硅砖，后者炉墙寿命大大提高。

在上炉体转动的同时，下部炉体转动周期通常为 100 ~ 180h。

4.2.6.3 密闭电炉技术

硅铁电炉料面烧结特性限制了电炉实现密闭冶炼操作。高硅合金密闭电炉难以实现捣炉操作，同时烟气中的 SiO 凝聚造成的密闭电炉炉盖内积尘难以清理。

在密闭电炉中通过捣炉操作改善炉料通气性是十分困难的。日本采用的办法是炉盖上部设置 17 根捣炉杆，通过炉盖上的密闭孔来完成捣炉的操作。挪威采用两段炉体技术靠炉墙运动推动炉料，破坏上层炉料形成的硬壳。日本和挪威企业先后实现了 75% 硅铁电炉的密闭操作回收电炉煤气，使用常规原料密闭操作时间长达 5 年以上[14]。

前苏联密闭电炉采用电极外料盆加料方法，电极与炉盖结合部以加料盆取代密封结构，以炉料密封电极（见图 8 - 38）。前苏联实现了以 21MVA 密闭电炉长期生产 45% 硅铁和 65% 硅铁；生产 75% 硅铁的周期为 30 天左右。

密闭电炉冶炼硅铁硅的利用率较高，可达到 91% ~ 92%。因此，硅石消耗有所降低，同时还原剂的消耗减少了 10% 左右。

密闭电炉的冶炼反应区结构与敞口电炉没有显著差别。但由于炉盖下部空间缺少冷空气助燃炉气，料层上部积存了更多的 SiO 气体凝聚物。为了避免烟气聚集物堵塞煤气通道，每只电极位置炉盖下部都要设置压力传感器对煤气压力进行监测（各点压差应小于 5Pa）。

炉盖下部气体的温度为 500 ~ 700℃，气体压力小于 5Pa 的微正压。煤气烟道负压为 50 ~ 200Pa。

以料盆加料方式的密闭电炉由料盆逸出的气体量为 7% ~ 10%，即 85% 以上的煤气由炉盖上的煤气管路收集到煤气净化系统[9]。密闭硅铁电炉烟尘成分见表 4 - 8。

表 4 - 8 密闭硅铁电炉烟尘成分 （%）

炉 型	SiO₂	Si（金属颗粒）	C	灼减
敞口电炉	86 ~ 90	0	0.8 ~ 2.3	2 ~ 4
密闭电炉	80.3	0.25	9.3	8.3

由表 4 - 8 可以看出密闭电炉的烟气含碳量很高。这是因为炉料中的炭粉被烟气带走所致。这种微硅粉往往不被用户接受。而敞口电炉烟气中的炭粉可以得到完全燃烧。

密闭硅铁电炉参数和指标见表 4 - 9。

表 4 - 9 密闭硅铁电炉参数和指标

参 数	单 位	俄车良雅宾斯克	俄车良雅宾斯克	挪威布兰曼格
冶炼品种		65% 硅铁	75% 硅铁	75% 硅铁
电炉容量	MVA	21	21	8.5MW
二次电压	V	180	175	
电极电流	kA	67.2	69.24	
炉体转速	h/周	90	90	
煤气量	m³/h	5000		
煤气量	Nm³/t	1200		1100
电 耗	kW·h/h	7250	9300	8296
硅回收率	%			91 ~ 92

注：敞口电炉硅的回收率为 85% ~ 87%。

1977 年挪威埃肯公司采用干法煤气净化方式回收硅铁电炉煤气。除尘器滤袋材质为镍铬合金金属线编织袋。一家德国公司则采用陶瓷过滤器。硅铁电炉煤气热值为 11495kJ/Nm³。煤气成分见表 4-10。

表4-10 75%硅铁电炉煤气成分 （%）

成 分	CO	H_2	CO_2	O_2	N_2	CH_4	H_2O	H_2S
平均值	70	20	3	<0.5	4	2	8	1000ppm
范 围	60~75	15~25	2~5	<0.5	3~10	1.5~2.5	7~10	

埃肯公司开发了荒煤气直接用于余热锅炉的方式回收利用硅铁电炉煤气。

4.2.6.4 直流电炉的应用

直流电炉冶炼金属硅等高硅合金一直为业界所关注，国内外规模为 9MW 电炉的工业试验也取得了一定进展。功率为 6~8MW 工业规模的直流电炉生产结果表明：以直流电炉冶炼金属硅制造成本可以降低 5%~15%[14]。

直流电炉冶炼硅的技术原理与交流电炉相同，但其热分布与交流电炉有差异。直流电炉的电弧是稳定的。其功率分布特点是底部阳极区域温度高于其他导电部位。这一特性符合金属硅对炉膛温度分布的要求，有利于坩埚区硅的生成反应，也可以限制 SiC 在炉底的聚集和炉底上涨趋势。

直流电炉的另一特点是电极消耗比交流电炉减少 30% 以上。这对于大量消耗石墨电极和炭素电极的金属硅来说无疑是一个很大的成本优势。

直流电炉功率因数有其突出的优点，但考虑整流柜的消耗和前段功率因数很低，其综合功率因数未必很高。

坩埚形状和反应区大小对金属硅冶炼至关重要。交流电炉电极四周的反应区显然要大于直流电炉。而直流电炉为了得到较大的反应区就需要加大电极直径。电极直径加大肯定会增加直流电炉增容的难度。

湖北通山工业硅厂在 20 世纪 80 年代最先试验了直流电炉冶炼。其电炉变压器容量为 8MVA。电炉采用了多项技术，包括大功率整流技术、电极壳采用镍铬合金制成的自焙电极冶炼工业硅技术、矩形电极旋转技术、特殊短网导电技术、导电炉底技术、密闭电炉技术等。由于多项未成熟的技术集中在一起，导致该电炉实际冶炼周期很短，因炉底上涨而停炉。

限制直流电炉应用的原因主要是设备制造和维护费用较高。大规模生产的优势还有待验证。随着二极管整流技术的成熟，直流电炉炉底导电技术完善，电炉设备自动控制和监测的普及，大直径石墨电极成功研制等大工业技术全面进步，直流电炉技术完全可能在金属硅和硅钙合金冶炼方面取得新的突破。

4.2.6.5 空心电极技术

空心电极加料思想符合金属硅冶炼的理论。通过中空电极将还原剂或硅石直接加到炉底可以避免炉底缺碳或减少炉底上涨。在大同工业硅厂进行的试验表明，采用空心电极可以扩大反应区、稳定炉况、减少干烧处理炉底次数[15]。空心电极还有利于降低电极消耗。

4.2.6.6 分料技术

分料法（split charge）是一种金属硅冶金概念工艺，在多国被申请专利[9]。其原理是建立在硅还原的气相过程和热平衡的基础上。

在这一工艺设想中还原电炉分成两个区域：即 SiO 生成区和 SiO 消耗区。电弧热能输入到 SiO 生成区，生成的 SiO 在稍低温度的焦炭层发生反应，集中进一步还原成 Si(l)。按照这一设想其 SiO 的回收利用最完善，电能消耗最低。其工艺原理见图 4-18。

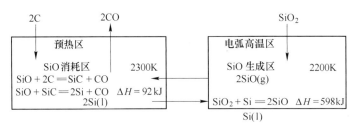

图 4-18 分料法冶炼金属硅原理图[9]

空心电极技术冶炼金属硅、硅铝和硅钙合金的设想也属于分料法的构思。

在金属硅冶炼中，可以将硅石通过空心电极加入到坩埚反应区温度最高的区域。在那里与已经生成的 SiC 反应生成 SiO 气体。焦炭是通过电极外围加入到炉料上部。

在硅铝和硅钙合金冶炼中将铝矾土或石灰通过空心电极直接加入反应区可以减少成渣损失。

4.3 高硅铁合金的熔炼

高硅铁合金泛指含硅量在 40% 以上的硅钙合金、硅铝合金以及由一步法生产的硅铬合金等高硅铁合金。

硅铝和硅钙合金冶炼的反应区结构和反应机理在某些方面类似于工业硅的无渣法冶炼。在这些铁合金冶炼过程有大量炉渣生成，但其反应区的结构与无渣法的结构相似。这显示了高硅合金冶炼反应机理的共性。这些合金的冶炼过程实际上是有渣法和无渣法冶炼硅铁两个部分的结合，或者说是在无渣法的坩埚区顶部和坩埚区内部分别完成了无渣法和有渣法的冶炼过程。

4.3.1 硅钙合金的冶炼

4.3.1.1 硅钙合金冶炼特点

硅钙合金是有渣法生产的。正常冶炼渣铁比约为 1.5~2。

　　解剖炉膛和分析炉渣的物相可以注意到以下几个重要特征：

　　（1）硅钙电炉坩埚壁成分主要是 SiC。黑色的 SiC 具有由外向内倾斜的结晶方向，这说明碳化硅在坩埚上部形成，在坩埚下部消耗。

　　（2）上部料层中下部含有大量的绿色 SiC，焦炭外部大都转变成 SiC。

　　（3）炉底主要是由 SiC 组成。炉底渣相组成是混有少量 CaC_2 和硅酸盐。

　　（4）硅钙合金炉渣冷却时明显分层，以 CaC_2 为主的电石渣居于上部，以硅酸钙为主的炉渣居于下部，两种炉渣中都含有大量 SiC。

　　这些特征揭示了硅钙合金生成的规律：硅的还原类似于工业硅电炉，经历了 SiC、SiO 等中间产物的形成和消耗阶段；钙的还原经历了 CaC_2 - CaO 灰熔体生成阶段。这样硅钙合金的生成过程实际上是工业硅和电石冶炼过程的结合。

　　碳热法生产硅钙合金的过程中伴生大量中间产物，如 SiC、CaC_2、SiO 气体等。单纯从化学反应式来看，硅钙合金生产应该是一种无渣法冶炼过程，硅钙电炉的炉膛坩埚结构与无渣法的工业硅和硅铁电炉相近，但在硅钙合金炉膛内部合金和炉渣同时生成。

　　硅钙合金冶炼过程存在三个最主要的矛盾：

　　（1）作为合金元素来源的碱性氧化物 CaO 和酸性氧化物 SiO 同时存在于炉料之中，二者极易相互反应生成二元系炉渣。

　　（2）常规的熔炼炉传热方式是热源加热炉渣，熔渣加热合金。而在硅钙生产中正好相反，硅钙合金的密度低于硅酸盐炉渣密度，合金浮在硅酸盐炉渣的上面，炉渣过热所需的热量需要通过合金向炉渣传递。

　　（3）钙的熔点为 839℃、沸点为 1484℃，硅钙合金熔点为 1000 ~ 1100℃，而以硅酸二钙为主的炉渣熔点在 1700℃ 以上。因此，熔炼温度必须高于炉渣熔点。在这一温度，金属钙的蒸气压相当高。

　　铁的加入使金属密度增加、硅钙铁合金的熔炼难度有所降低。

4.3.1.2　Si - Ca - C - O 之间的化学反应

　　Si - Ca - C - O 系是由 Si - C - O 系和 Ca - C - O 系组成的。生成 CaC_2 的温度远高于 Ca 的沸点，故在此温度范围参与反应的 Ca 是以气相存在的。这时，体系相数为 4(CaO、CaC_2、C 和气相)。在平衡的气相压力为 1 时，CaO、CaC_2、Ca 和 C 的热力学平衡关系见图 4 - 19。按照相律，当存在 3 个凝聚相时体系处在零变点，体系的自由度为 0。在这一点，温度、气相组成是由热力学平衡唯一确定的。

　　在 1865℃，CaO、CaC_2、C 三相共存。低于这一温度体系的自由度为 1，CaO 和碳是稳定的物相，随着温度的提高，与之平衡的 CO 分压增加。高于这一温度，CaO 和 CaC_2 是稳定的。1865℃ 以下，钙蒸气和凝聚相按照下式实现平衡：

$$CaO(s) + C(s) = Ca(g) + CO(g)$$

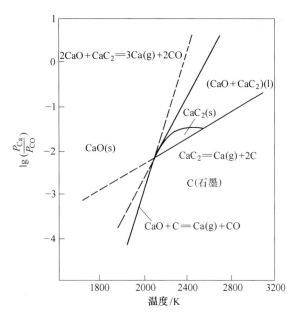

图4-19 Ca-C-O系凝聚相与气相平衡压力与温度关系[16]

在1865℃以上，如果没有过剩碳，碳将全部转化成碳化钙，钙蒸气与碳化钙按下式平衡：

$$2CaO(l) + CaC_2 \Longrightarrow 3Ca(g) + 2CO(g)$$

钙的蒸气压将随温度升高而增加，在1865℃钙的蒸气压达到1100Pa。如果有过剩碳，所有的CaO都会在1860℃转化成碳化钙，这时凝聚相按下式与钙蒸气平衡：

$$CaC_2(s) \Longrightarrow Ca(g) + 2C(s)$$

与CaC$_2$平衡的钙蒸气分压与温度的关系见图4-20[16]。

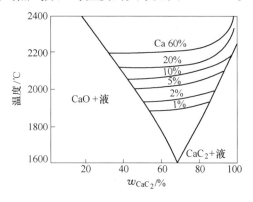

图4-20 与CaC$_2$平衡的钙蒸气分压与温度的关系[16]

由于钙蒸气按照下式与碳反应生成碳化钙：

$$Ca(g) + 2C(s) == CaC_2(s)$$

炉内存在过剩碳会大大减少气相中的钙分压。显然这有利于碳化钙的生成而不利于硅钙合金的生成。

$CaO - CaC_2$ 系和 $CaO - SiO_2 - CaC_2$ 系中相变反应发生在电石和硅钙合金冶炼中。图 4 - 21 为 $CaO - CaC_2$ 系熔度图。

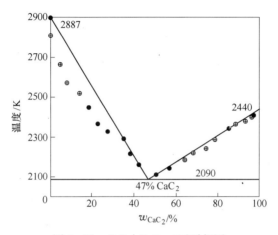

图 4 - 21 $CaO - CaC_2$ 二元系相图

在温度为 2090K，CaO 和 CaC_2 生成均质熔体。这是电石炉内和硅钙冶炼的主要成渣反应。在炉渣凝固过程中，低共熔体分解成 CaO 和 CaC_2。相图表明：二者之间不存在固溶体。在液 – 固共存的二相区内，CaO 固体与 $CaO - CaC_2$ 共熔体共存或 CaC_2 固体与 $CaO - CaC_2$ 共熔体共存。在这两个区域液相中的 CaO 和 CaC_2 的活度分别为 1。

在 Si – Ca – C – O 四元系中，除了 SiO、SiC、Si 以外，凝聚相还有 CaC_2、CaO、Ca 以及由硅和钙组成的合金相和由 SiO 和 CaO 形成的硅酸盐相。CaC_2 和 CaO 可以相互溶解生成低共熔体。在 Si – Ca – C – O 四元系中，凝聚相中有 SiO_2 和 CaO 形成的硅酸盐熔体和 $CaO - CaC_2$ 共熔体。两种熔体在冶炼温度不互相溶解，见图 4 – 22。

在 1900 ~ 2100℃ 温度范围内，将摩尔数相同的 CaO 和 SiC 压块加热到试验温度，硅和钙挥发损失很大。在 2100℃，失重量达 73%。当 CaO/SiC = 2 时，试验结果的差别是反应产物 CaSi 数量较少。采用同样试验条件，摩尔数相同的 CaC_2 和 SiO_2 压块加热失重量为 22.2% ~ 78%。试样中，$SiO_2/CaC_2 = 2$ 的试验未发现有残留物质，所有试样全部挥发掉。

分析上述试验结果可以得出如下结论：

(1) Si – Ca – C – O 四元系中的碳化物与氧化物反应总是不可避免地有硅酸

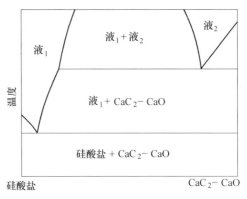

图 4 - 22 $CaO - SiO_2 - CaC_2$ 系示意相图

钙生成，温度越高硅酸钙的生成数量越少。这表明硅酸钙是该体系中稳定的化合物之一，其稳定性随温度提高而降低。

（2）提高温度对于碳化硅与氧化钙反应生成硅钙合金有利，而对于碳化钙与二氧化硅反应生成硅钙合金不利。

（3）无论反应物中有无碳化硅和碳化钙，反应产物中总有碳化硅和碳化钙出现。有过剩碳存在时，硅酸盐被还原生成碳化物。这说明碳化物是体系中最稳定的化合物，其稳定性在试验温度变化不大。

（4）SiO 同样是生成硅钙合金过程的中间产物。

在硅钙合金冶炼中存在气相钙和液相钙的平衡：

$$[Ca] \rightleftharpoons Ca(g)$$

冶炼温度下硅钙合金的钙含量与钙的蒸气压有关，见图 4 - 23 和图 4 - 24。

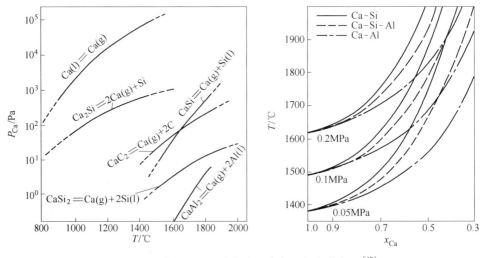

图 4 - 23 各种金属化合物存在条件下钙的蒸气压[17]

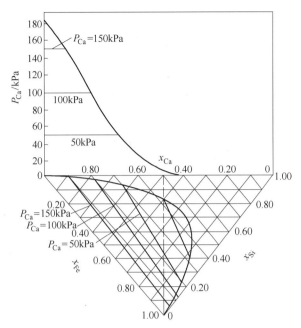

图 4-24　与硅钙合金平衡的气相钙的蒸气压

4.3.1.3　硅钙合金熔炼机理

人们普遍认为电石炉中 CaC_2 是按照下列过程生成的。

在料层上部温度低于 1300℃ 时，炉气与炉料进行热交换，炉料被预热。料层中部温度达到 1300 ~ 1800℃，炉气中的钙与焦炭反应生成 CaC_2，气相中的钙分压显著降低。料层下部温度为 1800 ~ 1900℃，由焦炭生成的 CaC_2 与石灰形成液滴落入温度高于 1900℃ 的熔池。碳与熔体中的 CaO 反应生成 CaC_2，熔池过热，熔体中的 CaC_2 与 CaO 反应生成钙蒸气。

威克[18] 研究了不同的碳质材料与钙蒸气反应生成 CaC_2 的动力学。在 1357 ~ 1500℃ 范围内，30min 后 90% 的木炭转化成 CaC_2，冶金焦只有 15%，石墨只有 3% 转化成 CaC_2。他认为在这一温度范围内，温度对于反应速度没有明显影响，反应的限制性步骤是钙通过产物层的内扩散。由此看来，CaC_2 主要是由钙蒸气与还原剂在料层下部反应生成的。高温区产生的钙蒸气在随炉气进入低温区时与碳反应生成 CaC_2。与硅的还原一样，还原剂的活性和气孔率对于 CaC_2 生成也是至关重要的。

硅钙的还原类似于工业硅电炉，经历了 SiC、SiO 等中间产物的形成和消耗阶段；钙的还原经历了 CaC-CaO 共熔体生成阶段。这样硅钙合金的生成过程实际上是工业硅和电石冶炼过程的结合。

在 Si-Ca-C-O 四元系中，由硅的化合物与钙的化合物相互作用生成硅钙合金的反应有：

$$CaC_2(l) + SiO_2(g) \rule[0.5ex]{1.2em}{0.4pt}\!\!\!\rule[0.5ex]{1.2em}{0.4pt} CaSi(l) + 2CO(g) \qquad\qquad (a)$$

$$SiC(s) + CaO(l) \rule[0.5ex]{1.2em}{0.4pt}\!\!\!\rule[0.5ex]{1.2em}{0.4pt} CaSi(l) + CO(g) \qquad\qquad (b)$$

$$CaC_2(l) + SiO_2(l) \rule[0.5ex]{1.2em}{0.4pt}\!\!\!\rule[0.5ex]{1.2em}{0.4pt} CaSi(l) + 2CO(l) \qquad\qquad (c)$$

按照热力学计算上述三个反应在冶炼温度都具备反应条件。当合金成分、温度和 CO 分压相同时，反应（a）是气 - 液反应，其反应的完善程度取决于熔体中 CaC_2 的活度和气相中 SiO 的分压。当坩埚内部有游离碳存在时，CaC_2 才能具有较高的活度。反应（b）是液 - 固反应，CaO 的活度将直接影响反应的进行；反应（c）是液 - 液反应，反应进行程度取决于 CaC_2 和 SiO_2 在各自熔体中的活度。游离的 SiO_2 只存在于料层和坩埚顶部。在坩埚内部，SiO_2 存在于硅酸盐中，反应（c）的热力学条件是不利的。

在硅钙合金电炉内，$CaO - CaC_2$ 共熔体密度最小，硅钙合金次之，硅酸钙炉渣密度最大。在硅钙冶炼电炉内这几种熔体分层可能存在，也会由于电弧的搅拌作用而混合。

在炉膛内部，熔体多相共存。SiC 与固态 CaO 发生反应的几率并不大，因为二者熔点都很高，很难直接大面积接触。溶解在 $CaC_2 - CaO$ 熔体中的 CaO 则完全不同。过剩 CaO 的存在使熔体中 CaO 的活度为 1，其参与钙的还原反应能力远远高于硅酸盐。在电弧的作用下，$CaC_2 - CaO$ 熔体冲刷由 SiC 构成的坩埚壁，并与之反应。这是生成硅钙合金的主导反应。CaC_2 在硅钙合金生成过程主要起熔剂作用。它可以大大降低 CaO 的熔点但不降低 CaO 的活度，使钙的还原反应得以顺利进行。

4.3.1.4　硅钙合金冶炼方法

硅钙合金的冶炼方法有混合加料法和分层加料法。

分层加料法是在同一电炉内分两个阶段先后冶炼 CaC_2 和硅钙合金。硅钙电炉的炉膛结构类似硅铁电炉，电极四周存在坩埚反应区。在第一阶段向电极坩埚区内部加入石灰和焦炭，生成碳化钙 - 石灰熔体（坩埚区呈敞口冶炼）。在第二阶段向电极四周加入硅石和焦炭，以冶炼金属硅的模式冶炼。这种方法操作劳动强度大，只有 1MW 的小型电炉使用。

混合加料法是将按配比生产的石灰、硅石、焦炭等原料混合加入炉内连续冶炼生产硅钙合金的方法。在电炉内高温区内优先发生的反应是 CaC_2 生成的反应，而后 CaC_2 与 SiO_2 生成硅钙合金。在炉内硅石与石灰生成硅酸盐炉渣的反应是不可避免的。

生成硅钙合金反应的基本条件是温度和钙蒸气分压。大型电炉更适宜生产硅钙合金。典型 30MVA 电炉参数见表 4 -11。

表4-11 30MVA硅钙合金电炉参数

参数	电极直径	极心圆直径	炉膛直径	炉膛深度	炉体旋转速度	二次电压	电极电流
单位	mm	mm	mm	mm	h/r	V	kA
数值	1200	3000	6000	3020	24~140	198	101

4.3.2 高铝硅合金的冶炼

硅铝合金的熔炼工艺与硅铁相近。在冶炼中有 SiC、Al_4C_3 和气相的 AlO，AlCO 中间产物生成。

硅铝还原过程由如下阶段组成：

(1) 在 1400~1600℃温度区间发生的主要是生成 SiC、Al_4C_3 的反应；

(2) 在 1600~2000℃温度区间主要生成气相 AlCO 和 AlO；

(3) 在大于 1948℃主要发生 SiO_2 破坏 Al_4C_3 的反应，生成铝和硅，合金的含铝量是由这一反应所决定的。

在这些反应中，气相中间产物 SiO、AlCO、AlO 起重要作用。

铁、锰、铬等元素与铝和硅生成稳定的化合物。这些元素存在时还原反应温度可以显著降低。

硅铝合金冶炼使用的原料有铝矾土、铁矾土、高岭土、粉煤灰等。将还原剂与含氧化铝的粉料压制成块更有利于还原反应的进行。

典型的硅铝合金冶炼电炉参数和指标见表4-12。

表4-12 硅铝合金电炉参数和指标[19]

参数	单位	数值	参数	单位	数值
电炉容量	MVA	16.5	电耗	kW·h/h	14500
有功功率	MW	12.5	合金含铝量	%	60
炉膛直径	mm	5360	含硅量	%	35
炉膛深度	mm	1850~2050	铝回收率	%	75
二次电压	V	153	硅回收率	%	70
电极电流	kA	62			

4.3.3 一步法硅铬合金冶炼

二步法硅铬合金生产属无渣法工艺，其机理类似于硅铁冶炼。一步法硅铬合金生产为有渣法工艺，其冶炼过程实际上是有渣法冶炼高碳铬铁和无渣法冶炼硅铁两个部分的结合。按照炉料的运动过程，一步法硅铬电炉的上部类似于高碳铬铁电炉，而下部则类似于硅铁电炉。莫多甘[20]研究了一步法硅铬合金电炉炉膛内部温度分布和反应区域后指出，碳化硅和 SiO 是一步法硅铬合金生成过程的中间产物，按照生成物的特点炉膛反应区可以分成 3 个区域：高碳铬铁生成区、碳化硅生成区和硅铁生成区（见图 4-25）。

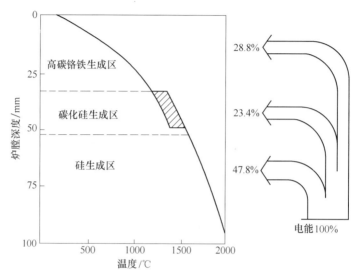

图 4-25 一步法硅铬合金炉膛反应区的温度分布和反应热平衡

在炉膛上部温度较低的区域，铬铁矿被碳质还原剂还原生成碳化铬和碳化铁。在炉膛的中上部，碳质还原剂与 SiO 气体生成碳化硅。在炉膛的中下部碳化物与 SiO 发生脱碳反应生成含碳量极低的铁硅铬合金。大约有 10% 的硅是由 SiC 与未还原的铬和铁的氧化物反应生成的。

高硅合金冶炼的基本平衡关系是合金中的 [Si] 与炉渣中的 (SiO₂) 之间的化学平衡：

$$[Si] + O_2 \Longrightarrow (SiO_2)$$

试验得到的硅铁和硅铬合金炉渣中 (SiO₂) 的活度与合金含 [Si] 量的平衡关系见图 4-26。硅还原所需的热量最多。在硅还原的中间产物碳化硅生成区域温度梯度最大，大约是其他区域的 1.5 ~ 2 倍。未完全反应的碳化硅进入炉渣，使炉渣含碳量达 1% 以上。只有炉渣中的 SiO_2 有较高的活度才能保证硅充分还原。

矿石的 MgO/Al_2O_3 为 1.10 ~ 1.25 的难还原块矿、球团矿和冷压块更适于硅铬冶炼工艺要求。

一步法冶炼含硅量大于 42% 的硅铬合金要求炉渣中的二氧化硅在 50% 左右。渣铁比为 0.7 ~ 0.8。典型炉渣成分如下：

Cr_2O_3	SiO_2	MgO	Al_2O_3	CaO	SiC	FeO
<1%	48% ~ 50%	约 25%	约 22%	约 3%	3% ~ 4%	<1%

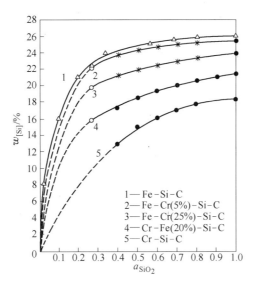

图 4-26 硅铬合金炉渣中 SiO_2 的活度与合金含 [Si] 量的关系

这样的炉渣成分在作业温度、黏度很大，炉渣过热度低时炉渣难于彻底排净。通常要借助拉渣机排渣。容量大的电炉更适用于一步法硅铬合金生产。一步法硅铬合金含硅量与含铬量普遍高于二步法工艺。两种方法的比较见表 4-13。

表 4-13 一步法与二步法硅铬合金的比较

项 目	单 位	一步法	二步法
[Si]	%	45~49	约43
[Cr]	%	38~40	约34
焦炭消耗	kg/t	700~800	约550
铬矿消耗/高碳铬铁消耗	kg/t	1300	约560
硅石消耗	kg/t	1400	约950
冶炼电耗	kW·h/t	6700	约4800
铬回收率	%	>90	约94
硅利用率	%	60~70	约92

4.4 铬矿球团预还原工艺

铬矿的固态预还原可以在回转窑、转底炉、竖炉、隧道窑等多种冶金炉内实现。目前该工艺的主流工艺采用链箅机 - 回转窑球团法，其他工艺仍处于试验开发阶段。由日本昭和电工株式会社在 20 世纪 60 年代开发的铬矿球团固态还原工艺（SRC 工艺）[22,23] 已在日本、南非、中国建成多条铬铁生产线。日本一家铬铁厂利用竖炉作为球团干燥和焙烧设备，而后在回转窑内完成球团还原也取得了成功。利用回转窑直接进行粉铬矿固态还原的工艺仅在南非某厂进行了工业规模试生产，但没有得到推广。

铬矿球团预还原工艺使用的原料主要是难还原的粉铬矿。在预处理过程中，难还原的铬矿经历了高温和还原气氛的作用，冶金性能发生了显著改变。使用预还原的南非铬矿球团冶炼炉料级铬铁的金属回收率可高达 90% 以上，比普通埋弧电炉冶炼高 10% ~ 15%。比烧结球团工艺高 5% ~ 8%。预还原球团生产采用热装工艺，充分了利用工艺热能，大幅度降低了铬铁冶炼电耗。该工艺的技术和操作难度大，投资远高于其他生产工艺。这使预还原球团工艺推广和发展受到限制。

4.4.1 铬矿球团预还原工艺流程

铬矿球团预还原工艺是在"立波法"（Lepol process）基础上开发的。立波法始于 20 世纪 30 年代，主要用于水泥熟料煅烧。50 年代后这种工艺方法广泛用于生产铁矿石氧化球团。世界最大的铁矿球团生产线年产能力已达 400 万吨。我国从 60 年代开始设计建设链箅机 - 回转窑铁矿氧化球团生产线。链箅机 - 回转窑球团法也已经用于铬矿氧化球团焙烧。

铬矿球团预还原工艺由原料准备、造球、链箅机干燥和焙烧、球团回转窑预还原等几个阶段组成，如图 4 - 27 所示。

4.4.2 铬矿预还原球团工艺组成

4.4.2.1 原料准备阶段

原料准备阶段包括原料受料、干燥、储存、配料、粉磨等工序。

为了得到计量准确的混合料，需要对粉铬矿和焦粉分别进行干燥。干燥工序也是实现原料磨细的前提条件。在原料中的水分含量大于 1.5% 时，球磨过程中会出现原料颗粒之间粘结现象。这时，粘结的原料呈片状，且易于附着在磨球和衬板表面。粘结在磨球上的原料对磨球的冲撞起着缓冲作用，导致物料难以进一步磨细。当干燥原料的水分小于 1.5% 时，原料磨细过程中不会出现片状粘结料。

转筒干燥机的热源可采用来自链箅机的尾气。热源烟气温度一般控制在 350℃ 左右，出料温度为 100℃。干燥前矿石水分含量约为 3% ~ 5%，焦炭水分含量为 15% ~ 20%。干燥后原料水分含量小于 1.0%。

干燥原料储存在日料仓供配料使用。在配料站，粉铬矿、还原剂、膨润土和回收的粉尘按一定比例称重计量，而后输送到球磨机磨细。

各种原料在带式输送机上混合输送到干式球磨机中磨细。为了得到还原度高的球团，要求磨矿后 90% 以上的混合料粒度小于 200 目（0.074mm）。

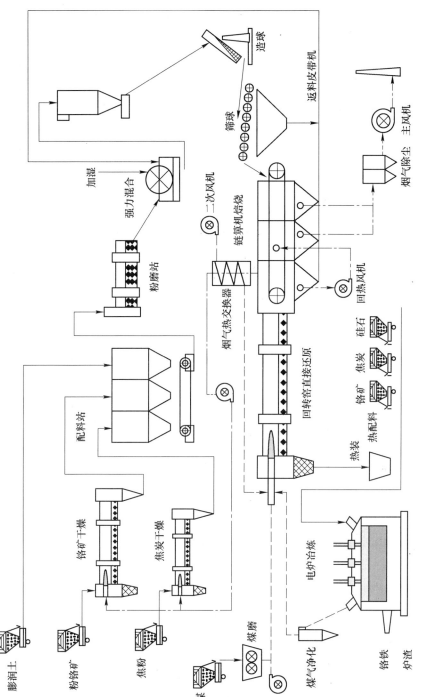

图 4-27 铬矿球团预还原工艺流程示意图

铬矿和焦炭都是磨细难度大的原料。铬矿密度大、硬度高;焦炭密度低但硬度高。选择正确的磨矿方式直接影响球团强度和还原度。铬矿预还原球团中焦炭比例很大。由于焦炭吸水率高,湿磨得到的混合料水分含量过高,不利于成球。采用干式磨矿更有利磨细成球。

市川河男[24]比较了单独磨细原料和混合磨矿对还原工艺的影响。

铬矿的磨细功指数为 14 ~ 17kW·h/t;焦炭的磨碎功指数为 35 ~ 75kW·h/t。显然,焦炭的磨细耗能远远高于铬矿。在还原球团工艺中将铬矿与焦炭混合进行磨细时耗能显著降低。混合料磨细时磨碎功指数为 16 ~ 18kW·h/t。

对不同磨碎方法制得的球团抗压强度的比较表明:单独磨碎的球团干球抗压强度为 410N/球;而混合磨碎的强度为 572N/球。

图 4-28 比较了混合磨碎和单独磨碎对球团反应性的影响。在相同条件下采用混合磨碎工艺得到的球团还原度显著高于单独磨碎工艺。

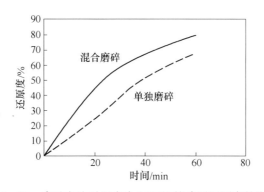

图 4-28 磨矿方法对温度为 1400℃ 的球团还原度的影响

采用铬矿和焦粉混合磨细还具有如下优点:

(1) 混合磨矿可以实现各种原料的充分混合;

(2) 避免单独磨细焦炭时出现粉尘爆炸的危险;

(3) 可以减少磨矿电耗。

试验表明:球团原料中铬矿和焦炭体积比接近 1,粉料组分偏析不大[24]。

4.4.2.2 制球阶段

球团中粘结剂的重量比只有 2% ~ 3%,要做到粘结剂与矿粉和还原剂均匀分布和完全接触是比较困难的。因此,加强制球前的粉料混合对保证球团强度至关重要。实践表明,采用气流输送和流化床设施输送粉料有助于实现原料的均匀混合。

制球阶段由粉料加湿、强力混合、困料(curing)、成球等工序组成。磨细的原料需要添加适量的水来润湿。预加湿是在成球前进行的。在粉料进入轮碾机以前需要添加 7% ~ 8% 的水进行预湿,并充分搅拌混合。在强力混捏作用下,矿石粉和粘结剂充分混合和润湿，并消除加湿过程生成的颗粒。在水分的作用下膨润土体积膨胀若干倍。膨润土吸水膨胀是一个缓慢的过程，加水后直接成球会导致湿球团膨胀出现裂纹。强力混合机和轮碾机对半干的原料混捏揉合，使水分充分接触每个矿石和还原剂颗粒。在原料加湿和混合阶段通入水蒸气有助于改善球团的润湿过程，缩短陈化时间，提高生球团强度。

为了使润湿的原料水分充分均化，并充分完成膨润土吸水膨胀过程，混合料需要在湿料仓内陈化困料一定时间。经过困料的湿料经粉碎机将颗粒打碎后送至圆盘造球机。在成球盘中二次加湿，同时完成造球，生球团粒径为 15 ~ 18mm，含水量约 10% ~ 12%。成球后的球团通过辊筛去除粉料和粒径过大和过小的球团。

4.4.2.3 干燥和预热阶段

由带式输送机和辊筛将球团均匀布在链箅机上，随着链箅的移动来自回转窑的烟气对球团进行干燥和预热。链箅机所起的作用是使球团在进入回转窑之前具备足够的强度和抗磨性。

按照工艺功能链箅机分成 3 室，分别是干燥室、预热室和焙烧室。链箅机 3 个工作室温度分别为 200℃、400℃和 1000℃。焙烧后的球团温度为 700 ~ 800℃。根据工艺要求，3 室温度和烟气流量有所不同。图 4 - 29 为链箅机的风流分布图。链箅机的风流分布是根据系统热平衡制定的。

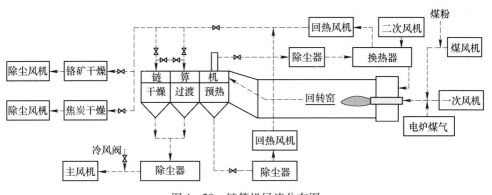

图 4 - 29　链箅机风流分布图

热平衡计算表明：回转窑的尾气热能高于球团干燥和预热所需的热能。尾气分流后一部分用于球团焙烧，经过焙烧带料层和风箱的中温热风由回热风机送至链箅机的预热室和干燥室。回转窑高温尾气的另一部分进入余热锅炉回收热能，降温后的烟气由热风机分别送至链箅机干燥室、铬矿粉干燥机和焦粉干燥机。

维持链箅机各室的温度和负压是球团预热和干燥正常进行的基本条件。表4 - 14 给出了链箅机各室工作参数范围。

表 4 – 14   铬矿预还原工艺链箅机各室工作参数

部　位	焙烧段	过渡段	干燥段
热　源	回转窑高温烟气	回热风机烟气	回热风机烟气
上部温度/℃	900 ~ 1000	350 ~ 400	250 ~ 300
上部负压/Pa	-50	50	10
风箱负压/Pa	-600	-1200 ~ -1400	-1200 ~ -1400
风箱温度/℃	500	200	120

中温段球团的抗压强度和落下强度还很低。生球升温过快会导致球团爆裂，降低球团的抗氧化性，也会增加回转窑内粉料数量，使窑出现结圈。在氧化气氛中预热球团时，温度过高或时间过长会导致球团中的碳烧损。

4.4.2.4　铬矿球团预还原阶段

保证回转窑内的还原气氛是实现球团还原的基本条件。回转窑窑气中的氧分压过高时，生球团中的含炭组分在干燥和预热时就会发生氧化和燃烧。这会造成球团内还原剂比例失调，从而显著降低成品球团的金属化率。还原工艺要求回转窑烟气中的含氧量低于 2%。通过回转窑烟气成分的在线检测控制窑头喷煤数量和一次风风量来调整窑气的气氛。进入回转窑的燃料需要维持一定的过剩量。

移动的链箅将具有一定强度的球团送至高温回转窑内完成还原过程。加热球团的热能来自火焰和烟气的辐射热和对流热、窑壁的传导热。回转窑内部可分成焙烧带和还原带。尽管在焙烧带球团温升速度较大，但由于该温度区间矿石并不发生还原或分解反应，消耗的热量并不多。还原产生的 CO 气体在该部位燃烧，有助于向球团供热，同时降低回转窑内的氧分压。在 1200℃ 以上矿石中，铁和铬的氧化物开始还原，吸收大量热能。为了使球团在还原带得到充分还原，必须保证窑内还原带的供热强度，使回转窑高温带温度维持在 1300 ~ 1400℃。在这一温度范围，球团中的碳质还原剂与铬铁尖晶石中的铁和铬氧化物发生固相还原反应，生成铬和铁的金属颗粒。同时出现以低熔点氧化物为主的液相。液相的出现使球团的强度进一步提高。

球团在高温带的停留时间应与还原速度匹配。为了实现球团的金属化率，球团在回转窑内的停留时间要大于 3h。通过控制回转窑的转速、填充率可以调整球团在窑内停留时间。

铬矿预还原回转窑基本工作参数见表 4 – 15。

表 4 – 15   铬矿预还原工艺基本参数[25,26]

序　号	工艺参数	单　位	数　量
1	还原带温度	℃	1300 ~ 1400
2	窑尾烟气温度	℃	约 1000

序 号	工艺参数	单 位	数 量
3	窑内停留时间	h	约 4.0
4	回转窑转速	r/min	0.4 ~ 0.8
5	金属化率	%	>60
6	窑尾气中 CO_2 含量	%	<15
7	填充率	%	18 ~ 22
8	回转窑烟气量	Nm^3/t - 球	2000 ~ 2500

4.4.2.5 铬矿球团热装

成品球团的卸出、计量和电炉原料配料是在回转窑窑头完成的。高温金属化球团定期热装到保温料罐内，由料车运送到电炉间。电炉间炉顶吊车将热料罐吊到电炉炉顶料仓并卸料。温度在 800℃ 左右的球团混合料连续通过保温料管加入高碳铬铁电炉内。采用密闭电炉回收的电炉煤气可以用于铬矿预还原系统。

回转窑窑头应设置球团激冷设施。对于产量过剩的球团需要喷水激冷降温，以避免已经还原的金属颗粒发生再氧化。冷却后的球团由运输车辆运往原料库存放。

4.4.3 铬矿预还原工艺对原料的要求

铬矿球团的主要原料有粉铬矿或铬精矿、还原剂和粘结剂。典型铬矿球团原料配比如下（按 kg 计量）：

南非铬粉矿	其他粉矿	焦粉	钠基膨润土	水
850	150	200	20	110

4.4.3.1 铬矿

不同的铬矿物理性能和还原性能差别很大。直接使用南非铬矿进行电炉冶炼其技术经济指标普遍很差，元素回收率很低，但采用预还原球团工艺使用南非铬矿却能得到很好的指标。有些铬矿物理化学性能不适用于预还原球团工艺，需要搭配其他铬矿来使用。

低熔点的矿物是造成回转窑结圈的主要因素。铬矿中的 SiO_2 含量对铬矿的熔化温度有直接影响。SiO_2 主要存在于矿石的脉石中。铬矿筛分产生的粉矿 SiO_2 含量普遍较高。铬铁电炉烟气除尘产生的粉尘含 SiO_2 也比较高。为了防止回转窑结圈原料中的 SiO_2 含量必须控制在 6% 以下。

4.4.3.2 还原剂

为了避免生球团在加热过程的爆裂，预还原球团的内配炭多使用挥发分含量低的焦粉。由电炉冶炼使用的大块冶金焦破碎筛分制得的焦粉质量较好，价格相对较低。

煤是铁合金冶炼常用的还原剂。无烟煤的磨细性能比焦炭好,成球性能也很好。虽然煤的资源丰富价格低廉,但预还原球团较少使用煤作还原剂。周南电工试验表明:以无烟煤为原料的球团在回转窑内加热时容易出现爆裂。这是因为无烟煤在不同的温度下会出现膨胀和收缩(见图 4-30)。由于球团内外温度差异,无烟煤产生的膨胀或收缩会导致球团在回转窑内加热过程中出现裂纹或碎裂。这种现象会加剧球团内部的炭发生氧化,而炭的氧化燃烧促使球团爆裂,甚至粉化。

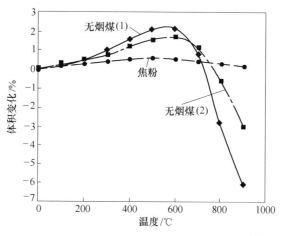

图 4-30 碳质还原剂在高温下的膨胀和收缩[23]

南非 Xtrata 公司通过改进工艺条件实现了以无烟煤作为铬矿球团还原剂[27]。这种球团的强度和爆裂性能与使用活性度高的钠基膨润土和焦粉制得的球团相当,使球团的制造成本降低很多。

还原剂中的挥发分会影响球团的高温强度性能。经验表明,还原剂中的挥发分含量不能超过 7%,否则会造成球团爆裂。

4.4.3.3 膨润土

周南电工铬矿预还原球团工艺使用钠基膨润土,而南非 Xtrata 球团使用经过活化处理的钙基膨润土[27]。

增加膨润土的添加量可以提高球团的强度。但加入量增大其作用会下降。膨润土的主要成分是低熔点的硅酸盐,加入量过大时球团磨损产生的粉末会带来回转窑结圈的风险。为了防止结圈膨润土用量不宜过多,一般为 2%~4%。膨润土的加入数量与原料的粒度有关。磨细的原料粗颗粒比例高时,为得到必要的球团强度所需要添加的膨润土数量就增多。

当钠基膨润土用量由 1% 增加到 3% 时,生球落下强度由 1.5 次/0.5m 增加到 4.0 次/0.5m,抗压强度由 10.8N/球增加到 17.9N/球;而钙基膨润土用量由

1%增加到3%时，生球落下强度由 1.5 次/0.5m 增加到 2.3 次/0.5m，抗压强度
由 8.8N/球增加到 11.5N/球。当钠基膨润土用量由 1%增加到3%时，生球爆裂
温度由 542℃增加到602℃；当钙基膨润土用量由 1%增加到3%时，生球爆裂温
度由 430℃增加到 564℃。因此，钠基膨润土比钙基膨润土对生球质量影响大得
多。使用经过活化处理的钙基膨润土也能得到很好的成球效果。

4.4.3.4 燃煤

一般回转窑使用长焰煤为热源，无烟煤也可以作为回转窑的热源。

铬矿球团回转窑使用电炉煤气和燃煤为热源。链算机 – 回转窑工艺用煤的要
求见表 4 – 16。为了减少回转窑结圈，应尽量使用灰分含量低、熔点高的燃煤。

表 4 – 16　链算机 – 回转窑工艺用煤的要求

指　标	单　位	数　值
发热值	MJ/kg	≥23
灰　分	%	<5
挥发分	%	>18
灰分高温初变形温度	℃	>1400

4.4.4　铬矿球团预还原的操作

4.4.4.1　回转窑温度对球团还原率和还原速度的影响

回转窑温度对铬铁矿直接还原的影响如图 4 – 31 所示，可以看出，温度越高
铁和铬的还原率越高。在窑温低于1200℃时，铬的还原率较低。只有温度高于
1300℃，铬的还原率才能提高到40%以上。图 4 – 32 给出了直接还原窑内温度和
料层气氛的分布。

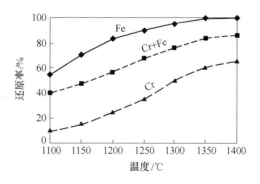

图 4 – 31　铬与铁的还原率与温度关系

4.4.4.2　还原时间的影响

铬铁矿中的铬的还原速度较慢。这是因为铬的还原受到还原产物形核速率的

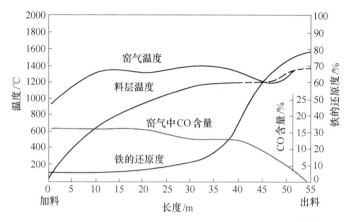

图 4 - 32 球团还原窑内各部位窑气温度和料层气氛[25]

限制。为了提高铬的金属化率必须满足还原过程的时间要求。

南非 UG2 铬矿铬铁比较低，其铬铁比仅为 1.3 左右。与其他铬矿相比，该矿是比较容易还原的。图 4 - 33 为不同温度条件下 UG2 矿的还原率与时间的关系。难还原矿还原速度慢需要更长的时间才能达到所要求的还原度。

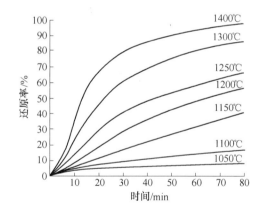

图 4 - 33 南非 UG2 铬矿球团还原率与还原温度和时间关系[28]

试验结果表明，温度在 1300℃ 以上时，UG2 铬矿还原速度较快，在 1h 左右金属化率已接近稳定。而在 1250℃ 时，铬铁尖晶石中的 FeO 优先得到还原，铬的还原发生在 30min 以后，整个还原需要 3 ~4h 才能完成。在 1150℃ 以下，只有铁的还原，其还原速度也很低。

图 4 - 34 显示了南非 LG2 铬矿在 1200℃ 预还原过程中铬和铁的还原进度。可以看出铁首先被还原，其还原率在 120min 后趋于稳定；而铬的还原在十几分钟后才开始，在 180min 后趋于稳定。无论是还原速度还是还原率，铬的还原远低于铁的还原。

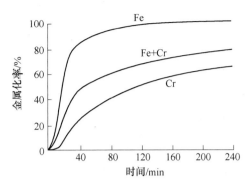

图 4-34 在 1200℃ 条件下 LG2 铬矿中铬与铁的金属化率与时间关系[29]

试验还表明，在达到温度条件后的前 1h 铬铁矿固态还原速度相对较快，随后反应速度逐渐减缓，而在 3h 后反应接近完成，反应速度显著降低。

4.4.4.3 回转窑烟气成分的影响

铬矿还原工艺对回转窑内气氛的要求十分严格。一方面为了使铬矿球团在窑内充分还原以及还原以后的金属不再发生氧化，窑内必须有良好的还原气氛。另一方面，回转窑的热量是由煤粉燃烧提供的，窑内又必须有足够的供氧量才能使煤粉在较长的距离内完全燃烧。图 4-35 为回转窑内各部位窑气成分。

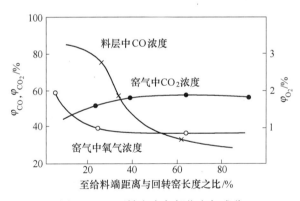

图 4-35 回转窑内各部位窑气成分

试验表明，回转窑各部位窑气的含氧量允许值与窑温有关。温度越低，窑气的允许极限含氧量越低。预热带窑温高于碳的燃点，尚未还原的含碳球团通过该部位的时间较长。只要氧的传质速度足够，球团中的碳很快就会烧损。

还原度与环境温度有关，温度越高还原速度越大。氧向球团内部传递的速度、还原速度、碳和新生成的金属氧化的速度，以及反应气体产物向外传递的速度之间的平衡决定了球团的还原程度。窑气温度、气氛和球团的物理性质则决定了上述平衡。低温时还原速度小，碳更易烧损，故极限氧浓度较低。而温度高时还原速度较快，由于球团的收缩和表面生成的渣化层防止氧向球团内部扩散，故允许极限氧浓度有较高的数值。预还原工艺采用逆流操作使得上述条件得以满足。窑头烧嘴部氧分压较高，使燃料得以充分燃烧。在窑尾部，燃料和还原产生气体已经与窑气充分混合燃烧，加上存在过剩的燃煤使窑尾处氧分压很低。试验表明，CO_2 浓度在 20% 以下对球团的还原度没有太大的影响。

4.4.4.4 回转窑结圈问题

结圈是熔融状态的粉状物料在窑壁上的粘结形成的。为了提高回转窑作业率，需要减少结圈的生成。回转窑结圈原因和解决方法见表 4 - 17。

表 4 - 17 回转窑结圈原因和解决方法

回转窑结圈原因	解 决 方 法
煤灰分的熔点低于窑工作温度，或煤灰分与粉料形成熔点很低的低共熔混合物	选择活性好的，灰分软化温度高于窑工作温度 100 ~ 150℃ 的煤
球团爆裂率高、强度差，在窑内摩擦产生大量粉料	检验磨矿粒度，控制加水量，改进成球条件，控制链箅机内升温速度
窑的热工制度不合理，局部窑壁温度过高	增加中温还原带的长度，避免和减少窑内温度波动
原料中 SiO_2 成分过高	球团中二氧化硅含量应小于 6%，控制膨润土加入量
窑衬耐火材料与炉料相互作用	提高生球强度，减少粉料量
结圈处理	加强对窑内温度和窑皮温度的监测，发现结圈要及时调整窑温

4.4.4.5 成品球团的再氧化

金属化球团的比表面积高，新生成的金属具有较高的反应活性，容易发生氧化。高温球团在还原窑内外均存在着再氧化的可能性，降低球团的金属化率。出窑的红热球团遇到空气立即会发生氧化。放热的氧化反应会使球团温度迅速升高，从而加剧了球团的氧化[30]。回转窑的窑头要有良好的密封以控制二次风风量，防止过量空气进入。

防止再氧化的措施如下：

（1）改进生球团质量，提高球团的致密度，减少球团爆裂。球团的再氧化不仅与环境气氛有关，也与球团的结构有关。球团的抗氧化能力主要取决于外壳的致密程度。球团外壳氧化烧结层的厚度是由窑气的氧分压分布决定的；外壳的致密度是由原料的粒度、还原度和球团收缩率、窑温和球团的软熔性能决定的。致密的烧结层限制了氧向内扩散，同时，还原反应产生的压力高于环境压力的 CO 气体可以穿过软化外壳向外传递。这使得球团在冷却以后仍有较高的抗氧化能力。

（2）加大窑的充填率，使球团在料层内停留时间加长，还原气氛加强，减少球团在料层表面氧化的机会。

（3）提高出窑热球团的冷却强度，在料罐顶部覆盖还原剂、熔剂或矿石，减少空气与热球团接触。

（4）改进球团表面抗氧化层的结构。

4.4.5 铬矿预还原球团的性能

4.4.5.1 球团强度

在预还原球团生产过程球团的强度始终处于变化之中，见图4-36。

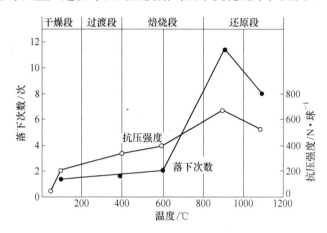

图4-36 膨润土加入量2%的球团抗压强度和落下次数的变化

为了满足还原要求，尽量减少粉化，进入回转窑的球团需要有足够的强度。表4-18为球团在各工艺阶段的典型强度值。

表4-18 预还原球团生产各阶段球团强度

生产阶段	湿 球	干 球	焙烧球团	预还原球团
抗压强度/N·球$^{-1}$	20~40	>100	180~350	650~800

成品预还原铬矿球团的强度性能见表4-19。表中抗压强度是指每个球的抗压能力。预还原球团的抗压强度范围在500~1300N/球之间，粒径在+15~-20mm的抗压强度为860N/球。一般来说粒径大的球团抗压强度较高，而粒径小的球团抗压强度较低。

表4-19 预还原铬矿球团强度测试指标

粒 径 范 围	单 位	指 标
抗压强度	N/球	860
转鼓指数（>5mm）	%	97.2
磨损系数（<1mm）	%	0.32

与铁矿氧化球团和金属化球团抗压强度（2kN/球）相比，铬矿球团的抗压强度相对较低。这是由于铬矿比铁矿难还原，球团的金属化率低，渣相熔点较高，胶结相没有完全熔成一体。

球团转鼓指数和磨损系数表明：预还原球团的转鼓强度很高。由于球团表面致密，在运输和使用过程中很少有粉末产生。

4.4.5.2 球团的金属化率

日本周南电工 SRC 工艺生产的预还原球团的金属化率控制在 60% 左右，南非 Premus 工艺生产的球团金属化率控制在 50%。金属化率的设定值与产量和工艺的经济性有关，是优化冶炼电耗和产能关系的结果。

4.4.5.3 球团结构

预还原球团断面呈现明显分层结构。其内部结构可以分成外壳层、中间多孔层和内核三部分。

球团外壳层厚约 1.2~2mm，是致密的不含碳和金属相的氧化烧结层。烧结层轮廓十分清晰，结构致密且少有气孔出现，气孔之间也没有沟通。外壳主要矿相是铬尖晶石、橄榄石和玻璃相，层内没有焦炭痕迹。

中间层厚度为 2~4mm，气孔较多，约占体积的一半。铬铁矿颗粒解理附近可见大量金属珠出现。金属碳化物颗粒大小为几十至几百微米。主要粘结相为玻璃相。中间层与外壳层之间没有明显过渡结构。

内核中可见大量弥散分布的金属颗粒，呈现完整的 $(Cr, Fe)_7C_3$ 晶形结构，再结晶的镁铝尖晶石相、镁橄榄石与少量的玻璃相。内核直径约 8~10mm，可见少量残碳。X 射线衍射分析显示组成球团的主要物相分别是：

（1）尖晶石 $(Mg, Fe)(Cr, Al)_2O_4$；

（2）碳化物 $(Cr, Fe)_3C_7$；

（3）橄榄石 $(Mg, Fe)_2SiO_4$。

球团的显微分析显示了球团内的金属珠在矿石晶粒内形成和长大过程。碳化物和金属等还原产物呈孤立状分布，没有形成网状结构。金属化程度由表及里逐渐减少，球团中心渣化程度较低。

可以认为，致密的外壳是由于表面炭的烧失后烧结形成的。在高温条件下还原反应产生的气体可以穿过外壳层逸出。而在低温条件下致密的外壳能防止外部空气渗透到球团内部氧化金属颗粒。由于有致密的外壳保护，球团在窑内运动和窑外输送中的磨损也会大大减少。

由表 4-20 的粒度分布中可以看出，球团粒度小于 5mm 的仅占总重量的 2.1%。这说明球团的强度很高，在预还原和运输过程中球团的磨损产生的粉末数量微乎其微。

表 4-20 球团粒度组成

表 4-20 球团粒度组成

粒径范围/mm	-5	+5 ~ -10	+10 ~ -15	+15 ~ -20	+20 ~ -25
占比/%	2.1	9.4	53.3	32.5	2.7

4.4.5.4 密度和气孔率

球团的堆密度用容积法测定,球团密度用蜡封法测定,真密度用真空法测定。气孔率为计算值。实测预还原球团密度数据见表 4-21。

表 4-21 实测预还原球团密度

堆密度/g·cm^{-3}	球团密度/g·cm^{-3}	真密度/g·cm^{-3}	气孔率/%
1.78	2.8	4.52	38

测试数据表明:预还原球团的气孔率很高。这有利于球团在熔炼区的还原和还原产物在球团内部的扩散,有利于还原反应的进行。

需要指出的是:球团表面是致密的,但内部存在数量相当多的微孔结构。

4.4.5.5 球团炉料比电阻

在室温条件下测试了预还原球团炉料比电阻与不含球团的炉料比电阻。正常炉料比电阻为 $0.6 \times 10^6 \Omega \cdot mm^2/m$,预还原球团炉料比电阻为 $12000 \times 10^6 \Omega \cdot mm^2/m$。可以看出:预还原球团的炉料比电阻远远高于普通炉料。因此,使用球团的电炉工作电压较高。

4.4.6 Premus 铬矿预还原工艺

南非 Xtrata 公司收购了 CMI 公司后对原有的铬矿固态还原工艺进行了改进,使得生产成本显著下降。改进的铬矿预还原球团工艺称为 Premus 工艺。在改进的工艺中,使用的还原剂以无烟煤为主,产品的硅含量可以控制在较低的水平。Premus 工艺显著降低了工序能耗,提高了电炉效率。

Premus 工艺在如下几方面对 SRC 工艺作出了改进[27]:

(1)铬矿球团使用钙基膨润土为粘结剂,球团内部添加的还原剂为无烟煤。生产实践表明:这种球团的强度和爆裂性能与使用活性度高的钠基膨润土和焦粉制得的球团相当,但球团的制造成本却低得多。还原剂中的挥发分含量不超过 7% 不至于造成球团爆裂。

(2)南非 Premus 工艺适当降低了金属化球团的金属化率。为了提高球团的金属化率,铬矿直接还原工艺需要提高回转窑温度,但这将导致能耗的增加。提高回转窑温度必然带来许多操作问题,如回转窑结圈、缩短窑衬寿命等。反之,降低金属化率可以降低回转窑的能量消耗,或在相同的能耗时增加回转窑的产量。将金属化率和球团产量控制在合理水平可以相应增加电炉产能,从而降低铬铁制造成本。

(3)该工艺采用富氧烧嘴。通过增加一次风中氧气含量,提高火焰温度,降低回转窑烟气量来降低总能耗。

4.4.7 预还原球团的电炉冶炼

经过预还原的球团的金属化率可达 50% ~ 70%，球团含碳量为 2.5% ~ 4.0%。使用预还原球团时，炉料中配入的还原剂数量显著减少，电炉操作电阻增加。电炉操作电阻与单位体积炉料中的碳质还原剂体积有关，而与球团的金属含量无关。使用还原度高的球团电炉操作电阻高，反之亦然。电炉的操作电阻可以通过调整焦炭粒度，或调整大块焦与中块焦的比例来改变。使用预还原球团的电炉参数见表 4 - 22。

表 4 - 22 使用预还原球团的电炉参数

项 目	单 位	日本周南电工	南非 CMI
电炉变压器容量	MVA	18	
输入功率	MW	13 ~ 15	21
工作电压	V	180	130（电极 - 炉缸）
电极电流	kA	51	60
操作电阻	mΩ	2.3	1.85
电极直径	m	1.2	

使用普通炉料的高碳铬铁电炉操作电阻为 1.5mΩ 左右，而使用预还原球团的电炉操作电阻高达 2.3mΩ。因此，电炉使用较高电压，输入功率和功率因数都随之提高。

使用球团的电炉需要根据球团的预还原程度调整配碳量。合金含硅量是总碳量的指示剂。合金含硅量提高预示电炉配碳量的过剩。

4.4.8 铬矿预还原球团工艺技术经济指标

采用铬矿预还原球团工艺技术指标见表 4 - 23。

表 4 - 23 铬矿预还原球团工艺技术经济指标（实重值）

工艺阶段	项 目	单 位	数 值
SRC 球团	铬 矿	kg	1935
	焦 粉	kg	450
	膨润土	kg	75
	磨 球	kg	16
	煤（6000kcal/kg）	kg	360
	动力电耗	kW·h	440
	综合金属化率	%	>70
	回转窑作业率	%	>95

续表 4 - 23

工艺阶段	项 目	单 位	数 值
电炉冶炼	焦 炭	kg	175
	白云石	kg	370
	硅 石	kg	148
	冶炼电耗	kW·h	1800
	动力电耗	kW·h	80
	铬元素回收率	%	>92

4.5 镍铁生产工艺

镍铁生产工艺主要有烧结—电炉法、烧结—高炉法、回转窑—电炉法(RK - EF 工艺)和回转窑直接还原法（Krupp 法）。粗炼的镍铁含镍量低、杂质含量高，经过精炼处理后可以得到高镍含量、低杂质的低碳镍铁。世界大部分镍铁是用回转窑—电炉工艺生产的。表 4 - 24 给出了各种工艺生产的镍铁主要成分。

表 4 - 24 各种工艺生产的镍铁成分 （%）

品 级	Ni	C	Si	S
高炉镍生铁	1.5 ~ 3	约 6	约 2	约 0.5
电炉高碳镍铁	8 ~ 11	约 3	3 ~ 7	0.3
精炼镍铁	16 ~ 35	<3	<1	<0.1

4.5.1 烧结—电炉法和烧结—高炉法

烧结—电炉法镍铁生产工艺流程见图 4 - 37。

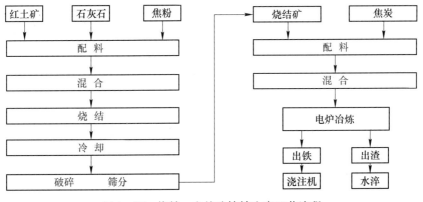

图 4 - 37 烧结—电炉法镍铁生产工艺流程

该工艺的特点是工艺流程短、可以利用现有的烧结和电炉设备进行生产。因此，在镍铁需求量很大时，该工艺得以采用。一些工厂甚至使用土烧法为镍铁生产提供烧结矿。新建镍铁厂多建设简易环形烧结机和步进式烧结机，用电炉生产镍铁以减低成本。该方法的缺点是冶炼电耗高、热利用低。为提高热效率，国内一些企业采用了烧结矿热装。

铁是有用的资源。高炉镍铁的优点是在冶炼中可以把矿石中的大部分铁回收回来。

4.5.2　回转窑—电炉法

世界普遍采用的镍铁生产工艺为回转窑—电炉（RK - EF）工艺。其工艺流程见图4 - 38。

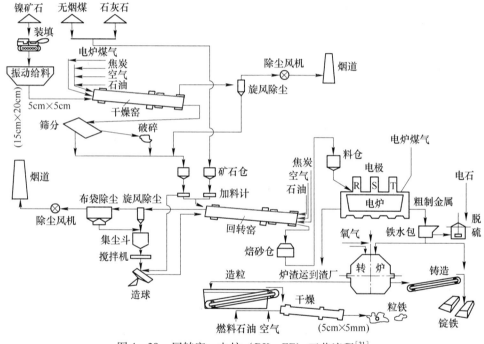

图 4 - 38　回转窑—电炉（RK - EF）工艺流程[31]

回转窑—电炉工艺具有较高的技术经济优势。特别是其元素回收率高，镍铁制造成本较低，使这一工艺普遍在国内外采用。

表4 - 25 列出了世界主要镍铁生产企业的概况。

表4 - 25　世界主要 RK - EF 工艺生产镍铁企业概况[32]

国家和地区	哥伦比亚	日　本		新喀里多尼亚	印度尼西亚	乌克兰	韩国
公　司	BHP	Hyuga	太平洋金属	SLN	P. T Inco	Pobuzhie	SNNC
产量/t	49100	22000	41000	60000	72000	16000	40000

国家和地区	哥伦比亚	日 本		新喀里多尼亚	印度尼西亚	乌克兰	韩国
矿石含量/%	1.38	2.3	2.3	2.7	1.9	2.4	
回收率/%	91.2	97	97	>97	90	87	
镍含量/%	38	17	18	25	75	50	
回转窑台数	2	2	2	5	2	4	2
回转窑规格/m×m	φ6.0×135	φ4.8×105	φ5.5×115	φ4.0×95	φ6×115	φ3.6×75	
电炉台数	2	2	2	3	2	4	1
电炉型式	圆形	圆形	圆形	矩形		矩形	圆形
电炉功率/MW	75	60	54	50	75	50	94
精炼方式	钢包炉	转炉	钢包处理	转炉/摇包	转炉	转炉	

回转窑—电炉镍铁生产流程通常由干燥、焙烧、粗炼和精炼等工序组成。干燥过程部分去除矿石中的游离水,以保证后续工序顺利进行;煅烧和预还原过程去除剩余的游离水和结晶水,同时预热矿石和还原红土矿中大部分镍和部分铁;电炉内完成镍的还原,实现渣铁分离;精炼过程可使镍进一步富集和去除杂质元素。

4.5.2.1 原料干燥处理

典型的氧化镍矿炉料含镍 1.5% ~ 2.5%。由于化学和矿物组成特性使用物理手段很难实现红土矿的富集。红土矿是在自然界风化形成的,未经风化的大块矿石含镍量都是比较低的。采用筛分的办法可以有效地分离低品位的石块。

红土矿中镍主要以含镁硅酸盐的形式存在[6]。红土矿中的水分由两部分组成。化合水的含量为 10% ~ 12%,而湿存水的含量在 25% ~ 35%,最高可达 40%。湿存水含量高不仅影响配料和计量的准确性,更给原料输送和预处理带来极大困难。表 4-26 为典型镍铁工艺中干燥设施的工艺参数。

表 4-26 红土矿干燥的工艺参数[32]

国家和地区	哥伦比亚	日 本		新喀里多尼亚	印度尼西亚	
公 司	BHP	Hyuga	太平洋金属	SLN	P. T. Inco	Aneka
原料粒度/mm	<63	100			<25.4	破碎
混料方式	料堆			料场	无	
干燥机台数	2	1	1	2	3	2
规 格	6.1×45	5×40	4.75×35	4×32	5.5×50	3.2×30
生产能力/t-干矿·h⁻¹	260	160	105	220	300	50
湿存水含量/%	22 ~ 30	30	30	22	32	30
干燥后水分/%	12 ~ 18	22	24	18	20	22
干燥能力/kg-H₂O·m⁻³	64	30	19	72	47	30
燃 料	天然气	煤粉	电炉烟气	重油	重油	煤粉
燃料用量	12 ~18Nm³/t				26L	35kg/t

大多数镍铁冶炼厂使用回转干燥机对红土矿进行干燥。干燥的目的只是使矿石更容易用于下部工序处理，去除部分湿存水分减少处理过程的扬尘。在干燥机中水的蒸发量并不高。干燥后的红土矿湿存水含量为15% ~20%。干燥作业是在低温进行的。排出的烟气温度在100℃左右。少有生产线采取深度干燥，如 Matoso 的脱水量最高达15% ~20%。

世界上70%以上的镍铁冶炼厂建设在矿区，原矿运至厂区就可以直接使用，而远离矿区的冶炼厂通常使用不同产地和批次的原料。这就要求对使用的红土矿进行充分混合，以得到成分稳定的混合原料。一些企业采用堆取料机将干燥后的红土矿均化处理后才进行配料和焙烧。

值得重视的是对生产过程的大量粉尘处理。镍铁冶炼过程的粉尘数量高达干矿用量的15% ~20%。焙烧温度越高产生的粉尘量更多。常用的粉尘处理方法有：

(1) 在配料站将粉尘直接加入混合料中；

(2) 添加少许粘结剂采用成球盘成球，加入回转窑焙烧；

(3) 采用混捏挤压方法制成团块，加入回转窑焙烧。

4.5.2.2 原料焙烧和预还原

去除矿石中湿存水的温度为120~200℃。化合水的分解温度普遍较高。化合水以 OH^- 根形式存在于针铁矿（$Fe_2O_3 \cdot H_2O$ 系的 $\alpha - FeO \cdot OH$ 和 $\gamma - FeO \cdot OH$）和水锰矿［$MnO \cdot Mn(OH)_2$ 系的 $MnO \cdot OH$］中。由于分解过程伴随有晶格转变，其开始分解温度要高些（约300℃），而脉石中的高岭土（$Al_2O_3 \cdot 2SiO_2 \cdot 2H_2O$）、拜来石［$(Fe, Al)_2O_3 \cdot 3SiO_2 \cdot 2H_2O$］的晶格中 OH^- 均需要500℃才开始分解。试验表明，在焙烧温度高于800℃、焙烧时间为80min的条件下，红土矿的湿存水和化合水均能彻底脱除。

回转窑的工作条件最适宜红土矿的焙烧，竖炉也可以用于焙烧。在鹰桥工艺流程中，将红土矿制成冷固结球团，在竖炉中对球团进行干燥和焙烧。

红土矿焙烧设施需要考虑镍矿条件的改变。不同的红土矿可以通过原料系统的计量和装有堆取料机的干矿库进行混配。回转窑使用的固体还原剂是无烟煤或褐煤。配料站设有煤、熔剂、粉尘球团及返回料仓。按照镍铁冶炼要求的配料量加入到回转窑上料系统。在回转窑转动过程镍矿与熔剂和无烟煤充分混合。

煤、煤气都可以作为回转窑的燃料，也可以部分利用电炉烟气热能。半密闭电炉高温烟气可作为二次风送入回转窑中，从而降低回转窑的能耗。回转窑焙烧温度应控制在900~950℃。在回转窑内，镍矿得以充分干燥，而后发生脱除化合水和预还原反应。

回转窑焙烧一般采用逆流加热。在回转窑中，混合料依次完成干燥、预热、焙烧和预还原。回转窑窑尾烟气温度低、热效率降低。焙烧镍铁的回转窑尾部装有扬料板,可以增加原矿与中低温烟气热交换的面积,见图4-39。

烧嘴设在回转窑的出料端有利于控制回转窑的温度和还原条件。完全脱除化合水的焙砂温度高于500℃。脱水后的硅酸盐呈现非晶态氧化物,其活性很高,有利于其中的镍和铁的氧化物快速还原。温度过高会导致硅酸盐再结晶和焙砂结块。图4-39为红土矿预还原回转窑内部的温度分布。

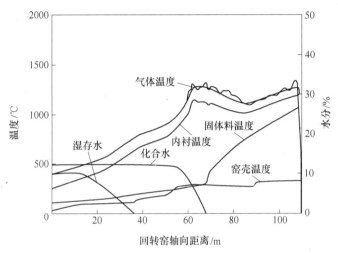

图4-39 焙烧红土矿回转窑温度分布[33]

为了改进回转窑的热效率,在窑筒上可设若干送风口,由窑体风机向回转窑内补充助燃空气。回转窑末端的烟气中含有的可燃气体在空气助燃下会完全燃烧,提高了燃料的热效率。电炉烟气温度通常在500℃以上。烟气热能利用潜力很大。图4-40为法国"Five Pillard"开发的"Potflame"燃烧器,其能力为40~55MW,用于新喀里多尼亚的SLN的5座ϕ5m×95m回转窑,红土矿焙烧能力为160~200t/h。这种烧嘴可以利用高温电炉烟气,用量为20000~50000Nm³/h。

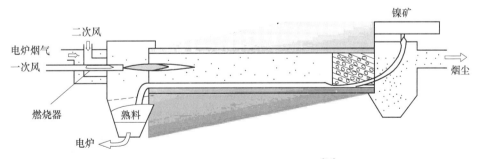

图4-40 "Potflame"燃烧器原理[34]

由回转窑窑头卸出的焙砂存放在窑头热料仓。定期由给料机或闸门放到热料罐中。在全封闭的保温热料罐中,预还原的焙砂直接入炉,将充分利用余热。

回转窑卸出的焙砂温度大约在 700~900℃。窑尾烟气温度为 250~400℃。

回转窑烟气中的粉尘含量大约在 10%~20%。需要对粉尘造块才能回炉使用。一些企业正在努力减少烟尘的产生并改进粉尘处理工艺。

目前回转窑技术侧重于开发包括计量仪表在内的可计算和控制的工艺技术。这样可以得到更高的热效率和均匀的原料。建立数学模型有助于镍铁电炉的操作和设计。

采用不定形耐火浇注料回转窑窑衬代替耐火砖可以有效地延长窑衬寿命。表 4-27 给出了不同焙烧回转窑的工艺参数。

表 4-27 红土矿焙烧回转窑工艺参数[32]

国家和地区	哥伦比亚	日 本		新喀里多尼亚	印度尼西亚	乌克兰
公 司	BHP	Hyuga	太平洋金属	SLN	P. T Inco	Pobuzhie
台 数	2	2	2	5	2	4
规 格	6.0×135	4.8×105	5.5×115	4.0×95	6×115	3.6×75
能力/t-干矿·h^{-1}	850	65	110		220	80
温度/℃	800~850	800~900	1050	900	700	750~800
燃料	天然气	煤+油	煤	煤	油	煤
/kg·t^{-1}-干矿	55Nm^3		30~50		66	40
还原剂	无烟煤	煤	煤	无烟煤	褐煤	无烟煤
/kg·t^{-1}-干矿	50~60	70~80	110	50	35~40	80
粉尘量/%	12~22	15~20	25	10	15~17	12~16

4.5.2.3 电炉冶炼

热料罐运送的红土矿焙砂由罐车运送到电炉间。电炉间顶部设有起重吊车将热料罐提升到炉顶平台,放置在炉顶料仓上部。热料罐中的焙砂通过料管间断或连续加入炉内冶炼。

炉顶料仓储料量应满足电炉冶炼使用 4h 以上。在出炉过程中大量炉渣和铁水由炉内放出,需要足够的原料来补充。

镍铁电炉结构形式通常为密闭电炉。经过还原焙烧的红土矿在炉内终还原,但放出的 CO 气体较少。采用半密闭操作可以回收利用热烟气。

PK-EF 工艺的常用加料方式有连续加料(choke-feed)和间断加料(batch feed)两种方式。密闭电炉操作要求焙砂连续加入到电炉炉膛内。半密闭操作采用间断加料操作。

原料通过料仓、料管连续加入到炉膛的加料方式为连续加料操作。电极端部被料层覆盖可以最大程度减少电弧热能散失和对炉盖的辐射作用,通常采用连续加料模式操作可以得到较低的能耗指标，金属和炉渣温度相对比较稳定。按照连续加料的布料要求，加料管均匀分布在电炉中心、电极之间和炉膛圆周外围，通过连续加料，炉料得以均匀覆盖在电炉炉膛上部。而大多数炉料是通过中心料管加入到炉内。为了保证冶炼反应生成的气体穿透料层，连续加料要求料层具有较好的透气性。为此要尽可能改善原料粒度组成，减少生烧料比例。

由于原料条件的限制或根据冶炼工艺操作要求间断地将炉料加入炉膛的加料方式称作间断加料方式。在镍铁生产中，新开炉时为尽快提高炉温而控制料面高度，通常使用间断加料。对粉料比例高、煅烧不完全或熔点过高或过低的品质较差的原料多采用间断加料方式操作（见表4-28）。

表4-28 镍铁电炉需要采用间断加料操作的情况

原料特征	现 象	电弧特点
粉料比例高	料层无法覆盖电极，中心部位炉渣过热	
炉料煅烧差	形成泡沫渣，电极四周生成硬壳，无法正常下料	
炉渣液相温度过低	FeO 高，金属液温度过低，需要进一步过热炉渣	明弧操作
矿石中 MgO/SiO_2 低	炉渣黏稠难以排出	

间断加料的目的是尽可能使炉料盖住渣面，降低过热炉渣对上层炉墙的侵蚀和电弧对炉顶的热辐射。间断加料方式的操作要求操作者密切监视炉口状况，电极四周有敞开的熔池，根据料面状况添加炉料，避免一次性加入炉料过多导致熔池表面生成渣壳或泡沫渣。间断加料要求经常测量渣面高度。根据渣面高度上升状况决定出渣时间。

镍铁电炉设2个出铁口和2个出渣口，通常位于电炉两侧。出渣口高于出铁口 750~1000mm，出铁口和出渣口的距离最低为 0.5~0.75m（通常为 1.0m）[10]。出渣口过低将对连续出渣不利，会导致诸如增加铁量损失和负荷不稳定等操作问题。出渣口和出铁口的距离由 1.0m 降低至 0.75m，会将金属温度增加20~30℃。

使用悬挂式开堵口机打开和封堵出铁口和出渣口。镍铁铁水经流槽流到铁水包中，用天车吊运到浇注机完成浇注作业或运往精炼工位。出炉的炉渣经流槽直接水淬冲入渣池。抓斗天车将水淬渣从渣池中捞出送至渣场或外运。

炉膛内部压力保持在负压。镍铁电炉产生的一氧化碳一般会在炉膛内完全燃烧，高温烟气直接输送到回转窑窑头或干燥机。

国外镍铁电炉功率多为 50~75MW，熔池功率密度在 230~360kW/m²。采用现代的电子技术控制电炉的功率可以避免在高电压下电炉功率波动。

目前每吨焙砂的电耗在 450~620kW·h/t。国内每吨镍铁的冶炼电耗在 4000~5000kW·h/t。

镍铁电炉参数见表4-29。

表4-29 镍铁冶炼电炉参数[32]

国家和地区	哥伦比亚	日	本	新喀里多尼亚	印度尼西亚	乌克兰
公 司	BHP	Hyuga	太平洋金属	SLN	P. T Inco	Pobuzhie
电炉台数	2		2	3	2	4
电炉型式	圆形	圆形	圆形	矩形	圆形	矩形
电炉功率/MW	75	60	54	50	75	50
炉壳直径（或长×宽）/m	22.15	18.5	19	33×13	18	24.7×9.5
炉壳高度/m	7.6	5.5	6.15	5.5	6	6
炉膛功率密度/kW·m⁻²	211	170		90	236	170
炉壳冷却方式	铜冷却壁	淋水	淋水	铜冷却壁	铜冷却壁	淋水
工作电压/V	1080	400~900	760	300	1000~1800	500
二次电流/kA	24	28~32	42	20	28~35	450
电耗/kW·h·t⁻¹-焙砂	520	470~480	450	475	475	620
炉生产能力/t-焙砂·h⁻¹	178	60~65	100	76	126	63
电极消耗/kg·t⁻¹-焙砂	1.3	1	1.5		1.4	3
铁水温度/℃	1450~1470	1400~1500	1450	1500	1350	1350
炉渣温度/℃	1550	1550~1600	1550	1600	1500	1550
镍分配系数	257	210	264	185	173	212

大多数镍铁冶炼过程的镍回收率高于90%。镍在金属和炉渣中的分配系数接近或高于200。但在使用镍含量低的贫矿时渣铁比很高，这会降低冶炼过程的回收率。图4-41为镍铁电炉熔池内部的传质和传热过程。

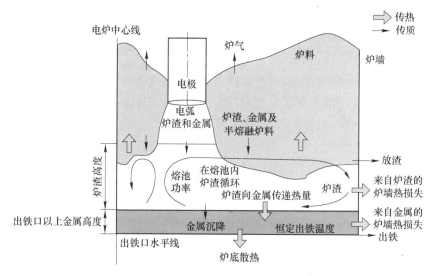

图4-41 镍铁电炉炉膛的传质和传热[35]

镍铁电炉冶炼通常采用电阻加热模式和电弧加热模式。

电炉的工作电压较低，电阻加热模式的热能传输是有限的。炉料熔化的热能取决于炉渣过热。炉渣对炉墙的侵蚀主要是由高温酸性炉渣引起的。这种情况在电阻模式操作中电极电流高时尤为显著，见图 4-41。

电弧加热模式传输的能量高，对炉墙侵蚀小。在电弧传热中电极位置位于熔池以上，而未反应的炉料遮盖着电极端部电弧，使输入电炉的电能直接加热电弧四周的焙砂。提高电炉工作电压，采用遮弧操作法可以提高熔池功率密度，降低工艺能耗，提高产量。同时遮弧操作可以使熔渣和铁水维持在适宜出炉的温度。

炉渣中的 SiO_2/MgO、FeO 含量对镍铁生产的操作模式有极大的影响。熔渣的熔化温度高于镍铁熔点的冶炼应采用埋弧冶炼，可以使用较高的工作电压。如对于 FeO 含量较低的红土矿需要采用埋弧冶炼。对于熔渣的熔化温度低于镍铁熔点的冶炼宜采用敞开熔池操作。这时工作电压较低，电极插入到炉渣中，使高温炉渣过热镍铁。如冶炼高铁低镁的红土矿时，多采用裸露熔池操作。为了提高镍元素在合金中的比例，需要有相当部分的 FeO 留在渣中。FeO 高的炉渣熔点低、比电导高、导电性好。采用裸露熔池操作，才能使金属过热至具有良好的流动性。镍铁的出炉温度高于炉渣 100℃。电极消耗也要比埋弧冶炼高 $1\sim2kg/t$-焙砂。

电弧的操作模式与红土矿种类关系很大。不同的电弧冶炼操作见表 4-30。

表 4-30 操作模式比较

项 目	电阻模式操作	明弧模式操作	遮弧模式操作
电极位置	插入渣中 400~500mm	高于渣面	高于渣面
炉渣熔点	低于铁水	高于铁水	任何条件
操作电压	较低	较高	高
电极消耗	4~6kg/t-焙砂	1~2kg/t-焙砂	1~2kg/t-焙砂

使用硅酸镍矿时，通常采用炉料覆盖熔池的电弧操作模式。提高操作电压可增加炉料的辐射能量，使炉料还原反应完全，有利于金属珠与炉渣分离，减少电极消耗，减少炉渣沸腾的倾向。

使用高铁的氧化镍矿时，通常采用熔池裸露的电阻操作模式。炉渣中铁含量较高，炉渣熔化温度显著低于镍铁的熔化温度。采用电阻模式操作，电炉工作电压较低，电极插入深度较深（约 400mm）。

4.5.3 镍铁冶炼渣型控制

镍铁冶炼渣型取决于使用的红土矿的种类。红土矿主要成分是 SiO_2、Fe_2O_3 和 MgO。炉渣的渣型可按铁含量和硅含量的差异分为高铁高硅、高铁低硅、低铁低硅、低铁高硅等几种类型。各种类型红土矿和炉渣的熔化温度见图 4-42，各种渣的成分、合金成分及操作特点见表 4-31。

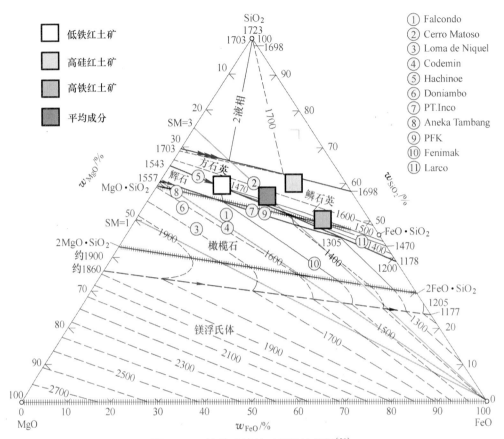

图 4-42 镍铁冶炼的三元炉渣相图[36]

表 4-31 镍铁冶炼的渣型和操作[37]

矿物特点		A	C1，C2	B1	B2
		低铁低硅	低铁高硅	高铁低硅	高铁高硅
渣型	(FeO)/%	4~7	6	>15	>16
	(SiO₂)/%	53	57	约45	约60
	(MgO)/%	37	31	约35	约19
	MgO/SiO₂	0.65~0.75	0.54	0.75~0.85	0.25~0.35
	熔化温度/℃	1600~1700	1550	1300~1400	约1450
	熔剂种类	无熔剂	白云石	无熔剂	白云石
镍铁	[Si]/%	2~5	2		1.5~2
	[C]/%	2	2	0.05	0.2
	[S]/%	0.15~0.20	0.15	0.20	0.4
	熔点/℃	1350	1400	>1550	约1500
电炉操作	操作电阻/mΩ	7~9	8~10	8~10	12~18
	操作模式	电弧	埋弧	电阻+电弧	电阻

电炉冶炼镍铁是采用碳质还原剂选择性还原红土矿中的金属氧化物。为了提高金属中的镍含量，需要通过控制还原剂量来控制铁的还原。由还原温度计算可以看出：

$$NiO + C \Longrightarrow Ni + CO \qquad \Delta G^{\ominus} = 133250 - 177.99T \qquad T_{开} = 748K$$

$$FeO + C \Longrightarrow Fe + CO \qquad \Delta G^{\ominus} = 148003 - 150.31T \qquad T_{开} = 985K$$

大多数红土镍矿的熔化温度在 1350 ~ 1550℃ 之间，而还原开始理论温度仅为 475℃。在镍矿形成熔渣时，大部分还原反应已经完成。

对于高镁的硅酸盐型镍矿 MgO/SiO$_2$ = 0.55 ~ 0.75，三元系炉渣液相线温度为 1500 ~ 1700℃。

使用高铁红土矿的炉渣的熔化温度低于镍铁熔化温度，炉渣要有较高的过热度才能将铁水加热，使其顺利从炉内放出。电极与含铁高炉渣的作用极易生成泡沫渣。低铁低硅的炉渣熔化温度高，电阻大，可以使用电弧操作或埋弧操作。

为了改善炉渣流动性、铁水熔化的温度和控制镍铁成分，有时需要添加熔剂调整炉渣成分，白云石是镍铁熔炼常用的熔剂。添加熔剂会增加渣量，降低镍的回收率。

由图 4 - 43 看出，镍铁熔点随镍含量的降低和碳含量的增加而降低，在含镍量在 10% 左右时，在碳含量为 2% 左右时，其合金熔点温度为 1300 ~ 1400℃。

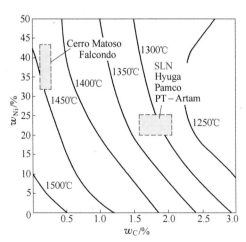

图 4 - 43 C - Fe - Ni 合金的液相线温度[38]

冶炼镍铁的渣铁比大于 5。由图 4 - 44 可以看出，大部分镍铁炉渣的 SiO$_2$/MgO 为 1.5 ~ 2.0，炉渣出炉温度控制在 1450 ~ 1650℃；炉渣出炉温度随炉渣 SiO$_2$/MgO 的提高而增加，随渣中氧化铁含量的增加而减少。

电炉所采用的操作方式与渣和铁水的液相线温度有关。矿石的化学成分对电炉的操作模式起着决定作用。为了避免出现炉渣温度低于金属熔体温度的现象，可以采取降低镍铁的镍含量增加饱和碳含量的措施，从而降低镍铁熔点。

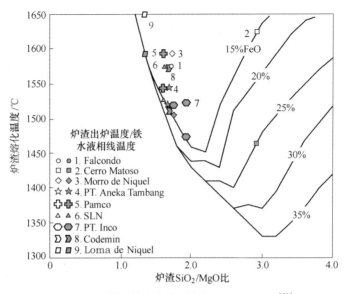

图 4-44 镍铁炉渣出炉温度与 SiO_2/MgO 比[38]

镍铁炉渣温度应高于炉渣的熔点 50℃ 以上,以确保流动性良好的金属与熔渣分离和出渣。低碳镍铁铁水温度更高,炉渣温度必须有足够的过热度才能保证出铁顺利。含碳量较高的镍铁熔点较低,炉渣则不需要高的过热度。

镍铁冶炼电耗与炉渣数量和成分有关。图 4-45 为镍铁炉渣熔炼电耗与炉渣中的 FeO 含量的关系[39]。

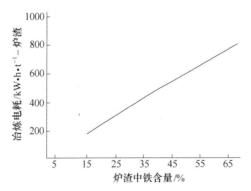

图 4-45 镍铁熔炼电耗与炉渣铁含量的关系[39]

4.5.4 镍铁冶炼的质量控制

国内厂家对镍铁冶炼电炉生产 60 炉合金成分和炉渣成分进行了分析[40]。根据产品合金成分对合金硅与碳、硫的关系进行了分析。硅、碳、硫三者之间的关系见图 4-46 和图 4-47。

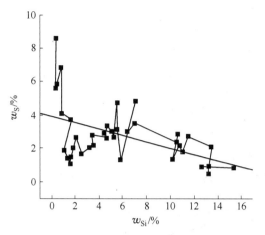

图 4 - 46 合金中 Si 与 S 的关系

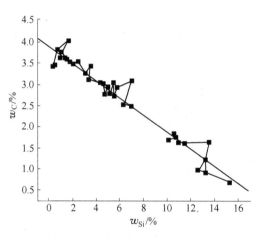

图 4 - 47 合金中 Si 与 C 的关系

可以看出，在合金硅高时碳和硫含量低，反之在合金硅含量低时，合金中碳和硫含量高。其回归分析计算结果为：合金硅与碳的相关系数为 -0.975，与硫的相关系数为 -0.52。

镍与碳可以形成 Ni_3C。镍与硅可形成一系列硅化物，如 Ni_3Si、Ni_5Si_2、Ni_2Si、Ni_3Si_2、$NiSi$ 和 $NiSi_2$。镍与硫可以形成 Ni_3S_2、Ni_6S_5、Ni_7S_6、NiS、Ni_3S_4 和 NiS_2 等硫化物。镍的硅化物较碳化物和硫化物稳定，因此当合金中硅含量增高时，碳含量和硫含量降低。

4.5.5 红土矿资源的利用

红土矿中含有铁、铬、钴、镍等多种有用元素。按照选择性还原的原理，铬、钴、铁等元素未能在 RK - EF 冶炼工艺中得到充分回收，镍的还原也在一定程度上受到制约。而在高炉法冶炼镍生铁中，这些元素得到了最大的回收。

合金含镍量的控制取决于下游用户的需要。在年产 10 万吨不锈钢厂所做的对比试验说明[41]，使用含镍 1.8%、含铁 14%、含铬 0.55% 的镍矿生产含镍 10.5% 与含镍 20% 的镍铁产品对比，前者每年可以从镍矿中多还原出 1600t 纯铬和 5600t 纯铁，供热装生产不锈钢使用。

冶炼镍铁的重要指标之一是镍的回收率。Barcza[36] 指出，随着合金镍含量的提高，冶炼镍的回收率降低。合金镍控制在 10%~20% 时，镍的回收率可达到大于 95%，见图 4-48。控制合金镍含量的主要手段是减少氧化铁的还原，在还原剂加入量减少的条件下合金镍含量高，但将要影响镍的还原率。

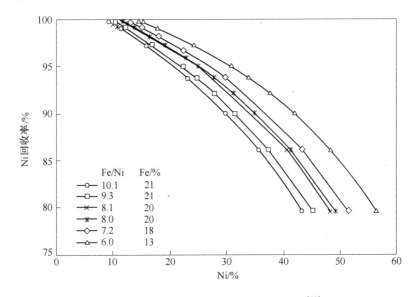

图 4-48 合金含镍量和镍回收率的关系[38]

炉渣与合金成分关系表明：增加渣中 CaO 含量能抑制硅的还原。合金硅与渣中 CaO 的关系见图 4-49。

回归分析计算表明：合金硅与渣中 CaO 含量的相关系数为 -0.91。根据 CaO-SiO₂-MgO-Al₂O₃ 四元系相图，在炉渣中 CaO 由 10% 提高到 35% 时，炉渣的熔点降低，随 SiO₂ 和 MgO 的变化炉渣成分基本在尖晶石和镁橄榄石范围内，其熔点在 1400~1500℃之间。对熔剂的加入量的研究表明，CaO 加入量为理论计算所需量的 35%~50% 时，镍预还原率最大[40]。

4.5.6 直接还原法和转底炉法

4.5.6.1 直接还原法生产镍铁（Krupp 法）
镍铁直接还原法是不用电炉生产镍铁的方法。该工艺的原理与直接还原铁工

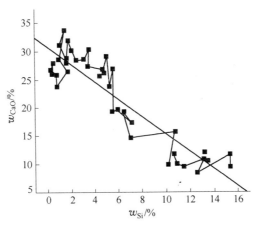

图 4-49 渣中 CaO 与合金 Si 的关系

艺相似。镍比铁更容易从其氧化物中还原出来。在回转窑中，氧化镍既可以完成还原过程，生成金属颗粒，通过重选和磁选实现渣铁分离（Krupp 法产品是颗粒状的镍铁粒），也可以采用电炉重熔得到液态镍铁合金。Krupp 法生产镍铁的工艺流程见图 4-50。

日本冶金工业株式会社大江山厂是世界唯一采用 Krupp 法生产镍铁的工厂。大江山厂有 5 条镍铁生产线，年生产能力 15000t(折合金属镍)。

镍铁生产原料有来自新喀里多尼亚和印度尼西亚的红土矿。其他原料还有无烟煤和石灰石。红土矿混合矿成分见表 4-32。

表 4-32 红土矿混合矿成分

成　分	Ni	Fe	Fe/Ni	SiO_2/MgO	H_2O
混合矿/%	2.3	13.6	5.9	1.9	20~35

该公司使用的原料中 35% 为湿矿、65% 为干矿。粒度小于 3mm 的混合矿石在棒磨机内混合磨细。混合料中大约有 14% 的返矿，主要是来自回转窑、链箅机和输送过程产生的粉尘。

磨细的混合矿湿存水含量为 17%。混合矿经混炼后用强力压球机压成枕形球团，粒度为 43mm×42mm×20mm。球团经过输送机和布料机均匀分布在链箅机上。球团在链箅机上完成干燥和预热过程。为了使团矿在预热器有效进行热交换，需要料层保持稳定的温度和厚度，烟气穿透阻力较小。链箅机与回转窑连通在一起。回转窑烟气流向链箅机，用于对球团干燥和预热。链箅机风箱温度维持在 90℃ 以上。经过干燥和预热的球团具有一定强度。

影响生球团成球质量的因素有成分的均匀性、粉矿的粒度分布、水分含量等。质量差的生球团在干燥过程中会发生粉化或爆裂。球团粉化会使球团物料中

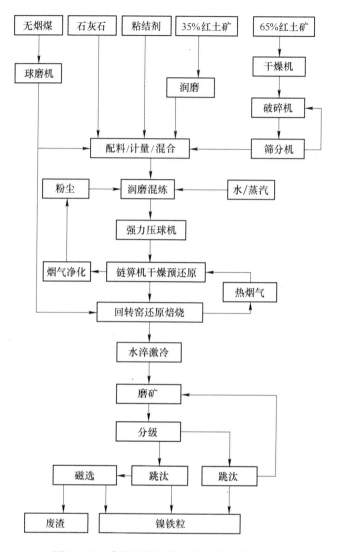

图4-50　直接还原法镍铁粒生产工艺流程

还原剂的数量发生改变，增加烟气中的粉尘数量，破坏回转窑内温度分布，导致回转窑结圈，降低窑衬的寿命。

在回转窑的中部，球团完成结晶水与石灰石分解，同时镍的氧化物开始还原。镍、铁氧化物被还原时，球团矿会出现还原粉化现象。

镍和铁氧化物的还原是在半熔状态下完成的。在1250~1400℃，从半熔状态炉渣中还原出来的金属颗粒出现聚集。实践表明，过多的残碳对金属颗粒的聚集有害。回转窑内的坝高、烧嘴的位置、渣中碳量的控制都是影响金属聚集的重要因素。硫可以降低金属的表面张力，对还原过程中金属颗粒的长大和聚集起着促进作用。

离开回转窑熟料呈半熔状态的面团状。出窑后需要立即水淬,防止金属再氧化,同时更易于破碎。

经过还原煅烧的熟料破碎到 2mm 以下以供粒度分级和选矿处理。粒度大于 1.2mm 的熟料经过跳汰机选出镍铁颗粒后重新送至磨碎机磨细。粒度小于 1.2mm 的熟料输送到跳汰机选出镍铁颗粒,其余部分输送到磁选机进一步实施分离金属。经过磁选的尾矿送至尾矿场用作建筑材料或废弃。

富集的精矿重量大约占原矿总重的 10%。选出的镍铁颗粒粒度为 0.2 ~ 20mm。经过跳汰和磁选的粒铁产品化学成分见表 4 - 33。

表 4 - 33 直接还原法得到的镍铁成分　　　　　　(%)

Ni	Co	C	P	S	Si	渣
20 ~ 22	0.3 ~ 0.4	0.03 ~ 0.04	0.01	0.4	0.01	2

典型炉渣化学成分见表 4 - 34。

表 4 - 34 直接还原法分离镍渣成分　　　　　　(%)

Ni	SiO_2	TFe	Al_2O_3	MgO	CaO	C	S
0.2	53	6	2.5	28.4	5.7	0.2	0.07

直接还原镍铁法的技术经济指标见表 4 - 35。

表 4 - 35 直接还原法生产镍铁技术经济指标[32]

项 目	单 位	数 量	备 注
Ni 元素回收率	%	93	最高可达 95%
能 耗	MJ/t - 干矿	5523	
还原煤耗	kg/t - 干矿	130	无烟煤
燃煤消耗	kg/t - 干矿	80	烟 煤
热效率	%	78	冶炼段
烟气数量	$m^3/(h \cdot t)$		烟气温度 90℃
回转窑出料温度	℃	1200 ~ 1250	
原料消耗	t - 矿/t - Ni	45	9t - 矿/t - FeNi

该工艺生产设备主要有干燥机、棒磨机、压球机、链箅机、回转窑、跳汰机、磁选机等。主要设备参数见表 4 - 36。

表 4 – 36 直接还原法生产镍铁主要工艺设备[32]

设备名称	规格	生产能力/t·h⁻¹	台数	备注
球磨机	φ3m×4.2m	45	5	
强力压球机	φ720mm×600mm	23	5	粒度 43mm×42mm×20mm
链箅机	17m×4m	27	5	
回转窑	φ3.6m×72m	27	4	650t/d
回转窑	φ4.2m×72m	40	1	
马氏磨机	φ2.4m×1.8m	25	5	
跳汰机		15	15	
磁选机		15	18	
分级机	φ1.5m×10m	300	1	

4.5.6.2 转底炉（RHF）直接还原工艺

转底炉是近年来发展起来的直接还原设备，可用于生产海绵铁、铬矿球团和镍铁[42]。

转底炉呈环形结构。烧嘴分布在环形炉膛圆周两侧，向炉膛内部提供热能。加料口与卸料口相邻，热球团卸出后立即向炉膛充填生球团。旋转炉膛与固定烟罩之间采用砂封，以维持炉膛的密闭性。

经过磨细和充分混合的矿石和煤在成球盘上制成球团，生球团在旋转炉底被加热到直接还原温度。在还原过程，炉膛上静止的球团随炉体运动，不受任何外力作用。金属化球团在出料部位卸出。炉内气流方向与球团和炉膛的运动方向相反，高温烟气与料层进行热交换，使球团温度得到提高。调整喷入炉内燃料的数量和风量可以准确控制炉膛温度和炉内气氛。废气用于助燃空气的预热和余热锅炉回收热能。

转底炉属于固定床反应器。球团在预热和还原过程始终处于静止状态，旋转炉膛对生球团物理性能要求不高。炉膛内部分成两个燃烧带。预热带是氧化性气氛，还原带处于还原性气氛。在还原内铬矿球团可以达到90%的金属化程度。球团还原速度取决于还原剂的反应性和矿石的性质。球团在还原带停留20~35min 即可以达到预定的还原度。料层厚度一般不超过3个球团高度。还原产生的 CO 气体覆盖着静态的料层，有利于防止球团发生氧化。试生产表明，球团不会粘结在炉衬上。

该工艺的特点是球团在炉内停留时间短、操作稳定、工艺参数容易控制、设备重量小、占地少。

图 4 – 51 是 Hatch 提出的转底炉生产镍铁方案[42]。图 4 – 52 是用于直接还原的转底炉结构示意图。

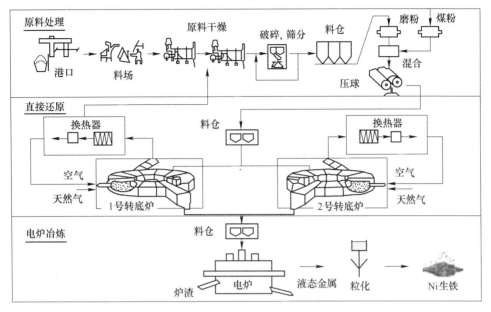

图 4-51 转底炉直接还原生产镍铁流程

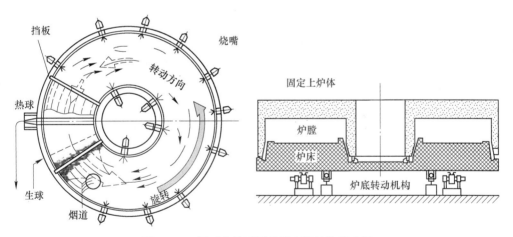

图 4-52 用于直接还原的转底炉结构示意图

4.6 熔融还原

熔融还原法是矿石与碳质还原剂在熔池中反应生产铁合金的方法。熔融还原以廉价的煤作为热能和还原剂来源，减少焦炭和电能消耗。

熔态还原的特点是可以利用粉矿资源和廉价能源。由于从氧化物中提取合金元素耗能很高，通常熔态还原工艺可与矿石的预还原工艺结合起来，采用回转窑、竖炉或流化床等装置实现球团和粉矿的金属化。

熔融还原分为一步法和二步法。一步法的熔炼是在一个反应器内完成，如直流电炉熔炼高碳铬铁、铁浴法熔炼等。二步法包括矿石的直接还原和熔炼炉的终还原及渣铁分离两个阶段。

4.6.1 明弧电炉冶炼高碳铬铁

高碳铬铁是在埋弧电炉中连续冶炼生产的，也可以在明弧电炉里间断冶炼生产。明弧电炉与埋弧电炉的差别在于电弧的工作状态。明弧电炉使用高电压，电弧长度长，熔池功率密度大、温度高，同时明弧电炉的电弧裸露在熔池外部，热损失比埋弧电炉高得多。明弧电炉特别适合于冶炼熔化温度高的炉渣，如刚玉、高钛渣等。

明弧电炉的生产是间断进行的。还原剂和矿石分批或集中加入电炉炉膛；完成冶炼后炉渣和金属放出炉外；而后开始下一炉的熔炼。

在渣型选择方面明弧电炉冶炼更具有灵活性。埋弧电炉的渣型选择要受到炉料电阻和熔池限制，炉渣电阻过大或过小均对电极位置和输入功率有不利的影响。明弧电炉可以通过改变工作电压调整输入功率，不受炉内电阻限制。炉渣的成分和温度的调整更灵活。

明弧操作的直流电炉的特点是炉膛功率密度大、炉膛温度高。粉矿石、粉煤和熔剂一起通过中空的电极或料管穿过电弧区直接加入高温熔池。还原反应更加迅速。南非铬矿资源丰富，但焦煤匮乏，使得埋弧电炉生产铬铁成本高、回收率低，以明弧电炉高温熔池冶炼难熔、难还原的铬矿在南非具有很强的竞争优势。直流电炉冶炼高碳铬铁可以得到较高的元素回收率。

4.6.2 铬铁的直流电炉熔态还原

4.6.2.1 直流电炉生产铬铁

图4-53为熔态还原的直流电炉示意图。电能通过电极-电弧输入到熔池。铬矿、熔剂、还原剂通过料管或中空电极直接加入到电弧高温区。直流电炉熔池温度高达2000℃，电弧温度更高。为此，需要采取措施防护电弧对炉顶和炉墙的辐射作用。

南非米德尔堡公司[43]对生产炉料级铬铁的40MW直流电炉进行了炉体解剖挖掘研究。大量的金相、矿相和化学分析数据揭示了直流电炉熔态还原的机理。

炉内的金属样品按含铬量可以分成高铬、中铬和低铬三种类型；炉内的渣样按照铬铁比也可以分成三种类型。最高的炉渣成分铬铁比可达到3以上，而入炉铬精矿的铬铁比只有1.5。这说明在直流电炉内选择性还原占主导地位。

在敞开熔池的电炉中不存在焦炭层。还原剂进入熔池立刻参与还原反应。铬矿首先成渣，然后炉渣中的 Cr_2O_3 和 FeO 与还原剂发生还原反应。优先发生反应的是铁的选择性还原。直流电流和电场的搅拌作用改善了炉内温度分布和冶金反

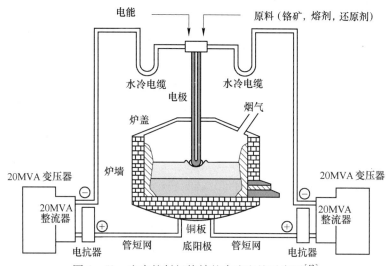

图 4-53 生产炉料级铬铁的直流电炉示意图[43]

应动力学条件，铬的还原速度要比埋弧电炉高许多。

埋弧电炉炉渣中损失的铬主要是以未还原的铬铁矿颗粒形式存在。而直流电炉的炉渣中的铬主要是以金属珠形式存在，炉渣中再结晶的镁铝尖晶石含铬量很低。在南非米德尔堡公司 40MW 直流电炉炉渣化学成分中全铬含量为 2.3% 时，以氧化铬形式存在的铬只有 0.4%，其余全部是以金属珠的形态存在。

直流电炉冶炼铬铁的原料配比、炉渣和合金成分见表 4-37。

表 4-37 直流电炉冶炼铬铁的原料配比、炉渣和合金成分

项　目	成分/消耗	低硅高碳铬铁	中硅高碳铬铁
合金成分/%	Cr	53.6	53.1
	Si	1.5	4.0
	C	8.5	7.7
	S	0.014	0.011
炉渣成分/%	SiO_2	23.3	26.1
	MgO	23.2	22.5
	CaO	14.8	14.3
	Al_2O_3	38.6	37.2
原料配比 /kg·t^{-1}·矿	粉铬矿	100	100
	硅　石	11.0	12.0
	石灰石	6.0	10.0
	无烟煤	31.0	33.0
	烟　煤	6.0	6.0

4.6.2.2 直流电炉冶炼参数指标

直流电炉的操作特点是功率密度大，熔池温度高。为了保持稳定的电弧和稳定的炉膛功率，直流电炉采用较高的工作电压。

使用直流电炉冶炼南非铬矿的指标和参数见表4-38。直流电炉熔态还原冶炼铬铁的优势是合金元素回收率高。与使用南非铬矿的埋弧电炉比较，直流电炉冶炼高碳铬铁的元素回收率提高了十几个百分点，达到90%以上。

表4-38 使用直流电炉冶炼南非铬矿指标和参数

变压器容量	MVA	20	100
负 荷	MW	12.0	60
电极电流	kA	32	90
电极直径	mm	400	600
工作电压	V	380	800
铬回收率	%	>90	
设备作业率	%	>90	
出铁口寿命	月	14	

在哈萨克斯坦已投产的直流电炉功率为80MW。

4.6.3 直流电炉生产镍铁

直流电炉的高温条件与以遮弧法生产镍铁的环境相近。直流电炉的高功率密度和高温更适宜用于焙砂的熔分操作。图4-54给出了直流电炉冶炼镍铁的物料平衡。表4-39给出了冶炼参数和消耗指标。

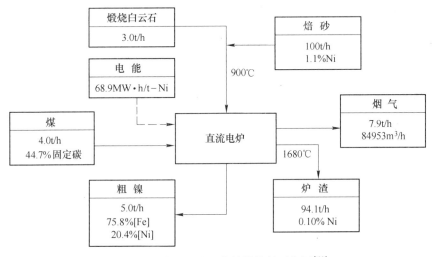

图4-54 直流电炉生产镍铁物料平衡图[44]

表4-39 冶炼镍铁的直流电炉工作条件[44]

类 别	参数和指标	单 位	数 值
电炉参数	炉膛功率密度	kW/m²	500
	最高工作电压	V	900~1200
	电极电流	kA	20~50
	电弧长度	cm	20~30
	熔池深度	cm	50
	炉渣电阻率	Ω·cm	2~3
冶炼条件	炉渣温度	℃	1650
	粗镍铁含镍量	%	18~22
	焙砂含镍量	%	0.93
	炉渣含镍量	%	0.10
	900℃焙砂烧失量	%	0
消耗指标	每吨焙砂产生镍铁重量	kg/t-焙砂	41.3
	每吨焙砂产生炉渣量	kg/t-焙砂	975
	冶炼粉尘损失占焙砂重量	%	2
	每千克焙砂冶炼电耗	kW·h/kg	0.571
	还原煤用量	%	3.45
	白云石用量	%	5.0
	电极消耗	kg/(MW·h)	2

4.6.4 二步法熔融还原

二步法熔融还原工艺在冶炼过程中不消耗电能。第一步的还原在回转窑或流化床中完成，还原率在70%以上；第二步在转炉中进行，主要是终还原和熔化分离炉渣和金属。

铁浴法是在铁水熔池中完成氧化物还原的工艺。在反应器中原料矿石融入炉渣熔池与铁水发生还原反应。流态化的煤粉由氧气吹入铁水熔池为还原反应提供还原剂；煤粉的氧化燃烧为熔池提供反应所需的热能。铁水中的碳始终处于饱和状态，具有较高的活度。二步法熔态还原法可以用于生产生铁、锰铁、铬铁、高铬钢等多种产品。

4.6.4.1 回转窑—转炉法[45]

该方法利用回转窑和转炉生产高碳铬铁。其工艺流程要点是：首先在回转窑中对铬矿球团进行预还原；而后将还原的球团热装到顶底复吹转炉中吹炼为粗制的炉料铬铁。冶炼完毕后将部分铁水留在炉内；下一炉再向转炉加入预还原球团。转炉内已经存在的铁水熔池加快了熔化速度。原料代入的碳在氧气吹炼中发生氧化，为熔炼提供热能。

以回转窑预还原—转炉熔态还原的方法在目前仍属于概念工艺，尚未实现工业规模生产。

4.6.4.2 流化床—转炉法[45]

流化床—转炉法的熔态还原采用流化床进行还原焙烧，经过流化焙烧的矿粉加入到转炉中，在熔池中进行熔态还原。粉矿和精矿的流态化还原焙烧是连续进行的。焙烧中矿粉加到流化床上，来自下方的气流将粉料流态化，焙烧热能来自氧化或还原反应热。红土矿流态化还原焙烧见图4-55。

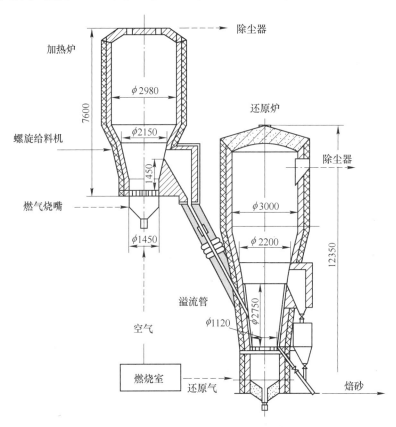

图 4-55 红土矿流态化还原焙烧

在流化床中气流与粉体接触面积大，颗粒内部的传质距离短，反应速度很快。流化焙烧采用煤粉、天然气等碳氢化合物含量高的物质做还原剂。还原产生的高温烟气返回到流化焙烧炉循环利用。采用多级流态化焙烧炉可提高焙烧效率。试验表明，铬精矿粉、红土矿粉都可以用流化焙烧进行预热预还原。添加碱金属和碱土金属氧化物或盐类的还原促进剂可以使还原焙烧在较低温度下进行。

高温焙烧产物直接加入冶金炉熔池完成终还原和熔分。

流态化焙烧镍矿和铬矿、转炉熔态还原生产锰铁、铬铁仍处于试验阶段。

参 考 文 献

[1] Bacza N A. The dig – out of a 75MV·A high carbon ferromanganese electric smelting furnace [C]. Electric Furnace Proceedings, 1979, 37: 19～33.

[2] Xiao Y, Yang Y, Holappal L, et al. Microstructure changes of chromite reduced with CO gas [C]. Procedings of 6th International Ferroalloys Congress, Cape Town: SAIMM, 2007: 133～144.

[3] Urqurt R C. The role of coke bed in electric furnace for production of ferroalloys [C]. Electric Furnace Conference Proceedings, 1977, 35: 19～20.

[4] Olsen S E, Tangstad M, Lindstad T. Production of Manganese Ferroalloys [M]. Trondheim: Tapir, 2007.

[5] Skjervheim T A, Olsen S E. The rate and mechanism for reduction of manganese oxide from silicate slags [C]. Proceedings of 7th International Ferroalloys Congress, Trondheim: FFF, 1995: 631～640.

[6] Ando R, et al. A Study on silicon manganese production process [C]. Electric Furnace Proceedings, 1974, 32: 108～114.

[7] Kitamura M, et al. Improvement of the electric power consumption in silicomanganese smelting [C]. INFACON 3 Proceedings, Tokyo, 1983.

[8] Pochart G, et al. Metallurgical benefit of reactive high grade ore in manganese alloys manufacturing [C]. INFACON 6, New Deli, 2007: 217～230.

[9] Shcei A, Tuset J, Tveit H. Production of High Silicon Alloys [M]. Trondeheim: Tapir, 1995.

[10] Muller M B, Olsen S E, Tuset J K. Heat and mass transfer in the ferrosilicon process [J]. Scan. J. Metallurgy, 1972 (1): 145～155.

[11] Ingason H T, Halfdanarson J, Bakken J A. Hollow electrodes in the production of FeSi75 [C]. Proceedings of the 7th Ferroalloys Congress, 1995: 411～422.

[12] Westly. Resistance and heat distribution in submerged arc furnace [C]. INFACON 74 Proceedings, Johannesburg, 1974: 121～127.

[13] Tveit B, Gard E. Operation experience of 9MW split body furnace in silicon metal production [J]. Proceedings of Electric Furnace Conference, 1981 (39): 327～331.

[14] Perdensen T. 高效硅铁生产工艺 [J]. 第三次国际铁合金大会文集, 铁合金杂志（增刊）, 1983: 24～32.

[15] 孙天福. 中空石墨电极在工业硅炉的应用 [C]. 何允平, 王金铎: 工业硅科技新进展. 北京: 冶金工业出版社, 2003: 239～240.

[16] Healy G W. Why CaC₂ furnace erupt? [J]. Journal of Metals, 1966 (5): 643～647.

[17] 陈家祥. 炼钢常用图表数据手册 [M]. 北京: 冶金工业出版社, 1984: 70～170.

[18] Wiik K, Olsen S E. Formation of calcium carbide from Ca vapor and carbon [J]. Scan. Jounal of Metallurgy, 1984: 13～36.

［19］周进华. 铁合金生产技术［M］. 北京：科学出版社，1991.

［20］Mertdogan A，Keyser N H. Theoretical consideration in the manufacture of low carbon ferrochromium silicon［C］. Electric Furnace Proceedings，1968，26：84～87.

［21］Clark P W. The production of FeSiCr by One Stage Process［C］. Proceedings of the First International Ferroalloys Conference，1974：275～280.

［22］Lankes E，Boehm W. Experiences and operational results with a chromium－ore pelletizing plant based on the LEPOL process［C］. Proceedings of the First International Ferroalloys Conference，1974：39～44.

［23］Otani Y，Ichikawa K. Manufacture and use of prereduced chromium－ore pellets［C］. Proceedings of the First International Ferroalloys Conference，1974：31～37.

［24］市川河男，等. 日新制钢技报，1972，26：78～87.

［25］李仁泰，陈君土. 铬矿预还原球团试验总结［J］. 浙江冶金，1987（2）：1～6.

［26］贾振海. 粉铬矿预还原技术［J］. 铁合金，1989（3）：37～42.

［27］Naiker O. The development and advantages of Xstrata's Premus process［C］. INFACON 6，2007：112～120.

［28］Barnes A R，Finn C W P，Algie S H. The prereduction and smelting of chromite concentrate of low chromium－to－iron ratio［J］. Journal of the South African Institute of Mining and Metallurgy 1983（3）：49～54.

［29］Dawn N F，Edwards R I. Factors affecting reduction rate of chromite［C］. Proceedings of the First International Ferroalloys Conference. 1986：106～114.

［30］郭文政，张南生. 铬矿球团预还原剂冶炼碳素铬铁的半工业试验铁合金［J］. 铁合金，1983（2）：1～10.

［31］Antam. Nickel strategic unit［C］. MACQURIE IMEC Site Visit. 2005.

［32］Warner A E M，Díaz C M，Dalvi A D，et al. Jom world nonferrous smelter survey part Ⅲ：Nickel：Laterite［C］. Journal of Metals 2006，April：11～22.

［33］Haywood R. Rotary kiln calciner［M］. Process Modeling Advantage，www. HATCH. ca，2009.

［34］Rycheboer J. Special buners system for ferronickl kiln firing［N］. www. fivepillard. com，2012.

［35］Voermann N，Gerritsen T，Candy I，Stober F，et al. Developments in Furnace technology for ferronickl production［C］. Tenth International Ferroalloys Congress，Cape Town：SAIMM. 2004：455～465.

［36］Barcza N. The Development of Chrome and Nickel Projects in Kazakhstan & Russia［C］. www. orielresources. com，2009.

［37］北京有色冶金设计总院，等. 重有色金属冶炼手册—铜镍卷［M］. 北京：冶金工业出版社，1996：694～773.

［38］Voermann N，Gerritsen T，Candy I，et al. Furnace Technology for Ferro－Nickel Production－An Update［C］. International Laterite Nickel Symposium，2004：563～577.

［39］Svana E. Ferronickel Smelting［C］. International Symposium on Ferroalloys in Sibenik，Yugoslavia，1975.

［40］康国柱，舒莉，等. 冶炼镍铁的生产实践［C］. 铁合金学术交流会，厦门，中

国，2009.

［41］胡凌标. 镍铁生产浅析［J］. 铁合金，2010（1），14~16.

［42］Hofmann W，Vlajcic T，Rath G. The rotary hearth furnace direct reduction process［C］. IN-FACON 6 Proceedings，New Oleans：TFA，1989：185~195.

［43］Degel R，Germerhausen T，Noorthemann R，Koneke M. Innovative electric smelter solutions of the SMS Group for ferroalloys and Si metal industry［C］. INFACON 13 Proceedings，2013：291~305.

［44］Slater D. 直流电炉生产铬铁的反应与相关系［C］. 第五届国际铁合金会议译文集，吉林：铁合金编辑部，1990：87~94.

［45］杨天钧，黄典冰，孔令坛. 熔融还原［M］. 北京：冶金工业出版社，1998：671.

［46］Luckos A，Denton G M，den Hoed P. Current an potential application of fluid–bed technology in ferroalloy industry［C］. Proceedings of INFACON 6，New Delhi，2007：123~132.

5 铁合金的精炼

铁合金的精炼工艺泛指采用电硅热法、吹氧法、炉外精炼法、真空法生产低杂质含量的铁合金的工艺。电硅热法主要用于生产中低碳和微碳铁合金，吹氧法主要用于生产中碳铁合金。

氧气吹炼工艺适用于高品位矿石资源充足的区域。与电硅热法生产中碳铬铁和中碳锰铁相比，采用氧气吹炼工艺对液态高碳铬铁、高碳锰铁和镍铁脱碳具有生产率高、能耗低的优势。我国硅锰合金生产立足于国产锰矿贫、杂、散的特点，生产成本相对较低。因此在我国电硅热法中低碳锰铁生产工艺较为普遍。

电硅热法生产精炼铁合金工艺种类繁多。常用的电硅热法工艺有常规电硅热法、全热装法、炉外精炼法等。

炉外精炼广泛用于生产微碳铬铁、中低碳锰铁、高纯度金属硅、纯净硅铁、低碳硅锰合金等。常用的炉外精炼方法有炉外热兑、摇包精炼、钢包真空处理、吹氧和吹氯精炼、合成渣渣洗、包底吹气、喷射冶金法等。

采用铁水镇静、改进浇注方法、重熔法等炉外处理也可以在一定程度改进铁合金的质量。

表 5-1 和表 5-2 从产品质量、冶炼电耗、元素回收率、制造成本、环境保护等几个方面对几种生产精炼铬铁的工艺进行了比较。

表 5-1　几种精炼铬铁生产工艺比较

工艺	电硅热法		吹氧法	真空法
	常规法	炉外热兑法		
原料种类	铬矿、石灰、硅铬合金	铬矿、石灰、硅铬合金	高碳铬铁、氧气	高碳铬铁
原料状态	冷态	热态/冷态	热态	冷态
生产设备	精炼电炉	化渣炉、反应器	转炉	回转窑、真空炉
产品质量	C<0.06%	C<0.03%，气体含量低	C<1.5%，气体含量高	C<0.03%，非金属夹杂高
综合回收率	81%	83%~86%	82%	>90%
环境保护	粉渣处理难，含有微量 Cr^{6+}	粉渣和烟尘处理困难，含有少量 Cr^{6+}	烟尘含有少量 Cr^{6+}，可回收烟气热能	无 Cr^{6+} 生成，环境较好

表 5-2 不同方法生产的精炼锰铁和金属锰质量特性

工 艺	[Mn]/%	[C]/%	[Si]/%	[S]/%	[P]/%	[H]/ppm	[N]/ppm
MOR—吹氧法	85	0.5	<0.5	0.05	0.2	20	300
电硅热法	82	0.1	1	0.005	0.2	24	300
电硅热法	95	0.05	1	0.005	0.05	24	500
电解法	>99.5	<0.08	<0.01	<0.1	0.01	100	50

由表 5-1 和表 5-2 的比较可以看出：电硅热法和吹氧法适用于中低碳铁合金生产，炉外热兑法和真空法适用于对产品质量要求高的微碳铬铁生产。真空工艺制造成本高、投资大、产品中夹杂含量高，目前已经较少使用。

5.1 电硅热法生产精炼铁合金

5.1.1 电硅热法生产方法

电硅热法生产精炼铁合金使用的还原剂为硅合金，冶炼所需热能来自硅热反应和电能。根据产品主元素、含碳量等化学成分的需求，所使用的硅合金还原剂有硅锰合金、低碳硅锰、75% 硅铁、高硅铁、金属硅、硅铬合金等。合金的物理状态和加入方式对冶炼结果有很大影响。

电硅热法生产是在精炼电炉中完成的。精炼电炉的炉型有固定式和倾动式两种。生产中低碳产品的电炉多为固定式电炉，生产低碳和微碳铁合金的电炉多为倾动电炉式电炉。使用不同类型电炉冶炼特性的差别见表 5-3。

表 5-3 电硅热法电炉的操作特性

电炉类型	固 定 式	倾 动 式
适用品种	中低碳锰铁/中低碳铬铁	微碳锰铁/微碳铬铁
电极种类	自焙电极	石墨电极
热效率	较高	稍低
冶炼电耗/kW·h·t⁻¹	(550~760)/(1800~2100)	1250/2500
产品质量稳定性	受炉底残留物影响	质量稳定
炉龄/天	70/50	50/30
耐火材料消耗/kg·t⁻¹-铁水	10~15	15~20
烟气除尘	收尘较好	较难收尘

注：设定锰矿入炉品位48%。

精炼锰铁的冶炼电耗较低，电炉生产能力大。硅锰电炉的容量是所匹配的精炼电炉容量的 5 倍左右。精炼过程为间断生产。间歇时间过长会降低精炼电炉的热效率。

电硅热法冶炼使用的原料主要有矿石、石灰和硅质还原剂。电硅热法生产对原料物理状态没有严格要求，可以是固态，也可以是液态；可以是冷态，也可以是热态。采用炉外精炼可以改善炉渣－金属混合和还原条件。按照原料预处理和加入方式、还原剂与炉渣熔体混合方式可以组合成多种电硅热法生产。这些方法有热装电炉法、电炉—摇包法、摇包加矿预炼法、全热装电炉—摇包法等。此外，还有全冷装法和全热装摇包法等方法。受经济性的制约全冷装法和全热装摇包法较少应用。不同电硅热法生产精炼锰铁方法指标对比见表5-4。

表5-4 不同电硅热法生产精炼锰铁方法指标对比

工艺方法	电炉富渣法	电炉—摇包法	摇包加矿预炼法
硅锰消耗/t·t^{-1}	1000	920	970
电耗/kW·h·t^{-1}	650	1250	625
终渣（MnO）/%	25	4~6	约28
终渣碱度	1.1	1.0	1.2
锰回收率/%	60	89.5	85.4
硅利用率/%	70	80	约75
炉渣用途	硅锰原料	水淬渣	硅锰原料

5.1.2 电硅热法生产技术

5.1.2.1 原料条件

在电硅热法生产精炼锰铁中影响冶炼综合能耗的因素有锰矿品位、锰矿的矿物结构、锰矿预热温度、硅锰铁水的含硅量和温度等。

原料锰矿的品位和矿物组成对电硅热法冶炼中低碳锰铁的单位冶炼电耗影响很大。使用国产贫锰矿生产精炼锰铁时炉渣数量大，单位电耗可高达1500kW·h以上。为了降低能耗、减少外来杂质对产品质量的影响，电硅热法生产应尽可能使用品位高的矿石。

氧化锰矿中的矿物以软锰矿为主，高价氧化锰与硅质还原剂发生放热反应，相应减少了对电能的需求。使用含锰量为50%的氧化锰矿可以将冶炼电耗降低到600kW·h以下。

硅热反应单位炉料的发热值取决于锰矿的氧化度MnO_x，x数值见表3-5。锰矿矿物MnO_x与锰矿含锰量决定了冶炼单位电耗，见图5-1。焙烧锰矿和烧结锰矿中的高价氧化物转化为Mn_3O_4，发热值显著降低。

在使用预热锰矿时，随着预热温度的提高高价锰逐级分解，炉料的发热值随之递减。

电硅热法的还原反应没有气相反应物和产物，对炉料的透气性没有任何要

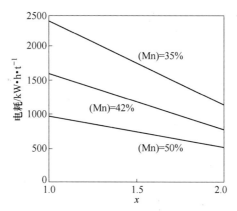

图 5-1 电硅热法冶炼中低碳锰铁的电耗与 MnO_x 和锰矿含锰量的关系

求。细颗粒的矿石有助于成渣反应。主元素含量高的精矿和粉矿更适合电硅热法生产。但通常粉矿和精矿水分含量高，需要经过干燥处理后使用。

电硅热法大量使用石灰作熔剂。活性高的石灰成渣速度高。适于电硅热法的活性石灰粒度是 5~20mm。

精炼铁合金产品质量主要受原料质量的制约。操作因素对产品杂质含量的影响相对较小。在低碳铁合金，特别是在微碳铁合金中，碳以不饱和的形式存在，碳与低碳合金接触很容易使其增碳。合金含碳量越低，碳向合金中传质的驱动力越大。因此，在低碳和微碳铁合金冶炼中要特别防止各种形式存在的碳进入熔炼区。

5.1.2.2 精炼电炉加料方式

精炼电炉加料方式有全部冷装法、还原剂热装法、还原剂热装 + 干燥矿石、液态还原剂 + 焙烧石灰 + 焙烧矿石全热装法等几种。加料方式对工艺能耗的影响显著。热装法缩短了冶炼时间，相应提高了硅的利用率和电炉生产能力。

精炼电炉的布料方式有：混合加料、分层加料、集中加料、分批加料、炉体转动布料等。

5.1.2.3 炉渣-金属反应

电硅热法生产精炼铁合金的过程属于熔态还原过程。金属熔体中的硅与炉渣熔体反应，将炉渣熔体中有用元素还原出来。

精炼电炉要完成固体炉料熔化、均质化、还原剂脱硅、去除杂质和渣铁分离等功能。脱硅和精炼功能需要依靠炉渣来完成，精炼电炉炉渣数量相当大。精炼炉渣与合金的重量比一般在 1~2.5。炉渣熔体和金属熔体密度差较大，容积比高达 5~8。在炉内和反应器内渣层厚度远远大于金属层厚度。在生产精炼铬铁的电炉中金属层厚度仅有 200mm，而渣层厚度可达 1000mm 以上。

传质过程是电硅热法反应的限制性环节。由于渣层过厚，精炼电炉内的传质条件十分不利。为了改善精炼电炉的反应条件,不仅需要有合理的电炉参数和结构,更需要改进电炉的工作制度,包括炉料物理条件、炉渣和金属的混合和搅拌等。为了促进金属与炉渣的平衡,提高反应速度,改善炉渣与金属的接触面积是改进熔态还原工艺的重要手段。人工搅拌、气力搅拌可以改善冶金反应动力学条件,缩短冶炼时间。出炉之前炉内铁水中的硅与炉渣中的金属氧化物尚未达到平衡。出炉过程的混合作用有助于进一步降低铁水中的硅。

在精炼过程中,炉渣碱度对硅的平衡影响很大(图2-53)。提高炉渣碱度可以降低炉渣中的(MnO)含量。但提高碱度的同时必须维持炉渣温度,才能使平衡的渣中(MnO)含量维持在较低水平。

5.1.3 电硅热法锰铁生产

5.1.3.1 电炉碱性富渣法

传统的电硅热法冶炼中低碳锰铁得到碱性富锰渣。这一工艺使用的冶炼设备只有精炼电炉,操作相对简单,可采用冷装也可以采用热装硅锰合金。含有较高的(MnO)和(CaO)的碱性富锰渣用于生产硅锰合金可以减少石灰和硅石的加入量,从而减少炉渣数量和电耗。图5-2为富渣法生产精炼锰铁的物流图。

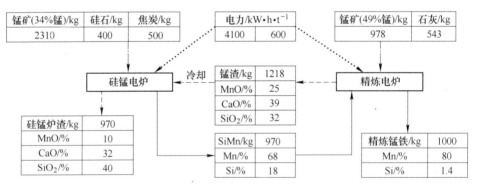

图5-2 富渣法生产精炼锰铁物流图

5.1.3.2 摇包贫化炉渣法

摇包贫化法使用的冶炼设备有精炼电炉和摇包。精炼电炉炉渣在摇包中与硅锰合金充分混合,还原剂中的[Si]将(MnO)从炉渣中还原出来。摇包贫化法要求硅锰电炉、精炼电炉、摇包三座冶炼设备同步运行。否则会降低系统的热效率,也会导致指标变差。图5-3为精炼电炉、摇包和硅锰电炉的运行图。

图5-4为摇包贫化法物流图。

5.1.3.3 摇包加矿预炼法[2,3]

摇包加矿预炼法是为适应摇包工艺中多台设备同步运行困难而开发的,可以提高硅锰电炉—摇包—精炼电炉三炉联动的作业率。

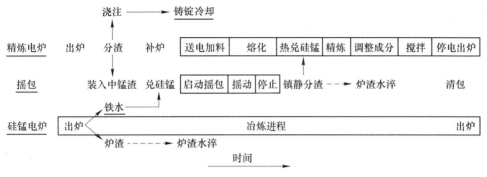

图 5-3 摇包贫化法主要设备运行图

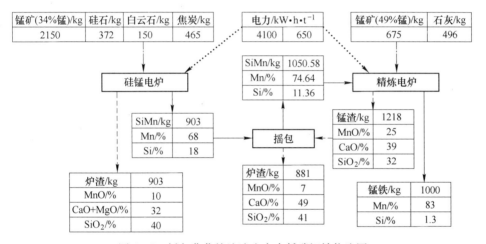

图 5-4 摇包贫化炉渣法生产中低碳锰铁物流图

该方法在操作时将精炼电炉所用的矿石和石灰分出的一部分加入摇包参与硅锰合金的脱硅操作,冷却的摇包渣用于硅锰合金冶炼。该方法工艺物流图见图5-5。加矿预炼法可以大量使用粉锰矿。通过预炼使粉矿在摇包中熔入炉渣熔体,炉渣冷却后呈块状。因此,摇包预炼也是粉矿造块的手段。

在操作上,硅锰合金出炉以后即可将铁水加入到摇包中,同时加入预热或干燥的矿石、石灰混合料进行预炼。精炼锰铁炉渣可以在摇包预炼过程中随时加入摇包。这样摇包操作基本不受精炼电炉出铁时间波动制约。

加矿预炼时,锰矿石中的高价氧化锰矿物与［Si］反应比渣中低价（MnO）与［Si］反应放出的热量多。实践表明:加矿预炼可以提高反应温度,渣铁分离好,凝在摇包上的渣量也有所减少。

摇包中添加的锰矿来自于精炼电炉的料批。在精炼电炉中锰矿与硅锰的化学反应速度为界面反应,反应速度慢,冶炼时间长。摇包中添加锰矿提高了参与硅热反应的（MnO）浓度,有利于脱硅反应化学平衡。加矿预炼可以把中间硅锰合

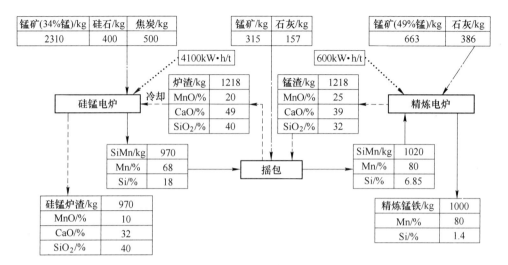

图 5-5 摇包预炼和热装工艺物流图

金的［Si］由 12% 降低到 7% 左右，部分脱硅反应转移到摇包进行。摇包的反应动力学条件好，冶炼时间可以显著缩短。

摇包贫化法产生的炉渣含锰量不高，不能回炉使用。其中含有的 CaO 也一并废弃了。摇包加矿法适当提高贫化后炉渣（MnO）含量。这种碱性富锰渣可用于硅锰合金冶炼，从而提高了资源利用率。

5.1.3.4 喷射冶金法生产精炼锰铁

乌德霍姆（Uddeholm）法采用喷射冶金方法生产中低碳锰铁。工艺基本原理为电硅热法，同时充分利用工频炉和喷吹气体对铁水的搅拌作用提高反应速度。

工艺使用的原料有硅锰合金、锰矿、石灰。

工艺采用 2500kW 有芯工频感应炉冶炼。每炉将 15t 硅锰合金热装到炉内，以惰性气体为载体将锰矿和石灰粉喷吹入熔体内部。炉渣碱度控制在 1 左右，熔炼温度为 1350℃。在含硅量降低到 7% 左右时分渣一次，然后继续喷吹锰矿和石灰粉直到含硅量降低到 1% 以下停吹出炉。每炉熔炼时间为 3.5h，单位冶炼电耗为 260kW·h，锰的回收率为 85%，硅的利用率为 90%。生产 1t 锰铁消耗 873kg 锰矿、335kg 石灰。

5.1.4 全热装生产金属锰工艺

金属锰是含铁量低、纯度高的铁合金。在锰还原的同时需要把铁、磷等杂质元素彻底分离。传统的电硅热法生产金属锰工艺由电炉富锰渣冶炼、高硅锰合金冶炼和精炼电炉生产三个步骤组成，见图 5-6。三个步骤的冶炼是分别进行的。在矿热炉的粗炼中，利用选择性还原的原理将锰与铁和磷分离，锰以 MnO 的形式留在炉渣中。富锰渣用于下一步的硅热法还原和硅锰合金生产。

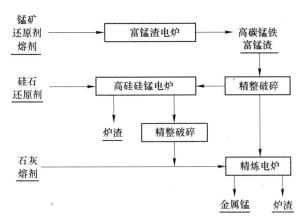

图 5－6 电硅热法生产金属锰工艺流程

金属锰冶炼和中低碳锰铁冶炼使用的原料不同。富锰渣的含氧量远远少于原锰矿，高硅硅锰合金的使用量也低于普通硅锰合金。这些因素使金属锰的单位炉料发热量低于中低碳锰铁。按照热平衡计算金属锰冶炼过程需要补充更多的电能。

在传统工艺中，为了保证产品质量冶炼的中间产品富锰渣和高硅硅锰合金需要冷却后经过精选处理才能供给下一个工序使用。中间产品多次熔化、冷却。由于流程很长，所有原料全部冷装导致冶炼热效率低、电耗高。传统工艺中的电硅热法还原过程产生的含有较高 MnO 的炉渣被废弃，导致锰元素回收率低，造成资源浪费。传统工艺流程长、自动化程度低、劳动生产率低下。采用热装炉料冶炼可以大大提高热效率，缩短冶炼时间，降低产品单位冶炼电耗。

义望铁合金公司开发的全热装工艺生产金属锰工艺由 6 个生产步骤组成，分别是回转窑焙烧锰矿、回转窑焙烧活性石灰、电炉冶炼富锰渣、电炉冶炼高硅硅锰合金、精炼电炉和摇包炉外精炼。全热装工艺中所有原料均以热态进入生产物流系统，见图 5 - 7。

所谓全热装是指冶炼过程的二固四液原料全部实现热装，即锰矿预热和热装入炉温度大于 600℃，活性石灰热装入炉温度大于 700℃；富锰渣、碱性富锰渣、高硅锰合金、液体低硅锰合金全部在液体状态热装到炉内。全热装工艺流程见图 5 - 7。

全热装生产金属锰的难点在于：金属锰生产流程长，多个工艺环节紧密相连，环环相扣，要求所有工艺设备包括原料系统、煤粉、煤气、回转窑、电炉、摇包、除尘设施、输送设施、计量仪表等配置合理，运行可靠，各中间产品质量稳定，产量匹配；锰矿和石灰预热温度高达 800℃以上，热配料、热装技术难度很大；液态金属、富渣的运输和处理过程复杂。为了提高元素回收率所有除尘点

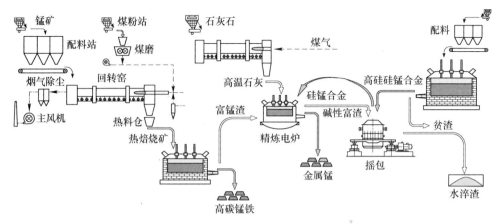

图 5 - 7 全热装工艺流程

的锰尘均须高效率回收，减少炉渣中损失的金属颗粒。全热装工艺自动化程度高，计量和控制配置复杂，对设备的可靠性要求高。

石灰的活性直接影响冶炼过程中石灰成渣速度。冶炼过程中，大量的石灰加入到炉内，缩短石灰的成渣时间将大大减少电炉熔炼时间，提高电炉的热效率。石灰的吸湿性很强。外购的石灰在运输和储存过程中会大量吸收环境中的水分，引起石灰粉化，降低石灰的功能。采用热装石灰可以降低石灰的配入量，降低熔炼能耗。

全热装工艺的技术开发实现了四低一高的金属锰和纯净锰铁产品质量创新，即低磷含量、低碳含量、低硫含量、低硅含量和高锰含量，见表 5 - 5。

表 5 - 5 产品质量对比 （％）

成 分	[Mn]	[Si]	[C]	[P]	[S]	[N]
冷装工艺	约 95	约 1.50	≤0.10	≤0.04	≤0.04	
热装工艺	>97	约 0.50	<0.05	<0.03	<0.02	<0.05

全热装工艺的优越性在于：

（1）显著降低了冶炼电耗。该工艺使用廉价的煤作为回转窑的能源，减少了电炉加热锰矿和石灰所消耗的电能。采用预热和热装可以使冶炼电耗降低 20％左右。

（2）扩大了电炉的生产能力和作用率。由于冶炼产品电耗降低，电炉的生产能力得以扩大。同时，预热锰矿和活性石灰熔化速度和反应速度加快，电炉的负荷可以适当提高，使电炉的生产能力提高 30％以上。采用经过预热的原料炉况稳定，减少了翻渣、喷料引起的热停，减少热停次数和时间，提高了电炉作业率。

（3）全热装技术改善了劳动作业条件，提高了劳动生产率和安全性。

表 5-6 和表 5-7 为全热装工艺与冷装工艺的比较。

表 5-6 金属锰生产各阶段产品的指标对比

工艺/厂家	单位电耗/kW·h·t⁻¹			回收率/%	
	金属锰	高碳锰铁	富锰渣	金属锰	富锰渣
热装工艺	1705	1223	700	89.85	97.25
冷装工艺	3200	2715	1200	73	86
尼科波尔	2400	2000	1037	63.5	81.9

表 5-7 全热装工艺与冷装工艺技术综合指标对比

指 标	单 位	冷装工艺	尼科波尔	热装工艺
冶炼电耗	kW·h/t	11436	11136	7536
综合能耗	kg - 标煤/t	5706	5585	4147
元素回收率	%	64.18	53.16	87.14

通过调整原料和工序，全热装生产工艺也可以用于生产微碳锰铁和低碳锰铁。

5.1.5 电硅热法生产精炼铬铁

绝大多数中低碳铬铁是用电硅热法生产的。生产原料是铬矿、石灰和硅铬合金。

5.1.5.1 铬的氧化物硅热还原机理

在硅热法还原过程中，铬氧化物被硅还原的顺序是：

$$Cr_2O_3 \rightarrow CrO \rightarrow Cr$$

即由 3 价铬转化为 2 价铬，最后被还原为 0 价铬。

在高温条件下，CrO 比 Cr_2O_3 还要稳定。还原炉渣中，CrO 与 Cr_2O_3 的比例与温度、炉渣碱度以及还原气氛等条件有关。高碱度炉渣中 Cr_2O_3 更稳定；而低碱度炉渣中 CrO 更稳定。因此，低碱度炉渣中 CrO/Cr_2O_3 比例更高。以硅还原铬的氧化物反应自由能与温度的关系见图 5-8。

在铬铁冶炼中氧通过 CrO 向熔池中传递。即硅的还原作用使炉渣熔体中的 3 价铬转化为 2 价铬，而在熔渣表面 CrO 重新被空气氧化。通过熔池的运动，增加了金属熔池中的硅被氧化的比例。经验表明，大约有 20% 的硅没有用于 Cr_2O_3 的还原，而是消耗于空气氧化作用。炉外法缩短冶炼时间减少了硅被氧化的比例，使硅的利用率提高了约 10%。

为了改善硅的还原作用在硅热法冶炼中都要以石灰为熔剂。石灰中的 CaO 与

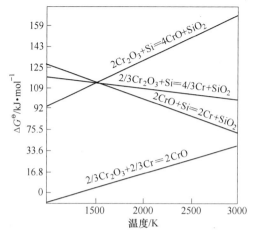

图 5-8 硅还原铬的氧化物反应自由能与温度的关系

SiO_2 反应生成稳定的硅酸盐,降低了熔体中的 SiO_2 活度,也降低了炉渣中 Cr_2O_3 的含量。因此,提高炉渣碱度可以提高合金元素的回收率,使还原反应更容易进行。

但碱度过高会使炉渣带走的 Cr_2O_3 增加;也提高了炉渣熔化温度,增加了冶炼电耗。电硅热法冶炼中低碳铬铁的炉渣三元碱度为 1.9 左右。视操作条件不同炉外法冶炼微碳铬铁的炉渣碱度范围为 1.4~1.8。

5.1.5.2 电硅热法的操作方式

电硅热法冶炼铬铁的加料方式有多种,其特点见表 5-8。

表 5-8 电硅热法加料方式对比

加料方式	操 作	优 点	缺 点
混合加料	炉料混合加入炉内	热利用率高、冶炼时间短	电极增碳
集中加硅铬	先加入铬矿、石灰混合料,熔化后集中加硅铬	含碳量低	熔炼时间长、热损失大、生产率低
分批加硅铬	1/3 硅铬铺底,回渣引弧,加铬矿、石灰混合料,加剩余硅铬	热利用率高、含碳量低	操作复杂
硅铬堆底	炉底铺石灰,加入全部硅铬,引弧后加入全部铬矿、石灰	熔炼时间短	炉衬寿命短
热装硅铬	先加入铬矿、石灰混合料,部分熔化后兑入液态硅铬	电耗低、冶炼时间短	操作复杂

对含碳量要求不高的中低碳铬铁多采用混合加料法,而对于成分要求严格的

微碳铬铁则多采用末期集中加入硅铬的方法，以避免合金增碳。

热装硅铬合金，特别是热装渣洗之后的硅铬合金，可以降低电耗，改进产品质量。但需要有配套的起重设备，操作也比较复杂。

采用留铁法操作可以减少炉渣对炉衬的作用，延长炉衬的寿命。

精炼电炉的电气制度与供热能力和产品的质量有密切关系。熔化期二次电压过低时输入功率小、熔化速度慢；同时，电极与未完全熔化的金属接触会导致电极增碳。因此，熔化期宜采用高电压操作，利用高温弧光加热熔体。遮弧模式操作时未熔化的炉料遮挡住电弧热效率很高。

精炼期炉料全部熔化，完全以明弧方式操作。为了避免过高的热损失，工作电压应该适当降低。3~7MVA 的精炼电炉熔化期的工作电压可高达 300V，而精炼期的工作电压则降低至 200V 左右，电炉输入功率也相应降低了 50%。

5.1.5.3 杂质元素含量的控制

精炼铬铁电炉的主要杂质元素是碳、硅、磷。其他杂质元素则取决于用户要求。精炼铬铁炉渣的硫含量很高，合金含硫量非常低，一般小于 0.005%。

精炼铬铁冶炼杂质元素的来源和控制见表 5-9。

表 5-9 杂质元素的来源和控制

杂质	来源和影响因素	控制措施
[C]	硅铬合金带入，>50%	筛除粉末、硅铬降碳
	石灰带入，<10%	使用小粒度活性石灰、控制石灰质量、筛去粉末
	电极增碳，约40%	改进加料和送电操作、提高电压、避免电极与铁水接触
[P]	50%来自硅铬合金	硅铬合金渣洗降磷
	20%来自石灰	筛去 -5mm 的粉末
	20%来自铬矿	选择低磷铬矿
	10%来自回炉铁等	
	其他措施	提高碱度、提高炉温、多次放渣
[Si]	还原剂过剩	改进操作
	炉渣碱度低	调整配比
	炉温低	提高工作电压、增加耗电量

炉渣碱度对熔炼温度和合金含硅量有显著影响。在相同的温度条件下，采用高碱度炉渣操作可以得到更低的含硅量，见图 5-9。

高 CaO 的炉渣与电极作用生成 CaC_2 是导致电极增碳的主要原因之一。部分采用煅烧白云石可以减少电极增碳机会。但 MgO 含量高的炉渣冷却后不粉化，会使合金夹渣。

电硅热法生产碳含量小于 0.03% 的微碳铬铁品级率低。炉外热兑法更适于生

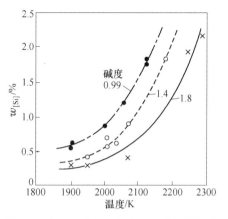

图 5 - 9　不同碱度时温度对含硅量的影响

产含碳量低的微碳铬铁。

微碳铬铁中的气体含量很高。在凝固时气体释放出来，使铁锭外观变差。采用真空处理或盖渣浇注可以减少铁中的气体含量。

5.1.5.4　电硅热法生产铬铁的技术指标

表 5 - 10 和表 5 - 11 比较了几种电硅热法生产微碳铬铁的综合指标。可以看出，炉外法生产的微碳铬铁质量明显好于电硅热法，其回收率和消耗指标也比较好。特别是炉外热兑法与一步法硅铬合金生产相结合，生产含铬高、含硅高的硅铬合金，可使综合指标大大改善。

表 5 - 10　几种电硅热法生产微碳铬铁的回收率、电耗和消耗

方　法		电硅热法（二步法硅铬）			炉外热兑（波伦法）+二步法硅铬			炉外热兑（波伦法）+一步法硅铬		
指标	Cr_2O_3(Cr)	单耗	回收率	耗电	单耗	回收率	耗电	单耗	回收率	耗电
单位	%	kg/t-微铬	%	kW·h/t-微铬	kg/t-微铬	%	kW·h/t-微铬	kg/t-微铬	%	kW·h/t-微铬
铬矿（1）	44	783			467			391		
高碳铬铁	(62)	435	92	1392	259	92	829			
硅铬合金	(35)	580	93	2842	346	93	1694	346	92	2611
微碳铬铁	(62)	1000	82	1850	1000	92	2100	1000	92	2100
铬矿（2）	50	1200			1380			1380		
石灰		1300			1089			1089		
综合指标		矿耗1983	77.4	6084	矿耗1847	81.61	4623	矿耗1771	84.75	4711

注：单耗按基准量计算，铬矿（1）用于高碳铬铁和硅铬合金生产，铬矿（2）用于微碳铬铁生产。

表 5 – 11　不同精炼铬铁工艺的综合指标比较

工艺类型	电硅热法	电硅热法	二步热兑	一步热兑	一步热兑
热装/冷装	全冷装	热装 SiCr	全热装	热装	冷装
工　厂	吉林	吉林	瑞典	日本 DCP	申佳
灰矿比			0.85	0.73	0.77
化渣电耗/kW·h·t^{-1}–渣			1100		
冶炼电耗/kW·h·t^{-1}	1800 ~ 1900	< 1700	2000	1750	2312
产品含碳量/%	0.06 ~ 1.5	0.05 ~ 1.5	0.02 ~ 0.04	< 0.03	< 0.04
铬回收率/%	82	87	> 94	94	82 ~ 87
硅利用率/%	80	80	> 90	> 85	> 95
硅铬合金消耗/kg·t^{-1}	530 ~ 580		615		510 ~ 530
合金含铬量/%	65		73		67 ~ 69
终渣碱度	1.9 ·		1.7 ~ 1.8	1.2	1.9
终渣中 Cr_2O_3/%	< 4	< 4	0.7 ~ 1.5	< 1.5	< 4.0
熔体中 Cr_2O_3/CaO			0.59	0.81	29.14/42.34

5.1.6　电硅热法生产硅钙合金

电硅热法可以用于生产含钙量为 15% ~ 20% 的硅钙合金。其原料由含硅 68% ~ 70% 的硅铁、石灰和 30% 左右的萤石组成。石灰和硅铁的重量比为 1.2。冶炼使用碳质炉衬的精炼电炉。合金和炉渣成分见表 5 – 12。

表 5 – 12　电硅热法硅钙合金生产合金和炉渣成分　　　　　　（%）

合　金	Ca	Si	P	S	C	Al	Fe
	15 ~ 20	55 ~ 62	< 0.02	< 0.02	< 0.1	0.5	余量
炉　渣	CaO	SiO_2	Al_2O_3	C	CaC_2	P	FeO
	63 ~ 68	30 ~ 33	< 1	< 1	0.7	< 0.02	约 2

冶炼电耗为 1600 ~ 2000kW·h/t，硅铁、石灰和萤石的消耗分别是 775kg/t、980kg/t 和 135kg/t。

5.2　炉外法精炼铁合金

炉外法是利用炉外反应器冶炼铁合金的一种方式。炉外法使用的原料来自电炉或原料焙烧装置，在炉外反应器中生产铁合金。炉外法的特点是冶金动力学条件好、反应速度快、设施简单。常用的炉外反应方式有摇包、喷射冶金、倒包、气相搅拌、机械搅拌等。

5.2.1 炉外热兑法生产精炼铬铁

炉外热兑法又称波伦法，是以化渣电炉生产炉渣熔体，在炉外热兑生产出精炼铁合金的工艺。炉外热兑法主要用于生产含碳量小于0.05%的微碳铬铁和微碳锰铁。该工艺的优点是：铬元素回收率高、合金含硅量低（一般在0.1% ~ 0.3%的范围内）、合金气体含量低（含氮量为0.04%左右）。在操作方面波伦法对物料和熔体的计量没有严格要求。

炉外法的主要缺点是：设备和厂房投资大，电耗比电硅热法高，热兑过程中烟气无组织排放，污染严重。

炉外热兑法的应用十分广泛，有多种改进工艺流程。炉渣熔体与液态硅质合金还原剂混合的方法有天车倒包法、翘板混合法、包底吹气搅拌法、摇包法等。按照混合顺序分类的方法有一步热兑工艺和二步热兑工艺。

使用液态硅铬合金作为炉外法还原剂时，反应的化学能过剩，往往造成熔体温度过高，需要补加冷矿降温。采用固态还原剂的反应热能也足以完成反应过程。采用冷态硅铬合金热兑时铬的回收率略低，增加了硅合金的消耗。

5.2.1.1 炉外热兑法工作原理

炉外热兑法工艺中使用的还原剂有液态硅铬合金、冷态硅铬合金、硅铁和金属硅等多种硅质合金。

热兑过程产生的热能分别来自 [Si] 还原（Cr_2O_3）放热和硅的氧化反应放热。

$$[Si] + 2/3(Cr_2O_3) = 4/3[Cr] + (SiO_2) \qquad \Delta H_{2000K} = -5175kJ/kg - Si$$
$$[Si] + O_2 = (SiO_2) \qquad \Delta H_{2000K} = -31873kJ/kg - Si$$

热兑时发生的硅热反应放出大量热量。根据过程的热平衡计算，热兑工艺使用的还原剂为液态硅铬合金时，反应放热量过剩，需要通过控制还原剂加入速度来控制反应速度。反应过于激烈、放热过于集中会使熔体温度急剧上升。这时硅会与熔体或镁砖中的氧化镁反应生成镁蒸气，使熔体沸腾、体积迅速膨胀、使熔体溢出反应器外。为了避免熔体过热，需要加入适当数量的铬矿石来平衡热能。按1kg[Si]与9.5kg熔体反应计算，14.5%的熔体可以以生料的方式参与冶炼过程。

以冷硅铬合金热兑，硅还原放热略有不足。这部分热能只能来自硅的氧化反应，即硅的利用率降低2%左右。

在改进的波伦法双渣工艺中向中间熔体中添加75%硅铁或金属硅可以改善铬的回收率，这时反应热短缺20%左右。在这种工艺中硅的利用率偏低。

热兑过程中还原反应进行的完善程度取决于温度和反应界面。熔体的黏度越小，界面张力越小，越容易使金属熔体与熔渣乳化，相互均匀混合。铬矿石灰熔体与液态硅铬合金界面张力在接触初期不超过 $250MJ/cm^2$。

图 5-10 给出了理论计算得出的热兑过程合金中硅含量与炉渣中 Cr_2O_3 含量平衡曲线。增加合金中硅含量时炉渣中 Cr_2O_3 会相应降低,当接近 1% 时,硅含量对碳含量影响显著减小。图中 A 为热兑过程某一时刻合金和炉渣相应硅含量和铬含量,随着热兑过程的进行二者成分沿着直线 AB 改变。在图中可以作出无数条这样的平行直线来描述不同成分的合金和炉渣热兑过程的变化。图 5-10 中,BB' 系规定的熔炼终点成分。可以看出,只有合金和炉渣的成分进入 AB、$A'B'$ 范围内,才能使炉渣和合金同时到达热兑终点。在停止操作前取样,快速分析合金和炉渣成分,当对应成分在 $CC'B$ 或 $SS'B$ 范围内时,需要添加硅铬合金或铬矿,使其回到 AB、$A'B'$ 区域来。

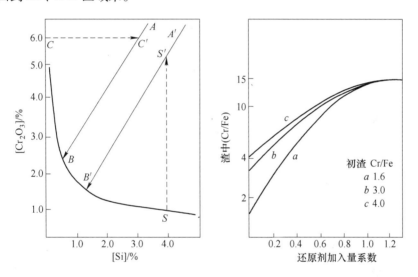

图 5-10 热兑过程渣 - 金属平衡曲线和成分控制图

硅的利用率与熔体中的金属氧化物的价态有关。熔体中的 Fe^{3+} 和 Cr^{3+} 消耗了过量的硅,反应温度越高硅氧化成 SiO 的可能性越大。因此,反应过于剧烈会使硅的利用率降低。电硅热法冶炼工艺中空气中的氧通过炉渣向金属传递,使硅的利用率降低 6% ~8%。溶氧会消耗一定数量的 [Si]。硅的氧化放出热量使熔体升温。

在电硅热法冶炼工艺中电极、碳酸盐矿物是合金增碳的来源。碳在碱性炉渣中是以 CaC_2 的形式存在的。在电硅热法生产中 CaC_2 存在的条件是高碱度炉渣和还原气氛。而化渣炉的氧化气氛使氧在炉渣熔体中溶解,故碳不会存在于炉渣中,也不会还原氧化铁和氧化铬,炉渣传递碳的机会显著降低。因此,波伦法工艺冶炼微碳铬铁的含碳量远远低于电炉硅热法。

5.2.1.2 铬矿石灰熔体熔炼

A 铬矿石灰熔体结构

铬矿石灰熔体是以 CaO 和 Cr_2O_3 为主体的多组分炉渣。铬矿石灰熔体的冶金性能有熔化温度、流动性、氧化性、熔体组成的均匀度、过热度等。在精炼铬铁冶炼过程中炉渣是传递硅、氧、铬、碳的主要介质。

铬矿石灰熔体的熔化温度取决于熔体的离子组成。冷却后的熔体物相鉴定确认其相组成有钙的铬酸盐、铁酸盐和少量的硅酸盐和铝酸盐。熔体的离子溶液是由 2 价的 Ca^{2+}、Fe^{2+}、Mg^{2+} 和 3 价的 Cr^{3+}、Fe^{3+} 阳离子及 O^{2-} 阴离子以及少量的 CrO_4^{2-}、$Si_xO_y^{z-}$ 和 $Al_xO_y^{z-}$ 复合阴离子团组成。

图 5-11 为 $CaO-Cr_2O_3$ 二元系熔度图。熔化温度最低的低共熔温度为 1930℃，其氧化钙含量为 54% 左右。在 $MgO-CaO-Cr_2O_3-SiO_2-Fe_2O_3$ 五元系中，Cr/Fe 在 1~3 范围内、SiO_2 含量小于 30% 时，液相线温度在 1800℃ 以上。在空气中测得的熔体熔化温度与相图差别很大。表 5-13 为试验室测试的印度粉铬矿-石灰熔体熔化温度。可以看出，在灰矿比为 0.6~0.83 的范围内，空气气氛下熔体熔化温度范围为 1335~1345℃。可见，在氧化气氛和惰性气氛测定的铬矿-石灰熔体熔化温度数值差别很大。在氧化气氛中，铬矿石灰混合物在 1400℃ 以下即可出现熔化现象，而在还原气氛熔化温度高达 1800℃ 以上。

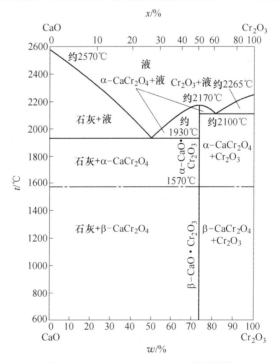

图 5-11 $CaO-Cr_2O_3$ 二元系熔度图

表 5-13　实测的印度粉铬矿石灰熔体熔化温度

灰矿比	0.6	0.65	0.70	0.74	0.78	0.83
熔化温度/℃	1345	1335	1340	1340	1335	1335

图 5-12 为大气环境下的 $CaO-Cr_2O_3$ 系熔度图。与图 5-11 不同的是该体系最低熔化温度为 1022℃，其 Cr_2O_3 含量为 53% 左右。这一组成与图 5-11 的低共熔温度的化学组成相近，但二者温度相差 908℃。这时体系中铬同时以 3 价铬和 6 价铬的形式存在，熔体中 CrO_3 的比例高达 3%。

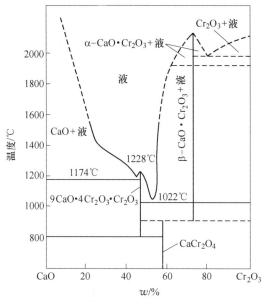

图 5-12　氧化气氛下 $CaO-Cr_2O_3$ 系熔度图

铬铁生产中，熔体的熔炼是在氧化气氛中完成的。熔体的氧化性对熔化温度的影响十分显著。在空气中煅烧或熔化铬矿石灰混合物时 2 价铁氧化成 3 价铁，3 价铬氧化成 6 价铬，使混合物在较低温度出现液相。

采用回转窑煅烧铬矿石灰石混合物时发现：在窑温高于 1200℃ 时回转窑出现明显结圈。高温下新生成的 CaO 和氧化的铬矿发生反应，生成大量低熔点的化合物。继续提高窑温则由于结圈严重而无法维持回转窑运行。

在氧化熔炼过程为了增加熔体的氧化度有时需向熔体吹氧。铬矿石灰熔体的强氧化性杜绝了碳质电极对产品的增碳作用。熔体中不可能存在碳和碳化物，也不存在含碳的金属颗粒。

按照氧化气氛的 $CaO-Cr_2O_3$ 系熔度图，在 Cr_2O_3 含量为 28% 左右时熔体的熔化温度最低。铬矿石灰熔体适宜的出炉温度为 1800~1900℃。当熔体的 Cr_2O_3 增加到 33% 或降低到 25% 以下时由于熔体中存在固相 $CaO-Cr_2O_3$ 或游离 CaO，熔化温度会提高100℃。出炉温度也需随之提高100℃,熔炼电耗增加。熔体中存在固相成分会增大熔体成分的不均匀度,对热兑反应是不利的。

随着氧化铝和氧化铁含量增加,铬矿石灰混合物的熔化温度下降;而随着氧化镁含量增加熔体熔化温度上升。使用含氧化镁高的铬矿石不利于生成成分均匀的熔体。这是因为熔化过程形成了难熔化合物镁铁尖晶石 $MgO \cdot Cr_2O_3$ 和方镁石,密度大的难熔的矿物在熔池中下沉。

决定熔体均匀性的因素除了原料化学组成外,还有原料粒度组成、原料混合程度、加料方式和二次电压。采用固定式电炉熔炼时熔体上部和下部化学成分有一定差别。上部是氧化性较强熔化温度低的熔体,而下部是熔化温度高的含氧化镁和氧化铬高的熔体。

B 熔体熔炼工艺

矿石 – 石灰熔体通常采用可倾翻的敞口电炉熔炼。根据原料和能源特点,有的工艺流程中增加了矿石干燥,石灰煅烧或铬矿石灰混合煅烧工序。

原料热装入炉有利于降低熔炼耗电。铬矿中蛇纹石等杂质含有一定数量的化合水,石灰中有未完全分解的碳酸钙,未经干燥的矿石也能带入炉内相当数量的吸附水。这些是引起化渣炉炉内熔体喷溅的主要原因。入炉的水分含量高还可能增加产品中的氢含量。

合适的铬矿粒度应小于5mm。最好使用精矿不用块矿,因为块矿密度大于熔体且成渣速度缓慢,在尚未全部熔化时即沉入熔池底部使熔体成分发生偏析。石灰粒度小于15mm,粒度小,活性高的石灰熔化的速度快。熔化高温焙烧的混合料要比冷料容易得多。焙烧料的冶炼温度远低于冷料,冶炼过程电炉操作稳定,无喷溅现象发生。这可能是由于焙烧过程有更多的 CrO_3 生成。使用1000℃的高温焙烧料冶炼熔体电耗可以降低 $200 \sim 300kW \cdot h/t$ – 熔体。

日本昭和电工使用低熔点熔体,CaO含量为35%。其终渣碱度为 $1.3 \sim 1.4$。

5.2.1.3 二步热兑工艺

二步热兑工艺原理类似于逆流反应器,还原反应分两个阶段完成。反应过程中分别生成中间合金和中间炉渣。向高铬炉渣熔体中加入的是低硅硅铬合金;向低铬炉渣熔体中加入高硅硅铬合金。冶炼中熔体与合金的走向相反。在每次热兑中反应物都有相对较高的化学势能。这样,可以得到含 Cr_2O_3 最低的终渣和含硅量最低的低碳铬铁。

图5-13为二步热兑工艺物料平衡。图中给出生产1t(实重)微碳铬铁的原料消耗、中间产物数量和化学成分。

5.2.1.4 一步热兑工艺

一步热兑工艺是将硅铬合金一次性加入到炉渣熔体内,反应终点产物是微碳铬铁和废渣。一步热兑工艺相当于多次混合的顺流反应器,没有中间产物生成。

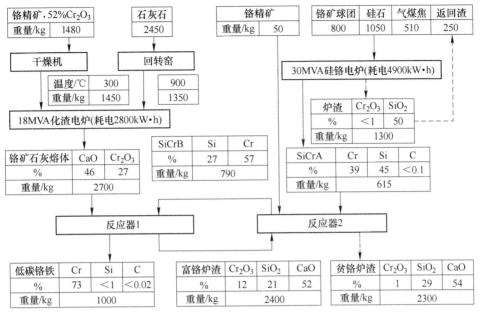

图 5-13 二步热兑法微碳铬铁生产物料平衡图

在热兑的全过程两种物相中主要反应物浓度同时由最高逐渐降低到最低,反应物质的化学势能由最大降至最小。

一步热兑工艺是应用最广泛的工艺,冶炼操作相对比较简单。受化学平衡制约终渣中的 Cr_2O_3 含量要高于二步热兑工艺。

日本昭和电工翘板法一步热兑工艺主要生产设备有 10MVA 化渣电炉、8t 感应炉、翘板反应器等。翘板反应器采用液压驱动装置,其效率很高,在较短的时间内可将熔体由一个反应包倾注到另一个包内。翘板法热兑流程如图 5-14 所示。

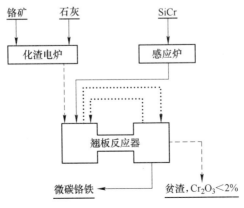

图 5-14 翘板法热兑流程

翘板法热兑中熔体混合效果好, 热损失低。图 5 - 15 为二相熔体 [Si] -
(Cr₂O₃) 平衡图。当两种熔体得到良好的搅拌和混合, 终渣中的 Cr_2O_3 可能降低
到2%以下。

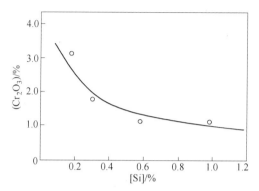

图 5 - 15 二相熔体 [Si] - (Cr₂O₃) 平衡图

一步热兑工艺操作的难度主要来自熔渣和硅铬合金成分波动。工艺对原料成
分的分析和计量要求严。计量和化学成分分析误差会导致元素回收率显著降低,
或产品中的 [Si] 在较大范围波动。如果炉渣中的 Cr_2O_3 分析误差为1%, 会使
回收率降低2.2%。由于反应原理为顺流反应, 终渣含 Cr_2O_3 较高, 因此, 要达
到良好的指标比较难。

5.2.1.5 双渣法

双渣法是将铬矿石灰熔体先后分两次出炉的热兑工艺, 见图 5 - 16。

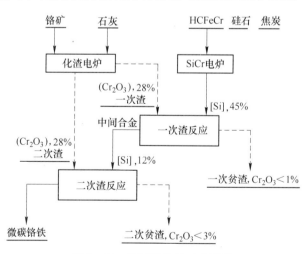

图 5 - 16 双渣法热兑工艺流程

第一次出炉的熔体与含硅45%的硅铬合金反应。反应结果得到含 $Cr_2O_3 <$
1%的贫渣和含硅12%的中间合金。完成贫渣分离后将第二次出炉的熔体注入同

一反应包,通过搅拌或倒包使中间合金与熔体发生反应,最后得到含 Cr_2O_3 为3%以下的贫渣和低碳铬铁。

在电硅热法生产工艺中炉渣和金属的容积比高达 7~8。即使采用多次倒包、吹气等多种搅拌措施也难于使两种熔体充分混合,实现炉渣和金属的化学平衡。采用双渣法的优点在于减少每次反应的炉渣/金属容积比,促进了两种熔体的充分混合。

双渣法工艺相对比较简单,铬的回收率高于一步法工艺。其他指标接近二步法工艺。由于熔渣重量减少也可以使用容积稍小的铁水包和起重天车;厂房和设备投资较低,甚至可以使用常规电硅热法工艺设备。

5.2.1.6 二次贫化炉渣法

二次贫化炉渣法采用硅铬合金和75%硅铁两种还原剂,先后二次贫化铬矿石灰熔体和熔渣,其工艺流程见图5-17[4]。

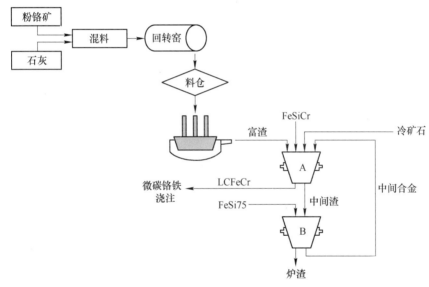

图5-17 二次贫化法冶炼微碳铬铁工艺流程[4]

该工艺的基本原理是针对熔体和熔渣中 (Cr_2O_3) 的差异,利用具有不同化学势的硅铬合金和75%硅铁还原,使炉渣中的 (Cr_2O_3) 降低到最低。

反应第一阶段实质为一步热兑工艺。一步热兑工艺得到的炉渣含 (Cr_2O_3) 仍然比较高,且难于控制其最终含量。二次贫化法增加的75%硅铁贫化炉渣阶段可以将终渣的 (Cr_2O_3) 控制在2%以下。

5.2.1.7 高铬合金的生产

规模生产高铬铬铁应用了选择性还原原理。首先从矿石中分离易于还原的铁得到铬铁比低的金属和铬铁比高的氧化物熔体,以高铬硅铬或工艺硅还原氧化物熔体可以得到含铬量高的高铬铬铁合金。表5－14列出了不同含铬量铬铁的熔化温度与含铬量关系。

表5－14 Fe－Cr二元系液相线温度与含铬量关系

Cr/%	50	60	70	80	90	100
T/℃	1580	1620	1650	1720	1780	1800

为了顺利得到高铬合金必须提高熔体的过热度或提高熔体的氧化度，以增加反应热量。铬铁中的含铬量取决于所使用铬铁矿的铬铁比。采用常规碳热还原和电硅热法流程只能得到与矿石铬铁比相近的铬铁，难以得到含铬量很高的铬铁。为了得到含铬高的硅铬合金，应使用铬铁比高的铬矿用一步法生产硅铬合金。高铬铁生产工艺流程见图5－18。

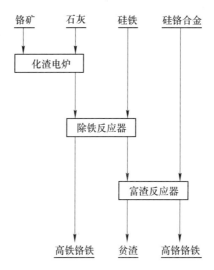

图5－18 高铬铁生产工艺流程

高铬合金生产分成两个阶段进行。

A 铬矿石灰熔体除铁阶段

电炉生产的铬矿石灰熔体与少量硅铬合金反应，使熔体的铬铁比由3左右提高到5以上。按照选择性还原原理，由炉渣熔体中还原出来的铁的比例比铬要高。渣－金属反应接近反应终点时，渣中的铁与金属中的铬存在化学平衡：

$$(FeO) + [Cr] \Longrightarrow [Fe] + (CrO)$$

由表观平衡常数 K' 可以得到炉渣铬铁比与金属铬铁比的关系：

$$(\%Cr)/(\%Fe) = fK'[\%Cr]/[\%Cr]$$

式中 f——系数。

在平衡条件下，$fK' > 1$，因此，炉渣的铬铁比大于金属的铬铁比。金属熔体中的铬铁越高,炉渣熔体的铬铁比越大。

　　B　高铬合金生产阶段

　　利用前一阶段得到的高铬铁比的石灰熔体,采用含铁量极低的工业硅作还原剂进行热兑。炉渣与金属经过充分反应可以得到含铬量大于80%的高铬铬铁。

　　在热兑工艺中采用翘板反应器可以缩短热兑时间,提高过程的热效率,同时包衬损耗较少。采用较低的炉渣碱度可以减少渣量,提高元素回收率。

5.2.2　炉外摇包法生产中碳锰铁

　　电硅热法冶炼中硅锰合金与锰矿的反应是放热反应。按照热平衡计算,利用反应热和原料带入的物理热可以实现无需在冶炼过程补充能源。

　　在常规的电炉法中,脱硅反应主要是在合金熔体-炉渣界面进行的。以电炉为反应器的电硅热法中渣铁界面面积有限,反应进行缓慢,脱硅时间很长,热损失很大。脱硅反应所需的热能来自反应热和外加的电能。

　　采用摇包进行脱硅反应时,炉渣和金属形成乳浊液,反应界面大大增加,脱硅反应速度很快,大大减少了脱硅反应时间,冶炼过程的热损失小。向摇包热装煅烧的石灰和锰矿就可能实现无需外加能源生产精炼锰铁。

　　水岛法[5]是炉外摇包法生产中低碳锰铁的工艺,流程中没有精炼电炉。该工艺由锰矿和石灰预热设备、硅锰电炉和摇包组成,利用炉料的显热和反应的热效应在摇包中生产铁合金。经过预热的矿石、石灰和硅锰合金铁水在摇包运动的作用下,发生激烈放热反应生产出中低碳锰铁和炉渣。水岛法冶炼工艺的热平衡见表5-15。

表5-15　水岛法摇包热装工艺热平衡[5]　　　　　　　(%)

热　量　收　入		热　量　支　出	
锰矿、石灰显热	8.5	金　属	36.3
硅锰合金显热	32.9	炉　渣	36
反应热效应	58.6	化学热	10.7
		热损失	17.0
合　计	100	合　计	100

　　日本水岛厂生产精炼锰铁的主要设备是生产能力5t/h的竖炉和有效容积为13.02m³的摇包。水岛法工艺流程见图5-19。

　　竖炉的优点是热效率高。锰矿和石灰预热采用热风循环式的竖炉,使用电炉煤气为燃料。如使用煤作为燃料,则应确保煤的完全燃烧,避免合金增碳。锰矿和石灰预热温度为500~800℃。

　　在摇包内进行脱硅时,如果矿石中的吸附水和结晶水含量过高,加入硅锰后

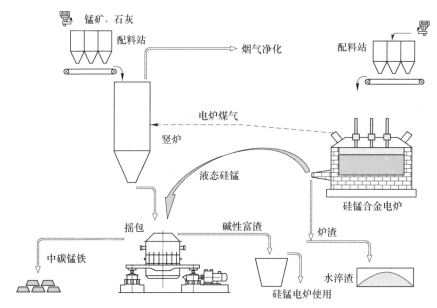

图 5 - 19 水岛法生产中低碳锰铁工艺流程

会出现沸腾现象，危及安全生产。锰矿中的含氧量高，反应放热量高。因此，矿石预热处理仅仅是去除吸附水和结晶水，矿石的氧化度要控制在合适范围。

竖炉预热的锰矿和石灰加入到摇包中，热矿石量占矿石总量的 75% ~80%，冷矿石占 20% ~25%。向矿石表面倾注液态硅锰，70% 的脱硅反应在倾注时进行，30% 的脱硅反应在摇包摇动之后进行，不足的矿石在摇包启动后立即加入。摇包加入的金属和矿石总重控制在 25t 左右。摇包摇动时间约 18 ~20min，出铁 13t 左右。采用计算机控制竖炉温度、矿石含氧量、摇包的装料量、金属和炉渣的组成等。工艺要求快速进行铁水和炉渣成分的测定。

炉外摇包法主要用于生产低磷中碳锰铁。每炉生产磷含量小于 0.08% 的中碳锰铁的典型工艺物料平衡见表 5 - 16。锰渣含有较高的 CaO 和氧化锰，可以作为硅锰生产的原料使用（见表 5 - 17）。

表 5 - 16 摇包法生产中每炉碳锰铁的物料平衡[5] (t)

收　入		产　出	
热锰矿（75%）	10.5	中碳锰铁	12.7
冷锰矿（25%）	3.5	炉　渣	12.8
石　灰	4.5	烟气、烟尘	1.8
硅锰铁水（85%）	8.7	其他损失	1.5
固态硅锰（15%）	1.6		
合　计	28.8	合　计	28.8

表 5-17 摇包法中碳锰铁产品和炉渣成分 （%）

合金元素	Mn	C	Si	P	S
	78.0	1.35	1.31	0.075	0.002
炉渣成分	Mn	SiO$_2$	CaO	MgO	Al$_2$O$_3$
	20.5	34.9	32.2	2.1	1.4

炉外摇包法的优点是工艺流程短、不用电能；其缺点是对原料条件要求严格、产品成分控制难度大。

5.2.3 炉外法生产低碳锰铁

5.2.3.1 锰矿－石灰熔体炉外热兑法

锰矿－石灰熔体热兑工艺可用于低碳和微碳锰铁生产。

锰矿－石灰熔体又称碱性富锰渣，是在电炉中熔炼的。在氧化焙烧时原料中的碳酸盐发生分解，游离碳可以完全燃烧。因此，原料带入的碳含量极低。锰矿－石灰熔化温度很高。由 MnO－CaO－SiO$_2$ 三元系相图（图 2-75）可以看出，在 SiO$_2$ 含量低于 20% 时，熔体的熔化温度高于 1700℃。

法国电冶金公司采用锰矿－石灰熔体热兑方法生产含磷、碳极低的锰铁。该工艺采用 40MVA 电炉熔炼含硅量大于 35% 的硅锰合金；用回转窑在 900～1000℃还原焙烧磨细的锰矿和焦粉；将焙烧过的锰矿粉热装到 10MVA 电炉内熔炼成温度为 1600～1800℃的锰矿石灰熔体；最后将液态低碳硅锰合金和锰矿熔体热兑到反应包或电炉内，使两种熔体发生激烈反应得到低碳低硅的产品。

美国的一项精炼锰铁专利采用钢包内吹入氮气、CO 和 CO$_2$ 气体对硅锰和锰矿－石灰熔体进行搅拌，得到含锰量为 90%、含碳量为 0.04% 的低碳锰铁。

5.2.3.2 炉外法生产低碳硅锰或纯净锰铁

高碳锰铁和中碳锰铁炉渣含锰量在 20% 以上，具有锰铁比高、含磷量极低的优点，采用金属硅和硅铁处理可以把炉渣中的锰降低到 5% 以下，同时得到低碳硅锰。图 5-20 为采用喷吹石灰粉、炉外热兑金属硅和硅铁的设备示意图。

出炉以后将锰渣分离到一个装有透气砖的铁水包中，以 100L/min 的流量吹入氩气；向包内加入适量 75% 硅铁或金属硅，用硅将渣中的锰还原；视温度条件也可加入少量锰矿；用气体搅拌 10min 左右即可完成熔炼，得到低碳硅锰合金。炉外熔炼温度为 1400℃，终渣碱度为 1.1 左右[6]（见图 5-21）。

为了得到低碳低磷纯净锰铁需要对铁水进行脱硅处理。根据热力学计算，这一工艺应分成两个阶段。在第一阶段用硅来贫化渣中的锰，在第二阶段采用底吹氧脱除合金中的残余的硅。或者在第一阶段采用高硅硅锰合金还原渣中的 MnO，使金属熔体中的硅降低到 1% 以下；在第二阶段采用含铝或其他比硅更活泼的金属元素合金贫化炉渣。

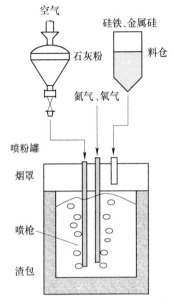

图 5-20 富锰渣生产低碳硅锰示意图

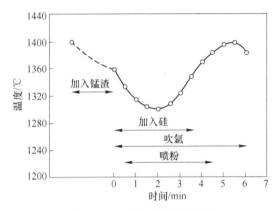

图 5-21 喷吹过程温度变化

这一方法渣铁重量比大于 3，渣铁容积比大于 6。由于渣层很厚，Si 还原 MnO 反应的限制性环节是界面传质，这一工艺能否实现主要取决于动力学条件，采用底吹法或摇包法可以改善渣 - 金属的混合和界面传质速度。此外，控制反应物成分和数量，改善过程的传热也十分重要。

在喷吹初期铁水温度会有所降低，这是由于添加的含硅合金和熔剂熔化吸收铁水显热导致的。随着硅的氧化放热铁水温度会逐步提高。

除了喷吹法以外，还有摇包、倒包等方法。表 5-18 比较了三种方法的效果。在保持合金含硅量和炉渣碱度相同的条件下，喷吹的效果最好。

表 5-18 以富碱性富渣低碳硅锰生产方法比较

工艺方法	炉渣中的 Mn/%	合金中的 Si/%	碱度	锰回收率/%
喷吹法	4.3	18.8	0.94	84
摇包法	9.5	18.8	0.95	66
倒包法	16.1	18.8	0.94	39

5.2.4 炉外热兑法工艺设备

炉外热兑法使用的设备主要有渣包反应器、起重设备、喷吹气体设备、喷粉设备、铁水和炉渣称重设备以及包衬维修设备等，见表 5-19。

表5-19 炉外热兑法主要生产设备

项 目	瑞 典	申 佳	日本昭和电工
硅铬电炉容量/MW	27	10	
化渣电炉功率/MVA	14	6.3	7.5
一炉渣量/t			
天车起重量/t	120	50/15	80
渣包容积/m³	12	6.8	8
熔体重量/t		10	
渣包高度/m		2.8	
渣直径/m		2.5	
包衬寿命/炉	挂渣衬	60~80	
称重设备	天车秤	地中衡	天车电子秤

由于炉外热兑法反应速度快，包衬损毁速度快，炉外反应器维护工作量大。高碱度的铬铁炉渣熔化温度很高，可以用作耐火材料，但其在低温会发生粉化，每炉都需要挂渣修补。专用修补包衬的挂渣机由倾包机构和包体转动机构组成。修包时将热包置于修包机上，而后将适量热渣倒入包内；倾翻机构将包体缓慢倾倒，同时托轮带动包体旋转；包体转动的速度约为0.5周/min；随着包体转动炉渣均匀地在包衬表面凝固，最后形成完整的渣壳。

大部分化渣电炉为可倾动的敞口电炉，使用自焙电极或石墨电极。自焙电极不随炉体倾翻，电极行程较长。炉口上部有排烟罩，将烟气排到电炉烟气净化设施。熔炼中没有气相物质生成，烟气量很少。典型化渣电炉参数见表5-20。

表5-20 化渣电炉参数

工 厂	特洛海姆	米德堡	津巴布韦	昭和电工	申佳
容量/MVA	16	18	10	7.5	6.3
功率/MW		12	8.5	7	5.7
工作电压/V	300	250	240		190
电极电流/kA	33	39			20
电极	自焙	自焙	自焙	石墨	石墨
电极直径/mm	850	970	750	400	400
极心圆直径/mm	2800				1250
炉壳直径/mm	7200/5000	5180	5500		6000
炉壳高度/mm	3060				3500
炉膛深度/mm	2100				1900
一炉化渣量/t	27	12	14	10	10
冷却方式	喷淋水冷	喷淋	喷淋	水套	水套

电炉熔池上部的渣壳可起到保温作用,原料通过中间料管和外围料管直接加到熔池中去。采用旋转炉体的电炉只需要一支外围料管。

化渣炉采用水冷炉壳。炉墙耐火材料只有65mm厚,冷凝形成的假炉衬约100mm厚。

熔炼后期为明弧操作,噪声很大。为降低噪声污染需要将整个电炉上部用降噪声材料包围起来。

熔体的热兑和还原反应是在铁水包内完成的。炉渣熔体和铁水温度一般在1850℃以上。铁水包衬材料采用碱性耐火材料,主要是镁砖、白云石砖、镁铬砖等。高温热蚀作用使耐火材料损耗很快,需要经常修补。

底吹技术应用到热兑法生产铬铁中使得原来在两个反应包内进行的热兑工艺在一个包内完成。采用反应包底吹氩气的方法对熔体进行搅拌,增大了金属熔体和炉渣熔体的接触面积,大大改善了液-液反应动力学条件,省去了倒包作业。热兑过程的热效率得到了很大提高。

采用滑动水口浇注达到反应终点的金属熔体可以最大程度减少炉渣中损失的金属颗粒。由于热效率的提高,可以使用固体硅铬实现两步法工艺生产低碳铬铁,同时可以使熔体和金属的成分得到准确控制。

5.3 铁合金的氧化吹炼

氧化精炼是利用氧气或氧化剂对高碳铁合金进行脱碳的方法。

氧气转炉精炼铁合金的方法与转炉炼钢电炉十分相似,但规模普遍较小,在操作细节上有些差别。高碳铬铁和高碳锰铁含碳量为7%~8%;而高炉铁水含碳量为4%左右。锰铁吹炼温度为1750℃左右,比炼钢转炉高出200~250℃。高碳铬铁吹炼温度更高,比炼钢电炉高出300~350℃。高温吹炼带来的问题是耐火材料损毁、渣铁分离、金属的气化损失等。

与电硅热法比较使用氧气转炉吹炼铁合金具有热效率高、能耗低、生产率高的优点。其缺点是含碳量和含硫量比电硅热法高、合金成分不稳定。在制造成本方面,电硅热法在很大程度上取决于硅锰合金和硅铬合金的费用。使用廉价的国产锰矿制造硅锰成本较高,是国内氧气精炼锰铁法采用较少的主要原因。

图5-22给出了氧气精炼锰铁的脱碳趋势和限制性环节。

5.3.1 氧气精炼方法

氧气吹炼生产铁合金的方法有氧气顶吹法(UCC/MOR工艺)、底吹法(Q-BOP/GFE)、AOD法、顶底复吹法、CLU法、真空氧气吹炼(VOD)、侧吹法等。各种氧气吹炼的工艺特性比较见表5-21[7~12]。

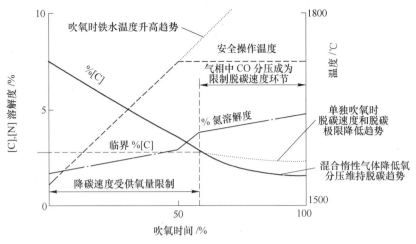

图 5-22 氧气吹炼锰铁的脱碳条件

表 5-21 各种氧气吹炼工艺比较[7~12]

工艺方法		顶吹法	底吹法	CLU 法	顶底复吹/AOD
气体种类		O_2	$O_2 + N_2$	$O_2 + H_2O + N_2$	$O_2 + Ar + N_2$
吹炼温度/℃	锰铁	1550~1650	1650~1700	1670~1710	1700~1750
	铬铁	1750~1900	1750~1850	1750~1850	1750~1850
回收率/%	锰铁	80	>90	>90	92
	铬铁	85	93~98	>92	95
含碳量/%		1.3~2.0	0.8~2.0	1.3~2.0	0.9~1.5
氧气利用率/%		50			75
优点		操作简单、脱碳速度快	产品含碳量低；回收率高	制造成本低、回收率高	产品含碳量低、效率高、成本低
缺点		金属损失量大、不能炼低碳产品	炉龄短、喷嘴需冷却、吹炼时间长	技术难度大	回收率比底吹低、操作复杂、投资高

5.3.1.1 顶吹脱碳法

顶吹脱碳法是将用于炼钢的顶吹转炉用于生产中碳铬铁和中碳锰铁的方法。我国先后有多家企业用顶吹氧气转炉试验和生产精炼铬铁与锰铁。主要工艺过程是：电炉出炉后将高碳铬铁或高碳锰铁注入铁水包；完成分渣、称量后，装入顶吹氧转炉；降下氧枪将氧气喷入铁水脱碳；吹炼后用铁合金还原炉渣中的有用成分；倒入铁水包进行浇注。

MOR 法是用氧气顶吹精炼生产中碳锰铁的方法。铁水最终含碳量为 1.3% 左右，锰的回收率大于·80%。若把碳降到 1% 以下会使锰发生过度氧化，回收率显著降低。

5.3.1.2 底吹法

底吹法是将氧枪布置在转炉底部。底吹有利于熔池搅拌和减少喷溅。

图 5 – 23 为顶吹和底吹铬铁脱碳速度比较。

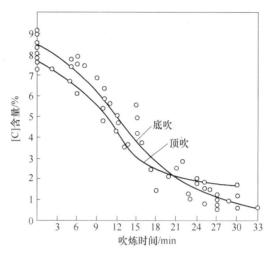

图 5 – 23 顶吹和底吹铬铁脱碳速度比较

底吹喷嘴的总面积取决于供氧强度，喷嘴内径取决于熔池深度。底吹脱碳温度比顶吹温度低。锰铁的脱碳温度为 1650℃，吹炼铬铁的温度为 1800℃。

德国威斯威勒厂采用氧气底吹（Q – BOP）工艺冶炼中碳铬铁，转炉容量为 10t。7 支底吹氧枪呈偏心布置，采用丙烷或天然气冷却喷嘴[13]。

转炉装入 8t 高碳铬铁（含 [Cr]64%、[C]4.8%、[Si]1.0%、[S]0.08%）熔体，用氧吹炼 24min。吹炼过程中铬铁的温度、[Cr] 氧化率和合金中 [C] 和 [Si] 含量的变化见图 5 – 24。吹炼后得到合金的成分为 [Cr]65%、[C]0.82%、[Si]0.05%、[S]0.04%。装入铬铁中的 [Cr] 有 12.8% 被氧化。为了减少铬氧化需提高吹炼温度，但温度过高会造成炉衬侵蚀加快。所以在吹炼开始加入石灰保护炉衬。在吹炼终了炉渣中含（Cr_2O_3）约 50%，加入硅铬合金还原炉渣中的（Cr_2O_3）。还原阶段用氩气代替氧吹炼 5min。并添加石灰生成碱性渣脱硫，将 [S] 降低至 0.003% ~ 0.05%。生产含 [C]<1% 合金时，铬回收率大于 87%；而 [C]<2% 时铬回收率大于 93%。

德国电冶金公司开发了氧气底吹冶炼生产中低碳锰铁的技术（G. F. E. 法）。墨西哥铁合金公司也用底吹氧法制造中低碳锰铁[8]。后者采用容量为 12t 的转炉，通过底吹套管喷嘴向熔池吹入氧气、氮气等气体或混合气体。最终合金含碳量为 1.3%，锰回收率为 91.3%，炉衬寿命为 196 炉次。该转炉的主要吹炼参数是：气流速度为 7.5Nm³/min；氧气和氮气的比例为 1∶1；底吹气体压力为铁水压

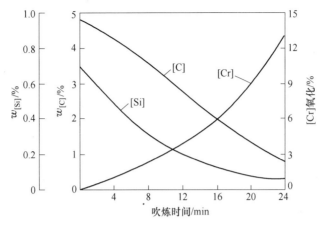

图 5 - 24　底吹中碳铬铁时 [Cr]、[Si]、[C] 氧化进程[13]

力的 10 倍；安装在侧墙的 3 个底吹风嘴距炉底深度为 1/5 熔池高度，沿径向 35°分布。10t(Q – BOP) 转炉吹炼中碳锰铁的供氧速度为 3Nm³/(t·min)，脱碳的速度为 [C]0.19%/min[13]。

氮易溶于锰和铬金属，使用天然气保护喷嘴时要预先除氮，或在达到终点前混吹氩气清洗。

上海铁合金厂底吹转炉采用柴油冷却 5 支直径为 6mm 的氧枪，总截面积为 1.54cm²，吹炼压力为 0.4~0.6MPa，供氧强度为 400~450Nm³/h，品级率和回收率比顶吹有较大改善[11]。

5.3.1.3　氧气—蒸汽混合吹炼法（CLU 法）

CLU 技术是法国 Creusot – Loire 和瑞典的 Uddeholm 公司研制的氧气 – 蒸汽混合底吹炼钢技术，适用于含碳量低的不锈钢的冶炼。采用 CLU 工艺吹炼铬铁可以得到含碳量小于 1% 的铬铁，后来又应用于低碳锰铁的生产。通过底部喷嘴吹入氧、蒸汽和惰性气体混合气体对铁水脱碳。氧气 – 蒸汽底吹 CLU 转炉工作原理见图 5 – 25。

南非 Witbank 的铁合金厂采用装入量为 25t 的 CLU 转炉吹炼中碳铬铁，年生产能力 5 万吨。该转炉采用 3 个底吹喷嘴，以蒸汽作底吹喷嘴的冷却剂。转炉使用的气源有氧气、蒸汽、氮气和空气混合气体。每种气体最大流量为 20m³/min，烟气量为 50Nm³/min，烟气净化能力为 439Nm³/min[14,15]。

CLU 转炉吹炼铬铁过程可分为还原和脱碳两个阶段。

在还原阶段先后向转炉内残留的含铬富渣上加入石灰、白云石和高碳铁水。铬铁中的硅首先用于还原富渣中的铬。当含硅量不足以完全还原渣中的铬时还需要添加 75% 硅铁。石灰和白云石则用于平衡硅氧化产生的 SiO_2，使炉渣维持合适的碱度。在炉渣中的 Cr_2O_3 被完全还原后渣中含铬量降到最低值，将炉渣从炉

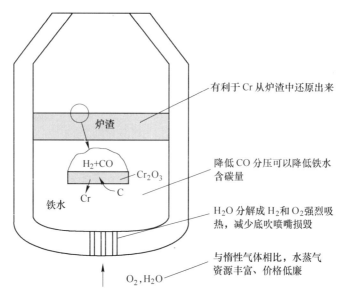

有利于 Cr 从炉渣中还原出来

降低 CO 分压可以降低铁水含碳量

H_2O 分解成 H_2 和 O_2 强烈吸热，减少底吹喷嘴损毁

与惰性气体相比，水蒸气资源丰富、价格低廉

炉渣

H_2+CO　Cr_2O_3

铁水　Cr　C

O_2, H_2O

图 5 – 25　氧气 – 蒸汽底吹 CLU 转炉工作原理

内放出，然后开始脱碳阶段。

在脱碳的同时铬也发生了氧化。含碳量降低时铬的氧化速度随之增加。铬的氧化反应为放热反应，使熔池温度随之提高。通过调整蒸汽/氧气量之比和加入合金碎料来控制熔池温度。在含碳量减低到 2% 时，脱碳速度大幅下降。生产含碳量 1.5% 的中碳铬铁时脱碳速度为 5min/t – 金属量。铁水出炉后含 Cr_2O_3 高的黏稠炉渣留在炉内。

CLU 法的优点是：使用价格低廉的蒸汽作为冷却剂。蒸汽流量易于控制，这对控制熔池温度和维护炉衬寿命很重要。CLU 法对高碳铬铁的含硅量没有要求。当含硅量低时可以通过添加硅铁来补充；当含硅量过高时可以加入铬矿来消耗 [Si]。

5.3.1.4 顶底复合吹炼法

在顶底复合吹氧的工艺中，氧气通过顶部喷嘴吹入，氩气、氮气或氧气通过底部吹入。二氧化碳气体也可用于底吹。

在日本重化工的工艺中，顶枪吹入 80% 的氧气，底枪吹入 20% 的氧气，通过降低吹炼气体中的氧分压达到降低含碳量的目的。

在氧气顶吹转炉中，CO 的生成反应是熔池运动的最主要的驱动力。脱碳反应是由顶部喷入金属液的氧所控制。当氧气吹入熔池较深时，CO 在熔池深处生成，CO 的搅拌作用很强烈。在氧气浅吹时则相反，气流的搅拌作用较弱。底部喷吹的气体有助于加强对熔池的搅拌作用。顶底复合吹炼强化了搅拌作用。试验表明，从炉底部吹入少量的气体就有强烈的搅拌作用。进一步增加底部的供气量，搅拌作用的程度增加不大。底吹气体的强烈搅拌作用使熔池的混合作用不必完全依赖 CO 气体的驱动作用。与单纯顶吹的转炉相比，顶底复合吹炼使熔体更好地达到平衡状态，渣中的（MnO）含量更低，金属喷溅损失小。

在氧气顶吹法中，氧枪的位置起着非常重要的作用。只有氧枪距熔池表面距离合适才能达到氧化降碳的作用。而在复合吹炼法中，除了顶部吹氧降碳以外，底吹的少量氧气和惰性气体混合气体也起着降碳作用。此时，氧枪位置的重要性比单纯顶吹法要小。

氧气顶吹过程供氧速度很高，炉渣中的（MnO）处于饱和状态。吹炼初期炉渣脱碳能力很大。在接近脱碳极限时，脱碳速度降低，吹炼终点含碳量仍会高于理论计算的平衡值。为了控制脱碳速度和脱碳深度，在底吹工艺中采用了氧气与氩气或氮气混合吹炼、降低氧分压的措施。图 5 - 26 为不同氧氮比对合金含碳量的影响[8]。最佳的氧氮比或氩氧比为 1 左右，这时可以得到含碳量小于 1% 低碳的合金。实际生产中氧气消耗为 74kg/t，氮气消耗为 18kg/t，锰的回收率为 91.3%。

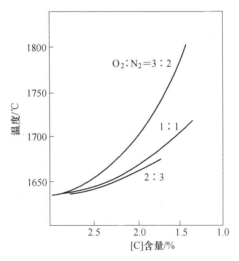

图 5 - 26　底吹气体的氮氧比对产品含碳量的影响[8]

复合吹炼可以分成两种类型，即弱搅拌型和强搅拌型。

弱搅拌型复合吹炼是以吹入惰性气体搅拌钢水为目的，从炉底吹入的气体流量较小。吹入的气体有氮气、二氧化碳等。采用弱搅拌型吹炼有助于延长炉衬寿命，提高产品质量。弱搅拌型的底吹流量为 $0.01 \sim 0.10 \text{m}^3/(\text{min} \cdot \text{t})$，一般低于 $0.2 \text{m}^3/(\text{min} \cdot \text{t})$。强搅拌型复合吹炼是以降低合金含碳量为主要目标，从炉底风口吹入氧气和惰性气体的混合气体。采用强搅拌型吹炼有助于增加转炉产量，生产低碳品级的产品。

强搅拌型的底吹流量为 $0.08 \sim 0.3 \text{m}^3/(\text{min} \cdot \text{t})$。可以向炉内吹入氧气、氮

气、二氧化碳气、氩气等气体。其供氧量可达全部供氧量的 10% 以上。强搅拌型复合吹炼的优点是增加了向铁水的供氧强度，缩短了冶炼时间，有助于延长炉子寿命；由于供氧量的增加，炉底风口不易堵塞，即使发生堵塞也容易清理修复。其缺点是底吹供气量大，致使总投资提高。

在吹炼过程中底部供气元件上部由多孔的凝固铁水和炉渣形成一个蘑菇状物，俗称蘑菇头。蘑菇头覆盖着风口，使风口与铁水隔离，对风口起着保护作用，可以延长风口寿命。在吹炼系统发生故障的时候，也会起防止发生漏炉的作用。

风口的寿命和蘑菇头的形成与供气元件结构关系很大。单管式风口易结渣发生堵塞，风口损耗速度大于 3mm/炉。微孔型组合管供气元件的上部则会形成结构致密的多孔蘑菇头，风口损耗速度为 0.2 ~ 0.4mm/炉。

在风口发生堵塞的时候只要在出铁后通过底吹风口吹少量氧气和氮气，就会使风口凝固的铁水熔化，风口通畅。

顶底复吹的炉衬寿命明显高于单独顶吹。原因是在还原阶段顶吹加入的硅锰合金被氧气氧化的数量多，渣中二氧化硅含量急剧增加，加剧了炉衬的损毁。而采用底吹改善了硅锰合金与铁水反应的动力学条件，硅锰合金主要用于还原渣中的锰。铁水温度和炉渣的成分得到了控制，延长了炉衬寿命。

采用复合吹炼锰的收得率显著高于顶吹。这是因为复合吹炼能有效地把吹炼温度控制在合理水平，减少了锰的挥发和铁水喷溅，也减少了渣量。粉尘量减少约 15%，尘中含锰量降低约 30%，锰的回收率提高 8% 以上。复合吹炼缩短了脱碳时间，提高了氧气脱碳效率，使氧气的消耗降低，也减少了渣量，减少了硅锰合金、造渣料数量。

5.3.2 中碳锰铁的吹炼

高碳锰铁的出炉温度为 1300℃ 左右，而最佳脱碳温度为 1550 ~ 1730℃。在熔池温度低于 1550℃ 时吹氧主要是 [Si] 和 [Mn] 发生氧化；合金中的 [Si] 首先氧化进入渣中，使炉温迅速提高；铁水温度在 1550℃ 开始脱碳反应，在 1600℃ 左右时脱碳率最高；温度高于 1650℃ 脱碳率下降，在 1750℃ 吹氧脱碳结束。

在温度高于 1800℃ 时，锰元素开始大量挥发。熔池温度过高时需要加入冷却剂。吹炼过程炉渣中的 (MnO) 始终处于饱和状态，含 (MnO) 量为 65% 左右。锰的回收率将随入炉金属含硅量的增高而降低。为了提高锰回收率在吹炼后期需要添加硅锰合金还原渣中的 (MnO)。吹炼后合金含硅量为 0.35% 左右。

日本水岛铁合金公司采用转炉和摇包结合生产中碳锰铁和低碳锰铁，操作参数见表 5 - 22[16]。

表5-22 氧气吹炼生产中低碳锰铁操作参数[16]

项 目		单 位	中碳锰铁	低碳锰铁
热装高碳锰铁		kg/炉	13550	13070
冷装高碳锰铁		kg/炉	1070	
铁水温度		℃	1368	1365
铁水成分	Mn	%	74.53	78.21
	Si	%	0.32	0.31
	C	%	6.96	7.03
	P	%	0.098	0.112
精炼温度		℃	1690	1755
精炼时间		min	38.4	56.6
摇包摇动时间		min	15	18
精炼锰铁产量		kg/炉	12980	10640
出铁温度		℃	1596	1606
产品成分	Mn	%	77.44	81.47
	Si	%	0.25	0.23
	C	%	1.86	0.66
	P	%	0.106	0.132
冷却用精炼锰铁		kg/炉	1880	3540
渣 量		kg/t	43	148
烟尘量		kg/t	55	60
高碳锰铁单耗		kg/t	1126	1228
氧气单耗		Nm³/t	75	110
氩气单耗		Nm³/t		19
氧气利用率		%	75.3	68.4
Mn回收率		%	92.2	84.8
炉衬寿命		炉	236	73

5.3.3 中低碳铬铁的吹炼

氧气精炼对中低碳铬铁的脱碳开始温度为1750℃。吹炼终点温度约1900℃。在吹炼终点约78%的铬留在中碳铬铁中，而约21%的铬氧化进入炉渣。加入75%硅铁还原炉渣后，约有90%的铬留在中碳铬铁中。吹炼后铬的回收率与铬铁含碳量的关系见图5-27。

入炉的高碳铬铁含硅量控制在0.5%以上，有助于吹炼温度迅速上升；而在含硅量大于1.5%时会造成炉衬侵蚀过快。

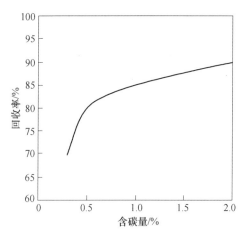

图 5-27 氧气顶吹铬铁的回收率与含碳量的关系

5.3.4 氧气吹炼操作制度

典型的顶底复合吹炼转炉操作制度见表 5-23。

表 5-23 顶底复合吹炼转炉操作制度

操作阶段	准备	吹氧		出渣	吹氧、吹氩气	还原	出铁、补炉
顶吹气体	O	O_2		O	O		O
底吹气体	O	O_2、N_2		O	O_2、Ar、CO_2	Ar	O
化学反应	O	脱硅	脱碳	还原	深脱碳	还原	O
加　料	铁水、石灰	造渣剂、冷却剂		还原剂	造渣剂	O	还原剂	O

5.3.4.1 装料制度和造渣制度

氧化吹炼对铁水含碳量和含硅量有一定要求。铁水含碳量过低,不利于提温。为了弥补碳含量的不足,可在兑入铁水之前向炉内加入适量焦炭,使入炉碳总量在12%左右[19]。吹炼开始时硅先发生氧化,这对铁水提温有利,但产生的酸性炉渣会侵蚀炉衬,同时也增加金属损失。为此,铁水的含硅量应予以控制。为了保护炉衬,脱硅阶段生成的硅酸盐炉渣要及时放出;吹炼含硅高的铁水要添加铬矿、镁砂和石灰等熔剂调整渣型。

炉渣黏度过大会影响氧气射流的穿透深度和脱碳反应。选择合理的渣型才能保证吹炼顺行。

控制含硫量是吹氧中铬工艺的要点之一。用 CaO 造渣可以有效地降低中铬含硫量。为了提高元素回收率,在出炉前要加入适量的硅质合金对炉渣进行贫化。

5.3.4.2 温度制度

吹炼过程中元素的氧化顺序与温度有关。图 5-28 反映了吹炼锰铁时,含碳量与温度的关系。在吹炼的初始阶段熔池温度上升最快，1300℃以下发生的主要是锰氧化反应。在1350～1550℃硅氧化最快，在这一阶段提高熔池温度的热能主要来自锰的氧化；控制脱碳反应的环节是发生在熔体－气相界面的碳－氧反应。在1550℃碳开始氧化；1600～1700℃碳氧化速度达到最大，但熔池温度上升的速度减缓，这时氧化反应的控制环节是通过边界层的氧的传质速度。在1750℃以上锰的挥发和氧化加快，同时，熔池温度迅速上升。

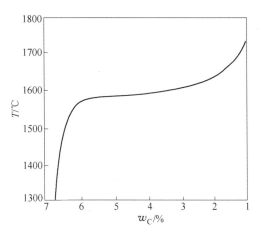

图5－28　吹炼时温度与锰铁含碳量的关系[17]

在冶炼操作上温度在1600℃以下时采用快速升温，温度在1750℃以上宜加冷却剂控温。吹炼温度应尽量保持在1600～1750℃范围内，以加速脱碳反应。应尽量避免1800℃以上的高温，以防止锰的大量挥发。控制温度的方法是加入回收的合金、矿石和熔剂等冷料，其加入量需要根据温度而定。

氧化反应的速度是由供氧强度决定的。调整氧气和氩气的比例可以控制气体的氧分压和氧化反应速度。合理的氧气流速应以达到脱碳反应速度为目的，同时弥补吹炼过程的热损失。

铁水脱碳可分成三个阶段：前期铁水温度较低，熔池发生的主要氧化反应是硅和铬或锰的氧化，碳的氧化较慢；中期铁水温度较高，脱碳速度最快；后期碳的浓度已经大大降低，脱碳速度也大为减缓。图5－29为氧气吹炼铬铁时温度与时间的关系。

吹炼过程的温度控制取决于过程的热平衡。硅、锰、碳的氧化是放热反应；石灰、合金等冷料的熔化，会使铁水降温。此外，熔池表面和炉体散热也消耗热能。温度过高会增大金属的气化损失。铁水温度是通过供氧强度和添加冷料来调整的。

为了最大程度降低熔体的含碳量，减少金属的氧化损失，需要尽可能提高熔体的温度。但提高熔体温度会加快炉衬损毁。吹炼过程中，炉渣碱度和渣中的金

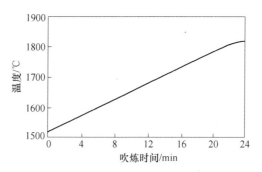

图 5 - 29 底吹中碳铬铁时铁水温度与吹炼时间的关系

属氧化物含量几乎是恒定的。减少渣量有助于降低渣中有用元素的损失，同时降低耐火材料的损耗。

5.3.4.3 供气制度

供气制度的内容包括供气压力、供气种类和供气强度等。供气强度为每分钟供给每吨铁水的气体量。一般氧气吹炼的供氧强度为 $2.5 \sim 4.0 m^3/(min \cdot t)$。供气压力是根据铁水的深度来调整的。

供氧强度对渣中 Cr_2O_3 含量和铬的回收率有显著影响（见图 5 - 30[18]）。供氧强度过低，铁水升温缓慢，铬的氧化速度高于碳的氧化速度；供氧强度过高，铁水中的铬会大量氧化，特别是吹炼末期更为明显。

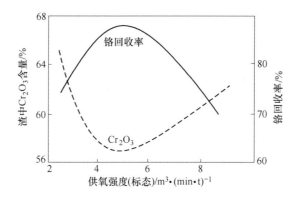

图 5 - 30 供氧强度与铬的回收率和渣中 Cr_2O_3 含量的关系

金属熔体中的 [C] 和 [O] 的数量关系除与温度和热力学平衡条件有关外，还与供氧速度，熔池的搅拌程度等动力学因素有关。脱碳反应主要是在氧气射流和铁水的界面上发生的。顶吹是从熔池上部供氧，高压氧气流股与铁水激烈作用产生一个反应区。气流的冲击和 CO 逸出的搅拌作用创造了传质和传热的有利条件，促使脱碳反应进行。底吹多采用多支氧枪，气流穿过整个熔池，对熔池的搅拌作用更大，创造了更有利的动力学条件。

在氧气－氮气混合气体底吹转炉中，底吹气体的压力大约等于铁水对炉底压力的 10 倍。这样可以保持对金属熔池的搅拌，改善金属－气体之间的接触，同时使金属不致喷溅严重，减少耐火材料的损毁。

为了得到低碳锰铁，顶底复合吹炼转炉要求使用三种以上的气体。即氧气、空气、氩气或氮气，有的还使用 CO_2 和水蒸气。在转炉操作的全部过程中，气体的种类、流量和压力随着冶炼制度变换。

兑入铁水之前，要向炉内吹入空气，以防止喷嘴堵塞。兑入铁水之后要立即吹氧提温；同时底吹少量氮气加强搅拌作用。当铁水中的碳降低到一定程度，继续全部吹氧会使锰大量挥发损失，这时应该吹入混合气体。即吹入氮气和氧气混合气体，氧气和氮气的比例是 1:1。

当铁水含碳量达到目标值以后，为了回收炉渣中的锰，需要向炉内添加硅锰合金。为了使硅充分与炉渣反应，而不发生氧化，需要通过底吹向熔池吹入纯氮气。

吹炼过程供氧速度很高，炉渣中的 MnO 不能与合金中的碳平衡。特别是在接近脱碳极限时，脱碳速度降低，最终含碳量高于理论计算的平衡值。为了控制脱碳速度和脱碳深度，在底吹工艺采用了氧气与氩气或氮气混合吹炼，降低氧分压的措施。

在顶底复合吹氧的工艺中，脱碳吹炼首先从氧气顶吹开始，当含碳量降低到一定程度，停止顶吹。采用底吹氩氧混合气体将含碳量降低到最低。全部采用氧气吹炼时氧气脱碳的效率随着含碳量降低而降低。当含碳量小于 1% 时氧气的效率小于 20%。通过氩氧混吹，氧气的脱碳效率可以稳定在 50% 左右。

5.3.4.4 造渣制度

造渣料有石灰和矿石。加入造渣料的目的是控制温度、脱硫、保护炉衬、减少合金中锰的氧化损失，改善炉渣的流动性。

采用活性石灰可以加快成渣速度。加入铬矿或锰矿可以减少合金中的金属被氧化进入炉渣。由于底吹的强烈搅拌作用，改善了化渣条件。在吹炼前期炉渣熔化较快，从而减少了喷溅。

5.3.4.5 终点控制

MOR 法吹炼中碳锰铁过程中 [Mn]、[C]、[Si] 含量变化见图 5-31。

吹炼终点的判断对于确保产品质量十分重要。主要通过以下几方面来判断：

(1) 炉口火焰长度取决于脱碳反应生成的 CO 燃烧程度。在脱碳末期时，合金中的残碳较少，脱碳效果降低，炉口火焰收缩变短，显得无力。

(2) 氧气消耗量。氧气消耗量与脱碳量有显著的对应关系。根据终点含碳量的不同，1t 高碳锰铁脱碳消耗氧气大约为 70~95kg，1t 高碳铬铁氧气消耗量为 80kg 左右。根据氧气消耗量可以判断合金残留的碳量。

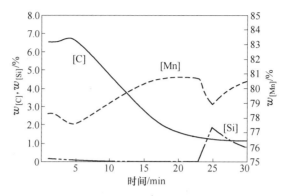

图 5-31 MOR 工艺吹炼过程 ［Mn］、［C］、［Si］含量变化

（3）烟道温度变化状况。吹炼末期，烟道的温度下降。

（4）观察所取铁样断面结晶，或快速分析含碳量。

5.3.5 影响元素回收率的因素

氧气吹炼高碳锰铁的锰平衡见表 5-24。冶炼中的金属损失是不可避免的，在熔炼过程需要适时添加还原剂回收炉渣中的金属，氧气精炼工艺的经济性在很大程度上取决于炉渣和粉尘中有用元素的回收。

表 5-24 高碳锰铁吹炼的锰平衡

收 入				支 出			
项　目	重量/kg	Mn/%	Mn/kg	比例/%	项　目	重量/kg	Mn/%	Mn/kg	比例/%
高碳锰铁铁水	1100	75	825.00	90.71	中碳锰铁	1000	82	820	90.16
硅锰合金	130	65	84.50	9.29	炉　渣	165	28	46.2	5.08
					粉　尘	90.1	48	43.25	4.76
合　计			909.50	100.00	合　计			909.45	100.00

5.3.5.1 气化损失

锰的沸点是 2150℃。液态金属锰具有较高的蒸气压。在高温熔炼过程中锰的蒸发会造成大量金属锰挥发损失，降低锰的回收率。

图 5-32 为金属锰和低碳锰铁的蒸气压与吹炼温度的关系。可以看出，吹炼温度过高会增加锰的气化损失。

为了提高锰的回收率，一定要采取必要的措施控制冶炼过程，减少金属锰的蒸发。影响锰蒸发的因素很多，主要有温度、熔池运动状况、供氧速度和氧的利用率等。其中温度是最主要的因素。在 1800℃时锰的蒸发率是在 1600℃时的 5 倍。在生产实践中发现，当温度低于 1600℃时，锰的挥发很少；1800℃时，平均

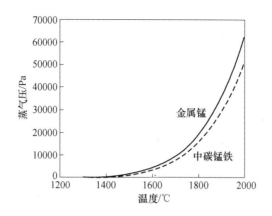

图 5-32 金属锰和锰铁的蒸气压与吹炼温度关系

在 0.5% 以下；1800℃ 以上挥发损失大幅度升高，1900℃ 达到 2.5%；2000℃ 时则达到 6.0%；吹炼终点温度为 2180℃ 时，锰的挥发损失高达 11.8%。为了抑制锰的蒸发损失，需要适当降低吹炼温度。在铁水温度过高时需要向炉内添加冷料降温。

氧气吹炼过程的气化损失是不可避免的。烟尘中有用金属含量很高，如锰尘和铬尘的金属含量在 40% 以上，具有很高的回收价值。

5.3.5.2 炉渣中的金属损失

由于氧与锰和铬的亲和力高于铁，低温吹炼中大量有用金属元素会进入炉渣。吹炼锰铁时炉渣中的（MnO）始终处于饱和状态，含量高达 65%。高碳铁合金中的含硅量过高不仅会加快炉衬的侵蚀，也会加大炉渣中损失的金属。图 5-33 为含硅量和炉渣碱度对吹氧精炼锰铁回收率的影响。为了提高回收率，在冶炼后期必须在炉内添加含硅铁合金以回收渣中的有用金属。

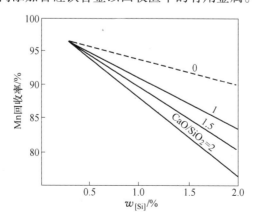

图 5-33 炉渣碱度对吹氧精炼锰铁回收率的影响

5.3.6 氧气转炉

5.3.6.1 氧气转炉参数

氧气转炉的几个重要参数是公称吨位、炉容比、熔池尺寸、供氧强度等。

转炉炉膛容积（V）与装入量（t）之比（V/t）称为炉容比。炉容比大小对吹炼操作、生产指标、炉衬寿命有较大影响。装入量过多会降低容重比，导致铁水喷溅严重。这不仅会造成铁水损失，也对设备和氧枪的维护不利。装入量过少，将使消耗增加。容重比与供氧强度、炉渣量、公称吨位有关。铁合金转炉吨位较小，渣铁比较高，一般容重比为0.9左右。

典型氧气顶吹转炉参数见表5-25。

表5-25 典型氧气转炉参数

吨 位	2.5	6
冶炼品种	铬铁、锰铁	铬铁
吹炼方式	顶吹	顶吹
有效容积/m³	2.55	6.24
炉膛高度/mm	2400	2600
炉膛直径/mm	1140	1600
炉容比/m³·t⁻¹	0.85	
供氧强度/m³·(min·t)⁻¹	4.23	3~4
氧气压力/MPa		0.8~0.9
氧枪直径/mm	19.3	20
扩张角/(°)		8
氧气射流速度/m·s⁻¹	506	
参考文献	[15]	[16]

5.3.6.2 氧枪

氧枪的喷头和喷孔的结构对氧气流股特性、吹炼特性及技术经济指标有很大影响。氧枪喷嘴多采用拉瓦尔型，有单孔氧枪和多孔氧枪。喷头和喷孔的直径取决于氧气流量，即取决于转炉的容量、工艺特点等因素。

在同样的供氧条件下，多孔喷枪能大大增加熔池表面的点火面积，降低单位熔池表面积的氧流能量。单孔喷枪在吹炼过程中会造成喷溅。一些喷溅物粘在炉口需要花费时间清理，使转炉产能降低；而多孔喷枪会减少喷溅。另一方面多孔喷枪吹氧的效率比单孔喷枪效率要低。因此，可以提高炉内CO燃烧的效率，即提高转炉的热效率。

多孔喷枪不能保证强烈吹炼，呈现软吹倾向。在生产低碳产品时脱碳效率降低，熔池易发生过氧化，渣量增加，锰、铁等元素的氧化物含量增加，在含碳量相同的情况下含氮量较高。

吹炼锰铁和铬铁的 3t 转炉，单孔氧枪的喉口直径为 13.5mm，出口直径为 17mm，三孔氧枪的孔径为 16mm。

生产铬铁时多采用三孔氧枪，在吹炼锰铁时采用单孔氧枪。试验表明，单孔氧枪穿透深度大，有利于降碳；三孔氧枪吹炼平稳，回收率较高[14]。

5.3.6.3 底吹喷嘴和透气元件

炉底的供气元件有多孔型透气砖、缝隙式透气砖、环隙式透气砖、单管式风口、微孔型多管式组合风口等。供气元件的设计应能适应底吹气流变化的特点。在底吹过程供气流量变化可高达 10 倍。

转炉的炉底供气管路通过空心耳轴引到炉底。透气元件是由集气室、透气管、进气管和耐火材料构成的。

底吹转炉炉底结构如图 5-34 所示。Q-BOP 底吹喷嘴设在炉底中心的一侧有利于气流对铁水的搅拌作用。墨西哥 Autlan 铁合金公司底吹转炉风嘴的位置位于接近转炉底部炉墙上，共有 3 个风嘴。风嘴的水平中心线距炉底的垂直高度为铁水深度的 1/5。风嘴之间的径向夹角为 35°。

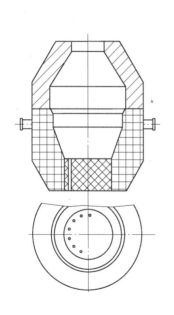

Q-BOP 底吹转炉喷嘴布置

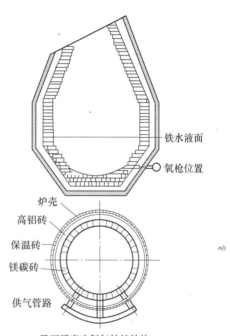

铁水液面

氧枪位置

炉壳
高铝砖
保温砖
镁碳砖
供气管路

墨西哥底吹氧气转炉结构

图 5-34 底吹转炉炉底结构

辽阳厂吹炼锰铁的 3t 氧气顶底吹转炉采用透气砖的端面尺寸为 130mm × 130mm，高 800mm，材质为镁碳砖（含碳 17%）。透气孔采用 6 根 $\phi 3.2 \times 0.6$ 的耐热不锈钢管，在透气砖端面呈圆周分布，其结构和位置见图 5 - 35。透气砖在炉底呈偏心布置，这样布置有利于强化底吹气体对熔池的搅拌作用。这种透气砖只能吹氮气，不能吹氧气。

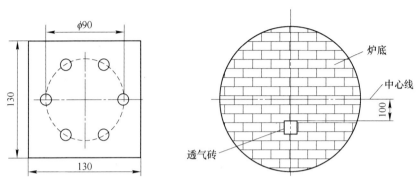

图 5 - 35   炉底透气砖气孔分布和位置图

该厂曾经试验过氧气底吹的工艺。底吹采用 3 只氧枪同时吹。刚开始在高压气流的作用下，在底氧枪的部位形成许多小蘑菇团，但随着时间的延长，这些小蘑菇团形成了一个大蘑菇头，易造成气路不畅通，冶炼工艺难以顺行。由于底吹氧气在喷嘴处燃烧，造成喷嘴寿命短。每个喷嘴只能使用 40 余炉。后来改成 20% 氧气由底吹喷入，底枪的寿命延长至最高 300 炉。使用只吹氮气的多管透气元件炉衬寿命达 200 ~ 300 炉。

炉底喷嘴的搅拌作用导致了局部温度过高，加剧了喷嘴附近耐火材料的损毁。通过喷吹的 CO_2、水蒸气、液化石油气、丙烷和油雾等有机物气体的分解，使局部消耗大量热能，可以起对炉底喷嘴的冷却作用。采用氩氧套管喷嘴，内管吹氧气，外管吹氩气也起一定保护作用。

5.3.6.4   转炉炉衬

氧气吹炼脱碳工作温度很高，转炉炉衬经历着高温热蚀、被气流剧烈搅拌运动的铁水和炉渣对炉衬的冲刷磨损、侵蚀，不断地受到急冷急热引起的剥离作用。氧气转炉要使用耐火度高、荷重软化温度高、体积密度大、热稳定性好、抗渣侵蚀性强的耐火材料。

转炉炉衬由工作层、永久层、保温层组成。工作层多由镁碳砖或焦油镁砖砌筑；永久层由镁砖或高铝砖砌筑。

镁砖炉衬具有耐火度高的优点，但其耐急冷急热性差，炉衬寿命短。镁碳砖是一种不烧成砖，在使用的过程完成烧成过程。镁碳砖是以方镁石为主晶相，碳为基相的碱性耐火材料，是以高纯镁砂和碳素材料采用复合有机粘结剂，如树脂、沥青等结合制成的。镁碳砖的特点是耐高温钢水和炉渣的侵蚀，抗渗透、抗熔蚀能力强；其导热性好，热膨胀系数低、高温结构稳定。

墨西哥的底吹转炉炉衬由保温层、高铝砖层和镁碳砖组成。辽阳氧气顶底复合吹炼转炉的炉衬结构示意图见图5-36。

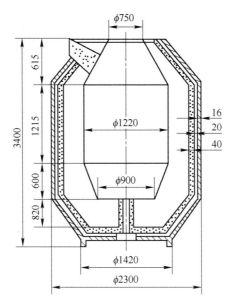

图5-36 容量为3t的顶底复吹转炉炉衬结构

炉衬维护不当是造成炉衬寿命缩短的重要因素。延长炉衬寿命需从炉衬材质选择、筑炉、操作制度、炉体冷却、补炉等几个方面着手解决。

吹炼温度超过1750℃时耐火砖衬寿命会显著降低。因此，顶底复吹转炉的炉衬寿命明显高于单独顶吹。顶底复合吹炼转炉炉龄比氧气顶吹法的炉龄高许多，年平均炉龄在300次以上，最高炉龄可达到380次。

CLU转炉炉墙由焦油白云石砖砌筑，炉底由铬镁砖或白云石砖砌筑。炉底厚度为0.9m，以适应炉底喷嘴部位的损毁。最初的炉龄仅为50炉。通过改进炉渣操作使炉龄提高到平均80炉，最高可达140炉。

顶吹炉衬损毁的部位是耳轴和渣线，耳轴部位的炉衬外部冷却条件较差，是最容易损坏的部位，也是最难修补的部位，主要采用喷补方法来修复。

渣线往往是侵蚀最严重的部位。在渣线和炉底发生局部损坏时，可用焦油镁砂填充损坏的部位。

顶底复吹转炉底部透气砖及周围耐火材料容易发生损毁。透气砖的侵蚀速度为每炉2mm。透气砖通常由多层组成，材质为铬镁砖或白云石砖。

对炉衬进行补炉和及时热修能提高炉衬寿命和转炉的产量。喷补是主要的转炉补炉措施。喷补需要在600~1300℃进行。喷补采用专用的喷补机，用压缩空气将镁砂和固体粘结剂等喷补料喷至要求修复的部位。喷补料应该易于粘附在热耐火材料表面，并迅速凝固和硬化；容易烧结并具有足够的强度；耐高温和抗炉渣侵蚀。喷补机应有最大的喷出量。

溅渣补炉是一种经济而又简便的补炉方法。吹炼铬铁的转炉可以在吹炼中期向炉内添加铬矿和镁砂，造高熔点炉渣；调整氧枪位置和供氧强度使高熔点的炉渣挂在炉墙上，通过调整铁水的装入量对渣线位置的炉衬进行修复。炼钢转炉利用挡渣球先出钢，将炉渣留在炉内；向渣中加入补炉材料，并向炉渣中吹气使高熔点的炉渣溅射到炉墙，达到补炉的作用。

强制冷却技术的应用大大降低了冶金炉对耐火材料性能的要求。许多过去要求采用高级耐火材料的部位采用强制冷却以后可以使用低级别的材料，从而提高转炉的生产率和经济性。在强制冷却下由凝固金属和炉渣在炉衬内表面形成的假炉衬，对高温熔体起隔离作用。为了加强对转炉炉衬的冷却作用，从过去要求使用绝热好的材料改为选择使用导热好的材料。

5.3.7 氧气吹炼技术经济指标

采用氧气顶吹和顶底复合气体吹炼高碳锰铁的典型单位原料消耗见表 5-26 和表 5-27。

表 5-26 氧气吹炼生产中碳锰铁原料消耗和指标

项 目	单位	氧气顶吹(MOR)	顶底复吹	CLU	墨西哥底吹
高碳锰铁	kg/t	约1100	1165	998	1129
石 灰	kg/t	165	151	47	57
白云石	kg/t			27	
硅锰合金	kg/t	90	148.5	210	89
氧 气	Nm³/t	90	70	63	74
氮气/H₂O	Nm³/t	0	约7	21	18
Ar	Nm³/t			4	
锰 尘	kg/t	约90	约250	约30	损失2.5%
锰渣(35% MnO)	kg/t	约120	约250	约200	损失5%
Mn 回收率	%	>85	约90	约92	约91.3

表 5-27 氧气吹炼铬铁生产技术指标

项 目	单 位	氧气顶吹
铬铁含铬量	%	66
铬铁含碳量	%	$1.0 < [C] < 2.0$
高碳铬铁	kg	约1100
氧 气	m³	80~100
铬 矿	kg	约60

项 目	单 位	氧气顶吹
石 灰	kg	约50
硅铬合金	kg	90 ~ 120
75%硅铁	kg	约40
铬回收率	%	>90

5.3.8 矿石精炼法

矿石精炼法是利用难熔铬铁矿对高碳铬铁进行精炼生产中碳铬铁的工艺。熔炼采用功率为 3 ~ 7.5MW 倾动电炉。

在矿石精炼法中脱碳反应的氧化剂是铬铁矿，还原剂是高碳铬铁中的碳。反应是按下式进行的：

$$FeO \cdot Cr_2O_3 + 4[C] = 2[Cr] + [Fe] + 4CO$$

矿石精炼法用一步法或二步法生产中低碳铬铁[19]。二步法使用的铬铁原料来自高碳铬铁电炉。一步法在同一座电炉里完成高碳铬铁和中碳铬铁生产。图 5 - 37 为矿石精炼法原理示意图。

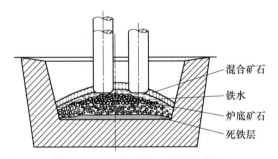

图 5 - 37　炉底难熔矿石层示意图

炉底残留难熔铬矿对矿石精炼法至关重要。入炉的矿石中大约有 50% 的块矿沉积在炉底上，呈平铺的鹅卵石状。通常难熔的铬矿石 MgO 含量高，SiO_2 含量小于 5%。为了改善炉渣的流动性冶炼中需要向炉渣熔池中加入硅石或 SiO_2 含量高的炉渣。

5.3.8.1　二步法精炼

二步法精炼使用的电炉容量多为 3000 ~ 4000kVA。

出炉之后将粒度为 25 ~ 50mm 的难熔铬矿、返回渣均布在炉底上，向炉内注入高碳铬铁铁水。熔炼过程铬矿石对铁水脱碳，并形成黏稠的炉渣。添加适量硅石可以改善炉渣的流动性。粉矿会在脱碳反应发生前进入炉渣，很难实现彻底脱碳，得到黏稠的炉渣和含碳量大于 3% 的合金。使用粉矿冶炼电耗会高于

6000kW·h/t。表 5-28 为二步法冶炼指标。

表 5-28　二步法矿石精炼冶炼指标

电炉容量	中碳铬铁		原料消耗			
	平均出铁量	含碳量	电耗	铬矿	高碳铬铁	电极糊
kVA	kg/炉	%	kW·h/t	kg/t	kg/t	kg/t
2500	3410	2.0	3300	380	1100	52
3500	3820	2.2	3100	490	1100	50
4000	4750	1.8	3150	420	1060	52

5.3.8.2　一步法矿石精炼

冶炼第一阶段是生产高碳铬铁。将铬矿、焦粉和熔剂加入电炉后送电。矿石和焦粉可以分批加入炉内。经过一段冶炼时间后炉渣中的 Cr_2O_3 降低到 6% 以下，生产出含碳量大于 5% 的高碳铬铁。根据炉渣的流动性和 Cr_2O_3 含量，炉渣可分几次放出。

冶炼的第二阶段是脱碳精炼。向炉内加入铬矿开始氧化脱碳操作。位于炉渣层和金属层中间的矿石层与高碳合金熔体反应。反应产物炉渣进入渣层，CO 从炉口逸出。

一步法矿石精炼铬铁操作结果见表 5-29，生产中碳铬铁指标见表 5-30。

表 5-29　一步法矿石精炼铬铁操作结果　　　　　　（%）

精炼前铁水和炉渣成分				精炼后铁水和炉渣成分		
(Cr_2O_3)	(FeO)	[C]	[Cr]	(Cr_2O_3)	[C]	[Cr]
33.2	2.91	5.90	68.4	6.4	1.04	70.1
35.4	4.86	6.60	68.9	6.8	1.9	68.2
40.2	2.96	5.95	69.8	3.2	1.75	68.2

表 5-30　矿石精炼法生产中碳铬铁指标

序号	指　标	单　位	2500kVA 电炉	3750kVA 电炉
1	冶炼电耗	kW·h/t	8700	8570
	其中：精炼电耗	kW·h/t	2100~2600	
2	铬矿消耗	kg/t	2330	2475
3	焦　炭	kg/t	620	643
4	产品含碳量	%	1.43~1.88	1.75
5	产品含铬量	%	71.07	70.9
6	电极糊	kg/t	75~90	
7	含硫量	%	0.035~0.055	
8	渣中 Cr_2O_3 含量	%	3.2~7.1	

5.3.8.3 一步法电炉吹氧精炼

电炉吹氧法是将矿石精炼法与氧气吹炼结合起来的一种生产方法。

精炼电炉熔炼为 7500kVA，炉膛直径 4m。出铁后向炉底铺入 2t 铬矿，而后向炉内加入 10t 含碳量为 4% ~ 6% 的高碳铬铁铁水。随后在铁水上部加入厚约 0.04m、重约 0.5t 的石灰。加料完成后送电，炉底铺矿的目的是保护炉衬。

炉料熔化后铬矿与铁水开始反应，反应生成的 CO 气体使铁水沸腾。

这时，开始吹氧操作，氧气压力为 1MPa。在铁水含碳量降低到一定程度时，铁水升温停止并开始降温，这时再次送电重复提温和吹氧操作。经过二次吹炼周期，铬铁含碳量降低到 1.5% ~ 2%，但炉渣中 Cr_2O_3 含量较高。为回收炉渣中的铬需要向炉内加入硅铁或硅铬合金。

矿石氧气精炼法电耗为 1750 ~ 2400kW · h/t。

5.4 铁合金炉外精炼技术

铁合金炉外精炼是在铁水包中完成的。常用的铁合金炉外精炼工艺有摇包精炼、真空处理、顶底喷吹处理、喷射冶金、渣洗处理等。

除了硼和磷以外，大多数非金属元素在硅质合金中的溶解度十分低，通过炉外精炼处理可以去除合金中的这些杂质。铬、钛、钒等金属元素可以无限溶解于铁合金熔体，炉外精炼去除铁合金中此类杂质的难度很大。

5.4.1 炉外氧化精炼

炉外氧化精炼使用的氧化剂有氧气、氯气和压缩空气。合成渣氧化精炼中氧化剂为铁矿或铁鳞，即 Fe_2O_3 和 Fe_3O_4。

喷吹是最常用的硅铁和金属硅炉外精炼手段。喷吹的气体介质有氯气、氧气、空气、氩气、氮气等。在炉前向铁水包中喷吹氯气、氧气或压缩空气，可以降低硅铁或工业硅中的铝、钙含量。喷吹方式有顶吹和底吹两种。图 5 - 38 为喷吹气体处理原理图。

5.4.1.1 金属硅和硅铁的氯气精炼

氯气精炼早期用于金属硅的炉外处理。氯气是一种强氧化剂，精炼过程中铝和钛以气态氯化物的形式进入气相而脱除。这一过程是选择性氧化过程，与氯亲和力大的元素钙、铝先发生氯化，与金属硅和铁分离。采用石墨管向金属硅熔体深部喷吹氯气可以使金属硅中铝含量降低到 0.01% 以下，钛含量降低 40% ~ 50%，碳和钙含量可以降至微量。精炼 1t 金属硅约消耗 15kg 氯气。除了氯气以外其他含氯的气体，如 $SiCl_4$、CCl_4 等也可用于代替氯气在惰性气体氩气或氮气保护下进行吹炼。图 5 - 39 为氯气消耗量与 [Ca]、[Al] 含量的关系。

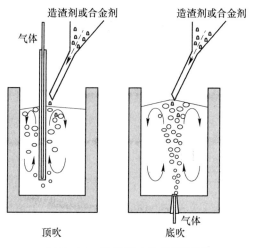

图 5 - 38　炉外喷吹处理原理图

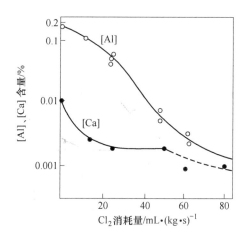

图 5 - 39　氯气消耗量与 [Ca]、[Al] 含量关系

　　在氯化精炼中以 $SiCl_4$ 形式损失的硅数量很少。

　　需要注意的是，氯气是有毒气体，在氯化精炼现场必须采取有效的防护和环保设施，以减少对操作人员的危害和对环境的污染。

5.4.1.2　氧气精炼

　　在金属硅和硅铁的氧气精炼中氧向金属熔体传递，炉渣与金属间存在的平衡主要是气相氧分压与熔体中 [O] 的平衡，以及熔体中 [O] 与 [Al]、[Ca] 之间的化学平衡。在金属硅熔体中的 [O] 含量为 0.04% ~ 0.7%。图 5 - 40 为金属硅和硅铁熔体中氧气的溶解度与温度关系[18]，图 5 - 41 为硅铁和金属硅中 [O] 与 [Al] 含量关系（1550℃）。

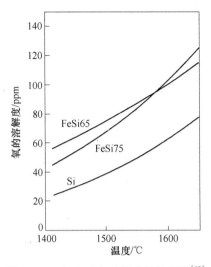

图5-40 氧在硅和硅铁中的溶解度[18]

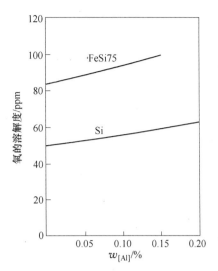

图5-41 硅铁和金属硅中 [O]
与 [Al] 含量关系 (1550℃)[13]

在吹氧精炼中，氧气向金属熔体传递，溶于硅或硅铁的 [O] 与熔体中的 [Al]、[Ca] 发生反应：

$$O_2 = 2[O]$$
$$2[Al] + 3[O] = (Al_2O_3)$$
$$[Ca] + [O] = (CaO)$$

炉渣与熔体中存在 [Ca] 与炉渣中的 (Al_2O_3) 的平衡：

$$(Al_2O_3) + 3[Ca] = 3(CaO) + 2[Al]$$
$$k = a_{(CaO)}^3 \cdot a_{[Al]}^2 / (a_{(Al_2O_3)} \cdot a_{[Ca]}^3)$$
$$a_{(Al_2O_3)} = a_{[Al]}^2 \cdot a_{(CaO)}^3 / (k \cdot a_{[Ca]}^3)$$

图5-42反映了顶渣中 (Al_2O_3) 含量与 [Ca] 和 [Al] 的变化趋势。在顶渣中 (Al_2O_3) 增加时，熔体中的 [Ca] 会降低，而 [Al] 会增加。

在气泡表面氧化生成的 SiO_2 会被熔体中的 [Al] 还原，直至达到平衡条件。由于钙先于铝氧化，故氧化精炼初渣中的 (Ca)/(Al) 高于硅铁中的 [Ca]/[Al]。硅铁中的钙降低得更快些。熔体中的硅、铝和钙与氧反应在气泡内部形成一个三元系炉渣渣膜。图5-43显示了吹氧精炼中顶渣成分的变化。

如图5-43所示，在顶渣不参与精炼反应时，[Al] 含量由 1.5% 降低到 1.1%，[Ca] 由 0.5% 降低到 0.05%，即精炼反应由 A 向 B_1 进行。顶渣参与精炼反应时，[Al] 含量由 1.5% 降低到 0.7%，[Ca] 由 0.5% 降低到 0.04%，即精炼反应由 A 向 B_2 进行。

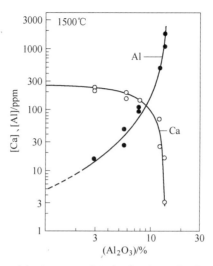

图 5-42 顶渣（Al_2O_3）含量与［Ca］和［Al］的关系[18]

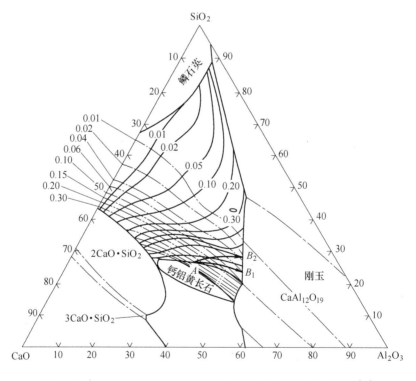

图 5-43 精炼 75% 硅铁顶渣成分与［Ca］和［Al］含量关系[20]

（精炼温度为 1550℃；点划线为［Ca］含量，实线为［Al］含量）

在吹氧精炼过程，氧需要通过气泡－渣膜和渣膜－金属两个界面才能完成传质过程。反应的限制性环节与反应阶段有关。在精炼初期，氧向渣-金属界面传递或硅酸盐中的 Si—O 键断裂可能是反应的限制性环节。而在杂质元素含量很低时，杂质元素向界面的传递则成为限制性环节。

通过吹氧精炼硅铁和金属硅能够稳定得到铝含量小于 0.01%，钙含量小于 0.005%，钛含量小于 0.010%，碳含量小于 0.010% 的高纯度硅铁和高纯的化工级金属硅。一般顶吹采用空心碳棒或通气管吹氧气，底吹采用透气砖吹氧或混合气体。吹气时间 10~15min，氧气压力约为 0.1~0.2MPa，吹氧后将铁水包镇静 3~4min 后扒渣浇注。

也可以采用压缩空气吹炼生产低铝硅铁。当硅铁流入铁水包时，将粒度为 5~25mm 的铁矿、石灰、硅石等合成渣料连续加入熔体中。出炉完毕后，将压力为 30kPa 的压缩空气吹入熔体中。吹炼时间约为 15min。合金经处理后，铝含量小于 0.5%，硅损失量约为 1.0%，而含氮量没有明显增高。

在精炼初期，氧的利用率为 100%。随着精炼过程的进行，渣中含铝量逐渐增加，炉渣黏度越来越大，氧化效率逐渐降低。

吹氧精炼时铁水温度变化见图 5-44。吹氧初期铝、钙的氧化使铁水温度有所提高；而后随着铝、钙含量降低铁水温度下降。

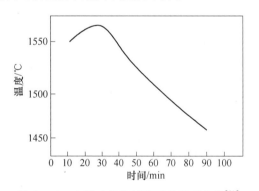

图 5-44　金属硅炉外精炼时的温度变化[21]

吹氧精炼过程向铁水包加入的造渣剂由铁矿、萤石和硅砂配制而成。造渣剂既是氧化剂，又是吸附剂。精炼反应产生的（Al_2O_3）、（CaO）等上浮的氧化物和 SiC 炉渣会由气泡携带向上运动并聚集长大，最后被顶渣吸附。造渣剂数量为 5%~8%。

金属硅的精炼过程所产生的熔渣密度与金属熔体十分接近。酸性渣密度为 2.3~2.5g/cm³，可以浮在金属上部。呈碱性或 Al_2O_3 高的熔渣密度为 2.5~2.7g/cm³，密度大于金属熔体。气泡上浮推动炉渣金属液的运动也会使这些非金属夹杂粘结到包衬上。

采用底吹方法不仅可以去除金属硅和硅铁中的铝和钙，还可以大幅度降低金属液中的固体夹杂物。这些夹杂物大多数是碳化物和氧化物的混合物。据克来文[22]，75%硅铁的夹杂含量为150~220ppm，平均粒径为3.28~4.2μm。采用铁水包底吹搅拌可以使硅铁的夹杂物数量降低50%~80%。

底吹的搅拌作用很好，使包内添加的造渣剂与金属可以较好地接触，比较容易实现化学平衡。SiC很容易被碱性炉渣润湿而很难被酸性炉渣润湿。在精炼中SiC会被碱性渣吸纳，并被其分解。顶吹的搅拌作用十分有限，往往不能使顶渣完全发挥作用，采用喷吹熔剂显得更为有效。

氧气精炼硅铁和金属硅消耗指标见表5-31。

表5-31 氧气精炼硅铁和金属硅消耗指标

序 号	指标名称	单 位	75%硅铁
1	金属损失量	%	2
2	硅 砂	kg	75
3	石 灰	kg	5
4	氧 气	Nm³	1.5
5	压缩空气	Nm³	12
6	透气砖寿命	次	150

5.4.1.3 合成渣氧化精炼

合成渣精炼主要用于硅铁精炼。氧化铁对铁水的精炼反应如下：

$$(FeO) + 2/3[Al] === [Fe] + 1/3(Al_2O_3)$$
$$(FeO) + [Ca] === [Fe] + (CaO)$$

精炼反应的结果是硅铁中的钙和铝得到降低，而生成的铁进入合金会使硅铁的含硅量降低（见表5-32）。

表5-32 硅铁和工业硅精炼用合成渣配比

造渣料	微硅粉	石英砂	萤石	铁鳞	纯碱	石灰
比例/%	25	30	11	10	10	14

由于氧化性渣精炼反应发生在渣金属界面，渣-金属熔体的混合和搅拌作用对精炼效果影响很大。常用的搅拌方法有倒包、气体搅拌、摇包和分解气体搅拌等方法。

菱铁矿或石灰石热分解产生的CO_2气体可以对熔体起搅拌作用。$FeCO_3$、$MgCO_3$和$CaCO_3$的分解温度分别为450℃、730℃和950℃。菱铁矿的密度为3.7g/cm³，比合成渣密度高，与硅铁铁水密度接近或略高。在精炼时菱铁矿颗粒会沉入铁水。分解反应产生的气体所起的搅拌作用更强。

在合成渣精炼中氧化铁的效率约为70%。在精炼含铝2%的75%硅铁时，为得到含铝量小于1%的硅铁需要加入3%～5%的铁矿。同时，硅铁的含硅量会减少2%左右。

合成渣渣洗时间和次数由质量要求和金属中的钙、铝含量而定。一般采用摇包渣洗时间为10min左右。为了得到含铝量小于0.1%的硅铁需要渣洗2次。精炼后铁水温度降低40～80℃。渣洗脱铝率20%～50%[23]。硅铁精炼前后炉渣组成见表5－33。

表5－33　硅铁精炼前后炉渣组成　　　　　　　　（%）

成　分	SiO$_2$	CaO	CaF$_2$	FeO	Al$_2$O$_3$
精炼初期	55～45	25～30	10～13	8～10	5
精炼后	45～48	27～28	2	2	18～22

采用摇包处理时，合成渣的加入量为硅铁量的13%～17%，使用的精炼材料为硅砂、生石灰、萤石和铁鳞。处理前铁液中含铝量为1.4%～2.5%时，摇包处理10min可使铝降至0.5%以下；若要使铝降至0.05%以下，则需把处理时间再延长5～10min，或换渣再次处理。

炉渣流动性对精炼效果影响很大。调整FeO和CaF$_2$含量会改善炉渣流动性，但也会加大炉渣对包衬的侵蚀。

5.4.2　炉外降碳

熔体中的［C］和［Si］存在化学平衡。熔体中的碳硅平衡随温度改变而发生移动。温度越低，碳在硅合金中的溶解度越小。硅系铁合金炉外降碳都是利用这一原理。图5－45为硅铬合金中碳的溶解度与含硅量和温度的关系。

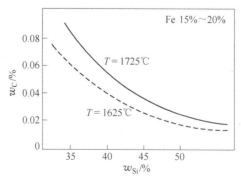

图5－45　碳在硅铬合金中的溶解度与含硅量和温度的关系

在炉外降碳中，碳以碳化物的形态从熔体中分离出去。碳化硅的密度（3.178g/cm³）比硅合金熔体（5.08g/cm³）要小得多，在析出时会上浮到熔体表面。为了降低铁锭表面含碳量，在金属尚未完全凝固之前需将铁水上部的含碳高的渣层除去。在低硅合金中碳以复合的硅碳金属化合物的形态存在。例如在含硅量低于25%的硅锰合金中主要的碳化物是（Mn，Fe）$_3$（Si，C）。这种碳化物的密度较大，难与金属彻底分离。

金属熔体冷却时，金属凝固速度往往高于碳化物析出和上浮的速度，合金中实际含碳量远远高于平衡值。增大碳化物的颗粒度有助于加快碳化物与金属的分离程度。但是，熔体的黏度随着温度降低而急剧增大，上浮的碳化物上浮往往凝固在铁锭的上部。因此，降碳措施应从改善碳化物颗粒的运动状态入手。

5.4.2.1 降温法

经验表明：硅铁铁水温度降低200℃，金属中的含碳量可以降低84%。采用铁水镇静，倒包和摇包法降温，可以使硅铁或硅铬浇注温度控制在1400℃以下。在降温过程密度低的碳化物会缓慢上浮。

含硅28%~32%的低碳硅锰镇静前含碳量为0.13%~0.17%，经过镇静处理后含碳量可以低至0.05%~0.07%，降碳率达55%~65%。

但过低的温度会使液态合金黏度急剧增加，不利于渣铁分离。

5.4.2.2 摇包脱碳

摇包降碳是最常用的炉外降碳方法，常用于高硅铁合金炉外处理。硅铬合金利用摇包脱碳，脱碳率可达90%以上。

摇包运动使金属熔体处于运动状态，为析出的碳化物形核，晶核长大、上浮和被炉渣吸附创造了有利条件。在摇包运动状态下，碳化物夹杂颗粒长大速度可达静态的数十倍，其上浮速度也由此增加数十倍。铁水运动增加了铁水和环境的热交换面积，可以加快铁水降温的速度。在使用摇包对硅铬合金降碳时，在10~15min内，硅铬合金熔体的温度可由1700℃降低到1400℃左右。摇包中的液体金属处于临界速度运动状态，硅铬合金与低熔点的脱碳剂充分混合，碳化物被熔渣所吸附。采用金属重5%左右的CaO-CaF$_2$渣系或微碳铬铁渣作脱碳剂可起到较好的降碳作用。由于摇包中的金属熔体始终处于运动状态，熔体内部的温度分布均匀，金属粘包损失大大减少。为了进一步降低合金含碳量，摇包处理后铁水还要镇静5~10min，使浇注温度控制1400℃左右。采用摇包处理脱碳率为98%以上[24]。

5.4.2.3 渣洗工艺

用精炼铬铁炉渣对硅铬合金渣洗是有效的降碳措施。硅铬合金渣洗还能回收铬铁炉渣中的Cr$_2$O$_3$。渣洗降碳可以使用倒包法，也可以使用摇包法。用精炼铬铁炉渣渣洗硅铬合金也是降磷的有效措施。

渣洗降碳的原理与碳化硅的表面性能有关。铁合金对碳化硅的润湿性很差，而炉渣对碳化硅的润湿性很好。在对铁合金进行渣洗过程中，温度降低促进了碳化硅从铁合金中分离。碳化硅的密度小于合金，析出后会漂浮在金属熔体之上。

在与炉渣接触的过程，碳化硅被炉渣润湿而粘附在渣上，脱离了合金熔体。

5.4.2.4 喷吹气体降碳

硅系合金冷却过程结晶析出的碳化物颗粒极为细小，难以从金属中彻底分离。通过透气塞底吹或顶吹喷枪向熔池吹入气体可使包内铁水循环流动并降温。分散的碳化物会吸附在气泡的渣膜上随之上浮和聚集。吹气搅拌使包内铁水温度均匀，金属浇注损失减少。采用这种方法精炼 75% 硅铁脱碳率可达到 80%。

碳极易与氧结合，喷吹氧气几乎能使全部游离的碳迅速与氧结合并析出铁水。吹氧过程加强了氧与游离碳的结合，也加强了合金的搅拌，改善了碳化物的析出条件，使碳化物能迅速脱离铁水。碱性炉渣对碳化硅的浸润良好，上浮的 SiC 可被渣相吸附。精炼降碳的能力取决于顶渣的性质和搅拌程度。

顶吹喷枪的孔径宜小不宜大，过大的气泡对降碳不利。

5.4.2.5 重熔法

碳化硅与工业硅、硅铁等高硅质合金密度相差不大。凝固时弥散在合金中的碳化硅多分布在晶界。重熔时碳化物颗粒会聚集长大，由金属中分离出去。降碳幅度可达到 80% 以上。重熔后 75% 硅铁和硅铬合金含碳量可以降低到 0.03% 以下。

5.4.2.6 其他方法

其他方法还有：

（1）采用下注方法浇注可以避免上浮的碳化物在浇注中再次混入金属。

（2）采用较深的锭模可使金属缓慢冷却，为碳化物上浮创造充分条件，金属凝固以后剥离高碳层。

5.4.3 铁合金炉外降磷

铁合金的脱磷可分为氧化降磷和还原降磷两类。铁合金的冶炼环境为还原气氛，与氧化降磷所要求的条件相差较大。因此，氧化降磷效率普遍不高，而还原降磷是更适用的技术。

5.4.3.1 还原脱磷

还原脱磷的反应式为：

$$3CaC_2 + 2[P] \Longrightarrow (Ca_3P_2) + 6[C]$$

在还原脱磷中磷的分配系数可以达到 500，而氧化脱磷的条件下磷的分配系数小于 100。当合金含碳量增加或锰含量降低时还原脱磷的效率均会降低。

还原脱磷是对铁合金进行脱磷的最有效方法。常用的脱磷剂有硅钙合金、金属钙和金属镁、铝、碳化钙、氧化钙 – 氟化钙渣系[25~32]等。

表 5 – 34 为硅锰合金脱磷试验结果。

表 5-34 硅锰合金脱磷试验结果

工艺参数	参 考 文 献				
	伊格耶奇耶夫[28]	川上登[29]	吴胜利[30]	桐山静男[31]	钱俞霖[33]
[Si]/%	18~21	14	>20	25~30	>20
脱磷剂	SiCa	SiCa	SiCa/CaC$_2$-CaF$_2$	MnAl	CaC$_2$-CaF$_2$
脱磷剂重量比/%	2~2.5	1~5		2~5	5
温度/℃	1600		1350		>1350
加入方式	加入包内	喷吹	添加	加入包内	摇包
脱磷前/后的磷含量/%	0.2	0.16/0.08	/0.05	0.17/0.12	0.2/0.1
脱磷率/%	50	50	50~80	30~52	50~60

采用金属镁和金属钙对锰铁进行脱磷的试验[25,26]测得在1300℃溶解在锰铁中的镁和磷与脱磷产物磷化镁的数量关系是:

$$\frac{[Mg\%]^3[P\%]^2}{a_{(Mg_3P_2)}} = 0.055$$

Tuset 指出[25],钙脱磷只适用于低碳锰铁。在1300℃,锰铁中的钙含量为0.172%时,磷由0.46%降低到0.09%,在低碳锰铁中磷和钙的溶度积为:

$$[Ca\%]^2[P\%]^2 = (1.6 \sim 4.1) \times 10^{-5}$$

溶解在高硅铁合金中磷与铝含量之间同样存在溶度积 K 的关系。即:

$$[Al] + [P] \Longrightarrow (AlP)$$

$$K = a_{Al} \cdot a_P$$

采用以 CaO 为主的渣系对高硅铁合金进行脱磷的渣系有[32-35]:CaO-CaF$_2$、CaO-Al$_2$O$_3$、CaO-Na$_2$O、CaO-K$_2$O、CaO-CaC$_2$-CaF$_2$ 等。当合金硅高于20%时,随着硅含量的增加,上述各种脱磷渣系都有显著的脱磷效果,脱磷率普遍在30%以上。磷在脱磷渣、金属和气相中的分配比见表5-35。

表 5-35 磷在脱磷渣、金属和气相中的分配比

相	金 属	脱 磷 渣	气 相
分配比/%	16~35	16~20	40~60

舒莉利用2MVA精炼电炉对低碳硅锰合金进行了 CaO-CaF$_2$ 合成渣脱磷试验。在合金含硅量大于28%时,合金含磷量降低到0.10%以下,脱磷率为60%。

资料介绍[32-34],使用 CaSi-CaF$_2$-CaO 作脱磷剂,对高硅硅锰合金进行炉外还原脱磷,硅钙合金加入量一般为合金总量的2%~3%,萤石粉加入量为脱磷剂加入总量的10%~20%,石灰粉加入量为脱磷剂总量的10%~18%。采用倒包法,平均脱磷率为31.54%,脱磷的同时降低了合金的碳含量,平均脱碳率

为42.1%。采用喷粉法平均脱磷率为41.32%，脱碳率为45.26%，脱磷效果高于倒包法。

采用 $CaO - CaF_2$ 渣系可以有效地对硅大于40%的硅铬合金进行脱磷，脱磷剂数量为合金重量的5%时，脱磷率达50%~64%。在脱磷剂中添加20% CaC_2，脱磷率可提高到73.9%[35]。

采用微碳铬铁和中低碳铬铁炉渣对硅铬合金进行渣洗是降低合金的磷、回收炉渣中残余铬的有效手段。

为了达到最大的脱磷率必须防止回磷。反应初期脱磷速度很高。随着反应条件变化，会出现回磷现象，其幅度可达20%。稳定的炉渣组成和分解压是脱磷的必要条件。$CaO - CaF_2$ 渣随着 CaF_2 挥发损失而返干，炉渣流动性变差。当渣型改变时，脱磷产物 Ca_3P_2 暴露在空气中会发生氧化，使磷重新进入合金。为此，脱磷时间不宜持续过长，并应及时分离脱磷渣。

硅铬合金还原脱磷可能的反应式为：
$$2[Cr_2P] + 6(CaO) + 3/2[Si] = (Ca_3P_2) + 3/2(2CaO \cdot SiO_2) + 4[Cr]$$
以 $[Ca]$ 为脱磷剂的高硅硅锰还原脱磷的反应为：
$$[Ca] + 2/3[P] = 1/3Ca_3P_2(s)$$
$$\Delta G^{\ominus} = -241370 + 75.59T/K$$
考虑高硅硅锰合金中各元素的交互作用因子的影响，
$$\Delta G = -241370 + 110.3T/K$$
在1600K时，反应的自由能为 -64890J/mol。

5.4.3.2 影响降磷的因素

A 分解压的影响

魏寿昆[36]指出：锰铁脱磷产物存在形式与分解压有关。在1500℃时，磷酸盐在 $CaO - Al_2O_3$ 熔体中存在的分解压条件是 $P_{O_2} > 10^{-9}MPa$；磷酸盐在 $CaO - CaF_2$ 熔体中存在的分解压条件是 $P_{O_2} > 10^{-7}MPa$。在氧分压低于这些临界值时，脱磷产物以磷化物存在。

只有维持铁液中足够高的钙和镁含量，才能维持足够低的分解压，实现脱磷。Janke 研究了与 $Ca - CaO - CaF_2$ 和 $Ca - CaO - CaCl_2$ 脱磷渣平衡的铁液中的磷和钙的关系，得到磷含量和钙含量的关系式如下：
$$\lg[P] = -3/2\lg[Ca]$$
试验得到的高碳锰铁中镁含量和磷含量的关系如图5-46所示[25]。由图5-46可以看出，合金的磷含量随着镁含量的增加而急剧降低。在压力容器内进行的高碳锰铁脱磷试验表明：在压力为0.2~0.4MPa时，向熔体内添加金属镁或硅镁合金可以实现40%~70%的脱磷率；在压力低于0.2MPa时没有脱磷效果。

还原脱磷的分解压低于 Mn - O 平衡和 Cr - O 平衡的分解压。因此还原脱磷

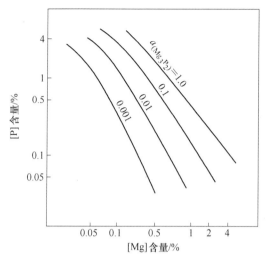

图 5 - 46 还原脱磷中高碳锰铁含磷量与镁加入量的关系[25]

的过程不会造成金属的氧化损失。

北村[27]用临界碳含量的概念来解释脱磷率与铬铁碳含量的关系（见图 5 -47）。他指出，只有金属中的碳含量低于临界碳含量才能实现脱磷。

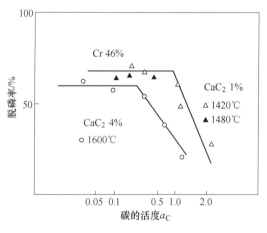

图 5 - 47 铬铁的含碳量对脱磷率的影响[27]

硅锰合金和硅铬合金存在着合金临界含硅量的还原脱磷条件[32]。只有合金中的硅含量足够高，分解压才能足够低。图 5 - 48 显示了硅锰合金和硅铬合金硅含量与脱磷率的关系。图中脱磷率曲线有两个拐点，在硅含量低于 20% 时几乎不能脱磷；硅含量大于 40% 时，脱磷率基本稳定。

B 温度的影响

无论是氧化脱磷还是还原脱磷，温度条件都是非常重要的。图 5 - 49 示出不

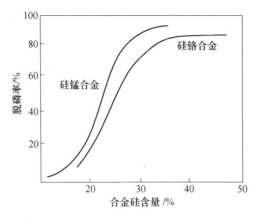

图 5-48　合金含硅量与脱磷率的关系[32]

同含硅量的硅锰合金脱磷率与温度的关系[34]。可以看出，合金的脱磷率在特定温度达到最大值。硅含量越低，实现最大脱磷率所要求的温度越高。

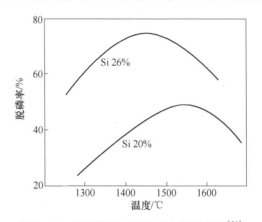

图 5-49　还原脱磷的脱磷率与温度关系[34]

温度高于 1400℃ 时硅铬合金的流动性好。因此，选择 1450℃ 可以有效地降碳和降磷。

以金属钙或硅钙合金作脱磷剂时，钙直接溶入金属熔体，低温对脱磷是有利的。钙的蒸气压与温度有关，温度过高，金属中的钙含量会降低。在以 CaC_2 和 CaO 为脱磷剂时，高温是有利的。这是因为 CaC_2 的分解和硅还原 CaO 的反应自由能随温度的提高而减少。高温下脱磷渣具备良好的流动性。

C　炉渣和炉衬的影响

脱磷率与炉渣数量关系极大，图 5-50 为硅铬合金脱磷率与渣铁比关系。按照分配定律，增加炉渣数量会增加磷进入炉渣的比例。

炉衬材质对脱磷率有显著影响。还原脱磷剂主要由碱性物质组成，脱磷反应

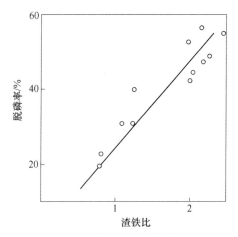

图 5-50 渣铁比对渣洗降磷的影响

器最好使用碱性耐火材料。由于脱磷剂与酸性和中性耐火材料作用,改变了化学平衡,采用黏土砖脱磷效果低于采用镁砖。梁连科[38]比较了石墨坩埚和刚玉坩埚对硅锰合金脱磷的影响。采用金属质量 4% 的碳化钙和氟化钙保护渣,以 CaO - CaF$_2$ 作脱磷剂时,使用碳坩埚的脱磷率比使用刚玉坩埚高 15% 以上。为了调整降磷过程的气氛,一些试验者还在脱磷剂中添加了碳。

D 动力学条件

脱磷反应是在渣 - 金界面上完成的,界面积的大小、界面更新速度对脱磷率有显著影响。采用摇包可以改善硅铬合金脱磷的动力学条件,加快界面反应速度。摇包转速为 35r/min 时,脱磷率为 30%,当转速提高到 42r/min 时,脱磷率达到 50%[35]。

E 脱磷效率的评估

经过脱磷处理后的合金最终含磷量由热力学条件决定。因此,脱磷率主要取决于原始成分中磷的含量。含磷量相差过大时脱磷率缺少可比性,人们更关注铁合金的最终含磷量。

F 环境问题

在有水存在的情况下脱磷产物为不稳定的有毒 PH$_3$ 气体。对还原脱磷产物需要进行无害化处理。无论是硅铬合金还原脱磷的分子反应式或高硅硅锰合金还原脱磷的离子反应式都显示脱磷的最终产物是 Ca$_3$P$_2$。而 Ca$_3$P$_2$ 在常温下吸收空气中水分产生 PH$_3$ 气体而污染环境。曾世林等[37]在试验室里将还原脱磷渣与锰渣热兑后使 Ca$_3$P$_2$ 转化为稳定无毒的磷酸钙,从而避免了有毒的 PH$_3$ 气体的产生。

$$Ca_3P_2(s) + 8MnO(s) \Longrightarrow Ca_3(PO_4)_2(s) + 8Mn(s)$$

$$\Delta G^{\ominus} = -497910 + 148.09T/K$$

在 1600K 时，反应生成自由能为 $-2.6 \times 10^5 J/mol$，反应完全能够进行。实践证明，经过处理的还原脱磷渣存放在空气中，遇水不粉化，无电石臭味，能有效地避免有毒气体产生。将还原脱磷渣与含锰炉渣热兑可以实现无公害处理。

5.4.3.3 铁合金的氧化脱磷

由图 5-51 氧化脱磷生成自由能和温度的关系可以看出：锰、铬元素的氧化物比磷的氧化物更稳定。在标准状况下，锰和铬先于磷发生氧化。因此，铁合金的氧化脱磷是难于实现的。下式给出了温度与锰含量对铁水中磷的活度的影响：

$$\log f_P = -0.0029[\%Mn] - \frac{386}{T} + 0.891$$

可见，合金含锰量高降低了磷的活度，不利于脱磷反应进行。

汪大洲和邵象华的大量试验表明[39]：对铁合金进行氧化脱磷效率很低，金属损失较大，其应用是有限的。当锰含量大于 20% 时，用碳酸钠无法对含锰铁水脱磷。

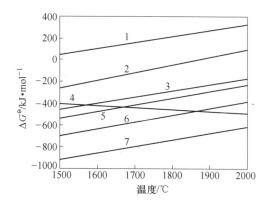

图 5-51 氧化脱磷的 $\Delta G^\ominus$ 与温度的关系

$1—2[P] + 5[O] = P_2O_5[g]; 2—5[Mn] + 5[O] = 5MnO(s); 3—10/3[Cr] + 5[O] = 5/3Cr_2O_3(s);$
$4—5[C] + 5[O] = 5CO(g); 5—4CaO(s) + 5[O] + 2[P] = 4CaO \cdot P_2O_5(s);$
$6—3BaO(s) + 5[O] + 2[P] = 3BaO \cdot P_2O_5(s); 7—3Na_2O(l) + 5[O] + 2[P] = 3Na_2O \cdot P_2O_5(s)$

由图 5-51 可以看出，钡、钙、钠等碱土金属氧化物与磷的氧化物能生成稳定的化合物。氧化脱磷反应式可以表达为：

$$[P] + 3/2(O^{2-}) + 5/2[O] = (PO_4)^{3-}$$

在氧化脱磷的条件下，影响脱磷效率的因素是磷在合金和炉渣中的活度。图 5-52 为在 1300℃ 合金中含碳量对磷和锰的活度系数的影响。可以看出，合金中的碳提高了磷的活度系数，而锰降低了磷的活度系数。与碳类似，硅也可以提高磷的活度系数。但硅的提高使环境气氛转变为还原气氛，对氧化脱磷是不利的。

以 $BaO-BaF_2$ 渣系对高碳锰铁脱磷表明：低温有助于脱磷，但同时也使锰的损失增加。

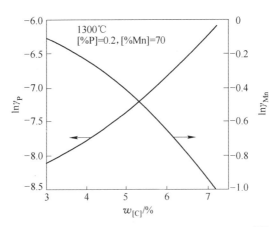

图 5-52 合金含碳量对锰和磷活度系数的影响[17]

图 5-53 为在 1300℃，MnO 与 Fe-70%Mn-7%C 平衡时磷化物与磷酸盐的稳定区域。图中也给出了 [Mn]/(MnO) 平衡的区域。由图可以看出，钡系炉渣的脱磷条件要优于钙系炉渣的脱磷条件。在氧化脱磷中生成（MnO）是不可避免的。因此，采用氧化脱磷方法处理高碳锰铁时必须在脱磷和损失锰之间做出妥协。

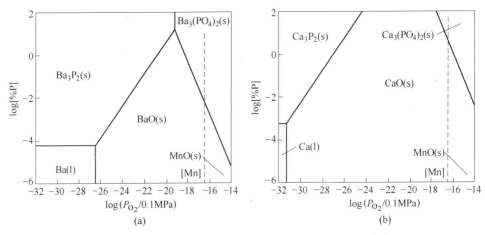

图 5-53 温度为 1300℃ 磷化物与磷酸盐的稳定区域[40]

(a) $Ba_3P_2 - Ba_3(PO_4)_2$；(b) $Ca_3P_2 - Ca_3(PO_4)_2$

郭培民等[41]计算了高碳锰铁氧化脱磷的可能性，认为在温度小于 1964K 时，可实现脱磷保锰。吴宝国等[42]给出 1300℃ 时，采用 $BaCO_3$ 基熔剂对锰铁熔体进行的脱磷实验，脱磷保锰的最佳时间为 10~15min，可获得 49.1%~56.21% 的脱磷率，渣系 $BaCO_3$（60%~70%）-BaF_2（10%）-MnO_2（20%~30%）的锰氧化损失为负值。氧位基本在 0.35~0.50×10⁻⁶ 变化。对初始硅的质量分数为

0.084% ~ 0.245%、磷含量为 0.651% ~ 0.682% 的锰铁熔体脱磷时,可获得 50% 以上的脱磷率。

资料[43]介绍了对含铬量为 30%、含碳量为 4% 的铬铁熔体所做的氧化脱磷试验。以 BaO/BaCl₂ 为脱磷剂,渣量为 10%,脱磷率为 25% ~ 53%。对含铬量为 63% 的高碳铬铁进行脱磷试验,脱磷率很差。资料[44]介绍试验室和工业规模氧化脱磷试验。在 1420℃ 以渣量 10% ~ 20% 的 CaO/CaCl₂ 合成渣对高炉锰铁进行炉外处理,含磷量由 0.45% 降低到 0.29%,脱磷率为 36%,锰损失 2%。

氧化脱磷中,锰和铬元素先于磷发生氧化。为了控制氧位,减少有用元素的损失,往往在脱磷剂中添加一定量的矿石或氧化物。如在高碳锰铁脱磷剂中添加少量锰矿,在含铬合金脱磷剂中配加少量铬矿。

影响氧化脱磷效率的因素有温度、合金成分、氧化性气氛等条件。

温度对氧化脱磷有显著影响。试验表明,采用 BaO - BaF₂ 渣系对高碳锰铁进行脱磷时,低温可以提高脱磷率,但增加了锰在炉渣中的损失。在动力学许可的范围内,氧化脱磷应在尽可能低的温度下进行。

合金含碳量对氧化脱磷起着积极作用。与饱和碳的高碳锰铁平衡的含碳物相是石墨。碳可以提高铁水中磷的活度系数,降低锰的活度系数,而不会减少由 Mn/MnO 平衡决定的分解压。

5.4.4 炉外精炼降钛

钛与碳的亲和力很高。在锰铁、铬铁中钛是以 TiC 的形式存在。试验表明:钛在硅锰合金中的溶解度与温度有关。降低温度时钛在合金中的溶解度也得到降低,以 TiC 的形态从金属中析出,由金属熔体中上浮。TiC 与炉渣和金属的润湿性与 SiC 相近。通过渣洗可以使 TiC 进入炉渣。利用这一原理可以实现 TiC 的数量降低 50%。

在 1600℃ 硅锰合金中的含钛量约为 0.25% ~ 0.45%。在 1600℃ 采用镇静降温法使 TiC 上浮。当温度降低到 1300℃ 时,合金中的含钛量降低到 0.12% ~ 0.17% 之间。

低硅硅锰合金与硅平衡的含碳相是石墨,而高硅硅锰合金与含硅平衡的是 SiC。因此,在降温过程 SiC 也上浮分离,使合金的含硅量有所降低。

采用氯气对金属硅和硅铁精炼,可以使其含钛量降低 40% ~ 50%。

采用氧气吹炼法可以除去高碳铬铁中的钛。在用水冷喷枪将氧气吹入液体铬铁时,当碳含量由 6.5% 下降到 4% 左右的时候,铬铁中的钛由 0.5% 降低到 0.05% 以下。在 3.2t 转炉吹炼中,吹炼前铬铁含钛量为 0.17%,吹炼后含钛量降至 0.065%,平均降钛速度为 0.015%/min,氧气消耗为 20m³/t。按此值计算含钛控制在 0.03% 所需要耗氧量为 33m³/t。吹炼后铬铁中的硅下降到小于 1%，硫下降到小于 0.03%。

吹氧法还有利于降低铬铁中的氢气。在铬铁吹氧中氧气与溶解在铬铁中的氢气发生反应，使铬铁的含氢量有所降低。

5.4.5 镍铁的炉外精炼

镍铁的精炼是将进入铁水的硫、磷、碳等杂质元素除去。通过选择性氧化降低铁含量、富集镍。镍铁精炼的顺序是脱碳、脱磷、脱硫、脱铝和调整成分或者是脱硫、脱碳。表 5-36 为常用的几种镍铁精炼方法对比。

表 5-36　镍铁精炼主要作业[45]

精炼方法	钢包精炼炉	电炉 + 摇包或 LD 转炉	电炉 + 转炉
第一步	脱磷	脱硫	脱硫
	碱性炉渣、吹氧，1500~1700℃	CaC₂，1400~1450℃	出铁时加苏打，1350℃
第二步	脱氧	脱硅	酸性转炉脱硫
	加硅铁、CaSi、Al	吹氧，1550~1600℃	吹氧、加铁矿，1450~1500℃
第三步	脱硫	脱碳	碱性转炉脱碳
	造还原性碱性渣，>1550℃	造碱性渣、吹氧 >1600℃	吹氧，>1600℃

精炼设备有钢包精炼炉、转炉、摇包、氧枪、搅拌器等。图 5-54 为钢包精炼炉法精炼镍铁过程。图 5-55 为精炼过程杂质成分改变状况。

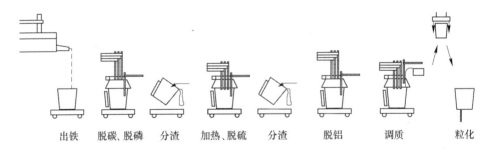

出铁　脱碳、脱磷　分渣　加热、脱硫　分渣　脱铝　调质　粒化

图 5-54　钢包精炼炉精炼镍铁过程[46]

镍铁的铁水过热度不高，而炉外精炼需要反复对铁水进行处理，持续时间较长，热损失大。因此，在炉外精炼时需要对铁水加热。炉外精炼的热源主要是钢包炉提供的电能，吹氧时硅的氧化也提供一部分热能。精炼熔剂的熔化也消耗一定热能。

脱磷是在氧化条件下进行的，其反应式为：

$$5[P] + 2[O] = (P_2O_5)$$

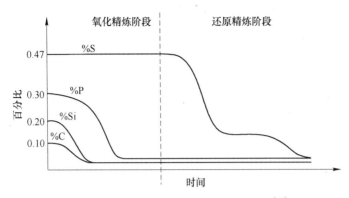

图 5 - 55　镍铁炉外精炼中杂质元素变化[45]

较低的氧的活度是脱硫的必要条件。含 FeO、SiO$_2$ 和 P$_2$O$_5$ 高的炉渣对脱硫不利。在脱硫处理前需要将脱磷作业生成的炉渣扒尽，还要用铝来脱氧，之后加入石灰造脱硫渣。脱硫反应式为：

$$3[S] + 3(CaO) + 2[Al] = 3(CaS) + Al_2O_3$$

为了创造良好的炉渣铁水的混合条件需要用氮气进行气力搅拌。在铁水粒化前需要少量吹氧并进行硅钙喂丝操作来进行深脱硫。

5.5 金属热法还原工艺

5.5.1 金属热法原理

金属热还原反应是一种置换反应，即以还原剂的金属置换氧化物中的金属。

$$Me + Me'O = Me' + MeO$$

在氧化物生成自由能与温度关系图中，生成反应自由能负值大的金属都可以还原负值小的金属氧化物。

金属热法反应自由能在较低温度下的负值就很大，反应可以在较低温度时发生。冶炼中金属还原剂与原料氧化物之间产生的热能足以使反应产物熔化，并具有足够的流动性，实现金属与炉渣的彻底分离。

硅、铝氧化物的分解压比铁、锰、铬等金属的氧化物的分解压低得多。铁合金工业广泛使用硅热法和铝热法生产金属锰、金属铬和低碳铁合金。由图 2 - 1可以看出，在熔炼温度有相当一部分氧化物不能用碳还原。因此，对于稳定性更高的氧化物，只能用分解压更低的金属来还原。

硅热反应和铝热反应都是放热反应。表 5 - 37 和表 5 - 38 分别给出了硅和铝热还原反应的热效应。通过热化学计算可以确定金属热反应放出的热量是否足以熔化反应物和反应产物。热量不足部分则需要用电能来补充。

表5-37 金属氧化物与硅反应的热效应

反 应 式	$-\Delta H_{298}^{\ominus}/kJ \cdot mol^{-1}$	炉料热效应/$kJ \cdot kg^{-1}$
$2/3Fe_2O_3 + Si = 4/3Fe + SiO_2$	356.14	-2842.40
$1/2Fe_3O_4 + Si = 3/2Fe + SiO_2$	345.69	-2407.68
$2FeO + Si = 2Fe + SiO_2$	374.95	-2307.36
$MnO_2 + Si = Mn + SiO_2$	383.72	-3335.64
$2/3Mn_2O_3 + Si = 4/3Mn + SiO_2$	265.85	-1998.04
$1/2Mn_3O_4 + Si = 3/2Mn + SiO_2$	210.67	-1471.36
$2MnO + Si = 2Mn + SiO_2$	92.38	-459.80
$2CaO + Si = 2Ca + SiO_2$		
$2/3B_2O_3 + Si = 4/3B + SiO_2$	50.16	-677.16
$2/3Cr_2O_3 + Si = 4/3Cr + SiO_2$	150.90	-1136.96
$2/3MoO_3 + Si = 2/3Mo + SiO_2$	406.71	-3285.48
$2/5Nb_2O_5 + Si = 4/5Nb + SiO_2$	142.54	-1061.72
$2/3V_2O_3 + Si = 4/3V + SiO_2$	86.94	-681.34
$2/5V_2O_5 + Si = 4/5V + SiO_2$	282.15	-2783.88
$2/3WO_3 + Si = 2/3W + SiO_2$	340.67	-3135.00

表5-38 铝热还原金属的热反应和炉料反应热

反 应 式	$-\Delta H_{298}^{\ominus}/kJ \cdot mol^{-1}$	炉料热效应/$kJ \cdot kg^{-1}$
$1/2Fe_2O_3 + Al = Fe + 1/2Al_2O_3$	425.52	-4012.80
$3/8Fe_3O_4 + Al = 9/8Fe + 1/2Al_2O_3$	417.58	-3665.86
$3/2FeO + Al = 3/2Fe + 1/2Al_2O_3$	438.90	-3260.40
$3/4MnO_2 + Al = 3/4Mn + 1/2Al_2O_3$	446.42	-4840.44
$1/2Mn_2O_3 + Al = Mn + 1/2Al_2O_3$	356.55	-3369.08
$3/8Mn_3O_4 + Al = 9/8Mn + 1/2Al_2O_3$	316.01	-2804.78
$3/2MnO + Al = 3/2Mn + 1/2Al_2O_3$	259.16	-1943.70
$1/2B_2O_3 + Al = B + 1/2Al_2O_3$	196.04	-3168.44
$1/2Cr_2O_3 + Al = Cr + 1/2Al_2O_3$	271.70	-2641.76
$1/2MoO_3 + Al = 1/2Mo + 1/2Al_2O_3$	463.56	-4681.60
$3/10Nb_2O_5 + Al = 3/5Nb + 1/2Al_2O_3$	266.68	-2499.64
$3/4TiO_2 + Al = 3/4Ti + 1/2Al_2O_3$	129.16	-1483.90
$1/2V_2O_3 + Al = V + 1/2Al_2O_3$	242.44	-2378.42
$3/10V_2O_5 + Al = 3/5V + 1/2Al_2O_3$	369.93	-4535.30
$1/2WO_3 + Al = 1/2W + 1/2Al_2O_3$	418.00	-2934.36

根据反应热效应、熔化和升温热、热损失的热平衡计算，1kg 炉料放出的热能超过 2700kJ/kg 铝热反应就会在点火后自动进行。

金属热法反应迅速、热量集中、热损失少。冶炼中没有气相产物，金属元素损失少。金属热法消耗的热能用于化学反应、炉渣和铁水熔化，并实现良好的渣铁分离、补偿反应过程的热损失。由于反应温度的差别和炉渣流动性的差别，有些金属热法要求更高的温度，因而需要更多的热量。金属热法所需热量的基本条件是：

$$\Delta H_{298}^{\ominus} \geqslant 300kJ/mol - 还原金属$$

满足这一条件的金属热反应可以自发进行，且金属收得率高、渣铁分离良好。

金属热法冶炼具有如下特点：

（1）反应是自发进行的，反应速度很快，可以在较短的时间完成冶炼；

（2）没有气相产物，由气相带走的热量非常少，反应热量集中；

（3）细小的原料粒度有助于加快反应速度；

（4）炉渣的成分、流动性和渣层厚度对主元素回收率和金属的纯度有显著影响。

为了判断金属热法进行程度，需要对反应热进行计算。大多数金属热法需要的热能为：单位炉料的反应热效应大于 2300kJ/kg。

为了提高单位炉料的反应热效应可以采取如下措施：

（1）添加高价氧化物；

（2）调整炉渣成分；

（3）添加含氧量高的盐类，如氯酸钾等。

金属热法的反应速度差别很大。过高的反应热能或过高的含氧量会导致反应过于激烈。通过调整加料量和加料速度可以控制反应速度。

5.5.2　金属热法的消耗

金属热法采用的还原剂有铝粒、硅铁、金属镁等。金属热法使用的原料多为纯度高的精矿粉或氧化物，避免过多的杂质进入反应。为了改善炉渣性质，有时会添加碱性氧化物造渣熔剂。炉渣数量大会带走有用的元素，使回收率降低。为了提高还原反应的放热量或改善点火条件，有时需要添加氧化剂，如 Fe_3O_4 或 Fe_2O_3 等氧化物，或含氧量高的盐类。表 5-39 列出了铁合金生产中主要的铝热法的消耗和指标。

表 5-39　几种金属热法生产的消耗指标

指　标	金属铬	钼铁	钒铁	钛铁	硼铁
合金主元素含量/%	>98.5	55~75	75~80	35~45	22
原料成分	Cr_2O_3	MoO_3	V_2O_5	TiO_2 >50%	硼酐

续表 5 - 39

指　标	金属铬	钼铁	钒铁	钛铁	硼铁
原料消耗/kg·t⁻¹	约 1590	熟钼矿：1250	1810	1732	2000 ~ 2200
还原剂/kg·t⁻¹	铝粒：510	铝粒：330 硅铁：74	铝粒：866	铝粒：762	铝粒：1150 镁：80
单位炉料发量/kJ·kg⁻¹	3140	2312	3266	2540	2600
点火方式	下部点火	上部点火	下部点火	下部点火	上部点火
回收率/%	约 92	约 100	约 85	约 77	70 ~ 72

金属热法的反应由点火开始。点火料发生的化学反应使局部炉料迅速升温达到活化温度，将周围的炉料带入反应。点火料由含氧量高的氧化剂和金属还原剂组成，如镁粉和硝石、过氧化钡和铝粉等。

5.5.3 金属热法冶炼特点

金属热法工艺由原料准备、配料、混料机、加料机、反应炉、金属和炉渣处置设备以及除尘装置组成。金属热法冶炼设备简单，占地较少。

为了减少冶炼过程的喷溅，对原料的干燥是必要的。还原剂需要加工成合适的粒度，以满足还原反应速度要求。

金属热法多用于贵重金属的还原，对反应烟气除尘可以提高回收率。主要反应是在固定式或移动式反应炉中进行。原料粒度对反应速度影响很大；粒度小反应速度快；粒度大反应速度慢。还原剂粒度过大会导致元素回收率降低、还原剂消耗量增加。

金属热法操作有两种，即上部点火法和下部点火法。

采用上部点火时，混合炉料一次性加入炉内，在混合料表面点火，反应由上向下进行。

采用下部点火时，炉内只加入少量混合料；反应开始后再将混合料陆续加入炉内。

金属热法的能量密度高。铝热法冶炼温度在 2000 ~ 2400℃ 之间。铝热法的反应产物为 Al_2O_3 及其化合物组成的熔化温度很高的熔渣。炉渣温度低会导致炉渣中金属损失大，但过高的温度也会增加金属的挥发损失。

铝热法使用的铝粉是易燃物质，在加工和使用中要注意防止金属粉尘爆炸。

5.5.4 电铝热法

电铝热法与电硅热法一样用电来补充金属热反应放热不足的部分热能。电铝热法的生产成本低于金属热法的成本。

铝热法冶炼产生的炉渣含有较高的 Al_2O_3 ，黏度高的炉渣带走少量金属使回收率降低，需要重熔回收利用金属废料。

使用电能具有生产过程灵活、容易控制及提高金属和炉渣温度的优点。电铝热法对原料条件的要求较宽，可以使用不同粒度的原料，也可混合使用铝、硅、碳质还原剂。电炉熔炼可以根据成分要求延长精炼时间、调整炉渣组成、降低合金中杂质含量。

目前使用电铝热法生产的铁合金有钒铁、钛铁、硼铁等。

5.6 真空冶金

铁合金的真空冶金主要用于铁水的真空脱气和真空精炼、真空微碳铬铁生产、固态铁合金的真空处理等生产纯度高的铁合金生产。真空冶金和一些氮化冶金是在真空电阻炉内完成的。

真空冶金可以在液态进行，也可以在固态进行。在固态条件下进行的铁合金脱碳和提纯具有反应温度低、过程容易控制的优点。

真空炉的系统组成包括供电系统、真空炉体、真空系统、气体保护系统、仪表检测与控制系统、水冷系统等。其系统构成图见图 5 - 56。

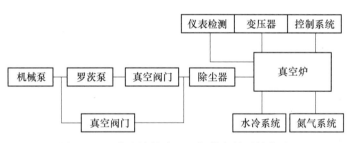

图 5 - 56　真空炉的真空和气体保护系统构成

5.6.1 真空还原

5.6.1.1 真空还原机理

真空条件可以显著降低碳热还原反应的自由能。

碳还原固态金属氧化物的反应为：

$$M_xO_y(s) + y[C] \Longrightarrow x[M](s) + yCO(g)$$

反应自由能为：

$$\Delta G = \Delta G^{\ominus} + RT\ln\left(\frac{a_{[M]}^x p_{CO}^y}{a_{M_xO_y} a_{[C]}^y}\right)$$

在真空状态下 CO 气体的分压 p_{CO} 与真空压力相同，反应自由能比常压下的反应减少，反应起始温度降低。这使某些在常压下不能进行的还原反应得以实现。真空固态还原的金属碳含量取决于真空度和冶炼温度。

在高碳铬铁的真空还原中，以碳化铬形式存在的碳与 Cr_2O_3 发生反应，碳以 CO 气相形式从合金中分离。反应自由能如下：

$$1/3[Cr_7C_3] + 1/3Cr_2O_3 = 3[Cr] + CO$$

提高真空炉的真空度有利于降低合金的含碳量。真空度在 5Pa 以下时，合金中的含碳量可低于 0.03%。

图 5-57 显示了真空度对氧化铬还原度的影响。可以看出，还原度随真空度的提高而增加，但在过高的真空度还原度反而降低。

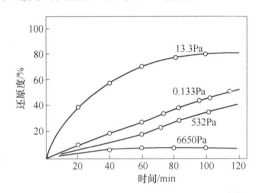

图 5-57　真空度对氧化铬还原度的影响[47]

提高体系的真空度会降低还原反应的自由能，改变反应的平衡条件，无疑有助于提高还原度。在真空条件下的碳热还原过程中，从反应表面排除吸附气体和反应产物气体会加快还原剂向反应界面的传递。但碳热还原必须通过中间环节布多尔反应来完成。过高的真空度不利于 CO 向氧化物的传递，也不利于反应产物 CO_2 向碳质还原剂的传递。这解释了图 5-57 所示的只有在特定的真空度，才能达到最大铬的还原度的原因。

真空脱碳的动力学可分成化学反应动力学和扩散动力学两个阶段。

铬的碳化物和氧化物之间的固相脱碳反应是在两相界面进行的。随着反应的进展，新生相（Fe-Cr 固溶体）在界面生成和长大，反应界面向前移动。碳原子通过新相扩散到反应界面。在反应的初始阶段即诱导区，新相的形核是反应的限制性环节。新生相的生成破坏了晶格的对称性使之产生畸变，对反应起着催化作用，使化学反应速度提高。脱碳过程的末期反应速度取决于扩散速度。

粒度对固相脱碳反应起着决定性作用。碳还原氧化铬时反应速度 v 与还原剂颗粒直径之间的关系式：

$$v = md^n$$

式中　m——比例常数；

　　　n——指数系数，在化学动力学阶段 $n=0.2$，在扩散控制阶段 $n=0.3$。

在真空还原过程,铬的挥发是不可避免的。温度越高,铬的蒸气压越大。过高的真空度或过高的温度会使铬的挥发损失增加。真空碳热还原氧化铬的温度和压力范围见图5-58。

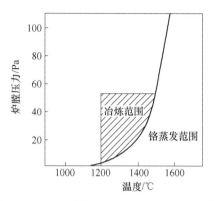

图5-58 真空碳热还原的温度和压力范围[48]

5.6.1.2 真空法冶炼微碳铬铁

真空法冶炼铬铁是对高碳铬铁进行固态脱碳的过程。生产工艺分成原料制备和真空冶炼两个阶段,工艺流程见图5-59。真空脱碳用的氧化剂是经过氧化焙烧的高碳铬铁。为了达到深度脱碳的目的,反应物颗粒必须足够细小并紧密接触。

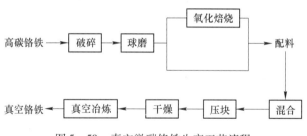

图5-59 真空微碳铬铁生产工艺流程

高碳铬铁的氧化反应在720℃即开始发生,900℃以上反应激烈进行。伴随着碳化铬的氧化,铬铁中的碳得以部分脱除。氧化焙烧温度不宜过高,否则炉料会发生烧结。高碳铬铁的氧化速度与粒度有关。受扩散过程的限制,粒度过大的氧化铬铁焙烧后含氧量和含碳量不能满足真空脱碳的要求。表5-40列出了焙烧后不同粒度的铬铁含碳量和含氧量[49]。

表5-40 焙烧后各种粒度的铬铁含碳量和含氧量[49]

粒度/mm	<0.075	0.075~0.080	0.106~0.125	0.106~0.125	0.125~0.150	0.150~0.180	0.180~0.250
[% C]	4.5	6.1	6.5	6.8	7.1	7.3	7.4
[% O]	12.1	9.4	8.8	7.6	4.6	4.5	4.4

为了得到含碳量低于 0.03%，夹杂含量小于 5% 的真空微碳铬铁，炉料的碳氧原子比应略大于 1，一般控制在 1.05 ~ 1.15。

含铬量为 60% 左右的铬铁在含碳量为 2% ~ 3% 之间熔化温度最低，大约为 1350℃。为了达到目标含碳量，真空脱碳的温度应高于 1400℃。当真空炉的升温速度超过脱碳速度时，炉料表面合金会出现熔化现象，而内部炉料的脱碳尚未完成。熔化的铬铁会封闭内部炉料脱碳所产生的 CO 气体通路，使反应速度减缓，造成所谓"夹馅"，使产品内部脱碳不完全。

随着合金含碳量的降低铬铁熔化温度逐渐提高，冶炼温度也需随之提高。深度脱碳时进行的脱碳反应是固溶于铬铁合金中的碳和氧之间的反应。

真空度的变化与脱碳反应产气量和真空泵的排气量有关，反映了脱碳反应进行的激烈程度。冶炼正常时，真空度随着脱碳反应的进行而有规律地变化，见图 5－60。当料面温度在 1100℃ 以下，脱碳反应缓慢，炉膛压力为 40 ~ 66Pa。当温度上升到 1350℃ 以上，反应激烈进行，炉膛压力上升到 1330Pa 左右。脱碳反应结束时炉膛压力降低到 133Pa 左右。压力大于 1330Pa 说明反应温度过高，脱碳速度过快。为了减少炉料熔化造成的"夹馅"，实现深度脱碳，必须适当降温，减缓反应速度。

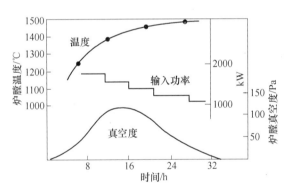

图 5－60 真空炉的料层温度、真空度和功率控制[49]

冶炼后期可以适当提高料层温度以最大限度脱除合金含碳量。但冶炼温度和真空度需控制在一定范围内，以减少铬金属的气化损失。

冶炼终点可由温度、压力和排气成分来判断。反应后期料层底部温度接近 1300℃。这时脱碳反应不断减弱，放出的 CO 气体逐渐减少，炉膛压力显著降低。炉膛压力趋于平稳不再明显下降说明脱碳反应完毕。

微碳铬铁冶炼时间一般需要 35h，冷却时间 20h。炉料温度降到 400℃ 以下才能出炉。破坏真空前需要向炉内充氮气。

采用真空脱碳还原－熔化法可以得到含铝量很低的金属铬。其工艺流程由原料处理、真空冶炼和熔化精炼组成，采用氢氧化铬和石油焦为原料，经过球磨、混合、压砖后送入真空炉进行脱碳，最后用等离子电炉重熔得到金属铬产品。这一方法铬的回收率为90%左右。

5.6.2 铁水真空脱气

氮、氢、氧等气体在液态金属中有一定的溶解度。溶解在金属中的气体数量与温度、环境条件、金属成分等因素有关。通常含碳量、含硅量低的金属中溶解的气体数量较大。由于气体在液态金属中的溶解度远远大于在固态金属的溶解度，液态金属凝固时，大部分气体会从金属中逸出。

微碳铬铁中溶解的气体约占金属体积的30%。在铁合金的浇注冷却过程中，析出的气体在铁锭内部形成气泡或气孔。这不仅影响产品的外观质量，也直接影响产品的内在质量，影响用户的使用。

经过真空处理后，液态金属中的氮、氢、氧含量有明显降低。其他有害杂质如碳、磷、硫、砷等也都会得到不同程度的降低。脱气后的金属液在浇注冷凝后可以得到表面光洁、结晶致密的金属。

金属中溶解的气体数量随金属的温度和环境压力而改变。在温度一定时，气体含量 $[\%G]$ 可以由西华特定律计算：

$$[\%G] = kP_g^{0.5}$$

式中　k——系数；

　　P_g——环境气相压力。

可以看出，真空度越高，金属中气体的含量越低。但是，在真空状态下一些金属的挥发损失是不可忽视的。

含铬70%的微碳铬铁在真空处理时铬的气化速度与温度的关系式为：

$$\lg v_{Cr} = 12.098 \times 10^{-4} - 2.26/T$$

在真空铬铁生产中铬的气化是明显的。

真空处理中低碳铬铁和微碳铬铁的适宜真空度为 10～13.3kPa。真空处理时间为 7～8min。

锰的蒸气压更高。在 1244～1545℃（1517～1818K）液态金属锰的蒸气压（Pa）可由下式计算：

$$\lg P_{Mn} = (12546/T) + 10.483$$

在 1427℃，液态金属锰的蒸气压为 1kPa。在这一温度采用 1kPa 的真空度处理金属锰就会出现金属沸腾的现象。真空度过高必然会造成大量金属挥发损失。因此，液态金属锰的真空处理必须严格控制系统的真空度。真空度的范围为 46.67～53.33kPa。在实际应用中采用真空度为 50%～95%左右的粗真空对含气量高的液态锰铁进行真空脱气处理。

采用真空度为 95% 的粗真空对低碳铬铁脱气后再进行浇注可以得到表面光

洁、结晶致密的铬铁。脱气设备由真空室、除尘器、水环真空泵和真空管道组成。真空泵的抽气速率必须足够高。将铁水置于真空室内，启动真空装置，在1~2min 内系统达到一定真空度（1.0~5.0kPa），铁水呈沸腾状态。大部分溶解的气体被脱除后，液面逐渐平静。一般脱气时间只有 5~6min。

受到时间、铁水降温、熔渣层的传质、铁水压力等许多条件的限制，真空处理后的铬铁含氮量、含氧量仍然较高。在真空处理过程铁水降温很大，操作不当造成的时间拖延常造成金属粘包损失。

采用真空条件处理铁合金可使铁合金含氮量降低近 50%。为了减少铁合金中气体，有些铁合金厂对液态铁合金进行真空处理。铬铁中含气体为 45cm³/100g 和金属锰中含气体为 60cm³/100g，经过真空处理后，气体可以降至 5~10cm³/100g。

5.6.3 铁水真空脱碳

5.6.3.1 锰铁的真空脱碳

在真空下用富锰渣对锰铁脱碳可以制取含碳小于 2.0% 的精炼中碳锰铁。

在一定温度和真空度下锰铁中的 [C] 与溶于锰铁中的 [O] 会相互作用。气相 P_{CO} 越低，锰铁中平衡的碳含量越小。

利用渣中的（MnO）使锰铁脱碳的反应式为：

$$[C] + (MnO) === [Mn] + CO$$

首先将高碳锰铁的熔体用氧气吹炼到含碳不大于 3.5% 和小于 0.2% Si；然后加入含 MnO 为 44% 的富锰渣，在 1500~1550℃ 下对铁水和炉渣真空处理。每吨锰铁消耗 330kg 渣可制得 1050kg 中碳锰铁（1.2% C 和 2.0% Si）。

为降低锰铁中的硅含量，预先将锰铁在钢包反应器中进行吹 CO_2 处理，并在 SiO_2 含量低的渣下进行真空脱碳，可提高反应器中炉衬的寿命。

5.6.3.2 铬铁铁水的真空降碳

采用真空中频感应炉对含碳量为 0.07%~0.09% 微碳铬铁进行处理，可以得到含碳量小于 0.04%、硫小于 0.005% 的纯净铬铁。碳小于 0.01% 的比例达到 60%。

感应炉的熔炼温度为 1650℃ 左右，真空度为 5Pa，真空处理时间为 1h。处理中合金含碳量变化见图 5-61。

真空处理脱硫的效率与真空度有关。在压力为 266~1200Pa 下处理高碳铬铁5~25min，硫含量降低 28%~85%，在压力为 2400~6400Pa 真空处理高碳铬铁30~55s 可除去 14%~31% 的硫。

熔池表面的渣壳会影响真空精炼，在操作中应该尽量避免将炉渣带入炉内。

经过真空精炼铁水中的有色金属铅、锡、硼、锑降低到 5ppm 以下。

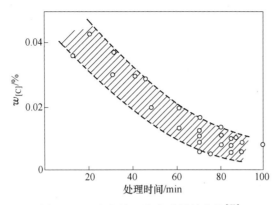

图 5 - 61　真空处理中含碳量的变化[50]

氮与铬有较高的亲和力。真空处理不锈钢液可使含氮量降低至 0.01% ~ 0.02%，但真空处理低碳铬铁含氮量却无法达到如此低的水平。溶解在微碳铬铁中的氧在真空状态能与碳发生反应。在真空感应炉内采用 70 ~ 260Pa 的真空度对含碳 0.06% 的铬铁进行 1h 真空处理，金属的含碳量降低到 0.02% 以下，但含氮量仍然维持在 0.04% 左右。

真空处理还可以降低铬铁中的有色金属含量，锌、铜、硫也可部分脱除，磷基本没有降低。铬铁真空处理前后的碳、氧、氮、铅、锡、砷、镉的百分含量见表 5 - 41[54]。

表 5 - 41　铬铁真空处理前后杂质元素含量变化[50]　　　　　　　　（%）

元　素	C	N	Pb	Sn	As	Bi	Cd
处理前	<0.05	<0.05	<0.0015	<0.003	<0.018	痕量	0.01
处理后	<0.02	<0.05	0	0	0.010 ~ 0.016	0	痕量

铬在 1700℃ 的蒸气压为 1237Pa。将铬铁在真空度为 133Pa 时处理 1h 后，合金含铬量降低 2% ~ 4%，升华的铬凝聚在温度较低的真空炉衬部位。

5.6.4　固态铁合金的真空精炼

氧在微碳铬铁中以溶解氧和非金属夹杂两种形态存在。溶解氧存在于铬铁的固溶体之中，夹杂以氧化物的形态存在于晶界。碳在 Fe - Cr 固溶体中的溶解度很小，金相检验表明：碳以 $(Fe, Cr)_{23}C_6$ 的形式存在于铁铬固溶体的晶粒间隙。受冶炼操作的影响，铬铁中氧含量波动较大。采用高温固态精炼铁合金不仅可以去除溶解于金属的氢和氮，也可以进一步降低低碳和微碳铬铁的含碳量和含氧量。微碳铬铁中的含氧量为 0.04% ~ 0.1%，足以把合金中的碳全部氧化成 CO。在温度高于 1300℃ 真空度高于 1310Pa 时，固态微碳铬铁中的溶解氧和碳可以发生反应，使碳以 CO 的形式脱除。脱碳反应的活化能为 187532J/mol。影响真空脱碳的主要因素是温度、真空度、固体金属的粒度、杂质元素的含量等。

溶解于铁合金中的氧的数量与所含的铬、硅、碳的数量有关。合金中的溶氧量随着硅、碳含量的增大而减少。因此，含碳量和含硅量高的铬铁真空脱碳的幅度不大。

真空固态精炼过程中，碳和氧通过扩散传质作用发生反应。氮、氢、CO 气体通过扩散离开金属。在固相反应中物质的扩散速度是反应的限制性环节。固态脱碳中，碳、氧等原子的扩散可以看作稳态扩散，其扩散通量 J 为：

$$J = -D\frac{\mathrm{d}C}{\mathrm{d}x}$$

式中 D——扩散系数；

C——扩散元素的浓度；

x——扩散距离；

$\mathrm{d}C/\mathrm{d}x$——浓度梯度。

$\mathrm{d}C/\mathrm{d}x$ 是扩散的驱动力，浓度梯度越大，扩散通量越大。真空脱碳反应产物离开反应区的推动力与其扩散距离有关。在单位时间内，通过扩散传输的反应产物与合金厚度成反比。

温度对扩散系数温度影响很大。碳在铬中的扩散常数 $D_0 = 0.009\mathrm{cm}^2/\mathrm{s}$，扩散活化能为 111000J/mol[19]。扩散系数 D 与温度的关系如下：

$$D = D_0\exp\left(-\frac{E}{RT}\right)$$

在作业温度，碳的扩散系数见表 5-42。

表 5-42 碳的扩散系数

T/K	1573	1623	1673	1723	1773
$D/\mathrm{cm}^2 \cdot \mathrm{s}^{-1}$	1.85×10^{-6}	2.40×10^{-6}	3.03×10^{-6}	3.88×10^{-6}	4.83×10^{-6}

在相同的时间内，不同温度下的扩散距离可以由下式进行比较：

$$\frac{y_1}{y_2} = \sqrt{\frac{D_1}{D_2}}$$

计算表明：在 1350℃碳原子扩散的距离仅为 1450℃的 78%。可见，反应温度、时间、合金的厚度都会影响脱碳率和脱气率。

经过真空精炼的铁合金结构发生了巨大变化。由合金断面可以看出：在加热过程合金出现再结晶，晶粒尺寸由 0.1~1mm 增大到 10mm 左右。在合金表面可以观察到析出的非金属夹杂物和气孔。碳化物和氧化物夹杂主要分布在晶界，晶界的变化和晶粒长大加快了 C 和 O 扩散和反应。表 5-43 列出了真空固态精炼中微碳铬铁杂质元素去除的情况。

表 5-43 真空精炼过程杂质脱除情况[51] (%)

元 素	C	N	O	H
处理前	0.06~0.15	0.04~0.1	约0.1	30ppm
处理后	0.006~0.01	0.007~0.02	约0.08	2ppm
脱除率	60~80	50~80	20~40	90

在真空处理前后含固溶体中的元素硫和磷含量几乎未发生变化。

表 5-44 列出了在空气和真空条件下将合金加热到600℃恒温处理后气体含量的变化。

表 5-44 600℃恒温处理后铁合金中气体含量的变化

品 种	[H] 含量/cm³·(100g)⁻¹			[N] 含量/ppm		
	原始含量	空气中	真空	原始含量	空气中	真空
精炼铬铁	13.4	7.8	6.7	1700	1600	1600
精炼锰铁	16.8	11.2	10.1	640	630	630
硅 铁	22.4	11.2	9.0	70	60	60

真空固态精炼可用于去除钨铁中的砷、硫等杂质[50]。在1350~1400℃和真空度为13Pa的条件下对粒度为5~40mm的钨铁进行真空精炼试验，所得到的杂质去除率见表5-45。

表 5-45 钨铁真空精炼试验典型数据[50] (%)

元 素	Mn	P	Cu	As	Sn	C	S
处理前	0.16	0.028	0.053	0.039	0.022	0.048	0.050
处理后	0.05	0.018	0.017	0.015	0.010	0.006	0.001
脱除率	68.7	35.7	68.0	61.5	54.5	87.5	98.0

5.6.5 高碳锰铁固态脱碳的试验研究

在真空状态下高碳锰铁的氧化脱碳可以在固态下进行。脱碳反应的氧化剂可以是 MnO 和 Mn_3O_4，也可以是 CO_2。

锰与碳有多种化合物。按含碳量由高至低，锰的碳化物有 Mn_3C_2、Mn_7C_3、Mn_5C_2、Mn_3C、$Mn_{15}C_4$、$Mn_{23}C_5$。在锰铁的脱碳过程中随着碳的脱除，锰的碳化物由高碳向低碳转化，直至转化成金属锰。

高碳锰铁脱碳反应的自由能计算表明：

$$1/6Mn_{23}C_6 + (MnO) \Longrightarrow 29/6[Mn] + CO$$

$$\Delta G^\ominus = 325.5 - 0.17T \quad kJ$$

在 $P_{CO} = 0.1MPa$ 时该反应的起始温度为 1637℃。为使反应起始温度降低到1000℃，P_{CO} 需要降低到 10Pa 以下。可见，以真空冶炼的方式可以得到含碳量更低的锰铁。

高碳锰铁的脱碳使用锰铁粉和锰的氧化物制成。脱碳温度为 1050～1130℃，真空度为 133Pa。用 Fe_2O_3 代替氧化锰作氧化剂脱碳速度可以快几倍[50]。

以 CO_2 为氧化剂的脱碳反应的基本反应式为：

$$C + CO_2 \Longrightarrow 2CO$$

碳以碳化物的形态存在时，反应式为：

$$Mn_3C_2 + CO_2 \longrightarrow Mn_7C_3 + CO$$

在碳氧化的同时 Mn 也发生氧化，生成 MnO 或 Mn_3O_4。锰的氧化物作为氧化剂与碳发生脱碳反应。Mn_3O_4 脱碳反应生成的 MnO 进一步与碳化锰反应生成含碳量更低的碳化锰。

$$Mn_3C_2 + Mn_3O_4 \longrightarrow Mn_7C_3 + MnO + CO$$

图 5-62 为用不同氧化剂对碳化锰脱碳反应的自由能与温度的关系。

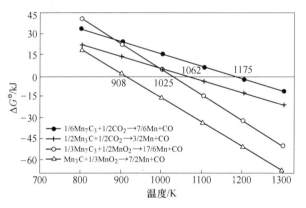

图 5-62 碳化锰脱碳反应自由能与温度的关系[52]

在整个反应过程中由来自 CO_2 的氧通过生成锰的氧化物向金属内部扩散，与碳化物发生反应。与此同时，反应生成 CO 向外部扩散。通过试样的失重可以测试高碳锰铁含碳量的降低状况。图 5-63 为采用不同脱碳介质对高碳锰铁的结果。

试验表明，锰向外扩散是反应的限制性环节。碳的扩散速度相对较快，MnO 是反应的中间产物。从冶金动力学角度看，降低环境压力，提高反应温度，减少原料粒度，有利于锰铁固态降碳。

固态试验的温度条件为 1000～1100℃。温度高对固态脱碳更为有利。但高温下锰的气化损失会有所增加。试验采用的氧化性气体由 CO_2 和 Ar 气组成。气相分压为 0.1MPa。含锰为 75% 的高碳锰铁原始含碳量为 6.88%。经过固相脱碳的

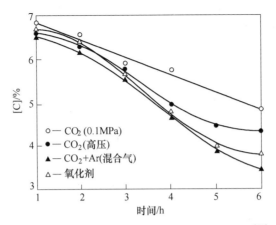

图 5-63 采用不同脱碳介质对高碳锰铁的结果[53]

高碳锰铁含锰量为 82.4% ，含碳量降低到 3.39% 。

以 $MnCO_3$ 为氧化剂在温度为 1373K 和不同的真空度下对高碳锰铁进行脱碳试验[53]。在真空度分别为 133.3Pa、13.3Pa、1.33Pa 和 0.133Pa 时处理 6h 的含碳量分别为 2.5% ~3% 。试验表明更低的真空度脱碳效果并不显著。

阎立涛等[54]利用氧化焙烧高碳锰铁进行了脱碳试验。在真空度为 6Pa、温度为 1420 和 1473K 时，可以使高碳锰铁含碳量分别降低到 2% ~2.4% 。

5.6.6 真空设备

5.6.6.1 真空加热

冶炼铁合金的真空电阻炉采用石墨棒作为加热元件。

辐射传热是发热体向炉料供热的主要方式。辐射传热量 Q 按下式计算：

$$Q = C_R \left[(T_1/100)^4 - (T_2/100)_4 \right] F \cdot \varphi_{12}$$

式中　T_1——高温面绝对温度；

　　　T_2——低温面绝对温度；

　　　F——高温辐射面积；

　　　φ_{12}——辐射角度系数；

　　　C_R——辐射系数，其数值与高温与低温表面的黑度系数 ε_1 和 ε_2 及角度系数 φ_{12} 和 φ_{21} 有关。

辐射系数与黑度系数的关系式为：

$$C_R = C_0 / \left[(1/\varepsilon_1 - 1)\varphi_{12} + 1 + (1/\varepsilon_2 - 1)\varphi_{21} \right]$$

式中　C_0——绝对黑度辐射系数，数值为 20.3kJ/(m² · h · K)，在 1500 ~2000℃ 石墨电极的黑度系数为 0.7 ~0.74。

炉料内部传热主要是通过传导进行的。由炉料表面向内部的传热是非稳态传热，随着传热过程的进行料层温度逐渐升高直至体系温度均衡。传热过程与炉料内部吸热的化学反应同时进行使该过程更加复杂。随着炉膛温度的提高炉料内部的反应趋于完善，真空炉炉体吸热和散热趋于平衡。为了保持炉膛温度恒定需要逐渐降低电极工作电压，减少输入炉膛的功率。

真空炉的输入功率是根据工作温度和工作面积或工作容积计算的。实际计算中还应考虑炉壳表面热损失对炉膛温度的影响。炉膛温度与表面功率密度关系见图5-64。

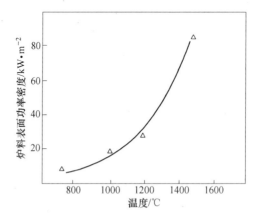

图5-64 真空炉料层温度与料面功率密度的关系

石墨电极的几何尺寸和分布是根据石墨发热体的性质所决定的。在真空条件下石墨发热体的表面温度与表面负荷的关系见表5-46。

表5-46 真空炉表面温度与表面负荷的关系

表面温度/℃	表面负荷/$W \cdot cm^{-2}$	表面温度/℃	表面负荷/$W \cdot cm^{-2}$
500	2	1500	50
1000	14	2000	140

由设计工作温度和炉膛面积可以计算输入功率和电极参数。输入炉膛功率 P 为：

$$P = P_s \cdot S$$

式中　P_s——据炉膛温度确定的表面负荷；

　　　S——炉膛表面积。

设计电极发热体数目为 n，每根电极棒的功率 P_e 为：

$$P_e = kP/n$$

式中　k——系数，其数值为1.1～1.15。

电极直径 d 由工作温度相应的发热体表面负荷 P_s 和电极长度 L 来计算：

$$d = P_e/(\pi L P_s)$$

由石墨电极的电阻率 ρ 和电极的几何尺寸可以计算出电极电阻：

$$R = 4f(\rho L)/(\pi d^2)$$

式中　f——电阻系数，交流电阻为直流电阻的 1.2 倍左右。

电极的额定电流和电极端电压 U_e 为：

$$I = (P_e/R)^{1/2}$$

$$U_e = P_e/I$$

由于电极在使用过程中会氧化变细、电阻增大，为了维持其输出功率恒定，需适当提高工作电压。电极端电压与电极直径关系是：

$$U_2 = U_1 \cdot d_1/d_2$$

真空电阻炉用变压器二次侧多采用星接方式。电极端电压与二次空载电压的关系是

$$U_e = U_0 \cdot \eta\cos\varphi$$

真空电阻炉二次母线分相后长度较长，功率因数普遍较低。电效率 η 为 0.85~0.9，$\cos\varphi$ 为 0.75 左右。容量大的电炉功率因数更低；采用交流供电时在金属结构件上的涡流损失大，而大量使用不导磁材料使真空炉造价提高。因此，采用可控硅整流的直流供电更适合真空炉冶炼的要求。

5.6.6.2　真空系统

真空系统由真空室、真空泵、真空阀门、除尘器、真空管路、检测仪表等组成。真空室和真空管道应具有足够的机械强度和良好的密封性能，其结构应不仅能够承受外界大气压力，并且能够适应温度变化而不发生泄漏。壳体应呈圆筒形，并在径向加固。炉体应有水冷设施，以防受热变形。真空室的两端封头呈球形。炉门与电极孔处应采用耐热橡胶密封。对真空装置材料的要求除了一般力学性能外，还要求在负压下密封性好。为保证真空系统正常工作必须定期对系统进行检漏。

铁合金的真空冶金大都在低真空下进行，如精炼铬铁铁水真空处理要求 80% 真空度的粗真空，采用水环真空泵即可实现；真空微碳铬铁要求采用 13~1330Pa 的低真空，采用机械真空泵和罗茨泵组合来实现。

通常设计真空系统首先选择高真空泵。为了得到冶金工艺要求的真空度和冶炼时间，真空系统必须有足够的抽气能力。真空炉的必要抽气速率 S_N 等于炉料放气速率 S_1，炉体、真空管路、炉衬材料的放气速率 S_2 和漏气速率 S_3 之和，即

$$S_N = S_1 + S_2 + S_3$$

$$S_1 = 101080n \cdot W \cdot q/(t \cdot P_v)$$

式中　W——炉料重量，kg；

　　　q——放气量，L/kg；

　　　t——冶炼时间，s；

P_v——真空度，Pa；

n——系数，取 1.2~2。

S_2 与炉衬材料的性质和体积、炉体和管路等金属结构材料的表面积有关。文献 [9] 给出了一些金属材料、炉衬材料在室温和加热状态的放气速率。

$$S_3 = q_L/P_v$$

式中 q_L——漏气率，6000kVA 真空炉的漏气率为 133Pa/s。

考虑到阻力损失、抽气效率等因素，真空泵的抽气能力应为必要抽速的 2~4 倍。6000kVA 真空炉在铬铁冶炼过程最大放气量为 200Nm³/h，真空度为 1330Pa 时，真空炉的必要抽气速率为 5070L/s，实际选用的真空泵抽气速率应大于 10000L/s。

真空泵的抽气速率定义 S_p 为：

$$S_p = Q/P_{in}$$

式中 P_{in}——泵的进气端的压力；

Q——进气端在给定压力下的抽气量。

抽气量与管路的通导能力 C 和管路压降 Δp 的关系是：

$$Q = C\Delta p$$

对于串联的管路系统的通导能力为：

$$1/C = 1/C_1 + 1/C_2 + 1/C_3 \cdots$$

对于并联的管路系统通导能力为：

$$C = C_1 + C_2 + C_3 \cdots$$

系统的抽气速率 S 取决于泵的抽气速率和管路的通导能力：

$$1/S = 1/S_p + 1/C$$

系统的抽气速率低于泵的抽气速率和管路的通导能力，由此可见提高系统通导能力的重要性。

真空管道的通导能力与管径、管道长度、真空度、温度、气体种类等因素有关，可由计算和查表法得到。真空管道实际的通导能力 C 为：

$$C = a \cdot C_1/L$$

式中 a——与管道长度 L 和直径之比 L/d 有关的洞孔系数；

C_1——每米管道的通导能力，其数值与真空度和管径有关；

L——管道长度。

在 25℃，均匀的圆形真空管路通导能力与管径 D 和长度 L 的关系式为：

$$C = 12.2D^3/L$$

这里，管路通导能力 C 的单位是 L/s。

高真空泵的抽气速率应为：

$$S_H = CS_N/(C - S_N)$$

预真空泵的抽气速率 S' 与高真空泵的抽气速率 S_H 的关系是:

$$S' \cdot P' = S_H \cdot P_H$$

式中　P'——高真空泵的排气口压强和两个泵之间的管道阻力损失;

　　　P_H——高真空度。

采用机械泵和罗茨泵组合时,二者抽气速率之间的经验关系式是:

$$S_M = S_R / (6 \sim 10)$$

式中　S_M——机械泵的抽气速率;

　　　S_R——罗茨泵的抽气速率。

当 $C \gg S$ 时,抽气时间由下式计算[9]:

$$t = 2.3 V / S_0 \cdot \lg(P_1 / P_2)$$

式中　V——真空室的体积;

　　　S_0——平均抽气速率;

　　　P_1——起始真空度;

　　　P_2——目标真空度。

真空冶金过程产生的粉尘直接进入真空泵不仅会污染真空油,也会加快泵的磨损。为此,需要在真空室和真空泵之间设置除尘器,采用水冷降温和除尘措施。真空油应定期更换,经过再生处理净化后使用。

5.6.6.3　真空电阻炉

真空电阻炉采用圆筒形结构,圆筒的一侧以可开启封头作为炉门,供料车出入。炉衬用高铝砖砌筑。真空炉采用多只横向排列的石墨棒作为发热元件,电流经过石墨棒产生电阻热通过辐射对炉料加热。为了满足真空熔炼的需要,变压器应具有较多的电压级和能进行有载调压,真空炉应具有真空抽气设备和充氮装置。图 5-65 为真空电阻炉结构示意图,表 5-47 为典型真空炉设备参数。

表 5-47　典型真空炉设备参数

设备名称	单　位	参数/型号		备　注
真空炉炉体	m	$\phi 2.4 \times 8$	$\phi 3.6 \times 15$	
石墨电极	mm	$6 \times \phi 60 \times 2000$	$12 \times \phi 90 \times 3200$	电极-料面距
料车尺寸	m	1.5×7	2 台 2.7×7	450mm
变压器容量	kVA	2×750	2×3000	
滑阀式机械真空泵		$4 \times H600$	$4 \times H10$	
罗茨真空增压泵		$2 \times L13$	$2 \times ZL15$	一用一备

5.6.6.4　铁水真空处理设备

铁水真空脱气设备由真空室、冷却除尘器、水环真空泵、气水分离器、卷扬机、冷却水系统和真空管路及仪表组成,见图 5-66。

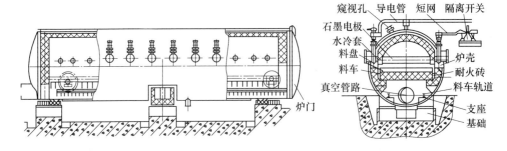

图 5-65 真空电阻炉结构示意图

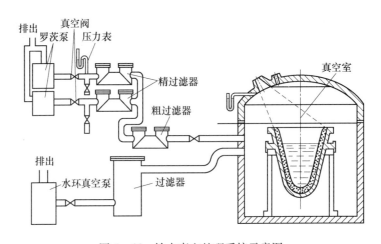

图 5-66 铁水真空处理系统示意图

由于液态金属在出炉以后冷却降温速度很快,拖延真空处理时间会导致部分铁水凝固在铁水包内。因此,铁水脱气系统必须有足够的抽气速率,在较短的时间内使真空室达到预定的真空度。将铁水包置于真空室内,启动真空装置,在 1~2min 内系统即达到预定的真空度。此时,通过真空室的窥视孔可以观察到铁水呈沸腾状态。在大部分溶解的气体被脱除以后,液面逐渐平静。一般脱气时间在 5~6min。脱气时间根据品种和出铁温度确定。

真空脱气使用的水环真空泵靠偏置叶轮在泵腔内回转运动使工作室容积周期性变化以实现抽气。它的工作室由旋转液环和叶轮构成,吸气口连接真空系统管路。水环真空泵的特点是工作可靠,使用方便,耐久性强,可抽除腐蚀性的、含尘的气体。被抽的气体温度应在 20~40℃之间。循环水中不应含有杂质。抽气速率为 0.25 ~ 500m³/h,极限真空度为 2~8kPa,采用双级泵时工作压力为 1~2kPa。

真空处理过程中有大量烟气逸出。烟气中通常含有一定数量的固体颗粒。这些粉尘进入真空泵会导致真空泵的磨损。为此，必须在真空泵和真空室之间设置除尘罐。冷却介质为钢屑。高温烟气需经过冷却，使烟气温度低于200℃，才能进入除尘器。

在抽气过程，气体进入冷却室和除尘器时，运动速度突然降低，同时遇到除尘介质的阻力作用，烟尘颗粒得以沉降下来。

铬铁在真空处理过程中挥发量很小，通常铬铁真空处理过程中烟尘量不大。采用钢屑除尘器即可满足冷却和除尘的要求。

由于金属锰在真空处理过程中蒸发量较大、烟气含尘量很高，除了钢屑除尘器外，还应在真空系统中设置真空布袋除尘器。真空布袋除尘器为非标准设备，过滤介质为玻璃纤维布袋。真空除尘采用反吹法除尘。除灰时将系统抽真空，在达到一定真空度后，缓慢打开除尘器和真空泵之间的放气阀门，使空气反向吹过布袋，将布袋上的积灰吹下。冷却器和除尘器下部设有清灰孔，供放灰使用。

由水环真空泵排出的气体中通常含有一定数量的水珠和水分。为了防止水流外逸，在排气管路设置气水分离器。气水分离器中分离的水由回水管进入集水槽。排出的气体由放空管进入大气。

5.7 氮化冶金

铁合金的氮化冶金技术主要用于生产氮化锰、氮化铬、氮化钒等氮化铁合金。氮化技术也可以用于铁合金元素的提纯。

5.7.1 氮化物的稳定性

氮可与锰、铬、硅、钒、钛、硼等许多元素反应生成氮化物。氮化硼、氮化钛、氮化铝、氮化硅等氮化物是高科技领域的新型材料。

氮化铁合金在固态时，氮以金属氮化物或复合氮化物的形态存在；在液态时，氮以溶质状态存在。一些铁合金元素氮化物的稳定性见图5-67[55]。可以看出氮化物的稳定性随温度变化而改变。温度越高氮化物的稳定性越差。

铁合金的氮化处理有液态渗氮和固态渗氮。液态铁合金渗氮采用氮气为原料，在感应炉内进行。通常液态渗氮只能得到含氮量低的产品。固态渗氮在真空电阻炉反应罐或感应炉内进行，可使用氮气或氨气做原料。采用粉末冶金方法渗氮所得到的合金气孔率较高，其应用受到一定影响。为了得到致密的合金可以采用先渗氮后熔化的方法，熔化后产品的含氮量会大幅度降低。

5.7.2 氮化过程机理

固态渗氮反应的限制性环节是氮在金属颗粒内部的体积扩散。影响氮化过程的条件有温度、气相压力、合金成分和气体纯度等。

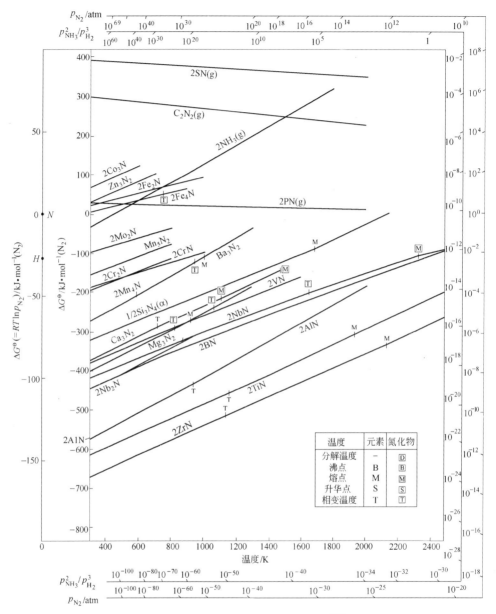

图 5-67 氮化物稳定性与温度关系[55]

氮气由气相向固相内部扩散速度 v 与氮分压有关:

$$v = kA \cdot P_{N_2}$$

式中 P_{N_2}——氮气的分压;

k——氮的扩散系数;

A——固相内表面积。

氮分压越高，氮向固体金属相扩散的速度越大。通过向炉膛内部充入部分惰性气体，改变气相中氮气分压可以有效地控制氮化反应速度。

烧结法的氮化反应是气－固反应。影响反应速度的环节有氮气向颗粒表面的扩散，氮气在金属颗粒表面的吸附，氮气通过氮化物产物层的扩散和氮化反应。对氮化过程增重数据的处理表明氮化反应过程分成两个阶段。

在反应初期反应遵循下式：

$$1 - (1 - R)^{1/3} = kt$$

式中　k——氮化反应的反应速度常数；

　　　R——参与反应的物质分数；

　　　t——时间。

反应初期，界面化学反应为限制性环节。在反应进行一段时间后，氮化增重遵循下式：

$$R^m = k^n t + C$$

式中　C, m, n——经验常数，恒温、恒压时，$C = 0$。

随着产物层的增厚，扩散阻力增大，氮化过程的限制性环节过渡到通过产物层的扩散。

在高温下，氨是一种处于介稳态的化合物，有很高的氮势。采用氨作氮化介质渗氮，反应速度远远高于氮气，可以得到含氮量很高的金属氮化物。采用氨对锰铁进行氮化可以得到含氮量很高的氮化锰铁。图 5-68 为实测的采用不同氮化介质在不同温度对铬铁的进行渗氮的速度和渗氮量[56]。在渗氮初期存在一个明显的诱导期。温度越高，诱导期越短。这可能是氮化产物的形核阶段或排除吸附的其他气体所至。

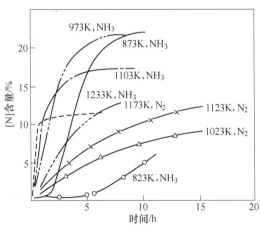

图 5-68　铬铁氮化介质与氮化温度、时间和氮化速度的关系

5.7.2.1　温度对渗氮量的影响

铁合金元素氮化物的稳定性与温度有关。铁合金的最大渗氮量与氮化温度有关（见图5-69）。一些氮化物在高温分解。在更高的温度铁合金含氮量反而降低。

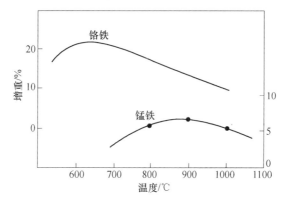

图5-69　铬铁和锰铁渗氮过程增重与温度的关系

5.7.2.2　粒度对氮化过程的影响

粒度越细小，表面积越大，氮气与金属接触面积大，渗氮速度越高。图5-70为低碳锰铁渗氮量随时间变化曲线。

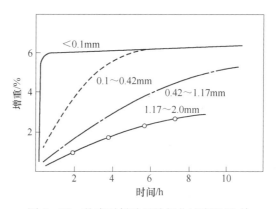

图5-70　粒度对低碳锰铁氮化速度的影响

5.7.2.3　合金成分对氮的溶解度的影响

金属中的铬、硅、锰含量增加会提高氮在金属中的溶解度，而含硅量增加会降低氮的溶解度（见图1-28）。

金属与碳生成更稳定的碳化物，合金含碳量高不利于氮化反应。在1973K，氮气压力为0.1MPa时，铬铁中的氮和碳存在如下关系[51]：

$$\lg[\%N] = 0.48 - 0.103[\%C]$$

5.7.2.4 压力对渗氮的影响

氮化过程是在正压下进行的。由扩散速度与压力关系式可以看出,系统的压力与渗氮速度有关,控制氮气压力可以控制渗氮速度。氮化反应是放热反应,温度过高会引起炉料烧结;压力过高,反应速度过快形成的阻挡层反而会使氮化速度降低。

5.7.2.5 气体纯度的影响

渗氮介质中的杂质对氮化过程和产品质量有很大影响。氮气中存在氧能抑制氮化过程。气氛中少量存在的氧会使反应物表面发生氧化。一旦金属颗粒表面形成了氧化膜,氮向硅铁内部的传质速度将大大降低。实践表明:当气相中氧含量高于2%时,氮化反应将难于进行。为了改善氮化过程,应该尽可能提高氮气纯度,去除炉衬吸附的气体。采用真空电阻炉能最大限度去除炉衬吸附的氧气,防止原料在升温中氧化。

氮气含氧量高还会使合金增碳。氮气中的氧与碳电极反应生成 CO,CO 以如下方式向金属传递:

$$CO(g) \Longrightarrow CO(吸附)$$
$$2CO(吸附) \Longrightarrow C(吸附) + CO_2$$
$$C(吸附) \Longrightarrow [C]$$

合金含碳量的增加会使氮化反应受到抑制。

在渗氮过程中,炉膛压力和氮气流量的变化反映出氮化反应速度的改变。由氮气消耗的数量和炉膛压力数值变化可以判断渗氮反应的终点。

5.7.3 铬铁的氮化

铬铁的氮化可以采用液态渗氮法、粉末烧结法和固态渗氮法。液态渗氮得到的产品含氮量通常比较低,粉末烧结法产品含氮量较高。

液态低碳铬铁出炉温度为 1650 ~ 1700℃。氮化时向铬铁熔体通入压力为 0.1 ~ 0.5MPa 的氮气,氮化过程持续 20 ~ 60min 后进行浇注。液态氮化可以得到致密的含氮量为 2% ~ 3% 的氮化铬铁[50]。

固态渗氮与真空铬铁生产结合起来可以降低能耗。在完成真空脱碳以后向真空炉通入氮气。在氮化过程,系统压力维持在 0.5MPa 以上,温度为 1000 ~ 1100℃。为了得到含氮量大于 8% 的氮化铬铁,氮化时间应在 10h 以上[50]。

氮化铬铁中的主要氮化物是 CrN、Cr_2N、Fe_4N。此外,还存在铁、铬的复合氮化物 $(Cr, Fe)_2N_{1-x}$。1473K 以上,Cr_2N 不稳定,分解成 Cr 和 N。氮化产物形态主要取决于温度条件。在 973K 以下只有 CrN 生成,而没有 Cr_2N。低温时氮化速度较慢,提高温度使氮化速度加快,但金属中的氮化物总量会减少。

氮化温度和氮化工艺对氮化产物的构成有明显影响。表 5-48 列出了采用 X

射线衍射仪鉴定的氮化铬铁物相。试验结果表明各种氮化物的数量比例随氮化条件而改变。

表 5-48 不同试验条件下氮化物的物相[56]

温度/K	N_2 氮化	NH_3 氮化	温度/K	N_2 氮化	NH_3 氮化
873	Fe,Cr,CrN,Fe_4N	CrN,Fe_4N	1103	Cr_2N,Fe_2N_{1-x}	CrN,Cr_2N
973	CrN,Fe_4N	Cr_2N,Fe_4N,Fe_2N_{1-x}	1173	Cr_2N,Fe_2N_{1-x}	
1073	CrN,Cr_2N,Fe_2N_{1-x}		1233	Cr_2N,Fe_4N_{1-x}	Cr_2N

碳化铬的稳定性高于氮化铬，合金中含碳量过高会阻碍渗氮。为了得到含氮高的氮化铬铁必须使用含碳量极低的低碳铬铁。铬中存在的某些少量杂质能显著促进氮化反应。试验表明，金属中存在 1% 的铁即能提高氮化反应的速度，铁素体也能促进氮化。铬铁的氮化速度高于金属铬，含硅量高有利于提高金属的含氮量。

氮化铁的稳定性远远低于氮化铬，氮化处理使铁和铬分离成独立的相。利用这一性质可以利用铬铁为原料制造金属铬。Fe_4N 很容易溶解在酸中，而 CrN 却很稳定。经过酸浸处理即可以将铁和铬分离开来。在 1423K，1.3Pa 的真空条件下，处理氮化铬铁浸出物，氮化铬发生分解，得到含氮小于 0.05%，含铁为 2% 左右的金属铬[57]。铁的浸出率取决于氮化条件、浸出温度、搅拌条件和酸的浓度。

5.7.4 硅和硅铁的氮化

氮化硅和氮化硅铁用于含氮钢种和氮化硅耐火材料生产。氮化硅铁是生产冷轧取向硅钢片的原料。氮化硅具有良好的耐磨性、抗热冲击性和耐高温性能，是一种有广泛应用前景的高温耐磨材料。

氮和硅的化合物 Si_3N_4 有两种变体：$\alpha - Si_3N_4$ 和 $\beta - Si_3N_4$。$\alpha - Si_3N_4$ 是在 1350~1450℃ 氮化生成的，属六方晶系；$\beta - Si_3N_4$ 是在 1450℃ 以上形成的，属正交晶系。有人认为，$\beta - Si_3N_4$ 是氮化硅的高温形态。氮化硅中只有 15%~35% 的 $\beta - Si_3N_4$。铁在氮化硅铁中以氮化物的固溶体形式存在。氮化硅铁的含氮量为 25%~35%，含硅量为 47%~53%。

硅铁的渗氮是在真空电阻炉里进行的。氮化工艺设备由原料准备系统、真空泵机组、炉用变压器、炉体、氮气源和氮气净化系统组成。

影响氮化速度和氮化产品纯度的主要因素是温度制度、氮气的分压、原料粒度组成和气体的纯度。氮和硅在 900~1200℃ 开始反应，但速度十分缓慢。在 1200℃ 以上硅的氮化速度显著加快，在 1500℃ 氮化速度和渗氮量达到最大值。当温度高于 1600℃ 生成氮化硅的数量急剧减少。在 0.1MPa 下，氮化硅的分解温度为1900℃。硅与氮平衡的含氮量和达到平衡的时间见图5-71[58]。

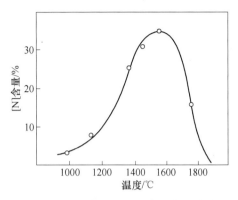

图5-71 硅和氮平衡的含氮量与温度关系

氮化反应的限制性环节是氮的扩散。改变温度、原料的粒度和氮分压可以控制氮的扩散速度，从而控制反应速度。

氮化反应是强烈的放热反应。反应放出的热量将使炉料的温度升高，从而使反应速度加快。硅铁的熔化温度仅为1300℃左右，当温升过快炉料会出现熔化现象，使氮的传输受到阻碍。随着炉料中氮化硅的增加，被氮化物包围的未氮化的硅铁即使熔化也不再会成为传质的障碍。因此，在氮化初期应该严格控制氮化温度和氮化速度。在反应的中后期炉腔温度可以适当提高。

采用松散炉料可以加快低温渗氮过程氮化物的生成，减少炉料的熔化。通过向炉腔内部充入部分氩气，改变气相中氮气分压可以有效地控制氮化反应速度，从而控制反应初期炉料内部的升温速度[59]。

5.7.5 锰铁的氮化

氮化锰铁和氮化金属锰是用粉末烧结法生产的。

Mn-N系的氮化物有Mn_4N、Mn_5N_2、Mn_3N_2和Mn_6N_5。低硅锰铁中，铁以取代固溶体$(Mn，Fe)_4N$的形式存在。$(Mn，Fe)_4N$中的铁在900℃可以取代体积百分数30%的锰。在Mn-Fe-C-N系中还存在$(Mn，Fe)_4(N，C)$化合物。

试验结果表明，锰铁的氮化过程由氮在金属内部扩散控制。减少原料粒度有助于提高反应速度。

氮化锰铁中的含氮量与含锰量有关。金属锰渗氮最高含氮量可以达到8%以上，而含锰80%的锰铁只能达到4%。含硅量高的氮化锰铁含氮高。

在700℃以下氮化速度十分缓慢。在1000℃左右$(Mn，Fe)_4N$发生分解。因此，在900~1000℃可以得到最大的含氮量。在更高的温度渗氮，含氮量反而降低。

5.7.6 氮化钒铁

在钢的生产中含氮的复合铁合金可以细化钢的晶粒，改善钢的性能。

氮化钒的生产可分为 V_2O_3 生产、碳化钒生产和氮化等几个阶段。V_2O_5 的熔点为690℃，而钒的碳化和氮化温度均高于1500℃，故不能使用 V_2O_5 直接碳化或氮化。

生产氮化钒的原料有 V_2O_5、V_2O_3 和 NH_4VO_3，氮化介质为氮气或氨气。

生成氮化钒的反应步骤如下：

在600℃左右还原气氛中，V_2O_5 还原成 V_2O_3，

$$V_2O_5 + 2C === V_2O_3 + 2CO$$

在1500~1700℃ V_2O_3 与 C 反应生成 V_2C，

$$V_2O_3 + 4C === V_2C + 3CO$$

在1000~1100℃ V_2C 与氮气反应生成 VN 和高价的 VC。

$$V_2C + 1/2N_2 === VN + VC$$

在工业生产中将 V_2O_3 制成 $-0.074mm$ 的粉末，将其与炭粉和粘结剂混合，压制成块，在真空炉内加热升温至1500℃以上使其转化为碳化钒，然后通入氮化介质在稍低温度生成氮化钒。在生产方法上氮化工艺有真空法与非真空法之分，但其实质都是控制气相中的氧和 CO 的分压。非真空法是通过氮气降低气相中 P_{O_2} 和 P_{CO} 分压。

以 V_2O_3 制取的氮化钒含氮量为12%~18%，含碳量不大于7%，含钒量为77%。

氮化钒铁可以采用粉末烧结法生产[60,61]。将钒铁磨成粒度小于0.25mm的粉末，以水玻璃为粘结剂压制成块状，在1150~1300℃、压力为0.1MPa的条件下渗氮，渗氮时间为10~15h，产品含氮量可达6%~10%。氮化反应放出大量热量。如果温度和压力等条件控制不当会使炉料过早烧结或熔化，阻碍氮气向料块内部扩散，使氮化速度减缓。

北京钢铁研究总院对如下成分的钒钛硅合金进行了氮化试验[62]：

V	Ti	Si	Mn	C	P	S
20.71%	3.12%	20.21%	3.21%	<0.26%	<0.08%	<0.004%

试验发现温度高于1100℃时氮化速度急剧上升；超过1200℃时，试样开始熔化，氮化速度减缓。氮化温度低于1100℃时，氮化产物只有 VN、Fe_2N、Fe_3N；温度升高到1100℃时，出现了 Mn_3N_2 相；温度为1200℃时有钛和硅的氮化物 Ti_2N 和 Si_3N_4 生成。在上述温度范围，合金含氮量分别为5.7%、7.4%和13.4%。在1200℃，氮化速度很快。常压下氮化只用0.5h含氮量即接近平衡数值。

采用液态渗氮法可以得到含氮为1%~3%的氮化钒铁。

5.8 金属硅的提纯

金属硅是生产有机硅、铝合金、大规模集成电路和太阳能电池的重要原料。这些用途对金属硅的杂质含量有严格要求。太阳能电池制造要求将冶金级金属硅中的硼和磷由 40～50ppm 减少到 B＜0.3ppm，P＜1ppm。

硅太阳能电池可分成几类：

（1）单晶硅太阳能电池－光电转换效率可达 19.44%；

（2）多晶硅薄膜太阳能电池－光电转换效率可达 12%～19%；

（3）非晶硅薄膜太阳能电池－光电转换效率达 13%。

多晶硅和非晶硅薄膜电池是未来发展的重点。其主要优点是：材料来源广泛、具有较高的转换效率、相对较低的制造成本。

多晶硅薄膜电池所使用的硅远较单晶硅少，又无效率衰退的问题，并且有可能在廉价衬底材料（Si、SiO_2、Si_3N_4）上制备，其成本远低于单晶硅电池，而效率高于非晶硅薄膜电池。因此，多晶硅薄膜电池不久将会在太阳能电池市场上占据主导地位。

5.8.1 新材料对金属硅杂质含量要求

太阳能电池级金属硅（SoG）的质量要求和对原料金属硅的要求见表 5－49 和表 5－50。

表 5－49　太阳能电池对硅的杂质含量要求　　　　　　　（ppm）

元　素	C	B	P	Al	Ti	Ni	Mn	Fe	Ca	Cu
含　量	≤3	≤1	≤0.2	≤0.5	≤0.2	≤0.5	≤0.1	≤0.5	≤0.2	≤0.1

表 5－50　太阳能电池级和冶金级原料金属硅的杂质含量　　　（ppm）

元　素	Al	Ca	Ti	Mn	Ni	V	Fe	B
冶金级	≤300	≤50	≤100	≤50	≤50	≤50	≤800	≤8
太阳能级	≤165	≤20	≤65	≤35	≤25	≤50	≤500	≤1

表 5－51 列出了一些元素在固相硅中的最大溶解度。杂质元素在液相和固相中的溶解度有较大差别。利用这一规律可以采用结晶凝固和酸浸得到纯净度相对较高的金属硅和硅铁。

表 5－51　一些杂质元素在固相硅中的溶解度[19]

元素	溶解度/ppm	元素	溶解度/ppm	元素	溶解度/ppm	元素	溶解度/ppm
S	0.8	Au	17	Mg	260	Sn	5335
Co	1.0	O	22	Li	312	Sb	6002

元素	溶解度/ppm	元素	溶解度/ppm	元素	溶解度/ppm	元素	溶解度/ppm
Fe	1.1	Cu	59	Al	384	P	26527
Mn	1.3	Bi	123	Ga	1977	As	97129
Zn	2.8	Ca	171	B	4432		

5.8.2 金属硅的酸浸提纯

金属硅凝固时大部分杂质元素会与硅分离。一些杂质元素溶于盐酸，而金属硅不会溶于盐酸或氢氟酸。金属硅仅微溶于含有硝酸的氢氟酸溶液。根据这一原理挪威 Elkem 公司开发了酸浸提纯工艺，又称 Silgrain 工艺。

试验表明：不同的酸对金属硅中杂质的去除效果不同。氢氟酸去除杂质铝、铁效果最佳。而对钙、钛、铜、锌等杂质氢氟酸与盐酸效果相差不大。经过酸浸的金属硅中杂质去除率可达 90%。在酸洗过程中施加超声波可提高酸洗提纯效果。表 5－52 给出了酸浸后的金属硅中杂质含量[19]。

表 5－52 酸浸后的金属硅中杂质含量[19]

杂质元素	Fe	Ca	Mn	Ti	Al
酸浸前/ppm	1250	1050	400	290	100
酸浸后/ppm	<1	<2	<1	<0.3	<1

金属硅适当的含钙量有利于工业硅的酸浸提纯。金属硅缓慢冷却凝固时首先析出的是颗粒较大的金属硅晶粒，其次是 $CaSi_2$ 相，最后析出的是其他杂质元素与硅和钙的共晶。杂质结晶颗粒十分细小。在酸浸中这些杂质会溶解在酸中。酸浸时会发生激烈反应，同时生成可以自燃的含氢气和其他成分的气体。$CaSi_2$ 相会发生膨胀，导致金属硅颗粒碎裂成大小为 1mm 左右的硅晶粒。$CaSi_2$ 转变成黄色的以 SiO_2 为主的氧化物。通过冲洗可以去除这些氧化物和未溶的杂质颗粒。金属硅结晶颗粒的表面往往被 SiO_2 薄膜覆盖，一些杂质粘附在上面。通过添加氧化剂的稀盐酸处理可以有效去除这些杂质。

为了分离这些杂质，金属硅中的 Ca/Fe 重量比应大于 10。如果析出的第二种相是 $FeSi_2$，则酸浸效果就会变差，因为 $FeSi_2$ 难于溶解在稀盐酸中。

采用酸浸提纯工艺可以降低硅铁中的钛含量。试验表明[19]：在 Fe:Si:Ca 比例为 24:72:4 时采用 $FeCl_3$/HCl 酸浸可以使 75% 硅铁中的 Ti 由 900ppm 降低到 200ppm。

不同的酸对工业硅中杂质的去除效果是不同的。氢氟酸酸洗去除杂质铝、铁效果最佳；而对杂质钙、钛、铜、锌而言，氢氟酸酸洗与盐酸酸洗效果相差不大。当工业硅粒度为 0.1~0.5mm，在 60℃ 恒温水浴条件下，由 4mol/L 的氢氟酸酸洗 24h 以上时，酸洗效果最佳，工业硅中的金属杂质去除率可达到 88.9%。当在酸洗过程中施加超声场时，声流和声空化作用使硅粉表面未完全暴露的晶界狭缝处的杂质被去除得更加彻底，可以提高酸洗提纯效果。

采用酸浸的方法可以去除大部分在结晶过程分离出来的杂质元素。那些固溶在结晶硅中或者镶嵌在结晶硅晶粒中的杂质相则无法去除。将金属硅进一步磨细到 10~20μm 会有利于酸浸提纯效果。为了得到纯度更高的结晶硅颗粒，需要综合采用区域熔炼、真空精炼等提纯工艺。

5.8.3 金属硅结晶提纯方法

5.8.3.1 结晶法提纯原理

结晶法是最有效的金属提纯方法之一。在结晶过程中，所有的杂质元素都会重新在液相或固相中分配。其分布结构也取决于结晶过程的完成状况。结晶过程所达到的平衡程度取决于温度、元素的扩散系数、偏析系数等多种因素。由图 5-72 给出的局部相图说明凝固过程引起杂质浓度的偏析导致固相中的浓度 C_g 小于液相中的浓度 C_L 结果。

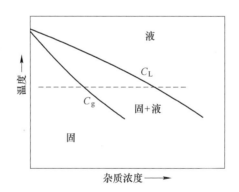

图 5-72 含有杂质的金属熔体凝固时的局部相图

液相工业硅中所含的杂质元素对熔点的影响结果是液相线温度降低，元素的分配比进一步改变。某一杂质元素在固相和液相中的分布关系可以用下式表达：

$$K_0 = x_s / x_L$$

式中 x——该元素的摩尔分数，下标 s 和 L 分别代表固相和液相。

K_e 被称为平衡偏析系数，见表 5-53。这一系数的近似数值可以由二元系相图推导出来，准确数据需要通过测试取得。

表 5 - 53 一些元素的偏析系数[19]

元　素	K_e	元　素	K_e	元　素	K_e
Ag	1.7×10^{-5}	Fe	6.4×10^{-6}	P	0.35
Al	3×10^{-2}	Mg	1.6×10^{-3}	Pd	5×10^{-5}
Au	2.5×10^{-5}	Mn	1.3×10^{-5}	Sn	3.3×10^{-2}
B	0.8	Mo	4.8×10^{-8}	Ta	2.1×10^{-8}
Ca	1.6×10^{-3}	N	7×10^{-4}	Ti	2.0×10^{-6}
Co	2×10^{-5}	Nb	4.4×10^{-7}	V	4×10^{-6}
Cr	1.1×10^{-5}	Ni	1.3×10^{-4}	W	1.7×10^{-8}
Cu	8×10^{-4}	O	$0.3 \sim 1.25$	Zr	1.6×10^{-5}

　　磷、硼、铝等元素在固相硅中的溶解度很高。而大多数杂质元素在硅中的偏析系数相当低。在结晶过程中这些杂质会从熔体中分离。在液 - 固相界面，液相和固相中的元素含量会十分接近平衡状态。但在整个相中元素的平均含量并不会达到平衡。这是由于元素在固相和液相中的传输速度是有限的。

　　图 5 - 73 给出了用于描述杂质元素在结晶过程中传输的模型。模型一端为固相，另一端为液相，在固相和液相中杂质元素的扩散速度足够高时，两相均为均质相。液相和固相之间存在一个移动的液固界面。

图 5 - 73 杂质元素结晶模型

　　元素在结晶过程数量按下式平衡：

$$g \cdot x_s + (1 - g) \cdot x_L = x_0$$

式中　g——试样的凝固数量分数。

　　在结晶过程中固相的成分：

$$x_s = \frac{K_0 \cdot x_0}{g \cdot (K_0 - 1) + 1}$$

　　在结晶过程中，液相和固相之间存在着薄薄的一层固 - 液界面，所有杂质元素的传输均须通过这一界面。固相中的元素含量 x_s 与接近稳态的主体液相成分 x_b 之间的分配关系称为有效偏析系数。

$$K = x_s / x_b$$

　　有效偏析系数与平衡偏析系数的关系与结晶条件有关。在凝固速度低、强烈搅拌和扩散系数高的情况下有效偏析系数与平衡偏析系数接近。

可以看出，在结晶方向上杂质元素含量初期变化缓慢，在接近结晶终点时杂质元素含量迅速增加。这是因为在结晶后期开始形成共晶。

铁水包进行凝固分离杂质试验表明，含铁 0.46% 的金属硅在铁水包内凝固时，金属硅首先在包壁上冷凝，杂质元素则留在熔体中；同时采用搅拌熔体的方法避免表层金属硅凝固；1h 后将上部熔体分离，将金属硅结晶与硅熔体分离。冷凝壳的壳体内外表面含铁量会稍高；中间部分的结晶硅纯度很高，其平均含铁量为 0.28%，中心部分含铁量为 0.009%。去除含铁高的外壳之后，平均含铁量为 0.05%，但硼、磷等杂质去除并不显著。

5.8.3.2　区域熔炼提纯

区域熔炼是一种提纯金属火法精炼方法。通过局部加热细长的金属锭使之产生一个较小的熔融区，杂质元素在固相与液相间的平衡产生浓度差。移动加热器使熔融区按一定方向缓慢移动，在熔化和凝固过程中杂质便偏析到液相中而得以除去。一次区域提纯通常不能达到所要求的纯度。提纯过程需要重复多次。

区域熔炼可采用电阻加热、感应加热或电子束加热（见图 5-74）。

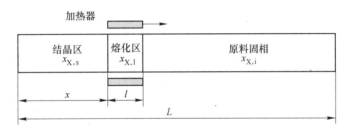

图 5-74　区域熔炼原理图

在图 5-74 中，当熔区自左向右缓慢移动时，分配系数 $K_0 < 1$ 的杂质就会富集在液相，并逐渐随熔区向右迁移；$K_0 > 1$ 的杂质则向左迁移。

在结晶过程中，当一种杂质元素从结晶的固相中分离出来以后，它会在固-液界面聚集，并扩散到液相中去。在固-液界面上存在着浓度差。通过凝固过程可以利用冶金级工业硅得到纯度很高的结晶硅。

区域熔炼的典型方法是将被提纯的材料制成长度为 0.5~3m（或更长些）的细棒，通过高频感应加热，使一小段固体熔融成液态，熔融区液相温度仅比固体材料的熔点高几度，稍加冷却就会析出固相。熔融区沿轴向缓慢移动（每小时几至十几厘米）。杂质的存在一般会降低纯物质的熔点，所以熔融区内含有杂质的部分较难凝固，而纯度较高的部分较易凝固，因而析出固相的纯度高于液相。随着熔融区向前移动，杂质也随之移动，最后富集于棒的一端，予以切除。一次区域熔炼往往不能满足所要求的纯度，通常须经多次重复操作，或在一次操作中沿细棒的长度依次形成几个熔融区。

5.8.4 金属硅精炼的进展

金属硅的提纯应从原料处理开始。矿热炉使用处理过的高纯原料,可以制得
2N~3N(即99%~99.9%)左右的冶金硅。金属硅在液态下进行吹气处理等炉外
精炼进一步除硼、磷、碳和金属杂质,得到3N左右的高纯冶金硅。4N高纯冶金
硅需要通过各种提纯方法,例如:湿法酸洗、真空电子束熔炼除磷、真空等离子
束氧化除硼、电磁真空熔炼除磷、湿氢法精炼除硼等技术手段,除去难以提纯的
非金属和轻金属杂质。最后进行区域熔炼提纯得到5N~6N冶金硅[64]。

硼和磷是对太阳能多晶硅危害最大的杂质元素,也是用火法冶金最难去除的
杂质。采用原料预处理工艺最大程度降低硼和磷进入原料中的含量,可以大大提
高冶金硅的纯度。

大部分偏析系数低于硅的杂质元素可以通过定向凝固方式去除。但硼和磷不
能用这种方法有效除去。在金属硅的定向凝固之前还要采取其他精炼措施。

研究发现,在真空状态下包括磷在内的许多杂质元素都可以除去。

杂质元素可以形成挥发性的物质,在精炼中可以与氧、氢或氯的化合物以气
相方式分离出来。在Si--B--P--H_2O--Ar体系,液相硅中的硼可能与氢气或SiO
气体反应生成HBO(g)。在较宽的范围内,HBO气体是稳定的物质。这样硼有
可能按下式以HBO的形式从液态硅中分离出去。

$$SiO(g) + 1/2H_2(g) + [B] \longrightarrow HBO(g) + [Si]$$

在用含有水气的氩气对液体金属硅进行精炼时,气相物质可以与硅和硅中的
杂质作用,同时也对液体起搅拌作用,使[B]含量降低到4ppm以下。在气--
液--固的混合作用下可以加强反应物的接触,提高反应速度,促进杂质的分离。

真空精炼研究表明,当真空度为10^{-2}Pa时,精炼30~40min可以有效去除
工业硅中的饱和蒸气压高的杂质元素。进一步提高真空度和精炼时间可以提高杂
质去除率,但同时也极大地增大了硅的损失。

多区控温定向凝固炉冶炼金属硅时,当熔体温度保持为1550℃、拉锭速度为
1×10^{-5}~5×10^{-5}m/s时,两次以上定向凝固就可以使杂质得到有效去除。

采用电子束精炼提纯方法时,当熔池温度为2500℃,进行1h以上电子束精
炼可以有效去除硅熔体中的大部分杂质元素。经ICP--AES分析显示,铸锭的主
要杂质含量由6000ppm以上,降低到30ppm以下。

通过工艺优化,可以提高太阳能电池用硅的提纯效果,使硼含量和磷含量降
低到0.3ppm和0.2ppm以下,更经济地制备纯度在5N以上的太阳能级多晶硅。

5.9 摇包技术

摇包又称摇炉,是常用的处理液态铁合金和炉渣的设备。摇包广泛用于合金
熔体降碳、精炼降磷、炉渣贫化、镍铁精炼、含钒铁水处理等铁合金精炼过程。

5.9.1 摇包精炼机理

摇包主要用于铁水与液态炉渣或固体造渣料的混合。利用摇包运动所产生的液 - 液相和液 - 固相相对运动和混合作用实现铁合金炉外精炼、回收炉渣中的金属元素的目标。

摇包运动中，液相金属和液态炉渣之间的传质条件大大改善，显著提高两相之间的化学反应速度。摇包运动过程的传质作用主要发生在液 - 液和液 - 固等两相之间。在摇包中的各种液体运动状态呈现不同的传质速度。当炉内液相运动速度高于临界转速时，液相之间的传质速度最高。在化学反应动力学中，炉渣 - 金属之间的界面面积和炉渣与金属的混合程度对反应速度影响很大。两相之间物质的传输与金属相和炉渣相对运动速度、液体的运动状态、两相的界面大小等因素有关。在摇包运动中，两相液体均呈素流状态的荷叶状运动和两相完全混合的抛物面运动使反应界面急剧增加、传质效果显著改善。通过优化摇包参数可以达到最好的传质效果。

在精炼锰铁生产中炉渣和金属的体积比达到 4 以上。在精炼电炉内仅仅依靠炉渣和金属界面完成精炼反应十分困难，因此，只有采用合理的摇包精炼工艺才能实现炉外精炼的目标。在摇包内利用碱性炉渣对高硅硅锰合金进行精炼时，合金中的磷、硫、碳等有害杂质分别脱除 30%、50% 和 40%。

在摇包运动状态作用下，熔渣和金属熔体的接触面积加大，改善了锰还原的动力学，加快了锰还原速度。图 5 - 75 为不同转速下氧化锰被还原的状况。

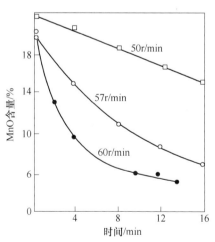

图 5 - 75 不同转速下氧化锰被还原的状况[1]

由图 5 - 75 与图 2 - 52 比较可以看出，即使在摇包激烈运动状态，短时间内渣中氧化锰仍然未能与金属中的硅达到平衡。可见传质过程是氧化锰与硅反应的限制性环节。

5.9.2　摇包运动解析

摇包机主要由摇架、偏心摇动装置、电机和传动装置组成（见图 5 - 76）。摇架由一个主动偏心轴和两个从动偏心轴支撑，盛装铁水或炉渣的摇包置于摇架之上。在电动机和减速机的传动作用下，摇包进行无自转的偏心运动。在包体的作用下，包内的液态合金和炉渣发生上下摆动和转动。为了便于调整摇包的参数，摇包机采用调速电动机驱动。偏心摇动装置的偏心距可以通过更换不同偏心值的偏心套来改变。摇架的结构有三角形和 U 形两种。U 形摇架装有倾翻机构，便于将金属和炉渣直接倾出。

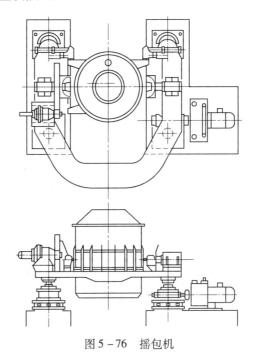

图 5 - 76　摇包机

摇包运动过程中液体在惯性力和包壁施加力的作用下激烈运动，包内液面高度比静止液面高 1 倍以上。因此，摇包的有效容积只有摇包容积的 50%。

摇包内单相和多相液体运动规律受到摇包机参数的影响。摇包内的单相液体的运动状态见图 5 - 77[64]。其纵坐标为液体波动高度 H 和熔池直径 R 之比（H/R），横坐标为液体运动的雷诺数 Re：

$$Re = \frac{RN\rho}{\mu}$$

式中　N——摇包转速；

ρ——液体密度；

μ——液体黏度。

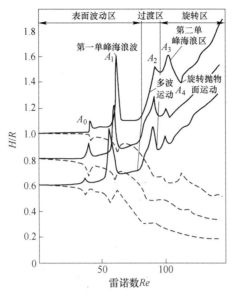

图 5 - 77　摇包内单相液体运动规律[65]

图 5 - 77 显示了当熔池直径等摇包参数和液体物理特性为定值时液面高度随摇包转速的改变而变化的状况。图 5 - 77 的上部实线表示波峰的高度，下部虚线表示波谷的高度，二者之差为波幅。摇包转速较低时液体表面几乎是平静的。由于波的叠加和干涉作用以及液体质点的共振作用，摇包内液体的波幅在某一转速有突然增大或减少的现象，这时液体处于临界运动状态。当转速由零增加到一定值时，液面开始出现平摆运动，这种由接近静态向平摆运动的转变称为第一临界状态。当转速进一步增加到一定数值时，液体表面开始出现单一的海浪波。海浪波沿摇包的内壁旋转，波峰达到静止液面高度的 1.6 ~ 1.8 倍后落下。包内的液体中心旋转较快，而四周旋转较慢，中心质点由下旋转向上运动。这种单峰的海浪波运动状态称为第二临界状态。当偏心转速继续增加到一定值时，液体表面出现多峰海浪波。这种运动状态称为第三临界状态。在某一更高的偏心转速，液体表面重现了运动更加剧烈的第二临界状态。转速增加到更大值时液体表面出现旋转抛物面运动，这种状态称为第四临界状态。在两个临界状态之间，液体的运动状态都有所减弱。

试验表明临界转速与摇包的半径 R、偏心距 a、偏心旋转的转速 N、液面高度 H 及液体的物理性质，如液体的黏度、密度等参数有关。

Eketop[63]提出对摇包内液体运动状态起主导作用的弗劳德数与摇包参数的关系式为：

$$Fr = \frac{RN^2}{g} = f\left(\frac{H}{R}, \frac{R}{a}\right)$$

弗劳德数的物理意义是惯性力与重力之比，它表示重力对流动过程的影响。H/R 和 R/a 为摇包的几何相似准数。

石井小太郎[65] 提出了摇包临界转速的经验式如下

$$\frac{H}{R} > 1.2 \qquad\qquad N = 9.5\left(\frac{1}{a} + \frac{5}{R}\right)^{\frac{1}{2}}$$

$$\frac{H}{R} < 1.2N \qquad\qquad N = \frac{1}{1.08}\left[(N - 15)\lg\frac{H}{R} + N\right] + 1.2$$

通过试验和因次分析提出了参数和准数的关系式如下：

$$\left(Fr,\ Re,\ \frac{R}{H},\ \frac{R}{a}\right) = 0$$

雷诺数的物理意义是惯性力和黏性力之比，表示黏性力对液体运动状态的影响。试验研究发现，液体黏度对临界状态的波峰高度有显著影响，而对临界转速并无明显作用。因此，只用弗劳德数即可以表示摇包的临界状态与摇包参数的函数关系如下：

$$Fr = A\left(\frac{R}{H}\right)^m \left(\frac{R}{a}\right)^n$$

蔡志鹏[65] 试验得到的第一临界海浪波运动的临界速度为：

$$N = 195R^{-0.5}\left(\frac{R}{H}\right)^{-0.155}\left(\frac{R}{a}\right)^{0.015}$$

得到的第二临界海浪波运动临界转速为：

$$N = 279R^{-0.5}\left(\frac{R}{H}\right)^{-0.226}\left(\frac{R}{a}\right)^{0.062}$$

旋转抛物面运动的临界转速为：

$$N = 443R^{-0.5}\left(\frac{R}{H}\right)^{-0.149}\left(\frac{R}{a}\right)^{0.281}$$

摇包的几何尺寸和液面位置对摇包内部液体运动状态有一定影响。对临界转速影响最大的是摇包的直径，其次是熔体深度。图 5-78 为临界转速与 H/R 的关系。偏心距对于第一和第二单峰海浪波运动影响很小，而对抛物面运动影响比 H 大。在 R 和 a 为定值时，当 $R/H > 2.5$ 时由于液面太浅，液体运动受摩擦力的影响较大；当 $R/H < 0.83$ 时，H 和 R 这一定数几乎对临界转速没有影响。

对三种黏度不同的液体波动状态的研究表明：摇包参数相同，黏度不同的液体运动波形基本相似，各运动状态的临界转速也相同。黏度对临界转速波幅大小有一定影响。在表面波动区的临界点 A_0 和 A_1，黏度越低，波幅越大；在旋转抛物面运动区，黏度越高，波幅越大；在过渡区黏度对波幅影响不大。

摇包运动过程的传质作用主要发生在液-液和液-固等两相之间。摇包的各种液体运动状态呈现不同的传质速度。图 5-77 所示的摇包液体运动状态图中，

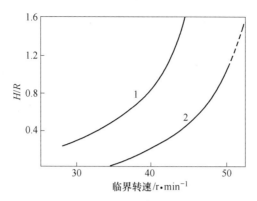

图 5 - 78 单相液体运动的临界转速与 H/R 的关系

过渡区的临界转速 A_2 和邻近的 A_3 点传质速度较高,因此,第二种临界状态和第三种临界状态能适应铁水精炼的要求。

摇包内炉渣和金属两相液体运动规律的研究表明:上部炉渣的运动规律与单相液体运动基本相同。由于金属熔体的密度比炉渣大得多,在摇包内部两相运动中金属液体受到的包底摩擦力作用更大。金属和炉渣临界转速各不相同,两相液体运动规律更为复杂。图 5 - 79 为金属和炉渣两相液体运动状态的模拟试验结果。摇包内液体金属的运动状态还受到与包衬的摩擦力和炉渣运动的影响。试验发现,当摇包偏心转动达到一定值时两相液体界面交互翻转,类似荷叶形状,称为荷叶状运动;速度继续增加,熔体呈现抛物面运动,炉渣和金属相互混合,呈乳浊液。

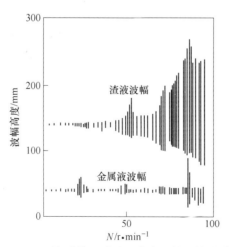

图 5 - 79 两相液体运动液面高度和临界转速关系

模型试验得出了两相液体运动的临界状态转速 N (r/min) 与摇包内径 D 的关系式:

两相界面平摆运动 $\qquad N = 5.37 + 5.17/D$

渣表面海浪波运动 $\qquad N = 41.11 + 9.00/D$

渣表面为海浪波运动，两相界面为荷叶状运动

$$N = 45.00 + 11.60/D$$

摇包用于硅铬合金降碳时，合金中的 SiC 向脱碳剂的传递因素有 SiC 上浮速度、界面上 SiC 与渣的混合程度。实践表明：在临界转速脱碳效果最好。摇包用于渣洗硅铬合金降磷和回收中锰炉渣的锰时，炉渣 – 金属的界面面积大小和炉渣与金属的混合程度十分重要。因为两相之间物质的传输与金属相和炉渣相运动速度有关，与液体的运动状态有关，与两相的界面大小有关。在相同的运动状态，摇包直径越大传质效果越好。在两相液体均呈紊流状态的荷叶状运动和两相完全混合的抛物面运动时，反应界面急剧增加，传质效果显著改善。采用摇包法回收微碳铬铁炉渣中的铬时，在临界转速渣中 Cr_2O_3 降低率为其他转速下的 3 倍。

在相同的运动状态，摇包直径越大传质效果越好。在两相液体均呈紊流状态的荷叶状运动和两相完全混合的抛物面运动时，反应界面急剧增加，传质效果显著改善。采用摇包法回收微碳铬铁炉渣中的铬时，在临界转速渣中 Cr_2O_3 降低率为其他转速下的 3 倍。

5.9.3 摇包参数

摇包机和摇包的参数主要有摇包机的转速、偏心距、电动机功率和摇包的内径、高度、装入量等。摇包参数设计直接影响摇包内的液体运动规律。摇包的几何尺寸、摇包机的转速、偏心距等设备参数直接影响摇包内的液体运动规律。应用相似原理可以较好地用试验摇包装置参数进行比例放大，为工业生产摇包提供准确的参数。

偏心距越大产生海浪波的转速越低。丁明测得的 $1.2m^3$ 摇包形成海浪波时二者之间的关系如下：

偏心距/mm	50	60	80	110
转速/r·min^{-1}	55~65	48~52	45~37	35~40

实际测定的 $0.6m^3$ 摇包偏心距、摇包转数和临界速度的液面高度三者之间的关系见图 5 – 80。偏心距小于 50mm 时液面很高，不利于提高摇包的容积利用率。一般偏心距控制在 50~100mm 之间。

摇包在临界运动状态下液面高度可达到静止液面的 1.6~2.0 倍。因此，设计熔体装入量体积不易超过摇包容积的 1/2。装入量过大，熔体在摇包运动时容易溢出。铁水包直径和高度之比为 1 时，熔体表面积与容量之比最小，表面热损失最少。对于这种包型的摇包铁水和炉渣的液位高度与铁水包内径之比应控制在 0.5 左右。

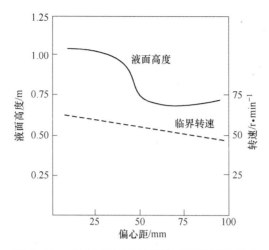

图 5-80 偏心距对液面高度和临界转速的影响

以回收炉渣中金属为目的摇包可以采用带盖的摇包。包盖可以有效地减少热损失,阻挡熔体外溢,提高摇包的装入量。但是对于以降碳为目的的摇包则不易采用带盖的摇包。

摇包内径对其临界转速影响很大。各种运动状态的临界转速均与摇包内径成反比,临界转速随摇包内径的增加而降低。摇包转速应设计在一定范围之内,以适应临界转速的变化。此外,摇包电动机功率的选择必须与其临界转速相适应。

影响摇包机工作的条件很多,选择准确的参数比较难。应用相似原理可以较好地用试验装置或现有的摇包参数进行比例放大,为所设计的摇包提供准确的参数。通常方法是参照现有的摇包参数确定所设计的摇包参数范围。在设备投入运行后将运行参数调整到合适的数值。如可以将摇包的偏心距设为 3 档,摇包机的转速采用无级变速,这样就很容易在设备投产时得到合理的工作参数。表 5-54 为常用的摇包参数。

表 5-54 典型摇包参数

容积/m³	外径/mm	高度/mm	内径/mm	深度/mm	转速/r·min⁻¹	偏心距/mm
0.66	1010	1620	850	1180	55	60
1.2	1650/1450	1650	1200	1250	45	80
3.50	2070	2100	1650	1650	42	60
5.00	2200	2250	1840	1880	45~60	50/60/70
8.00	2600	2650	2200	2100	0~50	60/70/80
15.00	3200	3300	2750	2600	0~50	60/80/100

5.9.4 摇包机的机械结构

摇包机主要由电动机、联轴器、减速器、机座、摇架、润滑泵系统、电气控制系统、水冷却系统等组成。

5.9.4.1 机座和摇架

摇包全部重量通过摇架传递到机座上。摇架和机座不仅需要承受竖直方向的重力作用，还要承受摇包运动水平方向的冲击力量。

摇包机有 3 个或多个独立的支座。支撑座由从动单元和主动单元形成多点支撑摇架平面的结构。为了改善支撑座的受力条件，大型摇包机可以使用多个主动和从动单元。为了满足摇架运动要求，支座位置安装偏差小于 1mm。

摇架受到的侧向冲击力通过橡胶垫、基座、地脚螺栓传递到基础上。各支座的受力存在一定差别。通过联系梁将支座连成一体平衡受力，提高摇包机运行的稳定性。摇包机最好采用分体组合的整体机座，并对机架轴孔整体加工，这样可以保证安装后机座和机架中心孔相对位置精度。

为了避免重包落下时冲击摇架损坏摇包传动系统，摇包支座需要采用缓冲机构。可以采用液压缓冲器或碟簧缓冲器。

5.9.4.2 传动系统

摇包包体和摇包架运动惯性量很大。设计和制造必须考虑摇包惯性带动传动装置的运动和受力。因此，摇包机不能采用蜗轮、蜗杆等不可逆传动装置，而只能采用可靠的齿轮传动。

电动机通过轮胎式联轴器与减速器连接。减速器内通过螺旋伞齿轮把输入轴的水平驱动转换为垂直驱动。输出轴采用偏心轴，偏心轴通过铰接帽与摇架连接。主动和从动偏心轴同时转动使摇架产生平面摇动，使摇包随摇架一起摇动。

联轴器采用轮胎式联轴器的作用不单是传递功率和扭矩，还可以减小或隔离来自被动端的振动冲击，用以更好地保护电动机。

减速器的受力十分复杂，包括来自铁水包和摇架的重量载荷、圆周方向的振动冲击载荷、时刻变化的离心平衡载荷、驱动的扭矩载荷等。在减速器设计方面要充分考虑这些复杂的受力情况。减速器通常采用多级减速传动。

摇架支撑铰用于主动输出轴以及被动轴和摇架之间的联结，实现减速器输出轴带动摇架转动。支撑铰主要由支撑铰帽、套筒、推力轴承、滚子轴承等构成。支撑铰的受力十分复杂。其负荷包括来至摇架的重量载荷、圆周方向的振动冲击载荷、离心平衡载荷。摇包和摇包机的重量载荷需要由摇包机支座的推力轴承承担；振动冲击载荷和离心平衡载荷通过橡胶缓冲垫传递到偏心轴上。

采用一个主动单元支座传动时，电机电流随偏心轴转动呈现周期变化。采用多个主动单元支座有利于平衡偏心轴转动力矩和电机电流平衡。

铰帽是摇包机的主要易损件。摇包机铰帽工作条件十分恶劣。摇包和摇架的重力和偏心运动的扭力都要通过铰帽传递给偏心轴。这要求其抗拉强度、耐磨性、耐高温性和抗老化性都要适应摇包工作条件。目前使用的橡胶材质有丁腈橡胶和聚胺酯橡胶。聚胺酯胶垫抗磨性较好，但其高温工作性能差、容易发生老化。实践表明：丁腈橡胶是较好的材料，可以适应摇包工作条件。

5.9.4.3 电气装置

摇包机由电动机驱动。由于摇包机工作环境温度高，要求电动机内带有强迫通风风机。

摇包机的转速根据装入量进行调整。摇包机多采用无级变速装置。大型摇包机采用变频调速电动机无级调速。采用可控硅变频调速的优点是恒转矩调速、设备启动和调速平稳，启动转速为 0。在实际使用中可以按照不同的速度运转满足工艺要求。

采用多个主动轴传动时，需要由微机对电动机的转速和电流进行平衡控制。

电气设备联锁应包括水冷系统、润滑系统、除尘系统和传动系统等。

5.9.4.4 润滑系统

摇包机的工作环境十分恶劣，传动部件的润滑需要适应机器运行条件。润滑系统由干油润滑和稀油润滑组成。对主传动和减速机等传动部位采用集中稀油润滑，设稀油润滑站供油。

干油润滑主要用于低速转动部分和难以实现稀油润滑的部位，如支撑铰的润滑采用润滑脂润滑。稀油润滑油路中设有滤油器，油路设计要防止磨损的机件碎钢屑和污油沉积物留在减速机中。

5.9.5 摇包受力的运动分析和驱动电动机选择

在摇架整体偏心运动中，摇架平面任一点都有一个对应的偏心转动的轴心。因此，摇架平面上的任一点均可以作为摇架的支撑点。理论上，其点数可以为 2、3、4、5、6，至无限多个。根据摇架受力状况，实际生产中吨位小的摇架多采用 3 个支撑点，吨位大的摇架则采用 4 个支撑点。

对摇架的受力分析表明：摇架的顶角角度和支撑点位置对摇架的运动没有影响。然而，支撑点之间的距离和设备制造安装误差对摇架的平稳运动有重大影响。

摇架转动的基本条件是：

设主传动轴和被动轴的偏心距分别为 $S_{主}$ 和 S_2；支撑基座的主传动轴与被动轴中心距为 F_2；摇架传动轴和被动轴基点之间距离为 L_2；主动与被动铰帽中心与对应偏向轴线的位移分别为 d_1 和 d_2；δ 为制造和安装综合偏差之和，存在如下约束条件：

$$S_{主} + d_1 + F_2 = S_2 + d_2 + L_2 + \delta$$

由上式可以看出，摇包的制造和安装偏差可以通过铰帽上的胶垫变形自行调整。在摇包运动过程中，d_1 和 d_2 随摇包转速和装入量而改变。当 δ 与胶垫最大

变形量 d 之和大于摇架偏心套间隙时摇包架就无法运动。

受各种因素的影响，摇包机可能会出现在低速或载荷小时运动正常，而在高速和重载时出现问题。摇包重量越大，影响摇包运动的因素越多。

在运动过程中，随着海浪波的形成和消失，摇包中熔体的重心位置周期地改变。海浪波的生成频率与摇包的转速相同。海浪波达到最高点的时刻也是电动机电流最大的时刻。这时，熔体中心的偏心距最大，摇包传动轴受到的阻力也最大。摇包机的驱动力矩和电动机输出功率随着海浪波的形成和消失而周期变化。

摇包运动可以简化为物体重心的运动。在运动中熔体在离心力的作用下向摇包壁的一侧移动，使重心位置不断发生变化。熔体的重心位置受到离心力、切向惯性力、包壁对熔体的摩擦力、摇速、包体形状和尺寸等诸多因素的影响。做到精确计算是十分困难的。

摇包机惯性力和计算如下：

设摇包机主传动轴瞬时的转速为 n，角速度为 ω，角加速度为 a，偏心距为 r。

主动轴角速度 $\qquad\qquad \omega = n2\pi/60$

在摇包体系重心 M 上虚加惯性力为：$F = -ma$

惯性力 F 可以分解为切向惯性力 F_ζ 和法向惯性力 F_n，其大小分别为：

法向惯性力 $\qquad\qquad F_n = ma_n = mr\omega^2$

切向惯性力 $\qquad\qquad F_\zeta = ma_\zeta = mr\alpha$。

摇包系统的惯性力由摇架、摇包和熔体的惯性力合成。

法向惯性力 $\qquad\qquad F_{n合} = F_{n1} + F_{n2} + F_{n3}$

切向惯性力 $\qquad\qquad F_{\zeta合} = F_{\zeta1} + F_{\zeta2} + F_{\zeta3}$

惯性力的合成为：

$$F_合 = \left(F_{n合} + F_{\zeta合} \right)^{1/2}$$

主动轴均匀转动时所需的驱动力矩为：

$$M = F_合 r$$

启动惯性力矩系数取 1.12，则启动力矩为：

$$M_{启动} = 1.12 F_合 r$$

电动机功率计算：

$$P = M_{启动} n/9550$$

在摇包机启动过程中，包内熔体没有海浪波形成。这样，熔体和摇架与摇包的偏心距相同。而启动过程的切向惯性力与启动过程的角加速度有关。采用无级调速的摇包机启动时的角加速度较小。

在摇包正常工作中，海浪波形成和消失使熔体的偏心距产生巨大变化。这使摇包机的转矩在一个运动周期内发生很大改变。摇包机的最大转矩出现在海浪波最高的位置。对摇包熔体重心计算表明：在海浪波的高度等于摇包直径 d 时，熔体重心偏离摇包中心距离为 $0.2d$。经验表明：摇包工作最大功率为额定功率的 1.7 倍。由此，可以对摇包机最大驱动功率和所需电动机功率进行计算。

由于摇包工作时重心发生周期性的变化，摇包偏心转动的角加速度随之改变。在偏心运动中摇架、摇包和部分熔体的运动相当于巨大的飞轮。飞轮具有储存能量和释放能量的功能，起着增大惯性矩、降低角加速度的作用。摇包机的惯性运动有助于克服系统重心改变导致的速度瞬时变化。这一因素有助于减少摇包机所需要的额定功率。摇包机驱动电动机功率计算参数见表 5-55。

表 5-55 摇包机驱动电动机功率计算参数

项 目	单 位	A	B	C
摇包容积	m³	15	8	5
熔体重量	t	40	20	13
偏心距	m	0.07	0.07	0.07
转 速	r/min	45	50	55
系统法向惯性力	kN	14023	8901	6669
启动力矩	kN·m	16371	10391	7461
启动功率	kW	77.14	54.40	36
主动轴最大受力	kN	63271	30466	19151
最大驱动力矩	kN·m	43448	20921	13151
瞬时最大功率	kW	204.73	109.53	72
选取电动机功率	kW	>170.61	>91.28	>60

参考文献

[1] 田长萌，陈震华. 摇包法生产中碳锰铁的试验 [J]. 铁合金，1982 (2)：1~7.
[2] 傅维贤. 中低碳锰铁生产的改进 [C]. 第八届国际铁合金大会文集，北京：中国金属学会，1998：206~209.
[3] 漆瑞军，佘安强，谭在晋. 摇炉加矿预炼生产中碳锰铁 [J]. 铁合金，1999 (1)：4~9.
[4] Shoko N R, Chirasha J. Technological change yields beneficial process improvement for low carbon ferrochrome at Zimbabwe alloys [C]. Proceedings of the Tenth International Ferroalloys Congress, Cape Town, 2004：94~102.
[5] 尾上慎一. Production of medium carbon ferro-manganese by the shaking ladle process [C]. Proceedings of the Third International Ferroalloys Congress, Tokyo, 1983：194~199.
[6] Kamata R, Kizu Y, Tsujimura H. The production of special SiMn using the gas and powder injection process [C]. Proceedings of the 6th International Ferroalloys Congress, Cape Town, Jo-

hannesburg：SAIMM，1992（1）：139～143.

［7］ 上海铁合金厂，北京钢铁设计院. 氧气底吹转炉试制中碳锰铁的试验总结［J］. 铁合金，1947，4：1～13.

［8］ Atanasio Montoya M E. Refining of FeMn alloy by bottom blowing［C］. Proceedings of Electric Furnace Conference，1990，48：233～239.

［9］ Dresler W. Limitation to oxygen decarbonazation of high carbon ferromanganese［C］. Steelmaking Conference Proceedings，1989，72：13～20.

［10］ 苏云清，张惠棠，罗定海. 氧气顶吹转炉脱碳冶炼中碳锰铁试验报告［J］. 铁合金，1979（3）：15～34.

［11］ 汤永宁. 2.5吨转炉生产中低碳锰铁的设计与实践［J］. 铁合金，1979（3）：1～14.

［12］ 曹孝仁. 转炉吹氧法生产中碳锰铁的试验研究［J］. 铁合金，1987（2）：25～30.

［13］ Franke H，Dunderstadt G. The Production of MC FeMn in a bottom - blowing converter and its application to stainless steel［C］. Glen H W，ed. INFACON 74 Proceedings，Johannesburg：SAIMM，1974：81～84.

［14］ Bouwer P H F. Operaling and marketing results of the production of intermediate - carbon ferrochrolllium in a CLU convener［C］. Proceedings of the 6th International Ferroalloys Congress，Cape Town：SAIMM，1992：119～122.

［15］ Basson J. The production of intermediate ferroochromium by bottom blowing in a CLU - converter［C］. Proceedings of the 4th International Ferroalloys Congress，Rio Jounaro，1992：137～162.

［16］ Kitera A，et al. 中低碳锰铁生产的最新进展［C］. 第五届国际铁合金会议文集，铁合金编辑部，1990：143～149.

［17］ Olsen S E，Tangstad M，Lindstad T. Production of Manganese Ferroalloys［M］. Trondheim：Tapir，2007.

［18］ 福尔克特 G，弗朗克 K D. 铁合金冶金学［M］. 上海：上海科学技术出版社，1978.

［19］ Shcei A，Tuset J，Tveit H. Production of High Silicon Alloys［M］. Trondeheim：Tapir，1995.

［20］ Tuset J. Principle of silicon refining［C］. International Seminar Refining and Alloying of Liquid Aluminum and Ferroalloys. Tuset J Kr，Tveit H，Page T G，ed. Proceedings of 7th International Ferroalloys Congress，Trondheim：FFF，1995：1～8.

［21］ Holta H. Tinject refining during 15 years［C］. Tuset J Kr，Tveit H，Page T G. Proceedings of 7th International Ferroalloys Congress，Trondheim：FFF，1995：463～472.

［22］ Klevan O S，Engh T A. Dissolved impurities and inclusions in FeSi and Si，development of a filter sampler［C］. INFACON 7 Proceedings，Trodheim：Tapir，2005：441～451.

［23］ 于忠. 国外硅铁精炼方法综述［J］. 铁合金，1981（2）：24～29.

［24］ 丁明. 硅铬合金摇包脱碳最佳工艺条件的研究［J］. 铁合金，1990（2）：9～14.

［25］ Tuset J，Waernes A. Dephosphorization of Manganese Alloys［C］. Oxaal J G，Downig J H，ed. INFACON 5 Proceedings，New Orleans：TFA，1989：7～15.

［26］ Lee Y E，et al. Dephosphorization of HC FeMn with magnisium［C］. INFACON 5 Proceedings, New Orleans: TFA, 1989: 16~23.

[27] Kitamura, et al. Dephosphorization of high chromium steels [C]. The 3rd Japan – Sweden Symposium on Process Metallurgy Science and Technology of Steelmaking Process, Stockholm: KTH, 1981: 221~232.

[28] Игначиев В О. Способ Дефосфорация Силикомарганеца [P]. Патент СССР 2059584, 1978.

[29] 川上登. 铁合金脱磷脱碳法 [P]. 日本公开特许公报（A），特开昭52—9615, 1977.

[30] 吴胜利, 等. 采用CaSi/CaC对硅锰合金脱磷试验研究 [C]. 第六届冶金物理化学学术会议论文集（下），重庆：中国金属学会冶金物理化学分会, 1986: 118.

[31] 桐山静男. 低磷硅锰合金制造法 [P]. 日本特许公报，昭和50—62118, 1975.

[32] 田边伊左雄. 硅锰合金脱磷法 [P]. 日本特许公报，昭和43—22501, 1968.

[33] 钱俞霖. 微碳低磷低硅硅锰合金生产工艺的初探 [J]. 铁合金, 1993 (3): 11~15.

[34] 相由英二. シリコマソガソの脱磷の热力学研究 [J]. 鉄と鋼, 1987, 73 (4): S238.

[35] 赵祥国. 硅铬合金脱磷试验 [J]. 铁合金, 1986 (1): 11~14.

[36] 魏寿昆, 倪瑞明, 方克明, 等. 还原脱磷 [J]. 铁合金, 1985 (2): 1~6.

[37] 曾世林, 储少军. 锰硅合金还原脱磷渣处理试验研究 [J]. 铁合金, 2010, (1): 1~4.

[38] 梁连科, 杨怀. 低硅硅锰合金脱磷试验研究 [J]. 铁合金, 1991 (2): 32~34.

[39] 汪大洲, 邵象华. 锰铁脱磷试验研究 [J]. 钢铁, 1983 (4): 15~17.

[40] Chaudhary P N, Minj R K, Goel R P. Development of a process for dephosphorization of high carbon ferromanganese [C]. Proceedings of INFACON 6, New Deli, 2007: 288~296.

[41] 郭培民, 李正邦, 林功文. 高碳锰铁氧化脱磷的理论分析 [J]. 铁合金, 2000 (3): 1~4.

[42] 吴宝国, 董元篪, 王世俊, 等. BaCO₃基对锰铁熔体脱磷的试验研究 [J]. 炼钢, 2002 (6): 44~47.

[43] 董元篪, 等. BaO – BaF₂对铬铁熔体脱磷的试验研究 [J]. 铁合金, 1991 (4): 28~31.

[44] 赵锡群, 柏谈论, 廖世明. 高炉锰铁脱磷研究 [J]. 铁合金, 1991 (5): 27~31.

[45] Warner A, Díaz C, Dalvi A, et al. JOM World nonferrous smelter survey part Ⅲ: Nickel laterite [J]. Journal of Metals, 2006 (4): 11~22.

[46] Degel R, Kempken J, Kunze J, et al. Design of a modern large capacity FeNi smelting plant [C]. INFACON 6 Proceedings, New Deli: 2007: 605~619.

[47] Hancock H A, Pidgeon L M. Equilibria controlling decarburization of solid FeCr by oxide [J]. Transactions of the Metallurgical Society of AIMN, 1963, 27: 608~625.

[48] Hugh S. Production Method of Low Carbon Ferrochromium [P]. US Patent 2628810, 1956.

[49] 吉林铁合金厂试验车间. 采用真空法生产微碳铬铁 [J]. 铁合金, 1973 (4): 1~7.

[50] 雷斯 M A. 铁合金冶炼 [M]. 周进华, 于忠, 译. 北京：冶金工业出版社, 1981: 192.

[51] 加西克 M И, 拉基舍夫 H П, 叶姆林 Б И. 铁合金生产的理论和工艺 [M]. 张烽, 于忠, 等译. 北京：冶金工业出版社, 1994.

[52] Bhonde P J, Angal R D. Solid – slate decarburization of high – carbon ferromanganese [C]. INFACON 6 Proceedings, Cape Town: SAIMM. 1992: 161~165.

[53] Bhonde P J, Angal R D. 高碳锰铁精炼 [C]. 第八届国际铁合金大会文集, 1998:

286~290.

[54] 阎立涛, 蔚晓嘉, 康国柱. 真空下高碳锰铁固态脱碳的机理研究 [C]. 第18届全国铁合金学术研讨会论文集, 2009: 66~71.

[55] 陈家祥. 炼钢常用数据图表手册 [M]. 北京: 冶金工业出版社, 1984: 564~565.

[56] Kirby A W, Fray D J. Upgrading ferrochromium to chromium by nitriding, leaching and dissolution [J]. Metallurgical Transactions B, 1989 (4): 219~226.

[57] Kato M, Kavaguchi S, Toyoda T. Development of high quality ferrochromium [C]. 第8届国际铁合金大会文集, 北京: 中国金属学会, 1998: 113~117.

[58] 梁训裕, 刘景林. 碳化硅生产 [M]. 北京: 冶金工业出版社, 1981: 227~229.

[59] 唐异章. 反应烧结氮化硅的试验 [J]. 铁合金, 1978 (3): 19~32.

[60] Hunsbedt L, Olsen S E. Nitriding Ferromanganese [C]. Electric Furnace Proceedings, 1993, 51: 129~136.

[61] 张显鹏, 黄组安. 氮化钒铁的制备 [J]. 铁合金, 1984 (1): 11~16.

[62] 李铁君. 烧结法制取氮化钒铁 [J]. 铁合金, 1984 (2): 34~36.

[63] 赵锡群. 钒钛硅氮复合合金的实验研究 [J]. 铁合金, 1997 (2): 37~40.

[64] Lynch D C, Lynch M A. The research for a low cost solar – grade silicon [C]. Proceedings Silicon for the Chemical industry 7 Bergen. 2004: 299~306.

[65] 蔡志鹏, 夏安武, 钱占民, 等. 摇包模型的试验研究 [C]. 钢铁, 1979, 14 (6): 22~27.

6 铁合金浇注和加工

在铁合金生产中铁水与炉渣间断地从炉内放出。在出炉过程铁水和炉渣经历混合和分离过程，铁合金不仅发生物理变化，也会出现化学变化。这些变化会影响铁合金的性能以及使用。

除少数企业具备将液态铁合金热装条件外，绝大多数铁合金生产厂家需要将铁合金浇注、精整后供给用户或下步工序使用。合适的产品粒度和形状是下游用户使用的基本需求。

凝固过程是铁合金生产的重要环节。铁合金在由液态向固态转化过程中发生相变，由此导致元素成分偏析，甚至产生粉化。凝固过程的相分离可使合金中杂质含量降低。以此为基础，开发出一些铁合金提纯工艺。具有广阔应用前景的非晶态合金就是通过控制液态合金的冷凝速度得到的。

为了把合金成分和物理性能控制在所要求的范围之内，人们需要清楚地认识了解合金冷却和凝固过程中发生的相变、传质和传热，杂质元素在不同金属相中的分布状况，分析研究偏析现象及杜绝粉化的措施。

6.1 铁合金出炉过程

6.1.1 出炉流程

典型矿热炉出铁流程见图 6-1。出炉后炉渣和金属熔体流入分渣器或铁水包。在这里铁水和炉渣发生分离。出铁后铁水包内仍残留少量炉渣需要再次分离才能进行浇注作业。

出炉过程铁水和炉渣经历激烈混合作用。这一混合发生在出铁口和流槽中，也发生在分渣器和铁水包中。这种混合作用有利于炉渣-金属间的化学平衡。在精炼铁合金生产中出炉前的炉渣和合金仍未达到化学平衡状态。出炉过程有助于炉渣对金属的脱硅反应。通过渣铁的混合作用，合金中的硅得到进一步降低。在出炉过程中合金铁水温度迅速降低，碳、硫等杂质和气体在合金中的溶解度降低，从液相中分离出来。因此，出炉前后铁合金和炉渣成分有一定差别。金属硅电炉出炉前期铁水中的杂质含量更低些。

6.1.2 出铁口和出渣口

中小型电炉只用一个出铁口出铁和出渣。大型电炉有多个出铁口，在炉体转

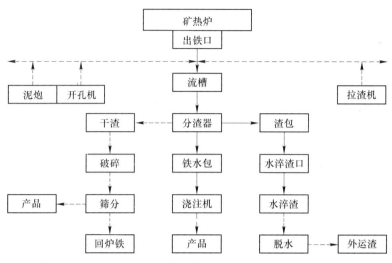

图 6-1 典型矿热炉出炉流程

动时可以使用任何一个出铁口出铁。渣量大的大型锰铁和镍铁电炉出铁口和出渣口分开，分设在电炉两侧。出铁口和出渣口高度不同。

电炉内部的渣铁分层并不同于铁水包和分渣器。炉内存在温度变化、渣铁混合、炉底上涨等多种情况。即使出渣口和出铁口分离，在操作方面炉渣和铁水混合仍无法避免。出炉之后仍需进行渣铁分离作业。

6.1.3 出铁时间间隔

铁合金电炉出铁时间相差很大。大部分电炉每 2~4h 出炉一次，出炉时间为 5~15min。金属硅电炉出铁时间较长，有的电炉甚至连续出炉，直至另外一个出铁口被打开。

镍铁冶炼的渣铁比较高，出渣次数多于出铁次数。一般每天出渣 8 次以上，每次持续 50~60min；出铁次数每日仅有 3~4 次。

延长出炉时间间隔会提高炉渣温度，改善炉渣流动性。炉渣在炉内停留时间的增加改善了炉渣-金属之间的化学反应条件，有利于炉渣中没有完全还原的矿物或金属氧化物进一步还原，提高元素回收率。人们注意到，在硅锰合金出炉次数由 12 次/日减少到 6 次/日时，炉渣中的 MnO 损失可以降低 2~3 个百分点。可以认为，这是改善还原条件和渣铁分离得到的结果。

出炉之后炉内积聚的熔体体积逐渐增加。伴随着液面上涨，电极位置逐渐上移，电极上部的松散料层厚度降低，容易出现刺火塌料现象。受到电炉几何参数影响，不同的电炉出炉间隔时间有所差异。炉膛功率密度低的电炉出炉间隔可适当延长。出炉时间间隔受到铸造起重机、铁水包等炉前设施能力的制约。此外，增加炉膛内部渣层的厚度可能降低铁水温度。

在出铁期间，炉内熔体大量外排，上层炉料大量减少，生料量迅速增加，炉膛温度降低，有时甚至会由于料管给料能力不能满足补料量要求。出铁末期铁水炉渣压力减少，流量会显著降低。接近出铁结束时，炉膛内部的气体会冲出出铁口，导致喷火。

6.2 铁合金浇注和粒化

6.2.1 浇注方式

液态铁合金的浇注方式与熔体的热容量、温度和在冷却过程的相变等冶金性能有关。为加快铁水凝固速度，硅铁浇注分两次进行。即锭模中第一层铁水凝固后开始浇注第二层。一般模注的速度为 $150 \sim 250 kg/min$。

浇注速度取决于模注方法。采用大锭模浇注速度较快。而采用铸铁机时浇注速度需要与铸铁机的链带运动速度相匹配。

铁水包浇注有上注和底注两种方式。上注是将铁水包倾翻使铁水由铁水包流嘴注入锭模。底注是铁水通过铁水包底部或侧壁的铁水口出铁浇注。

硅铬合金、高硅硅锰合金等铁合金常用底注方式分离进行浇注。在浇注中铁水中的碳化物上浮并被炉渣吸附。先浇注的铁水质量较好，杂质含量高的铁水最后流出铁水包或粘附在包壁留在包内。

铁水包底注设施有出铁口方式和滑动水口方式。出铁口方式与电炉出铁口形式相同，需要打开出铁口铁水才能流出，铁水和炉渣流尽后需要堵塞出铁口以备下炉使用。滑动水口采用手动或机械动作打开或关闭滑板使铁水流出。容量小的铁水包采用侧壁水口，以应对包底上涨。

滑动水口原理图见图6-2。滑动水口由驱动装置、上下滑板水口组成。滑板由耐火材料制成。通过滑动机构使上下滑板移动来调节水口大小控制铁水流量。

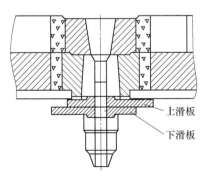

图6-2 滑动水口原理

6.2.2 模铸技术

铁合金的铸造有锭模浇注、地模浇注、铸铁机浇注和铁水粒化等几种方式。模铸操作简单，但破碎损失大。水粒化铁合金的粒度偏小、形状不规则、表面附着水含量高等因素限制了粒化铁合金的应用。此外，水直接冷却金属熔体带来的安全隐患也限制了铁合金粒化成形技术推广和发展。正在开发的浇注方法有团块浇注、水冷铜模振动台浇注，还有砂模成型、辊模浇注、连铸等方法在试验中。

采用机械化直接将铁合金浇注成形可以提高劳动生产率，降低破碎损失率，无疑具有极大的发展潜力。但受各种因素制约，大多数铁合金工厂仍在采用锭模或地模浇注。

6.2.2.1 地模浇注和地面浇注

高碳铬铁、锰铁可以采用地模或地面浇注。经过分渣的铁水直接流到铁合金碎末堆成的砂模上或前一炉已经冷凝的铁表面。金属充分冷却后，由液压锤破碎成一定块度，由铲车装运到破碎间处理。

地面浇注的铁锭冷却速度缓慢，内部晶粒粗大，容易破碎。其缺点是占地面积大，操作环境条件差。

6.2.2.2 锭模浇注

锭模浇注是最常用的铁合金浇注方法。

模铸的重要参数是模铁比：

$$K = M_模/M_铁$$

模铁比与铁水冷却过程的传热有关。硅的热容量是铁的4倍。为了吸收硅在凝固时的放热，浇注硅铁和金属硅的锭模模铁比必须足够大。否则极易造成锭模损毁。浇注不同铁合金的模铁比数值见表6-1。

表6-1 铁合金锭模的模铁比要求

品　种	金属硅/75%硅铁	45%硅铁/硅铬合金	硅锰合金	精炼锰铁	铬铁
模铁比	>10	>7	>5	>2	>3

大锭模按形状可以分为浅模和深模两种。浅模主要用于浇注75%硅铁等易于偏析的铁合金和难于破碎的微碳铬铁。深模用于浇注45%硅铁、锰铁等产量大的铁合金。使用大锭模浇注的缺点是占地面积大，操作环境差，浇注产生的无组织排放烟气难处理。相比之下，使用铸铁机浇注的优点是机械化和自动化操作水平高，容易实现环境除尘。带式铸铁机常用于铬铁、高碳锰铁、镍铁的浇注。环形浇注机使用大锭模，主要用于硅铁。

由辽宁鼎世达公司开发的粒状铁合金铸铁机可以浇注50~80mm的铁块。通过振动脱模机构减轻脱模的难度。尽管其锭模寿命仍然偏短，但该方法减少了破碎的损失率，仍然为铁合金企业所接受。

粒状铁合金浇注锭模和小粒高碳铬铁见图 6 - 3。

图 6 - 3　粒状铁合金浇注锭模和小粒高碳铬铁

6.2.3　铁合金粒化

粒化铁合金是利用水流将液态铁合金冷却和粉碎的工艺。已经得到应用的粒化工艺有水流冲击粒化技术和 Granshot 金属造粒技术[1]。

粒化铁合金产品的粒度与铁合金本身的性能有关。水流冲击粒化得到粒化铁的粒径比较大，而 Granshot 粒化的外形和致密度较好。通常粒化镍铁的粒度范围为 4~60mm，呈密实的饼状；粒化的中碳铬铁的粒度范围为 4~25mm；而高碳铬铁的粒度为 3~50mm 的不规则形状，铁粒边缘呈现钩状。

铁合金普遍强度较大、难于破碎，且破碎产生的粉末率高。粒化铁合金中几乎没有粉末。粒化铬铁和镍铁的堆密度为 3500~4500kg/m^3。在添加到钢水的过程中，铁合金颗粒容易穿透渣层，快速熔化到钢水中。

粒化铬铁的缺点是粒度偏小，形状很不规整，给运输和使用带来困难，有时还携带较多的水分，在炼钢生产中的应用并不广泛。但采用粒化工艺制取的粒化铬铁适于冶炼硅铬合金。粒化铬铁容易制粉，用于真空铬铁生产。

6.2.3.1　水流冲击粒化工艺

水流冲击粒化方法的主要设备有粒化水池、高压水流喷嘴、循环水泵、可控流量的翻包机、中间包和流槽、粒化铁提升和输送装置等。

铁水经流槽缓慢落入粒化水池；在铁流进入水池前高压水喷嘴将其击碎；分散的铁珠散落在水池表面并缓慢下沉。液态铁珠与水作用产生的大量水蒸气对水池强烈搅拌，加快了铁粒的凝固过程。采用抓斗天车或斗式提升机将粒化铁由水池捞出。在脱离水池时铁粒的温度仍然较高。依靠铁粒的潜热将附着在铁粒表面的水分干燥。

高压水喷嘴分成 3~4 层分布，喷嘴分布的宽度大于铁水流槽。这种结构的水流可以保证在任一位置的铁流均会被高速水流击碎。为安全起见，喷嘴的水压要大于 0.4MPa，粒化池水深应大于 3m，水池蓄水能力与粒化能力之比大于 10。

铁水粒化速度为25kg/s,粒化水喷嘴流量为800m³/h。

南非 CMI 公司对日本 SDK 公司铬铁粒化技术进行了改进,使粒化铬铁的粒度分布更加合理。该工艺的特点是层状分布的水流位于水面下部,铁水经由分流盘进入粒化池。图6-4为粒化铬铁的粒度分布范围图。

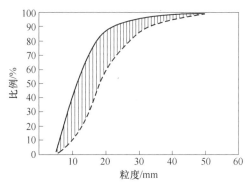

图6-4　粒化铬铁粒度分布

铁水分流盘的作用是将铁水分成若干个流股,使铁水呈水帘状分布均匀落入水池,避免了铁水喷溅。这样扩大了铁流与冷却水的接触面积,避免了铁水热能过于集中地传输到冷却水池中某一部位。水冷却效率的提高可以防止水蒸气和氢气集中释放。液态铁珠四周的湍流流速降低会减少细粒的产生。

铬铁铁水的过热度比较小,为了避免铁水在分流盘上凝固,粒化前需要对分流盘预热,使铁水在进入分流盘时有足够的动能。为了得到最好的粒化效果要对分流盘的材质、高度、角度和形状进行优化。

分层分布的高压水喷嘴位于粒化池水面以下。各层喷嘴的水流量可以根据需要进行调整。水流分布呈薄片状,上部水流缓慢,而下部流速较高,在水下1m处水流速最高。粒化铁由上向下运动。调低上部水流速度有利于大颗粒的粒化铁形成。图6-5为铁水粒化设施的示意图。表6-2为粒化铬铁装置的技术要求。

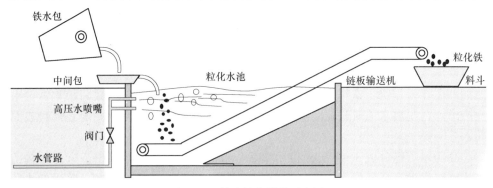

图6-5　铁水粒化设施示意图

表 6 - 2 粒化铬铁装置技术要求

项 目		要 求
粒化速度/kg·s⁻¹		<25
出口水压/MPa		>0.3
水 量	补充量/m³·t⁻¹	2~3
	循环量/m³·t⁻¹	10~12
粒化池水深/m		≥4

6.2.3.2 Granshot 粒化工艺

Granshot 粒化工艺是由瑞典 Uddeholm 公司开发的粒化铁合金工艺,最早应用于 Elkem 公司金属硅和硅铁的粒化,后来也应用于硅锰合金、镍铁和中低碳铬铁粒化。Granshot 工艺粒化的镍铁、金属硅呈铁饼状,形状规整,便于运输和使用。粒化金属硅的结构和化学成分的均匀性都可以满足化学级金属硅的技术需求。

Granshot 粒化原理是:铁水在冲击板作用下形成液态铁珠,在运动的水流中铁珠急速冷却转变成为粒化铁颗粒。冲击板是由耐火材料制成的上部平顶的圆形板状耐火砖,上部高出水面。液压驱动的冲击板高速上下移动。其向上的加速度为 125cm/s,下落冲程时间仅为 0.4s。下落速度比金属珠自由落体速度要高,使熔体不至于附着在冲击板表面。当金属熔体落到冲击板表面时,在冲击力的作用下,熔体分散成大小不一的金属珠溅落在水面上。在流动的水流作用下金属珠迅速凝固。图 6 - 6 为 Uddeholm 粒化设施专利的原理图。

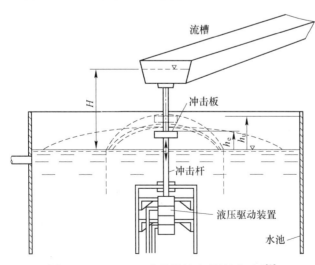

图 6 - 6 Uddeholm 粒化设施专利的原理图[2]

控制冲击板的冲击动能可以得到合适的粒化铁合金粒径分布,见表 6 - 3。由粒度分布可以看出,粒化的铬铁和镍铁平均粒度较大。

表 6 - 3　Granshot 粒化金属硅和硅铁的粒径分布　　　　　（%）

粒径/mm	-1	1~3	3~5	5~10	10~16	16~20	20~25	+25
硅　铁	1.2	9.5	7	34	38	8	2	0.3
金属硅	1.2	18	45	33	1.5	0	0	0
高碳铬铁	—	<1	25		44		29	1

　　粒化铬铁的耐磨性好于破碎铬铁。转鼓试验表明：粒度为 10~50mm 的两种铬铁经过 30min 转鼓测试粒化铬铁产生的 -4mm 粉末只有 0.3%，而机械破碎的铬铁产生的粉末则高达 6%。硅铁和金属硅粒化流程见图 6-7。

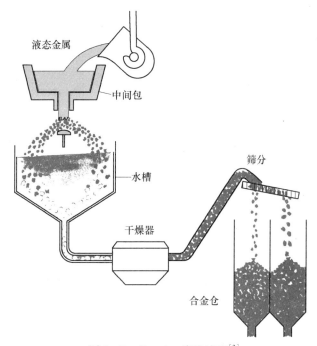

图 6 - 7　Granshot 浇注流程[3]

　　采用 Granshot 粒化镍铁和铬铁的设备生产能力为 2t/min，可以满足大多数铁合金工厂的生产需要。典型工艺设备如图 6-8 所示。

　　Granshot 粒化装置由铁水包倾翻机、中间包、冲击粒化盘、粒化水池、给水和排水设施、粒化铁筛分装置和输送机组成。

　　金属熔体以可控的流速流入粒化装置，在冲击板的冲击和水蒸气的作用下分散成一定粒度的液珠散布在粒化池中。在粒化池内金属珠被迅速冷却，并与冷却水进行热交换。冷却水带走金属的热能可以在热交换器中回收。

　　利用水流和压缩空气将粒化铁合金由粒化池输送到脱水机上，将粒化铁中的水分降低到 1% 以下。由金属熔体进入粒化池至脱水完毕，全过程时间约 30s。最后采用圆筒干燥机将粒化铁合金干燥脱水。

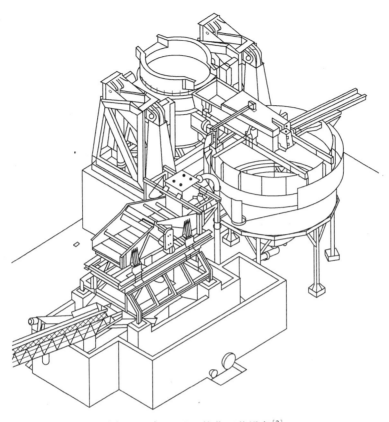

图 6-8 Granshot 粒化工艺设备[2]

铁水浇注过程的主要矛盾是铁水和冷却介质。无论是粒化还是模铸，其工艺基础条件是冷却速度控制。铁合金粒化中水是主要的冷却介质。使用铜质锭模或钢模也要用水冷却或喷淋将热量带走。出铁浇注是容易发生爆炸的生产环节。粒化爆炸发生的主要原因是高温熔体与水的作用。

当高温铁水与水接触时水会发生分解，产生氢气。氢气与空气混合后在高温熔体的点火作用下就会出现爆炸。

硅铁和金属硅与水作用同样会释放出氢气：

$$Si(1) + 2H_2O \Longrightarrow SiO_2 + 2H_2(g)$$

影响该反应的因素有硅液滴尺寸、铁水成分、温度等。硅铁中的钙、铝含量高更易释放出氢气。因此，粒化铁合金需要严格限制钙和铝的含量。

6.2.4 其他浇注方法

6.2.4.1 团块浇注法

南非 MINTEK[3] 开发了铁合金的团块粒化技术，见图6-9。这种粒化浇注工艺能将液态铁合金粒化成直径范围为 20~50mm，厚度为 5~15mm 的饼状铁合金。这种工艺可用于生产颗粒状铬铁、镍铁、锰铁、硅铁和金属硅，也可用于生产颗粒状的生铁、不锈钢等金属。这种合金含氢量很低，可以直接用于炼钢生产工艺。

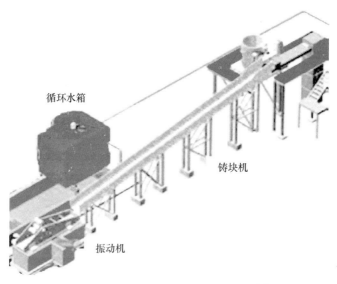

循环水箱

铸块机

振动机

图 6-9 铁合金团块粒化浇注机外形[4]

铁合金团块浇注机的工作原理是：铁水浇注到铁水流槽中，与此同时粒化用的水流也注入到槽中，在流槽中形成水膜。向下流动的金属液体和冷却水激烈混合和作用使金属液分离成团状。通过控制水流冲击力和铁水运动速度，使金属凝固成形，并被冲入到下方流槽中。当金属运动到流槽下端时会完全凝固，以铁饼状排放到成品料斗。粒化后铁饼温度仍然很高，利用金属的潜热将附着在铁块表面的水分干燥。干燥的铁饼落到输送皮带上运走。

团块浇注机的关键技术是将金属液流分割成一定尺寸或重量的液球。此后，必须减少液球进一步分裂直至金属液球完全冷却。为了得到最佳工艺操作需要控制水量和金属液的物理条件，如表面张力、黏度、温度等。直径小的液球质量与表面积之比低，因此，粒化造块工艺需要尽可能限制铁水表面积的扩大。

6.2.4.2 水冷铜模振动台式浇注机工艺

大西洋铁合金集团于 2001 年开发成功的[3]水冷铜锭模浇注机用于浇注化学级金属硅。浇注机由铁水包翻包机、串联的水冷铜锭模振动台和 2 个铸铁锭模振动台、合金斗和计量控制装置组成。铜锭模和铸铁锭模分别装在 3 个振动台上。振动频率可根据操作需要来调整。振动台的长度和宽度是根据生产能力和冷却时间设计的。冷却水的流量和流速需要维持铜锭模安全运行。铜锭模的冷却强度使其足以在盛装温度为1500℃液态金属时不会发生损坏。铜锭模内部安装热电偶测量循环冷却水和铜模的温度。系统的所有数据均由 PLC 监控。浇注装置见图6－10。

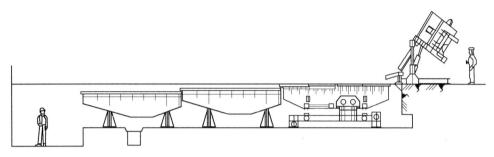

图6－10 铜锭模浇注机结构

盛有热铁水的铁水包放在翻包机上。铁水包的倾翻速度按锭模冷却速度自动控制。液态金属硅经过流槽流入铜锭模上，并均匀分布在铜锭模表面。铁水在强制冷却的铜锭模上迅速凝固。在振动台的作用下凝固的金属向前移动，剩余的铁水继续流入铜模。铁锭到达铜模末端时金属已经完全凝固，但温度仍在1100℃以上。

铁锭落在第一个铁锭模后开始振动破碎过程。振动的铁锭模在输送金属的同时将其振碎。第二个铁锭模起着同样的传送和破碎作用。铁锭到达模的末端时金属几乎完全被破碎，温度降到500℃以下。最后所有金属块落入合金斗内，而后送入成品库分级存放。

浇注前锭模内无需铺放金属碎末，浇注完成后铜模和铁模上也不会残留金属碎末。

金属在铜模振动台上停留时间约80s，前30s为凝固过程。从浇注开始至完成凝固、破碎再到落入合金斗的时间总计约4min后。

铜模浇注机的铁水浇注厚度为10～15mm，浇注速度为150kg/min。采用普通锭模浇注2t铁水的时间为5min，而采用铜模浇注机的浇注时间为15min。

金属硅的不同用户对合金晶粒大小要求不同，为此要求浇注机提供不同厚度的合金。铁锭厚度可根据用户要求进行调整。

由于合金冷却速度的提高，破碎产生的粉末比例显著降低。表6－4比较了普通锭模浇注与铜模浇注机的金属硅锭在破碎后产生的粉末合金比例。图6－11为水冷铜模金属冷却示意图。

表6－4 不同浇注工艺的金属硅破碎粉末比例

浇 注 方 法	<5mm	<1mm
锭模浇注的金属硅破碎粉末比例/%	<10	<4
铜模浇注机的金属硅破碎粉末比例/%	<3	<1

488 · 6 铁合金浇注和加工

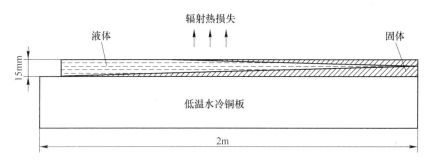

图 6 - 11 水冷铜模中的金属冷却示意图

水冷铜板浇注机的优点是：

（1）浇注时间延长，有利于包内铁水的渣铁分离。金属硅炉渣的密度比金属大，炉渣颗粒会在包内沉降，不会落入铜模内。

（2）铜模上的铁锭冷却速度比普通锭模快。产品在数秒钟内即可冷却凝固。普通锭模浇注的金属硅晶粒大小为 300μm，铜模冷却的金属硅晶粒大小为 100μm。

（3）金属结晶的方向与冷却过程传热有关。普通锭模浇注晶体排列无序，铜模浇注机得到的是晶粒取向金属。

（4）成品中的晶粒的一致性高于锭模浇筑。凝固速率高改变了结晶分布，晶粒更小、更均匀，结晶方向与锭模表面垂直。

（5）浇注模上不使用铺底粉末合金，因此合金纯度较高。

（6）破碎产生的粉末合金比例显著降低。

6.2.4.3 浇注辊模成型工艺

浇注辊工艺是埃肯公司于20世纪90年代开发的铁合金成形工艺。该工艺可用于硅铁、金属硅和锰铁浇注。该工艺的浇注设备由铁水包翻包机、中间铁水包、浇注辊、冷却机、旋转破碎筛分机组成。

浇注辊表面形状类似于压球机的辊皮，辊表面分布若干条状、圆柱形和球形凹模。辊的内部有数条冷却水通道。图6-12为铸铁辊模的结构[6]。

浇注过程如下：经过镇静冷却后铁水通过中间铁水包连续稳定地浇注在辊模表面；以一定速度旋转的辊模使铁水充满辊模表面的沟槽；铁水在辊模上凝固成形收缩，块状铁合金在重力作用下脱模；在冷却机上铁块继续冷却，在圆筒冷却机内铁块被破碎筛

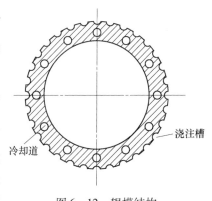

图 6 - 12 辊模结构

分，合格的产品输送到成品库存放。

辊模浇注工艺流程见图6－13。

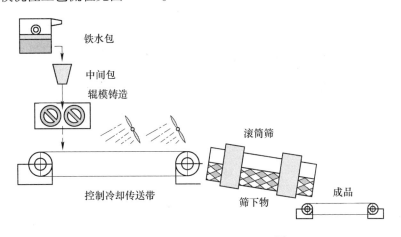

图6－13 辊模成型流程示意图[6]

铁水在模内完全凝固的时间为10～300s。影响脱模的重要因素是辊模的材质、几何形状和冷却条件。优化生产设备和工艺参数后，金属硅在辊模上的凝固时间为15～25s。试验表明：采用强制水冷铜模可以得到最短的凝固时间。由于冷却速度很高，产品的成分十分均匀，不存在偏析。采用这种浇注方法得到的产品粉末数量非常少。通过调整浇注工艺参数可以优化产品的粒度和表面质量。

6.2.5 浇注设备

炉前作业大量使用机械设备操作是现代铁合金企业的重要特征。大型铁合金电炉的炉前设备有（钻孔）开孔机、堵孔泥炮、拉渣机、铁水包、渣包、堵孔泥混合搅拌机、铸铁机、天车、液压拆包机、钢包挂渣壳衬设施等。大量使用机械作业不仅大大降低了炉前操作劳动强度，也有利于电炉操作的改进。

采用开孔机和泥炮进行出铁口操作的目的不仅仅是出铁口维护需要，也是锰铁留渣法操作的需要。使用泥炮可以实现带渣堵口，避免炉内压力降低、热量流失。在硅锰合金和一步法冶炼硅铬合金中使用拉渣机可以使炉膛内炉渣顺利排出，有利于电极深插。

6.2.5.1 带式铸铁机

带式铸铁机是用于镍铁、锰铁和铬铁的铸铁设备。铸铁机由铁水包倾翻机构、传动机构、铸钢模、锭模喷浆装置、铸铁块脱模装置等组成。图6－14为链带式铸铁机外形图，表6－5为链带式铸铁机规格参数。

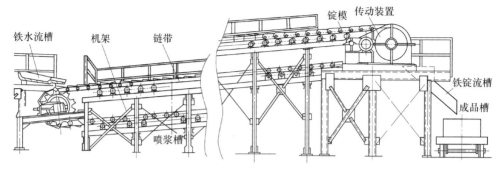

图 6-14 链带式铸铁机外形

表 6-5 链带式铸铁机规格参数

规 格	40m(双链带)	30m(双链带)	23m(单链带)
首尾轮长度/m	40	30	23
生产能力/t·h⁻¹	70~80	35~45	12~18
链带速度/m·min⁻¹	3~15	3~15	5~10
铸铁模间距/mm	300	300	200
链带铸铁模数/个	556	424	234
模重/kg	60	60	50
铁重/kg	30	30	22

铸铁机尾部通常装有翻包机构。缓缓流下的铁水经铁水流槽流入铸铁机锭模内;在链带的带动下,铁水模向前移动;在铸铁机中部冷却装置喷淋冷却水对铁锭降温冷却;铁块在机头头轮处翻转脱落下,由溜槽滑入运输车内运出。链带返回时喷浆装置从下部对锭模进行喷浆和冷却。

铸铁机小时产量按下式计算:

$$Q = 0.06N \cdot q \cdot v/t$$

式中 Q——链带铸铁机的小时产量值,t/h;

N——链带数;

q——铸铁块的实际重量,kg;

v——链带的运行速度,m/min;

t——相邻两铸铁模间的中心距,m。

铸铁机的有效利用率为 50%~70%,年作业率为 69%。

6.2.5.2 环形铸铁机

环形铸铁机由大锭模、传动机构、倾翻机构、翻包机等组成。锭模在水平方向转动。锭模大而浅,模铁比高,适于大型硅铁电炉浇注。

环形铸铁机的结构图见图 6-15,主要参数见表 6-6。

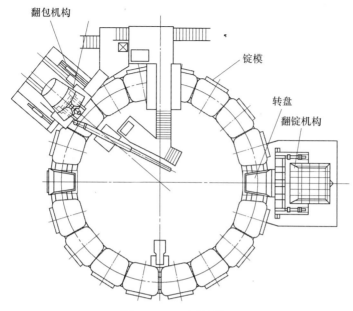

图 6 - 15 环形铸铁机

表 6 - 6 环形铸铁机规格参数

参　　数	单　　位	数　　值
圆盘浇注机直径	mm	15310
高　　度	mm	1450
锭模数	个	20
锭模重量	kg	3050
铁　　重	kg	400
锭模深度	mm	80
锭模容积	m^3	0.144

6.3　铁合金凝固过程

6.3.1　铁合金凝固过程

　　铁水在凝固过程会发生一系列相变和反应。凝固过程对铁合金的力学性能有显著影响。图 6 - 16 显示了铁水凝固时结晶长大的过程。

　　铁合金的金相组织直接影响其破碎性。晶粒大的合金相对比较容易破碎。控制铁合金凝固速度可以改变铁合金的晶粒大小，从而改善其破碎性能。采用锭模浇注的精炼

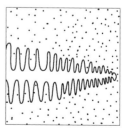

图 6 - 16　铁水凝固时
枝晶长大过程

铬铁晶粒细小致密难于破碎。采用盖渣浇注的精炼铬铁在缓慢冷却中晶粒变得粗大，使铬铁强度显著降低变得易于破碎。

冷却速度为 1170℃/min 的 75% 硅铁的金相照片[3]（晶粒大小为 59μm）见图 6 - 17。

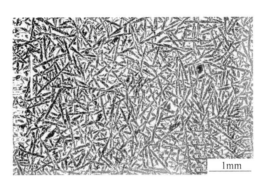

图 6 - 17 冷却速度为 1170℃/min 的 75% 硅铁的金相照片[3]

（晶粒大小为 59μm）

在 FeSi - Si 系中固溶体 ζ - FeSi$_2$ 和 ε - FeSi 相分别在 1410℃ 和 1220℃ 析出。在 937℃ 以上 ζ 固溶体是稳定的，称为 α - FeSi$_2$ 或 ζ$_α$ - FeSi$_2$，其化学组成为 Fe$_x$Si$_2$，x 的范围是 0.77 ~ 0.87。在冷却到 937℃ 时 α - FeSi$_2$ 分解成生成 Si 和 β - FeSi$_2$，或称为 ζ$_β$ - FeSi$_2$。

冷却速度为 0.21℃/min 的 75% 硅铁的金相照片（晶粒大小为 784μm）见图 6 - 18。

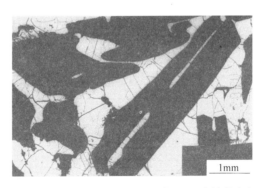

图 6 - 18 冷却速度为 0.21℃/min 的 75% 硅铁的金相照片

（晶粒大小为 784μm）

75% 硅铁铁水冷却到 1220℃ 时析出固溶体 ζ 相。在浇注时硅铁冷却速度很快，α - FeSi$_2$ 不会立即发生相变而维持其结构直至完全凝固。而后 α - FeSi$_2$ 会缓慢转变成 β - FeSi$_2$。由于二者密度差别，相变会导致 75% 硅铁粉化。固溶体中的磷、铝、钙等杂质会加剧硅铁的粉化。

$\varepsilon - FeSi$、$\zeta - FeSi_2$ 和 Si 的密度差别很大，在冷却过程中会发生偏析。杂质元素在这几个相中的溶解度也有一定差别。利用这些物理特性关系，可以开发物理提纯金属硅的新工艺。

6.3.2 凝固过程的传热

高温金属熔体在凝固时的相变是原子由无序状态向有序排列的转变过程。伴随相变反应同时还发生释放热能和热能传递等传热过程、元素偏析和气体析出等传质过程。凝固过程金属体积会出现显著变化。

一般铁合金凝固的温度低于其熔点。金属开始凝固的温度低于其熔点的现象称为过冷。熔体的过冷度随着冷却速度的提高而增大。金属凝固是晶粒的形成和长大的过程。这一过程的驱动力是固相和液相的自由能差值。熔体只有具备一定的过冷度才具备凝固过程的所需要的驱动力。过冷度越高驱动力越大，金属凝固速度越快。形核的阻力是液相和固相的界面能，即形核的表面能。表 6 - 7 为金属凝固时均匀形核的过冷度和熔化热。

表 6 - 7 一些铁合金元素形核的过冷度和熔化热

铁合金元素	熔点 T_m/K	过冷度 ΔT	$\Delta T/T_m$	熔化热/J·g^{-1}
Fe	1812	295	0.164	272
Mn	1517	308	0.203	268
Ni	1728	319	0.185	236
Cr	2125			133
V	1973			335
Ti	1933			377
Al	932	130	0.140	389
Si	1713			1413

在冷却速度非常高时液态金属无序的原子结构会保存下来生成具有无定形结构的非晶态合金。非晶态合金又称金属玻璃，通常是由铁、镍、硅、硼元素等铁合金制成。由于原子排列的特殊结构，非晶态合金不仅具有优异的耐腐蚀性、高强度、高硬度、高耐磨性，而且还表现出优良的软磁性能以及超导特性。

一些杂质元素在金属固相中的溶解度比液相低。因此，在合金由液相向固相转变时，溶解度低的杂质元素会从固相分离出来，富集在液相中，使铁合金产品出现偏析。

大多数铁合金的固相密度比液相小 5% ～ 10%。凝固后铁锭外表面会出现收缩或缩孔。内部出现疏松及裂隙。气体元素在固相中的溶解度随温度降低而降低。凝固时分离出来的气体被固化在合金锭内部形成明显的气孔或结构疏松。

金属在凝固时放出的热能数值上相当于其熔化热。铁合金凝固过程放出的热能通过热传导和热辐射传递给锭模和周围环境。金属硅的熔化热约为铁、锰等黑色金属熔化热的 5 倍。金属硅和硅铁等硅系铁合金凝固时放出的大量热能显著降低其冷凝速度，使硅系铁合金更易出现元素偏析。此外，硅系铁合金凝固放热传递到锭模，使锭模温度过高，会导致锭模损毁。为了加快锭模冷却需要使用模铁比高的锭模浇注硅系铁合金。

6.3.3 凝固速度对强度的影响

铁合金的结构与其强度和加工时产生的碎末数量密切相关。改变铁合金的凝固速度会改变合金结晶。快速冷却的合金晶粒尺寸较小，而缓慢冷却的合金晶粒尺寸较大。液态铁合金凝固时间 t_c 与晶粒直径 d 存在如下关系：

$$t_c = kd^3$$

按该式计算：凝固时间增加 1000 倍时，晶粒尺寸会增加 10 倍。金相检验表明，不同凝固速度得到的硅铁的晶粒尺寸基本符合这一数量关系。冷却速度为 1170℃/min 时，75% 硅铁晶粒大小为 59μm；冷却速度为 0.21℃/min 时晶粒大小为 784μm。

不同的金相结构强度有较大差异。如硅铁中的 ζ 相（$FeSi_2$）是较脆的相，而 Si 相强度较高。缓慢冷却的硅铁中 ζ 相（$FeSi_2$）晶粒较大更易破碎，破碎时会产生较多的粉末。为了减少硅铁破碎粉末率，应该尽量采用模铁比大的锭模浇注，减少铁锭厚度，以提高凝固过程的冷却速度。

对于铬铁而言，晶粒小的铁合金强度较高，难于破碎；而晶粒大的铬铁更易于破碎。采用盖渣浇注可以得到晶粒大的铬铁。

另外，改变铁合金冷却速度会增加合金内部的应力分布，增加铁锭内的裂隙数量。因此，用水槽或淋水激冷铁合金锭有利于合金的破碎。

6.3.4 影响铁合金凝固的其他因素

铁合金浇注和粒化时凝固的形状和大小取决于液态铁合金的物理性能，特别是表面张力、黏度、合金熔点和其氧化物的熔点。

6.3.4.1 表面张力的影响

表面张力起着减少液体表面的作用。纯铁的表面功大约为 1.8N/m。溶解在铁水中的碳、锰和硅等元素使得该值降低。含 4% 碳与少量的锰和硅形成的熔体表面张力约为 1.5N/m。硫和氧对铁的表面张力有着极大的影响。含硫量小到 0.06% 时，铁基熔体的表面张力为 0.9N/m 左右。炉料级铬铁和高碳锰铁表面张力为 1.1~1.3N/m。

表面张力直接影响成团块浇注机中产生的扁平铁饼的厚度。铁饼的厚度与液态金属的表面张力、液态金属比重有关。在低碳铬铁或低碳钢的铁饼厚度为10mm左右，而表面张力较低的锰铁铁饼厚度为4~5mm。黏度是另一个重要的参数，黏度高的金属熔体即使其表面张力较低也能粒化成厚的铁饼。

在金属液球的冷却过程中，球体各部位温差较大，表面张力有所不同。如果冷区的表面张力小于热区的表面张力，冷区的金属就会被热区的金属拉到热区附近。反之，热区的表面张力小于冷区的表面张力，热区的金属就会被冷区的金属拉到冷区附近，露出新的液态金属表面。

由此可以推出：液体表面张力随温度升高而增大，那么铁的表面呈现光滑；表面张力随温度降低而减少，铁会形成有皱纹的表面。

许多金属的表面张力与温度并非呈现线形变化。当金属过热度太大时，粒化铁饼通常是不光滑的。在实际生产中可以看到：粒化镍铁的表面是光滑的，而粒化铬铁的表面呈现许多皱纹。

6.3.4.2 黏度的影响

液态金属的黏度对铁合金成形有一定影响。金属液流在水流的冲击下发生变形。液球的重力和表面张力将其拉成饼干状。黏度高的液体有较高的抵抗变形的能力，铁饼厚度较高。

6.3.4.3 熔体温度的影响

铁合金的浇注温度由1600℃提高到1700℃时形成固体外壳的时间由0.1s延长到0.7s左右。这将使粒化凝固时间延长到2.5s。过热度大的液态金属在水粒化成形时得到的粒度较小。

6.3.4.4 化学成分的影响

碳、硅等元素在合金中的含量会影响合金的熔点和过热程度。一般来说，含碳高的金属熔体的熔点较高，比较容易过热。低碳合金成块浇注通常得到粒度大、强度高的金属饼。为了得到较大块度的高碳合金易采用低温浇注。

铁合金中的气体含量对铁的表面形状影响很大。中低碳铬铁中溶解的气体在凝固时从铁水中析出，导致合金气孔较多。经过真空处理或盖渣浇注的铬铁则几乎没有气孔。

金属锰中溶解的气体含量比较高，导致其结构比较疏松、强度变差。

6.4 凝固过程的偏析现象

由于元素或化合物在液相和固相中溶解度的差异，铁合金在凝固过程中会出现成分偏析。在结晶过程中几乎所有的杂质元素都会在平衡过程中重新在液相或固相中分配。杂质分布也取决于结晶过程的完成状况和结晶达到的平衡程度。

按成分分类偏析基本可以分为五类：

（1）主要元素的偏析，如硅、铁、锰等；

（2）在主元素相中溶解度小的或不溶解的元素，如硅、铝、钙等；

（3）碳的偏析；

（4）夹杂物偏析，如氧化物、炉渣以及内生夹杂氮化物、硫化物、磷化物等；

（5）气体在合金中的偏析等。

铁合金偏析的类型大体分为宏观偏析与显微偏析。宏观偏析主要是由于液态金属在凝固时运动造成铁合金锭内部各点成分的宏观差异。显微偏析主要是结晶引起的晶界偏析等。一般来说，宏观分析将直接影响铁合金的使用，需要尽量加以避免。

6.4.1　影响铁合金偏析的因素

6.4.1.1　偏析系数

由选分结晶产生的偏析大小取决于结晶时元素在固相中的含量 C_S 和液相中含量 C_L 的比值 K_0，元素在液、固相的扩散速度、液固相线温差。分配系数为：

$$K_0 = C_S / C_L$$

分配系数 K_0 值越大，元素在固相和液相中的分配就越均匀，即偏析越小。反之，K_0 值越小在凝固时该元素就越容易在液相中富集。

偏析系数等于（$1-K_0$），代表了该元素在凝固时的偏析程度或发生偏析的倾向性。偏析系数越大，结晶过程产生的偏析越严重。表 6-8 为不同元素在铁液中的分配系数和偏析倾向性。能与铁互溶的元素如钨、铬、钴、钒、锰、镍等偏析较小；而在铁中溶解度低的元素如碳、氧、硫、磷等元素在铁合金中的偏析倾向显著。

表 6-8　不同元素在铁液中的分配系数

元素	分配系数 K	偏析系数（$1-K$）	元素	分配系数 K	偏析系数（$1-K$）
Cr	0.92	0.08	P	0.13	0.87
Mn	0.84	0.16	C	0.13	0.87
Si	0.66	0.34	S	0.02	0.98
N	0.28	0.72	O	0.02	0.98

6.4.1.2　固相与液相密度差异

重力作用对硅铁的偏析影响很大。在硅铁锭内首先沉淀析出的是硅的结晶。密度的差异使得含硅高的熔体上升至固液两相区，而含铁高的熔态金属沉至下部。通过这一传质过程导致锭的顶部含硅较高，含铁高的熔体将集中于锭的底部附近并最后凝固。

6.4.1.3 冷却速度

冷却速度大,凝固时间也就越短。结晶形成的枝晶间距变小,减少了显微偏析,减少杂质元素和夹杂物聚集的趋势。

锭模内的偏析倾向与部位有关。铁锭顶部和底部冷却速度比中部快得多,凝固的金属成分偏析不大。受金属凝固过程放热和传热速度限制的影响,中部金属熔体凝固缓慢,成分偏析显著。

6.4.1.4 铁水的过热度

浇注时铁水过热度小,冷凝速度加快,使偏析较少,结晶组织致密、均匀。

6.4.1.5 液相线温度区间

偏析发生在液固两相区。液相线和固相线温度区间越大,偏析会越为严重。

6.4.1.6 扩散系数

元素的扩散系数越大越容易产生偏析。

合金中的元素扩散系数从大到小的顺序是:氢、碳、氧、氮、镍、锰。

6.4.1.7 工艺因素

锭模的模铁比、锭模尺寸和结构、冷却方式等。

6.4.2 硅铁及工业硅的偏析

在高温熔体硅和铁可以按任何比例互溶。但在硅铁凝固过程有纯硅、多种硅和铁的固溶体和化合物从熔体中析出。硅铁中的硅化物是 Fe_5Si_3、$FeSi$、$FeSi_2$、Fe_3Si_2。主要固溶体相是:ε 相(含硅量为 34% 左右)、ζ 相(含硅重量比为 55% 左右)、α 相(含硅量小于 15%)。在常温条件下,稳定的相是 $FeSi_2$、ε 相(Fe-Si)和 α 相。硅铁的固溶体和化合物的密度随着含硅量的增加而减少。Si、$FeSi_2$ 和 ε 相($FeSi$)密度之比为 0.39:0.7:1。由于各相的密度差别很大,在合金凝固过程中它们将上浮或下沉,由此产生的成分不均匀现象称为密度偏析。在硅铁锭内首先沉淀析出的是硅的结晶。密度的差异使得含硅高的熔体上升至固液两相区,而含铁高的熔态金属沉至下部。通过这一传质过程导致锭的顶部含硅较高,含铁高的熔体将集中于锭的底部附近并最后凝固。杜绝密度偏析现象的方法是快速冷却,使其中的物质来不及上浮或下沉。液态金属在快速冷却条件下(冷却速度一般大于 $10^2 \sim 10^5$ K/s)生成微米数量级的微晶,并且可使偏析极大程度地减轻[2]。由相图可以看出:在凝固过程硅铁合金产生的偏析相中的硅含量之差高达 20% 以上。

表 6-9 和表 6-10 分别为 75% 硅铁和 45% 硅铁的偏析状况[8]。

表 6 – 9　75％硅铁的偏析数据

编号	Si/%				Al/%				锭厚/mm
	上	中	下	偏析	上	中	下	偏析	
1	74.16	71.31	58.41	15.75	1.54	2.22	3.30	1.76	320
2	71.44	69.49	57.19	14.25	1.12	1.79	2.63	1.51	300
3	74.72	62.9	62.13	12.59	1.12	1.87	2.28	1.16	280
4	70.46	69.72	59.03	11.43	1.46	2.01	2.71	1.25	250
5	75.73	71.25	66.62	9.11	1.37	1.47	1.90	0.53	200
6	73.02	72.43	65.92	7.1	1.69	1.37	2.21	0.52	210

编号	P/%				Ca/%				锭厚/mm
	上	中	下	偏析	上	中	下	偏析	
1	0.025	0.045	0.052	0.027	1.98	1.91	2.14	0.16	320
2	0.048	0.038	0.072	0.024	1.25	1.64	1.64	0.39	300
3	0.03	0.03	0.038	0.008	1.94	1.64	2.14	0.5	280
4	0.033	0.033	0.048	0.015	1.64	1.70	1.74	0.1	250
5	0.028	0.026	0.026	0.002	1.84	1.58	1.84	0.26	200
6	0.027	0.025	0.025	0.002	1.60	1.60	1.84	0.24	210

由表 6 – 9 可以看出，75％硅铁中硅的偏析高达 15％。铝的偏析随硅偏析度的增大而增大。磷只在硅偏析度大于 10％ 的时候，才有较显著的偏析，而且随硅偏析的增大而增大。钙也有偏析，但不太显著，而且没有规律性。

表 6 – 10　45％硅铁的偏析数据

编号	Si/%				Al/%				锭厚/mm
	上	中	下	偏析	上	中	下	中/下	
1	45.69	47.15	39.3	7.85	1.05	2.83	0.53	5.4	340
2	45.15	49.51	39.68	10.17	2.65	—	1.8	—	270
3	41.64	45.51	41.3	4.21	0.96	2.05	1.20	1.7	220
4	38.8	—	33.64	5.16	3.04	—	2.83	—	80

编号	P/%				Ca/%				锭厚/mm
	上	中	下	中/下	上	中	下	中/下	
1	0.047	0.064	0.037	1.6	1.28	1.8	1.38	1.3	340
2	0.052	—	0.042	—	1.66	—	1.32	—	270
3	0.044	0.044	0.042	0.95	1.7	1.64	1.83	0.9	220
4	0.024	—	0.023	—	—	—	—	—	80

由表6-10可以看出,45%硅铁中硅的偏析高,为10%左右。锭中部硅含量偏高,磷、钙只是在硅偏析度大于7%时才有较显著的偏析,与75%硅铁相比,虽然硅偏析略小,但是,铝的偏析更多。

工业硅的杂质元素主要是铁、铝、钙,硅在液体状态下能与铁、铝、钙等元素组成共溶体,经氯化精制后,铝可除去60%左右,钙可除去90%左右,而铁却无法除掉。因此,铁是影响工业硅产品质量的主要杂质元素,铁产生偏析是影响工业硅产品均匀性的主要因素。表6-11为工业硅杂质含量的偏析。

表6-11 工业硅杂质含量的偏析[9]

铁锭厚度/mm	部位	杂质含量/%			铁锭厚度/mm	部位	杂质含量/%		
		铁	铝	钙			铁	铝	钙
200	上	0.34	0.11	0.02	260	下	0.45	0.18	0.02
200	中	0.46	0.13	0.02	290	上	0.31	0.2	0.11
200	下	0.39	0.1	0.02	290	中	1.35	0.55	0.36
230	上	0.25	0.11	0.02	290	下	0.56	0.38	0.18
230	中	0.52	0.23	0.02	310	上	0.46	0.054	0.15
230	下	0.45	0.22	0.02	310	中	1.85	0.28	0.22
260	上	0.25	0.091	0.02	310	下	0.45	0.068	0.18
260	中	0.66	0.3	0.02					

由表6-11可以看出,其中部最高部位断面的杂质元素含量可成倍地超过上下部位的杂质元素含量,从而造成严重的偏析,使工业硅中的杂质元素含量分布不均匀,严重影响产品质量。

控制硅锭浇注厚度,可以减少工业硅中杂质元素的偏析。硅锭厚度以60~80mm左右为宜;硅液浇注在铸铁模内时,厚度以120~170mm为宜。这样,工业硅中杂质元素偏析程度会减小,且吊运时硅锭又不易碎裂。

6.4.3 高碳铬铁的偏析

舒莉[10]对浇注和凝固过程中高碳铬铁各元素的走向进行了一些研究,分别从浇注厚度为210mm和190mm高碳铬铁锭上按断面不同位置取样分析各点的硫、碳、硅、铬等元素的含量,并与热样(液态合金浇注到小样勺)进行比较,研究各元素的变化规律,其取样位置见图6-19,分析结果见表6-12。

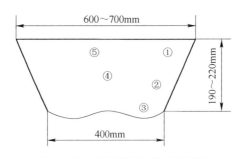

图 6-19 铁锭断面取样点示意图

表 6-12 高碳铬铁锭不同部位取样分析结果 （%）

取样点	1					2				
	Cr	S	C	P	Si	Cr	S	C	P	Si
①	69.8	0.0315	7.2	0.018	0.51	73.12	0.014	7.78	0.019	0.122
②	74.15	0.0115	8.06	0.02	0.214	72.84	0.011	8.06	0.016	0.288
③	73.4	0.0222	7.69	0.019	0.325	72.41	0.021	7.78	0.016	0.362
④	73.13	0.012	8.06	0.015	0.325	73.21	0.013	7.97	0.026	0.251
⑤	71.69	0.033	7.73	0.02	0.417	72.55	0.026	7.64	0.02	0.306
熔体	69.37	0.033	7.1	0.021	0.528	68.79	0.042	7.1	0.023	0.547
极差	4.78	0.021	0.96	0.006	0.314	4.42	0.031	0.96	0.01	0.425

取样点	3					4				
	Cr	S	C	P	Si	Cr	S	C	P	Si
①	66.86	0.063	6.7	0.03	0.917	67.15	0.051	6.77	0.025	0.77
②	67.94	0.05	6.88	0.026	0.991	67.51	0.048	7.05	0.024	0.62
③	67.29	0.062	6.79	0.025	0.88	66.56	0.054	6.86	0.028	0.81
④	71.69	0.041	7.35	0.021	0.658	73.22	0.024	7.8	0.014	0.33
⑤	69.35	0.048	7.07	0.022	0.658	70.37	0.028	7.52	0.02	0.47
熔体	66.93	0.059	6.88	0.027	0.769	67.81	0.06	6.88	0.024	0.66
极差	4.83	0.022	0.65	0.009	0.333	6.07	0.032	1.03	0.014	0.48

4 组试样的偏析试验结果表明：

（1）硫、碳、铬、硅、磷等元素在凝固中均有不同程度的偏析，主元素铬大部分相差 4% ~6% ，最高达到 7% ，而杂质元素偏析较大，硫为 55% ，碳为 13% ，磷为 41% ，硅为 62% 。

（2）断面各点所取试样的含硫量均低于热样。

高碳铬铁主要由碳化物相和 α 相铬铁固溶体组成。采用稀盐酸溶解高碳铬铁，分离碳化物和 α 相，发现 α 相中溶解的硫比碳化物中高几倍。碳化物的熔点偏高,铬含量约为40%、铁含量约为60%的α相熔点为1700~1800K。硫化铬和硫化铁的熔点都很低,硫化铁与铁的低共熔点为1261K。硫在液相碳素铬铁中溶解度较大,而在固态各相中溶解度较小,合金凝固过程中硫必然由固相向液相转移。在冷凝初期由于传热速度很快,硫的扩散速度远小于液-固界面的移动速度,大部分硫被留在固相中。随着传热速度的降低硫开始在液相中富集。

应该指出的是,合金中的硫在凝固过程中有降低的趋势。液态高碳铬铁在完全凝固之前会出现沸腾现象,在合金表面可见到大量气体从中逸出,遍布铁水表面的沸腾现象可持续半分钟之久,直至铁水完全凝固。这种现象在其他金属冷却时也会出现,它与锭模、涂料及锭模干燥状况无关,沸腾剧烈的合金冷却后可见到断面有大量气孔和疏松。人们知道,气体和非金属在铁、铬等金属中的溶解度在凝固点有一个急剧变化。氧在锰和铁中的溶解度在熔点时变化可达20倍。在合金凝固时所溶解的气体由固相向液相转移,当液相中的气体超过其溶解度时,气体便从液相中逸出,呈现合金沸腾。据计算,溶解在铬铁中的氮全部逸出时其体积相当于合金体积的1000多倍。合金沸腾有利于降低硫的含量。

金属凝固过程中硫的析出反应是:

$$[S] \Longrightarrow 1/2S_2$$
$$\Delta G = 31520 - 6.79T - RT\ln a_{[S]}/P_{S_2}^{1/2}$$

合金中气体大量逸出时,与液相平衡的P_{S_2}被大大降低,这有利于降低该反应的自由能,硫可以随气体离开合金。合金缓冷有助于降低其硫含量。在快速冷却的铬铁合金中气体来不及从金属中逸出,凝固前后含硫量变化不会很大。这一机理解释了冷样和热样含硫量的差别。制样方法将影响合金含硫量。铬和硫可以形成一系列化合物:CrS、Cr_2S_3、Cr_3S_4和Cr_5S_6等。X射线分析指出,铬铁中的硫主要以Cr_5S_6存在,在凝固过程中硫分布于晶界,由于α相中溶解的硫比碳化物中高几倍,因此制样与缩分方法会影响成分的准确性。舒莉研究了不同粒度合金中硫的分布状况。试样用锤式破碎机破碎,分别对160目以下和160目以上的试样进行了分析。结果表明,硫富集在难以破碎的160目以上的试样中,在这部分试样中碳比较低而铁比较高。除硫以外,碳、硅、铬等元素在不同粒度合金中的分布也有差异。以往在制样中人们有时丢弃粒度较大难以破碎的试样,这会使分析结果不能代表真正的合金成分,应引起有关人员注意。

6.4.4 硅锰合金的偏析

李涛和蒋凤麒[11]做了硅锰合金的偏析试验。他们分别在容量为30MVA 401号炉,容量为14MVA 102号炉和容量为9MVA 103号炉浇注锭模的第二模和倒数第二模取样。取样点见图6-20,分析结果见表6-13[6]。

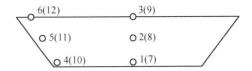

图 6-20 铁锭断面取样点示意图

(1~6 点为第二锭模取样点，7~12 为倒数第二锭模取样点)

表 6-13 硅锰合金铁锭不同部位取样分析结果 （%）

编 号	Si	Mn	P	C	S	编 号	Si	Mn	P	C	S
103 号-448	19.24	66.71	0.156	1.01	0.016	401 号-366	22.25	65.82	0.143	0.47	0.021
1	19.19	68.01	0.15	1.04	0.015	1	20.09	67.66	0.164	0.65	0.015
2	19.39	67.51	0.136	1.06	0.015	2	21.3	67.56	0.157	0.59	0.015
3	21.38	66.26	0.156	1.66	0.053	3	21.86	65.16	0.137	1.41	0.073
4	19.11	67.81	0.164	1.15	0.017	4	21.45	67.01	0.16	0.62	0.015
5	19.03	67.08	0.162	1.13	0.017	5	21.19	65.51	0.158	0.60	0.015
6	18.63	67.81	0.158	1.16	0.021	6	19.69	64.3	0.13	1.83	0.086
7	19.26	67.05	0.162	1.02	0.013	7	21.65	66.78	0.157	0.63	0.018
8	19.23	66.84	0.16	1.05	0.013	8	21.7	66.65	0.15	0.68	0.021
9	19.13	66.02	0.149	1.37	0.032	9	22.05	65.23	0.132	1.75	0.101
10	19.35	66.89	0.158	1.10	0.015	10	21.7	66.6	0.16	0.60	0.018
11	19.15	66.45	0.156	1.15	0.016	11	21.68	66.58	0.148	0.95	0.02
12	18.87	66.17	0.15	1.50	0.048	12	22.32	64.5	0.145	1.01	0.112
极差	2.75	1.99	0.015	0.65	0.04	极差	2.63	3.36	0.032	1.36	0.097
102 号-357	16.54	64.81	0.154	1.83	0.03	401 号-367	20.89	66.02	0.149	0.98	0.031
1	16.57	65.12	0.156	1.69	0.017	1	20.99	66.71	0.157	0.68	0.019
2	16.52	65.22	0.156	1.77	0.019	2	21.09	67.11	0.153	0.56	0.016
3	16.52	64.97	0.15	1.82	0.032	3	19.99	63.25	0.139	1.14	0.065
4	16.67	65.96	0.156	1.72	0.025	4	20.84	67.61	0.157	0.62	0.015
5	16.85	65.07	0.156	1.88	0.03	5	20.59	67.46	0.157	0.61	0.015
6	17.23	64.97	0.154	1.96	0.043	6	20.29	67.16	0.149	0.62	0.037
7	16.43	65.37	0.157	0.75	0.025	7	20.38	66.23	0.154	0.82	0.017
8	16.5	64.78	0.155	1.82	0.031	8	20.79	65.78	0.149	0.79	0.024
9	16.58	64.71	0.148	1.98	0.046	9	21.42	63.24	0.134	1.18	0.078
10	16.41	64.95	0.152	1.8	0.028	10	20.45	65.86	0.15	0.88	0.02
11	16.55	65.21	0.156	1.85	0.031	11	20.5	65.79	0.15	0.97	0.025
12	16.74	64.83	0.145	1.93	0.044	12	21.25	64.32	0.125	1.54	0.088
极差	0.82	1.25	0.011	1.23	0.029	极差	1.43	4.37	0.032	0.98	0.072

4 组试样的偏析试验结果表明：硫、碳、锰、硅、磷等元素在凝固中均有不同程度的偏析，主元素锰相差 2% ~4%，偏析达到 4%，而杂质元素偏析较大，硫达到 200%，碳为 98%，磷为 15%，硅为 10%。作者认为[11]，碳、硫与合金中的硅形成 SiC 和 SiS，由于密度较小，容易产生偏析，造成合金上部的碳、硫、硅元素含量高，磷、锰在合金底部形成富集，所以产生合金上部磷低、底部磷高的现象。舒莉所做的碳、硫偏析试验取 3 炉计 10 块合金锭，分别在上、中、下 3 个部位取样，分析了碳、硫含量，其数据见表 6 – 14[12]。表中数据表明，硫富集于合金锭上部高碳层，上部含硫量是中下层的 3 倍以上。作者[12]认为硫化锰的熔点为 1620℃，密度为 4.02g/cm³。由于硫化锰与硅锰合金的熔点之差比较大（约 320 ~380℃），密度差别大（约 2g/cm³），硫化锰有充足的条件从液态合金中分离和上浮。这是高碳层合金含硫量高的原因。

表 6 – 14　硅锰合金中碳、硫偏析

元　素	取　样　部　位		
	上	中	下
C	2.14	1.25	1.23
S	0.067	0.018	0.019

为研究结晶对化学成分的影响，作者[12]分别从 4 个锭模内截取柱状合金样进行破碎、研磨、筛分，所得化学分析结果见表 6 – 15。可以看出，随着试样粒度的减小，合金含碳量变化不大，而含硫量增加，细粒试样的含硫量高于粗粒试样约 30%。这说明合金中的硫富集于晶界。

表 6 – 15　制样过程中硫的偏析

合金粒度/目	第二模		第四模		第六模		第八模	
	C	S	C	S	C	S	C	S
>100			1.50	0.024	1.39	0.029	1.46	0.038
100 ~200	1.28	0.026	1.44	0.030	1.39	0.032	1.42	0.042
200 ~300	1.31	0.029	1.42	0.037	1.41	0.034	1.39	0.045
<300	1.37	0.031	1.49	0.040	1.49	0.041	1.46	0.054

硫的偏析研究提醒人们注意取样和制样过程必须保证试样具有代表性。

对块状硅锰合金进行的转鼓测试表明：结晶大的硅锰合金要比结晶小的合金更易碎。因此，快速冷却会减少硅锰合金破碎过程产生的粉末数量。

E. G. Hoel 和 J. Tuset[13]对硅锰合金凝固过程各种元素做了偏析分析。其偏差见表 6 – 16。

表 6-16 硅锰合金偏析数据[13]

元素	上部	中下部	偏差/%
Mn	67.4	70.7	-4.8
Fe	7.8	8.2	-4.4
Si	22.7	19.0	16
C	2.34	0.97	141
P	0.094	0.093	1.2
S	0.028	0.014	105
Ti	0.486	0.220	121
B	0.032	0.034	-5.7

凝固的硅锰合金中的主要物相有 Mn_5Si_3、Mn_8Si_2C、Mn_3Si 等。前两个相的硬度较高很易碎，其硬度分别为 826 和 946。Mn_3Si 韧性较大，其 Vickers 硬度为 646。

6.4.5 减少偏析的措施

影响偏析的因素有：

(1) 冷却速度：冷却速度快，偏析少。

(2) 过热度：浇注时过热度小，偏析少。

(3) 成分：偏析系数大的元素易产生偏析。溶解元素的偏析系数由大变小的次序为硫、氧、硼、碳、磷等。

(4) 扩散系数：扩散系数大易偏析。由大变小的次序为氢、碳、氧、氮、镍、锰等。

(5) 其他工艺因数：浇注速度、锭模大小、电磁搅拌等。

控制偏析的方法有：

(1) 加快铁锭的冷却速度。如减小锭模的容积等。

(2) 低温浇注。

(3) 改变浇注方法，如使用铁合金的粒化处理等措施。

(4) 使用电磁搅拌等先进的技术工艺冶炼铁合金。

6.4.6 铁合金取、制样

宏观和微观偏析是存在于铁合金凝固过程的客观规律。为了使用时成分尽量准确，需要得到比较接近真值的成分。GB/T 4010《铁合金化学分析用试样的采取和制备》是参照国际标准 ISO 4552：1987《铁合金——用于化学分析的取样和制样》制定的。国家标准规定了不同铁合金交货粒度所需要的份样的最小取样量和根据交货量需要取的最少份样数。

对于不易破碎的铁合金，取样数量相应增加，每个样块钻取的份样量不少于20g。

标准要求所取大样要全部破碎、过筛、缩分，并规定了破碎、缩分后所留的最小试样量。

按国家标准和国际标准取制样可以达到供货化学组成95%的置信度。

6.5 铁合金破碎加工

用户对铁合金的粒度有具体要求。通常铁合金需要加工到100mm以下才能满足下游用户机械化运输的要求。

无论机械破碎和人工破碎都不可避免产生一定数量的铁合金碎末。一般来说，采用机械破碎的筛下粉末率可高达15%～25%，人工破碎的粉率也在10%以上。处理合金粉成为企业负担。无论是降价销售还是回炉重熔都会增加产品的制造费用。传统的铁合金机械破碎方法还存在设备磨损大、劳动生产率低的缺点。因此，开发新的浇注工艺和破碎方法，降低破碎过程产生的粉末率始终为业内所关注。

6.5.1 铁合金机械破碎

普通的铁合金浇注和成品加工过程见图6-21。铁合金破碎通常采用三级破碎，即使用液压锤或其他方法对铁锭实施初破碎；使用强力颚式破碎机对铁块进行中级破碎；采用颚式破碎机或齿滚破碎机将铁块破碎到用户要求粒度。最后采用振动筛对破碎的铁合金分级至用户要求。

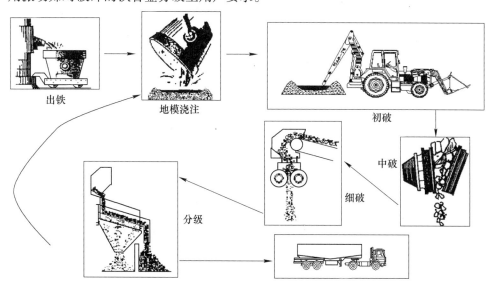

出铁   地模浇注   初破   中破   细破   分级

图6-21 铁合金破碎工艺流程

高碳铬铁和高碳锰铁等难破碎的铁合金的粒度加工通常采用三级破碎。锰铁和硅铁可以采用普通颚式破碎机进行粒度加工。而铬铁、钨铁等强度大的铁合金则要求使用强力破碎机或液压锤破碎。

破碎后的合金粒度分布与破碎方法有关。图3-20给出了常用破碎设备在破碎岩石时得到的粒度分布，可以看出，采用锤式破碎机得到的粉率最高；冲击式的颚式破碎机粉率次之；挤压式的齿辊破碎机粉率最低。铁合金破碎中采用液压锤会有利于降低粉率。但液压锤破碎效率较低，目前仅用于粗破。高效的液压破碎对降低劳动强度，减少合金破碎粉率有重要现实意义。

表6-17反映出铁合金破碎的一般规律，即硅锰合金的破碎强度明显低于其他锰铁，粒度小于4mm的细粉比其他锰铁高出近20%；含碳量低的锰铁较难破碎。

表6-17 采用颚式破碎机破碎锰铁时得到的产品粒度分布 （%）

粒度分布/mm	硅锰合金	高碳锰铁	中碳锰铁	低碳锰铁
0~1	9.8	9.5	8.5	9.4
1~4	9.4	6.3	5.7	3.5
4~10	10.3	7.3	11.0	9.2
10~25	17.2	18.0	21.3	18.4
25~50	29.4	31.8	30.1	22.4
50~80	24.1	27.1	23.5	26.1
0~4	19.2	15.7	14.1	13.0

铁合金的破碎性在很大程度上影响破碎设备制造成本。破碎机的关键受力部件需要采用高强度合金钢制成，机械设备维修费也很高。

受溶解度的影响，一些杂质元素多在凝固过程中析出。在破碎过程这些杂质元素会从合金晶界脱落。因此，粉末中碳化物、磷化物、晶间化合物、夹渣等含量比块状铁合金高。

高碳锰铁合金浇注后快速冷却合金锭有助于减小晶粒度，提高合金强度和硬度，降低合金在运输过程中的磨损率。用水快速冷却高碳铬铁、钨铁和钼铁锭可以使铁合金锭内部产生大量微裂纹，使其容易破碎。

硅锰合金转鼓强度测试表明：结晶颗粒大的金属比结晶颗粒细小的金属更易碎。因此，快速冷却铸锭有利于提高强度。

采用盖渣浇注可使微碳铬铁和中低碳铬铁在凝固过程缓慢冷却降温，使晶粒长大。晶粒大的铬铁破碎性得到显著改善。

合理利用铁合金粉有利于降低制造成本。中低碳锰铁粉可以用于焊接材料。粒度为4~10mm的颗粒可以直接添加到铁水包内重熔回收；粒度为1~4mm的粉状铁合金可以用于锭模铺底料；更细的粉末只能回炉。

6.5.2 铁合金制粉

制造喷射冶金粉剂、氮化铁合金、真空铬铁需要将铁合金破碎制粉。常用的铁合金制粉设备有球磨机、对辊破碎机。

微碳铬铁制粉对含铬量有一定要求。通常只有含量大于72%的微碳铬铁才能用于制粉。含铬量低的微碳铬铁韧性高，在球磨过程有相当部分的铬铁被磨成片状。含铬量大于60%的铬铁在磨制中有一半合金为粉状，另一半则呈为片状。

硅钙合金和中低碳锰铁制粉时存在金属粉尘爆炸危险，通常采用氮气保护下破碎或磨粉。硅钙合金湿法制粉比较安全，产品质量也高，硅钙合金中的碳化钙、硅酸盐等夹杂物在处理过程中可被分离出来。但湿法工艺增加了粉剂水洗、干燥工序，会使回收率有所降低。

6.5.3 铁合金粉的利用

破碎过程会产生10%～15%的铁合金粉末。压块是破碎筛分下来的细粉的有效处理方式，也是将片状电解锰压制成锰桃的方法。

压块使用的粘结剂有水玻璃、膨润土、酚醛树脂等。树脂类粘结剂比较适合金属粉末的粘结。

压块流程见图6-22。以酚醛树脂为粘结剂，在70MPa下压制成型，而后在150℃养生1h即可达到强度要求。

测试表明，铁合金压块的转鼓指数为95%，耐磨指数为98%，抗压强度为55MPa，密度为5200kg/m³。

冶炼试验表明，铁合金压块溶于钢水的速度比块状铁合金还要快。金属回收率也有所提高。工业规模试验显示，钢水成分、炉渣成分均在正常范围。

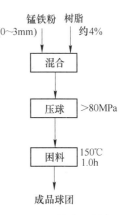

图6-22　铁合金粉末压块流程

6.6 铁合金粉化现象

硅铁、稀土硅铁、锰铝合金、硅铝铁等铁合金放置在空气中会出现自然粉化的现象，并伴随少量有毒、易燃气体溢出。潮湿环境会加快有粉化倾向的合金粉化。粉化现象不仅影响铁合金的使用，而且给产品的仓储和运输造成诸多隐患。装运硅铁的铁路车辆曾因粉化发生过爆炸和燃烧。

影响合金粉化的因素很多，主要有合金成分、铁水温度、杂质含量、夹杂物成分和数量、浇注方式、冷却速度、环境湿度等。

分析数据表明，合金粉化后化学成分并没有显著变化，表面的氧化层很薄。因此，可以通过重熔、喂线、喷吹等方式对粉化的铁合金加以利用。

6.6.1 硅铁的粉化

含硅量在55%～65%之间的硅铁极易出现粉化现象。这些合金在浇注后的一段时间内会出现自然开裂，组织出现疏松，最后发生粉化，成为暗灰色的粉末。硅铁粉化试验数据见表6－18[8]。每组试样中，下行为合金锭的平均成分，上行为锭中易粉化的冒瘤铁成分。

表6－18 硅铁粉化试验数据[8]

编 号	成分/%				粉化情况
	Si	Al	P	Ca	
1	58.61	5.76	0.058	1.34	冷却后迅速粉化
	77.62	2.28	0.0285	0.73	不粉化
2	59.45	4.34	0.0615	1.06	冷却后迅速粉化
	76.01	2.07	0.034	0.56	不粉化
3	58.42	5.14	0.0455	0.91	冷却后迅速粉化
	75.22	1.88	0.034	0.56	不粉化
4	58.52	4.71	0.0502	1.11	冷却后迅速粉化
	76.76	1.88	0.0295	0.53	不粉化

硅－铁二元系熔体凝固过程中生成 ζ_α 相是引起硅铁粉化的重要原因之一。ζ_α 相含硅量为53.5%～56.65%，仅在937～1207℃下存在。冷却时 ζ_α 相共析转变成 $FeSi_2$ 和 Si，同时体积显著膨胀。在常温下过冷的 ζ_α 相是不稳定的化合物。

75%硅铁在冷却过程中钙、铝、磷等杂质元素主要存在于 ζ_α 相共熔体中。在潮湿的大气中这些金属元素会与空气中的水分发生反应：

$$2[P] + 3H_2O + 2[Al] \Longrightarrow 2PH_3 + Al_2O_3$$
$$2[P] + 3H_2O + 3[Ca] \Longrightarrow 2PH_3 + 3CaO$$

反应生成的气体会使合金内部产生应力，导致合金出现粉化。

AsH_3 对硅铁粉化也起很大作用。PH_3 和 AsH_3 是有毒和易燃的气体，会对人体和环境产生严重危害。

硅铁中铝、磷等元素含量对其粉化的影响见图6－23。图中存在两个区域，即粉化区和不粉化区。为了避免硅铁在储存和运输中粉化，硅铁中的铝和磷含量应该控制在不粉化区域。

含钙高的硅铁在含碳量超过0.1%时，储存中易发生碎裂。这是因为硅铁中

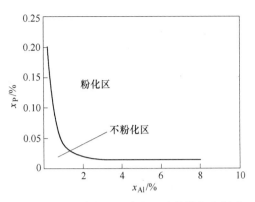

图 6-23 硅铁中铝、磷含量对其粉化的影响

的氧化钙-碳化钙夹渣与空气中的水分作用生成氢氧化钙和可燃气体乙炔，反应导致体积膨胀、合金粉化。

6.6.2 复合铁合金的粉化

6.6.2.1 硅锰铝合金

硅锰铝合金是良好的复合脱氧剂、合金添加剂和脱硫稳定剂，也是极易发生粉化的铁合金。赵凤俊等[14]对硅锰铝合金做了粉化研究。研究表明：含 [Al] 30% ~50% 、[Mn]20% ~40% 、[Si]20% ~40% 、[P] <0.050% 、[C]0.30% ~ 0.50% 的合金相结构基体由六方晶系的 Mn_3SiAl_9 和四方晶系的 FeAlSi 相组成。合金中除了上述基体相外，还存在 AlP 相。粉化合金释放气体以 PH_3 气体为主，仅有少量的 N_2、O_2、H_2。水分是促使合金粉化的重要因素之一。含磷量高的合金吸湿后内部发生 AlP 相的水解反应：

$$2AlP + 3H_2O === 2PH_3 \uparrow + Al_2O_3$$

反应生成 PH_3 气体，合金内部产生应力使体积膨胀，导致合金粉化。

6.6.2.2 硅铝铁合金

硅铝铁合金是容易发生粉化的铁合金之一。试验表明：硅铝铁合金的粉化与杂质含量有关。以熔兑法生产的硅铝铁合金含磷量和含碳量低于 0.03% 和 0.7% ，基本不会发生粉化。而以矿热炉电碳热法冶炼的硅铝铁含碳和磷比较高，容易发生粉化。

硅铝合金发生粉化的原因除杂质元素磷的影响外，冶炼过程产生的中间产物 Al_2C 和 Al_4C_3 在潮湿环境下发生水解也会引起粉化。

宋耀欣[15]对硅铝铁进行了相分析，发现其主体相是 $Al_3Fe_3Si_2$、$Al_9Fe_5Si_5$。Al/Si 低的硅铝铁粉化现象比较明显，而 Al/Si 比高的合金不易粉化。当合金中铁含量为 24% ~43% 、Al/Si 小于 1 时，该体系可以形成 $Al_9Fe_5Si_5$ + $FeSi_{2.3}$ 的低共熔混合物。产品中存在少量的 $FeSi_{2.3}$（ζ_α 相）在相变过程发生体积膨胀，这可能是造成铝含量低的硅铝铁发生粉化的原因。

6.6.3 稀土硅铁合金的粉化

稀土铁合金放置在空气中会自动粉化。特别是用稀土精矿生产的稀土硅铁粉化倾向严重。潮湿环境会加剧粉化过程。桶装的块状合金曾因粉化发生过爆炸。发生粉化时产生的气体有氢气、PH_3 和 AsH_3 等，气味刺鼻。合金在空气中粉化后，质量有所增加，而磷含量和砷含量变化有所减少。图 6 - 24 给出了稀土硅铁的粉化区域[16]。

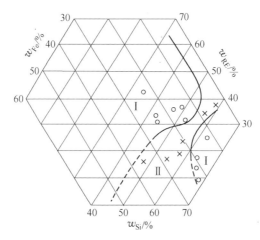

图 6 - 24 稀土硅铁的粉化区域[16]

图 6 - 24 所示的 II 区组分的合金在空气中容易粉化。该区的中线下延到硅 - 铁二元系上恰是硅铁易粉化的 ζ 相区。因此稀土硅铁缓慢冷却时，稀土硅化物或 ζ 相硅铁在晶粒边界析出也会导致体积膨胀而使合金粉化。

稀土合金中存在磷化物和碳化物也是稀土铁合金粉化的原因之一。

6.6.4 高碳锰铁粉化

在一定的条件下，金属锰会与水发生反应生成氢气。同时会发生金属锰吸收原子氢的过程。锰吸收氢会出现晶格的膨胀，引起高碳锰铁粉化。

在高温和潮湿的条件下，锰含量大于 84% 的高碳锰铁极易出现粉化现象。研究发现[17]：含铁量小于 5% 的高碳锰铁在潮湿环境下是不稳定的，而含铁量大于 10% 的高碳锰铁不会与水发生反应。

高碳锰铁的稳定性与锰的碳化物结构有关。不同的锰的碳化物的化学反应性差异很大，Mn_5C_2 容易与水反应，而 Mn_3C 相对稳定。因此，含碳量低的锰铁不会在潮湿环境粉化。

6.6.5　防止铁合金粉化的措施

针对硅铁和高硅合金中存在的 ζ 相相变引起的粉化采取的措施有：

（1）提高硅铁的凝固速度，防止合金偏析，细化晶粒。通过改进浇注工艺，强化冷却措施，如提高浇注的模铁比，浇注薄锭、粒化铁合金等。

（2）避免生产成分与 ζ 相接近的 50% 硅铁。

针对磷、钙、碳等杂质含量高引起粉化所采取的措施有：

（1）提高出炉温度，改善炉渣的流动性，促进渣铁分离。出炉温度提高也有利于进行铁水炉外处理。

（2）延长铁水在包内镇静时间，促进夹杂物上浮。

（3）采用炉外精炼措施，去除磷、碳等杂质。通过包底吹气，加强铁水搅拌，添加造渣剂分离铁水中的非金属夹杂物。

（4）通过添加其他合金调整成分。在硅铝铁的炉外精炼中，添加硅钙钡合金可使合金含磷量和含碳量分别降低 40% 和 20% 左右，显著避免了粉化。

参 考 文 献

［1］Vesterberg P，Beskow K，Lundström P. Technology for granulating ferroalloys – The GRAN-SHOT® process ［C］. 第 8 届国际铁合金大会文集，杭州：中国金属学会，2011：231.

［2］Nygaard L，Brekken H，HU Lie，et al. Water granulanon of ferrosilicon and silicon metal ［C］. INFACON 7，Trondheim：FFF，1995：665 ~ 671.

［3］Schei A，Tuset，J，Tveit H. Production of high silicon alloys ［M］. Tapir Forlag，Trondheim，1998：301 ~ 315.

［4］Cortie M B，Baker I J，Knight D，et al. 块状铁合金浇注工艺改进方法 ［C］. 第八届国际铁合金大会文集，北京：中国科学技术出版社，1998：411 ~ 419.

［5］Bullón J，More A. 大西洋铁合金公司使用新型铜质浇注机 ［C］. Proceeding of the Tenth International Ferroallay Congress，Cape Town：SAIMM，2004：147 ~ 153.

［6］Kestens P H Elkem. 新型连续浇注成型工艺 ［C］. Electric Furnace Proceedings，1996，54：244 ~ 249.

［7］陈家祥. 炼钢厂用图表手册 ［M］. 北京：冶金工业出版社，1984.

［8］杨洪祥. 谈硅铁粉化问题 ［J］. 铁合金，1964（2）：75 ~ 85.

［9］谢忠贤. 工业硅中杂质元素铁偏析的探讨 ［M］//工业硅科技新进展. 北京：冶金工业出版社，2003：269.

［10］舒莉，戴维. 硫在碳素铬铁冶炼的行为 ［J］. 铁合金，1985（1）：1 ~ 13.

［11］李涛，蒋凤麒. 硅锰合金磷元素偏析的探讨 ［J］. 铁合金，2002（4）：5 ~ 8.

［12］舒莉. 硅锰合金含硫量的控制 ［J］. 铁合金杂志，1994（4）：7 ~ 11.

［13］Hoel E G. Phase relations of Mn – Fe – Si – C systems ［C］. INFACON 7，1995：601 ~ 607.

［14］赵凤俊，韩一茹，金沙江，等. 复合脱氧剂硅锰铝铁合金粉化机理研究 ［N］. 择录自

豆丁网，www. docin. com.

[15] 宋耀欣，储少军. C、P 元素与 Al/Si 对 SIALFE 粉化的影响 [J]. 铁合金，2008（1）：25～29.

[16] 中国选矿技术网科研成果. 稀土粉化稀土硅铁合金的粉化及防治措施 [M]. www. mining120. com，2011.

[17] Olsen S E, Tangstad M, Lindstad T. Production of Manganese Ferroalloys [M]. Trondheim: Tapir, 2007.

7 铁合金炉渣处理和利用

在铁合金出炉过程中，矿石带入的杂质大部分会以炉渣的形式与铁水一起从炉内排出。炉渣是铁合金生产的固体废弃物，也是一种矿物资源。受操作条件限制，铁合金炉渣中仍有相当数量的合金元素尚未回收或分离；有多种炉渣矿物具有利用价值，高温炉渣的显热也是一种能源。因此，铁合金炉渣具有很大的利用潜力。

7.1 渣铁分离和炉渣凝固过程

7.1.1 渣铁分离

出炉过程是渣铁分离过程。在矿热炉内，还原后的铁水珠需要穿过渣层汇集到铁水层；同时，在电流和温差作用下，炉内的铁水和炉渣始终处于运动之中。在出炉过程，铁水和炉渣受到紊流的强烈混合作用。这种混合作用固然有利于炉渣与金属间的化学平衡，也给渣铁分离带来困难。在出炉后铁水和炉渣开始聚合和分离，密度小的炉渣珠由铁水中上浮；密度大的金属珠沉入炉渣底部。但仍有为数不少粒径过小的金属珠留在了炉渣中。

金属珠在渣中的沉降速度与金属及炉渣密度差有关。金属珠沉降速度可以用斯托克斯公式表示：

$$v = \frac{2}{9} \times \frac{(\rho_{金} - \rho_{渣}) \times r_{金}^2}{\eta_{渣}} \times g$$

式中　v——沉降速度，cm/s；

　　　$r_{金}$——金属微粒半径；

　　　g——重力加速度，980cm/s^2；

$\rho_{金}$，$\rho_{渣}$——金属和炉渣的密度，g/cm^3；

　　　$\eta_{渣}$——熔渣的黏度，P(1P = 0.1Pa·s)。

锰铁炉渣中金属珠的粒径为 1~5μm。按上式计算 5μm 的金属珠在黏度为 0.0005Pa·s 的炉渣中沉降 1m 需要的时间是 330min。由此可见，彻底分离炉渣中的金属颗粒需要改变炉渣性质，同时需要适当的搅拌，加快金属珠的合并，提高沉降速度。

上式还说明，粒径大密度低的渣珠容易在金属中上浮。铁水镇静可以减少铁合金中的非金属夹杂物含量。

硅锰合金的回收率为85%~87%，炉渣中的锰含量高达6%~9%。采用跳汰法可以从铬铁和锰铁炉渣中回收2%~4%的金属颗粒，硅锰炉渣约含3%的金属颗粒。矿相检测表明，废弃的炉渣中仍有相当多金属颗粒无法回收。

通过调整炉渣性质、提高炉渣温度、延长出炉时间间隔可以在一定程度上减少渣中金属颗粒损失。

在出炉过程中，铁水和炉渣温度迅速降低，少量金属会混入分渣器和铁水包顶部与侧壁的炉渣中。炉渣中已经还原的金属颗粒约占2%，而未还原的矿物颗粒比例更高。炉前分渣操作需要避免铁水和炉渣温度降低过快，尽可能回收出铁浇注过程流失的金属。

7.1.2 炉渣凝固过程

炉渣冷却过程伴随着炉渣组分的相变。炉渣由液相转变为固相，析出各种复合氧化物。在凝固过程中，首先析出的是高熔点的复合氧化物。随着温度降低，液相炉渣熔体中固体结晶质点的数量逐渐增加，炉渣黏度显著增加。

由 $SiO_2 - MgO - Al_2O_3$ 三元系相图可以看出，在高碳铬铁炉渣冷却时，首先结晶出来的是镁铝尖晶石（$MgO \cdot Al_2O_3$），未凝固的熔体成分发生改变，熔化温度下降，而后陆续析出的是莫来石（$3Al_2O_3 \cdot 2SiO_2$）或镁橄榄石（$2MgO \cdot SiO_2$），最后凝固的是低熔点的共晶化合物。

由 $SiO_2 - CaO - Al_2O_3 - MnO$ 四元系相图可以看出，硅锰合金炉渣凝固时，首先析出的复合化合物是钙长石或橄榄石。

控制炉渣的冷却速度可以改变凝固过程发生的相变，改变固体炉渣的性质。

当硅酸盐炉渣冷却速度过快时，可以将炉渣高温无定形的形态保存到室温。从炉内放出的熔融炉渣在高压水流或风流冲击下转变成以非定形玻璃体为主的粒化渣。冷却速度决定了炉渣中玻璃体的数量。水淬渣中玻璃体的数量为93%~95%；风淬炉渣的玻璃体数量为90%左右。

锰铁和铬铁的水淬渣主要成分为 $CaO - Al_2O_3 - SiO_2 - MgO$ 四元系构成的无定形玻璃体，并含有少量橄榄石或钙长石等结晶相。玻璃状物质结构致密、硬度较高，多为不规则形状。由无定形玻璃体组成的粒化炉渣经磨细加工后具有较高的水硬活性，与水作用生成硬度高的水化物。水淬渣相结构决定了其水硬性和用途。

7.2 炉渣粉化现象

炉渣粉化是炉渣结构发生变化后出现的物理现象。CaO 成分含量高的炉渣，特别是精炼铬铁炉渣，在冷却或存放过程中会发生粉化。炉渣粉化不利于炉渣的处理与利用。精炼铁合金炉渣粉化后产生的大量粉末造成环境污染。

抑制炉渣粉化的措施主要是控制炉渣的相变过程。控制成分、稳定炉渣相结构和控制温度改变相变速度等措施可以达到抑制炉渣粉化的目的。

7.2.1 炉渣粉化机理

石灰是电硅热法生产精炼铁合金的主要熔剂，用以控制炉渣硅热反应中 SiO_2 的生成。正硅酸钙 $2CaO \cdot SiO_2$ 是电硅热法生产精炼锰铁和精炼铬铁炉渣的主要矿相。正硅酸钙在凝固过程中有多种变体。在凝固过程发生的相变见图 7-1。

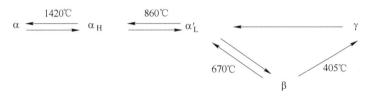

图 7-1 正硅酸钙相变过程

各种变体结晶晶格的形式、结构和体积密度见表 7-1。

表 7-1 正硅酸钙变体结晶温度和密度

变 体	温度/℃	密度/g·cm^{-3}
α 相	1420~2130	2.968
α'$_H$ 相	860~1420	3.148
α'$_L$ 相	670~860	3.092
β 相	405~670	3.326
γ 相	<405	2.960

在温度降低到 405℃ 时，$2CaO \cdot SiO_2$ 会发生同质异相转变，由 $\beta - 2CaO \cdot SiO_2$ 转变为 $\gamma - 2CaO \cdot SiO_2$。伴随着相变，正硅酸钙密度显著降低，体积增大 12%。

由于 β→γ 转变，含有正硅酸钙的熔渣冷却时，熔渣整体结构被膨胀力所破坏，整体炉渣转变成为细小分散状态的粉末，其颗粒尺寸分布在 0.2μm~0.2mm 之间。含有正硅酸钙的矿物在降温过程中都会出现粉化现象。为了避免由于同质异相转变造成的粉化作用，需要向矿物中加入合适的添加剂，以稳定或改变 $2CaO \cdot SiO_2$ 结晶化学结构。

7.2.2 防止炉渣粉化的措施

7.2.2.1 添加稳定剂

研究表明，半径小于硅离子半径（$r_{Si^{4+}} = 0.039nm$）的离子，对正硅酸钙有稳定作用。这些离子是 BO_4^{5-}、PO_4^{3-}、VO_4^{3-}、SO_4^{2-} 等负离子。半径大于 Ca^{2+} 离子半径（$r_{Ca^{2+}} = 0.104nm$）的正离子也对正硅酸钙起稳定作用。用 Ba^{2+}、Sn^{2+}、K^+、Na^+ 等正离子来置换 Ca^{2+} 离子也可以稳定正硅酸钙，而 Al^{3+}、Fe^{3+} 等离子是不稳定剂[1]。

氧化钡、氧化锶及含 BaO 和 SrO 矿石可以稳定锰渣中正硅酸钙。在半工业性生产条件下对金属锰炉渣的稳定性进行了试验。试验采用重晶石（$BaSO_4$）或天青石（$SrSO_4$）精矿对炉渣进行稳定化处理。天青石等硫酸盐矿物中的硫含量高，会对合金和环境产生污染。菱锶矿石 $SrCO_3$ 为碳酸盐，没有污染问题。在将温度为 $1600 \sim 1700℃$ 的金属锰渣倒进渣包时，加入 $0.1\% \sim 2.5\%$ 的稳定剂，经过 BaO 或 SrO 稳定化处理的渣块坚固完整，抗压强度为 $85 \sim 110MPa$，在空气中不易粉化。

用氧化硼抑制中低碳锰铁和精炼铬铁炉渣粉化技术已经得到应用。试验表明，当渣中 B_2O_3 浓度为 $0.8\% \sim 2.0\%$ 时，可以起到有效的抑制炉渣粉化作用，块状炉渣可以长期稳定存在。在工业生产中，炉渣中 B_2O_3 浓度达到 0.3% 即可防止炉渣粉化。在精炼锰铁出炉之前 $20 \sim 25min$，把含硼 18.5% 的硼酸盐矿石放置在铁水包中。在铁水和炉渣冲刷下，B_2O_3 熔化到炉渣中去。岩相学和 X 射线光谱学分析表明，硅酸钙（$\alpha' - Ca_2SiO_4$）所占体积为 $60\% \sim 65\%$，形成了尺寸为 $50 \sim 200\mu m$ 的单个圆形颗粒。硅酸钙相中含有 $5\% \sim 8\%$ Mn 的固溶体 $(Ca_{1-x}Mn_x)_2SiO_4$。BO_4^{5-}（B_2O_3）负离子进入此相中，形成稳定的固溶体 $(Ca_{1-x}Mn_x)_2(SiO_4)_{1-y}(BO_4)_y$。在工业生产条件下，经硼酸盐矿石进行稳定化的炉渣基本没有气孔和疏松，具有很高的机械强度，加压时的强度为 $15 \sim 80MPa$；它在空气中很稳定，不会发生粉化。

试验表明：经过稳定化处理的炉渣保存长达 3 个月也不会发生粉化。渣块抗压强度为 $31 \sim 34MPa$，稳定化炉渣的真密度为 $3.4g/cm^3$，熔化温度为 $1430℃$。该炉渣在 $1500 \sim 1650℃$ 的黏度为 $0.2Pa \cdot s$。

使用白云石添加剂也可以避免炉渣粉化。提高 MgO 浓度，还有助于减少炉渣对精炼锰铁炉衬的侵蚀。

7.2.2.2 控制相变速度

采用快速冷却方法可以将高温炉渣的玻璃相保留下来。玻璃相的存在抑制了正硅酸钙的生成，也抑制了其发生相变的可能性，起着防止炉渣粉化的作用。

精炼铬铁炉渣是极易出现粉化的炉渣。采用炉渣水淬可以在一定程度避免炉渣粉化。但当水淬时，部分炉渣的凝固速度不足以保存玻璃相，仍然会有部分炉渣粉化，这会带来水渣池堵塞和水污染问题。

7.3 铁合金炉渣处理

在大部分企业中，炉渣是主要的固体废弃物。通过炉渣处理可以将炉渣由废弃物转化为有用的资源，使其得到合理的利用。铁合金熔渣处理方法有干渣法、水淬渣法、风淬法和熔渣直接利用等多种方法。

干渣法是将液态炉渣倾倒在矿渣场，任其自然冷却后排放处理。

水淬渣法是利用高压水流将炉渣粉碎粒化，由水流冲至沉淀池。水淬渣工艺是目前普遍应用的炉渣处理方式。粒化渣经过进一步加工处理后可用作水泥混合材。或用于制造渣砖、轻质混凝土砌块。

干（风）淬法是利用空气或冷却介质将炉渣粒化的方法。干淬法的优点是可以回收炉渣热能，同时大量节约水资源。干淬炉渣技术具有广阔的发展前景。

熔渣直接利用目前仅限于矿渣棉和炉渣铸石，已经得到利用的炉渣数量十分有限。直接利用熔渣的技术有待进一步开发。

7.3.1 炉渣水淬粒化

炉渣粒化的目的在于将块状炉渣通过粒化处理使其便于处理，炉渣快速冷却可维持其高温物相形态，提高炉渣的水硬活性。目前应用最普遍的是水淬渣工艺。炉渣水淬工艺有水淬法和半干式水淬法两类。

根据水淬渣脱水设备的特性分类，处理炉渣方法有渣池过滤法、转筒脱水法、转轮粒化法等。

7.3.1.1 炉渣水淬工艺

水淬法利用高压水流将熔渣渣流击碎并急速冷却，利用水流将粒化渣输送到沉淀池，而后用机械设备实现渣水分离。水淬渣系统由冲渣口、冲渣水流槽、水淬渣池、沉淀池、浊水循环系统以及金属回收设施等组成，见图 7 - 2。

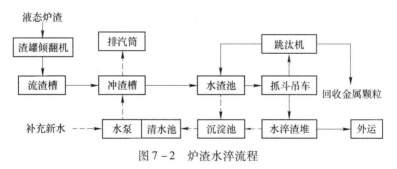

图 7 - 2　炉渣水淬流程

水淬渣系统参数根据最大渣量，每次出渣时间确定。冲渣用水量按水渣比10:1 计算，水渣含水率为 10% ~ 15%，经过沥水后水淬渣带走的水不超过 3%。水淬渣生产中，水主要消耗于蒸发，可根据水量选择水泵和管路。为了保证冲渣安全进行，冲渣口的水压需要维持在 0.3 ~ 0.4MPa。典型水淬系统参数见表7 - 2。

表7-2 典型水淬渣工艺参数和指标

参数名称	数 值	参数名称	数 值
冲渣水压/MPa	0.3~0.5	水淬渣粒度/mm	<10
冲渣水量/t·t⁻¹-渣	8~12	水淬渣含水量/%	10~12
水消耗量/t·t⁻¹-渣	0.5~0.8	耗电量/kW·h·t⁻¹	约5
冲渣速度/t·min⁻¹	1~3	玻璃体量/%	>95

水淬渣系统由水泵房、控制室、清水池、沉淀池、水渣池、存渣场组成。水淬渣浊水循环系统见图7-3。水淬渣池和泵房一般设置在主厂房浇注跨外,冲渣口设置在浇注跨内或出渣口附近;渣池两侧建有栈桥,供安装抓斗吊车。渣池中水渣由抓斗捞出,堆放在存渣场,沥水后运出。

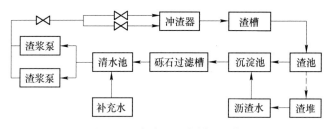

图7-3 水淬渣浊水循环系统

冲渣器水箱内有两路水流,上方一路由多个喷孔射出的高压水对炉渣水淬,下方大流量的水流将水淬渣经水渣槽冲入水渣沉降池。水渣池中的水渣由抓斗抓出堆放于渣场沥水。沉淀池内的水及悬浮物通过砾石过滤槽流入清水池;经过过滤的清水由泵加压后送入管线循环使用。浊水循环系统的冲渣水一般不经冷却循环使用,工作水温在80℃左右。

铁合金冶炼车间水淬渣池和泵房一般就近设置在浇注间外侧。冲渣口设置在浇注跨内,有利于天车吊运渣包。根据最大冲渣量设定每次冲渣时间和用水量,根据水量选择水泵流量。

渣池水中因含有大量固体渣粒需要充分分离才能重复使用,常用的池滤方法有底滤法和侧滤法。过滤层设在沉淀池底部的方法为底滤法。过滤层由粒度不同的砾石组成,需要定期清理,避免堵塞,以保证排水畅通;利用逆向通过的水流或压缩空气可以对过滤层进行清理。侧滤法的过滤层设在沉淀池和清水池之间的池壁,砾石置放在铁笼里;过滤层需要人工更换清理。

铁合金炉渣量普遍较少,水淬流程大都加以简化。大部分水淬渣工艺采用抓斗天车捞运水渣。有的企业甚至不用水冲渣槽,而是将炉渣倒入水中,用铲车清理炉渣。但是,这种过于简单的方法会带来安全隐患,特别是炉渣中残留金属时往往会引起爆炸。

转鼓脱水法是常用的水淬渣脱水方法。图7-4为转鼓脱水原理。水冲渣通过管路输送到转鼓过滤器,通过分配器均布在转鼓内部。转鼓设有两层不锈钢金属网:细网在内,起过滤作用;粗孔网在外,起支撑作用。鼓内设有浆片,转动中将水渣提升脱水,水渣落在输送皮带上运至水渣槽。通常采用压缩空气和清洗水从转鼓外侧对滤网进行反向冲洗,避免滤网堵塞。

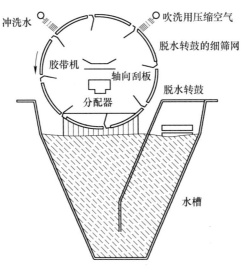

图7-4 转鼓脱水原理[2]

表7-3将池滤法与其他几种水淬渣工艺进行比较。这几种方法的共同特点是连续性强、自动化程度高,适用于炉渣量大的镍铁和高炉生铁生产。

表7-3 几种常用的水淬渣工艺[3]

工艺过程	冲 渣	脱 水	水 系 统
池滤法	冲渣槽	底/侧滤沉降池+抓斗	清水池+水泵
因巴法(INBA)	冲渣槽	转鼓+输送机	水池+水泵
图拉法(TYNA)	冲渣槽+粒化轮	转鼓+流槽	水池+水泵
拉萨法(RASA)	冲渣槽	渣浆泵+脱水槽	水池+冷却塔+泵

7.3.1.2 半干式水淬法

半干法是将机械碎渣与水淬法相结合的一种处理炉渣的方法。粒化转轮先将液态炉渣击碎,落入水池中的粒化渣经过短暂冷却,采用螺旋输送机和斗式提升机提升出水面,实现渣水分离。

吉林铁合金厂试验了双滚筒半干法水淬精炼铬铁炉渣工艺,其原理见图7-5。熔渣通过渣槽流到内滚筒上,内滚筒下部浸在水渣池内。在电动机驱动下,内滚筒将薄片状的熔渣带入水池中进行急速冷却,得到玻璃化率很高的炉渣。旋转的外筒将水淬渣由水池中捞出，粒化渣经流槽落到输送带上运出。在余热的作用下，粒化渣迅速干燥。外筒壁起着滤网的作用，用于粒化渣与水分离。

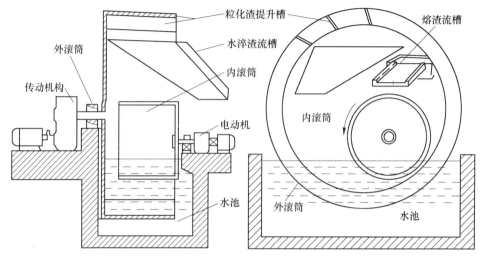

图7-5 半干法炉渣粒化滚筒设备示意图

这种方法的优点是占地小、水量消耗少，渣池易清理、操作简单；也可实现利用水淬产生的蒸汽回收炉渣热能。

精炼铬铁炉渣的主要相组成是硅酸二钙，在储存中极易发生粉化。粒化的精炼铬铁炉渣也会出现粉化，造成水淬渣池内积渣板结、堵塞，甚至无法正常使用。半干法粒化炉渣开辟了易粉化炉渣粒化的途径。

7.3.2 干式粒化工艺

干式粒化工艺是利用传热介质与炉渣直接或间接接触进行炉渣粒化和显热回收的方法，几乎没有水的消耗，是一种环境友好型炉渣处理工艺。干式粒化法有离心辊粒化法、风淬法、滚筒法等几种[3]。

7.3.2.1 离心辊粒化法

离心辊粒化法利用高速旋转的离心辊将炉渣击碎粒化。粒化的熔渣颗粒在空气中冷凝。离心粒化炉渣技术可用于制取膨化渣珠。

膨化渣珠是一种球形轻骨料，可用于制造轻质保温砖或配制保温外墙的混凝土，其容重比普通混凝土轻1/4左右。

膨化渣珠外观呈球形，表面有釉化玻璃质光泽，球内有微孔。膨化渣珠岩相系玻璃体，24h吸水率不超过5%。膨化渣珠中，粒径在1.2~10mm之间的占70%以上，小于3mm的占50%，自然级配的膨化渣珠筒压强度为3.5MPa。

吉林铁合金厂开展了高碳铬铁炉渣离心风淬法工业试验，制得的膨化渣球密度接近于1。膨化渣球可用于生产轻质保温砖。

离心辊粒化炉渣系统由翻渣机、膨化渣槽、离心粒化辊、喷吹风机、集渣筒、除尘器和除尘风机等设备组成。离心辊粒化渣工艺流程见图7-6。

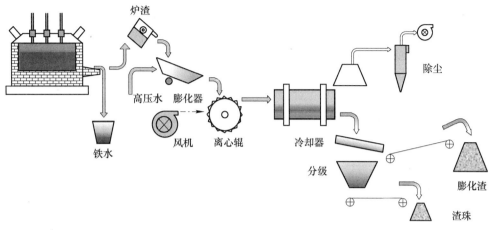

图7-6 离心辊粒化膨化渣流程

粒化辊直径约为900mm，外部焊有高200mm的叶片，表面线速度为21m/s；炉渣流量控制在3t/min；耗水量为0.5t/t-渣，水压为0.5MPa。

7.3.2.2 风淬法

风淬法是以空气为换热介质来进行粒化炉渣、回收热量的方法。炉渣风淬法流程示意图见图7-7[4]。

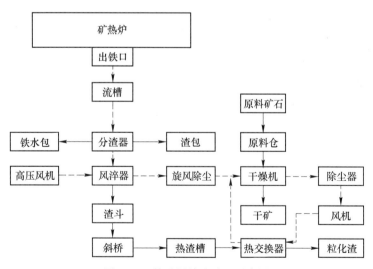

图7-7 炉渣风淬法流程示意图

风淬装置由翻包机、鼓风机、粒化器、保温仓、换热器、输送装置、粒化渣储仓等组成。

由电炉或渣罐连续排放出的液态炉渣经由流槽流至粒化器入口时，由鼓风机吹出的高压、高速空气流将熔渣流吹散、粒化；在粒化器内快速运动的炉渣颗粒与空气进行热交换，迅速凝固，炉渣的温度从1500℃降到1000℃；粒化的炉渣由链板输送机运送到热渣槽保温；而后由给料机输送到滚筒换热机冷却；冷却到300℃以下的粒化炉渣通过传送带输送到粒化渣仓外运。

与液态炉渣进行热交换后的热空气温度在300℃以上，由耐热风机送至回转干燥机对原料进行干燥。热风也可以用于余热锅炉产生蒸汽。风淬法的热回收率可达40%~45%。

在风淬过程中，炉渣从1500℃快速冷却到1000℃左右，得到的炉渣玻璃体含量达90%以上，具有较高的活性，可用作水泥生产的混合材。经过风淬处理，液态炉渣转变成坚硬的球形颗粒，根据炉渣组成不同，其粒度和形状有所差异。风淬法粒化的炉渣粒度分布见表7-4。高速风流也会产生一定数量的矿渣棉。

表7-4 风淬法粒化炉渣粒度分布[4]

粒度/mm	<0.3	0.3~0.6	0.6~1.2	1.2~2.5	2.5~5.0	>5
比例/%	0.1	3.7	23.1	35.7	29	8.4

该系统的风淬能力为120t/h。每天炉渣产量为800t，每日出炉8次，每次出渣时间为50min。

干式粒化与水淬工艺相比的优点是水资源消耗少、污染物排放少、可回收热量、省去了庞大的冲渣水循环系统、维护工作量减小，对保护国内水资源具有重要的现实意义。

7.4 炉渣中金属的回收

铁合金炉渣中通常含有3%~5%的金属颗粒，有些铬铁炉渣中还有相当数量的难还原矿石颗粒，采用选矿方法处理可以回收炉渣中这些有用元素。

7.4.1 回收铁合金炉渣中金属的方法

金属和金属矿物的密度、粒度、形状、颜色、电学和磁学性能等物理性质与炉渣有很大差别，利用这些物理性能的差异可以将金属和矿物等资源从废渣中分离出来。目前已经大量使用的技术有跳汰、磁选、重介质选矿、风选、水力旋流器等[5~8]。各种选矿分离方法原理和分离的颗粒粒度范围见图7-8。

表7-5为从铬铁炉渣中回收金属的各种方法比较。可以看出，跳汰法是回收率比较高的一种方法，目前在国内使用比较普遍。

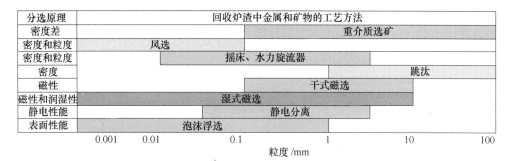

图 7 - 8　各种选矿分离方法原理和分离的颗粒粒度范围[5]

表 7 - 5　回收铬铁炉渣中金属的方法比较[5]

工艺方法	金属粒度/mm	金属含量/%	回收率/%
跳汰法	0 ~ 19	>96	85
磁　选	0 ~ 3	>76	>95
重介质	0 ~ 12	26 ~ 28	>97
浮　选	-0.3	32 ~ 50	40 ~ 70
摇　床	0.3 ~ 1	46 ~ 80	35 ~ 55
水力旋流器	-3	36	61

对于粒度为（-10mm，+3mm）的铬铁炉渣，用跳汰法回收金属的效果最好；对于粒度小于 3mm 的铬渣，使用摇床效果较好；而对于（-30mm，+10mm）的炉渣，使用重介质选矿效果较好[8]。

在铬铁渣中可以观察到未还原的铬铁矿颗粒均匀地分布在高碳铬铁炉渣中。铬铁矿具有一定的导磁性，某些情况铬铁矿的导磁性甚至要高于铬铁。因此，磁选法可以用于回收炉渣中难还原铬铁矿颗粒。由表 7 - 5 可以看出，在回收炉渣的金属工艺中，跳汰、磁选、重介质选矿的金属回收率较高；浮选、重介质选矿和旋流器回收的精粉中含炉渣较多；摇床、浮选和旋流器的金属回收率较低。

从炉渣中回收金属的回收率在相当大程度上取决于金属颗粒的存在状态。跳汰法回收的大颗粒金属可直接用于炼钢生产。原料粒度分布是选择选矿分离技术的重要因素。炉渣中的金属颗粒弥散分布在炉渣中，粒度相当细小，大部分颗粒小于 $30\mu m$。铬渣中所含的铬铁矿矿物颗粒多是细小的尖晶石矿物，使用难还原铬矿冶炼的炉渣中微细金属颗粒嵌在未还原的铬矿颗粒中，回收起来十分困难。为了提高元素回收率需要对矿石磨细，炉渣加工处理大大提高了回收成本。

图 7 - 9 为南非铬铁炉渣中回收金属的工艺流程。该流程根据炉渣的粒度采用了洗矿法、磁选法、重介质选矿法、水力旋流器等多种手段对炉渣中的金属进行分离。为了提高回收率和效率，选矿处理前需要对炉渣进行破碎、筛分、磨细处理。

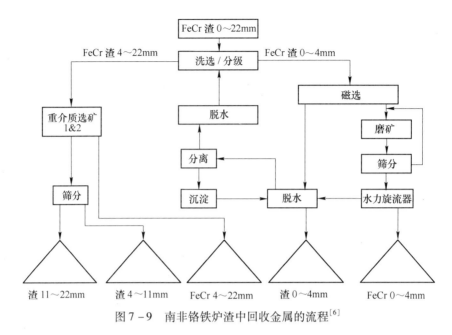

图 7 - 9 南非铬铁炉渣中回收金属的流程[6]

受到水资源短缺的制约,南非铁合金厂较少采用水淬炉渣工艺,大都采用干渣法外排炉渣。回收金属的工艺需要先将炉渣破碎至 20mm 以下。为了从炉渣中回收难还原的铬矿,需要将铬渣磨细到 80 目以下。

7.4.2 跳汰法回收硅锰和铬铁炉渣中金属

跳汰法是一种重力选矿方法,也是最常用的从硅锰和铬铁炉渣中回收金属的方法。跳汰法利用金属矿物与炉渣的密度差别进行分选。密度差越大分选效果越好,设备处理能力越大。图 7 - 10 为南非 Samancor 采用的跳汰回收铬铁的工艺流程。该工艺采用 Apic 双室跳汰机。经过破碎,粒度小于 25mm 的矿渣通过带式输送机传送到跳汰机;经过选矿处理将炉渣与金属分离。前室分离出粒度为 5 ~ 25mm 的铬铁颗粒,后室回收的是粒度小于 5mm 的铬铁粉。跳汰机回收的铬铁再次经过筛分,分离出 10 ~ 25mm、5 ~ 10mm、0 ~ 5mm 等几种粒级的铬铁。

跳汰机属深槽型重力选矿设备,由跳汰室、驱动水流运动的机构、加料和排料机构等组成。

跳汰机可依分选介质、筛板运动状态、驱动水流部件、冲程周期曲线形式以及跳汰室表面形状等分类。按筛板运动状态区分有定筛跳汰机和动筛跳汰机;按驱动水流运动的部件区分有活塞跳汰机、隔膜跳汰机、水力鼓动跳汰机和压缩空气驱动跳汰机等。用于处理铁合金炉渣的跳汰机有旁动式隔膜跳汰机、下动式隔膜跳汰机、侧动式隔膜跳汰机、复振跳汰机等。图 7 - 11 为下动式隔膜跳汰机原理图。

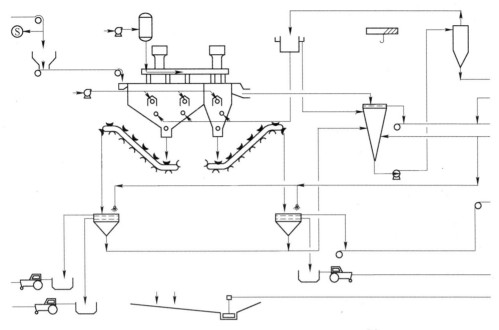

图 7 - 10 跳汰法回收炉渣中的金属和矿石流程[7]

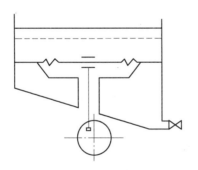

图 7 - 11 下动式隔膜跳汰机原理图

跳汰室的下部设置固定的或上下振动的筛板，分选的矿石给料到筛板上，形成较厚的料层，称作床层。水流周期性地通过筛板进入和流出跳汰室，使料层呈松散状态上下运动。水流上升时，推动床层松散；在水流上升后期和下降时，料层中的颗粒物按密度分层。密度大的颗粒沉降速度大因而进入底层，密度小的颗粒则转移到上层；密度大的细小金属颗粒通过颗粒间隙进入料层最下端。金属、矿物或炉渣颗粒经选别后分别从轻、重矿石排矿口排出，得到金属颗粒和尾渣。

在跳汰机筛板上需要铺设粒度大于筛孔、密度大于产物的人工床层。床层颗粒的粒度应为入料粒度的 3～4 倍。人工床层的厚度直接影响重产物排料速度和质量：人工床层厚度厚时，密度大的产物穿过时间长、质量好，但产量降低。

典型的跳汰机设备参数见表7-6。

表7-6 典型的隔膜跳汰机参数

跳汰室数量	跳汰面积/m²	冲程系数/m	冲程/m	频率/次·min⁻¹	粒度/mm	处理量/t·h⁻¹	电机功率/kW
4	2.57	0.47	0～50	130～160	<30	10～15	3
4	4		25～60	50～125	<25	10～20	7.5

跳汰机的隔膜面积与筛板面积之比称为冲程系数:

$$\text{冲程系数}\beta = \frac{\text{隔膜面积}}{\text{跳汰室面积}}$$

冲程系数的大小对跳汰机的生产能力以及脉动水流沿跳汰机筛板分配是否均匀有关。系数越大,脉动水流沿筛板的分布越均匀,但跳汰机设备面积的有效利用率越低。

跳汰机的用水量为3～6t/t-矿。炉渣中金属颗粒较细时,适当增加跳汰机水流频率能改善分选效果。

南非 Ferromeal 公司在跳汰机的金属层和渣层间设置了浮子。浮子可随金属层厚度上下波动,用以对跳汰机的操作过程施行控制,见图7-12。

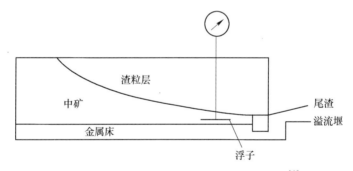

图7-12 回收炉渣中金属的跳汰机浮子系统[5]

调整跳汰产品质量的手段有调整溢流堰高度、调整给料量、调整水压等。其中,最主要的调整手段是溢流堰的高度。

尾渣中的金属颗粒数量与所回收的精矿中的金属之间的数量关系见图7-13。为了提高金属的回收率需要适当放宽金属颗粒中的炉渣含量,而这需要在重熔金属时消耗更多的电能。

7.4.3 由精炼铬铁炉渣中回收金属

精炼铬铁炉渣的熔化温度高、黏度大,浇注后金属颗粒沉降时间短,炉渣凝固时很多细小金属珠留在渣中。精炼铬铁炉渣的组成以硅酸二钙为主,炉渣冷却后逐渐粉化。铬铁具有一定的磁性,通过磁选和风选的方法可以将粉化的炉渣中大小金属颗粒回收。由粉化渣中回收金属颗粒的工艺流程见图7-14。

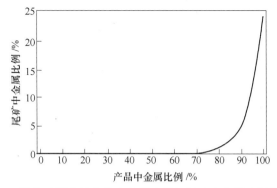

图 7 – 13   跳汰法回收的产品中金属比例与尾矿中金属比例的关系[5]

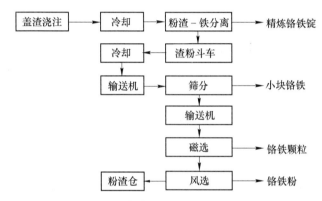

图 7 – 14   精炼铬铁炉渣回收金属流程

在盖渣浇注中，高碱度炉渣覆盖在铁锭上部，一般需要 24h 以上铁锭才能冷却下来。炉渣完全粉化后，用天车将铁锭吊离，粉渣降温到 150℃ 以下由带式输送机输送到磁选机进行分离，分离后的粉渣由风力输送到粉渣仓外运。风力输送过程中可以对粉渣再次进行风选，回收细小的金属颗粒。图 7 – 15 为磁选原理图。

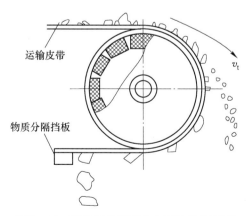

图 7 – 15   磁选回收炉渣中金属颗粒原理图

带式磁选机头轮滚筒镶有永磁材料，在输送带运动过程中，粉渣中的金属颗粒被滚筒磁铁吸住继续随皮带运动，而粉渣则落入流槽被下部输送机运走。金属颗粒在脱离磁性滚筒时落下，由另外一条带式输送机运离。

7.4.4 其他选矿方法

重介质选矿采用密度介于炉渣和金属之间的硅铁作为分离介质。铬铁的密度为 $7.0g/cm^3$，铬铁炉渣的密度为 $3.6g/cm^3$，因此，理论上须使用密度大于 $3.6g/cm^3$ 的介质。实际铬铁炉渣选矿中使用的介质为密度分别是 3.3 和 $3.6g/cm^3$ 的硅铁。

铬铁炉渣分离的工业生产表明，跳汰法回收炉渣中颗粒为（-10mm，+3mm）的铬铁是有效的；摇床回收炉渣中颗粒为 -3mm 取得了良好效果；而重介质选矿方法可以分别用于炉渣中回收（-10mm，+3mm）和（-30mm，+10mm）的铬铁；使用的介质密度为 $3.3g/cm^3$ 的硅铁，回收率大于 95%[6]。据了解，介质的黏滞作用使低密度的介质起到了相同作用。硅铁的消耗是 1.5kg/t 左右。

重介质选矿的优点是回收率高，重介质选矿法金属的回收率可高达 97%；其缺点是回收的精矿中通常含有 70% 左右的渣。此外，重介质选矿不能用于处理过细的原料；由于炉渣材质相对比较疏松，利用重介质选矿法时硅铁的损失也比较高。

摇床是一种重力选矿方法。摇床适用于从粒度细小的炉渣中回收金属。

7.5 炉渣热能回收

7.5.1 炉渣中的热能

铁合金熔炼过程会消耗大量热能，其中 10% ~ 20% 的热能被液态炉渣带走。表 7 - 7 给出了典型的液态铁合金炉渣的热能。

表 7 - 7　液态铁合金炉渣热能

项　　目	硅锰合金	精炼锰铁	高碳铬铁	精炼铬铁	镍　铁
熔渣温度/℃	1500	1450	1800	1900	约 1550
渣铁比	1.1	2.5	1.2	2.5	约 5
炉渣热能/kJ·kg^{-1}	2570	1965	3923	2871	1777
占冶炼热能比例/%	13.13	35.6	22.9	38	18

7.5.2 风淬炉渣回收热能

镍铁熔炼过程中，生产 1t 镍需要消耗 297GJ 能量，其中大约 54GJ 的热保留在液态熔渣中，占总热量的 18%。熔渣的温度高达 1550 ~ 1600℃。炉渣处理难度大，在大多数企业炉渣带走的能量不能进行回收。日本太平洋金属公司开发了风淬炉渣回收热能技术，将炉渣热能用于镍矿干燥[4]。

镍铁电炉每3h排出一次炉渣，每次炉渣排放量约为100t，排放速度为120t/h，出炉时间约为50min。在回收热量的过程中，电炉出渣是间断进行的，而热量回收和利用是连续进行的。通过热干渣的储存和连续放出实现液态炉渣的间断出炉到粒化渣的连续放出的转换，实现热能的连续输出和利用。

风淬炉渣回收热能工艺主要由4个阶段组成：空气风淬粒化、粒化渣输送和保温、粒化渣与冷空气的热交换、利用热风干燥矿石。日本太平洋金属公司镍铁电炉炉渣风淬和热能回收流程见图7-16。

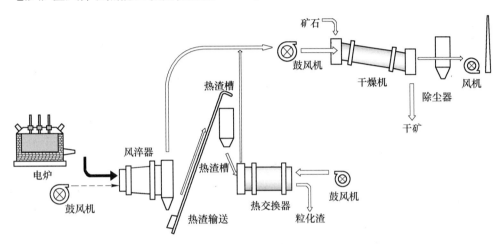

图7-16 镍铁炉渣风淬和热能回收利用流程

热能回收过程中炉渣经过以下4个阶段。

7.5.2.1 风淬炉渣

炉渣通过电炉流槽流向风淬设施。冷风由鼓风机从风淬器进风口底部吹出，液态炉渣被高速风流吹散，从1500℃左右快速冷却到1000℃左右并被粒化。风淬炉渣的高温烟气通过管路输送到矿石干燥机。

7.5.2.2 热渣保温

热渣颗粒由斗式提升机送到热渣料槽进行保温。渣槽上部设有振动筛，大块炉渣棉被筛除，温度较高、粒度均匀的粒状干渣加到渣槽内。热渣在1000℃大约保温2h。热渣的温度始终处于可控状态。

加入热料槽的渣量控制在30~35t/h，槽中渣层始终保持在一定的高度范围。热渣间断加入渣槽，但放出速度恒定，以便为干燥机提供稳定的热气流量。

7.5.2.3 热交换

渣槽下部设置的变速热振动给料机连续地从热渣槽罐里将热渣定量排出，并将其连续加入到回转筒热交换器中。在回转热交换器中热渣由1000℃快速冷却到

300℃。热振动给料机的给料槽由耐磨铸件制成，并设置隔热罩。

在回转筒热交换器里，高温渣连续由叶板扬起并自然落下，在筒内以大约1.3m/min 的速度向前运动，在下落时粒化渣与逆向流动空气间进行热交换。炉渣离开热渣槽30min 后温度降低到100℃左右。

7.5.2.4 炉渣热能利用

来自热交换器的热风通过一个200m 长的烟气管道由两台耐热风机输送到矿石回转干燥机。耐热风机工作温度为550℃。两台风机设计成并联装置。热风携带的细渣颗粒和渣棉通过位于管路中间的旋风收尘器去除。

热风管道是由耐热铸钢和钢板外衬双层结构组成，旋风收尘器是由隔热材料保温，以保持烟气温度。热风经过管道输送温度降低50℃。

用于回转干燥筒的热风温度为320℃，镍矿加料速度为60t/h。经过干燥，矿石湿水含量大约由30%降到21%。通过热交换干燥烟气温度降到大约110℃，之后排出。回转干燥机里面装有链条和升料板以促进热风与矿石的热交换。

该系统回收的热量取代了干燥用的重油。这一工艺的改进对干燥器的运行没有任何不利影响。该镍铁厂每月大约节约500kL 重油。表7-8 列出了干法粒化炉渣热能回收操作情况。

表7-8 干法粒化炉渣热能回收操作情况[4]

项 目	数 量	温度/℃	热能/GJ
月处理液态渣量	16600t	1550	29531.5（100%）
热 渣	16200t	1220	20313.3（68.8%）
吹渣热气体量	$4800 \times 10^6 \mathrm{Nm}^3$	320	1967.7（6.7%）
热交换气体量	$35500 \times 10^6 \mathrm{Nm}^3$	370	16662.4（56.4%）
干燥气量	$40380 \times 10^6 \mathrm{Nm}^3$	335	17084.1（57.8%）
原 矿	35000t，湿水29.5%	15	8864.2（-30.1%）
干 矿	湿水21.7%	40	

7.5.2.5 效率

风淬粒化炉渣每一阶段的热回收效率见表7-9。

表7-9 风淬炉渣各阶段热利用率

项 目	效率/%	备 注
空气喷吹粒化段效率	68.8	+6.7%
热交换器段效率	82.0	
干燥段热利用率	58.9	
系统总热利用率	34.7	

7.5.3 转盘粒化流化床换热回收炉渣热能技术

转盘离心粒化方法是使用变速的转盘对渣液进行粒化（见图 7 - 17）。流化床技术是使颗粒状物料与流动的气体或液体相接触，在流体介质作用下固体颗粒呈现类似于流体状态的技术。在流态化过程中，颗粒与流化介质充分接触，接触时间长，接触面积大，两者进行充分的热交换，大大增加热回收的效率。

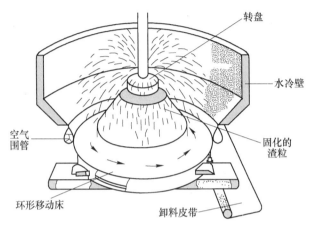

图 7 - 17　转盘离心粒化装置[3]

在该方法中，熔渣通过渣槽流至转盘中心，在离心力作用下熔渣在转盘的边缘被粒化。渣粒在运动中被冷却，温度降低 100 ~ 200℃，碰到粒化器壁时已经凝固。粒化器外壁由水冷却，凝固的渣粒落在流化床或移动床收集，同时进行热交换。快速冷却的炉渣颗粒溢到二级流化床内，在那里更多的热量被回收。

在运动过程中粒化炉渣被风冷却至 300℃，而气流温度可达 400 ~ 600℃。在集气罩上设有余热回收系统。

热交换完成后，粒化的炉渣颗粒通过排渣槽排出。在一级、二级流化床中回收热量的比例分别是 80% 和 20%。该技术的热回收率可达 80% 左右，粒化炉渣的粒度在 2mm 左右，玻璃体含量大于 95%，可满足水泥掺合料的需求。

7.5.4 内冷双滚筒法回收热能

由日本 NKK 开发的内冷双滚筒回收热能方法由内冷滚筒、换热器、发电机和介质输送系统组成，见图 7 - 18。

内冷滚筒在电动机带动下连续转动，浇注在滚筒上的炉渣形成薄片状粘附在滚筒上。滚筒中通入高沸点（257℃）的有机液体，将炉渣迅速冷却，得到玻璃化率很高的渣片。在滚筒转动过程中粘附在滚筒上的渣块由刮板清除落到下部的渣槽中，有机液体蒸气经换热器冷却返回滚筒循环使用。换热器回收的蒸汽驱动

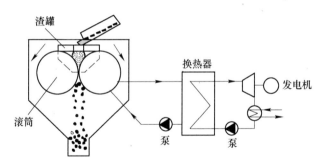

图 7 - 18   内冷双滚筒法回收炉渣热能原理图

汽轮机发电。

表 7 - 10 比较了以上三种干法粒化炉渣回收热能的方法。相比之下，采用风淬法回收热能的技术可靠性和成熟程度更高，更适用于铁合金厂的生产工艺。

表 7 - 10   干式粒化炉渣工艺参数比较

项 目	NKK 双滚筒	风淬法	离心粒化法
处理能力		100t/h（3 分流）	1 ~ 6t/min
冷却部件	$\phi 2m \times 1m$	风洞：25m×7m×13m	水冷套外径 $\phi 18 ~ 20m$
工艺参数	冷却液流速 6 ~ 7m/s 滚筒转速 9.5r/min	风机 4000m³/h	转盘转速 1500r/min
熔渣温度	>1400℃	1400 ~ 1600℃	最大 1550℃
出渣温度	900℃	150℃	250 ~ 300℃
热回收率	38%	62.6%	58.5%
换热介质	烷基联苯	空气	空气
玻璃化率	平均 95%	>95%	平均 97% ~ 98%
粒化渣外形	薄板状，2 ~ 3mm 厚	不规则颗粒，<5mm 颗粒 >95%	较规则球状颗粒，$\phi 1 ~ 3mm$

7.6   铁合金炉渣资源利用

炉渣作为矿物资源广泛应用于建筑材料生产。图 7 - 19 给出了 $CaO - Al_2O_3 - SiO_2$ 三元系炉渣和材料组成范围，从中可以寻求冶金炉渣的应用途径。

目前铁合金炉渣广泛用于冶金或建筑行业。充分利用液态炉渣的热能将铁合金炉渣转变为矿渣棉、铸石、微晶玻璃等新型建筑材料，会有更大的开发潜力。

7.6.1   冶金炉料应用

7.6.1.1   铁合金工业应用

铁合金炉渣中含有大量 MnO、FeO 等有用元素，具备一定的利用价值。含有

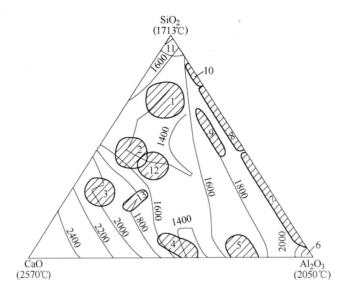

图 7-19 CaO-Al₂O₃-SiO₂ 三元系炉渣和材料组成范围

1—玻璃；2—硅锰渣；3—矿渣水泥；4—高铝水泥；5—铝酸盐水泥；6—刚玉；7—高铝质耐火材料；
8—黏土耐火材料；9—陶瓷；10—硅铁渣；11—硅砖；12—高铝炉渣；13—熟料

较高 CaO 和 SiO₂ 的炉渣可以用于平衡铁合金炉料化学成分，减少硅石和石灰石等熔剂配入量，调整炉渣碱度和降低合金含磷量。有的炉渣中还有已经还原的金属及未还原的矿石颗粒，回收利用这些元素可以提高合金元素的回收率。

高碳锰铁和未贫化的精炼锰铁等铁合金炉渣中含锰量较高、含磷量很低。这些炉渣中可以用于铁合金生产的化学成分，如 MnO、CaO、SiO₂ 和 MgO，总量达到 90% 以上。

钨铁炉渣中 MnO 和 FeO 含量总和可以达到 30% 以上，钨铁炉渣可以用于硅锰合金生产。

浇注前分离的炉渣（包括粘附在铁水包壁的炉渣）中含有大量金属和碳化物颗粒。通过跳汰法回收的金属可以直接销售，回收的富渣可回炉使用。

7.6.1.2 炼钢和铸造应用

硅系铁合金炉渣含有大量合金颗粒和碳化硅，其数量达 20% 以上。硅钙炉渣中含有碳化钙、碳化硅和硅钙金属珠，碳化钙和碳化硅可以起还原剂的作用。硅铁和硅钙合金炉渣成分见表 7-11。

表 7-11 硅铁和硅钙炉渣化学成分　　　　（%）

化学成分	SiO₂	CaO	Al₂O₃	MgO	SiC	CaC₂	金属
硅铁 75	30~38	15~25	35~40	1~2	8~10		10~20
SiCa	30~40	40~60	2~6	3~6	5~15	10~15	5~10

硅铁炉渣可代替硅铁用于铸铁生产。硅铁炉渣用于硅锰电炉可以降低硅锰合金冶炼电耗和原料消耗，提高主元素的回收率。

硅钙合金可作为孕育剂用于铸铁生产，也可作为脱硫剂、脱氧剂用于炼钢生产。

未贫化的精炼锰渣可代替锰铁合金用于炼钢。冶炼耐磨高锰钢使用金属锰渣，锰在钢中的含量可提高 0.6% ~ 0.75%（绝对量），相当于节约锰铁 8 ~ 10kg/t - 钢。采用锰渣还可使石灰和萤石消耗降低 30% ~ 40%。在炉料熔化过程中，由于较早形成大量易熔含锰渣，使锰的烧损减少。

稀土硅铁炉渣中含有 6% ~ 8% 的稀土氧化物。稀土硅铁炉渣可用作炼钢脱氧剂。在炼钢生产中铁合金炉渣还可以用作钢包覆盖剂。

7.6.2 建材工业应用

铁合金炉渣在建材行业有广泛应用。锰铁、铬铁、镍铁炉渣可以用作制造水泥的原料；铁合金炉渣可以制成轻骨料，用于混凝土预制块。在玻璃行业利用稀土硅渣作新型稀土玻璃澄清剂。

7.6.2.1 水泥混合材

锰铁和铬铁炉渣都可以用于水泥生产的混合材。

硅锰合金和贫化的精炼锰铁水淬渣中 95% 以上为玻璃体和硅酸二钙、钙黄长石、硅灰石等矿物，与水泥成分接近。矿渣微粉具有潜在水硬性。矿渣中含有硅酸盐、铝酸盐及大量含钙的玻璃质，具有独立的水硬性。细磨后矿渣在 CaO 与 CaSO₄ 的激发作用下，遇到水就能很快硬化。

淬冷的精炼铬铁炉渣矿相以硅酸钙为主，碳素铬铁水淬炉渣的矿相以镁橄榄石和尖晶石为主。按照 JC 417—91《用于水泥中的粒化铬铁渣》行业标准，用于水泥工业的混合材料的铬铁炉渣，应该符合以下技术要求：

（1）粒化铬铁渣中的铬化合物含量，以 Cr_2O_3 计不得大于 4.5%。

（2）粒化铬铁渣中水溶性铬（Cr^{6+}）含量应符合 GB 4911 要求，即六价铬化合物（按 Cr^{6+} 计）浸出液浓度小于 0.5mg/L。

（3）潜在水硬性或火山灰性试验合格，水泥胶砂 28 天抗压强度比不低于 80%。

（4）粒化铬铁渣的淬冷必须充分，容重不得大于 1.3kg/L。

高碳铬铁炉渣通常含有难磨金属颗粒，炉渣难以磨细，在作为水泥混合材的应用上受到限制。

7.6.2.2 矿渣微粉

矿渣微粉又称矿渣超细粉，是水淬渣经过研磨得到的一种超细粉末。矿渣微粉具有很高的活性，可用作水泥和混凝土的优质掺合料，是一种新型的绿色建筑材料。

矿渣微粉可与水泥中的 C_2S、C_3S 反应生成水化硅酸钙产物,填充到混凝土的空隙中,大幅度提高其密度;同时将强度低的 $Ca(OH)_2$ 晶体转化成强度高的水化硅酸钙凝胶,使混凝土性能显著改善,提高其抗渗性、抗冻性、抗蚀性、耐磨性和强度指标。因此,矿渣微粉是优质的水泥掺合料,可取代20%~70%水泥熟料。

矿渣微粉对粒度的要求为小于 $40\mu m$ 粒度部分大于80%,其比表面积大于 $300m^2/kg$。矿渣微粉的比表面积越大,对水泥浆的流动性和水泥体的强度影响越大。当矿渣微粉比表面积达到 $400m^2/kg$ 时,其平均粒径明显变小。较小的平均粒径使矿渣微粒在水泥中大都参与了水化反应,使水泥的净浆流动性和水泥强度有了明显的提高,超过 $600m^2/kg$ 的矿渣超细粉对水泥试块的强度增长率的影响逐渐变小。掺有矿渣微粉的水泥体比普通的水泥体的孔径分布更加合理密实,孔结构更加优化;掺有矿渣微粉的水泥制成的混凝土与普通混凝土相比,后期强度增长率高、结构密实,显示出了优良的性能。细度为 $400~450m^2/kg$ 的矿渣微粉可用作425、425R矿渣硅酸盐水泥掺合料;细度为 $450~500m^2/kg$ 的矿渣微粉可用于525、525R矿渣硅酸盐水泥掺合料。

矿渣微粉磨细工艺流程见图7-20。其主要设备是热风炉、立磨、选粉机、风机等。系统可以使用高炉煤气、焦炉煤气、天然气、水煤气、煤粉等作为燃料。

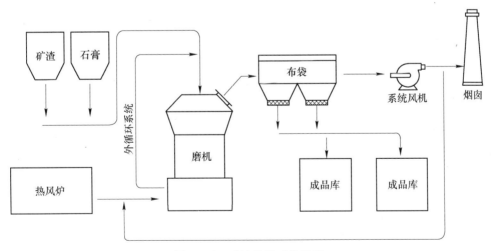

图7-20 矿渣微粉工艺流程

7.6.2.3 混凝土骨料

骨料是在混凝土中起骨架或填充作用的颗粒材料。轻骨料是用于密度小、保温性好的高层建筑砌块的颗粒材料。

干法喷吹粒化的炉渣可用作混凝土的骨料。干淬炉渣具有强度高、吸水率低的特点，应用于混凝土中水泥的单位消耗相应减少。试验表明：即使水泥用量降到6%混凝土强度也没有降低。炉渣骨料可以用于性能高的海上建筑混凝土。

采用膨化法粒化的炉渣可以得到密度低、强度高的渣珠颗粒。最轻的膨化渣珠颗粒密度比水低，可以漂在水面上。这种渣珠是良好的轻骨料资源，可以替代吸水率高的陶粒，有广泛的发展前途。

7.6.3 耐火材料

铁合金炉渣中的某些矿物也是耐火材料的主要矿物，可以用作耐火材料。

高碳铬铁炉渣的矿物组成与原料成分有关。以含 MgO 高的铬铁矿为原料的铬铁炉渣的主要矿物有尖晶石（$MgO \cdot Al_2O_3$）和镁橄榄石（$2MgO \cdot SiO_2$）；以含 Al_2O_3 高的铬矿为原料的铬铁渣的主要矿物有尖晶石和莫来石（$3Al_2O_3 \cdot 2SiO_2$）。这几种矿物都是耐火材料原料，其耐火度在1800℃以上。高碳铬铁炉渣的熔化温度在1700℃左右，本身就可以直接作为耐火材料应用在中低温炉窑上，如隧道窑、热处理炉上。

高碳铬铁炉渣具有较高的硬度和良好的耐磨性，其莫氏硬度为 7~8，相当于花岗岩和石灰石。高碳铬铁炉渣可以用作某些耐火浇注料的填充料和骨料，适用的工作温度为 500~1350℃。以高碳铬铁炉渣和高铝质水泥制成的浇注料耐磨性指标比耐火熟料制成的浇注料高 2~3 倍，其使用寿命为后者的 3 倍。

利用高碳铬铁炉渣适当加入烧结镁砂可以用于铁水包衬砌筑。砌筑的锰铁包衬使用寿命可以达到镁砖内衬的 2 倍[16]。

用铝热法生产金属铬的炉渣成分以 Al_2O_3 为主，其矿物组成为刚玉和尖晶石。因其 Al_2O_3 含量高，又称为铝铬渣。将铝铬渣破碎后，用磁选可将绝大部分铁珠除去。其 Al_2O_3 达 80% 以上，Al_2O_3 和 Cr_2O_3 含量之和达 90% 以上，耐火度高达1770℃以上。用铝铬渣制造的高铝质耐火材料具有较低的线膨胀系数，其适用工作温度为 1600~1700℃。

铁合金生产中炉渣体积远远大于金属体积。炉渣对铁水包和渣包包衬的侵蚀作用是不可避免的。为了减少耐火材料消耗，铬铁和精炼锰铁使用铸钢包盛装铁水和炉渣，其原理与冷凝渣壳炉衬原理相同。铸钢包首先用于在出渣过程盛装液态炉渣，在炉渣冷却镇静过程铸钢包壁上形成了渣壳，在下一炉出铁前将铸钢包内的炉渣倒尽，而后该钢包可以用于盛装铁合金铁水，使用过后将铸钢包翻扣即可清除渣壳。

瑞典 Trollhattan 铬铁厂在炉前设有炉渣挂衬机。这一设备以钢包中心线为轴旋转钢包，在挂渣期间将钢包倾斜，通过转动炉渣均匀地凝固在钢包表面，形成渣壳。长期使用渣壳包衬不仅降低了耐火材料消耗，也省去了维护、砌筑和拆包的劳动。

7.6.4 矿渣棉

矿渣棉、岩棉、玻璃纤维和陶瓷纤维等无机纤维材料具有质量轻、导热系数小、防火、耐腐蚀、化学稳定性好、吸声性能好等优良性能，在各个工业领域的应用不断增加。矿渣棉是由炉渣制成的短纤维矿物棉，主要用作隔热保温材料和吸声材料。矿渣棉制品具有的渗透性和水保持性能使其应用范围扩展到农业方面。

矿渣棉利用高炉或锰铁渣、镍铁渣作为原料；岩棉使用玄武岩、橄榄岩等天然岩石作原料；玻璃纤维使用石英砂等作原料；陶瓷纤维使用人工合成矾土、硅石等作原料。

保温材料的质量通常用容重、导热系数、使用温度、产品价格、绝热能力等几项指标来衡量。玻璃棉、泡沫塑料的容重和导热系数都较低，但存在使用温度低、成本较高、安全防火性能差的问题。从产品绝热能力和安全性来衡量矿棉制品，其性价比最高。

矿棉制品主要用于工业热力管网和工业炉窑的保温隔热、船舶等交通工具的保温隔热。在建筑业中，矿棉制品常用于建筑物的外保温维护结构、建筑物内部的分隔墙的隔声填充材料及建筑物室内的吊顶吸声材料。

采用高炉渣、锰铁和镍铁等炉渣作矿渣棉原料可显著降低生产能耗和成本，改善环境，同时有较好的经济效益。统计表明，建筑中每使用 1t 矿物棉绝热制品，一年可节约 1t 石油。单位面积节煤率每年为 11.91kg – 标煤/m²。随着我国节能减排工作的不断深入，矿棉制品及其应用面临巨大的发展机遇。近 20 年来，能源供应日趋紧张，建筑节能、防火、隔音降噪已成为人们关注的焦点，矿棉制品作为新型建筑材料在建筑领域广泛使用。

矿渣棉通常是用高速旋转的四辊离心机将矿渣流体分离，并利用高速空气或蒸汽流喷吹制成。矿渣棉含有较高的碱性氧化物，CaO 会降低炉渣熔化温度，喷吹时容易生成纤维。

含 CaO 高的无机纤维耐热能差，硅酸盐中的 CaO 还会与碱或水作用，发生溶解。当纤维用于农业上非溶液培养和溶液培养时，由于与纤维接触的水会使 pH 值升高，这将影响植物的生长。另一方面，当无机纤维生产所用原料不含 CaO 时，其熔点相当高，这使纤维生产更困难，并增加生产成本。但使用含 CaO 较低的铁合金炉渣生产矿渣棉纤维时，矿渣棉的制取比较容易而且成本很低。

炉渣制造矿渣棉的方法有冷装和热装法。矿渣棉制品有粒状棉、保温矿棉板、吸声板等。矿渣棉生产方法和制品见图 7 – 21。为了得到矿渣棉所需要的化学成分需要对炉渣进行调质处理。

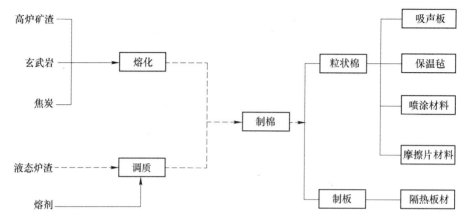

图 7 - 21 矿渣棉生产方法和制品

矿渣棉的主要化学成分和各成分所起的作用见表 7 - 12。

表 7 - 12 矿渣棉主要成分和作用

成 分	作 用	矿渣棉/%	硅锰渣/%	镍铁炉渣/%
SiO$_2$	提高纤维强度，增加抗碱性	40~45	38~42	40~55
CaO	降低熔点，降低抗碱性能	28~32	24~30	5~20
MgO	增加耐热性	6~10	4~6	10~30
Al$_2$O$_3$	提高纤维强度	10~15	10~18	5~10
FeO	提高弹性	约10	约1	10~30
MnO	增加纤维柔软程度	<1.0	5~12	
酸度		1.2~1.4	1.2~1.3	约1.5

酸度系数是矿渣棉的主要质量指标。酸度系数 K 是碱度的倒数。

$$K = (SiO_2 + Al_2O_3)/CaO$$

合适的矿渣棉酸度系数为 1.2~1.4，质量高的岩棉酸度系数大于 1.4。为了满足对矿渣棉性能的要求，在喷吹制棉之前需要对液态矿渣进行调质处理。国家标准对粒状矿渣棉的规定和典型实物质量值见表 7 - 13。

表 7 - 13 粒状棉标准和典型铁合金矿渣棉实物质量

检验项目	标准要求	典型测定值
体积密度/kg·m^{-3}	<240	166
含水率/%	≤0.20	0.02
有机物含量/%	≤0.30	0.04
纤维平均直径/mm	≤5.0	4.5

检验项目	标准要求	典型测定值
纤维强度（WT 值）/mm	≥50	60.4
粒度分布（＞12mm）/%	≥20	92.7
渣球总量/%	≤30	27.7
渣球含量（＞0.5mm）/%	≤2.0	0.4
酸度系数	≥1.0	1.4
石棉物相		未见

铁合金炉渣生产渣棉具有以下特点：

（1）镍铁渣棉 SiO_2 含量高增加了渣棉的抗碱性和纤维强度增加，较高的 FeO 增加了耐热性，并使制成的纤维更柔软。

（2）硅锰炉渣的熔化性好，渣棉纤维更细，长度长，渣珠含量少。

（3）锰铁矿渣颜色洁白，适应民用建材的要求。

7.6.4.1 粒状棉生产

目前以冲天炉和电炉为熔化设备生产矿渣棉的工艺比较普遍。矿渣棉制造采用高炉矿渣和硅锰炉渣为主原料，硅石为辅料，焦炭为热源。原料按一定配比称量后，经输送、混料、提升将混合料投入熔化炉，原料在熔化炉内充分熔化并较好地均化，熔化炉烟气经除尘、脱硫后排放。

矿渣棉熔体由熔化炉下部出渣口连续流出，落在四辊离心机高速转动的辊轮上；成纤系统由高速运转的离心辊和包围在离心辊外的风环组成，高温熔体在离心辊的离心力和由风环喷出的高速气流的复合作用下甩制成纤维；气流将纤维吹送至集棉机，在集棉机的负压风抽吸作用下沉降到水平运行的网状输送带上，形成厚度约 200mm 的棉层。

集棉室形成的棉毡由输送机送至碎棉机，叶轮破碎机将渣棉粒粉碎到适当粒度；同时，通过风力分离渣棉里的渣粒；碎棉经渣球分离器、旋风器进入造粒机；旋转的滚筒筛将矿渣棉粒化形成粒状棉，并将残余的渣粒除去。根据用途不同，粒度可在一定范围内调整。矿渣棉经过计量、打包后运送到库房，从造粒机输出的粒状棉可根据用途不同转运至其他制造流水线。

义望铁合金公司开发的锰铁炉渣热装生产粒状棉工艺由热渣转运、熔剂配料、调质、熔渣保温、制棉、集棉、造粒、包装、除尘等工序组成。热装生产粒状棉工艺见图 7-22。

由摇包排放出的炉渣热装到渣包里，渣包最大容重为 20t，液态炉渣由转运车运至矿渣棉厂，在调质电炉中加入调质材料以调整炉渣酸度和熔点。调质后的熔渣注入保温电炉，保温电炉中的熔渣连续流出，熔渣在辊轮离心作用下形成矿

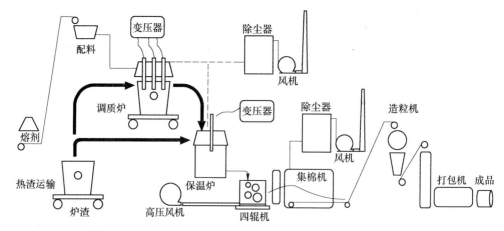

图 7-22 铁合金炉渣热装生产粒状棉工艺流程

渣棉纤维。

表 7-14 列出了冷装和热装工艺的综合对比。可以看出，在综合能耗、环境保护、占地、投资等许多方面热装工艺都领先于冷装工艺。

表 7-14 热装与冷装工艺综合对比

原料工艺	冷装冲天炉化料	冷装电炉化料	热装液态炉渣工艺
使用企业	国内大多企业	美国 Armstrong	义望铁合金公司
熔化/保温设备	冲天炉	电炉	电炉
能源	焦炭	电能	炉渣显热 + 少量电能
化渣/保温能耗/kg - 标煤·t^{-1}	310	303	189
综合能耗/kg - 标煤·t^{-1}	392	363	229
原料	固体矿石/炉渣	炉渣	液体炉渣
烟气排放/m^3·t^{-1}	4000	2000	1000
原料处理	长流程	长流程	短流程
投资/%	100	150	50

由表 7-14 可以看出，利用铁合金炉渣热装生产矿渣棉可以降低能耗，降低原料、动力、人力、折旧等费用，提高铁合金企业经济效益。

7.6.4.2 渣棉板生产

渣棉板生产前步工序与粒状棉相同。矿渣棉在集棉机的网带上形成棉层后，经成形制板、干燥、切割加工、成品包装等几个工序制成。渣棉板生产工艺流程见图 7-23。

进入集棉机的矿物棉与胶料充分混合，经集棉机的负压网带将均匀的薄棉毡输出至摆锤布棉机。传送带将多层叠布的矿物棉送入固化室制板，固化室在上下

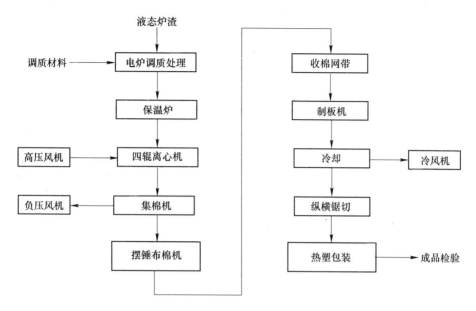

图 7-23 铁合金炉渣矿棉板生产工艺流程

同步加压网带的作用下运行，并通入热风将胶料固化，使制品成形输出。从固化室输出的矿棉制品由于温度较高需经过冷却段冷却降温，最后根据用户的要求进行加工切割、热塑包装完成制品加工。铁合金炉渣矿棉板的消耗指标见表 7-15。

表 7-15 铁合金炉渣矿棉板生产线消耗指标

序号	指标名称	指标	序号	指标名称	指标
1	铁合金炉渣/t - 渣·t^{-1}	1.3	5	冶炼电耗/kW·h·t^{-1}	2000
2	酚醛树脂/kg·t^{-1}	100	6	动力电耗/kW·h	700
3	调质熔剂/kg·t^{-1}	120	7	用水量/m^3·t^{-1}	0.5
4	煤气耗量/m^3·a^{-1}	200			

7.6.4.3 矿棉装饰吸声板

矿棉装饰吸声板是以粒状矿渣棉为主要原料制成的。粒状矿渣棉的用量占矿棉板重量的50% ~ 80%。矿棉板生产是矿渣产业链的延伸，是将铁合金炉渣转化为资源的有效途径。

矿棉装饰吸声板是一种新型建筑材料，具有优良的隔热、吸声等性能，是节能环保产品。开发矿棉板生产有利于降低工程造价，推动新材料的使用，具有很大的开发潜力。表 7-16 为国家标准对矿棉装饰吸声板的规定。

表7-16　国家标准对矿棉装饰吸声板质量的主要规定

项　目	指　标	项　目	指　标
体积密度/kg·m^{-3}	≤500	热阻/m^2·K·W^{-1}	≥0.25
质量含湿率/%	≤3.0	石棉物相	不得含有石棉纤维
受潮挠度 RH90/mm	≤3.5	甲醛释放率/mg·L^{-1}	≤1.5
弯曲破坏载荷/N	≥104		

矿棉装饰吸声板是用制浆法生产的，如图7-24所示。

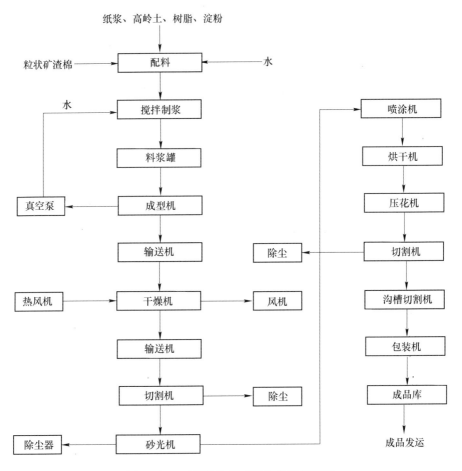

图7-24　矿棉装饰吸声板生产工艺流程

生产矿渣棉装饰板的主要原料有粒状矿渣棉、纸浆、高岭土、珍珠岩、胶料等。粒状矿渣棉由生产车间风力输送到矿棉板车间，经过计量的废纸、粒状矿渣棉、高岭土等原料分别放入打浆机中加水混合搅拌成料浆；由渣浆泵将浆料打入料浆槽供给成型机；成型在长网抄取机上进行，料浆经滤水、真空脱水、挤压成为一定厚度毛坯,切割后进入烘干机制成矿棉基板。矿棉板经过砂光机打磨后进入喷涂工序;经过多次喷涂和烘干进入切割加工工序;矿棉板经过喷涂、切割、加工制成各种规格的矿棉板;包装后运送到成品库房。

为了提高矿棉板的附加值,生产流程中设有多道喷涂和干燥、轧花和压孔、精加工、沟槽加工、切割等工序。经过深加工的矿棉板可以适应各类用户的需求。

7.6.5 炉渣肥料

硅肥是一种以硅酸钙为主的微碱性矿物肥料,其原料为高炉和铁合金炉渣。硅肥主要用于水稻、小麦、花生、棉花、蔬菜、果树等喜硅农作物,具有改良土壤、改善果实质量的效果。硅酸具有增强叶皮细胞效果,可增强植物抗病虫能力。试验表明:在缺硅的土壤中施用硅肥可以使水稻、玉米等作物增产15% ~ 20%。土壤中虽然含有相当高的二氧化硅,但其存在形态不易为植物吸收。我国一些地区耕地缺硅土壤比例很高,需要施用硅肥。日本和前苏联每年用作农肥的炉渣高达百万吨。吉林、锦州等铁合金厂都曾经试验过硅锰炉渣肥料,并产生了促进农作物增产的作用。

锰是植物生长必不可少的元素之一。以锰铁炉渣制成的锰肥是某些地区稻谷、蔬菜种植不可短缺的肥料。日本铁合金工业利用硅锰炉渣开发了几种炉渣化肥。日本重化工公司庄川厂有一个化肥车间,利用硅锰炉渣作化肥原料。日本锰肥的标准是以其可溶于柠檬酸或盐酸的成分量而定的,见表7-17和表7-18[9]。

表7-17 日本硅酸盐肥料标准和检测值 (%)

组 分		$S-SiO_2$	$CaO + 1.4MgO$	$C-MgO$	$C-MnO$
标 准	I	≥20	≥35		
	II	≥20	≥30	≥1	
	III	≥20	≥30		≥1
	IV	≥20	≥30	≥1	≥1
检测值	II	25.1	60.8	9.2	
	IV	36.5	40.1	3.8	6.2

注:S—溶于1/2mol/L HCl 中;C—溶于2%柠檬酸中。

表7-18 日本锰肥和微量元素肥料标准及检测值 (%)

组 分	$C-MnO$	$S-MgO$	$S-CaO$	$S-SiO_2$	$C-P_2O_5$
锰肥标准	≥10				
锰肥检测值	10.5	6.5	28/5	40.2	
微肥标准	≥10				≥5
微肥检测值	15.1		40.5	27.4	7.4

炉渣化肥可以为农田提供含钙、镁和锰三种有用元素。米兹卡内肥料适合土壤改良，广泛用于水稻田。同时，这种肥料可以促进植物发育，防止倒伏，增强抗病虫的能力，对提高产量有很大作用。米涅利契是一种以锰和硼为主要成分的微量元素肥料，有助于提高农作物的质量，最适合搭配其他肥料使用。锰渣化肥的主要成分见表 7-19。

表 7-19 日本铁合金企业锰渣化肥主要成分 （%）

成 分	Mn	B	SiO$_2$	MgO	CaO	Fe
米兹卡内	10		20	7	25	3
米涅利契	14	7	20	1	25	3

炉渣肥料制造的工艺流程见图 7-25。

图 7-25 炉渣化肥制造工艺流程

炉渣化肥是利用液态铁合金炉渣经过重熔、调质、浇注、磨细、造球制成的。炉渣磨细粒度为小于 200 目（0.074mm）的颗粒占 35%，小于 80 目（0.178mm）的颗粒占 85% 以上。成球后球团粒径为 3mm。

制造米涅利契炉渣肥料调质使用的原料为硼矿石。

复合稀土微肥用稀土硅铁炉渣作为主要原料取得良好效果。稀土肥料具有调节生长的功效，可使粮食、果实、蔬菜等作物优质增产。

除了锰渣以外，锰尘也可以用作农业生产的微肥。硅锰合金生产回收的锰尘含 20% 左右的 MnO，粒度小于 5μm 的占 80% 以上。锰尘中的硅、锰元素均为农作物生长所必须的元素。缺少这些元素会使稻谷等农作物茎干软弱，抗病抗倒伏能力下降。水稻、小麦、油菜在按约 25kg/亩施用量施用硅锰尘微肥后，作物抗病、抗倒伏能力明显改善，产量平均增加 8%~10%。

7.6.6 炉渣铸石

炉渣铸石可以用于制造铸石管、板、渣浆泵内衬、矿用溜槽等耐磨材料；也可以用作建筑装饰材料。试验表明，硅锰合金炉渣和钼铁炉渣可以作为制造炉渣铸石的原料，为了改进铸石质量，适应不同用途的需求，也可以根据需要在成分调质时向炉渣中加入铬矿等其他原料。硅锰炉渣和钼渣铸石化学成分见表 7-20。

表 7-20 硅锰渣铸石与钼渣铸石化学成分 （%）

化学成分	SiO$_2$	CaO	Al$_2$O$_3$	MgO	FeO	MnO
硅锰渣铸石	38~43	15~26	14~22	3~5	约 1	8~13
钼渣铸石	55~65	3~6	10~14	7~12	约 10	

制造炉渣铸石的工艺流程包括熔化、调质、浇注成型和热处理等工序。主要工艺设备和温度条件见图7-26。

图7-26 炉渣铸石工艺流程

炉渣铸石具有很高的机械强度，其硬度、耐磨性、抗腐蚀性、抗冲击强度、热稳定性等技术指标均高于普通辉绿岩铸石。硅锰渣铸石抗冲击强度比一般铸石高1~2倍，其结晶相密度收缩降低，膨胀系数小，有利于提高制品的热稳定性，其物理性能见表7-21。

表7-21 硅锰渣铸石的物理性能[10]

物理性能	硅锰渣铸石	辉绿岩-玄武岩铸石
密度/$g \cdot cm^{-3}$	2.8~3.0	2.8~3.0
莫氏硬度	7~8	7~8
抗冲击强度/MPa	100~246	50~105
耐磨系数/$g \cdot cm^{-2}$	0.3~0.4	0.4~0.6
热稳定性	300℃入水，3~4次	200℃入水，1~2次

采用液态炉渣热装调质工艺可以显著降低能耗，使炉渣铸石制造成本降低10%~20%。

辉绿岩-玄武岩铸石和钼渣铸石结晶中心是铬铁矿或磁铁矿，基体结晶相是由单一的普通辉石或钙铁辉石构成的；而硅锰渣铸石结晶中心是方锰石、硫化锰，其基体结构含钙锰辉石、钙长石、铝黄长石等。根据矿相检测，结晶充分的硅锰炉渣铸石制品含有约10%的玻璃相，玻璃相中含SiO_2量一般不大于60%，其基体结晶相与一般铸石的不同点是以复相形式存在的。硅锰渣铸石中有一定数量细小、分散的缓冲相存在，不仅有利于制品减少热处理中炸裂，并且可提高其物理性能。由于缓冲相的作用，使结晶体的收缩由单相的13.5%降为11%，低于普通辉石的13.2%。结晶相平均密度收缩的降低，有利于力学性能的提高，这就是硅锰渣铸石抗冲击强度比一般铸石高1~2倍的重要原因[8]。

为了得到性能优良的铸石材料，需要对完成浇注的铸石半成品进行再结晶和退火处理。表7-22为钼渣铸石板进行退火的热处理制度。铸石的热处理通常是在隧道窑内进行，其热源为电炉煤气或电能。

表 7-22 钼渣铸石热处理制度

阶 段	预热	核化	升温	结晶	退火
温度/℃	750	750	750~950	950	950~常温
时间/h	0.5	1.5	0.5	1.5	10

7.6.7 微晶玻璃

微晶玻璃是一种新型的环保建筑材料,学名为玻璃陶瓷或微晶石。微晶玻璃集中了玻璃、陶瓷及天然石材的特点,其理化性能优于天然石材和陶瓷,可用作装饰建材、防腐和耐磨材料。工业炉渣是制造矿渣微晶玻璃的主要原料。

微晶玻璃是由无数细小晶胞与残余玻璃相组成的复合结构材料。其晶粒尺寸为 $0.1~0.5\mu m$,结构致密均匀。微晶玻璃的结晶度一般大于 90% ,玻璃相仅占 10% 左右。玻璃相较少时,玻璃相分散在晶体网架之间,呈连续网状。

热处理是使微晶玻璃产生特定结晶相和玻璃相的关键工序。微晶玻璃的结构与性能主要取决于热处理温度与保温时间。热处理过程分为两个阶段:第一阶段是晶核形成阶段。在核化处理温度下保持一定时间,融入母体的晶核剂形成一定数量且分布均匀的晶核。第二阶段为晶体生长阶段。新的晶相在晶核上吸附长大成为细小晶体。微晶玻璃的成核与晶体生长通常是在转变温度 T_g 以上、主晶相熔点以下进行的。通常,晶体长大温度约高于成核温度 $150~200℃$ 。

微晶玻璃装饰板的优点包括:色彩艳丽,永不褪色;结构致密,纹理清晰;坚硬耐磨,耐风化,防腐蚀;不吸水,独特的抗冻性和耐污染性,无放射性。微晶玻璃装饰板日益被人们认识和接受。

表 7-23 为精炼锰铁炉渣、高炉渣和微晶玻璃成分对比。在生产微晶玻璃时需要根据制品颜色和性能进行调质处理。

表 7-23 精炼锰铁炉渣、高炉渣和微晶玻璃的成分对比 （%）

成 分	CaO	SiO_2	Al_2O_3	MgO	R_2O	Fe_2O_3
精炼锰铁炉渣	43	40	7	2	MnO 3	0.2
高炉渣	32.55	35.34	16.31	10.76	4.61	0.43
微晶玻璃	17~21	54~58	4~7	3~4	4.5~7.5	1.0~1.3

注: R_2O 为碱金属氧化物。

生产微晶玻璃的工艺有浇注法、烧结法和压延法。

烧结法生产微晶玻璃的流程为:配料→熔化→淬冷→粉碎→成型→烧结→析晶。通过淬冷的玻璃体颗粒细小,表面积大,更易于晶化,可不用晶核剂,易于制造出色彩丰富的装饰材料。

压延成型工艺设备相对比较简单,可以连续生产。其流程为:配料→混合→

熔化→压延成型→热切割→热晶化处理→冷加工→成品。拉制成平板状玻璃经过晶化处理,再经磨抛加工成为微晶玻璃。压延微晶玻璃板幅面大、质量稳定、产量大;缺点是灵活性差、产品单一、产品性能不及烧结法。

利用炉渣生产微晶玻璃原则上可采用平板玻璃生产工艺生产。与其不同的工艺要点是最佳的结晶温度和结晶时间。微晶结晶温度一般为 900~1100℃,结晶时间一般为 1~3h[12]。

浇注法和烧结法是用炉渣生产微晶玻璃常用的方法。以高炉渣或铁合金炉渣为原料生产炉渣微晶玻璃可采用熔融水淬烧结法。首先将按比例配料的原料在高温下熔制为玻璃,熔融好的玻璃倒入水中淬冷;水淬的玻璃易于粉碎成为细小颗粒,将玻璃粉装入特殊的模具压制成型;在隧道窑或梭式窑中完成烧结和热处理。玻璃粉在半熔融状态下致密化,并成核、析晶、退火和冷却。烧成的微晶玻璃经过抛磨、切割处理加工成成品。

利用铁合金炉渣生产微晶玻璃可以减少固体废弃物的排放。而利用液态炉渣的热能,通过浇注法、压延法或浮法生产炉渣微晶玻璃具有广阔的节能和资源循环利用前景。

参 考 文 献

[1] 加弗里洛夫 F A, 加西克 M A. 锰的电硅热法生产技术 [M]. 第聂伯尔彼得罗夫斯克: 系统工艺出版社, 2001: 37~118.

[2] 王茂华, 汪保平, 惠志刚. 高炉炉渣处理工艺 [J]. 钢铁研究, 2005, 4: 31~34.

[3] 王海凤, 张春霞, 齐渊洪. 高炉渣处理现状和发展趋势 [J]. 钢铁, 2007 (6): 83~87.

[4] Yamarnuro Y, Arnano H, Murai K. 铁合金生产中炉渣的应用 [C]. Proceedings of the Fifth International Ferroalloys Congress, New Orlean: 1989: 210~216.

[5] Visser J, Barrett W. An evaluation of process alternatives for the reclamation of ferrochromium from slag [C]. Proceedings of the 6th International Ferroalloy Congress, Johannesburg: SAIMM, 1992, 1: 107~112.

[6] Niemelä N, Kauppi M, Production. characteristics and use of ferrochromium slags [C]. Proceedings of INFACON 5. New Deli, 2007: 172~179.

[7] Olivier B J, Guest R N, Parker A I. The production of ferroalloys by the toll treatment of slag dump [C]. The 8th INFACON Proceedings, Beijing: CSTP, 1998: 171~175.

[8] Apostolides G A. 重介质回收铬铁炉渣的工业应用 [C]. 第四届国际铁合金会议文集, 铁合金杂志编辑部, 1987: 78~79.

[9] 1978 年中国铁合金工艺赴日本考察团考察报告 [R] (内部资料).

[10] 郭文正. 关于锰渣铸石矿物组成的问题 [J]. 铁合金, 1978 (3): 48~55.

[11] 吉林铁合金厂试验组. 钼渣微晶铸石 [J]. 铁合金, 1973 (3): 39~42.

[12] 国宏伟, 等. 高炉渣生产微晶玻璃的烧结工艺方法及其设备, 发明专利, CN201310542523.4 [P].

8 矿热熔炼炉

8.1 矿热炉概论

以矿石为主要原料的冶炼电炉统称为矿热炉，即矿石熔炼电炉。矿热炉广泛用于铁合金、电石、黄磷、刚玉、熔渣和铸石等多种金属和非金属材料的生产。

8.1.1 矿热炉类型和用途

矿热炉用途和种类繁多。矿热炉的各种命名反映出不同电炉的结构特点。

按电弧分类的矿热炉有埋弧电炉、明弧电炉、电阻炉之分。硅铁、锰铁和铬铁等普通铁合金和电石、黄磷等非金属产品是在埋弧电炉中熔炼的；精炼铁合金、刚玉、铬矿－石灰熔体、钛渣等是在明弧的敞开熔池电炉中熔炼的；矿渣调质和保温是在熔渣电阻炉中进行的。

按照电炉机械设备结构分类，矿热炉有密闭电炉、敞口电炉、矮烟罩电炉、固定式电炉、倾动电炉。冶炼硅铁、锰铁、铬铁、镍铁、电石的电炉为固定式电炉；冶炼精炼铁合金、钨铁、刚玉的电炉为倾动电炉。此外，还有矩形电炉、圆形电炉、炉底旋转电炉、两段炉体电炉（分体旋转电炉）等。

按照电源分类矿热炉有交流电炉、直流电炉、低频电炉、单相电炉。

表 8 - 1 列出了广泛使用的矿热炉结构形式和产品。

表 8 - 1　各种矿热炉结构形式

类型/形式	电 源		炉盖结构		炉 体		电 弧		
	交流	直流	敞口	密闭	固定	倾动	埋弧	明弧	电阻
FeSi/Si	○	○	○		○		○		
CaSi/AlSi	○	○	○		○		○		
高碳锰铁	○		○	○	○		○		
高碳铬铁	○	○	○	○	○	○	○	○	
硅锰合金	○	○	○	○	○		○		
精炼锰铁	○		○		○	○		○	
精炼铬铁	○		○		○	○		○	

类型/形式	电源		炉盖结构		炉体		电弧		
	交流	直流	敞口	密闭	固定	倾动	埋弧	明弧	电阻
FeNi	○		○	○	○		○	○	○
冰铜/冰镍	○			○	○				○
FeW	○		○	○		○			○
电 石	○			○	○		○		
黄 磷	○			○	○		○		
富 渣	○		○		○			○	
刚 玉	○		○			○			○
铸 石	○		○	○	○	○			○
矿渣棉	○	○	○		○				○

注：表中敞口电炉包含了矮烟罩电炉类型。

矿热炉熔炼区结构十分复杂。炉内物质状态包括了固态、液态、气态和等离子态。为了实现由矿石提取所需成分的目标，矿热炉设备性能必须满足这些物质状态的工况条件和冶炼工艺特性要求。

8.1.2 矿热炉原理

通过熔池、炉渣和金属的电流焦耳热是维持矿热炉内化学反应、合金和熔渣过热的热源。

8.1.2.1 矿热炉的导电模式

矿热炉炉膛导电有两种模式，即电阻模式和电弧模式。按照冶炼特性电弧导电模式又有埋弧、明弧和遮弧等几种操作方式，见图 8-1。

电流通过熔渣和炉料产生电阻热为电阻加热模式。在电阻加热中，绝大多数热能用于加热熔体，由电阻热为化学反应提供热能。矿渣调质电炉多采用电阻模式操作。受原料条件制约一些电炉采用电阻熔炼。电极浸入熔渣操作时，绝大部分热能来自炉渣的电阻热。电阻模式的熔池功率密度较低，其范围在 90 ~ 150kW/m^2。在电阻加热中炉渣极易过热。在电磁力和对流作用下过热炉渣在熔池内运动，炉衬受到过热炉渣的冲刷极易发生损毁，电流过大时炉衬损毁尤为显著。侵蚀主要发生在炉渣金属界面。

硅铁、高碳锰铁、高碳铬铁、电石和黄磷等冶炼产品使用埋弧电炉熔炼。埋弧电炉的电弧结构有集中电弧和分散电弧两种。生产金属硅、硅铁、硅钙和硅铝合金的电炉中，集中在电极端部的电弧不断跳跃并移动位置，覆盖电弧区的空腔即坩埚区的炉料将电弧埋住，良好的坩埚区结构是稳定硅铁等类型埋弧熔炼的保证。有渣法生产锰铁和铬铁的电炉电极端部存在焦炭层，电能通过分散的微小电

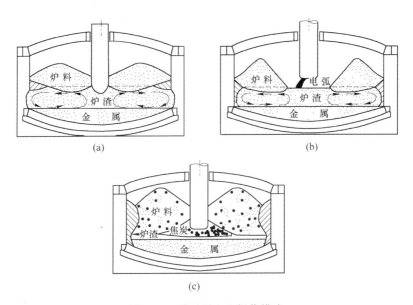

图 8-1　熔池导电和操作模式

（a）电阻熔炼；（b）明弧熔炼；（c）埋弧熔炼

弧向焦炭层释放，焦炭层是炉腔内温度最高的区域。合理的电极位置是埋弧电炉操作的制约因素，在埋弧电炉中炉料的电阻热起着加热上层炉料的作用。电极位置过浅会导致熔池上部温度过高，降低电炉热效率，上层炉料烧结还会破坏料层透气性导致喷火塌料。

明弧法操作用于熔池电阻低和超高温的熔炼，如炼钢、精炼铁合金、刚玉冶炼、熔化铬矿-石灰熔体等。电弧模式熔炼提供的热能主要来自电弧，电弧仅存在于电极端与熔池之间。电弧模式熔炼使用的熔池电压远远高于电阻熔炼，炉腔功率密度显著提高，电弧传输的能量高，热能通过辐射传递给炉料和熔池。

遮弧操作是明弧操作的一种方式。在遮弧操作中，以炉料遮挡电弧辐射，电弧直接加热电极四周的炉料和熔池，减轻了对炉墙和炉盖耐火材料的高温辐射。在精炼锰铁和精炼铬铁冶炼的熔化初期，电极端的电弧被未反应的炉料遮挡，电炉以遮弧方式操作；在熔化后期大部分炉料已经熔化完毕电炉以明弧操作。遮弧电炉对料管布料、加料的连续性和炉料的流动性等电炉设计和炉料特性有比较严格的要求。镍铁采用遮弧操作炉腔功率密度可以高达 $400kW/m^2$ 以上，电炉生产能力很大。

采用电弧加热模式时，炉渣过热度小，对炉墙侵蚀小；但电极位置位于熔池以上，明弧的辐射热会损毁炉盖耐火材料。

泡沫渣也可以起遮挡电弧的作用。在钨铁冶炼中使用泡沫渣减少热损失，增加输入炉内功率。

图 8-2 给出了主要铁合金冶炼的导电模式与炉膛功率密度的关系。精炼电炉、埋弧电炉和一些镍铁炉是在电弧模式下工作，一些镍铁电炉和化渣炉是以电阻模式操作。

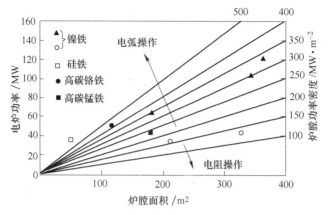

图 8-2　电弧模式与炉膛功率密度的关系

在矿热炉实际运行中几种电弧操作模式同时共存。表 8-2 给出了不同操作模式的比例和功率密度特性。电弧导电和电阻导电的比例与冶炼品种有关。同一座电炉炉况变化时，电弧导电比例也发生变化。

表 8-2　40~50MW 电炉各种导电模式的电气特性[1]

导 电 模 式	电阻熔炼	明弧熔炼	遮弧熔炼	埋弧冶炼
电极端位置	熔池中	熔池上部	熔池上部	熔池上部
电极端炉料状况	部分覆盖	未覆盖	遮挡	全覆盖
电炉电阻[1]	熔池电阻	熔池电阻+电弧电阻	熔池电阻+电弧电阻	熔池+电弧+炉料电阻
电阻分布（$R_{电弧}/R_{熔池}$）	0	3	>5	>5
传热方式	炉渣对流	辐射	辐射	辐射+传导
每支电极电阻/mΩ	5~10	5~15	10~40	约2
每支电极电抗/mΩ	2~2.5	3~5	3~5	1~2
电极-熔池电压	约100[1]	100~300	300~700	约75
电极电流/kA	约50	20~50	10~30	约100
电流/功率稳定性	稳定	不稳定	不稳定	相对稳定
功率因数	约0.8	0.8~0.9	0.95	0.7
电极运动速度	慢	非常快	快	非常慢
电极升降速度/cm·min^{-1}	<50	150	150	<50
电阻功率/电弧功率[1]	100/0	10/90	10/90	30/70
熔池功率密度/kW·m^{-2}	<150	>200	>500	300~500
冶炼品种[1]	镍铁	精炼铁合金	镍铁	铁合金

①作者略做修改。

8.1.2.2 电弧

交流电的方向在每一周期内变换两次。在每 1/2 周期内，电弧都经历起弧、长大、衰减和熄弧几个步骤，因此交流电弧是不稳定的。在电炉中，电弧并非经常保留在电极端部的某一固定位置，而是在电极端部跳跃。在无渣法的坩埚区，电弧在电极 – 坩埚壁和电极 – 熔体间变换。在磁场作用下，三相交流电弧与电极呈一定角度向炉墙一侧偏转。

冶炼条件下，电弧特性与电气制度、炉料特性和炉况有关。大量试验数据表明，电弧长度 L 与电弧电压 V 存在线性关系，即：

$$L = aV + b$$

电弧直径 D 与电弧电流 I 之间也存在线性关系：

$$D = cI + d$$

在低电流（1 ~ 10kA）时，电弧电压梯度为 1V/mm，而在 40 ~ 80kA 大电流范围内，电压梯度为 0.9 ~ 1.2V/mm。炼钢电炉电弧电压梯度为 2 ~ 2.5V/mm，直流电炉电弧的电压梯度为 1V/mm 左右。图 8 – 3 给出了不同电压下电弧长度随电炉电阻改变的情况。在操作电压为定值时，电炉电阻越大，电弧电流越小，电炉输入的功率也越小。电炉电阻由电弧电阻、熔池电阻和设备电阻组成，设备电阻可以忽略不计。在电炉电阻为定值时，提高电压增加了电弧功率占总输入功率的比例。

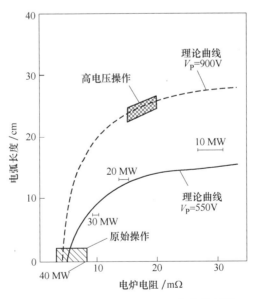

图 8 – 3 电弧长度随电炉电阻变化状况[2]

电弧电压由两部分组成：

（1）阴极和阳极的间隙电压，大约为 40V 左右。

（2）等离子部分电弧电压。该电压与电流成正比，对于特定的冶炼工艺条件，不管功率大小，电弧体的阻抗是相同的。炼钢电炉和精炼电炉交流电弧电阻大约为 $5m\Omega$。

交流电弧电抗与电炉的操作电压有关。电压越高，电弧电抗越大。对于 $6.3MVA$ 电炉，工作在 $340V$ 时，电弧电抗为 $1.2m\Omega$；而工作在 $200V$ 时，电弧电抗仅为 $0.2m\Omega$。

电弧位置、电弧长度和直径始终处于变化状态。只有电弧稳定才能保证电极的稳定和冶金条件稳定。除了温度条件以外，以下因素显著影响电弧的稳定性：

（1）熔渣的影响，特别是碱性渣的存在有利于稳定电弧。

（2）熔池的影响，无渣法冶炼中平整的坩埚和熔池表面有助于形成稳定的电弧。

（3）电弧形状影响，长电弧稳定性差，直径大的电弧稳定性好。

（4）电抗的影响，交流电路的电抗使得电流相位落后于电压相位。功率因数越低，电弧稳定性越好。

（5）电极形状影响，改变电极的几何形状可以改变电弧附近的磁场、电场、热平衡和气体流动状态。尖头的电极和空心电极电弧最稳定。电极孔处温度较高易形成电弧，同时，电弧路径与空心电极孔流出的气体路径是一致的。

（6）载气性质。以氢气为载气的等离子弧电压降为 $2V/cm$，以 CO、CO_2 和 N_2 为载气吹入粉料，电弧电压降可达 $10V/cm$。

维持电弧电阻不变才能稳定电弧。为了在调整电炉功率时保持电弧的稳定性，电压和电流必须同步改变。

碳热法冶炼炉料中存在欧姆导电和电弧导电交叉。在炉料颗粒之间电压大于电弧临界电压时，炉料中会出现电弧。电弧也存在于导电的炉料颗粒之间。焦炭和铬矿之间也存在电弧。炉料颗粒之间能否产生电弧主要取决于放电间隙的电压梯度。炉料在高温下具有导电性，可以观察到混合料中产生的电弧现象。但是，矿石之间很难形成电弧。

在有渣法电炉的焦炭层中，电弧分散在焦炭颗粒与电极之间。温度低的上层炉料电阻很大，导电性很差。熔池则主要是欧姆导电。

精炼铁合金在送电过程中先后经历电阻熔炼、遮弧熔炼和明弧熔炼等几种模式。熔化初期炉渣电阻大，电极插入炉渣之中；随着炉渣碱度的提高和温度上升电极提升到渣面以上，但炉料仍然遮挡住电弧；熔炼结束前电极提升到液面之上，完全以明弧模式熔炼。

电极端部气相成分对电弧的稳定性有一定影响。稳定的电弧导电截面大，稳定性高。对电极电流测试表明：电流波形畸变小表明冶炼区坩埚形状良好，温度分布合理。不稳定的电弧电压波形畸变很大，降低了输入炉膛的功率。

8.2 矿热炉电路解析

矿热炉导电回路是由电炉变压器、短网、电弧和炉料、熔池组成的。图 8 -
4 为矿热炉电炉原理图。图中（a）为电路示意图，（b）和（c）为简化的等效
电路。

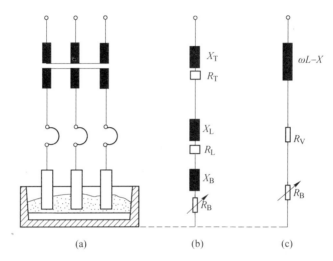

图 8 - 4　矿热炉电路原理图

X_T—变压器电抗；R_T—变压器电阻；X_L—短网电抗；R_L—短网电阻；

X_B—熔池电抗；R_B—熔池电阻；X—电炉电抗；R_V—电炉设备电阻

电炉电抗由电炉变压器电抗、短网电抗和熔池电抗组成；电炉电阻由电炉变
压器电阻、短网电阻和熔池电阻组成。对于特定的电炉，设备电抗 X 和设备电阻
R_V 为定值，而熔池电抗 X_B 和熔池电阻 R_B 随电极位置、冶炼品种、炉渣量和金
属量等操作因素改变。

8.2.1 矿热炉炉膛导电

矿热炉运行状态与炉内导电特性有关。电炉内部同时存在电弧导电和电阻导
电。通过矿热炉的炉料、金属熔体、熔渣以及炉衬的电路可以看成是由无数个串
联和并联的电路构成的。通常将矿热炉炉膛导电分作炉料导电和熔池导电两个
部分。

8.2.1.1 炉料导电

电炉炉料的导电介质主要有还原剂、熔态和半熔态炉料、碳化硅等中间产
物、金属料等。矿石在低温下导电性很差，导电性能随温度提高而增加。

碳质还原剂是上层炉料的主要导电成分。单位体积内还原剂的数量比例越高
炉料导电性越强。由于炉料之间存在接触电阻，增大还原剂的粒度会减少还原剂

与矿石颗粒之间的间隙，从而减少炉料电阻，增加料层电流分布的比例。炉料中其他的导电成分还有硅铁冶炼使用钢屑，硅铬合金使用高碳铬铁、回炉的合金屑等。炉料的导电性随温度和炉料的熔化而发生变化。提高温度会使炉料比电阻显著减少，使导电性增加。炉温升高时，炉料膨胀并开始熔化过程，逐渐增加了炉料之间的接触面积，使接触电阻减少。75%硅铁炉料在400℃时的比电阻为1MΩ左右，而在1600℃仅为0.2MΩ。不同品级硅铁炉料的导电性与温度关系，见图8-5。

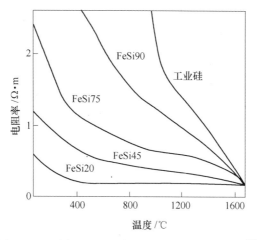

图8-5 不同品级的硅铁炉料导电性与温度关系[3]

在有渣法冶炼的料层中下部矿石与熔剂之间、矿石与还原剂之间相互反应生成初渣。半熔和熔融状态的炉料导电能力显著增强。熔体中碱性氧化物成分导电性较强，增加炉料中CaO和MgO数量会在一定程度上降低炉膛操作电阻，炉渣中氧化锰含量越高导电性越好。当炉料配入的还原剂极端不足而导致炉渣中氧化锰过高，或使用易熔的锰矿使锰矿的熔化速度大于还原速度时，会造成上层炉料即初渣导电性增强，电极很难深插。当入炉品位较高时，初渣的导电性相对较高，同时单位体积内还原剂数量较高，炉料的导电能力会更大一些。表8-3给出了在48MVA硅锰电炉测试的料层电流密度[4]。

表8-3 48MVA电炉不同料层深度的电流密度[4]

深度/mm	600	800	900	1000	1100
炉料电流密度/A·m^{-2}	0	1.0	2.1	3.0	4.2

电流在电极距离炉墙最近的部位比距炉墙远的部位大：400mm深度时为2000A/cm^2，而在800mm深度达到4800A/cm^2。扩大炉膛直径、降低碳砖高度会减少这部分电流分布。

8.2.1.2　熔池导电

高温熔池是电炉导电的发热体。电流由电极向熔池传输时熔池电阻产生的焦耳热维持熔池消耗的热能。熔体电阻率、熔池温度、熔池尺寸和结构决定了熔池电阻。

硅铁等无渣法电炉熔池电流主要集中在电极对炉底的星形回路。硅锰等有渣法电炉中大约65%以上的电流集中在电极间的角形回路。熔池电阻随着熔池的加大而增加。

熔池电抗与电炉内部的导电回路有关。星形导电熔池电抗相对高些，角形导电熔池电抗相对较低。熔池电抗可以看作是电极直径的函数。电极直径越大熔池电抗越大。图 8-6 给出了熔池电抗 X_B 随电极直径变化的关系。

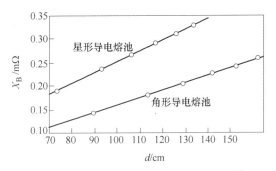

图 8-6　熔池电抗随电极直径变化趋势[3]

8.2.2　电炉操作电阻

输入炉内的电能即炉膛功率 P_E 是由电极电流 I_E 和电极端对炉底中性点的电压 U_E 决定的，即：

$$P_E = 3I_E \cdot U_E = 3I_E^2 \cdot R_0$$

电极端电压 U_E 与电炉的功率因数 $\cos\varphi$ 和电效率 η 有关，由下式计算：

$$U_E = (1/\sqrt{3}) \cdot V_2 \cdot \cos\varphi \cdot \eta = I_E \cdot R_0$$

式中　V_2——炉变压器的空载二次电压；

　　　R_0——炉膛电阻。

电炉炉膛电阻 R_0 又称为电炉操作电阻，顾名思义是操作者可调整的电炉电阻，操作电阻计算式为：

$$R = R_0 + R_V$$

式中　R——电炉电阻；

　　　R_V——电炉设备电阻，设备电阻包括变压器、短网和电极的电阻。

操作电阻反映了熔炼区的电气特性。冶炼品种或炉料的组成发生改变时，操作电阻也随之变化，这就需要调整电炉电气操作以适应冶炼的要求。增大操作电阻有助于提高工作电压，改变炉内电流分布，增加电炉输出功率。

矿热炉炉内电流分布状况对炉膛功率和炉内热分布影响很大。炉内电流分布可以简化成以下回路：

（1）通过电极端部，电弧和熔池构成的星形回路；

（2）通过电极内侧面，流经炉料与另外两支电极构成的角形回路；

（3）通过电极外侧面流经炉料与碳质炉衬构成的星形回路。

把电弧看成纯电阻，忽略电炉内部电抗因素和通过炉墙的电流，那么，炉内电流分布的等效电路见图 8-7。

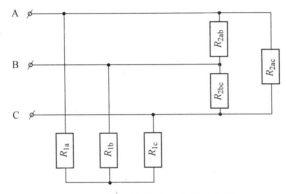

图 8-7　炉内电流分布的等效电路

图 8-7 中，R_{2ab}、R_{2ac} 和 R_{2bc} 分别为各电极之间的炉料电阻；R_{1a}、R_{1b} 和 R_{1c} 分别为通过电极端部的电弧回路的电阻。炉料电阻可以化成等值星接电阻：

$$R_{2a} = \frac{R_{2ab}R_{2ac}}{R_{2ab} + R_{2bc} + R_{2ac}}$$

当电极间炉料电阻处于平衡状态，可以得到：

$$R_2 = R_{2a} = R_{2b} = R_{2c} = 1/3R_{2ab}$$

即每一相的炉料等值星接电阻值等于角接电阻值的 1/3。电极至炉墙的炉料电阻可以看成是与等值星接电阻 R_2 并接的电阻其中的一部分。

当各相电弧电阻相等时，即

$$R_1 = R_{1a} = R_{1b} = R_{1c}$$

电阻 R_0 为炉料的星接电阻与电弧电阻并联的电阻，由下式计算：

$$R_0 = \frac{R_1 R_2}{R_1 + R_2}$$

电炉的操作电阻定义为电极端对炉底中性点的等效电阻，即电炉炉膛电阻 R_0。对于相同功率的电炉，高碳铬铁电炉的操作电阻较高，而高碳锰铁电炉的操作电阻较低（见表 8-4）。对于容量不同的电炉，容量大的电炉操作电阻较小。

表 8-4 冶炼不同铁合金的电炉操作电阻

参　数	额定容量/MVA	有功功率/MW	工作电压/V	电极电流/kA	操作电阻/Ω
75%硅铁	48	36	285	114	1.0
高碳铬铁	45	30	280	93	1.15
高碳锰铁	79	39.5	330	130	0.78
硅锰合金	81	42	300	133	0.79

操作电阻并不是一成不变的。引起操作电阻波动的原因如下：

（1）炉料性能和组成的改变，包括还原剂加入量、粒度组成、炉料比电阻等；

（2）电极插入深度的变化；

（3）三支电极功率平衡情况；

（4）炉渣成分，增加渣中 CaO、MnO 含量导电成分会降低，减少操作电阻；

（5）反应区结构的改变。

为了得到良好的电炉炉况，操作者应经常核对操作电阻变化，分析引起变化的原因并及时提出处理办法。

受人们认识的局限，电炉设计值有可能偏离最佳电炉运行条件。电炉设计需要留有一定调整空间供操作者选择。电炉操作电阻可以通过以下手段进行调整：

（1）改变变压器的二次电压等级；

（2）调整二次电流大小；

（3）调整炉料组成、还原剂配比和粒度分布；

（4）优选比电阻高的还原剂；

（5）调整炉渣渣型。

调整电极间距固然可以在一定程度改变操作电阻，但这不是最佳选择。一般电炉不会预留电极位置调整空间，而且由此调整电阻改变量也比较小。

图 8-8 给出了不同容量的电炉操作电阻与电极电流和有功功率的关系[5]。可以看出，随着电炉有功功率的增加，操作电阻数值减少的规律。

在电场和磁场的作用下，电流主要集中于电极附近的区域。碳质炉衬结构对电流分布也有一定影响，通过炉墙的电流过大甚至会造成炉墙烧穿。经验表明，适当降低碳砖高度可以减少流经上层炉料至炉墙的电流，有利于电极深插。

电极电流与电炉变压器的空载二次电压之比称为电流电压比。受电炉结构影响，不同电炉的电流电压比数值没有可比性。由于电抗的存在，电流电压比的倒数并不等于电炉操作电阻，它仅仅反映了电炉电阻的变化趋势。

8.2.3 电炉电抗和功率因数

电炉电抗是电炉固有的电气特性。电炉电抗主要是由电炉导电系统的结构决

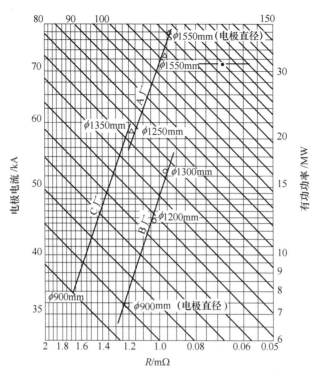

图 8-8 不同功率的电炉操作电阻与电极电流[5]

定的。电炉功率因数与电抗和电阻的关系式如下：

$$\cos\varphi = \frac{R}{\sqrt{R^2 + X^2}}$$

容量小的电炉工作电流低，电阻通常比较大，且功率因数较高。随着电炉容量的增加，电炉熔池电阻减少。电炉功率因数随着电炉容量增大而减少。

电炉电抗 X 与短网和变压器等的设备电抗 X_D 与熔池电抗 X_B 之间的关系如下：

$$X = X_D + X_B$$

设备电抗与冶炼工艺关系较小，主要与电炉设计有关。电炉电抗随导电回路长度增加而加大，同时又因导电面积增加而减少。

电炉电抗随电炉容量改变而改变，但改变趋势各有所论。电炉电抗随电极直径增大的经验式[5]：

$$X = 0.004d + 0.034d^{1/2}$$

式中，电极直径的单位是 cm，电抗的单位是 mΩ。但使用这一公式需要慎重，对 45MVA 以上大型电炉该经验式计算结果偏高。

短网电抗 X_L 是由电路的电感 L 决定的：

$$X_L = \omega L$$

而短网的电感取决于导体的自感和互感。为了降低短网电抗需要改进电炉的大电流回路结构和元器件。

表 8 – 5 和表 8 – 6 给出了不同容量矿热炉的设备电抗分布状况[1]。可以看出,电炉导电回路在跳相之前电抗的比例不到 30%,而跳相之后的电路占电炉设备电抗的 70% 以上,特别是电极电抗和电极周边金属结构感应涡流的电抗占总电抗的 30% ~50%。

表 8 – 5　不同容量矿热炉电抗分布 　　　　　　　　　（%）

矿热炉	电极	铜瓦	导电管	软电缆	短网	软补偿	变压器
25MVA	25.68	4.36	20.7	32.74	3.01	1.64	11.87
25MVA	36.67	4.42	21.96	12.14	4.63	0.85	19.32
16.5MVA	32.4	7.21	11.93	19.17	4.96	1.31	23.03

表 8 – 6　不同容量电炉电抗分布[3]

电炉	单位	电极	铜瓦	导电管	动接线板	软母线	接线板	铜排	变压器	合计
12.5MVA	mΩ	0.2325	0.0814	0.263	0.034	0.0984	0.0319	0.0915	0.142	1.06
	%	21.9	7.7	24.8	3.2	9.3	3	8.6	13.4	100
10MVA	mΩ	0.35		0.2			0.035		0.12	0.705
	%	49.65		28.37			4.96		17.02	100

由电抗分布可以看出,电炉电抗主要集中在短网跳相之后的单相导电部分,特别是电极柱、变压器和短网往复交错部分仅占 20% 左右,电极部分所占比例高达 50%。缩短电极长度,特别是缩短矮烟罩电炉的电极长度对降低电炉电抗、提高功率因数起主要作用。

在电炉运行过程中,电炉电抗随着电极电流改变而发生变化。电极位置上下移动或二次电压进行调整都会使电极电流改变,电炉设备电抗随之发生改变。与此同时,电炉的导电构件受到变化磁场的影响,电感也会改变。电炉电抗随着电极下移而减少。

电炉大电流导电回路附近存在大量铁磁性结构元件,如水冷部件、紧固件等,这些器件会增加电炉电感。在强磁场作用下,铁磁元件产生涡流并发热,使电损失增加,电炉导电回路电阻也因此而增大。为了改进电炉电气特性,环绕电极等大电流回路的元器件应使用不导磁的铜或磁导率低的不锈钢制成。

表 8 – 7 给出了一座 10MVA 电炉的电气参数计算值[7]。该电炉电极直径为 100cm,工作电流为 50kA。可以看出电炉的功率损耗主要发生在电极段,消耗于电极段的电能包括电极烧结,其次是电极散热和冷却水带走的热量。直径 1m 的电极消耗热能约 250kW,减少料面以上的电极长度是提高热效率的主要措施。

表 8 - 7　10MVA 电炉的电阻和功率损耗分布[7]

项　目	电阻/mΩ·相$^{-1}$	有功损耗/kW·相$^{-1}$	电炉损耗/kW·相$^{-1}$	比例/%
电炉变压器	0.02	50	150	13.50
短网（10m）	0.0083	21	63	5.67
软母线	0.00275	7	21	1.89
导电管（3m）	0.011	27.5	82.5	7.42
电极（0.8m）	0.087	215	645	58.03
涡流损耗（钢结构）	0.02	50	150	13.50
合　计	0.149	370.5	1111.5	100.00

由表 8 - 7 可以看出，电极的功率损耗最大。电极的功率损耗主要用于自焙电极的焙烧。改进电炉炉盖结构，增加不导磁材料的使用可以降低涡流损耗。

8.2.4　电炉电气特性

矿热炉的电气特性是由电炉的电抗、电阻等电炉固有的特性和不同的电压等级和电流等操作条件所决定的。电炉的电气特性广泛用于研究分析电极电流、功率、功率因数和电效率之间的关系。在某一电压下，电炉操作电阻、有效功率和损失功率等各项参数是电极电流的函数。

电炉特性曲线绘出了在不同电压级下与电极电流相对应的电炉视在功率、有功功率、有效功率、功率因数、电效率、电炉电阻等参数变化规律（见图 8 - 9）。由电炉特性曲线可以看出，电炉工作电压随操作电阻而提高；电炉功率因数、炉膛功率和电效率随工作电压而提高。

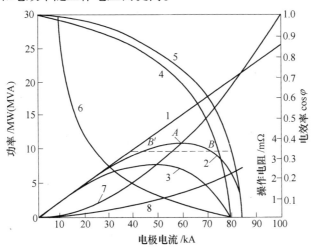

图 8 - 9　电炉电气特性曲线

1—视在功率；2—有功功率；3—有效功率；4—功率因数；5—电效率；
6—操作电阻；7—无功功率；8—损失功率

通过测试电炉不同工作电压下变压器一次电流、有功功率、无功功率、炉膛功率、电极间电压等操作参数,可以计算出设备电抗、设备电阻等电炉基本电气数据。据此可以计算出不同电压等级下电炉的全部电气特性参数并绘制出电炉电气特性曲线,见图8-9。

在电炉特性曲线的基础上可以绘出等电阻操作的电炉特性。特性曲线组可以用于研究电压等级对电炉有功功率的影响,从而优选电压等级。有功功率曲线上的 A 点是在 $\varphi = \pi/2$ 得到的。在这一工作电压,继续加大电流功率因数持续降低,输入电炉的有功功率将显著降低。在同一条功率曲线上的 B 和 B′点有功功率相同,但功率因数不同,操作电阻差别很大,可见调整操作电阻的重要性。

在 $R = \sqrt{(U/I)^2 - X^2}$ 为常数时,电炉的电效率和功率因数均保持不变。利用 $P = 3I^2R$ 关系式可以绘成电流 – 功率关系的恒电阻工作曲线,见图8-10。该曲线与等电压的特性曲线组的交点反映了恒电阻操作时,提高电压级所得到的功率随电流变化趋势。在功率变化范围不大时,维持埋入炉料的电极工作端长度恒定使熔池电阻保持不变,通过有载切换电压可以改变输入电炉功率。

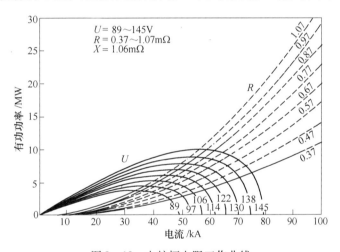

图 8 – 10 电炉恒电阻工作曲线

实际上,绝对的恒电阻操作是不可能实现的。因为电炉功率的变化必然引起炉膛电流分布和温度分布的改变;炉膛温度提高势必引起熔池电阻降低,从而改变电炉恒电阻的操作特性。威斯特里[5]给出了一座运行良好的45MVA硅铁电炉操作电阻曲线,见图8-11。图中给出了电炉操作电阻、电极电流范围。他认为这一范围的特点是操作电阻和电极电流的 $RP^{1/3}$ 为常数。

8.2.5 三相电炉功率不平衡现象

三相电炉的3支电极工作状况有时会有较大差别。某相电极的反应区十分活

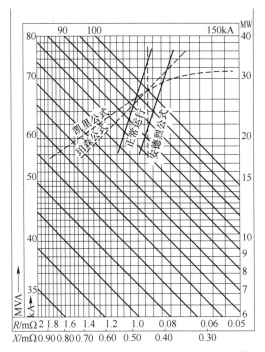

图 8 - 11 45MVA 硅铁电炉的操作电阻范围[5]

跃、化料速度快、电极四周火焰面积大且十分旺盛；而另外某相电极则呈现死气沉沉，反应区明显小于其他两相电极，炉料下沉缓慢。这时，二次电压和二次电流指示仪表读数差别很大，且难以调整至三相平衡。甚至有时看起来各相电压、电流接近平衡，但各相电极工作状况并不均衡，或者各相电极消耗差别很大。这种现象是由于各相电极功率不平衡引起的。这时，某相电极的功率远远大于另外一相。人们把这两种电极工作状况分别称为"减弱相"和"增强相"，简称"弱相"和"强相"。严重的弱相称作死相。在这种情况下，该相电极几乎不做功。

由于埋弧电炉结构上的不对称和各相电极冶炼操作的差别，埋弧电炉可以看成是 3 支电极在炉底接成星形负载。由于电炉结构和操作的差异，电炉电气中性点电位与电源中性点有一定差别。在电炉各相电压相位图上（图 8 - 12）电源中性点 O 点位于正三角形的中心，而不对称的星形负载中性点在 O'点。O 和 O'点的距离就是中性点的位移。O、O'点之间的电位差可以用电压矢量 U 来计量。图 8 - 12(b) 是电压死相的位形图。用它可以描述死相焙烧过程该相电极相电压的变化。电压死相时 O'接近 A，即 A 相电极的相电压接近于零。B 相和 C 相的相电压 $U_{BO'}$ 和 $U_{CO'}$ 则高于三相平衡时的相电压，接近于 AC 和 AB 之间的线电压数值。图 8 - 12(c) 是电流死相的相位图。A 相电极电流死相时，A 相电流接近零，A 相的相电压 $U_{AO'}$ 增大，B、C 两相的相电压相应减少。

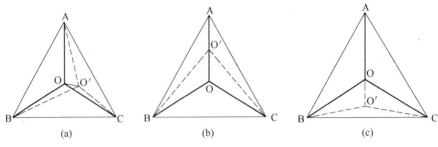

图 8 - 12   三相电炉各种电压相位图

引起功率不平衡的原因有功率转移和三相电极的阻抗不平衡。

当三相电压保持平衡时，变压器的二次相电压为：

$$U_{AO} = U_{BO} = U_{CO}$$

各相电压矢量关系可以写成：

$$\boldsymbol{U}_{AO} = \boldsymbol{U}_{AO'} + \boldsymbol{U}_{OO'}$$
$$\boldsymbol{U}_{BO} = \boldsymbol{U}_{BO'} + \boldsymbol{U}_{OO'}$$
$$\boldsymbol{U}_{CO} = \boldsymbol{U}_{CO'} + \boldsymbol{U}_{OO'}$$

OO′位移越大 $U_{AO'}$、$U_{BO'}$、$U_{CO'}$之间差别越大。决定中性点偏移大小的是各相阻抗，包括短网电阻、熔池电阻、电抗和互感的不平衡程度。

功率转移是造成功率不平衡的原因之一。各相之间发生能量转移导致某一相失去功率，另一相得到功率。

功率转移是由短网和电极的电磁场相互作用引起的。如果各相之间的互感不相等，各相就会产生附加电阻。附加电阻的存在使每一相短网的总阻值发生变化。对于各相均不对称的三相电炉来说电炉各相间的互感 M 通常是不平衡的。

在 $M_{AB} = M_{BC} \neq M_{AC}$ 时，当熔池电阻和线路固有电阻值不变，附加电阻使 A 或 C 相中的一相电阻值增加，另一相电阻值减少；一相的功率就会减少而另一相的功率会增加，即出现功率由一相转移到另一相的现象。两相所转移的功率的绝对值是相同的。转移的顺序是功率会由相位滞后相转移到超前相，即 A 相失去的功率转移到 C 相。

在三相互感均不平衡时互感最大的各相在功率转移上起主要作用。这时三相功率之和与未发生转移的功率之和相等。

电炉功率等于电极电流平方与电阻的乘积，电极电流越大，工作电压越低，功率不平衡的影响就越突出。对于使用较高工作电压的精炼电炉和碳素铬铁电炉来说，功率不平衡的影响是不明显的。

8.2.5.1   功率不平衡对冶炼操作的影响

矿热炉生产中，三相电极功率不平衡的现象是经常出现的。三相不平衡也会给冶炼操作带来很大困难。三相功率不平衡对于孤网运行的电网供电系统运行会带来严重影响。

当某支电极处于上限或下限位置时，功率不平衡的现象最为突出。造成这种现象的主要原因是电极过长或过短。过短的电极处于下限位置时，电极电流无法给满，输入电炉功率减少；过长的电极处于上限位置时，为了避免电流跳闸，只能减少其他两相电极电流，这时一相电极功率过大，而另外两相电极功率过小。这两种情况都会减少输入炉内的总功率。

电极的非对称排列会使某相电极感抗最小，造成该相电极的功率高于其他两相。这种情况出现在矩形电炉上。

严重的弱相电极被称为"死相"电极。死相有电流死相和电压死相之分。电炉运行中某相电极的相电压长期接近于零的状态称为电压死相；而某相电极的电流长期接近于零的状态称为电流死相。

弱相电极输入功率减少会造成该相反应区缩小，各相反应区之间互不沟通，出炉时排渣不畅。这种局面持续下去极易产生电流死相。电流死相时，该相电极电阻增大，相电压增大，电极电流减少。由于该相反应区导电能力很差，电流对电极移动的反应迟钝，即使电极插得很深，电极电流仍然很小。无渣法冶炼中，坩埚区缩小和上移会使电极难以深插。

电极下部导电能力过强会使该相电极电阻减少，相电压随之降低。当电压过低出现电压死相时就会导致该相电极无法工作。

"死相"焙烧电极是人们有意识利用各相电极电阻不平衡现象达到冶炼目的的操作。当某相电极出现软断无法正常工作，或由于某种原因造成电极过短时，人们不得不采取这种措施加快电极烧结速度，增加电极长度。在死相焙烧操作中，人们将待焙烧的电极置于导电的炉膛中，人为地造成电压死相。"死相"电极端部没有电弧，由于电极和短网存在阻抗，该相电路仍然有一定的电压降。焙烧过程中用其他两相电极电流来带动该相电流使其稳步增长，由通过电极的电流所产生的焦耳热来烧结电极。死相焙烧电极过程中，该相电极的功率只用于电极烧结，耗电较少；另外两相电极功率也低于正常生产。在死相焙烧电极的后期，其他两相电极的功率逐渐接近正常，以保证所焙烧的电极有足够大的电流。

强相电极消耗过快，而弱相电极消耗过慢。强相电极的烧结速度往往低于消耗速度，经常出现电极工作端过短的现象。为了保证电极工作端长度，需要进行死相焙烧。弱相电极消耗少，往往造成电极过烧，容易发生损坏铜瓦、电极硬断等事故。

电炉生产中出现的功率不平衡现象对冶炼技术经济指标有相当大的消极影响，也危及电炉设备的安全运行。

三相电极功率不平衡会使产品电耗增加。一座10MW电炉电极之间功率不平衡达到10%时，75%硅铁电耗会升高20%。一座16.5MVA埋弧电炉发生的严重功率不平衡曾经使硅锰合金日产量降低约23%，电耗增加500kW·h/t。

无渣法电炉出现的功率不平衡现象会导致该相功率减少，坩埚区温度降低和坩埚区缩小，电极难以下插；严重时还会出现炉底上涨、各相坩埚沟通差的现象。

电极电流和电弧会产生强大的磁场。由于磁场的作用，三相交流电炉的电弧有向炉墙一侧倾斜的趋势。功率过高的强相电极所产生的电弧高温会加剧炉衬耐火材料的热损毁。

8.2.5.2 影响电炉功率不平衡因素

A 短网结构的不对称性

电炉短网各相不对称时，母线长短不一，各相的自感和互感互不相等。当变压器位于电炉一侧排列时，母线最短的线路电压降最少。因此，该相有效相电压往往高于其他两相，其有效功率较高。母线越长，各相之间感抗差别越大，越容易出现功率转移的现象。

B 炉料均匀性的影响

冶金工艺要求还原剂和矿石均匀混合加入炉内。均匀分布的炉料有助于改善电炉内部的热分布，使化学反应顺利进行。从电流分布的角度来说，还原剂是导电体，矿物是不良导体。如果炉内各部位导电性能差别很大，势必破坏各相电极的电阻平衡和电极位置平衡。直径1m的电极，每米电极电阻大约为0.1mΩ，大约为炉膛电阻的10%。料面以上的电极内部所产生的热能不能进入反应区做有用功，只能损失于环境中。高于炉口1m的电极所消耗的功率大约为180kW。实测数据表明，电极位置不平衡引起的功率差别达2%~4%。此外，电极位置还影响电炉电抗。综合诸多因素，炉料的不均匀性可能使各相电极输入功率的不平衡程度达到10%~20%。

还有一种炉料不均匀性是由加料方式造成的。原料中焦炭和矿石的密度和粒度差别很大，混合炉料从料管呈抛物运动进入炉内，由于惯性作用，矿石和焦炭运动轨迹的差别使料层中的炉料组成发生偏析，电极根部集中了导电性差的矿石，导电性好的焦炭则分散在外围。这样，加料方式可能会造成某相电极局部电阻过大、电极消耗过快，由此导致该相电流较小、功率过低。

C 电极位置

电炉设计和制造做到炉膛中心与电极极心圆同心，冶炼操作维持3支电极位置平衡，在空间上保持电极、炉墙位置中心对称，是三相电极输入功率平衡的基础条件。当电极与炉墙、电极之间的几何位置发生改变时，各相之间的阻抗不再平衡，输入各相的功率随之出现改变。当密闭电炉炉盖发生位移时，电极与炉墙的相对位置会发生移动，使电极与炉墙的距离和电极之间的距离不再均衡。这就改变了炉膛内部各支电极的电阻，使某一相的功率大大高于或低于另外两相电极，输入炉膛内部的总功率也会明显减少。有些电炉设计者倾向于使电极极心圆偏离炉壳中心，使出铁口侧电极距离炉墙更近一些。他们认为这样做可以使出铁口畅通，也可以避免其他位置炉墙烧穿。实践证明，这种设计思想往往导致电炉功率转移。

D 出铁口位置的影响

埋弧电炉的出铁口一般设置在电炉两侧。铁水流经的出铁口区域排渣较好。无渣法冶炼出铁口相电极的坩埚较大。电极四周火焰比较活跃；远离出铁口的电极坩埚内部温度较低，化料速度缓慢、炉口料面易烧结、死料区大、坩埚区缩小。铁水和炉渣的流动会改善熔池的导电状况，因此，出铁口部位的电极功率较高，而远离出铁口的电极多呈弱相。为了改善炉内电阻分布状况，定期更换出铁口是必要的。

E 相序的影响

阻抗不平衡的电炉每一相的电压不仅与该相阻抗有关，也与相序有关。出现电极功率不平衡时，改变相序可以使弱相转变为强相。

8.2.5.3 电极功率不平衡的预防

监测各相电极的熔池电阻和有效功率可以及时发现功率不平衡现象。

通常变压器二次电压表给出的是各相相电压。由于电源中性点与负载中性点之间有一定电压，因此二次电压表的读数并不能代表电极－炉膛电压。当以导电良好的金属熔池或炉底作为负载的中性点，负载中性点与电源中性点的电压（图8-12中的OO'）反映了三相电极负载的不平衡程度。电极壳对炉底的电压可以近似代表电极对炉底的电压。测定电极对炉底的电压和电极电流，就可以计算出每支电极的电阻和输入功率。

为了减少电极功率不平衡对生产的影响，应该采取以下措施：

（1）电炉结构设计尽可能做到各相电极的电抗平衡，减少附加电阻。

（2）在安装和大、中修电炉中必须保证电炉悬挂系统圆心，炉盖中心点和炉膛中心点在一条直线上。

（3）保证炉料的均匀性，还原剂均匀分布于炉料之中。

（4）变压器采用分相有载调压开关，根据各相电极电阻值的变化，采用不同的电压等级使各相电极的功率均衡。

（5）控制三相电极把持器的位置平衡，尽量使3支电极工作端长度相等。

（6）监测各相电极功率不平衡状况和电极消耗状况，及时发现各相功率变化原因，使输入电炉的功率始终维持在较高的水平。

8.3 电炉熔炼特性

电炉的熔炼特性是设备参数和冶炼工艺条件的综合反映。体现电炉熔炼特性的参数和概念有反应区直径、电极插入深度、操作电阻、电炉热分布系数、炉料透气性、化料速度等。电炉熔炼特性往往随着原料、操作等外界条件变化而改变。很多特性参数是模糊量，其数值难以准确度量，甚至只能定性分析和理解。在原料条件、操作条件优化以后，电炉特性体现了设计参数的合理程度。

8.3.1 电炉的能量特性

反应区的功率密度体现了电炉熔炼的能量特性。电炉反应区模型反映了平面上熔炼区的位置和大小；电极插入深度和热分布系数反映了在竖直方向上熔炼区的位置；炉膛温度则反映了熔炼区的能量特征。

8.3.1.1 炉膛温度

炉料在炉内经历了预热、加热、熔化、还原和渣铁分离的过程。无论电炉容量大小，同种产品的炉料所经历的温度变化和物理化学变化大致是相同的，反应区单位体积炉料消耗的能量也大致相同。因此，生产特定产品的电炉反应区单位体积的功率密度应为常数。

反应区的温度是由合金元素的物理化学特性和炉渣性质所决定的。表8-8列出了一些铁合金的熔炼温度以及合金、炉渣熔点和炉渣中主要矿物组成。图8-13示出了炉膛的功率密度和冶炼温度的对应关系。

表8-8 铁合金的熔炼温度与炉渣矿物

合金品种	合金熔化温度/℃	炉渣熔化温度/℃	炉渣矿物	冶炼温度/℃
高碳铬铁	1500~1600	>1600	镁铝尖晶石、镁橄榄石	>1700
高碳锰铁	约1200	1200~1300	锰橄榄石等硅酸盐	约1500
75%硅铁	约1350	>1500	钙斜长石、硅酸盐	>1700
硅钙合金	约1100	>1600	硅酸二钙、硅酸三钙	>1900
镍 铁	约1450	1450~1650	镁橄榄石	>1700
钨 铁	>2000	>1850	辉石、锰橄榄石等硅酸盐	>1850

有渣法冶炼炉膛中最主要的传热方向是：

电极→电弧→炉料→炉渣→金属

在矿热炉中，金属总是被炉渣所加热的。在炉渣熔化温度低于金属熔点时炉渣过热度很高，如钨铁和镍铁冶炼中。在这种情况下无法实现埋弧操作，通常采用明弧操作或电阻模式操作。

硅是难还原的元素，硅的还原需要的能量比铬和锰的还原所需的能量高得多。尽管75%硅铁的熔化温度只有1300℃左右，但反应区的温度必须高于1800℃以上。

与硅相比，锰和铁是比较容易还原的元素。含锰80%左右的锰铁熔化温度

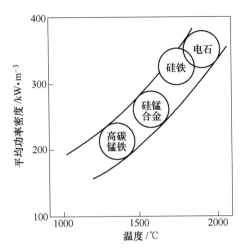

图 8 - 13   炉膛功率密度与冶炼温度的关系

为1200℃左右。熔炼硅锰合金所需要的能量随着含硅量的提高而增加，因此，硅锰合金电炉的炉膛功率密度较高碳锰铁高。

由氧化物生成自由能与温度关系可以看出，铬比锰容易还原。但是，高碳铬铁的熔化温度比高碳锰铁的熔化温度高得多；含镁铝尖晶石和镁橄榄石的高碳铬铁炉渣的熔化温度比高碳锰铁炉渣熔化温度高。因此，高碳铬铁电炉的极心圆功率密度远远高于高碳锰铁电炉。

硅钙合金、硅铝合金熔点很低，但还原钙和铝的温度远远高于合金熔点。冶炼这些品种的电炉通常要求很高的功率密度。

冶炼过程中炉温受到多种因素的影响。温度变化会改变金属 - 炉渣之间的化学平衡，使合金成分发生波动。合金中元素含量的波动在一定程度上反映了炉温的变化，如硅铁中的含铝量与炉温有关，炉膛温度越高，铝的还原数量越多。在开炉过程中，随着炉温的提高合金含铝量逐渐增加，当炉膛温度稳定以后合金含铝量也稳定下来。

高碳铬铁、硅锰合金和一步法硅铬合金中的硅含量波动也反映了炉膛温度的变化。高碳铬铁炉渣熔点提高使合金过热度增大，含硅量随之提高。

炉膛温度与电炉容量有密切关系。不同容量电炉硅锰合金出炉温度见表8 -9。

表8 -9   不同容量电炉硅锰合金出炉温度

电炉容量/MVA	25	16.5	12.5	9
出炉温度/℃	约1600	约1550	约1500	约1450
炉渣熔化温度/℃	1250 ~ 1300		1200 ~ 1250	
炉渣过热温度/℃	>250	约250	>200	约200

大型电炉的功率密度较高,热效率也比较高。因此,电炉容量越大,出炉温度相对越高。从渣型选择上,大型电炉可以适当提高终渣熔化温度,从而适当减少渣量和电耗。

8.3.1.2 反应区

反应区大小是判断矿热炉炉况的重要特征。熔炼时均可由炉口火焰分布区域和炉料下沉区域判断出反应区的大小。

电能通过电极端部输入到炉内并转化成热能,每一支电极周围都会形成一个独立的反应区,其大小与这支电极输入的功率有关。受到炉料、炉渣和铁水传热的限制,炉内温度分布不可能十分均匀。接近电极端部的部位温度很高,而远离电极的部位温度较低。反应区是由高于生成合金温度的区域构成的。

平面上反应区的分布有三种情况,见图 8 – 14。

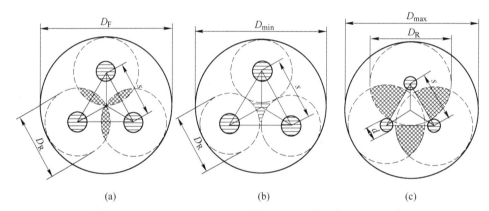

图 8 – 14 埋弧电炉反应区平面分布示意图
(a) 理想反应区; (b) 分离的反应区; (c) 过度集中的反应区

图 8 – 14 中, s 为电极中心距,

$$s = \frac{\sqrt{3}}{2} D_{PCD}$$

图 8 – 14(a) 为理想反应区。这时,3 支电极的反应区在炉心相交。电极反应区的直径与电炉的极心圆直径相等,即

$$D_R = D_{PCD}$$

这时,炉中心部位的功率密度与电极四周接近,因此,炉中心不会产生死料区。在这种情况下,炉膛内部热分布均匀,电极埋入深度均衡,炉渣铁水排出顺利。

图 8 – 14(b) 和 (c) 是反应区分布不合理的两种极端情况。图 8 – 14(b) 显示出 3 个分离的反应区情况。3 个反应区在边缘相切或不沟通,电极反应区直径等于或小于电极中心距 s。这时有

$$D_R \leqslant \frac{\sqrt{3}}{2} D_{PCD}$$

进一步减少输入炉内的功率将导致 3 个反应区的彻底分离。这时，冶金过程生成的气相产物和熔体无法从一根电极反应区流向另一根电极反应区；炉中心未反应的炉料形成死料区；炉心化料缓慢，甚至不化料；距出铁口较远的两个反应区所生成的金属无法排出，导致炉底上涨、电炉热损失增加。

图 8-14(c) 是 3 个反应区在炉心过度重合的情况。这时，反应区直径大于电极的中心距 s。并有

$$D_R > \frac{\sqrt{3}}{2} D_{PCD}$$

反应区过度集中于炉心时，炉心部位反应会过分活跃而难以控制。电极之间距离过近，炉膛电阻过低，电极无法深插。

无渣法工艺以反应区的坩埚结构为特征，对电极的分布有较严格的要求。在有渣法冶炼过程中，流动性好的炉渣有利于反应区的沟通。在解剖矿热炉时，注意到有渣法电炉炉膛内部也存在明显的反应区和死料区，其大小随着冶炼条件的改变而变化。电炉极心圆过大时，死料区扩展到炉心形成半岛状结构或在炉心形成孤岛，电极之间只有局部相互沟通。

8.3.1.3　矿热炉炉膛功率分布

矿热炉炉膛功率的分布规律如下：

(1) 通过炉料的电流主要用于炉料的预热；

(2) 通过电弧、焦炭层的电流用于炉料加热和还原反应；

(3) 通过熔池的电流用于炉渣和金属的过热。

炉膛内部的功率分布与电弧电阻和炉料比电阻有关。将炉料的角形连接电阻转换为等值星形连接电阻 R_c，通过电弧和熔池的电流 I_B 和通过炉料的电流 I_c 分别为：

$$I_B = U_e/R_B$$
$$I_c = U_e/R_c$$

式中　U_e——电极端对熔池的电压。

电弧区功率比例 F 可由下式计算：

$$F = P_1/P$$

式中　P_1——炉料区功率；

$\quad\quad\;\; P$——电炉输入功率。

将 I_B 和 I_c 代入 F 计算式，得到：

$$F = (U^2/R_c)/(U^2/R_c + U^2/R_B) = R_c \cdot R_B/[(R_c + R_B) \cdot R_c]$$
$$F = R_B/(R_B + R_c)$$

电炉操作电阻 R_0 与等值炉料电阻和熔池电阻关系为：

$$1/R_0 = 1/R_c + 1/R_B$$

$$F = R_0/R_c$$

该式说明操作电阻 R_0 为定值时,炉料电阻 R_c 越大,电弧区功率比例越高。加热炉料的热能与输入炉内热能之比定义为埋弧电炉的热分布系数[3]:

$$C = \frac{Q_c}{Q} = \frac{R_0}{R_c}$$

式中 Q——输入炉膛的总热能;

  Q_c——消耗于炉膛上部未熔化区的热能。

热分布系数的范围为 0 ~ 1。热分布系数过大意味着炉料表面会出现过热,甚至早熔。

炉料电阻决定了功率分布和热分布。炉料比电阻小,炉料内部导电比例大,料层消耗的功率比例越大;反之亦然。

表 8 - 10 给出了硅铁电炉内部功率分布与合金含硅量、炉料比电阻的有关数据[3]。

表 8 - 10 不同品级硅铁炉内功率分布和炉料比电阻[3]

含硅量/%	炉料比电阻/Ω·m	炉料电阻/mΩ	电弧电阻/mΩ	炉料功率/kW	电弧功率/kW	分配系数/%
20	0.22	9.9	1.515	352	2318	13.18
45	0.32	14.4	1.445	242	2428	9.06
75	0.60	29.7	1.372	117	2553	4.38
90	1.00	45.0	1.32	77	2603	2.87

控制电炉的操作电阻和炉料电阻对保证电炉功率分布有重大意义。

还原剂过剩时,炉料电阻 R_c 会变小,功率分布系数变大。这时,过多的热量用于加热和熔化炉料,使高温区上移,热效率降低。

无渣法电炉中,通过炉料电流的比例大约占电极电流的20% ~ 30%。炉内电流分布状况会随冶炼过程、电极位置变化而变化,这部分电流产生的热能加热炉膛上部的炉料。炉料电阻过大会使功率分布系数变大,电极埋入深度增加,上层炉料得不到充分预热就进入反应区,此外还会导致电弧对炉底侵蚀严重。

操作电阻变化会反映在合金和炉渣成分改变上(见图 8 - 15)。当操作电阻提高时,一步法生产硅铬合金的硅含量和炉渣中的二氧化硅含量会有所提高;硅铁中的 [Al]、[Ca] 也会上升[5]。

一般认为硅铁中的 [Al] 含量代表了炉温。[Al] 含量降低表明了炉膛温度降低,而上部炉料温度提高。

8.3.2 电极插入深度和电极工作端长度

电极插入深度体现了在垂直方向的电炉能量分布。

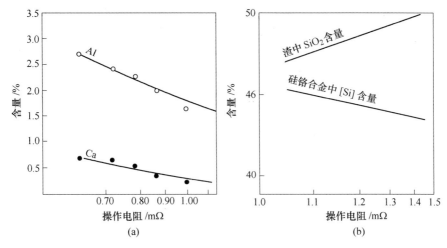

图 8-15 操作电阻对合金成分的影响[5]

(a) 对硅铁 [Al]、[Ca] 含量影响；(b) 对硅铬合金 [Si] 的影响

电极下插深度是指埋入炉料内部的电极长度。电极插入深度反映了炉膛反应区在竖直方向上的位置，是判断电炉运行状况的重要特征之一。随着铁水在炉膛中的积累和排出，熔炼区的位置和电极下插深度会发生一定改变。

电极工作端长度是指铜瓦下沿到电极顶端的电极长度。电极长度/电极直径一般控制在 1.5～2.0 之间。

正常熔炼过程中，电极端部距炉底的距离为一定值，它与冶炼品种、电极直径和电炉的电气参数有关。斯特隆斯基[3]认为这一距离为电极直径的 0.6～1 倍。

正常冶炼过程中电极位置的波动比较小。在出炉前后电极位置会有比较明显的变化。当炉况发生变化时，电极插入深度会出现较大变化。电极插入过深通常表明炉膛电阻增大，这多是由于还原剂不足或炉渣碱度过低引起的。电极插入过浅表明炉膛电阻减少，这多是由于炉料中的还原剂过剩或炉渣碱度提高，或金属氧化物含量过高引起的。

电极插入料层过浅会改变炉膛热分布和炉膛结构：输入炉膛的热量只有50%～80%用于冶炼反应；有20%～50%的热量被炉气带走，使电炉的热效率降低。炉气中通常含有一定量的金属蒸气或氧化物，如 Mn、Cr、SiO 等。这些物质在随炉气向上运动时，会在料层上部凝聚或被炉料所收集。当电极插入过浅使料层变薄，高温烟气就会将这些有用元素带走，从而降低元素回收率。

电极插入过深会损坏炉底。电极端部温度远远超过耐火材料工作温度，当电极过于接近炉底时就会加剧耐火材料的损毁速度。

通过电极上下运动状况、电极把持器的位置、电极消耗速度和下放量、电炉功率和电极电流、电弧声响、料面温度、炉料运动情况、料面透气情况等，操作者可以判断电极插入深度。由于操作者经验和知识的局限性，判断失误是不可避免的。长期以来，人们一直在研究测量电极插入深度的方法，有研究者以电极系统重量数学模型测算电极工作端长度。

8.3.3 电炉的稳定性

电炉的热稳定性是炉况稳定性最重要的特征，反映了炉膛温度受外界条件的影响。电炉的热稳定性又称为热惯性，可以用炉膛温度的波动程度来度量。炉膛温度波动会改变炉渣－金属－炉气的化学平衡。炉温降低时，炉渣－金属平衡向不利于金属氧化物还原的方向移动，使炉渣中的有用金属氧化物成分增加；会降低化学反应速度，从而降低电炉的产率。炉膛温度发生变化时炉渣和合金成分会发生改变，保持炉膛温度的恒定对于稳定生产、保证产品质量十分重要。

炉膛内部的温度并不是恒定不变的。在一个出炉周期内，随着电极位置、炉渣和铁水积存量的改变，炉膛的温度和炉况在不断发生变化。

电炉的稳定性与电炉大小、电炉几何参数、出炉次数等因素有关。炉膛内炉料的热容量与电炉炉口表面积之比可以反映出电炉的稳定性。

电炉容量越大，电炉热惯性越大，稳定性越好。在电炉炉膛结构方面电炉炉膛深、炉膛直径大、炉底设置较深的留铁层有利于提高电炉的热稳定性。Gericke[8]比较了不同容量生产高碳锰铁电炉和硅锰合金电炉的操作电阻，炉渣碱度，合金的锰、硅、碳含量在一段时间内的波动状况，发现大型电炉的波动远低于小型电炉，见表8-11和表8-12。可见大型电炉的稳定性好于中小型电炉。

表8-11 大小电炉成分波动性的比较[8]

品 种	高碳锰铁		硅 锰 合 金					
电炉功率/MW	14.15	42	7.35	39.5	7.35	39.5	7.35	39.5
项 目	[Mn]/%		[Mn]/%		[Si]/%		[C]/%	
平均值	76.57	78.31	65.69	65.29	18.43	18.26	1.30	1.190
最大值	77.7	78.9	67.0	66.9	19.9	19.9	1.66	1.45
最小值	74.4	77.6	64.8	64.4	15.4	16.9	0.91	0.95
偏 差	0.313	0.060	0.221	0.179	0.633	0.375	0.021	0.015
标准方差	0.560	0.245	0.470	0.423	0.796	0.612	0.144	0.121

表 8-12 大小电炉的电炉电阻和炉渣碱度比较[8]

品 种	硅锰合金		高 碳 锰 铁			
电炉功率/MW	7.35	39.5	14.15	42	14.15	42
项 目	电炉电阻/mΩ		电炉电阻/mΩ		炉渣碱度	
平均值	1.540	0.780	1.600	0.770	1.270	1.200
最大值	1.65	0.86	1.97	0.86	1.43	1.26
最小值	1.36	0.67	1.30	0.64	1.20	1.16
偏差	0.0043	0.0012	0.0087	0.0013	0.0018	0.00082
标准方差	0.066	0.035	0.093	0.036	0.043	0.023

电炉的稳定性还体现电极的稳定性上。电炉电抗随着电炉容量增加而增大。电炉越大操作电阻波动对电炉阻抗的影响越小，在操作上体现出电极上下波动较少。

对于以电弧模式冶炼的铁合金品种，提高电炉电抗有利于稳定电弧，抑制负荷波动和减少操作短路。

8.4 矿热炉参数

矿热炉参数包括电参数、几何参数、设备结构参数等。电参数和几何参数是矿热炉最基本的工艺参数，对电炉的冶炼特性有重要影响。设计者需要根据生产能力、原料特性等基础条件计算矿热炉变压器的额定容量、电极电流、电压等级等电气参数和电极直径、极心圆直径、炉膛深度和直径等几何参数。

电炉建成后，电炉的几何参数几乎无法调整。为了使电炉能在最佳状态工作，电炉电气参数设计必须留有一定的调整空间，使其适应电炉的几何参数。电炉操作和原料条件也应适度调整以适应电炉的熔炼特性。

许多学者一直在孜孜不倦地研究和推导电炉理论计算和数学模型。这些工作有可能帮助人们认识和掌握冶炼规律，但人们使用更多的是经验公式。优秀的电炉设计能为操作者提供足够的参数调整空间，使易于调整的电气参数更好地适应难于调整的电炉几何参数，在实际操作中得到最佳的电炉运行状态。

8.4.1 矿热炉的电参数

矿热炉的电参数中有熔池电阻、电极电流和工作电压等多个变量。在电参数计算中，所有未知的变量均是由输入电炉有功功率决定的。

电炉变压器的公称容量或视在功率不能代表电炉真实熔炼能力。以电炉输入功率来定义电炉熔炼能力比目前常用的电炉变压器的公称容量更合理。

变压器长期在满负荷和超负荷状态下运行会造成过高的损失功率。为了实现电炉变压器的经济运行，变压器容量应高于电炉运行的视在功率。变压器运行的视在功率的合理范围是变压器公称容量的 75% ~ 80%。

电炉参数计算中使用的电炉功率是熔池功率。其数值由下式计算：

$$P_{熔池} = S \cdot \cos\varphi \cdot \eta$$

式中　S——电炉视在功率；

　　$\cos\varphi$——功率因数；

　　　η——电炉电效率。

电炉电效率与电炉制造和操作有关。一般电炉的电效率在 0.9 左右，并呈现随电炉变压器容量增大而提高的趋势。

电极电流是最常用的电炉参数。多数电炉电参数计算方法中，需要先计算电极电流，而后推算出工作电压。而在电炉运行时，熔池电阻和工作电压决定了电极电流大小。

按照相似原理电极电流与熔池功率的 2/3 次方成正比[3]。

$$I = C_I \cdot P^{2/3}$$

计算出的电极最大电流可为变压器的参数提供选择范围。变压器铭牌标出的额定电流是额定容量和额定电压计算出来的线电流数值，是电炉工作电流范围的上限。变压器和短网供电的冗余能力，可以减少电损和确保特殊情况下调整负荷的需要。

变压器铭牌上标注的额定电压数值是变压器绕组在空载时输出侧端电压的保证值。电炉运行中的变压器输出端电压与铭牌标出的额定电压是有差别的。在电炉计算中，工作电压参数是指电炉正常运行时电极端之间的电压。

对变压器额定电压的计算需要考虑电极、短网、变压器的阻抗因素。

8.4.2　电极直径

电极直径是由电极载流能力决定的。电流密度过小容易造成电极欠烧；电流密度过大，则会造成电极内部过热，内应力增大，使电极易于折断。

8.4.2.1　电极电流密度

决定电极直径的首要因素是电极电流密度。实际生产中人们常用电极电流密度来计算电极直径或度量电极的载流能力。铁合金电炉自焙电极的电流密度范围为 4.5 ~ 6.5A/cm²，见表 8 - 13。考虑到电流的趋肤效应和邻近效应，大型电炉电极电流密度较低。由于高温熔池传热和电极消耗低的原因，镍铁和冰铜、冰镍等有色冶金电炉电流密度普遍较低，只有 2 ~ 3A/cm²。

表 8 – 13　典型电极电流密度　　　　　　（A/cm²）

功率/MW	电极直径/cm	硅　铁	高碳锰铁	硅锰合金	高碳铬铁	镍铁（RK – EF）
10	100	约 5.7	约 5.5	约 5.6	约 5.7	2 ~ 4
20	约 120	约 5.5	约 5.2	约 5.4	约 5.5	2.4 ~ 3
30	130 ~ 140	约 5.2	约 5	约 5.2	5.1 ~ 5.4	
45	140 ~ 160	约 4.9	约 4.5	约 5	5 ~ 5.2	1.5 ~ 2.4

功率相同的电炉电极直径可能不同，但烧结状况差异并不显著。可见，电极直径的大小并非完全取决于电极电流密度。电能主要是通过电极端部传入炉内的，电极端部的温度与还原过程有关。因此，电极端部的功率密度也是决定电极直径大小的重要因素。

硅铁、硅锰等埋弧电炉的电极电流密度相差不大。高碳锰铁电炉电极密度相对较低，而高碳铬铁电炉电极电流密度较高。以电阻熔炼和遮弧法熔炼镍铁的电炉电极电流密度大大低于埋弧电炉。在镍铁电炉的电极焙烧热能中，有相当部分热能来自熔池表面向电极的辐射传热，因此，电极电流密度较低。

电极电流密度与自焙电极的烧结条件和消耗速度也有很大关系。

自焙电极的烧结速度并非恒定值。电极烧结初期，即刚完成电极下放过程电极烧结速度很高。随着电极的导电性的改善，电极烧结速度逐渐降低。因此，电极消耗速度快的品种，下放电极的频率偏高，烧结速度也比较快，与此相对应的电极电流密度较高。

自焙电极的烧结速度需要与消耗速度相适应。一般来说，电极直径大，电流密度小，电极烧结速度慢。对于直径大于 1.3m 的自焙电极，电极电流的趋肤效应和邻近效应已经十分明显，电极表面的电流密度与内部电流密度相差 10% ~ 20%。在烧结带电极外层的烧结状况好于电极内部，相对电阻率低也使外层电流分布较多。

8.4.2.2　电极载流能力

电极载流能力是允许电极导电的最大能力，与电极材质和电极结构有关。

电极端部电弧温度高达 3000℃，电极的上下两端温差很大。热量由电极端部的高温区向电极上部的低温区传递，电阻热和传导热引起的热分布对电极的工作状态有很大影响。电极的载流能力可以通过电极上的热平衡和电极应力来计算。

在稳定的工作条件下，电极表面的温度始终是恒定的，电极内部的温度分布也是相对稳定的。电极上的热平衡式如下：

$$Q_1 + Q_2 = Q_3 + Q_4$$

式中　Q_1——电极电流通过电极所产生的热量；

　　　　Q_2——从电极端部由下至上传导的热量；

Q_3——电极表面散失的热量，如水冷却的铜瓦；

Q_4——电极烧结需要的热量。

在实际生产中，电极接收的热能与电极消耗的热能接近平衡。热量不足时电极无法正常烧结；热量过剩时电极温度过高，高温和应力会使电极损坏。

对于工作条件稳定的发热体来说，外部表面的热负荷维持不变，即：

$$W_S = 常数$$

直径为 d、长度为 L 的电极表面热负荷为：

$$W_S = I^2 \cdot R / (\pi \cdot d \cdot L)$$

将电阻率代入上式可以推算出电极载流能力和电极直径的关系[7]：

$$I = k_d \cdot d^{1.5}$$

式中 k_d——电极直径系数。

8.4.2.3 趋肤效应和邻近效应

自焙电极的热分布与电极电流密度、电流的趋肤效应和邻近效应、电极下放频率、环境温度和铜瓦冷却水量等多种因素有关。

电极电流的趋肤效应使电极截面的电流密度从中心到周边逐渐增大。邻近效应使电极内邻近另一支电极的部位电流密度增大。电极直径越大，邻近效应和趋肤效应越明显，电极内外温差也越大。靠近炉心的电极电流密度高于外侧，温度必然较高。

电极的电能损耗与电极直径有关（见图 8-16）。受趋肤效应和邻近效应影响，电极表面的电阻热损失会有所增加。交流电炉电极的邻近效应与趋肤效应的电阻系数是电极交流电阻 R_{AC} 与直流电阻 R_{DC} 之比。

$$k_X = R_{AC} / R_{DC}$$

电极电阻在数值上等于按电阻率计算的电极电阻乘以趋肤效应和邻近效应的电阻系数。考虑到趋肤效应和邻近效应，通过自焙电极的电流为：

$$I = \frac{k_d \cdot d^{1.5}}{\sqrt{\dfrac{R_{AC}}{R_{DC}}}}$$

表 8-14 列出了根据趋肤效应系数计算的不同电极直径的电流密度范围。

表 8-14 电极电流密度与电极直径关系参考范围

电极直径/m	1.0	1.3	1.5	1.7	2.0
电极电流密度/A·cm^{-2}	5.6~5.8	5.3~5.6	5.2~5.5	4.9~5.2	4.6~4.9

有渣法电炉电极端部焦炭层使电弧分散成无数的小电弧。电极直径大会增加焦炭层与电极之间的接触面积，增加电弧分布面积，从而有助于改善炉膛分布。

对于无渣法来说，增大电极直径有助于扩大电极端部的坩埚区。

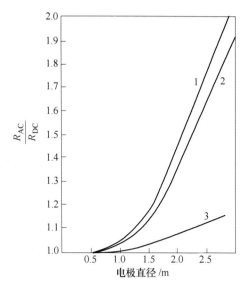

图 8-16 交流电炉电极电流的趋肤效应和邻近效应系数与电极直径关系[7]

1—趋肤效应与邻近效应系数之和；2—趋肤效应系数；3—邻近效应系数

原料条件对选择电极直径参数有一定影响。以南非铬矿为主的炉料级铬铁炉渣成分中 MgO/SiO_2 较低；而以土耳其、伊朗铬矿为主的铬铁炉渣成分中 MgO/SiO_2 较高。这使得两种电炉的操作电阻有较大区别，所采用的电极电流和电流密度不完全相同。

8.4.3 矿热炉电参数与几何参数的关系

8.4.3.1 电极周边电阻和功率密度

安德烈公式是早年建立的矿热炉数学模型。安德烈研究了电炉电气参数与电炉运行状况的联系，认为良好的电炉运行应遵从以下关系式[8]：

$$k = \pi R \cdot D$$

式中　R——电炉电阻；

　　　　D——电极直径。

因为 πD 为电极周长，R 为电炉电阻，所以 k 被定义为电极周边电阻。

模型设定电极的反应区为电极圆柱体的延伸。反应区高度为 L，面积等于电极截面，电阻率为 ρ，则电极的周边电阻可以转换成：

$$k = \pi D \cdot \rho \cdot L/(\pi D^2/4) = 4\rho \cdot (L/D)$$

因此，k 正比于反应区的电阻率 ρ，k 可以认为是反应区的电阻。(L/D) 为电炉几何参数的相似量，相对于同种铁合金冶炼 (L/D) 数值相同。按照这一模型，相同冶炼条件的电炉电极周边电阻为定数。

电极功率密度 P_d 体现了铁合金电炉的能量特征：

$$P_d = P/S_d$$

式中 P——每支电极输入的电功率；

S_d——电极端面积或球形表面。

根据运行的电炉数据，把电极周边电阻的概念与电极向电炉高温区传导的热能联系起来，得出了在电极的周边电阻为定数时，电极的功率密度必定为常数的结论。通过分析一些埋弧电炉最佳运行状态，安德烈和凯里认为冶炼不同品种的电炉的 k 因子数值分布在一定范围内，见表 8 – 15 和图 8 – 17[9]。

表 8 – 15　矿热炉的 k 因子范围[11]

黄　磷	1.91 ~ 2.54	低硅高碳铬铁	0.89 ~ 1.65	FeSi50	0.61 ~ 0.86
电　石	0.48 ~ 0.56	高硅高碳铬铁	0.51 ~ 0.76	FeSi75	0.41 ~ 0.51
硅锰合金	0.25 ~ 0.38	二步法硅铬合金	0.30 ~ 0.43	高碳锰铁	0.20 ~ 0.33

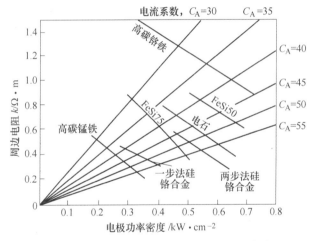

图 8 – 17　电极周边电阻与功率密度关系[11]

将电极功率密度、电流和功率的关系代入安德烈公式，可以得到电极功率密度与电极电流和 k 因子的关系：

$$I = C_A (P_d/k)^{0.5}$$

式中 C_A——电极电流系数。

由所选的 k 因子和电极功率密度可以由图 8 – 17 中得出相应电流系数，从而计算电极电流。

图 8 – 17 右侧坐标给出了各条直线的电流系数值。由设定的 k 因子或电极功率密度可以得出相应电流系数，从而计算电极电流。确定了 k 因子或电极功率密度以后，可以计算出埋弧电炉的电气参数和几何参数。

k 因子变化的趋势是电极的功率密度越大，电极周边电阻越小。高碳铬铁电炉的周边电阻较大，高碳锰铁的电炉周边电阻较小。对于相同功率的电炉，高碳铬铁采用较高的电压和较小的电极直径，而高碳锰铁采用较低的电压和较大的电极直径。

安德烈公式和凯里法也可以用于调整埋弧电炉运行参数。

必须注意到，k 因子在一定范围内变化，凭经验选取的参数存在一定的随意性。安德烈公式不能定量反映操作电阻与 k 因子的关系。当电炉容量增大到一定程度或操作电阻变化较大时，关系式偏离了直线。对于大型电炉来说，由图 8-17 所给出的 k 因子过小。当将 k 因子直线外延时，k 因子会出现负值。

将电极功率密度定义代入安德烈公式得到炉膛电压、k 因子和电极直径关系：

$$k = \pi d R = \frac{3\pi d U^2}{P} = \frac{4U^2}{P_{\mathrm{d}} d}$$

简化后得到：

$$\frac{U}{\sqrt{d}} = \frac{\sqrt{KP_{\mathrm{d}}}}{2} = C_{\mathrm{P}}$$

通过对安德烈公式的修正，珀森[10]提出了 C_{P} 值范围与电极功率密度关系，见表 8-16。

表 8-16　电极功率密度与 C_{P} 值关系[12]

冶 炼 品 种	C_{P}	电极功率密度/W·cm⁻²
高碳锰铁	3.37	180 ~ 360
硅铬合金	3.64	240 ~ 400
硅锰合金	4.06	365 ~ 535
工业硅和 FeSi75	4.42	320 ~ 630
高碳铬铁（高硅）	4.98	410 ~ 660
FeSi50	5.84	490 ~ 750
高碳铬铁（低硅）	6.60	450 ~ 750

在珀森的修正中，电极功率密度与 k 因子成反比例关系，近似于双曲线，而安德烈公式给出的是直线。

8.4.3.2　威斯特里方法[5]

威斯特里发现，运行良好的电炉电极周边电阻与电极电流密度符合如下关系式。

$$k^2 I = 常数$$

将电极电流密度和 k 因子定义代入，可以得到，

$$I = C_{\mathrm{W}} P^{2/3}$$

$$RP^{1/3} = 常数$$

式中　C_{W}——常数。

威斯特里根据一座 48MVA 硅铁电炉运行数据得到操作电阻与炉膛功率关系曲线，见图 8－18[5]。

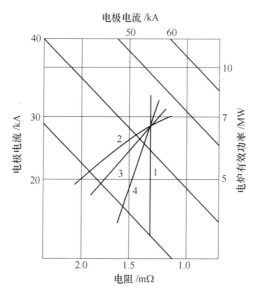

图 8－18　几种计算方法的操作电阻与炉膛功率的关系[5]
1—安德烈公式；2—凯里方法；3—珀森公式；4—威斯特里方法

图 8－18 绘出了按照安德烈公式、凯里方法、珀森公式和威斯特里方法计算的功率曲线。按照安德烈公式，电极直径确定以后，k 因子和操作电阻都是固定的，操作电阻在图中是一条平行于纵坐标的直线；按照凯里法，炉膛功率随操作电阻增加而减少；珀森和威斯特里方法所得到的曲线位于二者之间。可以看出，这几条关系线交会在一点。这表明，该座电炉的参数与该点代表的功率是匹配的。当操作电阻或者输入炉膛的功率发生改变时，几种计算方法结果有一定差别。

按照威斯特里经验，当电极直径和电极间距之比保持恒定时，电极直径不会对操作电阻发生影响。对于特定的冶炼品种和特定的炉料比电阻，电极间距、反应区直径和反应区深度与炉膛功率的关系是：

$$L = C_{\mathrm{L}} \cdot P^{1/3}$$

表 8－17 比较了几种计算电极周边电阻的关系式。

表 8-17　电极周边电阻和功率密度关系计算方法比较

方　法	k 因子关系式	功率关系式
安德烈法	$k = $ 常数	$P = C_A I^2 d^{-1}$
凯里法	$k = AP_d + B$ （A 和 B 均为常数）	
珀森法	$kP_d = \dfrac{4U^2}{d} = $ 常数	$P = C_P I d^{0.5}$
威斯特里法	$k^2 I = $ 常数	$P = C_W I^{1.5}$

8.4.3.3　炉膛内部的电压梯度

电压梯度是研究电炉几何参数与电参数关系的模型。电压梯度模型是将熔池导电按纯电阻计算得出的。电极间的电压是按角形连接计算的，电极对炉墙电压是按星形连接计算的。电极之间、电极和炉墙之间的电压关系影响炉膛内部的电流分布和热分布。

电极之间的电压梯度 G_e 为：

$$G_e = V_0 / L_E$$

电极和炉墙之间的电压梯度为：

$$G_W = U_0 / L_W$$

式中　G_e，G_W——电极之间的电压梯度和电极与炉墙之间的电压梯度；

V_0，L_E——电极之间的电压和距离；

U_0，L_W——电极至炉墙的电压和距离。

由威斯特里公式炉膛电压和炉膛功率关系为：

$$V_0 = C_V \cdot P^{1/3}$$
$$U_0 = C_U \cdot P^{1/3}$$

可以推导出电压梯度与威斯特利里公式的电压系数与线性系数的关系：

$$G_E = C_V / C_L$$
$$G_U = C_U / C_L$$

由此可见，对于特定的品种和冶炼条件而言，电炉的电压梯度也是一个定数。

电压梯度对电极位置和炉膛内部的功率分布影响很大。三相交流电炉的电弧总是倾向于炉墙一侧，而冶炼工艺要求电炉的功率集中于炉膛中部。为了使功率不致过于分散，在电炉设计中应该使

$$G_E > G_W$$

电压梯度这一概念用于在电炉计算中验证电极极心圆和炉膛直径的关系。电极－炉墙电压与电极间电压的比值会影响电极插入深度。降低炉墙碳砖高度增大炉墙－电极间电阻会减少流向炉墙的电流，使电极深插，减少电流和功率分布偏

向炉墙一侧，有助于防止炉墙的损毁。

8.4.3.4 斯特隆斯基方法

斯特隆斯基运用电极的电流密度与反应区功率密度的数学模型推导出电极直径 d 与反应区功率密度 P_R 关系[3]：

$$d = 17.3 \sqrt{\frac{P_R}{P_s^0}}$$

$$d = 53 \sqrt[3]{\frac{P_R}{P_V^0}}$$

式中 P_s^0，P_V^0——熔池的面积功率密度和体积功率密度。

这样，由熔池功率 P 和各参数的系数可以计算出熔池电阻、电流和熔池电压。

$$R = a \frac{1}{\sqrt[3]{P}}$$

$$I_e = b \sqrt[3]{P^2}$$

$$V_B = c \sqrt[3]{P}$$

表 8-18 为由上述公式推算出的相应的电阻、电流和熔池电压系数 a、b、c。

表 8-18 由斯特隆斯基模型推算的电阻、电流和电压系数[3]

品　种	电极电流密度/A·cm^{-2}	反应区功率密度/kW·m^{-3}	系　数		
			a	b	c
FeSi45	5.1	400	0.0233	208	4.8
FeSi75	6.3	560	0.0238	206	4.86
FeSi90	6.0	480	0.0214	216	4.6
金属硅	5.8	430	0.0198	225	4.44
硅钙合金	7.2	530	0.0168	245	4.08
硅铬合金	5.5	460	0.0244	202	4.93
高碳锰铁	4.5	240	0.0154	254	4.92
硅锰合金	4.9	310	0.0185	233	4.3
高碳铬铁	4.2	350	0.0293	185	5.4
电　石	4.9	350	0.0218	214	4.66

在研究电炉参数时，可以根据工作条件接近、运行良好的电炉推算出相应的系数，而后利用相似原理推算电气参数和几何参数。设两座电炉的熔池功率分别为 P_0 和 P_1，则相应的电气参数和几何参数相似关系有：

$$d = d_0 \cdot (P_0/P_1)^{1/3}$$
$$I = I_0 \cdot (P_0/P_1)^{2/3}$$
$$V = V_0 \cdot (P_0/P_1)^{1/3}$$

可以看出,斯特隆斯基模型与威斯特里公式是一致的。

8.4.3.5 功率密度

电炉的功率密度有体积功率密度和面积功率密度之分。

如果仅考虑电炉的能量特性,特定冶炼品种的电炉反应区功率密度接近定数。

设高温区与炉料表面的温差为恒定值,这样,无论电炉大小,电极端部到炉料表面的混合料深度为恒定值。以金属和炉渣为主的炉膛下部可以看作是一个大导体,热流量和热导率与面积成正比,与炉膛深度成反比。增加功率密度要求增加炉膛深度以防止金属传导的热量增加。这样,不管总功率是多少,对于一定功率密度的电炉两个区域的高度应保持恒定。增加功率密度炉膛深度必须成比例增加,以维持热损失在同一水平。按照这一模型,功率密度相同的电炉应该具有相近的炉膛深度,输入电炉的总功率与炉膛面积成正比。这样电炉面积功率密度应为定数。

另一模型设计思想是,炉膛内部的功率密度是不均匀的。靠近电极的部位功率密度较大,炉料温度较高,熔化速度比外围区域大得多。因此,功率大的电炉料层厚度必须足以完成炉气和炉料热交换;否则,料面上的温度就会过高。按照这一模型体积功率密度应为定数。

考虑到熔体的流动性和传热能力的因素,可以认为,无渣法电炉的电炉体积功率密度应接近定数,而有渣法电炉的面积功率密度接近于定数。这一理念可以用于核算电炉极心圆尺寸。表 8-19 为根据国内外 16.5~60MVA 电炉运行数据计算的不同品种电炉极心圆面积功率密度。可以看出,有渣法电炉的面积功率密度偏差范围较小,但是有渣法电炉实际生产反映出大电炉炉渣温度比小电炉温度高得多,大型电炉深度增加是必然的。

表 8-19　几个品种铁合金电炉极心圆面积功率密度范围

品　种	FeSi 75	HC FeCr	HC FeMn	SiMn
极心圆功率密度/$kW \cdot m^{-2}$	2300~3300	2400~2700	1200~1300	1600~1800

冶炼高碳铬铁时,极心圆直径大小对产品中含硅量有明显影响。采用较小的极心圆的相同功率电炉冶炼铬铁含硅量明显提高,而极心圆大的电炉冶炼的高碳铬铁含硅量偏低。这表明了极心圆功率密度对炉膛温度的影响。

8.4.4 矿热炉几何参数相似关系

矿热炉的炉膛直径 D、炉膛深度 H、极心圆直径 d 等几何参数通常是用相似

计算得出的:

$$d_1/d_2 = D_1/D_2 = H_1/H_2 = C_L$$

式中,下标 1 和 2 分别表示品种相同而容量不同的电炉。

电极的极心圆直径、炉膛直径和炉膛深度等几何参数通常按照电极直径的倍数来设计。表 8 - 20 列出了这些经验系数。

表 8 - 20 电炉几何参数与电极直径的倍数关系[11]

产品名称	极心圆系数, α	炉膛直径系数	炉膛深度系数	炉膛直径系数
HC FeMn	3	7 ~ 8	2.5 ~ 2.8	
SiMn	2.9	6.5 ~ 7	2.5 ~ 2.8	
工业硅	2.3	5.4	2.5 ~ 2.6	
FeSi 75	2.5	5.7	2 ~ 2.2	$2.3D_{极心圆}$
FeSi 50	2.55	5.9		
HC FeCr	2.55	5.9		
SiCr(一步法)	2.54	6.0	1.9 ~ 2.1	
SiCr(两步法)	2.45	5.7		
生铁	3.1	7.2		
CaC$_2$	2.7	6.3		

8.4.4.1 极心圆和电极间距

电极极心圆的概念与反应区功率密度有关,对电炉的工作电压也有一定影响。电极间距可由电极极心圆计算出来,二者意义相同。早期电炉设计人们完全依靠经验,参数选取的随意性较大。电极间距的提出是因为人们认为这一尺寸取决于电炉顶部的设施,如短网、加料设施、电极把持器、冷却水系统的布置。

当把电极当做热源,热能沿着电极周围各个方向辐射和传导,这时,电极间距与反应区直径的立方成正比。在体积功率密度相同时,存在如下关系:

$$L = C_L \cdot P^{1/3}$$

另一种观念认为,电极释放的能量在一个固定的反应区被吸收,输入功率与反应区直径的平方成正比。这样电极极心圆直径与电功率的关系为:

$$L = C_L \cdot P^{1/2}$$

大多数计算采用电极直径的比例关系计算(见表 8 - 20),但为了把握起见,仍需用功率密度关系核算。

8.4.4.2 炉膛直径

按照电炉反应区的理论,电炉极心圆直径与每支电极反应区直径相同;电炉反应区为电极极心圆的 2 倍。由于出铁口是炉衬最薄弱的部位,最容易烧穿,炉膛直径通常比所需要的要稍大一些。经验表明,炉膛直径应该大于 2 倍的极心圆

直径 D_{PCD}，使熔炼区不与炉衬相接触。凯里建议，

$$D_{炉膛} = 2.3 D_{PCD}$$

常用的计算式是：

$$D_{炉膛} = 2 D_{PCD} + d_{电极}$$

8.4.4.3 炉膛深度

一般炉膛深度的计算采用经验式方法，即按照电极直径的倍数计算炉膛深度。

电炉的纵向尺寸可以分成两个部分。电炉的上部可以看作竖炉的料柱部分，另一部分为由电弧、焦炭层和熔融炉料组成的反应区。电炉的传热是由原料特性和混合状态所决定的。热流速率与炉膛深度成正比。

矿热炉炉膛工作深度按下式计算：

$$H = H_0 + H_1 + H_2 + H_3$$

式中　H_0——炉料表面距离炉壳上沿高度；

　　　H_1——电极工作端埋入炉料深度；

　　　H_2——电极端头距出铁口高度；

　　　H_3——炉底留铁层高度。

表 8 - 21 给出了各种铁合金的电极插入深度与电极直径之比（L/d）、电极端距炉底距离与电极直径之比（h/d）和留铁层高度。由这些系数可以计算出相应的炉膛深度。

表 8 - 21　电极插入深度与电极直径之比（L/d）、电极端距炉底距离与电极直径之比（h/d）和留铁层高度

产　品	FeSi	HC FeMn	CaC$_2$	SiMn	HC FeCr
电极插入深度/电极直径	1.38	1.46	1.5	1.5	0.8
电极炉底距/电极直径	0.96	0.94	1	1	1.0
留铁层高度/m	0.1	>0.5	0.3	>0.3	0.5

为了增大电炉的热稳定性，一些有渣法冶炼电炉采用了留渣操作。如高碳锰铁电炉可以采用较深的炉膛，出渣口和出铁口分开。出铁口和出渣口的距离为 0.6 ~ 1m。由于炉内始终积存相当数量的炉渣，每次出炉以后炉膛内部温度基本保持稳定。反应区温度和熔炼速度不会受到出炉因素的影响。

比较电极和极心圆直径相同但炉膛深度不同的硅锰电炉可以看出，有渣法电炉可以采用不同的炉膛深度。电炉内存渣量随着炉膛深度增加而加大。炉膛深的电炉需要较高的渣铁比来操作，炉膛深度为 3.4m 的 48MVA 电炉合理的渣铁比为 1.5，而炉膛深 4.3m 的相同容量电炉合理渣铁比为 2 左右。这意味炉膛内有更多的熔渣才能使渣层、焦炭层、软熔层等炉膛各工作带的结构分布合理。

炉膛深度并不是随意性很大的参数。炉膛容纳的金属和炉渣容积是决定电炉深度的因素。大型电炉劳动生产率高，出炉时间间隔长，炉内留渣更多。因此，大电炉炉膛普遍比较深。

电炉的炉膛深度与原料条件有关。国内外制造的电炉在炉膛深度方面有较大差异。多年来，国内铁合金电炉多使用未经加工处理的原料，粉料比例较高，炉料透气性差。为了适应这种原料条件，国内锰铁电炉炉膛深度普遍比国外浅。

在使用含氧量高的氧化锰矿冶炼锰铁时，深炉膛体现了一定的优越性。只要炉料的透气性可以满足反应气体逸出料面的要求，适当增加炉膛深度有助于提高电炉的热效率。电炉结构设计方面有过深炉膛和浅炉膛的讨论。表 8 - 22 比较了国外一些硅锰合金电炉的炉膛深度关系。

表 8 - 22　深炉膛和浅炉膛的比较

工　　厂	P/MW	H/m	$H/P^{1/3}$
NKK	26	5.6	0.196
日本电工	26	4.5	0.157
Samancor	30	5.3	0.177
CDK	34	4.7	0.150
意大利某厂	17	4.3	0.173
申　佳	16.8	3.4	0.138
内蒙古某厂	30	3.7	0.131
中钢吉电	21	3.7	0.135

由表 8 - 22 可以看出，国外采用深炉膛结构电炉的 $H/P^{1/3}$ 数值在 0.17 ~ 0.2 之间，而国内浅炉膛的相应数值在 0.13 ~ 0.14 之间。

在深炉膛设计方面还需要考虑炉内各部位的不均匀性导致的塌料、透气性变差、电极过长使电损和电抗增加等问题。炉膛深度的加深使电极工作端增长。由此带来的风险是电极截面受力增加，这就要求电极抗拉强度足够大，以避免出现电极折断事故。

一些企业认为采用深炉膛操作的锰铁电炉可以提高电炉的热稳定性，也可以用较高的渣铁比操作，有利于提高元素回收率和增加产能。日本电工一座 36MW 电炉按照深炉膛结构进行了改造（见表 8 - 23）。改造后铁水和炉渣的流动性显著改善（见表 8 - 24），生产能力提高了 20% 左右。

表 8 - 23　按深炉膛改造的电炉参数对照[13]

参　　数	F1 改造前	F2	F1 改造后
变压器容量/MVA	36.4	40.5	36.4
电极直径/m	1.70	1.70	1.70

参　数	F1 改造前	F2	F1 改造后
极心圆直径/m	5.10	5.30	5.10
炉膛直径/m	10.94	11.52	10.94
炉膛深度/m	4.72	5.82	5.49
出铁口至炉底距离/m	0.90	1.12	1.07
出铁口 - 出渣口距离/m	0.65	0.80	0.75
出渣口 - 炉口高度/m	3.15	3.90	3.67
电极行程/m	0.90	1.00	0.90

表 8 - 24　改造前后出铁、出渣速度对比[13]

出铁、出渣速度	F1 改造前	F2	F1 改造后
出铁速度/t·min^{-1}	1.36	2.17	1.5
出渣速度/t·min^{-1}	2.13	3.35	2.35

8.4.5　出铁口和出渣口

8.4.5.1　留铁层

铁合金电炉炉底一般低于出铁口,炉内存有一定厚度的铁水,称为留铁层(salamander)。有渣法的留铁层厚度一般为 300 ~ 500mm,无渣法为 100 ~ 150mm。倾动电炉炉底也留有一定厚度铁水。留铁层的意义在于提高电炉的热稳定性,维持铁水温度和保护炉底耐火材料。

电炉如果没有留铁层,铁水排净后沉入炉底的炉渣会与炉底材料发生反应,加快炉底的损毁。这种状况在镁质和铝质耐火材料炉衬更为明显。

由于炉衬的散热作用,炉底留铁层底部会发生凝固,减缓了炉渣的侵蚀作用。

8.4.5.2　出铁口和出渣口

在现有的铁合金电炉中出铁口和出渣口设置差异很大。

大多数中小电炉出铁和出渣共用出铁口。通常,铁合金电炉设置 2 个出铁口,分布在电炉两侧。有渣法工艺采用 1 个出铁口的电炉也很普遍。这些电炉采用开堵眼机操作,出铁口损毁很少,维护工作量也很小。

大型高碳锰铁和镍铁电炉采用出铁口和出渣口分离方式,为了维护炉衬寿命出渣口和出铁口各 2 个。出铁口和出渣口之间的高差通常为 600 ~ 1000mm。

硅铁、硅钙电炉出铁口容易发生损坏,有的电炉采用 3 ~ 5 个出铁口。多个出铁口的优点是:出铁口轮换使用,可以改善炉内铁水和炉渣分布,有利于排尽3 个电极熔炼区部位炉渣和铁水,减少死料区,避免功率弱相出现;可以减少出铁口损毁，便于维修操作；旋转炉体的多出铁口能方便炉前出铁作业。

8.5　电极

电极是矿热炉的心脏。矿热炉使用自焙电极、石墨电极和炭素电极。成本较低的复合电极已经用于金属硅电炉。

8.5.1　电极材质选择

电极材质是根据冶炼品种选择的。生产质量纯净的产品通常选用石墨电极或炭素电极，如金属硅电炉、金属锰和微碳铬铁等精炼电炉。大多数铁合金电炉使用廉价的自焙电极，但对不适宜使用自焙电极的特殊生产环境如孤网供电、频繁停送电的条件等往往也不得不使用昂贵的石墨电极。表8-25列出了不同品种的炉型和电极材质。

表8-25　各种电极材质在矿热炉上的应用

电极材质	炉　型	冶　炼　品　种
自焙电极	埋弧电炉	锰铁、铬铁、硅铁、镍铁、电石、黄磷等
自焙电极	精炼电炉	中低碳锰铁、中低碳铬铁、钨铁、化渣炉
炭素电极	埋弧电炉	金属硅
炭素电极	直流电炉	高碳铬铁、保温炉
石墨电极	精炼电炉	微碳铬铁、金属锰、化渣炉
复合电极	埋弧电炉	金属硅

8.5.2　自焙电极

自焙电极的烧成主要是依靠电流通过电极烧结带时所产生的电阻热来完成的。电极烧结速度和烧结状况与电极电流密度和电流分布有关。

8.5.2.1　自焙电极的结构特性

自焙电极由电极壳和电极糊制成。电极焙烧在电炉运行中进行，随着温度升高，电极糊挥发分逸出，自焙电极完成液化—固化—烧结过程（见图8-19）。

自焙电极的电极壳由金属外壳和筋片组成。电极壳在低温下承受电极的重量。在电极焙烧中电极壳将电流传输给电极糊，同时也起着发热体的作用。电极壳是由冷轧钢板制成的，大型电极有时还要在筋片端部焊接带钢或螺纹钢棒以加强其承重能力。

自焙电极的烧结能力具有自行调节的特点。在下放电极之后，电极焙烧速度较快，随着烧成带的上移电极烧结速度逐渐减缓。

自焙电极烧成过程存在两个转变：

（1）电极电流传输比例转变：由大部分通过电极壳和筋片传输过渡到全部通过焙烧成形的炭素电极传输。

（2）电极承重转变：由电极壳和筋片承重过渡到烧成的炭素电极承重。

在电极糊未烧结前（低于 500℃），电极壳承受电极的全部重量。在这一温度以下，电极壳要具备通过一定电流的能力，同时仍保持一定的强度。由铜瓦向电极壳导电的电流密度一般按照 5A/cm² 左右设计。

电炉运行中，电极壳必须保持一定的刚性和稳定的几何形状。大直径的电极在电极壳的两端内圈增加加固带，以保证焊接处强度。

矿热炉电极传导电流达几万甚至十几万安培，因此，电极壳和电极炭素材料二者的导电性都十分重要。两种材料导电性是互相补充的，钢的导电性随温度的增高而降低，而碳的导电能力随温度增高而增加（见图 8 - 20）。当电极壳和筋片的金属断面积与电极截面之比为 1:75、温度在 750℃时，碳与金属具有相同的导电能力（见图 8 - 21）。在更高的温度，金属氧化或熔化而烧成的碳质材料承受全部电流。

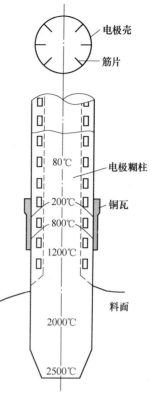

图 8 - 19　自焙电极结构

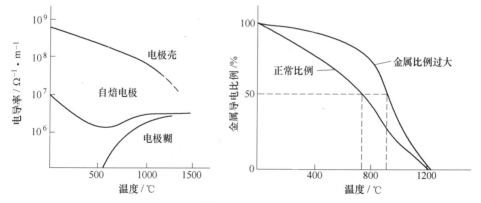

图 8 - 20　自焙电极导电性与温度关系[13]　图 8 - 21　自焙电极电极壳导电比例与温度关系

筋片截面积一般按电极壳总截面积的 20% ~ 40% 设计。如果筋片不能承担电极自重，则必须考虑在筋片端增加螺纹钢或带钢。直径为 1500mm 的自焙电极极限承重量与温度关系见图 8 - 22。

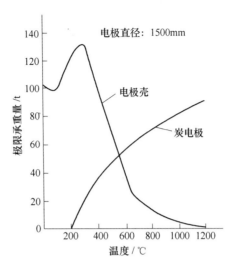

图 8 - 22　直径为 1500mm 的自焙电极极限承重量与温度关系

筋片会造成自焙电极烧成后结构不连续和裂缝，削弱被筋片分割的部分与电极主体的结合强度。靠近筋片的部位电极糊烧结速度较高，强度和密度均低于正常焙烧条件。如果筋片过多或过宽，筋片之间的电极容易掉瓣。自焙电极烧结带的剪切强度设计极限约为 1MPa。

表 8 - 26 为根据电极焙烧带金属和炭素材料承重计算的电极壳结构数据。

表 8 - 26　电极壳结构参考数据

电极直径/mm	电极壳尺寸/mm			重量/kg·m⁻¹		电极壳截面积比/%
	钢板厚度	筋片高	筋片数	电极壳	电极	
1000	2	150	7	66	1193	1.1
1200	2.5	200	8	106	1726	1.2
1300	2.6	250	8	143	2041	1.4
1400	2.8	250	10	163	2365	1.4
1500	3.0	300	12	182	2711	1.3

电极壳钢板截面积与碳质材料的截面积之比平均为 1.3%；钢板重量与碳质材料重量之比为 7%；筋片开口面积与筋片总面积之比平均为 10%；筋片横断面面积占电极壳断面面积的 20%～40%，平均为 29%。电极壳钢板截面平均最大电流密度为 $4.5A/mm^2$。实际生产中，冶炼品种、炉型、炉口温度、电极糊的烧结能力等因素对于电极壳的设计参数有一定影响。一般认为：电极直径为 1.3～

1.5m 时，电极壳的钢板与碳质材料面积之比不宜超过 1.7%，否则，易发生电极欠烧和软断事故。

为了避免电极发生软断，电极筋需要冲剪若干开孔。筋片开孔有助于加强电极外围部分的强度。筋片开孔处碳电极所能承受的剪切力必须大于电极自重。同一电极壳的各个筋片开孔应位于不同的垂直高度。一般认为，在电极的烧结带至少要有一个筋片开孔。

8.5.2.2 自焙电极烧结

自焙电极的烧结分成三个区域：

（1）软化带。电极筒内温度在 100℃ 以下的区域为固体电极糊区域。在铜瓦上部 100 ~ 200℃ 区域电极糊开始软化呈塑性，电极糊具有一定流动性，可以充满电极壳。该处的温度可通过电极把持器上部装设的通风机来调节。

（2）烧结带。烧结带位于铜瓦中下部，温度为 200 ~ 800℃。电流通过电极壳和筋片加热电极糊，使挥发分逸出，电极糊转变成具有一定强度的导电体。一部分碳氢化合物在糊柱的压力下残留在电极糊中，形成热解碳。

（3）烧成带。铜瓦下部至电极工作端，电极内部温度高于 800℃，电极导电性和强度可以满足要求。中心温度继续升高使电极壳熔化或氧化脱落。电极下端内部温度可以达到 2000℃ 以上。

烧成带中心部位形状呈现向上或向下的凹面，这主要取决于烧结状况。密闭电炉或烧结差的烧成面会向下凹，而敞口电炉的烧成面向上凸起。电极下放速度慢或电炉长时间超负荷运行会造成电极过烧，使烧结带高于铜瓦。

自焙电极的烧结有一定的自我调节能力。流向电极的电流大部分流经铜瓦下部已经烧结好的电极，由于该部位电阻较小，所产生的电阻热是有限的。当烧成带足够大时，由电极烧成带向上的传热量较少。这时，电极的烧结速度减慢，烧成带处于稳定状态。这种调节机制使自焙电极得以适应变化的炉况和运行条件。

电极烧结的热量主要来自于电流通过电极内部产生的热量和铜瓦与电极接触的电阻热，还有少量来自于炉内和环境热量。

烧结带消耗的热量有铜瓦冷却水带走的热量和电极烧结热量。电极烧结热包括挥发分的气化热、相变热、电极升温热和向环境辐射的热量。

自焙电极烧结带的热平衡见图 8 - 23。

铜瓦与电极之间接触电阻产生的热几乎立即为铜瓦冷却水带走。由于电极温度远远高于铜瓦温度，还有一部分电极电流产生的电阻热向铜瓦传递，由冷却水带走。

8.5.2.3 自焙电极特性

电极电阻率与焙烧温度的关系见图 8 - 24[14]。当温度低于 100℃ 时，煤沥

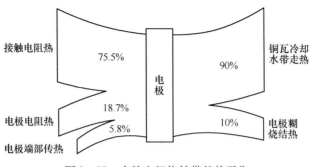

图 8-23 自焙电极烧结带的热平衡

青、煤焦油的熔化使电极糊的电阻率上升；当温度高于 100℃ 时电阻率大幅度下降。在 700℃ 时，电阻率下降了约 98%。温度进一步提高，电阻率平稳下降。

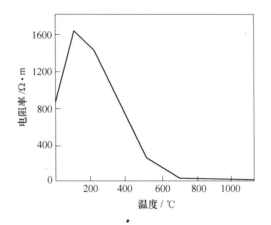

图 8-24 自焙电极的电阻率与温度的关系

焙烧时电极抗压强度的变化随温度升高而增加。加热温度低于 400℃ 时，电极糊由固态变为可塑性物质，没有机械强度；当温度由 400℃ 上升到 700℃ 时，电极抗压强度急剧上升到最大值，达到 55MPa；继续加热到 1200℃ 也不再发生任何变化。

由图 8-25 可以看出[14]，新焙烧的电极强度较高，而冷却后重新加热的电极强度仅是原焙烧强度的 50% 左右。因此，电炉热停后极易发生电极事故。

图 8-26 为电极糊焙烧时气体逸出量的变化情况。400℃ 以上挥发分大量逸出。由 400℃ 升到 500℃ 时，气体逸出量增加 7 倍，电极糊开始烧结。当温度为 600~700℃ 时，粘结剂变为残碳，电极达到最终强度，其电导率也接近最终的电导率。

电极焙烧速度过快，将导致电极孔隙率增大、体积密度减小、电极强度下降，见表 8-27。

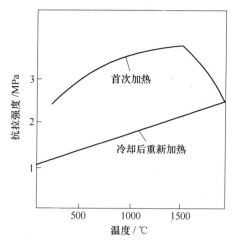

图 8-25 自焙电极的抗拉强度与温度关系

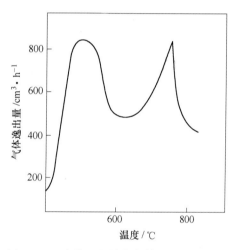

图 8-26 自焙电极焙烧气体逸出量的变化

表 8-27 电极焙烧速度对其物理性能的影响

加热速度/℃·h⁻¹	体积密度/g·cm⁻³	孔隙度/%	电阻率/μΩ·m	抗压强度/MPa
15	1.516	22.57	60.91	55.7
25	1.459	23.17	60.70	51.5
50	1.479	24.46	65.80	51.0
150	1.436	26.66	77.28	41.6
200	1.419	27.53	78.24	40.0

敞口电炉电极四周的温度高于密闭电炉,因此敞口电炉电极烧结状况好于密闭电炉。电极糊的选用需要根据电炉工作条件和消耗而定。

工作端短的电极，电极烧结带距电极端头电弧区距离近，电极焙烧速度快。适宜的烧结带位置和温度分布是保证电极正常工作的关键。

电极电流的趋肤效应使电极截面的电流密度从中心到周边逐渐增大。邻近效应使电极内邻近另一支电极的部位电流密度增大。电极直径越大，邻近效应和趋肤效应越明显，电极内部温差也越大。靠近炉心一侧的电极电流密度高于外侧，其温度必然较高。通电时间长，电极表面和内部的温差也大，电极表面温度与通电时间有关。

自焙电极内部温度分布不均，受力状况和微观结构的差异导致自焙电极内部的应力分布不均和变化，电极表面应力是中心应力的 1.6 倍。

当自焙电极内部应力超过电极的极限强度，电极就会发生裂纹。频繁或急剧的温度变化会使这些裂纹合并、长大，导致电极硬断。电极的热应力随电流波动而递增。电极的热应力与电炉热停时间长短有关。电炉热停时间越长，电极温降越大，热应力越大。热停 6h 后电极的热应力是热停 3h 的 1.75 倍，而重复热停将使电极热应力提高约 20%。

电极端部是炉内温度最高的区域，也是化学反应最激烈的部位。碳质电极参与化学反应是电极消耗的主要原因。为保证工作端长度，电极焙烧速度应与电极消耗相适应。

8.5.3　自焙电极的接长和消耗

8.5.3.1　自焙电极的接长

自焙电极的焙烧和消耗是连续进行的。电极糊的添加要与电极的消耗量相适应。维持电极糊柱的高度，使电极焙烧带的电极糊具有一定的压力，以增加液态电极糊的致密程度，从而提高烧成电极的强度。图 8-27 为电极糊柱高度与电极直径的关系。实际操作中，冬季电极糊柱可以偏低，而夏季可以略高。挥发分从电极糊中逸出时会在糊柱的上部低温段凝固，增加上部电极糊的流动性，从而导致电极糊的偏析。糊柱过高容易出现偏析现象，还会造成电极糊悬料。

电极壳的接长过程要注意保证电极的垂直度，电极壳的钢板接缝必须满焊，焊缝应连续密实、平整均匀。筋片要焊牢，上下筋片焊接成一体。在 1000℃ 时，50% 电流由电极壳和筋片承担。

为保持电极工作端长度应按一定时间间隔下放电极。正常工作时，电极下放量应等于电极消耗量。铜瓦部位烧成电极高度只有 150~200mm。为了防止出现电极事故，下放电极必须采用少放勤放的措施。电极下放量不能过大，通常每次下放 20mm 左右。

8.5.3.2　电极消耗

影响电极消耗的因素有冶炼工艺、电极材质和质量、电极表面的氧化作用、

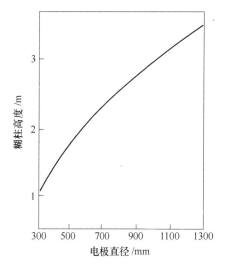

图 8-27 电极糊糊柱高度与电极直径关系

电炉负荷、电极事故及电极管理。

单位重量产品的自焙电极消耗量见表 8-28。硅锰合金、硅铬合金、硅铁、碳素铬铁等埋弧电炉单位耗电所消耗的电极较低且相差不大，硅钙合金消耗电极较多，是由于部分电极作为碳质还原剂参与了高温还原反应。由于中低碳锰铁、中低碳铬铁和钨铁生产过程中电弧裸露时间较长，电极氧化损失较大，因此电极消耗量高于埋弧电炉。

表 8-28 各种铁合金产品电极消耗量

铁合金	kg/t-铁合金	kg/kW·h	铁合金	kg/t-铁合金	kg/kW·h
75%硅铁	50~60	6.5	中低碳锰铁	20~30	42
高碳锰铁	15~25	8	中低碳铬铁	30~40	18
硅锰合金	25~40	7	钨 铁	45~55	17
高碳铬铁	20~30	8	硅钙合金	400	35

8.5.4 电极技术发展

电极消耗由电极侧面氧化损失和电极端头消耗构成。精炼电炉电极消耗中，侧面氧化损失占 40% 左右，端头消耗占 60%。铬铁电炉侧面氧化损失更多一些。为防止电极头掉入熔池增碳，打掉电极头的损失也很可观。

降低石墨电极消耗的措施主要立足于电极材料和技术的改进、电极表面处理和采取冷却电极措施等。

8.5.4.1 石墨复合自焙电极[15]

用于金属硅电炉的复合电极由石墨芯与外部的自焙电极组成。烧成的电极从钢壳中挤压出来保证电极连续下放。利用此技术使电极费用降低 30% 以上，工业硅生产成本降低 12% ~16% 。

石墨复合自焙电极的结构组成有：由石墨或炭素电极制成的中心电极、用于成型的电极壳、电极糊、自焙电极压放机构、中心电极压放机构、导电铜瓦、电极升降机构等，见图 8 - 28。

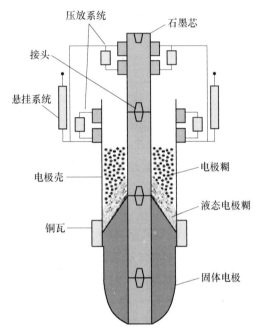

图 8 - 28　石墨复合自焙电极[16]

复合电极有两套压放机构，一个用于压放中心电极，一个用于压放自焙电极。两个压放机构必须同步运行。

据介绍[16]，使用石墨复合自焙电极对金属硅质量影响并不显著，但没有电极壳材质和如何分离电极壳的报道。

8.5.4.2　组合金属水冷电极

组合金属电极由带螺旋接头的金属水冷电极和石墨电极组成（见图 8 - 29）。上部的金属电极与铜头相接触，承担了将电流从铜头传递给石墨电极的作用。金属电极的冷却水将石墨电极的热量带走，降低了石墨电极的温度，在一定程度上降低了电极氧化损失的速度。采用组合电极可以降低电极消耗 20% ~30% 。组合电极的缺点是电极接长程序复杂，会延长更换电极时间。

8.5.4.3　电极表面喷水冷却法

为了降低电极氧化消耗，超高功率电炉普遍采用了电极喷水冷却措施。在电极把持器的下方装有环形喷水管。压缩空气将水雾化均匀向电极表面喷水，在电

极表面形成水膜。水的汽化从电极上吸收
大量热量，使电极表面温度得以降低，从
而减少电极的氧化损失。

8.5.4.4 涂层电极

涂层电极采用普通石墨电极做原料，
表面用等离子喷枪喷涂一层金属铝薄膜；
在铝层外部涂一层耐火泥浆；最后用电弧
的高温使金属铝与耐火材料熔化在一起，
形成既能导电又能高温抗氧化的金属陶瓷
层。为了使涂层达到一定厚度，喷涂金属
铝和耐火泥浆以及随后进行的电弧烧熔要
反复 2~3 次。这种抗氧化涂层材料分解
温度在 1850℃以上。

与相同质量的石墨电极相比，使用
带有抗氧化涂层的石墨电极可以降低电
极消耗 20%~40%。为了改进涂层电极
与导电铜头的接触，铜头上应加装石墨
垫片。

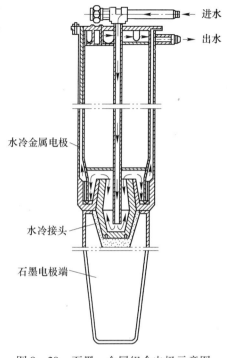

进水
出水

水冷金属电极

水冷接头

石墨电极端

图 8-29 石墨-金属组合电极示意图

8.5.4.5 无机盐浸渍电极

采用硼酸盐和磷酸盐对电极进行浸渍处理可以提高石墨电极的抗氧化能力，
同时提高电极强度。

浸渍过程是在低真空状态下进行的。将预热的石墨电极置于真空罐中抽气
30min，使真空度维持在 0.006MPa；而后将温度为 95℃的浸渍液注入真空罐，使
无机盐渗入石墨电极的微孔中去；在 0.004MPa 真空状态下浸渍持续 3~4h；最
后对电极进行干燥和表面处理。

浸渍处理不会影响电极的导电能力。使用浸渍电极可以降低电极消耗 20%
左右。

8.5.4.6 无机盐和金属粉涂层

使用添加铬、钼、碳化硅粉的无机盐涂刷石墨电极也可以在一定程度上提高
电极的抗氧化能力。将无机盐水溶液与少量水溶性胶质粘结剂均匀混合并适当加
热，形成均匀的涂料。采用涂刷的方法使无机盐均匀渗透到石墨电极孔隙间。

8.6 矿热炉机械设备

电炉机械设备由电极系统、导电系统、烟罩或炉盖、炉壳、料仓和料管、烟
气导出管或烟道、冷却系统、炉体转动装置等组成。

8.6.1 埋弧电炉结构

埋弧电炉冶炼会产生一氧化碳浓度很高的炉气。烟罩和炉盖的作用是将烟气收集起来，经烟道送入净化系统。按电炉的冶炼特性埋弧电炉的结构形式有密闭电炉和敞口电炉之分。埋弧电炉均为固定式电炉，所谓矮烟罩、半密闭电炉均属于敞口电炉。高烟罩电炉的短网导电横臂、把持器中下段均在烟罩内工作，给排烟除尘带来许多困难，目前已很少使用。图 8-30 为矮烟罩电炉结构示意图，图8-31 为密闭电炉结构示意图。

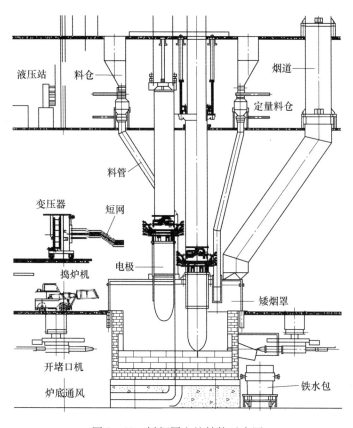

图 8-30 矮烟罩电炉结构示意图

金属硅、硅铁等高硅铁合金冶炼采用敞口电炉。高硅铁合金冶炼中炉料常出现烧结现象，需要打开炉门对炉料进行疏松处理。敞口电炉炉气在炉口燃烧，烟气温度很高，烟气需要经过冷却后才能进入布袋除尘器收尘。采用矮烟罩装置能大大减少烟气排放量，提高烟气温度，有助于回收和利用余热。

密闭电炉的炉盖将炉口与大气隔离。密闭炉回收的电炉煤气中，CO 含量可达 60% 以上。密闭电炉主要用于锰铁、铬铁等铁合金的生产。这些铁合金的冶

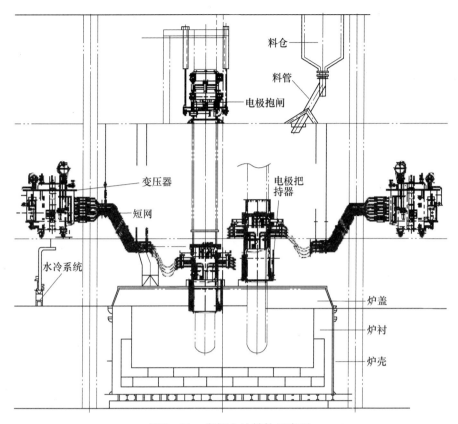

图 8 - 31　密闭电炉结构示意图

炼过程炉料透气性好，无需频繁进行疏松炉料或推料操作。为保证电炉安全运行，炉盖内部压力应维持在微正压。密闭电炉也可以半密闭操作，这时电炉煤气在炉盖内燃烧，烟气温度提高，烟气量增大。

8.6.2　电极系统

电能通过短网和电极系统传送到电极。电极系统由导电机构、电极把持器、电极升降系统、电极压放装置组成。电极把持系统的作用是把持电极，通过导电管和铜瓦把电流传送到电极上，并通过电极升降系统来调整电极的位置。

8.6.2.1　电极把持器

电极把持器由导电铜瓦或导电元件、导电铜管、电极夹紧装置、保护套、冷却水路、吊挂件、绝缘和密封件等构件组成。

铜瓦的作用是传导电流。电极的烧结与通过铜瓦的电流有关。为了避免导电元件过热，铜瓦和导电管必须通水冷却。铜瓦部位是电极烧结带，是整个电极强度最薄弱的环节。

通过把持器的作用，铜瓦对电极有足够的夹持力。电极把持器应保证铜瓦与电极有良好接触使电流均匀传导到电极上。良好的接触可以减少铜瓦－电极间接触电阻，满足电极烧结要求；同时把表面热量传出。接触不好或接触电阻过大会导致铜瓦与电极打弧或局部过热，造成铜瓦损坏或电极流糊、软断事故。

电极把持器在高温和强磁场条件下工作。为了维持其正常工作，电极把持器需要由防磁材料制成，同时有良好的冷却水路，以维持其正常工作。

电极把持器对电极需要有合适的抱紧力；同时，各块铜瓦应均匀受力，使其与电极壳充分接触。

当抱紧力足够大时，铜瓦与电极壳的接触电阻较小。在铜瓦对电极的抱紧力为 0.1MPa 时，可以实现铜瓦与电极壳充分接触，满足导电的要求。在这一压力下也可以实现正常压放电极。铜瓦对电极最大压力不超过 0.15MPa。当铜瓦对电极的抱紧力为 0.1MPa 时，铜瓦可以承担 60% 左右的电极重量。

电极把持器的抱紧力过小时，铜瓦不能与电极保持良好的接触，铜瓦与电极壳之间会发生打弧现象。铜瓦打弧会导致电极壳烧穿，使电极流油，严重时还会造成电极软断事故。

电极把持器的抱紧力过大时会使电极壳出现变形，甚至影响电极正常烧结。

电极把持器对电极的夹持方式有顶丝、锥形环、波纹管压力环、膜式压力环和组合式把持器等几种结构类型，其典型性能见表 8－29。

表 8－29　几种电极把持器结构性能比较

把持器结构	锥形环	组合把持器	压力环
适用范围	<12.5MVA 电炉	<25MVA 电炉	各种容量电炉
设备结构	简单	简单	较复杂
电极壳加工	要求不高	要求严格	中等
电极烧结性能	差	良好	良好
夹紧和导电性能	不均衡	均衡	均衡
下放电极	需停电放电极	不能倒拔电极	操作简单
检修维护	故障率高	维护量少	故障率低
造　价	低	中	高

A　压力环把持器

压力环把持器有多种结构。其原理是通过压力装置对铜瓦实施垂直压力，使铜瓦与电极紧密接触。早期压力环为大螺栓结构，通过转动螺栓调整压力环对铜瓦的抱紧力。以后陆续开发的压力环结构有液压油缸压力环、水压胶囊压力环、波纹管压力环等。现在大型电炉多用波纹管压力环结构。

波纹管和胶囊膜式压力环可以保证铜瓦与电极的紧密接触。压力环内部对应于每块铜瓦的位置上装有波纹管或橡胶囊，利用液压或水压控制波纹管的伸长缩短或胶囊的膨胀收缩，使铜瓦夹紧或松开。由于每块铜瓦的压力可以分别调整，作用在每块铜瓦上的力相对较均匀。用仪表监测每一块铜瓦与电极的接触压力，一旦出现异常可以及时采取措施。图8-32为波纹管压力环结构示意图，图8-33为胶囊式压力环结构示意图，表8-30为波纹管压力环结构参数。

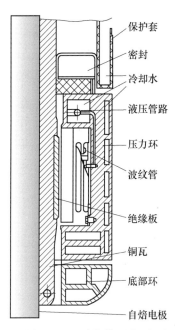

图 8-32 波纹管压力环

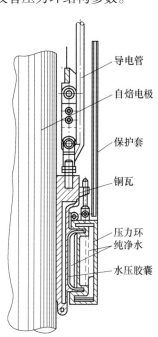

图 8-33 胶囊式压力环

表 8-30 波纹管压力环结构参数

项 目	电炉 A	电炉 B	项 目	电炉 A	电炉 B
电极直径/mm	1200	1500	保护套高度/mm	2000	2000
铜瓦块数	8	10	波纹管直径/mm	125	200
铜瓦高度/mm	800	800	工作压力/kPa	30~40	30~40
保护套外径/mm	2000	2300			

近年来对压力环技术的改进有：

在材质方面，铜瓦、压力环采用铜银合金，增加了抗拉伸能力和导电、导热能力，大大延长使用寿命。

在结构方面，为了改善电极与铜瓦接触，铜瓦、压力环、保护套全部采用机械加工成型，密封性很好，安装和检修非常方便。

B 电极组合把持器

电极组合把持器是由挪威埃肯（Elkem）公司在20世纪80年代初期开发的

电极技术。在结构上，组合把持器把铜瓦和夹紧机构结合成一个整体，电极壳筋片延伸到电极壳外，铜瓦直接夹持筋片。组合把持器的电极有利于改善电极烧结，这样，下放电极的速度可以适当提高而不至于发生电极事故。图 8 - 34 为组合把持器结构示意图。

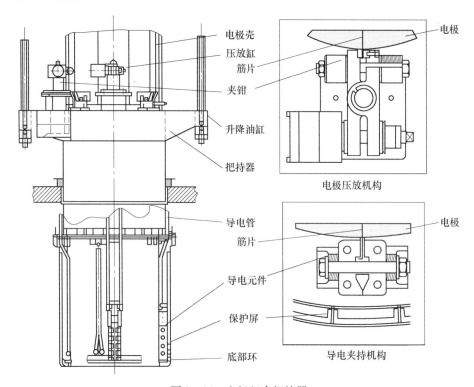

图 8 - 34 电极组合把持器

C 锥形环把持器

锥形环把持器常用于中小型电炉。其特点是结构简单，但可靠性略差。

锥形环把持器由锥形环或带锥形斜面的水套、铜瓦、液压油缸、抱紧弹簧、液压油路、导电管、水冷管、铜瓦吊架等组成。

正常工作时，弹簧维持锥形环对铜瓦侧向的压力，使铜瓦对电极处于抱紧状态。在液压缸推动吊杆作用下，锥形环下降使铜瓦松开。通过调整弹簧的弹性力调整铜瓦对电极的压力。

锥面夹紧环的倾斜角一般选用 10° 左右，当铜瓦对电极的压力一定时，倾斜角越小夹紧环拉杆的拉力越小，松紧油缸的弹簧和液压缸压力越小；反之亦然。

液压缸的行程应足以使铜瓦与电极壳完全分离，以满足电极压放和处理电极事故之需。一般行程液压缸的行程为 100mm 左右。

锥形环把持器结构简单，其缺点是作用在每块铜瓦上的力不均衡。改进的锥形环已经可以做到铜瓦-油缸/弹簧一一对应,使每块铜瓦所受压力可单独调整。

表8-31列出了典型锥形环把持器结构参数。

表8-31 典型锥形环把持器结构参数

电炉容量/kVA	12.5	25	保护套高度/mm	1500	1900
电极直径/mm	1000	1300	锥面倾角/(°)	10	6
铜瓦块数	8	8	锥面摩擦系数	0.15~0.2	0.15~0.2
锥形环直径/mm	1150	1600	铜瓦对电极压力/MPa	0.11	0.12
保护套直径/mm	1560	2090			

8.6.2.2 电极压放装置

电极压放装置位于电极把持器的上部,由上抱闸、下抱闸和升降液压缸组成。通过抱闸的松开、抱紧动作和上抱闸的位移实现电极壳对把持器的相对移动,从而实现电极压放操作。

抱闸机构的抱紧力应足够大以保证电极不下滑。抱紧力过大会造成电极壳变形,不利于电极铜瓦与电极的良好接触。抱闸的抱紧力通常为0.05~0.1MPa。平时上下抱闸总是处于抱紧状态。下放电极时,下抱闸松开,上抱闸抱紧电极,通过压放缸动作将电极压放到所需位置。

电极把持器对电极的抱紧力主要是依靠电极压放装置来实现的。把持器对电极壳的抱紧力是为了保证铜瓦向电极传输电流的作用。在电炉运行中,压放装置对电极的抱紧力必须始终大于电极下滑的摩擦力。

电极压放的结构形式有钢带式抱闸、气囊抱闸、碟形弹簧式、组合把持器夹钳、钢绳滚轮式等。电极抱闸动作应使电极受力均匀,避免出现电极变形(见图8-35)。

8.6.2.3 电极升降机构

电极升降装置有液压机构传动和卷扬机两种。随着液压技术发展后者已经较少使用。

液压升降机构分为缸体运动和柱塞运动两种方式。为了做到升降平稳,油缸同步运动,电极系统结构设计应做到均衡对称,连接方式采用球形铰接。改变电极位置是调整炉内功率分布的主要措施。

电极升降速度是根据电炉冶炼特性确定的。埋弧电炉电流相对稳定,电极移动速度较慢,通常为20~70cm/min。镍铁和精炼电炉电极电流波动加大,电极提升速度比较大,同时要求电极提升速度大于下降速度。精炼电炉电极移动速度为0.5~3m/min。自焙电极自重很大,电极移动过快会使电极内部产生应力。电极升降装置的起升力除要考虑电极自重和把持器等机械设备重量外,还应考虑到电极与炉料的作用以及把持器与炉盖密封件的摩擦力。

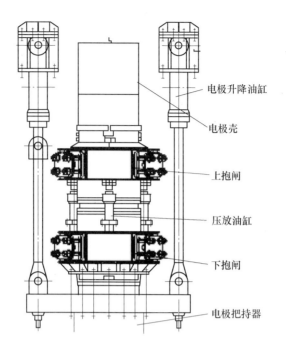

图 8-35 电极压放装置和升降机构

电极行程是根据电极最大移动量和检修需要确定，通常为 1000～1200mm。电极行程过长会加大电炉电抗。

8.6.3 炉盖和烟罩

烟罩和炉盖上的主要设备有电极系统密封装置、加料孔、烟道孔、防爆孔、炉门、观察孔、测温测压孔等，见图 8-36。

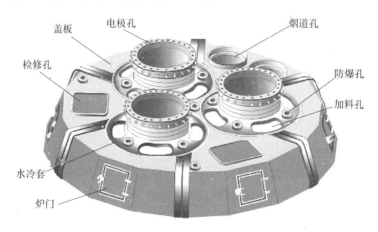

图 8-36 密闭矿热炉炉盖示意图

8.6.3.1 矮烟罩结构

矮烟罩一般采用水冷的金属结构，由框架、盖板、侧板和可移动的炉门组成。烟罩框架由若干根通水立柱和环梁组成，侧板和炉门安装在立柱之间。烟罩顶部采用水冷盖板，盖板上布置有电极孔、加料孔和烟道孔。所有孔洞也都要有良好的密封和绝缘。电极孔周围部件采用防磁钢板制造。烟罩工作温度在500℃以上，局部温度高于800℃，烟罩内部需要喷涂或打结耐火材料。气动开门机构可以遥控炉门开闭，以便观察和处理炉况。

烟罩和炉门的高低应该满足加料捣炉机的操作。但烟罩过高会使电极工作端过长，增加电炉电抗，并导致功率因数降低。

维持炉膛内部压力稳定在合理的范围内是保持电炉正常工作的必要条件之一。为了避免烟罩内部烟气外逸，炉门上沿应低于烟罩盖板300~500mm；操作时尽量不要同时开启多个炉门。

硅铁电炉烟罩内和烟道内的烟气压力和流速见表8-32。

表8-32 硅铁电炉烟罩内压力和流速

部 位	静压/Pa	流速/m·s⁻¹	部 位	静压/Pa	流速/m·s⁻¹
烟罩内部	-40	0.5~1	烟道口	-80	>17
炉门处	-40	>2			

8.6.3.2 密闭电炉炉盖

密闭电炉炉盖对电炉烟气起密封作用，防止含CO气体外逸。炉盖内的空间可在一定程度上缓解由于炉料运动导致的炉压波动。

炉盖有U形梁支撑结构和悬吊机构等几种支撑方式。炉盖盖板坐落或悬吊在吊杆或吊架上，炉盖采用分体式水冷结构，盖板之间加绝缘用螺栓把接，炉盖下沿与炉体之间采用绝缘板密封或填砂密封。

炉盖上电极孔处装有水冷密封套，对电极起密封及导向作用；料管、烟道均需设密封和绝缘；电极周边和电炉中心部分盖板需要采用不锈钢板或铜板等不导磁材料制成；炉盖下部打结耐火材料可以减少烟气向炉盖的传热（见图8-37）。

炉盖中心三角区采用铜质材料有助于把炉盖的热量迅速传递出去，减小炉盖因上下板受热不均匀而引起的变形，降低电炉漏水现象的发生。由于铜质材料的零磁导率，不存在电磁感应引起的涡流损耗。

8.6.3.3 加料管和加料口

炉盖上设若干加料管孔以满足炉料顺利加到电极四周。料管孔的数目主要取决于炉膛面积大小和化料速度。图8-37的炉盖上布置了24支料管，而图8-36的炉盖仅布置了12支料管。料管中心距离电极表面的距离应由混合料的堆角确定。

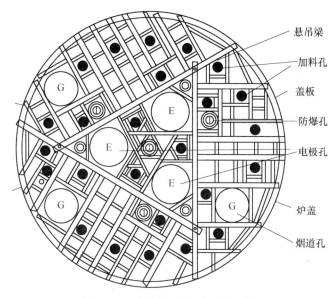

图 8-37 镍铁电炉炉盖示意图[2]

图 8-38 为炉盖上设加料口的原理图。这种加料方式将混合料通过料管加入到电极四周的加料口，沿着电极加入到炉内。

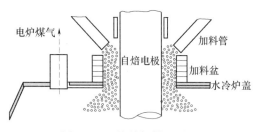

图 8-38 炉盖加料口原理

图 8-39 和图 8-40 分别为电极直径为 1200mm 的加料口图和炉盖结构图[3]。加料盆是易损部件，由耐磨的耐火材料砌筑而成，内部有冷却水管，并需方便维护和更换。其结构的缺点是电极工作端过长。

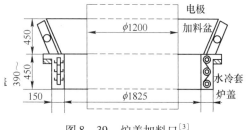

图 8-39 炉盖加料口[3]

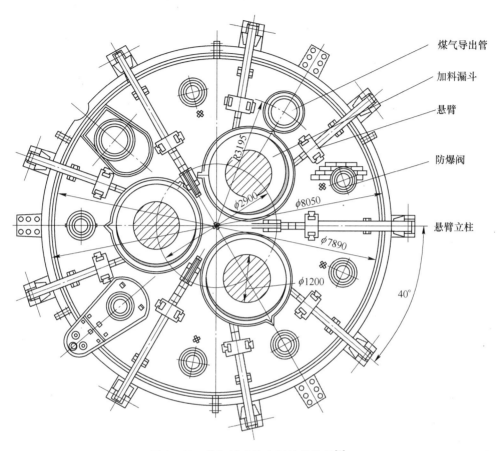

图 8-40 带加料斗的密闭炉盖结构[3]

加料口利用炉料对烟气密封,电炉烟气中大约有 7% 从加料口逸出。

8.6.3.4 烟道

炉盖上部设有烟道孔。

电炉烟道由水冷烟道、水冷蝶阀或钟罩阀、放散烟囱组成。电炉正常工作时,放散烟道处于关闭状态,电炉煤气通过水冷烟道进入煤气净化系统或烟气净化系统。当炉况出现异常或烟气净化系统不能正常工作时,烟气或电炉煤气进入放散状态。

炉料结构好的有渣法电炉采用密闭式炉盖,半密闭操作有利于减少烟气量,也便于以后改成密闭操作回收煤气。采用半密闭操作设计的电炉烟道孔需要有足够的面积,以满足高温烟气的流速。

8.6.4 矿热炉供料

为了保证电炉供料,炉顶料仓的容积和料管给料量必须与原料消耗速度相适应。合理的炉顶料仓设计应使各个料仓原料消耗量差别不大，上料系统保证所有料仓的均衡供料；反之，料仓设计不合理时，某些料仓原料消耗过快，某些料仓原料消耗过慢，这样，配料和上料系统设备不得不频繁启动运转。这种情况会在高碳锰铁和高碳铬铁电炉出现。高碳锰铁和铬铁电炉出铁时沉料速度十分快，当料仓容积过小时，可能出现料管中原料不能完全封闭电炉的情况。这对密闭电炉是十分危险的：轻则会发生电炉煤气泄漏，重则会使炉盖内部空间与大气连通。

8.6.4.1 供料

由配料站向炉顶料仓上料有带式输送机、斜桥料车、天车提升、环行料车、环形加料机、炉中心轴旋转带式输送机等多种组合方式。

炉顶环形加料机由传动装置、气动装置、机架及导料管等组成。每个料仓上部设有一套由气缸推动的刮料装置，可将原料送入料仓内。

与料仓料位配套使用带式输送机或环形加料机上料容易实现原料系统自动化。

热料加料多使用保温料罐由天车上料。

8.6.4.2 料管和料仓

在熔炼过程中，电炉炉膛各部位炉料熔化速度存在很大差异。电炉中心部位功率密度大、温度最高，化料速度最快；电炉外围化料速度相对较慢。不同品种的电炉，各部位化料能力也存在一定差别。硅铁和工艺硅等无渣法冶炼电炉的电极外侧部位原料下沉速度远远低于电炉中心。在冶炼过程的不同时间段原料下料速度差异也很大。高碳锰铁和高碳铬铁电炉在出铁和出渣过程中熔融区体积迅速减小，化料区结构发生改变，这时料面下沉速度最快，需要及时向炉内补充炉料。

因此，料仓和料管设计既要考虑该供料部位消耗量，也要充分满足出炉过程中最大沉料速度的要求。电炉极心圆区域是电炉功率密度最为集中的部位，尽管极心圆区域面积只占熔化区的 1/4，但原料消耗量却要占全炉的 1/2 以上。中心料管吃料速度快，周边料管吃料速度较少，其炉顶料仓容积的布置要按各料管的吃料速度计算。按操作经验，中心料管供料为整炉供料的 1/3 左右。

料仓对料管的供料能力由出炉间隔时间而定。输送机、给料机的供料能力也有一定影响。出炉间隔时间越长，要求料仓储料能力越大。密闭电炉的中心料仓要满足 4h 的供料需要。

料管布置是按料管下自然堆料能满足封闭电极四周的要求设计的。

图 8-41 给出了每支电极 5 支料管的料仓分布状况。

在电极极心圆直径小于 4000mm，电极中心周围空间不足以布置过多料管的情况时，每支外围料管供料量的比例为 1/18；相间料管供料量的比例为 1/6；而中心料管的供料量为 1/3（见表 8-33）。

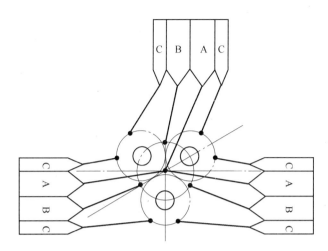

图 8-41 密闭电炉料管分布示意图
A—中心料管；B—相间料管；C—外围料管

表 8-33 30MVA 锰铁电炉料管数量和供料能力

部 位	中心料管	相间料管	外围料管	合 计
料管数量	3	3	6	12
料仓容积比	1/3	1/3	1/3	1

考虑到中心料管下料量最大，中心料管的供料量应接近 1/3。这时该支料管布料的料仓容积需要进行认真核算。为了保证供料可能需要由 2~3 个料仓向一支料管供料。

铁合金电炉每支电极一般可按 5 支料管布置供料。在电极极心圆足够大时，电炉中心布置 3 支料管，电极相间也可以布置 2 支料管。

镍铁电炉的特点是熔池面积大、化料速度快，因此镍铁电炉料管数量比埋弧电炉数量多。按照供料面积计算二者基本相同，即每只料管为 $6m^2$ 熔池供料。按照单位功率供料能力计算镍铁为每 1MW 一支料管，而硅锰合金和高碳铬铁为 0.5。镍铁的化料速度比锰铁高 1 倍。

精炼电炉为不间断操作，炉顶料仓容积按生产一炉的炉料计算。在配石灰时要考虑它的吸湿性特点，不能与湿料混配，否则会造成下料困难。

8.6.4.3 炉顶竖式预热器

原料粒度条件好的电炉可以使用炉顶料仓预热炉料。热源可以采用电炉煤气或电炉烟气。

在奥图泰球团工艺中，烧结车间生产的球团冷却后输送到电炉顶部的预热器，经过预热后加入到电炉。

日本电工公司德岛厂两座电炉采用炉顶料仓预热器预热炉料，见图 8-42。

该厂有一座 14.6m² 烧结机，将粒度小于 10mm 的碎锰矿烧结成块。入炉矿石粒度为 10~60mm，焦炭为 8~22mm，炉料阻力较小。高温电炉烟气流过料管和炉顶料仓，与低温原料进行热交换，实现了炉料干燥和预热。两座电炉分别为密闭和固定式电炉，平均功率分别为 26MW 和 28MW。

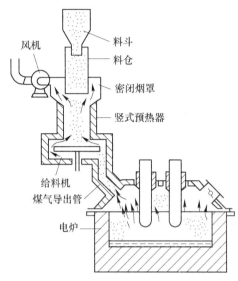

图 8-42 炉顶竖式预热器料仓示意图

竖式热交换器由料仓、料管、煤气管路、给料机、料位计、控制系统等设备组成。每座电炉有 13 个料仓，每个料仓容积为 25~50m³ 不等。料仓下部连接电炉料管，电炉热烟气通过料管进入竖式热交换器，在料管中和料仓下部对炉料干燥和预热。电炉烟气中的粗颗粒粉尘留在炉料中，随下降的炉料进入电炉。完成热交换的烟气通过设在料仓中部电炉煤气烟道引入煤气净化系统。

竖式料仓热交换器的供料是通过辊式给料机间断进行的。为了控制料仓内不至于缺料，料仓顶部设有料位计。由料位计讯号指示控制辊式给料机的开停。

进入炉顶料仓的混合炉料含水分小于 3%，经过预热后可以去掉 60%~70% 的水。如果水分超过 4%，则电炉有发生事故的危险。如果遇到下雨天，就要使用库存的干燥焦炭，另外配入干燥的烧结矿使炉料的综合含水量不超过 3%。

炉气通过竖式热交换器的阻力损失为 3.92kPa。烟气由竖式热交换器的上方进入文氏管和泰森洗涤机进行净化。烟气经过竖式热交换器的净化，含尘量已经得到降低；经过湿法煤气除尘，煤气含尘量为 20mg/Nm³。

8.6.4.4 空心电极加料技术

空心电极是利用位于电极中心的管路把粉状物料直接加入电炉高温区的技术。这一技术已经在电石生产、直流等离子炉和铁矿熔态还原等工艺中得到广泛应用。

空心电极可以有效利用廉价的粉矿和焦粉。20MW 铬铁埋弧电炉粉矿加入量达 28%，敞口电炉 100% 的炉料可以通过电极加入炉内。

空心电极的端部被炉料和气体冷却，降低了电极温度也减少了电极消耗。铬铁电炉电极消耗由 35kg/t 降低到 13kg/t，降低约 30% ~50%。

载气和炉料对电极的冷却效应可以使电弧电阻提高 4% 左右，有利于提高输入功率，使电极深插。

空心电极将炉料直接加入到电弧高温区可以改善还原条件，降低炉渣中有用元素损失。在铬铁生产中采用空心电极加料，炉渣中的铬由 5% ~6% 降低到 2% ~3%。

粉料通过电极加入熔池可以减少粉尘进入烟气，降低烟气中粉尘含量。

埋弧电炉使用空心电极技术需要解决料管的密封、中心管和电极壳的接长、料管堵塞和清堵方法等问题。

空心电极加料系统由称量、原料输送、加料、载气、检测和防护等设备组成，见图 8-43。电石炉采用流态化输送粉料。原料通过螺旋给料机或振动给料机向中心管喂料。埋弧电炉熔化压力范围为 10 ~20kPa。为了防止炉气进入加料系统，载气必须有一定压力。现有设备多采用 CO 或氮气做载气，63MVA 电石炉空心电极 CO 气体消耗量为 200m³/h；20MW 电炉氮气消耗量为 13m³/h。

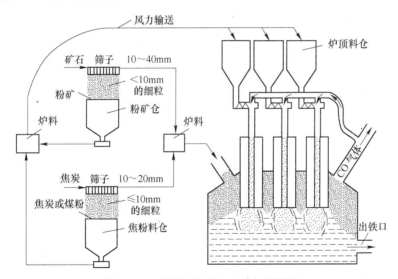

图 8-43 埋弧电炉空心电极加料装置

电极的上下运动要求空心电极系统与之相适应。加料系统必须随电极上下移动或采用橡胶软管与空心加料管相连。为了防止电极接长时反应区烟气通过中心管外逸，空心电极采用柱塞式密封或橡胶球密封。

炉膛内翻渣或电极插入炉渣、加料量过大会造成中心管堵塞，这时，载气压力迅速上升。为了防止堵塞继续发展，应停止加料并增大压力清除堵塞的物料。

通过空心电极加入的粉矿粒度和水分含量有一定要求，如上述 20MW 电炉使用粉铬矿的水分小于3%，粒度小于6mm。

8.6.5 炉体旋转机构

大型金属硅和硅铁电炉装有炉体旋转机构。炉体的水平旋转运动使熔池与电极发生相对运动。炉体旋转可以改善高硅铁合金的坩埚区结构，使炉底高温区温度分布均匀、改善排渣、有利于防止炉底上涨。

炉体旋转结构形式有滚轮式、滚球式结构。图 8-44 为滚轮式炉体旋转机构。炉体转动的方式有连续转动和往复转动两种形式。往复转动的旋转角度为120°。炉体旋转周期一般为 32~240h。

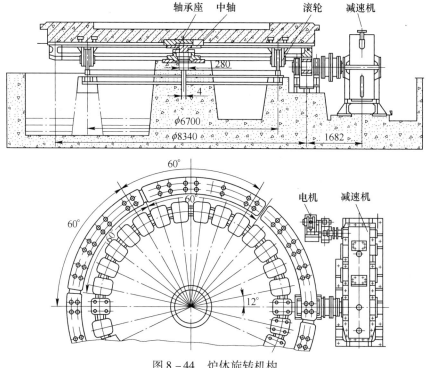

图 8-44 炉体旋转机构

炉壳和炉盖结构需要与炉体旋转结构相适应。旋转炉体电炉炉前出铁轨道为环形，炉壳通常至少设 5 个出铁口。电炉可以在任意位置出铁。密闭电炉炉盖与炉壳采用沙封，避免转动时发生煤气泄漏。

8.6.6 矿热炉的冷却

铁合金冶炼炉膛温度普遍在 1500℃ 以上。为了维护矿热炉导电系统、炉体、烟气系统的正常工作，需要用水、空气对这些设备进行冷却。

8.6.6.1 水冷系统

电炉水冷部位有电炉变压器、短网、导电管、铜瓦或接触元件等导电系统，电极把持器、炉盖、烟道、下料管等主要设施，出铁口、出渣口、凝固炉衬的炉壳等部位。

冷却水用量应由冷却强度计算。大型电炉设备结构的冷却用水量约 $20 \sim 25 m^3/(MW \cdot h)$。一座 30MW 密闭电炉各部位的冷却水用量分配见表 8-34。

表 8-34　30MW 矿热炉冷却水分配　　　　　　　　（t/h）

电炉容量/形式	导电系统	把持器	炉盖	料管	烟道	合计
12.5MVA，矮烟罩	约100	约75	约75	约30	约20	约300
33MVA，矮烟罩	约200	约180	约240	约20	约40	约700
33MVA，密闭	约200	约180	约120	约60	约20	约600

冷却水管流速为 $1.0 \sim 2.5 m/s$，设计流量通常选用 $1.5 m/s$；冷却面的传热能力约为 $15 \sim 20 MW/(m^3 \cdot h)$。

尽管导电系统冷却的给水管路与其他管路口径相同，但由于导电系统管径小、管路长、阻力大，实际通过的冷却水量低于其他水路，实测水温偏高。为监测和确保铜瓦和短网的冷却，大型电炉每块铜瓦都应有独立的串联水路。对冷却系统水压和水温监测也是十分必要的。

每相导电系统都要有独立的冷却管路。在给水管与冷却装置连接处都要用橡胶软管连接，使之与金属管绝缘。

降低冷却水量是重要的节能措施。通过炉盖、料管外敷设隔热材料可以降低这些部件的散热量，从而降低冷却水水温。

冷却水用量需要根据系统的受热面积进行计算。

冷却循环水对水质的要求是，水的硬度应为 0.06mmol/L，符合低压蒸汽锅炉组的用水要求。

使用冷循环水的冷却系统需要定期补充新水，以弥补蒸发和泄漏损失。

8.6.6.2 炉底通风冷却

矿热炉炉底通风冷却有中心通风形式和侧面通风形式。

侧面通风形式采用平行布置炉底工字钢，冷风由炉底的一侧进入工字钢形成的冷却通风道。这种结构形式的通风在炉底各部位气流速度相同。侧面通风的炉底通风系统阻力只有直线段，电机能耗较低。

炉底中心风冷结构形式见图 8-45。采用这种结构形式的炉底工字钢采用辐射形式布置。冷风通过炉底基础中心的风道直接吹向炉底中心部位，而后沿炉底工字钢向四周分散。这种结构形式的通风气流速度在炉底中心部位风速很高，而在炉底外围部位风速显著降低。

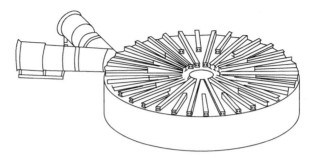

图 8 - 45 炉底中心通风冷却

电炉中心是温度最高的部位，采用中心通风可以实现合理的传热布局。中心通风的难度在于控制均匀的通风量。由于阻力的差别，可能会有局部风道阻力过大，而导致冷却强度的不均衡。此外，中心通风的阻力大要求提高风机风压，风机功率也应随之增加。

炉底中心通风冷却系统阻力包括进风口（消音器段）、直管段、两个 90° 弯管段、扩散段等。系统阻力大约在 500Pa。采用压头小普通轴流风机不能保证炉底的通风系统要求，一般采用全压为 800 ~ 1000Pa 的透平风机（混流风机）。

炉底冷却风的运动状态必须是紊流，才能实现空气与钢板的热交换。因此，需要根据紊流空气流动的雷诺数确定工字钢的高度。在炉底通风冷却风机选择上还要计算冷却系统的阻力。典型炉底通风参数见表 8 - 35。

表 8 - 35 典型炉底通风参数

项　　目	侧面通风	中心通风	侧面通风
炉壳直径/mm	10000	12000	15000
炉底面积/m²	78.5	113	200.96
风道高度/m	0.25	0.3	0.3
冷却方式	平行气流	辐流	平行气流
冷却风量/m³·h⁻¹	64800	113258	141360
冷却风速/m·s⁻¹	8	8.4（极心圆）	9
风机类型	混流风机	混流风机	混流风机
型　号	SWF - 11 - 10	SWF - 1 - 11	SWF1 - 7 - 5
风量/m³·h⁻¹	32400	56629	11780
转速/r·min⁻¹	1450	1450	1450
全压/Pa		967	370
噪声/dB			< 28
功率/kW	2 × 17	2 × 22	12 × 3
总功率/kW	34	44	36

8.6.7 精炼电炉和化渣电炉

8.6.7.1 精炼电炉

精炼铁合金、钨铁和化渣使用倾动电炉。

图 8-46 为倾动电炉结构示意图。倾动电炉的炉体座在倾翻平台上，在倾翻时在液压缸的推动下弧形架沿倾翻轨道运动，炉体倾动成一定角度，使铁水和炉渣流出。典型铁合金精炼电炉参数见表 8-36。

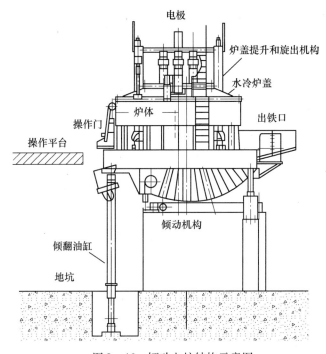

图 8-46 倾动电炉结构示意图

表 8-36 典型铁合金精炼电炉参数

项　　目	精炼铬铁	精炼铬铁	精炼锰铁
变压器容量/MVA	35	63	75
有功功率/MW	32	53	70
二次电压/V	280	330	400
电极电流/kA	7.3	10.5	15
电极直径/mm	350	400	450
极心圆直径/mm	1300	1650	1650
炉壳直径/mm	4500	5600	6000
炉膛深度/mm	1500	1700	1600

续表 8 - 36

项 目	精炼铬铁	精炼铬铁	精炼锰铁
炉壳高度/mm	3000	3600	3500
倾翻角度/(°)	30	30	42
出铁量/t	10	15	20
冶炼电耗/kW·h·t^{-1}		1600	

倾动精炼电炉的机械结构与炼钢电炉相同。电炉采用石墨电极，由导电横臂夹持电极升降，炉盖可以提升和旋出。精炼电炉一般采用水冷炉盖，中心部分采用高铝浇注料打结制成可更换的。

铁合金精炼电炉与炼钢电炉的主要差异在于加料设施、炉膛结构和排烟系统。铁合金精炼电炉的原料有固态的矿石和熔剂、液态的还原剂和富渣。炉体结构需要适应冷装和热装固态料和液体原料。铁合金精炼电炉烟气中的粉尘量也比炼钢电炉大得多，除尘孔面积较大。炉盖上设有 5 孔，即 3 个电极孔、加料孔和烟气孔。冶炼中这些孔洞和烟道要密封良好。

8.6.7.2 化渣电炉

精炼电炉倾翻时电极与炉体一起倾动。而化渣电炉和钨铁电炉电极系统为固定的，在出炉时电极升起，炉体在液压缸推动下倾动，电极系统不随炉体一起倾翻。

熔体熔炼过程采用电阻熔炼时电极插入到炉渣中。采用电压高的明弧操作时电极露出渣面，使噪声增大、热损失增加。冶炼熔体的单位电耗大约 900 ~ 1100kW·h/t。

化渣电炉工作时，炉膛内部不存在还原反应，输入化渣炉的能量全部用于熔化炉料和熔体过热。化渣炉的炉膛功率密度取决于炉料的熔化热，其操作电阻取决于熔渣比电阻。为了增大熔体的过热度，反应区功率密度应该不小于 3000kW/m^2。典型化渣炉的参数见表 8 - 37。为了保持炉膛的热稳定性，出炉以后炉膛内部应该保持一定数量的熔体。

表 8 - 37 典型波伦法化渣电炉参数

项 目	(瑞) Trollhatten	申 佳
变压器容量/MVA	16	6.3
有功功率/MW		5.7
二次电压/V	230 ~ 300	122 ~ 190 ~ 240
电极电流/kA	33	20
电极类型	自熔电极	石墨电极
电极直径/mm	850	400
极心圆直径/mm	2600	1250

项　目	（瑞）Trollhatten	申　佳
炉壳直径/mm	7200/5000	6000/5000
炉膛深度/mm	2080	5000/2500
炉壳高度/mm	3060	1900
倾翻角度/(°)		30
出铁量/t		8～10
冶炼电耗/kW·h·t⁻¹		1130

化渣电炉采用镁质炉衬,炉壳必须采取强制冷却措施。炉衬冷却强度过低容易发生漏炉事故。

8.6.8　矩形电炉

矩形电炉炉膛呈矩形结构。早在 20 世纪 30 年代矩形电炉就已经用于电石、有色金属冶炼和高碳锰铁生产。现在矩形电炉变压器容量可达 80MVA 以上。

8.6.8.1　矩形电炉与圆形电炉的比较

电炉结构形式的选择在很大程度上取决于产品的特性。大多数铁合金采用圆形电炉冶炼。生铁、电石、有渣法铁合金、冰铜、冰镍可以采用圆形电炉也可以采用矩形电炉,但没有矩形电炉用于生产硅铁和金属硅。矩形电炉的密闭比较困难,不能回收电炉煤气。

矩形电炉变压器容量较大,普遍为 40～80MVA,最大可达 120MVA。矩形电炉的电极呈直线排列,电极数目为 3 支或 6 支,电极截面形状有长方形、圆形或椭圆形。6 电极的矩形电炉电极多呈一字形排列;也有分成 2 列排列的。在容量上 6 电极电炉相当于 3 个单相电炉组合,使用多台变压器供电,适用于容量大的电炉。由于其结构特性限制,矩形电炉炉膛功率较低。

由 3 支电极供电的圆形电炉热能相对比较集中,可以实现较高的反应区功率密度,适用生产反应温度高或熔渣温度高的铁合金产品,如铬铁、金属硅、75%硅铁、硅锰合金等。表 8－38 为矩形电炉和圆形电炉结构的操作特点比较。

表 8－38　矩形电炉和圆形电炉结构的比较

特　性	圆形电炉	矩形电炉
电炉容量范围	10～80MW	30～94MW
电极数量和排列	3 支电极呈三角形布置	3 支或 6 支直线排列
短　网	对称分布,较长	长度短,三相不对称
电炉阻抗	阻抗高	阻抗相对低
功率因数	较高	偏低
功率分布	相对均衡	有强相或弱相,存在功率转移

特　性	圆形电炉	矩形电炉
电极操作	各电极电流交互作用	成对电极相对独立
热效率	高	低
厂房结构	需要较大跨度、造价高	结构简单、造价低
炉口操作	较难	容易
电极系统	相同	相同
料仓料管布置	布置复杂，料管较长	一字形排列，料管短
烟罩和烟道	复杂	简单
出铁和出渣	出铁口距离电极远，流槽长	流槽短
熔池功率密度	熔池功率密度高，适用于高熔点熔渣冶炼，如硅合金、铬铁	熔池功率密度低，适于锰铁、电石和有色冶金
炉壳结构	简单	复杂，停开炉操作难

　　盛满炉料和耐火材料的炉体重量很大。结构为圆形的炉壳容易承受炉衬耐火材料高温膨胀产生的力，各方向受力比较均匀，结构比较简单；而矩形电炉炉壳需要应对来自耐火材料等巨大膨胀力，炉壳四侧钢板受力不均匀。在同一平面上，中部受力最大，而两侧较小。为了平衡各部位受到的作用力，两侧钢板要通过带有弹簧的拉杆拉紧。通过调整弹簧拉力，避免在炉衬作用下炉壳尺寸发生变化。因此，矩形电炉炉结构比较复杂。

8.6.8.2 矩形电炉的结构形式

　　矩形电炉由呈直线排列的电极、带捆绑机构的炉壳、料仓和料管加料设备、供电系统组成。多个出渣口和出铁口分别位于电炉两侧或端部。图 8－47 和图 8－48 分别为矩形电炉的侧面和横断面图。表 8－39 为典型矩形电炉参数。

表 8－39　典型矩形电炉参数

项　目	高碳锰铁	镍铁鹰桥	P. T. Inco	马其顿
供电方式	电阻熔炼	遮弧熔炼	电阻熔炼	电阻熔炼
电炉变压器容量/MVA	3×21	110	30	84
有功功率/MW	58	约80	27	40
工作电压/V	180~240	1690	320	330
电极电流/kA	112	约16	30	50
电极直径/规格/mm	750×3000	ϕ1020	ϕ1400	ϕ1650
电极间距/mm	3600	中心距3810		
炉膛尺寸/mm	8200×23000	170m²	280m²	415m²
炉膛深度/mm	4500	2600		
炉壳尺寸/m	25.4×10.3	24.3×8.7	31.7×10.7	34.2×13.6
炉底功率密度/kW·m⁻²	307	470	97	97
阻抗/mΩ	2			
电抗/mΩ	0.925			

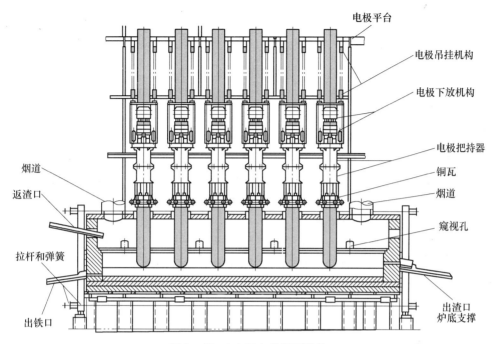

图 8-47   6 电极电炉侧面结构

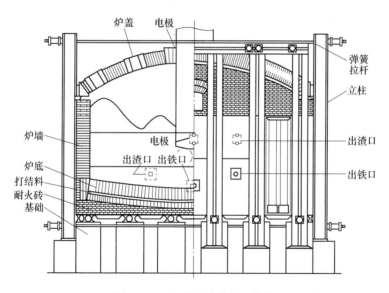

图 8-48   矩形电炉横断面结构

电极柱系统由把持器、导电铜瓦、铜管、压放、升降、水冷却等部件组成。除炉壳和炉盖以外，所有设备结构和功能均与圆形电炉相同。

为了使电炉炉壳适应温度改变引起的炉衬尺寸变化，矩形电炉炉壳需要设置炉壳调整机构，即炉壳捆绑系统。炉壳捆绑系统由横梁、立柱、弹簧、钢筋等构成。在温度发生变化时，调整弹簧使其在三维方向保持对耐火材料炉衬施加恒定的作用力，防止砖间缝隙的形成。

常见的镁质炉衬损毁现象如炉衬铁水渗漏、耐火砖错位和炉底上浮都与炉壳结构有关。在电炉停炉冷却时，矩形炉壳内的耐火砖发生收缩导致炉墙和炉底会出现垂直和水平缝隙。停炉前后炉壳结构如不能正确调整，金属和渣穿透到这些缝隙中导致耐火砖发生相互位移、炉床上涨甚至漏炉。

矩形电炉炉衬由镁质、镁铬质或碳质耐火砖砌筑而成，炉底采用通风冷却。炉盖上的料管数量多达 40 支，可以满足冶炼条件和保护炉墙。炉盖、料管、烟道均采用耐火材料保护。电极密封和炉顶开孔均采用耐火材料制成。

8.6.8.3 矩形电炉供电

矩形电炉和圆形电炉的二次结线方式是相同的，但工作情况有相当大的差异。圆形电炉的电极呈三角形排列，短网布置对称，保持了三相电路的对称性。在电极平衡的情况下，各相电极电阻和电抗相同，各相的负载保持平衡。圆形电炉少有功率转移的现象。而矩形电炉的三相短网呈不对称分布，常出现功率转移现象，即电炉各部位功率分布不均匀。

图 8-49 为矩形电炉接线示意图。该座电炉由 3 台单相变压器供电。6 支电极沿直线排列。

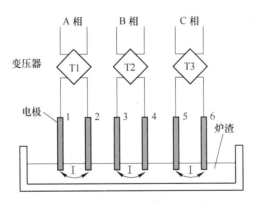

图 8-49 矩形电炉供电示意图

8.7 矿热炉供电和控制

电炉供电系统包括开关站、电炉变压器、母线等供电设施和控制、保护设施等。

8.7.1 电炉变压器

大型电炉通常采用 3 个单相变压器供电，变压器呈三角形布置。这样做可以缩短变压器到电极的距离，降低短网阻抗，有利于提高电炉的热效率和功率因数。一些电炉装有星角转换装置，改变电源一次侧接法可以使二次电压改变$\sqrt{3}$倍，以满足对烘炉和冶炼制度等工艺要求。

为了适应电炉的几何参数和多变的冶炼条件，变压器设有多个电压等级。变压器普遍采用有载分接开关，可以在供电中对二次电压进行分相有载切换。

大型电炉功率因数普遍较低。为了补偿功率因数，需要在变压器的一次侧或三次侧接入电容器进行并联或串联补偿。

铁合金电炉常以电炉变压器容量或电炉功率来衡量铁合金电炉规模。变压器铭牌标出的容量称为额定容量，是电炉变压器所能达到的最大视在功率。受电炉设计和冶炼条件限制，变压器额定容量不能反映实际输入电炉的电能，因此，用实际运行中电炉的有功功率代表电炉能力更合理。

变压器需要有一定的过载能力，这对于降低变压器的损耗和适应变化的冶炼条件有很大益处。

降低电炉设备电阻和电抗有助于减少变压器的有功和无功损耗，提高电炉效率；但变压器的电抗过低不利于变压器的安全运行。

8.7.2 电炉供电方式

8.7.2.1 电炉变压器的连接组别

常用的三相电炉变压器连接方法有 D、d0 和 Y、d11 两种。电气符号规定 Y 代表一次侧星形连接，D 代表一次侧三角形连接；y 代表二次侧星形连接，d 代表二次侧三角形连接。连接组别用时钟法来指出三相变压器一、二次绕组线电压之间的夹角，其中，0 表示二次电压和一次电压的相位一致，11 表示当一次侧线电压相量指在时钟 12 点的位置时，二次侧的线电压相量在时钟的 11 点位置。也就是二次侧的线电压 U_{ab} 滞后一次侧线电压 U_{AB}330°。

大部分矿热炉变压器采用 D、d0 接线，其优点是一次侧平衡的线电压可以适应矿热炉较大的三相不平衡负载；对于输出大电流的矿热炉变压器，这种接法是比较经济的。变压器 D、d0 接线的缺点是变压器造价更高一些。

大型电炉要求二次电压有较宽的电压范围。在一次线圈既可以连接成 Y 形也可以连接成 D 形时，二次电压的范围扩展了$\sqrt{3}$倍。这可以适应开炉或焙烧电极所要求低电压的要求。采用峰谷电压地区也可以用一次侧 Y 连接方法对电炉保温。

采用 Y、d11 连接的矿热炉存在的问题是：电极电流表的数值取自一次侧的电流互感器，而一次电流和二次电流存在相位差，即电极电流表不能反映真实的电流数值，这在电极电流不平衡时更为突出。这给电炉功率控制操作带来了困难。此外，这种接法的二次电压范围较小。

8.7.2.2 变压器二次连接方法

电能输入电炉的方式由变压器、短网、电极和电炉的接线方式和位置所决定。图 8 – 50 给出了常用的电炉供电方法。

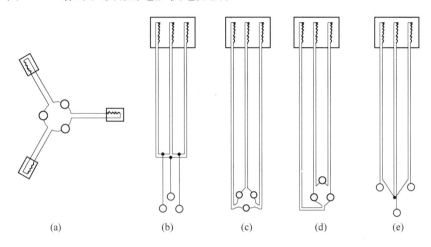

图 8 – 50 常用的电炉变压器二次侧连接方式

图 8 – 50(a) 是由 3 个单相变压器供电的方式。呈三角形布置的 3 个单相变压器分别向 3 支电极供电。这种供电方式短网最短,三相电阻和电抗趋于平衡。

图 8 – 50(b) 为精炼铁合金电炉的供电方式。精炼电炉的短网普遍很短。变压器的二次侧在短网上接成了三角形,电流通过较长的电缆和母线向电极供电。这种供电二次回路的电抗较高,但对于工作电压较高的精炼电炉而言,这对电炉功率因数的影响并不显著。

图 8 – 50(c) 和图 8 – 50(d) 为三相变压器供电方式,是大多数中小规模矿热炉的供电方式。

图 8 – 50(e) 为短网上接成星形的供电方式。这种接线电气的中性点为炉底。其短网用铜量大、电抗大、电炉功率因数低、电能损耗高。这种供电方式在化渣炉上有所应用。其特点是每支电极都可以与炉底构成电流回路,炉底温度较高。

在二次母线接线中,变压器的二次侧在电极上接成了三角形最为常用。图 8 – 51 为常用的三相电炉变压器与短网布置。表 8 – 40 比较了三种接线方式的电炉特性。

表 8 – 40 各种电炉接线方式的特性参数 (电炉容量 12MVA)

特性参数	电极上接成角形	短网上接成角形	短网上接成星形
短网电损耗/kW	690	727	762
电损比例/%	6.5	11	7.6
短网电抗/mΩ	0.540	0.89	1.12

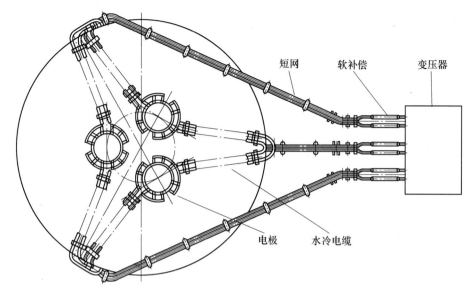

图 8 - 51 三相电炉变压器与短网连接

8.7.3 电炉功率因数补偿

电力网对用户的功率因数有一定要求。功率因数低会增加输电线路损耗，降低供电线路的使用容量。为了减少电网损失，大电力用户普遍采用电容器补偿措施来提高供电系统的功率因数。

电炉电抗随电炉容量增加而增大，而操作电阻却随之减少。电炉的自然功率因数随着电炉容量的增加而显著降低。12.5MVA 硅锰合金电炉功率因数在 0.86 左右；16.5MVA 硅锰电炉的功率因数一般在 0.82 左右；而 25MVA 硅锰电炉功率因数则降低到 0.7 左右；容量更大的电炉功率因数甚至低到 0.6 以下。

8.7.3.1 功率因数补偿原理

电炉电抗主要来自电炉感性负载。电炉越大，电炉感抗越大，其功率因数越低。在电炉导电回路并联或串联电容器可以降低电炉电抗，减少无功功率，提高电炉功率因数。

电炉功率因数补偿原理可以用电炉功率三角形（图 8 - 52）来说明。$\cos\varphi_0$ 和 $\cos\varphi_1$ 分别为电炉运行的自然功率因数和补偿后的功率因数。电炉功率因数与电炉无功功率 Q 大小有关。采用补偿电容器可以减少电炉电抗，从而提高电炉功率因数。

采用功率因数补偿后的电炉运行模式有两种。

图 8 - 52(a) 为维持电炉有功功率不变运行时的功率因数补偿。S_0 和 S_1 分别为补偿前后的电炉视在功率，P 为电炉有功功率，补偿前后的电炉无功功率分

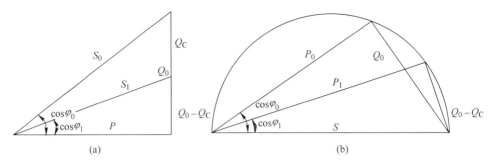

图 8 - 52   补偿前后的电炉功率三角形
(a) 维持电炉有功功率不变运行时的功率因数补偿;
(b) 维持电炉视在功率不变运行时的功率因数补偿

别为 Q_0 和 $Q_0 - Q_C$,电容器补偿容量为 Q_C。补偿功率因数之后电炉视在功率降低,

$$P = S_0 \cdot \cos\varphi_0 = S_1 \cdot \cos\varphi_1$$
$$S_0 = S_1 \cos\varphi_1 / \cos\varphi_0$$

即 $S_0 > S_1$。

补偿容量 Q_C 按下式计算:

$$Q_C = P \cdot (\tan\varphi_1 - \tan\varphi_0)$$

式中 P——电炉补偿后的有功功率;

φ_1,φ_0——补偿前后的功率因数角。

图 8 - 52(b) 为维持电炉视在功率不变运行时的功率因数补偿。S 为电炉实际运行的视在功率,P_0 和 P_1 为补偿前后的电炉有功功率。电炉输出功率在补偿后显著增加,即 $P_1 > P_0$。

$$P_0 / \cos\varphi_0 = P_1 / \cos\varphi_1$$

对于相同功率因数的电炉,在没有功率因数补偿时为了得到 P_1 功率变压器的视在功率为:

$$S_1 = P_1 \cos\varphi_0$$

即 $S_1 > S_0$。

以一座 30MVA 硅锰电炉为例,未补偿的电炉功率因数仅为 0.7 左右,电炉有功功率为 21MW;而补偿之后功率因数可以达到 0.9,电炉有功功率为 27MW,这相当于未经过补偿的 39MVA 电炉变压器的输出功率。因此,电炉结构参数必须满足补偿后功率的扩大。

矿热炉电炉的功率因数补偿大致有三种:高压补偿、中压补偿和低压补偿。

功率因数的高压补偿装置接在电炉变压器的高压侧;中压补偿接在电炉变压器中压线圈;低压补偿电容器与电炉二次侧短网线路连接。

补偿电容器的接入方式有并联和串联两种。并联补偿是将电容器并联在供电回路中；串联补偿又称纵向补偿，是将电容器补偿回路串联在电炉变压器中压线圈回路。

电容器补偿无功率 Q_C 与电容器容量 C 和加在电容器上的电压 U 有关。

$$Q_C = \omega C \cdot U^2$$

由上式可以看出，接入点电压越低，补偿相同无功容量所需要的电容量越大。变压器二次侧电压较低、电流很大，直接在变压器二次回路进行补偿需要使用大量低压电容器。有些电炉在补偿回路采用升压变压器，以提高电容器工作电压，减少电容器数量。

必须指出，无论采用纵向补偿还是采用并联补偿，电容器补偿措施只能改变电容器接入点电源侧的功率因数，而不可能改变接入点电炉熔池侧的功率因数，改变熔池侧的电抗[3,7]。

电容器补偿后，接入点电源侧的功率因数由 $\cos\varphi_0$ 增加到 $\cos\varphi_1$，电炉侧的功率因数仍然为 $\cos\varphi_0$。在输入电炉的有功功率并没有增加时，变压器两侧的功率因数并不相同，两侧的视在功率 S_1 和 S_2 也不相同。

$$P_0 = S_1\cos\varphi_1 = S_2\cos\varphi_0$$

$$\cos\varphi_1 > \cos\varphi_0$$

$$S_2 > S_1$$

功率因数的提高导致了变压器一次侧的视在功率降低和一次电流的降低。若投入补偿以后仍然保持一次电流不变的话，二次侧的视在功率就会增长到 S_2'：

$$S_2' = S_2\cos\varphi_0/\cos\varphi_1$$

同时，二次电流增加到：

$$I_2' = I_2\cos\varphi_0/\cos\varphi_1$$

大多数电炉是按照一次电流表数值显示调整电极电流和输入功率。投入功率因数补偿以后，操作者容易作出错误判断，误以为二次电流未给满而继续增加一次电流，结果导致二次电流和电炉侧视在功率远远超过了额定值。这种操作会导致电炉变压器和电极导电系统超负载运行，甚至损坏设备。因此，在对功率因数进行补偿时，电炉的监测仪表也必须能反映二次电流实际数值。

8.7.3.2 并联补偿功率因数

图 8-53 给出了并联补偿电容器接入的几种方式。

图 8-53(a) 为一次补偿方式。一次补偿又称高压补偿，是将电容器接在电炉变电所变压器一次侧补偿电网侧功率因数。这种方式仅适用于供电电压等级低于 35kV 的电炉变压器。

图 8-53(b) 为二次补偿方式。二次补偿又称低压补偿，是将补偿回路与电炉变压器二次侧相联结。为了提高补偿深度电容器回路联结在短网末端，即水冷

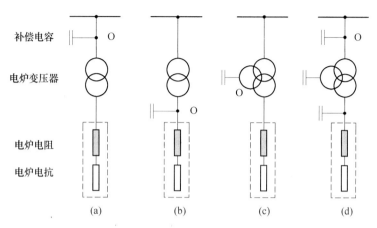

图 8-53 电炉功率因数的并联补偿模式

（a）一次补偿方式；（b）二次补偿方式；（c）三次补偿方式；（d）混合补偿方式

电缆侧。

图 8-53(c) 为三次补偿方式。三次补偿是在电炉变压器第三绕组并联电容器补偿功率因数。这一补偿方式设在电炉变压器的三次绕组。中压补偿适用于对一次电压等级为 35kV 以上的电炉。

目前 110kV 电网电压直接接入电炉变压器已经十分普遍。受电容器工作电压等级限制功率因数补偿只能在中低电压进行。

图 8-53(d) 为混合补偿方式。这种方式是将几种补偿方式结合在一起，分段对电炉功率因数进行补偿。这种补偿方式特别适用于大型电炉。国内一些电炉采用了两段补偿，即同时在第三线圈进行中压补偿和在电炉短网一侧进行低压补偿。为了确保在各种条件下满足电网对功率因数的要求，许多工厂在电炉变压器一次侧或开关站设置了补偿。

在图 8-53 中，O 为补偿电容器接入点。并联补偿电路中电容器与电路的电抗并联时，电抗和电容两端的电压相等，但通过的电流方向相反。电流的无功分量感抗电流和容抗电流分别为 I_L 和 I_C 时，电源侧的无功电流的数值可由下式计算：

$$I_x = U/X = U/X_L - U/X_C = I_L - I_C$$

因此，接入电容器补偿以后，电源侧的无功电流得以降低，功率因数得以提高。而熔池侧的电抗并没有因为接入电容器而改变。

$$X_L = U/I_L$$

图 8-53(a) 中，在电炉变压器一次侧进行的高压补偿，改善了电网的功率因数，但不能改变电炉变压器侧的电抗和功率因数。在图 8-53(b) 中，低压补偿接入点 O 位于短网软电缆一侧时，变压器和管短网的电抗得以降低，但熔池侧的电抗没有得到降低。

低压无功补偿是将大容量的低压电力电容器组并联接入短网末端的无功补偿装置。装置由低压交流滤波电容器、滤波电抗器组成 LC 滤波补偿回路进行分相就地补偿。系统由补偿短网、隔离开关、熔断器、真空接触器、低压交流滤波电容器、滤波电抗器、仪表和控制装置等组成。并联补偿电容器的容量可以根据补偿量随意切换调整。

采用低压补偿可以减少短网功率损耗,吸收因不平衡负载和电弧产生的谐波,有效提高功率因数。

8.7.3.3 纵向补偿功率因数

纵向补偿又称串联补偿。顾名思义,串联补偿是将电容器串联在供电回路中补偿功率因数。通常纵向补偿是通过带有第三线圈的电炉变压器完成的,第三线圈通常作为电炉变压器的调压绕组串联在二次回路中。功率因数纵向补偿原理见图 8 - 54。

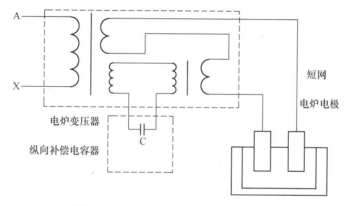

图 8 - 54 电炉功率因数纵向补偿原理图

电容器补偿功率是随着电容器端电压而改变。在串联补偿中电容器端电压值与第三线圈绕组电流成正比。

$$Q_C = \omega C \cdot U^2 = I^2 / (\omega C)$$

纵向补偿容量与电炉电极电流平方成正比,即在电极电流波动时,纵向补偿可以实现自动调整补偿容量。

为了避免冲击电流波动造成的电容器上过电压和变压器铁磁共振现象,对变压器第三线圈的设计要有足够的过剩能力,其造价会高于普通第三线圈调压变压器。

由图 8 - 54 可以看出,补偿电容器串接于电炉变压器调压绕组,流经电容器的电流和负载电流在相位上相同。当负载电流为 0 时,电容补偿容量为 0;当负载电流增大时,电容补偿容量也随之增大,二次电压也会随之增加。因此,纵向补偿具有自动调节补偿电容容量的功能,是一种动态补偿方式。

纵向补偿装置技术参数需要根据电炉变压器性能参数、短网参数、电炉参数等综合考虑计算确定。

纵向电容补偿装置由隔离开关、电容器柜、高压开关柜、火花间隙保护柜、电压互感器柜、电抗器、操作台、计算机等部分组成。隔离开关用于短接、隔离补偿设备。高压开关柜用于控制电容器的投运和退出。高压开关柜合闸，电容器退出运行。高压开关柜控制电容器投入和切断；电压互感器柜用于补偿系统的电压测量，绝缘监测等；电抗器用于降低电容器的冲击电流。补偿系统的控制、参数、信号等监控由计算机完成。

为了保证变压器的安全运行，串联电容器必须设有火花放电器加以保护。火花间隙保护柜内装有球状火花间隙保护装置，用于电容器的过电压保护。火花放电器要在低于电容器允许最高电压下动作，以防止过电流引起的电压升高损坏电容器。如果投入补偿之前，电压分接开关未放在较低的电压级；投入补偿后，火花放电器也会由于电压骤然升高而动作。纵向功率因数补偿前后比较见表8－41。

表 8－41 36MVA 电炉纵向功率因数补偿前后比较

一　次　侧			二　次　侧		
项　目	补偿前	补偿后	项　目	补偿前	补偿后
视在功率/MVA	30.4	30.4	视在功率/MVA	30.4	41.75
有功功率	18.5	28.3	有功功率	16.65	25.47
无功功率/Mvar	24.1	11.18	无功功率/Mvar	24.1	24.1
一次电压/kV	35	35	二次电压/V	210	250
一次电流/A	495	495	二次电流/kA	83.58	96.4
功率因数	0.61	0.92	功率因数	0.61	0.61
补偿容量/Mvar	0	24706	三次侧	24.7	

注：本表为计算值。

由表8－41可以看出补偿前后电气参数的差别：在维持电炉视在功率不变的前提下，补偿后的电炉有功功率会有所提高，二次侧视在功率大幅度提高；一次侧功率因数增加，二次侧功率因数不变；二次电压和电流数值显著增加。

投入补偿装置可以较大幅度提高入炉电压，提高矿热炉运行功率因数，一般 $\cos\varphi$ 能达到 0.92 ~ 0.94 左右，在相同视在功率下增加了输入电炉的有功功率。

采用中压纵向补偿装置时，补偿容量随负荷改变自动无级调整，省去了繁杂的补偿电容调节控制系统。同时这一系统可以解决过补偿或欠补偿的问题，延长了设备的使用寿命。纵向补偿运行有利于工艺控制，电炉参数平稳，由于没有使用调节元件，系统控制简单。纵向补偿投资比采用低压补偿方式的投资低20%左右，但纵向补偿对电炉变压器有特殊要求，调压绕组较大，变压器造价较高。

需要指出的是，纵向补偿同样不能改变熔池的功率因数。

8.7.3.4 补偿与冶炼操作

投入电容器补偿以后,电力网的功率因数得到提高,线路电压降得以减少。这样,电炉变压器的一次电压和二次电压都会因此提高。因此,投入电容器补偿会对电炉操作产生一定影响。在投入补偿前需要根据电压的改变情况选择合适的工作电压等级。

例如,30MVA 硅锰电炉设计工作电流为 86kA、工作电压为 205V、补偿容量为 27Mvar,补偿后功率因数可以提高到 0.92。当使用铭牌为 170V 的电压等级时,实际工作电压已经达到 205V,即相当于二次电压提高了 30V 以上。如果按照一次电流表指示的额定电流操作,最大工作电流已经达到 96kA,超过额定电流 10% 以上,补偿后电极电炉功率会显著增加。因此,电炉的导电回路,包括变压器、短网和电极系统,必须有足够的富余量才能适应补偿后输入功率的提高。

对已有电炉的功率因数补偿改造,无论采用并联还是串联方式,补偿容量受到冶炼和电气两方面的限制。

8.7.4 电炉控制和监测

现代化的铁合金电炉装有大量的温度、压力、重量、位移、流量、气体成分等多种传感器,时刻监测电炉运行状态,同时利用这些讯号对电炉实施控制。

8.7.4.1 电炉功率控制

为使输入电炉的功率稳定,并力求维持三相功率平衡,通常电炉采用手动和自动两种控制方式,通过升降电极和调整变压器的电压等级来调节电炉输入功率,满足冶炼工艺需要。

电炉自动控制采用电子计算机系统,通过采集电炉操作电阻、电极电流和电压、有功功率、变压器分接开关位置、电极位电网电压等数据讯号,对电极电流、输入电压连续或断续地进行自动调节。

电炉控制方法基于电压平衡、电阻平衡、功率平衡的思想。当运行参数偏离设定值时,可以通过升降电极控制电阻平衡,或控制变压器的等级使电炉功率达到设定值。

8.7.4.2 电极插入深度控制

通过测试电极重量、电极区温度和烟气成分等方法建立数学模型计算电极长度。为使电极深度保持最佳位置,应建立电极深度与时间的数学模型。根据出炉后的不同时间确定合理的电极插入深度。在一个冶炼周期内(两次出炉间隔)电极插入深度随温度变化。炉料状态和操作条件等引起负荷的变动,也反映在电极深度上。将功率控制和电极长度模型结合起来可以实现电极长度平衡控制。

8.7.4.3 电极压放控制

自焙电极的全自动压放已在许多企业成功使用。按照电流和时间设定的平均脉冲信号（I^2h）来发出下放电极的指令和决定电极下放量。当电极电流减少到烧结带的电阻热小于铜瓦冷却水带走的热量致使电极无法烧结时，欠电流继电器断开（Ih）脉冲信号，使其停止累积。可以采用光电信号或通过橡胶摩擦轮带动传感器发出脉冲信号测定电极下放量。电极烧结温度信号可以通过插入电极筒的铠装热电偶测得，并直接输入计算机。利用计算机和数学模型推算电极长度、电极消耗、电极焙烧带的位置和自动下放电极。这样可以排除人为的误操作，杜绝电极事故。

8.7.4.4 电炉功率监测

采用计算机监测和计算电极功率平衡可监测电炉运行，调整原料的碳平衡，发现电炉操作问题。

电炉的功率平衡不能采用实时电讯号，而是需要对一段时间长度的数据进行累计计算，例如每秒取一个电讯号，累计 15min 或 30min 的平均值得到这段时间的平均功率显示或分析。

8.7.4.5 电极长度测量

电极称重法[19]是将称量电极重量技术和经验判断结合在一起的测量电极长度的方法。测试系统由装在电极升降机构上的荷重传感器和数据采集处理装置组成。同时输入处理器的还有电极把持器的位置、电极糊柱高度等数据。所测得的电极重量包括电极自重、电极系统设备重量、炉料和炉内熔体对电极的支持力、炉料和炉盖密封对电极的摩擦力。为了提高测量的准确性需要用人工测定的电极长度来标定所建立的数学模型。

8.7.4.6 电极插入深度检测

炉气温度–成分分析可以成为检测电极插入深度的手段。

密闭电炉料面温度与电极埋入深度有关。电极插入越深，炉气通过炉料的路径越长，炉气温度越低。料面上方的炉气温度 T 与电极插入深度 h 呈函数关系：

$$T = f(h)$$

炉气中的 CO 在上升过程中会将炉料中的高价氧化锰和氧化铁还原成低价氧化锰和氧化铁，生成 CO_2，使炉气成分发生改变。通过试验得到的电极深度指数 I 与炉气温度 T、一氧化碳含量 P 之间的关系为：

$$I = aT + bP + c$$

电极埋入深度 h 与电极插入深度指数 I 的关系为：

$$h = dI + e$$

式中 a，b，c，d，e——由品种、电炉容量、操作电阻决定的系数。

8.7.5 矿热炉电炉中高次谐波

电力系统中，高次谐波来源于系统或用户中的各种非线性元件，如变压器、整流设备、电弧炉、功率因数补偿电容器等。

从理论上讲，矿热炉三次谐波可通过变压器的 D 接线方式来消除，但由于磁路的不对称，三次谐波仍会感应到一次侧。因此，应该关注大型铁合金电炉的谐波含量问题。

在铁合金电炉冶炼操作过程中，电极端头电弧电阻非线性可以产生谐波。在电极的频繁升降中，由于非线性电弧电阻存在，电极电压波形将产生畸变，从而导致电极电流中高次谐波的产生。在铁合金电炉等效电路中，电弧电阻和炉料电阻具有非常明显的非线性。电弧电阻与炉料电阻的非线性将引起交流电流的一定整流，同时还会引起电源电压波形的畸变，最终导致电炉高次谐波的产生。

对埋弧电炉和精炼电炉的谐波检测表明，大部分铁合金电炉的高次谐波量在规定数值范围内，但存在个别电炉高次谐波偏高现象。

对一台容量为 16.5MVA，一次电压为 35kV 采用 D/D-12 接线的矿热炉进行实测表明：三次谐波电流最大值达 3.25%，实际电流为 8.71A。这个数值超过了谐波管理规定值 3.5A。对于这些高次谐波超过规定值的电炉需要找出原因，予以处理。

8.7.5.1　铁合金电炉高次谐波的危害

当高次谐波电流流入系统时，将引起较高的谐波电压值并导致系统电压畸变，直接影响电压质量；另一方面还可能引起系统内谐振。高次谐波可能引起电抗器、电容器的过热或损坏；引起继电保护的误动作，电气仪表计量误差及干扰正常通讯。电容补偿器对谐波是极为敏感的。据统计，铁合金电炉 70% 的谐波故障是发生在并联补偿电容器中。

8.7.5.2　抑制高次谐波的措施

在电气设备方面抑制高次谐波的措施主要有：

（1）对电炉高次谐波采取分流措施，确保流入供电系统的谐波电流低于规定值。

（2）避免电容器补偿装置成为高次谐波放大器。

补偿装置对系统的高次谐波会产生放大作用，这将导致电容器、电抗器的过热或损坏。因此，需要测试电炉高次谐波水平及相关的系统参数，合理选择 X_L 和 X_C 的值防止放大现象产生。

对电容器组而言，高次谐波电流的流入将引起电容器额外电压增加和容量加大。如果电容器不能长期承受这一附加电压峰值，将引起内部绝缘介质的局部放电，导致电容器损坏。在含有高次谐波的系统内，电容器实际工作容量将额外承担较大的容量。这会引起电容器的发热。当 $nX_L - X_C/n = 0$ 时，将引起系统与补偿回路的并联谐振，其危害很大，必须加以避免。

8.7.5.3　高次谐波讯号的利用

高次谐波含量取决于熔池电阻即电极端电压的波形畸变程度。这体现了电极端部温度、还原剂数量等冶炼过程的参数变化。利用谐波讯号大小可以提供电炉冶炼过程控制的信息和数据。

实践测试表明：炉料中的含碳量变化 ±5%，波形畸变讯号相对于规定值变化 30% 左右。碳量过剩时，电压的波形畸变程度减少。这是因为碳量过剩会导致熔池稳定升高，电极端头的电弧阻抗更接近线形。同时，炉料电阻的线形增大也使波形畸变减少，从而对炉料的碳平衡进行控制。

电极埋入深度会在一定程度上影响电弧的特性，而电弧特性也可以由谐波反映出来。因此，分析谐波的变化也可以推导出与电极埋入深度有关的信息。

8.8 直流电炉

8.8.1 直流电炉特点和应用

直流电炉冶炼的主要特点是：直流电弧具有电弧垂直稳定、功率集中于阳极的特点，高温区集中在阳极区，适用于熔炼熔点高的产品；对原料没有严格要求，可以大量使用粉矿、煤粉和焦粉；对矿石的熔化性能和化学成分无严格要求，有利于提高回收率和减少渣铁比；电极消耗只有交流电炉的一半。

直流电炉供电不会受到短网、电极的电抗影响，功率因数高。直流输电不会在炉壳、炉盖的的钢结构中产生涡流，热损失少。因此，电炉炉壳、炉盖可以使用普通导磁钢制造，机械设备造价低。

经过多年的发展直流电炉已经在铁合金工业规模生产中得到应用。表 8-42 列出了用于铁合金生产和试验的直流电炉。

表 8-42 用于铁合金生产的直流电炉[20~22]

地点/公司	容量	产品	特点	年份
哈萨克斯坦	80MW	高碳铬铁		2012
云南新力	30MW	87%钛渣	>900℃流化床预热	2006
南非萨曼克	40MW	炉料级铬铁	空心电极加料	1983
南非萨曼克	64MW	炉料级铬铁	空心电极+料管加料	2009
湖北通山	8MVA	金属硅	自熔电极	1985
河北下花园	6.3MVA	硅锰合金	自熔电极	1988
吉 林	1MVA	含锶硅铁	倾动式	1989
山西义望	5MVA	矿 棉	热装铁合金炉渣	2010
广西大新	5MVA	硅锰合金	四电极埋弧电炉	2006
南非 Mintek	10MW	铬 铁	双电极、底阳极	1990

直流电炉冶炼铬铁工艺全部使用粉铬矿和粉煤还原剂。矿石粒度小于 6mm，其中小于 1mm 的比例达到 80%。这大大减少了原料处理设备的建设和运行费用。

在高温冶炼中，直流电炉充分体现了其独特的优越性。直流电炉更高的冶炼温度使难还原的铬矿在熔融状态下发生还原。与常规的埋弧电炉工艺相比，直流电炉冶炼难还原铬矿的回收率可以达到90%，比埋弧电炉高10%以上。

直流电炉工艺采用明弧操作间歇式熔炼方法。粉矿石、粉煤和熔剂一起通过中空的石墨电极或电极四周料管加入到熔池，见图8-55。为了维持电弧的长度和稳定性，电弧的工作电压在400V以上，在电弧区矿石粉熔化并与还原剂作用，完成还原过程和渣铁分离。

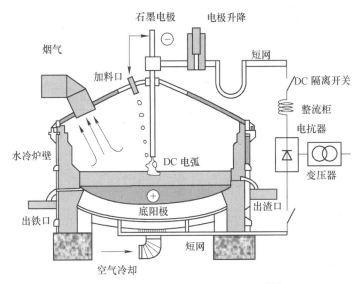

图8-55　冶炼铬铁的直流电炉系统[20]

直流电炉冶炼铬铁的主要缺点是热效率低、冶炼电耗高、炉衬侵蚀严重、设备造价高。为了减少炉衬损毁，直流电炉炉墙采用铜质水冷壁冷凝衬。

8.8.2　直流电弧特性

直流电弧是连续的，它不像交流电弧那样极性不断变化，电弧不断点燃和熄灭，因此直流电弧比交流电弧稳定得多，噪声也小得多。

直流电弧（270V，30kA）的内部气流运动状况见图8-56。

电极电流较大时，电弧在电极端部扩展开来呈弥散分布，观察不到明显的核心；自电极端部向下，电弧发生明显收缩。这是由于电弧周围的气体和磁场对电弧所产生的机械压缩和磁致压缩作用造成的。电弧中高速运动的气体呈紊流运动，使电弧内部压力降低，电弧像泵一样把周围的气体和粉料吸收入电弧中并推向熔体。在

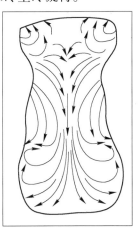

图8-56　直流电弧
内部气流运动

电流为30kA、电压为270V的直流电弧中，气体流速可达200m/s。

由于热量集中于阳极，直流电弧炉的电极消耗比交流电炉低得多。直流电弧电阻比交流电弧要高，这样，直流电炉可以用较小的电流得到更大的电弧功率。交流电流通过导体时存在趋肤效应和邻近效应，使电极电流分布不均匀，表面电流密度大，中心电流密度小；而直流电极内部电流分布均匀，因此电极电流密度可以提高30%左右。

通过中空的石墨电极向电弧中通入Ar、N_2、CO_2等，在高温下有电离倾向的气体会使电弧中气体电离程度提高，电弧电阻增加，电弧长度也增大。这种直流电弧与等离子枪发生的转移弧性质十分接近，有人称其为直流等离子弧。目前用于铁合金生产最大的直流电弧炉功率已经达到80MW。

直流电炉炉膛内部气流、渣流和液态金属的运动状况见图8-57。这种气流运动状况有利于粉矿和还原剂进入熔池，但炉渣的运动会加剧炉衬的损毁。

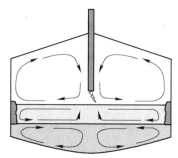

图8-57　直流电炉内气、渣、金属运动状况

8.8.3　直流电炉结构

冶炼高碳铬铁直流电炉冶炼系统由炉体、原料加料设施、供电系统、出铁和出渣设施组成，见图8-55。

冶炼铬铁的直流电炉参数见表8-43。

表8-43　冶炼铬铁的直流电炉参数[20~22]

项　目	南非米德堡 M4	南非米德堡 M2
变压器容量/MVA	2×51	2×20
有功功率/MW	60	30
电极直径/mm	600	400
炉膛直径/mm		4070
工作电压/V	850	300~520
电极电流/kA	90	43
操作电阻/mΩ	8~12	
功率因数	0.75	
原料粒度	<6mm（>90%）	

8.8.3.1 直流电炉供电

直流电炉供电原理图见图 8-58。直流供电设备有整流变压器、双反星形整流装置、大电流断路器、电抗器、避雷器、短网等。两座整流柜分别布置在电炉两侧，对称地与顶电极和炉底电极相连接。

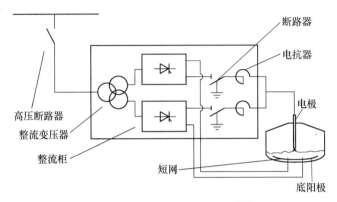

图 8-58　直流电炉供电系统[21]

8.8.3.2 炉底导电

炉底电极技术是直流电弧炉的关键技术。目前普遍采用的底电极有导电炉底、触针式、棒式等几种。

导电炉底采用碳质或耐热钢铠甲耐火砖筑成的风冷炉衬。棒式水冷电极可直接砌筑在炉衬耐火材料中，其成本较高。风冷触针式炉底电极由几十根导电触针或触片、集电极、炉底耐火材料构成。为了保证设备正常运行，对直流电炉炉底必须采用强制冷却措施。

电炉中导体通过的直流电流会在周边产生强大的磁场，在磁场作用下会发生电弧偏弧现象，偏弧现象会导致局部耐火材料的损毁。因此，在电炉设计和制造上要采取措施降低磁场的作用，避免出现偏弧。

8.8.3.3 直流电炉炉衬

直流电炉炉衬由打结炉底、导电炉底、炉墙强制水冷铜冷却器、强制水冷出铁口、炉腔内部保护衬、水冷炉盖等组成，见图 8-59 和图 8-60。

直流电炉熔炼熔化温度高的炉渣时，炉衬的工作环境十分恶劣。直流电炉炉墙使用铜质水冷壁防止炉渣侵蚀作用。熔融的炉渣在导热能力很高的铜质冷却壁的作用下形成炉渣凝壳。

8.8.4 直流埋弧电炉

1987 年投产的通山铁合金厂 8000kVA 直流电弧炉是我国第一座工业规模直流埋弧电炉，曾先后用于生产工业硅、75% 硅铁、硅钙合金。北京钢铁研究总院

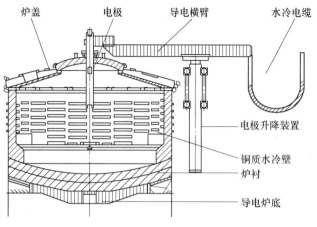

图 8 - 59 64MW 直流电炉

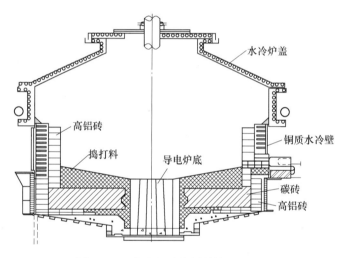

图 8 - 60 直流电炉炉衬结构图

先后与四方台铁合金厂建设了 2000kVA、6300kVA 直流埋弧电炉，先后进行了冶炼硅锰合金、硅铝合金试验。试验使用的直流埋弧电炉典型参数见表 8 - 44。

表 8 - 44 试验埋弧直流电炉参数

项　　目	四方台铁合金厂	通山铁合金厂
变压器容量/kVA	6300	8000
有功功率/kW		5000 ~ 7000
冶炼品种	硅锰合金、硅铝合金	金属硅、硅铁、硅钙合金
电极直径/mm	1250	1050
炉膛直径/mm	4260	3800/3000

项　　目	四方台铁合金厂	通山铁合金厂
炉膛深度/mm	2800	
工作电压/V	96	92 ~ 146
电极电流/kA	85.6	45 ~ 55

试生产表明，直流埋弧电炉使用的工作电压与交流电炉的有效相电压相近。

试生产显示，直流电炉具有炉底功率集中、电极埋入炉料内部稳定、电极消耗低、炉底升温快等优点。试验存在的问题有底阳极损毁、底阳极偏流。

但试生产期间冶炼硅锰合金和硅铁的指标还无法显示直流埋弧电炉的优越性。与交流埋弧电炉相比，产品冶炼电耗接近或偏高，整流和变压器功率损耗大，电源部分功率因数低。

直流电炉整流设备投资比较大，但可以使用导磁钢制造的电炉系统，其造价低，对直流电炉投资的收益率需做分析比较。

与交流电弧相比，直流电弧较长并十分稳定，其操作电阻大于交流电炉，即可以使用更高的工作电压。

8.8.5　直流电弧炉工艺中的电解效应

在熔融状态，炉渣的大部分组分处于离子状态。在金属和炉渣的界面发生的电化学反应在一定程度上受到电炉内部存在的电场的影响。许多化学反应的限制性环节是受电化学控制的。通过电场的直流电流可能会直接影响化学反应速度和方向。

铬铁炉渣中有大量微小的金属珠，其粒径范围为 $3 ~ 20\mu m$，数量为 2% ~ 5%。在熔渣中有直流电通过时，这些金属珠就会向炉底阳极运动，并沉降下来。

研究表明，精炼电炉采用直流电可以加速熔炼过程，并建议熔化期电极为阳极，可以加快熔化速度；而精炼期电极为阴极可以改善精炼过程[4]。

凯迈尼（Kemeny）认为直流电炉中存在电解效应[23]。

发生在金属和炉渣界面的脱硫电化学反应为：

阴极：　　　　　　　　　$[S] + 2e^- === (S^{2-})$

阳极：　　　　　　　　　$(O^{2-}) === [O] + 2e^-$

试验表明，在电场的作用下，阴极熔体中的脱硫速率增加，金属最终的含硫量较低，见图 8 - 61[23]。熔渣中存在的电位梯度使炉渣趋于极化，为硫离子通过炉渣离开熔体提供驱动力。

用于有色冶金的直流电炉净化炉渣技术可以减少炉渣中流失的金属颗粒。将炉渣排放到直流电炉内，直流电的加热和分离作用，使炉渣中的金属颗粒沉降下来，从而提高元素回收率。

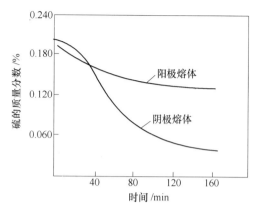

图 8 - 61　直流电炉中熔体的极性对脱硫效果的影响

8.8.6　等离子电炉

等离子电炉按照等离子枪加热方式可以分成转移弧和非转移弧两类。转移弧是指由电极转移到充当另一支电极的熔池或工件上的等离子弧，主要用于加热炉料、金属和炉渣等凝固相；非转移弧是指电弧始终维持在等离子枪，用于加热通过等离子枪的气体和粉剂。采用非转移弧加热熔体时，热能由等离子弧向熔池传递，因此，其热效率只有 75% ~ 85%。受到等离子枪的结构限制，非转移弧枪的最大功率只有 6MW。

瑞典铬铁公司的 24MW 离子炉是由 SKF 公司开发的技术，带有热能回收系统，这是一个生产铬铁和地区供热的综合设施。熔炼炉结构形式为竖炉，装有 4 支 6kW 非转移弧等离子枪；大块焦炭和矿石由竖炉顶部加入，CO 载气携带粉矿和还原剂通过等离子枪喷入。等离子弧火焰的温度高达 3000K，反应区的温度为 2000K 以上，为铬的还原提供了良好的反应条件。这一工艺的特点是可以大量使用粉矿和精矿，元素回收率高。这种类型的等离子炉还用于金属锌、回收金属粉尘。

直流电炉是一种转移弧等离子炉。高电压的直流电弧呈现等离子电弧状态工作。由瑞典 ASEA 公司开发的 ELRED 工艺采用单电极直流电炉，通过空心电极的炉料和载气使直流电弧更加稳定。经过多年工艺和设备改进，装置在南非萨曼克公司米德堡厂的直流等离子炉的电炉功率已经由 1983 年开始建设时的 12MW 增容到现在的 64MW。与 SKF 等离子炉比较，直流等离子炉设备比结构简单。

参 考 文 献

[1] Ma T, Bendzsak G J, Perkins M. Power system design for high - power electric smelting and melting furnaces [C]. The Proceedings of the 31st Conference of Metallurgists: International

Symposium on Non – Ferrous Pyrometallurgy: Edmonton, Alberta, Canada, August, 1992.

[2] Daenuwy A, Dalvi A, Solar M, Wasmund B. Development of Electric Furnace Design and Operation at P. T. INCO (Indonesia) [C]. Proceedings of the 31st Conference of Metallurgists, Canadian Institute of Mining and Metallurgy (CIM), Edmonton, Alberta, Canada, August 1992.

[3] 斯特隆斯基 M Б. 矿热熔炼炉 [M]. 北京: 冶金工业出版社, 1980: 125 ~ 259.

[4] 雷斯 M A. 铁合金冶炼 [M]. 北京: 冶金工业出版社, 1981: 117 ~ 169.

[5] Westly J. Resistance and Heat Distribution in a Submerged – arc Furnace [C]. Proceeding of the First International Congress on Ferroalloys, Johannesburg: SAIMM, 1974: 121 ~ 127.

[6] 赵乃成, 张启轩. 铁合金生产技术手册 [M]. 北京: 冶金工业出版社, 1978: 663.

[7] 福尔克特 – G, 弗兰克 – K D. 铁合金冶金学 [M]. 北京: 冶金工业出版社, 1978: 125 ~ 259.

[8] Gericke W A. A techno – economic assessment on large and small furnaces [C]. Proceeding of the 3rd International Congress on Ferroalloys, Lausen, 1980: 91 ~ 102.

[9] Westly J. Critical parameters in design and operation of submerged arc furnace [C]. Electrical Furnace Proceedings, 1985, 33: 157 ~ 160.

[10] Andrea F V. Discussions [J]. Electrochem Soc, 1933, 63: 345 ~ 347.

[11] Kelly W M. Design and construction of the submerged arc furnaces [J]. Carbon and Graphite News, 1958, 5: 1 ~ 7.

[12] Persson J A. Conduction characteristics of electric furnaces [C]. Electric Furnace Proceedings, 1978: 111 ~ 117.

[13] Nishi T, Saitoh K, Tegu D. The build up of additional HCFeMn production capacity by the deepening of a furnace [C]. INFACON 7, 2010: 184 ~ 190.

[14] Arnesen A G. 自焙电极的操作 [J]. 铁合金, 1985 (5): 49 ~ 55.

[15] Invaer R, Fidje K, Uglad R. Effect of current variation on thermal stress of soderburg electrode [C]. INFACON, 1986: 163 ~ 171.

[16] Bullon J, Lage M, Bermudeze A, Pena F. New compound electrode [C]. INFACON 8, Beijing, 1998: 389 ~ 393.

[17] Shcei A, Tuset J, Tveit H. Production of high silicon alloys [M]. Trondeheim: Tapir, 1995.

[18] Meintjesa J. Comparison of power – factor correction on submerged – arc furnaces by capacitors in shunt and series [C]. INFACON 1. Johannesburg, 1974: 149 ~ 155.

[19] Gudmundsson E B, Hilfdanarson J. Electrode length measurements with elmo [C]. INFACON 7, Trondheim, Norway, 1995: 423 ~ 430.

[20] Ford M, Oosthuizen J F. The Production of ferrochromium in a 40 MV·A dc plasma furnace [C]. INFACON 6 Proceedings, 1992: 263 ~ 272.

[21] Sager D, Grant D, Stadler R, Schreiter T. Low cost ferroalloy extraction in DC – ARC furnace at middleburg ferrochrome [C]. INFACON 8, 2013: 802 ~ 814.

[22] Greyling F P, Greyling W, de Waal F I. Developments in the design and construction of dc arc smelting furnaces [C]. INFACON 8, Proceedings, 2013: 815 ~ 823.

[23] Kemeny F L. A study on electrolysis effect in dc arc furnace [C]. Electric Arc Furnace Proceeding, 1989, 47: 57 ~ 64.

⑨ 铁合金电炉炉衬

9.1 铁合金电炉炉衬工作原理

9.1.1 炉衬材料的选择

炉渣或金属熔体与耐火材料的相互作用遵循同质相溶的规则，即物质溶解在与它相似的物质之中。按照这一规则，在一定温度条件下氧化物耐火材料可以溶解在以氧化物为主的液态炉渣中，但不能溶解在液态金属之中。无论耐火氧化物材料成分多么纯净，耐火度多高，总是会与液相炉渣发生作用，并溶解到炉渣中去。因此，氧化物耐火材料可以防止金属液的作用却不能阻挡炉渣的侵蚀。

碳素材料只能在还原气氛下使用。含硅量高的合金和高碳铁合金冶炼可以使用碳质炉衬，而低碳合金使用碳质炉衬会造成金属的污染。碳质耐火材料可以抵抗酸性炉渣侵蚀，但与碱性炉渣相互作用。

炉衬一般分成永久衬（外层）、安全衬（中间层）和工作衬几部分。各个部位工况条件十分悬殊。永久层用作保温隔热，多用力学性能好但耐火度不高的材料砌筑，炉底部也可以使用浇注料或打结料。中间层的整体性好，起着防止漏炉的作用。工作层直接与高温铁水和炉渣接触，往往损毁比较严重，需要定期更换或修补。一座电炉通常采用几种甚至十几种耐火材料。炉底、渣线、炉墙等各部位分别选用不同材质，不同等级的耐火材料。其中，渣线、出铁口等工作条件特别恶劣的部位采用优质材料，如镁碳砖、碳化硅砖、刚玉碳化硅复合材料、金属陶瓷材料等。

9.1.2 炉衬结构的整体性

冶金炉炉衬设计十分强调炉衬结构的整体性。对铁合金电炉、高炉的炉体解剖表明：砌缝是炉渣、金属、碱金属、煤气渗入炉衬的通道。铁水通过砖缝渗透会加剧炉衬的损毁速度。高碳铬铁和精炼电炉解剖工作表明，深入到砖层之间的铁水会引起耐火砖上浮，不仅使炉衬寿命降低，也使炉渣成分发生改变，破坏正常生产。

提高炉衬整体性的措施有：

（1）采用非定形耐火材料整体打结成型，可以最大程度减少缝隙；采用湿砌性能好的耐火泥可以加强砖之间的联系，堵塞铁水渗透的通道；对碳质炉衬可以采用碳质捣打料打结炉墙和炉底。

（2）采用镁碳砖、自焙碳砖等未烧成材料，在使用中将耐火材料烧结成一体。

（3）采用精加工的焙烧碳砖砌筑，保证耐火砖几何尺寸和砌筑质量，最大程度减少缝隙。

精炼电炉采用镁质不定型材料打结炉衬，使炉衬的整体性、抗渣性大大提高；明显提高了电炉的作业率，大幅度降低了耐火材料的消耗。精炼铬铁电炉采用镁质打结料炉衬寿命延长了近1倍。

有渣法电炉炉膛应该使炉底低于出铁口，炉内铁水不至于完全排尽，熔池留有死铁层。倾动式电炉采用留铁操作，可以防止炉渣和电弧高温对于炉底的热蚀作用。

传统的炉衬在炉底和炉墙设有耐火砖颗粒弹性层，起绝热和缓冲耐火材料的膨胀作用。但弹性层会影响炉衬的整体性，使用中会发生炉墙松动。目前大多数炉衬以硅酸铝保温毡或其他轻质保温材料取代耐火砖颗粒弹性层。

9.1.3 炉衬冷却技术

由于冶金炉内部高温、机械冲刷和化学侵蚀的作用，无论采用哪一类耐火材料，炉衬的损毁都是不可避免的。传统的炉膛设计往往为了提高电炉的热效率而增加炉衬和绝热层厚度，但是实际上由于炉膛内部的热平衡，炉墙和炉底局部温度过高，所增加的炉衬最终还是消耗掉，并不能真正起到防护作用。采用增大炉壳直径的措施除了导致增加炉衬费用外还会加大出铁口至熔池的距离，使出铁出现困难。许多现代冶金炉炉衬的工作条件已经接近或超过了耐火材料所能承受的性能范围，单纯的材料材质改进无法适应高温冶炼的要求。当今冶金炉发展趋势是对炉衬的设计已经从单纯追求耐火材料材质转向从结构上采取强制冷却措施延长炉衬寿命。人们在充分认识炉衬传热和绝热之间的关系，平衡热量损耗的得失之后，开始重视炉衬的冷却作用，从要求使用绝热性好的材料转变到要求有一定导热性的材料。

近年的冶金炉设计和生产实践表明：增加炉衬材料的导热性是延长炉衬寿命的最有效的措施。尽管这一设计思想意味着有较多的热量通过炉衬损失，电炉的热效率会因此而降低，但实践表明，导热性好的炉衬对产品的单位能耗的影响是可以接受的。

炉衬强制冷却技术在冶金炉的应用大大降低了冶金工艺对耐火材料性能的特殊要求，提高了冶金炉的生产效率和经济性。炉衬强制冷却技术的原理是：无论温度多么高，化学侵蚀能力多么强的熔体在一定的冷却强度下都会转变成侵蚀作用小的固态。凝固的金属和炉渣所形成的假炉衬对高温熔体可以起最好的防护作用。炉衬冷却技术的关键是冷却强度、冷却元件和冷却介质的选择，以及冷却元件、耐火材料与熔体三者之间界面的设计。

当沉积到炉底的金属凝固形成死铁层后，由于金属的熔化热很高，必须有相当数量的热能传递到死铁层才能使其熔化。这意味着足够的冷却强度使炉底金属成为炉衬。

渣线部位是炉衬最薄弱的环节。炉壳采用强制冷却可有效地保护炉衬渣线部位。当炉壳外部的冷却强度足够大，由炉腔高温区向炉墙传递的热流等于或小于炉墙向炉壳所传递的热流，炉渣开始在界面处凝固，形成凝壳衬。这种状态是炉衬动态的热平衡状态。当冷却强度改变或炉腔温度改变时，平衡状态遭到破坏，凝壳的厚度随之增厚或减薄。为了在熔池与炉衬之间形成凝固衬，炉衬采用导热性能好的耐火材料，炉壳采取水冷措施。

图 9 - 1 和图 9 - 2 分别是保温炉衬和冷凝炉衬的炉墙温度分布。

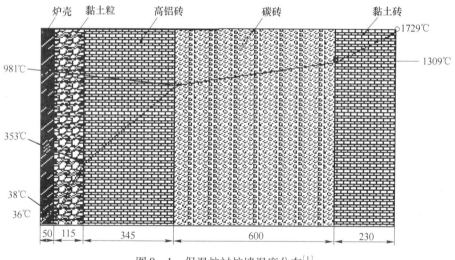

图 9 - 1　保温炉衬炉墙温度分布[1]

图 9 - 1 显示了保温炉衬工作面温度在 1300℃ 以上时炉衬内部各部位温度状况。在黏土砖侵蚀后，碳砖的工作表面可以达到 1700℃。这时，整个碳衬的温度高于或接近原料和合金的熔点。这将导致直接来自熔体反应和烟气对碳质材料的侵蚀，碳质炉衬受到严重侵蚀的后果是发生漏炉。

由图 9 - 2 可以看出，冷凝炉衬的炉墙碳砖的工作面温度仅为 205℃。虽然炭砖内的耐火砖保护层在高温的侵蚀下会逐渐消耗，由厚变薄，但炉壳外的喷淋冷却会将热量经导热性好的石墨瓦和热压碳砖快速传出，保持碳砖热表面处于较低温度，并达到一种热平衡状态。在这一温度炉墙碳砖不会与炉料、炉渣和合金熔体及烟气发生化学反应。碳砖的工作面温度保持在临界反应温度以下，就不会产生侵蚀，从而有效保护炉衬，从理论上讲此炉衬寿命是永久性的。

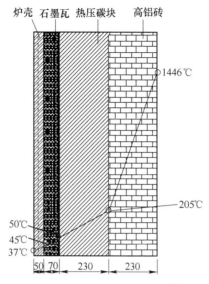

图 9-2 冷凝炉衬温度分布[1]

炉衬强制冷却技术的主要内容包括：

（1）冷却方式。强制循环水冷、淋水冷却、强制通风冷却、自然通风冷却。

（2）冷却界面。即冷却面与熔体之间的结构。如何选择处理导热材料，绝热材料耐火材料的材质、部位和厚度。

（3）冷却强度。准确确定熔炼区工作条件，即临界面供热强度、冷却条件，包括风量、循环水温度等。由于循环水质的改进，目前有提高循环水温的趋势。

（4）炉衬工作温度的监测。热电偶设置、数据采集和处理以及建立炉衬温度模型。

9.2 铁合金炉衬损毁机理

铁合金冶炼是在高温下进行的多相物理化学过程，耐火材料工作条件十分恶劣。无渣法冶炼反应坩埚区的温度可达 2000~3000℃；在有渣法冶炼的高温区，耐火材料时刻受到碱性或酸性炉渣、金属熔体侵蚀；炉料和碳质还原剂带入大量水分，水蒸气和 CO 气体也会对耐火材料发生侵蚀作用；电炉排渣和出铁时，铁水和炉渣对出铁口耐火材料冲刷侵蚀，倾动的精炼电炉侵蚀尤为突出。

造成耐火材料损毁的原因有物理、化学、机械等多方面因素，损毁的形式主要有以下几种：

（1）熔蚀现象：耐火材料的工作温度超过其耐火度就会发生熔蚀。熔蚀常发生在靠近电弧区的炉墙、精炼电炉炉顶和电极端部的炉底等部位。

（2）化学侵蚀：耐火材料同炉渣、金属熔体、粉尘、废气及其他物质之间的各种各样的化学反应称为化学侵蚀。化学侵蚀的类型有气－固反应、液－固反应、液－液反应和气－液反应。当耐火材料的工作温度接近和超过其耐火度时，炉渣和金属对耐火材料的化学侵蚀就更为突出。

（3）机械作用：在工作层，高于荷重软化温度的耐火材料极易受到金属和炉渣的机械作用力而发生损毁。

（4）剥落和崩裂：受到急冷急热作用或不均匀的热负荷，耐火材料内部产生的热应力超过其结构强度而发生局部损坏。出铁口流槽常出现这种现象。

由耐火材料组成的炉衬可分为工作层、过渡层及微变层几个部分。工作层直接与高温金属和炉渣熔体接触，承受着高温铁水和炉渣的化学侵蚀及机械冲刷，其成分及矿物组成均发生变化；在过渡层中只有结构发生变化，而微变层一般保持原成分和结构。耐火材料的化学侵蚀和冲刷侵蚀是相互关联和交替进行的。

耐火材料开始被侵蚀的温度远远低于反应物的熔点。一般相当于化学反应物开始呈现显著扩散作用的温度，即泰曼温度，见表3－64。

铁合金炉衬和包衬耐火材料最常见的侵蚀和损毁的特点是：

（1）化学侵蚀和冲刷侵蚀交替进行。在耐火材料－熔体（炉渣或金属熔体）的界面同时发生耐火材料向熔体迁移和熔体向耐火材料迁移的过程。当耐火材料表面形成饱和溶液的工作层时，这种迁移处于相对平衡状态。一方面，高熔点的化合物会在工作层的表面沉积，甚至形成假衬；另一方面，熔体激烈运动会使工作层甚至过渡层的耐火材料冲刷掉，新的工作层会重新形成。

（2）在过渡层中炉渣（或金属熔体）主要沿毛细管侵入耐火材料内部，并与耐火材料发生反应，形成固溶体或化合物。

（3）铁水沿着砌体之间的缝隙渗透并积聚，在铁水浮力的作用下耐火砖向上飘起。

这些侵蚀现象与耐火材料的砌筑和表面宏观缺陷及微观缺陷有关，与耐火材料的物理化学性质有关。冲刷侵蚀是化学侵蚀继续进行的必要条件。

矿热炉冶炼的硅系铁合金和锰系铁合金大多使用碳质炉衬，生产中低碳产品的精炼电炉大多使用镁质炉衬。两种炉衬损毁机理有较大差别。

9.2.1 碳质炉衬侵蚀机理

碳砖具有熔点高、抗热震性好、高温强度高、不为合金和炉渣浸润等优点；缺点是易氧化。在400℃以上暴露在空气中的碳砖即可发生氧化；在600℃以上二氧化碳和水蒸气对碳制品起氧化作用。碳砖的气孔率约在20%左右，氧气除在碳砖表面发生反应外，还通过这些气孔通道进入砖内，与碳发生反应。研究发现[2]，有些石墨材料氧化时，内部的氧化比其表面更加严重。这种现象被称为"逆氧化现象"。其原因是由于内部存在的杂质对石墨氧化的催化作用。铁、钙氧化物对石墨的氧化有显著的催化作用；硫、氯、磷与铁共存时降低铁的催化作用；Li_2O 和 Ba 盐则促进催化作用。"逆氧化现象"可以在碳素制品的表面未被明显破坏的情况下，在其内部产生较大的氧化空间。为了控制"逆氧化现象"的发生，除了对碳质耐火材料的灰分含量有严格要求外，还应控制灰分中铁、钙和碱金属氧化物。

气氛是影响氧化速度另一个重要因素，氧气、水蒸气和 CO_2 气体的氧化顺序为 $O_2 > H_2O > CO_2$。氧气脱碳速度为 CO_2 脱碳速度的 2.5 ~ 3 倍。因此，碳砖只能在隔绝空气的高温条件下使用。电炉炉壳使用前要进行检漏，不允许焊缝漏气。

高温的冶炼条件、碳与氧化物反应生成金属或金属碳化物，这是造成碳砖损毁的重要原因。冶炼过程中严重的缺碳操作将使炉衬碳砖充当还原剂而被蚕食。炉内积存的高温铁水在碳不饱和的情况下也可以生成稳定的碳化物，从而造成碳砖侵蚀。

炉内的温度分布发生变化将导致漏炉事故发生。埃肯公司发现一些 20 ~ 40MW 硅和硅铁电炉在新开炉 3 周之内炉况良好时发生漏炉[3]。硅铁炉体解剖发现碳砖下部的耐火砖缝中有大量金属硅或含铝量很低的硅铁，与所冶炼的产品化学成分差别很大。碳砖的气孔率由 16% ~ 18% 增加到 26%，而耐火砖的气孔率由 18% 减少到 2% 以下，碳砖在 800℃ 的热导率由 6W/(m·K) 增加到 31W/(m·K)，耐火砖的导热性增加了 4 倍。耐火砖的化学成分也发生了变化，砖中二氧化硅含量增加，还发现有金属硅。碳砖和耐火砖导热性质的改变使炉内的温度分布发生变化。碳砖下部的温度可提高到 1700 ~ 1800℃，超过普通黏土砖的耐火度，高温区的下移使砖缝中的熔态金属界面向下移动。碳砖下部的金属层厚度可以达到 60 ~ 70cm，有的距炉壳只有 25cm。在金属硅的熔点以上，硅的熔体不会穿透耐火砖。矿相研究表明，耐火砖的几何尺寸变化不是由于烧结引起的，而是由于气相 SiO 渗透到耐火砖内部发生歧化反应使硅和二氧化硅沉积引起的。在碳砖下部，SiO 气体还会还原 Al_2O_3 从而增大耐火砖的孔隙，这些孔隙以后为金属所充填。因此，矿热炉炉衬的整体性十分重要。

碱金属在冶金炉炉衬的损毁过程中的作用不容忽视。通常认为碳砖的石墨化温度高达 1800℃，但是存在碱金属时石墨化的温度降低到 950℃，碳砖的石墨化使碳砖导热性大大改善。在电极位置较高时，碳酸盐沉积在炉底温度较低部位的缝隙中，当炉况正常炉温较高时，钾和钠会从氧化物中还原出来，以气相穿透和侵蚀耐火材料。曾经发现某些部位的高铝砖三氧化二铝含量由 70% 减少到 22%，氧化钾含量达 4%。高碳锰铁和电炉生铁冶炼过程中，曾经有过苏打熔体从出铁口以下部位流出的先例。

高碳锰铁和硅锰合金电炉炉衬通常采用相同的炉型结构，但炉衬寿命相差悬殊，高碳锰铁电炉炉衬寿命仅为硅锰合金炉衬寿命的一半。

无熔剂法高碳锰铁炉渣中 MnO 含量很高，易与碳砖发生化学反应；加上炉渣的流动性好，受到的炉衬机械冲刷和化学侵蚀十分严重。高碳锰铁电炉的结构特点是炉膛直径大。如果炉膛直径过小，势必造成炉温过高、渣铁过热从而加剧炉衬的损毁。硅锰合金炉渣中的 MnO 含量低，对碳砖炉衬的侵蚀较小，加上反应区和炉墙之间存在凝固层，硅锰电炉的炉衬寿命高于无熔剂法高碳锰铁电炉。

埋弧电炉中不合理的电流分布是炉墙损毁的重要原因之一。当电极至炉墙的电压梯度大于电极之间的电压梯度时，电流就会流向炉墙，提高这一部位的温度。这会加剧炉渣对炉墙的化学侵蚀和机械冲刷作用。

9.2.2 镁质炉衬侵蚀机理

生产低碳铁合金的精炼电炉一般都使用镁质炉衬。精炼电炉冶炼过程是间断进行的，其电炉弧光温度可达 3000℃，而镁砖的荷重软化温度为 1550℃ 左右，镁砖工作层处于软熔状态。在铁水和炉渣排出后，软熔的镁砖工作层与低温的石灰和矿石接触，使其受到热冲击。随着炉温的提高，硅热还原反应生成的酸性初渣严重侵蚀镁砖工作层。镁砖工作层中的方镁石被不断蚕食，炉内铁水的渗透和激烈冲刷使比重轻的镁砖上浮而成渣。据统计倾动式精炼电炉炉底镁砖侵蚀速度达每炉 3~5mm，固定式电炉每炉侵蚀约 2mm。

从精炼铬铁电炉炉底不同部位取出的工作层、过渡层、微变层和不变层试样的成分、矿相组成和性质见表 9-1[4]。

表 9-1 镁砖炉衬残存炉底成分、矿物组成和性质

层别	成分/%						矿物组成			耐火度 /℃	抗压强度 /MPa	颜色
	MgO	SiO₂	CaO	FeO	Al₂O₃	Cr₂O₃	M	M₂S	CMS			
工作层	70.8	14.3	11.4	0.41	2.8	0.28	55	13	32	1793	61	黑灰
过渡层	75.5	11.1	7.64	0.39	3.2	0.36	64	10	26	1849	37	灰白
微变层	78.9	10.4	6.3	0.39	3.7	0.4	71	8	21	1873	59	土黄
不变层	92	3.97	1.91	0.4	2.3	0.35	90	5	5	>2000	75	赭石

注：M—MgO（方镁石）；M₂S—2MgO·SiO₂（镁橄榄石）；CMS—CaO·MgO·SiO₂（钙镁橄榄石）。

矿相分析表明，在工作层中，方镁石的晶粒间有大量的硅酸盐相（M_2S 和 CMS）、孔洞和形成浑圆状的方镁石孤岛；过渡层中镁橄榄石、钙镁橄榄石形成网状，包围在方镁石晶粒四周；微变层结构变化不大，方镁石晶粒长大，定向延伸；不变层与镁砖结构相同。

由表 9-1 可知，沿着炉底的不变层、微变层、过渡层、工作层，MgO 含量逐渐降低，而 SiO₂ 和 CaO 含量逐渐升高；方镁石逐渐减少，而镁橄榄石和钙镁橄榄石逐渐增加；耐火度和抗压强度也随之逐渐降低。这说明 SiO₂ 和 CaO 向镁

质材料基体的迁移是造成镁砖化学侵蚀的主要原因。镁砖的荷重软化点一般为1550℃，微碳铬铁冶炼熔池的温度一般在 1800~1900℃，工作层的镁砖处于软熔状态，CaO 和 SiO₂ 在如此高温条件下，极易与 MgO 形成 2MgO·SiO₂ 和（CaO，MgO）·SiO₂ 的低熔点硅酸盐液相，并沿着镁砖的孔隙逐渐向内延伸。

表 9-2[5] 分析了镁质捣打料打结炉衬在停炉后的解剖状况。

表 9-2　镁质捣打料炉衬解剖取样分析　　　　　　　　（%）

层　别	成　　　分				
	MgO	SiO₂	CaO	Fe₂O₃	Al₂O₃
烧结层（炉底）	76.59	3.28	13.29	6.248	1.28
蚀变层（炉墙）	72	8.74	15.5	2.717	1.15
烧结层（炉墙）	78.27	3.06	13.99	3.85	1.05
过渡层（炉墙）	83.88	1.97	11.38	4	1.53
原始层（炉墙）	84.16	1.31	8.26	4.7	1.71
镁质捣打料（原始）	85	1.14	6.75	5.3	0.72

与表 9-1 镁砖衬解剖对比看出，镁质捣打料中 SiO₂ 含量低，这说明低熔点的钙镁橄榄石数量远低于镁砖炉衬，抗高温性能高于镁砖。捣打料配加少量的氧化铁使捣打料从 1300℃ 开始烧结，促使捣打料早期烧结的相为铁酸二钙 C₂F（熔点 1435℃）。当温度高于 1450℃ 时 C₂F 逐渐分解，铁离子扩散进入方镁石形成固溶体（Mg，Fe）·O，其熔点高达 1850℃。镁质捣打料炉衬烧结后的整体性优于镁砖衬。

研究表明[6]，镁砖试样（MgO 97.3%）被冶金炉渣饱和时，炉渣能充填尺寸小于 5μm 的气孔。在 1450℃ 下侵入开口气孔率为 23% 的镁砖的钙镁橄榄石熔体数量可达其体积的 12.5%，即开口气孔的 55%。耐火材料的气孔率越高炉渣侵入越多。侵入高度为：

$$H_{max} = \frac{2\sigma\cos\theta}{\rho g r}$$

式中　ρ——熔体密度；

　　　g——自由落体加速度；

　　　r——毛细管半径；

　　　σ——熔体表面张力。

在一定温度条件下，镁砖表面形成炉渣的饱和溶液，侵入过渡层和微变层的炉渣组分与耐火材料达到平衡状态时，化学侵蚀基本停止。

在电炉的精炼前期，与镁砖直接接触的合金是金属还原剂，如硅铁、工业硅、硅铬、硅锰等。高硅合金与 MgO 在高温下，可发生如下反应[7]：

$$2MgO(s) + Si(s) = 2Mg(g) + SiO_2(s)$$

$$\Delta G^\Theta = 522500 - 211.5T$$

在镁的蒸气压很低和有复合氧化物生成时，该反应在1200℃以上即可发生反应，这是硅热法生产金属镁的主要反应，而反应产物 SiO_2 可直接与 MgO 反应生成 $2MgO \cdot SiO_2$。冶炼中有石灰存在时，也可能生成（CaO，MgO）$\cdot SiO_2$ 的低熔点产物。

在强大的弧光和电磁搅拌作用下，铁水激烈运动不停地冲刷镁砖软熔工作层，穿透到镁砖下部，铁水的浮力作用会使镁砖一层层浮起，加快了镁砖炉衬损毁速度。精炼电炉倾动出铁排渣作业会加大铁水运动激烈程度。矿相分析观察到的镁砖工作层的孔洞和浑圆的方镁石孤岛就是金属液运动使方镁石变形和被冲刷掉的痕迹。

耐火材料的高温蒸发也是镁砖损坏的原因之一。在1600℃时耐火材料在空气中的蒸发速度[6]为 $0.1 \sim 0.5 kg/(cm^2 \cdot s)$。氧化镁在2000℃时，在空气中与在真空下的蒸发速度相差一个数量级以上。在更高的温度下，氧化镁的分解比升华占优势。矿相分析镁砖工作层中发现的孔洞除方镁石晶粒被铁水冲走留下的痕迹外，也可能是高温弧光下 MgO 蒸发留下的孔洞。高温下在镁铬质耐火材料中 MgO 和 Cr_2O_3 发生升华而 Al_2O_3 不升华。

精炼电炉在使用湿矿作原料时，冶炼过程中水分蒸发与镁砖发生水化反应[8]，即：

$$MgO + H_2O \longrightarrow Mg(OH)_2$$

此反应为放热反应。每1kg MgO 放热 388.7kJ，并伴随着 77% 的体积膨胀，这是引起镁砖粉花的原因。在冶炼过程中，电炉水冷系统漏水会严重破坏镁质炉衬，威胁人身设备安全。

镁质耐火材料除主晶相（方镁石）外，基质相直接影响制品的高温性能。如图 9-3[9] 所示，当存在某些低熔点物质时，耐火材料的荷重软化温度就明显降低。当 C/S 在 1.0 左右时，由于出现钙镁橄榄石（CMS）、镁蔷薇辉石（C_3MS_2）等低熔点化合物，荷重软化温度达最低值。当 C/S 达 2.0 +4A/S 以上时，由于出现铁铝酸四钙（C_4AF）和铁酸二钙（C_2F）及铝酸三钙（C_3A）等低熔点化合物，荷重软化温度又呈现出下降趋势。这表明基质相成分对制品高温性能起决定性作用。基质相形成的数量不但取决于 C/S 比值，且随它们的百分含量的增大而增加。因此，改变基质相的组成和数量有助于改进镁质耐火材料的性能。通常生产镁砖，C/S 值约为 0.5 左右。为减少低熔点的基质相，镁砖标准要求常用的 M-91 牌号砖的 CaO 含量不大于 3%。

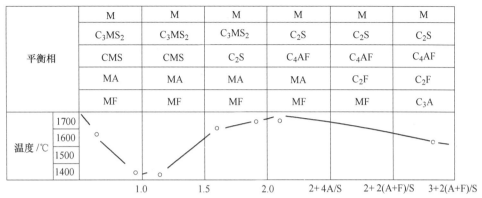

	M	M	M	M	M	M
平衡相	C_3MS_2	C_3MS_2	C_3MS_2	C_2S	C_2S	C_2S
	CMS	CMS	C_2S	C_4AF	C_4AF	C_4AF
	MA	MA	MA	MA	C_2F	C_2F
	MF	MF	MF	MF	MF	C_3A

图 9 - 3　镁质耐火材料的 C/S 比值和平衡相对荷重软化温度的关系

C—CaO；S—SiO_2；F—FeO；A—Al_2O_3；M—MgO

9.3　碳质冷凝炉衬

9.3.1　碳质保温炉衬与冷凝炉衬砌筑比较

图 9 - 4 为碳质保温炉衬图，图 9 - 5 为碳质冷凝炉衬图。

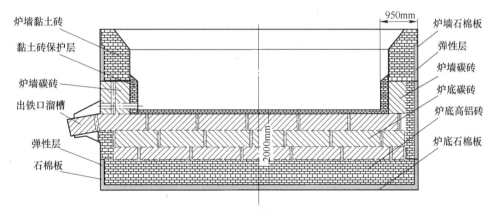

图 9 - 4　碳质保温炉衬

典型的碳质保温炉衬砌筑方法如下。

炉底砌筑：在紧贴炉底钢板处为找平层，在找平层上铺一层 10mm 厚石棉板，留有 114mm 的炉底弹性层（使用轻质黏土砖砌筑），其上砌约 10 层 650mm 厚黏土砖（平砌），在黏土砖上砌筑 3 层 1200mm 厚碳砖。碳砖上留有一层耐火砖的炉底保护层，其炉底厚约 2～2.5m。

炉墙砌筑：紧贴炉墙钢板铺一层 10mm 厚石棉板，用硅酸铝耐火纤维毡填充约 40mm 宽弹性层，内砌 230mm 黏土砖，砌筑炉墙立碳砖（400mm × 400mm × 800mm），在立碳砖内砌黏土砖保护层。炉墙厚约 900～1000mm。

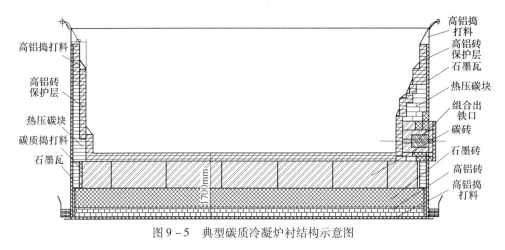

图 9-5 典型碳质冷凝炉衬结构示意图

保温炉衬使用导热性差的黏土砖或高铝砖保温,维持碳砖熔炼区的高温。无渣法冶炼的铁合金产品如硅铁、金属硅等大都使用保温炉衬。

典型的冷凝炉衬砌筑方法如下。

炉底砌筑:在紧贴炉底钢板处为找平层,在找平层上砌筑耐火砖,使用导热性不高的耐火材料,以保护炉底钢板使其不变形。一般使用高铝砖或黏土砖,高度约 200~400mm。在保温耐火材料的上沿,选用导热性高的耐火材料,使炉底热量尽量向炉壳传递,以冷却冶炼区的高温使其形成假炉底。一般使用石墨砖。电炉熔炼区使用通常的大块碳砖,维持正常的反应区温度。碳砖上砌炉底保护层,炉底厚度一般为 1700mm 左右。

炉墙砌筑:炉墙使用导热性能好的耐火材料,将炉内热量向炉壳传递,以帮助炉墙内形成凝固炉渣的假炉衬,即冷凝炉衬。通常使用石墨瓦和热压碳块或微孔碳砖,在炉墙碳砖内砌筑耐火砖保护层,炉墙厚度为 750~530mm。

电炉炉壳喷淋水冷,炉底通风冷却。钢板的导热系数为 49W/(m·℃),它能很好地将炉内高温向外传递。为了形成冷凝炉衬,炉壳钢板的冷却至关重要。冷却炉墙钢板的水量约为 0.8~1.0t/(m²·h)。水温要控制在 30~40℃ 之间。炉底风机风量要足够大,使炉底钢板维持在 200℃ 以下。

保温炉衬的炉底和炉墙厚度远远大于冷凝炉衬。以碳质材料砌筑的保温炉炉底和炉墙比冷凝炉衬约厚 500mm 以上。这不仅增加了筑炉成本,也延长了砌筑时间。实践表明,用增加炉衬厚度来延长电炉炉衬寿命成效甚微。在电炉容量大幅度增容的形势下,30MVA 以上大容量的有渣法埋弧电炉,如高碳铬铁、高碳锰铁、硅锰合金、镍铁冶炼电炉已经逐渐用冷凝炉衬取代保温炉衬。

9.3.2 炉衬耐火材料性能

表 9-3 和表 9-4 给出了耐火材料的结构物理性能。可以看出镁砖的线膨胀

系数是高铝砖和黏土砖的3倍，热震稳定性最差。碳砖的线膨胀系数最小而热震稳定性最大，因此使用耐火砖的部位要加膨胀纸以吸收耐火砖的热膨胀应力。

表9-3 耐火材料的矿物组成

名 称	矿 物	分子式	工作环境	耐火度/℃
硅 砖	鳞石英、方石英	SiO_2	抗酸性渣	1690~1730
黏土砖	莫来石、方石英	$3Al_2O_3 \cdot 2SiO_2$，SiO_2	抗热震性好	1580~1700
高铝砖	莫来石、刚玉	$3Al_2O_3 \cdot 2SiO_2$，Al_2O_3	用于回转窑	>1750
硅线石砖	硅线石	$Al_2O_3 \cdot SiO_2$	抗热震性好	>1700
莫来石砖	莫来石	$3Al_2O_3 \cdot 2SiO_2$	抗热震性好	1850
刚玉砖	刚玉	Al_2O_3	抗渣性好	>1850
镁 砖	方镁石	MgO	用于精炼电炉	>1850
镁铝砖	方镁石、镁铝尖晶石	MgO，$MgO \cdot Al_2O_3$	抗热震性好	>1750
镁铬砖	方镁石、镁铝尖晶石	MgO，$MgO \cdot Cr_2O_3$	用于钢包	>1700
白云石砖	方镁石、氧化钙	MgO，CaO	用于转炉	>1700
镁碳砖	方镁石、无定形炭或石墨	MgO，C	用于摇包	>1850
碳化硅砖	碳化硅	SiC	用于出铁口	>1600
碳氮化硅砖	碳化硅、氮化硅	SiC，Si_3N_4	抗渣性好	>1800
锆英石砖	锆英石	$ZrO_2 \cdot SiO_2$	用于钢包	>1790

表9-4 耐火材料的物理性能

制品名称	弹性模量 E/MPa	平均线膨胀系数 L/℃$^{-1}$	热导率(1000℃)/W·(m·K)$^{-1}$	抗拉强度/Pa	抗热震稳定性 R/J·(cm·s)$^{-1}$
黏土砖	$(2.6~3.6) \times 10^4$	$(4.5~5.0) \times 10^{-6}$	1.34	42×10^5	0.345
高铝砖	9.59×10^4	$(5.5~5.8) \times 10^{-6}$	3.95	76×10^5	0.549
镁砖	$(11.5~14.0) \times 10^4$	$(14.0~15.0) \times 10^{-6}$	3.82	83×10^5	0.171
碳砖	0.56×10^4	3.7×10^{-6}	5.98	56×10^5	31.392

图9-6给出了各种耐火材料的热导率随温度变化而改变的趋势。可以看出，石墨的热导率最大，碳化硅砖其次，它们的热导率随温度的上升而下降；而黏土砖等一些氧化物耐火材料的热导性较差，它们的热导率随着温度上升而增大。

碳质耐火材料按其性质和焙烧工艺的不同使用在不同的部位。碳质材料是形成"凝壳衬"的基础。其分类情况见表9-5。

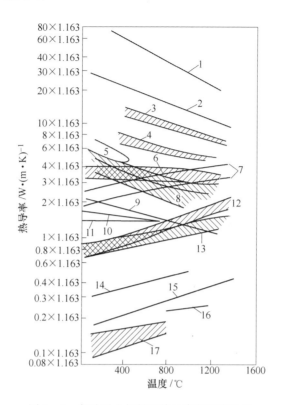

图 9 - 6　各种耐火材料的热导率与温度关系

1—石墨；2—再结晶碳化硅砖；3—90%碳化硅砖；4—70%碳化硅砖；5—石英；6—50%碳化硅砖；
7—熔融刚玉莫来石砖；8—镁砖；9—铬镁砖；10—硅线石砖；11—橄榄石砖；12—硅砖；
13—黏土砖；14—轻质黏土砖；15—轻质硅砖；16—焦炭；17—硅藻土砖

表 9 - 5　冷凝炉衬使用的碳质材料的分类

产品分类	特　性		
	焙烧温度/℃	颗　粒	结合剂
碳　砖	800 ~ 1400	碳	碳
热压碳砖	约 1000	碳	碳
石墨瓦或砖	2400 ~ 3000	石墨	碳
半石墨碳砖	800 ~ 1400	石墨	碳
热压半石墨砖	约 1000	石墨	碳
微孔碳砖	约 1200	碳	碳
捣打料	1200（固体料）	碳	碳
胶　泥	1200（固体料）	碳	碳

9.3.3　冷凝炉衬碳质耐火材料

9.3.3.1　碳砖

碳砖是以在约1250℃煅烧的无烟煤为主要原料，加入一定量的冶金焦、石油焦和石墨碎与粘结材料（如沥青和煤焦油）制成的。混合料挤压成形后在1200℃焙烧，使粘结剂炭化而制成。

在焙烧过程，粘结剂炭化和液相挥发在碳块中产生气孔。在使用过程中碱金属等元素会从碳砖的气孔渗入，使得碳砖结构发生改变。

通过浸渍处理可以增加焙烧碳砖的密度，降低气孔率。浸渍处理是在真空条件下进行的。经过多次浸渍和重新焙烧，碳砖密度和强度可显著提高。

9.3.3.2　热压碳砖

热压碳砖以电煅无烟煤为骨料，并添加适量石墨碎、二氧化硅、金属硅等辅料，以煤沥青为粘结剂制成。原料混合后加入到模具中，采用液压挤压成型的同时通入电流加热炭化焙烧。传统的焙烧炭工艺需要几周时间，热压碳砖工艺只需8~10min即可将产品加热到800~1100℃[10]。在焙烧过程，随着液相的挥发，混合物被挤压成型，同时将形成的气孔压实。与传统的焙烧碳砖相比，热压碳砖的透气性低数十倍。热压碳砖的不透气特性可抵御使用过程中碱金属的渗入。

热压碳砖原料中需要加入特制的硅粉和石英添加剂。因为钠和钾在电炉中优先与二氧化硅反应形成化合物，化合物不会在碳砖中膨胀。热压碳砖和添加剂的有机结合使其成为良好的抗碱金属的耐火材料。

9.3.3.3　石墨瓦和石墨砖

石墨瓦和石墨砖是以石油焦为原料，加入粘结剂挤压成型后经过焙烧和高温石墨化处理得到的。经过2400~3000℃的石墨化处理，碳的晶相结构和物理化学性质发生显著改变。石墨具有良好的导热性和化学稳定性。石墨在还原气氛中具有良好的抗炉渣和抗金属侵蚀性。

9.3.3.4　半石墨砖

半石墨砖以电煅无烟煤为主要原料，再加入适量的石墨碎和碳质粘结剂（如沥青或焦油）制成，经过混合后在800~1400℃焙烧炭化，最终产品由碳结合石墨颗粒组成。半石墨砖热传导性比碳硅要高，但不如100%的石墨产品。半石墨砖的热传导性与焙烧温度有关。煤的电煅温度高达1500~3000℃，在更高的温度重新焙烧的半石墨砖热传导性更高。通过浸渍重新焙烧的半石墨砖密度得到提高，气孔度和透气性均有所降低。

9.3.3.5　热压半石墨砖

热压半石墨砖的性能优于传统方法焙烧的半石墨砖，具有透气性低、热传导性高的特点。

应用较多的半石墨砖有两种。一种添加了二氧化硅和石英，具有防止碱金属侵蚀的特性；另一种是含碳化硅的热压半石墨砖，具有耐磨性好、透气性低和抵抗热冲击的特性。

9.3.3.6 微孔碳砖

微孔碳砖具有抗铁水和炉渣侵蚀和渗透的特性。微孔碳砖的原料组成：配入量为 45% ~60% 的电煅烧无烟煤，配入量为 8% ~15% 的人造石墨和少量硅、钛和 SiC。粘结剂采用配入量为 10% ~15% 的煤沥青和 2% ~5% 树脂。添加钛提高了制品的耐蚀性，SiC 提高了制品耐碱性、耐磨性和耐氧化性。制品中添加的金属硅微粉在焙烧温度达到 1050℃ 以上时，硅与活性较大的碳反应生成须状的 β - SiC，封闭填塞了碳砖气孔，使制品的气孔细微化[11]。

9.3.3.7 胶泥和捣打料

胶泥和捣打料是不定型耐火材料，其质量对炉衬的导热性影响很大。UCAR 公司的 C - 34 胶泥固体料为石墨粉、炭黑和酚醛树脂，液体料为糠醇。捣打料由 80% ~85% 的碳质固体料、10% ~15% 树脂和约 5% 的稀释剂组成，混匀后使用。

砌筑冷凝炉衬时，碳砖和炉底碳砖之间、炉墙石墨瓦和炉底石墨砖之间留有 50 ~75mm 宽的捣打料间隙。捣打料烧成后可有效地缓解热膨胀产生的影响，防止挤压剥落和产生应力裂缝。

冷凝炉衬在炉墙石墨瓦和炉壳之间添加具有高导热性的胶泥，使炉壳与石墨瓦紧密接触以确保热传递，避免炉壳和炉墙间的气隙降低炉衬的导热性。

9.3.4 冷凝炉衬设计

9.3.4.1 冷凝衬炉底

通常冷凝炉衬出铁口以下留有 500mm 左右的空间作为死铁层，在冶炼过程中，死铁层的铁水形成凝固金属层，以保护炉底。由炉底石墨砖构成的强制冷却层起着维持冷却死铁层的作用，确保金属的等温"凝固面"位于炉底碳砖工作层的上部。冷却炉底的热量大约 20% 由炉底碳砖经炉底钢板至风冷炉底传出；80% 的热量通过炉底石墨砖 - 炉墙石墨瓦 - 炉壳钢板从水冷炉壳传出。水冷的冷却强度远远高于通风冷却。石墨砖的导热能力是普通碳砖的 10 倍以上，是微孔碳砖的 7 倍。炉底石墨砖是形成冷凝炉衬的必要条件。由于石墨层较高的热传导性，因而能维持电极下高温区的金属凝壳结构，并使整个炉底的热负荷均衡分布。通常在每支电极下部石墨衬与炉底高铝砖交接面的平均温度为 450 ~650℃。

为了保护炉底钢板，通常在炉底钢板下的工字钢底座处进行通风冷却。在炉底钢板上砌筑导热系数低的耐火材料以阻止熔炼区的高温向炉底传递，一般使用高铝砖，高铝砖下底部温度约在 250℃ 以下。常用的炉底耐火材料性能见表 9 - 6。

表9-6 典型炉底耐火材料性能

性 能		死烧优质耐火土	60%氧化铝	人工莫来石	铬刚玉
密度/g·cm^{-3}		2.24	2.4	2.45	3.43
抗压强度/MPa		31	35	85	78
气孔度/%		13	22	19	8
热导率 /W·(m·K)$^{-1}$	500℃	1.9	2	1.8	2.5
	1500℃	0.9	1.7	1.8	2.3

9.3.4.2 熔池底部

通常炉底石墨冷却层上部铺一层大块炭砖作为炉底工作层。碳砖层上部为易损层。易损层采用高铝砖或碳质捣打料砌筑。生产过程中，电极反应区高温熔池的热能会向炉底传递，碳砖和石墨冷却层将大部分热量传递至水冷的炉壳。在开炉初期，电炉温度未达到均衡分布时，炉底的最上层部分会受到热冲击、化学侵蚀而被熔蚀掉。炉底达到了热平衡后，金属的等温凝固面会处在一个相对"稳定"的位置。合理的炉底结构应尽可能使等温凝固带位于工作层之上，并使其转化为炉底的死铁层。

炉底碳砖层和石墨冷却层的冷却作用可避免工作层全部侵蚀，阻挡了冶炼中金属与炭砖的接触。

9.3.4.3 炉墙

冷凝衬炉墙应能确保熔融的渣铁在炉墙的热表面形成凝壳保护层。理想的"凝壳"炉墙应能确保炉墙热表面凝壳保护层的形成，同时防止气体和熔融物质对耐火材料的渗透和侵蚀。因此，炉墙材料必须具有足够高的导热能力。冷凝衬炉墙的特点是炉壳与碳砖之间有一薄层高导热石墨瓦。石墨瓦在水冷的炉壳和碳砖的冷表面之间形成一高导热的环带。这一低温的环带起着热量分配作用。当冷却水流分布不均衡时，导热的环带将热量均匀地传递至冷却水。石墨瓦另一个重要作用是作为最后一道保护屏障防止漏炉。

冷凝衬炉墙设计和砌筑应使保证其高导热能力，并尽量减少缝隙，以防止金属、气体渗入炉墙导致的化学侵蚀。碳质耐火材料的弹性模量和热膨胀系数低，温度改变时产生的应力小。热压碳砖所具有的弹性性能可在一定程度上缓解膨胀应力，防止炉墙裂缝的产生。炉衬受到热冲击的大小主要取决于碳块尺寸，所暴露的热表面横截面越大，越容易受热冲击影响，横断面较小的热压材质炉墙不受热冲击影响。使用大块碳砖砌筑的炉墙往往由于高温热膨胀作用而产生应力裂缝、挤压剥落和受到热冲击的影响。

使用高导热的胶泥可起到缓解膨胀产生的影响，减少挤压剥落和应力裂缝。胶泥必须有足够的厚度才能缓解膨胀作用。养生后胶泥产生的碳质结合力应能减小连接处的缝隙。这样，即使用小块的热压砖多层环形砌筑也会形成密封良好的整体炉墙。

电炉炉墙的温度分布是不均匀的，接近炉膛反应区处的炉墙温度急剧升高。冷凝炉衬炉墙的传热作用可以维持炉膛内凝壳层的完整性。

炉墙最上部石墨瓦内侧砌筑黏土砖或高铝砖；在炉墙中段石墨瓦内侧砌筑热压小块碳砖，热压碳砖热面砌筑高铝黏土砖保护层。

9.3.4.4 出铁口设计

出铁口是炉衬最薄弱的环节。出铁口要经受高温铁水和炉渣的冲刷，反复急冷急热，氧气烧眼、带水泥球堵眼等人为的破坏。一般保温炉衬 1~2 周就要换或维护出铁口耐火材料。有些电炉 3~4 个月就要中修出铁口，更换出铁口立碳砖，出铁口的维护降低了电炉作业率。

采用冷凝炉衬的组合出铁口结构可以大幅度延长出铁口寿命。组合出铁口的结构示意图见图 9-7。

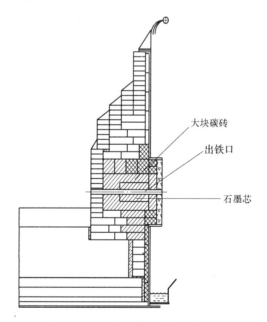

大块碳砖

出铁口

石墨芯

图 9-7 组合出铁口结构示意图

组合出铁口将直径 300mm、长度 550mm 的石墨芯嵌入长 870m、宽 600mm 的大块炭砖中，视出铁口工作条件可在碳块的左右两侧和顶部设置高冷却强度的水冷铜板。组合出铁口的外围砌筑高导热的热压半石墨碳块和石墨砖，用喷淋水冷将出铁口的热量传出。石墨材料高导热性降低了出铁口工作温度，使出铁口寿命得以延长。组合出铁口的结构既加强了冷却强度也方便碳质材料的更换。

使用开堵眼机和无水泥球是保护出铁口和内侧碳砖块的必要措施。

9.3.5　冷凝炉衬温度分布和监测

9.3.5.1　热电偶的布置

均匀分布在炉墙和炉底的温度监测是保证电炉安全运行的有效措施。炉墙热电偶分布在不同高度，在电炉圆周均匀分布。炉底热电偶安排在炉底高铝砖层的上沿和下沿，即紧贴炉底石墨砖和炉底找平层，布置图见图 9-8 和图 9-9。

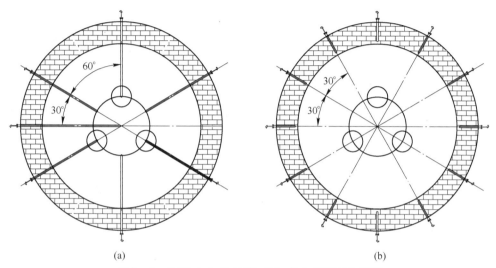

(a)　　　　　　　　　　　　　　　(b)

图 9-8　炉底（a）和炉墙（b）热电偶平面布置图

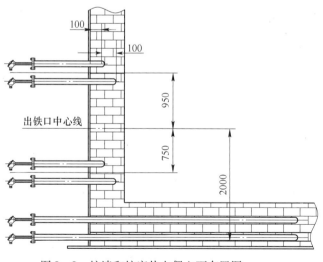

图 9-9　炉墙和炉底热电偶立面布置图

炉墙热电偶每组测温为 2 点，1 点布置在紧贴炉壳钢板内侧的石墨瓦内，另 1 点布置在石墨瓦外侧的热压碳块内。炉底热电偶安置在 3 支电极下端的高温区和极心圆中心。通过每组热电偶测温的温差可以计算该部位的热流量。

9.3.5.2 冷凝炉衬温度分布

典型炉底温度指示见表 9-7，炉墙检测温度指示见表 9-8。

表 9-7 炉底实测温度指示

位　置	F4 高碳锰铁炉底温度/℃		F1 高碳锰铁炉底温度/℃		M4 高碳铬铁炉底温度/℃	
至炉底钢板距离	65mm	140mm	65mm	290mm	150mm	380mm
耐火材料	高铝浇注料	浇注料+高铝砖	高铝浇注料	浇注料+高铝砖	高铝浇注料	浇注料+高铝砖
A 相电极中心	248.4	524.6	252	688		242
B 相电极中心	270.7	616.1	242	659		260
C 相电极中心	290.1	447.5	225	423		233
电炉中心	338.1	575.8	263	627		366
平　均	286.8	541.0	245.5	599.3		275.3

注：表中的高铝砖层是紧贴石墨砖层，此处的温度也是石墨砖下沿的温度。

表 9-8 炉墙实测温度指示

位　置	F4 高碳锰铁炉底温度/℃		F1 高碳锰铁炉底温度/℃		M4 高碳铬铁炉底温度/℃	
至炉壳距离	100mm	200mm	100mm	200mm	红外线扫描炉壳	
耐火材料	石墨瓦	热压碳砖	石墨瓦	微孔碳砖		
出铁口下沿（平均）	64.1	95.4	23.8	88.7	东侧	33
出铁口上沿（平均）	59.5	73.2	59.5	72	西侧	43

炉墙和炉底温度的检测是观察炉衬工作状态的窗口。实际操作表明，当罐铁口炉墙温度接近 900℃ 时，出铁口下部炉墙被烧穿，发生漏炉事故；一座镍铁电炉在炉底两层热电偶温度分别达到 1230℃ 和 700℃ 时，也发生了漏炉事故。因此，在发现炉衬温度发生异常时，应及时分析原因，及时处理，避免漏炉事故发生。

9.3.6 冷凝炉衬冷却计算

9.3.6.1 冷凝炉衬的传热

冷凝炉衬的传热可由傅里叶热传导公式计算得出：

$$q = k \frac{T_2 - T_1}{z_2 - z_1}$$

式中　q——热流量，kW/m^2；

T——测量点的温度；

z——测量点之间的水平距离；

k——测量点之间材料的导热系数。

由上式可以计算出冷凝炉衬在一定的厚度范围内的热流。资料[1]给出了锰铁冷凝炉衬的热流量。由表9-9凝固衬砌筑材料的热导率计算的冷凝炉衬的热流量见表9-10。

表9-9 冷凝炉衬耐火材料热导率

部 位		厚度/mm	热 导 率
喷淋冷却			3958W/(m·K)，$T=35℃$
炉 壳		30	52W/(m·K)
石墨瓦		70	120W/(m·K)
热压碳砖		230	12W/(m·K)
耐火砖（1A，2A）		230	1.5W/(m·K)
捣打料（1B，2B）		400	1.5W/(m·K)
内部热导率	1A，1B		1883W/(m·K)，$T=1450℃$
	2A，2B		1883W/(m·K)，$T=1700℃$

表9-10 锰铁冷凝炉衬的热流量

炉 号	No. 1A	No. 1B	No. 2A	No. 2B
炉壳冷面温度/℃	37.0	36.2	37.4	36.5
炉壳热面温度/℃	44.8	41.0	46.6	42.0
石墨瓦热面温度/℃	49.6	43.8	52.1	45.4
热压碳砖热面温度/℃	204.7	137.9	234.7	156.1
耐火砖热面温度/℃	1445.7		1694.9	
捣打料热面温度/℃		1447.4		1696.9
热流量/W·m^{-2}	8094	4910	9524	5778

9.3.6.2 炉衬冷却水计算

在确定了炉墙和炉底散热数据之后，可以采用热平衡的方法计算炉壳冷却能力。

通过炉墙传递的热量可以通过热流计来测试。其计算式如下：

$$Q = \delta(T_2 - T_1)/d$$

式中　　Q——通过炉墙的热流量；

　　　　d——热流计两端炉墙厚度；

　　　　$(T_2 - T_1)$——热流计两端温差；

　　　　δ——炉墙材料的导热系数。

通过电炉炉衬内部安装的热流计，测得高碳锰铁电炉炉墙的热流为5kW/m^2，最大可达15kW/m^2；炉底热流为5kW/m^2。

炉壳冷却水带走的热量等于炉壳传递出去的热量。因此，维持凝固衬所需的炉壳冷却水量可以通过热平衡来计算。

$$Q_1 = Q_2$$

式中　Q_1——通过炉墙传递的热能；

　　　Q_2——冷却水带走的热量。

按冷却强度为 $5 \sim 15 kW/m^2$ 计算，满足炉壳冷却所需要的最小冷却水量计算为：

$$Q_2 = C_水 V \Delta T$$

式中　$C_水$——水的比热；

　　　V——单位面积所需冷却水量；

　　　T——冷却水温升。

冷却水的温升取决于循环冷却水系统冷却器的冷却能力。一般循环水系统采用机力通风冷却器时的温度降不超过 10℃。因此，冷却水温升应小于该数值，否则会导致冷却强度不足。设计中可按冷却水降温 $5 \sim 8℃$ 计算。

由炉壳表面积可以计算出冷却水用量。炉壳面积计算要用整体面积而不能用局部面积。因为尽管有些部位没有水冷却，但在这里仍然存在炉内热量向外传递，只不过是这部分热能是通过钢板传导到水冷部位。

炉壳冷却水量按下式计算：

$$V_{总水量} = S_{面积} Q_2 / (C_水 \Delta T)$$

根据炉墙实际热流量对 25MVA 电炉冷却水量做如下计算。

计算条件如下：通过炉墙的热流量为 $5 kW/(m^2 \cdot h)$；冷却水温升 5℃；炉壳直径为 12m，高度为 5m；水的比热为 $4.18 kJ/(kg \cdot K)$。由此得到：

$$V_{总水量} = 3.14 \times 12 \times 5 \times 5 \times 3600/4.18/5$$

计算结果表明，25MVA 电炉炉壳冷却需要水量 162t/h，即 $0.86t/(m^2 \cdot h)$。

9.3.6.3　炉底通风冷却计算

炉底冷却通风量与当地的气象和工矿条件有关。

按照热交换计算，单位面积冷风带走的热量与钢板传出的热量的热平衡为：

$$Q_{空气} = Q_{炉底传热}$$

按照测定数据，$Q_{炉底传热} = 5 kW/m^2$。

$$Q_{空气} = V_{空气量} \cdot C_{空气} \cdot \Delta T_{空气}$$

$$V_{空气量} = Q_{空气} / (C_{空气} \cdot \Delta T_{空气})$$

所需的炉底通风冷却风量为：

$$V_{总风量} = V_{空气量} \cdot S_{炉底}$$

对于 25MVA 电炉所选炉底冷却风机风量为 $60000 m^3/h$。

9.3.7　冷凝炉衬的应用和维护

9.3.7.1　冷凝炉衬在矿热炉的应用

国外锰铁电炉普遍采用冷凝炉衬。Samancor 公司的 Meyerton 工厂的 M12 号

81MVA 高碳锰铁电炉自 1981 年 2 月采用冷凝炉衬，M10 号 75MVA 高碳锰铁电炉自 1990 年使用冷凝炉衬，除了维护出铁口外，两座电炉炉衬至今仍在运行。

国外大型铬铁电炉普遍采用碳质冷凝炉衬，其寿命普遍在 10 年以上。在此期间需要定期维护或更换出铁口。

义望铁合金公司引进美国 UCAR 炉衬材料和技术砌筑高碳锰铁电炉炉衬，显示出冷凝炉衬的优越性。

9.3.7.2 冷凝炉衬的维护

冷凝炉衬出铁口要尽量避免使用氧气烧穿，这可以大大减少出铁口的损毁。采用开堵眼机可以维持出铁口的完整性，做到不用氧气烧出铁口。使用无水泥球可以减少水分气化对出铁口内部的氧化作用。维护良好的高碳锰铁电炉出铁口寿命可以达到半年以上。

导热材料砖缝的气隙会严重影响炉衬的导热能力。炉壳和炉墙间的较小的空气间隙也会导致炉墙温度升高。冷凝炉衬砌筑必须使炉墙耐火材料与冷却系统紧密接触。灌浆是维持炉衬整体性和导热性的重要手段。在炉衬使用一段时间后向炉壳和碳质材料间注入高导热性的胶泥，使二者接触更加紧密，可以确保炉衬的热传导作用。

武汉建筑研究院开发的高导热 SiC 溶胶灌浆材料技术性能见表 9 - 11。

表 9 - 11 高导热 SiC 溶胶灌浆材料技术性能

体积密度/g·cm⁻³	850℃的烧结强度/MPa	导热系数/W·(m·K)⁻¹
2.4	40	15

灌浆主要用于处理炉壳温度过高的部位；灌浆操作改善了炉墙的导热性，使炉壳温度显著下降。

炉底凝固等温面始终处于动态变化之中。炉内存铁多将使炉底温度升高，炉底凝固等温面升高，炉墙温度也将随之升高，并导致流动的铁水冲刷炉墙，增加炉墙的侵蚀。均匀出铁和出渣是维护冷凝炉衬的必要措施。

冷凝炉衬达到热平衡后，其性能和完整性不会随使用时间而发生改变。合理的炉衬结构设计应该充分考虑不同位置的炉衬材料和几何形状、热膨胀和热应力作用的缓解以及其他所有影响炉衬寿命的内在和外在因素。

9.4 铜质冷却器冷凝炉衬

9.4.1 镍铁电炉炉衬损毁机理

镍铁电炉炉衬受到的高温侵蚀来自于过热炉渣和金属的作用，其工作条件和受到的侵蚀作用远高于其他铁合金电炉。镍铁电炉使用的原料含镍量很低，而采用选择性还原的工艺把大量氧化铁留在了炉渣里，使得镍铁生产的渣铁比高达

5.6 左右, 体积比达到 15 以上。镍铁炉渣的过热度取决于矿物特性和铁水温度等。在大多数情况镍铁的熔点高于炉渣的熔点。电能对铁水的加热需要通过过热的炉渣来传递, 这要求镍铁炉渣有更高的过热度, 其流动性和对耐火材料的侵蚀能力更强。镍铁电炉的渣层直接与炉墙接触。图 9 - 10 为镍铁炉衬渣线部位的损毁原理示意图。可以看出, 电炉内最恶劣的炉衬工作条件位于渣铁界面附近。在冶炼过程中渣铁界面高度随着液体金属量的变化而交替上升和下降, 炉墙周期地与金属和炉渣接触。渣铁界面下降时下部冷凝的渣壳层会发生熔化。因此, 没有足够的冷却强度就无法维持冷凝渣壳炉衬正常工作。为了加强这一部位的冷却, 在炉墙的渣线部位设置了铜质水冷却器。

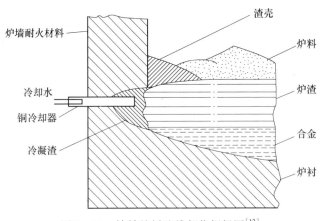

图 9 - 10 镍铁炉衬渣线部位损毁图[13]

9.4.2 炉衬冷却技术比较

根据炉衬耐火材料厚度和炉衬温度分布计算[14], 在炉渣 SiO_2/MgO 为 2.0 ~ 2.3 时, 镍铁电炉炉墙的热流量可高达 $40kW/m^2$。采用降低炉渣的 SiO_2/MgO, 减少电极电流, 提高工作电压等手段可以使炉墙的热流量减少到 $20kW/m^2$。由于冷却强度的提高, 炉底功率密度可提高 50%, 由 $160kW/m^2$ 提高到 $240kW/m^2$。

为了降低炉渣和金属对炉墙的损毁作用, 需要采用适当的强制冷却炉衬结构, 如炉壳喷淋冷却、水冷铜板、铜质指形冷却器和威夫冷却器、通风冷却、风冷翅片等。各种水冷系统的冷却能力如图 9 - 11 所示[15]。

伸入炉衬的水冷铜板冷却强度为 $100kW/m^2$, 而威夫铜冷却壁的冷却能力高达 $1000kW/m^2$; 炉壳喷淋冷却的最大冷却能力为 $15kW/m^2$。可见, 铜冷却器的冷却强度高于炉壳喷淋冷却方式。实践表明, 铜质冷却器能适应渣线、出铁口部位的冷却。在金属熔池部位的冷却必须有完善的温度监测手段相配合。铜质冷却器技术已经普遍用于国内外的镍铁电炉、高钛渣电炉等炉渣数量大、温度高的电炉。

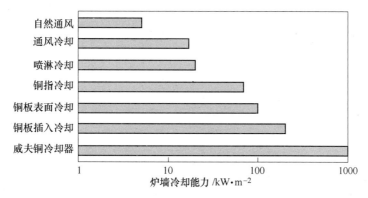

图 9-11　不同冷却系统冷却能力比较[15]

9.4.3　铜质冷却器

9.4.3.1　铜板块式冷却器

水冷铜板冷却器采用多个水冷铜板并排伸入到炉衬内部，与耐火材料紧密接触。铜板内部的冷却水路引出倒炉壳外部。一座功率 40MW 电炉安装了多达 4000 组水冷铜板元件。铜板冷却器的结构见图 9-12。

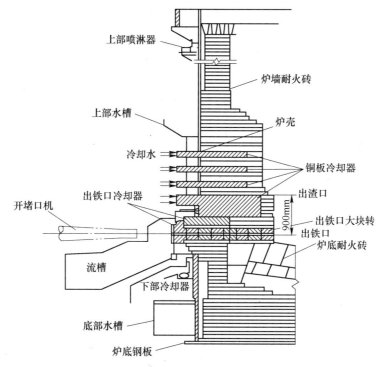

图 9-12　镍铁电炉铜板冷却器炉衬结构[16]

图 9 - 13 为圆形电炉强制冷却炉衬示意图。这里，渣线部分采用水冷铜板冷却元件，出铁口和出渣口采用铜水套或铜板冷却器。炉底和炉墙采用镁质捣打料砌筑。

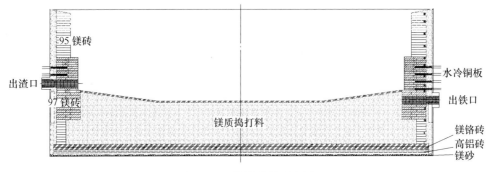

图 9 - 13 镍铁炉衬示意图

9.4.3.2 水冷指形铜冷却壁[17]

指形冷却壁的冷却强度大于 $400kW/m^2$。指形冷却壁（copper finger cooler）是由热导率极高的紫铜铸造而成，在通水的铜冷却壁内表面有多个类似于手指的铜棒伸到耐火材料内部（见图 9 - 14）。镁质和碳质打结料或浇注料可与指形铜棒紧密接触，将炉衬的内表面的热量迅速传到冷却器（见图 9 - 15）。冷却水管路设在冷却壁的外部，便于调整水温和流量。

图 9 - 14 指形铜质冷却器[18]

9.4.3.3 威夫铜水冷壁[19]

赫氏公司开发的威夫铜冷却壁（Waffle technology）结构类似于威夫饼干，见图 9 -16。其冷却表面加工成多条燕尾槽，以使其充分与耐火浇注料或积聚的凝固渣层密切结合。威夫冷却壁的内部自然形成了凝固衬。实践生产中残余的凝固衬最薄处不到几厘米。这一强化冷却技术已经广泛用于镍铁电炉、冰铜和冰镍转炉等冶金炉的渣/金属冷却部位。威夫冷却壁的冷却强度可以高达 $1000kW/m^2$，完全可以适应渣线部位的最恶劣的工作条件。

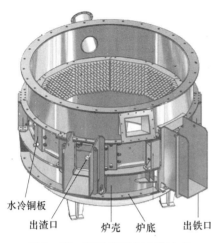

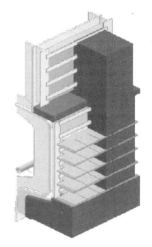

图 9-15　铜质指形水冷器炉壳　　　　图 9-16　威夫冷却壁

9.5　复合冷凝炉衬

镍铁电炉炉衬的工作条件恶劣，各种结构形式的冷凝炉衬都在镍铁电炉得到试验和应用。东欧、日本、南美等地区的多座镍铁电炉采用炉壳喷淋水冷结构的冷凝炉衬[20]。

9.5.1　复合碳质和镁质冷凝炉衬

前苏联帕布什镍铁厂有两座 38MW 矩形镍铁电炉，使用炉壳喷淋水冷复合结构炉衬。该厂多次对电炉炉衬的结构进行改造使其适应镍铁生产。镍铁电炉炉墙使用碳石墨质耐火材料，炉底使用镁质耐火材料、炉壳喷淋水冷，自 2003 年使用复合炉衬以来电炉始终正常运行[20,21]。

图 9-17 为马其顿的 Kavadarci 工厂 55MW 镍铁电炉碳/镁质复合结构的冷凝炉衬示意图[20]。在复合碳质结构炉衬中，金属熔池部分采用镁砖等镁质耐火材料砌筑，渣线和炉渣熔池采用高导热的石墨砖砌筑，石墨砖的热面打结或砌筑耐火材料保护层。炉壳喷淋水冷对石墨砖强制冷却，使炉渣熔池与石墨砖接触的热面形成炉渣凝壳保护炉衬。

复合水冷结构是由水冷元件与碳质和陶瓷耐火材料混合组成，其特点是根据不同部位所需的冷却强度选用不同的冷却措施和耐火材料。在出铁口部位和渣铁交汇区域使用铜质水冷元件和耐火材料打结料；在炉渣熔池区域采用碳质耐火材料和喷淋水冷；炉底金属熔池采用镁质耐火材料和风冷，见图 9-18。

9.5.2　通风冷却

炉壳风冷技术包括炉墙强制通风冷却和炉底通风冷却。通风冷却的冷却强度

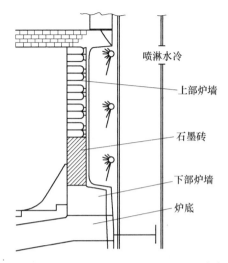

图 9 - 17　镍铁电炉喷淋水冷炉衬结构[20]

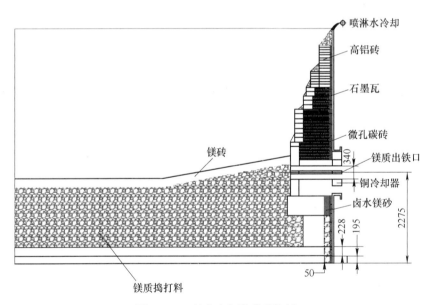

图 9 - 18　复合冷却镁碳质炉衬

比喷淋水冷和铜质强制冷却器低。

　　采用空冷翅片技术可以提高空冷的冷却强度。空冷翅片适用于炉壳对冷却强度要求较低的部位,如炉壳下部区域。空冷翅片为铜板制成,直接连接在炉壳表面,强制通风的管路将翅片传导出的热量带走。

　　空冷翅片的冷却强度最大可达 $15kW/m^2$,比表面吹风冷却高 5 倍,与喷淋水冷相近。

炉壳喷淋水冷的缺点是冷却水可能渗漏到炉壳内使镁质耐火材料水化，水量过大时还会引起爆炸事故。空冷翅片技术的优点在于安全性好，还可以节约大量工业用水。

参 考 文 献

[1] Anthony M Heam, Albert J Dzermejko, Pieter H Lamont. 提高电炉炉衬寿命的"凝固"衬原理 [C]. 第八届国际铁合金大会，北京，1998.

[2] 张文杰，李楠. 碳复合耐火材料 [M]. 北京：科学出版社，1990：17.

[3] Hyldmo P H. Problems in FeSi/Si Furnace [C]. Electric Furnace Proceedings, 1988 (46): 189~194.

[4] 张艳，伊如旺. 微碳铬铁炉底镁砖熔损原因浅析 [J]. 铁合金，1988 (5): 6~11.

[5] 赵立伟. 镁质捣打料延长精炼铬铁炉衬寿命的机理分析 [J]. 铁合金，1998 (4): 9~14.

[6] 斯特列洛夫 K K. 耐火材料结构与性能 [M]. 马志春，译. 北京：冶金工业出版社，1992：55~66.

[7] 戴维，舒莉. 碳素铬铁电炉炉衬及其维护 [J]. 铁合金，1993 (5): 1~6.

[8] 鞍山钢铁学院. 耐火材料教研室耐火材料生产 [M]. 北京：冶金工业出版社，1981：30.

[9] 中国工程建设标准化协会工业炉砌筑专业委员会. 筑炉工程手册 [M]. 北京：冶金工业出版社，2007：103~130.

[10] 白周成，等. 用于炼铁高炉炉衬、炉缸的热压烧成碳砖 [P]. 巩义市神龙耐火材料有限公司，中国 CN293207，2007.

[11] 李建伟，叶乐. 一种用于高炉炉衬的高抗蚀微孔焙烧炭砖 [P]. 河南省平顶山市鲁山碳素厂，中国 CN1290755，2001.

[12] Hugo J, Dauie B, Wayne B, et al. A lining management system for submerged arc furnaces [C]. INFACON 6, New Delhi, 2007: 705~714.

[13] Donaldson K M, Ham F E, Francki R C, et al. Design of refractories and bindings for modern high – productivity pyrometallurgical furnaces [J]. Glass and Ceramics, 2002, 59 (9): 335~338.

[14] Daenuwy A, Dalvi A D, Solar M Y. Development of electric funace design and operation at P. T. Inco [C]. Electric Furnace Symposium of CIM, Edmonton: Canada, 1992, 8: 23~37.

[15] www. hatch. com: HATCH Furnace Technology for FeNi. 2009.

[16] Dalvi A D. Development of electric furnace design and operation at P. T. INCO [C]. Proceedings – Nickel Metallurgy Vol. 1. Extraction and Refining of Nickel, Toronto: Met Soc, 1986: 334~355.

[17] Reinecke I J, Lagendijk H. A twin – cathode DC arc smelting test at MINTEK to DEMON-STRATE the feasibility of smelting FeNi from calcine prepared from siliceous laterite ores from

Kazakhstan for oriel resources PLC ［C］. Proceedings of the 11th International Ferroalloys Congress, 2007: 781 ~ 797.

［18］ BATEMAN Copper Cooler Technology. www. batemanEngineering. com, 2010.

［19］ Hatch G, Wasmund B. Cooling Devices for Protecting Refractory Linings of Furnaces ［P］. United States Patent 3849587, 1974.

［20］ Warner A, Díaz C, Dalvi A, Mackey P, et al. JOM World Nonferrous Smelter Survey Part Ⅲ: Nickel: Laterite ［J］. Journal of Metals, 2006, 4: 11 ~ 22.

［21］ Prietl T, Triessnig A, Filzwieser A. Determining the Thermal Parameters of Complex Furnace Linings ［C］, Report of Laboratory for Secondary Metallurgy of the Non – Ferrous Metals, University of Leoben: Austria, 2004: 26 ~ 30.

10 能源和环境

10.1 铁合金生产中的热能分布

铁合金工业是高耗能产业。铁合金生产消耗的能源不仅来自于电力,也来自燃煤、燃气、还原剂、蒸汽、柴油等化学能源和物理能源。在消耗能源的同时铁合金冶炼产出的烟气、炉渣、铁水,烧结和焙烧产出的热料中有大量物理热和化学热能散失在环境中,循环水中也含有可以回收利用的物理热。在能源日趋短缺的形势下充分利用工艺排放的热能是改进企业经济效益的重要内容。

10.1.1 铁合金生产的热能消耗和余热分布

铁合金生产消耗大量优质能源。表 10-1 给出了年产 10 万吨硅锰的铁合金厂的能量消耗状况。该厂装备有 $1 \times 24m^2$ 锰矿烧结机、$4 \times 30MVA$ 硅锰电炉等铁合金生产的基本装备。

表 10-1　年产 10 万吨硅锰合金的铁合金工厂能源消耗状况

序　号	能源名称	年用量	折算系数	总能耗/tce·a⁻¹
1	电	$4.4 \times 10^5 MW \cdot h$	4.04tce/(MW·h)	177760
2	焦炭	59300t	0.971tce/t	57604
3	煤	12000t	0.714tce/t	8568
4	柴油	300t	1.5714tce/t	47
5	合　计			243979

铁合金生产过程产生了大量余热。这些余热分布在烟气、铁水、炉渣和冲渣水中。表 10-2 和表 10-3 分别给出了电炉煤气、烟气的热能和显热。影响煤气发热量的因素有电炉密封性和原料条件,电炉煤气中的 CO 还原锰矿中高价氧化物会导致电炉煤气热值降低。电炉烟气温度主要与炉口燃烧的过剩空气量有关。

表 10-2　铁合金密闭电炉煤气量和热能

品　　种	煤气量/Nm³·t⁻¹	CO/%	煤气热值/kJ·Nm⁻³
SiMn	920~980	60~70	约8360
HC FeMn	620~660	55~65	约6688
HC FeCr	700~800	65~75	约9196

表 10 - 3 矮烟罩电炉烟气量和显热

品 种	烟气量		温度/℃	热熔/MJ·Nm⁻³	单产热能	
	Nm³/(kW·h)	Nm³/t			MJ/t	kW·h/t
FeSi75	6	51600	500	120	6127500	1702
SiMn	5	21000	400	95	1968750	546
HC FeMn	4.5	11250	300	68	773437.5	214
HC FeCr	5.5	19250	450	106	2045313	568
金属硅	7	84000	600	145	12075000	3354

表 10 - 4 和表 10 - 5 给出了典型铁水和炉渣的热能和显热。铁水和炉渣的比热和熔化热与其化学成分有关。值得注意的是硅的熔化热比铁、锰等金属大 1 倍以上。因此，高硅铁合金的熔化热较高。

表 10 - 4 典型铁合金铁水参考值

类 别	温度/℃	显热/MJ·t⁻¹	显热/kW·h·t⁻¹
HC FeMn	1300	1337	371
SiMn	1400	1750	486
LC FeMn	1500	1353	376
金属锰	1500	1364	378.8
HC FeCr	1700	1152	320
金属铬	1900	1643	456
FeSi 75	1400	2720	755
金属硅	1500	3190	886

表 10 - 5 典型铁合金炉渣显热参考值

炉 渣	温度/℃	显热/MJ·t⁻¹	显热/kW·h·t⁻¹
HC FeMn	1400	2005	557
SiMn	1500	2134	593
HC FeCr	1700	2348	652

表 10 - 6 列出了硅锰铁合金生产中的余热分布。按照热能计算，1t 硅锰合金铁水带走的显热热能相当于 486kW·h，1t 炉渣带走的显热热能相当于 593kW·h。这些余热所占热能的比例占该厂年消耗热能的 32.91%，其中可以利用的热能达 15% 以上。

表 10 − 6　年产 10 万吨硅锰铁合金厂余热的能源分布

项　目	单　位	单　产	年产量	温度/℃	热能/t − 标煤
铁　水	t	1	100000	1400	19634
炉　渣	t/t − 铁	1.15	115000	1500	27550
电炉煤气	m³/t − 铁	846	84600000	400	21750
烧结矿	t/t − 铁	1.5	150000	450	6060
烧结烟气	m³/t − 矿	750	1188 × 10⁶	250	5303
合　计					80299

图 10 − 1 给出了采用 RK − EF 工艺冶炼镍铁的能量分布状况[1]。以镍铁电炉冶炼消耗的热能为 100% 计，其中 65% 为电能；回转窑焙烧消耗的热能几乎与电炉冶炼相同，其中 97% 的热能来自燃煤；干燥机消耗的热能为电炉的 28%，大部分热能也是来自燃煤。镍铁电炉产生的烟气温度高达 600℃，可以用于红土矿的焙烧和干燥，这部分热能的比例占电炉耗能的 11%。镍铁生产的渣铁比很大，炉渣带走的显热约占电炉热能的 71%，比电能还要高出 6%。因此，镍铁利用炉渣热能的潜力巨大。

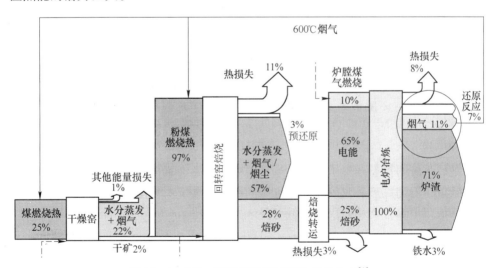

图 10 − 1　RK − EF 镍铁冶炼过程热能的分布[1]

10.1.2　铁合金生产热能利用

铁合金生产所需要的能源工艺环节有电炉冶炼、原料干燥、粉矿石烧结、石灰石焙烧、原料处理和动力等多种能源需求方式。这些能源可取自电力、燃煤等高等级能源，也可以利用循环经济取自生产的余热。根据工厂的生产工艺需求和地域特点可以开发合理能量利用方式。

在铁合金生产中，电炉煤气和烟气热能、铁水和炉渣的显热热能、矿石焙烧和烧结的显热、活性石灰焙烧热能、回转窑和烧结机烟气热能等利用潜力很大。

图 10-2 给出了硅铁电炉余热利用的热平衡图。

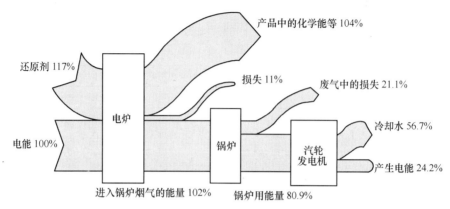

图 10-2　硅铁电炉余热利用的热平衡[2]

在硅铁生产中输入电炉的化学能略高于电能，而电炉烟气所含的热能几乎等于电能。余热发电最多可以回收相当于输入电能 24% 的电力。目前已投入使用的余热发电回收的电能可达到电炉冶炼用电的 16%[3]。在余热发电中大部分热能损失在废气和冷却水中。因此，余热发电未必是热能回收利用的最佳选择。

在精炼锰铁生产中，铁水和炉渣显热已经得到了利用。在电硅热法精炼锰铁工艺中，液态还原剂热装工艺比冷装工艺电耗降低 500kW·h/t；石灰和锰矿的热装、锰矿石品位提高、提高高价锰氧化物的比例都有助于降低冶炼耗电。

锰矿品位的提高减少了炉渣数量和熔化热。高价氧化锰比例增加会增加硅的氧化数量，增加硅热反应放热量，也增加硅锰合金带入的锰的数量，使精炼单位电耗降低，但综合能耗并没有降低（见表 10-7）。

表 10-7　影响精炼锰铁冶炼电耗的因素

影响因素		数量/kg	降低电耗/kW·h
热装	焙烧锰矿（600℃）	1000	140
	活性石灰（600℃）	1000	148
	硅锰合金（1400℃）	1000	496
锰矿品位提高1%，减少渣量10kg		1000	6
使用高价锰矿 MnO_2，增加硅锰合金消耗		1000	600

烧结机生产的热矿经过破碎后温度仍然高达 500℃。日本神户制钢将热烧结

矿运送到电炉料仓,直接加到电炉中使用。在电炉的混合料中,45% ~70% 的矿石为温度在 400 ~450℃ 的热烧结矿。利用热烧结比使用常温原料可以节电 150kW·h/t[4],而目前大部分工厂是将热矿冷却后使用,烧结矿的热能没有得到利用。

铁合金生产中可以回收的热能是以化学能或热能形式存在的。以 CO 气体形式存在的化学能可以通过燃烧转换成热能和电能;烟气热能可用于发电、原料干燥,也可以用于采暖或供热。

10. 2 热能品质和效率

在讨论能量利用和回收的技术路线时,人们往往只从能量的数量来评估能量回收的潜力,却往往忽略能量的品质。不同形态的能量利用的价值并不相同,即使是同一形态的能量,在不同条件下也具有不同的作功能力。热力学定义的"热焓"具有"能"的含义和量纲,但不能反映出能的质量。在实际生产中含有相同热能但温度不同的电炉烟气,可利用的价值差别甚大。600℃ 的电炉烟气可以用来发电,而相同热能的 200℃ 低温烟气只能用于取暖。

10. 2. 1 热能品质

优质能源电能可以产生高温用于熔炼铁合金,也可以加热冷水采暖。对于前者低温能源无能为力,对于后者采用低温热能就足以完成。因此,需要采用一个既能反映能量数量又能反映能量"质"的差异参数,来正确评估回收和利用能量的工艺路线。

图 10 -3 为单位电炉功率产生的烟气量、烟气温度与从烟气中可回收的机械能效率的关系。该图系根据一座 40MW 半密闭电炉产生的烟气数据计算的。离开热力系统的烟气温度为 150℃。可以看出,烟气中可用热能与温度有关,温度越高可用能的比例越高。

热力学第二定律认为:热能不可能全部转化为机械能做功。在给定的温差区间 (T_1 和 T_0),获得的最大功是热机按卡诺循环工作取得的。工质从温度为 T_1 的热源取得的热能 Q 中转变为功的那部分热能 Q_a 为可用能。可用能表达式为:

$$Q_a = Q \times \eta$$
$$\eta = (T_1 - T_0)/T_1$$

式中 η——热效率。

排到温度为 T_0 的环境中的那部分热能 Q_1 为不可用能,其数量为:

$$Q_1 = Q \times (T_0/T_1)$$

上式说明:提高热源温度 T_1,或降低环境温度才能提高可用能的比例。

可用能是可以转换成功的那部分能量,可以作为衡量系统最大做功能力的尺

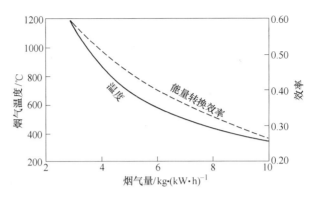

图 10 - 3　电炉烟气量、烟气温度与可回收的机械能效率的关系[3]

度。在热力学中可用能（exergy）是用以评价能量品质的参数。可用能是与熵、焓一样表达系统状态的能量参数。在做功过程，系统的可用能始终处于减少的方向，而熵始终在增加。

各种形态的能量转换为"高级能量"的能力并不相同。以这种转换能力为尺度能评价出各种形态能量的质量优劣。能量转换能力的大小与环境条件有关，还与转换过程的不可逆程度有关。

与可用能相对应，不能转换为有用能的能量，称为无用能（anergy）。任何能量 E 均由可用能和无用能两部分所组成，即：

$$E = E_x + A_n$$

从热力学角度来看，可用能与无用能的总量保持守恒，即能量转换始终遵循能量守恒原理。可用能的大小不仅与热能总量的大小有关，还与系统的温度 T_1 和环境温度 T_0 有关。以 900K（A）和 300K（B）的蒸汽为例，可以看出能量比例与可用能效率的区别。由表 10 - 8 可见，能量与可用能具有相当大的差异，而我们真正需要的是可用能。

表 10 - 8　不同温度蒸汽的可用能[5]

温度/K	热能/kJ · kg^{-1}	卡诺循环系数	可用能/kJ · kg^{-1}
900	3600	0.67	2400
300	2500	0.05	125
能量比例（B/A）	69%	可用能比例（B/A）	5%

10.2.2　热能利用效率

铁合金工厂废热资源分布在烟气、炉渣、铁水、热烧结矿、冲渣水等许多物质中。由于温度、形态、产出方式等多种原因，热能的可利用性差异很大，这体现在能源品质上的差别。按照热能利用目标，可将铁合金生产中可用热能划分成若干个等级，见表10-9。

表10-9 铁合金余热资源的等级

品 质	热 源	用 途
优	煤气	焙烧、发电、蒸汽、干燥、热水
良	高温烟气	发电、蒸汽、干燥、热水
中	铁水、炉渣显热	蒸汽、干燥、热水
差	低温烟气、冲渣水	热水

矮烟罩电炉烟气温度范围在350~700℃之间。所含的热能可以用作热水、蒸汽或发电的资源，其中温度在360℃以上的烟气可以作为烟气发电的主蒸汽热源。温度为280~350℃的烟气温度较低，产生的蒸汽压力和温度低，发电能效率也比较低。图10-4给出了不同温度烟气的热能利用率。

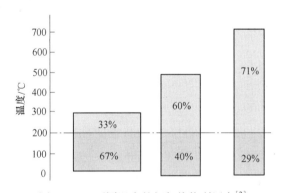

图10-4 不同温度的烟气热能利用率[2]

图10-4说明，在余热锅炉烟气出口温度为200℃时烟气热能很小；温度为300℃的烟气仅有33%的能量可以能转换成蒸汽能量再利用；温度为500℃时，约60%的能量可以利用；而在700℃，约71%的烟气能量可回收。因此，烟气温度T_G是烟气热能回收方式的决定因素。经验表明：

（1）在$T_G > 450℃$时，电炉烟气可以用于产生高压蒸汽，用于发电或其他工业用途。

（2）在$T_G > 300℃$时，电炉烟气余热锅炉可以生产工业用途的中低压蒸汽。

（3）在$T_G > 120℃$时，电炉烟气仅可用于供热。

电炉烟气热能回收结合工厂所在地的具体情况更有实际意义。位于挪威的铁合金厂热能回收更多地用于地区供热，热利用率可以达到消耗电能的20%以上，而单纯发电回收的电能仅占消耗电能的10%左右或更低（见表10-10）。

表 10 – 10   挪威一些铁合金企业能量回收状况[3]

品种	工厂	耗电/GW·h	可回收/GW·h·a⁻¹		实际回收/GW·h·a⁻¹	
			电能	热能	电能	热能
FeSi	Bjolveforssen	550	55	95	35	
	Hafslund	530	75	104		23
	Ila Lilleby	280		120		120
	Saltem	890	125	163		40
	Thamshavn	580	80	98	80	
SiMn	PEA	500		200		200
	Oye	500	80	50	80	26

在铁合金生产中，热能相同的烟气可以用于发电的效率与温度有关。图10 – 5 给出了电炉烟气余热锅炉发电效率与烟气温度的关系。可以看出，温度为 400℃电炉烟气与温度为 600℃的烟气热效率相差 50% 以上。

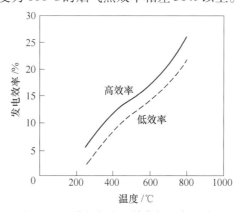

图 10 – 5   热烟气发电效率与温度的关系

铁合金电炉的烟气温度波动较大。这给余热发电带来了很多困难。表 10 – 11 列出了铁合金生产对能源的需求种类。在生产过程中，原料干燥和预热对能源的需求量很大。如果工厂没有干燥和预热措施，原料在炉内完成干燥和预热所需的热能只能取自电能和烟气。无论是优质还是低品质热能都可以用于原料干燥和预热的热能，而使用低品质能源所得到的回报是节约了优质能源电力。因此，充分利用生产过程产生的低温热能具有重要意义。

表 10 – 11   铁合金生产对能源的需求

热能需求	温度	可用热源
生活用水	低	电炉煤气、烟气、铁水炉渣余热
原料干燥	低	电炉煤气、烟气、炉渣风淬热烟气

热能需求	温 度	可 用 热 源
矿石预热	中、高	电炉煤气、烟气
电 力	高	电炉煤气、烟气
矿石焙烧	高	电炉煤气
烧 结	高	电炉煤气 + 烟气
钢包加热	高	电炉煤气

在铁合金生产中，电炉烟气热能可能以优质能源——煤气的形式回收，也可能以低品质的烟气形式回收利用。以电炉煤气形式回收的热能在铁合金生产中用途最广，可以以多种途径实现节电降耗。

10.3　电炉煤气除尘和回收

10.3.1　铁合金电炉煤气

密闭铁合金电炉在冶炼铁合金的同时产生大量电炉煤气。电炉煤气的成分主要是 CO、N_2、CO_2 以及少量水分和氢气。电炉煤气的成分与矿石和还原剂成分、数量及电炉的密封性有关。密封性差的电炉 CO 含量低、CO_2 含量高。还原剂中水分含量高时，煤气含有较高的 CH_4。电炉煤气中的 H_2 含量与原料中的水分含量有关。氢含量过高提示电炉设备存在漏水，需要及时检查并采取措施。由于炉况的波动煤气数量和温度会出现波动。电炉煤气温度一般为 300 ~ 400℃，瞬时高温可达 600℃以上。电炉煤气含尘量取决于原料条件和炉况，在 100 ~ 250g/Nm^3 之间。电炉煤气成分范围、烟尘含量和粒度分布见表 10 - 12 ~ 表 10 - 14。

表 10 - 12　密闭电炉煤气成分范围

气 体	CO	H_2	CO_2	CH_4	N_2	O_2	粉尘	焦油
含量/%	60 ~ 80	2 ~ 7	5 ~ 20	0 ~ 5	4 ~ 12	0.2 ~ 1.0	100 ~ 150g/Nm^3	微量

表 10 - 13　密闭电炉煤气粉尘化学组成　　　　　（%）

粉尘组成	SiO_2	FeO	MgO	Al_2O_3	CaO	Mn/Cr_2O_3	C	P
高碳铬铁	约20	约15	约27	约5	约2	20	约12	
高碳锰铁	约20	约3	2	2	3	约30	约4	约0.03
硅锰合金	约40	约2	约3	约5	约5	约20	约6	约0.03
电 石	约7		3		37 ~ 59		约20	

表 10 - 14 密闭煤气电炉煤气烟尘粒度分布

粒 度	μm	>20	20>d>10	10>d>7	7>d>5	5>d>3	d<3
高碳锰铁	%	10	18.20	10.60	8.20	8.20	44.70
硅锰合金	%	2.8	13.0	24.0	9.6	13.0	37.6
高碳铬铁	%		10.1	6.1	4.1	9.1	70.6
电 石	%	7					>90

矿热炉煤气热值与其 CO、H_2 和 CH_4 含量有关,热值一般在 $6000 \sim 9000kJ/Nm^3$。煤气热值计算方法见 11.2.1.3 节。由于锰矿中含有较高的氧,高碳锰铁电炉煤气热值较低,而高碳铬铁电炉煤气热值较高。

铁合金生产使用的碳质还原剂含有少量挥发分。在冶炼中部分挥发分以焦油形式进入电炉烟气。焦油在高于 225℃ 呈气态,而在低于 225℃ 会从电炉煤气中析出。在湿法净化中电炉烟气中的有机物会进入煤气洗涤水中,而在煤气干法净化中焦油会粘结堵塞布袋,在输送过程粘结在管路、阀门处。

10.3.2 煤气净化方法比较

由密闭电炉烟道排出的电炉荒煤气含有大量粉尘需要经过粗除尘才能使用;而需要长距离输送和储存的电炉煤气必须采用精除尘净化工艺处理。

煤气净化系统由密闭炉盖、重力除尘、冷却降温、精除尘、脱水、煤气风机、煤气管路、清灰装置、控制和检测设施、放空装置、氮气保护装置等组成。煤气风机采用变频控制可以将矿热炉炉内压力维持在 $-30 \sim 0 \sim 30Pa$ 之间。炉况正常时压力可稳定维持在 $-5 \sim +5Pa$,工作在最佳状态时炉内压力为微正压约 2Pa。煤气系统压力一般保持在 $6 \sim 18kPa$。随着炉况波动,系统压力会发生变化,当系统压力小于 1500Pa 时,煤气输送系统自动关闭;当系统压力过大时,表明管道内集灰较多,需要系统清灰处理。

煤气输送系统设置有放散自燃装置和煤气的低压报警器。放散管的自燃装置由调压阀门和自动点火器组成,低压报警器控制自燃装置的开启。在电炉生产初期或电炉出现事故时,电炉不能密闭操作,电炉烟气可以直接排放和放散。为防止 CO 泄露,设备密封处均有氮气保护装置。系统设自动清灰系统,避免灰尘堵塞管道及设备。

铁合金电炉煤气净化有干法和湿法两种。

湿法回收电炉煤气优点是技术成熟、运行安全可靠、除尘设施占用空间较小。国内密闭电炉大多采用湿法净化煤气技术。干法煤气净化技术发展很快,具有流程简单、运行费用低、投资少的优点,由于采取了先进的监测技术,运行效果普遍较好。许多新建电石、铬铁、锰铁电炉采用了干法回收煤气技术。表 10 - 15

对干法和湿法回收煤气技术进行了比较[6,7]。

表 10 - 15 煤气净化方法比较

性能和特点	湿法煤气净化	干法煤气净化
技术成熟程度	国内外铁合金电炉应用较广	高炉、转炉、电石炉、铁合金电炉使用
技术难度	污水处理难度大	温度控制、密封性要求高
运行费用	动力费用高	动力费用低
用　水	用水量大	用水量小
安全性	安全性好	安全性次之
运行人员	较多	少
投　资	较大	比湿法少30%

湿法净化煤气的主要缺点是用水量大，煤气净化水中含有大量有害物质，建设水处理设施投资较大、运行费用较高。

干法煤气净化技术先进，具有工艺简单、投资少、运行费用低的优点。早年我国引进了电石和铁合金电炉干法除尘技术和设备，经过多年技术开发和其他行业的应用经验积累，干法除尘的技术发展很快。许多新建铁合金电炉采用了煤气干法除尘技术，并将回收的煤气用于烧结、回转窑焙烧。能源短缺和铁合金市场的激烈竞争正推动企业寻求降低生产成本的技术，密闭电炉、干法回收电炉煤气将日益为人们所重视。

10.3.3 干法煤气净化技术

10.3.3.1 干法煤气净化流程

干法煤气除尘系统一般由煤气冷却器、粗除尘器、布袋除尘器、煤气风机和配套的阀门、仪表、控制系统、氮气密封系统和管路组成。为了稳定电炉炉膛压力，有的煤气系统还设置了煤气回流系统。干法煤气除尘工艺流程如图 10 - 6所示。

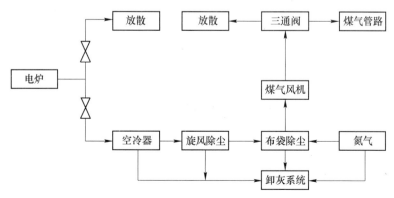

图 10 - 6 干法煤气净化系统流程

电炉炉膛压力维持在微正压。在烟道的负压作用下荒煤气经由烟道先后二级冷却器冷却；经过粗除尘荒煤气进入布袋除尘器除尘。除尘器收集的电炉粉尘由卸灰系统收集定期外运。为了保证煤气系统安全运行，设置氮气保护系统。氮气除了用于对布袋除尘器进行反吹除灰以外，还对与外界相连的卸灰部位进行密封保护。系统的煤气温度和压力见表 10－16。

表 10－16　干法煤气除尘系统温度和压力分布

部　位	电　炉	冷却器后	粗除尘后	风机前	风机后	用　户
煤气温度/℃	300～500	300	>200	180	>150	约 120
管路压力/Pa	－2～＋5	－200	－500	－2000	7000	

10.3.3.2　干法煤气除尘器的设备构成

煤气净化系统设备有：

（1）烟气冷却。荒煤气冷却采用多级空气冷却器冷却。空冷器也是粗颗粒烟尘分离器。空气冷却可采用列管强制冷却或旋风式空冷器。通过控制冷风流量来控制煤气温度。为了强化冷却设置了气水热交换器。温度控制系统工作温度范围为 200～300℃。在荒煤气温度大于 300℃时启动水冷降温装置。

（2）除尘器。除尘器由箱体、滤袋、灰斗、进出风管、脉冲清灰装置构成。箱体成圆形防爆式设计，以适应较高的炉气压力。因所处理的气体为高温气体，滤袋普遍采用氟美斯针刺毡制成，是化纤与玻璃纤维的混合材料，其抗折性好、耐磨、耐高温、强度高、尺寸稳定性好、价格低。为了防止布袋除尘器发生爆炸，箱体上装有泄爆装置。

布袋清灰采用 PLC 控制的氮气脉冲清灰或回转反吹。高压气体通过脉冲阀、喷吹管在极短的时间向袋内喷吹，使滤袋膨胀、抖动而清灰。压差高于 5kPa 时，压差控制自动清灰。布袋除尘器前后的压差小于 1500Pa，清灰后为 500Pa。

回转反吹清灰采用系统净化处理后的一部分回流煤气回转反吹清灰方式进行。

（3）煤气风机。煤气风机的设置取决于系统阻力和煤气量。有的干法煤气净化系统在布袋除尘器前后分别设置粗气风机和净气风机。为了稳定炉膛内压力，煤气主风机采用变频调速，通过 PLC 自动调节风机频率。

干法除尘煤气风机须在 300℃高温下能够长期稳定运行，风机叶片和壳体均采用耐热钢制成。对风机的轴封动密封必须要有较高要求，必须耐高温、耐磨蚀、密封性能良好、防爆，风机轴承座采用水冷式，电机采用防爆设计。

（4）卸灰设备。除尘器卸灰系统结构由密闭式螺旋输送机或刮板输送机、灰斗、密封气动球阀和回转阀、给料机、粉尘加湿搅拌机构成。卸灰操作在氮气保护下工作。粉尘加湿后卸出外运。

（5）粉尘仓。粉尘仓容积设计为能够容纳生产一天的粉尘。为了保证黏性粉尘的顺利排出，仓底设计为氮气流化方式排灰，仓顶设水封装置，防止空气进入发生爆炸。

（6）仪表监测和 PLC 控制。为了监视系统运行状态，煤气系统设置若干温度测点、压力/差压（布袋阻力）测点、流量测点，随时监测煤气温度、压力和流量的变化，并对净化系统进行调节和控制，系统出现煤气泄漏及时报警。在电炉煤气处理系统出口端还设置了一氧化碳（CO）、氧气（O_2）、氢气（H_2）检测仪，随时监测一氧化碳（CO）、氧气（O_2）、氢气（H_2）的含量变化，保证煤气安全运行。

电炉煤气处理系统采用 PLC 进行控制，开、停车可通过电脑自动控制，也可手动操作；正常运行时，通过粗气风机、净气风机变频对炉压进行调整，保证炉压合格。

为了保证系统的安全运行，设置了很多连锁，当运行过程中某一参数达到连锁值时，开始报警；如果状况进一步恶化，达到连锁停机值时，系统自动停机。

（7）氮气保护系统。干法煤气除尘以氮气为保护气体，反吹气源和置换吹扫气体。氮气脉冲压力为 0.2 ~ 0.5MPa，配有大容量储气罐可实现系统压力达到 1500 ~ 3000Pa。

（8）管路阀门系统。煤气管路系统包括阀门、水封、放散烟道和点火装置等。为了保证安全，需要时必须及时切断煤气。为了控制系统温度，管道外部设有保温层。

10.3.3.3 煤气干法除尘的指标和参数（表 10-17）

表 10-17 煤气干法除尘的指标[7]

序号	项 目	指标	序号	项 目	指标
1	净化前含尘量/g·Nm^{-3}	100 ~ 250	5	动力消耗/kW·h·h^{-1}	100
2	净化后含尘量/mg·Nm^{-3}	< 10	6	水消耗/t·h^{-1}	< 1
3	过滤风速/m·min^{-1}	0.5	7	氮气消耗/m^3·h^{-1}	50
4	除尘器阻力/Pa	< 2000			

10.3.3.4 荒煤气直接利用

在铁合金工厂电炉与回转窑、干燥机、余热锅炉等用热设备距离较近时，可将荒煤气直接输送到用户，利用这些设备的除尘器进行烟气净化可以大大提高荒煤气的热效率。图 10-7 为荒煤气直供用户流程图。

该系统由煤气冷却器、旋风除尘器、加压风机和配套的阀门、仪表及管路组成。温度在 300 ~ 600℃的电炉煤气，经水冷烟道和气水热交换器降温到 300℃左右。荒煤气由旋风除尘器重力除尘，将煤气中粒度 100μm 以上的大颗粒烟尘沉降到集尘箱中，旋风除尘器还可捕集从电炉粉尘带来的火星。旋风除尘器下的集

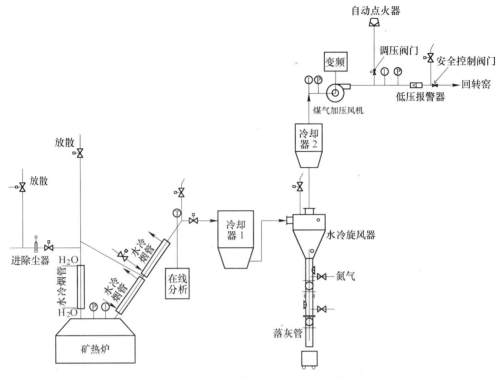

图 10-7 电炉煤气直供回转窑流程

灰装置设有落灰管、灰仓和泄灰阀，收集的烟尘由灰车外运，泄灰系统采用氮气保护，避免煤气外逸。经过粗除尘得的荒煤气进入二次空冷器冷却至 200 ~ 250℃，杜绝了温度过低析出焦油或温度过高烧坏设备。经过二次冷却器的荒煤气由变频控制的煤气加压风机直接引入用户使用。煤气风机采用变频控制以将矿热炉炉内压力维持在 -30 ~ 0 ~ 30Pa。炉况正常时压力可稳定维持在微正压（约2Pa）。系统压力一般在 4000 ~ 7000Pa，随着炉况波动系统压力变化。当系统压力小于 1500Pa 时，煤气输送系统自动关闭；当系统压力过大时，提示管道内集灰较多，需要系统清灰处理。

煤气输送系统设置有放散自燃装置和煤气低压报警器。放散管的自燃装置由调压阀门和自动点火器组成，低压报警器控制自燃装置的开启。在电炉生产初期或电炉出现事故时，电炉不能密闭操作，电炉烟气可以直接排放和放散。为防止CO泄漏，设备密封处均有氮气保护装置。系统设自动清灰系统，避免灰尘堵塞管道及设备。

10.3.4　电炉煤气湿法除尘

10.3.4.1　湿法煤气净化流程

湿法煤气净化系统由洗涤塔、文氏管除尘器、脱水塔、煤气放散管、煤气风机和管路组成。图 10 - 8 为电炉煤气湿法除尘流程图。

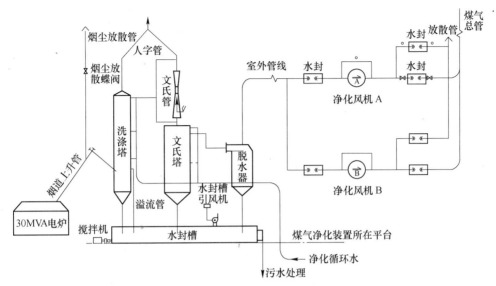

图 10 - 8 电炉煤气湿法除尘流程

流程图中的湿法除尘系统由二级文氏管和一级洗涤塔组成。来自电炉炉膛的高温煤气经过烟道上升管进入洗涤塔，煤气温度从 450℃ 左右降到 60℃，向上运动的大颗粒烟尘在喷淋水冲洗作用下沉降在水槽内；经过降温和粗除尘的烟气先后进入二级文氏管除尘器，含尘气体与水一起以高速通过喉口，烟尘颗粒与水雾相互作用，吸附在水珠上，在文氏管的膨胀段烟尘颗粒下沉；经过除尘的烟气进入旋流脱水器进行气水分离，在重力和离心力作用下，清洁气体与水、尘分离。净化后的煤气由风机输送到煤气管路，含尘污水进入污水处理设施。

煤气湿法除尘技术指标见表 10 - 18。

表 10 - 18 煤气湿法除尘指标

序号	项 目	指标	序号	项 目	指标
1	净化前含尘量/g·Nm^{-3}	100 ~ 250	4	系统阻力/Pa	10000 ~ 15000
2	净化后含尘量/mg·Nm^{-3}	< 80	5	动力消耗/kW·h·h^{-1}	80
3	煤气含水量/%	< 4	6	用水量/L·Nm^{-3}	约 22

由于煤气洗涤水中悬浮物的胶体絮凝特性，南非和挪威的密闭电炉多采用两组煤气洗涤净化装置，并定期轮换清洗，部分洗涤水外排。

10.3.4.2 煤气洗涤水处理

煤气洗涤水中含有大量悬浮物和有害物质，需要经过处理后才能循环使用。典型煤气洗涤水水质见表 10 - 19，煤气洗涤水处理指标见表 10 - 20。

表 10 - 19 典型煤气洗涤水水质

指标	pH 值	悬浮物 /mg·L^{-1}	总固体 /mg·L^{-1}	Ca^{2+} /mg·L^{-1}	Mg^{2+} /mg·L^{-1}	硫化物 /mg·L^{-1}	酚 /mg·L^{-1}	氰化物 /mg·L^{-1}	耗氧量 /mg·L^{-1}	硬度 /德国度
数值	9~10	1500~4000	约2500	约17	约2	约4	0.1~0.2	1~4	9.5	约5

表 10 - 20 煤气洗涤水处理指标

序 号	项 目	指 标
1	污水处理前洗涤水含尘量/mg·L^{-1}	约3000
2	污水处理后洗涤水含尘量/mg·L^{-1}	<100
3	污泥滤饼含水量/%	30~40
4	动力消耗/kW·h·h^{-1}	20

煤气洗涤水处理是密闭电炉流程中的一个关键环节。一旦污水处理设备出现故障，密闭电炉煤气就无法净化，只能放空。铁合金电炉采用的污水处理技术有辐流沉淀池（浓缩池）和斜板沉淀技术两种。两种技术的基本原理都是利用重力分离污水中的悬浮颗粒。

A 辐流沉淀池

辐流沉淀池呈圆形。池的进口在中央，出口在周围，池底向中心倾斜。水流在池中呈水平方向向四周流动。污水中的悬浮物沉降到池底中心的锥形沉泥斗中，澄清水从池四周沿周边溢流堰流出。污泥通常用刮泥（或吸泥）机械排除，见图 10 - 9。

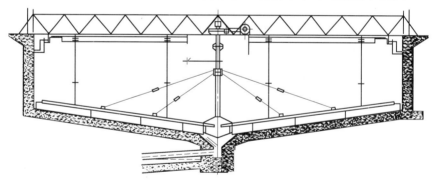

图 10 - 9 辐流沉淀池断面图

B 斜板沉淀池

斜板沉淀池内放置倾角为 60°的斜管或斜板。因沉淀区分隔为许多区，沉淀面积和沉淀效率显著增加；同时，沉到管底或板面上的污泥将自动滑离沉淀区，解决了除泥问题。其优点是：利用了层流原理，提高了沉淀池的处理能力；缩短了颗粒沉降距离，从而缩短了沉淀时间；增加了沉淀池的沉淀面积，从而提高了处理效率。这种类型沉淀池的过流率可达 36m^3/（m^2·h），比一般沉淀池的处理能力高出 7~10 倍。

污水处理系统的选择需要针对粉尘特性的差别选择絮凝剂和处理流程。锰铁污水中含有一定数量的二价氧化锰，在遇到空气后会氧化成 MnO(OH) 胶凝物质，使悬浮物数量增加。胶凝物质的存在使悬浮物沉降时间较长，使用辐流沉淀池效果更合理。斜板沉降池用于高碳铬铁电炉尘泥处理效果较好。

10.4 热能利用

铁合金电炉烟气的热能利用方式有：回收电炉煤气，将煤气作为燃气使用；将电炉高温烟气转化为蒸汽，利用蒸汽发电或带动螺杆动力机；高温烟气直接用于生产工艺中的干燥或焙烧工序；低温烟气转化为生活用热水为地区供热使用。

10.4.1 高温烟气余热锅炉和发电

金属硅、硅铁电炉烟气温度很高。将高温电炉烟气转换成蒸汽，利用蒸汽做功发电是常见的利用电炉烟气热能的方式。图 10 - 10 为硅铁电炉余热发电的流程图。

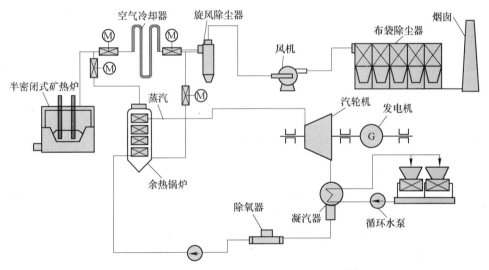

图 10 - 10　铁合金电炉烟气余热发电流程[8]

铁合金电炉余热发电系统由余热锅炉、汽轮发电机、布袋除尘器、引风机等构成。

电炉排出的温度为 300 ~ 600℃ 的烟气经矮烟罩收集后经烟道管路引入余热锅炉；通过余热锅炉进行热交换，产生的过热蒸汽进入汽轮发电机发电；含尘烟气温度降低到 160℃ 以下后进入布袋除尘器，由风机排入大气。

余热锅炉由省煤器、汽包、蒸发器和过热器组成。锅炉给水经省煤器吸收废气余热，升高温度输送到汽包内。汽包的饱和水经过自然循环或强制对流循环在蒸发器内转变成饱和蒸汽。饱和蒸汽再经过过热器转变成过热蒸汽；过热蒸汽经管路进入汽轮发电机机组做功。汽轮机乏汽经冷凝器变成冷凝水。冷凝水再经凝结水泵、除氧器除去水中氧气后回到余热锅炉。这样就形成一个热水 - 蒸汽闭式循环回路。

表 10-21 为典型铁合金电炉烟气余热发电系统参数，表 10-22 给出了西北腾达铁合金公司热能利用的经济指标。

表 10-21 典型铁合金电炉烟气余热发电参数[8~11]

	铁合金	FeSi	FeSi	SiMn	FeSi 75
类别	电炉容量/MVA	25	25	16.5	12.5
	电炉台数	2	8	1	4
烟气	烟气量/Nm³	2×110000	8×120000	62000	4×50000
	烟气温度/℃	330~470	370~430	400~500	600
	排烟温度/℃	140	140	150	130
	烟尘含量/g·Nm⁻³	4.5~5.5			
余热锅炉	额定入口烟气量/Nm³·h⁻¹	130000			
	锅炉结构形式	低纯凝汽式			双压锅炉
	台　数	2	4	1	4
	额定蒸发量/t·h⁻¹	16.5	4×18.5	7.6	12
	主蒸汽温度/℃	400（380）	340	310	365
	蒸汽压力/MPa	2	1.35	1.2	1.25
	低压蒸汽产汽量/t·h⁻¹				5.8
	低压蒸汽温度/℃				186
	低压蒸汽汽压力/MPa				0.44
	锅炉效率/%	66			
	锅炉进水温度/℃			40	
	清灰方式	钢球法	振打+激波		激波清灰
蒸汽轮机	汽轮机形式	凝汽式			双压补气
	额定功率/MW	7.5	2×9	1.2	7.5
	汽轮机台数	1	2	1	1
	主蒸汽压力/MPa	1.9	1.35		
	主蒸汽产量/t·h⁻¹	33			26
	过热温度/℃	390	340		
	排汽压力/kPa	7			
	发电量/kW·h	5000~6000		1050	
	发电机型号	QFW-7.5-2			
	发电机额定功率/MW	7.5	9	1.2	12
	发电效率/%	97			
	发电量比例/%			7.3	

表 10 - 22   西北腾达铁合金公司硅铁电炉余热发电的技术经济指标[8]

项　目	指标	项　目	指标
电炉容量/MVA	4 × 25	厂用电率/%	8.3
锅炉出口蒸汽量/t · h⁻¹	33	发电煤耗/kg · (kW · h)⁻¹	380
汽机进口蒸汽量/t · h⁻¹	32.01	年节煤量/t	19152
汽轮发电机发电量/kW	6870	年供电小时/h	8000
厂用电量/kW	570	年供电量/kW · h	50.4 × 10⁶
供电量/kW	6300		

10.4.2　电炉煤气直燃锅炉发电

电炉煤气直接在锅炉里燃烧可以得到温度高达 1000℃ 以上的热烟气。烟气温度越高发电的热效率会越高。

电炉煤气直燃锅炉发电系统由电炉、直燃锅炉、汽轮机、发电机、烟气除尘系统、锅炉和发电水系统等组成。电炉煤气发电的工艺流程见图 10 - 11。

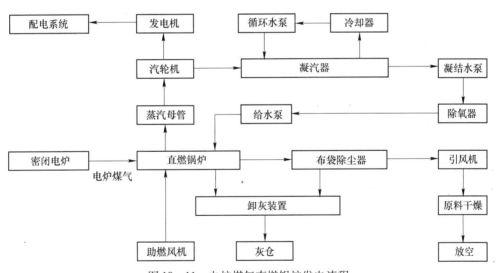

图 10 - 11　电炉煤气直燃锅炉发电流程

考虑到电炉炉压调节和停开炉的独立性，每台密闭电炉应单独配置一台直燃余热锅炉。电炉荒煤气被抽吸到余热锅炉炉膛燃烧形成高温烟气。烟气经过余热锅炉过热器、蒸发器、省煤器，最后进入布袋除尘器净化；低温烟气最后经引风机送入原料干燥系统使用或排放。

10.4.3　热管热能回收

10.4.3.1　热管换热器原理

热管是一种高效传热元件，内部装有处于真空状态的工作介质。它利用工质相变的物理过程，在热端吸热使工质蒸发汽化吸热，蒸汽流往另一端；在冷端工质冷凝放热，冷凝液体借重力的作用，流回蒸发端，完成工质的循环。在物质循环的过程中，完成热量的传输。热管工作时可分为蒸发段、绝热段和冷凝段。

热管利用了相变传热原理，传热速度很快，传热系数达 $10^7 W/(m^2 \cdot \text{℃})$，是普通碳钢的数万倍。

热管传热速度取决于管壁与气流间传热速度。热管两端装设翅片，可以增大换热面积，改善热管的换热效果。热管具有低温差下高传输热量的能力。一根直径 12.7mm、长 1000mm 的紫铜棒，两端温差 100℃ 时只能传输 30W 的热量；而一根直径、长度相同的热管可传输 100W 的热量，两端温差只需几度。

热管换热器属于热流体和冷流体互不接触的表面式换热器，结构简单、换热效率高。由多只热管组成的换热设备在单根热管损坏时对设备的换热影响不大，即使部分热管损坏也不会影响换热器正常运行。

热管换热器是由若干根热管元件组合而成，其基本结构见图 10 – 12。热管的受热段置于高温烟气通道内；热管的放热段置于水 – 汽系统内。由于热管的存在使得该水 – 汽系统的受热及循环完全与热源分离而独立存在于高温烟气之外，水 – 汽系统不受高温烟气的直接冲刷。其工作原理见图 10 – 12。

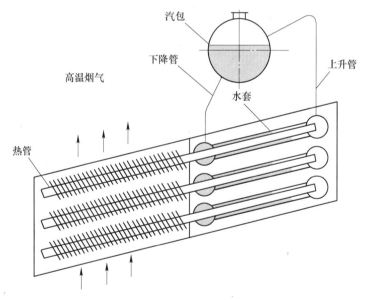

图 10 – 12　热管换热器结构及工作原理

高温烟气的热量由热管传给水套内的饱和水并使其汽化，所产汽、水混合物经上升管达到汽包，经集中分离以后再经主蒸汽阀输出。这样由于热管不断将热量输入水套，通过外部汽 – 水管道的上升及下降完成基本的汽 – 水循环，使高温烟气降温，完成热交换并使汽包内的水转化为饱和蒸汽。

铁合金电炉烟气温度经常在350~550℃之间波动。热管换热器特别适合在烟气温度波动大或频繁波动的环境中使用。热管换热器工作参数见表10-23。

表10-23 热管换热器工作参数[12]

项　目	热侧夹套烟气	冷侧内管软水	项　目	热侧夹套烟气	冷侧内管软水
流　量	7460Nm³/h	2000kg/h	工作压力/MPa	常压	1.0
进口温度/℃	400~600	80	换热面积/m²	380	
出口温度/℃	220	184			

10.4.3.2　热管余热锅炉

热管余热锅炉由热管蒸发器、汽包、上升管、下降管及配套设备清水泵、给水泵、除氧、清灰系统器等组成。热管蒸发器是相变式热管降温装置的主要设备，它为直立圆筒结构，由外筒体、内筒体和热管三部分构成。热管径向斜置焊接在热管散热器的内筒体壁上，插入内筒体的是光管，内筒体外侧热管段镍基钎焊有纵翅片。工作时烟气走热管蒸发器外筒体与内筒体之间的夹套，软水走热管散热器内筒体里面，并和汽包自然循环，产生饱和蒸汽。热管余热锅炉技术参数见表10-24。

表10-24 热管余热锅炉技术参数[13]

电炉/MVA	25	30	蒸汽压力/MPa	0.6	0.6
烟气量/Nm³·h⁻¹	90000	120000	蒸汽温度/℃	149	149
进口温度/℃	400	450	蒸汽量/t·h⁻¹	9	12
出口温度/℃	180	190	热管换热面积/m²	700	1200

10.4.4　燃气发动机发电

燃气发电可以利用高炉或电炉煤气为燃料发电。燃气发动机有燃气轮机和燃气内燃机两种。常规燃气发动机采用天然气和油类等高热值燃料。近年来，以高炉煤气为燃料的联合循环发电的新技术正在迅速发展。高炉煤气燃气轮机-蒸汽联合循环发电技术具有热效率高、污染低的优点。图10-13为高炉煤气联合循环发电装置流程图。

高炉煤气联合循环发电装置基本工艺流程为：高炉煤气经管路进入煤气压缩机压缩至1.4MPa、350℃，进入燃气轮机燃烧器燃烧。燃气轮机燃烧所需要的空气、冷却空气从大气吸入后经空气过滤器过滤，进入压气机压缩至1.4MPa、300℃，进入燃烧器参与燃烧和冷却。燃烧后的高温烟气约1600℃，再与压气机出口的空气混合（二次掺冷）使烟气温度降至约1100℃，压力约1.3MPa，然后进入燃气轮机启动涡轮机做功以带动压气机和煤气压缩机以及带动发电机发电。

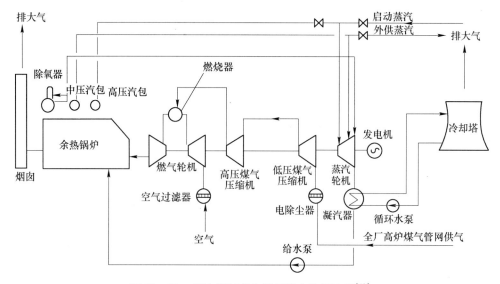

图 10 - 13　高炉煤气联合循环发电装置流程[12]

做完功后的烟气温度约 540℃，压力为 5000 ~ 6000Pa，进入余热锅炉生产蒸汽。系统产生的中压或高压蒸汽送入汽轮机发电，低压蒸汽直接供除氧器使用。

煤气联合循环发电装置效率为 45% ~ 55%。

燃气内燃机可供煤气量小的系统发电。燃气内燃机的工作原理与汽车发动机相同，发电效率一般可以达到 32% ~ 40%，采用热电联供的内燃机效率可达到80%。内燃机发电应用范围广，发热值在 3800kJ/Nm³ 以上、压力高于 3000Pa 的燃气均可以用于燃气发电[15]。

燃气发电工艺的优点是发电效率较高、系统基本不需要水、设备集成度高。燃气内燃机对煤气中的粉尘要求不高，单位千瓦造价较低。其缺点是由于煤气热值较低，机组出力偏低，需采用多台发电机组以消除利用率低的影响；燃气内燃机需要频繁更换机油和火花塞，设备运行消耗较大，内燃机设备对煤气中的水、硫化氢含量比较敏感，需要保证煤气含有尽量少的水和硫化氢，以避免设备腐蚀受损。

图 10 - 14 为煤气燃气发电原理图。在该系统中输入的煤气热能为 4.4MW，输出的电能为 1.5MW，热效率为 30% 左右。

燃气轮机是通过压气机涡轮压缩空气，高压空气在燃烧室内与燃料混合燃烧使空气急剧膨胀做功，推动动力涡轮旋转做功驱动发电机发电。

燃气轮机与燃气内燃机相比更加适于应用低热值煤气，对煤气洁净度要求不高。燃气轮机的缺点是发电效率通常不高，一般在 30% ~ 35%。利用余热锅炉回收燃气轮机的高温烟气热可以生产高压蒸汽，驱动蒸汽轮机二次发电，从而提高系统发电效率。表 10 - 25 给出了 25MVA 硅锰合金电炉煤气发电能力。

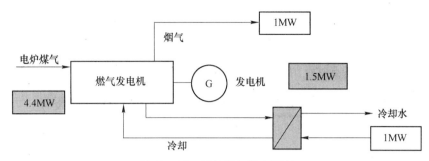

图 10 - 14 煤气燃气发电原理

表 10 - 25 电炉煤气燃气发电能力

序号	项 目	25MVA 电炉	序号	项 目	25MVA 电炉
1	煤气单耗/Nm³·(kW·h)⁻¹	1.5	6	煤气热能/MW	11030
2	热耗/MJ·(kW·h)⁻¹	12.5	7	发电能力/kW	3106
3	煤气量/Nm³·h⁻¹	4750	8	发电效率/%	28.7
4	煤气热值/kJ·Nm⁻³	8400	9	单台发电量/kW	600
5	煤气热能/MJ·h⁻¹	39710	10	工作机组数量/台	5

10.4.5 螺杆膨胀动力机的应用

螺杆膨胀动力机是利用蒸汽、热水或汽液两相液体等介质为动力源,将热能转换为动力或驱动发电设备。螺杆膨胀动力机利用流体降压膨胀做功而实现能量转换,将废热汽、废热水进行回收,将低品位能源转换为电能。

螺杆膨胀动力机是由一对螺旋转子和机壳组成的动力机。当流体进入螺杆齿槽,压力推动螺杆转动,齿槽容积增加,流体降压膨胀做功;流体降压降温膨胀(或闪蒸)做功后从齿槽排出,供低温用热或循环再加热,功率从主轴螺杆输出驱动风机、压缩机、水泵或驱动发电机发电。典型螺杆动力机参数见表 10 - 26。

表 10 - 26 典型螺杆动力机参数[16]

技术参数	指 标	技术参数	指 标
承载压力/MPa	<3.0	额定转速/r·min⁻¹	1500~3000
<260℃进出口膨胀压差/MPa	<1.0	单机功率/kW	100~1500
换热温度/℃	145	冷却水量/t·h⁻¹	<4
内效率/%	75~80	冷却水压/MPa	>0.15

由于螺杆膨胀动力机螺杆齿面能耐磨损及液体颗粒冲击且齿面间留有间隙,所以工作介质可以是过热蒸汽、饱和蒸汽或汽液两相。而汽轮机的工作介质只能是过热蒸汽和饱和蒸汽。螺杆膨胀动力机对工作介质品质要求不高。螺杆与螺

杆、螺杆与机壳的相对运动限制了污垢的生长。螺杆膨胀动力机在工作介质压力
大幅波动时，内效率几乎不改变。

螺杆膨胀动力机要求工作介质的温度较低，一般控制在250℃以下。所使用
的工作介质温度越高，机组效率降低。螺杆膨胀动力机要求工作介质的压力较
低，一般控制在1.5MPa以下。螺杆膨胀动力机的单机容量较小，单机功率小
于3000kW。

螺杆膨胀动力机可以用于冲渣低温热水发电，见图10-15。

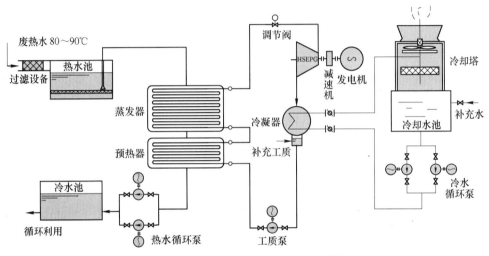

图 10-15　钢铁厂冲渣水发电原理[16]

低温换热采用低沸点的工质。冲渣后的热水进入换热器加热做功工质，使工
质温度升高并达到饱和温度，而释放热量后的冷水排入到冷水池回收再利用。系
统采用双循环流程，即冲渣水循环和工质循环。冲渣水温度大约为80℃，经过
去除杂质的预处理净化之后，进入换热器，将热量传递给工质；冲渣水温降至
50℃左右，再供冲渣水泵循环利用。工质在换热器内吸收冲渣水的热量后变成
65℃的过热蒸汽，进入螺杆膨胀动力机做功，带动发电机转动，对外输出电能。
做功后的工质变成低压过热蒸汽，低压过热蒸汽进入冷凝器放出热量，变成低温
低压的液体工质，然后由工质泵送到热交换器中吸热，再次变成过热蒸汽推动螺
杆机做功。如此连续循环，可将热水中的热量源源不断地提取出来，转化为高品
位的电能。

10.4.6　余热锅炉清灰技术

铁合金烟气灰尘含量高。在余热锅炉运行过程中，所有暴露在烟气中的设备
表面均会被细小的粉尘颗粒包围，粉尘颗粒会不断沉积、附着在管路和设备表
面。刚附着的粉尘颗粒层往往没有粘结性，比较容易去除。经过一段时间未被及

时清除的粉尘颗粒会粘结在一起，导致较难清除。余热锅炉换热表面上的积灰会减弱工质与烟气的热量交换，降低工质的预热温度，大大降低系统的热效率。同时，换热表面积灰将增加烟气阻力，影响锅炉的正常运行。为了减少锅炉管积灰，需要强化管路自清洁能力和使用高效的清灰装置，将烟气流速控制在 15 ~ 20m/s。提高烟气流速也会促进烟气向锅炉热传导的效率。常用的锅炉清灰装置有机械振打、压缩空气或蒸汽吹灰、激波清灰、钢球落丸清灰、钢刷机械清灰等。

机械振打方法对于余热锅炉立式管排和烟管清灰效果较好。压缩空气清灰在线清灰能力差，不太适用铁合金电炉余热锅炉。

落丸清灰结构简单、消耗低，是最可靠的锅炉水平排管除灰手段。实践表明，落丸清灰能保证工业硅、硅铁、硅锰合金等电炉烟气系统清灰需要。

激波清灰系统产生的冲击动能可吹扫受热面粉尘，同时伴有强声波震荡作用，达到吹除积灰的目的。钢刷清灰结构复杂，但效率高，效率可达85% ~ 90%。各种清灰方式比较见表10 - 27。

表 10 - 27　余热锅炉清灰方式比较

清灰方式	落丸法	激波法	金属刷法
清灰效果	很好	尚可	好
连续性	连续	间断	间断
结　构	复杂	简单	比较简单
维护量	少	少	大
适用范围	各种矿热炉	锰铁	硅铁

国外铁合金电炉余热锅炉采用落丸清灰法较多。至于具体采用何种清灰方式，需根据粉尘特性、锅炉结构形式及烟气特性而定。

10.4.6.1　钢珠落丸清灰法

图 10 - 16 为钢珠落丸清灰法原理图。球仓中的钢丸由气力或机械输送到余热锅炉顶部，经布料器落下，均匀地敲打各层锅炉管，使锅炉管上的积灰扬起，随烟气流一起离开锅炉，在锅炉下部将钢丸与烟尘分离，钢珠落入球仓。

落丸由 $\phi8mm$ 的钢筋切成8mm长制成，每个重约3g。落丸清灰技术适于清除硅尘等超细粉尘形成的柔性积灰；清灰过程连续、清灰效率高；清灰过程热损失小，具有能源消耗低、成本低的特点。

10.4.6.2　激波清灰法

激波清灰技术的工作原理是：让乙炔、丙烷、天然气等气体燃料在一个特制

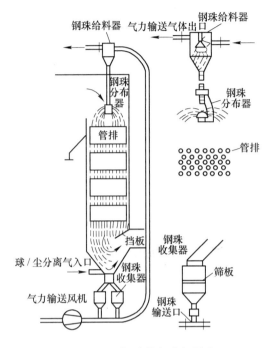

图 10 − 16 钢珠落丸清灰原理

的装置中产生爆燃，剧烈爆燃的燃烧气体在瞬时升至高压，产生冲击激波，喷口冲击积灰表面。通过控制激波的强度，可以适应各种积灰的清灰要求，使积灰在激波冲击下碎裂，脱离换热表面。激波清灰原理图见图 10 − 17，冲击波吹灰系统的典型参数见表 10 − 28。

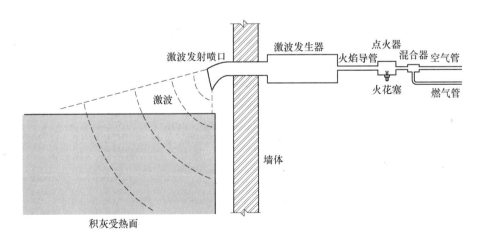

图 10 − 17 激波清灰原理

表 10-28 冲击波吹灰系统的典型参数

燃气种类	燃气压力	消耗量	空气压力	额定能量
乙炔	0.9~0.15MPa	≤0.06m³/次	约4kPa	25~2500kJ

激波发生装置的主要部件有燃气与空气进气管、燃气与空气的混合器、点火装置、火焰导管、激波发生器和激波发射喷口。

乙炔或天然气等燃气、空气或氧气以适当的比例充入一个特殊的混合器里，形成能够产生爆燃的可燃混合气体。当高能点火装置点燃混合气时，点火装置中的爆燃火焰通过导管迅速传至激波发生器中，点燃激波发生器中的混合可燃燃气。

10.5 烟气净化

铁合金生产的烟气和烟尘排放是环境治理的重点。烟气中的 SO_2 排放会给周边生态环境带来一定影响；CO_2 温室气体排放量日益增加，影响全球气候变化，已受到广泛关注。

10.5.1 烟气和烟尘特性

铁合金电炉烟气的特点是温度波动大、含尘量高、烟尘颗粒细小。这给烟气除尘带来了很多困难。

10.5.1.1 烟气量和烟尘量

表 10-29 列出了主要铁合金电炉烟气量和烟气含尘量，表 10-30 列出了各种烟尘的粒度分布，表 10-31 列出了典型硅铁烟尘粒度分布，表 10-32 列出了典型铁合金烟尘成分。

表 10-29 半密闭电炉烟气和烟尘量

铁合金	产气量/Nm³·t⁻¹	产尘量/kg·t⁻¹	烟尘含量/g·Nm⁻³
75% 硅铁	51600	140~180	3~55
金属硅	84000	250~300	3~5
硅锰合金	21000	35~40	2~4
高碳锰铁	11250	85~100	5~8
高碳铬铁	19250	35~40	2~3
精炼铬铁	5000	50~70	8~10
精炼锰铁	13000	10~20	2~4

表 10 - 30　典型锰铁和铬铁铁合金烟尘粒度分布　　　　　（%）

粒度/μm	>20	10 ~ 20	7 ~ 10	5 ~ 7	3 ~ 5	<3
高碳锰铁	10	18. 20	10. 60	8. 20	8. 20	44. 70
高碳铬铁		10. 10	6. 10	4. 10	9. 20	86. 80
精炼锰铁		12. 50	19. 40	16. 00	8. 20	43. 80

表 10 - 31　典型硅铁烟尘粒度分布　　　　　（%）

粒度/μm	>10	3 ~ 10	1 ~ 3	0. 5 ~ 1	0. 1 ~ 0. 5	<0. 1
75% 硅铁	1	5	10	16	47	15
	9. 8	29		61. 2		

表 10 - 32　典型铁合金烟尘成分

成　分	SiO_2	Fe_2O_3	MgO	Al_2O_3	CaO	Mn/Cr_2O_3	C	P
75% 硅铁	85 ~ 90	0. 5 ~ 3	<1	0. 5 ~ 1. 5	<1		3 ~ 4	
金属硅	90 ~ 95	<0. 2	<0. 1	0. 1 ~ 0. 5	<0. 5		6 ~ 8	
高碳锰铁	15 ~ 25	2 ~ 3	约3	3 ~ 4	2 ~ 4	15 ~ 30	约 4	
硅锰合金	26 ~ 40	约2	2 ~ 4	约5	约4	16 ~ 24	约 2	0. 04
精炼锰铁	7 ~ 10	4	0. 7 ~ 2	1. 8 ~ 3. 0	28 ~ 39	16 ~ 25		
高碳铬铁	15 ~ 20	5 ~ 10	25 ~ 30	2 ~ 6	2 ~ 5	约 16	约 10	
硅钙合金	约 70	0. 5	约 1		约 20		3 ~ 4	

10.5.1.2　温室气体排放

全球变暖的趋势正在引起越来越多的关注，限制温室气体排放已经成为共识。温室气体的数量中95%是CO_2。铁合金生产的烟气中CO_2含量占5% ~ 8%，来自铁合金生产的温室气体排放数量很大。

铁合金生产的温室气体排放量有多种计算方法：以铁合金产量为基数计算，以还原剂使用量为基数计算和以还原剂实际用量计算。以铁合金产量为基的等量因子的单位是 $t - CO_2/t -$ 铁合金，见表 10 - 33[17]。

表 10 - 33　铁合金生产 CO_2 排放因子[17]

铁合金	排放因子（$t - CO_2/t -$铁合金）	铁合金	排放因子（$t - CO_2/t -$铁合金）
45% 硅铁	2. 5	低碳锰铁	1. 5
75% 硅铁	4. 0	硅锰合金	1. 4
金属硅	5. 0	铬　铁	1. 3
高碳锰铁	1. 3		

铁合金生产降低 CO_2 排放的措施有降低冶炼电耗，提高热能利用率减少焦炭

消耗，回收利用电炉烟气热能等。

10.5.1.3 二氧化硫的排放

铁合金电炉烟气中的硫主要来自还原剂；回转窑烟气中的硫主要来自燃煤。

有渣法电炉冶炼中炉渣具有很高的硫容量，在冶炼中大部分硫会被炉渣吸收。电炉冶炼原料中的硫有30%~40%进入烟气。在烧结、回转窑焙烧中进入烟气的硫取决于焙烧矿物性质。在石灰焙烧中绝大部分SO_2被石灰吸收，进入烟气的硫小于5%。锰矿烧结原料中的硫约有20%进入烟气。按照硫平衡计算，镍铁生产中原料硫含量有20%进入烟气，其余进入合金和炉渣。

为了减少SO_2对环境的污染，需对含硫量高的烧结烟气和回转窑烟气进行脱硫处理。常用的烟气脱硫方法是用石灰或石灰乳作为吸收剂，脱硫效率可达90%以上。

10.5.2 炉窑烟气除尘

炉窑烟气除尘系统由烟气冷却器、旋风除尘器、布袋除尘器、风机、烟囱、阀门和管路、控制系统组成。

除尘系统有正压压出式除尘系统和负压吸入式除尘系统两种方式。正压压出式除尘系统的除尘风机位于布袋除尘器进口前端，采用正压压出式进入布袋除尘器；负压吸入式除尘系统的除尘风机位于布袋除尘器和排放烟囱之间，采用负压吸入式进入布袋除尘器。图 10-10 为采用正压压出式除尘系统的烟气除尘工艺流程，图 10-18 为采用负压吸入式除尘系统的工艺流程。

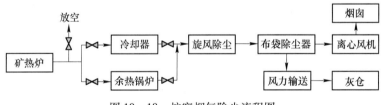

图 10-18 炉窑烟气除尘流程图

10.5.2.1 空气冷却器

空冷器有 U 形管冷却器和机力通风冷却器两种。

U 形管冷却器依靠空气对流自然冷却，与空气的换热系数小于10W/($m^2 \cdot K$)。一般采用多支 U 形管并联而成，管内烟气流速为 18~25m/s。

机力通风冷却器由多组平行的列管束组合，外部由轴流风机吹风冷却列管。机力通风冷却器的换热系数为 15~20W/($m^2 \cdot K$)。机力通风冷却器的优点是体积小、烟气温度可控；缺点是耗电量大。

通常，空气对流冷却器的散热能力可达到 1.5~2kW/m^2，机力通风冷却器的散热能力可以达到 3~4kW/m^2。典型烟气冷却器参数见表 10-34。

表 10 – 34 典型烟气冷却器参数

项 目	金属硅	硅 铁	硅锰合金
电炉容量/MVA	25	25	25
烟气量/$m^3 \cdot h^{-1}$	400000	300000	300000
烟气温度/℃	350 ~ 500	300 ~ 400	250 ~ 350
冷却面积/m^2	4000	3000	2500
散热量/kW	6000	3000	2000
烟气温降/℃	150	100	80

10.5.2.2 旋风除尘器

在除尘工艺流程中，旋风除尘器又称大颗粒预处理器或火花捕集器，其作用是将密度大的 CaO、FeO 杂质和颗粒大的含碳颗粒从烟气中分离出来，并且通过离心碰撞、旋流增强和对流换热的原理将火花捕集，避免高温粉尘或燃烧的含碳颗粒进入布袋除尘器。将硅尘中杂质、粗颗粒分离有助于提高微硅粉的纯度。

硅系合金矿热炉冶炼烟气的主要成分为含 SiO_2 很高的微硅粉，具有很高的经济价值。微硅粉中的杂质主要是粗颗粒的炭粉及少量 Fe_2O_3、MgO、Al_2O_3 及 CaO 等化合物。粗颗粒的分离关键是粉尘预分离设备。挪威埃肯集团（Elkem Silicon Materials）创新开发、研制出可调式离心预处理器，并联合战略合作伙伴湖北潜江江汉环保有限公司在工程实践中推广使用，为行业带来巨大的经济效益和社会效益。

可调式离心预处理器技术关键在于针对不同矿热炉基本工艺参数，确定外部尺寸、蜗壳相贯线以及上通道与大旋风分离器和小旋风分离器之间可调式阀门位置设置形式，通过调整可调式阀门的开度控制入口烟气流速和气流层的厚度的综合作用，提高烟尘大颗粒预脱除和火花捕集的性能。

10.5.2.3 布袋除尘器

按布袋工作方式可分正压布袋和负压布袋两种；按清灰方式划分，常见的有正压反吸清灰、负压反吹清灰及脉冲清灰三种，其他还有正压脉冲清灰、回转反吹等多种形式。正压布袋多采用反吹清灰；负压布袋多采用脉冲清灰。

矿热炉除尘对布袋材质有较高的要求。矿热炉烟气温度高，烟气有一定的腐蚀性，通常要求采用高温玻璃纤维滤袋。覆膜滤料的过滤表面复合一层极薄的微孔聚四氟乙烯材料。聚四氟乙烯具有稳定的化学特性和耐热、强度高的物理特性，表面极为光滑，粉尘不易粘结在滤袋上，清灰能耗低，过滤风速可以大大提高。典型除尘器和引风机参数见表 10 – 35。

表 10-35 典型除尘器和引风机参数

类 别	项 目	金属硅	硅 铁	硅锰合金	回转窑
除尘器	形 式	正压反吸	负压脉冲	负压脉冲	负压脉冲
	风量/m³·h⁻¹	400000	300000	250000	80000
	过滤面积/m²	8570	6000	4940	1715
	过滤风速/m·s⁻¹	0.6~0.75	0.67	0.8	0.7
	设备阻力/Pa	1500	1500	1500	1500
主引风机	风量/m³·h⁻¹	2×198000	约300000	约300000	80000
	全压/Pa	5500	5500	6000	8000
	功率/kW	2×450	2×355	710	280
反吸风机	风量/m³·h⁻¹	2×25000			
	全压/Pa	5000			
	功率/kW	2×55			

10.5.3 其他烟气除尘

铁合金生产流程中有许多分散的烟气除尘点,如出铁口、配料站、料仓口、炉顶加料机、摇包等。为了达到烟尘的零排放,各烟尘的放散点都要设置除尘器或吸尘罩。这些部位的烟气的特点是大多为低温烟气、数量较少、扬尘点的粉尘粒度比较大。除尘器的烟气量需要根据除尘罩的面积计算。采用集中除尘有利于管理,但效率偏低。这些部位典型除尘能力和设备见表 10-36。

表 10-36 典型辅助设施除尘器

项 目	出铁口	摇 包	配料站	炉顶料仓
形 式	负压脉冲	负压脉冲	负压脉冲	负压脉冲
风量/m³·h⁻¹	75000	80000	35700	30000
过滤面积/m²	1017	1240	496	434
过滤风速/m·s⁻¹	1	<0.9	1.2	1.15
风机功率/Pa	132	160	75	75

10.5.4 烟尘的利用

10.5.4.1 硅尘

硅尘又称微硅粉,是高硅合金电炉高温烟气中 SiO 和 Si 蒸气氧化形成的超细粉尘。微硅粉中的 SiO_2 呈现无定形结构球状颗粒,或多个球状颗粒聚在一起的团体。微硅粉是一种比表面积很大、活性很高的物质。

硅尘的质量按 SiO_2 含量分级。金属硅电炉产生的硅尘含 SiO_2 可达92%以上，而75%硅铁电炉产出的硅尘含 SiO_2 只有85%左右，需要经过处理才能使用。微硅粉外观呈灰色或灰白色粉末。硅尘的特点是尘颗粒细小，微硅粉中细度小于 $1\mu m$ 的占80%以上，平均粒径在 $0.1 \sim 0.3\mu m$。微硅粉的化学成分见表10-32，其主要物理性能见表10-37。

表 10-37 微硅粉的物理性质[18]

密度 /g·cm^{-3}	堆密度 /kg·m^{-3}	比电阻 /Ω·cm	比表面 /m^2·g^{-1}	pH 值	自然堆角 /(°)	耐火度 /℃
2.1~3.0	200~250	2.4×10^4	20~28	6.7~8.0	38~40	>1600

微硅粉的细度和比表面积是水泥的80~100倍，是粉煤灰的50~70倍。硅尘的高分散度使其具有许多优良的性能：掺有微硅粉的物料，微小的二氧化硅球体可以起到充填细孔和润滑的作用；添加硅尘的混凝土毛细孔体积大大减少，3~100nm的孔减少了50%。孔隙率的降低有利于改善混凝土的抗渗性、抗腐蚀性和抗冻性。

微硅粉具有很高的活性。在混凝土中应用微硅粉使水灰比降低30%以上，大大提高了混凝土的强度。硅尘广泛用于改善混凝土、耐火材料的性能，特别是用于隧道、大坝、桥梁等高强混凝土建筑和水下建筑。

微硅粉能够填充水泥颗粒间的孔隙，同时与水化产物生成凝胶体，与碱性材料氧化镁反应生成凝胶体。在水泥基的混凝土、砂浆与耐火材料浇注料中，掺入适量的微硅灰可以显著提高水泥抗压、抗折、抗渗、防腐、抗冲击及耐磨性能；防止离析、泌水，大幅降低混凝土泵送阻力的影响；显著延长混凝土的使用寿命，使混凝土的耐久性提高1倍甚至数倍。

10.5.4.2 微硅粉的回收

通过收尘器直接收集得到的微硅粉松散容积约为 $150 \sim 200kg/m^3$，经过加密处理后微硅粉的松散容积提高到 $400 \sim 600kg/m^3$，使其便于运输和应用。微硅粉加密技术是使原态微硅粉在压缩空气流的作用下，滚动聚集成小的颗粒团，从而大大方便了使用。

微硅尘的加密是聚合工艺，主要是通过高压的罗茨鼓风机向微硅粉加密仓鼓入无油的压缩空气，通过压缩空气所具有的动能带动仓内微硅粉做湍流运动，加上微硅粉加密仓一定高度灰柱的重力作用，使气流均匀且有方向性地作用于粉尘，使微硅粉颗粒之间得以聚合，从而提高其体积密度、流动性和其他理化性能。加密过程根据压缩空气压力、差压和温度进行控制，通过调节流量得到不同的体积密度。微硅粉加密流程见图10-19。

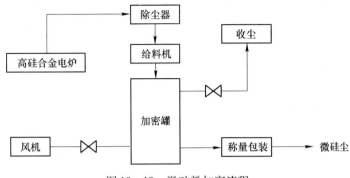

图 10-19　微硅粉加密流程

10.6　粉尘和炉渣的污染控制

铁合金冶炼中一些金属元素富集在烟尘中；也有可溶性的金属元素由炉渣进入环境水系中。

10.6.1　粉尘中的有害金属

铁合金冶炼过程中蒸气压高的杂质金属元素会转移到气相中去，在烟气温度降低时这些元素或氧化物在炉内沉积。冶炼含铅的锰矿时，铅会由矿石分离出来，穿过碳砖缝隙沉入炉底下部；部分锌进入炉渣，其余进入锰尘。

进入烟尘的碱金属、锌、汞等元素会在烟气—烟尘—炉料之间循环富集，给安全生产和环境带来危害。碱金属会侵蚀炉衬耐火材料。此外，尘泥中还含有焦油、PAH 等对健康有害的有机物。表 10-38 为典型锰铁湿法除尘的尘泥中金属元素含量，表 10-39 为尘泥的典型性质。

表 10-38　锰铁尘泥的典型成分[19]

成　　分	含　　量	成　　分	含　　量
Mn	27%	B	1000ppm
Fe	1.5%	S	4000ppm
Si	4.6%	As	40ppm
Zn	2.2%	Cd	350ppm
Pb	0.35%	Hg	20ppm
K	3.2%	P	400ppm
Na	0.68%	C	9.6%

表 10-39　锰铁尘泥的物理性能[19]

物理性能	粒度分布/μm	比表面积/m²·g⁻¹	水分/%
数　　值	1~4	3~120	64

湿法除尘得到的尘泥进行深度脱水十分困难。经过压滤的尘泥含水量仍然大于40%，这大大增加了回收利用的难度。未经干燥处理的尘泥很难直接用于烧结工艺或成球工艺。

为了避免有害元素的循环，应该对锰铁粉尘进行无害化处理。

10.6.2 Cr（Ⅵ）的控制

自然界的铬是以0价、3价和6价形式存在，其存在形态分别为金属、Cr_2O_3和6价氧化物。Cr^{3+}微量元素是人类健康所必需的微量营养元素之一，而Cr^{6+}则是致癌因素。国家对水污染物排放浓度限值规定6价铬小于0.5mg/L，企业大气污染物排放浓度规定铬及其化合物小于$5mg/m^3$。

在铬铁生产过程中，3价铬的氧化物是在高温和强还原气氛中被还原成0价金属态。在这种条件下一般不会有6价铬生成。氧是6价铬生成的必要条件。在电炉的炉膛内部强烈的还原气氛显然不具备6价铬生成的条件。含铬的烟气在遇到氧的情况下则不可避免地会产生6价铬。在铬铁生产中，这种现象可以发生在敞口或半密闭电炉、精炼电炉、出铁口的热烟气中。在密闭电炉的炉盖下和烟道内，由于烟气中CO浓度很高，一般也不会有6价铬产生。Gericke[20]给出了南非铬铁厂不同炉型的烟尘中6价铬的含量（见表10-40）。

表10-40 铬铁电炉烟尘中典型的水溶性Cr^{6+}含量

工　艺	Cr^{6+}/ppm	工　艺	Cr^{6+}/ppm
密闭电炉酸性渣操作	5	半密闭电炉酸性渣操作	1000
密闭电炉碱性渣操作	100	半密闭电炉碱性渣操作	7000

在铬矿干法研磨过程中有6价铬生成。但在铬矿与碳质还原剂混磨时和润磨时几乎没有6价铬的生成[21]。

Cr（Ⅵ）化合物是通过碱金属氧化物碳酸钠与铬矿氧化混合煅烧制成的。碳酸钠之类的碱金属化合物在高温下极易发生气化，会与高温铬尘生成Cr（Ⅵ）。添加碱金属氧化物的球团生产，如以水泥为粘结剂的冷压球团生成Cr（Ⅵ）的可能性较大；但添加碳质还原剂的球团生成Cr（Ⅵ）可能性很小。精炼电炉炉膛内为强烈还原气氛不会有Cr（Ⅵ）生成，但高温烟气外逸则存在Cr（Ⅵ）的风险。

为了减少Cr（Ⅵ）生成需要对冶炼操作条件加以管理，如高碳铬铁电炉炉型应选择密闭电炉；密闭电炉烟气除尘应选用干法煤气除尘；精炼铬铁电炉烟尘应成球后回炉。

芬兰、瑞典、南非等国家的实践表明[22]，铬铁炉渣可以安全地用于制造水泥块砖建设房屋；铬渣也广泛用于道路建设。

10.6.3 锰的危害和污染防控

锰是人体所需的微量元素。按照世界卫生组织（WHO）1973 年的报告，成年人的锰摄入量为 2 ~ 5mg/d 是合适量，而 8 ~ 9mg/d 是安全量。美国食品和药品管理局 1989 年则规定：锰摄入量 2 ~ 5mg/d 为安全量。

过量摄入锰元素会引起神经系统慢性中毒，其症状为头晕、记忆减退、身体平衡功能差等。锰蒸气的毒性大于锰尘，化合物中锰的价态越低，毒性越大。锰蒸气在空气中氧化成为灰黑色的一氧化锰及棕红色的二氧化锰烟雾，大量吸入可致急性中毒。

锰铁厂对烟气和烟尘的管控关系到操作人员的健康。完善的除尘系统可以避免操作人员过量摄入锰元素。

锰在地球上分布十分广泛，在花岗岩地质较为多见。含铁和含锰地下水在我国分布很广。Mn^{4+} 在天然水中溶解度很低，溶解状态的锰主要是 Mn^{2+}。我国地下水中含锰量为 0.5 ~ 2.0mg/L。

在含氧量低、酸度高的水中，锰含量较高；反之，水的含氧量高，提高水的 pH 值，有利于锰（Mn^{2+}）的氧化，降低水中的锰含量。

地表水中含有溶解氧，锰主要以不溶于水的 3 价铁锰状态存在，所以地表水锰含量较低。地下水中的锰以溶解的 2 价锰为主。地下水缺少溶解氧，3 价或 4 价锰还原为溶解性的 2 价锰，因而锰含量较高。

地壳中的锰多半分散在各种晶质岩和沉积岩中，它们都是难溶性的化合物。表 10 - 41 列出了主要的锰化合物在水中的溶解度。可以看出，除了硫酸锰以外其他化合物在水中的溶解度都相当低。

表 10 - 41 锰的化合物在水中溶解度

锰的化合物	$MnCO_3$	$Mn(OH)_2$	$MnSO_4$	$MnSiO_3$
mg/L	0.04877	0.322	62900	约 0

铁合金厂的锰元素分布在锰矿、锰铁炉渣、锰铁和锰尘中。锰元素的形态特点是：锰矿中锰是以 4 价、3 价和 2 价锰的矿物存在；锰渣中锰含量小于 3% ，是以硅酸锰的形式存在；锰铁中的锰是以单质金属和金属化合物的形态存在；锰尘主要是细颗粒锰矿和少量 Mn_3O_4、Mn_2O_3。

锰矿是氧化剂，可以作为地下水的除铁剂，在通常情况不会对地下水构成威胁。

锰渣中的锰是以硅酸盐的形式存在，不会溶解于水。对炉渣淋水试验化学分析显示锰含量仅为 0.023mg/L。

锰尘中的锰可能散落在环境中，会有少量 MnO 溶于水中。溶解在水中的锰可能会使地表水中含锰量达到 0.4mg/L，其含量仍然低于地下水中的锰含量。

硫酸锰在水中的溶解度较高。为了避免锰对地下水的污染，锰铁铁合金厂的建厂位置应该远离生产硫酸、盐酸的化工企业。

参 考 文 献

[1] Walker C. The role of technology in improving economics of laterite nickel smelting [C]. 2012：cwalker@ hatch. ca.

[2] Ragassen R，Elkrem O T. 铁合金工业余热利用 [C]. 第9届中国铁合金大会，北京，2012.

[3] Kolbeinsen L，et al. Energy recovery in the Norwegian ferroalloy industry [C]. INFACON 7 Proceedigs, Trondheim, 1995：165～178.

[4] Kitamura M，Marimoto M，Kurita Y. Improvement of the electric power consumption in silico-manganese smelting [C]. Proceedings of the 3rd International Ferroalloys Congress，Tokyo，1983：4～11.

[5] Els L，Andrew N，Johannes T，et al. Ferroalloys off – gas system waste energy：options and applications [C]. Proceedings of the 3rd International Ferroalloys Congress：Almaty，2013：909～918.

[6] 湖南铁合金厂. 9000kVA 旋转封闭硅锰合金电炉几个问题的探讨 [J]. 铁合金，1973，(3)：1～9.

[7] 严可胜. 煤气干法除尘负荷试车 [J]. 铁合金，1981 (3)：29～30.

[8] 耿西第. 工业余热回收和铁合金余热发电技术 [C]. 第9届中国铁合金大会，北京，2012.

[9] 赵振. 铁合金高效余热发电技术及应用 [C]. 第八届中国国际铁合金大会论文集，杭州，2011：450～457.

[10] 武荣阳、张永林，等. 4×30MW 锰硅电炉烟气资源余热发电利用 [C]. 2011 年全国铁合金学术研讨会论文集，丽江，2011：304～308.

[11] 陈树泰. 硅铁余热回收浅述 [J]. 铁合金，2007 (2)：39～42.

[12] 陈瑜霞. 全密闭电石炉烟气余热利用 RFGD 型热管换热器设计 [EB/OL]. www. tj – huaneng. net.

[13] 天津华能. 热管余热锅炉在矿热炉烟气净化系统的应用 [EB/OL]. WWW. tjhuaneng. cn.

[14] 刘旭，孙明庆. 钢铁厂燃用低热值煤气燃气——蒸汽联合循环发电装置探讨 [C]. 钢铁技术，2003.

[15] 胜动集团. 燃气内燃机组在分布式热电联供的应用 [EB/OL]. www. slpmg. com.

[16] 贾志立. 北京钢铁研究总院技术交换资料（内部资料）. 2014.

[17] Lindstad T，Olsen S，Tranell G，et al. Greenhouse gas emissions from ferroalloy production [C]. Proceedings of INFACON 11，2007：457～466.

[18] 宣怀平，等. 硅粉在混凝土中作用机理研究 [C]. 冶金工业废渣利用科技成果汇编，中国金属学会，1989：112～115.

[19] Olsen S E, Tangstad M, Lindstad T. Production of manganese ferroalloys [M] . Trondheim, Tapir, 2007.

[20] Gericke W A. Environmental aspects of ferrochrome production [C] . Proceedings of the 7th Ferroalloys Congress, 1995: 131.

[21] Beukes J P, Guest R N. Cr (Ⅵ) generation during milling [J] . Minerals Engineering, 2001, 14 (4): 423~426.

[22] Gericke W A. Environmental solutions to waste products from ferrochrome production [C] . Proceedings of INFACON 8, Beijing, 1998: 51~58.

[23] Francis A, Forcyth C. Toxicity summary for manganese [D] . Oak Ridge Reservation Environmental Restoration Program, USA. 1995.

11 铁合金工艺计算

铁合金工艺计算内容包括：物料计算、烟气量计算、热平衡以及技术经济指标计算等。往往一个品种的铁合金生产工艺由多个反应器组成，如精炼锰铁生产包含了硅锰合金、精炼电炉、摇包、回转窑，甚至烧结等原料处理工艺，为了正确认识过程整体工艺和局部反应器之间的关系还需要对每一反应器分别进行物料平衡和热平衡计算，通过计算得到工艺过程的物流图和能流图。为了改进产品质量和生产指标有时需要对某些元素单独进行平衡计算，如对锰、硅、磷、硫、碳、铁等元素的平衡计算。

完成工艺计算需要有大量数据依据。这些数据的主要来源有：

（1）原料、产品、中间产品的化学分析；

（2）矿石的矿物结构；

（3）来自生产实践的物料平衡、热平衡测定或统计数据；

（4）引用的热化学等理论数据；

（5）设定数据。

微软的 Excel 表格计算软件是十分实用的计算工具，也是本章计算使用的工具。通过对表格和公式填充可以实现冶金计算工具软件的编制。

11.1 物料计算

物料计算主要用于指导铁合金生产操作，也是计算物料平衡和热平衡的基础。

铁合金生产的物料计算是以原料矿石为基进行计算的。按照所生产的合金成分和相关条件计算出炉渣、合金成分和重量。在计算过程中需要根据炉渣组成和合金质量标准调整入炉原料配比。在物料计算中原料和中间产品重量为干基重。在配料计算中需要按原料湿存水含量计算原料用量和配料比。

11.1.1 计算参数的选择

物料计算中许多计算条件是根据生产经验设定的，例如元素回收率、炉渣碱度、碳质还原剂的烧损量等。设定条件对配料的准确性和冶炼工艺操作影响很大，在实际生产中往往还需要根据冶炼结果及时调整。

冶炼过程中元素在各相中的分配与实际生产统计的元素回收率会有一定差别。这主要是由于在冶炼过程有相当一部分金属元素被还原后流失在炉渣中。在炉渣中存在一定数量的悬浮金属颗粒。这些金属的还原需要消耗一定数量还原剂。因此，配料计算设定的回收率数值须略大于统计数据。

元素回收率与生产工艺有关。典型的铁合金冶炼主元素回收率见表 11 - 1。有渣法冶炼的品种主元素回收率与入炉矿石品位和矿物结构有关。

表 11 - 1 铁合金冶炼主元素回收率 （%）

75%硅铁	金属硅	硅锰合金	高碳锰铁 （1）	高碳锰铁 （2）	中低碳锰铁(1)	中低碳锰铁(2)
92	85	82 ~ 87	约57	约78	约62	约85

高碳铬铁	硅铬合金 （1）	硅铬合金 （2）	中低碳铬铁	微碳铬铁	钨 铁	钼 铁
80 ~ 92	约90	约92	约84	约83	约97	约98.4

注：1. 高碳锰铁 （1） 为熔剂法冶炼，（2） 为无熔剂法冶炼；
　　2. 中低碳锰铁 （1） 为炉渣未经贫化处理，（2） 为炉渣贫化处理；
　　3. 硅铬合金 （1） 为一步法生产，（2） 为二步法生产。

在以硅为还原剂的配料计算中，硅的利用率是一个体现冶金过程的重要参数。作为还原剂硅元素会被氧化成氧化物；而作为合金元素一部分硅会进入合金；还有部分硅会被矿物或空气氧化。硅利用率为参与还原反应的元素硅的比例，可以反映出硅的还原冶炼过程的效率。

11.1.2 配料计算

配料计算程序见图 11 - 1。

11.1.3 物料计算误差

冶金计算误差是不可避免的，但误差过大则会直接影响冶金过程的操作。冶金计算的误差来源有原料的化学分析误差、矿石的矿物结构差异、参数选定的误差等。

原料的化学分析往往只做主元素的分析，忽略次要元素含量。次要元素含量一般不超过2%，但一些次要元素含量的不确定性会影响炉渣成分计算。同样，炉渣的全分析也很难做到覆盖所有元素，这会影响对物料计算的核验。

铁合金生产中很少对矿物结构进行检验。矿物中的氧含量不准确会影响还原剂用量计算。氧化锰矿中的氧含量最大偏差可达4%。

元素回收率、硅的利用率等参数是根据经验选定的。经验数据的局限性将导致计算数据与实际生产结果的差别。

为了降低计算误差需要对经验数据和设定数据认真进行权衡和取舍。在配料计算中一般不计电极糊的数量，但在做物料平衡时需要考虑电极糊消耗的因素。在计算偏差允许的范围内，尽量避免人为地引进有偏差的数据。

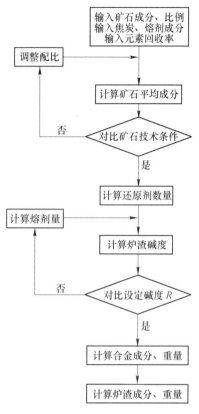

图 11 - 1 配料计算程序

在物料平衡和热平衡计算中,由于计算条件的偏差或数据缺失可能导致误差过大,这时需要采用试差法来逼近计算结果。通过试差法确定更合理的参数。

为了使计算结果更接近实际需要用一段时间累计的生产数据做物料平衡,并对配料计算的参数进行修正。

11.1.4 冶炼硅锰合金配料计算

11.1.4.1 计算条件 (表 11 - 2 ~ 表 11 - 6)

表 11 - 2 合金牌号或成分要求 (%)

元 素	Mn	Si	P	C
成分设定	68	18	<0.15	1.6

表 11 - 3 与合金牌号相应的对锰矿技术条件的要求

牌 号	Mn/%	Mn/Fe	P/Mn
FeMn68Si18	≥31	5.3 ~ 11	≤0.0030

表 11-4　设定元素及化合物分配系数　　　　　（%）

元素/氧化物	Mn	Fe	SiO₂	CaO	MgO	Al₂O₃	P	S
进入合金	86	96	55	0	0	0	85	8
入渣	8	3	37	98	98	98	9	67
进入烟气	6	1	8	2	2	2	6	25

表 11-5　还原剂成分要求　　　　　（%）

焦炭组分					灰分成分					
固定碳	挥发分	灰分	硫分	水分	SiO₂	Al₂O₃	FeO	CaO	MgO	P
82.4	3.6	13.04	0.96	10	53.20	38.16	4.02	2.64	1.92	0.17

注：焦炭烧损和出铁口排炭为5%。

表 11-6　硅石和熔剂成分要求　　　　　（%）

成分	Fe	SiO₂	CaO	MgO	Al₂O₃	P
硅石	0.60	97.40	1.00	0.00	1.000	0.00
白云石	0.60	0.70	19.60	30.20	0.260	0.02

注：炉渣三元碱度设定为0.8。

11.1.4.2　矿石平均成分计算（表 11-7）

表 11-7　矿石比例计算出矿石平均成分　　　　　（%）

矿石产地	配比	Mn	Fe	SiO₂	CaO	MgO	Al₂O₃	P	(O)
南非锰矿	20	37	6.15	9.89	11.8	2.17	0.34	0.02	12.521
加蓬锰矿	20	44.6	4.8	8	0.4	0.1	7.6	0.12	27.321
烧结矿	30	33.2	7.9	19.5	11.5	4.1	3.5	0.11	15.131
富锰渣	20	34.5	1.5	35	6.5	1.2	4.5	0.02	10.465
国产矿	10	29.5	10.7	13.4	5.2	1.5	4	0.15	15.930
平均成分	100	36.13	5.93	17.77	7.71	2.07	3.94	0.080	16.194

11.1.4.3　还原剂用量计算（表 11-8）

表 11-8　100kg锰矿还原剂用量

100kg锰矿消耗还原剂的计算		重量/kg
生成 MnO 消耗碳	$Mn_3O_4 + C = 3MnO + CO$	2.63
生成 Mn 消耗碳	$MnO + C = Mn + CO$	6.78
生成 Si 消耗碳	$SiO_2 + 2C = Si + 2CO$	7.58
生成 Fe 消耗碳	$FeO + C = Fe + CO$	1.22
合金中碳重量		0.76
合计消耗碳量		18.97
焦炭用量	（消耗碳量 × 100/ 固定碳含量）× [100/(100 - 炉口烧损)]	25.30

11.1.4.4 熔剂用量计算（表11-9、表11-10）

表11-9 硅石用量

硅 石 用 量 计 算		重量/kg
焦炭中的 SiO_2	焦炭用量×灰分含量×SiO_2含量	1.76
锰矿中的 SiO_2	100kg×SiO_2含量	17.77
生成 Si 需 SiO_2 量	生成的硅重量×60/28	18.95
SiO_2 需求量	（生成 Si 需要 SiO_2 量/Si 利用率）×100	34.46
需要补充 SiO_2 重量	SiO_2 需求量－原料带入 SiO_2	14.93
硅石用量	补加 SiO_2 数量/硅石中 SiO_2 含量	15.33

表11-10 碱性熔剂用量

熔 剂 用 量 计 算		重量/kg
进入渣中的 SiO_2 重量	（生成 Si 需要 SiO_2 量/Si 利用率）×Si 入渣率×100	12.75
需要 CaO + MgO 量	进入渣的 SiO_2 数量×炉渣碱度	10.20
锰矿带入 CaO + MgO 量	100kg 锰矿中 CaO 和 MgO 重量	9.78
焦炭带入 CaO + MgO 重量	焦炭用量×焦炭灰分×灰分中（CaO + MgO）含量	0.15
需要补加 CaO + MgO 量	需要 CaO + MgO 量－锰矿和焦炭带入 CaO + MgO 量	0.26
补加白云石重量	［需要补加 CaO + MgO 量/（白云石 CaO + MgO 含量）］×100	0.53

11.1.4.5 合金数量计算（表11-11）

表11-11 合金用量

100kg 锰矿得到的硅锰合金		重量/kg	成分/%
锰重量	100kg×矿石平均含锰量×进入合金比例	31.07	65.24
来自锰矿的铁重量	100kg×矿石平均含铁量×进入合金比例	5.92	12.44
硅重量	锰重量×18/65	8.84	18.57
碳重量	锰重量×1.6/65	0.76	1.61
磷重量	（锰矿中的磷＋还原剂中的磷＋熔剂中的磷）×90%	0.071	0.15
合金重量	［（锰＋铁＋硅＋碳）重量/（100－2）］×100	47.63	

注：100kg 混合锰矿为计算基准。

11.1.4.6 炉渣成分计算（表11-12）

表11-12 炉渣成分含量

炉渣数量计算		重量/kg	成分/%
进入炉渣的 MnO 重量	（100kg 锰矿得到的 Mn 重量/回收率）×入渣比例×71/55	2.89	8.80
进入炉渣的 FeO 重量	（100kg 锰矿得到的 Fe 重量/入合金比例）×入渣比例×72/56	0.18	0.54
进入炉渣的 SiO_2 重量	进入炉渣的 SiO_2 重量	12.75	38.80
进入炉渣的 CaO 重量	（锰矿＋焦炭＋硅石）中 CaO 重量＋白云石中 CaO 重量	7.9	24.04

炉渣数量计算		重量/kg	成分/%
进入炉渣的 MgO 重量	（锰矿 + 焦炭 + 硅石）中 MgO 重量 + 白云石中 MgO 重量	2.30	6.99
进入炉渣的 Al_2O_3 重量	（锰矿 + 焦炭 + 硅石 + 白云石）中 Al_2O_3 重量	5.20	15.82
进入炉渣 P 的重量	（锰矿 + 焦炭 + 硅石 + 白云石）中 P 重量 × 入渣比例	0.0050	0.02
合计重量		31.22	95.00
炉渣重量	设其他组分为 5%	32.86	100.0

11.1.4.7 配料计算结果（表 11 - 13）

表 11 - 13 配料结果 (kg)

原 料	南非锰矿	加蓬锰矿	烧结矿	富锰渣	国产矿	焦炭	硅石	白云石
料批组成	200	200	300	200	100	253.01	153.31	5.31

注：渣铁比为 0.69；三元碱度为 0.8。

配料计算往往需要根据计算结果和实际生产情况反复调整原料条件、参数和配比，直至达到合理的冶炼结果。例如，当炉渣中碱度过低时会出现炉渣黏稠，排渣困难，应调整碱性熔剂数量，增加菱镁矿或白云石。利用 MgO 代替 CaO 调整炉渣碱度时，应考虑减少 40% 的配入量。冶炼时加入白云石将 MgO 调到 6% 以上将有利于提高合金含硅量。

11.1.5 中低碳锰铁配料计算

11.1.5.1 计算基础条件（表 11 - 14 ~ 表 11 - 16，炉渣碱度为 1.2）

表 11 - 14 硅锰合金成分 (%)

元 素	Mn	Si	P	C	Fe
成分设定	68	18	<0.13	约 1.3	约 12

表 11 - 15 锰矿成分 (%)

组 分	Mn	FeO	SiO_2	CaO	MgO	Al_2O_3	P
锰 矿	48.5	3.29	5.32	2.54	0.6	3.5	0.056
石 灰			约 2.5	约 85	约 0.8		0.02

表 11 - 16 元素分配 (%)

项 目	元 素	入合金	入 渣	挥 发
锰 矿	Mn	30	50	20
	Fe	90	10	
	P	70	5	25

项 目	元 素	入合金	入 渣	挥 发
硅锰合金	Mn, P, C	100		
	硅利用率	入合金	还原	氧化
		8	70	12

11.1.5.2 配料计算（表 11 - 17 ~ 表 11 - 19，以 100kg 锰矿为计算基础）

表 11 - 17 硅锰用量

氧化物	反 应 式	还原需硅量计算式	用量/kg
Mn_3O_4	$2Mn_3O_4 + Si = 6MnO + SiO_2$	$100 \times 0.485 \times 28/330$	4.12
MnO	$2MnO + Si = 2Mn + SiO_2$	$100 \times 0.485 \times (0.3 + 0.2) \times 28/110$	6.17
Fe_2O_3	$2Fe_2O_3 + Si = 4FeO + SiO_2$	$[100 \times (56/72) \times 28 \times 0.0329]/224$	0.32
FeO	$2FeO + Si = 2Fe + SiO_2$	$[100 \times (56/72) \times 0.9 \times 28 \times 0.0329]/112$	0.58
合计	还原用硅量	11.19	11.19
	折合硅锰	$11.19/(70\% \times 0.18)$	88.81

表 11 - 18 石灰用量

来 源	计 算 式	用量/kg
锰矿带入 SiO_2 量	$100 \times 5.32\%$	5.32
硅锰氧化生成 SiO_2 量	$88.81 \times 0.18 \times 0.92 \times 60/28$	31.51
合计 SiO_2 量		36.83
锰矿带入 CaO 量	$100 \times 2.54\%$	2.54
需加 CaO 量	$1.2 \times 36.83 - 2.54$	41.66
加入石灰数量	$41.66/0.85 + (1.2 \times 0.025)/0.85$	50.8

表 11 - 19 炉料配料比

锰矿/kg	硅锰合金/kg	石灰/kg
100	88.81	50.8

11.1.5.3 合金和炉渣计算（表 11 - 20、表 11 - 21）

表 11 - 20 合金重量及成分

成 分	来 源	重量/kg	合计/kg	含量/%
Mn	锰 矿	$100 \times 0.485 \times 0.3 = 14.55$	74.94	82.83
	硅锰合金	$88.81 \times 0.68 = 60.39$		

成　分	来　源	重量/kg	合计/kg	含量/%
P	锰　矿	$0.056 \times 0.7 = 0.0392$	0.1547	0.17
	硅锰合金	$88.81 \times 0.0013 = 0.1155$		
C	锰　矿		1.15	1.27
	硅锰合金	$88.81 \times 0.013 = 1.15$		
Si	锰　矿		1.28	1.41
	硅锰合金	$88.81 \times 0.08 \times 0.18 = 1.28$		
Fe	锰　矿	$3.29 \times 56/72 \times 0.9 = 2.303$	12.96	14.32
	硅锰合金	$88.81 \times 0.12 = 10.66$		
合　计			90.48	100

表 11 - 21　炉渣重量及成分

成分	来自锰矿/kg	来自硅锰合金/kg	来自石灰/kg	共计/kg	含量/%
MnO	$100 \times 0.485 \times 0.5 \times 71/55 = 31.3$			31.3	26.1
SiO_2	$100 \times 0.0532 = 5.32$	31.51	$50.8 \times 0.025 = 1.27$	38.1	31.7
CaO	$100 \times 0.0254 = 2.54$		$50.8 \times 0.85 = 43.18$	45.72	38.1
MgO	$100 \times 0.0066 = 0.66$		$50.8 \times 0.008 = 0.41$	1.07	0.89
Al_2O_3	$100 \times 0.035 = 3.5$			3.5	2.92
FeO	$100 \times 3.29\% \times 0.1 = 0.329$			0.329	0.28
P_2O_5	$100 \times 0.056\% \times 0.05 \times 142/62 = 0.0064$		$50.8 \times 0.0002 = 0.01$	0.0164	0.01
合计	43.65	31.51	44.87	120.035	100
炉渣二元碱度		1.2	渣铁比	1.3	

11.2　烟气量和煤气量计算

11.2.1　密闭电炉煤气量计算

11.2.1.1　高碳铬铁电炉煤气量计算

电炉煤气的主要成分是 CO 气体。由冶炼过程消耗的碳质还原剂数量和成分就可以计算出电炉煤气中 CO 的数量。影响电炉煤气质量的决定性因素是密闭电炉的密封状况。在计算中定义漏风率为进入电炉空气使煤气中 CO 燃烧的比例。表 11 - 22 计算了在不同漏风率的情况下生产 1t 高碳铬铁产生的电炉煤气量。

计算设定电炉煤气中的 CH_4 主要来自焦炭挥发分的热分解；氢气来自矿石中的化合水在高温区与焦炭的反应。

表 11-22 高碳铬铁密闭电炉煤气量计算

项 目	代 号	数据来源和计算式	数据	数据	数据
漏风率	$A/\%$	设定	5	10	15
焦炭单耗	$W_C/kg \cdot t^{-1}$	设定	455.00	455.00	455.00
焦炭含固定碳量	$N_C/\%$	设定	83	83	83
焦炭含碳量	$Q_C/kg \cdot t^{-1}$	$W_C \times N_C$	377.65	377.65	377.65
焦炭挥发分含量	$N_V/\%$	设定	1.5	1.5	1.5
矿石单耗	$W_k/kg \cdot t^{-1}$	设定	1950	1950	1950
矿石化合水含量	$N_{km}/\%$	设定	1	1	1
矿石化合水重	$Q_{km}/kg \cdot t^{-1}$	$W_k \times N_{km}$	20	20	20
水分解产生 H_2	$Q_{cm}/kg \cdot t^{-1}$	$Q_{km} \times 2/18$	2.17	2.17	2.17
合金含碳量	$N_{[C]}/\%$	设定	8.00	8.00	8.00
合金含碳重量	$Q_{[C]}/\%$	$1000 \times N_{[C]}$	80.00	80.00	80.00
电极糊单耗	$W_p/kg \cdot t^{-1}$	设定	20	20	20
电极糊固定碳	$N_p/\%$	设定	83	83	83
电极糊含碳重量	$Q_{pC}/kg \cdot t^{-1}$	$W_p \times N_p$	16.6	16.6	16.6
炉口排炭	$L_C/\%$	设定	1	1	1
电炉排炭量	$Q_{LC}/kg \cdot t^{-1}$	$Q_C \times L_C$	4.55	4.55	4.55
参加还原反应 C 量	$Q_{RC}/kg \cdot t^{-1}$	$Q_C - Q_{[C]} - Q_{LC} + Q_{pC}$	309.70	309.70	309.70
生成 CO 量	$Q_{lCO}/kg \cdot t^{-1}$	$Q_{RC} \times 28/12$	722.63	722.63	722.63
矿石高价氧化物分解氧	$N_{kO}/\%$	设定	0.50	0.50	0.50
矿石分解氧消耗 CO	Q_{kCO}/kg	$(W_k \times N_{kO}) \times 28/16$	17.06	17.06	17.06
CO 还原生成 CO_2	$Q_{kCO_2}/kg \cdot t^{-1}$	$Q_{kCO} \times 44/28$	26.81	26.81	26.81
CO 燃烧数量	$Q_{iCO}/kg \cdot t^{-1}$	$Q_{ICO} \times A$	36.13	72.26	108.40
CO 燃烧生成 CO_2	$Q_{iCO_2}/kg \cdot t^{-1}$	$Q_{iCO} \times 44/28$	56.78	113.56	170.34
炉口 CO 总量	$Q_{CO}/kg \cdot t^{-1}$	$Q_{ICO} - Q_{kCO} - Q_{iCO}$	669.44	633.31	597.18
炉口放出 CO_2 总量	$Q_{CO_2}/kg \cdot t^{-1}$	$Q_{iCO_2} + Q_{kCO_2}$	83.59	140.37	197.15
CO 密度	$C_{CO}/kg \cdot m^{-3}$	引用 [1]	1.2495	1.2495	1.2495
CO 体积	$V_{CO}/Nm^3 \cdot t^{-1}$	Q_{CO}/C_{CO}	535.77	506.85	477.93
CO_2 密度	$C_{CO_2}/kg \cdot m^{-3}$	引用 [1]	1.963	1.963	1.963
生成 CO_2 体积	$V_{CO_2}/Nm^3 \cdot t^{-1}$	Q_{CO_2}/C_{CO_2}	42.57	71.49	100.41
挥发分重量	$Q_V/kg \cdot t^{-1}$	$W_C \times N_V$	6.83	6.83	6.83
挥发分密度	$C_V/kg \cdot m^{-3}$	引用 [1]	0.7152	0.7152	0.7152
挥发分体积	$V_V/Nm^3 \cdot t^{-1}$	Q_V/C_V	9.54	9.54	9.54

项 目	代 号	数据来源和计算式	数据	数据	数据
氢气密度	$C_{H_2}/kg \cdot m^{-3}$	引用 [1]	0.0899	0.0899	0.0899
氢气体积	$V_{H_2}/Nm^3 \cdot t^{-1}$	Q_{cm}/C_{H_2}	24.09	24.09	24.09
CO 燃烧耗氧量	$Q_O/kg \cdot t^{-1}$	$Q_{iCO} \times 16/28$	20.65	41.29	61.94
氧气密度	$C_{O_2}/kg \cdot m^{-3}$	引用 [1]	1.4276	1.4276	1.4276
氧气体积	$V_{O_2}/Nm^3 \cdot t^{-1}$	Q_O/C_{O_2}	14.46	28.93	43.39
N_2 体积	$V_{N_2}/Nm^3 \cdot t^{-1}$	$V_{O_2}/21 \times 79$	54.41	108.81	163.22
煤气量	$V/Nm^3 \cdot t^{-1}$	$V_{CO} + V_{CO_2} + V_V + V_{N_2} + V_{H_2}$	666.38	720.79	775.20
CO/%		V_{CO}/V	80.40	70.32	61.65
CO_2/%		V_{CO_2}/V	6.39	9.92	12.95
N_2/%		V_{N_2}/V	8.16	15.10	21.06
CH_4/%		V_V/V	1.43	1.32	1.23
H_2/%		V_{H_2}/V	3.62	3.34	3.11

11.2.1.2 锰铁密闭电炉煤气量计算

矿物组成对煤气量和煤气成分有很大影响。锰矿中的高价氧化物 MnO_2 和 Mn_2O_3 在炉内高温区可以被 CO 气体还原成 Mn_3O_4。这些反应降低了煤气中 CO 含量，同时增加了 CO_2 气体的比例。这在一定程度上降低了煤气的发热值。高碳铬铁电炉的煤气量要比锰铁高。烧结矿中锰主要以 Mn_3O_4 存在，富锰渣中的锰以 MnO 形态存在。使用烧结矿和富锰渣比例高的锰铁电炉煤气热值要比使用氧化锰矿的电炉煤气热值高。表 11 -23 为生产 1t 高碳锰铁和不同含硅量的硅锰合金所产生的电炉煤气量计算方法。

表 11 -23 高碳锰铁和硅锰合金产生的煤气量计算

项 目	代 号	数据来源和计算式	FeMn74C7.5	SiMn64Si18	SiMn64Si27
漏风率	$A/\%$	设定	8	8	8
焦炭单耗	$W_C/kg \cdot t^{-1}$	根据配料计算设定	410.00	520.00	620.00
焦炭含固定碳量	$N_C/\%$	设定	83	83	83
焦炭含碳量	$Q_C/kg \cdot t^{-1}$	$W_C \times N_C$	340.3	431.6	514.6
焦炭挥发分含量	$N_V/\%$	设定	1.5	1.5	1.5
锰矿单耗	$W_k/kg \cdot t^{-1}$	设定	2500	1950	1820
品 位	$Mn/\%$	设定（含 25% MnO_2）	45	45	45
矿石化合水含量	$N_{km}/\%$	设定	1	1	1
矿石水分重	$Q_{km}/kg \cdot t^{-1}$	$W_k \times N_{km}$	25	20	18
水分解产生 H_2	$Q_{cm}/kg \cdot t^{-1}$	$Q_{km} \times 2/18$	2.78	2.17	2.02

项 目	代 号	数据来源和计算式	FeMn74C7.5	SiMn64Si18	SiMn64Si27
合金含碳量	$N_{[C]}/\%$	设定	7.00	1.30	0.10
合金含碳重量	$Q_{[C]}/kg \cdot t^{-1}$	$1000 \times N_{[C]}$	70.00	13.00	1.00
电极糊单耗	$W_p/kg \cdot t^{-1}$	设定	15	20	32
电极糊固定碳含量	$N_p/\%$	设定	83	83	83
电极糊含碳重量	$Q_{pC}/kg \cdot t^{-1}$	$W_p \times N_p$	12.45	16.6	26.56
炉口排炭	$L_C/\%$	设定	1	1	1
电炉排炭量	$Q_{LC}/kg \cdot t^{-1}$	$Q_C \times L_C$	3.40	4.32	5.15
参加还原反应 C 量	$Q_{RC}/kg \cdot t^{-1}$	$Q_C - Q_{[C]} - Q_{LC} + Q_{pC}$	279.35	430.88	535.01
生成 CO 量	$Q_{ICO}/kg \cdot t^{-1}$	$Q_{RC} \times 28/12$	651.81	1005.40	1248.37
锰矿中 MnO_2 分解 O 数量	$Q_{k1}/kg \cdot t^{-1}$	$(W_k \times Mn \times 16/55) \times 0.25$	40.91	31.91	29.78
矿石分解氧消耗 CO 数量	$Q_{kCO}/kg \cdot t^{-1}$	$Q_{k1} \times 28/16$	71.59	55.84	52.12
CO 还原生成 CO_2	$Q_{kCO_2}/kg \cdot t^{-1}$	$Q_{kCO} \times 44/28$	112.50	87.75	81.90
CO 燃烧数量	$Q_{iCO}/kg \cdot t^{-1}$	$Q_{ICO} \times A$	52.14	80.43	99.87
CO 燃烧生成 CO_2 量	$Q_{iCO_2}/kg \cdot t^{-1}$	$Q_{iCO} \times 44/28$	81.94	126.39	156.94
炉口 CO 总量	$Q_{CO}/kg \cdot t^{-1}$	$Q_{ICO} - Q_{kCO} - Q_{iCO}$	528.07	869.12	1096.38
炉口放出 CO_2 总量	$Q_{CO_2}/kg \cdot t^{-1}$	$Q_{iCO_2} + Q_{kCO_2}$	194.44	214.14	238.84
CO 密度	$C_{CO}/kg \cdot m^{-3}$	引用 [1]	1.2495	1.2495	1.25
CO 体积	$V_{CO}/Nm^3 \cdot t^{-1}$	Q_{CO}/C_{CO}	422.63	695.58	877.45
CO_2 密度	$C_{CO_2}/kg \cdot m^{-3}$	引用 [1]	1.963	1.963	1.963
生成 CO_2 体积	$V_{CO_2}/Nm^3 \cdot t^{-1}$	Q_{CO_2}/C_{CO_2}	99.03	109.07	121.64
挥发分重量	$Q_V/kg \cdot t^{-1}$	$W_C \times N_V$	6.15	7.80	9.30
挥发分密度	$C_V/kg \cdot m^{-3}$	引用 [1]	0.7152	0.7152	0.7152
挥发分体积	$V_V/Nm^3 \cdot t^{-1}$	Q_V/C_V	8.60	10.91	13.00
氢气密度	$C_{H_2}/kg \cdot m^{-3}$	引用 [1]	0.0899	0.0899	0.0899
氢气体积	$V_{H_2}/Nm^3 \cdot t^{-1}$	Q_{cm}/C_{H_2}	30.88	24.09	22.48
CO 燃烧耗氧量	$Q_O/kg \cdot t^{-1}$	$Q_{iCO} \times 16/28$	29.80	45.96	57.07
氧气密度	$C_{O_2}/kg \cdot m^{-3}$	引用 [1]	1.4276	1.4276	1.4276
氧气体积	$V_{O_2}/Nm^3 \cdot t^{-1}$	Q_O/C_{O_2}	20.87	32.19	39.97
N_2 体积	$V_{N_2}/Nm^3 \cdot t^{-1}$	$V_{O_2}/21 \times 79$	78.52	121.11	150.38
煤气量	$V/Nm^3 \cdot t^{-1}$	$V_{CO} + V_{CO_2} + V_V + V_{N_2} + V_{H_2}$	639.66	960.75	1184.97
CO/%		V_{CO}/V	66.07	72.40	74.05
CO_2/%		V_{CO_2}/V	15.48	11.35	10.27
N_2/%		V_{N_2}/V	12.28	12.61	12.69
CH_4/%		V_V/V	1.34	1.14	1.10
H_2/%		V_{H_2}/V	4.83	2.51	1.90

11.2.1.3 电炉煤气发热值计算

煤气发热值按下式计算：

$$Q = 12650 \times [CO] + 10810 \times [H_2] + 35960 \times [CH_4]$$

表 11-24 给出了漏风率为 8% 时，高碳铬铁、高碳锰铁和硅锰合金的电炉煤气发热值。

表 11-24 几种铁合金的煤气发热值

产 品	CO/%	焦炭单耗/kg·t^{-1}	煤气量/Nm^3·t^{-1}	煤气发热值/kJ·Nm^{-3}
高碳锰铁	66.07	410	639	9363
硅锰合金 6518	72.40	520	960	9838
硅锰合金 6427	74.05	620	1184	9967
高碳铬铁	75.30	455	699	11076

11.2.2 半密闭电炉烟气量计算

在计算半密闭电炉的烟气量时，不仅要考虑到矿石和还原剂的物理特性，还需要考虑冶炼工艺和热工条件等。还原剂在炉口的烧损和原料中的水分会影响烟气成分和烟气量。表 11-25 给出了半密闭电炉生产 Mn68Si18 和 FeSi75 的烟气量计算方法。

表 11-25 硅锰合金和硅铁半密闭电炉烟气量计算

项 目	代 号	计算公式或数据来源	SiMn	FeSi75
电炉视在功率	S/kVA	设定	25500	30000
功率因数	$\cos\varphi$	设定	0.75	0.68
系 数	K	设定	0.98	0.97
电炉有功功率	P/kW	$P = S \times \cos\varphi$	19125	20400
电耗	W/kW·h·t^{-1}	设定	4200	8500
产 量	Q/kg·h^{-1}	$Q = P \times K/W$	4462.5	2328.0
硅石消耗（SiO$_2$-98%）	W_q/kg·t^{-1}	设定	840.0	1800.0
锰矿单耗	W_k/kg·t^{-1}	引用配料计算	2185.00	
品 位	Mn/%	35（30% MnO$_2$）	35.00	
锰矿消耗量	Q_k/kg·h^{-1}	$Q \times W_k$	9750.56	
锰矿水分含量	N_m/%	设定	5.00	
锰矿中水分蒸发量	Q_{km}/kg·h^{-1}	$Q_k \times N_m$	487.53	
锰矿中 MnO$_2$ 分解 O 数量	Q_{k1}/kg·h^{-1}	$[W_k \times (Mn/100) \times 16/55] \times 30\%$	66.74	
矿石分解氧消耗 CO 数量	Q_{kCO}/kg·h^{-1}	$Q_{k1} \times 28/16$	116.80	
矿石产生 CO$_2$ 重量	Q_{kCO_2}/kg·h^{-1}	$Q_{kCO} \times 44/28$	183.54	
焦炭单耗	W_C/kg·t^{-1}	设定	522.00	930.00

续表 11-25

项 目	代 号	计算公式或数据来源	SiMn	FeSi75
焦炭耗量	$Q_C/kg \cdot h^{-1}$	$Q \times W_C$	2329.43	2165.04
焦炭水分含量	$N_{cm}/\%$	设定	10.00	10.00
焦炭水分重量	$Q_{cm}/kg \cdot h^{-1}$	$Q_C \times N_{cn}$	232.94	216.50
入炉水分总重量	$Q_m/kg \cdot h^{-1}$	$Q_{km} + Q_{cm}$	720.47	216.50
水蒸气密度	$C_m/kg \cdot m^{-3}$	引用 [1]	0.804	0.804
水蒸气体积	$V_m/Nm^3 \cdot h^{-1}$	Q_m/C_m	896.11	269.28
合金含固定碳量	$N_{[C]}/\%$	设定	1.30	0.10
合金含碳重量	$Q_{[C]}/kg \cdot h^{-1}$	$Q \times N_{[C]}$	58.01	2.33
焦炭含碳量	$N_C/\%$	设定	84	84
炉口焦炭燃烧	$B/\%$	设定	5	10
烧损炭量	$Q_{sC}/kg \cdot h^{-1}$	$Q_C \times B$	116.47	216.50
焦炭燃烧产生 CO_2	$Q_{cCO_2}/kg \cdot h^{-1}$	$(Q_{sC} \times N_C) \times 44/12$	358.73	666.83
电极糊单耗	$W_p/kg \cdot t^{-1}$	设定	20	50
电极糊用量	$Q_p/kg \cdot h^{-1}$	$W_p \times Q$	89.25	116.40
电极糊固定碳含量	$N_p/\%$	设定	83	83
炉口排炭	$L_C/\%$	设定	5	0
电炉排炭量	$Q_{LC}/kg \cdot h^{-1}$	$Q_C \times L_C$	116.47	0.00
参加还原反应 C 量	$Q_{RC}/kg \cdot h^{-1}$	$(Q_C - Q_{[C]} - Q_{LC} - Q_{sC}) \times N_C + Q_p \times N_p$	1786.39	1731.43
生成 CO 量	$Q_{lCO}/kg \cdot h^{-1}$	$Q_{RC} \times 28/12$	4168.25	4040.00
逸出炉口 CO 量	$Q_{CO}/kg \cdot h^{-1}$	$Q_{lCO} - Q_{kCO}$	4051.45	4040.00
CO 燃烧生成 CO_2 量	$Q_{lCO_2}/kg \cdot h^{-1}$	$Q_{CO} \times 44/28$	6366.57	5771.42
炉口放出 CO_2 总量	$Q_{CO_2}/kg \cdot h^{-1}$	$Q_{lCO_2} + Q_{cCO_2} + Q_{kCO_2}$	6908.84	6438.25
CO_2 密度	$C_{CO_2}/kg \cdot m^{-3}$	引用 [1]	1.963	1.963
生成 CO_2 体积	$V_{CO_2}/Nm^3 \cdot h^{-1}$	Q_{CO_2}/C_{CO_2}	3518.81	3279.14
焦炭燃烧耗氧量	$Q_{O_1}/kg \cdot h^{-1}$	$Q_{sC} \times 16/12$	155.30	288.67
CO 燃烧耗氧量	$Q_{O_2}/kg \cdot h^{-1}$	$Q_{CO} \times 16/28$	2315.11	2308.57
挥发分含量	%	设定	2.00	2.00
挥发分重量	$Q_V/kg \cdot h^{-1}$	$Q_C \times Q_V$	46.59	43.30
挥发分燃烧耗氧量	$Q_{O_3}/kg \cdot h^{-1}$	$Q_V \times 64/16$	186.35	173.20
合计耗氧量	$Q_O/kg \cdot h^{-1}$	$Q_{O_1} + Q_{O_2} + Q_{O_3}$	2656.76	2770.44
氧气密度	$C_{O_2}/kg \cdot m^{-3}$	引用 [1]	1.4276	1.4276
氧气体积	$V_{O_2}/Nm^3 \cdot h^{-1}$	Q_O/C_{O_2}	1861.00	1940.63
N_2 体积	$V_{N_2}/Nm^3 \cdot h^{-1}$	$V_{O_2}/21 \times 79$	7000.90	7300.47
氮气密度	$C_{N_2}/kg \cdot m^{-3}$	引用 [1]	1.25	1.25
挥发分燃烧烟气量	$V_f/Nm^3 \cdot h^{-1}$	$[(Q_{O_3}/64) \times 44/C_{CO_2}] + [(Q_{O_3}/21) \times 79/C_{N_2}]$	626.09	581.91
完全燃烧烟气量	$V_O/Nm^3 \cdot h^{-1}$	$V_m + V_{CO_2} + V_{N_2} + V_f$	12041.92	11430.79
过剩空气系数	$\eta/$倍	设定值	8	10

项 目	代 号	计算公式或数据来源	SiMn	FeSi75
补充风量	$V_a/Nm^3 \cdot h^{-1}$	$V_0 \times \eta$	96335.32	114307.94
烟气量	$V/Nm^3 \cdot h^{-1}$	$V_0 + V_a$	108377.24	125738.73
CO_2	$V_{CO_2}/\%$	$V_{CO_2}/V \times 100$	3.25	2.61
H_2O	$V_{H_2O}/\%$	$V_m/V \times 100$	0.83	0.21
N_2	$V_{N_2}/\%$	$100 - V_{CO_2} - V_{H_2O} - V_{其他}$	94.93	96.18
其他	$V_{其他}/\%$	设定	1.00	1.00
烟气温度	$T/℃$	测定	300.00	350.00
工况烟气量	$V'/m^3 \cdot h^{-1}$	$V \times (273 + T)/273$	217299	273171

11.3 物料平衡

物料平衡是在配料计算和烟气量计算的基础上进行的。铁合金冶炼的热平衡的计算则是在物料平衡的基础上进行的。物料平衡通常以一定量的金属为基准，例如以生产1t铁合金为基准计算消耗和产物数量。这种物料平衡数据表可以清晰地体现产物和消耗的数量关系。在配料基础上计算物料平衡更为便捷，这种物料平衡数据表使用一定量的矿石为基准。在使用时两种计算结果可以互相转换。

计算铁合金冶炼的原料消耗和产出渣、铁可以考虑配料计算并参照实际调整。物料平衡可以以表格呈现，见表11-26；也可以以图表示，见图1-36。

表11-26是根据11.1.4节硅锰合金配料计算做出的生产1t硅锰合金的物料平衡。

表11-26　硅锰合金生产的物料平衡 （kg）

收　入	合计	%	Mn	Fe	SiO_2/Si	CaO	MgO	Al_2O_3	P
锰 矿	2257.12	68.80	758.60	124.51	373.07	161.88	43.55	82.68	1.68
硅 石	326.92	9.97	0.00	2.88	313.52	4.83	0.00	4.83	0.05
白云石	11.14	0.34	0.00	0.07	0.08	2.18	3.37	0.03	0.00
焦 炭	585.17	17.84	0.00	2.83	36.85	1.83	1.33	26.43	0.08
电 极	31.26	0.95	1.50	1.84	0.09	0.07	1.32	0.00	
空 气	76.81	2.34	0.00	0.00	0.00	0.00	0.00	0.00	
合 计	3280.49	100.00	758.60	132.07	725.36	170.82	48.31	115.30	1.81
支　出	合计	%	Mn	Fe	SiO_2/Si	CaO	MgO	Al_2O_3	P
硅锰合金	1000.00	30.48	652.40	124.35	185.68	0.00	0.00	0.00	1.50
炉 渣	689.96	21.03	60.69	3.74	267.67	165.90	48.24	109.12	0.11
烟 尘	150.82	4.60	45.52	3.97	59.80	4.92	0.07	6.18	0.21
烟 气	1094.86	33.37	0.00	0.00		0.00	0.00	0.00	0.00
合 计	3280.49	100.00	758.61	132.06	725.36	170.82	48.31	115.30	1.81

收 入	O	C	S	CO	CO$_2$	H$_2$O	N$_2$	挥发分	其他
锰 矿	340.01		1.47	0.00	67.19	157.47	0.00	0.00	145.00
硅 石	0.82	0.00	0.00	0.00	0.00	0.00	0.00	0.00	0.00
白云石	0.02	0.00	0.00	0.00	5.35	0.00	0.00	0.00	0.00
焦 炭	0.81	398.34	5.10	0.00	0.00	52.49	0.00	21.07	38.05
电 极	0.43	15.93	0.10	0.00	0.00	0.00	0.00	2.94	7.03
空 气	16.13	0.00	0.00	0.00	0.00	0.00	60.68	0.00	0.00
合 计	410.97	434.06	6.67			209.96	60.68	24.01	182.00
支 出	O	C	S	CO	CO$_2$	H$_2$O	N$_2$	挥发分	其他
硅锰合金	0.00	16.06	0.40	0.00	0.00	0.00	0.00	0.00	0.00
炉 渣	18.72	0.00	4.47	0.00	0.00	0.00	0.00	0.00	182.00
烟 尘	14.38	0.00	0.13	0.00	0.00	0.00	0.00	0.00	0.00
烟 气	0.00	0.00	1.67	681.67	116.90	209.96	60.68	24.01	0.00
合 计	410.97	434.06	6.67			209.96	60.68	24.01	182.00

表 11-26 中给出了各组分的平衡。在合计中将 CO 和 CO$_2$ 分解分别归入 C 和 O 中。

11.4 热平衡计算

热平衡测定和计算是研究铁合金生产节能的依据，也是铁合金工艺改进和新技术开发的工具。铁合金工艺热平衡计算内容有：

（1）工厂热平衡；

（2）电炉、焙烧、烧结等单元过程或工艺流程的热平衡；

（3）烟气利用热平衡等。

为了指导企业的节能工作，验证热平衡计算数据的准确性，需要对工厂、工艺流程、电炉、回转窑或其他单元过程进行热平衡测定。

11.4.1 热平衡计算原理

冶金过程的能量平衡计算是对系统中热能变化的计算。热力学第一定律即能量守恒定律是自然界中能量转化的基本规律。按照热力学第一定律：一个热力学体系由一种状态经转变到另一状态时，体系内能的改变量 ΔU 等于系统在该过程中所做的功 W 和所传递的热量 Q 的总和，即：

$$\Delta U = W + Q$$

在常压下的能量平衡计算中，体系所做的功可忽略不计，体系的内能的变化与所传递的热能相同，即能量平衡与热平衡的意义相同。

铁合金冶炼电炉的热源以电能为主，原料带入的化学热能次之；生产过程排放的烟气、炉渣和铁水带走大量热能；生产过程各种热损失也相当可观。通过热平衡计算可以分析冶炼过程的能量消耗分布状况，寻求降低能耗的技术措施，改善冶炼工艺技术经济指标。

冶金过程热平衡计算的理论基础是盖斯定律。按照盖斯定律，任何化学反应的反应热值仅与反应的始态和终态有关，而与反应进行的途径无关。热平衡计算所研究的仅仅是铁合金冶炼过程初态和终态之间发生的能量变化。

11.4.2 热平衡计算方法

常用的铁合金生产热平衡计算方法有两种：

一种是以还原剂的氧化反应和矿石氧化物的分解反应的热效应为基础的方法计算。这种计算方法无需考虑炉内实际反应机理。计算仅考虑参与冶炼过程的物质最初和最终状态，而不考虑炉内物料所经历的过程。这种方法是国内常用的计算方法。

另一种是以反应热效应进行计算的方法。这种计算方法需要分别计算过程发生的各类冶金反应的热效应。

按照盖斯定律，两种热平衡的计算结果相同。前者是把还原反应的热效应分成还原剂的氧化反应热效应和氧化物分解反应的热效应分别放在收入项和支出项，而后者只在支出项体现。由于反应热效应的数据来源较多，后者计算误差主要取决于所引用的热化学数据的一致性；而前者的热化学数据多取自同一热力学数据库，计算的准确性更好些。表 11 - 27 列出了两种热平衡计算方法的区别之处。

表 11 - 27　热平衡计算方法比较

项　目	氧化物分解反应	化学反应热效应
收入项	1. 单位电耗 2. 还原剂的化学能 $C + O_2 \rightarrow CO_2$ 3. 挥发分燃烧 4. 氧化物成渣热 5. 金属混合热 6. 物料带入显热	1. 单位电耗 2. 炉口碳烧损放热 3. 挥发分燃烧 4. 氧化物成渣热 5. 金属混合热 6. 物料带入显热
支出项	1. 氧化物分解热 2. 金属显热 3. 炉渣显热 4. 烟尘显热 5. 烟气显热 6. 水分蒸发热 7. 冷却水带走热量 8. 系统散热	1. 氧化物还原反应热效应 2. 金属显热 3. 炉渣显热 4. 烟尘显热 5. 烟气显热 6. 水分蒸发热 7. 冷却水带走热量 8. 系统散热

热平衡计算的基础数据包括计算过程的物料平衡、相关的物料、烟气的温度、传热过程的参数、热化学数据等（见表 11 - 28）。

表 11 - 28　热平衡计算基础数据

类　别	项　目	数据来源
物　料	原料、产品、炉渣、烟气	物料平衡计算
物料温度	原料、产品、炉渣、烟气	设定
热化学数据	相关元素和化合物	热化学数据库
能　源	电能、化学能	设定和计算值
设　备	变压器、短网等设备电损失	设计、计算、经验数据
设　备	冷却水流量、温度	设计、计算、经验数据
设　备	炉壳散热面积、温度、环境条件	设计、计算、经验数据

物料平衡是热平衡计算的基础。物料平衡比配料计算要求的数据多，更接近实际冶炼操作。配料计算是根据物料的干基重量计算出来的，根据实际情况随时根据湿存水量调整配料比，而物料平衡需要把原料水分含量计算在内以便计算水分蒸发热量。

物料平衡必须把烟气量计算在物料之内。因此，需要先计算烟气量而后才能得到物料平衡结果。

热平衡计算需要大量热化学数据。数据的一致性是热平衡准确性的前提条件。在热平衡计算中应尽可能采用同一数据库或资料来源。

11.4.3　锰矿焙烧回转窑热平衡计算（热平衡计算实例 1）

根据 GB/T 26281—2010《水泥回转窑热平衡、热效率、综合能耗计算方法》、GB/T 26282—2010《水泥回转窑热平衡测定方法》和 GB/T 2587—2009《用能设备能量平衡通则》，依据某厂 4 号回转窑的实际生产数据，编制了锰矿焙烧回转窑的热平衡计算。表 11 - 29 为锰矿预热回转窑物料平衡和热平衡计算，表 11 - 30 为物料平衡计算结果，表 11 - 31 为预热锰矿热平衡计算结果。

表 11 - 29　锰矿预热回转窑物料平衡和热平衡计算表

项　目	代　号	计算公式或数据来源	数据	备　注
回转窑型号	x/m	实测	$\phi 3 \times 50$	4 号窑
窑皮温度	$yw/℃$	实测	$289 \sim 190$	平均 240
澳大利亚锰矿烧损	$ks/\%$	实测	10.65	
锰矿水分含量，湿存水	$wsh/\%$	设定	4	
锰矿水分含量，化合水	$nsh/\%$	设定	3	
锰矿焙烧温度	$bw/℃$	实测	$900 \sim 1100$	
煤粉消耗	$m_r/kg \cdot kg^{-1}$	实测	0.090	

项　目	代　号	计算公式或数据来源	数据	备　注
日产量	$chd/t \cdot d^{-1}$	设计值	600.0	
小时产量	$chsh/t \cdot h^{-1}$	chd/24	25.0	
除尘风量	$fl/m^3 \cdot h^{-1}$	实测	30000.00	
系统漏风率	lf/%	设定	8.00	
原矿带入风量	df/%	设定	1.00	
空气密度	$km/kg \cdot m^{-3}$	引用［1］	1.2922	
烟气含尘量	$ych/g \cdot m^{-3}$	设定	2.00	
熟料量	$m_{sh}/kg \cdot kg^{-1}$	设定	1.00	
原矿消耗量	$m_k/kg \cdot kg^{-1}$	msh × (100 + ks + wsh)/100	1.147	
烟尘量	$m_{ych}/kg \cdot kg^{-1}$	［fl/(chsh · 1000)］× ych/1000	0.0024	
烟气量	$m_y/kg \cdot kg^{-1}$	［fl/(chsh · 1000)］× km + $(m_k - m_{sh}) + m_r - m_{ych}$	1.785	
原矿带入空气量	$m_{kq}/kg \cdot kg^{-1}$	$m_y × df$	0.018	
系统漏风量	$m_{lq}/kg \cdot kg^{-1}$	$m_y × lf$	0.143	
一次空气量	$m_{yq}/kg \cdot kg^{-1}$	$m_y - m_{kq} - m_{lq} -$ $(m_k - m_{sh}) - m_r + m_{ych}$	1.390	
煤粉低位发热量	$Q_m/kJ \cdot kg^{-1}$	实测	28890.30	
燃料燃烧热	$Q_{rR}/kJ \cdot kg^{-1}$	$m_r × Q_{ili}$	2600.13	
燃料比热	$C_r/kJ \cdot (kg \cdot ℃)^{-1}$	引用［1］	1.054	20℃，煤挥发分20%
燃料温度	$t_r/℃$	设定	20.00	
燃料显热	$Q_r/kJ \cdot kg^{-1}$	$m_r × C_r × t_r$	1.897	
锰矿比热	$C_k/kJ \cdot (m^3 \cdot ℃)^{-1}$	引用［2］	1.000	
锰矿温度	$t_M/℃$	设定	20.00	
原矿显热	$Q_y/kJ \cdot kg^{-1}$	$m_k × C_k × t_M$	22.93	
空气比热	$C_k/kJ \cdot (m^3 \cdot ℃)^{-1}$	引用［1］	1.296	
空气温度	$t_k/℃$	设定	20.00	
一次空气显热	$Q_{1k}/kJ \cdot kg^{-1}$	$m_{yq} × (C_k/km) × t_k$	27.88	
原矿带入空气显热	$Q_{yk}/kJ \cdot kg^{-1}$	$m_{kq} × (C_k/km) × t_k$	0.36	
系统漏风显热	$Q_{xk}/kJ \cdot kg^{-1}$	$m_{lq} × (C_k/km) × t_k$	2.86	
熟料形成热	$Q_{sh}/kJ \cdot kg^{-1}$	$Q_{fj} + Q_{hsh}$	993.84	
1. 锰矿高价氧化物分解耗热	$Q_{fj}/kJ \cdot kg^{-1}$	$Mn_{f1} + Mn_{f2} + Mn_{f3}$	763.43	
锰矿品位	Mn/%	设定	46.00	
$MnO_2 = 0.5Mn_2O_3 + 0.25O_2$	kJ/mol	引用［3］	93.93	分解温度287～267℃
1kg 熟料分解热 1	$Mn_{f1}/kJ \cdot kg^{-1}$	$(m_k × Mn\%/55) ×$ $(1000/93.93 × 75\%)$	675.48	75% 分解比例

项　目	代　号	计算公式或数据来源	数据	备　注
$Mn_2O_3 = 2/3Mn_3O_4 + 1/6O_2$	kJ/mol	引用 [3]	37.18	分解温度 537~637℃
1kg 熟料分解热 2	Mn_{f2}/kJ·kg^{-1}	($m_k \times$ Mn%/110)$\times$ 1000 $\times$ 37.18 $\times$ 17%	30.30	17% 分解比例
$Mn_3O_4 = 3MnO + 1/2O_2$	kJ/mol	引用 [3]	225.45	分解温度 997~1077℃
1kg 熟料分解热 3	Mn_{f3}/kJ·kg^{-1}	($m_k \times$ Mn%/165)$\times$ 1000 $\times$ 225.45 $\times$ 8%	57.65	分解比例 8%
2. 化合水分解热	kJ/kg	引用 [1]	6699.00	
锰矿化合水分解热	Q_{hsh}/kJ·kg^{-1}	$m_k \times$ nsh $\times$ 6699	230.41	
水分蒸发耗热	kJ/kg	引用 GB/T 26281	2450.7	20℃
锰矿湿存水蒸发	Q_{zh}/kJ·kg^{-1}	$m_k \times$ wsh $\times$ 2450.7	112.39	
熟料显热	Q_{shx}/kJ·kg^{-1}	$m_{sh} \times C_k \times$ bw	600	按 bw 为 600℃计算
烟气温度	Yw/℃	实测	270	
烟气比热（约300℃）	C_{yg}/kJ·m^{-3}·℃$^{-1}$	引用 [1]	1.878	
烟气显热	Q_{pk}/kJ·kg^{-1}	$m_y \times C_{yg}$/km $\times$ Yw	700.33	
烟尘温度	ychw/℃	实测	270.00	
烟尘比热（约300℃）	C_{ych}/kJ·(kg·℃)$^{-1}$	引用 [1]	0.878	
烟尘显热	Q_{ch}/kJ·kg^{-1}	$m_{ych} \times C_{ych} \times$ ychw	0.569	
回转窑系统表面散热系数	α/kJ·(m^2·h·℃)$^{-1}$	引用 [4]	102.03	风速 0.48m/s, 温差 220℃
系统表面散热	Q_b/kJ·kg^{-1}	$\pi \times 3 \times 50 \times (240 - 20)$ $\times$ [α/(chsh·1000)]	422.894	

表 11 - 30　物料平衡计算结果

收　入　物　料			支　出　物　料		
项　目	符号	kg/kg	%	项　目	符号	kg/kg	%

收入物料项目	符号	kg/kg	%	支出物料项目	符号	kg/kg	%
燃料消耗量	m_r	0.0900	3.23	熟料量	m_{sh}	1.000	35.88
原矿消耗量	m_k	1.1465	41.14	烟气量	m_y	1.7847	64.03
一次空气量	m_{yq}	1.3900	49.87	烟尘量	m_{ych}	0.0024	0.09
原矿带入空气量	m_{kq}	0.0178	0.64	误　差		0.0000	0.00
系统漏风量	m_{lq}	0.1428	5.12				
合　计		2.7871	100.00	合　计		2.7871	100.00

表 11 - 31　预热锰矿热平衡计算结果

收　入　热　量				支　出　热　量			
项　目	符号	kJ/kg	%	项　目	符号	kJ/kg	%
燃料燃烧热	Q_{rR}	2600.127	97.894	熟料形成热	Q_{sh}	993.843	37.42
燃料显热	Q_r	1.897	0.071	蒸发生料水分耗热	Q_{zh}	112.389	4.23
原矿显热	Q_y	22.930	0.863	熟料显热	Q_{shx}	600.000	22.59
一次空气显热	Q_{1k}	27.882	1.050	烟气显热	Q_{pk}	700.333	26.37
原矿带入空气显热	Q_{yk}	0.358	0.013	烟尘显热	Q_{ch}	0.569	0.02
系统漏风显热	Q_{xk}	2.864	0.108	系统表面散热	Q_b	422.894	15.92
				误　差		(173.970)	-6.55
合　计		2656.058	100.000	合　计		2656.058	100.00

回转窑的热效率：

$$Q_{\eta_1} = Q_{sh}/Q_{rR} = 38.22\%$$

由于锰矿热装入炉，故回转窑焙烧锰矿热效率为：

$$Q_{\eta_2} = [(993.843 + 600)/2600.127] \times 100\% = 61.3\%$$

由表 11 - 31 看出，烟气带走的热量为总热量的 26.37%，回转窑表面散热为总热量的 15.92%，这两项是总热量的 30% 以上。

11.4.4　高碳锰铁电炉热平衡计算（热平衡计算实例2）

利用密闭电炉无熔剂法生产高碳锰铁的物料平衡和热平衡计算见表 11 - 32 ~ 表 11 - 37。表中设定值来自生产的数据。

表 11 - 32　计算基础数据

项　目	代　号	计算公式或数据来源	数据
电炉型号	x/m	实测	φ12.3×4.9（高）
炉壳淋水冷却水量	$m_{lsh}/m^3 \cdot (h \cdot m^2)^{-1}$	实测	1.2
入炉锰矿成分	$Mn_L/\%$	实测	43.95
	$P_L/\%$	实测	0.077
	$FeO_L/\%$	实测	6
	$SiO_{2L}/\%$	实测	9.11
	$CaO_L/\%$	实测	6.59
	$MgO_L/\%$	实测	1.44
	$Al_2O_{3L}/\%$	实测	3.22

项 目		代 号	计算公式或数据来源	数 据
入炉锰矿结构				
MnO_2		M1/%	实测	25.00
Mn_2O_3		M2/%	实测	12
Mn_3O_4		M3/%	实测	11
MnO		M4/%	实测	52
锰矿各元素分配			设定	
Mn	入合金	$R_{1M}/\%$		70
	入炉渣	$R_{1L}/\%$		25
	挥 发	$R_{1D}/\%$		5
Fe	入合金	$R_{2M}/\%$		95
	入炉渣	$R_{2L}/\%$		5
P	入合金	$R_{3M}/\%$		90
	入炉渣	$R_{3L}/\%$		8
	挥 发	$R_{3D}/\%$		2
SiO_2 进入炉渣		$R_{4L}/\%$		96
其他氧化物进入炉渣		$R_{5L}/\%$		100
焦炭				
固定碳		$J_g/\%$	实测	84.00
灰 分		$J_h/\%$	实测	15.00
挥发分		$J_f/\%$	实测	3.00
烧 损		$J_{sh}/\%$	设定	5.00
灰分 SiO_2		$J_{SiO_2}/\%$	实测	50.00
硅 石				
SiO_2		$g_{SiO_2}/\%$	实测	96.00
单位电耗				
高碳锰铁		$FeD/kW \cdot h \cdot t^{-1}$	实测	2700
烟气含尘量		$ych/g \cdot m^{-3}$	测定	150.00

表 11 - 33 为冶炼高碳锰铁配料计算，以此为物料平衡的计算基础。

表 11 - 33 配料计算

项 目	代 号	计算公式或数据来源	数据	备 注
入炉锰矿重量	klu/kg	设定	100.00	

项　目	代号	计算公式或数据来源	数据	备　注
合金成分计算	Mn/kg	$100 \times Mn_L \times R_{1M}$	30.77	
	Fe/kg	$100 \times FeO_L \times 56/72 \times R_{2M}\%$	4.43	
	P/kg	$100 \times P_L \times R_{3M}\%$	0.07	
	Mn + Fe + P/kg		35.27	*
	C/%	设定	6.50	
	Si/%	设定	1.50	
锰铁磷在合金中百分比	%	$100 - C - Si - 1$	91.00	
合金总重	m_h/kg	$(Mn + Fe + P)/0.91$	38.76	
合金成分	Mn/%	$(Mn/m_h) \times 100$	79.38	
	Fe/%	$(Fe/m_h) \times 100$	11.44	
	P/%	$(P/m_h) \times 100$	0.18	
	C/%	设定	6.50	
	Si/%	设定	1.50	
	其他/%	$100 - Mn - Fe - P - C - Si$	1.00	
焦炭配入量计算 (1) 锰矿高价氧化物 　　还原需碳量 (2) 锰还原需碳量 (3) 氧化铁还原需碳量 (4) 硅还原需碳量 (5) 磷还原需碳量 (6) 高碳锰铁渗碳量	MnO_2 还原 kg	$100 \times Mn_L \times M_1\% \times 12/55$	2.40	$MnO_2 + C = MnO + CO$
	Mn_2O_3 还原 kg	$100 \times Mn_L \times M_2\% \times 12/110$	0.58	$Mn_2O_3 + C = 2MnO + CO$
	Mn_3O_4 还原 kg	$100 \times Mn_L \times M_3\% \times 12/165$	0.35	$Mn_3O_4 + C = 3MnO + CO$
	MnO 还原 kg	$100 \times Mn_L \times (R_{1M}\% + R_{1D}\%)$ $\times 12/55$	7.19	$MnO + C = Mn + CO$
	FeO 还原 kg	$100 \times FeO_L \times R_{2M}\% \times 12/72$	0.95	$FeO + C = Fe + CO$
	SiO_2 还原 kg	$m_h \times Si\% \times 2 \times 12/28$	0.50	$SiO_2 + 2C = Si + 2CO$
	磷还原 kg	$100 \times P_L \times (R_{3M}\% + R_{3D}\%)$ $\times 5 \times [12/(2 \times 31)]$	0.07	$P_2O_5 + 5C = 2P + 5CO$
	生成碳化物 kg	$m_h \times C$	2.52	
总碳量	m_C/kg	(1) + (2) + (3) + (4) + (5) + (6)	14.55	
需要焦炭量	m_J/kg	$m_C / [gJ \cdot (1 - Jsh)]$	18.24	
氧化物入渣量计算	r_{MnO}/kg	$100 \times Mn_L \times R_{1D}\% \times 71/55$	14.18	
	r_{FeO}/kg	$100 \times Fe_L \times R_{2L}\% \times 72/56$	0.30	
	r_{SiO_2}/kg	$100 \times SiO_{2L} \times R_{4L}\% + m_J \times$ $J_h \times J_{SiO_2}\% \times R_{4L}\%$	10.06	
	$r_{Al_2O_3}$/kg	$100 \times Al_2O_{3L}$	3.22	
	r_{MgO}/kg	$100 \times MgO_L$	1.44	
	r_{CaO}/kg	$100 \times CaO_L$	6.59	
	r_P/kg	$100 \times P_L \times 15\%$	0.01	

项　目	代号	计算公式或数据来源	数据	备　注
入渣总量	zhl/kg	$r_{MnO} + r_{FeO} + r_{SiO_2} + r_{Al_2O_3} +$ $r_{MgO} + r_{CaO} + r_P$	35.80	
补加硅石量	m_g/kg	$(zhl \times 29\% - r_{SiO_2})/g_{SiO_2}$	0.34	
炉渣总量	m_{zh}/kg	$zhl + m_g$	36.14	
炉渣/合金	zhb	m_{zh}/m_h	0.9324	
炉渣成分计算	MnO/%	$(r_{MnO}/m_{zh}) \times 100$	39.25	Mn-31
	FeO/%	$(r_{FeO}/m_{zh}) \times 100$	0.83	
	SiO$_2$/%	$[(r_{SiO_2} + m_g \times 98\%)/m_{zh}] \times 100$	28.73	
	Al$_2$O$_3$/%	$(r_{Al_2O_3}/m_{zh}) \times 100$	8.91	
	MgO/%	$(r_{MgO}/m_{zh}) \times 100$	3.99	
	CaO/%	$(r_{CaO}/m_{zh}) \times 100$	18.24	
	P/%	$(r_P/m_{zh}) \times 100$	0.02	

表 11-34 物料平衡计算

项　目	代号	计算公式或数据来源	数据
合金量	m_{hJ}/kg·kg^{-1}	设定	1.00
锰矿	m_k/kg·kg^{-1}	klu/m_h	2.58
焦炭消耗	m_{Jt}/kg·kg^{-1}	m_J/m_h	0.47
硅石消耗	m_{gsh}/kg·kg^{-1}	m_g/m_h	0.01
电极糊消耗	m_{dj}/kg·kg^{-1}	实测	0.02
固定碳	h/%	实测	80.00
灰　分	k/%	实测	7.00
挥发分	l/%	实测	13.00
炉渣量	m_{Lzh}/kg·kg^{-1}	$m_h \times zhb$	0.93
煤气成分　CO	CO/%	实测	55.00
煤气成分　CO$_2$	CO$_2$/%	实测	35.00
煤气成分　其他	qt/%	实测	10.00
CO 量计算	m_{CO}/kg·kg^{-1}	$\{[(m_C - FeC + m_{dj} \times h)/m_h \times 28/12] \times 55/(55 + 35)\} \times 0.9$	0.399
CO$_2$ 量计算	m_{CO_2}/kg·kg^{-1}	$(m_{CO}/CO\%) \times CO_2\%$	0.254
其他计算	m_{qt}/kg·kg^{-1}	$(m_{CO} + m_{CO_2})/10$	0.065
煤气量	m_y/kg·kg^{-1}	$m_{CO} + m_{CO_2} + m_{qt}$	0.718
煤气密度	yb/kg·m^{-3}	引用 [1]	1.527
煤气体积	yqt/m^3·kg^{-1}	m_y/yb	0.470
烟尘量	m_{ych}/kg·kg^{-1}	$yqt \times ych/1000$	0.071

表 11-35 热平衡计算

项 目	代 号	计算公式或数据来源	数据	备注
电能	$Q_{dh}/kJ \cdot kg^{-1}$	FeD/1000 × 3600	9720	
CO 生成热	$q_{CO}/kJ \cdot mol^{-1}$	引用 [3]	110.54	
	$Q_{CO}/kJ \cdot kg^{-1}$	$m_{CO} \times (1000/28) \times q_{CO}$	1575.12	
CO_2 生成热	$q_{CO_2}/kJ \cdot mol^{-1}$	引用 [3]	393.51	
	$Q_{CO_2}/kJ \cdot kg^{-1}$	$m_{CO_2} \times (1000/44) \times q_{CO_2}$	2270.70	
碳氧化热	$Q_c/kJ \cdot kg^{-1}$	$Q_{CO} + Q_{CO_2}$	3845.82	
锰矿比热	$C_{Mnk}/kJ \cdot (kg \cdot ℃)^{-1}$	引用 [2]	1	
入炉料显热	$Q_{shx}/kJ \cdot kg^{-1}$	$m_k \times C_{Mnk} \times 25$	64.51	
氧化物分解热	$Q_{yf}/kJ \cdot kg^{-1}$	$Mn_{f1} + Mn_{f2} + Mn_{f3} + Mn_{f4} + Q_{fg} + Q_{ft}$	7960.91	
$MnO_2 = 0.5Mn_2O_3 + 0.5O_2$	kJ/mol	引用 [3]	93.93	500K
锰矿分解热 1	$Mn_{f1}/kJ \cdot kg^{-1}$	$(m_k \times Mn_L \times 25\%/55) \times 1000/93.93$	484.15	
$Mn_2O_3 = 2/3Mn_3O_4 + 1/2O_2$	kJ/mol	引用 [3]	37.18	800K
锰矿分解热 2	$Mn_{f2}/kJ \cdot kg^{-1}$	$(m_k \times Mn_L \times 12\%/110) \times 1000 \times 37.18$	46.00	
$Mn_3O_4 = 3MnO + 1/2O_2$	$kJ \cdot mol^{-1}$	引用 [3]	225.45	1300K
锰矿分解热 3	$Mn_{f3}/kJ \cdot kg^{-1}$	$(m_k \times Mn_L \times 11\%/165) \times 1000 \times 225.45$	170.44	
$MnO = Mn + 1/2O_2$	$kJ \cdot mol^{-1}$	引用 [3]	402.96	1600K
锰矿分解热 4	$Mn_{f4}/kJ \cdot kg^{-1}$	$[m_k \times MnL \times (R_{1M}\% + R_{1D}\%) \times 1000/55] \times 402.96$	6231.31	
SiO_2 分解热	$q_{fg}/kJ \cdot mol^{-1}$	引用热力学手册	899.54	1600K
分解 SiO_2	$Q_{fg}/kJ \cdot kg^{-1}$	$(m_{hj} \times Si \times 1000/28) \times q_{fg}$	481.90	
FeO 分解热	$q_{ft}/kJ \cdot mol^{-1}$	引用 [3]	267.84	1600K
分解 FeO	$Q_{ft}/kJ \cdot kg^{-1}$	$m_k \times FeO_L \times R_{2M}\% \times (1000/72) \times 267.84$	547.11	
Mn_7C_3 1500K 的热熔	$C_{Mn_7C_3}/kJ \cdot mol^{-1}$	引用 [3]	234.10	
Mn_7C_3 1673K 的升温热	$q_{Mn_7C_3}/kJ \cdot kg^{-1}$	$m_{hj} \times Mn \times 1000/(7 \times 55) \times [C_{Mn_7C_3} + 327.1 \times (1673 - 1500)/1000]$	599.36	327.1J/ (mol·K) - 标准生成热
Fe_3C 1600K 热熔	$C_{Fe_3C}/kJ \cdot mol^{-1}$	引用 [3]	229.680	
Fe_3C 1600K 升温热	$q_{Fe_3C}/kJ \cdot kg^{-1}$	$m_{hj} \times Fe \times [1000/(56 \times 3)] \times C_{Fe_3C}$	156.390	
Mn_7C_3 相变热	$X_{Mn_7C_3}/kJ \cdot mol^{-1}$	引用 [3]	14.940	
Fe_3C 相变热	$X_{Fe_3C}/kJ \cdot mol^{-1}$	引用 [3]	51.460	

项　目	代　号	计算公式或数据来源	数据	备注
1400℃合金显热	Q_{hjx}/kJ·kg^{-1}	$q_{Mn_7C_3} + q_{Fe_3C} + [m_{hj} \times Mn \times 1000/$ $(7 \times 55)] \times X_{Mn_7C_3} + [m_{hj} \times Fe \times$ $1000/(56 \times 3) \times X_{Fe_3C}]/0.8$	1026.994	
炉渣比热	C_{lzh}/kJ·(kg·℃)$^{-1}$	引用 [1]	1.158	
炉渣相变热	X_{zha}/kJ·kg^{-1}	引用 [1]	109.000	
1500℃炉渣显热	Q_{lzhx}/kJ·kg^{-1}	$m_{lzh} \times C_{lzh} \times 1500 + m_{lzh} \times X_{zha}$	1721.18	
煤气比热	C_{yq}/kJ·(m^3·℃)$^{-1}$	引用 [1]	1.6534	
煤气炉口温度	Yw/℃	实测	549	
煤气显热	Q_{yx}/kJ·kg^{-1}	$yqt \times C_{yq} \times Yw$	426.87	
烟尘温度	ychw/℃	实测	549.00	
烟尘比热	C_{ych}/kJ·(kg·℃)$^{-1}$	引用 [1]	0.96	
烟尘显热	Q_{chx}/kJ·kg^{-1}	$m_{ych} \times C_{ych} \times ychw$	37.26	
炉壳冷却水量	m_{lsh}/kg·kg^{-1}	$\pi \times 12.3 \times 4.9 \times 1.2 \times$ $1000/(104.1 \times 1000/24)$	52.357	104.1t/d
水比热	C_{sh}/kJ·(kg·K)$^{-1}$	引用	4.1780	
冷却水进水温度	T_1/℃	实测	30.00	
冷却水出水温度	T_2/℃	实测	33.00	
炉壳表面散热	Q_{lq}/kJ·kg^{-1}	$m_{lsh} \times C_{sh} \times (40 - 35)$	656.24	
冷却水循环量	m_{xsh}/kg·kg^{-1}	实测	80.00	
冷却水带出热	Q_{lsh}/kJ·kg^{-1}	$m_{xsh} \times C_{sh} \times (40 - 35)$	1002.72	
空气比热	C_{kq}/kJ·(m^3·℃)$^{-1}$	引用 [1]	1.309	
炉底风量	m_{ld}/m^3·kg^{-1}	实测	23.055	炉底风机
炉底降温	Ldw/℃	设计	7.00	
炉底热损失	Q_{Ld}/kJ·kg^{-1}	$m_{ld} \times C_{kq} \times Ldw$	211.25	
短网变压器损失	Q_{ds}/kJ·kg^{-1}	$Q_{dh} \times 11\%$	1069.2	

表 11 - 36　高碳锰铁电炉物料平衡

收入物料				支出物料			
项　目	符号	kg/kg	%	项　目	符号	kg/kg	%
锰矿	m_k	2.5803	83.79	高碳锰铁	m_{hJ}	1.000	32.47
焦炭消耗	m_{Jt}	0.4705	15.28	富锰渣	m_{Lzh}	0.9324	30.28
硅石消耗	m_{gsh}	0.0087	0.28	煤气量	m_y	0.7182	23.32
电极糊消耗	m_{dj}	0.0200	0.65	烟尘量	m_{ych}	0.0705	2.29
				其他		0.3584	11.64
合　计		3.0795	100.00	合　计		3.0795	100.00

表 11 - 37　高碳锰铁电炉热平衡

收　入　热　量				支　出　热　量			
项　目	符号	kJ/kg	%	项　目	符号	kJ/kg	%
电能	Q_{dh}	9720.00	71.31	氧化物分解热	Q_{yf}	7960.906	58.41
碳氧化热	Q_c	3845.82	28.22	1400℃合金显热	Q_{hjx}	1026.994	7.53
炉料带入显热	Q_{shx}	64.51	0.47	1500℃炉渣显热	Q_{lzhx}	1721.178	12.63
				煤气显热	Q_{yx}	426.873	3.13
				烟尘显热	Q_{chx}	37.255	0.27
				炉壳表面散热	Q_{lq}	656.239	4.81
				冷却水带出热	Q_{lsh}	1002.720	7.36
				炉底热损失	Q_{Ld}	211.251	1.55
				短网变压器损失	Q_{ds}	1069.200	7.84
				其　他		482.294	-3.54
合计, $Q_{总}$		13630.322	100.00	合计, $Q_{总}$		13630.322	100.0

国内尚无统一标准计算电炉热效率和理论电耗。鞍山热能所的计算电炉热效率的公式[5]以氧化物的分解热、合金和炉渣显热之和为子项,以收入的总热量为母项。资料[6]的计算方法以理论电耗为子项,实际消耗的电能为母项。二者区别在于,前者没有将煤气热能计入。

使用这两种方法计算电炉热效率结果如下:

热能所计算法:$Q_{\eta 1} = (Q_{yf} + Q_{hix} + Q_{lzhx})/Q_{总} \times 100\%$　　　　　78.56%

理论电耗计算法:$Q_{\eta 2} = [(Q_{yf} + Q_{hix} + Q_{lzhx} + Q_{yx}) - Q_c]/Q_{dh} \times 100\%$　75.38%

由表 11 - 37 看出,炉渣带出的显热较高,可以作为利用热能的途径。冷却水带出热量是总热量的 7.36%,短网和变压器损失为 7.84%,是降低电炉热损失必须考虑的因素。

11.4.5　75%硅铁热平衡计算(热平衡计算实例3)

75%硅铁是高能耗的铁合金产品,电炉烟气带走大量热能。电炉烟气热能具有很大的利用潜力。表 11 - 38 为计算热平衡的基础数据,表 11 - 39 ~ 表 11 - 42 分别给出了物料平衡计算、热平衡计算和计算得出的物料平衡表、热平衡表。

表 11 - 38　75%硅铁计算基础数据

项　目	代　号	计算公式	数　据	备　注
12500kVA 电炉炉壳尺寸	DL/m	实测	$\phi 7$ (直径) ×4 (高)	
炉壳温度	Lw/℃	实测	150	
日产量	chd/t·d^{-1}	实测	29	,
小时产量	chsh/t·h^{-1}	chd/24	1.208	

项　目	代　号	计算公式	数　据	备　注
计算合金量	m_h/kg	设定	1	计算基准
Si	Si/%	实测	75	
Al	Al/%	实测	1.5	
Ca	Ca/%	实测	0.5	
Fe	Fe/%	实测	22	
炉渣量	m_{zh}/kg·kg^{-1}	实测	0.08	
Al$_2$O$_3$	Al$_2$O$_3$/%	实测	17	
CaO	CaO/%	实测	16	

表 11 – 39　物料平衡计算表

项　目	代　号	计算公式或数据来源	数据	备　注
硅石 SiO$_2$	a/%	设计值	98.0	
硅回收率	b/%	设定	92.0	
硅石消耗	m_g/kg·kg^{-1}	$(m_h \times 75\%/b) \times [60/(28 \times a)]$	1.783	
焦炭消耗	m_J/kg·kg^{-1}	$m_g \times a \times 24/60/c/(100-f)\%/(100-g)\%$	1.03	硅的还原
固定碳	c/%	设定	84.00	
灰　分	d/%	设定	12.00	
挥发分	e/%	$100-c-d$	4.00	
水　分	f/%	设定	10.00	
炉口燃烧	g/%	设定	10.00	
电极糊消耗	m_{dj}/kg·kg^{-1}	实测	0.05	
固定碳	h/%	实测	80.00	
灰　分	k/%	实测	7.00	
挥发分	l/%	实测	13.00	
铁　屑	m_t/kg·kg^{-1}	$m_h \times$ Fe/h	0.224	
含铁量	n/%	实测	98.00	
焦炭产生 CO	J_{CO}/kg·kg^{-1}	$m_J \times (100-f-g) \times c \times 28/12$	1.610	
电极糊产生 CO	D_{CO}/kg·kg^{-1}	$m_{dj} \times h \times 28/12$	0.093	
CO 燃烧消耗氧	O_2/kg·kg^{-1}	$(J_{CO}+D_{CO}) \times 16/28$	0.974	CO + 1/2O$_2$ = CO$_2$
焦炭燃烧耗氧	L_{O_2}/kg·kg^{-1}	$m_J \times g\% \times c \times 32/12$	0.230	C + O$_2$ = CO$_2$
带入氮气量	N_2/kg·kg^{-1}	$(O_2+L_{O_2}) \times 76.8\%/23.2\%$	3.984	
C 燃烧消耗空气	m_k/kg·kg^{-1}	$O_2+L_{O_2}+N_2$	5.188	
排出水分	m_{sh}/kg·kg^{-1}	$m_J \times f$	0.103	
挥发量	m_{yh}/kg·kg^{-1}	$m_J \times e+m_{dj} \times l$	0.048	
完全燃烧烟气量	m_{rq}/kg·kg^{-1}	$J_{CO}+D_{CO}+O_2+L_{O_2}+N_2+m_{sh}+m_{yh}$	7.04	炉口燃烧

表 11-40 热平衡计算表

项 目	代 号	计算公式或数据来源	数据	备 注
电 能	$Q_{dh}/kJ \cdot kg^{-1}$	实测	30600	8500kW·h/t
CO 生成热	$q_{CO}/kJ \cdot mol^{-1}$	引用 [3]	110.54	
生成 CO 放热	$Q_{CO}/kJ \cdot kg^{-1}$	$[(J_{CO} + D_{CO}) \times 1000/28] \times q_{CO}$	6725.72	
CO_2 生成热	$q_{CO_2}/kJ \cdot mol^{-1}$	引用 [3]	393.51	
炉口燃烧生成 CO_2 放热	$Q_{LCO_2}/kg \cdot kg^{-1}$	$(m_J \times g\% \times c \times 1000/12) \times q_{CO_2}$	2828.89	
还原生成 CO 燃烧 生成 CO_2 放热	$Q_{CO_2}/kJ \cdot kg^{-1}$	$(393.51 - 110.54) \times (J_{CO} + D_{CO})$ $\times 1000/28$	17217.10	
碳氧化热	$Q_C/kJ \cdot kg^{-1}$	$Q_{CO} + Q_{LCO_2} + Q_{CO_2}$	26771.72	
烟气温度	Yw/℃	实测	300.00	
烟气比热	$C_y/kJ \cdot (m^3 \cdot ℃)^{-1}$	引用 [1]	1.317	
烟气密度	Yb/kg · m^{-3}	引用 [1]	1.292	
烟气量	$m_{yq}/kg \cdot kg^{-1}$	$(Q_{CO_2} + Q_{LCO_2})/[(C_y/Yb) \cdot Yw]$	65.55	
过剩空气量	$m_{yg}/kg \cdot kg^{-1}$	$m_{yq} - m_{rq}$	58.51	
空气过剩系数	Y_g	m_{yq}/m_{rq}	9.31	
FeSi 生成热	$q_{FeSi}/kJ \cdot mol^{-1}$	引用 [3]	-78.66	
分解 FeSi	$Q_{FeSi}/kJ \cdot kg^{-1}$	$m_h \times Fe \times (1000/56) \times q_{FeSi}$	-309.021	
$Al_2O_3 \cdot SiO_2$ 生成热	$q_{AS}/kJ \cdot mol^{-1}$	引用 [3]	-2592.07	
分解 $Al_2O_3 \cdot SiO_2$	$Q_{AS}/kJ \cdot kg^{-1}$	$m_{zh} \times Al_2O_3 \times (1000/102) \times q_{AS}$	-345.609	
$CaO \cdot SiO_2$ 生成热	$q_{CS}/kJ \cdot mol^{-1}$	引用 [3]	-1634.270	
分解 $CaO \cdot SiO_2$	$Q_{CS}/kJ \cdot kg^{-1}$	$m_{zh} \times CaO \times (1000/56) \times q_{CS}$	-373.547	
炉渣生成热	$Q_{zh}/kJ \cdot kg^{-1}$	$Q_{AS} + Q_{CS}$	-719.157	
炉料带入显热	$Q_l/kJ \cdot kg^{-1}$	$Q_g + Q_J + Q_t$	66.69	
硅石比热	$C_g/kJ \cdot (kg \cdot ℃)^{-1}$	引用 [1]	0.799	
硅石温度	gw/℃	设定	25.00	
硅石显热	$Q_g/kJ \cdot kg^{-1}$	$m_g \times C_g \times g_w$	35.61	
焦炭比热	$C_J/kJ \cdot (kg \cdot ℃)^{-1}$	引用 [6]	1.11	
焦炭温度	$J_w/℃$	设定	25.00	
焦炭显热	$Q_J/kJ \cdot kg^{-1}$	$m_J \times C_J \times J_w$	28.499	
铁屑比热	$C_t/kJ \cdot (kg \cdot ℃)^{-1}$	引用 [6]	0.460	

项　目	代　号	计算公式或数据来源	数据	备　注
铁屑温度	$t_w/℃$	设定	25.000	
铁屑显热	$Q_t/kJ \cdot kg^{-1}$	$m_t \times C_t \times t_w$	2.58	
氧化物分解热	$Q_{fy}/kJ \cdot kg^{-1}$	$Q_{fg} + Q_{fl} + Q_{fCaO}$	29033.32	
SiO_2 分解热	$q_{fg}/kJ \cdot mol^{-1}$	引用 [3]	1029.76	2000K
分解 SiO_2	$Q_{fg}/kJ \cdot kg^{-1}$	$[m_g \times a \times (1000/60) \times q_{fg}] \times 95\%$	28482.30	95%分解
Al_2O_3 分解热	$q_{fl}/kJ \cdot mol^{-1}$	引用 [3]	1679.08	2000K
分解 Al_2O_3	$Q_{fl}/kJ \cdot kg^{-1}$	$(m_h \times Al/54) \times 1000 \times q_{fl}$	466.41	
CaO 分解热	$q_{fCaO}/kJ \cdot mol^{-1}$	引用 [3]	676.94	2000K
分解 CaO	$Q_{fCaO}/kJ \cdot kg^{-1}$	$(m_h \times Ca/40) \times 1000 \times q_{fCaO}$	84.62	
1800℃合金显热	$Q_{hx}/kJ \cdot kg^{-1}$	$m_h \times Si \times (1000/28) \times q_{Si} + m_h \times Fe \times (1000/56) \times q_{Fe}$	2950.05	
1800℃ Si 热焓	$q_{Si}/kJ \cdot mol^{-1}$	引用 [3]	97.48	
1800℃ Fe 热焓	$q_{Fe}/kJ \cdot mol^{-1}$	引用 [3]	86.32	
炉渣比热	$C_{zh}/kJ \cdot (kg \cdot ℃)^{-1}$	引用 [1]	1.158	
1800℃炉渣显热	$Q_{zhx}/kJ \cdot kg^{-1}$	$m_{zh} \times C_{zh} \times 1800$	166.75	
烟气显热	$Q_{YX}/kJ \cdot kg^{-1}$	$m_{yq} \times (C_y/Yb) \times Yw$	20045.99	
烟尘量	$m_{Ych}/kg \cdot kg^{-1}$	实测	0.16	
烟尘温度	$Ychw/℃$	实测	300.00	
烟尘比热	$C_{Ych}/kJ \cdot (kg \cdot ℃)^{-1}$	引用 [1]	0.879	
烟尘显热	$Q_{ych}/kJ \cdot kg^{-1}$	$m_{ych} \times C_{ych} \times Ychw$	42.19	
炉口辐射热	$Q_{fsh}/kJ \cdot kg^{-1}$	$Q_{总} \times 3\%$	1747.09	
炉壳表面散热系数	$\alpha/kJ \cdot (m^2 \cdot h \cdot ℃)^{-1}$	引用 [4]	62.72	
炉壳表面散热	$Q_{lq}/kJ \cdot kg^{-1}$	$\pi \times 7 \times 4 \times L_w \times [\alpha/(chsh \cdot 1000)]$	684.54	
冷却水循环量	$m_{lsh}/kg \cdot kg^{-1}$	实测	100.00	
水比热	$C_{sh}/kJ \cdot (kg \cdot ℃)^{-1}$	引用	4.1816	
冷却水进水温度	$T_1/℃$	实测	35.00	
冷却水出水温度	$T_2/℃$	实测	45.00	
冷却水带出热	$Q_{lsh}/kJ \cdot kg^{-1}$	$m_{lsh} \times C_{sh} \times (45 - 35)$	4181.60	
水汽化热	$q_{sh}/kJ \cdot kg^{-1}$	引用 [1]	2438.90	25℃
焦炭水分蒸发热	$Q_{shf}/kJ \cdot kg^{-1}$	$m_J \times f \times q_{sh}$	250.47	
短网变压器损失	$Q_{ds}/kJ \cdot kg^{-1}$	$Q_{dh} \times 11\%$	3366	

表 11-41 物料平衡表

收 入 物 料				支 出 物 料			
项 目	符号	kg/kg	%	项 目	符号	kg/kg	%
硅 石	m_g	1.7825	2.67	计算合金量	m_h	1.000	1.50
焦 炭	m_J	1.0270	1.54	炉渣量	m_{zh}	0.080	0.12
铁 屑	m_t	0.2245	0.34				
电极糊	m_{dj}	0.0500	0.07	300℃烟气量	m_{yq}	65.55	98.16
燃烧消耗空气	m_k	5.1877	7.77				0.00
过剩空气量	m_{yg}	58.51	87.61	其 他		0.1501	0.22
合 计		66.7817	100.00	合 计		66.7817	100.00

表 11-42 热平衡表

收 入 热 量				支 出 热 量			
项 目	符号	kJ/kg	%	项 目	符号	kJ/kg	%
电 能	Q_{dh}	30600.000	52.545	氧化物分解热	Q_{fy}	29033.325	49.85
碳氧化热	Q_c	26771.716	45.971	1800℃合金显热	Q_{hx}	2950.052	5.07
FeSi 生成热	q_{FeSi}	78.660	0.135	1800℃炉渣显热	Q_{zhx}	166.752	0.29
炉渣生成热	Q_{zh}	719.157	1.235	烟气显热	Q_{YX}	20045.991	34.42
炉料显热	Q_1	66.687	0.115	烟尘显热	Q_{ych}	42.192	0.07
				炉口辐射热	Q_{fsh}	1747.087	3.00
				炉壳表面散热	Q_{lq}	684.539	1.18
				冷却水带出热	Q_{lsh}	4181.600	7.18
				焦炭水分蒸发热	Q_{shf}	250.470	0.43
				短网变压器损失	Q_{ds}	3366.000	5.78
				误 差		(4231.789)	-7.27
合计,$Q_总$		58236.219	100.0	合计,$Q_总$		58236.219	100.00

电炉热效率[5]:$Q_\eta = (Q_{fy} + Q_{hx} + Q_{zhx})/Q_总 = 55.2\%$

从热平衡表看出,炉口烟气带走的热量非常大,占总热能的 34.42%。利用烟气热能作为余热锅炉或余热发电是提高电炉热效率的必要措施。

11.5 热平衡测定

为评价冶金过程的热能利用状况,系统研究热能与生产工艺环节和设备之间的关系,确定热效率对技术经济指标的影响,企业需要定期对主要冶金过程进行了物料平衡和热平衡测定。物料平衡是热平衡测定和计算的基础。

对于一些难于计算的冶金过程,热平衡测定所提供评估数据更有指导意义。

11.5.1 热平衡范围的界定

为保证热平衡测定的准确性，热平衡测定需要界定一个封闭的界面，即所研究体系的时间和物理范围。图 11 - 2 为用能设备能量平衡框图。铁合金电炉等冶金反应流程热平衡测定范围选择为：

(1) 物料范围：从原料仓原料起始至冶炼产物离开反应器为止；

(2) 气体范围：由进入系统开始至离开系统进入大气或环境位置；

(3) 能源范围：由电源或燃气入口开始至系统界面位置；

(4) 时间范围：应包括一个以上的冶炼周期。

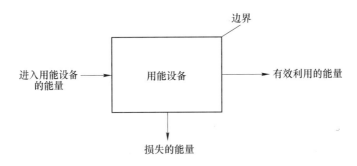

图 11 - 2 用能设备能量平衡框图[8]

11.5.2 数据测定

热平衡测定的基础数据主要有：

(1) 冶炼设备参数；

(2) 原料、产品、炉渣、烟气全分析；

(3) 产品能耗、循环冷却水量、电能损失等相关热能参数；

(4) 原材料、成品、炉渣温度、烟气和烟尘温度、冷却水进出温度、炉壳温度等。常用的热平衡数据和测定方法见表 11 - 43。

表 11 -43 常用的热平衡数据和测定方法

序 号	项 目	测 定 方 法
1	物料重量	衡器计量、化验分析
2	物料温度	远红外测温仪
3	铁水温度	采用快速热电偶测量
4	炉渣温度	采用快速热电偶测量
5	烟气温度	在线热电偶测试
6	烟气流量	风速仪或比多管测试流速后计算

序　号	项　目	测　定　方　法
7	炉口辐射热	采用热流计测试
8	电　能	电气仪表
9	冷却水温度	热电阻
10	冷却水流量	流量计

能量平衡计算时的基准：

（1）基准温度：以环境温度为基准温度。

（2）燃料发热量以其低位发热量为基准计算。

（3）助燃用的空气组分：按体积比：O_2 21.0%，N_2 79.0%；按质量比：O_2 23.2%，N_2 76.8%。

11.5.3　物料平衡和热平衡测定

11.5.3.1　物料平衡测定

物料平衡是热平衡测定与计算的基础。在测定热平衡的同时测定和计算体系的物料平衡，得到热平衡所需要基础数据。表 11 - 44 和表 11 - 45 分别为一些铁合金电炉的物料平衡数据。

表 11 - 44　硅铁、硅锰合金、高碳锰铁和中低碳锰铁电炉物料平衡测定

品　种	高碳锰铁	硅锰合金	中低碳锰铁	75% 硅铁
炉　型	密闭电炉	密闭电炉	半密闭电炉	敞口电炉
收入/kg · t^{-1}				
矿　石	2195	2348	2147	
硅　石		335		1780
焦　炭	512.2	536		841
硅铁/硅锰		33	1048	
石　灰			980	
电极糊	8.05	21	35	18
钢　屑				191
电极壳	1	1.5	3	1
原料水				113
空　气			112	84380
铁　棍				20
合　计	2715	3273	4323	87342

品　　种	高碳锰铁	硅锰合金	中低碳锰铁	75% 硅铁
支出/kg·t^{-1}				
合　　金	1000	1000	1000	1000
炉　　渣	743	1133	2550	72
烟　　气	441	473	408	86107
烟　　尘	5.2	43	28	35
挥 发 分			12	16
水 蒸 气			109	113
其　　他	526	624	215	0
合　　计	2715	3273	4323	87342
备　　注	按实重计算	按实重计算	按实重计算	按基准吨计算

表 11-45　高碳铬铁、硅铬合金、微碳铬铁和钨铁电炉物料平衡测定

品　　种	高碳铬铁	硅铬合金	微碳铬铁	钨　　铁
炉　　型	密闭电炉	敞口电炉	半密闭电炉	敞口电炉
收入/kg·t^{-1}				
矿　　石	1835		1516	1167
硅　　石	114	2075		
焦　　炭	401	935		78
硅　　铬			767	108
石　　灰			1625	
电 极 糊	13	80		41
钢　　屑		291		72
电 极 壳	1	4		
原 料 水		123	47	
空　　气	160	5318	333	
贫 钨 铁				22
精 整 屑		31		212
铁棍或铁勺		31		101
合　　计	2524	8887	4287	1800
支出/kg·t^{-1}				
合　　金	773	2261	989	1000
炉　　渣	999	137	2648	400
烟　　气	755	7269	426	1

品 种	高碳铬铁	硅铬合金	微碳铬铁	钨 铁
烟 尘	110	107		37
挥发分		10		
水蒸气		113		
其 他	-113	-1008	237	363
合 计	2524	8887	4300	1800
备 注	按基准吨计算	按小时产量计算	按小时产量计算	按实重计算

11. 5. 3. 2 电炉热平衡测定

基本要求：能量平衡考察的内容主要包括进入用能设备的能量、产品生产利用的能量、输出的能量和损失的能量以及在体系内物质化学反应放出或吸收的热量，都要求得到数量上的平衡。

输入能量：输入能量包括外界供给用能设备的能量，进入体系的物料或工质带入的能量，体系内的化学反应放热。包括的项目有：

(1) 进入体系的燃料的发热量和显热；

(2) 输入的电能；

(3) 输入的机械能；

(4) 进入体系的工质带入的能量；

(5) 物料带入的显热；

(6) 外界环境对体系的传热量；

(7) 化学反应放热。

(8) 输入的其他形式的能量等。

输出的能量：输出的能量包括离开用能设备的产品或工质带出的能量，体系向外界排出的能量，体系内发生的化学反应吸热、蓄热及其他热损失。包括的项目有：

(1) 离开体系的产品带出的能量；

(2) 离开体系的工质带出的能量；

(3) 输出的电能；

(4) 输出的机械能；

(5) 能量转换产生的其他形式的能量；

(6) 化学反应吸热；

(7) 体系排出的废物带出的能量；

(8) 体系对环境的散热量；

(9) 用能设备的蓄热；

（10）能量转换中其他形式的能量损失；

（11）其他热损失。

实测高碳锰铁、硅锰合金、中低碳锰铁和硅铁电炉热平衡数据见表 11-46，高碳铬铁、硅铬合金、微碳铬铁和钨铁热平衡测定数值见表 11-47。

表 11-46 实测高碳锰铁、硅锰合金、中低碳锰铁和硅铁电炉热平衡数据表

冶炼品种	高碳锰铁		硅锰合金		中低碳锰铁		75% 硅铁	
炉 型	密闭电炉		密闭电炉		半密闭电炉		敞口电炉	
热收入	MJ	%	MJ	%	MJ	%	MJ	%
电 能	9720	60.94	13990	71.42	5464	38.79	30142	55.5
碳或硅氧化放热	4920	9.89	5280	26.98	5529	39.25	23446	43.2
挥发分燃烧热	0	5.32	310	1.6	326	2.32	665	1.2
炉料带入	0	9.27	0		1653	11.74	75	0.1
成渣反应热	0	0.17	0		1112	7.9	0	
总收入热	14640	100	19580	100	14085	100	54327	100
热支出	MJ	%	MJ	%	MJ	%	MJ	%
分解反应耗热	8920	60.94	11080	56.57	1996	14.17	25256	46.5
合金显热	1450	9.89	1700	8.69	1269	9.01	3035	5.6
炉渣显热	780	5.32	2570	13.13	5008	35.55	205	0.4
炉气带出热	1356	9.27	1320	6.73	1686	11.97	15048	27.7
烟尘显热	25	0.17	30	0.15	56	0.4	13	0.02
水分蒸发	0		0		281	1.99	0	
冷却水热损	1155	7.89	770	3.95	2483	17.63	4857	8.9
辐射热损	0		0		0		1889	3.5
炉壳散热	67	0.46	50	0.27	418	2.97	828	1.5
短网变压器损失	1000	6.86	1490	7.62	616	4.38	3315	6.1
其 他	-110	-0.01	570	2.89	273	1.93	-117	-0.2
总支出热	14640	100	19580	100	14085	100	54327	100
电效率/%	89.71		89.35		88.72		89.00	
备 注	按实重计算		按实重计算		按实重计算		按基准吨计算	

表 11-47 高碳铬铁、硅铬合金、微碳铬铁和钨铁热平衡测定数值表

冶炼品种	高碳铬铁		硅铬合金		微碳铬铁		钨 铁	
炉 型	密闭电炉		敞口电炉		半密闭电炉		敞口电炉	
热收入	MJ	%	MJ	%	MJ	%	MJ	%
电 能	12230	54.86	38130	54.6	8370	41.83	8682	70.98
碳或硅氧化放热	9580	42.97	28340	40.6	10040	50.18	3223	26.34
挥发分燃烧热	0		1371	1.96	0		326	2.65

冶炼品种	高碳铬铁		硅铬合金		微碳铬铁		钨　铁	
炉料带入	0		0		0		0	
成渣反应热	480	2.16	2018	2.89	1600	7.99	0	
总收入热	22290	100	69859	100	20010	100	12231	100
热支出	MJ	%	MJ	%	MJ	%	MJ	%
分解反应耗热	6870	30.79	28180	40.30	5470	27.3	3461	28.29
合金显热	1410	6.32	4895	7.00	1670	8.4	594	4.85
炉渣显热	5100	22.87	234	0.33	7600	38	798	6.53
炉气带出热	4100	18.43	20524	29.40	440	2.2	4276	34.96
烟尘显热	130	0.57	0		0		0	
水分蒸发	390	1.74	347	0.49	0		0	
冷却水热损	1620	7.25	11470	16.40	1500	7.5	0	
辐射热损	0		1484	2.13	0		1689	13.81
炉壳散热	380	1.69	415	0.59	120	0.59	297	2.43
短网变压器损失	1260	5.67	3240	4.6	360	1.8	782	6.39
其　他	1030	4.64	-930	-1.33	2850	14.2	334	2.73
总支出热	22290	100	69859	100	20010	100	12231	100
电效率/%	89.70		91.50		95.70		91.00	
备　注	按基准吨计算		按小时产量计算		按小时产量计算		按实重计算	

分析热平衡测定数据可以得出以下结论:

(1) 输入矿热炉的电能占收入热量的50%~70%。在以碳作还原剂的矿热炉和以硅作还原剂的精炼电炉中,碳和硅的还原反应产生的热量可达到热收入的26%~43%。

(2) 电炉电效率一般在90%左右。改进大电流设备、提高工作电压,降低电极电流、提高电炉功率因数是改进电炉的电效率的有效措施。

(3) 硅铁、工业硅电炉的热量损失主要发生在电炉炉口。烟气和烟尘带出的热量、炉口辐射热等热损失达到热量总量的30%以上。

(4) 高碳铬铁、硅锰合金和高碳锰铁为密闭电炉,其热效率高于其他敞口电炉。

(5) 炉渣和铁水的显热占有渣法冶炼工艺的20%~30%,占精炼铁合金的40%以上。炉渣和铁水的热能利用值得关注。

11.6　理论电耗计算

理论电耗是金属氧化物分解和还原、金属显热、炉渣显热和烟气显热等直接用于铁合金生成的热能，未计入炉口热损失、电损失等由设备和操作导致热能的损耗。理论电耗与实际冶炼电耗之比可以反映出电炉冶炼的效率。

由表 11 – 37 提供的热平衡计算结果进行高碳锰铁生产理论电耗计算，见表 11 – 48。

表 11 – 48　高碳锰铁冶炼的理论电耗（实重）

序　号	项　目	MJ/t	kW·h/t
1	氧化物分解热	7960.906	2211.36
2	1400℃合金显热	1026.994	285.276
3	1500℃炉渣显热	1721.178	478.105
4	煤气显热	426.873	118.576
5	烟尘显热	37.255	9.52
6	碳氧化放热	– 3845.82	– 1068.28
	理论电耗	7327.386	2035.385

根据表 11 – 42 计算的热平衡计算冶炼 75% 硅铁的理论电耗见表 11 – 49。

表 11 – 49　冶炼 75% 硅铁的理论电耗

序　号	项　目	MJ/t	kW·h/t
1	氧化物分解热	29033.325	8064.81
2	1800℃合金显热	2950.052	819.46
3	1800℃炉渣显热	166.752	46.32
4	烟气显热	20045.99	5568.33
5	烟尘显热	42.192	11.72
6	碳氧化放热	– 26771.716	– 7436.59
7	FeSi 生成热	– 78.66	– 21.85
8	炉渣生成热	– 719.157	– 199.76
	理论电耗	24668.778	6852.44

参 考 文 献

[1] GB/T 26281—2010：水泥回转窑热平衡、热效率、综合能耗计算方法.

[2] 加弗里洛夫 F A，加西克 M A. 锰的电硅热法生产技术 [M]. 第聂伯罗彼得罗夫斯克：系统工艺出版社，2001：58.

[3] 梁英教，车萌昌，等. 无机物热力学数据手册 [M]. 沈阳：东北大学出版社，1993.

[4] GB/T 26282—2010：水泥回转窑热平衡测定方法.

[5] 冶金工业部鞍山热能所. 铁合金电炉热平衡测试报告（内部资料）. 1981.

[6] 徐慧，等. 电炉铁合金生产与节能 [M]. 中国金属学会，1986：206.

[7] 百度：常用液态、固态、比热表.

[8] GB/T 2587—2009：用能设备能量平衡通则.

附　　录

附录1　铁合金电炉参数

附表1－1　高硅铁合金电炉参数

铁合金	75%硅铁					金属硅
国　别	中　国			挪　威		中国
生产/制造厂	申佳	西北	Demag	Elkem		中钢吉电
变压器容量/MVA	20	3×8.5	3×17	3×14	3×25	3×8.5
使用容量/MVA	16.5					25.5
补偿容量/Mvar				34.2		
功率因数	0.8	0.75	0.65	0.58~0.6	0.55~0.6	0.7
有功功率/MW	16	18.75	32	27	43.5	18
二次电压范围/V		185~190	120~202~291	100~320		158~260
工作电压/V	175	190	240	275~285	280	
电极电流/kA	68	85	120	107		95
电极直径/mm	1200	1250	1450	1550	1800	1146
极心圆直径/mm	2900	3200	3650	3500	4500	3250
炉膛直径/mm	6000	6700	7900		10000	7750
炉膛深度/mm	2374	2800	3200			3200
炉壳直径/mm	8500	9000	9500	11000	13500	10200
炉壳高度/mm	4400	4500	5150			5090
操作电阻/mΩ				0.72~0.75		
电炉电抗/mΩ				0.8~0.9		
炉体转动周期/h		90~240	48~240	200~300		

附表1－2　高碳锰铁、硅钙合金、硅铝合金电炉参数

铁合金	高碳锰铁			硅钙合金	硅铝合金
国　别	南非	日　本		法国	中国	前苏联
生产/制造厂	Samancor	水岛	电工	CVRD	中钢吉电	
变压器容量/MVA	18	3×27			3×36	3×10	3×5.5

续附表 1－2

铁合金	高碳锰铁					硅钙合金	硅铝合金
国　别	南非		日　本		法国	中国	前苏联
生产/制造厂	Samancor		水岛	电工	CVRD	中钢吉电	
使用容量/MVA	17.35	69.16	40.5	36.4	93.46		11.85
功率因数	0.815	0.608	0.6		0.52		0.743
有功功率/MW	14.15	42	26	26.3	48.6		8.8
二次电压范围/V		180～330～380	135～250	198～246		121～170～220	
电极－电极电压/V	179	300		230			137
电极电流/kA	56	139.6	110	92	138.7	101.6	50
电极直径/mm	1270	1900	1700	1700	1900	1300	1200
极心圆直径/mm	3683	5485	4515	5100		3000	2800
炉膛直径/mm	7740	12600	11250	11050	12800	6000	5300
炉膛深度/mm	2535	5700	5480	5100	5200	3020	2100
炉壳直径/mm	9840	15500	14500	13310	15100	8460	7800
炉壳高度/mm	4235	8200	8480	6430	8220	5000	
操作电阻/mΩ	1.5	0.79					1.41
电炉电抗/mΩ	1.07	1.04					1.06
出铁口－出渣口高差/mm		1500	800	1120		[Ca](28%～31%)	[Al](59%～63%)
出铁口－炉底高差/mm		500	500	500			

附表 1－3　硅锰合金电炉参数

国　别	中　国		澳大利亚	日　本		南非
生产/制造厂	中钢吉电	Krupp	Tasmania	德岛	水岛	Samancor
变压器容量/MVA	3×8.5	3×12	30	27	40.5	40	3×25
使用容量/MVA	18.2	32.6	21	20			74.25
功率因数	0.72	0.78	0.7	0.69		0.65	0.532
补偿电容/Mvar					30000		
有功功率/MW	35	35	35	22	26	26	39.5
二次电压范围/V	130～169～208		130～180～245	150～235	135～267	150～269	
电极－电极电压/V	180	280	180	180			330

续附表 1 - 3

国　别	中　国			澳大利亚	日　本		南非
生产/制造厂	中钢吉电		Krupp	Tasmania	德岛	水岛	Samancor
电极电流/kA	79.7	120	96.30	86	125	124.8	130
电极直径/mm	1400	1600	1500	1550	1700	1700	1900
极心圆直径/mm	3900	4400	3700	4272	5300	5196	5426
炉膛直径/mm	8900	9800	9500	10200	11420	11200	12600
炉膛深度/mm	3700	3900	3900	4130	5500	4500	5020
炉壳直径/mm	10500	11800	11599	11500	13638	14500	15500
炉壳高度/mm	5600	5800	5900	5425	7530	7155	7123
操作电阻/mΩ							0.78
电炉电抗/mΩ	（采用纵向补偿）						1.24
出铁口－出渣口高差/mm							1300
出铁口－炉底高差/mm				200	500	500	300

附表 1 - 4　铬铁电炉参数

铁合金	高碳铬铁				一步法硅铬合金	
国　别	中国	南非	印度	南非	瑞　典	
生产/制造厂	中钢吉电	Tubaste	铁合金公司	Samancor	Trollhatten	
变压器容量/MVA	3×8.5	3×11	3×15	3×25	17.5	40
使用容量/MVA				63		
功率因数	0.9			0.7	0.8	0.7
有功功率/MW		27	30	45	12	27
二次电压范围/V		250~400	180~250~360			
电极－电极电压/V	225	300	280	380	145	225
电极电流/kA	64.15	65	113		63	86
电极直径/mm	1300	1270	1550	1800	1250	1550
极心圆直径/mm	3400	3600	4475	4500	2900	4000
炉膛直径/mm	8000	8800	9500	11800	5800	9000
炉膛深度/mm	2900	2700	4400	4900	2697	3300
炉壳直径/mm	10500	10800	12500	13500	7500	11000
炉壳高度/mm	5600	4350	6010		4500	5300
出铁口－出渣口高差/mm				1000		
出铁口－炉底高差/mm			400	650		

附录 2　典型除尘设备参数

（潜江江汉环保有限公司提供资料）

附表 2-1　电炉煤气干法除尘设备

项　目	单位	电　石		高碳锰铁	
容　量	MVA	33	81		
台　数		3 台并联	6 台并联	4 台并联	3 台并联
除尘器型号		GLQ64	GLQ160	GLQ160	GLQ160
烟气量	Nm³/h	4250	13000	11060	11060
过滤面积	m²	80	250	250	250
过滤风速	m/min	0.675	0.3	0.378	0.392
滤袋规格	mm	$\phi130 \times 3200$	$\phi130 \times 4000$	$\phi130 \times 4000$	$\phi130 \times 4000$
滤袋材质		氟美斯滤料（FMS9806）PTFE 后处理			
冷却器形式		一、二级旋风冷却器串联		一、二级旋风冷却器串联	
				三级强制空冷器	
型　号		LQQ50×2	LQQ117×2	LQQ90×4	LQQ90×3
烟气量	Nm³	4250	13000	11060	11060
冷却面积	m²	50×2	117×2	90×4	90×3
使用单位		新疆宜化贸易有限公司		贵州	贵州

附表 2-2　电炉烟气除尘设备

项　目	单位	工　业　硅			硅铁	硅锰合金
容　量	MVA	25	12.6	27	33	33
除尘器形式		正压反吸风布袋除尘器			长袋低压离线脉冲布袋除尘器	
除尘器型号		TFC96×12	TFC96×12	TFC102×14	LLP168×20	
烟气量	m³/h	500000	460000	556310	450000	450000
过滤面积	m²	10650	10650	13690	10080	
过滤风速	m/min	0.789	0.726	0.689	0.744	
滤袋规格	mm	$\phi292 \times 10000$			$\phi160 \times 6000$	
滤袋材质		Gore-Tex 聚四氟乙烯（PTFE）玻纤膨体纱覆膜滤袋			高温复合滤袋	
使用单位		蓝星硅材料有限公司	泰国泰荃集团股份有限公司	芒市卓信硅业有限责任公司	马来西亚 Pertama Ferroalloys Plant, Samalaju 项目	

附表2－3 工业硅微硅粉加密设备和输送设备

电炉容量	MVA	25	2×12.6	27	32
加密仓容积	m³	220	220	220×2	220×2
加密方式		气力加密			
处理能力	t/h	2			
加密能力	kg/m³	350~700			
包装能力	袋/h	15~25			
称量范围	kg	500~1000			
粉尘输送方式		埋刮板输送机		气力输送	
输送能力	t/h		3.5	2	2
输送压力	MPa			中压	98
风 机				55kW	罗茨风机 90kW 1170r/min 33.1Nm³/min
使用单位		蓝星硅材料有限公司	泰国泰荃集团股份有限公司	芒市卓信硅业有限责任公司	马来西亚 Pertama Ferroalloys Plant, Samalaju 项目

附表2－4 精炼电炉、回转窑、出铁口负压脉冲布袋除尘器

除尘点	单位	焙烧回转窑	石灰回转窑	出铁口	精炼电炉
烟气量	Nm³/h	80000	80000	60000	100000
烟气温度	℃	<250	≤250	<120	<150
过滤面积	m²	1660	1660	1240	2400
室 数		4	4	3	6
入口含尘浓度	g/Nm³	40	20	5	10
过滤风速	m/min	0.8	0.6	1	1
滤袋材质		玻纤针刺毡		涤纶针刺毡	
设备阻力	Pa	1700		1500	
清灰方式		在线脉冲清灰			
耗气量	Nm³/min	3	3	1	1
风机功率	kW	280	280	160	355
全 压	Pa	7300	8000	4000	5000

附录3　典型碳质耐火材料性能

附表3-1　典型碳质耐火材料性能

性　能		热压碳砖	焙烧碳块	微孔碳块	半石墨碳块	热压半石墨砖	石墨砖	自焙碳砖
固定碳/%			≥90					≥93
体积密度/g·cm⁻³		1.61	≥1.50	1.54	≥1.52	1.82	1.63	≥1.52
抗压强度/MPa		30.5	≥35	≥36	≥32	30	30	≥31
抗折强度/MPa					≥8.0			
灰分/%		12	<8	13	0.4	9	0.2	
显气孔率/%			≤20	≤18	≤20		24	≤20
透气性/mDa		11	约200	约21	≤50	约5		
热传导性 /W· (m·K)⁻¹	20℃	16	6	7	60	60	150	
	600℃	13	4	≥10	≥13	40		
	(800)900℃		≥5.0	(≥12)	≥12			
资料来源		UCAR NMA	YB/T 2804—2001	YB/T 141	YB/T 4037—2005	UCAR Grade	UCAR CJR	YB/T 5145

注：热压碳砖、热压半石墨砖和CJR石墨砖性能由Graftech公司提供。

附表3-2　美国葛福特公司冷凝炉衬用户表

品　种	国　家	用户/炉号	变压器容量/kVA	开炉时间
高碳锰铁	中国山西	义望铁合金公司	9000	2007 年
	中国山西	义望铁合金公司	18000	2012 年
	中国山西	义望铁合金公司	30000	2014 年
	中国云南	建水锰业	68000	2012 年
	墨西哥	Tampico #10	35000	2013 年
	南　非	Assmang #2	33000	2012 年
	南　非	Metalloys M11	75000	2005 年
	南　非	Metalloys M12	75000	2006 年
	墨西哥	Tampico #9	35000	2011 年
硅锰合金	法　国	Glencore	102000	2009 年
	挪　威	Eramet #12	40000	
	南　非	Assmang #3	33000	2012 年
	南　非	Metalloys M14	63000	2012 年
	韩　国	韩国Pohang	30000	2011 年

品　种	国　家	用户/炉号	变压器容量/kVA	开炉时间
高碳铬铁	南　非	南非 ASA A2	45000	2003 年
	南　非	南非 ASA A3	66000	2009 年
	南　非	南非 ASA A4	66000	2009 年
	南　非	南非 Hernic #3	54000	2013 年
	印　度	印度 JSL #1	63000	2008 年
	印　度	印度 JSL #2	63000	2009 年

附表 3 - 3　部分使用 UCAR 冷凝炉衬材料的中国钢铁公司

用　户	容积/m³	开炉时间	停炉时间	单位容积产铁/t·m⁻³
首钢 4 号高炉	2100	1992 年 5 月 16 日	2007 年 12 月 31 日	12467
首钢 1 号高炉	2500	1994 年 8 月 9 日	2010 年 12 月 21 日	13328
首钢 3 号高炉	2500	1993 年 6 月 2 日	2010 年 12 月 21 日	13991
宝钢 3 号高炉	4350	1994 年 9 月 20 日	2013 年 9 月 1 日	15700
包钢 3 号高炉	2200	1994 年 6 月 1 日	2014 年 12 月	约 14000
太钢 3 号高炉	1800	2007 年 7 月		
太钢 5 号高炉	4350	2006 年 10 月		
太钢 6 号高炉	4350	2013 年		

名词术语索引

5. 原料处理

9. 热能和环境

布袋除尘器 bag house 43, 205, 336, 447 －449, 540, 600, 680 －682, 687, 689, 699 －701, 748, 749

袋式过滤 bag filtering 208, 535, 540

电除尘器 electrostatic precipitator 43, 229

旋风除尘器 cyclone dust extractor 43, 205, 336, 683, 684, 687, 699, 700, 748

文氏管除尘器 Venture scrubber 238 －241, 684, 685

洗涤塔 scrubber 241, 684, 685

电炉煤气 furnace gas 44 －48, 161, 203, 205, 211, 214 －218, 237 －244, 258, 274, 306 － 309, 325, 327, 385, 545, 600, 601, 609 －612, 671 － 674, 678 － 687, 689, 691 －693, 715, 717 －719, 748

荒煤气 crude gas 309, 680, 682 －684, 689

干法除尘 dry gas cleaning 43, 308, 680 －683, 703, 704, 706, 748

湿法除尘 wet gas cleaning 43, 239 －241, 612, 680, 681, 684, 685

沉淀池 thickener 517, 518, 686, 687

硅尘 silica fume, microsilica 172, 188, 253, 257, 695, 700 －702

尘泥 sludge 222, 238, 239, 687, 703, 704

粉尘 dust 9, 42, 44 －47, 162, 195, 208, 209, 217, 223, 228, 234, 238, 244, 253, 255, 264, 282, 320, 322, 325, 338, 340, 349, 350, 357, 370, 396, 402, 432, 447, 449, 507, 514 －516, 612, 613, 618, 640, 645, 679 －683, 686, 692 －697, 700 －704, 749

矿渣水泥 slag dement 532, 535

余热锅炉 waste heat boiler 43, 262, 309, 323, 352, 522, 677, 678, 683, 687 －

689, 691 －695, 689, 706, 737

热交换器 heat exchanger 353, 484, 529, 530, 612, 682, 683, 694

热平衡 energy balance 44, 46, 110, 113, 114, 146, 259, 310, 323, 369, 376, 385, 399, 431, 553, 577, 593, 643, 644, 657, 661 － 663, 674, 708, 710, 722 －744

能耗 power consumption 3, 49 － 51, 72, 109, 177, 203, 207, 210, 211, 236, 240, 265, 274, 286, 293, 333, 334, 338, 341, 343, 362 － 365, 370, 371, 390, 453, 537, 540, 545, 615, 643, 671, 674, 700, 723, 724, 733, 738, 744

可用能 exergy 676, 678

不可用能 anergy 676, 678

热效率 heat efficiency 48, 101, 102, 114, 143, 159, 193, 199 － 206, 214, 216, 221, 239, 241, 261, 300, 336 － 340, 351, 363, 366, 370, 373, 385, 390, 404, 530, 550, 560, 570 － 573, 588, 620, 623, 635, 640, 675, 678, 683, 689 －692, 695, 727, 733, 737, 743

烟气量 gas volume 215, 240, 263, 279, 325, 334, 389, 393, 672, 676, 688, 691, 697, 700, 701, 715, 719 － 726, 734 －741, 748, 749

热管 thermal tube 689 －691, 706

燃气发电 turbine power generation 531, 674, 691 －693

清灰 de － dusting 449, 680, 682, 684, 688, 691, 694 －696, 700, 749

加密 densification 702, 749

有害元素 harmful elements 47, 122, 704

矿棉 mineral wool 119, 537, 540 －543

微晶玻璃 glass － ceramics 532, 546, 547

炉渣肥料 slag fertilizer 543, 544